FRIEDRICH^s FACH- UND TABELLENBÜCHER
BEGRÜNDET VON DIREKTOR WILHELM FRIEDRICH
HERAUSGEGEBEN VON OBERINGENIEUR ADOLF TEML

WILHELM FRIEDRICH

TABELLENBUCH FÜR METALLGEWERBE

Zum Unterricht in Fachkunde, Fachrechnen und Fachzeichnen der Berufs-, Berufsfach- und Fachschulen sowie zur eigenen Fortbildung und zum praktischen Gebrauch für Metallgewerbler, Techniker und Werkmeister

Bearbeitet und herausgegeben von

ADOLF TEML

1081. bis 1096. Auflage

FERD. DÜMMLERS VERLAG · BONN

Dümmlerbuch 5101

3
4
5
6
7
8
9
10
11
12
13
14
15
16
17
18
19
20
21
22
23
24

Vorwort zur 1081. bis 1096. Auflage

Nachdem die Vorauflage dieses Tabellenbuches grundlegend überarbeitet wurde, konnte sich diese Neuauflage auf die Aufnahme neuer Forschungsergebnisse sowie neuer Normvorschriften beschränken. Dennoch ist diese Auflage auch für die Benutzer der Vorauflage von besonderem Nutzen, da sich seit ihrem Erscheinen doch relativ zahlreiche und z. Tl. gewichtige Neuerungen ergeben haben, deren Kenntnis und Beachtung für den Praktiker und Lernenden von Bedeutung sind.

Die Umrechnungstafeln der neuen gesetzlichen Einheiten im Meßwesen werden auf Seite 55 erläutert. Auch die z. Tl. noch gültigen Einheiten, die zum 31. 12. 1977 ihre Gültigkeit verlieren, werden vorläufig noch aufgeführt.

Im Rahmen des Möglichen sollen auch bei späteren Auflagen Verbesserungsvorschläge aus dem Benutzerkreis berücksichtigt werden. Deshalb sehe ich mit Interesse etwaigen Ergänzungs- und Verbesserungsvorschlägen entgegen.

4937 Lage-Lippe, im Frühjahr 1975 Adolf Teml
Hermannstr. 37

ISBN 3-427-51015-8

Printed in Germany by E. Gundlach KG, Bielefeld

Umschlagentwurf: H. Geißler

Die Leser von FRIEDRICHs Tabellenbüchern

FRIEDRICHs millionenfach bewährte Tabellenbücher sind geschrieben für Praktiker, Lehrer und Lernende.

- Der im Berufsleben stehende **Praktiker** (ob Facharbeiter, Techniker oder Ingenieur) benötigt den FRIEDRICH als tägliches Handwerkszeug; dort findet er die Informationen, die für die Lösung der täglich wechselnden Aufgaben erforderlich sind.
- Der **Lehrer** sieht im FRIEDRICH eine wesentliche Ergänzung und ein notwendiges Hilfsmittel zur Gestaltung seines Unterrichts. Der FRIEDRICH dient ihm zur Erweiterung und Vertiefung der jeweils zu vermittelnden Lehrinhalte.
- Der **Lernende** (ob in Berufsschule, Fachschule, Fachoberschule oder Fachhochschule) braucht den FRIEDRICH zu seiner Ausbildung; er findet dort ein relativ vollständiges und stets aktuelles Grundwissen aus seinem Berufsfeld.

Der Inhalt von FRIEDRICHs Tabellenbüchern

- **Das technisch und wirtschaftlich Wichtigste aus allen Bereichen und vielen Randgebieten des Metallgewerbes.** Trotz ihrer konzentrierten Stoffülle sind FRIEDRICHs Tabellenbücher übersichtlich und leicht zu handhaben, da verschiedene Zugriffssysteme (Inhaltsverzeichnis, Registertasten und ausführliches Sachregister) den weitgespannten Inhalt erschließen.
- **Formeln** und ihre **Anwendung,** teilweise auch Beispiele. Ableitungen von Formeln gehören hingegen nicht in ein Tabellenbuch, sondern in das Fachkundebuch.
- Erläuterungen von **Bezeichnungen** und **Begriffen**; zur raschen Verständigung im Alltagsleben ist eine gewisse **Fachsprache** erforderlich.
- **Gesetzliche Vorschriften** und **Schutzbestimmungen** nach dem jeweiligen Stand. Maßgebend und verbindlich sind jedoch die neuesten Bestimmungen (DIN- oder ISO-Normen, VDE-Vorschriften usw.). Eine Haftung bezüglich der Vollständigkeit oder dem jüngsten Stand der im FRIEDRICH zitierten Normen kann naturgemäß nicht übernommen werden. Verbindlich sind also nur die jeweils neuesten Ausgaben der Normblätter des Deutschen Normenausschusses selbst, die vom Beuth-Verlag, 1 Berlin 30, Burggrafenstraße 4–7, und 5 Köln 1, Kamekestraße 2–8, bezogen werden können.
- Bewährte und neue **Werkstoffe** und **Maschinen, Verfahren** und **Techniken**; ihre Vor- und Nachteile sowie ihre Anwendung.
- Eine Fülle von **Tabellen mit den im Alltagsleben gebräuchlichsten Werten.** Allerdings muß auch ein Tabellenbuch hinsichtlich des Inhalts eine Auswahl aus der Fülle des Stoffes treffen, vor allem, wenn er über den Rahmen eines grundlegenden Tabellenbuches hinausgeht.

Hinweise für Lehrer und Lernende

- Ein Tabellenbuch weist eine größere Stoffbreite und Stofftiefe als die Fachkunde auf. Es ist entsprechend seiner Zielsetzung nicht Lehrbuch, sondern Nachschlagewerk: d. h., der Text ist knapper und präziser als in der Fachkunde, die jeden Schritt, jede Behauptung und Formel erklären sollte. Das Tabellenbuch baut auf der Fachkunde auf, ist aber trotzdem von ihr unabhängig. Sein innerer Aufbau erfolgt deshalb nach anderen Prinzipien als bei der Fachkunde. Leichte und schnelle Handhabung sowie aktueller und relativ vollständiger Inhalt haben gegenüber der systematischen und grundlegenden Vermittlung von Lehrinhalten Vorrang.
- Es ist bekannt, daß die Schule nicht alles fürs Leben erforderliche Grundlagen- und Einzelwissen vermitteln kann. Sie muß ihren Schülern deshalb die Fähigkeit beibringen, neue Aufgaben weitgehend selbständig, d. h. ohne Hilfestellung von Ausbildern, Lehrern oder Kollegen, in Angriff zu nehmen und zu lösen. Bei der Bewältigung dieses für jeden im Berufsleben stehenden Menschen zentralen Problems können Nachschlagewerke, die man zu jeder Zeit und mit stets gleichbleibender Freundlichkeit konsultieren kann, einen besonders wichtigen und erfolgreichen Beitrag leisten. Deshalb sollte der Gebrauch von Nachschlagewerken, auch von FRIEDRICHs Tabellenbüchern, möglichst frühzeitig, d. h. in der Ausbildungszeit, gelernt und ständig geübt werden. Denn nur der, der sein Handwerkszeug beherrscht, kann es zur Lösung neuer Probleme und damit zu seinem beruflichen Fortkommen richtig einsetzen.
- FRIEDRICHs Tabellenbücher wollen und können also die Unterrichtsmethode oder die Lehrinhalte nicht beeinflussen. Jeder Lehrer ist vielmehr frei in der Wahl seiner Unterrichtsschwerpunkte entsprechend seinen Intentionen und der Klassensituation. Immer ist der FRIEDRICH als Nachschlagewerk einsetzbar. Dabei weiß jeder Lehrer und Schüler, daß FRIEDRICHs Tabellenbücher keine Lehrbücher sind, die man von vorne bis hinten durcharbeiten oder beherrschen muß. Ihre Stoffülle und -breite werden deshalb weder den Lehrer von der Einführung und ständigen Benutzung im Unterricht abhalten noch beim Schüler Angst- oder Minderwertigkeitsgefühle aufkommen lassen. Denn der FRIEDRICH ist für jeden praktisch Schaffenden verfaßt und wird nach entsprechender Einarbeitung schnell eine leicht zu handhabende und zuverlässige Hilfe im Alltag, die ihn in ständig neu bearbeiteten Auflagen durch sein ganzes Leben begleitet.
- FRIEDRICH – randvoll gefüllt mit technischem Wissen – macht den Meister und löst auch viele Ihrer Alltagsprobleme.

Inhaltsverzeichnis

Die vier Grundrechnungsarten

Zusammenzählen oder Addieren	**4** Summand	+ plus (und)	**19** Summand	= gleich	**23** Summe
Abziehen oder Subtrahieren	**39** Minuend	— minus (weniger)	**14** Subtrahend	= gleich	**25** Differenz
Malnehmen oder Multiplizieren	$7 \times 3 =$ **21** Faktor	mal	oder Faktor	$7 \cdot 3 =$ **21** gleich	Produkt
Teilen oder Dividieren	**15** Dividend	: durch	**3** Divisor	= gleich	**5** Quotient

Bruchrechnung

Echte Brüche | **Dezimalbrüche**

$\frac{1}{2} = \frac{5}{10} = 0{,}5$

$\frac{1}{4} = \frac{25}{100} = 0{,}25$

$\frac{1}{8} = \frac{125}{1000} = 0{,}125$

$\frac{3}{8} = \frac{375}{1000} = 0{,}375$

$2\frac{3}{8} = \frac{19}{8} = 2{,}375$

$\frac{19}{8}$ unechter Bruch, Wert > 1.

Verwandeln in echten Bruch und Bruch kürzen:

$0{,}875 = \frac{875}{1000} = \frac{7 \cdot 125}{8 \cdot 125} = \frac{7}{8}$

Verwandeln in Dezimalbruch:

$\frac{9}{11} = 9:11 = 0{,}818181\ldots$

Bruch erweitern mit 6:

$\frac{8}{17} = \frac{8 \cdot 6}{17 \cdot 6} = \frac{48}{102}$

Mit Bruch multiplizieren:

$5 \cdot \frac{2}{11} = \frac{5 \cdot 2}{11} = \frac{10}{11}$

Gleichnamigmachen von Brüchen:

$\frac{1}{6} = 2:12$

$\frac{3}{4} = 9:12$

$\frac{2}{3} = 8:12$

$\frac{1}{2} = 6:12$

Hauptnenner ist 12.

Zus. $25:12 = \frac{25}{12} = 2\frac{1}{12}$

15:3 schreibt man auch als unechten Bruch $\frac{15}{3}$ $\left(\frac{\text{Zähler } 15}{\text{Nenner } 3}\right)$;

$\frac{1}{9}$ und $\frac{3}{8}$ sind echte Brüche, deren Werte kleiner sind als **1.**

1. Aufgabe: Addiere 9,3 kg + 350 g + 7,63 kg + 4 kg 12 g

Bei der Lösung schreibt man die Werte als Dezimalbrüche untereinander; **Komma unter Komma!**

```
 9,300 kg
 0,350 kg
 7,630 kg
 4,012 kg
---------
21,292 kg
```

2. Aufgabe: 437,8 hl — 451 l = ?
1 hl = 100 l

```
 437,80 hl
 —4,51 hl
---------
 433,29 hl
```

3. Aufgabe: Eine Blechtafel ist 2,3 m lang und 1,535 m breit. Fläche A = ? m².

```
1,535 · 2,3
-----------
      4605
     3070
-----------
A = 3,5305 m²
```

Merke: Das Produkt erhält so viel Stellen nach dem Komma, wie die Faktoren zusammen haben.

4. Aufgabe: Ein rechteckiges Grundstück soll 5,45 m breit und 135,5 m² groß werden. Länge = ? m.

Merke: Man rückt die Kommas um je so viel Stellen nach rechts, daß der Divisor eine ganze Zahl wird. Für fehlende Zifferstellen im Dividend werden Nullen ergänzt.
135,5 : 5,45 = 13550 : 545

```
13550 : 545 = 24,862
1090
 2650
 2180
  4700
  4360
   3400
   3270
    1300
    1090
```

Die Länge beträgt 24,862 m.

Brüche werden multipliziert, indem man Zähler mit Zähler und Nenner mit Nenner multipliziert:

$\frac{2}{3} \cdot \frac{4}{11} = \frac{2 \cdot 4}{3 \cdot 11} = \frac{8}{33}$

Durch einen Bruch wird dividiert, indem man mit dem Kehrwerte (reziproken) multipliziert:

$28 : \frac{7}{4} = 28 \cdot \frac{4}{7} = \frac{28 \cdot 4}{7} = 16$ | $\frac{3}{8} : \frac{4}{5} = \frac{3 \cdot 5}{8 \cdot 4} = \frac{15}{32}$

Pythagoreischer Lehrsatz

In jedem rechtwinkligen Dreieck ist das Hypotenusenquadrat gleich der Summe der beiden Kathetenquadrate.

$c^2 = a^2 + b^2 \qquad c = \sqrt{a^2 + b^2}$

Beispiel für $a = 3$, $b = 4$, $c = 5$: $5^2 = 4^2 + 3^2 \quad 25 = 16 + 9$

Höhensatz: Höhenquadrat ist gleich dem Rechteck aus den Abschnitten der Hypotenuse: $h^2 = d \cdot e$; $h = \sqrt{d \cdot e}$

Kathetensatz: Kathetenquadrat gleich dem Rechteck aus der Hypotenuse und der Projektion der Kathete auf die Hypotenuse: $a^2 = c \cdot d \qquad a = \sqrt{c \cdot d}$

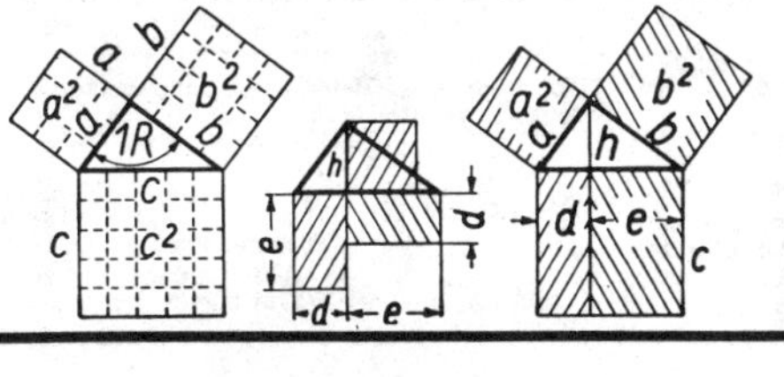

Nutzanwendung: Mit Hilfe einer geschlossenen Schnur, die in Längen 3:4:5 durch Knoten geteilt ist, kann man einen rechten Winkel bilden.

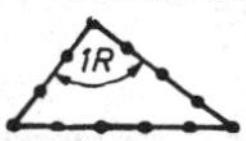

Anwendung beim Anreißen

Die Entfernung c = 260 mm soll eingehalten werden. Gemessen: a = 208 mm, b = 156 mm.

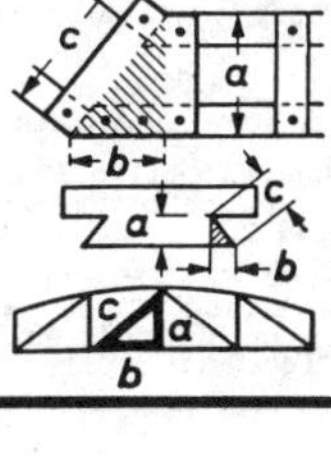

Kontrollrechnung:

$c = \sqrt{a^2 + b^2}$

$c = \sqrt{208^2 + 156^2}$

$c = \sqrt{43\,264 + 24336}$

$c = \sqrt{67600} = 260$

Ferner ist:

$a = \sqrt{c^2 - b^2}$

$b = \sqrt{c^2 - a^2}$

Beispiele für Rechenübungen

Addition

Zahlen lesen und schreiben

4 579 583	15,54302
645 301	Obigen Dezimalbruch lies:
900 010 009	fünfzehn Komma fünf vier
5 067 003	drei null zwo.
25 793 476 312	
14 510 013	

Vierzehnmillionenfünfhundertzehntausenddreizehn.

Addieren senkrecht

	1	2	3	4
5	306	99 542	1 532 603	125,069
6	36 504	608 125	69 154 001	1 993,546
7	1 090	1067 914	12 800	6 826,5
8	204 006	1 003	3 054 008	9 014,125

Schreibe Einer, Zehner, Hunderter usw. und Kommas genau untereinander.

Mehrfach benannte Zahlen:

	4 Grs.	5 Dtz.	7 Stck.
+	5 Grs.	8 Dtz.	4 Stck.
=	9 Grs.	13 Dtz.	11 Stck.
=	10 Grs.	1 Dtz.	11 Stck.
	13 J.	11 Mon.	17 Tg.
+	11 J.	10 Mon.	29 Tg.
	24 J.	21 Mon.	46 Tg.
=	25 J.	10 Mon.	16 Tg.
	136 Stdn.	23 Min.	29 Sek.
—	51 Stdn.	15 Min.	21 Sek.
=	85 Stdn.	8 Min.	8 Sek.
	17 Stdn.	3 Min.	19 Sek.
—	4 Stdn.	19 Min.	35 Sek.
=	12 Stdn.	43 Min.	44 Sek.

Subtraktion.

Einer unter Einer — Komma unter Komma.

793	9 307	14 004,24	1 067,025	793	14 004,24
—562	—2 439	— 9 015,3	— 879,146	—562	— 9 015,3
231	6 868	4 988,94	187,879	231	4 988,94
				+ 562	+ 9 015,3
				793	**14 004,24**

Prüfe die Richtigkeit. Differenz und Subtrahend addiert, ergeben die Vollzahl.

Multiplikation

25 · 10 = 250 25 · 100 = 2500 25 · 1000 = 25 000

Eine Zahl wird mit 10, 100, 1000 usw. multipliziert, indem man so viel Nullen anhängt, wie der Multiplikator Nullen hat.

2 versch. Schreibweisen:

930 × 45	930 × 45
3720	4650
4650	3720
41850	41850

9034,21 · 4002,07
6323947
1806842
3613684
36155540,8147

Division

3600 : 10 = 360; 3600 : 100 = 36; 3600 : 1000 = 3,6

Eine Zahl wird durch 10, 100, 1000 usw. dividiert, indem man von rechts nach links so viel Stellen abstreicht, wie der Teiler (Divisor) Nullen hat.

745 : 3 = 248 (Rest 1) = $248\frac{1}{3}$ = 248,333...

40 654 : 14 = 2903 Rest 12
28
126
126
054
42
12

$= 2903\frac{12}{14}$

$= 2903\frac{6}{7}$

= 2903,857...

179,04 : 6 = 29,84
12
59
54
50
48
24

42 : 0,6 = 420 : 6 = 70

6,54 : 0,6 = 65,4 : 6 = 10,9

Bruchrechnung

Addieren und Subtrahieren der Brüche

$\frac{1}{5}+\frac{2}{5}+\frac{3}{5}=\frac{6}{5}=1\frac{1}{5}$

$\frac{7}{8}-\frac{3}{8}-\frac{1}{8}+\frac{2}{8}=\frac{5}{8}$

Ungleichnamige Brüche müssen gleichnamig gemacht werden.

$\frac{2}{3}+\frac{1}{4}=\frac{8}{12}+\frac{3}{12}=\frac{11}{12}$

$\frac{4}{5}-\frac{1}{2}=\frac{8}{10}-\frac{5}{10}=\frac{3}{10}=0{,}3$

Multiplizieren und Dividieren der Brüche

1. Bruch mal Zahl: $\frac{5}{6}\cdot 3=\frac{5\cdot 3}{6}=\frac{15}{6}=2\frac{1}{2}$ oder $\frac{5}{6}\cdot 3=\frac{5}{6:3}=\frac{5}{2}=2\frac{1}{2}$

Entweder Zähler multiplizieren oder Nenner dividieren.

2. Bruch mal Bruch: $\frac{2}{3}\cdot\frac{4}{11}=\frac{8}{33}$ | $\frac{3}{5}\cdot\frac{4}{9}=\frac{12}{45}=\frac{4}{15}$

3. Bruch durch Zahl: $\frac{8}{9}:4=\frac{8:4}{9}=\frac{2}{9}$ oder $\frac{8}{9}:4=\frac{8}{9\cdot 4}=\frac{8}{36}=\frac{2}{9}$

Entweder Zähler dividieren oder Nenner multiplizieren.

4. Bruch durch Bruch: $\frac{3}{8}:\frac{4}{5}=\frac{3}{8}\cdot\frac{5}{4}=\frac{15}{32}$ | $\frac{3}{8}:\frac{3}{4}=\frac{3\cdot 4}{8\cdot 3}=\frac{1}{2}$

Man multipliziert mit dem Kehrwert (reziproken Wert) des Teilers.

Prozentrechnung

% = Prozent = für 100 = auf 100 = vom Hundert (v.H.)

1% = 1 v.H. = $\frac{1}{100}$ = 0,01 der ganzen Zahl

3½% = 3,5% = 0,035 der ganzen Zahl

4,5% = 5%—0,5% | 5% = Zahl : 20 | 0,5‰ = Zahl : 200

4,5% v. 3408 DM =	3408 : 20 =	170,40 DM
	3408 : 200 = —	17,04 DM
		153,36 DM

oder $\frac{3408\cdot 4{,}5}{100}$ = 3408 · 0,045 = **153,36 DM**

2% = Zahl : 50, 2½% = Zahl : 40, 3⅓% = Zahl : 30

1% v. 3408 DM =	3408 : 100 =	34,08 DM
2,5% v. 3408 DM =	3408 : 40 =	85,20 DM
3⅓% v. 3408 DM =	3408 : 30 =	113,60 DM
3,5% v. 3408 DM =	(3408 · 3,5) : 100 =	119,28 DM
5,5% v. 3408 DM =	3408 : 20 =	170,40 DM
	3408 : 200 = +	17,04 DM
		187,44 DM

oder $\frac{3408\cdot 5{,}5}{100}$ = 3408 · 0,055 = **187,44 DM**

‰ = Promille = für 1000 = auf 1000 = vom Tausend (v. T.)

Eine Werkstatt ist mit 45 000 DM gegen Feuerschaden versichert. Wie groß ist die Prämie bei 1½‰?

Auf 1 000 DM = 1,50 DM
Auf 45 000 DM = 45 · 1,50 = **67,50 DM**

Angewandte Aufgaben

(besonders für Kopfrechnen geeignet): 1. Jemand bezahlt mit einem 10-DM-Schein. Wieviel erhält er zurück, wenn er zu zahlen hat a) 4 DM, b) 3,75 DM, c) 2,90 DM, d) 9,81 DM, e) 4,33 DM, f) 2,07 DM usw.?

2. 15 Arbeiter vollenden eine Arbeit in 14 Tg. Wie lange arbeiten a) 1, b) 5, c) 3, d) 10, e) 20 Arbeiter daran?

3. Ein Schlosser verdient stündlich 5,80 DM. Er arbeitet tägl. 8 Std. Wieviel verdient er a) täglich, b) wöchentl., c) monatl. (20 Arbeitstage), d) bar bei 15% Abzug für Kassen usw.?

4. Die 8 m breite Giebelwand eines Hauses mißt bis zum Dache 9 m, bis zur Spitze (First) 13 m. Wieviel kostet der Giebelwandanstrich, wenn für 1 m² 0,90 DM berechnet werden und für Tür und Fenster 12 m² abgehen?

4. Lösung: Die Giebelwandfläche besteht aus Rechteck + Dreieck.

Rechteck = 8 × 9 = 72 m²

Dreieck = $\frac{8\cdot(13-9)}{2}=\frac{8\cdot 4}{2}$ = 16 m²

= 88 m²

Tür und Fenster — 12 m²

Anstrichfläche = 76 m²

76 · 0,90 = **68,40 DM** kostet der Anstrich.

Friedrichsche Formeln für die Zinsberechnung

Das Jahr wird zu 360 Tagen, der Monat zu 30 Tagen gerechnet

A. Zinsen werden gesucht

I. Zinsen in Pfennig auf 1 Jahr

$$= \text{Kapital in DM} \times \text{Zinsfuß}$$

II. Zinsen in Pf für Jahre

$$= \text{Kapital in DM} \times \text{Zinsfuß} \times \text{Anzahl der Jahre}$$

III. Zinsen in Pf für Monate

$$= \frac{\text{Kapital in DM} \times \text{Zinsfuß} \times \text{Anzahl der Monate}}{12}$$

IV. Zinsen in Pf für Tage

$$= \frac{\text{Kapital in DM} \times \text{Zinsfuß} \times \text{Anzahl der Tage}}{360}$$

V. Zinsen in Pf für Monate und Tage

$$= \frac{\text{Kap. in DM} \times \text{Zinsfuß} \times (\text{Monat} \times 30 + \text{Tage})}{360}$$

B. Zinsfuß wird gesucht

VI. $\text{Zinsfuß} = \dfrac{\text{Zinsen in Pf auf 1 Jahr}}{\text{Kapital in DM}}$

VII. $\text{Zinsfuß} = \dfrac{\text{Zinsen in Pf}}{\text{Kapital in DM} \times \text{Anzahl der Jahre}}$

VIII. $\text{Zinsfuß} = \dfrac{\text{Zinsen in Pf} \times 12}{\text{Kapital in DM} \times \text{Anzahl der Monate}}$

IX. (X.) $\text{Zinsfuß} = \dfrac{\text{Zinsen in Pf} \times 360}{\text{Kapital in DM} \times \text{Anzahl der Tage}}$

C. Kapital wird gesucht

XI. $\text{Kapital in DM} = \dfrac{\text{Zinsen in Pf auf 1 Jahr}}{\text{Zinsfuß}}$

XII. $\text{Kapital in DM} = \dfrac{\text{Zinsen in Pf}}{\text{Zinsfuß} \times \text{Anzahl der Jahre}}$

XIII. $\text{Kapital in DM} = \dfrac{\text{Zinsen in Pf} \times 12}{\text{Zinsfuß} \times \text{Anzahl der Monate}}$

XIV. $\text{Kapital in DM} = \dfrac{\text{Zinsen in Pf} \times 360}{\text{Zinsfuß} \times \text{Anzahl der Tage}}$

XV. $\text{Kapital in DM} = \dfrac{\text{Zinsen in Pf} \times 360}{\text{Zinsfuß} \times (\text{Mon.} \times 30 + \text{Tage})}$

D. Zeit wird gesucht

XVI. Anzahl der Jahre

$$= \frac{\text{Zinsen in Pf}}{\text{Kapital in DM} \times \text{Zinsfuß}}$$

XVII. Anzahl der Monate

$$= \frac{\text{Zinsen in Pf} \times 12}{\text{Kapital in DM} \times \text{Zinsfuß}}$$

XVIII. Anzahl der Tage

$$= \frac{\text{Zinsen in Pf} \times 360}{\text{Kapital in DM} \times \text{Zinsfuß}}$$

XIX. Anzahl der Tage

$$= \frac{(\text{Endkapital} - \text{Anfangskapital}) \times 36\,000}{\text{Anfangskapital} \times \text{Zinsfuß}}$$

E. Verdoppelung des Kapitals

(ohne Zinseszinsen)

XX. $\text{Anzahl der Jahre} = \dfrac{100}{\text{Zinsfuß}}$

(mit Zinseszinsen)

XXI. $\text{Anzahl der Jahre} \approx \dfrac{70}{\text{Zinsfuß}}$

1. Beispiel: 2500 DM zu 4½% ergeben in 1 Jahr nach Formel I:
$2500 \times 4{,}5 = 11\,250 \text{ Pf} = 112{,}50$ DM Zinsen

2. Beispiel: Hypothek = 12 800 DM zu 4¼%
Zinsen in 3 Mon. = ? DM

Lösung: Gemäß Formel III sind die

$$\text{Zinsen in Pf} = \frac{12\,800 \times 4{,}25 \times 3}{12}$$

$$\text{Zinsen} = 13\,600 \text{ Pf} = 136{,}00 \text{ DM}$$

3. Beispiel: Jemand erhält für 4 Jahre auf 338 DM Ersparnis 45,06 DM Zinsen. Zinsfuß = ?

Lösung: Nach Formel VII ist der

$$\text{Zinsfuß} = \frac{4506}{338 \times 4}$$

$$\text{Zinsfuß} = 4506 : 1352 = 3{,}333 = 3\tfrac{1}{3}\,\%$$

4. Beispiel: Eine Bank rechnet für 1550 DM auf 18 Tage 4,65 DM Zinsen. Zinsfuß = ?

Lösung: Nach Formel IX ist

$$\text{Zinsfuß} = \frac{465 \times 360}{1550 \times 18} = \frac{465 \times 2}{155}$$

$$\text{Zinsfuß} = 930 : 155 = 6\,\%.$$

5. Beispiel: Wieviel DM hat jemand gespart, der bei 3½% Verzinsung monatlich 65,00 DM Zinsen erhält?

Lösung: Gemäß Formel XIII ergibt sich

$$\text{Kapital} = \frac{6500 \times 12}{3{,}5 \times 1}$$

$$\text{Kapital} = 78\,000 : 3{,}5 \approx 22\,286 \text{ DM}$$

6. Beispiel: Zinsen für 4 Monate 12 Tage = 33,66 DM bei 3% Verzinsung. Kapital = ?

Lösung: Aus Formel XV ergibt sich

$$\text{Kapital} = \frac{3366 \times 360}{3 \times (4 \times 30 + 12)}$$

$$\text{Kapital} = \frac{3366 \times 360}{3 \times (120 + 12)} = \frac{3366 \times 360}{3 \times 132}$$

$$\text{Kapital} = \frac{3366 \times 10}{11} = 3060 \text{ DM}$$

7. Beispiel: In welcher Zeit ergeben 7300 DM zu 4¼% 134,44 DM Zinsen?

Lösung: Nach Formel XVIII ist

$$\text{Anzahl der Tage} = \frac{13\,444 \times 360}{7300 \times 4{,}25}$$

$$\text{Anzahl der Tage} = \frac{4\,839\,840}{31\,025} \approx 156 \text{ Tage}$$

$$\text{Zeit} = 5 \text{ Monate } 6 \text{ Tage}$$

8. Beispiel: In welcher Zeit wachsen 1200 DM mit einfachen Zinsen zu 4% an auf 1500 DM?

Lösung: Nach Formel XIX wird

$$\text{Anzahl der Tage} = \frac{(1500 - 1200) \times 36\,000}{1200 \times 4}$$

$$\text{Anzahl der Tage} = \frac{300 \times 36\,000}{1200 \times 4} = 75 \times 30 = 2250$$

$$2250 \text{ Tage} = \frac{2250}{360} = 6\,\frac{90}{360} \text{ Jahre} = 6 \text{ Jahre } 3 \text{ Monate}$$

9. Beispiel: Gemäß Formel XX ist bei $4\frac{5}{6}$% Verzinsung die Zinsensumme gleich der Kapitalsumme nach

$$\frac{100}{4\frac{5}{6}} = 100 : \frac{29}{6} = 100 \times \frac{6}{29} = \frac{600}{29} = 20{,}69 \text{ Jahren}$$

$$0{,}01 = \frac{1}{100} \text{ Jahr} = 3{,}6 \text{ Tage}$$

$$0{,}69 = \frac{69}{100} \text{ Jahr} = 69 \times 3{,}6 \approx 248 \text{ Tage} = 8 \text{ Monate } 8 \text{ Tage}$$

Demnach ist die Zinsensumme gleich der Kapitalsumme nach 20 Jahren 8 Monaten 8 Tagen.

Einheiten von Länge, Fläche, Volumen und Masse (siehe auch S. 54 u. 55)

Länge:

1 Meter (m) = 100 Zentimeter (cm) = 1000 Millimeter (mm) = 1 000 000 Mikron (μ).
1 m = 10 Dezimeter (dm).
1 Kilometer (km) = 1000 m.
1 deutsche Meile (geographische Meile) = 7,420 km (meistens gerechnet = 7,5 km).
1 Seemeile = 10 Kabellängen = 1852 m.
1 englische Meile = 1760 Yards = 1609 m.
1 Yard = 3 engl. Fuß = 36 engl. Zoll (″) = 91,44 cm
1 engl. Zoll = 25,4 mm (genau 25,399956 mm).
1 preuß. Zoll = 26,154 mm.

Engl. Zoll in mm:

engl. Zoll	$\frac{1}{64}$	$\frac{1}{32}$	$\frac{1}{16}$	$\frac{1}{8}$	$\frac{3}{16}$	$\frac{1}{4}$
mm	0,397	0,794	1,587	3,175	4,762	6,350

engl. Zoll	$\frac{3}{8}$	$\frac{1}{2}$	$\frac{5}{8}$	$\frac{3}{4}$	$\frac{7}{8}$	1″
mm	9,525	12,700	15,875	19,050	22,225	25,400

Fläche:

1 Quadratmeter (m^2) = 100 Quadratdezimeter (dm^2) = 10 000 Quadratzentimeter (cm^2) = 1 000 000 Quadratmillimeter (mm^2).
1 Quadratkilometer (km^2) = 100 Hektar (ha) = 10 000 Ar (a) = 1 000 000 Quadratmeter (m^2).

Volumen:

1 Kubikmeter (m^3) = 1000 Kubikdezimeter (dm^3).
1 m^3 = 1 000 000 Kubikzentimeter (cm^3) = 1 000 000 000 Kubikmillimeter (mm^3).
1 dm^3 = 1 Liter (l). — 1 Hektoliter (hl) = 100 l.

Masse:

1 cm^3 Wasser (von 4°) hat eine Masse von 1 Gramm (g)
1 dm^3 = 1 l Wasser hat eine Masse von 1 kg = 1000 g.
1 m^3 Wasser hat eine Masse von 1 Tonne (t) = 1000 kg = 20 Zentner.
1 Doppelzentner (dz) = 200 Pfund = 100 kg.
1 Zentner (Ztr.) = 100 Pfund = 50 kg.
1 engl. Pfund = 0,4536 kg. — 1 kg = 2,2046 e. Pfd.

Formeln für die Flächenberechnung:

Quadrat:

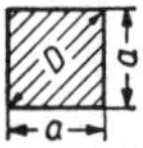

$D = 1{,}4142 \cdot a$

$A = a \cdot a = a^2$

$a = \sqrt{A}$

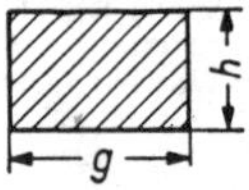

Rechteck:

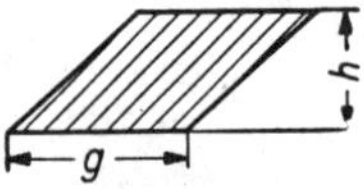

Rhombus:

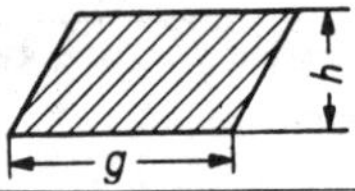

Parallelogramm:

Fläche $A = g \cdot h$

Grundlinie $g = \frac{A}{h}$

Höhe $h = \frac{A}{g}$

Trapez

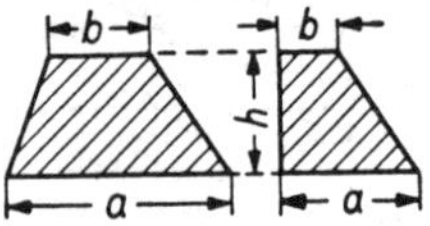

$A = \frac{a+b}{2} \cdot h$

$h = \frac{2A}{a+b}$

$a = \frac{2A}{h} - b$

$b = \frac{2A}{h} - a$

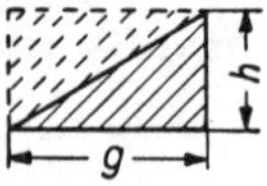

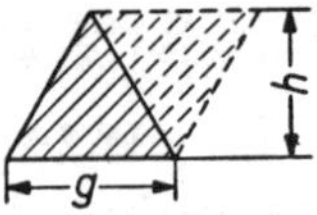

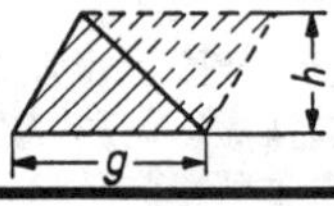

Dreieck: Das Dreieck ist die Hälfte eines Rechtecks, Rhombus, Parallelogramms

$A = \frac{g \cdot h}{2}$

$h = \frac{2A}{g}$

$g = \frac{2A}{h}$

Vieleck:

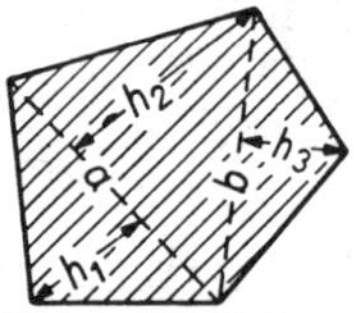

Zerlegung in Dreiecke:

$A = A_1 + A_2 + A_3$

$A = \frac{a \cdot h_1 + a \cdot h_2 + b \cdot h_3}{2}$

Kreis:

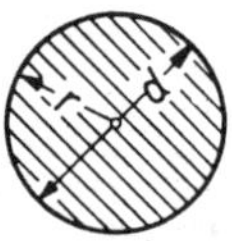

d = Kreisdurchmesser (Kreis-⌀)
r = Radius = Halbmesser
Umfang: $U = \pi \cdot d = \pi \cdot 2r$

$A = \frac{\pi \cdot d^2}{4}$

oder $A = \pi \cdot r^2$

$\pi = 3{,}14159265\ldots \approx 3{,}14$

Kreisring:

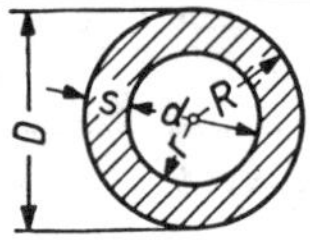

$s = R - r$

$A = \pi (R^2 - r^2)$

oder $A = \pi (d + s) \cdot s$

oder $A = \frac{\pi \cdot D^2}{4} - \frac{\pi \cdot d^2}{4}$

Kreisausschnitt:

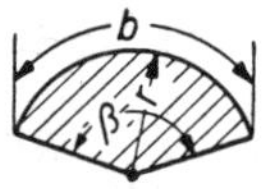

Bogenlänge $b = \frac{\pi \cdot r \cdot \beta}{180}$

$\beta = \frac{180\, b}{\pi \cdot r}$ $\qquad A = \frac{b \cdot r}{2}$

Kreisabschnitt:

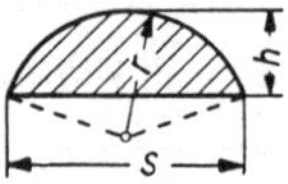

$A = 0{,}5\, b \cdot r - 0{,}5\, s\, (r - h)$

oder $A \approx \frac{h}{6\,s} (3\,h^2 + 4\,s^2)$

$r = \frac{h}{2} + \frac{s^2}{8\,h}$ $\qquad s = 2\sqrt{h\,(2\,r - h)}$

$h = r - \sqrt{r^2 - 0{,}25\, s^2}$

Ellipse:

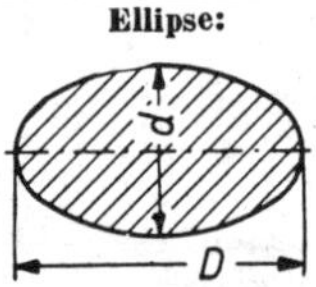

$A = \frac{\pi \cdot d \cdot D}{4}$

Friedrichsche Formeln für den Umfang:

I. $U \approx \frac{7\,d}{20} + \frac{19\,d^2}{20\,D} + 2\,D$

II. $U \approx \frac{6\,d}{10} + \frac{11\,d^2}{20\,D} + 2\,D$

I. für d bis $0{,}6\,D$
II. für $d > 0{,}6\,D$

Ellipsenumfang (Meyersche Formel): $U \approx 2\,\frac{\pi \cdot D \cdot d + (D-d)^2}{D+d} = 2\,\frac{D^2 + d^2 + (\pi - 2)\,D\,d}{D+d}$

Formeln für die Körperberechnung

Merke: Die technische Zeichnung im Maschinenbau enthält alle Maße in mm. Bei Massenbestimmungen und Festigkeitsrechnungen verwandelt man meistens mm in cm und rechnet in cm, cm^2 und cm^3. Vgl. Anmerkung zu den Dichten.

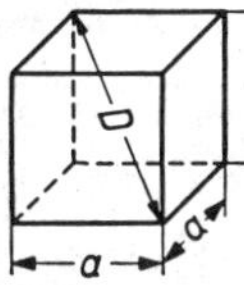

Würfel (Kubus)

Rauminhalt:

$$V = a \cdot a \cdot a = a^3$$

Kantenlänge: $a = \sqrt[3]{V}$

Raumdiagonale $D = a\sqrt{3}$

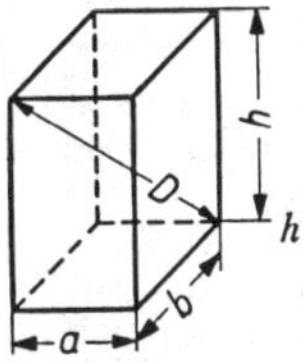

Prisma

$$V = \text{Grundfläche} \times \text{Höhe}$$

$$V = a \cdot b \cdot h \qquad V = A \cdot h$$

$$h = \frac{V}{A} \quad a = \frac{V}{b \cdot h} \quad b = \frac{V}{a \cdot h}$$

$$D = \sqrt{a^2 + b^2 + h^2}$$

Pyramide

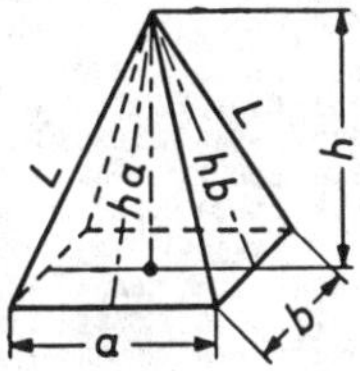

$$V = \frac{a \cdot b \cdot h}{3} = \frac{A \cdot h}{3}$$

$$h_b = \sqrt{h^2 + \frac{a^2}{4}}$$

$$L = \sqrt{h_b{}^2 + \frac{b^2}{4}}$$

h_a und h_b = Flächenhöhen
L = Kantenlänge

Pyramidenstumpf

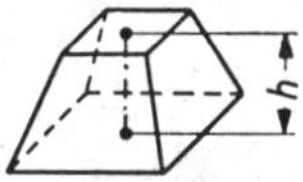

Rauminhalt genau:

$$V = \frac{h}{3}\left(A + A_1 + \sqrt{A \cdot A_1}\right)$$

A u. A_1 sind die Grundflächen.

In der Praxis gebrauchte (angenäherte) Formel: $V \approx h\,\frac{A + A_1}{2}$

Gültig für $A_1 : A = 0{,}35$ oder größer.

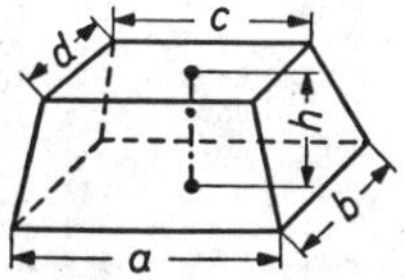

Ponton

Das Ponton hat im Gegensatz z. Pyramidenstumpf verschieden geneigte Seitenflächen; die Grundflächen sind nicht ähnlich.

$$V = \frac{h}{6}(2\,ab + ad + bc + 2\,cd)$$

Kegel

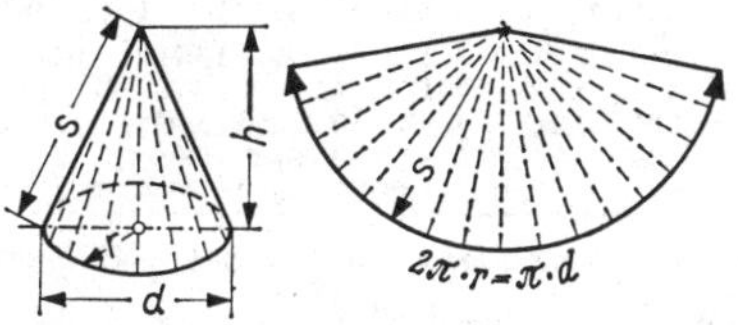

Mantelfläche $A_M = \dfrac{\pi \cdot d \cdot s}{2}$ $\qquad V = \dfrac{A \cdot h}{3}$

Kegelstumpf

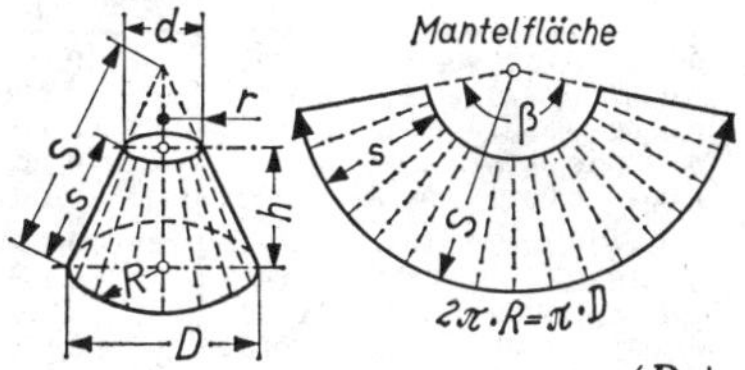

$$A_M = \pi \cdot s\,(R + r) \text{ oder } A_M = \frac{\pi \cdot s\,(D + d)}{2}$$

$$V = \frac{\pi \cdot h}{3}(R \cdot r + R^2 + r^2)$$

$$\text{oder } V = \frac{\pi \cdot h}{12}(D \cdot d + D^2 + d^2)$$

D und d sind die Durchmesser der Grundkreise.
$\beta = D \cdot 180 / S$

Zylinder

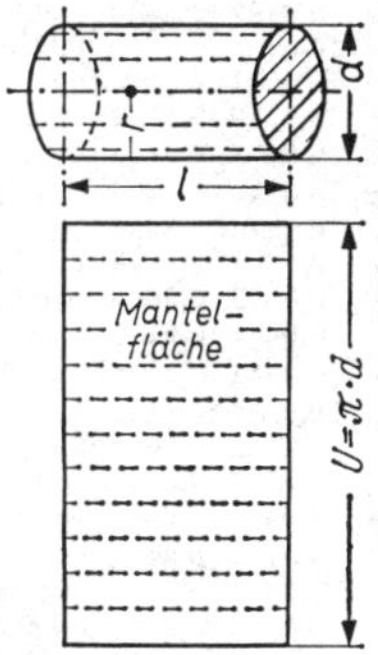

Die Mantelfläche ist ein Rechteck:

$$A_M = \pi \cdot d \cdot l$$

Rauminhalt:

$$V = \pi \cdot r^2 \cdot l$$

oder

$$V = \frac{\pi \cdot d^2}{4} \cdot l$$

$$= 0{,}785 \cdot d^2 \cdot l$$

Hohlzylinder

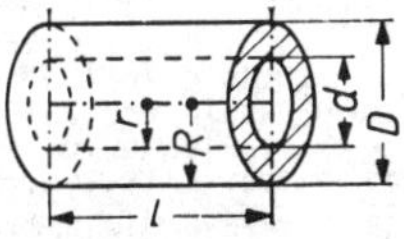

$$V = \pi\,(R^2 - r^2)\;l$$

$$V = \pi\,(d + s) \cdot s \cdot l$$

$$V = \left(\frac{\pi \cdot D^2}{4} - \frac{\pi \cdot d^2}{4}\right) l$$

Zylindrischer Ring

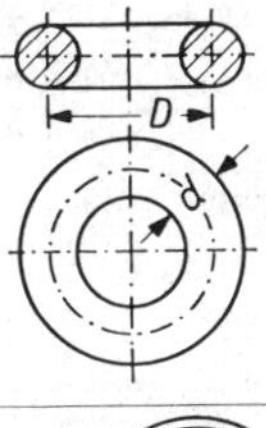

Mantelfläche:

$$A_M = \pi \cdot d \cdot \pi \cdot D$$

Rauminhalt:

$$V = \frac{\pi \cdot d^2}{4}\,\pi \cdot D$$

Kugel

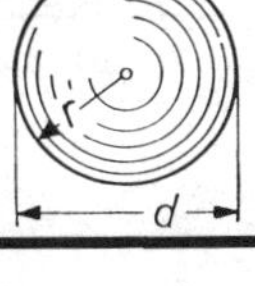

Mantelfläche: $A_M = \pi \cdot d^2$

$$V = \frac{4}{3}\pi\,r^3 = \frac{\pi \cdot d^3}{6}$$

$$V = 4{,}189\;r^3 = 0{,}5236\;d^3$$

Bogenhöhen *h*, Spannweiten (Sehnenlängen) *s*, Bogenlängen *b* und Inhalte *A* der Kreisabschnitte für den Halbmesser $r = 1$

Winkel $\beta°$	Bogenhöhe h	Spannweite s	Bogenlänge b	Kreisabschnitt A	Winkel $\beta°$	Bogenhöhe h	Spannweite s	Bogenlänge b	Kreisabschnitt A	Winkel $\beta°$	Bogenhöhe h	Spannweite s	Bogenlänge b	Kreisabschnitt A
1	0,0000	0,0175	0,0175	0,00000	61	0,1384	1,0151	1,0647	0,09502	121	0,5076	1,7407	2,1118	0,62734
2	0,0002	0,0349	0,0349	0,00000	62	0,1428	1,0301	1,0821	0,09958	122	0,5152	1,7492	2,1293	0,64063
3	0,0003	0,0524	0,0524	0,00001	63	0,1474	1,0450	1,0996	0,10428	123	0,5228	1,7576	2,1468	0,65404
4	0,0006	0,0698	0,0698	0,00003	64	0,1520	1,0598	1,1170	0,10911	124	0,5305	1,7659	2,1642	0,66759
5	0,0010	0,0872	0,0873	0,00006	**65**	0,1566	1,0746	1,1345	0,11408	**125**	0,5383	1,7740	2,1817	0,68125
6	0,0014	0,1047	0,1047	0,00010	66	0,1613	1,0893	1,1519	0,11919	126	0,5460	1,7820	2,1991	0,69505
7	0,0019	0,1221	0,1222	0,00015	67	0,1661	1,1039	1,1694	0,12443	127	0,5538	1,7899	2,2166	0,70897
8	0,0024	0,1395	0,1396	0,00023	68	0,1710	1,1184	1,1868	0,12982	128	0,5616	1,7976	2,2340	0,72301
9	0,0031	0,1569	0,1571	0,00032	69	0,1759	1,1328	1,2043	0,13535	129	0,5695	1,8052	2,2515	0,73716
10	0,0038	0,1743	0,1745	0,00044	**70**	0,1808	1,1472	1,2217	0,14102	**130**	0,5774	1,8126	2,2689	0,75144
11	0,0046	0,1917	0,1920	0,00059	71	0,1859	1,1614	1,2392	0,14683	131	0,5853	1,8199	2,2864	0,76584
12	0,0055	0,2091	0,2094	0,00076	72	0,1910	1,1756	1,2566	0,15279	132	0,5933	1,8271	2,3038	0,78034
13	0,0064	0,2264	0,2269	0,00097	73	0,1961	1,1896	1,2741	0,15889	133	0,6013	1,8341	2,3213	0,79497
14	0,0075	0,2437	0,2443	0,00121	74	0,2014	1,2036	1,2915	0,16514	134	0,6093	1,8410	2,3387	0,80970
15	0,0086	0,2611	0,2618	0,00149	**75**	0,2066	1,2175	1,3090	0,17154	**135**	0,6173	1,8478	2,3562	0,82454
16	0,0097	0,2783	0,2793	0,00181	76	0,2120	1,2313	1,3265	0,17808	136	0,6254	1,8544	2,3736	0,83949
17	0,0110	0,2956	0,2967	0,00217	77	0,2174	1,2450	1,3439	0,18477	137	0,6335	1,8608	2,3911	0,85455
18	0,0123	0,3129	0,3142	0,00257	78	0,2229	1,2586	1,3614	0,19160	138	0,6416	1,8672	2,4086	0,86971
19	0,0137	0,3301	0,3316	0,00302	79	0,2284	1,2722	1,3788	0,19859	139	0,6498	1,8733	2,4260	0,88497
20	0,0152	0,3473	0,3491	0,00352	**80**	0,2340	1,2856	1,3963	0,20573	**140**	0,6580	1,8794	2,4435	0,90034
21	0,0167	0,3645	0,3665	0,00408	81	0,2396	1,2989	1,4137	0,21301	141	0,6662	1,8853	2,4609	0,91580
22	0,0184	0,3816	0,3840	0,00468	82	0,2453	1,3121	1,4312	0,22045	142	0,6744	1,8910	2,4784	0,93135
23	0,0201	0,3987	0,4014	0,00535	83	0,2510	1,3252	1,4486	0,22804	143	0,6827	1,8966	2,4958	0,94700
24	0,0219	0,4158	0,4189	0,00607	84	0,2569	1,3383	1,4661	0,23578	144	0,6910	1,9021	2,5133	0,96274
25	0,0237	0,4329	0,4363	0,00686	**85**	0,2627	1,3512	1,4835	0,24367	**145**	0,6993	1,9074	2,5307	0,97858
26	0,0256	0,4499	0,4538	0,00771	86	0,2686	1,3640	1,5010	0,25171	146	0,7076	1,9126	2,5482	0,99449
27	0,0276	0,4669	0,4712	0,00862	87	0,2746	1,3767	1,5184	0,25990	147	0,7160	1,9176	2,5656	1,01050
28	0,0297	0,4838	0,4887	0,00961	88	0,2807	1,3893	1,5359	0,26825	148	0,7244	1,9225	2,5831	1,02658
29	0,0319	0,5008	0,5061	0,01067	89	0,2867	1,4018	1,5533	0,27675	149	0,7328	1,9273	2,6005	1,04275
30	0,0341	0,5176	0,5236	0,01180	**90**	0,2929	1,4142	1,5708	0,28540	**150**	0,7412	1,9319	2,6180	1,05900
31	0,0364	0,5345	0,5411	0,01301	91	0,2991	1,4265	1,5882	0,29420	151	0,7496	1,9363	2,6354	1,07532
32	0,0387	0,5512	0,5585	0,01429	92	0,3053	1,4387	1,6057	0,30316	152	0,7581	1,9406	2,6529	1,09171
33	0,0412	0,5680	0,5760	0,01566	93	0,3116	1,4507	1,6232	0,31226	153	0,7666	1,9447	2,6704	1,10818
34	0,0437	0,5847	0,5934	0,01711	94	0,3180	1,4627	1,6406	0,32152	154	0,7750	1,9487	2,6878	1,12472
35	0,0463	0,6014	0,6109	0,01864	**95**	0,3244	1,4746	1,6508	0,33093	**155**	0,7836	1,9526	2,7053	1,14132
36	0,0489	0,6180	0,6283	0,02027	96	0,3309	1,4863	1,6755	0,34050	156	0,7921	1,9563	2,7227	1,15799
37	0,0517	0,6346	0,6458	0,02198	97	0,3374	1,4979	1,6930	0,35021	157	0,8006	1,9598	2,7402	1,17472
38	0,0545	0,6511	0,6632	0,02378	98	0,3439	1,5094	1,7104	0,36008	158	0,8092	1,9633	2,7576	1,19151
39	0,0574	0,6676	0,6807	0,02568	99	0,3506	1,5208	1,7279	0,37009	159	0,8178	1,9665	2,7751	1,20835
40	0,0603	0,6840	0,6981	0,02767	**100**	0,3572	1,5321	1,7453	0,38026	**160**	0,8264	1,9696	2,7925	1,22525
41	0,0633	0,7004	0,7156	0,02976	101	0,3639	1,5432	1,7628	0,39058	161	0,8350	1,9726	2,8100	1,24221
42	0,0664	0,7167	0,7330	0,03195	102	0,3707	1,5543	1,7802	0,40104	162	0,8436	1,9754	2,8274	1,25921
43	0,0696	0,7330	0,7505	0,03425	103	0,3775	1,5652	1,7977	0,41166	163	0,8522	1,9780	2,8449	1,27626
44	0,0728	0,7492	0,7679	0,03664	104	0,3843	1,5760	1,8151	0,42242	164	0,8608	1,9805	2,8623	1,29335
45	0,0761	0,7654	0,7854	0,03915	**105**	0,3912	1,5867	1,8326	0,43333	**165**	0,8695	1,9829	2,8798	1,31049
46	0,0795	0,7815	0,8029	0,04176	106	0,3982	1,5973	1,8500	0,44439	166	0,8781	1,9851	2,8972	1,32766
47	0,0829	0,7975	0,8203	0,04448	107	0,4052	1,6077	1,8675	0,45560	167	0,8868	1,9871	2,9147	1,34487
48	0,0865	0,8135	0,8378	0,04731	108	0,4122	1,6180	1,8850	0,46695	168	0,8955	1,9890	2,9322	1,36212
49	0,0900	0,8294	0,8552	0,05025	109	0,4193	1,6282	1,9024	0,47844	169	0,9042	1,9908	2,9496	1,37940
50	0,0937	0,8452	0,8727	0,05331	**110**	0,4264	1,6383	1,9199	0,49008	**170**	0,9128	1,9924	2,9671	1,39671
51	0,0974	0,8610	0,8901	0,05649	111	0,4336	1,6483	1,9373	0,50187	171	0,9215	1,9938	2,9845	1,41404
52	0,1012	0,8767	0,9076	0,05978	112	0,4408	1,6581	1,9548	0,51379	172	0,9302	1,9951	3,0020	1,43140
53	0,1051	0,8924	0,9250	0,06319	113	0,4481	1,6678	1,9722	0,52586	173	0,9390	1,9963	3,0194	1,44878
54	0,1090	0,9080	0,9425	0,06673	114	0,4554	1,6773	1,9897	0,53807	174	0,9477	1,9973	3,0369	1,46617
55	0,1130	0,9235	0,9599	0,07039	**115**	0,4627	1,6868	2,0071	0,55041	**175**	0,9564	1,9981	3,0543	1,48359
56	0,1171	0,9389	0,9774	0,07417	116	0,4701	1,6961	2,0246	0,56289	176	0,9651	1,9988	3,0718	1,50101
57	0,1212	0,9543	0,9948	0,07808	117	0,4775	1,7053	2,0420	0,57551	177	0,9738	1,9993	3,0892	1,51845
58	0,1254	0,9696	1,0123	0,08212	118	0,4850	1,7143	2,0595	0,58827	178	0,9825	1,9997	3,1067	1,53589
59	0,1296	0,9848	1,0297	0,08629	119	0,4925	1,7233	2,0769	0,60116	179	0,9913	1,9999	3,1241	1,55334
60	0,1340	1,0000	1,0472	0,09059	**120**	0,5000	1,7321	2,0944	0,61418	**180**	1,0000	2,0000	3,1416	1,57080

Beispiel: Für $r = 650$ mm und $\beta = 45°$ ist $h = 650 \cdot 0{,}0761 = $ **49,5 mm**; $s = 650 \cdot 0{,}7654 = $ **497,5 mm**; $b = 650 \cdot 0{,}7854 = $ **510,5 mm**; $A = 650^2 \cdot 0{,}03915 = 16\,540$ mm² $=$ **165,4 cm²**.

Die Flächen A verhalten sich wie die Quadrate der Halbmesser r.

Richtlinien für das Maschinenzeichnen

Verhältnis von Halbmesser und Sehne

Tabelle
für Modelltischler und Anreißer

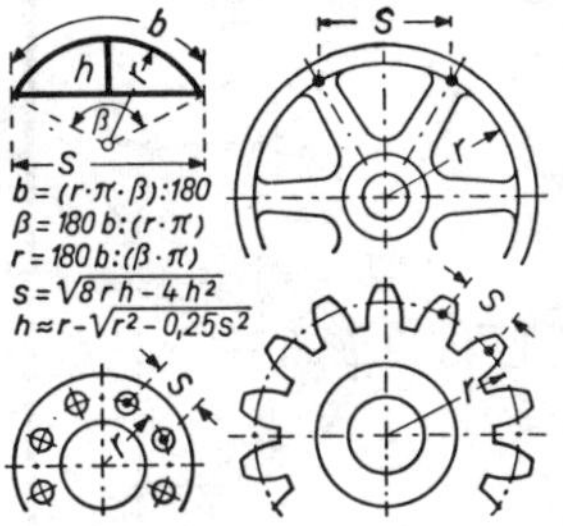

Bei Flanschen erhält die senkrechte Mittellinie kein Loch.

In der vierten Abb. ist r der Halbmesser des Teilkreises, in der dritten Abb. jener des Lochkreises.

n = Zahl der Arme, Zähne, Löcher
s = Länge der Sehne

n	s	n	s	n	s
3	1,732 r	14	0,445 r	25	0,2507 r
4	1,414 r	15	0,416 r	26	0,2411 r
5	1,176 r	16	0,390 r	27	0,2322 r
6	1,000 r	17	0,368 r	28	0,2238 r
7	0,868 r	18	0,347 r	29	0,2162 r
8	0,765 r	19	0,329 r	30	0,2091 r
9	0,684 r	20	0,313 r	31	0,2023 r
10	0,618 r	21	0,298 r	32	0,1960 r
11	0,563 r	22	0,285 r	33	0,1900 r
12	0,518 r	23	0,272 r	34	0,1844 r
13	0,479 r	24	0,261 r	35	0,1792 r

Beispiel: Bei dem Modell eines Rades mit 7 Armen und r = 1300 mm wird $s = 0{,}868 \cdot r = 0{,}868 \cdot 1300$ mm = **1128,4 mm.**

Berechnung des regelmäßigen Vielecks

n = Seitenzahl, d = ⌀ des einbeschriebenen Kreises, D = ⌀ des umbeschriebenen Kreises, A = Vielecksfläche

n	Gesucht								
	Seite s		Inkreis d		Umkreis D		Fläche A		
3	0,866 D	1,732 d	0,500 D	0,578 s	2,000 d	1,154 s	0,325 D^2	1,299 d^2	0,433 s^2
4	0,707 D	1,000 d	0,707 D	1,000 s	1,414 d	1,414 s	0,500 D^2	1,000 d^2	1,000 s^2
5	0,588 D	0,727 d	0,809 D	1,376 s	1,236 d	1,702 s	0,595 D^2	0,908 d^2	1,721 s^2
6	0,500 D	0,578 d	0,866 D	1,732 s	1,155 d	2,000 s	0,649 D^2	0,866 d^2	2,598 s^2
7	0,434 D	0,482 d	0,901 D	2,076 s	1,110 d	2,304 s	0,684 D^2	0,843 d^2	3,635 s^2
8	0,383 D	0,414 d	0,924 D	2,414 s	1,082 d	2,614 s	0,707 D^2	0,829 d^2	4,828 s^2
9	0,342 D	0,364 d	0,940 D	2,748 s	1,064 d	2,924 s	0,723 D^2	0,819 d^2	6,182 s^2
10	0,309 D	0,325 d	0,951 D	3,078 s	1,051 d	3,236 s	0,735 D^2	0,812 d^2	7,694 s^2
11	0,282 D	0,294 d	0,960 D	3,406 s	1,042 d	3,550 s	0,744 D^2	0,808 d^2	9,364 s^2
12	0,259 D	0,268 d	0,966 D	3,732 s	1,035 d	3,864 s	0,750 D^2	0,804 d^2	11,196 s^2
16	0,195 D	0,199 d	0,981 D	5,028 s	1,020 d	5,126 s	0,766 D^2	0,796 d^2	20,11 s^2

1. Beispiel: Die Flächeninhalte eines Fünfecks und eines Zehnecks von gleichem Spitzkant verhalten sich wie $0{,}595\,D^2 : 0{,}735\,D^2 = 0{,}595 : 0{,}735 = 595 : 735 = 1 : \frac{735}{595} = \mathbf{1:1{,}235}$

2. Beispiel: Zum Fräsen eines Sechskants mit s = 68 mm Schlüsselweite ist erforderlich Rundstahl von $d = 1{,}155\,s = 1{,}155 \cdot 68$ mm = **78,54 mm.**

3. Beispiel: 1 m Achtkantstahl von s = 21 mm Kantenlänge hat einen Querschnitt von $A = 4{,}828\,s^2 = 4{,}828 \cdot 2{,}1^2 = 4{,}828 \cdot 4{,}41 = \mathbf{21{,}29\ cm^2}$.
Rauminhalt $V = A \cdot l = 21{,}29\ cm^2 \cdot 100\ cm = \mathbf{2129\ cm^3}$.
Gewicht = V · Dichte = $2129\ cm^3 \cdot 7{,}85 = 16712{,}65\ g = \mathbf{16{,}7\ kg}$.

4. Beispiel: Berechnung der Masse einer Sechskantmutter M 12, Schlüsselweite s = 22 mm, mittlerer Gewindedurchmesser d = 11,35 mm und Mutterhöhe h = 10,5 mm (Dichte von Flußstahl ϱ = 7,85).

$$m = \left(A - \frac{\pi d^2}{4}\right) h \cdot \varrho \quad A = 0{,}866\,s^2$$

$$m = \left(0{,}866 \cdot 2{,}2^2 - \frac{\pi \cdot 1{,}135^2}{4}\right) \cdot 1{,}05 \cdot 7{,}85$$

$m = 3{,}18 \cdot 1{,}05 \cdot 7{,}85 \approx \mathbf{26{,}21\ g.}$

Bei einer doppelseitig gefaßten Mutter werden 6% abgezogen. Das Gewicht der Mutter ist also
$m = 26{,}21 - 26{,}21 \cdot 0{,}06 = \mathbf{24{,}64\ g.}$

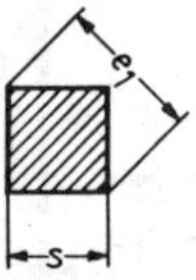

Vierkant

Sechskant

Achtkant

Schlüsselweiten nach DIN 475 Bl. 1 (11.65)

Toleranz der Schlüsselweiten:
Reihe 1: h 12 bis SW 8, h 13 bis SW 32, h 14 über SW 32
Reihe 2: h 14 bis SW 19, h 15 über SW 19
Bezeichnung einer Schlüsselweite mit Nennmaß s = 24 mm: SW 24 DIN 475 Reihe 1

s	e_1	e_2	s	e_1	e_2	e_3	s	e_1	e_2	e_3	s	e_1	e_2	e_3	s	e_2	e_3
3	4,2	3,29	14	19,8	15,61	—	30	42,4	33,53	32,5	100	141	112,02	108	190	213,40	206
3,2	4,5	3,48	15	21,2	16,64	—	32	45,3	35,72	34,6	105	148	117,67	114	200	224,70	216
3,5	4,9	3,82	16	22,6	17,77	—	36	50,9	39,98	39	110	156	123,32	119	210	236,0	227
4	5,7	4,38	17	24	18,9	—	41	58	45,63	44,4	115	163	128,97	124	220	247,3	238
4,5	6,4	4,95	18	25,4	20,03	—	46	65,1	51,28	49,8	120	170	134,62	130	230	258,6	249
5	7,1	5,51	19	26,9	21,1	—	50	70,7	55,8	54,1	130	184	145,77	141	235	264,25	254
5,5	7,8	6,08	20	28,3	22,23	—	55	77,8	61,31	59,5	135	191	151,42	146	245	275,55	265
6	8,5	6,64	21	29,7	23,36	22,7	60	84,8	66,96	64,9	145	205	162,72	157	255	286,68	276
7	9,9	7,74	22	31,1	24,49	23,8	65	91,9	72,61	70,3	150	—	168,37	162	265	297,98	287
8	11,3	8,87	23	32,5	25,62	24,9	70	99	78,26	75,7	155	—	174,02	168	270	303,63	292
9	12,7	9,92	24	33,9	26,75	26	75	106	83,91	81,2	165	—	185,32	179	280	314,93	303
10	14,1	11,05	25	35,5	27,88	27	80	113	89,56	86,6	170	—	190,97	184	290	326,23	314
11	15,6	12,12	26	36,8	29,01	28,1	85	120	95,07	92,0	175	—	196,62	189	300	337,53	325
12	17,0	13,25	27	38,2	30,14	29,1	90	127	100,72	97,4	180	—	202,27	195	310	348,83	335
13	18,4	14,38	28	39,6	31,27	30,2	95	134	106,37	103	185	—	207,75	200	320	360,02	346

Die Guldinschen Regeln

1. Mantel von Umdrehungsflächen:

$A_M = 2\pi r \cdot l$ oder $A_M = \pi d \cdot l$

$2\pi r = \pi d =$ Schwerpunktsweg. $l =$ Länge der Erzeugenden.
$S =$ Schwerpunkt der Erzeugenden. $AB =$ Drehachse.

$$A_M = \pi d_1 \cdot l_1 + \pi d_2 \cdot l_2 = \pi d\,(l_1 + l_2)$$

Besteht die Erzeugende aus n Teilen l_1, l_2, l_3, ... mit den Schwerpunktsabständen r_1, r_2, r_3, ..., so gilt:

$A_M = 2\pi$ mal Summe aller $r \cdot l$ $\quad A_M = 2\pi \cdot \Sigma\,(r \cdot l)$

$\Sigma\,(r \cdot l)$ lies: Summe aller r mal l.

2. Rauminhalt von Umdrehungskörpern:

$V = \pi d \cdot A = 2\pi r \cdot A$ $\quad A =$ erzeugende Fläche.
$\pi d = 2\pi r =$ Schwerpunktsweg. $\quad S =$ Schwerpunkt der Fläche.

$V = \pi d_1 \cdot A_1 + \pi d_2 \cdot A_2 + \pi d_3 \cdot A_3$

$V = 2\pi r_1 \cdot A_1 + 2\pi r_2 \cdot A_2 + 2\pi r_3 \cdot A_3$

$V = 2\pi \cdot \Sigma\,(r \cdot A)$

$\Sigma\,(r \cdot A)$ lies: Summe aller r mal A.

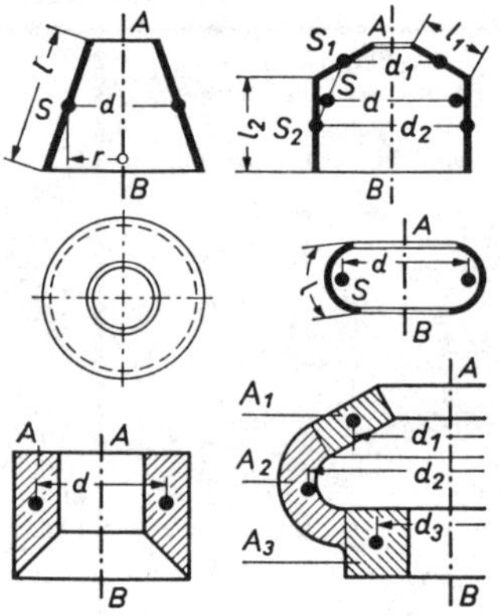

Reindichte[1]) (-wichte), Rohdichte[2]) (-wichte)

Merke: Die Dichte ϱ (Wichte γ) eines Stoffes ist der Quotient $m:V$ $(G:V)$ aus Masse m (Gewicht G) und Volumen V; $m = V \cdot \varrho$ $(V = G:\gamma)$. Der Zahlenwert der Dichte und der Wichte ist gleich; der Zahlenwert der Dichte gibt an, welche Masse 1 cm³ des Körpers in g, 1 dm³ in kg und 1 m³ in t hat. — (Wasser: Luft = 1 : 0,0013.)

1. Feste Körper:

Aluminium	2,7
Aluminiumbronze	7,7
Anthrazit	1,4···1,7
Antimon	6,7
Asbest, natürl.	2,1···2,8
Asbestpappe	1,2
Asphalt	1,1···1,4
Bausteine (i. Mittel)	
Basalt	3,0
Beton	2,2
Dolomit	2,9
Feldsteine	2,6
Granit	2,8
Kalksteine	2,6
Sandsteine	2,6
Schamottesteine	1,9
Syenit	2,7
Tuffstein	2,0
Ziegel, Klinker	1,9
„ , Mauer	1,8
Bimsstein, natürl.	0,4···0,9
Blei	11,3
Bleibronze	9,5
Brauneisenstein	3,4···4,0
Braunkohle	1,2···1,5
Bronze	8,5
Calciumcarbid	2,26
Chrom	7,1
Diamant	3,5
Eis bei 0°	0,9
Erde	1,3···2,0
Flußstahl	7,85
Gips, gebrannt	1,81
Glas, Fenster-	2,5
„ , Draht-	2,6
„ , Kristall-	2,9
Gold	19,3
Graphit	2,2
Gußeisen	7,25
Gummi (i. Mittel)	1,45
Guttapercha	1,02

Hölzer

(i.M.)	trocken 12%	frisch
Ahorn	0,66	0,95
Birke	0,65	0,96
Buchsbaum	0,95	—
Ebenholz	1,26	—
Eiche	0,69	1,04
Erle (Else)	0,53	0,82
Esche	0,69	0,80
Fichte (Rottanne)	0,45	0,8
Hickory	0,81	—
Kiefer	0,56	0,8
Linde	0,53	0,74
Nußbaum	0,68	0,92
Obstbaum	0,65	1,0
Pappel	0,45	0,85
Pockholz	1,23	—
Rotbuche	0,72	1,0
Tanne	0,45	1,0
Ulme (Rüster)	0,68	0,96
Weide	0,56	0,85
Weißbuche	0,83	1,05

Kalk, gelöscht	1,2
Kalkmörtel (i. Mittel)	1,7
Kautschuk	0,94
Kies, naß	2,0
„ , trocken	1,8
Kochsalz	2,15
Koks	1,6···1,9
„ , lose i. Stck.	0,5
Kork	0,25···0,35
Kreide	1,8···2,6
Kupfer	8,9
Leder	0,86
Lehm, frisch	2,1
Lehm, trocken	1,5
Magnesium-Gußleg.	1,8
Marmor (i. Mittel)	2,8
Mauerwerk (i. Mittel)	
Bruchstein, Granit	2,8
Klinker	1,9
Mauerziegel	1,8
Sandstein	2,6
Stahlbeton	2,4
Stampfbeton	2,2
Messing (i. Mittel)	8,5
Neusilber	8,7
Nickel	8,9
Phosphorbronze (i.M.)	8,6
Papier	0,7···1,2
Pech	1,25···1,33
Platin	21,4
Porzellan	2,45
Preßkohle (i. Mittel)	1,25
Roheisen, weiß (i. M.)	7,4
„ , grau „	7,2
Roteisenstein (i. M.)	4,7
Sand, naß	2,0
„ , erdfeucht	1,8
Schamotte	1,9···2,1
Schiefer	2,8
Schlacke (Hochofen)	2,5···3,0
Schmirgel	4,0
Schnee, lose, trocken	0,125
„ „ , naß bis	0,95
Schweißstahl	7,8
Schwerspat	4,25
Silber	10,5
Spateisenstein	3,8
Stahl (i. Mittel)	7,85
Steinkohle, Stück	1,2···1,5
geschichtet (i. M.)	0,9
Ton, trocken	1,8
Ton, naß	2,1
Torf	0,6
Vulkanfiber	1,1···1,5
Weißmetall (i. Mittel)	7,1
Wismut	9,8
Wolfram	19,3
Zementmörtel	1,8···2,3
Zink	7,1
Zinkblende	3,9···4,2
Zinn	7,3

2. Flüssige Körper bei 15°:

Äther	0,73
Alkohol	0,79
Benzin	0,68···0,81
Benzol	0,87···0,89
Glycerin	1,13···1,26
Leinöl, gekocht	0,94
Meerwasser	1,03
Mineral-schmieröl	0,9···0,92
Petroleum (i. Mittel)	0,8
Quecksilber	13,558

3. Gase und Dämpfe in kg/Nm³ bei 0° und 760 Torr*)

Acetylen	1,171
Ammoniak	0,771
Generatorgas	1,14
Gichtgas	1,28
Kohlenoxid	1,25
Kohlensäure	1,977
Luft	1,29
Luftgas	1,19
Propan	2,019
Sauerstoff	1,429
Stadtgas	0,549
Stickoxid	1,34
Stickstoff	1,25
Wasserdampf	0,768
Wasserstoffgas	0,09

1 m³ geschichtet hat im Mittel eine Masse in kg: Braunkohle = 750, Eis = 900, Erde = 1700, Formsand = 1200, Getreide = 680, Heu und Stroh = 150, Holz = 400···650, Holzkohle = 200, gebrannter Kalk = 1000. Koks = 400···500, Preßkohle = 1000, Steinkohle = 900···950, Torf (lufttrocken) = 325···410, Portlandzement (eingelaufen) ≈ 1200 kg, (eingerüttelt) ≈ 1900 kg.

[1]) Reindichte bezieht sich auf das Volumen des Feststoffes (Dichte = g/cm³)
[2]) Rohdichte bezieht sich auf das Volumen der ganzen Stoffmenge (einschließlich Hohlräume)

*) 1 Torr = $\frac{1}{760}$ atm

Algebra (Arithmetik)

Anstatt mit Zahlengrößen kann mit Buchstaben gerechnet werden. In einer Rechnung hat ein bestimmter Buchstabe immer den gleichen Wert.

Positive Werte: $+1;\quad +3;\quad +a;\quad +3b;\quad +2(a+b)$
Werte ohne Vorzeichen sind positiv: $3;\ 2a;\ 4{,}5\,x$

Negative Werte: $-1;\quad -0{,}5;\quad -2{,}3a;\quad -3(a+b)$

Addition: $3a+2a = 5a;\ 4b+b = 5b;\ x+x = 2x$
$2a+b+4+a+5b = 3a+6b+4;\ 0{,}4a+1{,}1a = 1{,}5a$

Subtraktion: $7b-2b-b = 4b;\ b-4b = -3b$
$15+14a-5b-6-7b-8a = 9+6a-12b$

Multiplikation: $3\cdot 4a = 12a;\ 3a\cdot 5b = 15ab$

$$\frac{3a}{2}\cdot\frac{7b}{6a} = \frac{3\cdot 7\cdot a\cdot b}{2\cdot 6\cdot a} = \frac{21\,ab}{12\,a} = \frac{7\,b}{4} = 1{,}75\,b$$

Division: $14c:7 = 2c;\ 18d:6d = 3;\ a:a = 1$

$$8c:2d = \frac{8c}{2d} = \frac{4c}{d};\quad \frac{9x}{8y}:\frac{3a}{4y} = \frac{9x\cdot 4y}{8y\cdot 3a} = \frac{3x}{2a}$$

Klammerwerte: $3(a+b) = 3a+3b;\ 4(c+1) = 4c+4$
$-3(x+y) = -3x-3y;\quad -4(-2+a) = 8-4a$
$+6(-1+b) = -6+6b;\quad 3a(2b-3) = 6ab-9a$

Zwei gleiche Vorzeichen ergeben positive Werte.
Zwei ungleiche Vorzeichen ergeben negative Werte.

$++=+$	$+-=-$	$3a+(+5a) = +8a$
$--=+$	$-+=-$	$3a-(-5a) = +8a$
$-3\cdot -5 = +15$		$3a+(-5a) = -2a$
$-3\cdot +5 = -15$		$3a-(+5a) = -2a$

Mehrgliedrige Andrücke (Faktoren) setzt man in Klammern. Sie werden multipliziert, indem man jedes Glied eines Faktors mit jedem Glied der anderen Faktoren multipliziert.

$(a+3b)\cdot(2c+d) = a\cdot 2c+a\cdot d+3b\cdot 2c+3b\cdot d$
$= 2ac + ad + 6bc + 3bd$
$(3c-4)\cdot(2-2a) = 6c-6ac-8+8a$

Potenzen: Eine Potenz ist die verkürzte Schreibweise einer fortlaufenden Multiplikation gleicher Faktoren.

$a\cdot a = a^2;\ b\cdot b\cdot b = b^3;\ 3\cdot 3 = 3^2$

In der Potenz 5^3 nennt man 5 die Grundzahl (Basis), 3 die Hochzahl (Exponent). — Potenzen mit gleicher Grundzahl werden multipliziert (dividiert), indem man die Hochzahlen addiert (subtrahiert).

$a^2\cdot a^3 = a^{2+3} = a^5;\ 3^2\cdot 3^3 = 3^{2+3} = 3^5 = 243$

$c^5:c^2 = c^{5-2} = c^3;\ 2^5:2^2 = 2^{5-2} = 2^3 = 8$

$$\frac{5^5\cdot 3^2}{5^3\cdot 3^4} = \frac{5^{5-3}}{3^{4-2}} = \frac{5^2}{3^2} = \left(\frac{5}{3}\right)^2;\quad \frac{b^a\cdot c^a}{x^a} = \left(\frac{bc}{x}\right)^a$$

$$\frac{5^2\cdot 6^2}{3^2} = \left(\frac{5\cdot 6}{3}\right)^2 = 10^2 = 100;\quad a^3:a^3 = a^0 = 1$$

Wurzeln sind die Umkehrung der Potenzen. Sie sind eine andere Schreibweise für Potenzen mit gebrochenen Hochzahlen.

$$b^{0,5} = b^{\frac{1}{2}} = \sqrt{b}$$

$$100^{\frac{1}{2}} = \sqrt{100} = 10\ ;\ 10000^{\frac{1}{4}} = \sqrt[4]{10000} = 10$$

$$\sqrt{4^2} = \sqrt{16} = \sqrt{4\cdot 4} = 4;\ \sqrt[3]{125} = \sqrt[3]{5\cdot 5\cdot 5} = 5$$

$$b^{\frac{6}{3}} = b^{6:3} = \sqrt[3]{b^6};\ \sqrt[3]{10^6} = 10^{6:3} = 10^2 = 100$$

$$\sqrt{\frac{4}{3}} = \sqrt{\frac{4\cdot 3}{3\cdot 3}} = \frac{2}{3}\sqrt{3};\ \sqrt[4]{16} = \sqrt{\sqrt{16}} = \sqrt{4} = 2$$

$$\sqrt[4]{81\,x^8} = \sqrt[4]{81}\cdot\sqrt[4]{x^8} = 3\cdot x^{8:4} = 3\,x^2$$

$$\sqrt[a]{b}\cdot\sqrt[a]{d} = \sqrt[a]{b\cdot d};\ \sqrt[3]{8}\cdot\sqrt[3]{27} = 2\cdot 3 = 6$$

$$\sqrt[a]{b}:\sqrt[a]{d} = \sqrt[a]{b:d};\ \sqrt{20}:\sqrt{5} = \sqrt{20:5} = \sqrt{4} = 2$$

$$\sqrt[a]{b^c} = \left(\sqrt[a]{b}\right)^c = b^{c:a};\ \sqrt[3]{8^2} = \left(\sqrt[3]{8}\right)^2 = 4$$

$$\sqrt{4^3} = \left(\sqrt{4}\right)^3 = 2^3 = 8;\ \sqrt[a]{b^a} = b^{a:a} = b^1 = b$$

$$\sqrt[6]{a^{15}} = a^{15:6} = a^{5:2} = \sqrt{a^5};\ \sqrt[3]{2^9} = 2^{9:3} = 2^3$$

$$\sqrt[12]{4096} = \sqrt[4]{\sqrt[3]{4096}} = \sqrt[4]{16} = \sqrt{\sqrt{16}} = \sqrt{4} = 2$$

Gleichungen mit einer Unbekannten

$x = 17+4$	$x = 17-4$	$x-4 = 17$	$x+4 = 17$
$x = \mathbf{21}$	$x = \mathbf{13}$	$x = 17+4$	$x = 17-4$
		$x = \mathbf{21}$	$x = \mathbf{13}$

$3x+12 = x+24$
$3x-x = 24-12$
$2x = 12$
$x = \mathbf{6}$

$\frac{x}{3} = 5$
$x = 5\cdot 3$
$x = \mathbf{15}$

$x = 3\,(4+a)-5$
$x = 12+3a-5$
$x = \mathbf{7+3a}$

$\frac{x}{2}+\frac{x}{3} = 10$
$\frac{3x}{6}+\frac{2x}{6} = \frac{60}{6}$
$3x+2x = 60$
$5x = 60$
$x = \mathbf{12}$

$4x = -16$
$x = -16:4$
$x = -4$

$dx = 0$
$x = 0:d$
$x = \mathbf{0}$

$108-x = -32$
$108+32 = x$
$\mathbf{140} = x$

$44:2x = 11$
$44 = 11\cdot 2x$
$44 = 22x$
$44:22 = x$
$\mathbf{2} = x$

$4\,(10-2x)-6\,(x+5{,}5) = 0$
$40-8x-6x-33 = 0$
$40-33 = 8x+6x$
$\mathbf{7} = 14x$
$7:14 = x \qquad \mathbf{0{,}5} = x$

$16 = \frac{12-2x}{0{,}5}$
$16\cdot 0{,}5 = 12-2x$
$8 = 12-2x$
$2x = 12-8$
$2x = \mathbf{4}$
$x = \mathbf{2}$

$\frac{1}{3}x+\frac{1}{4}x = 7$
$\frac{x\cdot 12}{3}+\frac{x\cdot 12}{4} = 7\cdot 12$
$4x+3x = 84$
$7x = 84$
$x = 84:7 \qquad x = \mathbf{12}$

Gleichungen mit zwei Unbekannten

Einsetzungsmethode

$3x+2y = 18$ (I)
$4x+y = 19$ (II)

Bestimme zunächst y aus
Gleichung II: . . . . $y = 19-4x$
Setze y in Gl. I ein: $3x+2\,(19-4x) = 18$
Rechne x aus: . . . . . . $3x+38-8x = 18$
$38-18 = 8x-3x$
$20 = 5x \qquad \mathbf{4} = x$
Setze x in Gl. II ein: $4\cdot 4+y = 19$
Rechne y aus: $16+y = 19$
$y = 19-16$
$y = 3$

Probe bei Gleichung I: $3\cdot 4+2\cdot 3 = 18$
$12+6 = 18$

Probe bei Gleichung II: $4\cdot 4+3 = 19$
$16+3 = 19$

Gleichsetzungsmethode

$3x+2y = 18$ (I)
$4x+y = 19$ (II)

Löse beide Gleichungen nach y auf. Dann sind die rechten Seiten beider Gleichungen gleich:

$2y = 18-3x$
$y = 9-1{,}5x$ (I)
$y = 19-4x$ (II)

$9-1{,}5x = 19-4x$
$-1{,}5x+4x = 19-9$
$2{,}5\,x = 10 \mid x = 10:2{,}5 = 4$

$y = 19-4\cdot 4$
$y = 19-16$
$y = 3$

Additions- bzw. Subtraktionsmethode

$3x+2y = 18$ (I)
$4x+y = 19$ (II)
Gleichung II erweitert man mit 2 und erhält

$3x+2y = 18$ (—)
$8x+2y = 38$ (+)
Alsdann subtrahiert man Gleichung I von II.

$5x = 20$
$x = 4$

$4\cdot 4+y = 19$ (x eingesetzt)
$16+y = 19 \mid y = 19-16 = 3$

Algebra (Fortsetzung)

Gleichungen zweiten Grades (quadratische Gleichungen)

Bei rein-quadratischen Gleichungen kommt die Unbekannte nur in der 2. Potenz (z. B. x^2) vor. Diese Gleichungen haben immer 2 Ergebnisse (positiv und negativ).

Beispiel: $x^2 = 25$; $x = \sqrt{25} = \pm 5$, weil $(+5) \cdot (+5) = 25$ und $(-5) \cdot (-5) = 25$ ist.

$$\begin{aligned} 15 + 3x^2 &= x^2 + 47 \\ 3x^2 - x^2 &= 47 - 15 \\ 2x^2 &= 32 \\ x^2 &= 16 \\ x &= \pm\sqrt{16} \\ x_1 = 4 \qquad & x_2 = -4 \end{aligned}$$

$$\begin{aligned} x^2 &= ab + a^2 + ab + b^2 \\ x^2 &= a(a+b) + b(a+b) \\ x^2 &= (a+b) \cdot (a+b) \\ x &= \pm\sqrt{(a+b)(a+b)} \\ x &= \pm(a+b) \\ x_1 = a+b \qquad & x_2 = -a-b \end{aligned}$$

Bei gemischt-quadratischen Gleichungen kommt die Unbekannte in der 1. und 2. Potenz vor (x und x^2). Man bringt alle unbekannten Glieder nach einer Seite, die bekannten nach der anderen.

$$\begin{aligned} 2x^2 + x + 13 &= x^2 - 5x + 40 \\ 2x^2 - x^2 + x + 5x &= 40 - 13 \\ x^2 + 6x &= 27 \\ x^2 + 2 \cdot 3 \cdot x &= 27 \\ x^2 + 2 \cdot 3 \cdot x + 3^2 &= 27 + 3^2 \\ (x+3)^2 &= 27 + 9 = 36 \\ x + 3 &= \pm\sqrt{36} \\ x &= -3 \pm \sqrt{36} = -3 \pm 6 \\ x_1 = 3 \qquad & x_2 = -9 \end{aligned}$$

Nach Vereinfachung der Gleichung (3. Zeile) bringt man die Seite der Unbekannten auf die Normalform $x^2 + 2ax + a^2 = (x+a)^2$ oder $x^2 - 2ax + a^2 = (x-a)^2$. Im 1. Beispiel ist $a = 6:2 = 3$, also $x^2 + 2 \cdot 3 \cdot x + 3^2 = (x+3)^2$. Den Wert 3^2 nennt man quadratische Ergänzung; er muß links und rechts ergänzt werden, damit die Gleichung richtig bleibt (5. Zeile).

Proben (Ausgang von der 3. Gleichungszeile):

$$\begin{aligned} x_1^2 + 6x_1 &= 27 \\ 3^2 + 6 \cdot 3 &= 27 \\ 9 + 18 &= 27 \\ 27 &= 27 \end{aligned} \qquad \begin{aligned} x_2^2 + 6x_2 &= 27 \\ (-9)^2 + 6 \cdot -9 &= 27 \\ 81 - 54 &= 27 \\ 27 &= 27 \end{aligned}$$

$$\begin{aligned} 18{,}75 - 5x &= x^2 - 75 \\ 18{,}75 + 75 &= x^2 + 5x \\ 93{,}75 &= x^2 + 2 \cdot 2{,}5x \\ 93{,}75 + 2{,}5^2 &= x^2 + 2 \cdot 2{,}5x + 2{,}5^2 \\ 93{,}75 + 6{,}25 &= (x + 2{,}5)^2 \\ 100 &= (x + 2{,}5)^2 \\ \pm\sqrt{100} &= x + 2{,}5 \\ \pm\sqrt{100} - 2{,}5 &= x \\ \pm 10 - 2{,}5 &= x \\ x_1 = 7{,}5 \qquad & x_2 = -12{,}5 \end{aligned}$$

$$\begin{aligned} x + 3x^2 &= 7x + 45 \\ 3x^2 + x - 7x &= 45 \\ 3x^2 - 6x &= 45 \\ x^2 - 2x &= 15 \\ x^2 - 2 \cdot 1 \cdot x + 1^2 &= 15 + 1^2 \\ (x-1)^2 &= 15 + 1 \\ x - 1 &= \pm\sqrt{16} \\ x &= 1 \pm \sqrt{16} \\ x &= 1 \pm 4 \\ x_1 = 5 \qquad & x_2 = -3 \end{aligned}$$

$$\begin{aligned} bx + x^2 - b^2 &= 2b^2 + 3bx \\ x^2 + bx - 3bx &= 2b^2 + b^2 \\ x^2 - 2bx &= 3b^2 \\ x^2 - 2 \cdot b \cdot x + b^2 &= 3b^2 + b^2 \\ (x-b)^2 &= 4b^2 \\ x - b &= \pm\sqrt{4b^2} \\ x &= b \pm \sqrt{4b^2} \\ x &= b \pm 2b \\ x_1 = 3b \qquad & x_2 = -b \end{aligned}$$

Die Berechnung der Quadratwurzeln

Da die Quadratwurzel die Umkehrung des Quadrats ist, so ergibt sich $\sqrt{a^2 + 2ab + b^2} = a + b$, denn $(a+b)^2$ ist gleich $a^2 + 2ab + b^2$. Hat man nun einen dreigliedrigen algebraischen Ausdruck zu radizieren, so ordnet man ihn nach der Form $a^2 + 2ab + b^2$. Es ergibt sich dann zur Berechnung der Quadratwurzel folgendes Rechenschema:

		(a) (b)
	$\sqrt{25x^2 + 40xz + 16z^2}$	$= 5x + 4z$
$-)\ a^2 =$	$25x^2$	
	$+40xz + 16z^2$	$: 10x$ (d. i. $2a$)
$-)\ 2ab =$	$40xz$	
	$+16z^2$	
$-)\ b^2 =$	$16z^2$	

Bei algebraischen Ausdrücken mit 6 Gliedern ist $\sqrt{a^2 + 2ab + b^2 + 2(a+b) \cdot c + c^2} = a + b + c$, weil $(a + b + c)^2 = a^2 + 2ab + b^2 + 2(a + b) \cdot c + c^2$

Ausziehen von Quadratwurzeln

1. Beispiel

			$a + b + c$
		$\sqrt{692224}$	$= 800 + 30 + 2 =$ **832**
a^2	$= 800^2$	-640000	
		52224	$:2a = :1600 \approx$ **30** $= b$
$2ab$	$= 2 \cdot 800 \cdot 30 =$	48000	Probe: $(2a + b) \cdot b = 1630 \cdot 30 = 48900 < 52224!$
		4224	
b^2	$= 30^2 =$	900	
		3324	$:2(a + b) = :2 \cdot 830 = :1660 \approx$ **2** $= c$
$2(a+b)c$	$= 2 \cdot 830 \cdot 2 =$	3320	
		4	
c^2	$= 2^2 =$	4	

2. Beispiel:

			$a + b + c$
		$\sqrt{434281}$	$= 600 + 50 + 9 =$ **659**
a^2	$= 600^2$	$=360000$	
		74281	$:2a = :2 \cdot 600 = :1200 \approx 60$
$2ab$	$= 2 \cdot 600 \cdot 50 =$	60000	Probe: $(2a+b) \cdot b = 1260 \cdot 60 = 75600 > 74281$ folglich $b =$ **50**
		14281	
b^2	$= 50^2 =$	2500	
		11781	$:2(a+b) = :2 \cdot 650 = :1300 \approx$ **9** $= c$
$2(a+b)c$	$= 2 \cdot 650 \cdot 9 =$	11700	
		81	
c^2	$= 9^2 =$	81	

Man zerlegt die Zahl von rechts nach links in Gruppen von je zwei Ziffern. Beim Dezimalbruch erfolgt die Teilung in Gruppen vom Komma aus nach links und rechts. Die Wurzel wird nach der Formel berechnet:

$(a + b + c + d + \cdots \text{usw.})^2 = a^2 + 2ab + b^2 + 2(a + b)c + c^2 + 2(a + b + c)d + d^2 + \cdots \text{usw.} = a^2 + (2a + b)b + (2a + 2b + c)c + (2a + 2b + 2c + d)d + \cdots \text{usw.}$

Die Stellenzahl der Wurzel ist gleich der Anzahl der Gruppen der Wurzelzahl.

In Beispiel 2 hat die Zahl 43/42/81 drei Gruppen; also sind zur Berechnung ihrer Wurzel 659 drei Buchstaben a, b, c nötig. a sind die Hunderter ($a = 6 \cdot 100 = 600$), b die Zehner ($b = 5 \cdot 10 = 50$) und c die Einer ($c = 9 \cdot 1 = 9$).

Bei der Berechnung ist die ganze Zehnerzahl b so zu wählen, daß $(2a + b)\,b$ kleiner bleibt als die zu teilende Zahl 74281.

Logarithmen

Der Logarithmus (lg) als 2. Umkehrung der Potenzrechnung ist ein Potenzexponent. Ist a die Basis, m die Hochzahl und c die Potenz, so gilt

$$a^m = c \qquad 10^2 = 100$$

1. Umkehrung $\sqrt[m]{c} = a$ $\qquad \sqrt{100} = 10$
2. Umkehrung $^{a}\log c = m$ $\qquad {}^{10}\lg 100 = 2$

(Lies: lg c zur Basis a gleich m.)
Als Basis kann jede beliebige Zahl genommen werden.

Alle Logarithmen gleicher Basis bilden ein Logarithmensystem. Ist diese Basis e = 2,71828..., so spricht man von **natürlichen Logarithmen*)** (Kennzeichen ln); e wurde durch Entwicklung der Reihe

$$1 + \frac{1}{1} + \frac{1}{1 \cdot 2} + \frac{1}{1 \cdot 2 \cdot 3} + \frac{1}{1 \cdot 2 \cdot 3 \cdot 4} + \ldots \text{gefunden.}$$

Die natürlichen Logarithmen werden hauptsächlich in der höheren Mathematik und in theoretischen Berechnungen benutzt. **Künstliche Logarithmen** sind alle anderen mit beliebiger Basis. Unter ihnen sind von Bedeutung die **Briggsschen** oder **dekadischen** oder **gewöhnlichen Logarithmen**, auch **Zehner-Logarithmen** genannt, bei denen die Basis $a = 10$ ist. Für die ganzen Potenzen von 10 sind die Briggsschen Logarithmen leicht zu bestimmen.

$\lg 1000 = 3$, da $10^3 = 1000$
$\lg 100 = 2$, da $10^2 = 100$
$\lg 10 = 1$, da $10^1 = 10$
$\lg 1 = 0$, da $10^0 = 1$
$\lg 0{,}1 = -1$, da $10^{-1} = 0{,}1$
$\lg 0{,}01 = -2$, da $10^{-2} = 0{,}01$
$\lg 0{,}001 = -3$, da $10^{-3} = 0{,}001$ usw.

Demnach haben die Zahlen über 1 positive, die Zahlen 0···1 negative Logarithmen. Die Logarithmen der Zahlen von 1···10 müssen zwischen 0 und 1, die von 10···100 zwischen 1 und 2 liegen, usw.

Die Logarithmen bestehen also aus einer ganzen Zahl, **Kennziffer** genannt, und aus dem Dezimalbruch nach dem Komma, **Mantisse** genannt.

Jede Logarithmentafel enthält nur die Mantissen; je nach der erforderlichen Genauigkeit werden Tafeln mit 3-, 4-, 5-, 6- oder gar 10- und 12stelligen Mantissen verwandt. Die Kennziffer hat man selbst zu bestimmen und hinzuzufügen.

Beispiele:
lg 3480 = 3,54158
lg 348 = 2,54158
lg 34,8 = 1,54158
lg 3,48 = 0,54158

Regel 1: Beim Logarithmus ist die Kennziffer stets um 1 kleiner als die Stellenzahl vor dem Komma der Zahl, zu der der Logarithmus gesucht wird.

Beispiele:
lg 0,348 = 0,54158—1
lg 0,0348 = 0,54158—2
lg 0,00348 = 0,54158—3

Die negative Kennziffer des Logarithmus von Dezimalbrüchen ist so groß wie die Anzahl der Nullen vor den geltenden Ziffern.

Bei gleichen Ziffern der Zahl behält die Mantisse stets gleiche Ziffern (siehe Beispiel); nur die Kennziffer ändert sich.

Das Rechnen mit Logarithmen

bietet eine bedeutende Zeitersparnis beim Multiplizieren, Dividieren und besonders beim Potenzieren und Radizieren (Wurzelziehen), weil diese 4 Rechnungsarten jeweils um eine Stufe erniedrigt werden, wie nachstehende Aufstellung zeigt:

Rechnungsart	wird zurückgeführt auf	Regel
Multiplizieren	Addieren	$\lg (a \cdot b) = \lg a + \lg b$
Dividieren	Subtrahieren	$\lg \frac{a}{b} = \lg a - \lg b$
Potenzieren	Multiplizieren	$\lg a^n = n \cdot \lg a$
Radizieren	Dividieren	$\lg \sqrt[n]{a} = \frac{1}{n} \cdot \lg a$

Das Rechnen mit Logarithmen geht in 3 Stufen vor sich:

1. Von der Zahl (Numerus) zum Logarithmus.
2. Durchführung des Rechenvorganges nach den 4 Regeln.
3. Vom logarithmischen Ergebnis zurück zur Zahl.

Hier gilt als Regel 2:
Das Ergebnis ist stets um eine Stelle größer, als die positive Kennziffer angibt. Ist z. B. die Kennziffer 1, so ist das Ergebnis 2stellig; ist die Kennziffer 2, so ist es 3stellig, usw.

Bei negativer Kennziffer sind der Zahl so viele Nullen vorzusetzen, wie die Kennziffer angibt, einschließlich der Null vor dem Komma.

Beispiel:

Gegebene Zahl	Zugehöriger Logarithmus
251	2,39967
18,7	1,27184
9,34	0,97035
0,683	0,83442—1

Gegebener Logarithmus	Zugehörige Zahl
2,47276	297
1,04532	11,1
0,73078	5,38
0,09691—1	0,125

Beispiele:

$$\lg \frac{2{,}8 \cdot 0{,}3}{17^3} = \lg 2{,}8 + \lg 0{,}3 - 3 \cdot \lg 17$$

$\lg 2{,}8 = 0{,}44716$
$+ \lg 0{,}3 = 0{,}47712—1$
$\lg = 0{,}92428—1$
$- 3 \cdot \lg 17 = 3{,}69135$
3,92428—4
3,69135
0,23293—4; **Ergebnis = 0,000171**

Um 3,69135 von 0,92428—1 abziehen zu können, zählt man vorn 3 hinzu und zieht hinten 3 ab.

Aufgabe:	lg	Lösung:
$75{,}9 \cdot 9{,}25 = ?$	$\lg 75{,}9 = 1{,}88024$ $+ \lg 9{,}25 = 0{,}96614$ $\lg N = 2{,}84638$	$\lg N = 2{,}84638$ $N = \mathbf{702}$
$193 : 8{,}93 = ?$	$\lg 193 = 2{,}28556$ $- \lg 8{,}93 = 0{,}95085$ $\lg N = 1{,}33471$	$\lg N = 1{,}33471$ $N \approx \mathbf{21{,}6}$
$7{,}77^3 = ?$	$3 \cdot \lg 7{,}77 =$ $3 \cdot 0{,}89042 = 2{,}67126$	$\lg N = 2{,}67126$ $N \approx \mathbf{469}$
$\sqrt[5]{914} = ?$	$\frac{1}{5} \cdot \lg 914 =$ $= 2{,}96095 : 5$ $= 0{,}59213$	$\lg N = 0{,}59213$ $N = \mathbf{3{,}91}$

$$\lg \sqrt[5]{\left(\frac{14^2 \cdot 0{,}15}{18 \cdot 19{,}2}\right)^3}$$
$$= \frac{3}{5} [(2 \cdot \lg 14 + \lg 0{,}15) - (\lg 18 + \lg 19{,}2)]$$

$2 \cdot \lg 14 = 2{,}29226$ (lg 14 = 1,14613)
$+ \lg 0{,}15 = 0{,}17609—1$
2,46835—1 (+ 1 bzw. — 1)

$\lg 18 = 1{,}25527$
$+ \lg 19{,}2 = 1{,}28330$
$= 2{,}53857$

3,46835—2
— 2,53857
0,92978—2

$\frac{3}{5}$ (0,92978—2) = (2,78934 —6) : 5 =
= (1,78934 —5) : 5 = 0,35787 —1
≈ **0,228**

(Um die negative Kennziffer —6 ohne Rest teilen zu können, wurde bei 2,7891 —6 vorn 1 abgezogen und hinten 1 hinzugezählt.)

Hierauf sucht man in der Tafel die Mantisse 35787 auf und findet hierzu den Numerus (die Zahl) ≈ 0,228.

*) ln $N \approx 2{,}3026$ lg N bzw. lg $N \approx 0{,}4343$ ln N

Das Rechenstabrechnen

Der Rechenstab oder Rechenschieber dient vor allem zur schnellen und sicheren Auffindung schwieriger Produkte und Quotienten mit einer für die Praxis ausreichenden Genauigkeit. Er ist zur Überprüfung und überschläglichen Erledigung technischer oder kaufmännischer Berechnungen besonders geeignet.

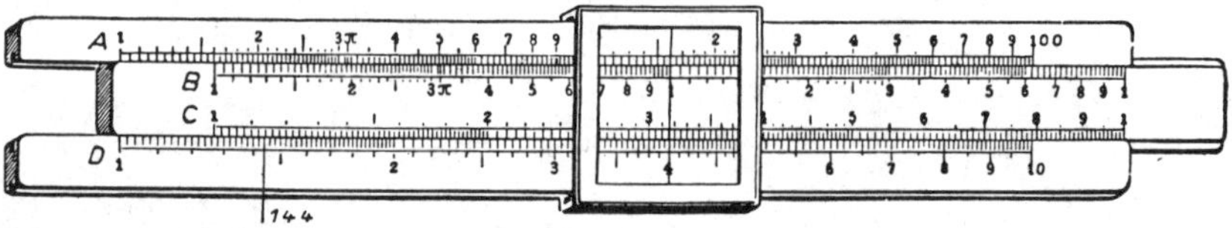

Der unseren Betrachtungen zugrunde gelegte Rechenstab besteht aus dem Körper (Lineal) und dem in einer Nute verschiebbaren Schieber. Über beiden Teilen gleitet der Läufer mit dem Teilstrich. Körper und Schieber sind mit Skalen versehen; in unserer Abbildung sind es vier, die mit *A*, *B*, *C*, *D* bezeichnet sind. — Der besseren Deutlichkeit halber wurden in der Abbildung Zwischenteilstriche fortgelassen.

Da die Skalen des Rechenstabes logarithmischen Maßstab aufweisen, so hat das Rechenstabrechnen als Grundlage das Logarithmenrechnen; für Multiplizieren, Dividieren usw. gelten die gleichen Regeln wie für den Logarithmus (Potenzexponenten).

Summen der Strecken ergeben demnach Zahlenprodukte, ihre Differenzen Zahlenquotienten:

$$\lg a + \lg b = \lg (a \cdot b)$$

$$\lg a - \lg b = \lg \frac{a}{b}$$

An einem 28 cm langen Rechenstab kann man bis zu 3 Ziffern einstellen und ablesen. Die Stellenzahl muß besonders ermittelt werden. Die Ablesung 144 kann z. B. bedeuten: 14,4 oder 1,44 oder 0,144 oder 0,0144 oder 144 oder 1440 usw. Man zählt die Stellen vor dem Komma (14,4 = zweistellig, 1,44 = einstellig usw.), bei Dezimalbrüchen die Nullen nach dem Komma (0,144 = nullstellig oder 0,0144 = — einstellig usw.).

1. Die Multiplikation

Beispiel: 5 × 42 = 210

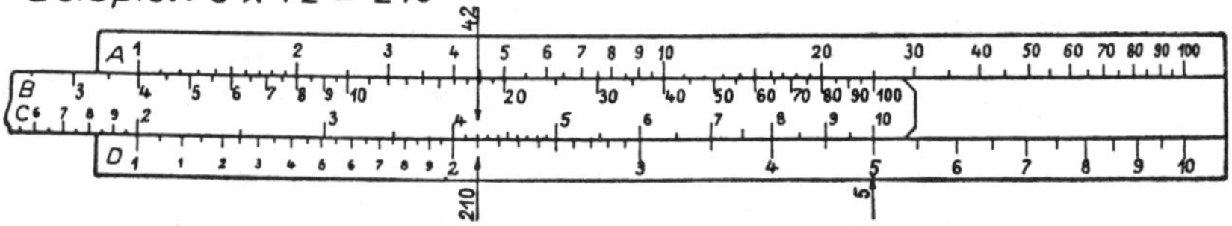

Beispiel: 2 × 3 = 6

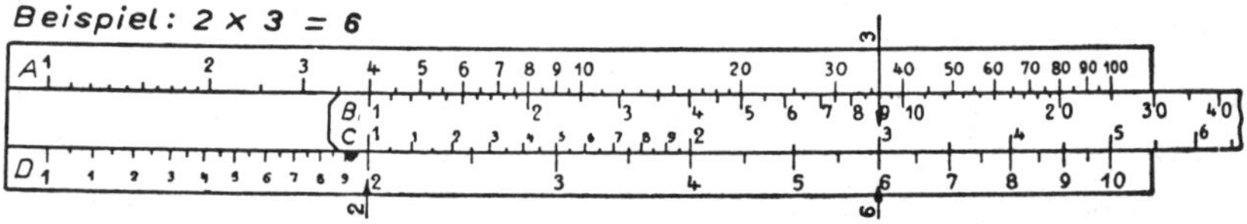

Regel (siehe Beispiel 2 × 3 = 6):
Man stellt über den ersten auf Skala *D* ermittelten Faktor (2) den linken (1) oder rechten (10) Kennstrich des Schiebers, je nachdem es der zweite Faktor (3) erfordert, der mit dem Läuferstrich auf Skala *C* gesucht wird. Die darunterstehende Ziffer (6) auf Skala *D* ist das Ergebnis.

Bei drei und mehr Faktoren multipliziert man zunächst die beiden ersten miteinander, ihr Produkt mit dem dritten Faktor usw.

Ermittlung der Stellenzahl bei Multiplikationen

Man addiert die Stellenzahl der Faktoren, merkt sich, wie oft der linke Kennstrich benutzt wurde, und zieht die Anzahl dieser Benutzungen von der Stellensumme ab.

Beispiel: 0,3 × 1300; es werden als Ergebnis die Ziffern 39 abgelesen. Stellensumme: 0 + 4 = 4. Linker Kennstrich 1mal benutzt, also wird 1 abgezogen: 4 — 1 = 3 Stellen. Ergebnis: 390.

2. Die Division

Regel (siehe Beispiel 7,2 : 0,036 = 200, nächste Seite):
Man stellt den Dividenden (72) auf Skala *D* mit dem Läufer ein, bringt den Divisor (36) auf Skala *C* ebenfalls unter den Teilstrich und liest auf Skala *D* das Ergebnis (2) ab. Bei 728 : 365 wären die Einstellungen für die Ziffern 8 und 5 nach Augenmaß zu schätzen.

Ermittlung der Stellenzahl bei Divisionen

Der Unterschied der Stellenzahl von Divisor und Dividend ergibt die Stellenzahl des Quotienten. 300 : 75 = 4; (3 — 2 = 1 Stelle). Wurde jedoch bei der Ausrechnung der linke Kennstrich benutzt, so ist zu der Differenz der Stellenzahlen noch 1 Stelle mehr zu nehmen. 300 : 15 = 20 (3—2+1=2 Stellen).

Das Rechenstabrechnen (Fortsetzung)

Beispiel: 7,2 : 0,036 = 200

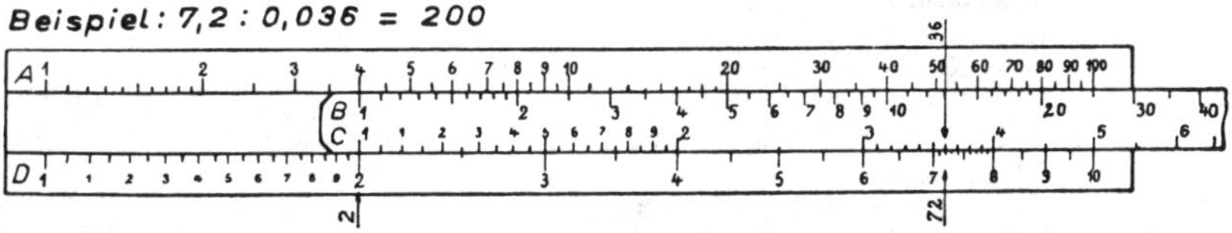

Die Einstellung ergibt auf Skala *D* die Ziffer 2. Stellendifferenz: 1 — (—1) = 1 + 1 = 2.

Der linke Kennstrich ist benutzt, also + 1; 2 + 1 = 3 Stellen. Ergebnis: 200.

Geübtere Rechner bilden in Gedanken aus 7,2 : 0,036 die Aufgabe 720 : 3,6 (Divisor 1 Stelle vor dem Komma) und erkennen sofort, daß das Ergebnis 3 Stellen vor dem Komma hat.

3. Reihen von Multiplikationen und Divisionen

Man beginnt am vorteilhaftesten stets mit der Division; dann wird multipliziert, wieder dividiert und so fort. Zwischenergebnisse werden nicht abgelesen. Man setzt die Zahlen zweckmäßig so, daß unnötige Schieberstellungen vermieden werden. Die Stellenzahl des Ergebnisses folgt aus den angeführten Regeln.

Beispiel: $\dfrac{28 \cdot 2{,}85 \cdot 0{,}2 \cdot 0{,}076}{17{,}84 \cdot 22{,}3 \cdot 0{,}007} = ?$

Bei der Ausrechnung erhält man als Ergebnis die Ziffern 436.

Schieberstellungen	Stellendifferenz	Zuschlag oder Abzug infolge Schieberstellung
28 : 17,84 = *a*	2—2 = 0	linker Kennstrich = +1
a · 2,85 = *b*	+1	linker Kennstrich = —1
b : 22,3 = *c*	—2	linker Kennstrich = +1
c · 0,2 = *d*	0	linker Kennstrich = —1
d : 0,007 = *e*	—(—2)	recht. Kennstrich = 0
e · 0,076 = *f*	+ (—1)	recht. Kennstrich = 0
	0	0
Ergebnis: 0,436		Stellenzahl = 0

4. Das Quadrieren

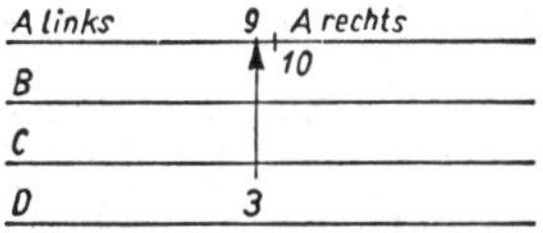

Man stellt den Läuferstrich über die zu quadrierende Zahl (auf Skala *D*) und liest auf Skala *A* das Ergebnis ab. $3^2 = 9$; $30^2 = 900$; $38{,}6^2 = 1490$.

Ermittlung der Stellenzahl des Ergebnisses

Skala *A* zerfällt bei 10 in zwei Teile (*A* links und *A* rechts). Wird das Ergebnis rechts abgelesen, so ist seine Stellenzahl gleich der doppelten der Grundzahl. Wird links abgelesen, so hat das Ergebnis 1 Stelle weniger.

5. Das Wurzelziehen (Radizieren)

Das Ziehen der Quadratwurzel ist die Umkehrung des Quadrierens. Es ist darauf zu achten, daß die ungeradstelligen Zahlen auf der linken und die geradstelligen Zahlen auf der rechten Skala *A* gesucht werden. $\sqrt{9} = 3$ und $\sqrt{7{,}4} = 2{,}72$.

Die Stellenzahl des Ergebnisses wird wie beim gewöhnlichen Wurzelziehen gefunden:

Vom Komma aus werden je zwei Stellen der Zahl als eine Stelle der Wurzel gerechnet.

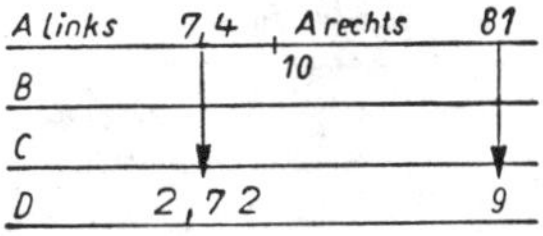

6. Ablesung der Sinus- und Tangenswerte

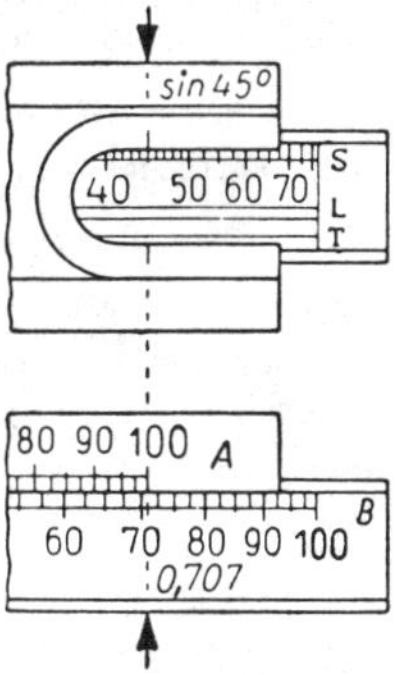

Zu diesem Zwecke befinden sich auf der Rückseite die mit *S* und *T* bezeichneten Skalen.

Sinusbestimmung

Man stellt den Winkel auf der *S*-Teilung über dem unteren Teilstrich der linken oder rechten Ausfräsung ein, dreht den Rechenstab um und liest unter der 100 bzw. 1 der Skala *A* auf *B* das Ergebnis ab. sin 45° = 0,707.

Tangensbestimmung

Man stellt den Winkel auf der *T*-Teilung entsprechend (wie bei der Sinusbestimmung) ein, liest das Ergebnis jedoch über der 10 bzw. 1 der Skala *D* auf *C* ab. tan 8° 5′ = 0,142.

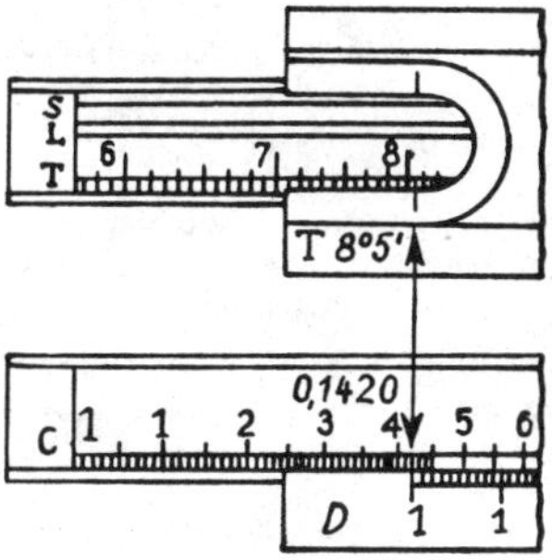

Anleitung zum Gebrauch der Zahlentafeln Seite 15 ··· 31

Es bedeuten:

n = eine beliebige Zahl, z. B. 215 mm

d = ein beliebiger Kreis-⌀, z. B. 215 mm

n^2 = $n \cdot n$, Quadratzahl von der Zahl n, z. B. $n^2 = 215^2\ mm^2 = 46225\ mm^2$ (Flächeninhalt A eines Quadrates von 215 mm Seitenlänge).

Beispiel von Seite 18

$n = d$	n^2	n^3	$\sqrt{n}$	$\pi \cdot d$	$\frac{\pi \cdot d^2}{4}$
215	46225	9938375	14,6629	675,44	36305,0
216	46656	10077696	14,6969	678,58	36643,5
217	47089	10218313	14,7309	681,73	36983,6

n^3 = $n \cdot n \cdot n$, Kubikzahl von der Zahl n, z. B. $n^3 = 215^3\ mm^3 = 9938375\ mm^3$ (Rauminhalt V eines Würfels von 215 mm Kantenlänge).

$\sqrt{n}$ = Quadratwurzel aus der Zahl n, z. B. $\sqrt{215\ mm^2} = 14{,}6629\ mm \approx 14{,}66\ mm$ (Ein Quadrat von $A = 2153\ mm^2$ **Flächeninhalt** hat 46,4 mm **Seitenlänge).**

$\pi \cdot d$ = Kreisumfang U eines Kreises vom Durchmesser d, z. B. $\pi \cdot d = \pi \cdot 215\ mm = 3{,}14159 \cdot 215\ mm =$ **675,44 mm Umfang.**

$\frac{\pi \cdot d^2}{4}$ = Kreisinhalt A eines Kreises vom Durchmesser d,

z. B. $\frac{\pi \cdot d^2}{4} = \frac{\pi \cdot 215^2\ mm^2}{4} = \frac{3{,}14159 \cdot 215 \cdot 215\ mm^2}{4} = 36305\ mm^2$,

kurz geschrieben: $\frac{\pi \cdot d^2}{4} = \frac{\pi \cdot 215^2\ mm^2}{4} = 36305\ mm^2$.

Kommaverschiebung

	$n = d$	n^2	n^3	$\sqrt{n}$	$\pi \cdot d$	$\frac{\pi \cdot d^2}{4}$
	21,5	462,3	9938	4,637	67,54	363,1
nach rechts	215	46230	9938000	—	675,4	36310
nach links	2,15	4,623	9,938	—	6,754	3,63
	1 Stelle	2 Stellen	3 Stellen	—	1 Stelle	2 Stellen
	21,5	—	—	4,637	—	—
nach rechts	2150	—	—	46,37	—	—
nach links	0,215	—	—	0,4637	—	—
	2 Stellen	4 Stellen	6 Stellen	1 Stelle	2 Stellen	4 Stellen
	21,5	—	—	—	—	—
nach rechts	21500	—	—	—	—	—
nach links	0,0215	—	—	—	—	—
	3 Stellen	6 Stellen	9 Stellen	—	3 Stellen	6 Stellen

Merke: Auf Stahlkonstruktions- und Maschinenzeichnungen findet man mm-Maße. Auf Bauzeichnungen werden alle Maße über 1 m in m, unter 1 m in cm oder sämtliche Maße in cm angegeben. Einzelzeichnungen werden in mm bemaßt. Bei Gewichts- und Massenberechnungen verwandelt man mm-Maße in cm und rechnet in cm, cm^2, cm^3. Vgl. Anmerkung zu den Dichteangaben auf S. 8.

1. Beispiel: Quadratstahl 52 mm hat $52^2\ mm^2 = 2704\ mm^2$ Querschnittsfläche (Tabelle Seite 15).

2. Beispiel: Ein Blechschornstein von $d = 325$ mm ⌀ hat $\pi \cdot 325\ mm = 1021$ mm Umfang (Tabelle Seite 20).

3. Beispiel: Ein Dampfkolben von $d = 450$ mm ⌀ hat $\frac{\pi \cdot 450^2\ mm^2}{4} = 159043\ mm^2$ Kolbenfläche (Seite 22).

4. Beispiel: Ein Kantholz von 12/12 cm^2 hat $12^2 = 144\ cm^2$ Querschnittsfläche (Tabelle Seite 15).

5. Beispiel: Zwei Wasserrohre $d_1 = 475$ mm und $d_2 = 700$ mm ⌀ werden aus einem Hauptrohr gespeist. Wie groß ist der Durchmesser d des Hauptrohres zu wählen, wenn die Wassergeschwindigkeiten gleich sein sollen?

$\frac{\pi \cdot d_1^2}{4} = \frac{\pi \cdot 475^2\ mm^2}{4} = 177205\ mm^2$ (Seite 22).

$\frac{\pi \cdot d_2^2}{4} = \frac{\pi \cdot 700^2\ mm^2}{4} = 384845\ mm^2$ (Seite 26).

Zusammen $562050\ mm^2$

Als nächsten Wert finden wir unter $\frac{\pi \cdot d^2}{4}$ auf Seite 29: $562122\ mm^2$. Hierzu gehört $d = 846$ mm.

6. Beispiel: Eine Säule hat kreisringförmigen Querschnitt $D = 310$ mm, $d = 250$ mm. Nach Seite 4 ist die Querschnittsfläche $A = \frac{\pi \cdot D^2}{4} - \frac{\pi \cdot d^2}{4} = \frac{\pi \cdot 310^2\ mm^2}{4} - \frac{\pi \cdot 250^2\ mm^2}{4} =$ $75478{,}8\ mm^2 - 49087{,}4\ mm^2 =$ **26391,4 mm²** groß (Tabelle Seite 19 und 20).

7. Beispiel: Die Plattform eines runden Aussichtsturms von 7,10 m ⌀ erhält Zementestrich. Nach Seite 16 beträgt die Kreisfläche $\approx 39{,}59\ m^2$.

8. Beispiel: Eine quadratische Blechtafel von $A = 372100\ mm^2$ hat $\sqrt{372100\ mm^2} = 610$ mm Seitenlänge (Tabelle Seite 25).

9. Beispiel: Quadratstahl von $A = 5625\ mm^2$ Querschnitt muß $\sqrt{5625\ mm^2} = 75$ mm dick sein (Seite 16).

10. Beispiel: Rundstahl von $A = 5026{,}55\ mm^2$ muß $d = 80$ mm ⌀ haben (Tabelle Seite 16).

$\frac{1}{\pi} = 0{,}31831$ $\frac{\pi}{4} = 0{,}785398$ $\frac{\pi}{180} = 0{,}017453$

$n = d$	n^2	n^3	$\sqrt{n}$	$\pi \cdot d$	$\frac{\pi \cdot d^2}{4}$	lg n	$e^{0{,}01 \cdot n}$	ln n	lb n
1	1	1	1,0000	3,142	0,7854	0,00000	1,0101	0,00000	0,0000
2	4	8	1,4142	6,283	3,1416	0,30103	1,0202	0,69315	1,0000
3	9	27	1,7321	9,425	7,0686	0,47712	1,0305	1,09861	1,5850
4	16	64	2,0000	12,566	12,5664	0,60206	1,0408	1,38629	2,0000
5	25	125	2,2361	15,708	19,6350	0,69897	1.0513	1,60944	2,3219
6	36	216	2,4495	18,850	28,2743	0,77815	1,0618	1,79176	2,5850
7	49	343	2,6458	21,991	38,4845	0,84510	1,0725	1,94591	2,8074
8	64	512	2,8284	25,133	50,2655	0,90309	1,0833	2,07944	3,0000
9	81	729	3,0000	28,274	63,6173	0,95424	1,0942	2,19722	3,1699
10	100	1 000	3,1623	31,416	78,5398	1,00000	1,1052	2,30259	3,3219
11	121	1 331	3,3166	34,558	95,0332	1,04139	1,1163	2,39790	3,4594
12	144	1 728	3,4641	37,699	113,097	1,07918	1,1275	2,48491	3,5850
13	169	2 197	3,6056	40,841	132,732	1,11394	1,1388	2,56495	3,7004
14	196	2 744	3,7417	43,982	153,938	1,14613	1,1503	2,63906	3,8074
15	225	3 375	3,8730	47,124	176,715	1,17609	1,1618	2,70805	3,9069
16	256	4 096	4,0000	50,265	201,062	1,20412	1,1735	2,77259	4,0000
17	289	4 913	4,1231	53,407	226,980	1,23045	1,1853	2,83321	4,0875
18	324	5 832	4,2426	56,549	254,469	1,25527	1,1972	2,89037	4,1699
19	361	6 859	4,3589	59,690	283,529	1,27875	1,2092	2,94444	4,2479
20	400	8 000	4,4721	62,832	314,159	1,30103	1,2214	2,99573	4,3219
21	441	9 261	4,5826	65,973	346,361	1,32222	1,2337	3,04452	4,3923
22	484	10 648	4,6904	69,115	380,133	1,34242	1,2461	3,09104	4,4594
23	529	12 167	4,7958	72,257	415,476	1,36173	1,2586	3,13549	4,5236
24	576	13 824	4,8990	75,398	452,389	1,38021	1,2712	3,17805	4,5850
25	625	15 625	5,0000	78,540	490,874	1,39794	1,2840	3,21888	4,6439
26	676	17 576	5,0990	81,681	530,929	1,41497	1,2969	3,25810	4,7004
27	729	19 683	5,1962	84,823	572,555	1,43136	1,3100	3,29584	4,7549
28	784	21 952	5,2915	87,965	615,752	1,44716	1,3231	3,33220	4,8074
29	841	24 389	5,3852	91,106	660,520	1,46240	1,3364	3,36730	4,8580
30	900	27 000	5,4772	94,248	706,858	1,47712	1,3499	3,40120	4,9069
31	961	29 791	5,5678	97,389	754,768	1,49136	1,3634	3,43399	4,9542
32	1 024	32 768	5,6569	100,531	804,248	1,50515	1,3771	3,46574	5,0000
33	1 089	35 937	5,7446	103,673	855,299	1,51851	1,3910	3,49651	5,0444
34	1 156	39 304	5,8310	106,814	907,920	1,53148	1,4049	3,52636	5,0875
35	1 225	42 875	5,9161	109,956	962,113	1,54407	1,4191	3,55535	5,1293
36	1 296	46 656	6,0000	113,097	1017,88	1,55630	1,4333	3,58352	5,1699
37	1 369	50 653	6,0828	116,239	1075,21	1,56820	1,4477	3,61092	5,2095
38	1 444	54 872	6,1644	119,381	1134,11	1,57978	1,4623	3,63759	5,2479
39	1 521	59 319	6,2450	122,522	1194,59	1,59106	1,4770	3,66356	5,2854
40	1 600	64 000	6,3246	125,66	1256,64	1,60206	1,4918	3,68888	5,3219
41	1 681	68 921	6,4031	128,81	1320,25	1,61278	1,5068	3,71357	5,3576
42	1 764	74 088	6,4807	131,95	1385,44	1,62325	1,5220	3,73767	5,3923
43	1 849	79 507	6,5574	135,09	1452,20	1,63347	1,5373	3,76120	5,4263
44	1 936	85 184	6,6332	138,23	1520,53	1,64345	1,5527	3,78419	5,4594
45	2 025	91 125	6,7082	141,37	1590,43	1,65321	1,5683	3,80666	5,4919
46	2 116	97 336	6,7823	144,51	1661,90	1,66276	1,5841	3,82864	5,5236
47	2 209	103 823	6,8557	147,65	1734,94	1,67210	1,6000	3,85015	5,5546
48	2 304	110 592	6,9282	150,80	1809,56	1,68124	1,6161	3,87120	5,5850
49	2 401	117 649	7,0000	153,94	1885,74	1,69020	1,6323	3,89182	5,6147
50	2 500	125 000	7,0711	157,08	1963,50	1,69897	1,6487	3,91202	5,6439
51	2 601	132 651	7,1414	160,22	2042,82	1,70757	1,6653	3,93183	5,6724
52	2 704	140 608	7,2111	163,36	2123,72	1,71600	1,6820	3,95124	5,7004
53	2 809	148 877	7,2801	166,50	2206,18	1,72428	1,6989	3,97029	5,7279
54	2 916	157 464	7,3485	169,65	2290,22	1,73239	1,7160	3,98898	5,7549
55	3 025	166 375	7,4162	172,79	2375,83	1,74036	1,7333	4,00733	5,7814
56	3 136	175 616	7,4833	175,93	2463,01	1,74819	1,7507	4,02535	5,8074
57	3 249	185 193	7,5498	179,07	2551,76	1,75587	1,7683	4,04305	5,8329
58	3 364	195 112	7,6158	182,21	2642,08	1,76343	1,7860	4,06044	5,8580
59	3 481	205 379	7,6811	185,35	2733,97	1,77085	1,8040	4,07754	5,8826
60	3 600	216 000	7,7460	188,50	2827,43	1,77815	1,8221	4,09434	5,9069

$n = d$	n^2	n^3	$\sqrt{n}$	$\pi \cdot d$	$\frac{\pi \cdot d^2}{4}$	lg n	$e^{0,01 \cdot n}$	ln n	lb n
61	3 721	226 981	7,8102	191,64	2 922,47	1,78533	1,8404	4,11087	5,9307
62	3 844	238 328	7,8740	194,78	3 019,07	1,79239	1,8589	4,12713	5,9542
63	3 969	250 047	7,9373	197,92	3 117,25	1,79934	1,8776	4,14313	5,9773
64	4 096	262 144	8,0000	201,06	3 216,99	1,80618	1,8965	4,15888	6,0000
65	4 225	274 625	8,0623	204,20	3 318,31	1,81291	1,9155	4,17439	6,0224
66	4 356	287 496	8,1240	207,35	3 421,19	1,81954	1,9348	4,18965	6,0444
67	4 489	300 763	8,1854	210,49	3 525,65	1,82607	1,9542	4,20469	6,0661
68	4 624	314 432	8,2462	213,63	3 631,68	1,83251	1,9739	4,21951	6,0875
69	4 761	328 509	8,3066	216,77	3 739,28	1,83885	1,9937	4,23411	6,1085
70	4 900	343 000	8,3666	219,91	3 848,45	1,84510	2,0138	4,24850	6,1293
71	5 041	357 911	8,4261	223,05	3 959,19	1,85126	2,0340	4,26268	6,1497
72	5 184	373 248	8,4853	226,19	4 071,50	1,85733	2,0544	4,27667	6,1699
73	5 329	389 017	8,5440	229,34	4 185,39	1,86332	2,0751	4,29046	6,1898
74	5 476	405 224	8,6023	232,48	4 300,84	1,86923	2,0959	4,30407	6,2095
75	5 625	421 875	8,6603	235,62	4 417,86	1,87506	2,1170	4,31749	6,2288
76	5 776	438 976	8,7178	238,76	4 536,46	1,88081	2,1383	4,33073	6,2479
77	5 929	456 533	8,7750	241,90	4 656,63	1,88649	2,1598	4,34381	6,2668
78	6 084	474 552	8,8318	245,04	4 778,36	1,89209	2,1815	4,35671	6,2854
79	6 241	493 039	8,8882	248,19	4 901,67	1,89763	2,2034	4,36945	6,3038
80	6 400	512 000	8,9443	251,33	5 026,55	1,90309	2,2255	4,38203	6,3219
81	6 561	531 441	9,0000	254,47	5 153,00	1,90849	2,2479	4,39445	6,3399
82	6 724	551 368	9,0554	257,61	5 281,02	1,91381	2,2705	4,40672	6,3576
83	6 889	571 787	9,1104	260,75	5 410,61	1,91908	2,2933	4,41884	6,3750
84	7 056	592 704	9,1652	263,89	5 541,77	1,92428	2,3164	4,43082	6,3923
85	7 225	614 125	9,2195	267,04	5 674,50	1,92942	2,3396	4,44265	6,4094
86	7 396	636 056	9,2736	270,18	5 808,80	1,93450	2,3632	4,45435	6,4263
87	7 569	658 503	9,3274	273,32	5 944,68	1,93952	2,3869	4,46591	6,4429
88	7 744	681 472	9,3808	276,46	6 082,12	1,94448	2,4109	4,47734	6,4594
89	7 921	704 969	9,4340	279,60	6 221,14	1,94939	2,4351	4,48864	6,4757
90	8 100	729 000	9,4868	282,74	6 361,73	1,95424	2,4596	4,49981	6,4919
91	8 281	753 571	9,5394	285,88	6 503,88	1,95904	2,4843	4,51086	6,5078
92	8 464	778 688	9,5917	289,03	6 647,61	1,96379	2,5093	4,52179	6,5236
93	8 649	804 357	9,6437	292,17	6 792,91	1,96848	2,5345	4,53260	6,5392
94	8 836	830 584	9,6954	295,31	6 939,78	1,97313	2,5600	4,54329	6,5546
95	9 025	857 375	9,7468	298,45	7 088,22	1,97772	2,5857	4,55388	6,5699
96	9 216	884 736	9,7980	301,59	7 238,23	1,98227	2,6117	4,56435	6,5850
97	9 409	912 673	9,8489	304,73	7 389,81	1,98677	2,6379	4,57471	6,5999
98	9 604	941 192	9,8995	307,88	7 542,96	1,99123	2,6645	4,58497	6,6147
99	9 801	970 299	9,9499	311,02	7 697,69	1,99564	2,6912	4,59512	6,6294
100	10 000	1 000 000	10,0000	314,16	7 853,98	2,00000	2,7183	4,60517	6,6439
101	10 201	1 030 301	10,0499	317,30	8 011,85	2,00432	2,7456	4,61512	6,6582
102	10 404	1 061 208	10,0995	320,44	8 171,28	2,00860	2,7732	4,62497	6,6724
103	10 609	1 092 727	10,1489	323,58	8 332,29	2,01284	2,8011	4,63473	6,6865
104	10 816	1 124 864	10,1980	326,73	8 494,87	2,01703	2,8292	4,64439	6,7004
105	11 025	1 157 625	10,2470	329,87	8 659,01	2,02119	2,8577	4,65396	6,7142
106	11 236	1 191 016	10,2956	333,01	8 824,73	2,02531	2,8864	4,66344	6,7279
107	11 449	1 225 043	10,3441	336,15	8 992,02	2,02938	2,9154	4,67283	6,7415
108	11 664	1 259 712	10,3923	339,29	9 160,88	2,03342	2,9447	4,68213	6,7549
109	11 881	1 295 029	10,4403	342,43	9 331,32	2,03743	2,9743	4,69135	6,7682
110	12 100	1 331 000	10,4881	345,58	9 503,32	2,04139	3,0042	4,70048	6,7814
111	12 321	1 367 631	10,5357	348,72	9 676,89	2,04532	3,0344	4,70953	6,7944
112	12 544	1 404 928	10,5830	351,86	9 852,03	2,04922	3,0649	4,71850	6,8074
113	12 769	1 442 897	10,6301	355,00	10 028,7	2,05308	3,0957	4,72739	6,8202
114	12 996	1 481 544	10,6771	358,14	10 207,0	2,05690	3,1268	4,73620	6,8329
115	13 225	1 520 875	10,7238	361,28	10 386,9	2,06070	3,1582	4,74493	6,8455
116	13 456	1 560 896	10,7703	364,42	10 568,3	2,06446	3,1899	4,75359	6,8580
117	13 689	1 601 613	10,8167	367,57	10 751,3	2,06819	3,2220	4,76217	6,8704
118	13 924	1 643 032	10,8628	370,71	10 935,9	2,07188	3,2544	4,77068	6,8826
119	14 161	1 685 159	10,9087	373,85	11 122,0	2,07555	3,2871	4,77912	6,8948
120	14 400	1 728 000	10,9545	376,99	11 309,7	2,07918	3,3201	4,78749	6,9069

$n = d$	n^2	n^3	$\sqrt{n}$	$\pi \cdot d$	$\frac{\pi \cdot d^2}{4}$	lg n	$e^{0,01 \cdot n}$	ln n	lb n
121	14 641	1 771 561	11,0000	380,13	11 499,0	2,08279	3,3535	4,79579	6,9189
122	14 884	1 815 848	11,0454	383,27	11 689,9	2,08636	3,3872	4,80402	6,9307
123	15 129	1 860 867	11,0905	386,42	11 882,3	2,08991	3,4212	4,81218	6,9425
124	15 376	1 906 624	11,1355	389,56	12 076,3	2,09342	3,4556	4,82028	6,9542
125	15 625	1 953 125	11,1803	392,70	12 271,8	2,09691	3,4903	4,82831	6,9658
126	15 876	2 000 376	11,2250	395,84	12 469,0	2,10037	3,5254	4,83628	6,9773
127	16 129	2 048 383	11,2694	398,98	12 667,7	2,10380	3,5609	4,84419	6,9887
128	16 384	2 097 152	11,3137	402,12	12 868,0	2,10721	3,5966	4,85203	7,0000
129	16 641	2 146 689	11,3578	405,27	13 069,8	2,11059	3,6328	4,85981	7,0112
130	16 900	2 197 000	11,4018	408,41	13 273,2	2,11394	3,6693	4,86753	7,0224
131	17 161	2 248 091	11,4455	411,55	13 478,2	2,11727	3,7062	4,87520	7,0334
132	17 424	2 299 968	11,4891	414,69	13 684,8	2,12057	3,7434	4,88280	7,0444
133	17 689	2 352 637	11,5326	417,83	13 892,9	2,12385	3,7810	4,89035	7,0553
134	17 956	2 406 104	11,5758	420,97	14 102,6	2,12710	3,8190	4,89784	7,0661
135	18 225	2 460 375	11,6190	424,12	14 313,9	2,13033	3,8574	4,90527	7,0768
136	18 496	2 515 456	11,6619	427,26	14 526,7	2,13354	3,8962	4,91265	7,0875
137	18 769	2 571 353	11,7047	430,40	14 741,1	2,13672	3,9354	4,91998	7,0980
138	19 044	2 628 072	11,7473	433,54	14 957,1	2,13988	3,9749	4,92725	7,1085
139	19 321	2 685 619	11,7898	436,68	15 174,7	2,14301	4,0149	4,93447	7,1189
140	19 600	2 744 000	11,8322	439,82	15 393,8	2,14613	4,0552	4,94164	7,1293
141	19 881	2 803 221	11,8743	442,96	15 614,5	2,14922	4,0960	4,94876	7,1396
142	20 164	2 863 288	11,9164	446,11	15 836,8	2,15229	4,1371	4,95583	7,1497
143	20 449	2 924 207	11,9583	449,25	16 060,6	2,15534	4,1787	4,96284	7,1599
144	20 736	2 985 984	12,0000	452,39	16 286,0	2,15836	4,2207	4,96981	7,1699
145	21 025	3 048 625	12,0416	455,53	16 513,0	2,16137	4,2631	4,97673	7,1799
146	21 316	3 112 136	12,0830	458,67	16 741,5	2,16435	4,3060	4,98361	7,1898
147	21 609	3 176 523	12,1244	461,81	16 971,7	2,16732	4,3492	4,99043	7,1997
148	21 904	3 241 792	12,1655	464,96	17 203,4	2,17026	4,3929	4,99721	7,2095
149	22 201	3 307 949	12,2066	468,10	17 436,6	2,17319	4,4371	5,00395	7,2192
150	22 500	3 375 000	12,2474	471,24	17 671,5	2,17609	4,4817	5,01064	7,2288
151	22 801	3 442 951	12,2882	474,38	17 907,9	2,17898	4,5267	5,01728	7,2384
152	23 104	3 511 808	12,3288	477,52	18 145,8	2,18184	4,5722	5,02388	7,2479
153	23 409	3 581 577	12,3693	480,66	18 385,4	2,18469	4,6182	5,03044	7,2574
154	23 716	3 652 264	12,4097	483,81	18 626,5	2,18752	4,6646	5,03695	7,2668
155	24 025	3 723 875	12,4499	486,95	18 869,2	2,19033	4,7115	5,04343	7,2761
156	24 336	3 796 416	12,4900	490,09	19 113,4	2,19312	4,7588	5,04986	7,2854
157	24 649	3 869 893	12,5300	493,23	19 359,3	2,19590	4,8066	5,05625	7,2946
158	24 964	3 944 312	12,5698	496,37	19 606,7	2,19866	4,8550	5,06260	7,3038
159	25 281	4 019 679	12,6095	499,51	19 855,7	2,20140	4,9037	5,06890	7,3129
160	25 600	4 096 000	12,6491	502,65	20 106,2	2,20412	4,9530	5,07517	7,3219
161	25 921	4 173 281	12,6886	505,80	20 358,3	2,20683	5,0028	5,08140	7,3309
162	26 244	4 251 528	12,7279	508,94	20 612,0	2,20952	5,0531	5,08760	7,3399
163	26 569	4 330 747	12,7671	512,08	20 867,2	2,21219	5,1039	5,09375	7,3487
164	26 896	4 410 944	12,8062	515,22	21 124,1	2,21484	5,1552	5,09987	7,3576
165	27 225	4 492 125	12,8452	518,36	21 382,5	2,21748	5,2070	5,10595	7,3663
166	27 556	4 574 296	12,8841	521,50	21 642,4	2,22011	5,2593	5,11199	7,3750
167	27 889	4 657 463	12,9228	524,65	21 904,0	2,22272	5,3122	5,11799	7,3837
168	28 224	4 741 632	12,9615	527,79	22 167,1	2,22531	5,3656	5,12396	7,3923
169	28 561	4 826 809	13,0000	530,93	22 431,8	2,22789	5,4195	5,12990	7,4009
170	28 900	4 913 000	13,0384	534,07	22 698,0	2,23045	5,4739	5,13580	7,4094
171	29 241	5 000 211	13,0767	537,21	22 965,8	2,23300	5,5290	5,14166	7,4179
172	29 584	5 088 448	13,1149	540,35	23 235,2	2,23553	5,5845	5,14749	7,4263
173	29 929	5 177 717	13,1529	543,50	23 506,2	2,23805	5,6407	5,15329	7,4346
174	30 276	5 268 024	13,1909	546,64	23 778,7	2,24055	5,6973	5,15906	7,4429
175	30 625	5 359 375	13,2288	549,78	24 052,8	2,24304	5,7546	5,16479	7,4512
176	30 976	5 451 776	13,2665	552,92	24 328,5	2,24551	5,8124	5,17048	7,4594
177	31 329	5 545 233	13,3041	556,06	24 605,7	2,24797	5,8709	5,17615	7,4676
178	31 684	5 639 752	13,3417	559,20	24 884,6	2,25042	5,9299	5,18178	7,4757
179	32 041	5 735 339	13,3791	562,35	25 164,9	2,25285	5,9895	5,18739	7,4838
180	32 400	5 832 000	13,4164	565,49	25 446,9	2,25527	6,0496	5,19296	7,4919

$n = d$	n^2	n^3	$\sqrt{n}$	$\pi \cdot d$	$\frac{\pi \cdot d^2}{4}$	lg n	$e^{0,01 \cdot n}$	ln n	lb n
181	32 761	5 929 741	13,4536	568,63	25 730,4	2,25768	6,1104	5,19850	7,4998
182	33 124	6 028 568	13,4907	571,77	26 015,5	2,26007	6,1719	5,20401	7,5078
183	33 489	6 128 487	13,5277	574,91	26 302,2	2,26245	6,2339	5,20949	7,5157
184	33 856	6 229 504	13,5647	578,05	26 590,4	2,26482	6,2965	5,21494	7,5236
185	34 225	6 331 625	13,6015	581,19	26 880,3	2,26717	6,3598	5,22036	7,5314
186	34 596	6 434 856	13,6382	584,34	27 171,6	2,26951	6,4237	5,22575	7,5392
187	34 969	6 539 203	13,6748	587,48	27 464,6	2,27184	6,4883	5,23111	7,5469
188	35 344	6 644 672	13,7113	590,62	27 759,1	2,27416	6,5535	5,23644	7,5546
189	35 721	6 751 269	13,7477	593,76	28 055,2	2,27646	6,6194	5,24175	7,5622
190	36 100	6 859 000	13,7840	596,90	28 352,9	2,27875	6,6859	5,24702	7,5699
191	36 481	6 967 871	13,8203	600,04	28 652,1	2,28103	6,7531	5,25227	7,5774
192	36 864	7 077 888	13,8564	603,19	28 952,9	2,28330	6,8210	5,25750	7,5850
193	37 249	7 189 057	13,8924	606,33	29 255,3	2,28556	6,8895	5,26269	7,5925
194	37 636	7 301 384	13,9284	609,47	29 559,2	2,28780	6,9588	5,26786	7,5999
195	38 025	7 414 875	13,9642	612,61	29 864,8	2,29003	7,0287	5,27300	7,6073
196	38 416	7 529 536	14,0000	615,75	30 171,9	2,29226	7,0993	5,27811	7,6147
197	38 809	7 645 373	14,0357	618,89	30 480,5	2,29447	7,1707	5,28320	7,6221
198	39 204	7 762 392	14,0712	622,04	30 790,7	2,29667	7,2427	5,28827	7,6294
199	39 601	7 880 599	14,1067	625,18	31 102,6	2,29885	7,3155	5,29330	7,6366
200	40 000	8 000 000	14,1421	628,32	31 415,9	2,30103	7,3891	5,29832	7,6439
201	40 401	8 120 601	14,1774	631,46	31 730,9	2,30320	7,4633	5,30330	7,6511
202	40 804	8 242 408	14,2127	634,60	32 047,4	2,30535	7,5383	5,30827	7,6582
203	41 209	8 365 427	14,2478	637,74	32 365,5	2,30750	7,6141	5,31321	7,6653
204	41 616	8 489 664	14,2829	640,88	32 685,1	2,30963	7,6906	5,31812	7,6724
205	42 025	8 615 125	14,3178	644,03	33 006,4	2,31175	7,7679	5,32301	7,6795
206	42 436	8 741 816	14,3527	647,17	33 329,2	2,31387	7,8460	5,32788	7,6865
207	42 849	8 869 743	14,3875	650,31	33 653,5	2,31597	7,9248	5,33272	7,6935
208	43 264	8 998 912	14,4222	653,45	33 979,5	2,31806	8,0045	5,33754	7,7004
209	43 681	9 129 329	14,4568	656,59	34 307,0	2,32015	8,0849	5,34233	7,7074
210	44 100	9 261 000	14,4914	659,73	34 636,1	2,32222	8,1662	5,34711	7,7142
211	44 521	9 393 931	14,5258	662,88	34 966,7	2,32428	8,2482	5,35186	7,7211
212	44 944	9 528 128	14,5602	666,02	35 298,9	2,32634	8,3311	5,35659	7,7279
213	45 369	9 663 597	14,5945	669,16	35 632,7	2,32838	8,4149	5,36129	7,7347
214	45 796	9 800 344	14,6287	672,30	35 968,1	2,33041	8,4994	5,36598	7,7415
215	46 225	9 938 375	14,6629	675,44	36 305,0	2,33244	8,5849	5,37064	7,7482
216	46 656	10 077 696	14,6969	678,58	36 643,5	2,33445	8,6711	5,37528	7,7549
217	47 089	10 218 313	14,7309	681,73	36 983,6	2,33646	8,7583	5,37990	7,7616
218	47 524	10 360 232	14,7648	684,87	37 325,3	2,33846	8,8463	5,38450	7,7682
219	47 961	10 503 459	14,7986	688,01	37 668,5	2,34044	8,9352	5,38907	7,7748
220	48 400	10 648 000	14,8324	691,15	38 013,3	2,34242	9,0250	5,39363	7,7814
221	48 841	10 793 861	14,8661	694,29	38 359,6	2,34439	9,1157	5,39816	7,7879
222	49 284	10 941 048	14,8997	697,43	38 707,6	2,34635	9,2073	5,40268	7,7944
223	49 729	11 089 567	14,9332	700,58	39 057,1	2,34830	9,2999	5,40717	7,8009
224	50 176	11 239 424	14,9666	703,72	39 408,1	2,35025	9,3933	5,41165	7,8074
225	50 625	11 390 625	15,0000	706,86	39 760,8	2,35218	9,4877	5,41610	7,8138
226	51 076	11 543 176	15,0333	710,00	40 115,0	2,35411	9,5831	5,42053	7,8202
227	51 529	11 697 083	15,0665	713,14	40 470,8	2,35603	9,6794	5,42495	7,8265
228	51 984	11 852 352	15,0997	716,28	40 828,1	2,35793	9,7767	5,42935	7,8329
229	52 441	12 008 989	15,1327	719,42	41 187,1	2,35984	9,8749	5,43372	7,8392
230	52 900	12 167 000	15,1658	722,57	41 547,6	2,36173	9,9742	5,43808	7,8455
231	53 361	12 326 391	15,1987	725,71	41 909,6	2,36361	10,074	5,44242	7,8517
232	53 824	12 487 168	15,2315	728,85	42 273,3	2,36549	10,176	5,44674	7,8580
233	54 289	12 649 337	15,2643	731,99	42 638,5	2,36736	10,278	5,45104	7,8642
234	54 756	12 812 904	15,2971	735,13	43 005,3	2,36922	10,381	5,45532	7,8704
235	55 225	12 977 875	15,3297	738,27	43 373,6	2,37107	10,486	5,45959	7,8765
236	55 696	13 144 256	15,3623	741,42	43 743,5	2,37291	10,591	5,46383	7,8826
237	56 169	13 312 053	15,3948	744,56	44 115,0	2,37475	10,697	5,46806	7,8887
238	56 644	13 481 272	15,4272	747,70	44 488,1	2,37658	10,805	5,47227	7,8948
239	57 121	13 651 919	15,4596	750,84	44 862,7	2,37840	10,913	5,47646	7,9009
240	57 600	13 824 000	15,4919	753,98	45 238,9	2,38021	11,023	5,48064	7,9069

$n = d$	n^2	n^3	$\sqrt{n}$	$\pi \cdot d$	$\frac{\pi \cdot d^2}{4}$	lg n	$e^{0,01 \cdot n}$	ln n	lb n
241	58 081	13 997 521	15,5242	757,12	45 616,7	2,38202	11,134	5,48480	7,9129
242	58 564	14 172 488	15,5563	760,27	45 996,1	2,38382	11,246	5,48894	7,9189
243	59 049	14 348 907	15,5885	763,41	46 377,0	2,38561	11,359	5,49306	7,9248
244	59 536	14 526 784	15,6205	766,55	46 759,5	2,38739	11,473	5,49717	7,9307
245	60 025	14 706 125	15,6525	769,69	47 143,5	2,38917	11,588	5,50126	7,9366
246	60 516	14 886 936	15,6844	772,83	47 529,2	2,39094	11,705	5,50533	7,9425
247	61 009	15 069 223	15,7162	775,97	47 916,4	2,39270	11,822	5,50939	7,9484
248	61 504	15 252 992	15,7480	779,11	48 305,1	2,39445	11,941	5,51343	7,9542
249	62 001	15 438 249	15,7797	782,26	48 695,5	2,39620	12,061	5,51745	7,9600
250	62 500	15 625 000	15,8114	785,40	49 087,4	2,39794	12,182	5,52146	7,9658
251	63 001	15 813 251	15,8430	788,54	49 480,9	2,39967	12,305	5,52545	7,9715
252	63 504	16 003 008	15,8745	791,68	49 875,9	2,40140	12,429	5,52943	7,9773
253	64 009	16 194 277	15,9060	794,82	50 272,6	2,40312	12,554	5,53339	7,9830
254	64 516	16 387 064	15,9374	797,96	50 670,7	2,40483	12,680	5,53733	7,9887
255	65 025	16 581 375	15,9687	801,11	51 070,5	2,40654	12,807	5,54126	7,9944
256	65 536	16 777 216	16,0000	804,25	51 471,9	2,40824	12,936	5,54518	8,0000
257	66 049	16 974 593	16,0312	807,39	51 874,8	2,40993	13,066	5,54908	8,0056
258	66 564	17 173 512	16,0624	810,53	52 279,2	2,41162	13,197	5,55296	8,0112
259	67 081	17 373 979	16,0935	813,67	52 685,3	2,41330	13,330	5,55683	8,0168
260	67 600	17 576 000	16,1245	816,81	53 092,9	2,41497	13,464	5,56068	8,0224
261	68 121	17 779 581	16,1555	819,96	53 502,1	2,41664	13,599	5,56452	8,0279
262	68 644	17 984 728	16,1864	823,10	53 912,9	2,41830	13,736	5,56834	8,0334
263	69 169	18 191 447	16,2173	826,24	54 325,2	2,41996	13,874	5,57215	8,0389
264	69 696	18 399 744	16,2481	829,38	54 739,1	2,42160	14,013	5,57595	8,0444
265	70 225	18 609 625	16,2788	832,52	55 154,6	2,42325	14,154	5,57973	8,0498
266	70 756	18 821 096	16,3095	835,66	55 571,6	2,42488	14,296	5,58350	8,0553
267	71 289	19 034 163	16,3401	838,81	55 990,2	2,42651	14,440	5,58725	8,0607
268	71 824	19 248 832	16,3707	841,95	56 410,4	2,42813	14,585	5,59099	8,0661
269	72 361	19 465 109	16,4012	845,09	56 832,2	2,42975	14,732	5,59471	8,0715
270	72 900	19 683 000	16,4317	848,23	57 255,5	2,43136	14,880	5,59842	8,0768
271	73 441	19 902 511	16,4621	851,37	57 680,4	2,43297	15,029	5,60212	8,0821
272	73 984	20 123 648	16,4924	854,51	58 106,9	2,43457	15,180	5,60580	8,0875
273	74 529	20 346 417	16,5227	857,65	58 534,9	2,43616	15,333	5,60947	8,0928
274	75 076	20 570 824	16,5529	860,80	58 964,6	2,43775	15,487	5,61313	8,0980
275	75 625	20 796 875	16,5831	863,94	59 395,7	2,43933	15,643	5,61677	8,1033
276	76 176	21 024 576	16,6132	867,08	59 828,5	2,44091	15,800	5,62040	8,1085
277	76 729	21 253 933	16,6433	870,22	60 262,8	2,44248	15,959	5,62402	8,1137
278	77 284	21 484 952	16,6733	873,36	60 698,7	2,44404	16,119	5,62762	8,1189
279	77 841	21 717 639	16,7033	876,50	61 136,2	2,44560	16,281	5,63121	8,1241
280	78 400	21 952 000	16,7332	879,65	61 575,2	2,44716	16,445	5,63479	8,1293
281	78 961	22 188 041	16,7631	882,79	62 015,8	2,44871	16,610	5,63835	8,1344
282	79 524	22 425 768	16,7929	885,93	62 458,0	2,45025	16,777	5,64191	8,1396
283	80 089	22 665 187	16,8226	889,07	62 901,8	2,45179	16,945	5,64545	8,1447
284	80 656	22 906 304	16,8523	892,21	63 347,1	2,45332	17,116	5,64897	8,1497
285	81 225	23 149 125	16,8819	895,35	63 794,0	2,45434	17,288	5,65249	8,1548
286	81 796	23 393 656	16,9115	898,50	64 242,4	2,45637	17,462	5,65599	8,1599
287	82 369	23 639 903	16,9411	901,64	64 692,5	2,45788	17,637	5,65948	8,1649
288	82 944	23 887 872	16,9706	904,78	65 144,1	2,45939	17,814	5,66296	8,1699
289	83 521	24 137 569	17,0000	907,92	65 597,2	2,46090	17,993	5,66643	8,1749
290	84 100	24 389 000	17,0294	911,06	66 052,0	2,46240	18,174	5,66988	8,1799
291	84 681	24 642 171	17,0587	914,20	66 508,3	2,46389	18,357	5,67332	8,1849
292	85 264	24 897 088	17,0880	917,35	66 966,2	2,46538	18,541	5,67675	8,1898
293	85 849	25 153 757	17,1172	920,49	67 425,6	2,46687	18,728	5,68017	8,1948
294	86 436	25 412 184	17,1464	923,63	67 886,7	2,46835	18,916	5,68358	8,1997
295	87 025	25 672 375	17,1756	926,77	68 349,3	2,46982	19,106	5,68698	8,2046
296	87 616	25 934 336	17,2047	929,91	68 813,4	2,47129	19,298	5,69036	8,2095
297	88 209	26 198 073	17,2337	933,05	69 279,2	2,47276	19,492	5,69373	8,2143
298	88 804	26 463 592	17,2627	936,19	69 746,5	2,47422	19,688	5,69709	8,2192
299	89 401	26 730 899	17,2916	939,34	70 215,4	2,47567	19,886	5,70044	8,2240
300	90 000	27 000 000	17,3205	942,48	70 685,8	2,47712	20,086	5,70378	8,2288

$n = d$	n^2	n^3	$\sqrt{n}$	$\pi \cdot d$	$\frac{\pi \cdot d^2}{4}$	$\lg n$	$e^{0,01 \cdot n}$	$\ln n$	$\mathrm{lb}\, n$
301	90 601	27 270 901	17,3494	945,62	71 157,9	2,47857	20,287	5,70711	8,2336
302	91 204	27 543 608	17,3781	948,76	71 631,5	2,48001	20,491	5,71043	8,2384
303	91 809	27 818 127	17,4069	951,90	72 106,6	2,48144	20,697	5,71373	8,2432
304	92 416	28 094 464	17,4356	955,04	72 583,4	2,48287	20,905	5,71703	8,2479
305	93 025	28 372 625	17,4642	958,19	73 061,7	2,48430	21,115	5,72031	8,2527
306	93 636	28 652 616	17,4929	961,33	73 541,5	2,48572	21,328	5,72359	8,2574
307	94 249	28 934 443	17,5214	964,47	74 023,0	2,48714	21,542	5,72685	8,2621
308	94 864	29 218 112	17,5499	967,61	74 506,0	2,48855	21,758	5,73010	8,2668
309	95 481	29 503 629	17,5784	970,75	74 990,6	2,48996	21,977	5,73334	8,2715
310	96 100	29 791 000	17,6068	973,89	75 476,8	2,49136	22,198	5,73657	8,2761
311	96 721	30 080 231	17,6352	977,04	75 964,5	2,49276	22,421	5,73979	8,2808
312	97 344	30 371 328	17,6635	980,18	76 453,8	2,49415	22,646	5,74300	8,2854
313	97 969	30 664 297	17,6918	983,32	76 944,7	2,49554	22,874	5,74620	8,2900
314	98 596	30 959 144	17,7200	986,46	77 437,1	2,49693	23,104	5,74939	8,2946
315	99 225	31 255 875	17,7482	989,60	77 931,1	2,49831	23,336	5,75257	8,2992
316	99 856	31 554 496	17,7764	992,74	78 426,7	2,49969	23,571	5,75574	8,3038
317	100 489	31 855 013	17,8045	995,88	78 923,9	2,50106	23,807	5,75890	8,3083
318	101 124	32 157 432	17,8326	999,03	79 422,6	2,50243	24,047	5,76205	8,3129
319	101 761	32 461 759	17,8606	1 002,2	79 922,9	2,50379	24,288	5,76519	8,3174
320	102 400	32 768 000	17,8885	1 005,3	80 424,8	2,50515	24,533	5,76832	8,3219
321	103 041	33 076 161	17,9165	1 008,5	80 928,2	2,50651	24,779	5,77144	8,3264
322	103 684	33 386 248	17,9444	1 011,6	81 433,2	2,50786	25,028	5,77455	8,3309
323	104 329	33 698 267	17,9722	1 014,7	81 939,8	2,50920	25,280	5,77765	8,3354
324	104 976	34 012 224	18,0000	1 017,9	82 448,0	2,51055	25,534	5,78074	8,3399
325	105 625	34 328 125	18,0278	1 021,0	82 957,7	2,51188	25,790	5,78383	8,3443
326	106 276	34 645 976	18,0555	1 024,2	83 469,0	2,51322	26,050	5,78690	8,3487
327	106 929	34 965 783	18,0831	1 027,3	83 981,8	2,51455	26,311	5,78996	8,3531
328	107 584	35 287 552	18,1108	1 030,4	84 496,3	2,51587	26,576	5,79301	8,3576
329	108 241	35 611 289	18,1384	1 033,6	85 012,3	2,51720	26,843	5,79606	8,3619
330	108 900	35 937 000	18,1659	1 036,7	85 529,9	2,51851	27,113	5,79909	8,3663
331	109 561	36 264 691	18,1934	1 039,9	86 049,0	2,51983	27,385	5,80212	8,3707
332	110 224	36 594 368	18,2209	1 043,0	86 569,7	2,52114	27,660	5,80513	8,3750
333	110 889	36 926 037	18,2483	1 046,2	87 092,0	2,52244	27,938	5,80814	8,3794
334	111 556	37 259 704	18,2757	1 049,3	87 615,9	2,52375	28,219	5,81114	8,3837
335	112 225	37 595 375	18,3030	1 052,4	88 141,3	2,52504	28,503	5,81413	8,3880
336	112 896	37 933 056	18,3303	1 055,6	88 668,3	2,52634	28,789	5,81711	8,3923
337	113 569	38 272 753	18,3576	1 058,7	89 196,9	2,52763	29,079	5,82008	8,3966
338	114 244	38 614 472	18,3848	1 061,9	89 727,0	2,52892	29,371	5,82305	8,4009
339	114 921	39 958 219	18,4120	1 065,0	90 258,7	2,53020	29,666	5,82600	8,4051
340	115 600	39 304 000	18,4391	1 068,1	90 792,0	2,53148	29,964	5,82895	8,4094
341	116 281	39 651 821	18,4662	1 071,3	91 326,9	2,53275	30,265	5,83188	8,4136
342	116 964	40 001 688	18,4932	1 074,4	91 863,3	2,53403	30,569	5,83481	8,4179
343	117 649	40 353 607	18,5203	1 077,6	92 401,3	2,53529	30,877	5,83773	8,4221
344	118 336	40 707 584	18,5472	1 080,7	92 940,9	2,53656	31,187	5,84064	8,4263
345	119 025	41 063 625	18,5742	1 083,8	93 482,0	2,53782	31,500	5,84354	8,4305
346	119 716	41 421 736	18,6011	1 087,0	94 024,7	2,53908	31,817	5,84644	8,4346
347	120 409	41 781 923	18,6279	1 090,1	94 569,0	2,54033	32,137	5,84932	8,4388
348	121 104	42 144 192	18,6548	1 093,3	95 114,9	2,54158	32,460	5,85220	8,4429
349	121 801	42 508 549	18,6815	1 096,4	95 662,3	2,54283	32,786	5,85507	8,4471
350	122 500	42 875 000	18,7083	1 099,6	96 211,3	2,54407	33,115	5,85793	8,4512
351	123 201	43 243 551	18,7350	1 102,7	96 761,8	2,54531	33,448	5,86079	8,4553
352	123 904	43 614 208	18,7617	1 105,8	97 314,0	2,54654	33,784	5,86363	8,4594
353	124 609	43 986 977	18,7883	1 109,0	97 867,7	2,54777	34,124	5,86647	8,4635
354	125 316	44 361 864	18,8149	1 112,1	98 423,0	2,54900	34,467	5,86930	8,4676
355	126 025	44 738 875	18,8414	1 115,3	98 979,8	2,55023	34,813	5,87212	8,4717
356	126 736	45 118 016	18,8680	1 118,4	99 538,2	2,55145	35,163	5,87493	8,4757
357	127 449	45 499 293	18,8944	1 121,5	100 098	2,55267	35,517	5,87774	8,4798
358	128 164	45 882 712	18,9209	1 124,7	100 660	2,55388	35,874	5,88053	8,4838
359	128 881	46 268 279	18,9473	1 127,8	101 223	2,55509	36,234	5,88332	8,4878
360	129 600	46 656 000	18,9737	1 131,0	101 788	2,55630	36,598	5,88610	8,4919

$n = d$	n^2	n^3	$\sqrt{n}$	$\pi \cdot d$	$\frac{\pi \cdot d^2}{4}$	lg n	$e^{0{,}01 \cdot n}$	ln n	lb n
361	130 321	47 045 881	19,0000	1 134,1	102 354	2,55751	36,966	5,88888	8,4959
362	131 044	47 437 928	19,0263	1 137,3	102 922	2,55871	37,338	5,89164	8,4998
363	131 769	47 832 147	19,0526	1 140,4	103 491	2,55991	37,713	5,89440	8,5038
364	132 496	48 228 544	19,0788	1 143,5	104 062	2,56110	38,092	5,89715	8,5078
365	133 225	48 627 125	19,1050	1 146,7	104 635	2,56229	38,475	5,89990	8,5118
366	133 956	49 027 896	19,1311	1 149,8	105 209	2,56348	38,861	5,90263	8,5157
367	134 689	49 430 863	19,1572	1 153,0	105 785	2,56467	39,252	5,90536	8,5196
368	135 424	49 836 032	19,1833	1 156,1	106 362	2,56585	39,646	5,90808	8,5236
369	136 161	50 243 409	19,2094	1 159,2	106 941	2,56703	40,045	5,91080	8,5275
370	136 900	50 653 000	19,2354	1 162,4	107 521	2,56820	40,447	5,91350	8,5314
371	137 641	51 064 811	19,2614	1 165,5	108 103	2,56937	40,854	5,91620	8,5353
372	138 384	51 478 848	19,2873	1 168,7	108 687	2,57054	41,264	5,91889	8,5392
373	139 129	51 895 117	19,3132	1 171,8	109 272	2,57171	41,679	5,92158	8,5430
374	139 876	52 313 624	19,3391	1 175,0	109 858	2,57287	42,098	5,92426	8,5469
375	140 625	52 734 375	19,3649	1 178,1	110 447	2,57403	42,521	5,92693	8,5507
376	141 376	53 157 376	19,3907	1 181,2	111 036	2,57519	42,948	5,92959	8,5546
377	142 129	53 582 633	19,4165	1 184,4	111 628	2,57634	43,380	5,93225	8,5584
378	142 884	54 010 152	19,4422	1 187,5	112 221	2,57749	43,816	5,93489	8,5622
379	143 641	54 439 939	19,4679	1 190,7	112 815	2,57864	44,256	5,93754	8,5661
380	144 400	54 872 000	19,4936	1 193,8	113 411	2,57978	44,701	5,94017	8,5699
381	145 161	55 306 341	19,5192	1 196,9	114 009	2,58092	45,150	5,94280	8,5736
382	145 924	55 742 968	19,5448	1 200,1	114 608	2,58206	45,604	5,94542	8,5774
383	146 689	56 181 887	19,5704	1 203,2	115 209	2,58320	46,063	5,94803	8,5812
384	147 456	56 623 104	19,5959	1 206,4	115 812	2,58433	46,525	5,95064	8,5850
385	148 225	57 066 625	19,6214	1 209,5	116 416	2,58546	46,993	5,95324	8,5887
386	148 996	57 512 456	19,6469	1 212,7	117 021	2,58659	47,465	5,95584	8,5925
387	149 769	57 960 603	19,6723	1 215,8	117 628	2,58771	47,942	5,95842	8,5962
388	150 544	58 411 072	19,6977	1 218,9	118 237	2,58883	48,424	5,96101	8,5999
389	151 321	58 863 869	19,7231	1 222,1	118 847	2,58995	48,911	5,96358	8,6036
390	152 100	59 319 000	19,7484	1 225,2	119 459	2,59106	49,402	5,96615	8,6073
391	152 881	59 776 471	19,7737	1 228,4	120 072	2,59218	49,899	5,96871	8,6110
392	153 664	60 236 288	19,7990	1 231,5	120 687	2,59329	50,400	5,97126	8,6147
393	154 449	60 698 457	19,8242	1 234,6	121 304	2,59439	50,907	5,97381	8,6184
394	155 236	61 162 984	19,8494	1 237,8	121 922	2,59550	51,419	5,97635	8,6221
395	156 025	61 629 875	19,8746	1 240,9	122 542	2,59660	51,935	5,97889	8,6257
396	156 816	62 099 136	19,8997	1 244,1	123 163	2,59770	52,457	5,98141	8,6294
397	157 609	62 570 773	19,9249	1 247,2	123 786	2,59879	52,985	5,98394	8,6330
398	158 404	63 044 792	19,9499	1 250,4	124 410	2,59988	53,517	5,98645	8,6366
399	159 201	63 521 199	19,9750	1 253,5	125 036	2,60097	54,055	5,98896	8,6402
400	160 000	64 000 000	20,0000	1 256,6	125 664	2,60206	54,598	5,99146	8,6439
401	160 801	64 481 201	20,0250	1 259,8	126 293	2,60314	55,15	5,99396	8,6475
402	161 604	64 964 808	20,0499	1 262,9	126 923	2,60423	55,70	5,99645	8,6511
403	162 409	65 450 827	20,0749	1 266,1	127 556	2,60531	56,26	5,99894	8,6546
404	163 216	65 939 264	20,0998	1 269,2	128 190	2,60638	56,83	6,00141	8,6582
405	164 025	66 430 125	20,1246	1 272,3	128 825	2,60746	57,40	6,00389	8,6618
406	164 836	66 923 416	20,1494	1 275,5	129 462	2,60853	57,97	6,00635	8,6653
407	165 649	67 419 143	20,1742	1 278,6	130 100	2,60959	58,56	6,00881	8,6689
408	166 464	67 917 312	20,1990	1 281,8	130 741	2,61066	59,15	6,01127	8,6724
409	167 281	68 417 929	20,2237	1 284,9	131 382	2,61172	59,74	6,01372	8,6760
410	168 100	68 921 000	20,2485	1 288,1	132 025	2,61278	60,34	6,01616	8,6795
411	168 921	69 426 531	20,2731	1 291,2	132 670	2,61384	60,95	6,01859	8,6830
412	169 744	69 934 528	20,2978	1 294,3	133 317	2,61490	61,56	6,02102	8,6865
413	170 569	70 444 997	20,3224	1 297,5	133 965	2,61595	62,18	6,02345	8,6900
414	171 396	70 957 944	20,3470	1 300,6	134 614	2,61700	62,80	6,02587	8,6935
415	172 225	71 473 375	20,3715	1 303,8	135 265	2,61805	63,43	6,02828	8,6970
416	173 056	71 991 296	20,3961	1 306,9	135 918	2,61909	64,07	6,03069	8,7004
417	173 889	72 511 713	20,4206	1 310,0	136 572	2,62014	64,72	6,03309	8,7039
418	174 724	73 034 632	20,4450	1 313,2	137 228	2,62118	65,37	6,03548	8,7074
419	175 561	73 560 059	20,4695	1 316,3	137 885	2,62221	66,02	6,03787	8,7108
420	176 400	74 088 000	20,4939	1 319,5	138 544	2,62325	66,69	6,04025	8,7142

$n = d$	n^2	n^3	$\sqrt{n}$	$\pi \cdot d$	$\frac{\pi \cdot d^2}{4}$	lg n	$e^{0,01 \cdot n}$	ln n	lb n
421	177 241	74 618 461	20,5183	1 322,6	139 205	2,62428	67,36	6,04263	8,7177
422	178 084	75 151 448	20,5426	1 325,8	139 867	2,62531	68,03	6,04501	8,7211
423	178 929	75 686 967	20,5670	1 328,9	140 531	2,62634	68,72	6,04737	8,7245
424	179 776	76 225 024	20,5913	1 332,0	141 196	2,62737	69,41	6,04973	8,7279
425	180 625	76 765 625	20,6155	1 335,2	141 863	2,62839	70,11	6,05209	8,7313
426	181 476	77 308 776	20,6398	1 338,3	142 531	2,62941	70,81	6,05444	8,7347
427	182 329	77 854 483	20,6640	1 341,5	143 201	2,63043	71,52	6,05678	8,7381
428	183 184	78 402 752	20,6882	1 344,6	143 872	2,63144	72,24	6,05912	8,7415
429	184 041	78 953 589	20,7123	1 347,7	144 545	2,63246	72,97	6,06146	8,7448
430	184 900	79 507 000	20,7364	1 350,9	145 220	2,63347	73,70	6,06379	8,7482
431	185 761	80 062 991	20,7605	1 354,0	145 896	2,63448	74,44	6,06611	8,7515
432	186 624	80 621 568	20,7846	1 357,2	146 574	2,63548	75,19	6,06843	8,7549
433	187 489	81 182 737	20,8087	1 360,3	147 254	2,63649	75,94	6,07074	8,7582
434	188 356	81 746 504	20,8327	1 363,5	147 934	2,63749	76,71	6,07304	8,7616
435	189 225	82 312 875	20,8567	1 366,6	148 617	2,63849	77,48	6,07535	8,7649
436	190 096	82 881 856	20,8806	1 369,7	149 301	2,63949	78,26	6,07764	8,7682
437	190 969	83 453 453	20,9045	1 372,9	149 987	2,64048	79,04	6,07993	8,7715
438	191 844	84 027 672	20,9284	1 376,0	150 674	2,64147	79,84	6,08222	8,7748
439	192 721	84 604 519	20,9523	1 379,2	151 363	2,64246	80,64	6,08450	8,7781
440	193 600	85 184 000	20,9762	1 382,3	152 053	2,64345	81,45	6,08677	8,7814
441	194 481	85 766 121	21,0000	1 385,4	152 745	2,64444	82,27	6,08904	8,7846
442	195 364	86 350 888	21,0238	1 388,6	153 439	2,64542	83,10	6,09131	8,7879
443	196 249	86 938 307	21,0476	1 391,7	154 134	2,64640	83,93	6,09357	8,7912
444	197 136	87 528 384	21,0713	1 394,9	154 830	2,64738	84,77	6,09582	8,7944
445	198 025	88 121 125	21,0950	1 398,0	155 528	2,64836	85,63	6,09807	8,7977
446	198 916	88 716 536	21,1187	1 401,2	156 228	2,64933	86,49	6,10032	8,8009
447	199 809	89 314 623	21,1424	1 404,3	156 930	2,65031	87,36	6,10256	8,8041
448	200 704	89 915 392	21,1660	1 407,4	157 633	2,65128	88,23	6,10479	8,8074
449	201 601	90 518 849	21,1896	1 410,6	158 337	2,65225	89,12	6,10702	8,8106
450	202 500	91 125 000	21,2132	1 413,7	159 043	2,65321	90,02	6,10925	8,8138
451	203 401	91 733 851	21,2368	1 416,9	159 751	2,65418	90,92	6,11147	8,8170
452	204 304	92 345 408	21,2603	1 420,0	160 460	2,65514	91,84	6,11368	8,8202
453	205 209	92 959 677	21,2838	1 423,1	161 171	2,65610	92,76	6,11589	8,8234
454	206 116	93 576 664	21,3073	1 426,3	161 883	2,65706	93,69	6,11810	8,8265
455	207 025	94 196 375	21,3307	1 429,4	162 597	2,65801	94,63	6,12030	8,8297
456	207 936	94 818 816	21,3542	1 432,6	163 313	2,65896	95,58	6,12249	8,8329
457	208 849	95 443 993	21,3776	1 435,7	164 030	2,65992	96,54	6,12468	8,8361
458	209 764	96 071 912	21,4009	1 438,8	164 748	2,66087	97,51	6,12687	8,8392
459	210 681	96 702 579	21,4243	1 442,0	165 468	2,66181	98,49	6,12905	8,8424
460	211 600	97 336 000	21,4476	1 445,1	166 190	2,66276	99,48	6,13123	8,8455
461	212 521	97 972 181	21,4709	1 448,3	166 914	2,66370	100,5	6,13340	8,8486
462	213 444	98 611 128	21,4942	1 451,4	167 639	2,66464	101,5	6,13556	8,8517
463	214 369	99 252 847	21,5174	1 454,6	168 365	2,66558	102,5	6,13773	8,8549
464	215 296	99 897 344	21,5407	1 457,7	169 093	2,66652	103,5	6,13988	8,8580
465	216 225	100 544 625	21,5639	1 460,8	169 823	2,66745	104,6	6,14204	8,8611
466	217 156	101 194 696	21,5870	1 464,0	170 554	2,66839	105,6	6,14419	8,8642
467	218 089	101 847 563	21,6102	1 467,1	171 287	2,66932	106,7	6,14633	8,8673
468	219 024	102 503 232	21,6333	1 470,3	172 021	2,67025	107,8	6,14847	8,8704
469	219 961	103 161 709	21,6564	1 473,4	172 757	2,67117	108,9	6,15060	8,8734
470	220 900	103 823 000	21,6795	1 476,5	173 494	2,67210	109,9	6,15273	8,8765
471	221 841	104 487 111	21,7025	1 479,7	174 234	2,67302	111,1	6,15486	8,8796
472	222 784	105 154 048	21,7256	1 482,8	174 974	2,67394	112,2	6,15698	8,8826
473	223 729	105 823 817	21,7486	1 486,0	175 716	2,67486	113,3	6,15910	8,8857
474	224 676	106 496 424	21,7715	1 489,1	176 460	2,67578	114,4	6,16121	8,8887
475	225 625	107 171 875	21,7945	1 492,3	177 205	2,67669	115,6	6,16331	8,8918
476	226 576	107 850 176	21,8174	1 495,4	177 952	2,67761	116,7	6,16542	8,8948
477	227 529	108 531 133	21,8403	1 498,5	178 701	2,67852	117,9	6,16752	8,8978
478	228 484	109 215 352	21,8632	1 501,7	179 451	2,67943	119,1	6,16961	8,9009
479	229 441	109 902 239	21,8861	1 504,8	180 203	2,68034	120,3	6,17170	8,9039
480	230 400	110 592 000	21,9089	1 508,0	180 956	2,68124	121,5	6,17379	8,9069

3

$n = d$	n^2	n^3	$\sqrt{n}$	$\pi \cdot d$	$\frac{\pi \cdot d^2}{4}$	lg n	$e^{0,01 \cdot n}$	ln n	lb n
481	231 361	111 284 641	21,9317	1 511,1	181 711	2,68215	122,7	6,17587	8,9099
482	232 324	111 980 168	21,9545	1 514,2	182 467	2,68305	124,0	6,17794	8,9129
483	233 289	112 678 587	21,9773	1 517,4	183 225	2,68395	125,2	6,18002	8,9159
484	234 256	113 379 904	22,0000	1 520,5	183 984	2,68485	126,5	6,18208	8,9189
485	235 225	114 084 125	22,0227	1 523,7	184 745	2,68574	127,7	6,18415	8,9218
486	236 196	114 791 256	22,0454	1 526,8	185 508	2,68664	129,0	6,18621	8,9248
487	237 169	115 501 303	22,0681	1 530,0	186 272	2,68753	130,3	6,18826	8,9278
488	238 144	116 214 272	22,0907	1 533,1	187 038	2,68842	131,6	6,19032	8,9307
489	239 121	116 930 169	22,1133	1 536,2	187 805	2,68931	133,0	6,19236	8,9337
490	240 100	117 649 000	22,1359	1 539,4	188 574	2,69020	134,3	6,19441	8,9366
491	241 081	118 370 771	22,1585	1 542,5	189 345	2,69108	135,6	6,19644	8,9396
492	242 064	119 095 488	22,1811	1 545,7	190 117	2,69197	137,0	6,19848	8,9425
493	243 049	119 823 157	22,2036	1 548,8	190 890	2,69285	138,4	6,20051	8,9454
494	244 036	120 553 784	22,2261	1 551,9	191 665	2,69373	139,8	6,20254	8,9484
495	245 025	121 287 375	22,2486	1 555,1	192 442	2,69461	141,2	6,20456	8,9513
496	246 016	122 023 936	22,2711	1 558,2	193 221	2,69548	142,6	6,20658	8,9542
497	247 009	122 763 473	22,2935	1 561,4	194 000	2,69636	144,0	6,20859	8,9571
498	248 004	123 505 992	22,3159	1 564,5	194 782	2,69723	145,5	6,21060	8,9600
499	249 001	124 251 499	22,3383	1 567,7	195 565	2,69810	146,9	6,21261	8,9629
500	250 000	125 000 000	22,3607	1 570,8	196 350	2,69897	148,4	6,21461	8,9658
501	251 001	125 751 501	22,3830	1 573,9	197 136	2,69984	149,9	6,21661	8,9687
502	252 004	126 506 008	22,4054	1 577,1	197 923	2,70070	151,4	6,21860	8,9715
503	253 009	127 263 527	22,4277	1 580,2	198 713	2,70157	152,9	6,22059	8,9744
504	254 016	128 024 064	22,4499	1 583,4	199 504	2,70243	154,5	6,22258	8,9773
505	255 025	128 787 625	22,4722	1 586,5	200 296	2,70329	156,0	6,22456	8,9801
506	256 036	129 554 216	22,4944	1 589,6	201 090	2,70415	157,6	6,22654	8,9830
507	257 049	130 323 843	22,5167	1 592,8	201 886	2,70501	159,2	6,22851	8,9858
508	258 064	131 096 512	22,5389	1 595,9	202 683	2,70586	160,8	6,23048	8,9887
509	259 081	131 872 229	22,5610	1 599,1	203 482	2,70672	162,4	6,23245	8,9915
510	260 100	132 651 000	22,5832	1 602,2	204 282	2,70757	164,0	6,23441	8,9944
511	261 121	133 432 831	22,6053	1 605,4	205 084	2,70842	165,7	6,23637	8,9972
512	262 144	134 217 728	22,6274	1 608,5	205 887	2,70927	167,3	6,23832	9,0000
513	263 169	135 005 697	22,6495	1 611,6	206 692	2,71012	169,0	6,24028	9,0028
514	264 196	135 796 744	22,6716	1 614,8	207 499	2,71096	170,7	6,24222	9,0056
515	265 225	136 590 875	22,6936	1 617,9	208 307	2,71181	172,4	6,24417	9,0084
516	266 256	137 388 096	22,7156	1 621,1	209 117	2,71265	174,2	6,24611	9,0112
517	267 289	138 188 413	22,7376	1 624,2	209 928	2,71349	175,9	6,24804	9,0140
518	268 324	138 991 832	22,7596	1 627,3	210 741	2,71433	177,7	6,24998	9,0168
519	269 361	139 798 359	22,7816	1 630,5	211 556	2,71517	179,5	6,25190	9,0196
520	270 400	140 608 000	22,8035	1 633,6	212 372	2,71600	181,3	6,25383	9,0224
521	271 441	141 420 761	22,8254	1 636,8	213 189	2,71684	183,1	6,25575	9,0251
522	272 484	142 236 648	22,8473	1 639,9	214 008	2,71767	184,9	6,25767	9,0279
523	273 529	143 055 667	22,8692	1 643,1	214 829	2,71850	186,8	6,25958	9,0307
524	274 576	143 877 824	22,8910	1 646,2	215 651	2,71933	188,7	6,26149	9,0334
525	275 625	144 703 125	22,9129	1 649,3	216 475	2,72016	190,6	6,26340	9,0362
526	276 676	145 531 576	22,9347	1 652,5	217 301	2,72099	192,5	6,26530	9,0389
527	277 729	146 363 183	22,9565	1 655,6	218 128	2,72181	194,4	6,26720	9,0417
528	278 784	147 197 952	22,9783	1 658,8	218 956	2,72263	196,4	6,26910	9,0444
529	279 841	148 035 889	23,0000	1 661,9	219 787	2,72346	198,3	6,27099	9,0471
530	280 900	148 877 000	23,0217	1 665,0	220 618	2,72428	200,3	6,27288	9,0498
531	281 961	149 721 291	23,0434	1 668,2	221 452	2,72509	202,4	6,27476	9,0526
532	283 024	150 568 768	23,0651	1 671,3	222 287	2,72591	204,4	6,27664	9,0553
533	284 089	151 419 437	23,0868	1 674,5	223 123	2,72673	206,4	6,27852	9,0580
534	285 156	152 273 304	23,1084	1 677,6	223 961	2,72754	208,5	6,28040	9,0607
535	286 225	153 130 375	23,1301	1 680,8	224 801	2,72835	210,6	6,28227	9,0634
536	287 296	153 990 656	23,1517	1 683,9	225 642	2,72916	212,7	6,28413	9,0661
537	288 369	154 854 153	23,1733	1 687,0	226 484	2,72997	214,9	6,28600	9,0688
538	289 444	155 720 872	23,1948	1 690,2	227 329	2,73078	217,0	6,28786	9,0715
539	290 521	156 590 819	23,2164	1 693,3	228 175	2,73159	219,2	6,28972	9,0741
540	291 600	157 464 000	23,2379	1 696,5	229 022	2,73239	221,4	6,29157	9,0768

$n = d$	n^2	n^3	$\sqrt{n}$	$\pi \cdot d$	$\frac{\pi \cdot d^2}{4}$	lg n	$e^{0,01 \cdot n}$	ln n	lb n
541	292 681	158 340 421	23,2594	1 699,6	229 871	2,73320	223,6	6,29342	9,0795
542	293 764	159 220 088	23,2809	1 702,7	230 722	2,73400	225,9	6,29527	9,0821
543	294 849	160 103 007	23,3024	1 705,9	231 574	2,73480	228,1	6,29711	9,0848
544	295 936	160 989 184	23,3238	1 709,0	232 428	2,73560	230,4	6,29895	9,0875
545	297 025	161 878 625	23,3452	1 712,2	233 283	2,73640	232,8	6,30079	9,0901
546	298 116	162 771 336	23,3666	1 715,3	234 140	2,73719	235,1	6,30262	9,0928
547	299 209	163 667 323	23,3880	1 718,5	234 998	2,73799	237,5	6,30445	9,0954
548	300 304	164 566 592	23,4094	1 721,6	235 858	2,73878	239,8	6,30628	9,0980
549	301 401	165 469 149	23,4307	1 724,7	236 720	2,73957	242,3	6,30810	9,1007
550	302 500	166 375 000	23,4521	1 727,9	237 583	2,74036	244,7	6,30992	9,1033
551	303 601	167 284 151	23,4734	1 731,0	238 448	2,74115	247,2	6,31173	9,1059
552	304 704	168 196 608	23,4947	1 734,2	239 314	2,74194	249,6	6,31355	9,1085
553	305 809	169 112 377	23,5160	1 737,3	240 182	2,74273	252,1	6,31536	9,1111
554	306 916	170 031 464	23,5372	1 740,4	241 051	2,74351	254,7	6,31716	9,1137
555	308 025	170 953 875	23,5584	1 743,6	241 922	2,74429	257,2	6,31897	9,1163
556	309 136	171 879 616	23,5797	1 746,7	242 795	2,74507	259,8	6,32077	9,1189
557	310 249	172 808 693	23,6008	1 749,9	243 669	2,74586	262,4	6,32257	9,1215
558	311 364	173 741 112	23,6220	1 753,0	244 545	2,74663	265,1	6,32436	9,1241
559	312 481	174 676 879	23,6432	1 756,2	245 422	2,74741	267,7	6,32615	9,1267
560	313 600	175 616 000	23,6643	1 759,3	246 301	2,74819	270,4	6,32794	9,1293
561	314 721	176 558 481	23,6854	1 762,4	247 181	2,74896	273,1	6,32972	9,1319
562	315 844	177 504 328	23,7065	1 765,6	248 063	2,74974	275,9	6,33150	9,1344
563	316 969	178 453 547	23,7276	1 768,7	248 947	2,75051	278,7	6,33328	9,1370
564	318 096	179 406 144	23,7487	1 771,9	249 832	2,75128	281,5	6,33505	9,1396
565	319 225	180 362 125	23,7697	1 775,0	250 719	2,75205	284,3	6,33683	9,1421
566	320 356	181 321 496	23,7908	1 778,1	251 607	2,75282	287,1	6,33859	9,1447
567	321 489	182 284 263	23,8118	1 781,3	252 497	2,75358	290,0	6,34036	9,1472
568	322 624	183 250 432	23,8328	1 784,4	253 388	2,75435	292,9	6,34212	9,1497
569	323 761	184 220 009	23,8537	1 787,6	254 281	2,75511	295,9	6,34388	9,1523
570	324 900	185 193 000	23,8747	1 790,7	255 176	2,75587	298,9	6,34564	9,1548
571	326 041	186 169 411	23,8956	1 793,8	256 072	2,75664	301,9	6,34739	9,1573
572	327 184	187 149 248	23,9165	1 797,0	256 970	2,75740	304,9	6,34914	9,1599
573	328 329	188 132 517	23,9374	1 800,1	257 869	2,75815	308,0	6,35089	9,1624
574	329 476	189 119 224	23,9583	1 803,3	258 770	2,75891	311,1	6,35263	9,1649
575	330 625	190 109 375	23,9792	1 806,4	259 672	2,75967	314,2	6,35437	9,1674
576	331 776	191 102 976	24,0000	1 809,6	260 576	2,76042	317,3	6,35611	9,1699
577	332 929	192 100 033	24,0208	1 812,7	261 482	2,76118	320,5	6,35784	9,1724
578	334 084	193 100 552	24,0416	1 815,8	262 389	2,76193	323,8	6,35957	9,1749
579	335 241	194 104 539	24,0624	1 819,0	263 298	2,76268	327,0	6,36130	9,1774
580	336 400	195 112 000	24,0832	1 822,1	264 208	2,76343	330,3	6,36303	9,1799
581	337 561	196 122 941	24,1039	1 825,3	265 120	2,76418	333,6	6,36475	9,1824
582	338 724	197 137 368	24,1247	1 828,4	266 033	2,76492	337,0	6,36647	9,1849
583	339 889	198 155 287	24,1454	1 831,6	266 948	2,76567	340,4	6,36819	9,1874
584	341 056	199 176 704	24,1661	1 834,7	267 865	2,76641	343,8	6,36990	9,1898
585	342 225	200 201 625	24,1868	1 837,8	268 783	2,76716	347,2	6,37161	9,1923
586	343 396	201 230 056	24,2074	1 841,0	269 703	2,76790	350,7	6,37332	9,1948
587	344 569	202 262 003	24,2281	1 844,1	270 624	2,76864	354,2	6,37502	9,1972
588	345 744	203 297 472	24,2487	1 847,3	271 547	2,76938	357,8	6,37673	9,1997
589	346 921	204 336 469	24,2693	1 850,4	272 471	2,77012	361,4	6,37843	9,2021
590	348 100	205 379 000	24,2899	1 853,5	273 397	2,77085	365,0	6,38012	9,2046
591	349 281	206 425 071	24,3105	1 856,7	274 325	2,77159	368,7	6,38182	9,2070
592	350 464	207 474 688	24,3311	1 859,8	275 254	2,77232	372,4	6,38351	9,2095
593	351 649	208 527 857	24,3516	1 863,0	276 184	2,77305	376,2	6,38519	9,2119
594	352 836	209 584 584	24,3721	1 866,1	277 117	2,77379	379,9	6,38688	9,2143
595	354 025	210 644 875	24,3926	1 869,2	278 051	2,77452	383,8	6,38856	9,2167
596	355 216	211 708 736	24,4131	1 872,4	278 986	2,77525	387,6	6,39024	9,2192
597	356 409	212 776 173	24,4336	1 875,5	279 923	2,77597	391,5	6,39192	9,2216
598	357 604	213 847 192	24,4540	1 878,7	280 862	2,77670	395,4	6,39359	9,2240
599	358 801	214 921 799	24,4745	1 881,8	281 802	2,77743	399,4	6,39526	9,2264
600	360 000	216 000 000	24,4949	1 885,0	282 743	2,77815	403,4	6,39693	9,2288

$n = d$	n^2	n^3	$\sqrt{n}$	$\pi \cdot d$	$\frac{\pi \cdot d^2}{4}$	lg n	$e^{0,01 \cdot n}$	ln n	lb n
601	361 201	217 081 801	24,5153	1 888,1	283 687	2,77887	407,5	6,39859	9,2312
602	362 404	218 167 208	24,5357	1 891,2	284 631	2,77960	411,6	6,40026	9,2336
603	363 609	219 256 227	24,5561	1 894,4	285 578	2,78032	415,7	6,40192	9,2360
604	364 816	220 348 864	24,5764	1 897,5	286 526	2,78104	419,9	6,40357	9,2384
605	366 025	221 445 125	24,5967	1 900,7	287 475	2,78176	424,1	6,40523	9,2408
606	367 236	222 545 016	24,6171	1 903,8	288 426	2,78247	428,4	6,40688	9,2432
607	368 449	223 648 543	24,6374	1 906,9	289 379	2,78319	432,7	6,40853	9,2456
608	369 664	224 755 712	24,6577	1 910,1	290 333	2,78390	437,0	6,41017	9,2479
609	370 881	225 866 529	24,6779	1 913,2	291 289	2,78462	441,4	6,41182	9,2503
610	372 100	226 981 000	24,6982	1 916,4	292 247	2,78533	445,9	6,41346	9,2527
611	373 321	228 099 131	24,7184	1 919,5	293 206	2,78604	450,3	6,41510	9,2550
612	374 544	229 220 928	24,7386	1 922,7	294 166	2,78675	454,9	6,41673	9,2574
613	375 769	230 346 397	24,7588	1 925,8	295 128	2,78746	459,4	6,41836	9,2597
614	376 996	231 475 544	24,7790	1 928,9	296 092	2,78817	464,1	6,41999	9,2621
615	378 225	232 608 375	24,7992	1 932,1	297 057	2,78888	468,7	6,42162	9,2644
616	379 456	233 744 896	24,8193	1 935,2	298 024	2,78958	473,4	6,42325	9,2668
617	380 689	234 885 113	24,8395	1 938,4	298 992	2,79029	478,2	6,42487	9,2691
618	381 924	236 029 032	24,8596	1 941,5	299 962	2,79099	483,0	6,42649	9,2715
619	383 161	237 176 659	24,8797	1 944,6	300 934	2,79169	487,8	6,42811	9,2738
620	384 400	238 328 000	24,8998	1 947,8	301 907	2,79239	492,7	6,42972	9,2761
621	385 641	239 483 061	24,9199	1 950,9	302 882	2,79309	497,7	6,43133	9,2784
622	386 884	240 641 848	24,9399	1 954,1	303 858	2,79379	502,7	6,43294	9,2808
623	388 129	241 804 367	24,9600	1 957,2	304 836	2,79449	507,8	6,43455	9,2831
624	389 376	242 970 624	24,9800	1 960,4	305 815	2,79518	512,9	6,43615	9,2854
625	390 625	244 140 625	25,0000	1 963,5	306 796	2,79588	518,0	6,43775	9,2877
626	391 876	245 314 376	25,0200	1 966,6	307 779	2,79657	523,2	6,43935	9,2900
627	393 129	246 491 883	25,0400	1 969,8	308 763	2,79727	528,5	6,44095	9,2923
628	394 384	247 673 152	25,0599	1 972,9	309 748	2,79796	533,8	6,44254	9,2946
629	395 641	248 858 189	25,0799	1 976,1	310 736	2,79865	539,2	6,44413	9,2969
630	396 900	250 047 000	25,0998	1 979,2	311 725	2,79934	544,6	6,44572	9,2992
631	398 161	251 239 591	25,1197	1 982,3	312 715	2,80003	550,0	6,44731	9,3015
632	399 424	252 435 968	25,1396	1 985,5	313 707	2,80072	555,6	6,44889	9,3038
633	400 689	253 636 137	25,1595	1 988,6	314 700	2,80140	561,2	6,45047	9,3061
634	401 956	254 840 104	25,1794	1 991,8	315 696	2,80209	566,8	6,45205	9,3083
635	403 225	256 047 875	25,1992	1 994,9	316 692	2,80277	572,5	6,45362	9,3106
636	404 496	257 259 456	25,2190	1 998,1	317 690	2,80346	578,2	6,45520	9,3129
637	405 769	258 474 853	25,2389	2 001,2	318 690	2,80414	584,1	6,45677	9,3151
638	407 044	259 694 072	25,2587	2 004,3	319 692	2,80482	589,9	6,45834	9,3174
639	408 321	260 917 119	25,2784	2 007,5	320 695	2,80550	595,9	6,45990	9,3197
640	409 600	262 144 000	25,2982	2 010,6	321 699	2,80618	601,8	6,46147	9,3219
641	410 881	263 374 721	25,3180	2 013,8	322 705	2,80686	607,9	6,46303	9,3242
642	412 164	264 609 288	25,3377	2 016,9	323 713	2,80754	614,0	6,46459	9,3264
643	413 449	265 847 707	25,3574	2 020,0	324 722	2,80821	620,2	6,46614	9,3287
644	414 736	267 089 984	25,3772	2 023,2	325 733	2,80889	626,4	6,46770	9,3309
645	416 025	268 336 125	25,3969	2 026,3	326 745	2,80956	632,7	6,46925	9,3332
646	417 316	269 586 136	25,4165	2 029,5	327 759	2,81023	639,1	6,47080	9,3354
647	418 609	270 840 023	25,4362	2 032,6	328 775	2,81080	645,5	6,47235	9,3376
648	419 904	272 097 792	25,4558	2 035,8	329 792	2,81158	652,0	6,47389	9,3399
649	421 201	273 359 449	25,4755	2 038,9	330 810	2,81224	658,5	6,47543	9,3421
650	422 500	274 625 000	25,4951	2 042,0	331 831	2,81291	665,1	6,47697	9,3443
651	423 801	275 894 451	25,5147	2 045,2	332 853	2,81358	671,8	6,47851	9,3465
652	425 104	277 167 808	25,5343	2 048,3	333 876	2,81425	678,6	6,48004	9,3487
653	426 409	278 445 077	25,5539	2 051,5	334 901	2,81491	685,4	6,48158	9,3509
654	427 716	279 726 264	25,5734	2 054,6	335 927	2,81558	692,3	6,48311	9,3531
655	429 025	281 011 375	25,5930	2 057,7	336 955	2,81624	699,2	6,48464	9,3554
656	430 336	282 300 416	25,6125	2 060,9	337 985	2,81690	706,3	6,48616	9,3576
657	431 649	283 593 393	25,6320	2 064,0	339 016	2,81757	713,4	6,48768	9,3597
658	432 964	284 890 312	25,6515	2 067,2	340 049	2,81823	720,5	6,48920	9,3619
659	434 281	286 191 179	25,6710	2 070,3	341 084	2,81889	727,8	6,49072	9,3641
660	435 600	287 496 000	25,6905	2 073,5	342 119	2,81954	735,1	6,49224	9,3663

$n = d$	n^2	n^3	$\sqrt{n}$	$\pi \cdot d$	$\frac{\pi \cdot d^2}{4}$	lg n	$e^{0,01 \cdot n}$	ln n	lb n
661	436 921	288 804 781	25,7099	2 076,6	343 157	2,82020	742,5	6,49375	9,3685
662	438 244	290 117 528	25,7294	2 079,7	344 196	2,82086	749,9	6,49527	9,3707
663	439 569	291 434 247	25,7488	2 082,9	345 237	2,82151	757,5	6,49677	9,3729
664	440 896	292 754 944	25,7682	2 086,0	346 279	2,82217	765,1	6,49828	9,3750
665	442 225	294 079 625	25,7876	2 089,2	347 323	2,82282	772,8	6,49979	9,3772
666	443 556	295 408 296	25,8070	2 092,3	348 368	2,82347	780,6	6,50129	9,3794
667	444 889	296 740 963	25,8263	2 095,4	349 415	2,82413	788,4	6,50279	9,3815
668	446 224	298 077 632	25,8457	2 098,6	350 464	2,82478	796,3	6,50429	9,3837
669	447 561	299 418 309	25,8650	2 101,7	351 514	2,82543	804,3	6,50578	9,3859
670	448 900	300 763 000	25,8844	2 104,9	352 565	2,82607	812,4	6,50728	9,3880
671	450 241	302 111 711	25,9037	2 108,0	353 618	2,82672	820,6	6,50877	9,3902
672	451 584	303 464 448	25,9230	2 111,2	354 673	2,82737	828,8	6,51026	9,3923
673	452 929	304 821 217	25,9422	2 114,3	355 730	2,82802	837,1	6,51175	9,3945
674	454 276	306 182 024	25,9615	2 117,4	356 788	2,82866	845,6	6,51323	9,3966
675	455 625	307 546 875	25,9808	2 120,6	357 847	2,82930	854,1	6,51471	9,3987
676	456 976	308 915 776	26,0000	2 123,7	358 908	2,82995	862,6	6,51619	9,4009
677	458 329	310 288 733	26,0192	2 126,9	359 971	2,83059	871,3	6,51767	9,4030
678	459 684	311 665 752	26,0384	2 130,0	361 035	2,83123	880,1	6,51915	9,4051
679	461 041	313 046 839	26,0576	2 133,1	362 101	2,83187	888,9	6,52062	9,4073
680	462 400	314 432 000	26,0768	2 136,3	363 168	2,83251	897,8	6,52209	9,4094
681	463 761	315 821 241	26,0960	2 139,4	364 237	2,83315	906,9	6,52356	9,4115
682	465 124	317 214 568	26,1151	2 142,6	365 308	2,83378	916,0	6,52503	9,4136
683	466 489	318 611 987	26,1343	2 145,7	366 380	2,83442	925,2	6,52649	9,4157
684	467 856	320 013 504	26,1534	2 148,8	367 453	2,83506	934,5	6,52796	9,4179
685	469 225	321 419 125	26,1725	2 152,0	368 528	2,83569	943,9	6,52942	9,4200
686	470 596	322 828 856	26,1916	2 155,1	369 605	2,83632	953,4	6,53088	9,4221
687	471 969	324 242 703	26,2107	2 158,3	370 684	2,83696	962,9	6,53233	9,4242
688	473 344	325 660 672	26,2298	2 161,4	371 764	2,83759	972,6	6,53379	9,4263
689	474 721	327 082 769	26,2488	2 164,6	372 845	2,83822	982,4	6,53524	9,4284
690	476 100	328 509 000	26,2679	2 167,7	373 928	2,83885	992,3	6,53669	9,4305
691	477 481	329 939 371	26,2869	2 170,8	375 013	2,83948	1 002	6,53814	9,4325
692	478 864	331 373 888	26,3059	2 174,0	376 099	2,84011	1 012	6,53959	9,4346
693	480 249	332 812 557	26,3249	2 177,1	377 187	2,84073	1 022	6,54103	9,4367
694	481 636	334 255 384	26,3439	2 180,3	378 276	2,84136	1 033	6,54247	9,4388
695	483 025	335 702 375	26,3629	2 183,4	379 367	2,84198	1 043	6,54391	9,4409
696	484 416	337 153 536	26,3818	2 186,5	380 459	2,84261	1 054	6,54535	9,4429
697	485 809	338 608 873	26,4008	2 189,7	381 553	2,84323	1 064	6,54679	9,4450
698	487 204	340 068 392	26,4197	2 192,8	382 649	2,84386	1 075	6,54822	9,4471
699	488 601	341 532 099	26,4386	2 196,0	383 746	2,84448	1 086	6,54965	9,4491
700	490 000	343 000 000	26,4575	2 199,1	384 845	2,84510	1 097	6,55108	9,4512
701	491 401	344 472 101	26,4764	2 202,3	385 945	2,84572	1 108	6,55251	9,4533
702	492 804	345 948 408	26,4953	2 205,4	387 047	2,84634	1 119	6,55393	9,4553
703	494 209	347 428 927	26,5141	2 208,5	388 151	2,84696	1 130	6,55536	9,4574
704	495 616	348 913 664	26,5330	2 211,7	389 256	2,84757	1 141	6,55678	9,4594
705	497 025	350 402 625	26,5518	2 214,8	390 363	2,84819	1 153	6,55820	9,4615
706	498 436	351 895 816	26,5707	2 218,0	391 471	2,84880	1 164	6,55962	9,4635
707	499 849	353 393 243	26,5895	2 221,1	392 580	2,84942	1 176	6,56103	9,4656
708	501 264	354 894 912	26,6083	2 224,2	393 692	2,85003	1 188	6,56244	9,4676
709	502 681	356 400 829	26,6271	2 227,4	394 805	2,85065	1 200	6,56386	9,4696
710	504 100	357 911 000	26,6458	2 230,5	395 919	2,85126	1 212	6,56526	9,4717
711	505 521	359 425 431	26,6646	2 233,7	397 035	2,85187	1 224	6,56667	9,4737
712	506 944	360 944 128	26,6833	2 236,8	398 153	2,85248	1 236	6,56808	9,4757
713	508 369	362 467 097	26,7021	2 240,0	399 272	2,85309	1 249	6,56948	9,4778
714	509 796	363 994 344	26,7208	2 243,1	400 393	2,85370	1 261	6,57088	9,4798
715	511 225	365 525 875	26,7395	2 246,2	401 515	2,85431	1 274	6,57228	9,4818
716	512 656	367 061 696	26,7582	2 249,4	402 639	2,85491	1 287	6,57368	9,4838
717	514 089	368 601 813	26,7769	2 252,5	403 765	2,85552	1 300	6,57508	9,4858
718	515 524	370 146 232	26,7955	2 255,7	404 892	2,85612	1 313	6,57647	9,4878
719	516 961	371 694 959	26,8142	2 258,8	406 020	2,85673	1 326	6,57786	9,4898
720	518 400	373 248 000	26,8328	2 261,9	407 150	2,85733	1 339	6,57925	9,4919

$n = d$	n^2	n^3	$\sqrt{n}$	$\pi \cdot d$	$\frac{\pi \cdot d^2}{4}$	lg n	$e^{0,01 \cdot n}$	ln n	lb n
721	519 841	374 805 361	26,8514	2 265,1	408 282	2,85794	1 353	6,58064	9,4939
722	521 284	376 367 048	26,8701	2 268,2	409 415	2,85854	1 366	6,58203	9,4959
723	522 729	377 933 067	26,8887	2 271,4	410 550	2,85914	1 380	6,58341	9,4979
724	524 176	379 503 424	26,9072	2 274,5	411 687	2,85974	1 394	6,58479	9,4998
725	525 625	381 078 125	26,9258	2 277,7	412 825	2,86034	1 408	6,58617	9,5018
726	527 076	382 657 176	26,9444	2 280,8	413 965	2,86094	1 422	6,58755	9,5038
727	528 529	384 240 583	26,9629	2 283,9	415 106	2,86153	1 437	6,58893	9,5058
728	529 984	385 828 352	26,9815	2 287,1	416 248	2,86213	1 451	6,59030	9,5078
729	531 441	387 420 489	27,0000	2 290,2	417 393	2,86273	1 466	6,59167	9,5098
730	532 900	389 017 000	27,0185	2 293,4	418 539	2,86332	1 480	6,59304	9,5118
731	534 361	390 617 891	27,0370	2 296,5	419 686	2,86392	1 495	6,59441	9,5137
732	535 824	392 223 168	27,0555	2 299,6	420 835	2,86451	1 510	6,59578	9,5157
733	537 289	393 832 837	27,0740	2 302,8	421 986	2,86510	1 525	6,59715	9,5177
734	538 756	395 446 904	27,0924	2 305,9	423 138	2,86570	1 541	6,59851	9,5196
735	540 225	397 065 375	27,1109	2 309,1	424 293	2,86629	1 556	6,59987	9,5216
736	541 696	398 688 256	27,1293	2 312,2	425 447	2,86688	1 572	6,60123	9,5236
737	543 169	400 315 553	27,1477	2 315,4	426 604	2,86747	1 588	6,60259	9,5255
738	544 644	401 947 272	27,1662	2 318,5	427 762	2,86806	1 604	6,60394	9,5275
739	546 121	403 583 419	27,1846	2 321,6	428 922	2,86864	1 620	6,60530	9,5294
740	547 600	405 224 000	27,2029	2 324,8	430 084	2,86923	1 636	6,60665	9,5314
741	549 081	406 869 021	27,2213	2 327,9	431 247	2,86982	1 652	6,60800	9,5333
742	550 564	408 518 488	27,2397	2 331,1	432 412	2,87040	1 669	6,60935	9,5353
743	552 049	410 172 407	27,2580	2 334,2	433 578	2,87099	1 686	6,61070	9,5372
744	553 536	411 830 784	27,2764	2 337,3	434 746	2,87157	1 703	6,61204	9,5392
745	555 025	413 493 625	27,2947	2 340,5	435 916	2,87216	1 720	6,61338	9,5411
746	556 516	415 160 936	27,3130	2 343,6	437 087	2,87274	1 737	6,61473	9,5430
747	558 009	416 832 723	27,3313	2 346,8	438 259	2,87332	1 755	6,61607	9,5450
748	559 504	418 508 992	27,3496	2 349,9	439 433	2,87390	1 772	6,61740	9,5469
749	561 001	420 189 749	27,3679	2 353,1	440 609	2,87448	1 790	6,61874	9,5488
750	562 500	421 875 000	27,3861	2 356,2	441 786	2,87506	1 808	6,62007	9,5507
751	564 001	423 564 751	27,4044	2 359,3	442 965	2,87564	1 826	6,62141	9,5527
752	565 504	425 259 008	27,4226	2 362,5	444 146	2,87622	1 845	6,62274	9,5546
753	567 009	426 957 777	27,4408	2 365,6	445 328	2,87679	1 863	6,62407	9,5565
754	568 516	428 661 064	27,4591	2 368,8	446 511	2,87737	1 882	6,62539	9,5584
755	570 025	430 368 875	27,4773	2 371,9	447 697	2,87795	1 901	6,62672	9,5603
756	571 536	432 081 216	27,4955	2 375,0	448 883	2,87852	1 920	6,62804	9,5622
757	573 049	433 798 093	27,5136	2 378,2	450 072	2,87910	1 939	6,62936	9,5641
758	574 564	435 519 512	27,5318	2 381,3	451 262	2,87967	1 959	6,63068	9,5661
759	576 081	437 245 479	27,5500	2 384,5	452 453	2,88024	1 978	6,63200	9,5680
760	577 600	438 976 000	27,5681	2 387,6	453 646	2,88081	1 998	6,63332	9,5699
761	579 121	440 711 081	27,5862	2 390,8	454 841	2,88138	2 018	6,63463	9,5718
762	580 644	442 450 728	27,6043	2 393,9	456 037	2,88195	2 039	6,63595	9,5736
763	582 169	444 194 947	27,6225	2 397,0	457 234	2,88252	2 059	6,63726	9,5755
764	583 696	445 943 744	27,6405	2 400,2	458 434	2,88309	2 080	6,63857	9,5774
765	585 225	447 697 125	27,6586	2 403,3	459 635	2,88366	2 101	6,63988	9,5793
766	586 756	449 455 096	27,6767	2 406,5	460 837	2,88423	2 122	6,64118	9,5812
767	588 289	451 217 663	27,6948	2 409,6	462 041	2,88480	2 143	6,64249	9,5831
768	589 824	452 984 832	27,7128	2 412,7	463 247	2,88536	2 165	6,64379	9,5850
769	591 361	454 756 609	27,7308	2 415,9	464 454	2,88593	2 186	6,64509	9,5868
770	592 900	456 533 000	27,7489	2 419,0	465 663	2,88649	2 208	6,64639	9,5887
771	594 441	458 314 011	27,7669	2 422,2	466 873	2,88705	2 231	6,64769	9,5906
772	595 984	460 099 648	27,7849	2 425,3	468 085	2,88762	2 253	6,64898	9,5925
773	597 529	461 889 917	27,8029	2 428,5	469 298	2,88818	2 276	6,65028	9,5943
774	599 076	463 684 824	27,8209	2 431,6	470 513	2,88874	2 298	6,65157	9,5962
775	600 625	465 484 375	27,8388	2 434,7	471 730	2,88930	2 322	6,65286	9,5981
776	602 176	467 288 576	27,8568	2 437,9	472 948	2,88986	2 345	6,65415	9,5999
777	603 729	469 097 433	27,8747	2 441,0	474 168	2,89042	2 368	6,65544	9,6018
778	605 284	470 910 952	27,8927	2 444,2	475 389	2,89098	2 392	6,65673	9,6036
779	606 841	472 729 139	27,9106	2 447,3	476 612	2,89154	2 416	6,65801	9,6055
780	608 400	474 552 000	27,9285	2 450,4	477 836	2,89209	2 441	6,65929	9,6073

$n = d$	n^2	n^3	$\sqrt{n}$	$\pi \cdot d$	$\frac{\pi \cdot d^2}{4}$	lg n	$e^{0,01 \cdot n}$	ln n	lb n
781	609 961	476 379 541	27,9464	2 453,6	479 062	2,89265	2 465	6,66058	9,6092
782	611 524	478 211 768	27,9643	2 456,7	480 290	2,89321	2 490	6,66185	9,6110
783	613 089	480 048 687	27,9821	2 459,9	481 519	2,89376	2 515	6,66313	9,6129
784	614 656	481 890 304	28,0000	2 463,0	482 750	2,89432	2 540	6,66441	9,6147
785	616 225	483 736 625	28,0179	2 466,2	483 982	2,89487	2 566	6,66568	9,6165
786	617 796	485 587 656	28,0357	2 469,3	485 216	2,89542	2 592	6,66696	9,6184
787	619 369	487 443 403	28,0535	2 472,4	486 451	2,89597	2 618	6,66823	9,6202
788	620 944	489 303 872	28,0713	2 475,6	487 688	2,89653	2 644	6,66950	9,6221
789	622 521	491 169 069	28,0891	2 478,7	488 927	2,89708	2 670	6,67077	9,6239
790	624 100	493 039 000	28,1069	2 481,9	490 167	2,89763	2 697	6,67203	9,6257
791	625 681	494 913 671	28,1247	2 485,0	491 409	2,89818	2 724	6,67330	9,6275
792	627 264	496 793 088	28,1425	2 488,1	492 652	2,89873	2 752	6,67456	9,6294
793	628 849	498 677 257	28,1603	2 491,3	493 897	2,89927	2 779	6,67582	9,6312
794	630 436	500 566 184	28,1780	2 494,4	495 143	2,89982	2 807	6,67708	9,6330
795	632 025	502 459 875	28,1957	2 497,6	496 391	2,90037	2 836	6,67834	9,6348
796	633 616	504 358 336	28,2135	2 500,7	497 641	2,90091	2 864	6,67960	9,6366
797	635 209	506 261 573	28,2312	2 503,8	498 892	2,90146	2 893	6,68085	9,6384
798	636 804	508 169 592	28,2489	2 507,0	500 145	2,90200	2 922	6,68211	9,6402
799	638 401	510 082 399	28,2666	2 510,1	501 399	2,90255	2 951	6,68336	9,6421
800	640 000	512 000 000	28,2843	2 513,3	502 655	2,90309	2 981	6,68461	9,6439
801	641 601	513 922 401	28,3019	2 516,4	503 912	2,90363	3 011	6,68586	9,6457
802	643 204	515 849 608	28,3196	2 519,6	505 171	2,90417	3 041	6,68711	9,6475
803	644 809	517 781 627	28,3373	2 522,7	506 432	2,90472	3 072	6,68835	9,6493
804	646 416	519 718 464	28,3549	2 525,8	507 694	2,90526	3 103	6,68960	9,6511
805	648 025	521 660 125	28,3725	2 529,0	508 958	2,90580	3 134	6,69084	9,6528
806	649 636	523 606 616	28,3901	2 532,1	510 223	2,90634	3 165	6,69208	9,6546
807	651 249	525 557 943	28,4077	2 535,3	511 490	2,90687	3 197	6,69332	9,6564
808	652 864	527 514 112	28,4253	2 538,4	512 758	2,90741	3 229	6,69456	9,6582
809	654 481	529 475 129	28,4429	2 541,5	514 028	2,90795	3 262	6,69580	9,6600
810	656 100	531 441 000	28,4605	2 544,7	515 300	2,90849	3 294	6,69703	9,6618
811	657 721	533 411 731	28,4781	2 547,8	516 573	2,90902	3 328	6,69827	9,6636
812	659 344	535 387 328	28,4956	2 551,0	517 848	2,90956	3 361	6,69950	9,6653
813	660 969	537 367 797	28,5132	2 554,1	519 124	2,91009	3 395	6,70073	9,6671
814	662 596	539 353 144	28,5307	2 557,3	520 402	2,91062	3 429	6,70196	9,6689
815	664 225	541 343 375	28,5482	2 560,4	521 681	2,91116	3 463	6,70319	9,6707
816	665 856	543 338 496	28,5657	2 563,5	522 962	2,91169	3 498	6,70441	9,6724
817	667 489	545 338 513	28,5832	2 566,7	524 245	2,91222	3 533	6,70564	9,6742
818	669 124	547 343 432	28,6007	2 569,8	525 529	2,91275	3 569	6,70686	9,6760
819	670 761	549 353 259	28,6182	2 573,0	526 814	2,91328	3 605	6,70808	9,6777
820	672 400	551 368 000	28,6356	2 576,1	528 102	2,91381	3 641	6,70930	9,6795
821	674 041	553 387 661	28,6531	2 579,2	529 391	2,91434	3 678	6,71052	9,6812
822	675 684	555 412 248	28,6705	2 582,4	530 681	2,91487	3 715	6,71174	9,6830
823	677 329	557 441 767	28,6880	2 585,5	531 973	2,91540	3 752	6,71296	9,6847
824	678 976	559 476 224	28,7054	2 588,7	533 267	2,91593	3 790	6,71417	9,6865
825	680 625	561 515 625	28,7228	2 591,8	534 562	2,91645	3 828	6,71538	9,6883
826	682 276	563 559 976	28,7402	2 595,0	535 858	2,91698	3 866	6,71659	9,6900
827	683 929	565 609 283	28,7576	2 598,1	537 157	2,91751	3 905	6,71780	9,6917
828	685 584	567 663 552	28,7750	2 601,2	538 456	2,91803	3 944	6,71901	9,6935
829	687 241	569 722 789	28,7924	2 604,4	539 758	2,91855	3 984	6,72022	9,6952
830	688 900	571 787 000	28,8097	2 607,5	541 061	2,91908	4 024	6,72143	9,6970
831	690 561	573 856 191	28,8271	2 610,7	542 365	2,91960	4 064	6,72263	9,6987
832	692 224	575 930 368	28,8444	2 613,8	543 671	2,92012	4 105	6,72383	9,7004
833	693 889	578 009 537	28,8617	2 616,9	544 979	2,92065	4 146	6,72503	9,7022
834	695 556	580 093 704	28,8791	2 620,1	546 288	2,92117	4 188	6,72623	9,7039
835	697 225	582 182 875	28,8964	2 623,2	547 599	2,92169	4 230	6,72743	9,7056
836	698 896	584 277 056	28,9137	2 626,4	548 912	2,92221	4 273	6,72863	9,7074
837	700 569	586 376 253	28,9310	2 629,5	550 226	2,92273	4 316	6,72982	9,7091
838	702 244	588 480 472	28,9482	2 632,7	551 541	2,92324	4 359	6,73102	9,7108
839	703 921	590 589 719	28,9655	2 635,8	552 858	2,92376	4 403	6,73221	9,7125
840	705 600	592 704 000	28,9828	2 638,9	554 177	2,92428	4 447	6,73340	9,7142

$n = d$	n^2	n^3	$\sqrt{n}$	$\pi \cdot d$	$\frac{\pi \cdot d^2}{4}$	$\lg n$	$e^{0{,}01 \cdot n}$	$\ln n$	$\mathrm{lb}\ n$
841	707 281	594 823 321	29,0000	2 642,1	555 497	2,92480	4 492	6,73459	9,7160
842	708 964	596 947 688	29,0172	2 645,2	556 819	2,92531	4 537	6,73578	9,7177
843	710 649	599 077 107	29,0345	2 648,4	558 142	2,92583	4 583	6,73697	9,7194
844	712 336	601 211 584	29,0517	2 651,5	559 467	2,92634	4 629	6,73815	9,7211
845	714 025	603 351 125	29,0689	2 654,6	560 794	2,92686	4 675	6,73934	9,7228
846	715 716	605 495 736	29,0861	2 657,8	562 122	2,92737	4 722	6,74052	9,7245
847	717 409	607 645 423	29,1033	2 660,9	563 452	2,92788	4 770	6,74170	9,7262
848	719 104	609 800 192	29,1204	2 664,1	564 783	2,92840	4 817	6,74288	9,7279
849	720 801	611 960 049	29,1376	2 667,2	566 116	2,92891	4 866	6,74406	9,7296
850	722 500	614 125 000	29,1548	2 670,4	567 450	2,92942	4 915	6,74524	9,7313
851	724 201	616 295 051	29,1719	2 673,5	568 786	2,92993	4 964	6,74641	9,7330
852	725 904	618 470 208	29,1890	2 676,6	570 124	2,93044	5 014	6,74759	9,7347
853	727 609	620 650 477	29,2062	2 679,8	571 463	2,93095	5 064	6,74876	9,7364
854	729 316	622 835 864	29,2233	2 682,9	572 803	2,93146	5 115	6,74993	9.7381
855	731 025	625 026 375	29,2404	2 686,1	574 146	2,93197	5 167	6,75110	9,7398
856	732 736	627 222 016	29,2575	2 689,2	575 490	2,93247	5 219	6,75227	9,7415
857	734 449	629 422 793	29,2746	2 692,3	576 835	2,93298	5 271	6,75344	9,7432
858	736 164	631 628 712	29,2916	2 695,5	578 182	2,93349	5 324	6,75460	9,7448
859	737 881	633 839 779	29,3087	2 698,6	579 530	2,93399	5 378	6,75577	9,7465
860	739 600	636 056 000	29,3258	2 701,8	580 880	2,93450	5 432	6,75693	9,7482
861	741 321	638 277 381	29,3428	2 704,9	582 232	2,93500	5 486	6,75809	9,7499
862	743 044	640 503 928	29,3598	2 708,1	583 585	2,93551	5 541	6,75926	9,7515
863	744 769	642 735 647	29,3769	2 711,2	584 940	2,93601	5 597	6,76041	9,7532
864	746 496	644 972 544	29,3939	2 714,3	586 297	2,93651	5 653	6,76157	9,7549
865	748 225	647 214 625	29,4109	2 717,5	587 655	2,93702	5 710	6,76273	9,7566
866	749 956	649 461 896	29,4279	2 720,6	589 014	2,93752	5 768	6,76388	9,7582
867	751 689	651 714 363	29,4449	2 723,8	590 375	2,93802	5 825	6,76504	9,7599
868	753 424	653 972 032	29,4618	2 726,9	591 738	2,93852	5 884	6,76619	9,7616
869	755 161	656 234 909	29,4788	2 730,0	593 102	2,93902	5 943	6,76734	9,7632
870	756 900	658 503 000	29,4958	2 733,2	594 468	2,93952	6 003	6,76849	9,7649
871	758 641	660 776 311	29,5127	2 736,3	595 835	2,94002	6 063	6,76964	9,7665
872	760 384	663 054 848	29,5296	2 739,5	597 204	2,94052	6 124	6,77079	9,7682
873	762 129	665 338 617	29,5466	2 742,6	598 575	2,94101	6 186	6,77194	9,7698
874	763 876	667 627 624	29,5635	2 745,8	599 947	2,94151	6 248	6,77308	9,7715
875	765 625	669 921 875	29,5804	2 748,9	601 320	2,94201	6 311	6,77422	9,7731
876	767 376	672 221 376	29,5973	2 752,0	602 696	2,94250	6 374	6,77537	9,7748
877	769 129	674 526 133	29,6142	2 755,2	604 073	2,94300	6 438	6,77651	9,7764
878	770 884	676 836 152	29,6311	2 758,3	605 451	2,94349	6 503	6,77765	9,7781
879	772 641	679 151 439	29,6479	2 761,5	606 831	2,94399	6 568	6,77878	9,7797
880	774 400	681 472 000	29,6648	2 764,6	608 212	2,94448	6 634	6,77992	9,7814
881	776 161	683 797 841	29,6816	2 767,7	609 595	2,94498	6 701	6,78106	9,7830
882	777 924	686 128 968	29,6985	2 770,9	610 980	2,94547	6 768	6,78219	9,7846
883	779 689	688 465 387	29,7153	2 774,0	612 366	2,94596	6 836	6,78333	9,7863
884	781 456	690 807 104	29,7321	2 777,2	613 754	2,94645	6 905	6,78446	9,7879
885	783 225	693 154 125	29,7489	2 780,3	615 143	2,94694	6 974	6,78559	9,7895
886	784 996	695 506 456	29,7658	2 783,5	616 534	2,94743	7 044	6,78672	9,7912
887	786 769	697 864 103	29,7825	2 786,6	617 927	2,94792	7 115	6,78784	9,7928
888	788 544	700 227 072	29,7993	2 789,7	619 321	2,94841	7 187	6,78897	9,7944
889	790 321	702 595 369	29,8161	2 792,9	620 717	2,94890	7 259	6,79010	9,7960
890	792 100	704 969 000	29,8329	2 796,0	622 114	2,94939	7 332	6,79122	9,7977
891	793 881	707 347 971	29,8496	2 799,2	623 513	2,94988	7 406	6,79234	9,7993
892	795 664	709 732 288	29,8664	2 802,3	624 913	2,95036	7 480	6,79347	9,8009
893	797 449	712 121 957	29,8831	2 805,4	626 315	2,95085	7 555	6,79459	9,8025
894	799 236	714 516 984	29,8998	2 808,6	627 718	2,95134	7 631	6,79571	9,8041
895	801 025	716 917 375	29,9166	2 811,7	629 124	2,95182	7 708	6,79682	9,8057
896	802 816	719 323 136	29,9333	2 814,9	630 530	2,95231	7 785	6,79794	9,8074
897	804 609	721 734 273	29,9500	2 818,0	631 938	2,95279	7 864	6,79906	9,8090
898	806 404	724 150 792	29,9666	2 821,2	633 348	2,95328	7 943	6,80017	9,8106
899	808 201	726 572 699	29,9833	2 824,3	634 760	2,95376	8 022	6,80128	9,8122
900	810 000	729 000 000	30,0000	2 827,4	636 173	2,95424	8 103	6,80239	9,8138

3

$n = d$	n^2	n^3	$\sqrt{n}$	$\pi \cdot d$	$\frac{\pi \cdot d^2}{4}$	lg n	$e^{0{,}01 \cdot n}$	ln n	lb n
901	811 801	731 432 701	30,0167	2 830,6	637 587	2,95472	8 185	6,80351	9,8154
902	813 604	733 870 808	30,0333	2 833,7	639 003	2,95521	8 267	6,80461	9,8170
903	815 409	736 314 327	30,0500	2 836,9	640 421	2,95569	8 350	6,80572	9,8186
904	817 216	738 763 264	30,0666	2 840,0	641 840	2,95617	8 434	6,80693	9,8202
905	819 025	741 217 625	30,0832	2 843,1	643 261	2,95665	8 519	6,80793	9,8218
906	820 836	743 677 416	30,0998	2 846,3	644 683	2,95713	8 604	6,80904	9,8234
907	822 649	746 142 643	30,1164	2 849,4	646 107	2,95761	8 691	6,81014	9,8250
908	824 464	748 613 312	30,1330	2 852,6	647 533	2,95809	8 778	6,81124	9,8265
909	826 281	751 089 429	30,1496	2 855,7	648 960	2,95856	8 866	6,81235	9,8281
910	828 100	753 571 000	30,1662	2 858,8	650 388	2,95904	8 955	6,81344	9,8297
911	829 921	756 058 031	30,1828	2 862,0	651 818	2,95952	9 045	6,81454	9,8313
912	831 744	758 550 528	30,1993	2 865,1	653 250	2,95999	9 136	6,81564	9,8329
913	833 569	761 048 497	30,2159	2 868,3	654 684	2,96047	9 228	6,81674	9,8345
914	835 396	763 551 944	30,2324	2 871,4	656 118	2,96095	9 321	6,81783	9,8361
915	837 225	766 060 875	30,2490	2 874,6	657 555	2,96142	9 414	6,81892	9,8376
916	839 056	768 575 296	30,2655	2 877,7	658 993	2,96190	9 509	6,82002	9,8392
917	840 889	771 095 213	30,2820	2 880,8	660 433	2,96237	9 605	6,82111	9,8408
918	842 724	773 620 632	30,2985	2 884,0	661 874	2,96284	9 701	6,82220	9,8424
919	844 561	776 151 559	30,3150	2 887,1	663 317	2,96332	9 799	6,82329	9,8439
920	846 400	778 688 000	30,3315	2 890,3	664 761	2,96379	9 897	6,82437	9,8455
921	848 241	781 229 961	30,3480	2 893,4	666 207	2,96426	9 997	6,82546	9,8471
922	850 084	783 777 448	30,3645	2 896,5	667 654	2,96473	10 097	6,82655	9,8486
923	851 929	786 330 467	30,3809	2 899,7	669 103	2,96520	10 199	6,82763	9,8502
924	853 776	788 889 024	30,3974	2 902,8	670 554	2,96567	10 301	6,82871	9,8517
925	855 625	791 453 125	30,4138	2 906,0	672 006	2,96614	10 405	6,82979	9,8533
926	857 476	794 022 776	30,4302	2 909,1	673 460	2,96661	10 509	6,83087	9,8549
927	859 329	796 597 983	30,4467	2 912,3	674 915	2,96708	10 615	6,83195	9,8564
928	861 184	799 178 752	30,4631	2 915,4	676 372	2,96755	10 721	6,83303	9,8580
929	863 041	801 765 089	30,4795	2 918,5	677 831	2,96802	10 829	6,83411	9,8595
930	864 900	804 357 000	30,4959	2 921,7	679 291	2,96848	10 938	6,83518	9,8611
931	866 761	806 954 491	30,5123	2 924,8	680 752	2,96895	11 048	6,83626	9,8626
932	868 624	809 557 568	30,5287	2 928,0	682 216	2,96942	11 159	6,83733	9,8642
933	870 489	812 166 237	30,5450	2 931,1	683 680	2,96988	11 271	6,83841	9,8657
934	872 356	814 780 504	30,5614	2 934,2	685 147	2,97035	11 384	6,83948	9,8673
935	874 225	817 400 375	30,5778	2 937,4	686 615	2,97081	11 499	6,84055	9,8688
936	876 096	820 025 856	30,5941	2 940,5	688 084	2,97128	11 614	6,84162	9,8704
937	877 969	822 656 953	30,6105	2 943,7	689 555	2,97174	11 731	6,84268	9,8719
938	879 844	825 293 672	30,6268	2 946,8	691 028	2,97220	11 849	6,84375	9,8734
939	881 721	827 936 019	30,6431	2 950,0	692 502	2,97267	11 968	6,84482	9,8750
940	883 600	830 584 000	30,6594	2 953,1	693 978	2,97313	12 088	6,84588	9,8765
941	885 481	833 237 621	30,6757	2 956,2	695 455	2,97359	12 210	6,84694	9,8781
942	887 364	835 896 888	30,6920	2 959,4	696 934	2,97405	12 333	6,84801	9,8796
943	889 249	838 561 807	30,7083	2 962,5	698 415	2,97451	12 457	6,84907	9,8811
944	891 136	841 232 384	30,7246	2 965,7	699 897	2,97497	12 582	6,85013	9,8826
945	893 025	843 908 625	30,7409	2 968,8	701 380	2,97543	12 708	6,85118	9,8842
946	894 916	846 590 536	30,7571	2 971,0	702 865	2,97589	12 836	6,85224	9,8857
947	896 809	849 278 123	30,7734	2 975,1	704 352	2,97635	12 965	6,85330	9,8872
948	898 704	851 971 392	30,7896	2 978,2	705 840	2,97681	13 095	6,85435	9,8887
949	900 601	854 670 349	30,8058	2 981,4	707 330	2,97727	13 227	6,85541	9,8903
950	902 500	857 375 000	30,8221	2 984,5	708 822	2,97772	13 360	6,85646	9,8918
951	904 401	860 085 351	30,8383	2 987,7	710 315	2,97818	13 494	6,85751	9,8933
952	906 304	862 801 408	30,8545	2 990,8	711 809	2,97864	13 630	6,85857	9,8948
953	908 209	865 523 177	30,8707	2 993,9	713 306	2,97909	13 767	6,85961	9,8963
954	910 116	868 250 664	30,8869	2 997,1	714 803	2,97955	13 905	6,86066	9,8978
955	912 025	870 983 875	30,9031	3 000,2	716 303	2,98000	14 045	6,86171	9,8994
956	913 936	873 722 816	30,9192	3 003,4	717 804	2,98046	14 186	6,86276	9,9009
957	915 849	876 467 493	30,9354	3 006,5	719 306	2,98091	14 328	6,86380	9,9024
958	917 764	879 217 912	30,9516	3 009,6	720 810	2,98137	14 472	6,86485	9,9039
959	919 681	881 974 079	30,9677	3 012,8	722 316	2,98182	14 618	6,86589	9,9054
960	921 600	884 736 000	30,9839	3 015,9	723 823	2,98227	14 765	6,86693	9,9069

$n = d$	n^2	n^3	$\sqrt{n}$	$\pi \cdot d$	$\frac{\pi \cdot d^2}{4}$	lg n	$e^{0,01 \cdot n}$	ln n	lb n
961	923 521	887 503 681	31,0000	3 019,1	725 332	2,98272	14 913	6,86797	9,9084
962	925 444	890 277 128	31,0161	3 022,2	726 842	2,98318	15 063	6,86901	9,9099
963	927 369	893 056 347	31,0322	3 025,4	728 354	2,98363	15 214	6,87005	9,9114
964	929 296	895 841 344	31,0483	3 028,5	729 867	2,98408	15 367	6,87109	9,9129
965	931 225	898 632 125	31,0644	3 031,6	731 382	2,98453	15 522	6,87213	9,9144
966	933 156	901 428 696	31,0805	3 034,8	732 899	2,98498	15 678	6,87316	9,9159
967	935 089	904 231 063	31,0966	3 037,9	734 417	2,98543	15 835	6,87420	9,9174
968	937 024	907 039 232	31,1127	3 041,1	735 937	2,98588	15 995	6,87523	9,9189
969	938 961	909 853 209	31,1288	3 044,2	737 458	2,98632	16 166	6,87626	9,9204
970	940 900	912 673 000	31,1448	3 047,3	738 981	2,98677	16 318	6,87730	9,9218
971	942 841	915 498 611	31,1609	3 050,5	740 506	2,98722	16 482	6,87833	9,9233
972	944 784	918 330 048	31,1769	3 053,6	742 032	2,98767	16 647	6,87936	9,9248
973	946 729	921 167 317	31,1929	3 056,8	743 559	2,98811	16 815	6,88038	9,9263
974	948 676	924 010 424	31,2090	3 059,9	745 088	2,98856	16 983	6,88141	9,9278
975	950 625	926 859 375	31,2250	3 063,1	746 619	2,98900	17 154	6,88244	9,9293
976	952 576	929 714 176	31,2410	3 066,2	748 151	2,98945	17 327	6,88346	9,9307
977	954 529	932 574 833	31,2570	3 069,3	749 685	2,98989	17 501	6,88449	9,9322
978	956 484	935 441 352	31,2730	3 072,5	751 221	2,99034	17 677	6,88551	9,9337
979	958 441	938 313 739	31,2890	3 075,6	752 758	2,99078	17 854	6,88653	9,9352
980	960 400	941 192 000	31,3050	3 078,8	754 296	2,99123	18 034	6,88755	9,9366
981	962 361	944 076 141	31,3209	3 081,9	755 837	2,99167	18 215	6,88857	9,9381
982	964 324	946 966 168	31,3369	3 085,0	757 378	2,99211	18 398	6,88959	9,9396
983	966 289	949 862 087	31,3528	3 088,2	758 922	2,99255	18 583	6,89061	9,9410
984	968 256	952 763 904	31,3688	3 091,3	760 466	2,99300	18 770	6,89163	9,9425
985	970 225	955 671 625	31,3847	3 094,5	762 013	2,99344	18 958	6,89264	9,9440
986	972 196	958 585 256	31,4006	3 097,6	763 561	2,99388	19 149	6,89366	9,9454
987	974 169	961 504 803	31,4166	3 100,8	765 111	2,99432	19 341	6,89467	9,9469
988	976 144	964 430 272	31,4325	3 103,9	766 662	2,99476	19 536	6,89568	9,9484
989	978 121	967 361 669	31,4484	3 107,0	768 214	2,99520	19 732	6,89669	9,9498
990	980 100	970 299 000	31,4643	3 110,2	769 769	2,99564	19 930	6,89770	9,9513
991	982 081	973 242 271	31,4802	3 113,3	771 325	2,99607	20 131	6,89871	9,9527
992	984 064	976 191 488	31,4960	3 116,5	772 882	2,99651	20 333	6,89972	9,9542
993	986 049	979 146 657	31,5119	3 119,6	774 441	2,99695	20 537	6,90073	9,9556
994	988 036	982 107 784	31,5278	3 122,7	776 002	2,99739	20 744	6,90174	9,9571
995	990 025	985 074 875	31,5436	3 125,9	777 564	2,99782	20 952	6,90274	9,9586
996	992 016	988 047 936	31,5595	3 129,0	779 128	2,99826	21 163	6,90375	9,9600
997	994 009	991 026 973	31,5753	3 132,2	780 693	2,99870	21 375	6,90475	9,9614
998	996 004	994 011 992	31,5911	3 135,3	782 260	2,99913	21 590	6,90575	9,9629
999	998 001	997 002 999	31,6070	3 138,5	783 828	2,99957	21 807	6,90675	9,9643
1000	1 000 000	1 000 000 000	31,6228	3 141,6	785 398	3,00000	22 026	6,90776	9,9658
1001	1 002 001	1 003 003 001	31,6386	3 144,7	786 970	3,00043	22 248	6,90875	9,9672
1002	1 004 004	1 006 012 008	31,6544	3 147,9	788 543	3,00087	22 471	6,90975	9,9687
1003	1 006 009	1 009 027 027	31,6702	3 151,0	790 118	3,00130	22 697	6,91075	9,9701
1004	1 008 016	1 012 048 064	31,6860	3 154,2	791 694	3,00173	22 925	6,91175	9,9715
1005	1 010 025	1 015 075 125	31,7017	3 157,3	793 272	3,00215	23 156	6,91274	9,9730
1006	1 012 036	1 018 108 216	31,7175	3 160,4	794 851	3,00260	23 389	6,91374	9,9744
1007	1 014 049	1 021 147 343	31,7333	3 163,6	796 432	3,00303	23 624	6,91473	9,9758
1008	1 016 064	1 024 192 512	31,7490	3 166,7	798 015	3,00346	23 861	6,91572	9,9773
1009	1 018 081	1 027 243 729	31,7648	3 169,9	799 599	3,00389	24 101	6,91672	9,9787
1010	1 020 100	1 030 301 000	31,7805	3 173,0	801 185	3,00432	24 343	6,91771	9,9801
1011	1 022 121	1 033 364 331	31,7962	3 176,2	802 772	3,00475	24 588	6,91870	9,9816
1012	1 024 144	1 036 433 728	31,8119	3 179,3	804 361	3,00518	24 835	6,91968	9,9830
1013	1 026 169	1 039 509 197	31,8277	3 182,4	805 951	3,00561	25 084	6,92067	9,9844
1014	1 028 196	1 042 590 744	31,8434	3 185,6	807 543	3,00604	25 336	6,92166	9,9858
1015	1 030 225	1 045 678 375	31,8591	3 188,7	809 137	3,00647	25 591	6,92264	9,9873
1016	1 032 256	1 048 772 096	31,8748	3 191,9	810 732	3,00689	25 848	6,92363	9,9887
1017	1 034 289	1 051 871 913	31,8904	3 195,0	812 329	3,00732	26 108	6,92461	9,9901
1018	1 036 324	1 054 977 832	31,9061	3 198,1	813 927	3,00775	26 371	6,92560	9,9915
1019	1 038 361	1 058 089 859	31,9218	3 201,3	815 527	3,00817	26 636	6,92658	9,9929
1020	1 040 400	1 061 208 000	31,9374	3 204,4	817 128	3,00860	26 903	6,92756	9,9944

Geometrische Konstruktionen

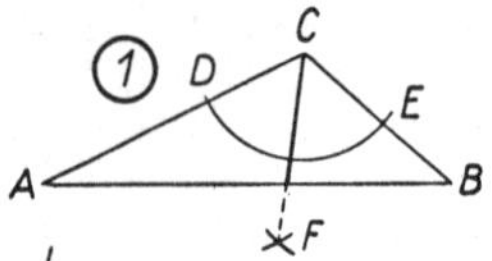

1. Aufgabe: Dreieckswinkel bei C ist zu halbieren.

Lösung: Beschreibe um C einen beliebigen Kreisbogen, der die anliegenden Seiten in D und E schneidet. Beschreibe um D und E mit einer beliebigen Zirkelöffnung Kreisbögen, die sich in F schneiden. Die Verbindungslinie CF ist die Winkelhalbierende.

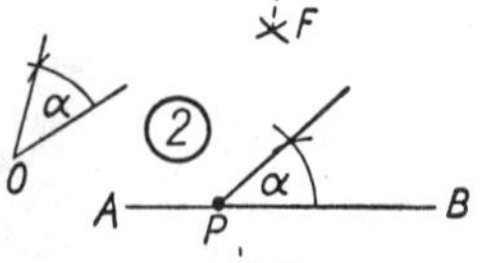

2. Aufgabe: Ein gegebener Winkel α ist in einem bestimmten Punkte P an eine gegebene Gerade AB anzutragen.

Lösung: Beschreibe mit einer beliebigen Zirkelöffnung Kreisbögen um den Scheitelpunkt O und um den Punkt P. Nimm die Bogenlänge des Winkels in den Zirkel und übertrage sie auf den Bogen um P. Darauf verbinde den Bogenendpunkt mit P.

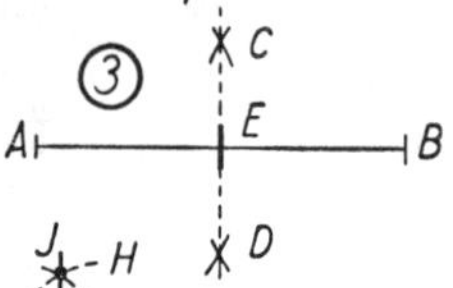

3. Aufgabe: Eine gegebene Gerade AB ist zu halbieren (in zwei gleiche Teile zu teilen).

Lösung: Beschreibe um A und B mit gleicher Zirkelöffnung nach oben und unten Kreisbögen, die sich in C und D schneiden. Verbinde C mit D. Der Schnittpunkt E von CD mit AB ist der Halbierungspunkt der Geraden AB. Man nennt CD oder CE das Mittellot zu AB.

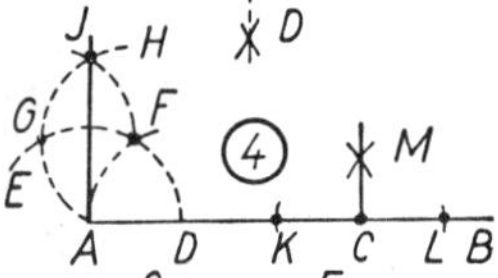

4. Aufgabe: Auf einer Geraden AB sind im Endpunkt A und im Punkte C Lote zu errichten (rechte Winkel anzutragen).

Lösung a: Beschreibe nacheinander mit einer beliebigen Zirkelöffnung die Kreisbögen DE um A, AF um D, AGH um F und FJ um G. Die Verbindungslinie des Schnittpunkts J mit A ist das Endlot auf AB.

Lösung b: Mit beliebigem Zirkelschlag trage von C aus gleiche Stücke CK und CL auf AB ab und schlage mit etwas erweiterter Zirkelöffnung um K und L Kreisbögen. Den Kreisbogenschnittpunkt nenne M und verbinde ihn mit C. Dann ist CM senkrecht auf AB ($CM \perp AB$). — AJ verläuft parallel CM ($AJ \parallel CM$).

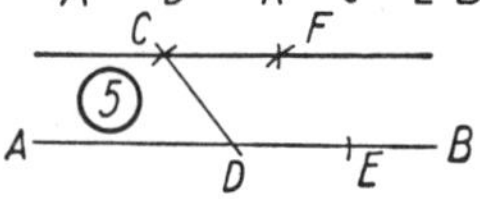

5. Aufgabe: Zur gegebenen Geraden AB ist durch den gegebenen Punkt C eine Parallele zu ziehen.

Lösung: Ziehe durch C die beliebige Schnittlinie CD und nimm Punkt E auf BD beliebig an. Mit CD beschreibe um E und mit DE um C Kreisbögen, die sich in F schneiden. Verbindungslinie $CF \parallel AB$.

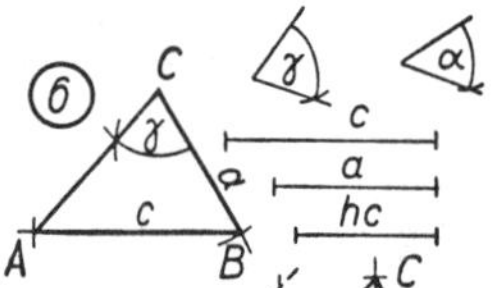

6. Aufgabe: Zeichne ein Dreieck aus a, c, γ.

Lösung: Man lege $\sphericalangle\, \gamma$ beliebig hin, nenne den Scheitelpunkt C und trage auf dem rechten Schenkel a ab. Hierdurch ist Dreieckspunkt B festgelegt. Um B beschreibe man mit c einen Kreisbogen, der den linken Schenkel des $\sphericalangle\, \gamma$ schneidet. Den Schnittpunkt nenne man A und verbinde ihn mit B. Dann ist ABC das verlangte Dreieck.

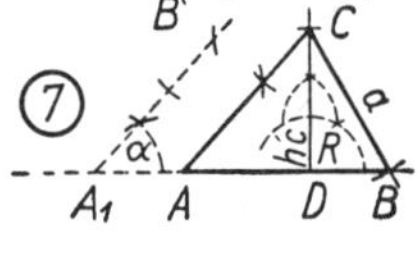

7. Aufgabe: Zeichne ein Dreieck aus a, hc, α.

Lösung: Man zeichne den rechten Winkel R, nenne seinen Scheitelpunkt D und trage von D aus hc auf dem einen Schenkel ab, wodurch C festgelegt ist. Nun ziehe man um C einen Kreisbogen mit a, der den anderen Schenkel in B schneidet. Darauf verlängere man BD über D hinaus und trage in einem beliebigen Punkte A_1 den $\sphericalangle\, \alpha$ an die Verlängerung an. Gemäß Aufgabe 5 ziehe man zu dem freien Schenkel von α durch C eine Parallele und bezeichne deren Schnittpunkt mit A_1D den Buchstaben A. Dann ist ABC das verlangte Dreieck.

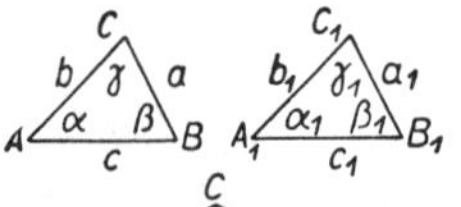

Erklärung. 2 Figuren heißen kongruent ($\cong$), wenn sie sich so aufeinanderlegen lassen, daß ihre Grenzen sich decken. — Geradlinige Figuren sind kongruent, wenn sie gleiche Winkel zwischen gleichen Seiten haben.

Seiten $a = a_1$, $b = b_1$, $c = c_1$;
Winkel $\alpha = \alpha_1$, $\beta = \beta_1$, $\gamma = \gamma_1$.

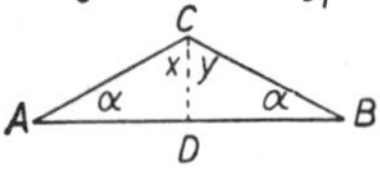

Im gleichschenkligen Dreieck ABC ist $\triangle ADC \cong \triangle BDC$; es ist $AD = BD$ und $\sphericalangle x = \sphericalangle y$.

Die Kongruenzsätze: Zwei Dreiecke sind kongruent,

1. wenn sie übereinstimmen in 2 Seiten und dem eingeschlossenen Winkel ($c = c_1$, $b = b_1$, $\alpha = \alpha_1$),
2. wenn sie übereinstimmen in einer Seite und den beiden anliegenden Winkeln ($c = c_1$, $\alpha = \alpha_1$, $\beta = \beta_1$),
3. wenn sie übereinstimmen in den drei Seiten ($a = a_1$, $b = b_1$, $c = c_1$),
4. wenn sie übereinstimmen in zwei Seiten und dem der größeren Seite gegenüberliegenden Winkel ($a = a_1$, $c = c_1$, $\gamma = \gamma_1$).

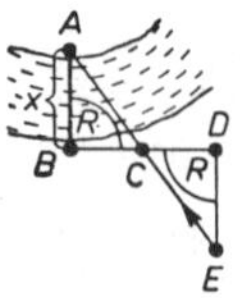

$AB = DE$
$BC = CD$

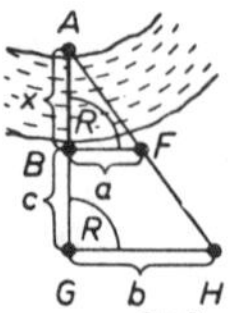

$x = \frac{a \cdot c}{b - a}$

Aufgabe: Die Breite eines Flußbettes $AB = x$ ist zu bestimmen.

1. Lösung (links): Von einem (durch einen Stab) festgelegten Punkt B aus wird Punkt A anvisiert und im rechten Winkel Strecke BC (beliebig lang) zweimal abgetragen bis D. In D wird an BD ein rechter Winkel angetragen, dessen freier Schenkel die Verlängerung der Visierlinie AC in E schneidet. Dann ist DE = Flußbreite $AB = x$, weil $\triangle ABC \cong \triangle EDC$.
2. Lösung (rechts). Siehe S. 35 unten.

Geometrische Konstruktionen (Fortsetzung)

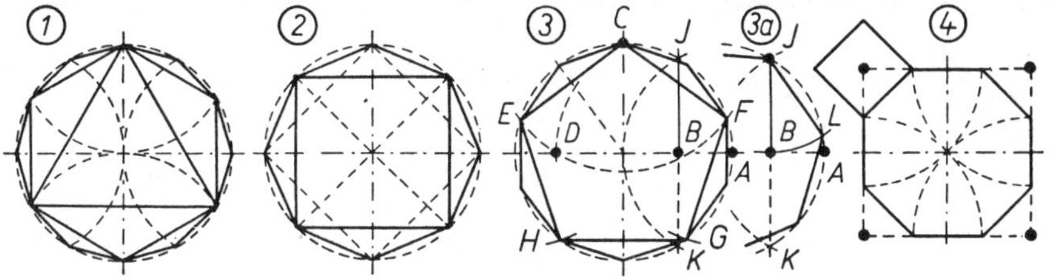

1. Aufgabe: Zeichne in gegebene Kreise regelmäßige Vielecke:
1. Dreieck, Sechseck und Zwölfeck,
2. Quadrate und Achteck,
3. Fünfeck, Zehneck und Siebeneck.

Lösungen 1 und 2 sind aus den Abbildungen ersichtlich. In Lösung 3 beschreibe zuerst den Kreisbogen um *A* durch die Mitte und verbinde die Schnittpunkte *J* und *K* des Kreisbogens und des gegebenen Kreises miteinander. Hierdurch entsteht Schnittpunkt *B* und durch Zirkelschlag um *B* mit *BC* der Punkt *D*. Beschreibe um *C* durch *D* den Kreisbogen *EF*. *CE* und *CF* sind Seiten des gesuchten Fünfecks. Mit *CE* beschreibe um *E* und *F* Kreisbogen, um *G* und *H* festzulegen. — Trägt man vom unteren Punkte ein gleiches Fünfeck auf dem Umfang ab oder halbiert die Fünfeckseiten, so erhält man das regelmäßige Zehneck. — Lösung „Goldener Schnitt": Abb. 5 (unten), *b* = Zehneckseite des Umkreises.

BJ = *BK* hat die Länge der Siebeneckseite. Abb. 3a zeigt einen Teil des Siebenecks. *JL* ist die eine Siebeneckseite.

2. Aufgabe: In ein Quadrat ist ein regelmäßiges Achteck einzuzeichnen. Lösung ist aus Abbildung 4 ersichtlich.

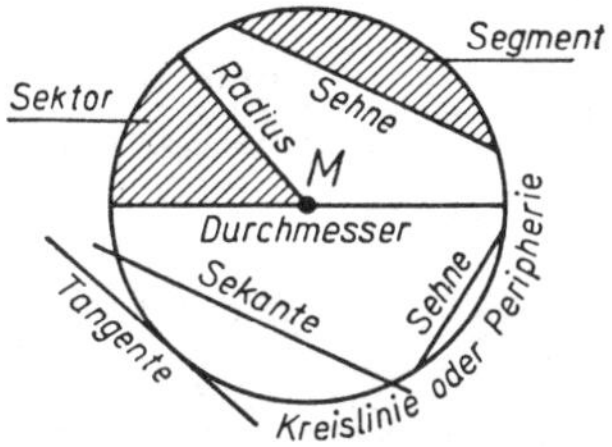

Radius	=	*Halbmesser*
Segment	=	*Kreisabschnitt*
Sektor	=	*Kreisausschnitt*
Tangente	=	*Berührende*
Sekante	=	*Schneidende*

Der Kreis:

Die Benennungen der Kreisstücke gehen aus der Abbildung hervor. Den Radius nennt man auch Halbmesser. *M* ist der Mittelpunkt. Ein Stück der Peripherie nennt man Kreisbogen.

1. Aufgabe: Zu einem Dreieck ist der umbeschriebene Kreis zu zeichnen.

Lösung: Errichte auf 2 Seiten die Mittellote. Der Schnittpunkt der Mittellote ist der Mittelpunkt des umbeschriebenen Kreises. — Alle 3 Mittellote schneiden sich in einem Punkte.

2. Aufgabe: Zu einem Dreieck ist der einbeschriebene Kreis zu zeichnen.

Lösung: Ziehe 2 Winkelhalbierende. Der Schnittpunkt ist der Mittelpunkt des einbeschriebenen Kreises.

Anmerkung: Verbindet man die 3 Seitenmitten eines Dreiecks mit den gegenüberliegenden Ecken, so schneiden sich diese Mittellinien im Dreiecks-Schwerpunkt. Schneidet man ein solches Dreieck aus Karton und unterstützt den Schwerpunkt mit einer Nadelspitze, so ruht das Dreieck waagerecht.

3. Aufgabe: Gegeben sind ein Kreis um *M* und der Punkt *A*. Es soll eine Tangente von *A* an den Kreis gelegt werden.

Lösung: Man verbinde *A* mit *M*, halbiere *AM* in *B* und ziehe um *B* den Halbkreis, der die Kreislinie in *C* schneidet. Die Verbindungslinie *AC* ist dann die gesuchte Tangente.

4. Aufgabe: Zu einem gegebenen Kreisbogen ist der Mittelpunkt *M* zu suchen.

Lösung: Man lege zwei beliebige Sehnen in den Kreisbogen und errichte auf den Sehnen die Mittellote. Der Schnittpunkt *M* der beiden Mittellote ist der gesuchte Mittelpunkt.

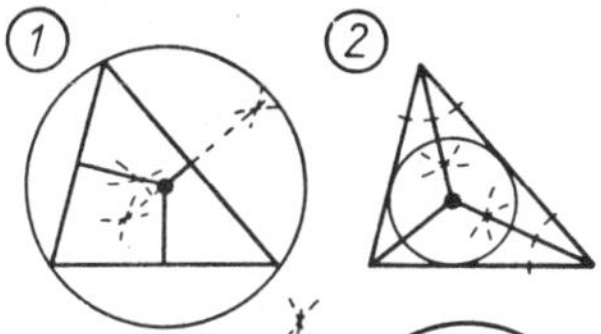

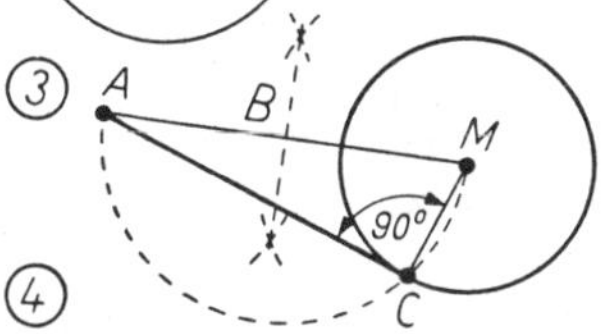

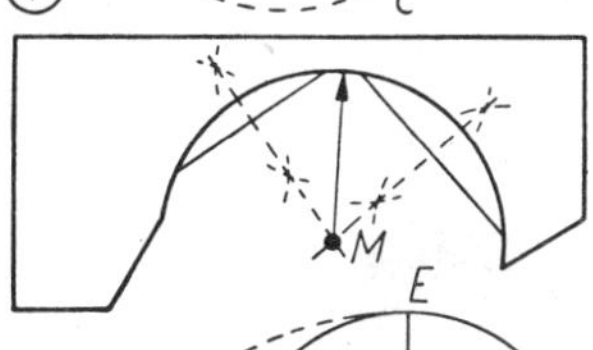

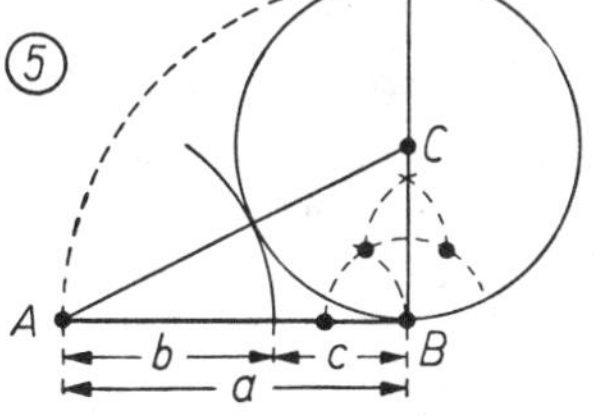

Goldener Schnitt:

Die ganze Strecke verhält sich zum großen Abschnitt wie der große Abschnitt zum kleinen Abschnitt.

5. Aufgabe: *AB* ist nach dem Goldenen Schnitt zu teilen.

Lösung: Schlage Kreisbogen *AE* um *B* und ziehe *BE* senkrecht zu *AB*. Dann ist $CB = \frac{1}{2} AB$. Ziehe *AC*, den Kreis um *C* und den Kreisbogen um *A*. Dann ist $a : b = b : c$ (stetige Proportion). — Der Goldene Schnitt $a : b \approx 1000 : 618 \approx 1 : 0{,}618$ gibt gefällige Anschauung (Flächenaufteilung, Bilderrahmen, Brückenträgeraufteilung usw.).

b = Zehneckseite des Umkreises.

Geometrische Konstruktionen (Fortsetzung)

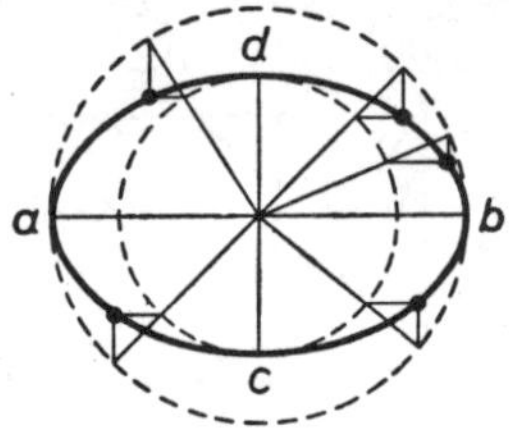

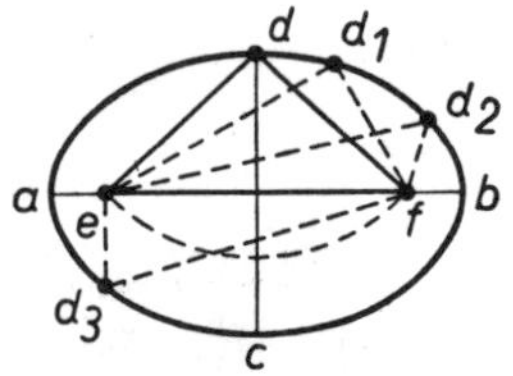

Ellipsenkonstruktionen:

Sind die große Achse *a—b* und die kleine Achse *c—d* gegeben, so werden gewöhnlich folgende beiden Konstruktionen angewandt, und zwar die erste im Büro beim Konstruieren, die zweite in der Werkstatt und in der Landschaftsgärtnerei.

1. Man zieht um die große und die kleine Achse Kreise und durch den Mittelpunkt eine Reihe Durchmesser. Von den Schnittpunkten der Durchmesser mit dem kleinen Kreise zieht man Waagerechte, von den Schnittpunkten mit dem großen Kreise Senkrechte. Die Schnittpunkte der Waagerechten mit den zugehörigen Senkrechten sind Ellipsenpunkte.
2. Man beschreibe mit der Hälfte der großen Achse *a—b* einen Kreis um *d*. Hierdurch erhält man die beiden Brennpunkte *e* und *f*. In *e* und *f* werden Nägel oder Pflöcke eingeschlagen und eine zusammengeknüpfte Schnur von der Länge *e—d—f* um die Nägel (Pflöcke) gelegt. Die Schnur bewegt man straff gespannt in der Richtung d_1—d_2 usw. So entsteht die Ellipse.

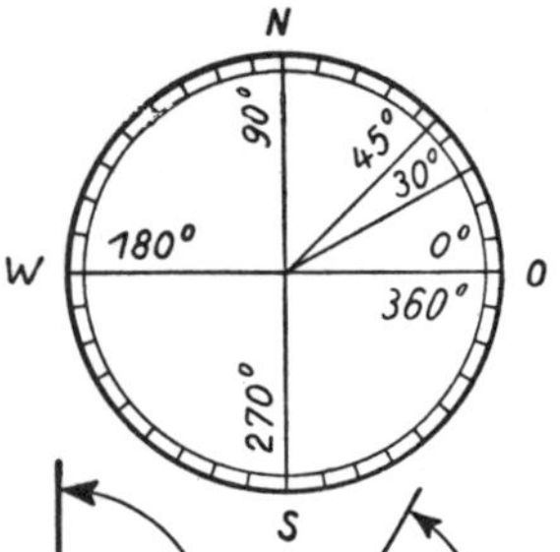

Die Winkel:

In früheren Zeiten vertrat man entsprechend dem Stande der damaligen Erkenntnis die Ansicht, daß die Erde stillstehe, daß die Kreislaufbahn der Sonne um die Erde jeden Tag um 1° weitergehe und daß diese Laufbahnänderung sich alle 360 Tage erneuere. Man zeichnete einen Winkelkreis (Erdkreis) mit 360°, der bis auf den heutigen Tag den Winkelmessungen zugrunde gelegt wird (Windrose des Kompasses). Neugrad oder Gon = 100-gon-Teilung des Quadranten, s. S. 42 u. 43.

Jedes Viertel des Winkelkreises umfaßt 360 : 4 = 90° = 1 rechter Winkel (∟).

Die Hälfte des rechten Winkels ist der Gehrungswinkel = 45°. Winkel unter 90° nennt man spitze Winkel, über 90° stumpfe Winkel, Winkel von 180° gestreckte Winkel, über 180° überstumpfe Winkel.

1 Winkelgrad wird für genaue (technische) Messungen eingeteilt in 60 Winkelminuten, 1 Winkelminute für noch genauere (astronomische) Messungen in 60 Winkelsekunden.

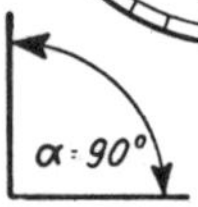

Rechter Winkel

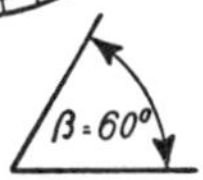

Spitzer Winkel

Beispiele für Winkelberechnungen:

	14°	17′	12″
+	19°	21′	34″
	33°	**38′**	**46″**

	77°	14′	45″
+	7°	0′	53″
	84°	**15′**	**38″**

	114°	39′	58″
+	241°	54′	47″
	355°	93′	105″
=	**356°**	**34′**	**45″**

	114°	39′	48″
—	65°	25′	17″
	49°	**14′**	**31″**

	144°	8′	14″
—	51°	16′	30″
	143°	67′	74″
—	51°	16′	30″
	92°	**51′**	**44″**

	45°	19′	44″
—	81°	14′	31″
	405°	19′	44″
—	81°	14′	31″
	324°	**5′**	**13″**

	121°	19′	34″
+	242°	37′	19″
+	67°	41′	20″
	430°	97′	73″
=	431°	38′	13″
—	360°		
	71°	**38′**	**13″**

Über 360° kann ein Winkel nicht groß sein. Es müssen dann 360° abgezogen werden.

Soll ein größerer Winkel von einem kleineren abgezogen werden, so sind zunächst 360° zum kleineren hinzuzuzählen.

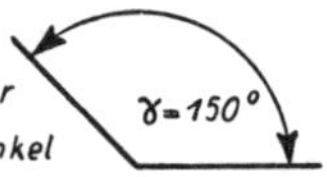

Stumpfer Winkel

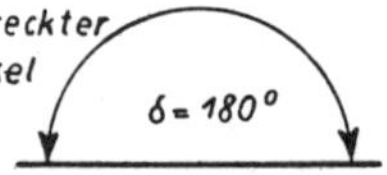

Gestreckter Winkel

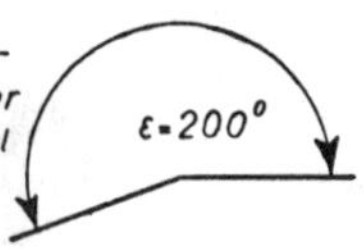

Überstumpfer Winkel

Die Winkelsumme beträgt

im Dreieck: 3 · 2 — 4 = 2 rechte Winkel
im Viereck: 4 · 2 — 4 = 4 rechte Winkel
im Fünfeck: 5 · 2 — 4 = 6 rechte Winkel
im Sechseck: 6 · 2 — 4 = 8 rechte Winkel

usw. — Jeder Winkel des regelmäßigen Sechsecks ist demnach 8 · 90 : 6 = 720 : 6 = 120° groß (Mutterwinkel).

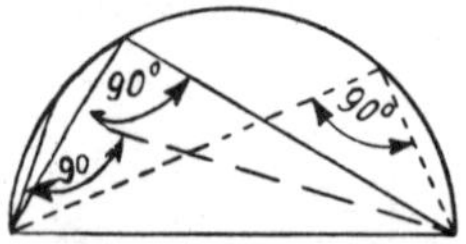

Alle Peripheriewinkel im Halbkreis = 90°

Geometrische Konstruktionen (Fortsetzung)

Von der Ähnlichkeit:

Erklärung: 2 Figuren heißen ähnlich ($\sim$), wenn sie gleiche Winkel zwischen in einem gleichen Verhältnis stehenden Seiten haben.

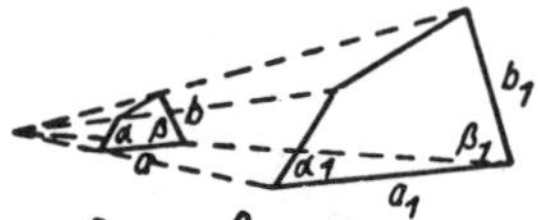

1. **Beispiel:** In den skizzierten Vierecken sind die entsprechenden Winkel $\alpha = \alpha_1$, $\beta = \beta_1$ usw.; für die Seiten gilt $a:a_1 = b:b_1$. Hier stehen zum Beispiel alle Seiten im Verhältnis 1:3.

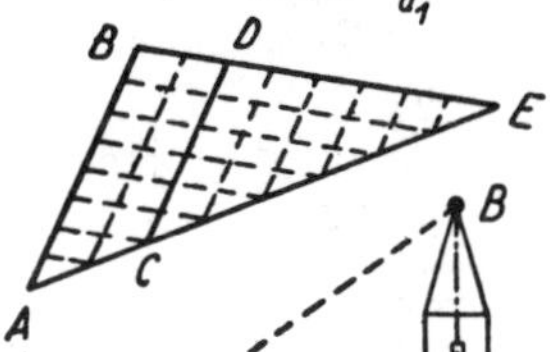

2. **Beispiel:** $\triangle\, AEB \sim \triangle\, CED$, denn es ist

$$\begin{array}{l|l} \alpha = \alpha_1 & AB : CD = 8:6 \\ \beta = \beta_1 & BE : DE = 8:6 \\ \gamma = \gamma_1 & AE : CE = 8:6 \end{array} \Bigg\} \text{ Diese Gleichungen nennt man Proportionen.}$$

In obigen Proportionen sind die rechten Seiten gleich; es ist also:

$$\left.\begin{array}{l} 1.\ AB : CD = BE : DE \\ 2.\ AB : CD = AE : CE \\ 3.\ BE : DE = AE : CE \end{array}\right\}$$ In jeder Proportion ist das Produkt der äußeren Glieder gleich dem Produkt der inneren Glieder; es ist also:

$$1.\ AB \cdot DE = CD \cdot BE \text{ oder } AB = \frac{CD \cdot BE}{DE}$$

$$2.\ AB \cdot CE = CD \cdot AE \text{ oder } AB = \frac{CD \cdot AE}{CE}$$

$$3.\ BE \cdot CE = DE \cdot AE \text{ oder } BE = \frac{DE \cdot AE}{CE}$$

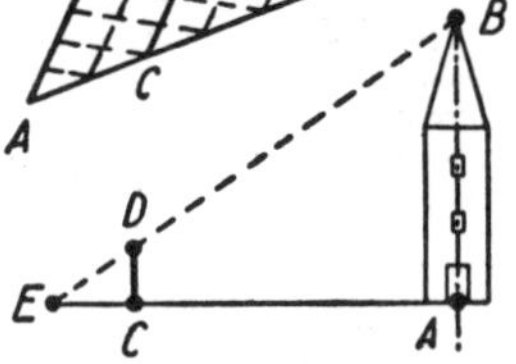

3. **Beispiel:** Bekannt sei $CE = 27$ m, $AC = 9$ m, $CD = 15$ m | Gesucht sei $AB = ?$ m

Lösung: Gemäß Gleichung 2 aus Beispiel 2 ergibt sich

$$AB = \frac{CD \cdot AE}{CE} = \frac{15\text{ m} \cdot (9 + 27)\text{ m}}{27\text{ m}} = \frac{15 \cdot 36}{27}\text{ m} = \mathbf{20\ m}$$

4. **Beispiel:** Die Turmhöhe AB soll berechnet werden. — Gemessen sind Entfernungen $CE = 3$ m, $AE = 39{,}5$ m, Stange $CD = 1{,}8$ m.

Lösung: $$AB = \frac{CD \cdot AE}{CE} = \frac{1{,}8\text{ m} \cdot 39{,}5\text{ m}}{3\text{ m}} = \frac{71{,}1}{3}\text{ m} = \mathbf{23{,}7\ m}$$

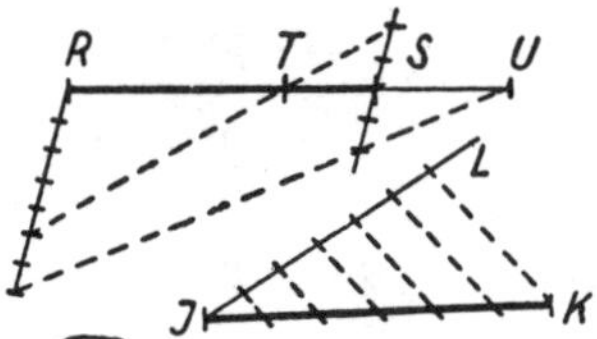

5. **Beispiel:** Die gegebene Strecke RS ist im Verhältnis 5 : 2 nach innen und 7 : 2 nach außen zu teilen.

Lösung: Man ziehe durch R und S 2 beliebige Parallelen, trage beliebig lange, unter sich gleiche Teile darauf ab und verbinde nach Skizze. Dann sind T und U die verlangten Teilpunkte.

6. **Beispiel:** Teile die Strecke JK in 6 gleiche Teile.

Lösung: Ziehe JL unter beliebigem Winkel, trage darauf 6 gleiche Teile ab, verbinde den letzten Teilpunkt mit K und ziehe durch die übrigen Teilpunkte die Parallelen zur Verbindungslinie.

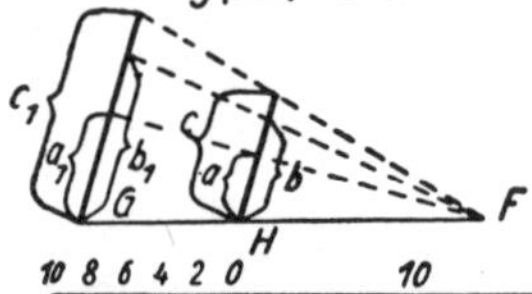

7. **Beispiel:** Die Strecken a, b, c sind im Verhältnis 3:5 zu vergrößern.

Lösung: Lege FG beliebig hin und trage darauf 5 gleiche Teile ab. Vom dritten Teilpunkt H und von G aus ziehe 2 Parallelen und trage auf der Parallelen von H aus die Strecken a, b, c ab. Durch Ziehen der Strahlen von F aus erhält man die vergrößerten Strecken a_1, b_1, c_1. — Ebenso kann man Strecken in einem bestimmten Verhältnis verkleinern.

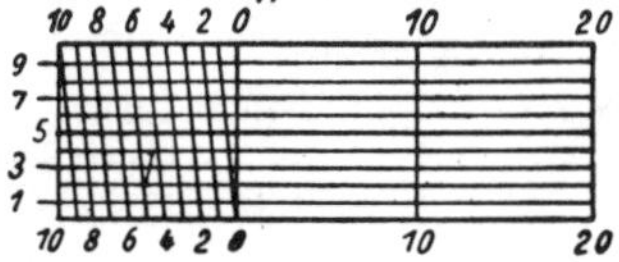

8. **Beispiel:** Zeichne einen Transversalmaßstab.

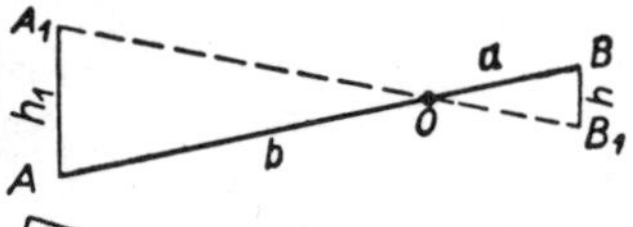

Schwingt ein zweiarmiger Hebel AB in die Lage A_1B_1, so ist $\triangle\, AA_1O \sim \triangle\, BB_1O$. Daher verhalten sich $a:b = h:h_1$.

Nutzanwendung: Ist bei einem Fühlhebel zum Messen geringer Dicken $a:b = 1:10$, so können Zehntelmillimeter genau, Hundertstelmillimeter geschätzt abgelesen werden.

Ein Ausführungsbeispiel hierzu zeigt Abb. 11, S. 134 (Beschreibung S. 133). Auch die Meßuhren S. 135 haben Fühlhebel oder Fühlstifte, und zwar mit Radübertragung.

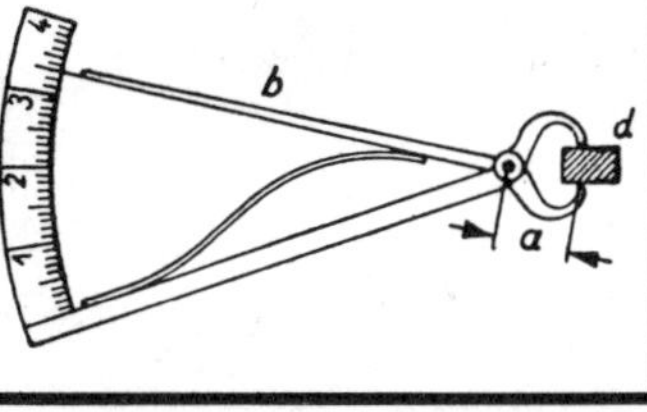

2. Lösung zur letzten Aufgabe S. 32: In der Abbildung rechts S. 32 unten ist $\triangle\, ABF \sim \triangle\, AGH$. Demnach verhält sich

$$x:(x+c) = a:b$$

$$x \cdot b = a\,(x+c);\ bx = ax + ac;\ bx - ax = ac$$

$$x\,(b - a) = ac;\ x = ac : (b - a);\ x = \frac{ac}{b - a}$$

Die natürlichen Werte der Winkelfunktionen (Altgrad) (Sinus, Cosinus, Tangens und Cotangens)

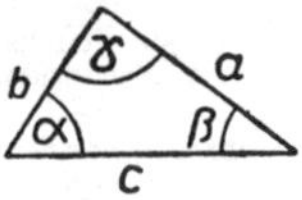

$\gamma = 1R = 90°$.
c ist die Hypotenuse,
a und b sind die Katheten.

Im rechtwinkligen Dreieck ist:

1. der Sinus eines Winkels $= \dfrac{\text{Gegenkathete}}{\text{Hypotenuse}}$

$$\sin\alpha = \frac{a}{c};\ \sin\beta = \frac{b}{c};$$

2. der Cosinus eines Winkels $= \dfrac{\text{anliegende Kathete}}{\text{Hypotenuse}}$

$$\cos\alpha = \frac{b}{c};\ \cos\beta = \frac{a}{c};$$

3. der Tangens eines Winkels $= \dfrac{\text{Gegenkathete}}{\text{anliegende Kathete}}$

$$\tan\alpha = \frac{a}{b};\ \tan\beta = \frac{b}{a};$$

4. der Cotangens eines Winkels $= \dfrac{\text{anliegende Kathete}}{\text{Gegenkathete}}$

$$\cot\alpha = \frac{b}{a};\ \cot\beta = \frac{a}{b}.$$

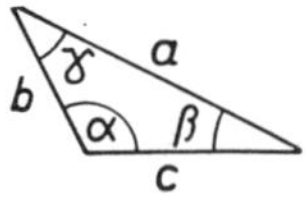

Im schiefwinkligen Dreieck lauten:

1. der Sinussatz:

$$\frac{a}{\sin\alpha} = \frac{b}{\sin\beta} = \frac{c}{\sin\gamma};$$

2. der Cosinussatz:

$$a^2 = b^2 + c^2 - 2\,bc \cdot \cos\alpha,$$
$$b^2 = a^2 + c^2 - 2\,ac \cdot \cos\beta,$$
$$c^2 = a^2 + b^2 - 2\,ab \cdot \cos\gamma;$$

Bei $\alpha > 90°$ Vorzeichen beachten. Siehe S. 37.

3. der Tangenssatz:

$$\frac{a+b}{a-b} = \frac{\tan {}^1/_2\,(\alpha+\beta)}{\tan {}^1/_2\,(\alpha-\beta)};$$

4. die Mollweideschen Formeln:

$$(a+b):c = \cos\frac{\alpha-\beta}{2} : \sin\frac{\gamma}{2},$$
$$(a-b):c = \sin\frac{\alpha-\beta}{2} : \cos\frac{\gamma}{2}.$$

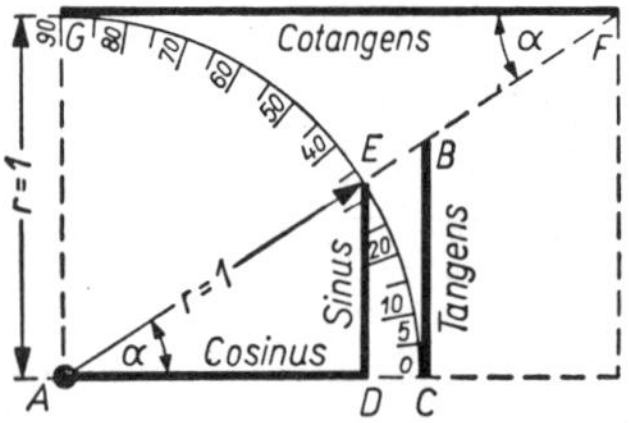

Im Dreieck ADE: $\sin\alpha = \dfrac{DE}{r} = \dfrac{DE}{1} = DE$

$\cos\alpha = \dfrac{AD}{r} = \dfrac{AD}{1} = AD$

Im Dreieck ACB: $\tan\alpha = \dfrac{BC}{r} = \dfrac{BC}{1} = BC$

Im Dreieck AFG: $\cot\alpha = \dfrac{FG}{r} = \dfrac{FG}{1} = FG$

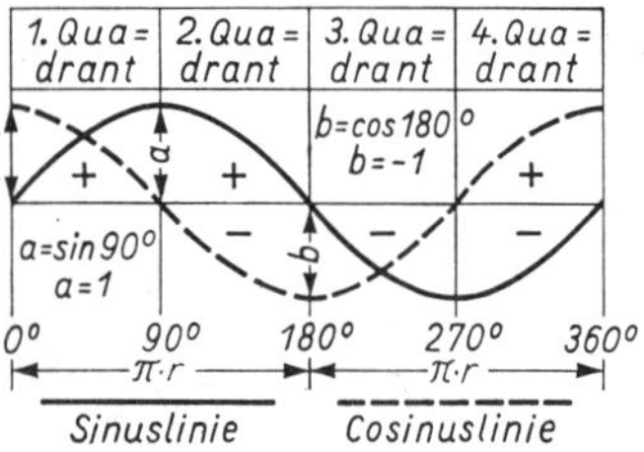

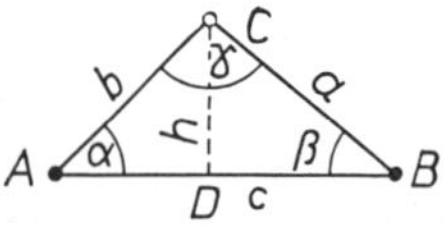

1. Beispiel:

Zwei Orte A und B liegen $c = 6{,}9$ km voneinander entfernt.
Man peilt eine Turmspitze C an
in A unter dem $\sphericalangle\ \alpha = 63°\,42'$
in B unter dem $\sphericalangle\ \beta = 40°\,12'$
Gesucht: a, h und BD.

Lösung: Im schiefwinkligen Dreieck ABC ist

$$a = \frac{c \cdot \sin\alpha}{\sin\gamma} \qquad \gamma = 2R - \alpha - \beta$$
$$a = \frac{6{,}9 \cdot \sin 63°\,42'}{\sin 76°\,6'} \qquad \gamma = 180° - 63°\,42' - 40°\,12'$$
$$\gamma = 76°\,6'$$
$$a = \frac{6{,}9 \cdot 0{,}89649}{0{,}97072} = \mathbf{6{,}372\ km}$$

Im rechtwinkligen Dreieck BCD ist

$$\sin\beta = \frac{h}{a} \qquad a \cdot \sin\beta = h$$

$6{,}372 \cdot \sin 40°\,12' = 6{,}372 \cdot 0{,}64546 =$ **4,113 km = h.**

Für die Berechnung von BD gelten die Formeln

$$BD = \sqrt{a^2 - h^2} \text{ oder } \cos\beta = \frac{BD}{a}$$

$$BD = \sqrt{6{,}372^2 - 4{,}113^2} \qquad a \cdot \cos\beta = BD$$
$$BD = \sqrt{23{,}6856} \qquad 6{,}372 \cdot \cos 40°\,12' =$$
$$6{,}372 \cdot 0{,}7638 =$$

BD = 4,867 km | **4,867 km = BD**

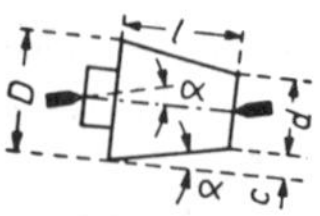

2. Beispiel:

Es soll ein Kegel mit $D = 100$ mm, $d = 60$ mm und $l = 90$ mm gedreht werden. Wie groß wird der Einstellwinkel α?

Lösung: $c = (D - d) : 2$
$c = (100 - 60) : 2 = 40 : 2 = 20$ mm
$\tan\alpha = c : l = 20 : 90 = 0{,}2222.$
In der Tabelle S. 40 findet man als nächsten Wert $0{,}22169$ für $\alpha = 12°\,30' = 12{}^1/_2°$.

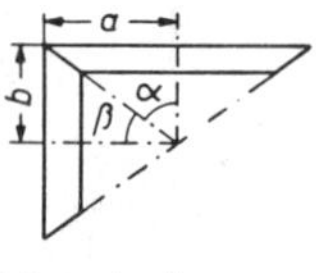

3. Beispiel:

Bei 2 Kegelrädern messen die Radien
$a = 450$ mm $b = 240$ mm.
Wie groß sind die Winkel α und β zu wählen?

Lösung: $\tan\alpha = a : b = 450 : 240 = 1{,}8750.$

In der Tabelle auf S. 41 finden wir

für tan 61° 60′	1,8807
für tan 61° 54′	1,8728
für 6′ Tabellenunterschied	0,0079
für 1′ wirklichen Unterschied	0,0013

$\tan\alpha$	= 1,8750
tan 61° 54′	= 1,8728
Wirklicher Unterschied	= 0,0022

$0{,}0022 : 0{,}0013 = 22 : 13 \approx 2'$ mehr als $61°\,54'$
$\alpha = 61°\,56'$; $\beta = 90° - 61°\,56' = 28°\,4'$.

Umwandlung der Grundformeln für das rechtwinklige Dreieck

$\sin\alpha = a:c$	$a = c\cdot\sin\alpha$	$c = a:\sin\alpha$	$A = a\cdot c\cdot\sin\beta:2$	$A = \frac{a\ b}{2} =$
$\sin\beta = b:c$	$b = c\cdot\sin\beta$	$c = b:\sin\beta$	$A = b\cdot c\cdot\sin\alpha:2$	$c^2\cdot\sin\alpha\cdot\cos\alpha:2$
$\cos\alpha = b:c$	$b = c\cdot\cos\alpha$	$c = b:\cos\alpha$	$A = b\cdot c\cdot\cos\beta:2$	$A = c^2\cdot\sin 2\alpha:4$
$\cos\beta = a:c$	$a = c\cdot\cos\beta$	$c = a:\cos\beta$	$A = a\cdot c\cdot\cos\alpha:2$	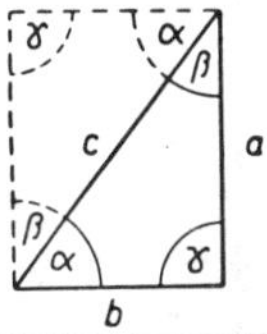
$\tan\alpha = a:b$	$a = b\cdot\tan\alpha$	$b = a:\tan\alpha$	$A = a^2\cdot\tan\beta:2$	
$\tan\beta = b:a$	$b = a\cdot\tan\beta$	$a = b:\tan\beta$	$A = b^2\cdot\tan\alpha:2$	
$\cot\alpha = b:a$	$b = a\cdot\cot\alpha$	$a = b:\cot\alpha$	$A = b^2\cdot\cot\beta:2$	
$\cot\beta = a:b$	$a = b\cdot\cot\beta$	$b = a:\cot\beta$	$A = a^2\cdot\cot\alpha:2$	

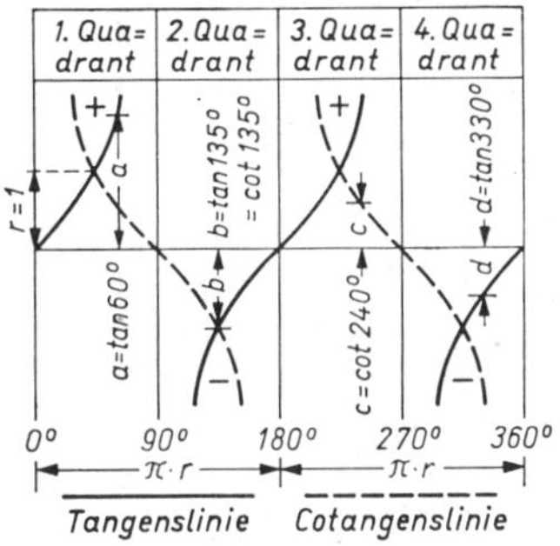

Die trigonometrischen Funktionswerte wichtiger Winkelgrößen

	0°	30°	45°	60°	90°	180°	270°	360°
sin	0	$1/2$	$1/2\sqrt{2}$	$1/2\sqrt{3}$	1	0	−1	0
cos	1	$1/2\sqrt{3}$	$1/2\sqrt{2}$	$1/2$	0	−1	0	1
tan	0	$1/3\sqrt{3}$	1	$\sqrt{3}$	∞	0	∞	0
cot	∞	$\sqrt{3}$	1	$1/3\sqrt{3}$	0	∞	0	∞

Beziehung der ∢ Funktionen in den Quadranten:

	$90 \pm \alpha$	$180 \pm \alpha$	$270 \pm \alpha$	$360 \pm \alpha$
sin	$\cos\alpha$	$\mp\sin\alpha$	$-\cos\alpha$	$\pm\sin\alpha$
cos	$\mp\sin\alpha$	$-\cos\alpha$	$\pm\sin\alpha$	$\cos\alpha$
tan	$\mp\cot\alpha$	$\pm\tan\alpha$	$\mp\cot\alpha$	$\pm\tan\alpha$
cot	$\mp\tan\alpha$	$\pm\cot\alpha$	$\mp\tan\alpha$	$\pm\cot\alpha$

Beziehung zwischen den ∢ Funktionen: $\tan\alpha = \frac{\sin\alpha}{\cos\alpha}$; $\cot\alpha = \frac{\cos\alpha}{\sin\alpha}$; $\sin^2\alpha + \cos^2\alpha = 1$; $\tan\alpha\cot\alpha = 1$

	$\sin\alpha$	$\cos\alpha$	$\tan\alpha$	$\cot\alpha$
$\sin\alpha$	—	$\sqrt{1-\cos^2\alpha}$	$\tan^2\alpha:\sqrt{1+\tan^2\alpha}$	$1:\sqrt{1+\cot^2\alpha}$
$\cos\alpha$	$\sqrt{1-\sin^2\alpha}$	—	$1:\sqrt{1+\tan^2\alpha}$	$\cot\alpha:\sqrt{1+\cot^2\alpha}$
$\tan\alpha$	$\sin\alpha:\sqrt{1-\sin^2\alpha}$	$\sqrt{1-\cos^2\alpha}:\cos\alpha$	—	$1:\cot\alpha$
$\cot\alpha$	$\sqrt{1-\sin^2\alpha}:\sin\alpha$	$\cos\alpha:\sqrt{1-\cos^2\alpha}$	$1:\tan\alpha$	—

Grundformeln für das schiefwinklige Dreieck

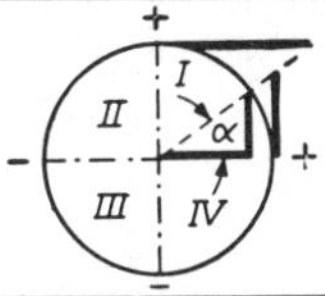

Vorzeichen der Winkelfunktionen in den vier Quadranten

		sin	cos	tan	cot
I	α	+	+	+	+
II	$2R-\alpha$	+	—	—	—
III	$2R+\alpha$	—	—	+	+
IV	$4R-\alpha$	—	+	—	—

$\sin\alpha = \frac{a\cdot\sin\beta}{b}$ $\quad\sin\beta = \frac{b\cdot\sin\alpha}{a}$

$\cos\alpha = \frac{b^2+c^2-a^2}{2b\cdot c}$

$\sin\alpha = \frac{2A}{b\cdot c}$ $\quad\sin\beta = \frac{2A}{a\cdot c}$

$\sin\frac{\alpha}{2} = \sqrt{\frac{(s-b)(s-c)}{b\,c}}$

$a = \frac{c\cdot\sin\alpha}{\sin\gamma}$ $\quad b = \frac{c\cdot\sin\beta}{\sin\gamma}$

$a = \sqrt{b^2+c^2-2b\cdot c\cdot\cos\alpha}$

$a = b\cos\gamma + c\cos\beta$

$A = \frac{a\cdot b\cdot\sin\gamma}{2} = \frac{a\cdot c\cdot\sin\beta}{2} = \frac{b\cdot c\cdot\sin\alpha}{2}$

$A = \sqrt{s(s-a)(s-b)(s-c)}$

s = halbe Seitensumme $= \frac{a+b+c}{2}$

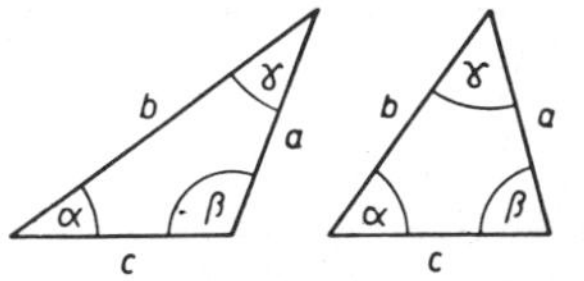

4

Winkelfunktionen

→ **Sinus 0°···45°**

Min	0	6	12	18	24	30	36	42	48	54	60	Min
Grad	0,0	0,1	0,2	0,3	0,4	0,5	0,6	0,7	0,8	0,9	1,0	Grad
0	0,00 000	00 175	00 349	00 524	00 698	00 873	01 047	01 222	01 396	01 571	01 745	89
1	01 745	01 920	02 094	02 269	02 443	02 618	02 792	02 967	03 141	03 316	03 490	88
2	03 490	03 664	03 839	04 013	04 188	04 362	04 536	04 711	04 885	05 059	05 234	87
3	05 234	05 408	05 582	05 756	05 931	06 105	06 279	06 453	06 627	06 802	06 976	86
4	06 976	07 150	07 324	07 498	07 672	07 846	08 020	08 194	08 368	08 542	08 716	**85**
5	08 716	08 889	09 063	09 237	09 411	09 585	09 758	09 932	10 106	10 279	10 453	84
6	10 453	10 626	10 800	10 973	11 147	11 320	11 494	11 667	11 840	12 014	12 187	83
7	12 187	12 360	12 533	12 706	12 880	13 053	13 226	13 399	13 572	13 744	13 917	82
8	13 917	14 090	14 263	14 436	14 608	14 781	14 954	15 126	15 299	15 471	15 643	81
9	15 643	15 816	15 988	16 160	16 333	16 505	16 677	16 849	17 021	17 193	17 365	**80**
10	0,17 365	17 537	17 708	17 880	18 052	18 224	18 395	18 567	18 738	18 910	19 081	79
11	19 081	19 252	19 423	19 595	19 766	19 937	20 108	20 279	20 450	20 620	20 791	78
12	20 791	20 962	21 132	21 303	21 474	21 644	21 814	21 985	22 155	22 325	22 495	77
13	22 495	22 665	22 835	23 005	23 175	23 345	23 514	23 684	23 853	24 023	24 192	76
14	24 192	24 362	24 531	24 700	24 869	25 038	25 207	25 376	25 545	25 713	25 882	**75**
15	25 882	26 050	26 219	26 387	26 556	26 724	26 892	27 060	27 228	27 396	27 564	74
16	27 564	27 731	27 899	28 067	28 234	28 402	28 569	28 736	28 903	29 070	29 237	73
17	29 237	29 404	29 571	29 737	29 904	30 071	30 237	30 403	30 570	30 736	30 902	72
18	30 902	31 068	31 233	31 399	31 565	31 730	31 896	32 061	32 227	32 392	32 557	71
19	32 557	32 722	32 887	33 051	33 216	33 381	33 545	33 710	33 874	34 038	34 202	**70**
20	0,34 202	34 366	34 530	34 694	34 857	35 021	35 184	35 347	35 511	35 674	35 837	69
21	35 837	36 000	36 162	36 325	36 488	36 650	36 812	36 975	37 137	37 299	37 461	68
22	37 461	37 622	37 784	37 946	38 107	38 268	38 430	38 591	38 752	38 912	39 073	67
23	39 073	39 234	39 394	39 555	39 715	39 875	40 035	40 195	40 355	40 514	40 674	66
24	40 674	40 833	40 992	41 151	41 310	41 469	41 628	41 787	41 945	42 104	42 262	**65**
25	42 262	42 420	42 578	42 736	42 894	43 051	43 209	43 366	43 523	43 680	43 837	64
26	43 837	43 994	44 151	44 307	44 464	44 620	44 776	44 932	45 088	45 243	45 399	63
27	45 399	45 554	45 710	45 865	46 020	46 175	46 330	46 484	46 639	46 793	46 947	62
28	46 947	47 101	47 255	47 409	47 562	47 716	47 869	48 022	48 175	48 328	48 481	61
29	48 481	48 634	48 786	48 938	49 090	49 242	49 394	49 546	49 697	49 849	50 000	**60**
30	0,50 000	50 151	50 303	50 453	50 603	50 754	50 904	51 054	51 204	51 354	51 504	59
31	51 504	51 653	51 803	51 952	52 101	52 250	52 399	52 547	52 696	52 844	52 992	58
32	52 992	53 140	53 288	53 435	53 583	53 730	53 877	54 024	54 171	54 317	54 464	57
33	54 464	54 610	54 756	54 902	55 048	55 194	55 339	55 484	55 630	55 775	55 919	56
34	55 919	56 064	56 208	56 353	56 497	56 641	56 784	56 928	57 071	57 215	57 358	**55**
35	57 358	57 501	57 643	57 786	57 928	58 070	58 212	58 354	58 496	58 637	58 779	54
36	58 779	58 920	59 061	59 201	59 342	59 482	59 622	59 763	59 902	60 042	60 182	53
37	60 182	60 321	60 460	60 599	60 738	60 876	61 015	61 153	61 291	61 429	61 566	52
38	61 566	61 704	61 841	61 978	62 115	62 251	62 388	62 524	62 660	62 796	62 932	51
39	62 932	63 068	63 203	63 338	63 473	63 608	63 742	63 877	64 011	64 145	64 279	**50**
40	0,64 279	64 412	64 546	64 679	64 812	64 945	65 077	65 210	65 342	65 474	65 606	49
41	65 606	65 738	65 869	66 000	66 131	66 262	66 393	66 523	66 653	66 783	66 913	48
42	66 913	67 043	67 172	67 301	67 430	67 559	67 688	67 816	67 944	68 072	68 200	47
43	68 200	68 327	68 455	68 582	68 709	68 835	68 962	69 088	69 214	69 340	69 466	46
44	69 466	69 591	69 717	69 842	69 966	70 091	70 215	70 339	70 463	70 587	70 711	**45**
Grad	1,0	0,9	0,8	0,7	0,6	0,5	0,4	0,3	0,2	0,1	0,0	Grad
Min	60	54	48	42	36	30	24	18	12	6	0	Min

Cosinus 45°···90° ←

Beachte: Für *Sinus* und *Tangens* stehen die *Minutenzahlen* am *oberen* Rande der Tabellen, die Gradzahlen am *linken* Rande. Für *Cosinus* und *Cotangens* stehen die *Minutenzahlen* am *unteren* Rande, die Gradzahlen am *rechten* Rande.

Winkelfunktionen

→ Sinus 45°···90°

Min	0	6	12	18	24	30	36	42	48	54	60	Min
Grad	0,0	0,1	0,2	0,3	0,4	0,5	0,6	0,7	0,8	0,9	1,0	Grad
45	0,70 711	70 834	70 957	71 080	71 203	71 325	71 447	71 569	71 691	71 813	71 934	44
46	71 934	72 055	72 176	72 297	72 417	72 537	72 657	72 777	72 897	73 016	73 135	43
47	73 135	73 254	73 373	73 491	73 610	73 728	73 846	73 963	74 080	74 198	74 314	42
48	74 314	74 431	74 548	74 664	74 780	74 896	75 011	75 126	75 241	75 356	75 471	41
49	75 471	75 585	75 700	75 813	75 927	76 041	76 154	76 267	76 380	76 492	76 604	**40**
50	0,76 604	76 717	76 828	76 940	77 051	77 162	77 273	77 384	77 494	77 605	77 715	39
51	77 715	77 824	77 934	78 043	78 152	78 261	78 369	78 478	78 586	78 694	78 801	38
52	78 801	78 908	79 016	79 122	79 229	79 335	79 441	79 547	79 653	79 758	79 864	37
53	79 864	79 968	80 073	80 178	80 282	80 386	80 489	80 593	80 696	80 799	80 902	36
54	80 902	81 004	81 106	81 208	81 310	81 412	81 513	81 614	81 714	81 815	81 915	**35**
55	81 915	82 015	82 115	82 214	82 314	82 413	82 511	82 610	82 708	82 806	82 904	34
56	82 904	83 001	83 098	83 195	83 292	83 389	83 485	83 581	83 676	83 772	83 867	33
57	83 867	83 962	84 057	84 151	84 245	84 339	84 433	84 526	84 619	84 712	84 805	32
58	84 805	84 897	84 989	85 081	85 173	85 264	85 355	85 446	85 536	85 627	85 717	31
59	85 717	85 806	85 896	85 985	86 074	86 163	86 251	86 340	86 427	86 515	86 603	**30**
60	0,86 603	86 690	86 777	86 863	86 949	87 036	87 121	87 207	87 292	87 377	87 462	29
61	87 462	87 546	87 631	87 715	87 798	87 882	87 965	88 048	88 130	88 213	88 295	28
62	88 295	88 377	88 458	88 539	88 620	88 701	88 782	88 862	88 942	89 021	89 101	27
63	89 101	89 180	89 259	89 337	89 415	89 493	89 571	89 649	89 726	89 803	89 879	26
64	89 879	89 956	90 032	90 108	90 183	90 259	90 334	90 408	90 483	90 557	90 631	**25**
65	90 631	90 704	90 778	90 851	90 924	90 996	91 068	91 140	91 212	91 283	91 355	24
66	91355	91 425	91 496	91 566	91 636	91 706	91 775	91 845	91 914	91 982	92 050	23
67	92 050	92 119	92 186	92 254	92 321	92 388	92 455	92 521	92 587	92 653	92 718	22
68	92 718	92 784	92 849	92 913	92 978	93 042	93 106	93 169	93 232	93 295	93 358	21
69	93 358	93 420	93 483	93 544	93 606	93 667	93 728	93 789	93 849	93 909	93 969	**20**
70	0,93 969	94 029	94 088	94 147	94 206	94 264	94 322	94 380	94 438	94 495	94 552	19
71	94 552	94 609	94 665	94 721	94 777	94 832	94 888	94 943	94 997	95 052	95 106	18
72	95 106	95 159	95 213	95 266	95 319	95 372	95 424	95 476	95 528	95 579	95 630	17
73	95 630	95 681	95 732	95 782	95 832	95 882	95 931	95 981	96 029	96 078	96 126	16
74	96 126	96 174	96 222	96 269	96 316	96 363	96 410	96 456	96 502	96 547	96 593	**15**
75	96 593	96 638	96 682	96 727	96 771	96 815	96 858	96 902	96 945	96 987	97 030	14
76	97 030	97 072	97 113	97 155	97 196	97 237	97 278	97 318	97 358	97 398	97 437	13
77	97 437	97 476	97 515	97 553	97 592	97 630	97 667	97 705	97 742	97 778	97 815	12
78	97 815	97 851	97 887	97 922	97 958	97 992	98 027	98 061	98 096	98 129	98 163	11
79	98 163	98 196	98 229	98 261	98 294	98 325	98 357	98 389	98 420	98 450	98 481	**10**
80	0,98 481	98 511	98 541	98 570	98 600	98 629	98 657	98 686	98 714	98 741	98 769	9
81	98 769	98 796	98 823	98 849	98 876	98 902	98 927	98 953	98 978	99 002	99 027	8
82	99 027	99 051	99 075	99 098	99 122	99 144	99 167	99 189	99 211	99 233	99 255	7
83	99 255	99 276	99 297	99 317	99 337	99 357	99 377	99 396	99 415	99 434	99 452	6
84	99 452	99 470	99 488	99 506	99 523	99 540	99 556	99 572	99 588	99 604	99 619	**5**
85	99 619	99 635	99 649	99 664	99 678	99 692	99 705	99 719	99 731	99 744	99 756	4
86	99 756	99 768	99 780	99 792	99 803	99 813	99 824	99 834	99 844	99 854	99 863	3
87	99 863	99 872	99 881	99 889	99 897	99 905	99 912	99 919	99 926	99 933	99 939	2
88	99 939	99 945	99 951	99 956	99 961	99 966	99 970	99 974	99 978	99 982	99 985	1
89	99 985	99 988	99 990	99 993	99 995	99 996	99 998	99 999	99 999	1,00000	1,00000	**0**
Grad	1,0	0,9	0,8	0,7	0,6	0,5	0,4	0,3	0,2	0,1	0,0	Grad
Min	60	54	48	42	36	30	24	18	12	6	0	Min

Cosinus 0°···45° ←

Gonteilung Seite 42 und 43

4

Winkelfunktionen

→ Tangens 0°···45°

Min	0	6	12	18	24	30	36	42	48	54	60	Min
Grad	0,0	0,1	0,2	0,3	0,4	0,5	0,6	0,7	0,8	0,9	1,0	Grad
0	0,00 000	00 175	00 349	00 524	00 698	00 873	01 047	01 222	01 396	01 571	01 746	89
1	01 746	01 920	02 095	02 269	02 444	02 619	02 793	02 968	03 143	03 317	03 492	88
2	03 492	03 667	03 842	04 016	04 191	04 366	04 541	04 716	04 891	05 066	05 241	87
3	05 241	05 416	05 591	05 766	05 941	06 116	06 291	06 467	06 642	06 817	06 993	86
4	06 993	07 168	07 344	07 519	07 695	07 870	08 046	08 221	08 397	08 573	08 749	**85**
5	08 749	08 925	09 101	09 277	09 453	09 629	09 805	09 981	10 158	10 334	10 510	84
6	10 510	10 687	10 863	11 040	11 217	11 394	11 570	11 747	11 924	12 101	12 278	83
7	12 278	12 456	12 633	12 810	12 988	13 165	13 343	13 521	13 698	13 876	14 054	82
8	14 054	14 232	14 410	14 588	14 767	14 945	15 124	15 302	15 481	15 660	15 838	81
9	15 838	16 017	16 196	16 376	16 555	16 734	16 914	17 093	17 273	17 453	17 633	**80**
10	0,17 633	17 813	17 993	18 173	18 353	18 534	18 714	18 895	19 076	19 257	19 438	79
11	19 438	19 619	19 801	19 982	20 164	20 345	20 527	20 709	20 891	21 073	21 256	78
12	21 256	21 438	21 621	21 804	21 986	22 169	22 353	22 536	22 719	22 903	23 087	77
13	23 087	23 271	23 455	23 639	23 823	24 008	24 193	24 377	24 562	24 747	24 933	76
14	24 933	25 118	25 304	25 490	25 676	25 862	26 048	26 235	26 421	26 608	26 795	**75**
15	26 795	26 982	27 169	27 357	27 545	27 732	27 921	28 109	28 297	28 486	28 675	74
16	28 675	28 864	29 053	29 242	29 432	29 621	29 811	30 001	30 192	30 382	30 573	73
17	30 573	30 764	30 955	31 147	31 338	31 530	31 722	31 914	32 106	32 299	32 492	72
18	32 492	32 685	32 878	33 072	33 266	33 460	33 654	33 848	34 043	34 238	34 433	71
19	34 433	34 628	34 824	35 020	35 216	35 412	35 608	35 805	36 002	36 199	36 397	**70**
20	0,36 397	36 595	36 793	36 991	37 190	37 388	37 588	37 787	37 986	38 186	38 386	69
21	38 386	38 587	38 787	38 988	39 190	39 391	39 593	39 795	39 997	40 200	40 403	68
22	40 403	40 606	40 809	41 013	41 217	41 421	41 626	41 831	42 036	42 242	42 447	67
23	42 447	42 654	42 860	43 067	43 274	43 481	43 689	43 897	44 105	44 314	44 523	66
24	44 523	44 732	44 942	45 152	45 362	45 573	45 784	45 995	46 206	46 418	46 631	**65**
25	46 631	46 843	47 056	47 270	47 483	47 698	47 912	48 127	48 342	48 557	48 773	64
26	48 773	48 989	49 206	49 423	49 640	49 858	50 076	50 295	50 514	50 733	50 953	63
27	50 953	51 173	51 393	51 614	51 835	52 057	52 279	52 501	52 724	52 947	53 171	62
28	53 171	53 395	53 620	53 844	54 070	54 296	54 522	54 748	54 975	55 203	55 431	61
29	55 431	55 659	55 888	56 117	56 347	56 577	56 808	57 039	57 271	57 503	57 735	**60**
30	0,57 735	57 968	58 201	58 435	58 670	58 905	59 140	59 376	59 612	59 849	60 086	59
31	60 086	60 324	60 562	60 801	61 040	61 280	61 520	61 761	62 003	62 245	62 487	58
32	62 487	62 730	62 973	63 217	63 462	63 707	63 953	64 199	64 446	64 693	64 941	57
33	64 941	65 189	65 438	65 688	65 938	66 189	66 440	66 692	66 944	67 197	67 451	56
34	67 451	67 705	67 960	68 215	68 471	68 728	68 985	69 243	69 502	69 761	70 021	**55**
35	70 021	70 281	70 542	70 804	71 066	71 329	71 593	71 857	72 122	72 388	72 654	54
36	72 654	72 921	73 189	73 457	73 726	73 996	74 267	74 538	74 810	75 082	75 355	53
37	75 355	75 629	75 904	76 180	76 456	76 733	77 010	77 289	77 568	77 848	78 129	52
38	78 129	78 410	78 692	78 975	79 259	79 544	79 829	80 115	80 402	80 690	80 978	51
39	80 978	81 268	81 558	81 849	82 141	82 434	82 727	83 022	83 317	83 613	83 910	**50**
40	0,83 910	84 208	84 507	84 806	85 107	85 408	85 710	86 014	86 318	86 623	86 929	49
41	86 929	87 236	87 543	87 852	88 162	88 473	88 784	89 097	89 410	89 725	90 040	48
42	90 040	90 357	90 674	90 993	91 313	91 633	91 955	92 277	92 601	92 926	93 252	47
43	93 252	93 578	93 906	94 235	94 565	94 896	95 229	95 562	95 897	96 232	96 569	46
44	96 569	96 907	97 246	97 586	97 927	98 270	98 613	98 958	99 304	99 652	1,00000	**45**
Grad	1,0	0,9	0,8	0,7	0,6	0,5	0,4	0,3	0,2	0,1	0,0	Grad
Min	60	54	48	42	36	30	24	18	12	6	0	Min

Cotangens 45°···90° ←

Winkelfunktionen

→ Tangens 45°…90°

Min	0	6	12	18	24	30	36	42	48	54	60	Min
Grad	0,0	0,1	0,2	0,3	0,4	0,5	0,6	0,7	0,8	0,9	1,0	Grad
45	1,00 000	00 350	00 701	01 053	01 406	01 761	02 117	02 474	02 832	03 192	03 553	44
46	03 553	03 915	04 279	04 644	05 010	05 378	05 747	06 117	06 489	06 862	07 237	43
47	07 237	07 613	07 990	08 369	08 749	09 131	09 514	09 899	10 285	10 672	11 061	42
48	11 061	11 452	11 844	12 238	12 633	13 029	13 428	13 828	14 229	14 632	15 037	41
49	15 037	15 443	15 851	16 261	16 672	17 085	17 500	17 916	18 334	18 754	19 175	**40**
50	1,1 918	1 960	2 002	2 045	2 088	2 131	2 174	2 218	2 261	2 305	2 349	39
51	2 349	2 393	2 437	2 482	2 527	2 572	2 617	2 662	2 708	2 753	2 799	38
52	2 799	2 846	2 892	2 938	2 985	3 032	3 079	3 127	3 175	3 222	3 270	37
53	3 270	3 319	3 367	3 416	3 465	3 514	3 564	3 613	3 663	3 713	3 764	36
54	3 764	3 814	3 865	3 916	3 968	4 019	4 071	4 124	4 176	4 229	4 281	**35**
55	4 281	4 335	4 388	4 442	4 496	4 550	4 605	4 659	4 715	4 770	4 826	34
56	4 826	4 882	4 938	4 994	5 051	5 108	5 166	5 224	5 282	5 340	5 399	33
57	5 399	5 458	5 517	5 577	5 637	5 697	5 757	5 818	5 880	5 941	6 003	32
58	6 003	6 066	6 128	6 191	6 225	6 319	6 383	6 447	6 512	6 577	6 643	31
59	6 643	6 709	6 775	6 842	6 909	6 977	7 045	7 113	7 182	7 251	7 321	**30**
60	1,7 321	7 391	7 461	7 532	7 603	7 675	7 747	7 820	7 893	7 966	8 040	29
61	8 040	8 115	8 190	8 265	8 341	8 418	8 495	8 572	8 650	8 728	8 807	28
62	8 807	8 887	8 967	9 047	9 128	9 210	9 292	9 375	9 458	9 542	9 626	27
63	9 626	9 711	9 797	9 883	9 970	2,0 057	0 145	0 233	0 323	0 413	0 503	26
64	2,0 503	0 594	0 686	0 778	0 872	0 965	1 060	1 155	1 251	1 348	1 445	**25**
65	1 445	1 543	1 642	1 742	1 842	1 943	2 045	2 148	2 251	2 355	2 460	24
66	2 460	2 566	2 673	2 781	2 889	2 998	3 109	3 220	3 332	3 445	3 559	23
67	3 559	3 673	3 789	3 906	4 023	4 142	4 262	4 383	4 504	4 627	4 751	22
68	4 751	4 876	5 002	5 129	5 257	5 386	5 517	5 649	5 782	5 916	6 051	21
69	6 051	6 187	6 325	6 464	6 605	6 746	6 889	7 034	7 179	7 326	7 475	**20**
70	2,7 475	7 625	7 776	7 929	8 083	8 239	8 397	8 556	8 716	8 878	9 042	19
71	9 042	9 208	9 375	9 544	9 714	9 887	3,0 061	0 237	0 415	0 595	0 777	18
72	3,0 777	0 961	1 146	1 334	1 524	1 716	1 910	2 106	2 305	2 506	2 709	17
73	2 709	2 914	3 122	3 332	3 544	3 759	3 977	4 197	4 420	4 646	4 874	16
74	4 874	5 105	5 339	5 576	5 816	6 059	6 305	6 554	6 806	7 062	7 321	**15**
75	7 321	7 583	7 848	8 118	8 391	8 667	8 947	9 232	9 520	9 812	4,0 108	14
76	4,0 108	0 408	0 713	1 022	1 335	1 653	1 976	2 303	2 635	2 972	3 315	13
77	3 315	3 662	4 015	4 373	4 737	5 107	5 483	5 864	6 252	6 646	7 046	12
78	7 046	7 453	7 867	8 288	8 716	9 152	9 594	5,0 045	0 504	0 970	1 446	11
79	5,1 446	1 929	2 422	2 924	3 435	3 955	4 486	5 026	5 578	6 140	6 713	**10**
80	5, 6 713	5,7 297	5,7 894	5,8 502	5,9 124	5,9 758	6,0 405	6,1 066	6,1 742	6,2 432	6,3 138	9
81	6,3 138	6,3 859	6,4 596	6,5 350	6,6 122	6,6 912	6,7 720	6,8 548	6,9 395	7,0 264	7,1 154	8
82	7,1 154	7,2 066	7,3 002	7,3 962	7,4 947	7,5 958	7,6 996	7,8 062	7,9 158	8,0 285	8,1 443	7
83	8,1 443	8,2 636	8,3 863	8,5 126	8,6 427	8,7 769	8,9 152	9,0 579	9,2 052	9,3 572	9,5 144	6
84	9,5 144	9,6 768	9,8 448	10,019	10,199	10,385	10,579	10,780	10,988	11,205	11,430	**5**
85	11,430	11,664	11,909	12,163	12,429	12,706	12,996	13,300	13,617	13,951	14,301	4
86	14,301	14,669	15,056	15,464	15,895	16,350	16,832	17,343	17,886	18,464	19,081	3
87	19,081	19,740	20,446	21,205	22,022	22,904	23,859	24,898	26,031	27,271	28,636	2
88	28,636	30,145	31,821	33,694	35,801	38,188	40,917	44,066	47,739	52,081	57,290	1
89	57,290	63,657	71,615	81,847	95,489	114,59	143,24	190,98	286,48	572,96	(∞)	**0**
Grad	1,0	0,9	0,8	0,7	0,6	0,5	0,4	0,3	0,2	0,1	0,0	Grad
Min	60	54	48	42	36	30	24	18	12	6	0	Min

Cotangens 0°…45° ←

Sinus 0 gon … 50 gon

gon	0	10	20	30	40	50	60	70	80	90	100	c gon
0	0,0000	0016	0031	0047	0063	0079	0094	0110	0126	0141	0157	99
1	0157	0173	0188	0204	0220	0236	0251	0267	0283	0298	0314	98
2	0314	0330	0346	0361	0377	0393	0408	0424	0440	0455	0471	97
3	0471	0487	0502	0518	0534	0550	0565	0581	0597	0612	0628	96
4	0628	0644	0659	0675	0691	0706	0722	0738	0753	0769	0785	95
5	0785	0800	0816	0832	0847	0863	0879	0894	0910	0925	0941	94
6	0941	0957	0972	0988	1004	1019	1035	1050	1066	1082	1097	93
7	1097	1113	1129	1144	1160	1175	1191	1207	1222	1238	1253	92
8	1253	1269	1284	1300	1316	1331	1347	1362	1378	1393	1409	91
9	0,1409	1425	1440	1456	1471	1487	1502	1518	1533	1549	1564	**90**
10	0,1564	1580	1595	1611	1626	1642	1657	1673	1688	1704	1719	89
11	1719	1735	1750	1766	1781	1797	1812	1828	1843	1858	1874	88
12	1874	1889	1905	1920	1935	1951	1966	1982	1997	2012	2028	87
13	2028	2043	2059	2074	2089	2105	2120	2135	2151	2166	2181	86
14	2181	2197	2212	2227	2243	2258	2273	2289	2304	2319	2334	85
15	2334	2350	2365	2380	2396	2411	2426	2441	2456	2472	2487	84
16	2487	2502	2517	2533	2548	2563	2578	2593	2608	2624	2639	83
17	2639	2654	2669	2684	2699	2714	2730	2745	2760	2775	2790	82
18	2790	2805	2820	2835	2850	2865	2880	2895	2910	2925	2940	81
19	0,2940	2955	2970	2985	3000	3015	3030	3045	3060	3075	3090	**80**
20	0,3090	3105	3120	3135	3150	3165	3180	3195	3209	3224	3239	79
21	3239	3254	3269	3284	3299	3313	3328	3343	3358	3373	3387	78
22	3387	3402	3417	3432	3446	3461	3476	3491	3505	3520	3535	77
23	3535	3549	3564	3579	3593	3608	3623	3637	3652	3667	3681	76
24	3681	3696	3710	3725	3740	3754	3769	3783	3798	3812	3827	75
25	3827	3841	3856	3870	3885	3899	3914	3928	3943	3957	3971	74
26	3971	3986	4000	4015	4029	4043	4058	4072	4086	4101	4115	73
27	4115	4129	4144	4158	4172	4187	4201	4215	4229	4244	4258	72
28	4258	4272	4286	4300	4315	4329	4343	4357	4371	4385	4399	71
29	0,4399	4413	4428	4442	4456	4470	4484	4498	4512	4526	4540	**70**
30	0,4540	4554	4568	4582	4596	4610	4624	4638	4652	4665	4679	69
31	4679	4693	4707	4721	4735	4749	4762	4776	4790	4804	4818	68
32	4818	4831	4845	4859	4873	4886	4900	4914	4927	4941	4955	67
33	4955	4968	4982	4995	5009	5023	5036	5050	5063	5077	5090	66
34	5090	5104	5117	5131	5144	5158	5171	5185	5198	5212	5225	65
35	5225	5238	5252	5265	5278	5292	5305	5318	5332	5345	5358	64
36	5358	5372	5385	5398	5411	5424	5438	5451	5464	5477	5490	63
37	5490	5503	5516	5530	5543	5556	5569	5582	5595	5608	5621	62
38	5621	5634	5647	5660	5673	5686	5699	5711	5724	5737	5750	61
39	0,5750	5763	5776	5789	5801	5814	5827	5840	5852	5865	5878	**60**
40	0,5878	5891	5903	5916	5929	5941	5954	5966	5979	5992	6004	59
41	6004	6017	6029	6042	6054	6067	6079	6092	6104	6117	6129	58
42	6129	6141	6154	6166	6179	6191	6203	6216	6228	6240	6252	57
43	6252	6265	6277	6289	6301	6314	6326	6338	6350	6362	6374	56
44	6374	6386	6398	6410	6423	6435	6447	6459	6471	6483	6494	55
45	6494	6506	6518	6530	6542	6554	6566	6578	6590	6601	6613	54
46	6613	6625	6637	6648	6660	6672	6684	6695	6707	6718	6730	53
47	6730	6742	6753	6765	6776	6788	6800	6811	6823	6834	6845	52
48	6845	6857	6868	6880	6891	6903	6914	6925	6937	6948	6959	51
49	0,6959	6970	6982	6993	7004	7015	7026	7038	7049	7060	7071	**50**
c gon	100	90	80	70	60	50	40	30	20	10	0	gon

Cosinus 50 gon … 100 gon

Sinus 50 gon … 100 gon

gon	0	10	20	30	40	50	60	70	80	90	100	c gon
50	0,7071	7082	7093	7104	7115	7126	7137	7148	7159	7170	7181	49
51	7181	7192	7203	7214	7225	7236	7247	7257	7268	7279	7290	48
52	7290	7300	7311	7322	7333	7343	7354	7365	7375	7386	7396	47
53	7396	7407	7417	7428	7438	7449	7459	7470	7480	7491	7501	46
54	7501	7511	7522	7532	7543	7553	7563	7573	7584	7594	7604	45
55	7604	7614	7624	7635	7645	7655	7665	7675	7685	7695	7705	44
56	7705	7715	7725	7735	7745	7755	7765	7775	7785	7794	7804	43
57	7804	7814	7824	7834	7843	7853	7863	7873	7882	7892	7902	42
58	7902	7911	7921	7930	7940	7949	7959	7968	7978	7987	7997	41
59	0,7997	8006	8016	8025	8034	8044	8053	8062	8072	8081	8090	**40**
60	0,8090	8099	8109	8118	8127	8136	8145	8154	8163	8172	8181	39
61	8181	8191	8200	8209	8217	8226	8235	8244	8253	8262	8271	38
62	8271	8280	8288	8297	8306	8315	8323	8332	8341	8349	8358	37
63	8358	8367	8375	8384	8392	8401	8409	8418	8426	8435	8443	36
64	8443	8452	8460	8468	8477	8485	8493	8502	8510	8518	8526	35
65	8526	8535	8543	8551	8559	8567	8575	8583	8591	8599	8607	34
66	8607	8615	8623	8631	8639	8647	8655	8663	8671	8679	8686	33
67	8686	8694	8702	8710	8717	8725	8733	8740	8748	8755	8763	32
68	8763	8771	8778	8786	8793	8801	8808	8816	8823	8830	8838	31
69	0,8838	8845	8852	8860	8867	8874	8881	8889	8896	8903	8910	**30**
70	0,8910	8917	8924	8931	8938	8945	8952	8959	8966	8973	8980	29
71	8980	8987	8994	9001	9008	9015	9021	9028	9035	9042	9048	28
72	9048	9055	9062	9068	9075	9081	9088	9095	9101	9108	9114	27
73	9114	9120	9127	9133	9140	9146	9152	9159	9165	9171	9178	26
74	9178	9184	9190	9196	9202	9208	9215	9221	9227	9233	9239	25
75	9239	9245	9251	9257	9263	9269	9274	9280	9286	9292	9298	24
76	9298	9304	9309	9315	9321	9326	9332	9338	9343	9349	9354	23
77	9354	9360	9365	9371	9376	9382	9387	9393	9398	9403	9409	22
78	9409	9414	9419	9425	9430	9435	9440	9445	9451	9456	9461	21
79	0,9461	9466	9471	9476	9481	9486	9491	9496	9501	9506	9511	**20**
80	0,9511	9515	9520	9525	9530	9535	9539	9544	9549	9553	9558	19
81	9558	9563	9567	9572	9576	9581	9585	9590	9594	9599	9603	18
82	9603	9607	9612	9616	9620	9625	9629	9633	9637	9641	9646	17
83	9646	9650	9654	9658	9662	9666	9670	9674	9678	9682	9686	16
84	9686	9690	9694	9697	9701	9705	9709	9713	9716	9720	9724	15
85	9724	9727	9731	9735	9738	9742	9745	9749	9752	9756	9759	14
86	9759	9763	9766	9769	9773	9776	9779	9783	9786	9789	9792	13
87	9792	9795	9799	9802	9805	9808	9811	9814	9817	9820	9823	12
88	9823	9826	9829	9832	9834	9837	9840	9843	9846	9848	9851	11
89	0,9851	9854	9856	9859	9862	9864	9867	9869	9872	9874	9877	**10**
90	0,9877	9879	9882	9884	9887	9889	9891	9893	9896	9898	9900	9
91	9900	9902	9905	9907	9909	9911	9913	9915	9917	9919	9921	8
92	9921	9923	9925	9927	9929	9931	9933	9934	9936	9938	9940	7
93	9940	9941	9943	9945	9946	9948	9950	9951	9953	9954	9956	6
94	9956	9957	9959	9960	9961	9963	9964	9965	9967	9968	9969	5
95	9969	9970	9972	9973	9974	9975	9976	9977	9978	9979	9980	4
96	9980	9981	9982	9983	9984	9985	9986	9987	9987	9988	9989	3
97	9989	9990	9990	9991	9992	9992	9993	9993	9994	9995	9995	2
98	9995	9996	9996	9996	9997	9997	9998	9998	9998	9999	9999	1
99	0,9999	9999	9999	9999	1,000	1,000	1,000	1,000	1,000	1,000	1,000	**0**
c gon	100	90	80	70	60	50	40	30	20	10	0	gon

Cosinus 0 gon … 50 gon

Natürl. Werte der Winkelfunktionen bei 100 gon-Teilung des Quadranten

Der Viertelkreis wird anstatt in 90° = 5400′ = 324 000″ in

100 gon =
10 000 c gon =
1 000 000 μ gon

eingeteilt; geschrieben

Zwischenberechnung:

Die Tabellen zeigen die Winkelfunktionswerte von 10 zu 10 c gon.

Beispiel: sin 18,06 gon = ?
sin 18,00 gon = 0,2790
sin 18,10 gon = 0,2805

zu für 0,10 gon = 0,0015

Hieraus berechnet sich der wirkliche Unterschied für 0,06 gon:

0,10 gon : 0,06 gon = 0,0015 : x
oder 10 : 6 = 0,0015 : x

$$x = \frac{6 \cdot 0{,}0015}{10}$$

$x = 0{,}0009$

demnach: sin 18,06 gon = sin 18,00 gon + x
= 0,2790
+ 0,0009

= **0,2799**

Beispiel: cos 33,52 gon = ?
cos 33,50 = 0,8647
cos 33,60 = 0,8639

ab für 0,10 gon = 0,0008

weiter wie oben:

10 : 2 = 0,0008 : x

$$x = \frac{2 \cdot 0{,}0008}{10}$$

$x \approx 0{,}0002$ und
cos 33,52 gon = 0,8647 — 0,0002 = **0,8645**

Tangens 0 gon ··· 50 gon

gon	0	10	20	30	40	50	60	70	80	90	100	c gon
0	0,0000	0016	0031	0047	0063	0079	0094	0110	0126	0141	0157	99
1	0157	0173	0189	0204	0220	0236	0251	0267	0283	0299	0314	98
2	0314	0330	0346	0361	0377	0393	0409	0424	0440	0456	0472	97
3	0472	0487	0503	0519	0535	0550	0566	0582	0598	0613	0629	96
4	0629	0645	0661	0676	0692	0708	0724	0740	0755	0771	0787	95
5	0787	0803	0819	0834	0850	0866	0882	0898	0914	0929	0945	94
6	0945	0961	0977	0993	1009	1025	1040	1056	1072	1088	1104	93
7	1104	1120	1136	1152	1168	1184	1200	1215	1231	1247	1263	92
8	1263	1279	1295	1311	1327	1343	1359	1375	1391	1407	1423	91
9	0,1423	1439	1455	1471	1487	1503	1519	1536	1552	1568	1584	**90**
10	0,1584	1600	1616	1632	1648	1664	1681	1697	1713	1729	1745	89
11	1745	1761	1778	1794	1810	1826	1843	1859	1875	1891	1908	88
12	1908	1924	1940	1956	1973	1989	2005	2022	2038	2055	2071	87
13	2071	2087	2104	2120	2137	2153	2169	2186	2202	2219	2235	86
14	2235	2252	2268	2285	2301	2318	2334	2351	2368	2384	2401	85
15	2401	2417	2434	2451	2467	2484	2501	2517	2534	2551	2568	84
16	2568	2584	2601	2618	2635	2651	2668	2685	2702	2719	2736	83
17	2736	2753	2769	2786	2803	2820	2837	2854	2871	2888	2905	82
18	2905	2922	2939	2956	2974	2991	3008	3025	3042	3059	3076	81
19	0,3076	3094	3111	3128	3145	3163	3180	3197	3214	3232	3249	**80**
20	0,3249	3267	3284	3301	3319	3336	3354	3371	3389	3406	3424	79
21	3424	3441	3459	3476	3494	3512	3529	3547	3565	3582	3600	78
22	3600	3618	3636	3654	3671	3689	3707	3725	3743	3761	3779	77
23	3779	3797	3815	3833	3851	3869	3887	3905	3923	3941	3959	76
24	3959	3977	3996	4014	4032	4050	4069	4087	4105	4124	4142	75
25	4142	4161	4179	4197	4216	4234	4253	4272	4290	4309	4327	74
26	4327	4346	4365	4383	4402	4421	4440	4459	4477	4496	4515	73
27	4515	4534	4553	4572	4591	4610	4629	4648	4667	4686	4706	72
28	4706	4725	4744	4763	4783	4802	4821	4841	4860	4879	4899	71
29	0,4899	4918	4938	4958	4977	4997	5016	5036	5056	5075	5095	**70**
30	0,5095	5115	5135	5155	5175	5195	5215	5235	5255	5275	5295	69
31	5295	5315	5335	5355	5375	5396	5416	5436	5457	5477	5498	68
32	5498	5518	5539	5559	5580	5600	5621	5642	5662	5683	5704	67
33	5704	5725	5746	5767	5787	5808	5829	5851	5872	5893	5904	66
34	5914	5935	5956	5978	5999	6020	6042	6063	6085	6106	6128	65
35	6128	6150	6171	6193	6215	6237	6258	6280	6302	6324	6346	64
36	6346	6368	6390	6412	6435	6457	6479	6502	6524	6546	6569	63
37	6569	6591	6614	6636	6659	6682	6705	6727	6750	6773	6796	62
38	6796	6819	6842	6865	6888	6911	6935	6958	6981	7005	7028	61
39	0,7028	7052	7075	7099	7122	7146	7170	7194	7218	7241	7265	**60**
40	0,7265	7289	7314	7338	7362	7386	7410	7435	7459	7484	7508	59
41	7508	7533	7557	7582	7607	7632	7657	7682	7707	7732	7757	58
42	7757	7782	7807	7833	7858	7883	7909	7934	7960	7986	8012	57
43	8012	8037	8063	8089	8115	8141	8167	8194	8220	8246	8273	56
44	8273	8299	8326	8352	8379	8406	8433	8460	8487	8514	8541	55
45	8541	8568	8595	8623	8650	8678	8705	8733	8761	8788	8816	54
46	8816	8844	8872	8900	8928	8957	8985	9014	9042	9071	9099	53
47	9099	9128	9157	9186	9215	9244	9273	9302	9332	9361	9391	52
48	9391	9420	9450	9480	9510	9540	9570	9600	9630	9660	9691	51
49	0,9691	9721	9752	9782	9813	9844	9875	9906	9937	9969	1,000	**50**
c gon	100	90	80	70	60	50	40	30	20	10	0	gon

Cotangens 50 gon ··· 100 gon

Tangens 50 gon ··· 100 gon

gon	0	10	20	30	40	50	60	70	80	90	100	c gon
50	1,000	1,003	1,006	1,009	1,013	1,016	1,019	1,022	1,025	1,029	1,032	49
51	1,032	1,035	1,038	1,042	1,045	1,048	1,052	1,055	1,058	1,062	1,065	48
52	1,065	1,068	1,072	1,075	1,078	1,082	1,085	1,089	1,092	1,096	1,099	47
53	1,099	1,102	1,106	1,109	1,113	1,116	1,120	1,124	1,127	1,131	1,134	46
54	1,134	1,138	1,141	1,145	1,149	1,152	1,156	1,160	1,163	1,167	1,171	45
55	1,171	1,175	1,178	1,182	1,186	1,190	1,193	1,197	1,201	1,205	1,209	44
56	1,209	1,213	1,217	1,220	1,224	1,228	1,232	1,236	1,240	1,244	1,248	43
57	1,248	1,252	1,256	1,260	1,264	1,268	1,273	1,277	1,281	1,285	1,289	42
58	1,289	1,293	1,298	1,302	1,306	1,310	1,315	1,319	1,323	1,328	1,332	41
59	1,332	1,336	1,341	1,345	1,349	1,354	1,358	1,363	1,367	1,372	1,376	**40**
60	1,376	1,381	1,386	1,390	1,395	1,399	1,404	1,409	1,413	1,418	1,423	39
61	1,423	1,428	1,432	1,437	1,442	1,447	1,452	1,457	1,462	1,466	1,471	38
62	1,471	1,476	1,481	1,486	1,492	1,497	1,502	1,507	1,512	1,517	1,522	37
63	1,522	1,528	1,533	1,538	1,543	1,549	1,554	1,559	1,565	1,570	1,576	36
64	1,576	1,581	1,587	1,592	1,598	1,603	1,609	1,615	1,620	1,626	1,632	35
65	1,632	1,638	1,643	1,649	1,655	1,661	1,667	1,673	1,679	1,685	1,691	34
66	1,691	1,697	1,703	1,709	1,715	1,722	1,728	1,734	1,740	1,747	1,753	33
67	1,753	1,760	1,766	1,773	1,779	1,786	1,792	1,799	1,806	1,812	1,819	32
68	1,819	1,826	1,833	1,839	1,846	1,853	1,860	1,867	1,874	1,882	1,889	31
69	1,889	1,896	1,903	1,910	1,918	1,925	1,932	1,940	1,947	1,955	1,963	**30**
70	1,963	1,970	1,978	1,986	1,993	2,001	2,009	2,017	2,025	2,033	2,041	29
71	2,041	2,049	2,058	2,066	2,074	2,082	2,091	2,099	2,108	2,116	2,125	28
72	2,125	2,134	2,143	2,151	2,160	2,169	2,178	2,187	2,196	2,206	2,215	27
73	2,215	2,224	2,233	2,243	2,252	2,262	2,272	2,281	2,291	2,301	2,311	26
74	2,311	2,321	2,331	2,341	2,351	2,362	2,372	2,382	2,393	2,404	2,414	25
75	2,414	2,425	2,436	2,447	2,458	2,469	2,480	2,491	2,503	2,514	2,526	24
76	2,526	2,537	2,549	2,561	2,573	2,585	2,597	2,609	2,621	2,634	2,646	23
77	2,646	2,659	2,672	2,685	2,698	2,711	2,724	2,737	2,750	2,764	2,778	22
78	2,778	2,791	2,805	2,819	2,833	2,848	2,862	2,876	2,891	2,906	2,921	21
79	2,921	2,936	2,951	2,966	2,982	2,997	3,013	3,029	3,045	3,061	3,078	**20**
80	3,078	3,094	3,111	3,128	3,145	3,162	3,179	3,197	3,215	3,232	3,251	19
81	3,251	3,269	3,287	3,306	3,325	3,344	3,363	3,382	3,402	3,422	3,442	18
82	3,442	3,462	3,483	3,504	3,525	3,546	3,567	3,589	3,611	3,633	3,655	17
83	3,655	3,678	3,701	3,724	3,748	3,772	3,796	3,820	3,845	3,869	3,895	16
84	3,895	3,920	3,946	3,972	3,999	4,026	4,053	4,080	4,108	4,137	4,165	15
85	4,165	4,194	4,224	4,254	4,284	4,314	4,345	4,377	4,409	4,441	4,474	14
86	4,474	4,507	4,541	4,575	4,610	4,645	4,681	4,717	4,754	4,791	4,829	13
87	4,829	4,867	4,906	4,946	4,986	5,027	5,069	5,111	5,154	5,198	5,242	12
88	5,242	5,287	5,333	5,380	5,427	5,475	5,525	5,575	5,625	5,677	5,730	11
89	5,730	5,783	5,838	5,894	5,950	6,008	6,067	6,127	6,188	6,250	6,314	**10**
90	6,314	6,379	6,445	6,512	6,581	6,651	6,723	6,797	6,872	6,948	7,026	9
91	7,026	7,106	7,188	7,272	7,357	7,445	7,535	7,627	7,721	7,817	7,916	8
92	7,916	8,017	8,121	8,227	8,337	8,449	8,564	8,683	8,804	8,929	9,058	7
93	9,058	9,190	9,326	9,467	9,611	9,760	9,914	10,07	10,24	10,40	10,58	6
94	10,58	10,76	10,95	11,14	11,34	11,55	11,76	11,98	12,22	12,46	12,71	5
95	12,71	12,97	13,24	13,52	13,82	14,12	14,45	14,78	15,14	15,51	15,89	4
96	15,89	16,30	16,73	17,19	17,67	18,17	18,71	19,27	19,88	20,52	21,20	3
97	21,20	21,94	22,72	23,56	24,47	25,45	26,51	27,67	28,93	30,30	31,82	2
98	31,82	33,50	35,36	37,44	39,78	42,43	45,47	48,96	53,05	57,87	63,66	1
99	63,66	70,73	79,57	90,94	106,1	127,3	159,2	212,2	318,3	636,6	∞	**0**
c gon	100	90	80	70	60	50	40	30	20	10	0	gon

Cotangens 0 gon ··· 50 gon

Natürl. Werte der Winkelfunktionen bei 100gon-Teilung des Quadranten

Beispiel: tan 22,64 gon = ?
tan 22,60 gon = 0,3707
tan 22,70 gon = 0,3725

zu für 0,10 gon = 0,0018

Hieraus berechnet sich der wirkliche Unterschied für 0,04 gon:

für 0,01 gon = 0,00018
für 0,04 gon = 0,00072

demnach ist:

tan 22,64 gon = 0,3707 + 0,0007 = **0,3714**

Beispiel: tan α = 2,147; α = ?
tan 72,20 gon = 2,143
tan 72,30 gon = 2,151

zu für 0,10 gon = 0,008
tan 72,20 gon = 2,143
tan 72,20 gon + x = 2,147

zu für x = 0,004

demnach:

0,10 gon : x gon = 0,008 : 0,004

oder

0,10 gon : x gon = 8 : 4

$$x = \frac{0{,}10 \cdot 4}{8} = 0{,}05\,\text{gon}$$

α = 72,20 gon + 0,05 gon = **72,25** gon

Beispiel: cot 64,48 gon = ?
cot 64,40 gon = 0,6258
cot 64,50 gon = 0,6237

ab für 0,10 gon = 0,0021
für 0,01 gon = 0,00021
für 0,08 gon = 0,00168 ≈ 0,0017

demnach ist:

cot 64,48 gon = 0,6258 — 0,0017 = **0,6241**

4

Grundbegriffe der Physik*)

Die Physik befaßt sich mit den Erscheinungen der unbelebten Natur. Man unterscheidet: **Lehre vom Gleichgewicht und Lehre der Bewegung** (Mechanik), **Lehre vom Schall** (Akustik), **Lehre vom Licht** (Optik), **Lehre von den magnetischen und elektrischen Erscheinungen** (Elektrizitätslehre) und die **Lehre von den Wärmeerscheinungen** (Wärmelehre).

Von den Körpern im allgemeinen

Je nach dem Zustande, in dem sich ein Körper befindet, unterscheidet man **feste, flüssige** und **luft- oder gasförmige Körper (bzw. Aggregatzustände).** — Die Körper können weder von selbst in Bewegung geraten **(Trägheit)** noch ihren Bewegungszustand von selbst ändern **(Beharrungsvermögen).** Zur Bewegungsänderung ist immer eine Kraft nötig. — Die **Schwerkraft** oder Anziehungskraft der Erde macht alle Körper **schwer,** d. h. gibt ihnen das Bestreben, sich geradlinig dem Mittelpunkte der Erde zu nähern (Waage, Lot). — Jeder Körper ist bis zu einem gewissen Grade **teilbar.** Die kleinsten Bauteile eines chemischen Grundstoffes heißen **Atome,** die einer chemischen Verbindung **Moleküle.** Jedes Atom besteht aus einem A t o m k e r n und der A t o m h ü l l e. Der Atomkern besteht aus **Protonen** und **Neutronen.** Diese Kernbausteine nennt man **Nukleonen.** Das Neutron besitzt keine elektrische Ladung; Proton (positiv) und Elektron (negativ) haben gleich große, entgegengesetzte elektrische Ladungen. Die Atomhülle ist aus **Elektronen** aufgebaut. Die Kernladungszahl (Ordnungszahl) ist gleich der Anzahl der Protonen im Atomkern. Zwischen den Atomen bzw. Molekülen befinden sich auch noch **freie Elektronen,** deren Wanderung (Strömen) im Leiter wir **elektrischen Strom** nennen.

Die Elektronen sind bei gewöhnlicher Temperatur an den Leiter gebunden. Hocherhitzte Leiter senden Elektronen aus (Elektronen-Emission der Kathode der Röhren in der Funktechnik).

Die Erscheinung, daß zwei Körper aneinander haften, wird **Anhangswirkung** oder **Adhäsion** genannt. **Kapillarität-** oder **Haarröhrchenwirkung** nennt man das Aufsteigen einer Flüssigkeit in einem von ihr benetzten Haarröhrchen, d. h. einem Röhrchen mit sehr kleiner Weite.

Der Vorgang der Mischung von zwei durch eine poröse Scheidewand (z. B. Pergamentpapier) getrennten oder auch ohne Trennwand aneinandergrenzenden Flüssigkeiten oder Gasen heißt **Diffusion.**

Gleichgewicht und Bewegung der Körper

Der Punkt *S*, bei dessen Unterstützung sich ein Körper im Gleichgewicht befindet, heißt **Schwerpunkt.** Liegt dieser bei einem Körper senkrecht unter dem Aufhängepunkt *U*, so befindet sich der Körper im **sicheren** oder **stabilen Gleichgewicht.**

stabil labil indifferent

Kreisscheibe in verschiedenen Gleichgewichtslagen

Liegt der Schwerpunkt über dem Unterstützungspunkt, so besteht **unsicheres (labiles) Gleichgewicht.** Fällt der Unterstützungspunkt mit dem Schwerpunkt zusammen, so ist in jeder Lage Gleichgewicht vorhanden: **indifferente Gleichgewichtslage.**

Man sagt von einem Körper, er ist **standfähig,** wenn sein Schwerpunkt lotrecht über der Unterstützungs**fläche** liegt; er steht um so fester, je größer seine Unterstützungsfläche und seine Masse sind und je tiefer sein Schwerpunkt liegt.

Ein Stab, der um einen Unterstützungspunkt gedreht werden kann, wird Hebel genannt (Hebebaum, Brechstange). Der gehobene Körper wird als **Last** bezeichnet. Die beiden Teile des Hebels, die zwischen dem Drehpunkte und den Angriffspunkten der Kraft und der Last liegen, heißen Hebelarme. Man unterscheidet dabei:

Kraftarm und **Lastarm.** Liegen die Angriffspunkte eines Hebels auf verschiedenen Seiten vom Drehpunkt, so ist der **Hebel zweiseitig.** Liegen sie auf der gleichen Seite vom Drehpunkt, so ist der Hebel **einseitig.** Sind die Arme eines Hebels gleich lang (z. B. bei der Krämerwaage), so nennt man ihn gleicharmig, sind sie ungleich, so wird der Hebel ungleicharmig genannt. Bei der **Dezimalwaage** oder **Brückenwaage** ist zur Herstellung des Gleichgewichts nur der zehnte Teil der Masse der Last erforderlich. Die Last wirkt von einer stets waagerecht bleibenden Brücke (*A—B*) aus auf den Waagebalken.

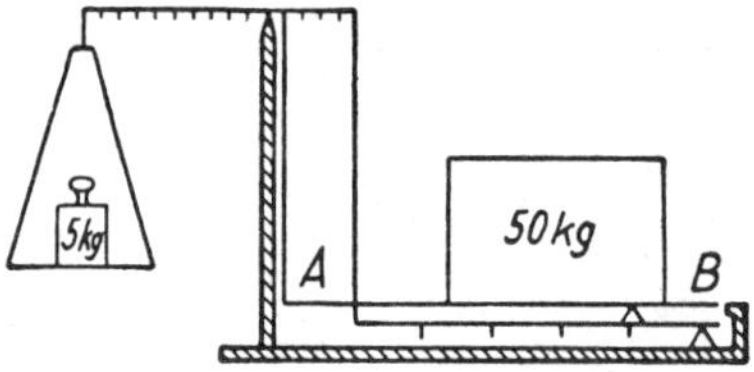

Hebel, Rolle, schiefe Ebene, Keil, Schraube und Wellrad haben die Aufgabe, zu bewirken, daß die Wirkung einer Kraft günstiger ausfällt, als wenn die Kraft unmittelbar auf die Last einwirkt. Jede Vorrichtung, die eine Kraft in nutzbringender Weise auf eine Last überträgt, wird **Maschine** genannt. Die angeführten 6 Maschinen werden als einfache Maschinen bezeichnet. Was bei einer Maschine an Kraft gewonnen wird, muß an Weg zugesetzt werden **(Goldene Regel der Mechanik).** Die Größe einer Kraft, durch die (mit oder ohne Maschine) ein Druck oder Zug ausgeübt wird, drückt man in Krafteinheiten**) aus. „**Eine Kraft ist gleich 1 Kilopond (kp)**" bedeutet: Die Kraft ist so groß, daß sie in ihrer Richtung (in der sie wirkt) eine ebenso große Druck- oder Zugkraft hervorbringt, wie ihn ein Körper von 1 kg Masse in lotrechter Richtung ausübt. Indem eine Kraft einen Widerstand überwindet (z. B. eine Last hebt, eine Feder spannt, einen Wagen zieht usw.), übt sie in jedem Punkte ihres Weges einen Druck oder Zug aus; sie überwindet also auf einer gewissen Strecke einen Widerstand. Eine solche **Kraftwirkung** bezeichnet man als **mechanische Arbeit** oder kurz als Arbeit. Ihre Größe hängt ab von der Größe des Widerstandes und der Strecke, auf welcher dieser überwunden wird, und zwar wächst die Arbeit mit beiden im gleichen Verhältnis. Als **Arbeitseinheit** bezeichnet man die Arbeit, die verrichtet wird, wenn ein Körper mit der Masse von 1 kg 1 m hoch gehoben wird: **Kilopondmeter** (kpm). Wird eine Arbeit in einer bestimmten Zeit geleistet, so spricht man von einer **Leistung.** Man versteht z. B. unter einer **Pferdestärke** (PS) eine Leistung von 75 kpm je Sekunde. 1 Kilowatt (kW) = 102 kpm je Sekunde.

In zahlreichen Fällen ist die Bewegung eines Körpers ein Ergebnis von dem Zusammenwirken zweier oder mehrerer Kräfte. Diese Kräfte kann man sich durch eine einzige Kraft **(Mittelkraft oder Resultierende)** ersetzt denken, die allein die ganz gleiche Wirkung hat wie die einzelnen Kräfte **(Seitenkräfte oder Komponenten)** zusammengenommen.

*) Vergleiche P. Brüls, Lebendige Physik, und O. Höfling, Physik I und II/1 bis 3 (Ferd. Dümmlers Verlag, Bonn).

) Als **Krafteinheiten werden jetzt nicht mehr die Einheiten Gramm (g), Kilogramm (kg) und Tonne (t) verwendet, sondern Pond (p), Kilopond (kp) und Megapond (Mp). Die Einheiten g, kg und t gelten nur noch für die **Masse.**

Grundbegriffe der Physik (Fortsetzung)

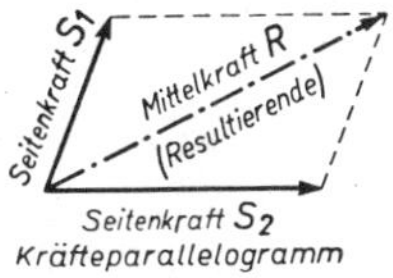

Wirken 2 Kräfte unter einem Winkel gleichzeitig auf einen Körper, so werden Richtung und Größe ihrer Mittelkraft durch die Diagonale eines Parallelogramms dargestellt, dessen Seiten Richtung und Stärke der Seitenkräfte ausdrücken: **Parallelogramm der Kräfte*).**

Beim **freien Fall** im luftleeren Raume fallen alle Körper gleich schnell. Die Bewegung hierbei ist eine gleichmäßig beschleunigte, d. h., die Geschwindigkeit wächst mit der Fallzeit. — Ein rasch im Kreise geschwungener Schleuderball übt im Arm einen nach außen gerichteten Zug, die **Fliehkraft** oder **Zentrifugalkraft,** aus. Die Kraft der Hand, welche den Ball zwingt, sich beständig auf der Kreislinie zu bewegen, heißt **Zentripetalkraft** oder **Zentralkraft.** Wird der Ball plötzlich losgelassen, so fliegt er in der Richtung einer Berührungslinie (Tangente) an den bis dahin zurückgelegten Kreisweg fort (vgl. Schleiffunken). — Gefäße, deren Teile so miteinander verbunden sind, daß eine Flüssigkeit ungehindert von dem einen zum anderen fließen kann, nennt man **verbundene Gefäße.** In diesen liegen die freien Oberflächen einer in Ruhe befindlichen Flüssigkeit in derselben waagerechten Ebene.

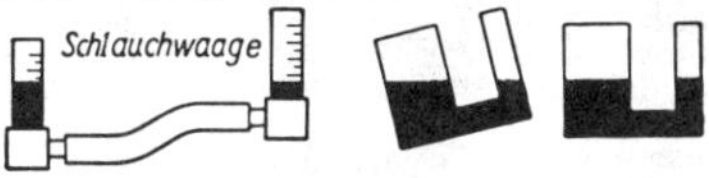

Vom Schall

Mit Schall bezeichnet man Eindrücke, die wir mit unserem Gehör wahrnehmen. Einen Schall von bestimmter Höhe nennt man **Ton.** Ist Schall kurz und kräftig, wird er **Knall** genannt. In rascher Folge auftretende Schalle heißen **Geräusche.** Der Schall wird durch schnell aufeinanderfolgende Schwingungen eines Körpers (Schallerreger) erzeugt. Je größer die Schwingungszahl in einer Sekunde ist, desto höher klingt der erzeugte Ton. Der Schall pflanzt sich dadurch fort und wird hörbar, daß die Luft in der Umgebung des Schallerregers ebenfalls in Schwingungen **(Schallwellen)** versetzt wird, welche sich nach allen Seiten gleichmäßig ausbreiten. Schallgeschwindigkeit in der Luft bei 15°C 340 m/s, im Wasser 1467 m/s. Für Menschen sind Schwingungen von 16 bis zu 20000 in der Sekunde hörbar.

Vom Licht

Die Ursache des Sichtbarwerdens der Körper nennt man **Licht.** Körper, welche durch eigenes Licht sichtbar werden, sind **selbstleuchtend (Lichtquellen);** alle übrigen nennt man **dunkel.** Selbstleuchtend werden Körper durch Umlagerung von Atomelektronen, die durch elektr. od. Wärmewirkung hervorgerufen wird. Hierbei werden sog. **Lichtstrahlen** mit rund 300000 km/s Geschwindigkeit ausgesandt. — Glatte Flächen, die das Licht zurückwerfen (reflektieren), nennt man **spiegelnde Flächen.** Hierbei ist der **Einfallswinkel** (α) des Lichtstrahls gleich dem **Ausfallswinkel** (β) **(Reflexionsgesetz).** Geht ein Lichtstrahl aus einem dünneren Mittel in ein dichteres Mittel über, so wird er nach dem Einfallslote hin gebrochen **(Brechungsgesetz).** Betrachte einen schräg in Wasser gehaltenen Stab. In diesem Falle heißt β Brechungswinkel.

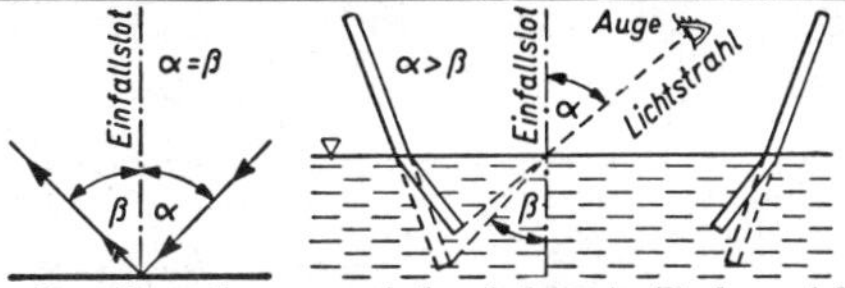

Der Regenbogen und das bekannte Farbenspiel eines Glasprismas zeigen, daß sowohl das Sonnenlicht als auch das Licht irdischer Lichtquellen verschiedenfarbige Strahlen (Strahlen verschiedener Wellenlänge) enthält. Die Zerlegung des Lichtes in seine Farben wird **Farbenzerstreuung,** das durch die Zerlegung entstehende farbige Bild **Spektrum** genannt. Das weiße Licht (z. B. Sonnenlicht) besteht aus Strahlen von ungleicher Brechbarkeit, die nach ihrer Zerstreuung verschiedene Farbeneindrücke hervorrufen. Die am stärksten brechbaren Strahlen haben violette, die am schwächsten brechbaren rote Farbe. Die unsichtbare „ultraviolette" Strahlung (UV-Strahlung) und „infrarote Strahlung" (IR-Strahlung) wird technisch genutzt.

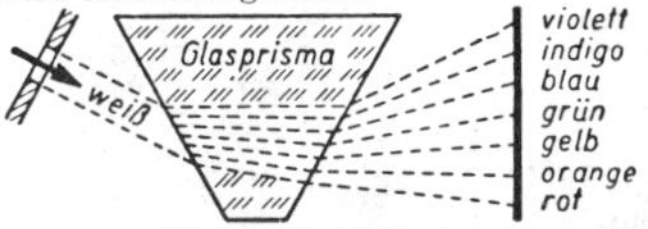

Von der Wärme

Wärme (Bewegung der Moleküle) entsteht bei mechanischen, chemischen und elektr. Vorgängen.

Der Wärmezustand eines Körpers wird **Temperatur** genannt und mit dem **Thermometer** gemessen. Nimmt ein Körper Wärme auf, so vergrößert sich im allgemeinen sein Rauminhalt; er dehnt sich aus (Ausnahme: Wasser unter 4° C). Gasförmige Körper dehnen sich i. allg. verhältnismäßig stärker aus als flüssige, und diese stärker als feste. Für jeden schmelzbaren Körper gibt es bei bestimmtem Druck eine bestimmte Temperatur, bei der er schmilzt: **Schmelzpunkt.** Bei derselben Temperatur wird gewöhnlich der flüssige Körper wieder fest: **Erstarrungspunkt.** Durch Erwärmung werden flüssige Körper dampfförmig **(Siedepunkt);** durch Abkühlung werden sie wieder tropfbar flüssig. Letzteres heißt **Kondensation.** Die Wärmeeinheit ist die Kilokalorie (kcal).

Atomphysik

Atomkerne bestehen aus einer sehr dichten Packung von **Nukleonen** (Kernbausteinen), die sich nach ihrem elektrischen Ladungszustand in positiv geladene **Protonen** und neutrale **Neutronen** einteilen lassen. Die Anzahl der Protonen im Atomkern ist mit der Ordnungszahl des betreffenden Elementes identisch.

Unter **Radioaktivität** versteht man eine natürliche Kernumwandlung unter Abgabe von Kernbausteinen. So verwandelt sich z. B. das Element Radium mit der Ordnungszahl 88 in einer natürlichen Zerfallsreihe zum Element Blei mit der Ordnungszahl 82. Beschießt man auf künstlichem Wege Atomkerne mit Kernbausteinen, kann man auch künstliche Kernumwandlungen erzielen. Kernumwandlungen erfolgen meist unter Abgabe von Energie. So entsteht z. B. die Strahlung der Sonne durch den sog. Kohlenstoffzyklus, in dessen Verlauf sich Kohlenstoff mit Wasserstoff verbindet und zu Kohlenstoff und Helium unter Strahlungsabgabe — der Sonnenstrahlung — zersetzt.

Das Prinzip der **Atombombe** beruht auf dem künstlichen Aufspalten eines Urankernes, der in zwei etwa gleich schwere Kerne zerfällt, welche wiederum in Form einer sehr schnell um sich greifenden Kettenreaktion weitere Urankerne bis zur Erschöpfung des Uranvorrates unter Energieabgabe aufspalten.

*) Siehe Mittelkraft *R*, S. 50, Abb. 1

Grundbegriffe der Chemie*)

Die Chemie befaßt sich mit den Eigenschaften und Veränderungen von anorganischen und organischen Stoffen. **Chemische Umsetzungen** oder **Reaktionen** sind Vorgänge, bei denen sich der Stoff verändert. Die Aufgaben der Chemie sind: Feststellen der Zusammensetzung und der chemischen Eigenschaften der Stoffe **(Analytische Chemie)**, Umwandlung der Stoffe in solche mit neuen Eigenschaften **(Synthetische Chemie)**, Erarbeitung und Deutung der Gesetzmäßigkeiten für diese Umwandlungen **(Experimental-Chemie)**, Aufzeigen von Wegen zur synthetischen Herstellung von Chemikalien, Heilmitteln, Kunststoffen und Naturprodukten, sowie deren groß-technische Durchführung **(Chemische Technik, Verfahrenstechnik)**.

Die kleinsten auf chemischem Wege nicht weiter zerlegbaren Teilchen heißen **chemische Grundstoffe** oder **Elemente**. Diese werden eingeteilt in **Metalle, Halbmetalle** und **Nichtmetalle**. Aus mehreren Elementen entstehen **chemische Verbindungen** wie Säuren, Salze, Oxide usw.

Die **Ordnungszahl** oder **Kernladungszahl** der Elemente bestimmt die Reihenfolge im **Periodensystem**, sie ist gleich der Anzahl der Protonen (positive Ladungen) im Atomkern. Die **relative Atommasse** (früher Atomgewicht genannt) ist eine Verhältnisgröße und gibt an, wieviel mal größer die Masse des Atoms eines Elementes ist als der 12te Teil der Masse eines Atoms des Kohlenstoff-Isotops ^{12}C.

Chemische Elemente und deren relative Atommassen

Element	Symbol	Ord.-zahl	rel. Atommasse	Entdeckt
Actinium	Ac	89	(227)	1899
Aluminium	Al	13	26,9815	1827
Americium	Am	95	(243)	1944
Antimon	Sb	51	121,75	15. Jhdt.
Argon	Ar	18	39,948	1894
Arsen	As	33	74,9216	1675
Astat	At	85	(210)	1940
Barium	Ba	56	137,34	1774
Berkelium	Bk	97	(247)	1949
Beryllium	Be	4	9,0122	1798
Blei	Pb	82	207,19	Altertum
Bor	B	5	10,811	1808
Brom	Br	35	79,909	1826
Cadmium	Cd	48	112,40	1817
Caesium	Cs	55	132,905	1860
Calcium	Ca	20	40,08	1808
Californium	Cf	98	(251)	1950
Cer	Ce	58	140,12	1803
Chlor	Cl	17	35,453	1774
Chrom	Cr	24	51,996	1798
Curium	Cm	96	(247)	1944
Dysprosium	Dy	66	162,50	1886
Einsteinium	Es	99	(254)	1952/53
Eisen	Fe	26	55,847	Altertum
Erbium	Er	68	167,26	1843
Europium	Eu	63	151,96	1893
Fermium	Fm	100	(253)	1952/53
Fluor	F	9	18,9984	1886
Francium	Fr	87	(223)	1939
Gadolinium	Gd	64	157,25	1880
Gallium	Ga	31	69,72	1875
Germanium	Ge	32	72,59	1886
Gold	Au	79	196,967	Altertum
Hafnium	Hf	72	178,49	1923
Hahnium	—	105	(260)	1970
Helium	He	2	4,0026	1868
Holmium	Ho	67	164,93	1879
Indium	In	49	114,82	1863
Iridium	Ir	77	192,2	1804
Jod	J	53	126,9044	1812
Kalium	K	19	39,102	1807
Kobalt	Co	27	58,9332	1735
Kohlenstoff	C	6	12,011 15	1791
Krypton	Kr	36	83,80	1891
Kupfer	Cu	29	63,54	Altertum
Kurtschatovium	Ku	104	(264)	1965
Lanthan	La	57	138,91	1839
Lawrencium	Lw	103	(256)	1961
Lithium	Li	3	6,939	1817
Lutetium	Lu	71	174,97	1906
Magnesium	Mg	12	24,312	1695
Mangan	Mn	25	54,9381	1774
Mendelevium	Md	101	(256)	1955

Element	Symbol	Ord.-zahl	rel. Atommasse	Entdeckt
Molybdän	Mo	42	95,94	1778
Natrium	Na	11	22,9898	1807
Neodyn	Nd	60	144,24	1895
Neon	Ne	10	20,183	1897
Neptunium	Np	93	(237)	1940
Neutron	Nn	0	1,008	1932
Nickel	Ni	28	58,71	1751
Niob	Nb	41	92,906	1801
Nobelium	No	102	(253)	1957
Osmium	Os	76	190,2	1804
Palladium	Pd	46	106,4	1804
Phosphor	P	15	30,9738	1669
Platin	Pt	78	195,09	1750
Plutonium	Pu	94	(242)	1940
Polonium	Po	84	(210)	1898
Praseodym	Pr	59	140,907	1885
Promethium	Pm	61	(145)	1945
Protactinium	Pa	91	(231)	1918
Quecksilber	Hg	80	200,59	Altertum
Radium	Ra	88	(226)	1898
Radon	Rn	86	(222)	1898
Rhenium	Re	75	186,2	1925
Rhodium	Rh	45	102,905	1804
Rubidium	Rb	37	85,47	1861
Ruthenium	Ru	44	101,07	1828
Samarium	Sm	62	150,35	1879
Sauerstoff	O	8	15,9994	1772
Scandium	Sc	21	44,956	1879
Schwefel	S	16	32,064	Altertum
Selen	Se	34	78,96	1817
Silber	Ag	47	107,87	Altertum
Silicium	Si	14	28,086	1823
Stickstoff	N	7	14,0067	1772
Strontium	Sr	38	87,62	1787
Tantal	Ta	73	180,948	1802
Technetium	Tc	43	(99)	1937
Tellur	Te	52	127,60	1792
Terbium	Tb	65	158,924	1843
Thallium	Tl	81	204,37	1861
Thorium	Th	90	232,038	1828
Thulium	Tm	69	168,934	1879
Titan	Ti	22	47,90	1791
Uran	U	92	238,03	1789
Vanadium	V	23	50,942	1830
Wasserstoff	H	1	1,007 97	1766
Wismut	Bi	83	208,98	1505
Wolfram	W	74	183,85	1783
Xenon	Xe	54	131,30	1898
Ytterbium	Yb	70	173,04	1878
Yttrium	Y	39	88,905	1794
Zink	Zn	30	65,37	1617
Zinn	Sn	50	118,69	Altertum
Zirkonium	Zr	40	91,22	1789

*) Vergleiche G. Heimann, Kleines Lehrbuch der Chemie, und P. Brüls, Lebendige Chemie (Ferd. Dümmlers Verlag, Bonn).

Grundbegriffe der Chemie

Trivialnamen und chemische Benennung technisch wichtiger Stoffe

Trivialname	chemische Formel	chemischer Name bzw. Erläuterung
Aceton	C_3H_6O	Propanon
Acetylen	C_2H_2	Äthin
Äther	$C_4H_{10}O$	Diäthyläther
Ätzkali	KOH	Kaliumhydroxid
Ätzkalk	$Ca(OH)_2$	Calciumhydroxid
Ätznatron	$NaOH$	Natriumhydroxid
Aktivkohle	C	feinteilige, porenreiche Kohle
Aluminiumazetat	$Al(CH_3COO)_3$	Essigsaure Tonerde
Anilin	$C_6H_5NH_2$	Aminobenzol
Antichlor	$Na_2S_2O_3 \cdot 5H_2O$	Natriumthiosulfat
Benzol	C_6H_6	Benzol
Bittersalz	$MgSO_4 \cdot 7H_2O$	Magnesiumsulfat
Blausäure	CHN	Zyanwasserstoff
Bleiglätte	PbO	Blei(II)-oxid
Bleiweiß	$2PbCO_3 \cdot Pb(OH)_2$	basisches Bleicarbonat
Blutlaugensalz, gelbes	$K_4Fe(CN)_6 \cdot 3H_2O$	Kaliumhexacyanoferrat(II)
—, rotes	$K_3Fe(CN)_6$	Kaliumhexacyanoferrat(III)
Borax	$Na_2B_4O_7 \cdot 10H_2O$	Natriumtetraborat
Borsäure	H_3BO_3	Borsäure
Braunstein	MnO_2	Mangandioxid
Carborundum	SiC	Siliciumcarbid
Chilesalpeter	$NaNO_3$	Natriumnitrat
Chlorkalk	$CaCl(OCl)$	Calciumchlorid-hypochlorid
Chloroform	$CHCl_3$	Trichlormethan
Eisenchlorid	$FeCl_2 \cdot 4H_2O$	Eisen(II)-chlorid-tetrahydrat
Eisenrost	$FeO \cdot Fe_2O_3 \cdot \chi H_2O$	Eisenoxidhydrat
Eisessig, Essig, Essigsäure	CH_3COOH	Äthansäure
Fixiersalz	$Na_2S_2O_3$	Natriumthiosulfat
Flußsäure	HF	Fluorwasserstoffsäure
Fruchtzucker	$C_6H_{12}O_6$	Lävulose
Gips	$CaSO_4 \cdot 2H_2O$	Calciumsulfatdihydrat
Glaubersalz	$NaSO_4 \cdot 10H_2O$	Natriumsulfatdecahydrat
Glycerin	$C_3H_5(OH)_3$	Propantriol
Grubengas, Sumpfgas	CH_4	Methan
Holzessig	CH_3COOH	Äthansäure
Holzgeist	CH_3OH	Methanol
Kalk, gebrannter	CaO	Calciumoxid
—, gelöschter	$Ca(OH)_2$	Calciumhydroxid
Kalkstein siehe Kreide		
Karbid	CaC_2	Calciumcarbid
Karborund	SiC	Siliziumcarbid
Kochsalz, Steinsalz	$NaCl$	Natriumchlorid

Trivialname	chemische Formel	chemischer Name bzw. Erläuterung
Königswasser		Gemisch aus 3 Teilen konz. HCl und 1 Teil konz. HNO_3
Kohlendioxid	CO_2	Kohlendioxid
Kohlenoxid	CO	Kohlenmonoxid
Korund, Schmirgel	Al_2O_3	Aluminiumoxid
Kreide, Kalkstein	$CaCO_3$	Calciumcarbonat
Kupfervitriol	$CuSO_4 \cdot 5H_2O$	Kupfer(II)-sulfatpentahydrat
Linolsäure	$C_{18}H_{32}O_2$	Linolsäure
Lötsalz (in Lösung) Lötwasser	$ZnCl_2 + 2NH_4Cl$	Lösung von Zinkchlorid und Ammoniumchlorid
Lachgas	N_2O	Distickstoffoxid
Magnesia	MgO	Magnesiumoxid
Mennige	Pb_3O_4	Blei(II, IV)-oxid
Methylenchlorid	CH_2Cl_2	Dichlormethan
Natron	$NaHCO_3$	Natriumbikarbonat
Nitroglycerin	$C_3H_5(NO_3)_3$	Propantrioltrinitrat
Öl	$C_{57}H_{104}IO_6$	Trioleïn
Oxalsäure	$C_2H_2O_4$	Äthandisäure
Perchloräthylen	$CCl_2 = CCl_2$	Tetrachloräthen
Pottasche	K_2CO_3	Kaliumcarbonat
Ruß	C	Gemenge von feinteiligem Kohlenstoff und öligen Kohlenwasserstoffen (Teeren)
Salmiak	NH_4Cl	Ammoniumchlorid
Salmiakgeist	NH_4OH	Ammoniumhydroxid
Salpetersäure	HNO_3	Salpetersäure
Salzsäure	HCl	Chlorwasserstoffsäure
Schwefelkies	FeS_2	Pyrit
Soda calc.	Na_2CO_3	Natriumkarbonat wasserfrei
Soda krist.	$Na_2CO_3 \cdot 10H_2O$	Natriumcarbonat-decahydrat
Spiritus	C_2H_5OH	Äthanol
Tetra	CCl_4	Tetrachlormethan
Toluol	$C_6H_5CH_3$	Methylbenzol
Tonerde	Al_2O_3	Aluminiumoxid
Traubenzucker	$C_6H_{12}O_6$	Dextrose
Tri	C_2HCl_3	Trichloräthen
Wasserglas		Lösung von Natrium- und Kaliumsilikaten
Weingeist	C_2H_5OH	Äthanol
Zellulose	$C_6H_{10}O_5$	Dextrin
Zitronensäure	$C_6H_8O_7$	Zitronensäure

Beispiele chemischer Vorgänge *)

1. 1 kg Kohlenstoff ($\approx$ 1,1 kg Steinkohle) verbrennt zu Kohlendioxid nach Formel $C + 2O = CO_2$ und verbraucht dabei $(2 \cdot 16):12 = 2{,}67$ kg Sauerstoff (9 m³ Luft).

2. Nach Formel $CaC_2 + 2H_2O = C_2H_2 + Ca(OH)_2$ entsteht aus Calciumcarbid + 2 Tl. Wasser Acetylen + gelöschter Kalk. Für 1 kg CaC_2 braucht man $2 \cdot (2 \cdot 1 + 16):(40{,}08 + 2 \cdot 12) = 36:64{,}08 = 0{,}562$ kg Wasser und erhält $(2 \cdot 12 + 2 \cdot 1):(40{,}08 + 2 \cdot 12) = 26:64{,}08 = 0{,}406$ kg Acetylengas $\approx$ 350 l.

3. Wird aus einer Lösung von Kupfervitriol in Wasser durch Elektrolyse (Zersetzung durch el. Strom) 1 g Kupfer abgeschieden, so zerfallen $(63{,}54 + 32{,}06 + 4 \cdot 16):63{,}54 = 2{,}51$ g $CuSO_4$, entsprechend $(63{,}54 + 32{,}06 + 4 \cdot 16 + 5 \cdot 2 \cdot 1 + 5 \cdot 16):63{,}54 = 3{,}93$ g kristallwasserhaltiges, handelsübliches Salz, $CuSO_4 \cdot 5H_2O$.

4. 100 g einer Blei-Zinn-Legierung bilden nach Zersetzung in Säure und Ausglühen ein Gemenge aus Blei(II)-oxid (PbO) und Zinn(IV)-oxid (SnO_2), das 124,037 g wiegt. Bezeichnet man die Anzahl der Gramm Blei in der Legierung mit X, so gilt die Gleichung:

$$X \cdot \frac{\text{Atomgew. v. O}}{\text{Atomgew. v. Pb}} + (100 - X) \cdot \frac{\text{2 Atomgew. v. O}}{\text{Atomgew. v. Sn}} = (124{,}037 - 100)$$

$$X \cdot \frac{16{,}0}{207{,}19} + (100 - X) \cdot \frac{2 \cdot 16{,}0}{118{,}7} = 24{,}037$$

Daraus ergibt sich $X = 15{,}19$, d. h. die Legierung enthält 15,19% Blei.

*) Es bedeuten: $2 \cdot 16 = 2$ Atomgewicht Sauerstoff; $12 =$ Atomgewicht Kohlenstoff. $2 \cdot 1 + 16 = 2$ Atomgewicht Wasserstoff + Atomgewicht Sauerstoff; $40{,}08 + 2 \cdot 12 =$ Atomgewicht Calcium + 2 Atomgewicht Kohlenstoff. $5 \cdot 2 \cdot 1 = 5 \cdot 2$ Atomgewicht Wasserstoff.

Mechanik

Geschwindigkeiten v in m/s*)

Schnecke	0,002	D-Zug	40
Schneeflocke	0,2	Kraftwagen:	
Fußgänger	1,4	Höchstleistung	60
Schwimmer	1,7	Durchschnitt	35
Pferd im Trab	2,1	Adler	30
Wind, mäßig	2,5	Expreßzug bis	80
Erster Kraftwagen	2,8	Motorboot	125
Streckengeher	3,81	Schnelltriebwagen	55
Frischer Wind	4,0	Orkan	50
Pferd im Galopp	4,5	Motorrad bis	110
Ruderboot	5,0	Diesel-Lokomotive	
Schnellsegler	4,6	(Höchstleistung)	52
Marathonläufer	4,65	bei 1% Steigung	26
Straßenbahn	5,0···7,8	Rennwagen	
Langstreckenläufer	6,0	(ebene Bahn) bis	268
Segeljacht	8,0	Schall in der Luft	340
Kurzstreckenläufer	10,0	Schall im Wasser	1467
Ozeandampfer	10,0···15,0	Punkt des	
Meereswelle	13,3	Erdäquators	464
Güterzug	15,0	Luftmolekül	485
Sturm	16,0···30,0	Wasserstoffmolekül	1843
Radrennfahrer	17,0	Erde um die Sonne	
Personenzug	17,0···20,0		29800
Brieftaube	38	Elektrizität im Telegra-	
Windhund	25,0	phendraht	12 000 km/s
Rennpferd	10,0···25,0	Licht, elektr. Wellen	
			300 000 km/s

Bewegungslehre

a) Gleichförmige Bewegung

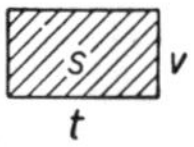

Geschwindigkeit = $\frac{\text{Weg}}{\text{Zeit}}$ $\quad v = \frac{s}{t}$

Weg = Geschwindigk. × Zeit $\quad s = v \cdot t$

Zeit = $\frac{\text{Weg}}{\text{Geschwindigkeit}}$ $\quad t = \frac{s}{v}$

Zeichnerisch (graphisch) läßt sich der Weg als Rechteck darstellen. Die Geschwindigkeit v wird senkrecht, die Zeit t waagerecht aufgetragen (Wegdiagramm).

Die in der Technik üblichen Maßeinheiten sind: Wege s in m, Zeit t in Sekunden, also Geschwindigkeit v in m/s.

Gebräuchliche Ausnahmen sind die Geschwindigkeiten im Verkehrsleben; Beispiele: Eisenbahn, Kraftwagen, Fußgänger usw. Dort wird ausschließlich gerechnet: Geschwindigkeit V in **km/h.**

Umrechnung: **V km/h = 3,6 · v m/s**; **v m/s = V km/h : 3,6.** | **(1 Knoten = 1 sm/h)**

1. Beispiel: Ein D-Zug hat eine Fahrgeschwindigkeit von V = 90 km/h. Gesucht seine Geschwindigkeit in m/s.

Lösung: $v = V : 3{,}6 = 90 : 3{,}6 =$ **25 m/s.**

2. Beispiel: Die Fahrzeit eines Kraftwagens sei bei einer Kontrolle für 100 m zu 6,5 Sek. festgestellt. Gesucht die augenblickliche Geschwindigkeit in km/h.

Lösung: $v = s : t = 100\text{ m} : 6{,}5\text{ s} = 15{,}38$ m/s.

$V = 3{,}6 \cdot 15{,}38 \approx$ **55 km/h.**

b) Ungleichförmige Bewegung

Eine Geschwindigkeitsänderung ist eine **Beschleunigung,** wenn die Geschwindigkeit zunimmt (freier Fall, anfahrender Zug, anlaufender Motor) oder eine **Verzögerung,** wenn die Geschwindigkeit abnimmt (bremsender Zug, auslaufender Motor).

$$\text{Beschleunigung } a = \frac{\text{Geschwindigkeitszunahme in m/s}}{\text{Zeit in Sek.}}$$

$$\text{Verzögerung } z = \frac{\text{Geschwindigkeitsabnahme in m/s}}{\text{Zeit in Sek.}}$$

$a = \frac{v}{t}$ (Anfangsgeschwindigkeit = 0)

Beispiel: Ein Zug soll in 2 min = 120 s seine Höchstgeschwindigkeit V = 50 km/h erreichen.

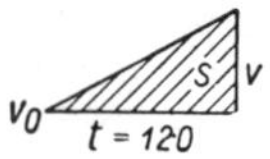

Gesucht: a) durchschnittliche Beschleunigung a in m/s².

b) Weg s während der Anfahrzeit in m.

Lösung a:

Höchstgeschwindigkeit je h ——— V = 50 km/h

Höchstgeschwindigkeit je sec — $v = \frac{50}{3{,}6} = 13{,}9$ m/s

Beschleunigung $a = \frac{v}{t} = \frac{13{,}9\text{ m/s}}{120\text{ s}} = \mathbf{0{,}116\ m/s^2}$

Der Zug legt also bis zur Erreichung der Höchstgeschwindigkeit in jeder Sekunde 11,6 cm mehr zurück als in der vorhergehenden.

Lösung b:

Das Wegdiagramm ist ein rechtwinkliges Dreieck.

$$s = \frac{v \cdot t}{2} = \frac{13{,}9\text{ m/s} \cdot 120\text{ s}}{2} = \mathbf{834\ m}$$

Eine besondere Art der ungleichförmigen, aber gleichmäßig beschleunigten Bewegung ist **der freie Fall.** Die Beschleunigung beim freien Fall beträgt

$g = 9{,}81$ m/s²,

die Endgeschwindigkeit nach t Sekunden demnach $v = g \cdot t$

Die Fallhöhe ist $s = \frac{v \cdot t}{2} = \frac{g \cdot t \cdot t}{2} = \frac{g\,t^2}{2}$

Die Fallzeit ist $t = \sqrt{\frac{2s}{g}}$

Beispiel: Ein Stein fällt aus 100 m Höhe. Gesucht: Zeit bis zum Aufschlagen auf den Boden.

Lösung: Fallzeit $t = \sqrt{\frac{2s}{g}} = \sqrt{\frac{2 \cdot 100\text{ m}}{9{,}81\text{ m/s}^2}}$

$t = \sqrt{\frac{200\text{ s}^2}{9{,}81}} = \sqrt{20{,}4}\text{ s} = 4{,}517\text{ s} \approx$ **4,5 Sekunden.**

Beim **Fall auf der geneigten Bahn** ist

Beschleunigung $a = g \cdot \frac{s}{S} = g \cdot \sin\alpha$

Weg $= \frac{g \cdot s \cdot t^2}{2S} = \frac{g \cdot \sin\alpha \cdot t^2}{2}$. (Vgl. S. 50.)

jeweilige Geschwindigkeit $v = g \cdot \sin\alpha \cdot t$.

Beispiel: Ein Eisenbahnwagen beginnt auf einer Steigung $s : S$ = 1 : 60 zu rollen. Gesucht seine Geschwindigkeit nach t = 40 Sekunden.

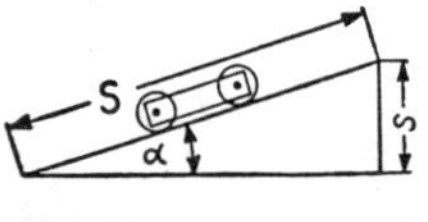

$\sin\alpha = s : S = 1 : 60 = 0{,}0167$

$v = g \cdot \sin\alpha \cdot t = 9{,}81\text{m/s}^2 \cdot 0{,}0167 \cdot 40\text{ s} = 6{,}54$ m/s

Geschwindigkeit $V = 3{,}6 \cdot 6{,}54 =$ **23,54 km/h.**

Wegdiagramme für

a) Wurf senkrecht nach oben, anschließend freier Fall $s_1 = s_2$.

b) Beschleunigte, später gleichförmige Bewegung mit Anfangsgeschwindigkeit v_1.

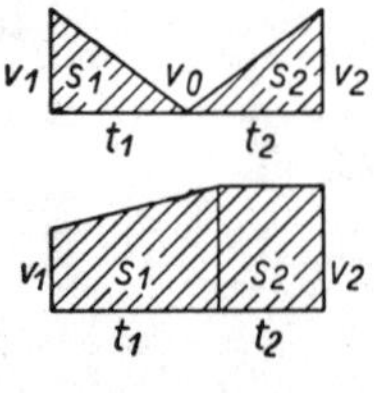

$s = s_1 + s_2 = \frac{(v_1 + v_2)\,t_1}{2} + v_2 \cdot t_2$

*) Zu beachten: m/s = Meter in 1 Sek., km/h = Kilometer in 1 Std.

Mechanik

Einfache Maschinen

Hebelgesetz

Kraft × Kraftarm = Last × Lastarm

$F \cdot a = Q \cdot b$

Kraft $F = \frac{Q \cdot b}{a}$

Last $Q = \frac{F \cdot a}{b}$

Kraftarm $a = \frac{Q \cdot b}{F}$

Lastarm $b = \frac{F \cdot a}{Q}$

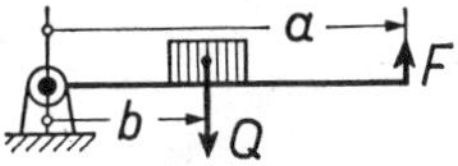

Einseitiger Hebel

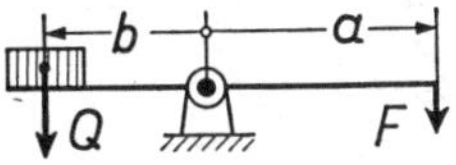

Zweiseitiger Hebel

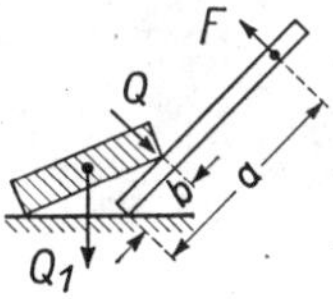

1. Beispiel: An einem Hebebaum ist gemessen

$a = 1400$ mm
$b = 350$ mm.

Gehoben wird mit der Kraft $F = 62$ kp.

Welche Last Q übt die Platte auf den Hebebaum aus?

Lösung: $Q = \frac{F \cdot a}{b}$; $Q = \frac{62\,\text{kp} \cdot 1400}{350} = \mathbf{248\,kp}$*

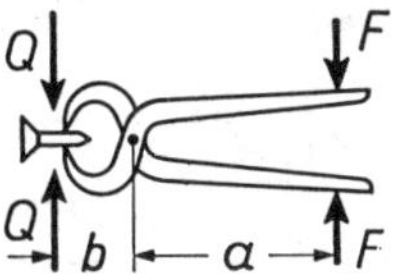

2. Beispiel: In welcher Entfernung a muß beim Abkneifen des Nagels die Kraft $F = 20$ kp drücken, wenn der Nagel dem Abkneifen einen Widerstand von $Q = 160$ kp entgegensetzt? $b = 25$ mm.

Lösung: $a = \frac{Q \cdot b}{F}$; $a = \frac{160\,\text{kp} \cdot 25\,\text{mm}}{20\,\text{kp}} = \mathbf{200\,mm}$

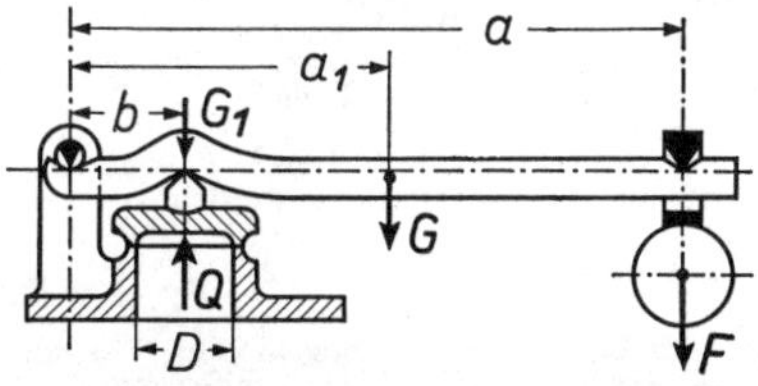

3. Beispiel: Bei dem Sicherheitsventil ist gegeben: Gewichtskraft des Hebels $G = 2{,}1$ kp, Druckstift- + Kegelgewichtskraft $G_1 = 0{,}8$ kp, $a = 64$ cm, $b = 8$ cm Hebelschwerpunktslage $a_1 = 34$ cm, $D = 5{,}2$ cm, Dampfdruck $p = 12$ kp/cm². Gesucht: Ventildruck Q und Belastungsgewicht F.

Lösung: $Q = \frac{\pi \cdot D^2}{4} \cdot p = \frac{\pi \cdot 5{,}2^2\,\text{cm}^2}{4} \cdot 12\,\frac{\text{kp}}{\text{cm}^2}$

$Q = \mathbf{254{,}88\,kp}$

$$F = \frac{Q \cdot b - G \cdot a_1 - G_1 \cdot b}{a}$$

$$F = \frac{254{,}88\,\text{kp} \cdot 8\,\text{cm} - 2{,}1\,\text{kp} \cdot 34\,\text{cm} - 0{,}8\,\text{kp} \cdot 8\,\text{cm}}{64\,\text{cm}}$$

$$F = \frac{2039 - 71{,}4 - 6{,}4}{64} \cdot \text{kp} = \frac{1961{,}2}{64} \cdot \text{kp}$$

$F = \mathbf{30{,}64\,kp}$

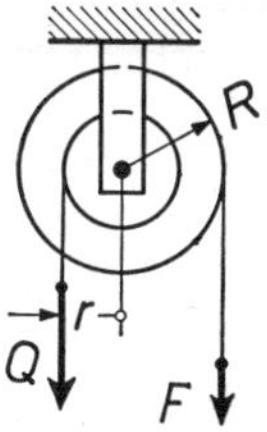

Seil- und Kettentrommel

$F = \frac{Q \cdot r}{R}$

$R = \frac{Q \cdot r}{F}$

r und R sind die Rollenhalbmesser.

4

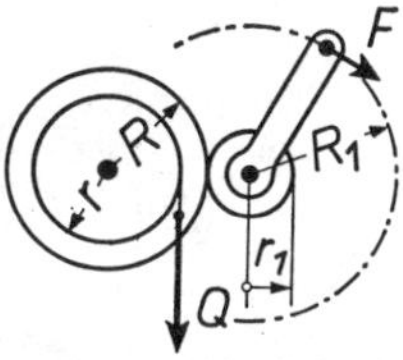

Vorgelege mit Kurbel

$F = \frac{r \cdot r_1 \cdot Q}{R \cdot R_1}$

$Q = \frac{R \cdot R_1 \cdot F}{r \cdot r_1}$

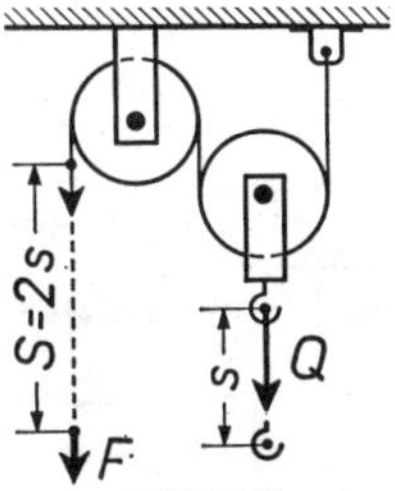

Lose Rolle

$F = \frac{Q}{2}$ | $Q = 2F$

Kraft × Kraftweg = Last × Lastweg

$F \cdot S = Q \cdot s$

$S = \frac{Q \cdot s}{F}$ $s = \frac{F \cdot S}{Q}$

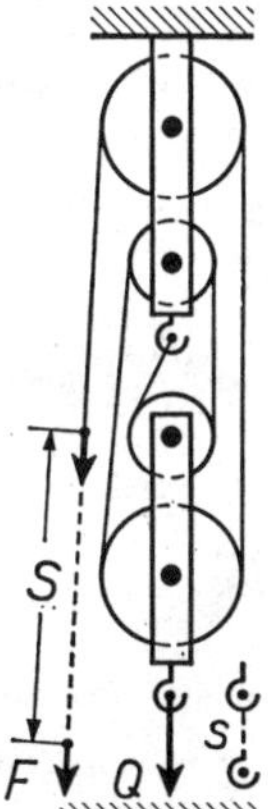

Faktorenflaschenzug

n = Rollenzahl
S = Kraftweg
s = Lastweg

$F = \frac{Q}{n}$	$Q = n \cdot F$
$s = \frac{S}{n}$	$S = n \cdot s$

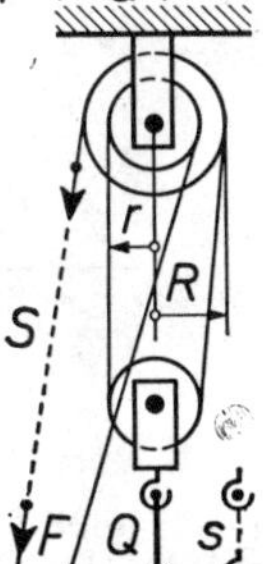

Differentialflaschenzug

r und R sind die Radien der oberen Rollen.

$F = Q\,\frac{R - r}{2R}$

$s = S\,\frac{R - r}{2R}$

$Q = F\,\frac{2R}{R - r}$

$S = s\,\frac{2R}{R - r}$

* 1 kp ≈ 9,81 N

Mechanik

Schiefe Ebene

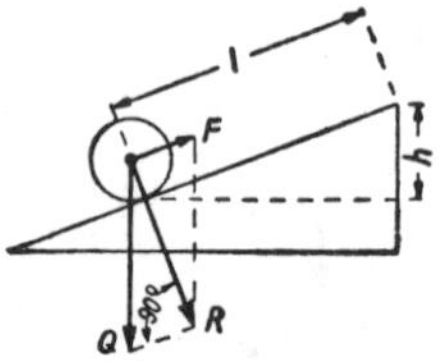

Kraft × Kraftweg = Last × Lastweg

$F \cdot l = Q \cdot h$ Resultierende $R = \sqrt{Q^2 - F^2}$

$F = \frac{Q \cdot h}{l}$ | $Q = \frac{F \cdot l}{h}$ | $h = \frac{F \cdot l}{Q}$ | $l = \frac{Q \cdot h}{F}$

h: Grundlinie nennt man **Steigung** (Gefälle)

$F:Q = h:l$ Die Kraft verhält sich zur Last wie der Lastweg zum Kraftweg.

Beispiel: $Q = 10500$ kp; $h = 1$ m; $l = 21$ m; $F = ?$

Lösung: $F = \frac{Q \cdot h}{l} = \frac{10500 \text{ kp} \cdot 1 \text{ m}}{21 \text{ m}} = 500$ **kp**

In Wirklichkeit muß die aufgewendete Kraft (die zum Bewegen der Last dient) größer sein, da Reibungsverluste auftreten. Das Verhältnis $\frac{\text{nutzbare Kraft}}{\text{aufgewendete Kraft}}$ nennt man **Wirkungsgrad.**

Freies Abwärtsrollen*) (g = 9,81 m/s²):

Geschw. $v = \frac{g \cdot t \cdot h}{l}$ | Zeit $t = \frac{v \cdot l}{g \cdot h}$

zurückgelegter Weg $s = \frac{g \cdot t^2 \cdot h}{2 \cdot l}$

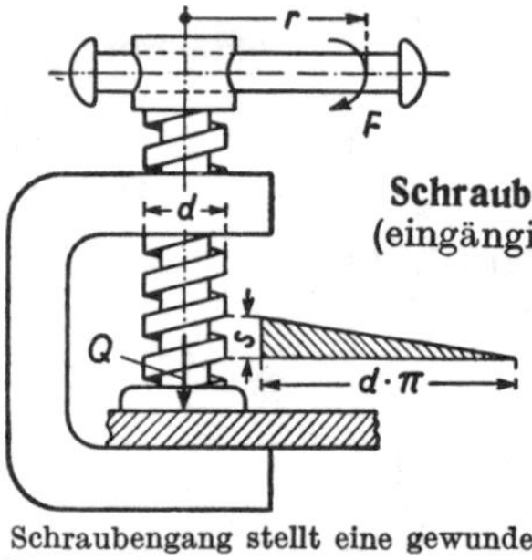

Schraube (eingängig)

Jeder Schraubengang stellt eine gewundene schiefe Ebene dar.

Ganghöhe s = Lastweg, $2\pi \cdot r = S$ = Kraftweg.

Bei der Schraube ist:

Kraft × Kraftweg = Last × Lastweg

$F \cdot 2\pi r = Q \cdot s$

$F = \frac{Q \cdot s}{2\pi r}$ $Q = \frac{F \cdot 2\pi r}{s}$

$s = \frac{F \cdot 2\pi r}{Q}$ $r = \frac{Q \cdot s}{F \cdot 2\pi}$

Beispiel: Gegeben sei F = 20 kp, r = 240 mm, s = 8 mm. Gesucht sei Q = ? kp.

Lösung: $Q = \frac{F \cdot S}{s} = \frac{F \cdot 2\pi r}{s}$

$Q = \frac{20 \text{ kp} \cdot 2 \cdot \pi \cdot 240 \text{ mm}}{8 \text{ mm}} = 1200\,\pi \approx$ **3770 kp**

Bei Wirkungsgrad η = 0,5 wird

Q = 3770 kp · 0,5 = **1885 kp**

Kreisbewegung

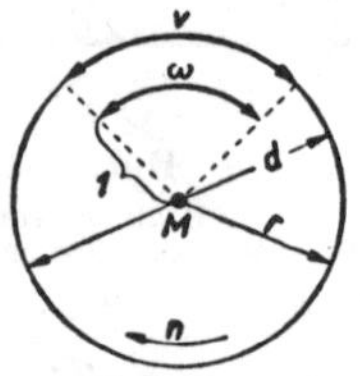

An einer um den Mittelpunkt M sich drehenden Scheibe ist

v = Umfangsweg in 1 Sek.,

ω = Weg im Abstand 1 in 1 Sek.,

= Winkelgeschwindigkeit in 1 Sek.,

n = Drehzahl in 1 Min.

Umfangsweg in 1 Min. $= \pi \cdot d \cdot n$

Umfangsgeschwindigkeit (in 1 Sek.) $= v = \frac{\pi \cdot d \cdot n}{60}$

oder $v = \frac{\pi \cdot r \cdot n}{30}$

Winkelgeschwindigkeit (in 1 Sek.) $= \omega = \frac{\pi \cdot n}{30}$

Riementrieb und Seiltrieb

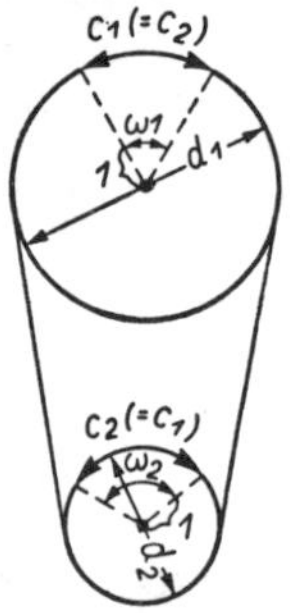

c_1 und c_2 = Umfangsgeschwindigkeiten,

ω_1 und ω_2 = Winkelgeschwindigkeiten,

d_1 und d_2 = Durchmesser,

n_1 und n_2 = Drehzahlen in 1 Min.

$d_1 \cdot n_1 = d_2 \cdot n_2$

$d_1 = \frac{d_2 \cdot n_2}{n_1}$ $d_2 = \frac{d_1 \cdot n_1}{n_2}$

$n_1 = \frac{d_2 \cdot n_2}{d_1}$ $n_2 = \frac{d_1 \cdot n_1}{d_2}$

Übersetzung $i = \frac{n_1}{n_2} = \frac{d_2}{d_1}$

Beispiel: Gegeben ist d_1 = 600 mm, n_1 = 85 U/min, n_2 = 250 U/min. Gesucht ist d_2 = ? mm.

Lösung: $d_2 = \frac{d_1 \cdot n_1}{n_2} = \frac{600 \text{ mm} \cdot 85 \text{ mm}}{250} =$ **204** mm.

Lederriemen und PS-Zahl

Bedeutet A = Riemenquerschnitt in cm², d = kleiner Riemenscheiben-∅ in m, so gilt bei v = 5 bis 20 m/s Riemengeschwindigkeit für die Berechnung der übertragenen PS-Zahl die Formel:

Es ist stets mit der kleinen Riemenscheibe zu rechnen, da diese einen größeren Riemenquerschnitt ergibt.

$$\text{PS} = \frac{4 \cdot v \cdot A \cdot \sqrt[3]{d}}{17}$$

Beispiel: Bei A = 9 cm², v = 10 m/s und d = 0,400 m können übertragen werden

$$\frac{4 \cdot 10 \cdot 9 \cdot \sqrt[3]{0{,}400}}{17} = \frac{360 \cdot 0{,}737}{17} = \mathbf{15{,}6\ PS}$$

Für Überschlagsrechnungen genügt: 1 cm² Riemenquerschnitt überträgt für jed. m Geschwindigk. = 1/6 PS.

Gleitverlust für jede Übersetzung

1,5···3% bei neuen, gut gestreckten Lederriemen,
0,75···1,5% bei gut eingelaufenen Lederriemen,
0,01···0,05% bei neuen Drahtseilen,
0,15···0,4% bei neuen Hanf- und Baumwollseilen.

Größte Geschwindigkeit in m/s

Lederriemen	50 m/s	Hanfseile	18 m/s
Kunstriemen	50 m/s	Renolds Zahnketten	6 m/s
Drahtseile	15···30 m/s	Renolds Rollenkett.	4 m/s
Baumwollseile	20 m/s	Blockketten	2,5 m/s

Keilriemen**)

Breite	13	15	17	19	22	25	29
PS max	0,75	1,25	2	2,75	4	4,75	5,5

*) Vergleiche S. 48

**) siehe auch Tabelle S. 52

Mechanik

Zahnradantrieb

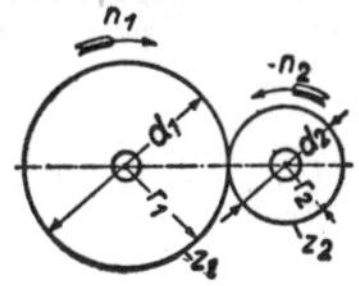

$$\frac{d_2}{d_1} = \frac{r_2}{r_1} = \frac{\omega_1}{\omega_2} = \frac{n_1}{n_2} = \frac{z_2}{z_1}$$

z_1 und z_2 sind die Zähnezahlen.

Beispiel: Gegeben ist d_1 = 504 mm, z_1 = 84, d_2 = 168 mm. Gesucht ist z_2 = ?

Lösung:

$$\frac{d_1}{d_2} = \frac{z_1}{z_2}$$

$$d_1 \cdot z_2 = d_2 \cdot z_1$$

$$z_2 = \frac{d_2 \cdot z_1}{d_1}$$

$$z_2 = \frac{168 \text{ mm} \times 84}{504 \text{ mm}} = 28$$

z_2 = 28 Zähne muß das kleine Zahnrad erhalten.

$$\text{Übersetzung } i = \frac{z_2}{z_1} = \frac{28}{84} = \frac{1}{3}$$

Doppelübersetzung

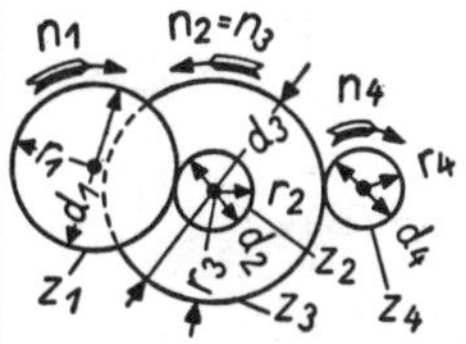

$$i_1 = \frac{n_1}{n_2} = \frac{d_2}{d_1} \qquad i_2 = \frac{n_3}{n_4} = \frac{d_4}{d_3}$$

$$i = i_1 \cdot i_2 = \frac{d_2}{d_1} \cdot \frac{d_4}{d_3} = \frac{z_2}{z_1} \cdot \frac{z_4}{z_3}$$

$n_1 = \frac{z_2 \cdot z_4 \cdot n_4}{z_1 \cdot z_3}$ (gesucht n_1) | $z_2 = \frac{n_1 \cdot z_1 \cdot z_3}{z_4 \cdot n_4}$ (gesucht z_2)

$n_4 = \frac{z_1 \cdot z_3 \cdot n_1}{z_2 \cdot z_4}$ (gesucht n_4) | $z_3 = \frac{n_4 \cdot z_2 \cdot z_4}{z_1 \cdot n_1}$ (gesucht z_3)

$z_1 = \frac{n_4 \cdot z_2 \cdot z_4}{z_3 \cdot n_1}$ (gesucht z_1) | $z_4 = \frac{n_1 \cdot z_1 \cdot z_3}{z_2 \cdot n_4}$ (gesucht z_4)

Übrige Werte sind gegeben oder anzunehmen.

Größte Umfangsgeschwindigkeit für Zahnräder

Grauguß, Stahl.	5 m/s	Sondermessing . .	9 m/s
Phosphorbronze	8 m/s	Rohhaut mit Eisen	11 m/s

Schnecke und Schneckenrad

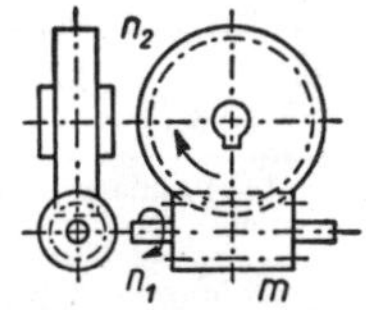

z_2 = Zähnezahl des Schneckenrades,
z_1 = Gangzahl der Schnecke, ein- oder mehrgängig,
n_1 = Drehzahl der treibenden Welle,
n_2 = Drehzahl der getriebenen Welle.

Der Schneckenantrieb wird besonders für große Übersetzungen gewählt. Größte Übersetzung ≈ 1:50.
Das Übersetzungsverhältnis eines Schneckengetriebes ist:

$$\frac{n_1}{n_2} = \frac{z_2}{z_1} \qquad z_2 = \frac{n_1 \cdot z_1}{n_2}$$

		Schnecke	Schneckenrad
Modul	m	$t:\pi$	$t:\pi$
Eingriffswinkel	α	üblich 15° oder 20°	
Achsteilung	t	$\pi \cdot m$	$\pi \cdot m$
Teilkreis-Ø	d_o	$>2m\cdot(1{,}4+2\sqrt{z_1})$	$z_2 \cdot t:\pi = m \cdot z_2$
Kopfkreis-Ø	d_a	$d_{o1}+2m$	$d_{o2}+2m$
Fußkreis-Ø	d_f	$d_{o1}-2m \cdot 1{,}16$	$d_{a2}-2m \cdot 2{,}16$
Steigung	H	$z_1 \cdot t = \pi \cdot z_1 \cdot m$	—
Schneckenlänge	L	$>2(1+\sqrt{z_2}) \cdot m$	—

Das Zahnrad

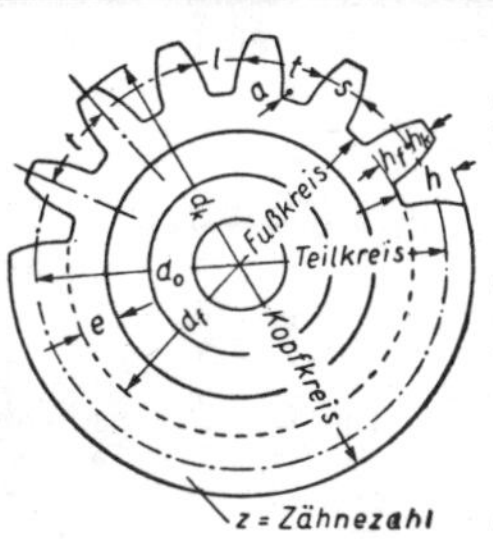

t = Teilung;
l = Zahnlücke
s = Zahndicke

Für rohe Zähne:

$$l = \frac{21}{40} t \qquad s = \frac{19}{40} t$$

Für bearbeitete Zähne:

$$l = \frac{41}{80} t \qquad s = \frac{39}{80} t$$

	Modul-Teilung	mm-Teilung
Zahnhöhe	$h = \frac{13}{6} \cdot$ Mod. $= 2{,}167 \cdot$ Modul	$h = 0{,}7 \cdot t$
Zahnkopf	$h_k = \frac{6}{6} \cdot$ Mod. $= 1 \cdot$ Modul	$h_k = 0{,}3 \cdot t$
Zahnfuß	$h_f = \frac{7}{6} \cdot$ Mod. $= 1{,}167 \cdot$ Modul	$h_f = 0{,}4 \cdot t$
Fußrund.	$a = \frac{1}{6} \cdot$ Mod. $= 0{,}167 \cdot$ Modul	$a = 0{,}05 \cdot t$

$$d_k = (z+2) \cdot m = d_o + 2m$$

Teilkreis-Ø d_o = Zähnezahl × Modul

$$\text{Modul } m = \frac{\text{Teilung}}{\pi} = \frac{t}{\pi} \qquad m = \frac{d_k}{z+2}$$

Bei $t = 6\pi$ nennt man 6 den Modul.

Beispiel: gegeben do = 90 mm; z = 15. gesucht t, l, s, a, h, hk, h_f in mm

Modul-Teilung	mm-Teilung
$t = \frac{\pi \cdot d_o}{z} = \frac{\pi \cdot 90}{15} = 6\pi$	$t = 6\pi =$ **18,85 mm**
$l = \frac{21}{40} \cdot 6\pi = 3{,}15\pi$	$l = 3{,}15\pi =$ **9,90 mm**
$s = \frac{19}{40} \cdot 6\pi = 2{,}85\pi$	$s = 2{,}85\pi =$ **8,95 mm**
$a = 0{,}167 \cdot 6 =$ **1 mm**	$a = 0{,}05 \cdot 18{,}85 \approx$ **0,9 mm**
$h_f = 1{,}167 \cdot 6 =$ **7 mm**	$h_f = 0{,}4 \cdot 18{,}85 \approx$ **7,5 mm**
$h_k = 1 \cdot 6 =$ **6 mm**	$h_k = 0{,}3 \cdot 18{,}85 \approx$ **5,7 mm**
$h = 2{,}167 \cdot 6 =$ **13 mm**	$h = 0{,}7 \cdot 18{,}85 \approx$ **13,2 mm**

Armzahl $= \frac{1}{7}\sqrt{d_o}$ (d_o in mm)

Zahnbreite = 2 bis 3 t ≈ 6 bis 10 × Modul, für hohe Drehzahlen 3 bis 5 t (bis 15 m)

Kranzdicke e = 1,6 × Modul
Nabendurchmesser = 2 × Bohrung + 5 mm

bei Stahlguß und Bronze etwas schwächer.

Modulreihe für Zahnräder nach DIN 780 (Febr. 67)

Moduln in mm für:

Stirn- und Kegelräder, Reihe 1	2	1	2	1	2	3	1	2	3	Schnecken und	Schneckenräder
0,05	0,055	0,4	0,35	1,5	1,375		10	11			
0,06	0,07	0,5	0,45	2	1,75		12	14			
0,08	0,09	0,6	0,55	2,5	2,25		16	18			
0,1	0,11	0,7	0,65	3	2,75		20	22		1	5
0,12	0,14	0,8	0,75	4	3,5	3,25	25	28		1,25	6,3
0,16	0,18	0,9	0,85	5	4,5	3,75	32	36		1,6	8
0,20	0,22	1	0,95	6	5,5		40	45		2	10
0,25	0,28	1,25	1,125	8	7	6,5	50	55		2,5	12,5
0,3					9		60	70	65	3,15	16
									75	4	20

4

Endlose Keilriemen nach DIN 2215 (7.50); Keilriemenscheiben nach DIN 2217 (2.73.)

Antriebsberechnung; Maße in mm

Breite b / Höhe h	5/3	6/4	8/5	10/6	13/8	17/11	20/12,5	22/14	25/16	32/20	40/25
ISO-Kurzz.	—	Y	—	Z	A	B	—	C	—	D	E
b_w*)	4,2	5,3	6,7	8,5	11	14	17	19	21	27	32
b_1	5	6,3	8	9,7	12,7	16,3	20	22	25	32	40
c	1,3	1,6	2	2,1	2,7	3,5	5,1	5,5	6,3	8,1	12
e	6	8	10	11,5	15	19	23	26	29	37	44,5
f	5	6	7	8	10	13	15	17	19	24	29
t	6	7	9	11	14	17	21	24	26	33	38
α für d_w 32°	50 [1]	63 [1]	75 [1]	—	—	—	—	—	—	—	—
α für d_w 34°	—	—	—	63 bis 80	90 bis 118	140 bis 190	250 [1]	224 bis 315	355 [1]	—	—
α für d_w 36°	50 [2]	63 [2]	75 [2]	—	—	—	—	—	—	500 [1]	630 [1]
α für d_w 38°	—	—	—	80	118	190	250 [2]	315	355 [1]	500 [2]	630 [1]

*) b_w = Wirkbreite [1] Werte ≦ [3] Werte >

Keilriemen $b = 22$ mm **nur** für Kraftfahrzeuge zulässig

Leistungswerte P in PS für endlose Riemen (Gummi mit Gewebe) bei 180° Umschlingungswinkel und Scheibendurchmesser $d_m \geqq$ min d_m nach DIN 2218

Riemengeschw. v in m/s	Leistung P in PS bei Keilriemenbreite b in mm: 5	6	8	10	13	17	20	22	25	32	40	50
2	0,024	0,05	0,10	0,19	0,37	0,7	1,0	1,1	1,5	2,4	3,7	6
4	0,047	0,10	0,19	0.37	0,74	1,3	1,9	2,3	3,0	4,7	7,4	12
6	0,068	0,15	0,28	0,55	1,1	1,9	2,8	3,4	4,4	7,0	11	18
8	0,086	0,19	0,36	0,72	1,4	2,5	3,7	4,4	5,7	9,2	14	23
10	0,10	0,22	0,43	0,87	1,7	3,1	4,5	5,3	6,9	11,1	17	28
12	0,11	0,25	0,48	1,0	2,0	3,6	5,2	6,1	8,0	12,8	20	32
14	0,11	0,26	0,52	1,1	2,2	4,0	5,8	7,0	9,0	14,4	22	36
16	0,11	0,27	0,55	1,2	2,4	4,3	6,3	7,5	9,8	15,7	24	39
18	0,10	0,26	0,56	1,2	2,6	4,6	6,7	8,0	10,4	16,6	26	42
20	0,08	0,24	0,54	1,3	2,7	4,8	6,9	8,2	10,7	17,1	27	43
22	0,05	0,21	0,49	1,2	2,7	4,8	7,0	8,3	10,9	17,3	27	44
24	—	0,15	0,42	1,1	2,6	4,7	6,8	8,2	10,3	17,0	26	43
26	—	0,08	0,30	1,0	2,5	4,5	6,5	7,8	10,1	16,1	25	41
28	—	—	0,18	0,9	2,3	4,1	6,0	7,1	9,3	14,8	23	37
30	—	—	—	—	2,0	3,6	5,1	6,2	8,0	13,0	20	32

Tabelle für Beiwert c_1 nach DIN 2218, wenn Umschlingungswinkel $\beta < 180°$ (siehe Leistungsformel)

∢β	180°	170°	160°	150°	140°	130°	120°	110°	100°	90°	80°	70°
c_1	1	0,98	0,95	0,92	0,89	0,86	0,82	0,78	0,73	0,68	0,63	0,58

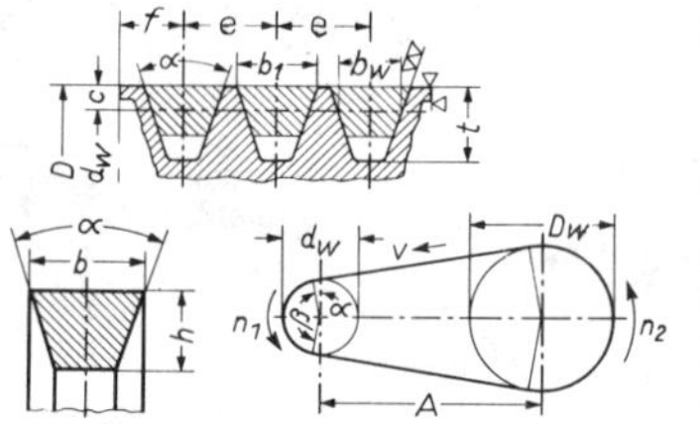

Keilriemenscheibendurchmesser möglichst groß wählen.

Riemengeschwindigkeit $v = 25$ m/s möglichst nicht überschreiten.

Umfangsgeschwindigkeit:

$$v = \frac{n_1 \cdot d_W}{19100} = \frac{n_2 \cdot D_W}{19100} \text{ in m/s}$$

Mittlere Riemenlänge L_m genau:

$$L_m = \frac{\pi\,(D_W + d_W)}{2} + 2\,A \sin\frac{\beta}{2} + \frac{\pi \cdot \alpha}{180}(D_W - d_W)$$

angenähert:

$$L_m = \frac{\pi\,(D_W + d_W)}{2} + 2\,A + \frac{(D_W - d_W)^2}{4\,A}$$

(gilt für $\beta = 180°$ bis 140°)

Achsenabstand $A \approx D_W + 3c$ empfohlen (c siehe Tabellenwert oben).

Wirkliche Leistung $P_1 = \frac{P \cdot c_1}{c_2} c_3$

Beiwert c_2 bei kurzzeitiger Überbeansprchg.

Überbeanspruchung in % von P	0	25	50	100	150
c_2	1	1,1	1,2	1,4	1,6

Beiwert c_3 bei Unterschreitung des kleinsten Scheibendurchmessers d_w

$$c_3 = \frac{\text{gewählter Scheibendurchmesser}}{\text{min } d_W}$$

Endlose Schmalkeilriemen nach DIN 7753 Bl. 1 (3.67) Keilriemenscheiben für Schmalkeilriemen nach DIN 2211 Bl. 1 (6.67)

Riemenprofil	ISO-Kurzzeichen	SPZ	SPA	SPB	SPC
Ob. Riemenbreite	b_o ≈	9,7	12,7	16,3	22
Wirkbreite	b_w	8,5	11	14	19
Riemenhöhe	h ≈	8	10	13	18
Abstand	h_w ≈	2	2,8	3,5	4,8
Wirklänge	l_w von	630	800	1 250	2 000
	bis	3 550	4 500	8 000	12 500
Scheibe nach DIN 2211	d_w min	63	90	140	328
Rillentiefe	t	11	14	17	24
α 34° für	d_w von	63	90	140	224
	bis	80	118	190	315
α 38°	d_w >	80	118	190	315
Rillenanzahl der Scheibe		1···8	1···10	3···12	
Wirkdurchmesser	d_w von	63	90	140	224
	bis	630	1000	1600	2000

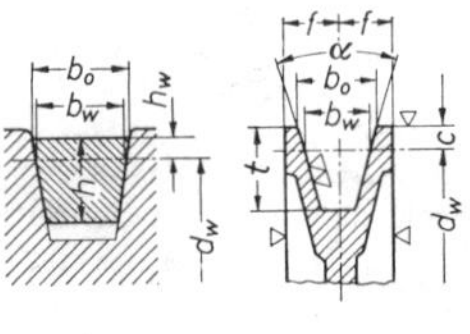

Die Profile SPZ, SPA und SPB entsprechen den ISO-Empfehlungen.

Riemengeschwindigkeit $v = 40$ m/s nicht überschreiten.

$c \approx 0{,}25\ b_w$
$e \approx 1{,}35\ b_w$
$f \approx 0{,}9\ b_w$
$t \approx 1{,}25\ b_w$

Bezeichnung eines Schmalkeilriemens SPA nach ISO und l_w = 900 mm Wirklänge:

Schmalkeilriemen SPA 900 l_w **DIN 7753** (6.67)

Bezeichnung einer Keilriemenscheibe für Schmalkeilriemen SPA, einteilig (1 T) von Wirkdurchmesser d_w = 400 mm, Rillenanzahl z = 4, Nabenbohrung d_2 = 65 mm mit Paßfedernut (PN) nach DIN 6885:

Riemenscheibe SPA 1 T 400 × 4 × 65 PN DIN 2211

Tellerfedern und Berechnung Maße in mm

D	d	s[1])	h[1])	F[1]) kp	f[1]) mm	s[2])	h[2])	F[2]) kp	f[2]) mm
8	4,2	0,4	0,6	21	0,15	0,3	0,55	12	0,19
10	5,2	0,5	0,75	34	0,19	0,4	0,7	21	0,22
12,5	6,2	0,7	1	66	0,22	0,5	0,85	30	0,26
14	7,2	0,8	1,1	80	0,22	0,5	0,9	29	0,3
16	8,2	0,9	1,25	105	0,26	0,6	1,05	42	0,34
18	9,2	1,0	1,4	130	0,3	0,7	1,2	58	0,37
20	10,2	1,1	1,55	155	0,34	0,8	1,35	77	0,41
22,5	11,2	1,25	1,75	195	0,37	0,8	1,45	73	0,49
25	12,2	1,5	2,05	300	0,41	0,9	1,6	88	0,52
28	14,2	1,5	2,15	290	0,49	1	1,8	115	0,6
31,5	16,3	1,75	2,45	400	0,52	1,25	2,15	195	0,65
35,5	18,3	2	2,8	530	0,6	1,25	2,25	175	0,75
40	20,4	2,25	3,15	650	0,67	1,5	2,65	270	0,85
45	22,4	2,5	3,5	790	0,75	1,75	3,05	370	0,95
50	25,4	3	4,1	1250	0,82	2	3,4	490	1,05
56	28,5	3	4,3	1150	0,97	2	3,6	460	1,2
63	31	3,5	4,9	1550	1,05	2,5	4,25	740	1,3
71	36	4	5,6	2100	1,2	2,5	4,5	690	1,5
80	41	5	6,7	3500	1,3	3	5,3	1100	1,7
90	46	5	7	3200	1,5	3,5	6	1450	1,85
100	51	6	8,2	4900	1,65	3,5	6,3	1350	2,1
112	57	6	8,5	4600	1,9	4	7,2	1850	2,4
125	64	8	10,6	8700	1,9	5	8,5	3100	2,6
140	72	8	11,2	8700	2,4	5	9	2850	3
160	82	10	13,5	14000	2,5	6	10,5	4100	3,3
180	92	10	14	13000	3	6	11,1	3900	3,8
200	102	12	16,2	19500	3,2	8	13,6	7900	4,2

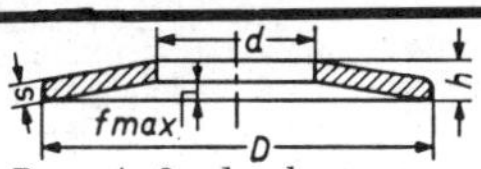

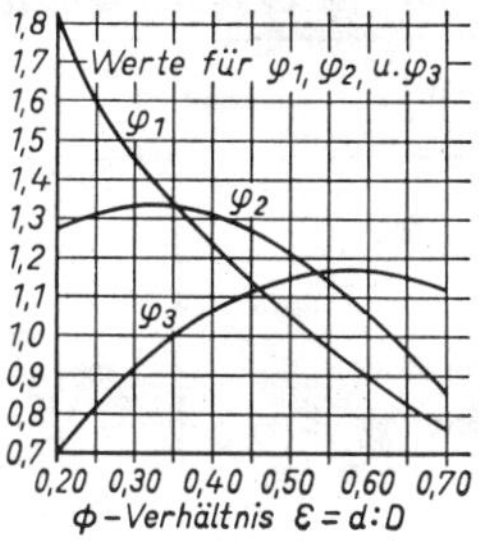

D = Außendurchmesser
d = Innendurchmesser
s = Dicke der Feder
h = Höhe des Einzeltellers
F = Belastung in kp
f = Federweg in mm einer Tellerfeder bei Belastung F
σ = Biegungsbeanspruchung in kp/mm²
E = Elastizitätsmodul $= 21000$ kp/mm²
φ_1, φ_3 = vom ∅-Verhältnis $\varepsilon = d:D$ abhängige Werte

Beispiel:
Tellerfeder soll mit $F = 4\,500$ kp belastet werden.
$D = 100$ mm, $d = 51$ mm, $s = 6$ mm, $\sigma_{max} = 220$ kp/mm².
Gesucht: Federweg f.
Lösung: $\varepsilon = d:D = 51:100 = 0{,}51$; aus Diagramm $\varphi_1 = 1{,}05$ und $\varphi_3 = 1{,}16$

$$f = \frac{0{,}112 \cdot \varphi_3 \cdot D^2 \cdot \sigma}{s \cdot E} = \frac{0{,}112 \cdot 1{,}16 \cdot 100^2 \cdot 220}{6 \cdot 21000} = \mathbf{2{,}35\ mm}$$

$$F = \frac{\sigma \cdot s^2}{1{,}24 \cdot \varphi_1}; \quad s = \sqrt{\frac{F \cdot 1{,}24 \cdot \varphi_1}{\sigma}}$$

[1]) Werte für harte Federn. $D : s \approx 18$; $(h-s) : s \approx 0{,}4$
[2]) Werte für weiche Federn. $D : s \approx 28$; $(h-s) : s \approx 0{,}75$

Rollenketten nach DIN 8187

Einfach-Rollenkette **Zweifach-Rollenkette**

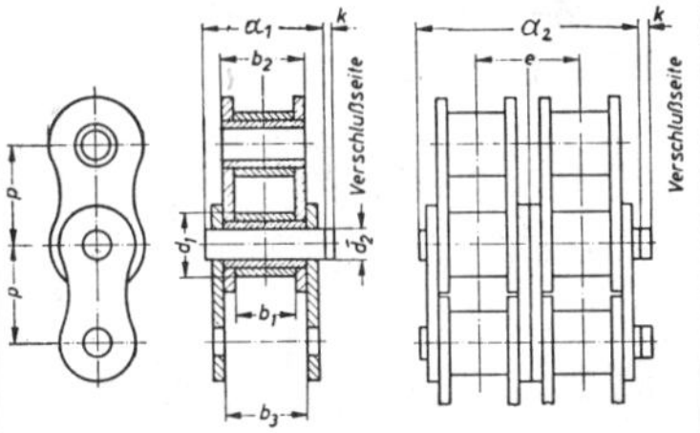

Ketten-Nr. (Br_1 = Bruchkraft in kp für Einfach -Kette
Br_2 = Bruchkraft in kp für Zweifach-Kette)

	04	05 B	06 B	081	083	085	08 B	10 B	12 B	16 B	20 B	24 B
p	6	8	9,53	12,7	12,7	12,7	12,7	15,88	19,05	25,4	31,75	38,1
a_1	7,4	8,6	13,5	10,2	12,9	14	17	19,6	22,7	36,1	43,2	53,4
a_2	—	14,3	23,8	—	—	—	31	36,2	42,2	68	79,7	101,8
b_1	2,8	3	5,72	3,3	4,88	6,38	7,75	9,65	11,68	17,02	19,56	25,4
b_2	4,1	4,77	8,53	5,8	7,9	9,07	11,3	13,28	15,62	25,45	29,01	37,92
b_3	4,2	4,9	8,66	5,93	8,03	9,2	11,43	13,41	15,75	25,58	29,14	38,05
d_1	4	5	6,35	7,75	7,75	7,77	8,51	10,16	12,07	15,88	19,05	25,4
d_2	1,85	2,31	3,28	3,66	4,09	3,58	4,45	5,08	5,72	8,28	10,19	14,63
e	—	5,64	10,24	—	—	—	13,92	16,59	19,46	31,88	36,45	48,36
k	2,9	3,1	3,3	1,5	1,5	2	3,9	4,1	4,6	5,4	6,1	6,6
Br_1	300	460	910	820	1200	680	1820	2270	2950	6500	10000	17000
Br_2	—	800	1730	—	—	—	3180	4540	5900	12400	19000	32400

Niete für Brems- und Kupplungsbeläge nach DIN 7338

A	B	C
mit vollem Schaft	mit angebohrtem Schaft	Rohrniet

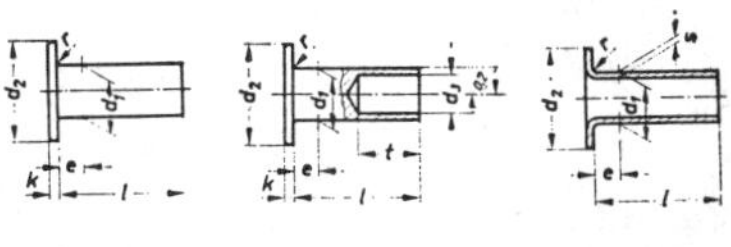

Schaft-∅ d_1 h 13	d_2 j 15	d_3 H 13	e	k	r max	s	t + 0,5	l
3	5,5	1,7	1,5	0,8	0,2	0,5	4	5···10
4	7,5	2,7	2	1	0,3	0,5	5	6···15
5	9,5	3,5	3	1	0,3	0,6	6	6···18
6	11,5	4,2	3	1,2	0,4	0,75	8	8···40
8	15,5	6	4	1,2	0,4	1	10	10···40

Bezeichnung eines Nietes Form B von Schaftdurchmesser $d_1 = 5$ mm und Länge $l = 12$ mm aus St:
Niet B 5 × 12 DIN 7338 - St

4

Vergleich heutiger und älterer Maße und Gewichte

Länder mit metrischem Maßsystem	England (bzw. USA) 1″ = 16 oder 12 Linien
1 m	3,28085 Fuß (1 Zoll = 25,3999 mm)
1 m^2	10,764 Qu.-Fuß
1 m^3	35,315 Kub.-Fuß
1 kg	2,2046 engl. Pfund
1 kg auf 1 lfd. m	0,67197 Pfund auf 1 Fuß
1 kp/cm^2 = 1 at Druck	14,223 Pfund auf 1 Qu.-Zoll
1 kpm Arbeit	7,233 Fußpfund
1 PS (Pferdestärke)	≈ 542,5 Fußpfund/s

1 Brutto-Registertonne (BRT) = 2,832 m^3; gestattet ≈ 1,5 t = 1500 kg Lademenge (bei Schiffen).
1 Knoten = 1 Seemeile/Std. = 1852 m/h (Schiffsgeschwindigkeit).
1 geographische Meile = 7420 m (≈ 4 Seemeilen).
1 Kabellänge = 185,2 m (0,1 Seemeile).
1 engl. Meile = 1760 Yards (Ellen) = 1609 m. — 1 Yard = 0,9144 m.
1 Rute = 6 Ellen = 12 Fuß = 144 Zoll = 1728 Linien (1″ = 12′). In Baden, Schweden, Schweiz: 1 Elle = 10 Fuß = 100″ = 1000′.
1 Zoll: Rheinland 26,1667; Preußen 26,1542; Bayern 24,066 mm.
1 Quadratrute = 144 Qu.-Fuß; 1 Qu.-Fuß = 144 Qu.-Zoll.
1 Schachtrute = 1728 Kubik-Fuß; 1 Kubik-Fuß = 1728 Kubik-Zoll.
1 Morgen = 180 Qu.-Ruten (Preußen 2553, Württb. 3152 m^2).
1 Tagewerk = 40 000 Qu.-Fuß (Bayern 3407 m^2, Hannover 2602 m^2).
1 Hufe = 30 Kulmer Morgen = 66,67 preuß. Morgen = 100 Scheffelsaat. — 1 lippische Scheffelsaat ≈ 1717 m^2 ≈ 0,67 pr. Morgen.
1 Jochacker: Österreich = 5755 m^2, Ungarn = 4316 m^2.
1 Scheffel = 16 Metzen, in Preußen ≈ 55 l, Bayern 222 l.
1 Wispel ≈ 24 preuß. Scheffel ≈ 13,2 hl. — 1 Lot ≈ 17 g (Kaffee).
1 Oxhoft (Faß) ≈ 220 l. — 1 Fuder (Wein) ≈ 940 l.

Vergleich von Energie, Arbeit, Wärmemenge

Arbeit = Kraft × Weg.

Einheit	J	kJ	kW h	kcal	PS h	kp m
1 J = 1 N = 1 W s	1	0,001	$2{,}778 \cdot 10^{-7}$	$2{,}388 \cdot 10^{-4}$	$3{,}777 \cdot 10^{-7}$	0,102
1 kJ	1000	1	$2{,}778 \cdot 10^{-4}$	0,2388	$3{,}777 \cdot 10^{-4}$	102
1 kW h	$3{,}6 \cdot 10^{6}$	3600	1	859,8	1,36	$367{,}1 : 10^{3}$
1 kcal	4200	4,2	0,00116	1	$1{,}581 \cdot 10^{-3}$	427
1 PS h	$2{,}648 \cdot 10^{6}$	2648	0,736	632	1	$2{,}7 \cdot 10^{5}$
1 kp m	9,81	0,00981	$2{,}724 \cdot 10^{-6}$	0,00234	$3{,}7 \cdot 10^{-6}$	1

Ws = Wattsekunde
kWh = Kilowattstunde
PSh = Pferdestärkestunde
kcal = Kilokalorie = erforderliche Wärmemenge, um 1 kg (1 l) Wasser um 1° C zu erwärmen.
kpm = Kilopondmeter = erforderliche Arbeit, um eine Masse von 1 kg (= 1 kp Gewichtskraft) 1 m hoch zu heben.

Neue gesetzliche Einheiten:

Die abgeleitete SI-Einheit der Kraft ist das **Newton (N).** Ein Newton ist gleich der Kraft, die einem Körper der Masse 1 kg die Beschleunigung 1 m/s^2 erteilt.

Die abgeleitete SI-Einheit der Energie, Arbeit und Wärmemenge ist das **Joule (J).** Ein Joul ist gleich der Arbeit, die verrichtet wird, wenn der Angriffspunkt der Kraft 1 N in Richtung der Kraft um 1 m verschoben wird.

Schmelzwärme des Wassers = erforderliche Wärmearbeit (latente Wärmemenge), um 1 kg Eis von 0° C in 1 kg Wasser von 0° C zu verwandeln = **79,7** kcal ≈ 333 500 Wattsek. ≈ 34000 kpm.
Verdampfungswärme des Wassers = erforderliche Wärmearbeit, um 1 kg Wasser von 100° C in 1 kg Dampf von 100° C zu verwandeln = 538,9 kcal = 0,625 kWh ≈ 230 000 kpm.

Zeitvergleichung

Mitteleuropäische Zeit (MEZ nach dem 15. Längengrad östlich von Greenwich) gilt in Albanien, Belgien, Dänemark, Deutschland, Frankreich, Großbritannien, Italien, Jugoslawien, Luxemburg, Niederlande, Norwegen, Österreich, Polen, Schweden, Schweiz, Spanien, Tschechoslowakei, Tunesien, Ungarn.

Westeuropäische Zeit (WEZ nach Greenwich) in Irland, Marokko, Portugal; WEZ 2 Uhr = MEZ 3 Uhr.

Osteuropäische Zeit (OEZ 30. Grad ö. v. Greenwich) in Bulgarien, Finnland, Griechenland, Rumänien, Türkei, Ägypten u. a.: OEZ 4 Uhr = MEZ 3 Uhr.

In Belgien, Deutschland, Italien, Spanien u. a. Ländern zählt man die Stunden von 1 bis 24.

Gegen MEZ gehen die Uhren	nach	vor
Westeuropäische Zeit	1 Std.	—
Osteuropäische Zeit	—	1 Std.
Rußland westl. 40,0°	—	2 Std.
Rußland 40,0 bis 52,5°	—	3 Std.
Ost-China, Philippinen 120° ö. L.	—	7 Std.
Japan 135° ö. L.	—	8 Std.
Ver. Staat. v. Nordam. (U.S.A.):		
Atlantic Time 52,5—67,5° w. L.	5 Std.	—
Eastern Time 67,5—82,5° w. L.	6 Std.	—
Central Time 82,5—97,5° w. L.	7 Std.	—
Mountain Time 97,5—112,5° w. L.	8 Std.	—
Pacific Time 112,5—127,5° w. L.	9 Std.	—

Das griechische Alphabet

Α α	Β β	Γ γ	Δ δ	Ε ε	Ζ ζ	Η η	Θ ϑ	Ι ι	Κ ϰ	Λ λ	Μ μ
Alpha	Beta	Gamma	Delta	Epsilon	Zeta	Eta	Theta	Iota	Kappa	Lambda	My
Ν ν	Ξ ξ	Ο ο	Π π	Ρ ρ	Σ σ	Τ τ	Υ υ	Φ φ	Χ χ	Ψ ψ	Ω ω
Ny	Xi	Omikron	Pi	Rho	Sigma	Tau	Ypsilon	Phi	Chi	Psi	Omega

In der Mathematik und der Technik werden griechische Buchstaben häufig als Größenbezeichnungen angewandt, z. B. α, β, γ für Winkelgrößen, η für den Wirkungsgrad, Ω für die Einheit des elektrischen Widerstands.

Römische Ziffern

I = 1	VI = 6	XX = 20	LXX = 70	CC = 200	DCC = 700	M = 1000
II = 2	VII = 7	XXX = 30	LXXX = 80	CCC = 300	DCCC = 800	MCC = 1200
III = 3	VIII = 8	XL = 40	XC = 90	CD = 400	CM = 900	MCD = 1400
IV = 4	IX = 9	L = 50	XCIX = 99	D = 500	CMXC = 990	MDCC = 1700
V = 5	X = 10	LX = 60	C = 100	DC = 600	CMXCIX = 999	MM = 2000

253 = CCLIII

1975 = MCMLXXV

Umrechnungstabellen gesetzlicher Einheiten im Meßwesen

Die Bundesregierung verordnet mit Zustimmung des Bundesrates, daß die Einheiten im Meßwesen, die in den Tabellen aufgeführt sind, ab 31. 12. 1977 in der Technik zu verwenden sind.

Vergleich von Leistung, Energiestrom, Wärmestrom

Einheit	W	kW	kcal/s	kcal/h	kp m/s	PS
1 W = 1 N m/s = 1 J/s	1	0,001	$2{,}388\cdot 10^{-4}$	0,860	0,102	$1{,}36 \cdot 10^{-3}$
1 kW	10^3	1	0,2388	860	102	1,360
1 kcal/s	4 187	4,187	1	3 600	427	5,692
1 kcal/h	1,16	$1{,}16 \cdot 10^{-3}$	1/3 600	1	0,119	$1{,}58 \cdot 10^{-3}$
1 kp m/s	9,81	$9{,}81 \cdot 10^{-3}$	$2{,}34 \cdot 10^{-3}$	8,43	1	$1{,}33 \cdot 10^{-2}$
1 PS	736	0,736	0,176	632	75	1

Vergleich von Druckeinheiten

Einheit	Pa	bar	kp/m²	at	atm	Torr
1 Pa = 1 N/m²	1	10^{-5}	0,102	$0{,}102\cdot 10^{-4}$	$0{,}987\cdot 10^{-5}$	$0{,}750\cdot 10^{-3}$
1 bar	10^5	1	$0{,}102 \cdot 10^5$	1,02	0,987	750
1 kp/m²	9,81	$9{,}81 \cdot 10^{-5}$	1	10^{-4}	$0{,}968\cdot 10^{-4}$	0,0736
1 at = 1 kp/cm²	$9{,}81 \cdot 10^4$	0,981	10^4	1	0,986	736
1 atm = 760 Torr	$1{,}013 \cdot 10^5$	1,013	$1{,}033 \cdot 10^4$	1,033	1	760
1 Torr	133	$1{,}33 \cdot 10^{-3}$	13,6	$1{,}36 \cdot 10^{-3}$	$1{,}32 \cdot 10^{-3}$	1

Vergleich der mechanischen Spannung

(1 Pa = 1 N/m² 1/9,81 kp/m² = 0,102 kp/m²)

Einheit	Pa	N/mm²	daN/cm²	daN/mm²	kp/cm²	kp/mm²
1 Pa = 1 N/m²	1	10^{-6}	10^{-5}	10^{-7}	$1{,}02 \cdot 10^{-5}$	$1{,}02 \cdot 10^{-7}$
1 N/mm² = 1 MPa	10^6	1	10	0,1	10,2	0,102
1 daN/cm² = 1 bar	10^5	0,1	1	0,01	1,02	0,0102
1 daN/mm² = 1 hbar	10^7	10	10^2	1	102	1,02
1 kp/cm² = 1 at	$9{,}81 \cdot 10^4$	$9{,}81 \cdot 10^{-2}$	0,981	$9{,}81 \cdot 10^{-3}$	1	0,01
1 kp/mm²	$9{,}81 \cdot 10^6$	9,81	98,1	0,981	10^2	1

Einheiten:

Newton und Joule s. S. 54.

Die abgeleitete SI-Einheit des Druckes oder der mech. Spannung ist das **Pascal** (Pa). **1 Pascal** ist gleich dem auf eine Fläche gleichmäßig wirkenden Druck, bei dem senkrecht auf die Fläche 1 m² die Kraft 1 N ausgeübt wird.

Die abgeleitete Einheit der Leistung, des Energiestroms und des Wärmestroms ist das **Watt** (W). **1 Watt** ist gleich der Leistung, bei der während der Zeit 1 s die Energie 1 J umgesetzt wird.

In technischen Berechnungen kann bei Umstellung auf die „gesetzlichen Einheiten" in den meisten Fällen von kp in N ohne weiteres von 9,80 665 auf 10 gerundet werden (DIN 1305) und mit der Einheitenbeziehung 1 N 0,1 kp, 1 kp 10 N (= 1 daN = Dekanewton).

at = technische Atmosphäre — besonderer Name für kp/cm².

atm = physikalische Atmosphäre = 1,033227 kp/cm² = 760 Torr.

Umrechnung englischer (E) - amerikanischer (A) Maßeinheiten in metrische Maßeinheiten

Längenmaße:

1 yard = 1 yd. = 3 ft. = 36 in. = 0,9144 m
1 foot = 1 ft. = 12 inch = 0,3048 m
1 mile = 1 statute mile = 1760 yd. = 1,60934 km (technisches Längenmaß)

Raum- und Hohlmaße:

1 barrel (E) = 36 gal. = 163,656 l
1 barrel (A) = 31,5 gal. = 119,24 l
1 fluid ounce (E) = 1 fl. oz. = 0,0284 l
1 fluid ounce (A) = 1 fl. oz. = 0,0296 l
1 Imperial gallon (E) = 1 gal. = 4,546 l
1 gallon (A) = 1 gal. = 3,785 l
1 cubic yard = 1 cu. yd. (yd³) = 0,76455 m³
1 cubic foot = 1 cu. ft. = 0,02832 m³

Flächenmaße:

1 square = 100 sq. ft. = 9,2903 m²
1 square inch = 1 sq. in. = 6,4516 cm²
1 square yard = 1 sq. yd. = 0,836127 m²
1 circular inch = 1 cir. in. = 5,067 cm²

Massen:

1 long hundredweight (E) = 112 lb. = 50,8 kg
1 long hundredweight (A) = 100 lb. = 45,359 kg
1 long ton (E) = 2240 lb. = 1,01605 t
1 short ton (A) = 1 ton = 2000 lb. = 0,907185 t
1 pound-force (E) = 1 lbf. = 0,4536 kg
1 pound-weight (A) = 1 lb. wt. = 0,4536 kg
1 quarter (E) = 1 qr. = 28 lb. = 12,7 kg
1 ounce = 1 oz. = 1/16 lb. = 28,3495 g

Umrechnung von Zoll in Millimeter

Zoll	mm	Zoll	mm	Zoll	mm	Zoll	mm
1/64	0,3969	21/64	8,3344	41/64	16,2719	61/64	24,2094
1/32	0,7938	11/32	8,7312	21/32	16,6688	31/32	24,6062
3/64	1,1906	23/64	9,1281	43/64	17,0656	63/64	25,0031
1/16	1,5875	3/8	9,5250	11/16	17,4625	1	25,4000
5/64	1,9844	25/64	9,9219	45/64	17,8594	2	50,8000
3/32	2,3812	13/32	10,3188	23/32	18,2562	3	76,2000
7/64	2,7781	27/64	10,7156	47/64	18,6531	4	101,6000
1/8	3,1750	7/16	11,1125	3/4	19,0500	5	127,0000
9/64	3,5719	29/64	11,5094	49/64	19,4469	6	152,4000
5/32	3,9688	15/32	11,9062	25/32	19,8438	7	177,8000
11/64	4,3656	31/64	12,3031	51/64	20,2406	8	203,2000
3/16	4,7625	1/2	12,7000	13/16	20,6375	9	228,6000
13/64	5,1594	33/64	13,0969	53/64	21,0344	10	254,0000
7/32	5,5562	17/32	13,4938	27/32	21,4312	11	279,0000
15/64	5,9531	35/64	13,8906	55/64	21,8281	12	304,8000
1/4	6,3500	9/16	14,2875	7/8	22,2250	13	330,2000
17/64	6,7469	37/64	14,6844	57/64	22,6219	14	355,6000
9/32	7,1438	19/32	15,0812	29/32	23,0188	15	381,0000
19/64	7,5406	39/64	15,4781	59/64	23,4156	16	406,4000
5/16	7,9375	5/8	15,8750	15/16	23,8125	17	431,8000

Beispiel: 58 5/8″ = ? mm
50″ = 10 · 5″ = 1270,000 mm
8″ = 203,200 mm
5/8″ = 15,875 mm
58 5/8″ = 1489,075 mm

215 3/4″ = ? mm
200″ = 100 · 2″ = 5080,000 mm
15″ = 381,000 mm
3/4″ = 19,050 mm
215 3/4″ = 5480,050 mm

Umrechnung von Millimeter in Zoll

mm	0	1	2	3	4	5	6	7	8	9
0	0	0,03937	0,07874	0,11811	0,15748	0,19685	0,23622	0,27559	0,31496	0,35433
10	0,39370	0,43307	0,47244	0,51181	0,55118	0,59055	0,62992	0,66929	0,70866	0,74803
20	0,78740	0,82677	0,86614	0,90551	0,94488	0,98425	1,02362	1,06299	1,10236	1,14173
30	1,18110	1,22047	1,25984	1,29921	1,33858	1,37795	1,41732	1,45669	1,49606	1,53543
40	1,57480	1,61417	1,65354	1,69291	1,73228	1,77165	1,81102	1,85039	1,88976	1,92913
50	1,96850	2,00787	2,04724	2,08661	2,12598	2,16535	2,20472	2,24409	2,28347	2,32284
60	2,36221	2,40158	2,44095	2,48032	2,51969	2,55906	2,59843	2,63780	2,67717	2,71654
70	2,75591	2,79528	2,83465	2,87402	2,91339	2,95276	2,99213	3,03150	3,07087	3,11024
80	3,14961	3,18898	3,22835	3,26772	3,30709	3,34646	3,38583	3,42520	3,46457	3,50394
90	3,54331	3,58268	3,62205	3,66142	3,70079	3,74016	3,77953	3,81890	3,85827	3,89764

100 mm = 3,937008″

mm	0	100	200	300	400	500	600	700	800	900
0	0	3,93701	7,87402	11,81102	15,74803	19,68504	23,62205	27,55906	31,49606	35,43307
1000	39,37008	43,30709	47,24409	51,18110	55,11811	59,05512	62,99217	66,92913	70,86614	74,80315
2000	78,74016	82,67717	86,61417	90,55118	94,48819	98,42520	102,36221	106,29921	110,23622	114,17323
3000	118,11024	122,04724	125,98425	129,92126	133,85827	137,79528	141,73228	145,66929	149,60630	153,54331
4000	157,48032	161,41732	165,35433	169,29134	173,22835	177,16535	181,10236	185,03937	188,97638	192,91339
5000	196,85039	200,78740	204,72441	208,66142	212,59843	216,53543	220,47244	224,40945	228,34646	232,28346
6000	236,22047	240,15748	244,09449	248,03150	251,96850	255,90551	259,84252	263,77953	267,71654	271,65354
7000	275,59055	279,52756	283,46457	287,40158	291,33858	295,27560	299,21260	303,14961	307,08661	311,02362
8000	314,96063	318,89764	322,83465	326,77165	330,70866	334,64567	338,58268	342,51969	346,45670	350,39370
9000	354,33071	358,26772	362,20472	366,14173	370,07874	374,01575	377,95276	381,88976	385,82677	389,76378

10 000 mm = 393,70078″

Beispiel: 4325 mm = ?″
4300 mm = 169,29134″
25 mm = 0,98425″
4325 mm = 170,27559″

6,006 m = ?″
6000 mm = 236,22047″
6 mm = 0,23622″
6006 mm = 236,45669″

Arbeit und Leistung

Arbeit = Kraft × Kraftweg $A = F \cdot s$
F in kp, s in m, A in kpm (Kilopondmeter).

Leistung = Arbeit in 1 Sekunde.

1 Pferdestärke (PS) = 75 kpm in 1 Sekunde = 75 kpm/s.

1 Kilowatt (kW) = 102 kpm in 1 Sekunde — Vgl. auch Seite 54

1 Watt (W) = 0,001 kW = 0,00136 PS

---

1. **Beispiel:** Ein Kran hebt in 25 Sekunden 9000 kp 4 m hoch. Wieviel kW entwickelt der Hubmotor? (Ohne Reibungsverluste)

Lösung:

Arbeit in 25 Sekunden .... $9000 \cdot 4$ kpm

Arbeit in 1 Sekunde .... $\frac{9000 \cdot 4}{25}$ kpm/s

Leistung P in kW .... $\frac{9000 \cdot 4}{25 \cdot 102}$ kW = 14,1 kW

P = 14,1 kW leistet der Hubmotor ohne Berücksichtigung der Reibungsverluste.

Bei einem Wirkungsgrad η = 0,75 für den Kran wären 14,1 kW : 0,75 ≈ **19 kW** erforderlich.

---

2. **Beispiel:** Eine Kolbenpumpe fördert stündlich $Q = 540\ m^3$ Wasser bei einer Förderhöhe H = 38 m. Antriebsleistung P = ? kW.

Lösung: $1\ m^3 \cdots 1000$ kg

$540\ m^3 \cdots 1000 \cdot 540$ kg = 540 000 kg ≙ 540 000 kp

Arbeit in 1 Std. $\cdots 540\,000 \cdot 38$ kpm

Arbeit in 1 Sek. $\cdots \frac{540\,000 \cdot 38}{3600}$ kpm = 5700 kpm

$$P = \frac{5700}{102}\ \text{kW} = \mathbf{56\ kW}\ \text{(theoretisch).}$$

Mit Rücksicht auf einen mittleren Wirkungsgrad der Pumpenanlagen von η = 85% berechnet man die effektive (wirkliche) Antriebsleistung nach der Formel

$$P = \frac{Q \cdot H}{312} = \frac{540 \cdot 38}{312}\ \text{kW} \approx \mathbf{66\ kW}.$$

Ebenso ist $P : \eta$ = 56 kW : 0,85 ≈ 66 kW.

Fördermenge der Kolbenpumpen

Es sei d = Kolbendurchmesser in cm,
s = Kolbenhub in cm,
n = Doppelhubzahl oder Drehzahl/Min.

Dann wird die wirkliche Fördermenge in 1 Stunde im Mittel

bei einfachwirkenden Pumpen und η = 0,82	bei doppeltwirkenden Pumpen und η = 0,85
$Q = \frac{d^2 \cdot s \cdot n}{25\,000}\ m^3/h$	$Q = \frac{d^2 \cdot s \cdot n}{13\,000}\ m^3/h$

Die **größte Saughöhe** bei Pumpen beträgt praktisch etwa 6 bis 7 m.

Wirkungsgrade η (sprich Eta) in %:

Kolbenpumpen	80···90;	im Mittel 85%
Flügelpumpen	70···80;	im Mittel 75%
Rotationspumpen	60···75;	im Mittel 70%
Zahnradpumpen	80···95;	im Mittel 90%
Kreiselpumpen	67···75;	im Mittel 72%

Bei einem Wirkungsgrad von 85% ist η = Nutzleistung geteilt durch theoretische Leistung = 0,85.

Berechnung der Leistung

Kräfte F in kp, Längen in m, Geschwindigkeiten v in m/s.

Leistungen in kW:

$$P = \frac{\text{Kraft} \times \text{Weg in 1 Sekunde}}{102}$$

$$P = \frac{\text{Kraft} \times \text{Geschwindigkeit}}{102}$$

Daraus ergibt sich:

1. $P = \frac{F \cdot v}{\mathbf{102}}$ (geradlinige Bewegung)

2. $P = \frac{F \cdot \pi \cdot r \cdot n}{\mathbf{102 \cdot 30}}$ (drehende Bewegung)

$F \cdot r$ nennt man Drehmoment (M_t)

$$P = \frac{F \cdot r \cdot n}{\mathbf{975}} = \frac{M_t \cdot n}{\mathbf{975}}$$

Überträgt eine Welle P kW bei n Umläufen in 1 Minute, so ist das übertragene Drehmoment M_t demnach

$$M_t\ \text{in kpm} = \frac{975\ P}{n} \left[= \frac{97\,500\ P}{n}\ \text{in kpcm} \right].$$

---

1. **Beispiel:** Eine Welle übertrage bei n = 180 Umläufen/min P = 20 kW.

Das übertragene Drehmoment ist

$$M_t = \frac{975\ P}{n} = \frac{975 \cdot 20}{180}\ \text{kpm} \approx \mathbf{109}\ \text{kpm}.$$

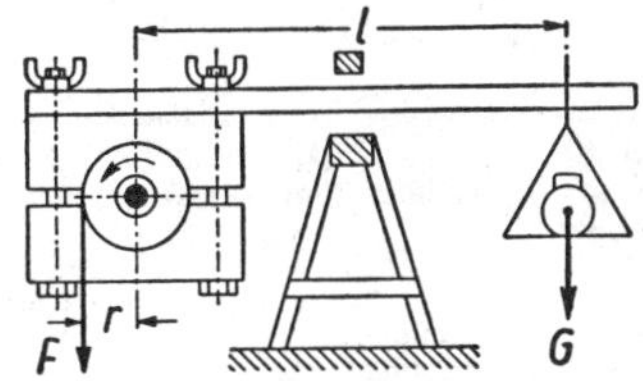

2. **Beispiel:** Zur Ermittlung der kW-Nutzleistung eines Motors wird ein Pronyscher Zaum (Bremsdynamometer) von l = 2,25 m Hebellänge mit G = 81 kp belastet. Drehzahl n = 120 je Minute. kW-Zahl = ? Der Hebel ist ausbalanciert.

Lösung: $P_e\ \text{in kW} = \frac{G\ \text{in kp} \times \text{Hebel}\ l\ \text{in m} \times n}{975}$

$$= \frac{G \cdot l \cdot n}{975} = \frac{81 \cdot 2{,}25 \cdot 120}{975}\ \text{kW} = \mathbf{22{,}4\ kW}.$$

Die **Nutzleistung** beträgt P_e = **22,4 kW.**

Die mit Hilfe der Indikatordiagramme ermittelte (indizierte) kW-Zahl ist größer. Das Verhältnis

$$\frac{\text{Nutzleistung}}{\text{ermittelte Leistg.}} = \frac{\text{effektive Leistung}}{\text{indizierte Leistung}} = \frac{kW_e}{kW_i} = \frac{P_e}{P_i}$$

ist der **Wirkungsgrad** der Maschine.

Treibt die zu prüfende Kraftmaschine einen Generator, so kann die effektive Leistung aus dessen Wattabgabe berechnet werden.

Bei **Dampfmaschinen** ist $P_e = \frac{A \cdot \eta_m \cdot p_i \cdot c_m}{\mathbf{75}}$ in PS

A = Kolbenfläche auf Deckel- bzw. Kurbelseite in cm^2
η_m = mechanischer Wirkungsgrad
p_i = mittlerer indizierter Dampfdruck in kp/cm^2
c_m = mittlere Kolbengeschwindigkeit in m/s

Bei **Verbrennungsmotoren** ist $P_e = c \cdot V_h \cdot n$ in PS
V_h = ges. Hubvolumen in dm^3 (l); n = Drehzahl/min

Wert c =	0,005	0,0055	0,006	0,0065
bei Verdichtung	1 : 4,5	1 : 5	1 : 5,5	1 : 6

Reibung

A. Gleitreibung

Zur Überwindung des Widerstandes, der durch die Reibung zweier Körper aneinander entsteht, benötigt man eine Kraft, die sog. **Reibungskraft.** Diese ist bei Beginn der Bewegung am größten (Reibung der Ruhe); sie nimmt mit zunehmender Geschwindigkeit der aufeinander gleitenden Körper ab.

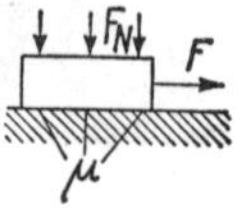

Drückt eine Kraft F_N senkrecht auf eine Unterlage, so ist die **Reibungskraft**

$$F = F_N \cdot \mu \text{ (sprich Mü)}$$

μ ist die **Reibungszahl** der gleitenden Reibung, die je nach Oberflächenbeschaffenheit der aufeinander gleitenden Körper verschieden, aber immer kleiner als 1 ist. (Vgl. Tabelle rechts.)

Die Reibungsarbeit Ar längs des Reibungsweges s ist

$$Ar = \text{Reibungskraft} \times \text{Weg} = F_N \cdot \mu \cdot s$$

Im Gleitlager ist das beim Drehen zu überwindende **Reibungsmoment** Mg = Reibungskraft × Hebelarm:

$$Mg = F_N \cdot \mu \cdot r$$

Die sekundl. Reibungsarbeit, d. h. die durch Reibung verlorene Leistung Pr in kpm beträgt Pr = Reibungskraft × Weg in 1 Sekunde

$$Pr = \frac{F \cdot 2\pi r n}{60} = \frac{F_N \cdot \mu \cdot \pi r n}{30}$$

oder in kW: $Pr = \dfrac{F_N \cdot \mu \cdot \pi r n}{102 \cdot 30}$

Es wird gerechnet r in m, F_N in kp.

B. Rollreibung

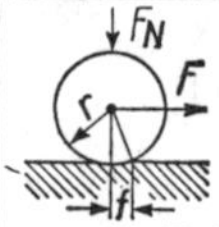

Die Reibungskraft beträgt

$$F = \frac{F_N \cdot f}{r}$$

f = Reibungszahl der Rollreibung in cm.

Reibungsmoment $Mr = \dfrac{F_N \cdot f \cdot r}{r} = F_N \cdot f$

Beispiel: Der Rollwiderstand eines mit 500 kp belasteten Stahlrades von r = 40 cm auf Stahlschiene (f = 0,05) ist bei $v \approx 100$ km/h

$$F = \frac{F_N \cdot f}{r} = \frac{500 \cdot 0{,}05}{40} = \mathbf{0{,}625\ kp}$$

Sekundliche Reibungsarbeit: $Wr = F \cdot \dfrac{2\pi r n}{60}$

$$Wr = \frac{F_N \cdot f}{r} \cdot \frac{2\pi r n}{60} = \frac{F_N \pi f n}{30} \text{ in kpcm} = \left(\frac{F_N \pi f n}{3000} \text{ in kpm}\right)$$

$$Pr = \frac{F_N \cdot \pi \cdot f n}{102 \cdot 3000} = \text{verlorene Leistung in kW.}$$

Aus der Formel $F = \dfrac{F_N \cdot f}{r}$ ist ersichtlich: je größer der **Radius** r, desto kleiner die Kraft F. Handkarren und Rennwagen z. B. haben große Räder, um den Arbeitsaufwand möglichst klein zu machen. Für Stahl auf Stahl ist Reibungsarm f = 0,01 bei $v \approx 10$; 0,02 bei 25; 0,03 bei 50; 0,04 bei 75 km/h.

Der Reibungswiderstand der **Kugel-** und **Rollenlager** wird der Einfachheit halber mit Hilfe der ideellen Reibungszahl μ_i errechnet.

$$F = F_N \cdot \mu_i \text{ (vgl. Tabelle)}$$

$$Pr = \frac{F_N \cdot \mu_i \cdot \pi r_1 n}{102 \cdot 30};$$

verlorene Leistung in kW; r_1 = Abstand von Mitte Welle bis Mitte Kugel oder Rolle.

Beispiel: Ein Transmissionslager ist durch Riemenzug bei n = 250 Uml./min mit F_N = 200 kp belastet. Gesucht die durch Reibung verlorene Leistung a) bei Anwendung von Gleitlagern, b) bei Anwendung von Kugellagern.

a) **Gleitlager** mit μ = 0,04, Wellendurchmesser d = 6 cm, r = 0,03 m.

$$Pr = \frac{F_N \cdot \mu \cdot \pi r n}{102 \cdot 30} = \frac{200 \cdot 0{,}04 \cdot \pi \cdot 0{,}03 \cdot 250}{102 \cdot 30} = \mathbf{0{,}062\ kW}$$

b) **Kugellager** mit μ_i = 0,003, Kugeldurchmesser d = 1 cm, Abstand von Mitte Welle bis Mitte Kugel r_1 = 4 cm = 0,04 m

$$Pr = \frac{200 \cdot 0{,}003 \cdot \pi \cdot 0{,}04 \cdot 250}{102 \cdot 30} = \mathbf{0{,}0062\ kW}$$

Die wichtigsten Reibungszahlen

Werkstoff	Zustand	μ
Gußeisen auf Gußeisen	etwas fettig	≈ 0,15
Gußeisen auf Flußstahl	trocken	0,17···0,18
Gußeisen auf Stahl	trocken	0,16···0,3
Gußeisen auf Hartholz	trocken	0,3 ···0,37
Flußstahl auf Hartholz	trocken	0,4 ···0,5
Stahl auf feinen Sandstein	naß	0,9 ···1,0
Leder auf Gußeisen	trocken	0,3 ···0,36

In Gleit- und Kugellagern ist μ sehr abhängig von der Belastung und Umfangsgeschwindigkeit der Welle. Für überschlägige Rechnung kann mit Sicherheit gesetzt werden:

Stahl in Weißmetall oder Bronze	gut geschmiert	μ = 0,02···0,06
Stahl in Weißmetall oder Bronze	schlecht geschm.	μ = 0,08···0,1
Zapfen in Graugußlagern im Freien	Fettschmierung	μ = 0,1
Kugel- u. Rollenlag.	gut geschmiert	μ_i = 0,001···0,003
Reibungsz. d. rollend. Reibg. f. Stahlräd.		f = 0,01···0,08 cm

Der Reibungswiderstand Fr bei Fahrzeugen setzt sich zusammen aus dem Gleitwiderstand in der Nabe und dem Rollwiderstand des Rades. Es ist (Momente in kpm):

$$Fr = \frac{\text{Gleitreibungsmom. } Mg + \text{Rollreibungsm. } Mr}{\text{Radhalbmesser } R \text{ in m}}$$

Fr gibt in kp die Kraft an, die zur Fortbewegung des Fahrzeuges in der Ebene aufzuwenden ist. Unter Berücksichtigung durchschnittlich auftretender Reibungszahlen und normaler Räder sind für Straßenfuhrwerke mit stählernen Radreifen und Schienenfahrzeuge Gesamtreibungszahlen μ_1 aufgestellt für überschlägige Berechnung des Gesamtwiderstandes Fr (siehe Tabelle): $Fr = F_N \cdot \mu_1$

Für Steigungen: $Fr = F_N (\mu_1 + s)$

s = Steigung in m auf 1 km (= ‰), z.B. 4 m Steigung auf 1 km ergibt s = 0,004 = 4 : 1000.

1. Beispiel: Ein 20-t-Güterwagen braucht auf einer Steigung von 3‰ eine Zugkraft

$$F = 20\,000\,(0{,}0025 + 0{,}003) = \mathbf{110\ kp}$$

2. Beispiel: Ein 40 Zentner schweres Fuhrwerk braucht auf ebener, guter Schotter-Landstraße eine Zugkraft $F = 40 \cdot 50 \cdot 0{,}03$ = 60 kp. Bei einer Geschwindigkeit von v = 4 km/h = $\dfrac{4}{3{,}6}$ = 1,1 m/s ist die anzuwendende Leistung

$$P = \frac{F \cdot v}{102} = \frac{60 \cdot 1{,}1}{102} \approx \mathbf{0{,}65\ kW}$$

Werte μ_1 der Gesamtreibung für Straßenfuhrwerke und Eisenbahnen	μ_1
Eisenbahngeleise (geringe Geschwindigkeit)	0,0025
Gute Asphaltstraße	0,010
Gutes Steinpflaster	0,018
Schlechtes Steinpflaster (Kopfsteinpflaster)	0,040
Gute Schotter-Landstraße	0,030
Schlechte, ausgefahrene Schotter-Landstraße (bei Regen)	0,050
Trockener, fester u. guter Erdweg	0,050
Gewöhnlicher Erdweg	0,100
Sandweg (loser Sand)	0,150
Gummibereifung auf Asphalt	0,021···0,031

Bei Eisenbahnzügen erhöht sich der Fahrwiderstand um den Wind- und Krümmungswiderstand; im allgemeinen rechnet man F = 4 kp für 1 Mp der Gesamtlast

Gesamtreibung eines Kahnes auf ruhigem Wasser bei geringer Geschwindigkeit etwa μ_1 = 0,0004.

Festigkeitslehre

Die Festigkeit der Werkstoffe beruht auf der **Kohäsionskraft** (inneren Bindungskraft), **welche die Moleküle** (kleinsten Teile) **des Stoffes** (Stein, Mörtel, Stahl usw.) **zusammenhält.** Dieser innere Zusammenhalt (Kohäsion) kann gestört werden durch **Erhitzen** (Schmelzen von Metall), **Verwittern** (Eindringen und Gefrieren von Wasser in Steinritzen) oder, was für **Festigkeitsberechnungen** die Grundlage ist, **durch Einwirken äußerer Kräfte** (Druck, Zug, Biegung, Abscherung, Drehung) **auf einen Bauteil oder ein Werkstück** (Mauer, Zugstange, Balken, Niet, Welle), so daß **innere Spannungen** im Werkstück entstehen, welche die **Bindungskraft** der Moleküle **schwächen oder zerstören.**

Zug-, Druck- und Biegungsspannungen wirken senkrecht (normal) zum **gefährdeten Querschnitt** des Werkstücks. Man bezeichnet sie mit σ_z (sprich Sigma-Zug), σ_d (Sigma-Druck), σ_b (Sigma-Biegung).

Schub-, Scher-, Drehungs- oder Torsionsspannungen wirken im oder parallel zum gefährdeten Querschnitt. Man bezeichnet sie mit τ (sprich Tau) und nennt sie **Schub- oder Tangentialspannungen.**

Mit **Elastizität** bezeichnet man das Bestreben eines durch eine Kraft (Belastung) vorübergehend verformten (gebogenen) Körpers (Stab, Welle, Brücke), nach Aufhören der Kraftwirkung wieder in seine frühere Form (und Lage) zurückzukehren. Überschreitet die Beanspruchung die **Elastizitätsgrenze** des Werkstoffes, so kehren die Teilchen des Körpers nicht in ihre vorherige Form und Lage zurück; es tritt **dauernde Formänderung** ein.

Bau- und Maschinenteile dürfen weder bis zur Elastizitäts- noch bis zur **Bruchgrenze** beansprucht werden. Die **Bruchfestigkeiten** der einzelnen Baustoffe sind sehr verschieden groß und durch Versuche ermittelt worden. Das Verhältnis von **zulässiger Beanspruchung zur Bruchbeanspruchung** eines Werkstoffes nennt man **Sicherheitsbeiwert** ν. — Die Beanspruchung wird in kp/cm², seltener in kp/mm² eingesetzt. — Beträgt bei einem Werkstoff die Bruchbeanspruchung 4000 kp/cm², die zulässige Beanspruchung 800 kp/cm² des Werkstoffquerschnittes, so ist dem nach der Sicherheitsbeiwert $\nu = 800 : 4000 = 1 : 5$; die **Sicherheit** ist **5fach.**

Bei Bauten (Gebäuden, Brücken) befinden sich die auftretenden Kräfte im Gleichgewicht, z. B. **Mauergewicht = Gegendruck des Fundaments** (Stützdruck). Die Teile sind **statisch** beansprucht.

Im Maschinenbau dagegen (z. B. Kolbenstange) wirken wechselnde Kräfte in Bewegung. Die Teile werden **dynamisch** beansprucht. Bei dynamischer Beanspruchung ist nur eine geringere Beanspruchung σ bzw. τ zulässig; die Sicherheit muß also größer sein als bei statischer Beanspruchung.

1. Zugfestigkeit

Die äußeren Kräfte wirken in der Längsrichtung des Körpers und suchen ihn zu strecken oder zu zerreißen; es treten **Zugspannungen** auf. Zum Beispiel: Zugstange, Seil, Kette.

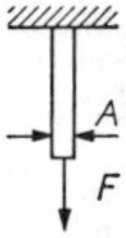

Es bedeuten: F = ziehende Kraft in kp, A = Größe des kleinsten Querschnittes in cm², σ_z = zulässige Beanspruchung in kp/cm².

Dann ist $F = A \cdot \sigma_z$ oder $A = \frac{F}{\sigma_z}$ oder $\sigma_z = \frac{F}{A}$

Beispiel: Die runde Zugstange eines Dachbinders aus Handelsbaustahl hat F = 15 000 kp zu übertragen. Gesucht wird der erforderliche Stangenquerschnitt A bei σ_z = 1400 kp/cm²

Lösung: $A = \frac{F}{\sigma_z} = \frac{15\,000\text{ kp}}{1400\text{ kp/cm}^2} = \mathbf{10{,}714\text{ cm}^2} = \frac{\pi \cdot d^2}{4}$

Als nächster Wert findet sich in Spalte 10 der Seite 15 $\frac{\pi \cdot d^2}{4}$ = 1075,21 und in Spalte 1 d = **37** mm.

Gewählt: d = **40 mm** mit A = 12,57 cm² (S. 15).
Dann ist σ_z = 15 000 kp : 12,57 cm² = **1193 kp/cm².**

2. Druckfestigkeit

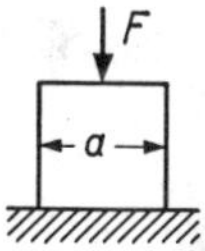

Die äußeren Kräfte wirken in der Längsrichtung des Körpers und suchen ihn zu zerdrücken; es treten **Druckspannungen** auf (Fundament, Pfeiler, Säule, Pfosten, Tragfüße).

Es bedeuten: F = drückende Kraft in kp, A = kleinster Querschnitt in cm², σ_d = zulässige Beanspruchung in kp/cm². Berechnung bei Druck: $F = A \cdot \sigma_d$ oder $A = F : \sigma_d$ oder $\sigma_d = F{:}A$.

1. Beispiel: Ein kurzer Fundamentpfeiler aus Mauerziegel Mz 100 in KZ-Mörtel soll mit F = 10 000 kp belastet werden. Nach S. 69 ist zulässig σ_d = 9 kp/cm². Gesucht Pfeilerquerschnitt A und Quadratseite a.

Lösung: $A = F : \sigma_d$ = 10 000 kp : 9 kp/cm² = **1111 cm².**
$a = \sqrt{A} = \sqrt{1111\text{ cm}^2}$ = 33,3 cm; ausgeführt **36,5 cm.**

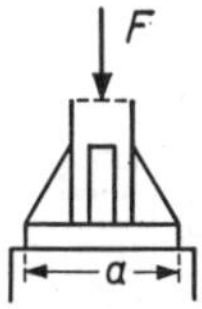

2. Beispiel: Eine Säule mit quadratischem Fuß ist mit F = 8500 kp belastet und ruht auf Ziegelmauerwerk. Fußbreite a = 40 cm. Gesucht die auftretende Druckbeanspruchung.

Lösung: A = 40² cm² = 1600 cm².
$\sigma_d = \frac{F}{A} = \frac{8500\text{ kp}}{1600\text{ cm}^2}$ = 5,31 kp/cm².
Nach S. 69 ist dieser Wert klein genug (zulässig 6 kp/cm²).

3. Beispiel: Berechne, mit wieviel kp/cm² der Säulenschnitt (Gußeisen) belastet ist, wenn der Außendurchmesser D = 100 mm und der Innendurchmesser d = 85 mm betragen. (Gegebene Last F = 8500 kp.)

Lösung: $\frac{\pi \cdot D^2}{4} = \frac{\pi \cdot 10^2\text{ cm}^2}{4}$ = (S. 7) 78,54 cm²
$\frac{\pi \cdot d^2}{4} = \frac{\pi \cdot 8{,}5^2\text{ cm}^2}{4}$ = 56,75 cm² —
Querschnitt A = 21,79 cm² ≈ **21,8 cm²**
$F : A = \sigma_d$; 8500 kp : 21,8 cm² ≈ **390 kp/cm²** beträgt die Beanspruchung. Zulässig sind nach DIN 1051 bis 900 kp/cm².

3. Schub- oder Scherfestigkeit

Die äußeren Kräfte haben das Bestreben, 2 benachbarte Querschnitte eines Körpers gegeneinander zu verschieben: es treten Schubspannungen oder Scherspannungen τ_a auf.

Beispiel: Eine Hängewerksstrebe überträgt unter α = 36° die Stabdruckkraft S = 10 000 kp. Für Tannenholz längs der Faser ist τ_a = 9 kp/cm² zulässig. Breite b = 22 cm. Vorholzlänge l_v = ? cm.

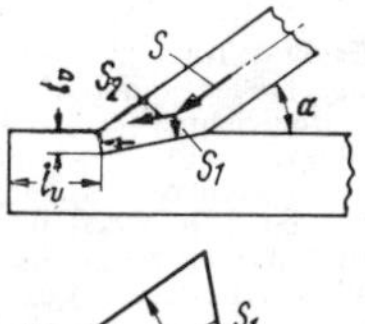

Lösung: Kraft S ist zu zerlegen (Kräftedreieck).

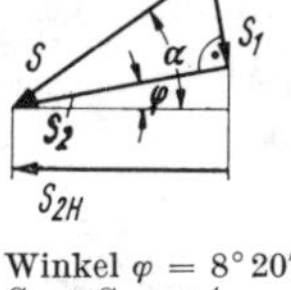

Vorsatztiefe tv zul = h : 4 = 260 mm : 4 = 65 mm

$\sin\varphi = \frac{tv \cdot \sin\alpha}{h} = \frac{65 \cdot 0{,}5878}{260} = 0{,}145$

Winkel $\varphi = 8°\,20'$
$S_2 = S \cdot \cos(\alpha - \varphi) = S \cdot \cos 31°\,40'$ = 10 000 kp · 0,8511 = 8511 kp
$S_{2H} = S_2 \cdot \cos\varphi$ = 8511 kp · 09894 = **8420 kp**

R e c h n e r i s c h e L ö s u n g: Die Scherfläche $A = l_V \cdot b$ ist ein Rechteck. Balkenbreite b = 22 cm ist bekannt. Vorholzlänge l_V muß berechnet werden.
$A = S_{2H} : \tau a = 8420\,\text{kp} : 9\,\text{kp/cm}^2 = 936\,\text{cm}^2$. Demnach ist $l_V = A : b = 936\,\text{cm}^2 : 22\,\text{cm} \approx$ **42,54 cm** auszuführen.

Niet- und Schraubenverbindungen

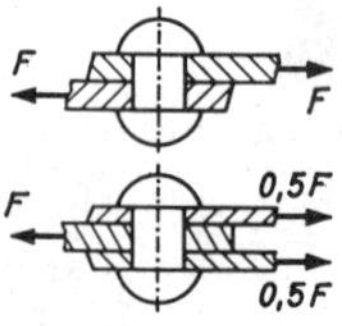

Niete und Schrauben werden zur Verbindung von Bauteilen verwendet. Außer Kraftniete für die Übertragung von Kräften unterscheidet man noch Heft-, Dichtungs- und Kesselniete. Berechnung der Kraftniete und Schrauben nach DIN 1050. Es gibt ein-, zwei- und mehrschnittige Verbindungen (s. nebenst. Abb.). Einschnittige Verbindungen eignen sich nur für die Übertragung kleinerer Kräfte. Bei der Berechnung ist außer der Abscherung noch der Lochleibungsdruck zu berücksichtigen.

Die Tragfähigkeit F_a auf Abscheren und F_l auf Lochleibungsdruck beträgt:

$$F_{a_1} = \frac{\pi \cdot d^2 \text{ zul } \tau_a}{4} \text{ (einschn.)}$$

$$F_{a_2} = 2\,\frac{\pi \cdot d^2 \text{ zul } \tau a}{4} \text{ (zweischn.)}$$

$F_l = d \cdot s \cdot \text{zul}\ \sigma_l$ (s = min Blechdicke)

Für die Nietanzahl ist der kleinere Wert maßgebend.
Nietanzahl $n = F : \min F$

Im allgemeinen sind einschnittige Verbindungen auf Abscheren und zweischnittige auf Lochleibungsdruck zu berechnen. Bei Kraftniete mind. 2 Stück vorsehen.

B e i s p i e l: Ein Stück Flachstahl ist durch 4 Niete an ein Blech angeschlossen. Zu übertragende Zugkraft $F = 4200$ kp.

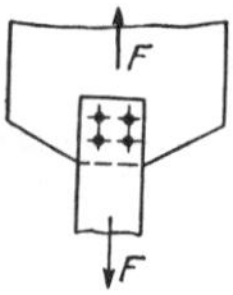

Gesucht: Nietdurchmesser d.
$\tau_a = 1400\,\text{kp/cm}^2$.

L ö s u n g: $A = \frac{F}{\tau_a} = \frac{4200\,\text{kp}}{1400\,\text{kp/cm}^2} =$ 3 cm² für 4 Niete, demnach für 1 Niet $= 3\,\text{cm}^2 : 4 = 0{,}75\,\text{cm}^2$. Der erforderliche Nietdurchmesser ist 1,0 cm = **10 mm,** Nietlochdurchmesser = **11 mm.**

4. Biegungsfestigkeit

Die Kräfte wirken senkrecht oder schräg zur Längsrichtung des Balkens derart, daß der Balken auszubiegen sucht. Es treten **Biegungsspannungen** auf, d. h., der Körper erleidet in seinem oberen Teil Druckspannungen, in seinem unteren Zugspannungen. Die Kraft F erzeugt in dem Körper ein **Biegungsmoment.** Das **Widerstandsmoment** ist das Maß für den durch das Biegungsmoment hervorgerufenen Widerstand der einzelnen Querschnitte der Balken, Unterzüge, Träger, Achsen.

Berechnung der Auflagerkräfte

Wird ein auf 2 Stützen ruhender Träger oder Balken durch eine oder mehrere Kräfte ungleichmäßig beansprucht, so werden sich diese Kräfte auf die beiden Auflager A und B entsprechend verteilen. Man errechnet die Auflagerkraft, indem man jede Kraft mit ihrer Entfernung bis zum andern Auflager malnimmt, diese Werte zusammenzählt und das Resultat durch die freitragende Länge des Trägers oder Balkens teilt.

Bei einer Einzelkraft ergibt sich folgende Berechnung:

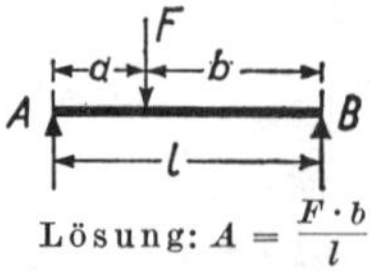

$$A = \frac{F \cdot b}{l} \text{ oder } B = \frac{F \cdot a}{l}$$

Gegeben: F = 3000 kp;
l = 5,00 m;
a = 2,00 m;
b = 3,00 m.

L ö s u n g: $A = \frac{F \cdot b}{l} = \frac{3000\,\text{kp} \cdot 300\,\text{cm}}{500\,\text{cm}} = 1800\,\text{kp}$

$$B = \frac{F \cdot a}{l} = \frac{3000\,\text{kp} \cdot 200\,\text{cm}}{500\,\text{cm}} = 1200\,\text{kp}$$

Die Summe der Auflagerkräfte A und B ist gleich der Summe aller Kräfte, also **Probe:** $A + B = F$; 1800 kp + 1200 kp = 3000 kp.

Berechnung des größten Biegungsmoments max*M*

Das größte Moment befindet sich im Angriffspunkt der Last F. $\max M = A \cdot a$.
Für A wird $\frac{F \cdot b}{l}$ eingesetzt.

$$\max M = \frac{F \cdot b \cdot a}{l} = \frac{3000\,\text{kp} \cdot 300\,\text{cm} \cdot 200\,\text{cm}}{500\,\text{cm}} =$$

360 000 kpcm.

Berechnung des größten Widerstandsmomentes *W*

Gegeben: zulässige Biegungsbeanspruchung
$\sigma_B = 1400\,\text{kp/cm}^2$ (Baustahl)

Grundformel: $W = \frac{\max M}{\sigma_B} = \frac{360000\,\text{kpcm}}{1400\,\text{kp/cm}^2} = 257\,\text{cm}^3$.

Gewählt wird **I** 220 mit Wx = 278 cm³. (Siehe S. 98).

Bei mehreren Kräften ergeben sich die Auflagerkräfte

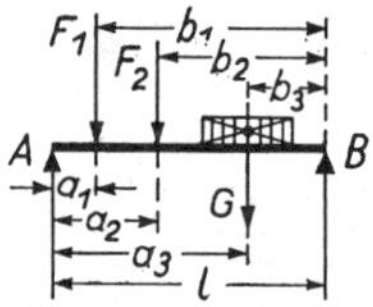

$$A = \frac{F_1 \cdot b_1 + F_2 \cdot b_2 + G \cdot b_3}{l}$$

$$B = \frac{F_1 \cdot a_1 + F_2 \cdot a_2 + G \cdot a_3}{l}$$

Bemerkung: Bei kürzeren Streckenlasten (G) wird eine gleich große Einzellast in der Mitte der Streckenlast angreifend angenommen.

Zeichnerische Ermittlung von *A*, *B* und der Lage des gefährdeten Querschnitts.

Gegeben: F_1 = 200 kp; F_2 = 465 kp; F_3 = 230 kp; a_1 = 2 m; a_2 = 4,50 m; a_3 = 8,70 m; l = 12 m.

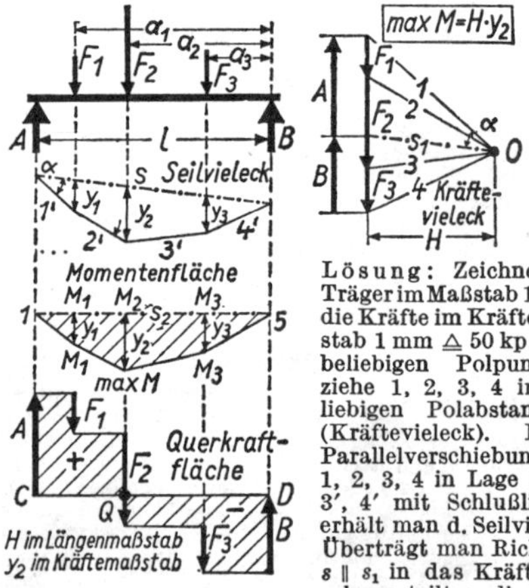

L ö s u n g: Zeichne den Träger im Maßstab 1:500, die Kräfte im Kräftemaßstab 1 mm ≙ 50 kp. Vom beliebigen Polpunkt 0 ziehe 1, 2, 3, 4 im beliebigen Polabstand H (Kräftevieleck). Durch Parallelverschiebung von 1, 2, 3, 4 in Lage 1′, 2′, 3′, 4′ mit Schlußlinie s erhält man d. Seilvieleck. Überträgt man Richtung $s \parallel s_1$ in das Kräftevieleck, so teilt s_1 die Kraft $F_1 + F_2 + F_3$ in Auflagerkräfte A und B (je 1 mm ≙ 50 kp). Legt man s_3 als Schlußlinie waagerecht, so erhält man die **Momentenfläche.** Die **Querkraftfläche** zeigt die Verteilung aller senkrecht zur Längsachse des Trägers wirkenden Kräfte (Querkräfte). Der gefährdete Querschnitt liegt dort, wo die Querkraft gleich Null ist, bzw. ihr Vorzeichen ändert (Punkt Q). Rechnerisch: $\max M = H \cdot y_2$. (H im Längenmaßstab, y_2 im Kräftemaßstab) (≙ entspricht).

Festigkeitslehre			Belastungsfälle (Biegungsfestigkeit*)		
	Belastungsfall	Auflagerkräfte A und B Widerstandsmomente W Durchbiegung f		Belastungsfall	Auflagerkräfte A und B Widerstandsmomente W Durchbiegung f
1.	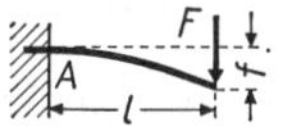	$A = F$; $W = \frac{F \cdot l}{\sigma_b}$; $f = \frac{F \cdot l^3}{3E \cdot J}$	10.	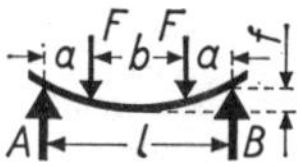 $A=B=F$	$F = \frac{W \cdot \sigma_b}{a}$; $W = \frac{F \cdot a}{\sigma_b}$; $f = \frac{F \cdot a(8a^2+12ab+3b^2)}{24E \cdot J}$
2.	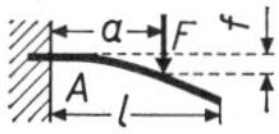	$A = F$; $W = \frac{F \cdot a}{\sigma_b}$; $f = \frac{F \cdot a^3}{3E \cdot J}$	11.	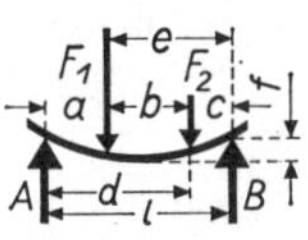 Das größte W ist zu berücksichtigen	$A = \frac{F_1 \cdot e + F_2 \cdot c}{l}$; $W_1 = \frac{A \cdot a}{\sigma_b}$; $B = \frac{F_1 \cdot a + F_2 \cdot d}{l}$; $W_2 = \frac{B \cdot c}{\sigma_b}$; $f = \frac{(F_1 \cdot a + F_2 \cdot c) \cdot (x)}{48 \cdot E \cdot J}$; $(x) = (8ac+6ab+6bc+3b^2)$
3.	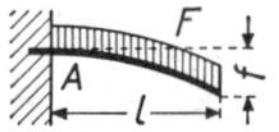	$A = F$; $W = \frac{F \cdot l}{2\sigma_b}$; $f = \frac{F \cdot l^3}{8E \cdot J}$	12.	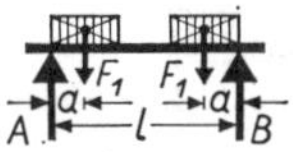	$A = B = F_1$; $W = \frac{F_1 \cdot a}{\sigma_b}$
4.	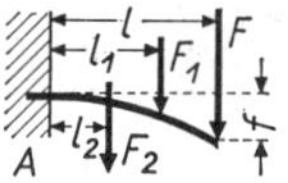	$A = F + F_1 + F_2$; $W = \frac{F \cdot l + F_1 \cdot l_1 + F_2 \cdot l_2}{\sigma_b}$; $f = \frac{F \cdot l^3 + F_1 \cdot l_1^2 \cdot l + F_2 \cdot l_2^2 \cdot l}{3E \cdot J}$	13.	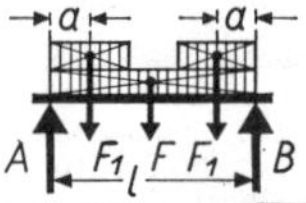	$A = B = \frac{F}{2} + F_1$; $W = \frac{F \cdot l + 8F_1 \cdot a}{8 \cdot \sigma_b}$
5.	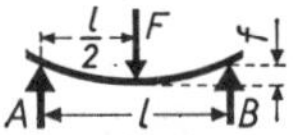	$A = B = \frac{F}{2}$; $W = \frac{F \cdot l}{4\sigma_b}$; $f = \frac{F \cdot l^3}{48E \cdot J}$	14.	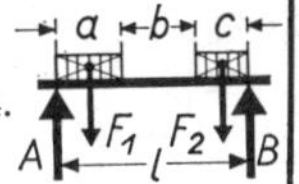	$A = \frac{F_1 \cdot (0{,}5a+b+c) + F_2 \cdot 0{,}5c}{l}$; $B = \frac{F_1 \cdot 0{,}5a + F_2 \cdot (a+b+0{,}5c)}{l}$; $W_1 = \frac{A^2 \cdot a}{2 \cdot F_1 \cdot \sigma_b}$; $W_2 = \frac{B^2 \cdot c}{2 \cdot F_2 \cdot \sigma_b}$
6.	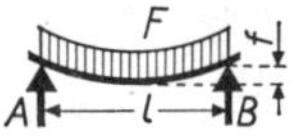	$A = B = \frac{F}{2}$; $W = \frac{F \cdot l}{8\sigma_b}$; $f = \frac{5F \cdot l^3}{384E \cdot J}$	15.	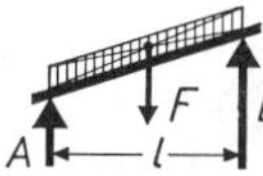	Treppen-Wangenträger: $A = B = \frac{F}{2}$ bis 30° Steigung ; $W = \frac{F \cdot l}{8 \cdot \sigma_b}$ (angenähert)
7.	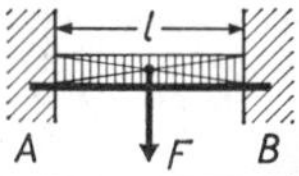	Eingespannter Träger: $A = B = \frac{F}{2}$; $W = \frac{F \cdot l}{12\sigma_b}$; $f = \frac{F \cdot l^3}{384E \cdot J}$	16.	Krangleisträger a unveränderlich; x veränderlich zwischen 0 u. $\frac{1}{2}l$ 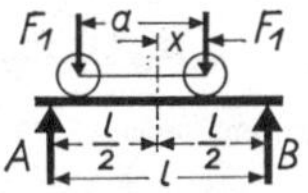	Auflagerkräfte für $x = \frac{a}{4}$; $A = F_1 \cdot \frac{2l+a}{2l}$; $B = F_1 \cdot \frac{2l-a}{2l}$; $M_{max} = \frac{F_1}{8l} \cdot (2l-a)^2$
8.	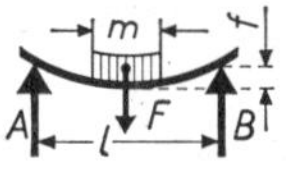	$A = B = \frac{F}{2}$; $W = \frac{F \cdot (2l-m)}{8 \cdot \sigma_b}$; $f = \frac{F \cdot l^3}{\left(48 + \frac{29m}{l}\right) \cdot E \cdot J}$			
9.	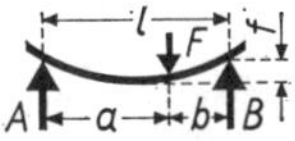	$A = \frac{F \cdot b}{l}$; $B = \frac{F \cdot a}{l}$; $W = \frac{F \cdot a \cdot b}{l \cdot \sigma_b}$; $f = \frac{F \cdot a^2 \cdot b^2}{3E \cdot J \cdot l}$			

l = freie Länge in cm (Stützweite); Bei $l > 7$ m ist f nachzurechnen: gefordert $f < l : 500$.
W = Widerstandsmoment in cm³, von Form und Größe des Querschnitts abhängig;
σ_b = zulässige Beanspruchung in kp/cm²;
M_b = Biegungsmoment in kpcm.
F, F_1 und F_2 = Einzellasten und gleichmäßig verteilte Lasten (Streckenlasten) in kp;
A und B = Auflagerkräfte in kp; J = Trägheitsmoment in cm⁴; E = Elastizitätsmodul in kp/cm².

Beispiel: Ein Balkonträger (Ausleger-Freiträger), 1,00 m freitragend, trägt an seinem freien Ende eine Einzellast von 2000 kp. Welches Trägerprofil (NP) ist erforderlich?

Lösung: Nach Belastungsfall 1 ist: $W = F \cdot l : \sigma_b = 2000 \text{ kp} \cdot 100 \text{ cm} : 1200 \text{ kp/cm}^2 = 166{,}67 \text{ cm}^3$. Nach Tabelle S. 98 wird gewählt I 200 mit $W_x = 214$ cm³ oder [200 mit $W_x = 191$ cm³. (Prüfe, welches Profil leichter und daher billiger ist!)

Beispiel: Ein I-Träger ($\sigma_b = 800$ kp/cm²) ist mit $F = 1000$ kp belastet als
a) Freiträger mit 3 m = 300 cm Ausladung. Abb. 1.
b) Träger auf 2 Stützen. l = 3 m. Abb. 5.
Gesucht: Profilgröße des I-Stahls und Durchbiegung f.

Lösung: a) $W = \frac{F \cdot l}{\sigma_b} = \frac{1000 \text{ kp} \cdot 300 \text{ cm}}{800 \text{ kp/cm}^2} = 375 \text{ cm}^3$.
Es wird gewählt **I 260** mit $W_x = 442$ cm³. Durchbiegung $f = \frac{F \cdot l^3}{3 \cdot E \cdot J} = \frac{1000 \text{ kp} \cdot 300^3 \text{ cm}^3}{3 \cdot 2\,100\,000 \text{ kp/cm}^2 \cdot 5740 \text{ cm}^4} = 0{,}747 \text{ cm} \approx$ **7,5 mm.**

b) $W = \frac{F \cdot l}{4\sigma_b} = \frac{1000 \text{ kp} \cdot 300 \text{ cm}}{4 \cdot 800 \text{ kp/cm}^2} = 93{,}7 \text{ cm}^3$. Es wird gewählt **I 160** mit $W_x = 117$ cm³. $f = \frac{F \cdot l^3}{48 E \cdot J} = \frac{1000 \text{ kp} \cdot 300^3 \text{ cm}^3}{48 \cdot 2\,100\,000 \text{ kp/cm}^2 \cdot 935 \text{ cm}^4} = 0{,}286 \text{ cm} \approx$ **3 mm.**

*) Bei Stahlträgern $l > 7$ m wird der Nachweis der Durchbiegung $f < 0{,}002\,l$ gefordert.

5. Knickfestigkeit

Bei schlanken Stäben, die in Richtung der Stabachse auf Druck beansprucht werden, entsteht senkrecht zur Ebene des kleinsten Trägheitsmomentes Knickgefahr. Man unterscheidet 4 Hauptknickfälle, von denen Fall II im Hoch- und Tiefbau am häufigsten vorkommt.

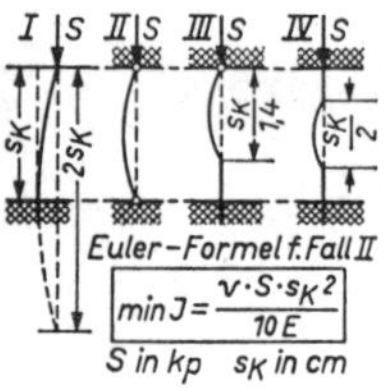

Fall I Ein Stabende ist eingespannt, das andere frei beweglich.

Fall II Beide Stabenden sind beweglich gelagert, aber in der Stabachse geführt.

Fall III Ein Ende ist eingespannt, das andere beweglich und in der Stabachse geführt.

Fall IV Beide in der Stabachse geführte Enden sind fest eingespannt.

Als Knicklängen sind in den Berechnungen einzusetzen:

a) Bei Pfosten und Säulen die wahre Länge vom Fuß bis zum Kopf.

b) Bei mehrgeschossigen, deckenversteiften Stützen die Geschoßhöhe.

c) Bei Fachwerkstäben die Netzlinien von Knotenpunkt zu Knotenpunkt.

Die Querschnitte für Knickstäbe können entweder überschläglich nach Gebrauchsformeln ermittelt oder nach DIN 4114 über die Stabkennzahl ζ (Zeta) direkt bemessen werden.

Der Spannungsnachweis ist in jedem Falle nach dem ω-Verfahren (Omega-Verfahren) durchzuführen.

Durch das ω-Verfahren wird die Knickberechnung auf einfache Druckbeanspruchung zurückgeführt.

Grundformel bei mittiger Belastung:

$$\sigma_{vorh} = \frac{S \cdot \omega}{A} \leqq \sigma_{zul}$$

Grundformel bei außermittiger Belastung:

$$\sigma_{vorh} = \frac{S \cdot \omega}{A} + \frac{M}{W} \leqq \sigma_{zul}$$

Die Stablast S wird mit dem Knickbeiwert multipliziert und das Ergebnis durch die Querschnittsfläche dividiert. ω richtet sich nach dem Schlankheitsgrad λ (sprich Lambda) und dem Baustoff (s. Tabelle 1 u. 2, S. 63).

Ist J_{min} das kleinste Trägheitsmoment in cm^4, A der ungeschwächte Stabquerschnitt in cm^2, $i = \sqrt{J : A}$ der Trägheitshalbmesser in cm, s_K die Knicklänge in cm, so wird der Schlankheitsgrad $\lambda = s_K : i$. Für λ sucht man aus Tabelle 1 oder 2 Seite 63 den entsprech. ω-Wert.

Zulässige Schlankheitsgrade:

Baustahl im Hochbau und bei Kränen $\lambda \leqq 250$, Baustahl im Brückenbau $\lambda \leqq 150$, Grauguß $\lambda \leqq 100$, Holz $\lambda \leqq 150$

Tabelle 1 Gebrauchsformeln

Baustoff	E kp/cm^2	ν	Fall II J_{min} =	Anzuwenden bei
Nadelholz	100 000	4	$40\,S \cdot s_K^2$	$\lambda > 100$
Grauguß	1 000 000	6	$6\,S \cdot s_K^2$	$\lambda > 80$
Baustahl 37	2 100 000	2,5	$1{,}2\,S \cdot s_K^2$	$\lambda > 103{,}9$
Baustahl 52	2 100 000	2,5	$1{,}2\,S \cdot s_K^2$	$\lambda > 84{,}8$

Bei Fall I Ergebnis mit 4 malnehmen. ν = Sicherheit S in Mp, s_K in m, min$J$ in cm^4, E = Elastizitätsmodul.

Tabelle 2 Querschnittszahlen $Z = A : i^2$ (Mittelwerte)

Querschnitt	I	II	IPB	[	[]	T	L	┐┌	L
Z =	11	1	4	7	1,2	5,5	6	5	7

1. Beispiel: Ein quadratischer Holzstiel mit $s_K = 3$ m und $S = 4$ Mp ist zu bemessen.

Lösung: $J_{min} = 40\,S \cdot s_K^2 = 40 \cdot 4 \cdot 3^2 = 1440\ cm^4$

Gewählt: 12/12 cm mit $J_y = 1728\ cm^4$, $A = 144\ cm^2$, $i_y = 3{,}47$ cm

$\lambda = s_K : i = 300 : 3{,}47 = 86$; $\omega = 2{,}34$

$\sigma_{vorh} = S \cdot \omega : A = 4000\ kp \cdot 2{,}34 : 144\ cm^2 = 65\ kp/cm^2 < 85$

2. Beispiel: Fachwerkstab mit $S = -3{,}5$ Mp (Druck) und $s_K = 1{,}6$ m ist aus L-Stahl herzustellen.

Lösung: $J_{min} = 1{,}2\ S \cdot s_K^2 \Rightarrow 1{,}2 \cdot 3{,}5 \cdot 1{,}6^2 = 10{,}8\ cm^4$

Gewählt: L-Stahl $60 \times 60 \times 8$ mit $J_{min} = 12{,}1\ cm^4$, $A = 9{,}03\ cm^2$, $i = 1{,}16$ cm

$\lambda = s_K : i = 160 : 1{,}16 = 138$; $\omega = 3{,}22$

$\sigma_{vorh} = S \cdot \omega : A = 3500\ kp \cdot 3{,}22 : 9{,}03\ cm^2 = 1250\ kp/cm^2 < 1400$

Bemessung von Querschnitten mit Hilfe der Stabkennzahl ζ (Zeta) nach der Formel

$$\zeta = s_K \sqrt{\frac{Z \cdot \sigma_{zul}}{S}}$$ s_K in cm, σ_{zul} in Mp/cm^2, S in Mp

Für die Stabkennzahl werden nach Tabelle 3, Seite 63, die entsprechenden Knickbeiwerte ω entnommen oder errechnet und der Querschnitt nach folgender Formel ermittelt:

$$A_{erf} = \frac{S \cdot \omega}{\sigma_{zul}}$$

3. Beispiel: Stütze aus U-Stahl mit $s_K = 4$ m sei mit $S = 10$ Mp mittig belastet. Welches Profil ist zu wählen?

Lösung: Querschnittszahl Z für [-Profil nach Tabelle 2 = 7

$$\zeta = s_K \sqrt{\frac{Z \cdot \sigma_{zul}}{S}} = 400 \sqrt{\frac{7 \cdot 1{,}4}{10}} = 400 \sqrt{0{,}98} = 400 \cdot 0{,}99 = 396$$

Nach Tabelle 3 Seite 63 ist $\omega = \zeta : 76{,}95 = 396 : 76{,}95 = 5{,}15$

$$A_{erf} = \frac{S \cdot \omega}{\sigma_{zul}} = \frac{10\,000\ kp \cdot 5{,}15}{1400\ kp/cm^2} = 36{,}8\ cm^2$$

Gewählt: [220 mit $A = 37{,}4\ cm^2$, $i_y = 2{,}30$ cm

$\lambda = s_K : i = 400 : 2{,}30 = 174$; $\omega = 5{,}11$

$\sigma_{vorh} = S \cdot \omega : A = 10\,000\ kp \cdot 5{,}11 : 37{,}4\ cm^2 = 1370\ kp/cm^2 < 1400$

Tragfähigkeit von Knickstäben

Breitflanschiger I-Stahl

s_K in m	IB-Profile 100	IB-Profile 120	IB-Profile 140	IB-Profile 160	IPB-Profile 180	IPB-Profile 200	IPB-Profile 220	IPB-Profile 240
	Zulässige Stablast S in Mp bei $\sigma = 1400\ kp/cm^2$							
2,50	18,7	28,7	40,7	59,1	73,7	96,5	109	136
2,60	17,8	27,8	39,6	57,8	72,5	94,9	107	134
2,70	17,5	26,6	38,4	56,6	71,4	94,1	107	134
2,80	16,0	25,8	37,4	55,4	69,8	92,6	105	132
3,00	13,8	24,0	35,0	52,5	67,7	89,8	103	129
3,25	11,8	21,7	32,6	49,6	64,9	86,4	99,6	126
3,50	10,1	18,6	30,0	46,2	61,4	82,7	95,9	122
3,75	8,8	16,2	27,8	43,2	58,3	79,3	93,1	119
4,00	7,7	14,2	24,5	40,2	54,8	75,7	88,6	115
4,50	6,1	11,2	19,4	34,2	49	68,5	81,8	106

Nadelholz

s_K in m	Kleinste Kantholzseite bzw. Rundholz-Ø in cm 12	14	16	18	20	22	24	26
	Zulässige Stablast S in Mp*							
2,5 □	6,30	9,94	14,5	19,9	26,1	32,9	40,4	48,6
3,0	4,97	8,33	12,5	17,4	23,2	30,2	37,1	45,6
3,5	4,00	6,77	10,5	15,1	20,7	27,0	34,4	42,2
4,0	3,08	5,64	8,8	13,1	18,3	24,3	30,9	38,3
4,5	2,41	4,50	7,4	11,2	15,9	21,5	28,1	35,4
2,5 ○	4,99	8,09	12,1	16,8	22,5	28,7	35,7	43,3
3,0	3,84	6,48	11,1	14,4	19,7	25,5	32,5	40,1
3,5	2,85	5,23	8,20	12,1	17,0	22,5	29,2	36,1
4,0	2,14	4,02	6,83	10,2	14,5	19,6	25,6	32,4
4,5	1,70	3,14	5,35	8,65	12,4	17,0	22,7	29,2

*Bei Kantholz $\sigma = 85\ kp/cm^2$, bei Rundholz $\sigma = 85\ kp/cm^2 + 20\% = 102\ kp/cm^2$

Tafel 1 Knickbeiwerte ω nach DIN 4114 (Feb. 53) für Baustahl											
λ	St 37 ω	St 52 ω	λ	St 37 ω	St 52 ω	λ	St 37 ω	St 52 ω	λ	St 37 ω	St 52 ω
0	1,00	1,00	74	1,46	1,66	105	2,00	2,79	136	3,12	4,69
10	1,00	1,00	75	1,48	1,68	106	2,02	2,85	137	3,17	4,75
20	1,04	1,06	76	1,49	1,70	107	2,05	2,90	138	3,22	4,82
30	1,08	1,11	77	1,50	1,72	108	2,07	2,95	139	3,26	4,89
35	1,11	1,15	78	1,52	1,74	109	2,09	3,01	140	3,31	4,96
40	1,14	1,19	79	1,53	1,77	110	2,11	3,06	141	3,36	5,04
45	1,17	1,23	80	1,55	1,79	111	2,14	3,12	142	3,41	5,11
50	1,21	1,28	81	1,56	1,81	112	2,16	3,18	143	3,45	5,18
51	1,22	1,30	82	1,58	1,83	113	2,18	3,23	144	3,50	5,25
52	1,23	1,31	83	1,59	1,86	114	2,21	3,29	145	3,55	5,33
53	1,23	1,32	84	1,61	1,88	115	2,23	3,35	146	3,60	5,40
54	1,24	1,33	85	1,62	1,91	116	2,27	3,41	147	3,65	5,47
55	1,25	1,35	86	1,64	1,93	117	2,31	3,47	148	3,70	5,55
56	1,26	1,36	87	1,66	1,95	118	2,35	3,53	149	3,75	5,62
57	1,27	1,37	88	1,68	1,98	119	2,39	3,59	150	3,80	5,70
58	1,28	1,39	89	1,69	2,01	120	2,43	3,65	155	4,06	6,09
59	1,29	1,40	90	1,71	2,05	121	2,47	3,71	160	4,32	6,48
60	1,30	1,41	91	1,73	2,10	122	2,51	3,77	165	4,60	6,90
61	1,31	1,43	92	1,74	2,14	123	2,55	3,83	170	4,88	7,32
62	1,32	1,44	93	1,76	2,19	124	2,60	3,89	175	5,17	7,76
63	1,33	1,46	94	1,78	2,24	125	2,64	3,96	180	5,47	8,21
64	1,34	1,48	95	1,80	2,29	126	2,68	4,02	185	5,78	8,67
65	1,35	1,49	96	1,82	2,33	127	2,72	4,09	190	6,10	9,14
66	1,36	1,51	97	1,84	2,38	128	2,77	4,15	195	6,42	9,63
67	1,37	1,53	98	1,86	2,43	129	2,81	4,22	200	6,75	10,13
68	1,39	1,54	99	1,88	2,48	130	2,85	4,28	210	7,45	11,17
69	1,40	1,56	100	1,90	2,53	131	2,90	4,35	220	8,17	12,26
70	1,41	1,58	101	1,92	2,58	132	2,94	4,41	230	8,93	13,40
71	1,42	1,60	102	1,94	2,64	133	2,99	4,48	240	9,73	14,59
72	1,44	1,62	103	1,96	2,69	134	3,03	4,55	250	10,55	15,83
73	1,45	1,64	104	1,98	2,74	135	3,08	4,62			

2. Knickbeiwerte ω für Holz					
λ	ω	λ	ω	λ	ω
0	1,00	87	2,38	119	4,46
10	1,07	88	2,42	120	4,55
20	1,15	89	2,46	121	4,64
30	1,25	90	2,50	122	4,73
40	1,36	91	2,54	123	4,82
50	1,50	92	2,58	124	4,91
60	1,67	93	2,63	125	5,00
62	1,70	94	2,68	126	5,09
63	1,72	95	2,73	127	5,19
64	1,74	96	2,78	128	5,28
65	1,76	97	2,83	129	5,38
66	1,79	98	2,88	130	5,48
67	1,81	99	2,94	131	5,57
68	1,83	100	3,00	132	5,67
69	1,85	101	3,07	133	5,77
70	1,87	102	3,14	134	5,88
71	1,90	103	3,21	135	5,98
72	1,92	104	3,28	136	6,08
73	1,95	105	3,35	137	6,19
74	1,97	106	3,43	138	6,29
75	2,00	107	3,50	139	6,40
76	2,03	108	3,57	140	6,51
77	2,05	109	3,65	141	6,62
78	2,08	110	3,73	142	6,73
79	2,11	111	3,81	143	6,84
80	2,14	112	3,89	144	6,95
81	2,17	113	3,97	145	7,07
82	2,21	114	4,05	146	7,18
83	2,24	115	4,13	147	7,30
84	2,27	116	4,21	148	7,41
85	2,31	117	4,29	149	7,53
86	2,34	118	4,38	150	7,65

Tafel 3 Stabkennzahlen ζ (Zeta) mit ω- und λ-Werten

ζ	St 37 ω	St 37 λ	St 52 ω	St 52 λ	ζ	St 37 ω	St 37 λ	St 52 ω	St 52 λ	ζ	St 37 ω	St 37 λ	St 52 ω	St 52 λ
21	1,04	20,6	1,06	20,4	80	1,38	68,1	1,50	65,4	130	1,82	96,3	2,07	90,4
30	1,07	29,0	1,10	28,6	85	1,42	71,3	1,55	68,3	135	1,87	98,7		
40	1,12	37,8	1,16	37,1	90	1,46	74,4	1,60	71,1	140	1,92	101,1		
45	1,15	42,0	1,19	41,2	95	1,51	77,4	1,65	73,8	145	1,97	103,4		
50	1,18	46,0	1,23	45,1	100	1,55	80,3	1,71	76,5	150	2,02	105,6		
55	1,21	50,0	1,27	48,8	105	1,59	83,2	1,77	79,0	160	2,12	110,0		
60	1,24	53,8	1,31	52,5	110	1,64	85,9	1,82	81,5	170	2,22	114,1	$\frac{\zeta}{62,83}$	$7,93\sqrt{\zeta}$
65	1,27	57,6	1,35	55,9	115	1,68	88,6	1,88	83,9	180	2,34	117,6		
70	1,31	61,2	1,40	59,2	120	1,73	91,3	1,94	86,2	> 180	$\frac{\zeta}{76,95}$	$8,77\sqrt{\zeta}$		
75	1,35	64,6	1,45	62,4	125	1,77	93,8	2,00	88,4					

6. Verdrehfestigkeit

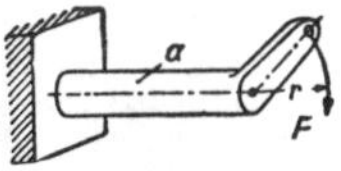

Versucht man einen Stab a um seine Längsachse zu verdrehen, so entsteht in ihm eine **Drehbeanspruchung.**

Beispiele: Kurbelwelle, Transmissions- und Vorgelegewelle, Spindeln usw.

Drehmoment = Kraft × Hebelarm; $M_t = F \cdot r$. r ist immer die senkrechte Entfernung der Kraft vom Drehpunkt. Die zulässigen Drehmomente sind für die einzelnen Querschnitte verschieden und ergeben sich aus Tabelle S. 69.

Aufgabe: Eine Transmissionswelle hat bei einer Drehzahl von n = 200 Uml./min eine Leistung von 15 kW zu übertragen. Gesucht der erforderliche Wellendurchmesser d. Die zulässige Drehbeanspruchung ist $\tau_{t\,zul}$ = 120 kp/cm².

Drehmoment M_t (s. S. 57) $= \frac{97\,500\,P}{n}$ kpcm $= \frac{97\,500 \cdot 15}{200}$ = 7313 kpcm; nach Tabelle S. 69 ist für runden Querschnitt $M_t = \frac{d^3 \cdot \tau_{t\,zul}}{5}$ $\quad d^3 = \frac{5 \cdot M_t}{\tau_{t\,zul}}$

$$d^3 = \frac{5 \cdot 7313 \text{ kpcm}}{120 \text{ kp/cm}^2} = 304{,}7 \text{ cm}^3;\ d \approx 6{,}7 \text{ cm};$$

gewählt wird d = 70 mm (vergleiche Tabelle S. 94).

7. Zusammengesetzte Festigkeit

Durch Addition können nur Normalbeanspruchungen (Zug, Druck, Biegung) oder nur Schubbeanspruchungen (Abscherung, Verdrehung) zusammengesetzt werden. Die zusammengesetzte Spannung σ_i bzw. τ_i ist also bei Zug und Biegung $\sigma_i = \sigma_z + \sigma_b$, bei Abscherung und Verdrehung $\tau_i = \tau_s + \tau_t$.

Zur **genauen Ermittlung** eines auf Drehung und Biegung beanspruchten Stabquerschnittes dient folgende Formel: Das gesamte Moment*) ist

$$M_i = 0{,}35\,M_b + 0{,}65\sqrt{M_b^2 + \left[\frac{\sigma_b}{1{,}3\,\tau_t} \cdot M_t\right]^2}$$

Ist M_i berechnet, so erhält man das erforderliche Widerstandsmoment $W = \frac{M_i}{\sigma_b}$. Aus W ist nach Tabelle S. 69 der Querschnitt zu ermitteln.

*) oder nach der Theorie der Hauptschubspannungen: $M_i = \sqrt{M_b^2 + \left[\frac{\sigma_b}{1{,}3\,\tau_t} \cdot M_t\right]^2}$

Werkstoffprüfung

Einteilung:

A. Mechanische Prüfverfahren zeigen das Verhalten der Werkstoffe gegenüber äußeren Kräften und bei der Bearbeitung.
a) Statische Prüfung.
b) Dynamische Prüfung.
c) Technologische Prüfung.

B. Metallographische Prüfverfahren vermitteln Kenntnisse über Aufbau und Art des Gefüges.
Metallschliffe zu Gefügeuntersuchung mit Hilfe einfacher Vergrößerungen, Metall- und Elektronenmikroskope.

C. Zerstörungsfreie Prüfverfahren geben Aufschluß über die stoffliche Zusammensetzung. Ferner über Fehlstellen, die von außen nicht zu erkennen sind.
a) Spektralanalyse.
b) Röntgenuntersuchung.
c) Ultraschalluntersuchung.
d) Magnetpulververfahren.

5

A. Mechanische Festigkeitsprüfungen

a) Statische Prüfungen

1. Zugversuch

Ein genormter Probestab wird in der Zerreißmaschine einer steigenden Zugbelastung ausgesetzt bis zum Bruch. Dabei wird der Dehnungsverlauf bei wachsender Spannung σ verfolgt und das Kraft-Verlängerungs-Diagramm **(1)** meist selbsttätig von der Maschine aufgezeichnet. Die Spannung ist gleichmäßig über den Querschnitt verteilt. Man bestimmt Elastizitätsgrenzen E_1 bzw. E, Proportionalitätsgrenze P, Streckgrenze S, Bruchfestigkeit σ_B (sprich: Sigma groß B), Zerreißfestigkeit σ_Z (sprich: Sigma groß Z), Dehnung ε (sprich: Epsilon), Einschnürung ψ (sprich: Psi): s. Abb. **(1)**.

Proportionalitätsgrenze *P*: Bis zu diesem Beanspruchungspunkte ist das Hookesche Geradliniengesetz erfüllt. Es ist also die Dehnung proportional der Spannung, d. h. beide stehen im gleichen Zahlenverhältnis. P wird in der Werkstoffprüfung nicht mehr angewendet.

Die **Elastizitätsgrenze *E*** ist die Spannung, bis zu der keine bleibenden Formänderungen auftreten. Als Elastizitätsgrenze gilt die 0,01-Grenze, d. h. die Spannung, bei der die bleibende Dehnung 0,01% der angewendeten Meßlänge beträgt. In besonderen Fällen kann auch die 0,005-Grenze als Elastizitätsgrenze bestimmt werden. Eine unbenannte Elastizitätsgrenze soll nicht angegeben werden.

Zulässige Elastizitätsgrenze *E* mit zulässiger bleibender Dehnung bis 0,03% (im Mittel 0,02%) liegt nach DIN 1350 hinter P.

Streckgrenze (Fließgrenze) *S*: Der Probestab beginnt nach anfänglichen Spannungsschwankungen sich stärker zu dehnen; der Werkstoff „fließt" oder „streckt sich". Das Fließen erkennt man bei bearbeiteter glatter Oberfläche an sich bildenden feinen Linien (Fließfiguren), die bei noch höherer Belastung wieder verschwinden.

Bei weicheren Stahlsorten unterscheidet man eine obere und eine untere Fließgrenze S_o und S_u. Meist genügt die Angabe der mittleren Streckgrenze (Mittel aus S_o und S_u).

Bruchgrenze *B*: Der Stab beginnt an einer bestimmten Stelle sich einzuschnüren (Zugfestigkeit oder Bruchfestigkeit σ_B). Mit Querschnittsverminderung tritt Spannungsabnahme bis zur **Zerreißgrenze *Z*** ein, bei welcher der Probestab zu Bruch geht (Zerreißfestigkeit σ_Z).

Spannung σ: Allgemein ermittelt man die Spannung aus Kraft F und ursprünglichem Querschnitt A_o nach der Formel $\sigma = \dfrac{F}{A_o}$.

Die wirkliche Spannung σ_w errechnet sich jedoch aus dem jeweiligen Querschnitt an der Einschnürstelle: $\sigma_w = \dfrac{F}{A}$.

Der Verlauf des Kraft-Verlängerungs-Diagrammes wird bei Berücksichtigung von σ_w oberhalb der Streckgrenze ein anderer, wie Abbildung **(1)** zeigt (gestrichelte Kurve).

Dehnung δ: Die Dehnung des Stabes wird in Hundertteilen der Meßlänge l_o ausgedrückt. Ist l_B die Meßlänge nach dem Versuch, so ergibt sich für die Bruchdehnung:

$$\delta \text{ in } \% = \frac{l_B - l_o}{l_o} \cdot 100; \quad \text{Verhältnis } \varepsilon = \frac{l_B - l_o}{l_o}.$$

Einschnürung (Bruchquerschnittsverminderung): Die Einschnürung wird in Hundertteilen des ursprünglichen Stabquerschnittes A_o angegeben. Ist A_B der Querschnitt an der Einschnürstelle nach dem Versuch, so beträgt die Querschnittsänderung beim Bruch:

$$\psi_B = \frac{A_o - A_B}{A_o} \cdot 100 \text{ in } \%.$$

2. Druckversuch

Der Druckversuch spielt im Bauwesen eine große Rolle (Prüfung von Holz, Steinen, Zement, Beton). Die Proben haben für Baustoffe Würfelform, für Metalle Zylinderform (Höhe gleich Durchmesser). Die Druckprobe ist die Umkehrung des Zugversuches. Die Probestäbe werden in kurzer Zeit bis zum Bruch belastet. Bei — E liegt die Elastizitätsgrenze, bei — P die Proportionalitätsgrenze, bei — S_o die obere und bei — S_u die untere Quetschgrenze. Hinter der Quetschgrenze steigt die Spannung, die gleichmäßig über den Querschnitt verteilt ist, bis zum Bruch; siehe Abbildung **(2)**. Während zähe Werkstoffe (Weichstahl) sich stark zusammendrücken lassen, brechen spröde Werkstoffe (Grauguß) fast ohne Formveränderung. Die Druckfestigkeit hat bei spröden Werkstoffen die vielfache Größe der Zugfestigkeit.

Bemerkenswert ist, daß ein niedriges Probestück größere Druckfestigkeit besitzt als ein hohes Probestück. Diese Erscheinung erklärt man folgendermaßen: Es bilden sich beim Drücken in der Probe **Druckkegel**, siehe Abbildung **(3)**, die den Werkstoff zu sprengen suchen; bei niedrigen Stücken verlieren durch gegenseitiges Abstützen die Druckkegel jedoch an Sprengwirkung.

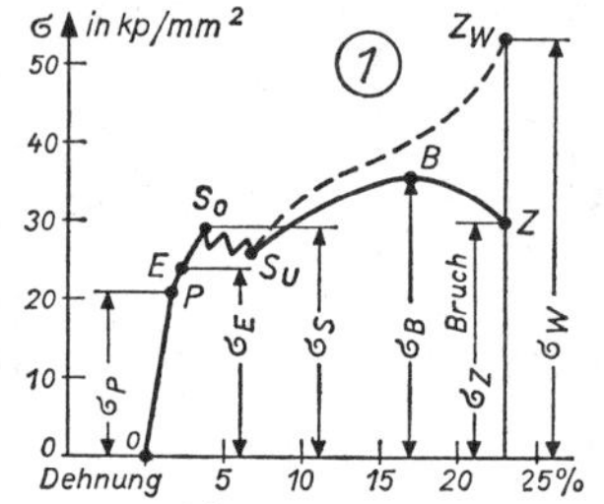

Weicher Flußstahl

Versuchsergebnisse auf der Zerreißmaschine mit Stahlguß von verschiedenem Kohlenstoffgehalt

C %	σ_S kp/mm²	σ_B kp/mm²	δ_{10} %	ψ %
0,1	21	38	25	65
0,2	25	45	20	52
0,3	28	50	18	38
0,4	30	55	14	26
0,5	33	65	12	20

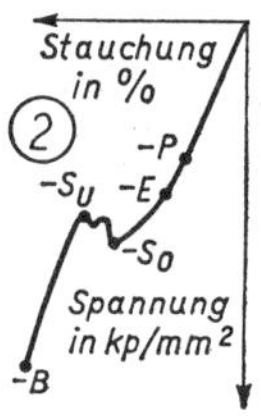

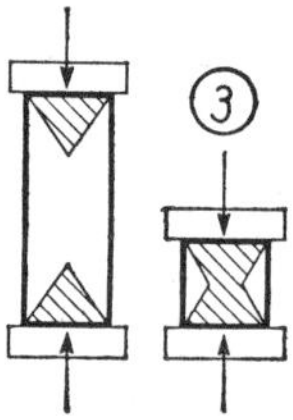

Werkstoffprüfung (Fortsetzung)

3. Abscherversuch

Zwischen zwei Messern wird ein Rund- oder Flachstab (Querschnitt A in cm²) mit der Kraft F kp abgeschert. Die Abscherspannung ist

bei **einschnittiger Abscherung** $\tau = \frac{F}{A}$ in kp/cm² **(4)**

bei **zweischnittiger Abscherung** $\tau = \frac{F}{2A}$ in kp/cm² **(5)**

Der Lochversuch ist ein Sonderfall der Abscherprobe. Abbildung **(6)** zeigt die grundsätzliche Arbeitsweise einer Lochmaschine. Ist d der Lochstempeldurchmesser in cm, s die Plattendicke in cm, F die zum Lochen erforderliche Belastung, so wird $\tau = \frac{F}{\pi \cdot d \cdot s}$ in kp/cm².

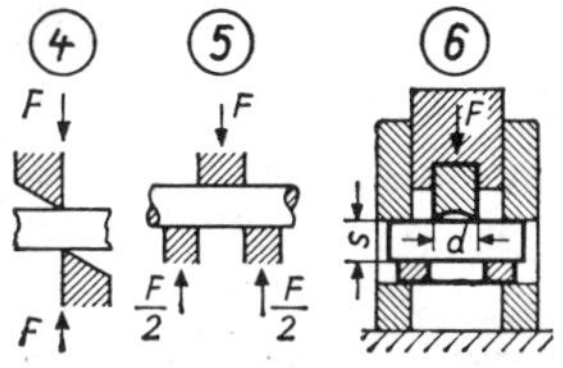

4. Biegeversuch

Die Biegeprobe wendet man vornehmlich an bei Grauguß und anderen spröden Werkstoffen. Der Probestab hat einen Durchmesser von d = 10···45 mm und eine Stützweite von L_S = 20 d; er wird an den Enden gelagert und in der Mitte belastet, wo er sich demnach am meisten durchbiegt.

Infolge der Verbiegung werden die kleinsten Teilchen des Stabes verzerrt, und zwar auf der Seite des Kraftangriffes zusammengedrückt (Druckbeanspruchung), auf der entgegengesetzten Seite gezogen (Zugbeanspruchung); siehe Abbildung **(7)**. Die Biegungsspannung ist in den Randfasern des Stabes am höchsten, in der (spannungslosen) **neutralen Faser** gleich Null. Die Spannungsabnahme erfolgt gleichmäßig, bei sehr hoher Belastung nach der mit y bezeichneten Linie, wobei sich die neutrale Faser verlagert (der Werkstoff fließt).

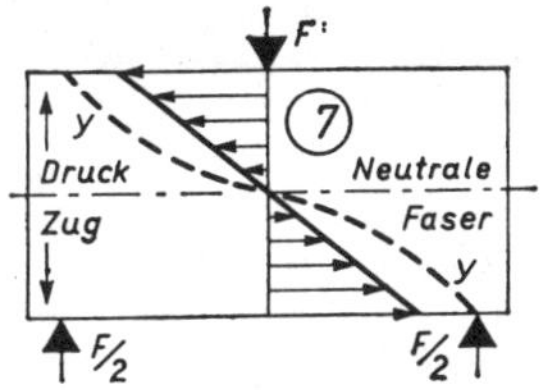

5. Verdrehungs- und Torsionsversuch

Der Versuch wird auf der Torsionsmaschine (Verdrehungsmaschine) ausgeführt. Man ermittelt die Verdrehung in Abhängigkeit vom Drehmoment und unterscheidet wie beim Zerreißversuch Streckgrenze S und Bruchgrenze B; siehe Abbildung **(8)**. Örtliche Einschnürung findet nicht statt. Die Verdrehungsspannung τ_t (sprich: Tau t) ist in der Stabachse gleich Null und nimmt geradlinig bis zur äußersten Randfaser zu; siehe Abbildung **(9)**. Quadratische Querschnitte haben höhere Verdrehungsfestigkeit als runde Querschnitte gleichen Flächeninhalts. Zwischen Verdrehungs- und Zugbeanspruchung bestehen folgende Beziehungen:

Fließgrenze: $\tau_S \approx 0{,}7\ \sigma_S$
(bei dünnwandigen Rohren: $\tau_S \approx 0{,}58\ \sigma_S$)
Bruchgrenze: $\tau_B \approx 1{,}2\ \sigma_B$.

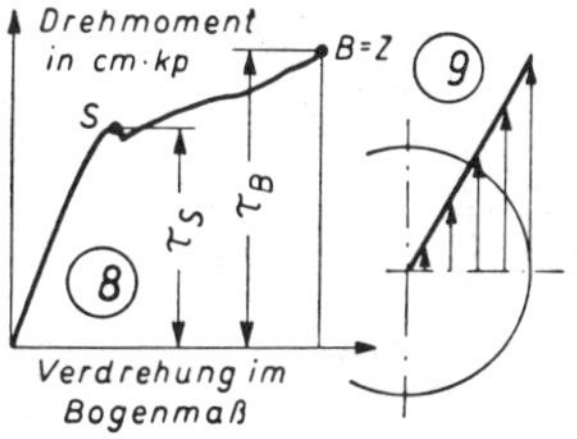

Härtebestimmung*)

Härte ist der Widerstand, den ein Körper dem **Eindringen** eines anderen Körpers entgegensetzt.

6. Härteprüfung nach Brinell: Siehe Abbildung **(10)**. In eine schlichtglatt bearbeitete Fläche wird eine gehärtete Stahlkugel vom Durchmesser D eingedrückt. Die dabei erforderliche Belastung F der Kugel muß stoßfrei 10 Sekunden ansteigen und mit ihrem Höchstwert 10 Sekunden bei metallischen und 30 Sekunden bei nichtmetallischen Werkstoffen wirken. Aus dem Durchmesser d des Eindrucks wird die Brinellhärte HB nach folgender Formel ermittelt:

$$HB = \frac{2\,F}{\pi D \left(D - \sqrt{D^2 - d^2}\right)} \text{ in kp/mm}^2 \quad \left(\begin{matrix}\text{zulässig}\\ \text{bis } HB = 400\end{matrix}\right).$$

Zur Kennzeichnung der angewendeten Versuchsbedingung wird Kugel-⌀ (wenn nicht 10 mm), Belastungszeit (wenn nicht 10 Sekunden) und Belastungsgrad hinter HB angefügt.

Beispiel: HB 30—25 bedeutet: Belastung 30 D^2, D = 10 mm, aber 25 Sekunden statt 10 Sekunden Belastungsdauer. Oder HB 10/5—20: Belastung 10 D^2, D = 5 mm und 20 Sekunden Belastungsdauer. Zwischen Brinellhärte und Zugfestigkeit besteht für mittelharte Stähle bei $F = 30\ D^2$ angenähert folgende Beziehung:

$\sigma_B \approx$ **0,35 *HB* 30** (σ_B = 0,31 HB 30 bis 0,41 HB 30)

Für mittelharten Grauguß gilt: $\sigma_B = \frac{1}{6}$ **(*HB* 30 — 40) kp/mm²**

7. Vielfach benutzt man zur Härtebestimmung das **Skleroskop nach Shore;** siehe Abbildung **(11)**. Hier fällt ein Hammer mit Diamantspitze von 2,5 Pond Gewicht aus h_1 = 256 mm Höhe. Aus der Rücksprunghöhe h_2 wird die Härte bestimmt.

8. Die **Ritzhärtebestimmung nach Martens** zeigt Abbildung **(12)**; als Einheit für die Härte des Probestücks gilt die Belastung F des Ritzdiamanten in Pond, die eine Strichbreite von 0,01 mm erzeugt.

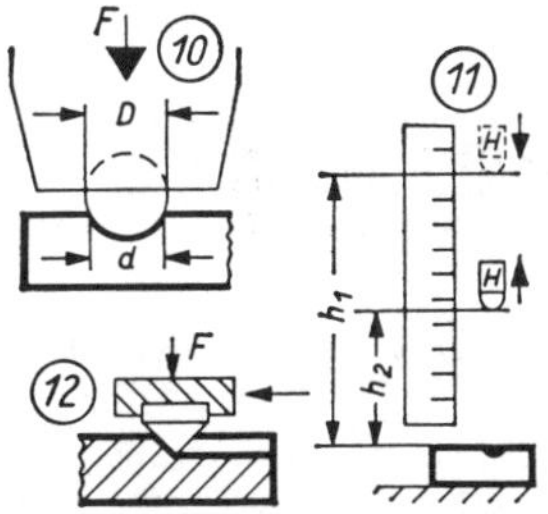

Kugel-⌀ D mm	Belastung F kp für Belastungsgrade					
	$30D^2$	$10D^2$	$5D^2$	$2{,}5D^2$	$1{,}25D^2$	$0{,}5D^2$
10	3000	1000	500	250	125	50
5	750	250	125	62,5	31,25	12,5
2,5	187,5	62,5	31,25	15,63	7,81	3,13

	Belastungsgrade			
	30 D^2	10 D^2	5 D^2	2,5 D^2
10	HB 30	HB 10	HB 5	HB 2,5
5	HB 30/5	HB 10/5	HB 5/5	HB 2,5/5
2,5	HB 30/2,5	HB 10/2,5	HB 5/2,5	HB 2,5/2,5

Belastungsprüfung: Stahl mit 30 D^2, Nichteisenmetalle und ihre Leg. mit 10 D^2.

*) Siehe Mohssche Härteskala Seite 66

Werkstoffprüfung (Fortsetzung)

9. Härteprüfung nach Vickers

Der Prüfkörper ist eine regelmäßige 4seitige Diamantpyramide mit einem Spitzenwinkel von 136°. Prüfkräfte sind 5, 10, 20, 30, 50 und 100 kp. Probe- und Härteschicht sollen nicht dünner als das 1,5fache der Eindruckdiagonale sein. Prüfkraft muß der Probedicke angepaßt werden. Eindrucktiefe ist etwa $^1/_7$ der Eindruckdiagonale.

10. Härteprüfung nach Rockwell

Der Eindringkörper ist ein Diamantkegel von 120° und wird mit 150 kp Prüfgesamtkraft (oder Kugel von $^1/_{16}''$ Durchmesser mit 100 kp Prüfgesamtkraft) in das Prüfstück eingedrückt. Verwendete Prüfvorkraft beträgt 10 kp. Den Eindringkörper erst mit 10 kp Vorlast in das Prüfstück eindrücken und dann stoßfrei in 4 bis 8 Sekunden die Zusatzlast wirken lassen.

11. Rollhärteprüfung: Eine Stahlkugel von $^1/_{16}''$ Durchm. wird mit einem Druck von 6···15 kp und einer Geschwindigkeit von etwa 0,25 mm/s über die Prüffläche gerollt. Härteunterschiede werden an der Breite der Rollbahn erkenntlich.

12. Die Härtebestimmung der Mineralien erfolgt meist nach der **Mohsschen Skala**, nach der 10 Härtegrade festgelegt sind.

1 = Talk, 5 = Apatit
2 = Steinsalz, 6 = Feldspat
3 = Kalkspat, 7 = Quarz, 9 = Korund
4 = Flußspat, 8 = Topas, 10 = Diamant

Für die Durchführung von Massenprüfungen (bis 500 stündlich) verwendet man heute vollautomatische Prüfungsmaschinen mit eingebauter Härtegrenzlehre (Dreistrichteilung: zu weich, gut, zu hart). Die Werte für Zugfestigkeit sind bei bestimmten Werkstoffen einander verhältnisgleich. Bei weichem Stahl beträgt die Zugfestigkeit 35% der Brinellhärte. Beträgt z. B. der ermittelte Härtewert HB = 147 kp/mm², dann ergibt sich daraus eine Zugfestigkeit von 42 kp/mm² und umgekehrt. (Nicht immer in Anwendung zu bringen!)

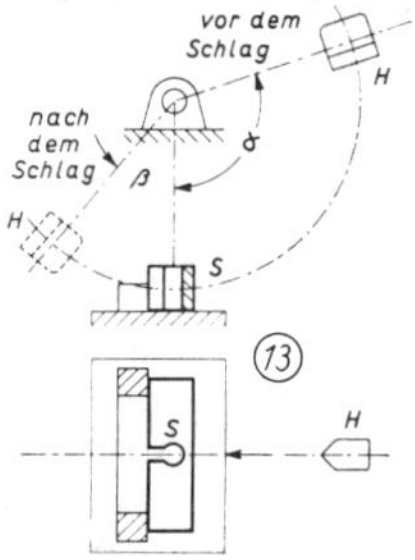

b) Dynamische Festigkeitsprüfungen

1. Kerbschlagbiegeversuch

Der gekerbte Probestab S wird in die Bahn eines Pendelhammers H gebracht; siehe Abbildung **(13)**. Fällt der Hammer aus einer gewissen Höhe (Winkel α, sprich: Alpha), so zerschlägt er den Probestab. Hierzu ist Arbeit nötig, die aus der Wucht des Hammers gewonnen wird (Arbeit = Kraft × Weg). Infolgedessen erreicht der Hammer auf der anderen Seite nicht mehr die Ausgangshöhe, sondern schlägt nur noch um den Winkel β (sprich: Beta) aus. Aus dem Winkel β, der von der Maschine selbsttätig angezeigt wird, kann die Kerbschlagzähigkeit (Schlagarbeit je cm²) ermittelt werden. Je größer der Winkel β ist, um so geringer ist die Kerbschlagzähigkeit.

2. Dauerversuche

Wechselnde Beanspruchungen treten auf bei bewegten Maschinenteilchen (Wellen, Pleuelstangen usw.), ferner bei Brücken (Erschütterungen durch Fahrzeuge und Wind!), bei Hochspannungsleitungen (Wind!), bei Schiffsteilen (Seegang!), bei Druckkesseln (Druckschwankungen!) und bei Fundamenten von Maschinen. Wechselnde Belastungen beanspruchen den Werkstoff mehr als ruhende Last. Bei längerer Wechsellast machen sich **Ermüdungserscheinungen** im Werkstoff bemerkbar, die zum **Ermüdungsbruch** führen können. Der Bruch wird begünstigt durch stoßartigen Lastangriff und durch Kerben. Mit Kerben bezeichnet man alle Stellen eines Bauteiles, an denen sich sein Querschnitt ändert (z. B. Absetzungen, Kröpfungen und Nuten an Wellen).

Die größte Beanspruchung, die bei stetem Wechsel zwischen Zug und Druck beliebig oft ertragen werden kann, bezeichnet man als **Dauerfestigkeit** oder **Schwingungsfestigkeit.** Nach *Stribeck* besteht zwischen Dauer- und Zugfestigkeit folgende Beziehung: $\sigma_D = 0{,}28\,(\sigma_S + \sigma_B)$.
σ_D = Spannung bei der zulässigen Dauerbeanspruchung,
σ_S = Spannung an der Fließgrenze beim Zerreißversuch,
σ_B = Spannung an der Bruchgrenze beim Zerreißversuch.

Die Dauerfestigkeit wird mit Hilfe eines Dauerschlagwerkes oder einer Dauerbiegemaschine gemessen. Stähle werden mit maximal 10 · 10⁶, andere Werkstoffe (Leichtmetalle) mit max. 5 · 10⁶ Lastwechseln geprüft.

3. Dauerstandversuche

Wird ein Probestab lange Zeit gleichmäßig stark auf Zug beansprucht, so dehnt er sich; der Werkstoff „kriecht". Bei hohen Belastungen geht der Stab nach einiger Zeit zu Bruch; bei geringen Belastungen tritt Stillstand der Dehnung ein, d. h. die Dehngeschwindigkeit (Dehnung in der Stunde) wird gleich Null. Dazwischen liegt die **Kriechgrenze (Dauerstandfestigkeit)**, bei der die Dehnung nach einiger Zeit gerade noch aufhört (abklingt). Die praktische Dauerstandfestigkeit stellt diejenige Belastung dar, bei der die Dehngeschwindigkeit beim Dauerstandversuch in der Zeit von der 25. bis 35. Versuchsstunde den Wert 0,001% je Stunde (Länge des Versuchsstabes 10 cm) nicht überschreitet.

c) Technologische Festigkeitsprüfungen

Technologische Proben sind keine genauen Meßversuche; sie sollen nur zeigen, ob ein Werkstoff genügend ziehbar, biegbar, schweißbar usw. ist.

1. Bei der **Biegeprobe (Faltversuch)** werden Flachstäbe, Rundstäbe oder Profilstähle um einen Dorn von bestimmtem Durchmesser D bis zum vorgeschriebenen Winkel α ohne Anriß gebogen; siehe Abbildung **(14)**. Zur Beurteilung der Biegbarkeit eines Werkstoffes hat man die **Tetmajersche Biegegröße** $Bg = \frac{50\,a}{r}$ eingeführt. Hierin ist r der Biegehalbmesser (Abstand Dornmitte — Probenmitte) und a die Probendicke.

Man kann beim Faltversuch auch folgendermaßen verfahren: Der Probestab wird um einen Dorn von beliebigem Durchmesser vorgebogen und dann durch Druck auf die Schenkelenden bis zum Anbruch gefaltet; siehe Abbildung **(15)**.

Wird die Biegeprobe mit rotwarmem Probestab durchgeführt **(Rotbruchversuch)**, so dient sie zur Beurteilung der Warmbearbeitbarkeit eines Werkstoffs.

2. Der **Schweißversuch** weist ausreichende Schweißbarkeit eines Werkstoffs nach. Die Probestäbe werden nach dem üblichen Werkstattverfahren leicht überlappt zusammengeschweißt. Die beiden zusammengeschweißten Teile dürfen sich beim Biegen im kalten und warmen Zustande nicht trennen.

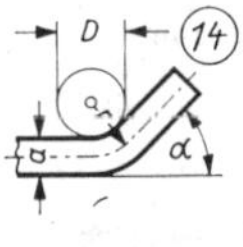

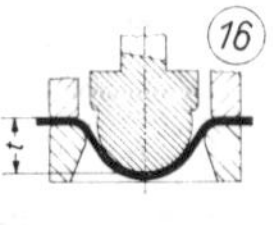

Beim Falten um einen Dorn von vorgeschriebenem Durchmesser D ergeben sich folgende Biegegrößen:

D	0	0,5 a	1,0 a	1,5 a	2,0 a	2,5 a	3,0 a
Bg	100	67	50	40	33	28	25

3. Bleche zum Stanzen und Tiefziehen werden mit Hilfe der **Tiefziehprobe nach Erichsen** geprüft. Ein Stößel (Stahlkugel 20 mm ⌀ oder Stahlkuppe mit r = 10 mm) wird in die Blechprobe eingedrückt; siehe Abbildung **(16)**. Man mißt die bis zum Anriß der Probe erreichte Eindringtiefe t in mm.

4. Bei der **Polderprobe** wird untersucht, ob und bei welcher Wärme ein Werkstoff im Gesenk geschmiedet werden kann.

5. Durch die **Bördelprobe** erkennt man, ob rißfreies Umbördeln möglich ist.

Siehe Funkenprobe Seite 77

Werkstoffprüfung (Fortsetzung)

6. Die **Ausbreitprobe** prüft, wie weit sich ein Werkstoff ausbreiten (strecken) läßt, ohne zu reißen.

7. Die **Warmlochprobe** stellt fest, ob ein Werkstoff beim Lochen an den Kanten rissig wird.

8. Mit Hilfe der **Kaltstauchprobe** untersucht man die Verwendbarkeit eines Werkstoffes zur Kaltnietung.

9. Beim **Hinundherbiegeversuch** werden Bleche, Drähte bis 7 mm Durchmesser und Bandagen zwischen Klemmbacken gespannt und nach jeder Seite um 90° hin und her gebogen. Man zählt die Biegungen bis zum Bruch.

B. Metallographische Prüfverfahren

(Gefügeuntersuchung)

sollen Aufschluß über makro- bzw. mikroskopischen Aufbau und Zusammensetzung der Werkstoffe geben. Ferner sollen die Fehler bei der Herstellung sowie bei der Kalt- und Warmbehandlung und evtl. vorausgegangene Beanspruchungen ermittelt werden. Diese Untersuchungen erstrecken sich ferner auf das Erkennen von Rissen, Schlackeneinschlüsse, Gasblasen, Lunker, Steigerungen, Faserverlauf bei Knetverformung. Sie werden durchgeführt an hochglanzpolierten Probestücken, die man „Schliffe" nennt. Diese Schliffe werden in den meisten Fällen außerdem geätzt, damit das Vorhandensein bestimmter Stoffe ermittelt werden kann, bzw. das Gefüge besser sichtbar wird. Die Ätzmittel sind verschieden, die chemischen Vorgänge dabei zum Teil recht kompliziert. Man unterscheidet makroskopische und mikroskopische Ätzverfahren. Bei der Anwendung makroskopischer Ätzverfahren sollen Walzrichtung, Phosphor und Schwefelanreicherungen u. a. festgestellt werden. Die Beobachtungen werden mit geringer Vergrößerung durchgeführt. — Die mikroskopischen Ätzverfahren dienen der eigentlichen Gefügeuntersuchung. Zur Vergrößerung werden Metallmikroskope liegender und stehender Anordnung sowie Elektronenmikroskope (elektrische, magnetische, Emissionsmikroskope, Durchstrahlungsmikroskope) verwendet.

C. Zerstörungsfreie Prüfverfahren

a) Die Spektralanalyse.

Mit ihr kann die chemische Zusammensetzung von Werkstoffen ermittelt werden. Bekanntlich wird das in ein Glasprisma einfallende Licht gebrochen und in sieben Farben zerlegt, dem Spektrum (Rot, Orange, Gelb, Grün, Blau, Indigo, Violett). Das Licht wird von einem ganz bestimmten Wellenbereich der elektromagnetischen Strahlungsenergie und von der in Form von Korpuskeln (Körperchen) zusammengeballten Lichtquantenenergie erzeugt. So haben wir die Empfindung, daß bei der Wellenlänge von 600 mμ rotes, 570 mμ gelbes, 500 mμ grünes und 470 mμ blaues Licht erscheint. Darauf basiert die Spektralanalyse, denn auch jedes Element hat in glühendfestem, bzw. glühendflüssigem und in glühenddampfförmigem Zustand eine ganz bestimmte Eigenstrahlung, die in einer entsprechenden Apparatur in charakteristischen Farben und Linien (Fraunhofersche Linien) dem Spektrum erscheint.

1

2

Abb. 1: Das Spektrum eines glühendfesten bzw. glühendflüssigen Körpers zeigt ein glattes Lichtband in den Regenbogenfarben.

Abb. 2: Das Spektrum glühender Dämpfe besteht aus farbigen Linien. An Farbe, Lage und Zahl der Linien sind in der Vergrößerung die einzelnen Elemente erkenntlich.

Es ist also mit Hilfe eines Spektralgerätes möglich, die elementare Zusammensetzung eines Werkstoffes zu ermitteln.

b) Röntgenuntersuchungen

Die von Röntgen 1895 entdeckten Strahlen, die eine rund tausendmal kleinere Wellenlänge als Licht haben, finden nicht nur in der Heilkunde Anwendung. Sie werden seit längerer Zeit auch zur technischen Materialprüfung verwendet. Da die Strahlen feste Körper durchdringen, läßt das Durchstrahlungsbild alle Fehlstellen (Lunker, Risse, fehlerhafte Schweißnähte usw.) auf dem Lichtschirm bzw. auf einer fotografischen Platte sichtbar werden. Auf diesem Gebiet wurden in den letzten Jahren außerordentliche technische Fortschritte erzielt.

Beispiel: Höchstspannung an der Röntgenröhre für durchstrahlbare Werkstoffdicken:

Röhrenspannung kV	100	150	200	250	300	500
Stahldicke mm	15	35	70	90	105	120

Gammadurchstrahlung. Es ist allgemein bekannt, daß bestimmte radioaktive Stoffe unsichtbare Strahlen (Gamma-Strahlen) aussenden, die auch feste Körper durchdringen. Mit Hilfe solcher zur Verwendung kommender Präparate (z. B. radioaktives Kobalt, Co 60*) kann man überall ohne besondere Einrichtungen Geräte-Untersuchungen vornehmen, ohne die zu untersuchenden Maschinen demontieren zu müssen. Gamma-Strahlen haben eine sehr kurze Wellenlänge und sind daher zur Werkstoffprüfung dickwandiger Teile bestens geeignet.

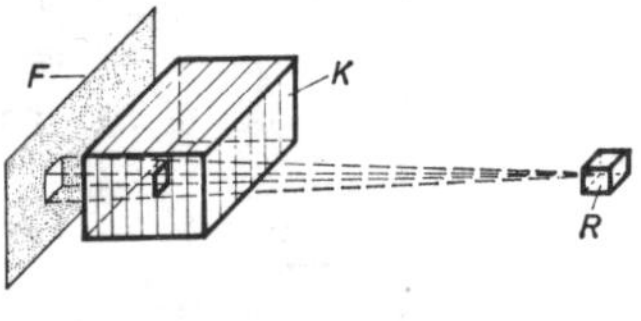

R Präparat (radioaktiv)
K Durchleuchteter Körper
F Fotografische Platte

Vorteil: Durchdringungsvermögen bis 200 mm Werkstoffdicke.

*) Co 60 erzeugt eine Strahlungskomponente von rund 1,2 MV (Millionen Volt).

c) Ultraschalluntersuchungen

Beim Ultraschall handelt es sich um Schallschwingungen, die vom menschlichen Ohr nicht wahrgenommen werden können. Bei der Materialprüfung werden Schallschwingungen bis 10 Millionen pro Sekunde benutzt. Sendet man sie durch ein Werkstück, so verhalten sie sich dort, wo sie auf einen Riß oder auf eine andere Fehlstelle treffen, anders (sie werden dort reflektiert) als in einem fehlerlosen Teil. Luftspalten bis $^1/_{1000}$ mm können mit den heute gelieferten Geräten nachgewiesen werden, deren Lage genauestens angezeigt wird.

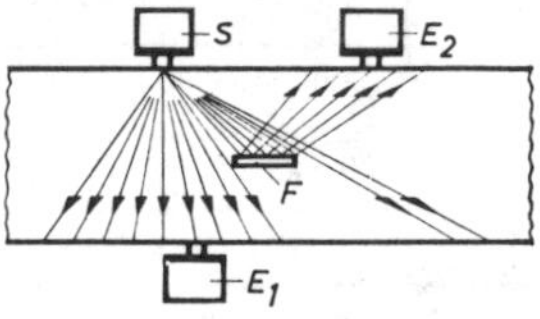

S = Sender
E_1, E_2 = Empfänger
F = Werkstoff-Fehler

d) Untersuchungen nach dem Magnetpulververfahren

Das zu untersuchende Werkstück wird zwischen die beiden Pole eines Elektromagneten geschaltet. Es wird mit aufgeschwemmtem Eisenpulver bestreut (z. B. Carbonyleisenpulver oder Eisenoxydpulver, die in dünnem Öl oder Petroleum aufgeschwemmt sind). Nach Einschalten des Stromes wird der auch durch das Prüfwerkstück gehende Kraftfluß durch feinste Risse, Schlackenzeilen, Lunkern usw. gestört und abgelenkt. An diesen Stellen häufen sich die Eisenteilchen so stark an, daß sich die Ablenkung deutlich im Magnetpulver abzeichnet.

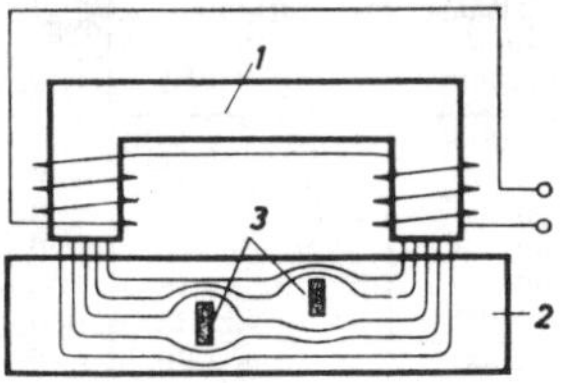

1 = Elektromagnet
2 = Werkstück
3 = Werkstoff-Fehler

Zur Prüfung dünnwandiger Schweißnähte kommen auch kleine transportable, gleichstromerregte Elektromagnete (Risseprüfer) zur Verwendung. Auf das mit Metallöl besprühte Prüfwerkstück werden die beiden Elektroden des Gerätes aufgesetzt, wodurch etwaige Risse sichtbar werden.

Zulässige Werkstoffbeanspruchungen (Mittelwerte)

Zulässige Beanspruchungen für Stahl und Eisen, I für ruhende Belastung, II für wiederkehrende Belastung nach einer Richtung, III für wechselnde Belastung nach beiden Richtungen in kp/mm²

Werkstoff	Zug σ_z zul. I	Zug σ_z zul. II	Zug σ_z zul. III	Druck σ_d zul. I	Druck σ_d zul. II	Druck σ_d zul. III
St 37	10,0···15,0	6,5···9,5	4,5···7,0	10,0···15,0	6,5···9,5	4,5···7,0
St 50	14,0···21,0	9,0···13,5	6,5···9,5	14,0···21,0	9,0···13,5	6,5···9,5
St 70	21,0···31,0	13,5···20,0	9,0···14,0	21,0···31,0	13,5···20,0	9,0···14,0
25 CrMo 4	23,0···42,0	15,5···28,5	10,0···19,5	23,0···42,0	16,0···25,5	10,5···17,5
42 CrMo 4	35,0···60,0	22,5···39,0	16,0···27,0	35,0···66,0	22,5···39,0	16,0···27,0
C 45	10,0···15,0	6,5···9,5	4,5···7,0	11,0···16,5	7,0···10,5	4,5···7,0
GG 15	3,5···4,5	2,7···3,7	2,0···3,0	8,5···11,5	5,5···7,5	2,0···3,0
GG 25	6,5···8,5	5,0···6,7	3,5···5,0	16,0···21,5	10,0···13,5	3,5···5,0
Ms 63 (hart)	12,0···18,5	7,0···11,0	4,0···6,0	12,0···18,5	7,0···11,0	4,0···6,0
G Al Si (Silumin)	3,0···5,0	1,6···2,8	1,3···2,0	4,0···6,0	2,0···2,4	1,3···2,0
Al Cu Mg (Duralumin)	11,0···16,0	5,0···7,0	3,5···5,5	11,0···16,0	5,0···7,0	3,5···5,5
Al Mg 3 (Elektron)	8,0···12,0	5,0···8,5	4,2···7,0	8,0···12,0	5,0···8,5	4,2···7,0

Werkstoff	Biegung σ_b zul. I	Biegung σ_b zul. II	Biegung σ_b zul. III	Verdrehung τ_t zul. I	Verdrehung τ_t zul. II	Verdrehung τ_t zul. III
St 37	11,5···16,5	7,0···10,5	5,0···7,5	6,5···9,5	4,0···6,0	3,0···4,5
St 50	15,0···22,0	10,0···15,0	7,0···10,5	8,5···12,5	5,5···8,5	4,0···6,0
St 70	23,0···34,5	15,0···22,0	10,5···12,5	12,5···19,0	8,0···12,5	6,0···9,0
25 CrMo 4	25,0···45,0	17,0···29,5	12,5···18,5	14,5···25,0	10,0···18,5	8,0···14,5
42 CrMo 4	38,5···66,0	24,5···42,0	17,5···24,0	21,0···35,5	16,5···24,5	10,0···19,0
C 45	11,0···16,5	7,0···10,5	5,0···7,5	6,5···9,5	4,0···6,0	3,0···4,5
GG 15	5,0···7,0	3,5···5,0	2,5···3,5	4,0···5,5	3,0···4,0	2,0···3,0
GG 25	10,0···13,5	6,5···9,0	4,0···6,0	7,5···10,0	5,5···7,5	3,5···5,0
Ms 63 (hart)	11,5···18,0	6,5···10,5	4,0···6,0	6,7···10,7	4,2···7,2	2,7···4,0
G Al Si (Silumin)	3,5···5,0	2,0···2,8	1,4···2,1	2,5···3,5	1,6···2,8	0,8···1,5
Al Cu Mg (Duralumin)	12,0···17,5	5,0···7,0	3,5···5,5	6,5···9,5	3,2···4,8	2,2···3,2
Al Mg 3 (Elektron)	9,0···13,5	5,8···8,8	4,5···6,8	3,0···7,0	2,6···4,6	1,8···3,2

Fahrzeugachsfedern mit $\sigma_B = 11000$, $\sigma_{II} = 6000\cdots6500$, $\tau_{tII} = 4500\cdots5000$, Fahrzeugachsfedern mit $\sigma_B = 14500$.

Anmerkung: Bei gleichzeitiger Drehungs- und Biegungsbeanspruchung wird bei Überschlagsrechnungen bei Flußstahl $\tau_B = 110\cdots150$ kp/cm², bei kurzen Wellen bis 215 kp/cm² angenommen.

Brinellhärte *HB* 10 (kp/mm²) von:

Baustahl:		Vergütungsstahl:				Stahlguß:		Automatenst.:		Einsatzstahl:	
St 34	95	C 22	155	34 Cr 4	217	GS-38	100	10 S 20	157	C 10	131
St 37	100	C 35	172	41 Cr 4	217	GS-45	115	15 S 20	157	C 15	140
St 42	115	C 45	206	25 Cr Mo 4	217	Temperguß:		22 S 20	170	Federstahl:	
St 50-2	140	C 60	243	34 Cr Mo 4	217	GTW-35	220	35 S 20	200	55 Si 7	430
St 60-2	165	40 Mn 4	217	42 Cr Mo 4	217	GTW-40	220	45 S 20	229	65 Si 7	445
St 70-2	190	28 Mn 6	223	50 Cr Mo 4	235	GTS-35	150	60 S 20	270	50 CrV 4	445

Nichteisenmetalle, Legierungen (siehe auch S. 78···85)

Werkstoff (Gattung)	Mittl. Elastizitätsmodul E in kp/cm²	Mittl. Bruchfestigkeit in kp/mm²	Zulässige Beanspruchungen in kp/cm²: Zug (Druck) I	Zug (Druck) II	Zug (Druck) III	Biegung I	Biegung II	Biegung III	Scherung I	Scherung II	Scherung III	Drehung I	Drehung II	Drehung III	Mittl. Brinellhärte HB
Reinaluminium	600 000	gegossen 10	240	—	—	240	—	—	190	—	—	160	—	—	29
	720 000	gezogen 20	400	—	—	400	—	—	300	—	—	250	—	—	40
Al-Cu	700 000	weich 22	600	350	—	—	—	—	—	—	—	—	—	—	50
	750 000	vergütet 40	1000	700	500	1200	800	580	600	400	300	550	400	300	105
Al-Si	600 000	weich 16	300	160	—	—	—	—	—	—	—	—	—	—	45
	650 000	hart 25	500	280	200	580	320	230	400	230	160	300	150	130	70
Bronze GBz 14	800 000	weich 20	—	—	—	—	—	—	—	—	—	—	—	—	—
	900 000	hart 35	1200	700	500	1380	800	580	960	560	400	800	470	330	85
Messing Ms 60	750 000	weich 35	—	—	—	—	—	—	—	—	—	—	—	—	—
	1 000 000	hart 52	1000	850	500	1150	980	580	800	600	400	670	480	330	75
Kupfer	1 000 000	weich 22	—	—	—	—	—	—	—	—	—	—	—	—	45
	1 300 000	hart gez. 38	1000	450	300	1000	450	300	800	360	240	600	270	180	90

Berechnungsgrundlagen für Stahl im Hochbau siehe S. 70.

Zulässige Werkstoffbeanspruchungen in kp/cm^2

Einfluß der Wärme auf Festigkeit

Flußstahl erwärmt auf

−20°	+20°	100°	200°	300°	400°	500°	600°
Zugfestigkeit (Bruchfestigkeit) σ_z in kp/cm^2							
4100	3850	3950	5100	4750	3300	1900	1070

Gußeisen erwärmt auf 300 bis 350° erleidet Gefügeumwandlung; wird ersetzt durch Stahlguß.

Kupfer erwärmt: auf 120°: zulässig $\sigma_z = 220\ kp/cm^2$. Für je 20° höher ist σ_z 10 kp/cm^2 niedriger zu wählen.

Beispiel: In überhitztem Dampf von 300° darf Kupfer mit $\frac{300-120}{20}\cdot 10 = 90$ kp weniger, also mit 220—90 = 130 kp/cm^2 belastet werden.

Zulässige Spannungen σ zul in kp/cm^2

Werden Stähle verschiedener Festigkeit verschweißt, so gilt der kleinere Wert für σ zul

Brückenbau nach DIN 1073			Hauptkräfte	m. Zusatzkräften
Haupt-, Fahrbahn- und Fußwegträger	Zug und Biegung	St 37	1400	1600
		St 52	2100	2400
	Schub	St 37	920	1040
		St 52	1390	1560
Rohe Schrauben (DIN 7990)	Lochleibungsdruck	St 37	2400	2700
		St 52	3600	4100
Niete (DIN 124) Paßschrauben (DIN 7968)		St 37	3200	3600
		St 52	4800	5400

Schweißnähte	nach DIN 4100/01	Hochbau*)	Brückenbau St 37	Brückenbau St 52
Stumpfnähte 1. Güte, einwandfrei durchgeschweißt	Zug	0,75 σ zul	0,80 σ zul	0,80 σ zul
	Druck	0,85 „	1,00 „	1,00 „
	Biegung	0,80 „	—	—
	Abscheren	0,65 „	0,65 „	0,65 „
Stumpfnähte 2. Güte, nicht einwandfrei durchgeschweißt	Zug	0,75 „	0,72 „	0,65 „
	Druck	0,85 „	0,90 „	0,80 „
	Biegung	0,80 „	—	—
	Abscheren	0,65 „	0,55 „	0,50 „
Kehlnähte	Z.,D.,B.,A.	0,65 „	0,65 „	0,65 „

Zulässige Druckbeanspruchungen σ von Bausteinen, Mauerwerk und Beton in kp/cm^2

Steine	Auflagersteine	Pfeiler Gewölbe	schlanke Pfeiler Säulen
Granit	60	50	20
Sandstein	30	25	15
Kalkstein Marmor	30	25	15

Klinker mit Zementmörtel	20 bis 35
Hartbrandziegel mit Kalkzementmörtel	7 bis 18
poröse Ziegel	3 bis 6

Ziegel mit Kalkmörtel	bis 10
Bruchstein in Kalkmörtel	bis 5
Schwemmst.	bis 4
Baugrund z. Nachweis	1,5 bis 4,5

Kalksandstein:	
in Kalkmörtel	bis 7
in Zementmörtel	10 bis 14
Fundament:	
Schüttbeton	6 bis 8
Stampfbeton	10 bis 15

Trägheitsmomente J, Widerstandsmomente W und zulässige Drehmomente M_t

Querschnitt	J cm⁴	W cm³	M_t in kpcm	Querschnitt	J in cm⁴	W in cm³	M_t in kpcm
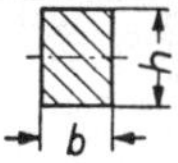	$\frac{b\cdot h^3}{12}$	$\frac{b\cdot h^2}{6}$	$\left(\frac{26b}{125}+\frac{h}{52}\right)\cdot h\cdot b\cdot zul\,\tau_t$ bei $h:b<5:1$	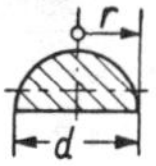	$\frac{d^4}{145}$	$\frac{d^3}{42}$	$\frac{d^3\cdot zul\,\tau_t}{10}$
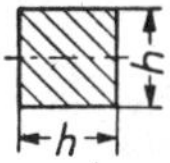	$\frac{h^4}{12}$	$\frac{h^3}{6}$	$0{,}209\cdot h^3\cdot zul\,\tau_t$	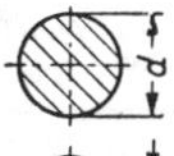	$\frac{d^4}{20}$	$\frac{d^3}{10}$	$\frac{d^3\cdot zul\,\tau_t}{5}$
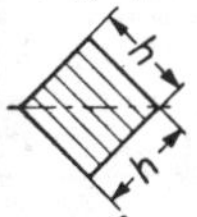	$\frac{h^4}{12}$	$\frac{2\cdot h^3}{17}$ od. $0{,}118h^3$	$0{,}209\cdot h^3\cdot zul\,\tau_t$	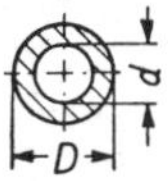	$\frac{D^4-d^4}{20}$	$\frac{D^4-d^4}{10\cdot D}$	$\frac{(D^4-d^4)\,zul\,\tau_t}{5D}$
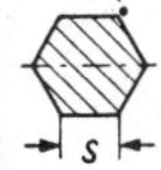	$\frac{13\cdot s^4}{24}$ od. $0{,}542s^4$	$\frac{5\cdot s^3}{8}$ od. $0{,}625s^3$	$\frac{5\cdot s^3\cdot zul\,\tau_t}{4}$	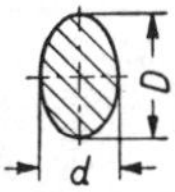	$\frac{D^3\cdot d}{20}$	$\frac{D^2\cdot d}{10}$	$\frac{D\cdot d^2\cdot zul\,\tau_t}{5}$
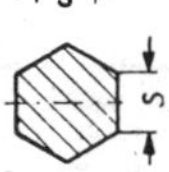	$\frac{13\cdot s^4}{24}$ od. $0{,}542s^4$	$\frac{13\cdot s^3}{24}$ od. $0{,}542s^3$	$\frac{5\cdot s^3\cdot zul\,\tau_t}{4}$	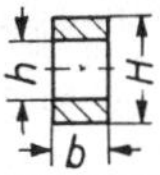	$\frac{b}{12}(H^3-h^3)$	$\frac{b(H^3-h^3)}{6H}$	—

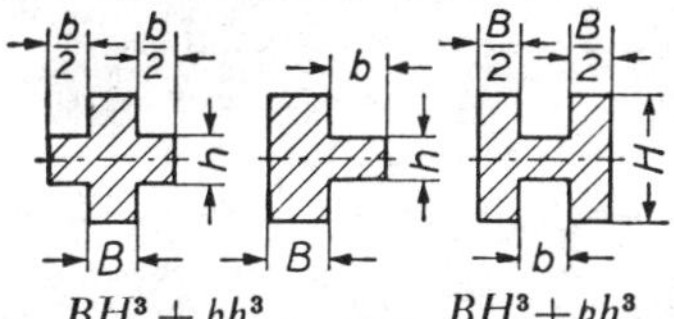

$$J=\frac{BH^3+bh^3}{12}\qquad W=\frac{BH^3+bh^3}{6H}$$

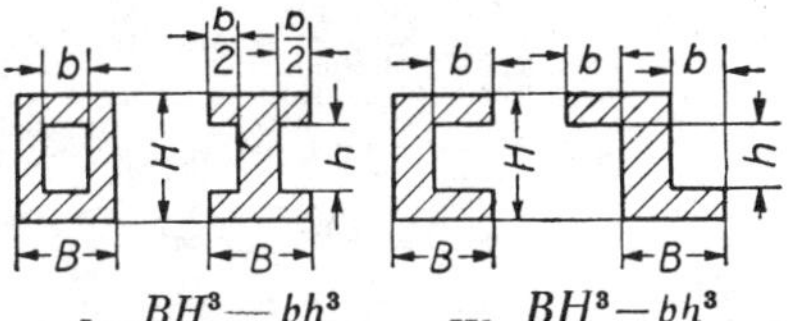

$$J=\frac{BH^3-bh^3}{12}\qquad W=\frac{BH^3-bh^3}{6H}$$

*) Beanspruchung nach DIN 1050 siehe Seite 70

Berechnungsgrundlagen für Stahl im Hochbau nach DIN 1050 (Jun. 68)

1. Berechnungsgrundsätze

Werkstoff	Spannung an der Fließgrenze kp/cm²	Elastizitätsmodul E kp/cm²	Schubmodul G kp/cm²	lineare Wärmedehnzahl α_t cm/cm°
Baustahl 37	2400	2 100 000	810 000	0,000 012
Baustahl 52	3600			
Stahlguß 52.1	2500			—
Verg. Stahl C 35	2800			—
Grauguß GG-15	—	1 000 000	380 000	0,000 010

In Tabelle 2 bedeuten: F = Vollquerschnitt des Stabes; ΔF = Summe der Flächen aller in die ungünstigste Rißlinie fallenden Löcher; F_{Steg} = maßgebender Querschnitt des Steges; J = Trägheitsmoment des ungelochten Querschnitts; ΔJ = Summe der Trägheitsmomente aller in die ungünstigste Rißlinie fallenden Löcher der Zuggurtflächen, bezogen auf die Schwerachse des unverschwächten Querschnitts; e_d, e_z = Abstand der Randfaser am Druck- bzw. Zugrand; W_d = maßgebendes Widerstandsmoment des Stabes für die Druckrandspannung bei Biegung; W_z = maßgebendes Widerstandsmoment des Stabes für die Zugrandspannung bei Biegung.

2. Querschnittswerte und Lochabzug

Spanngröße	Spannungsart	Maßgebender Querschnitt
Längskraft	Druck	F
	Zug	$F - \Delta F$
Querkraft	Schub*)	F_{Steg}
Biegemoment	Druck	$W_d = \dfrac{J}{e_d}$
	Zug	$W_z = \dfrac{J - \Delta J}{e_z}$

*) Durchschnittliche Schubspannung im Steg

$$\tau = \frac{Q}{F_{Steg}}$$

Zulässige Spannungen in kp/cm²

3. für Bauteile

Spannungsart	St 37 Lastfall H	St 37 Lastfall HZ	St 52 Lastfall H	St 52 Lastfall HZ
Druck und Biegedruck, wenn Nachweis auf Knicken und Kippen nach DIN 4114 erforderlich ist	1400	1600	2100	2400
Zug und Biegezug, Biegedruck, wenn Ausweichen der gedrückten Gurte nicht möglich ist	1600	1800	2400	2700
Schub	900	1050	1350	1550
Lochleibung bei Verbindung durch Niete oder Paßschrauben	2800	3200	4200	4800

4. der Verbindungsmittel

Verbindungsmittel		Lastfall	Abscheren zul τ_a	Lochleibungsdruck zul σ_l	Zug zul σ_z
Niete (DIN 124 und DIN 302)	U St 36-1 für Bauteile aus St 37	H	1400	2800	480
		HZ	1600	3200	540
	R St 44-2 für Bauteile aus St 52	H	2100	4200	720
		HZ	2400	4800	810
	Maßgeb. ⌀		Loch	Loch	Loch
Paßschrauben (DIN 7968)	4.6 für Bauteile aus St 37	H	1400	2800	1120
		HZ	1600	3200	1120
	5.6 für Bauteile aus St 52	H	2100	4200	1500
		HZ	2400	4800	1500
	Maßgeb. ⌀		Loch	Loch	Kern
Rohe Schrauben (DIN 7990)	4.6	H	1120	2400	1120
		HZ	1260	2700	1120
	Maßgeb. ⌀		Schaft	Schaft	Kern
Ankerschrauben und -bolzen	4.6 oder St 37	H	—	—	1120
		HZ	—	—	1120
	5.6 oder St 52	H	—	—	1500
		HZ	—	—	1500
	Maßgeb. ⌀		Schaft	Schaft	Kern

5. Zulässige Spannungen in kp/cm² für Lagerteile und Gelenke

Spannungsart	GG-15 H	GG-15 HZ	St 37 H	St 37 HZ	St 52-3 H	St 52-3 HZ	GS-52 H	GS-52 HZ	C 35 H	C 35 HZ
Druck Biegezug Biegedruck	1000 450 900	1100 500 1000	1600	1800	2400	2700	1800	2000	2000	2200
Berührungsdruck nach Hertz	5000	6000	6500	8000	8500	11000	8500	11000	9500	12000
	Bei beweglichen Lagern mit mehr als 2 Walzen sind diese Werte um 1000 kp/cm² zu ermäßigen.									
Lochleibungsdruck bei Gelenkbolzen			2100	2400	3100	3500				

Die Bestimmungen dieser Norm gelten für alle tragenden Bauteile aus Stahl mit einer Mindestdicke von 4 mm, auch für solche, die nur vorübergehenden Zwecken dienen, wie fliegende Bauten, Baugerüste, Lehrgerüste, Schalungsstützen usw. Sie gelten nicht für Eisenbahnbrücken, Straßenbrücken, Krane und Stahlwasserbauten.

Mitgeltende Normen. DIN 1000 Stahlhochbauten - Ausführung — DIN 1051 Berechnungsgrundlagen für Grauguß im Hochbau. — DIN 1055 Blatt 1 bis 6 Lastannahmen für Bauten. — DIN 1080 Zeichen für statische Berechnungen im Bauingenieurwesen. — DIN 4100 Geschweißte Stahlhochbauten, Berechnung und bauliche Durchbildung. — DIN 4114 Stahlbau, Stabilitätsfälle (Knickung, Kippung, Beulung). — DIN 4239 Blatt 1 und 2 Verbundträger-Hochbau.

Einteilung der Lasten. Die auf ein Tragwerk wirkenden Lasten werden eingeteilt in Hauptlasten (H) und Zusatzlasten (Z). Hauptlasten (H) sind: Ständige Last, Verkehrslast (einschl. Schnee-, aber ohne Windlast), freie Massenkräfte von Maschinen. Zusatzlasten (Z) sind: Windlast, Bremskräfte, waagerechte Seitenkräfte (z. B. von Kranen), Krane, die nur selten zu Montage- und Reparaturarbeiten benutzt werden, bei der Arbeit, Wärmewirkungen (betriebliche und atmosphärische).

Lastfälle. Für die Berechnung und den Festigkeitsnachweis werden folgende Lastfälle unterschieden: Lastfall H Summe der Hauptlasten, Lastfall HZ Summe der Haupt- und Zusatzlasten. Wird ein Bauteil, abgesehen von seinem Eigengewicht, nur durch Zusatzlasten beansprucht, so gilt die größte davon als Hauptlast.

Maßgebender Lastfall. Für die Bemessung und den Spannungsnachweis ist jeweils der Lastfall maßgebend, der die größten Querschnitte ergibt.

Allgemeiner Spannungsnachweis. Der allgemeine Spannungsnachweis ist mit den Querschnittswerten nach Tabelle 2 getrennt für die Lastfälle H und HZ zu führen, bei nicht vorwiegend ruhender Verkehrslast unter Berücksichtigung des Schwingbeiwertes φ (Stoßzahl nach DIN 1055 Blatt 3).

Standsicherheitsnachweis. Die Sicherheit gegen Kippen einzelner Bauteile muß in der Regel mindestens zweifach sein; in besonderen, von der Bauaufsicht zu bestimmenden Ausnahmefällen aber mindestens 1,5 fach. Gegen Abheben von den Lagern, z. B. bei Durchlaufträgern, muß mindestens 1,3 fache Sicherheit nachgewiesen werden.

Die Standsicherheit des ganzen Bauwerkes muß mindestens 1,5 fach sein.

Stahl

Schmiedbarer Stahl (außer Magnetkerneisen) unter 0,05% und Gußstahl von etwa 1,5% bis 2,3% Kohlenstoffgehalt werden technisch nicht verwertet.

Art	Name und Gewinnung		Kohlenstoff	Eigenschaften
Roheisen	Gießereieisen, im Hochofen gewonnen		2,3···6%	schmelzbar, zum Gießen geeignet; spröde, nicht schmiedbar.
schmiedbarer Stahl	Früher in teigigem Zustande gewonnen (Puddelofen), jetzt in flüssigem Zustand gewonnen (Bessemer-, Thomas-Birne, Martinofen).	Schweißstahl	0,6···2,3%	sehnig, schlackenhaltig, härtbar.
		Schweißschmiedestahl	0,05···0,6%	sehnig, schlackenhaltig, nicht härtbar.
		Flußstahl	0,1···0,6%	körnig, schlackenrein, härtbar ab 0,35% C-Gehalt
		Flußschmiedestahl	0,05···0,6%	

5

Fremdstoffgehalt der gebräuchlichen Stahl- und Gußsorten und der Stahlgattierungen (Stahlmischungen). Siehe auch S. 73, 75 und 76

Fremdstoff:	Kohlenstoff	Silicium (Sand)	Mangan (Metall)	Phosphor	Schwefel	Kupfer
Einfluß des Fremdstoffes:	erniedrigt den Schmelzpunk und macht spröde	begünstigt C-Ausscheidung, graue Farbe; faulbrüchig	erhöht Schmelzbarkeit u. Härte	macht dünnflüssig, vermindert Festigkeit; kaltbrüchig	macht dickflüssig und rotbrüchig	macht dicht und erhöht die Schmelzbarkeit
Gußeisen grau (über 1% Silicium)	3···5%	1···3,3%	0,5···2%	0,1···0,5%	0,2···0,4%	0···0,06%
Gußeisen weiß (unter 1% Silicium)	,, ,,	···1 ,,	···6 ,, (über 4,5% Spiegeleisen)	0,2···1 ,,	,,	,, ,,
Maschinenguß	2,5···4 ,,	1···3 ,,	0,3···0,9 ,,	0,2···1 ,,	unter 0,07 ,,	,, ,,
Hämatitguß	3,5···4,5 ,,	2···3 ,,	≈1 ,,	≈0,1 ,,	,, ,, ,,	≈0,025 ,,
Bauguß	2,5···3,5 ,,	1···3 ,,	0,5···1,2 ,,	0,2···1 ,,	0,08···0,15 ,,	—
Hartguß	unter 3,8 ,,	0,5···0,9 ,,	0,2···0,5 ,,	0,2···0,5 ,,	,, ,, ,,	···0,3 ,,
Temperguß (v.d.Tempern)	≈3 ,,	0,5···1 ,,	0,2···0,3 ,,	unter 0,1 ,,	—	—
Stahlguß	0,4···1 ,,	0,2···0,4 ,,	0,5···1 ,,	0,016 ,,	0,03 ,,	0,07···1,5 Ni
Dynamostahlguß	0,1···0,2 ,,	,, ,,	0,2···0,3 ,,	Spuren	Spuren	—
Feinkornstahl	0,05···0,6 ,,	···0,1 ,,	0,1···0,15,,	≈0,1 ,,	≈0,01,,	—
Bessemerflußstahl	0,2···0,6 ,,	0,25···0,35 ,,	0,4···1 ,,	0,06···0,1 ,,	0,03···0,06,,	—
Thomasflußstahl	0,05···0,5 ,,	0···0,01,,	0,6···1 ,,	0,04···0,1 ,,	0,02···0,04,,	—
Siemens-Martin-Stahl	0,15···0,5 ,,	bis 0,01,,	0,5···1 ,	0,05···0,1 ,,	0,02···0,05,,	—

Legierungsgehalt in % bei Werkzeugstählen (gebräuchlichste Mittelwerte)

Benennung	Kohlenstoff	Silicium	Mangan	Phosphor	Schwefel	Wolfram	Chrom	Vanadium	Molybdän	Kobalt	Aluminium	Eisen
Gußstahl	0,7···1,5	≈2	≈0,2	≈0,02	≈0,01	—	—	—	—	—	—	≈98
naturharter Stahl	≈2	0,2···1	1···3	≈0,05	≈0,03	5···12	0,1···3	—	—	—	—	90···80
Schnellarbeitsstahl	0,4···1,5	0,05···0,5	≈0,1	0···0,02	0···0,01	14···20	2,5···6	≈0,3	—	—	—	80···72
Kobaltstahl	0,5···1,5	0,05···0,5	≈0,1	≈0,01	0···0,01	14···20	2,5···6	≈0,3	—	≈3	—	77···70
Vanadinstahl	0,6···1,2	0,15···0,4	0,2···2	—	—	—	0,15···3	0,15···0,4	—	—	≈3	98···93

Hartmetall: Pulverförmige Metallkarbide wie Wolframkarbid (WC), Titankarbid (TiC), Tantalkarbid (TaC) und Vanadiumkarbid (VC) sowie metallisches Kobalt (Co) werden bei Temperaturen von 1300 bis 1600°C unter Sauerstoffabschluß zu Hartmetall gesintert. Die Hartmetalle der Zerspanungs-Hauptgruppen (DIN 4900) P und M enthalten neben Co und WC auch TiC, TaC und VC. Die Hartmetalle der Zerspanungsgruppe K enthalten vornehmlich WC und Co.
Sinterhartmetalle sind wegen ihrer hohen Warmhärte und Verschleißbeständigkeit für die Zerspanung fast aller bekannten Werkstoffe geeignet und ermöglichen eine vielfache Schneidleistung gegenüber Schnellarbeitsstählen. Das Auflöten der Schneidplatten (mit Kupfer- oder Silberloten) und das Schleifen (mit Diamant- oder Siliziumkarbidschleifscheiben) sollten nur nach den Angaben der Hartmetallhersteller erfolgen. Gegossene Hartmetalle (W_2CrWC) werden lediglich für den Verschleißschutz verwendet. Stellite werden oft fälschlich „gegossene Hartmetalle“ genannt.

Siehe Hartmetalle Seite 170

Kennzeichnung von Werkstoffen*) auf Zeichnungen nach DIN 201 (2.53)

Werkstoff	Schraffur	Farbe	Werkstoff	Schraffur	Farbe
Grauguß		grau	Messing		gelb
Temperguß		blau	Zinn, Blei, Zink, Lagerweißmetall		hellgrün
Stahl, Stahlguß		lila	Leichtmetalle, Al, Al-, u. Mg-Leg.		grün
Kupfer		rot	Nickel, Nickellegierung		hellila
Bronze, Rotguß		orange	Flüssigkeiten		hellblau

Rändel- und Kordelteilungen nach DIN 82

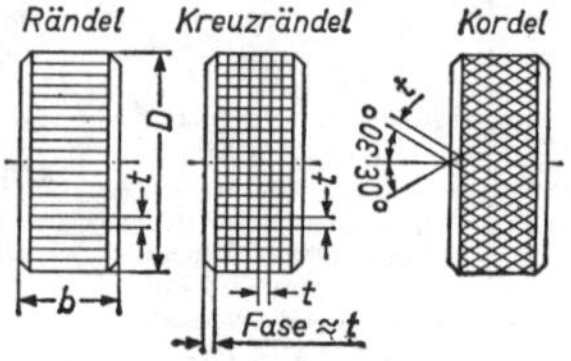

Eisen- und Stahlsorten

Alles schmiedbare, auf flüssigem wie teigigem Wege erzeugte Eisen wird „**Stahl**" genannt. Die in der Eisenhüttentechnik hergestellten Stoffe nennt man also Roheisen und Stahl (Schweißstahl bzw. Flußstahl).

Wir haben also **nichthärtbaren** Stahl (früher Schmiedeeisen) und **härtbaren** Stahl.

Während bei Eisen-Kohlenstoff-Stählen die Härtungsabkühlung von 721° auf 200° in etwa 6 bis 7 Sekunden zu erfolgen hat, erfolgt die Härtung der **Edelstähle** mit Metallzusatz (Nickel = Ni, Mangan = Mn, Wolfram = W, Chrom = Cr, Molybdän = Mo, Vanadium = V) bei langer oder sehr langer Abkühlungszeit. Je nach der Menge (u. Art) der Zusatzmetalle teilt man die Edelstähle ein in Ölhärter, Lufthärter, Selbsthärter u. naturharte Stähle. Je langsamer die Abkühlung erfolgt, desto weniger innere Spannungen weisen die Stahlstücke auf. **Schnellschnittstahl** enthält außer Kohlenstoff und geringen Zusätzen von Cr und V hauptsächlich W. Durch den hohen Wolframgehalt ist die Wärmeleitfähigkeit gering. Man erhitzt ihn deshalb langsam auf Kirschrotglut und darauf (zur Oberflächenbeeinflussung) schnell auf Weißglut; hierauf wird er in Öl oder Luft abgekühlt. Schnellschnittstahl verträgt Temperaturen bis 1350° C, ohne daß er grobkörnig wird oder verbrennt.

Eisen und Stahl werden nach ihrer chemischen Zusammensetzung, Erschmelzungsart, Behandlungszustand und Angabe der Zugfestigkeit gekennzeichnet. Ferner bedeuten:

σ_B (sprich sigma be) = Zugfestigkeit (Bruchspannung)

$\delta 10\%$ (sprich delta zehn) = Bruchdehnung in % an einem Normal- oder Proportionalstab mit Länge $l_o = 10\,d$.

σ = Spannung, Beanspruchung

σ_z = Beanspruchung auf Zug

σ_d = Beanspruchung auf Druck

τ (sprich tau) = Schubspannung = Beanspruchung auf Abscherung

τ_t (sprich tau te) = Beanspruchung beim Verdrehen

Nichteisenmetalle und ihre Legierungen (S. 78 ... 85)

Reine Nichteisenmetalle (Kupfer, Aluminium) finden nur dort Verwendung, wo ihre spezifischen Eigenschaften (niedrige Festigkeit, Wärmeleit- und Reflexionsvermögen) den geforderten Beanspruchungen entsprechen. Meistens dienen sie zur Herstellung von **Legierungen,** vor allem von **Kupferlegierungen** (S. 78, 79) und von **Aluminiumlegierungen** (S. 81). Eine Legierung entsteht durch Lösung eines oder verschiedener Metalle in einem anderen (flüssigheißen) Metall. Zink (Zn) und Antimon (Sb) machen z. B. eine Kupferlegierung hart, Zinn auch leichter gießbar.

Die industrielle Entwicklung der letzten Jahrzehnte führte überall zur Verwendung neuer Werkstoffe (Kunststoffe S. 128···130) und zur Förderung des Leichtbaues. Das geschah durch Verwendung von Stahl-Leichtbauprofilen (S. 100, 102, 103) oder durch Festigkeitssteigerung (Vergütung) der Baustähle oder durch Verwendung von Leichtmetallen. Aluminium- und Magnesiumlegierungen werden für besondere Zwecke verwendet.

Werkstoffnormung - Stahl und Eisen

σ_B = Zugfestigkeit (Bruchspannung)
$\delta\%$ = Bruchdehnung

DIN	Bezeichnung	Sorte Kurzzeichen	Probestab-Ø mm	σ_B kp/mm²	0,2 Grenze kp/mm²	δ $l_o = 3\,d$ %	Brinellhärte kp/mm²	Kennzeichnende Gefügebestandteile
Sorten und Eigenschaften von entkohlend geglühtem (weißem) Temperguß								
1692 (6.63)	Temperguß	GTW-35	9 12	34 35	— —	6 4	220	gegenüber GTW-40 größere Schwankungsbreite zulässig
		GTW-40	9 12	36 40	20 22	10 5	220	Kern: lamellarer Perlit + Temperkohle
		GTW-45	9 12	40 45	23 26	12 7	200	Kern: körniger Perlit + Temperkohle
		GTW-55	9 12	52 55	34 36	7 5	240	Kern: feinkörniger Perlit + Temperkohle
		GTW-65	9 12	62 65	41 43	4 3	270	Entkohlungstiefe gering; Vergütungsgefüge + Temperkohle
		GTW-S 38	9 12	32 38	17 20	15 12	200	Entkohlungstiefe besonders groß
Sorten und Eigenschaften von nicht entkohlend geglühtem (schwarzem) Temperguß								
1692 (6.63)	Temperguß	GTS-35	12 u. 15	35	20	10	bis 150	Ferrit + Temperkohle
		GTS-45		45	30	7	160 „ 200	Perlit + Ferrit + Temperkohle
		GTS-55		55	36	5	180 „ 220	Perlit + Temperkohle (Ferritanteil mögl.)
		GTS-65		65	43	3	210 „ 250	Perlit + Temperkohle
		GTS-70		70	55	2	240 „ 270	Vergütungsgefüge + Temperkohle

*) Schraffuren nur bei besonderer Notwendigkeit anwenden!

Werkstoffnormung — Stahl und Eisen (Fortsetzung)

Gußeisen mit Lamellengraphit nach DIN 1691 (8.64)

Kurzzeichen	Kohlenstoff % ≈	Rohguß-∅ der Probe mm	Zugfestigkeit kp/mm²	Biegefestigkeit kp/mm²	Eigenschaften	Verwendung
GG-10	3,5	30	10	—	gut bearbeitbar, ohne besondere Vorschriften	Säulen, Rohre, Land-, Textil-, Hausmaschinen
GG-15	3,4	13	23	34	Normales Gußeisen	Für Gußteile mit mittlerer Beanspruchung
		20	18	32		
		30	15	30		
		45	11	27		
GG-20	3,3	13	28	41		
		20	23	39		
		30	20	36		
		45	16	33		
GG-25	3,0	20	28	46	Hochwertiges Gußeisen gut bearbeitbar	Für hochbeanspruchte Gußteile
		30	25	42		
		45	21	39		
GG-30	2,8	30	30	48	Sondergußeisen mit besonderen Gütevorschriften	Für besonders hochbeanspruchte Gußteile, wärmebeständige Teile, Kolbenringe, Dampfarmaturen, Werkzeugmaschinen
		45	26	45		
GG-35	2,6	30	35	54		
		45	31	51		
GG-40	2,4	30	40	60		
		45	36	57		

Gußeisen mit Kugelgraphit nach DIN 1693, Blatt 1 (10.73)

Kurzzeichen	Zugfestigkeit kp/mm²	Streckgrenze kp/mm²	Härte HB 30 kp/mm²	Dehnung %	Eigenschaften	Verwendung
GGG-40	40	25	140···180	15	Hohe Dehnung	Für hochbeanspruchte Gußstücke
GGG-50	50	32	170···240	7	Mittlere Dehnung und Streckgrenze	
GGG-60	60	38	210···300	3	Hohe Streckgrenze	Sehr hohe Beanspruchung bei komplizierten Gußstücken
GGG-70	70	44	230···320	2	Hohe Streckgrenze	
GGG-80	80	50	230···360	2	Hohe Streckgrenze	
GGG-35.3	35	22	–	22	Gußstücke müssen ferritisch geglüht sein	
GGG-40.3	40	25	–	18	Wärmebehandlung soll nicht gefügeändernd sein	

Chemische Zusammensetzung von legierten und unlegierten Gußeisensorten

Erzeugnis	Wanddicke mm	C %	Si %	Mn %	P %	S %	
Allgemeine Gußsorten							
Herdplatten	3···5	3,4	2,55	0,55	0,75	0,08	—
Kolben	15···25	3,2	2,0	0,6	0,4	0,09	0,6 Mo
Kolbenringe	3···8	3,2···3,6	1,8···2,0	0,7···0,8	0,5	0,06	—
Radiatoren	5···10	3,4	2,6	0,65	0,9	0,12	—
Röhrenguß	5···12	3,5···3,7	1,5···2,2	0,6	0,8	0,12	—
Werkzeugmaschinen	20···40	3,3···3,7	1,5···2,0	0,8	0,6	0,10	—
Zylinderguß							
Kfz-Zylinder	5···8	3,25	2,0···2,3	0,7	0,5	0,07	—
Dampfzylinder	20···30	3,5	1,2···2,0	0,6···1,0	0,3···0,5	0,10	—
Zahnräder	20···40	3,35	1,5	0,85	0,4	0,08	0,6 Mo
MTC-beständiger Guß*)							
Armaturen	8···15	3,5	2,2	0,65	0,6	0,10	—
Säurebeständiger Guß	—	3,25	1,0···2,0	0,7	0,3	0,10	0,6 Cr
Laugebeständiger Guß	—	3,0	0,8	1,0	0,5	0,08	2 Ni
Cr-Guß bis 850° C	—	0,8···1,4	2,6	0,6···0,8	0,1	0,03	14···15 Cr
Cr-Guß bis 1100° C	—	1,4···1,6	2,4···3,0	0,8	0,1	0,03	28···30 Cr

***) M = mechanisch beanspruchbarer, T = thermisch und C = chemisch beständiger Guß**

Systematische Benennung von Eisen und Stahl nach DIN 17006 (Okt. 49)

Bedeutung der Kennzeichen

1 Gußzeichen	2 Erschmelzungsart	3 Besondere Eigenschaften	10 Behandlungszustand
G- = Gegossen (allgemein) GG- = Gußeisen mit Lamellengraphit GGG- = Gußeisen mit Kugelgraphit GH- = Hartguß GS- = Stahlguß GT- = Temperguß (allgemein) GTS- = Temperguß schwarz GTW- = Temperguß weiß Angehängte Zeichen: K = Kokillenguß Z = Schleuderguß (Beispiel: GGK-)	B = Bessemerstahl E = Elektrostahl (allgemein) F = Flammofen I = Elektrostahl (Induktion) LE = Elektrostahl (Lichtbogen) M = SM-Stahl PP = Puddelstahl SS = Schweißstahl T = Thomasstahl Ti = Tiegelstahl W = Windfrischstahl B = Basisch } nur angehängt Y = Sauer } nur angehängt	A = Alterungsbeständig G = Größerer P- oder S-Gehalt H = Halbberuhigt K = Kleiner P- oder S-Gehalt L = Laugenrißbeständig P = Preßschweißbar Q = Kaltstauchbar R = Ruhig S = Schmelzschweißbar U = Unruhig Z = Ziehbar	A = Angelassen B = Beste Bearbeitbarkeit E = Einsatzgehärtet G = Weichgeglüht H = Gehärtet HF = Oberfläche Flammengeh. HJ = Oberfläche Induktionsgeh. K = Kaltverformt N = Normalgeglüht NT = Nitriert S = Spannungsfreigeglüht U = Unbehandelt V = Vergütet

9.1 Gewährleistungsumfang

Kennziffer	Streckgrenze	Falt- oder Stauchversuch	Kerbschlagzähigkeit	Warmfest. oder Dauerstandfest.	Elektr. od. magnetisch. Eigenschaft
.1	×				
.2		×			
.3			×		
.4	×	×			
.5		×	×		
.6	×		×		
.7	×	×	×		
.8				×	
.9					×

Legierungssätze sind angegeben: in Hundertstel bei C, Ce, P, S, N; in Zehntel bei Al, Be, Pb, B, Cu, Mo, Nb, Ta, Ti, V, Zr; in Viertel bei Cr, Co, Mn, Ni, Si, W.

9.2 Werkzeugstahl-Gütestufen

W1 = 1. Güte	W3 = 3. Güte
W2 = 2. Güte	WS für Sonderzwecke

Spalte 1: Gußzeichen mit Bindestrich.
Spalte 2: Kennbuchstaben d. Erschmelzungsart (Stahlart).
Spalte 3: Kennbuchstaben über durch Erschmelzungsart oder Verarbeitung bedingte Eigenschaften.
Spalte 4: X — Unterscheidungsmerkmal hochlegierten Werkstoffes.
Spalte 5: Chem. Zeichen C = Kohlenstoff, nur bei unlegierten Stählen, nach chem. Zusammensetzung benannt, dagegen St = Stahl nur bei **nicht** nach chem. Zusammensetzung benannten Stählen.
Spalte 6: Kohlenstoffkennzahl und Zahl der Mindestzugfestigkeit oder Kennummer (Bandstahl und Feinblech).
Spalte 7: Prozentgehaltsmäßig geordnete chem. Zeichen der charakteristischen Legierungselemente und chem. Zeichen etwaiger besonderer Zusätze (z. B. Cu).
Spalte 8: Legierungskennzahlen, geordnet nach Reihenfolge der chemischen Zeichen.
Spalte 9.1: Kennziffer für den Gewährleistungsumfang.
Spalte 9.2: Kennzeichen bei unlegierten Werkzeugstählen.
Spalte 10: Kennbuchstaben für Behandlungszustand.
Spalte 11: Mindestwert der Zugfestigkeit oder sonstiger durch Behandlung zu erreichender Eigenschaften.

Benennung nach der	Art	Stahl	1	2	3	4	5 bis 8	9.1	9.2	10	11	Markenbezeichnung
Zugfestigkeit	unlegiert	Alterungsbeständiger Stahl mit 42 kp/mm² Zugfestigkeit, normal geglüht			A		St 42	.6		N		A St 42 .6N
Zugfestigkeit	unlegiert	Thomasstahl mit 37 kp/mm² Zugfestigkeit		T			St 37					St 37
chem. Zusammensetzung	unlegiert	Saurer SM-Stahl mit 0,35% C, vergütet auf 70 kp/mm² Festigkeit		M	Y		C 35			V	70	YC 35 V 70
chem. Zusammensetzung	unlegiert	Werkzeugstahl mit 1% C, 2. Güte, geglüht					C 100		W 2	G		C 100 W 2 G
chem. Zusammensetzung	niedrig legiert	Basischer El-Stahl mit 0,13% C, 1,25% Cr, 0,3% V, mit gewährleisteter Warmfestigkeit, vergütet		E	B		13 Cr V 53	.8		V		E B 13Cr V 53 .8V
chem. Zusammensetzung	niedrig legiert	El-Stahlguß mit 0,25% C, 1,25% Cr, 0,6% Mo, vergütet	GS-	E			25 Cr Mo 56			V	65	GS-E 25 Cr Mo 56 V65
chem. Zusammensetzung	hochlegiert	Nichtrostender Stahl mit 0,10% C, 18% Cr, 8% Ni vergütet				X	10 Cr Ni 188			V		X 10 Cr Ni 188 V
chem. Zusammensetzung	hochlegiert	Guß-Ni-Al-Legierung	G-				Ni Al					G - Ni Al
Festigkeit	unlegiert	Grauguß mit 20 kp/mm² Zugfestigkeit	GG-				20					GG - 20

Werkstoffnormung — Stahl und Eisen

σB = Zugfestigkeit (Bruchspannung)
δ% = Bruchdehnung für $L_0 = 5\ d_0$

Allgemeine Baustähle Sorteneinteilung und mechanische Eigenschaften nach DIN 17100/9. 66

Stahlsorte Kurzname	Werkstoff Nr.	D*)	B**)	σB kp/mm²	Streckgrenze in kg/mm² für Dicken in mm: bis 16	> 16…40	> 40…100	δ % für Dicken in mm: warmgewalzt, Band bis 3 mm	Querprobe für Blech, Breitflachstahl, Band über 3 mm: warmgewalzt	normalgeglüht	Schmelzanalyse in Gew.-% höchstens: C	P	S	N
St 33-1 St 33-2	1.0033 1.0035	— —	— —	33…50	19	19	—	14	14	—	— —	— 0,06	— 0,05	— 0,007
USt 34-1 RSt 34-1	1.0100 1.0150	U R	U, N	34…42	21	20	19	20	24	26	0,17	0,08	0,05	—
USt 34-2 RSt 34-2	1.0102 1.0108	U R									0,15	0,05	0,05	0,007
USt 37-1 RSt 37-1	1.0110 1.0111	U R	U, N	37…45	24	23	22	18	21	23	0,2	0,07	0,05	—
USt 37-2 RSt 37-2	1.0112 1.0114	U R									0,18 0,17	0,05	0,05	0,007
St 37-3	1.0116	RR									0,17	0,045	0,045	0,009
USt 42-1 RSt 42-1	1.0130 1.0131	U R	U, N	42…50	26	25	24	16	18	20	0,25	0,08	0,05	—
USt 42-2 RSt 42-2	1.0132 1.0134	U R									0,25 0,23	0,05	0,05	0,007
St 42-3	1.0136	RR									0,23	0,045	0,045	0,009
RSt 46-2	1.0477	R	U, N	44…54	29	29	—	16	18	20	0,2	0,05	0,05	0,007
St 46-3	1.0483	RR									0,2	0,045	0,045	0,009
St 52-3	1.0841	RR	U, N	52…62	36	35	34	16	18	20	0,2	0,045	0,045	0,009
St 50-1 St 50-2	1.0530 1.0532	R	U, N	50…60	30	29	28	14	16	18	0,25 0,3	0,08 0,05	0,05	— 0,007
St 60-1 St 60-2	1.0540 1.0542	R	U, N	60…72	34	33	32	10	11	13	0,35 0,4	0,08 0,05	0,05	— 0,007
St 70-2	1.0632	R	U, N	70…85	37	36	35	6	6	8	0,5	0,05	0,05	0,007

Stähle für Schrauben, Muttern und Niete nach DIN 17111/1. 68

Kurzname	Werkstoff Nr.	D*)	B**)	σB kp/mm²	bis 16	> 16…40	> 40…100	δ %	Scherfestigk. kp/mm²		C	P	S	Mn
USt 36-2 RSt 36-2	1.0203 1.0205	U R	— —	34…44	21	20	—	30	25…36		0,14 0,13	0,05	0,05	0,25…0,50
USt 38-2 RSt 38-2	1.0217 1.0223	U R	— —	38…47	23	22	—	25	28…39		0,19 0,18	0,05	0,05	

Vergütungsstähle nach DIN 17200 / 12.69 Qualitätsstähle

Kurzname	σB kp/mm²	σ 0,2 kp/mm²	δ %	Kohlenstoff %	Zusammensetzung in %	
C 22 Ck 22	50…65	30	22	0,18…0,25	0,3…0,6 Mn;	C-Stahl 0,15…0,35 Si
C 35 Ck 35	59…74	37	19	0,32…0,39	0,5…0,8 Mn;	C-Stahl 0,045 P
C 45 Ck 45	67…82	42	16	0,42…0,50	0,5…0,8 Mn;	C-Stahl 0,045 S
C 55 Ck 55	75…90	47	14	0,52…0,60	0,6…0,9 Mn;	Ck-Stahl 0,035 P
C 60 Ck 60	80…95	50	13	0,57…0,65	0,6…0,9 Mn;	Ck-Stahl 0,035 S
Edelstähle						
40 Mn 4	80…95	55	14	0,36…0,44	0,8…1,10 Mn; 0,25…0,5 Si;	0,035 P, 0,035 S
28 Mn 6	70…85	50	15	0,25…0,32	1,3…1,65 Mn; 0,15…0,4 Si;	0,035 P, 0,035 S
38 Cr 2	70…85	45	15	0,34…0,41	0,5…0,8 Mn; 0,4…0,6 Cr;	0,15…0,4 Si, 0,035 P, 0,035 S
46 Cr 2	80…95	55	14	0,42…0,50	0,5…0,8 Mn; 0,4…0,6 Cr;	0,15…0,4 Si, 0,035 P, 0,035 S
34 Cr 4	80…95	60	14	0,30…0,37	0,6…0,9 Mn; 0,9…1,2 Cr;	0,15…0,4 Si, 0,035 P, 0,035 S
37 Cr 4	85…100	64	13	0,34…0,41	0,6…0,9 Mn; 0,9…1,2 Cr;	0,15…0,4 Si, 0,035 P, 0,035 S
41 Cr 4	90…110	68	12	0,38…0,45	0,5…0,8 Mn; 0,9…1,2 Cr;	0,15…0,4 Si, 0,035 P, 0,035 S
25 CrMo 4	80…95	60	14	0,22…0,29	0,5…0,8 Mn; 0,9…1,2 Cr; 0,15…0,3 Mo;	0,15…0,4 Si, 0,035 P, 0,035 S
34 CrMo 4	90…110	68	12	0,30…0,37	0,5…0,8 Mn; 0,9…1,2 Cr; 0,15…0,3 Mo;	0,15…0,4 Si, 0,035 P, 0,035 S
42 CrMo 4	100…120	78	11	0,38…0,45	0,5…0,8 Mn; 0,9…1,2 Cr; 0,15…0,3 Mo;	0,15…0,4 Si, 0,035 P, 0,035 S
32 CrMo 12	125…145	105	9	0,28…0,35	0,4…0,7 Mn; 2,8…3,3 Cr; 0,3…0,5 Mo;	0,15…0,4 Si, 0,035 P, 0,035 S
36 CrNiMo 4	100…120	80	11	0,32…0,40	0,5…0,8 Mn; 0,9…1,2 Cr; 0,15…0,3 Mo; 0,9…1,2 Ni;	Si, P u. S wie 34 Cr 4
34 CrNiMo 6	110…130	90	10	0,30…0,38	0,4…0,7 Mn; 1,4…1,7 Cr; 0,15…0,3 Mo; 1,4…1,7 Ni;	Si, P u. S wie 34 Cr 4
30 CrNiMo 8	125…145	105	9	0,26…0,33	0,3…0,6 Mn; 1,8…2,2 Cr; 0,3…0,5 Mo; 1,8…2,2 Ni;	Si, P u. S wie 34 Cr 4
50 CrV 4	100…120	80	10	0,47…0,55	0,7…1,1 Mn; 0,8…1,2 Cr; 0,1…0,2 V;	Si, P u. S wie vor
30 CrMoV 9	125…145	105	9	0,26…0,34	0,4…0,7 Mn; 2,3…2,7 Cr; 0,15…0,25 Mo; 0,1…0,2 V;	Si, P u. S wie vor

Werte für Zugfestigkeit in Tabelle für Stähle üb. 16…40 mm ⌀; bis 16 mm ⌀ ≈ 10% höher, üb. 40…100 mm ⌀ ≈ 10% niedriger

*) Desoxidationsart: U = unberuhigt, R = beruhigt, RR = besonders beruhigt
**) Behandlungszustand: U = warmgeformt, unbehandelt, N = normalgeglüht

5

Werkstoffnormung — Stahl und Eisen

Automatenstähle nach DIN 1651 / 4.70 (Auszug)

Gewährleistete mechanische Eigenschaften

σB Zugfestigkeit in kp/mm²
σS Streckgrenze in kp/mm²
δ Bruchdehnung in %

Stahlsorte Kurzname	Dicke[1]	Behandlungszustand[2]) U oder SH: Härte	U oder SH: σB	K: σB	K: σS	K: δ	K + N oder SH + N: σB	K + N oder SH + N: σS	K + N oder SH + N: δ	K + V oder SH + V: σB	K + V oder SH + V: σS	K + V oder SH + V: δ
9 S 20 10 S 20 10 SPb 20	a	159	37···54	55···80	42	7	36	23	25			
	b	159	37···54	50···75	40	8	36	23				
	c	149	37···54	47···72	36	9	36	22				
	d	149	37···54	40···65	30	10	36	21				
	e	146	36···50	37···62	24	11	35	20				
9 SMn 28 9 SMnPb 28	a	170	39···58	57···82	45	6	38	24	23			
	b	170	39···58	52···77	42	7	38	24				
	c	159	39···58	47···72	38	8	38	23				
	d	159	39···58	42···67	31	9	38	22				
	e	156	37···53	39···64	25	10	36	21				
35 S 20	a	197	50···67	65···90	50	6	49···61	30	18	63···78	43	13
	b	197	50···67	60···85	41	7		30		63···78	43	14
	c	192	50···67	55···75	32	8		29		59···74	37	16
	d	192	50···65	52···72	29	9		28		55···70	33	17
	e	187	49···64	49···69	26	10	48···60	27		—	—	—
45 S 20	a	229	60···78	75···100	58	5	59···71	34	14	71···86	49	10
	b	229	60···78	70···95	48	6		34		71···86	49	11
	c	223	60···78	65···85	38	7		33		67···82	42	13
	d	223	60···75	62···82	33	8		32		63···78	38	14
	e	217	59···74	59···79	31	9	58···70	31		—	—	—
60 S 20	a	269	68···90	85···110	66	5	67···80	37	9	85···100	58	7
	b	269	68···90	80···105	55	6	67···80	37		85···100	58	8
	c	261	67···89	75···95	44	7	66···79	36		80···95	50	10
	d	261	66···88	72···92	36	8	65···78	35		75···90	46	11
	e	255	65···86	65···90	34	9	64···77	34		75···90	46	11

[1]) Dicke:
a bis 10 mm
b über 10 bis 16 mm
c über 16 bis 40 mm
d über 40 bis 63 mm
e über 63 bis 100 mm

[2]) U unbehandelt, SH geschält, K kaltgezogen, G auf kugeligen Zementit geglüht, S spannungsarm geglüht, N normalgeglüht, V vergütet

Einsatzstähle nach DIN 17210 / 12.69 (Auszug)

Gewährleistete mechanische Eigenschaften

Stahlsorte Kurzname	Härte G[1]) HB 30 in kp/mm²	Härte BF[2])	Härte BG[3])	Querschnitte von 11 mm Durchmesser: σB	11 mm: σS	11 mm: δ	30 mm Durchmesser: σB	30 mm: σS	30 mm: δ	63 mm Durchmesser: σB	63 mm: σS	63 mm: δ
Qualitätsstähle												
C 10	131	—	90···126	65···80	40	13	50···65	30	16	—	—	—
C 15	146	—	103···140	75···90	45	12	60···80	36	14	—	—	—
Edelstähle												
Ck 10	131	—	90···126	65···80	40	13	50···65	30	16	—	—	—
Ck 15	146	—	103···140	75···90	45	12	60···80	36	14	—	—	—
Cm 15	146	—	103···140	75···90	45	12	60···80	36	14	—	—	—
15 Cr 3	174	126···174	118···160	80···105	52	10	70···90	45	11	—	—	—
15 CrNi 6	217	170···217	152···201	98···130	70	8	90···120	65	9	80···110	55	10
18 CrNi 8	235	187···235	170···217	125···150	85	7	120···145	80	7	110···135	70	8
17 CrNiMo 6	229	179···229	159···207	120···145	85	7	110···135	80	8	100···130	70	8
16 MnCr 5	207	156···207	140···187	90···120	65	9	80···110	60	10	65···95	45	11
20 MnCr 5	217	170···217	152···201	110···140	75	7	100···130	70	8	80···110	55	10
20 MoCr 4	207	156···207	140···187	90···120	65	9	80···110	60	10	—	—	—
25 MoCr 4	217	170···217	152···201	110···140	75	7	100···130	70	8	—	—	—
20 MoCrS 4	207	156···207	140···187	90···120	65	9	80···110	60	10	—	—	—
25 MoCrS 4	217	170···217	152···201	110···140	75	7	100···130	70	8	—	—	—

[1]) [2]) [3]) Behandlungszustand! G = weichgeglüht; BF = Wärmebehandeln auf bestimmte Zugfestigkeit; BG = Wärmebehandeln auf Ferrit-Perlit-Gefüge

Werkstoffnormung — Stahl und Eisen (Fortsetzung)

DIN	Bezeichnung	Markenbezeichnung	σ B kp/mm²	δ %	Kohlenstoff %	Eigenschaften Zusammensetzung in %	Verwendung
1623 Bl. 1 (1.61)	Feinblech	St 10 02	28···50	—	0,15	normalgeglüht	Handelsblech
		USt 12 03	28···42	24	0,10	Oberfläche zunderfrei	Normale Ziehteile
		RSt 13 03	28···40	27	0,10	kleine Narben	Tiefziehbeanspruchung
1623 Bl. 2 (1.61)	Feinblech	USt 37	37···45	18	0,20	weder kalt- noch rotbrüchig, schmelzschweißbar	Bleche unt. 3 mm Dicke aus allg. Baustählen (außer Kesselbleche)
		USt 42-2	42···50	16	0,25		
		St 60-2	60···72	10	0,40		
1681 (6.67)	Stahlguß	GS-38 u. GS-38.3	38	25	Streckgrenze kp/mm² 19	zähe, gut schweißbar	Kohlenstoffgehalt darf 0,25% nicht überschreiten
		GS-45 u. GS-45.3	45	22	23	Sondergüte mit gewährleisteten Eigenschaften	Hochbeanspr. Gußstücke
		GS-52 u. GS-52.3	52	18	26		Hochbeanspr. Gußstücke
		GS-60 u. GS-60.3	60	15	30		
		GS-70	70	12	42		Höchstbeanspr. Gußteile
17221 (12.72)	Warmgewalzte Stähle für vergütbare Federn	38 Si 7	120···140	6	0,35···0,42	1,5···1,8% Si; 0,5···0,8% Mn;	höchst. 0,045% P u. S
		51 Si 7	135···160	6	0,47···0,55	1,5···1,8% Si; 0,5···0,8% Mn;	
		60 SiCr 7	135···160	6	0,55···0,65	1,5···1,8% Si; 0,7···1,0% Mn;	0,2···0,4% Cr
		55 Cr 3	140···165	6	0,52···0,59	0,6···0,9% Cr	0,15···0,4% Si 0,7···1,0% Mn 0,035% P u. S
		50 CrV 4	140···170	6	0,47···0,55	0,9···1,2% Cr; 0,1···0,2% V	
		51 CrMoV 4	140···170	6	0,48···0,56	0,9···1,2% Cr; 0,07···0,12% V	
17245 (1.59)	Warmfester Stahlguß	GS-C 25	45···60	22	0,20···0,28	0,3···0,5% Si; 0,5···0,8% Mn	schmelzschweißbar
		GS-22 Mo 4	45···60	22	0,18···0,25	<1,1% Cr; <0,45% Mo; 0,3···0,5% Si; 0,5···0,8% Mn	
		GS-22 CrMo 54	53···70	20	0,18···0,25	<1,1% Cr; <0,5% Mo	
		GS-20 Mo V 84	60···80	15	0,16···0,23	<0,3% Cr; <0,9% Mo	
17445 (2.69)	Nichtrostender Stahlguß	G-Y 12 Cr 14	60···80		0,08···0,15	12···14 Cr; 0,5···1,5 Ni; 1 Si; 1 Mn;	Ferritische Stahlgußsorten
		G-X 20 Cr 14	60···80		0,18···0,25	12,5···14,5 Cr;	
		G-X 22 CrNi 17	80···100		0,20···0,27	16···18 Cr; 1,0···2,0 Ni;	
	(Austenitische Stahlgußsorten)	G-X 10 CrNi 18 8	45···65	20	≦ 0,12	HB 30 = 170···240	17···19,5 Cr; 8···10 Ni; 2,0 Si; 1,5 Mn;
		G-X 6 CrNi 18 9			≦ 0,07	HB 30 = 170···240	17,5···20 Cr; 9···11 Ni; 2,0 Si; 1,5 Mn;
		G-X 7 CrNiNb 18 9			≦ 0,08	HB 30 = 230···300	17,5···20 Cr; 9···11 Ni; 1,5 Si; 1,5 Mn;
		G-X 10 CrNiMo 18 9			≦ 0,12	HB 30 = 150···200	17···19,5 Cr; 9···11 Ni; je 2···2,5 Mo; 2 Si; 1,5 Mn
		G-X 6 CrNiMo 18 10			≦ 0,07	HB 30 = 130···200	17···19,5 Cr; 10···12 Ni; je 2···2,5 Mo; 2 Si; 1,5 Mn

Funken- und Tüpfelprobe einiger Stahlarten

Funkenprobe ist einfaches Mittel zur Feststellung der Stahlsorte. Ausführung: Prüfstück und Vergleichsstab (Stahlsorte bekannt) an mittelkörnige, harte Schleifscheibe (250 mm ⌀ und n = 1400 U/min) schwach andrücken. Farbe der Lichterscheinung und Form der Strahlen lassen erkennen, ob harter oder weicher Stahl, Schnellstahl, niedrig- oder unlegierter Stahl vorliegt. Bei der Prüfung ist Tages- oder Lampenlicht zu vermeiden. Funkenprobe kann auch an fertigbearbeiteten Werkzeugen ausgeführt werden, ohne sie zu beschädigen.

Kohlenstoffstahl mit: 0,1% C	0,4% C	1,1% C	Legierte Werkzeugstähle mit: 1,5% Silicium	2,0% Mangan	13% Chrom	2,0% Wolfram

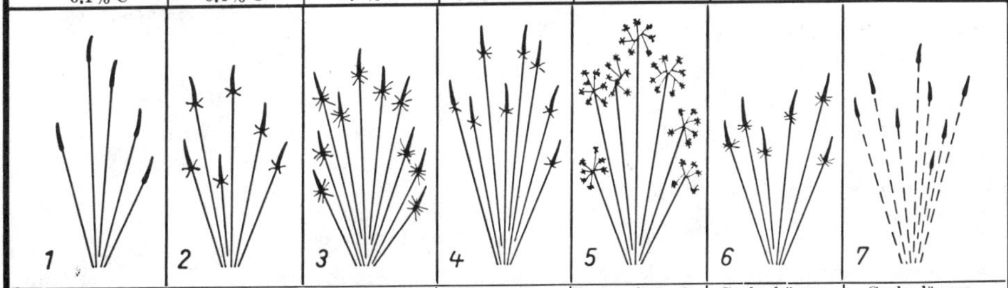

1	2	3	4	5	6	7
wenige, stachelähnliche Linien, hellgelb	Stachelbüschel dichter als bei 1, hellgelb	Büschel noch dichter als 2, verästelt, hellgelb	hellster Teil kürzer u. heller als bei 3, gelblich-weiß	Form wie 1···3, Funkengarbe heller, hellgelb	Garbe kürzer, feiner verästelt, orange	Garbe länger als bei 6, unterbrochen dunkelrote Linie

Tüpfelprobe bietet neben Funkenprobe zerstörungsfreie Prüfung der Stähle nach ihren Legierungsbestandteilen. Am Prüfstück 2···4 cm² blank feilen oder schmirgeln (nicht schleifen oder polieren) und bei 20° einige Tropfen Tüpfelsäure 1, 2 oder 3 auftragen.

Mit Tüpfelsäure Nr. 1 (verdünnte Salpetersäure 1 + 5) lassen sich lösliche von unlöslichen Stählen trennen.

Löslich sind: a) Alle legierten und unlegierten Stähle mit weniger als 10% Cr. Stähle sind magnetisch. b) Manganhartstähle (mit über 10% Mn), Mn-Cr oder Mn-Cr-Ni-sowie Ni-Stähle mit über 20% Ni. Stähle sind unmagnetisch.

Unlöslich sind: a) Korrosionsbeständige Cr-Stähle und Stähle mit über 10% Cr. Stähle sind magnetisch. d) Korrosionsbeständige Cr-Ni- und Cr-Mn-(Ni)-Stähle. Stähle sind unmagnetisch.

Für Stähle nach Nr. c und d verwendet man Tüpfelsäure Nr. 2 (1 Teil konz. Salzsäure + 4 Teile Wasserstoffsuperoxid 3%ig). Wird korrosionsbeständiger Stahl rasch angegriffen, ist hoher Mn-Gehalt (über 8%) vorhanden. Für höchstkorrosionsbeständige Stähle (mit zusätzlich höheren Mo- [z. B. 5%] bzw. Cu-Gehalten) nimmt man Tüpfelsäure Nr. 3 (1 Teil konz. Salpetersäure + 1 Teil konz. Salzsäure + 2 Teile Wasserstoffsuperoxid 10%ig).

Werkstoffnormung

Nichteisenmetalle und ihre Legierungen

Beispiele von Markenbezeichnungen	Erklärung
WM 80 (wm achtzig)	Weißmetall mit 80% Zinn nach DIN 1703
LSn 40 (lsn vierzig)	Zinnlot mit 40% Zinn nach DIN 1707
GG-15 (gg fünfzehn)	Normales Gußeisen nach DIN 1691
St 36 (st sechsunddreißig)	Schraubenstahl von 34···44 kp/mm² Festigkeit nach DIN 17 111

DIN	Werkstoffbezeichnung	Kurzzeichen	Zusammensetzung in % ungefähr bzw. bis					Schmelzbereich	Verwendung
			Cu	Zn	Sn	Sb	Rest		
1703 (4. 74)	Lagermetall	LgPbSb 14	0.2	< 0,05	2	15	Pb	245···420° C	Preß-, Spritzguß, Lagerschalen, Buchsen, kleinere Armaturen
	Lagermetall	LgSn 80	6		80	13	Pb	183···400° C	
	Lagermetall	LgPbSn 10	1		10	10	Pb	235···380° C	
1704 (6. 73)	Zinn 99 (1% Pb u. a.)	Sn 99	—	—	99	Ferner kommt Zinn in Handel mit 99,95; 99,9; 99,75 und 99,5% Sn			Legierungen, Bronze, Weißmetall, Lötzinn

Kurzzeichen	Zusammensetzung in %	Zugfestigkeit σB kp/mm²	Brinellhärte HB 10	Dichte kg/dm³	Verwendung
Kupfer-Zinn und Kupfer-Zinn-Zink-Gußlegierung nach DIN 1705 (6.73) (Guß-Zinnbronze und Torguß)					
G-CuSn 12*) GZ-CuSn 12*) GC-CuSn 12*)	85,5···87,5 Cu, 11···13 Sn, 2 Ni, 0,4 P, 0,2 Sb, 1,0 Pb, 0,2 Fe, 0,5 Zn, 0,05 S	26 28 28	12 95 90	8,6	Kuppelsteine, Schnecken- und Schraubenräder hochbelastete Stell- und Gleitleisten
G-CuSn 12 Ni GZ-CuSn 12 Ni	84···87 Cu, 11···13 Sn, 1,5···2,5 Ni, 0,2 P, 0,1 Sb, 0,2 Fe, 0,3 Pb, 0,05 S, 0,4 Zn	28 30	90 100		Hochbeanspruchte Armaturen- und Pumpengehäuse, Leit- und Laufräder für Turbinen
G-CuSn 12 Pb GZ-CuSn 12 Pb GC-CuSn 12 Pb	84,3···87,3 Cu, 11···13 Sn, 1···2 Pb, 2 Ni, 0,2 P, 0,2 Sb, 0,5 Zn, 0,2 Fe, 0,05 S	26 28 28	80 90 90	8,7	Gleitlager mit hohen Lastspitzen, hochbeanspr. Gleitplatten und Leisten
G-CuSn 10	88···90 Cu, 9···11 Sn, 2 Ni, 1 Pb, 0,5 Zn, 0,2 P, 0,2 Sb, 0,2 Fe, 0,05 S	27	70		Leit-, Lauf- und Schaufelräder für Pumpen und Turbinen
G-CuSn 10 Zn GZ-CuSn 10 Zn GC-CuSn 10 Zn	86···89 Cu, 9···11 Sn, 1···3 Zn, 2 Ni, 1,5 Pb, 0,3 Sb, 0,25 Fe, 0,1 S, 0,05 P	26 27 27	75 85 80		Gleitlagerschalen Papier- und Kalanderwalzenmäntel, Schneckenradkränze mit niedriger Gleitgeschwindigkeit
Kupfer nach DIN 1708 (1.73)					
Katodenkupfer KE-CU	99,9 Cu	Leitfähigkeit mind. 58 m/Ω · mm²			Katoden
Kupfer-sauerstoffhaltig					
E 1-Cu 58 E 2-Cu 58 E-Cu 57	99,9 Cu, 0,005···0,04 Sauerstoff 99,9 Cu, 0,005···0,04 Sauerstoff 99,9 Cu, 0,005···0,04 Sauerstoff	Leitfähigkeit im weichen Zustand mind. 58 m/Ω · mm² mind. 57 m/Ω · mm²			ohne Anforderung an Schweiß- und Hartlötbarkeit
Kupfer-sauerstofffrei, nicht desoxydiert					
OF-Cu	99,95 Cu	mind. 58 m/Ω · mm²			Herstellung von Gußstücken und Legierungen
Kupfer-sauerstofffrei, mit Phosphor desoxydiert					
SE-Cu SW-Cu SF-Cu	99,9 Cu, 0,003 P 99,9 Cu, 0,005···0,014 P 99,9 Cu, 0,015···0,04 P	mind. 57 m/Ω · mm² etwa 52 m/Ω · mm²			gut schweiß- und lötbar gut schweiß- und lötbar sehr gut schweiß- u. lötbar

*) G = Sand-, GZ = Schleuder- und GC = Strangguß

Werkstoffnormung — Nichteisenmetalle und ihre Legierungen

Kurzzeichen	Zusammensetzung in %	Zugfestigkeit σB kp/mm²	Brinellhärte HB 10	Dichte kg/dm³	Verwendung
Kupfer-Zink-Gußlegierungen nach DIN 1709 (6.73) (Guß-Messing und Guß-Sondermessing)					
G-CuZn 33 Pb*)	63···67 Cu, 1···3 Pb, 1 Ni, 1,5 Sn, 0,8 Fe, 0,2 Mn, 0,05 P und Si, Rest Zn	18	45		Konstruktionsteile für Elektrotechnik, Optik
GD-CuZn 37 Pb*) GK-CuZn 37 Pb*)	59···63 Cu, 0,5···2,5 Pb, 0,2···0,8 Al, 1,0 Ni, 0,7 Sn, 0,5 Fe, 0,1 Si u. Mn, Rest Zn	28 28	75 70		Druckgußteile für Maschinenbau, Elektrotechnik, Feinmechanik, Optik
G-CuZn 40 Fe GZ-CuZn 40 Fe	56···62 Cu, 0,2···1,2 Fe, 2,5 Mn, 2 Ni, 1,0 Pb, 0,1 Al und Si, 0,05 P, Rest Zn	15 15	75 85	8,6	verwickelte Konstruktionsteile für Elektro- und Maschinenbau
G-CuZn 34 Al 2 GZ-CuZn 34 Al 2	55···66 Cu, 1···3 Al, 0,5···2,5 Fe, 0,5···4,0 Mn, 3 Ni, 0,3 Pb u. Sn, 0,1 Si, Rest Zn	60 62	140 150		Ventil- u. Steuerungsteile, Sitze Kegel, statisch belastete Konstruktionsteile
G-CuZn 25 Al 5 GZ-CuZn 25 Al 5	60···67 Cu, 3···7 Al, 1,5···4 Fe, 3 Ni, 2,5···5 Mn, 0,1 Si u. Sn, 0,2 Pb, Rest Zn	75 75	180 190		Statisch sehr hoch belastete Konstruktionsteile Hochdruckarmaturen
Kupfer-Aluminium-Gußlegierungen nach DIN 1714 (6.73) (Guß-Aluminiumbronze)					
G-CuAl 10 Fe GK-CuAl 10 Fe	83···89,5 Cu, 8,5···11 Al, 2···4 Fe, 3 Ni, 1 Mn, 0,5 Zn, 0,3 Sn, 0,2 Pb und Si	50 55	115 115		Kohlehalterungen in der Elektroindustrie, Schaltsegmente u. Schaltgabeln
G-CuAl 10 Ni GK-CuAl 10 Ni GZ-CuAl 10 Ni GC-CuAl 10 Ni	76···81 Cu, 8,8···10,8 Al, 4,5···6,5 Ni, 3,5···5,5 Fe, 2,5 Mn, 0,2 Sn u. Zn, 0,1 Si, 0,05 Mg u. Pb	60 60 70 70	140 150 160 160	7,5	Hochbeanspruchte Teile für Festigkeit und Korrosionsbeständigkeit, Schiffspropeller, Laufräder, Pumpengehäuse
G-CuAl 11 Ni GK-CuAl 11 Ni GZ-CuAl 11 Ni	71···78 Cu, 9···11,5 Al, 5···7 Ni, 2,5 Mn, 4···6 Fe, 0,2 Sn u. Zn, 0,1 Si, 0,05 Mg u. Pb	68 68 75	170 200 185	7,6	Hohe Verschleißfestigkeit Höchstdruckarmaturen in der Hydraulik; Schnecken- und Schraubenräder
G-CuAl 8 Mn GK-CuAl 8 Mn	82···85 Cu, 7···9 Al, 5···6,5 Mn, 1···2 Ni, 0,2 Sn u. Zn, 0,8 Fe, 0,1 Pb u. Si	44 45	105 105	7,5	Geringe Magnetisierbarkeit. Propellerteile, Maschinenrahmen, Kühler
Kupfer-Blei-Zinn-Gußlegierungen nach DIN 1716 (6.73) (Guß-Zinn-Blei-Bronze)					
G-CuPb 10 Sn GZ-CuPb 10 Sn GC-CuPb 10 Sn	78···82 Cu, 8···11 Pb, 9···11 Sn, 1,5 Ni, 0,5 Sb, 1,0 Zn, 0,25 Fe, 0,05 P	18 22 23	65 70 70	9,0	Gleitlager mit hohen Flächendrücken, Kalanderwalzen, Fahrzeuglager, Kolbenbolzen- und Getriebebüchsen
G-CuPb 15 Sn GZ-CuPb 15 Sn GC-CuPb 15 Sn	75···79 Cu, 13···17 Pb, 7···9 Sn, 2 Ni, 3 Zn, 0,5 Sb, 0,25 Fe, 0,05 P	18 22 22	60 65 65	9,1	Lager mit hohen Flächendrücken, ohne Weißmetallausguß. Verbundlager für Verbrennungsmotoren, säurebeständige Armaturen u. Gußstücke
G-CuPb 20 Sn	69···76 Cu, 18···23 Pb, 3,5···5,5 Sn, 2,5 Ni, 0,5 Sb, 0,25 Fe, 0,05 P	16	50	9,3	Hochbeanspruchte Verbundlager für Verbrennungsmotoren, Kurbelwellen-Pleuel- und Nockenwellenlager
G-CuPb 22 Sn[1])	70···80 Cu, 18···26 Pb, 0,5···3 Sn, 2,5 Ni, 0,7 Fe, 0,5 Zn, 0,2 Sb, 0,03 P	—	30	9,5	Verbundgußwerkstoff mit bes. guten Gleit- und Notlaufeigenschaften, wie vor

*) G = Sand-, GZ = Schleuder- und GC = Strangguß [1]) Verbundguß

6

Werkstoffnormung — Nichteisenmetalle und ihre Legierungen

Die nachstehende, nach Angaben des abgeänderten DIN-Blattes 1743 aufgestellte Tabelle der Feinzink-Gußlegierungen läßt den Fortschritt in deren Herstellung und Anwendung erkennen. Die Zinklegierungen sind infolge ihres niedrigen Schmelzpunktes (385° C) und guten Formfüllungsvermögens für Druckguß besonders geeignet. Die physikalischen Eigenschaften entsprechen weitgehend denen von Reinzink. Die zulässigen Beimengungen an Blei, Cadmium und Zinn sind auf eine ganz geringe Höchstmenge beschränkt, da sie bei größeren Mengen in Al-haltigen Zinklegierungen interkristalline Korrosion verursachen würden.

Die Gießtemperatur für Druckguß beträgt 400° bis 430° C, die Formtemperatur soll ≈ 180° C betragen.

Wie bei allen Gußlegierungen, so ist auch hier zu beachten, daß die Festigkeitswerte an gesondert gegossenen Probestäben ermittelt wurden. Es kann nicht erwartet werden, daß diese Werte an allen Teilen des Gußstückes erreicht werden. Bei der Gestaltung von Druck-Gußteilen sind zweckmäßig die Druckgießereien über die erreichbare Wanddicke und die erreichbaren Toleranzen zu befragen.

Ausdrücklich wird in DIN 1743 vermerkt, daß für einige Legierungen oder für ihre Verwendung gewerbliche Schutzrechte und Schutzrechtsanmeldungen bestehen.

Feinzink-Gußlegierungen DIN 1743 Bl. 2 (6.67)

Gußstücke aus Druck-, Sand- und Kokillenguß

Kurzzeichen (Schlagzeichen)	Grundstoffe in % neben Zn	Dichte Zugfestigk. σB Brinellhärte	Verwendungsbeispiele Sonstiges
GD-Zn Al 4 (Z 400)	Al 3,5…4,3 Cu 0…0,1 Mg bis 0,6	ϱ = 6,7 25 kp/mm² *HB* 70…90	Druckgußstücke aller Art, maßbeständig
GD-Zn Al 4 Cu 1 (Z 410)	Al 3,5…4,3 Cu 0,75…1,25 Mg 0,02…0,06	ϱ = 6,7 28 kp/mm² *HB* 85…105	Druckgußstücke aller Art
G-Zn Al 4 Cu 3 (Z 430)	Al 3,5…4,3 Cu 2,5…3,2 Mg 0,03…0,06 Fe …0,075 Pb+Cd…0,009 Sn …0,002 Zn Rest	ϱ = 6,8 22…26 kp/mm² *HB* = 90…100 kp/mm²	Sand- und Kokillengußstücke aller Art Tiefziehformen für Kunststoffe
GK-Zn Al 4 Cu 3 (Z 430)		ϱ = 6,8 24…28 kp/mm² *HB* = 100…110kp/mm²	
G-Zn Al 6 Cu 1 (Z 610)	Al 5,6…6,0 Cu 1,2…1,6 Fe …0,075 Mg …0,005 Pb+Cd…0,009 Sn …0,002 Zn Rest	ϱ = 6,5 18…23 kp/mm² *HB* = 80…90 kp/mm²	Gießtechnisch schwierige Gußstücke
GK-Zn Al 6 Cu 1 (Z 610)		ϱ = 6,5 22…26 kp/mm² 80…90 kp/mm²	

Schweißzusatzwerkstoffe für Aluminiumwerkstoffe nach DIN 1732 Bl. 1 (4.73)

Kurzzeichen Kennfarbe	Dichte Schmelzbereich °C ≈	Zusammensetzung etwa %	Verwendung* G	WIG	MIG	L
S-Al 99,8 braun-braun	2,70 658	s. DIN 1712 Bl. 3	g	gg	gg	m
S-Al 99,5 blau	2,70 647…658	s. DIN 1712 Bl. 3	g	g	g	m
S-Al 99,5 Ti blau-schwarz	2,71 647…658	Al+Ti mind. 99,5 Ti 0,1…0,2	g	gg	gg	m
S-Al Mn violett	2,73 648…657	s. DIN 1725 Bl. 1	—	—	—	m
S-Al Mg 3 grün-gelb	2,66 580…642	s. DIN 1725 Bl. 1	g	gg	g	ng
S-Al Mg 5 grün-schwarz	2,64 562…633	s. DIN 1725 Bl. 1	ng	gg	gg	ng
S-Al Mg 4,5 Mn grün-grünviolett	2,4 568…638	s. DIN 1725 Bl. 1	ng	gg	gg	ng
S-Al Si 5 braun-weiß	2,68 573…585	Si 4,5…5,5 Rest Al	gg	gg	gg	m
S-Al Si 12 braun-blau	2,65 573…585	s. DIN 1725 Bl. 2	gg	gg	gg	m

*) G = Gas-, WIG = Wolfram-Intergas-, MIG = Metall-Intergas-Schweißen; L = Lichtbogenschweißen mit umhüllten Elektroden; g = geeignet, gg = gut geeignet, ng = nicht geeignet, m = möglich.

Schweißzusatzwerkstoffe für Cu- und Cu-Legierungen nach DIN 1733 Bl. 1 (8.63)

Kurzzeichen Dichte	für folg. Grundwerkstoffe Schmelzbereich °C ≈	Verwendung*) Kennfarbe
S-Cu 8,9	Cu-Sorten n. DIN 1787 1070…1080	G, WIG grau
S-Cu Ag 8,9	Cu-Sorten n. DIN 1787 1068…1078	G, WIG, MIG rosa
S-Cu Sn 8,9	Cu-Sorten n. DIN 1787 1050…1075	G, WIG, MIG, L gelb
S-Cu Si 8,5	Siliziumbronzen 910…1025	WIG, MIG, L dunkelblau
S-Sn Bz 12 8,6	Guß-Zinnbronzen, Rotguß 825…990	G, WIG, MIG, L schwarz
S-Ms 60 8,3	Messing, Sondermessing 890…900	G, WIG hellblau
S-So Ms 8,3	Messing, Sondermessing 870…890	G, WIG violett
S-Al Bz 8 7,7	Al-Bronze 5 u. 8. Korrosionsfeste Auftragung 1030…1040	WIG, MIG, L grün
S-Cu Ni 30 Fe 8,7	Cu-Ni-Leg. Cu Ni 30 Fe Cu Ni 10 Fe 1180…1240	G, WIG, MIG, L weiß

*) G = Gas-, WIG = Wolfram-Intergas-, MIG = Metall-Intergas-, L = offenes Lichtbogenschweißen.
Lieferart: Schweißstäbe und Drahtelektroden.

Reinaluminium im Halbzeug nach DIN 1712 Bl. 3 (10.61)

Benennung	Kurzzeichen	Zusammensetzung % höchstens	Al	Si	Fe	Ti	Cu	Cu+Zn	Verwendung	Herstellungsform
Reinaluminium 99,8	Al 99,8	0,20	99,8	0,15	0,15	0,03	0,02	0,08	chem. Industrie für besonders hohe Ansprüche	Bleche, Bänder, Streifen, Rohre, Platten, Folien, Profile, Drähte, Stangen, Niete, Preßteile
Reinaluminium 99,7	Al 99,7	0,30	99,7	0,20*	0,25*	0,05	0,03	0,10		
Reinaluminium 99,5	Al 99,5	0,50	99,5	0,30*	0,40*	0,05	0,05	0,12	chem. Industrie, Elektrotechnik, Schiffbau	
Reinaluminium 99	Al 99	1,00	99	0,50*	0,60*	0,05	0,07	0,15		
Reinaluminium 98	Al 98	2,00	98	0,80*	1,00*	0,05	0,10	0,20	allgemeine Zwecke	

* Si ≦ Fe

Werkstoffnormung — Leichtmetall-Legierungen

Gattung Kennfarbe Stoff-Nr.	Grundstoffe in % neben Al	Dichte Eigenschaft Festigkeit	Verwendungs-beispiele Sonstiges
Al-Knetlegierungen nach DIN 1725 Bl. 1 (2.67)			
Al Cu Mg 1 rot 3.1325	Cu 3,5···4,5 Mg 0,4···1,0 Mn 0,3···1,0	$\varrho \approx 2,8$ aushärtbar, formbar	Für mechan. hochbeanspr. Bauteile
Al Cu Mg Pb rot-schwarz 3.1645	Cu 3,5···5,0 Mg 0,4···1,8 Mn 0,5···1,0	$\varrho \approx 2,85$ aushärtbar, hochfest	Legierung für Automaten-bearbeitung
Al Mg Si 1 weiß 3.2315	Mg 0,6···1,2 Si 0,75·1,3 Mn 0,2···1,0 Cr 0 ···0,3	$\varrho \approx 2,7$ aushärtbar, korrosionsbest. formbar	mittelbean-spruchte Bau-teile, gute elekt. Leitfähigkeit
E-Al Mg Si weiß-weiß 3.2305	Mg 0,5···0,6 Si 0,3···0,5 Fe bis 0,3	$\varrho \approx 2,69$ aushärtbar, witterungsbest.	Drähte für elektrische Leitungen
Al Mg 3 grün-gelb 3.3535	Mg 2,6···3,4 Mn 0 ···0,5 Cr 0 ···0,3	$\varrho \approx 2,64$ nicht aushärt-bar, gut polier- und schweißbar, korrosionsbest.	mech. mittel- u. hochbean-spruchte Bau-teile, Fahr-zeugbau, Schiffbau
Al Mg 5 grün-schw. 3.3555	Mg 4,3···5,5 Mn 0 ·0,55 Cr 0 ···0,3		
Al Mg Mn grün 3.3527	Mg 1,6···2,5 Mn 0,5···1,1 Cr 0 ···0,3	$\varrho \approx 2,71$ schweißbar, seewasserfest	Fahrzeug-, Apparate- u. Schiffbau
Al Mn violett 3.0515	Mn 0,8···1,5 Cr 0 ···0,3	$\varrho \approx 2,73$ witterungsbest. gut schweißbar	Apparatebau, Bauwesen, Verpackung
Al Mg Si Pb weiß-schw. 3.0615	Si 0,6···1,4 Mg 0,6···1,2 Mn 0,6···1,0 Cr 0 ···0,3;	$\varrho \approx 2,75$ aushärtbar, gut zerspanbar Pb+Sn+Cd+Bi+Sb 1,0···3,0	Rohre, Stangen f. Drehteile (Automaten)
Al Zn Mg 1 blau-violett 3.4335	Zn 4,0···5,0 Mg 2,6···3,6 Mn 0,1···0,4 Cr 0,1···0,3	$\varrho \approx 2,77$ aushärtbar, gut zerspanbar schweißbar	Rohre, Bleche, Stangen, Drähte, Profile

Blei nach DIN 1719 und Blei-Legierungen nach DIN 1728

Benennung	Kurzzeichen	Zusammen-setzung %	Verwendung
Feinblei 99,99	Pb 99,99	Pb 99,99	Akku-Platten Bleimennige
Kupfer-feinblei 99,90	Pb 99,9 Cu	Pb 99,9 Cu 0,04···0,08	Chem.-Geräte in d. Schwefel-säureindustrie
Hüttenblei 99,94	Pb 99,94	Pb 99,94	Hartblei bei chem. Anlagen
Typometall	PbSb 12 Sn 3	Sb 11,5···12,5 Sn 2,5··· 3,5 Rest Pb	Typograph-Setzmasch., Füllstoff
Lettern-metall	PbSb 28 Sn	Sb 28···29 Sn 5···5,5 Rest Pb	Komplettguß-schriften
Noten-metall	PbSn 15 Sb	Sb 4···5 Sn 15,5···16 Rest Pb	Notenstich-platten
Zusatz-schrift-metall	VPbSn 30 Sb	Sb 5···7 Sn 29···31 Rest Pb	Flüssigmachen d. Legierungen
Hartblei 1	PbSb 1	Sb 0,5···2 Rest Pb	Rohrleitungen, chem. Anlagen
Hartblei 4	PbSb 4	Sb 3···5 Rest Pb	Armaturen
Kabel-hartblei	KbPbSb	Sb 0,5···6 Rest Pb	Kabelmäntel, Bahnkabel
Rohrblei	RPb	Sb 0,75···1,25 As 0,02···0,05 Rest Pb	Rohre für Trinkwasser
Überzugblei	PbSb 7	Sb 6···8 Rest Pb	Feuerver-bleiung von Stahlblech

Mg-Knetlegierungen nach DIN 1729 Bl. 1 (5.63)

Kurzzeichen Kennfarbe	Grundstoffe in % neben Mg	Lieferform bzw. Lieferzustand	Verwendung Zugfestigkeit
Mg Mn 2 gelb-schwarz-rot	Mn 1,2···2,0	Bleche Rohre Stangen Profile	Blechprofile Verkleidungen
Mg Al 3 Zn gelb-schwarz-grün	Al 2,5···3,5 Zn 0,5···1,5 Mn 0,15···0,4		mittelbeanspr. Bauteile Anoden
Mg Al 6 Zn gelb-schwarz-weiß	Al 5,5···7,0 Zn 0,5···1,5 Mn 0,15···0,4	Rohre Stangen Profile	mittel- bis hochbeanspr. Bauteile
Mg Al 8 Zn gelb-schwarz-blau	Al 7,8···9,2 Zn 0,2···0,8 Mn 0,12···0,3	Gesenk-schm.-stücke	hochbeanspr. Bauteile

Mg-Gußlegierungen ($\varrho \approx 1,8$) **n. DIN 1729 Bl. 2** (6.73)
Sandguß (S), Kokillenguß (K), Druckguß (D)

G-Mg Al 6	Al 5,5···6,5 Mn 0,1···0,4 Mg Rest	(S) ub[4]	18···24 kp/mm^2 Brinellh. *HB* bis 65 kp/mm^2
GD-Mg Al 4 Si 1	Al 4,0···5,0 Si 0,4···1,0 Mn 0,2···0,5 Mg Rest	(D) Guß-zustand	20···25 kp/mm^2 *HB* 60···90
G-Mg Al 8 Zn 1 gelb-blau	Al 7,0···8,5 Zn 0,3···1,0 Mn 0,1···0,3 Rest Mg	(S) ub[4]	16···22 kp/mm^2 *HB*···65 „
GK-Mg Al 8 Zn 1		(K) ub[4]	16···22 kp/mm^2
G-Mg Al 8 Zn 1 ho[1]		(S) ho[1]	24···28 kp/mm^2
GK-Mg Al 8 Zn ho		(K) ho[1]	24···28 kp/mm^2
GD-Mg Al 8 Zn 1		(D) ub[4]	20···24 kp/mm^2
G-Mg Al 9 Zn 1 ho gelb-schwarz	Al 8,0···9,5 Zn 0,3···1,0 Mn 0,1···0,3 Rest Mg	(S) ho[1]	24···28 kp/mm^2 *HB*···70 „
GK-Mg Al 9 Zn 1		(K) ub[4]	16···22 kp/mm^2
GK-Mg Al 9 Zn 1 ho		(K) ho[1]	24···28 kp/mm^2
G-Mg Al 9 Zn 1 wa[3]		(S) wa[3]	24···28 kp/mm^2
GK-Mg Al 9 Zn 1 wa		(K) wa[3]	20···28 kp/mm^2
GD-Mg Al 9 Zn 1		(D) ub[4]	22···25 kp/mm^2

Weichlote für Schwermetalle nach DIN 1707 (4.73)

Gruppe	Kurzzeichen	Zusammensetzung in % Schmelzbereich °C	Lieferform Verwendung
Zinn-Blei-Weichlote mit Kupfer- oder Silber-zusatz	L-Sn 50 PbCu	49,5···50,5 Sn; 1,2···1,6 Cu; Rest Pb; (183···215)	Lötstangen gegossen, Lotdraht, Elektro-geräte, Elektronik, Miniatur-technik gedruckte Schaltungen
	L-Sn 60 PbCu	59,5···60,5 Sn; 0,1···0,3 Cu; Rest Pb; (183···190)	
	L-Sn 60 PbCu 2	59,5···60,5 Sn; 1,6···2,0 Cu; Rest Pb; (183···190)	
	L-Sn 50 PbAg	49,5···50,5 Sn; 3,0···4,0 Ag; Rest Pb; (178···210)	
	L-Sn 60 PbAg	59,5···60,5 Sn; 3,0···4,0 Ag; Rest Pb; (178···180)	
	L-Sn 63 PbAg	62,5···63,5 Sn; 1,3···1,5 Ag; Rest Pb; (178)	
Sonder-Weichlote	L-SnAg 5	3,0···5,0 Ag; Rest Sn; (221···240)	Lötstangen gegossen, Lotdraht, Lotband u. Folie gewalzt, Elektro-industrie
	L-SnSb 5	4,5···5,5 Sb; Rest Sn; (230···240)	
	L-PbAg 3	2,1···3,0 Ag; Rest Pb; (304···305)	
	L-SnPbCd 18	31···32 Pb; 17,5···18,5 Cd; Rest Sn; (145)	
	L-CdZnAg 2	1,5···2,5 Ag; 15···17 Zn; Rest Cd; (270···280)	
	L-CdZnAg 10	9,5···10,5 Ag; 21···23 Zn; Rest Cd; (270···380)	

ho[1] = homogenisiert, wa[3] = warm ausgehärtet, ub[4] = unbehandelt

6

Werkstoffnormung - Leichtmetall-Legierungen

Aluminium-Gußlegierungen nach DIN 1725, Bl. 2 (5.73) Auswahl

Kurzzeichen G = Sandguß GK = Kokillenguß GD = Druckguß	Grundstoffe in % neben Al	Streckgrenze¹) σ 0,2 kp/mm²	Zugfestigkeit¹) σB kp/mm²	Bruchdehnung¹) δ5 %	Brinellhärte¹) HB 10 kp/mm²	Biegewechselfestigkeit²) (50 · 10⁶) kp/mm²	Dichte; Verwendung; Sonstiges a Gießbar, b Polierbar, c Anodische Oxydation, d Witterungsbeständig, e Meerwasserbeständig, f Spanbar, g Schweißbar; 1···5 rel. Bewertung
G-AlSi 12	Si 11,0···13,5 Mn 0···0,4	7···10 (7)	16···21 (16)	5···10 (3)	45···60 (45)	5,5···6,5	ϱ = 2,65; dünnwandige Gußstücke a 1, b 4, c –, d 2, e 3, f 3, g 1
GK-AlSi 12		8···11 (8)	18···24 (16)	6···12 (3)	50···60 (50)	7···8	
GD-AlSi 12		14···18	22···28	1···3*)	60···80	6···7	
G-AlSi 10 Mg	Si 9,0···11,0 Mg 0,2···0,5 Mn 0···0,4	8···11 (8)	17···22 (16)	2···6 (2)	50···60 (50)	6,5···7,5	ϱ = 2,65; wie vor a 1, b 3, c –, d 2, e –, f 3, g 1
G-AlSi 10 Mg wa		18···26 (17)	22···32 (20)	1···4 (1)	80···110 (75)	9···11	
GK-AlSi 10 Mg		9···12 (9)	18···24 (18)	2···6 (2)	60···80 (60)	8···10	
GK-AlSi 10 Mg wa		21···28 (19)	24···32 (22)	1···4 (1)	85···115 (80)	10···11	
GD-AlSi 10 Mg		14···20	22···30	1···3*)	70···90	7···9	
G-AlSi 8 Cu 3	Si 7,5···9,5 Cu 2,0···3,5 Mn 0,2···0,5 Mg 0···0,3	10···15 (10)	16···20 (14)	1···3 (0,5)	65···90 (60)	5···7	ϱ = 2,75; verwickelte Gußstücke a 1, b 3, c –, d 5, e –, f 2, g 2
GK-AlSi 8 Cu 3		11···16 (10)	17···22 (15)	1···3 (0,5)	70···100 (65)	6···8	
GD-AlSi 8 Cu 3		16···24	24···31	0,5···3*)	80···110	7···9	
G-AlSi 6 Cu 4	Si 5,0···7,5 Cu 3,0···5,0 Mn 0,3···0,6 Mg 0,1···0,3	10···15 (10)	16···20 (14)	1···3 (0,5)	60···80 (60)	5···6	ϱ = 2,75; vielseitig angewandte Legierung a 2, b 3, c –, d 5, e –, f 2, g 3
GK-AlSi 6 Cu 4		12···18 (11)	18···24 (16)	1···3 (0,5)	70···100 (65)	6···7	
GD-AlSi 6 Cu 4		15···22	22···30	0,5···3*)	70···100	7···9	
G-AlSi 5 Mg	Si 5,0···6,0 Mg 0,4···0,8 Mn 0···0,4 Ti 0···0,2	10···13 (9)	14···18 (13)	1···3 (0,5)	55···70 (55)	6···6,5	ϱ = 2,7; hochfeste Gußstücke, Feuerlöschwesen; gute elektr. Leitfähigkeit a 3, b 2, c 4, d 2, e 3, f 2, g 3
G-AlSi 5 Mg wa		22···29 (16)	24···30 (17)	0,5···2 (0,5)	80···110 (80)	7···7,5	
GK-AlSi 5 Mg wa		24···29 (18)	26···32 (19)	1···3 (0,5)	90···110 (90)	8···8,5	
G-AlMg 3	Mg 2,5···3,5 Mn 0···0,4 Ti 0···0,2	7···10 (6)	14···19 (13)	3···8 (3)	50···60 (45)	6···6,5	ϱ = 2,7; Gußstücke mit dekorativer Oberfläche a 4, b···g 1
GK-AlMg 3		7···10 (7)	15···20 (15)	5···12 (4)	50···60 (50)	7···7,5	
G-AlMg 5	Mg 4,5···5,5 Mn 0···0,4 Ti 0···0,2	10···12 (9)	16···22 (14)	3···8 (2)	55···70 (50)	6···7	ϱ = 2,6; Innen- u. Außenarchitektur, Nahrungsmittel- u. chem. Industrie a 4, b···f 1, g 3
GK-AlMg 5		10···14 (10)	18···24 (15)	4···10 (1)	60···75 (55)	7···8	
GD-AlMg 9	Mg 7,0···10,0 Si 0···2,5 Mn 0,2···0,5	14···22	20···30	1···5*)	70···100	5,5···6,5	ϱ = 2,6; Optische Industrie, Büromaschinen, Haushaltsgeräte a 3, b···f 1, g –
G-AlSi 9 Mg wa	Si 9,0···10,0 Mg 0,2···0,4 Mn 0···0,05	20···27 (18)	25···30 (22)	2···5 (2)	75···110 (75)	7	ϱ = 2,65; verwickelte, dünnwandige Gußstücke; Luftfahrzeugbau a 1, b 3, c –, d 2, e 3, f 2, g 1
GK-AlSi 9 Mg wa		20···28 (19)	26···34 (24)	4···7 (3)	80···115 (80)	8	
G-AlCu 4 Ti wa	Cu 4,5···5,2 Ti 0,15···0,3	20···26 (18)	30···38 (25)	3···8 (2)	95···110 (90)	8···9	ϱ = 2,75; einfache Gußstücke, Luftfahrzeugbau a 4, b 2, c –, d 5, e –, f 1, g 5
GK-AlCu 4 Ti wa		22···27 (20)	33···40 (28)	7···12 (3)	95···110 (90)	9···10	
G-AlCu 4 TiMg ka	Cu 4,2···4,9 Mg 0,15···0,3 Ti 0,15···0,3	22···28 (18)	30···40 (24)	5···15 (3)	90···115 (85)	8···9	ϱ = 2,75; einfache Gußstücke mit höchster Festigkeit oder Zähigkeit a 4, b 2, c –, d 5, e –, f 1, g 5
GK-AlCu 4 TiMg ka		22···30 (20)	32···42 (28)	8···18 (5)	95···115 (90)	9···10	

¹) Nicht eingeklammerte Werte an gesondert gegossenen Probestäben von etwa 100 mm² Querschnitt für Sand- und Kokillenguß bzw. 20 mm² Querschnitt für Druckguß ermittelt.
Eingeklammerte Werte für Sand- und Kokillenguß sind Mindestwerte für Wanddicken bis etwa 20 mm.

²) Umlaufbiegeversuch nach DIN 50113.

*) Bruchdehnungswerte für δ10.

Leichtmetall-Legierungen (Forts.)

Aushärten (Vergüten)

Bei einem Teil der Al-Knetlegierungen und Al-Gußlegierungen kann die **Festigkeit durch Aushärten** (Vergüten, Veredeln) **erhöht** werden. — Vorgang: **Glühen** ¼ bis 2 Stunden bei 500° bis 520° in **Salzbadöfen,** für gewisse Legierungen bis 24 Stunden bei 520° bis 560° in **Muffelöfen;** sofortiges **Abschrecken** in kaltem Wasser (stets unter 50°), dünne Teile im Luftstrom. Danach **künstliches Altern** (Anlassen) ½ bis 24 Stunden bei 100° bis 200° im Ölbad oder elektrisch beheizten **Luftumwälzofen;** oder **natürliches Altern** (Auslagern) bei Zimmerwärme 2 bis 8 Tage oder länger. — Salzschmelze für Salzbadofen: 4 Teile Natronsalpeter + 1 Teil Kalisalpeter, flüssig bei ≈ 220°. Anhaftende Salzreste sind sorgfältig abzuspülen, da sie das Metall angreifen.

Durch **Zwischenglühen** bei 330° bis 360° (gewisse Legierungen bis 450°) wird zu gewissen Zwecken (Pressen, Drücken, Treibarbeiten) die **Härte vermindert.** Aushärten kann danach **erneut** erfolgen.

Im Aluminium können bei 548° bis 5,65% Cu, bei 300° etwa 0,5% Cu gelöst sein. Beim Abschrecken bilden sich **Al-Cu-Mischkristalle,** die (ähnlich wie bei legiertem Stahl) die Härte bewirken. Damit die Kühlwasserwärme nie über 50° steigen kann, ist bei laufender Veredelungsarbeit für dauernde Wassererneuerung zu sorgen.

Gebrauchstemperatur. Fertige Gegenstände aus Leichtmetall sollen Wärme im allgemeinen nur bis 120° ausgesetzt sein. Schon 175···200° Wärme verursacht Dehnungsabfall und Verwerfungen. Bei Erhitzung auf über 560° kann der Werkstoff durch keinerlei Nachbehandlung mehr brauchbar gemacht werden; solche Gegenstände sind einzuschmelzen.

Weichlöten der Leichtmetalle

Reinaluminium und Al-Knetlegierungen werden nach dem Reib- und Reaktionsverfahren weichgelötet. Aus Gründen der Korrosionsbeständigkeit sind reine Zink-Aluminium- und besonders hoch cadmiumhaltige Lote zu verwenden.

Neuerdings wird auch mittels des Ultraschallverfahrens gelötet. Ein Zinnband unterliegt dem Einfluß der Ultraschallwellen. Die zu lötenden Stellen werden in das Zinnbad getaucht. Die Ultraschallwellen zerstören die anhaftende Oxidhaut und bewirken die Verzinnung. Danach kann ganz normal wie bei anderen Lötungen weitergelötet werden.

Bearbeitung, Oberflächenveredlung

In jedem Falle (auch beim Aushärten und Zwischenglühen) **sind für die verschiedenen Legierungen die von den Lieferfirmen herausgegebenen Behandlungsvorschriften zu beachten.**

Glühen und Schmieden. Warmverformbar bei 325°···350°, Schmieden erst zulässig bei 410°···460°; Erwärmung mit Schweißbrenner (durch 2. Person) vor und während des Schmiedens. Durch Überstreichen mit ausgelassenem Rindertalg ist die richtige Schmiedewärme des Werkstücks zu erkennen: hellbraun bei 300°, dunkelbraun bei 350°.

Biegen von Blechen nicht in Walzrichtung. Rohre werden vorher mit feinem Sand gefüllt; Krümmungshalbmesser mindestens 3 × Außendurchmesser.

Hammerschweißen ohne Flußmittel. Blechkanten abschrägen, 2···3fache Blechdicke überlappen; bei 300°···350° hämmern mit vorgewärmtem Hammer auf vorgewärmter Unterlage (Amboß). Längere Bleche werden vorher in Abständen 100 × Blechdicke geheftet (teilgeschweißt), um Verziehen zu verhindern.

Hartlöten erfolgt am besten mit Silumin-Hartlötstäben; Flußmittel Autogal C, Crisogen u. a. Silumin-Hartlot schmilzt bei 575°. Durch Farbe gekennzeichnete Hartlotstäbe (orange 600°, grün 500°) liefert die Firma Georg Schlegel, Köln-Nippes.

Beizen. Nachbehandlung mit 10 bis 20%iger Sodalösung oder Natronlauge, seltener mit verdünnten Säuren. Natronlauge mit Kochsalzzusatz vertieft den silberweißen Glanz. Wärmegrad und Beizdauer haben auf das Beiz-Ergebnis großen Einfluß. Gründliches Nachspülen mit Wasser ist notwendig.

Oxidische Überzüge. Zwei Verfahren haben Bedeutung.

1. Das MBV-Verfahren (modifiziertes Bauer-Vogel-Verfahren) ist sehr einfach. Es ergibt eine schiefergraue Oberfläche der Werkstücke, die 5···10 Minuten lang in 90···100° heiße Lösung von 5% kalzinierter (gebrannter) Soda und 1,5% Natriumchromat getaucht und dann mit Wasser abgespült werden. Das Verfahren eignet sich für Reinaluminium und alle kupferfreien Al-Legierungen, erhöht die chemische Beständigkeit gegen See- (Salz-) Wasser, Alkohol usw. — Kupferhaltige Legierungen müssen vor dem MBV-Verfahren in 2···3 prozentiger Wasserglaslösung 15 Minuten lang gekocht werden.

2. Eloxalverfahren (elektrisch-oxydiertes Aluminium). Die Gegenstände bilden im Eloxierbad die Anode, das Badgefäß die Kathode. Die farbige Oxidschicht ist ≈ 0,002 mm dick und bildet mit dem Metall eine unlösbare Verbindung von hoher Verschleißfestigkeit und guter elektrischer Isolationsfähigkeit. Die Schicht besitzt gutes Wärmestrahlungsvermögen (Schirminnenseite von elektrischen Heizsonnen). Auch farblose Eloxalschichten können erzeugt werden.

Hitzebeständige Aluminium-Überzüge auf Eisenwerkstoffe

Zwei Verfahren: **Alitieren** und **Veraluminieren.** Beim Alitieren dringt Al in die Oberflächenschicht ein und bildet mit dem Eisen Mischkristalle. Sie enthalten etwa 10 bis 25% Al. Beim Veraluminieren entsteht auf dem Eisen eine mechanisch aufgebrachte Al-Schicht.. Sämtliche legierten und unlegierten Eisenwerkstoffe (außer Grauguß wegen Graphitgehalt) können nach beiden Verfahren behandelt werden.

Verfahren zum Aufbringen des Al

Pulveralitieren. Durch Glühen in Al-haltigen Pulvern Erzeugung einer hoch Al-haltigen Randzone. Glühen bei 600···700° in Ferro-Al-Pulver unter Luftabschluß oder bis 1050° in einem Gemisch von pulverisiertem Al (40%) und Tonerde (60%). Glühdauer je nach Temperatur und Schichtdicke 5···20 Stunden. Dicke der Randschicht 0,5···1,0 mm; zunderbeständig für Gebrauchstemperaturen bis 950°.

Kalvrisieren. Dem Al-Tonerde-Gemisch (Pulveralitieren) noch Ammoniumchlorid, Graphit oder Zink beifügen.

Spritzveraluminieren. Auf entzunderte und aufgerauhte Oberfläche Aufspritzen von Al mit Spritzpistolen. Diese Schicht ist porig und sauerstoffdurchlässig, zunderbeständig bis ≈600°.

Spritzalitieren. Spritzveraluminieren mit Nachbehandlung (z. B. Diffusionsglühen bei 800···900°). Glühdauer ≈5 Stdn. Vorgang wie bei Pulveralitieren. Zunderbeständigkeit von Dicke der aufgespritzten Schicht abhängig. Kann durch Al-Mg-Legierung (≈10% Mg) anstelle Al verbessert werden.

Tauchveraluminieren. Eintauchen in Al-Schmelzbad oder Al-Legierung bei ≈700···800°. Tauchzeit beträgt wenige Minuten. Zunderbeständigkeit reicht bis ≈850°. Nachbehandlung durch Glühen verbessert Zunderbeständigkeit.

Tauchalitieren. Tauchveraluminieren mit Nachbehandlung (z. B. Diffusionsglühen bis 1100°). Zunderbeständigkeit wie Pulveralitieren.

Al-Plattierung. Durch hohen Aufpressungsdruck Al-Schicht kalt oder warm im Walzwerk auf Blech aufwalzen. Schicht haftet gut und ist dicht. Zunderbeständigkeit wie beim Pulveralitieren. Bleche werden nach dem Aufwalzen weichgeglüht. — Verarbeitung der Bleche möglich, z. B. im Apparatebau, da sie kaltverform- und schweißbar sind.

Tüpfelprobe: Natronlauge hinterläßt auf Cu-Leichtmetall-Legierungen einen schwarzen Punkt, Kaliumbichromat auf Mg-Legierungen einen braunen Punkt.

Leichtmetall-Legierungen (Fortsetzung)

Schweißen

Schweißen der **Cu-freien** Legierungen (bei ≈ 600°) und des Reinaluminiums (bei ≈ 650°) verursacht Spannungen (Verziehen der Werkstücke). Das Verziehen wird gemindert, wenn (z. B. bei Profilen und Rahmenstücken) die Schweißungen abwechselnd von außen nach innen und von innen nach außen ausgeführt werden, oder wenn wenigstens die letzte Naht in entgegengesetzter Richtung ausgeführt wird. Auch hilft ein gleichzeitiges Anwärmen des Werkstücks auf der dem Schweißbrenner gegenüberliegenden Seite. — Reinaluminium darf nicht mit Kupferlegierungen verschweißt werden.

Schweißzusatzstoff besteht am besten aus gleicher Legierung (Schweißstäbe DA 2 bis 8). Schweißen mit Wasserstoff-Sauerstoff-Gemisch ist dem mit Acetylen-Gemisch vorzuziehen. Die Flamme soll bei geringem Gasdruck kurz und sauerstoffarm sein. Vor dem Schweißen sind die Schweißstellen gut blank zu machen und mit angerührtem **Flußmittel** (z. B. Autogal A, N oder D oder Firinit) sparsam zu bestreichen. Auch Zusatzstoff (Zusatzmaterial) ist mit Flußmittel zu überstreichen. Nach dem Schweißen sind die Flußmittelreste mit 10%iger Salpetersäurelösung zu entfernen und dann die Schweißstellen mit reinem Wasser abzuspülen. Schweißpulver Autogal N braucht nicht entfernt zu werden; es dient sogar als Korrosionsschutzmittel.

Vorbereitungen zum autogenen Schweißen. Bei Blechen unter 1,5 mm Dicke werden die Kanten um 90° etwa 2 mm hoch gebördelt. Die **Bördelkanten** werden fest aneinandergelegt und nach sparsamem Bestreichen mit dem Flußmittel (Pinsel) niedergeschmolzen.

Auf gutes Durchfließen des Werkstoffs ist zu achten. Die Bördelkanten dürfen nicht geheftet werden, da sonst durch Spannungen leicht Risse entstehen.

Zusatzdraht verwendet man zum Stumpfschweißen von 1···3 mm dicken Blechen. Bei Blechdicken von 3···12 mm werden die Blechkanten abgeschrägt (V-Naht).

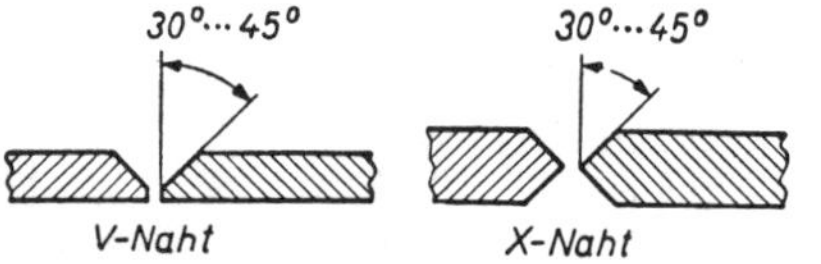

Unten soll jedoch eine Kante von etwa 1 mm stehenbleiben. Bei Blechen über 12 mm wird eine X-Naht geschweißt. Im allgemeinen werden die Bleche mit einem **Spiel** (Zwischenraum) von etwa 0,5···2 mm aneinandergelegt.

Zusatzdrähte (gebeizt) sollen möglichst aus dem gleichen Werkstoff wie die Bleche bestehen. Auf ungebeizten Drähten haftet das Flußmittel schlecht. Zu dicke Durchflußteile sind zu entfernen (Feile, Schaber usw.). **Überlappt- und Kehlnahtschweißungen** sind äußerst schwierig herzustellen und daher zu vermeiden.

T-förmige Schweißverbindungen sind möglichst nach der nachstehenden zweiten Art herzustellen. Es gehört ausreichende Übung dazu; bei zu starker Flamme schmort die Unterkante des aufzusetzenden Bleches leicht ab.

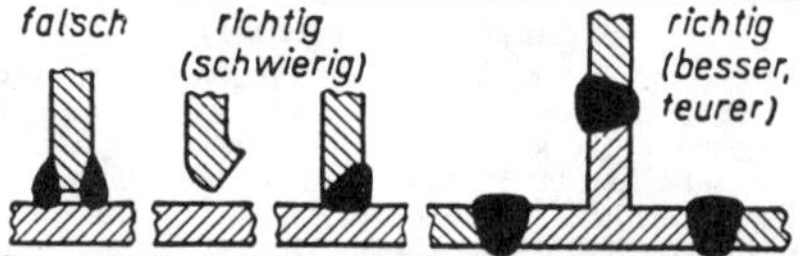

Gas-elektrische Schweißung (Arcatomverfahren der AEG). Werkstücke von geringer Wanddicke (bis 2 mm) lassen sich **schnell** und **sauber** schweißen. Ein Lichtbogen brennt zwischen zwei Wolfram-Elektroden. Die Elektrodenhalter sind als Ringdüsen ausgebildet, denen Wasserstoff entströmt, der die Schweißstelle einhüllt und vor dem Zutritt von Luft (Sauerstoff) schützt. Ausbrennen von Werkstückteilen ist daher fast ausgeschlossen. Da mit geeigneten Vorrichtungen die Werkstücke gut und fest eingespannt werden können und die **hohe** Schweißhitze lediglich auf die Schweißstellen wirkt, findet nur geringe Erwärmung des Werkstücks statt, also kein Verziehen. Vorbereitung der Schweißkanten, Flußmittel und Zusatzwerkstoff sind üblich wie beim Autogenschweißen.

Lichtbogen-Schweißen von Aluminium und dessen Legierungen

Beim Al-Schweißen wird die Elektrode stets am Plus-Pol verschweißt. Blanke Elektroden können nicht verwendet werden. Elektrodendicke meistens gleich der Blechdicke.

Elektrodendicke und Stromstärke

Elektroden-⌀ in mm	2,5	3,25	4	5	6
Stromstärke in Amp.	50···80	110 ···140	140 ···180	160 ···210	190 ···240

In den Stromkreis ist ein regulierbarer Vorschaltwiderstand von 0···0,5 Ohm einzuschalten, damit die Schweißspannung heraufgesetzt werden kann. Je dünner das Werkstück, um so mehr Spannung ist notwendig. Bei größeren Werkstücken ist die engere Umgebung der Schweißstelle oder das ganze Werkstück anzuwärmen (auf 100···300° je nach Größe). Die Elektrode wird senkrecht zum Werkstück gehalten und ein kurzer Lichtbogen gebildet, da sonst Durchbrenngefahr. Schweißen der Bleche von 2 mm aufwärts. Bis 8 mm Dicke werden die Bleche stumpf zusammengehalten. Wegen Korrosionsgefahr Schlacke nach dem Schweißen gut entfernen. Die Umhüllung der Elektrode nimmt leicht Feuchtigkeit auf (trocken halten!). Feuchte Elektroden müssen bei 150° C wieder getrocknet werden. Der Lichtbogen der Al-Elektrode ist großtropfiger als der für Stahl. Werkstück und Elektrode sollen derselben Legierung angehören. Der Mangangehalt der Legierung darf 7% nicht übersteigen.

Spanabhebende Bearbeitung

Saubere Arbeit erfordert hohe Schnittgeschwindigkeit bei kleinem Vorschub.	Legierung			Höchster **Vorschub** in mm/U
	weich	hart	Si-haltig	
	Schnittgeschwindigkeit in m/min bis			
Drehen u. Schruppen	1 500	300	150	0,5···1,2
Hobeln, Schlichten	2 500	400	250	0,05···0,2
Bohren bis 4 ⌀	400	200	150	0,08
Bohren über 4 ⌀	140	100	60	0,1···0,6
Sägen Kreissäge	1 200	700	200	0,1···0,8
Sägen Bandsäge	4 000	2 500	1 000	0,05···0,5
Fräsen Schruppen	1 200	800	400	0,1···1,5
Fräsen Schlichten	1 600	1 100	600	0,05···0,8
Gewindeschn., Reib.	60	40	10	0,1···0,5
Schleifen Si-Carb.	2 100	1 600	1 200	Grobkorn
zum Rundschleifen	Werkstück 12 m/min			

Leichtmetall-Legierungen (Forts.)

Als Austauschstoffe für **Automaten**messing verwendet man Al-Cu-Mg-Legierungen.

Feilen. Gewöhnliche Feilen setzen sich bei der Bearbeitung weicher Legierungen leicht zu. Hierzu eignen sich Feilen mit gekerbten oder gefrästen Zähnen und gerundetem Zahngrund.

Sägen. Bei Kreissägen müssen die Zähne von der Spitze bis zum Zahngrund hohlgeschliffen sein. Um ein Klemmen zu vermeiden, muß das Sägeblatt von der Zahnspitze bis zum Zahngrund dünner gehalten sein. Bandsägen aus halbhartem Sägestahl; Lötstellen nicht härten; Zähne abwechselnd links und rechts geschränkt, Sägeblattdicke 0,8···1,2 mm, Breite 40 bis 60 mm, Teilung 14···20 mm, Zahntiefe 6···10 mm.

Bohren. Bei weichen Legierungen erhält der Bohrer Drall von 28···45° und weite Nuten. Der Spitzenwinkel beträgt etwa 140···150°. Bei weichen Leichtmetallen muß mit einem starken Aufbohren gerechnet werden, u. U. bis 10% vom Bohrer-∅. Der Spanabfluß wird durch Glätten der Spiralnuten wesentlich erleichtert. Bei Bohrern mit Zentrumspitze wird die Bohrführung verbessert.

Schnittgeschwindigkeiten: ohne Bohrbüchse 150···400 m/min, mit Bohrbüchse 60···200 m/min.

Senken. Leichtmetall-Senker haben wie die Leichtmetallbohrer einen engen Drall. Beim Senken arbeitet man mit kleineren Schnittgeschwindigkeiten und etwas größerem Vorschub als beim Bohren.

Schmierung (Sägen, Bohren, Senken): Bohröl, Petroleum, Seifenwasser, Seifenspiritus.

Reiben. Reibahlen werden mit geraden und für größere Löcher mit schraubenförmig gewundenen Schneiden hergestellt. Das vorgebohrte Loch muß je nach dem Durchmesser 0,1···0,9 mm Bearbeitungszugabe aufweisen.

Schmierung: Spiritus, Petroleum, Terpentinöl, Rüböl.

Drehen. Man verwendet hochwertige Schnellstähle oder Werkzeuge mit Hartmetallschneiden.

Schnittgeschwindigkeiten: Schruppen 100···500 m/min. Schlichten 500···1200 m/min, mit Hartmetallschneide oder Diamant entsprechend höher. Je geringer der Vorschub, desto sauberer wird der Schnitt und desto geringer die Werkzeugabnutzung.

Faustformel: Der Vorschub in mm/min soll höchstens doppelt so groß sein wie die Schnittgeschwindigkeit in m/min.

Beispiel: Schnittgeschwindigkeit mit 400 m/min gewählt; der Vorschub darf demnach höchstens 800 mm/min betragen.

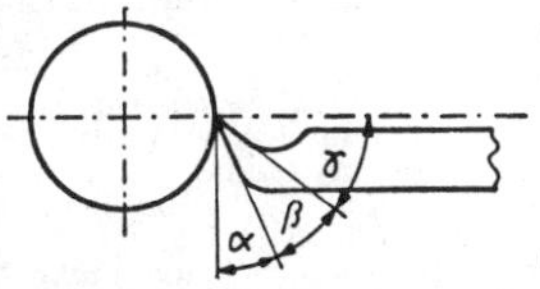

Schneidwinkel:
α = Freiwinkel
β = Keilwinkel
γ = Spanwinkel
α liegt zwischen 5° und 12°,
β für weichen Werkstoff 30···35°, für mittelharten Werkstoff 35···45°, für harten Werkstoff 45···50°. γ für weichen Werkstoff 54···45°, für mittelharten Werkstoff 49···35°, für harten Werkstoff 39···30°.

Schmierung reichlich, wasserlösliche Bohröle (1:10), Petroleum, Seifenspiritus.

Fräsen. Leichtmetallfräser werden zweckmäßig mit schraubenförmig gewundenen Zähnen und mit großen Spanräumen ausgeführt; bei geringer Schnittgeschwindigkeit größere Zähnezahl, bei höherer Schnittgeschwindigkeit kleinere Zähnezahl.

Messerköpfe haben Vorzug vor Walzfräsern, weil günstigere Schnittwinkel und höhere Schnittgeschwindigkeiten erreichbar sind. Um die Spanform zu verbessern, sind die Schneiden meist um 20···45° gegen die Drehachse geneigt.

Schmierung: Bohröl, Seifenwasser.

Zink und Zinklegierungen

Löten. Bei Al-Gehalt < 1% löten mit Weichloten mit Zinngehalt 40, 33, 25 und 15% nach DIN 1707 unter Verwendung von Lötwasser oder Lötpaste. Bei Verwendung cadmiumhaltiger Lote (z. B. Berzelit- oder AEG-Lote) erhält man hohe mech. Eigenschaft der Lötnaht. Bei Al-Gehalt > 1% löten mit cadmiumhaltigen oder Sn-Loten mit Kolben oder Flamme, wenn Lötstelle mit 30···40%iger Natronlauge und bei Sn-Lot noch mit einem Cadmiumlot überzogen wird.

Lötstelle vorher reinigen: mech. mit Schaber oder Drahtbürste. Bei Al-Zinklegierung mit Cadmiumlot genügt es, Natronlauge 1 Minute lang auf Lötstelle einwirken lassen. Löttemperatur ≈450° C. Werkstoff mit über 1% Al nur mit Kolben löten. Hartlöten von verzinktem Stahlblech mit Zinkdraht statt Weichlot, Überlappung etwa halb so groß wie bei Weichlotlötung.

Schweißen. Der niedrige Schmelzpunkt (380···420°C) erfordert ein schnelles Schweißen (sonst Grobkornbildung und Verringerung der mech. Eigenschaften). Gasschmelzschweißen:

Acetylen-Sauerstoff	≈ 3100° C
Acetylen-Luft	≈ 2500° C

Schweißflamme neutral einstellen und der Werkstoffdicke anpassen. Verbrauch bei Acetylen-Sauerstoff-Schweißen 50···60 l Acetylen/Stunde und je mm Blechdicke.

Flußmittel benutzt man zur Beseitigung der Oxydhäute.

Schweißdrähte mit Flußmittel bestreichen. Für Zink Feinzinkdrähte verwenden, für Legierungen soll Draht aus derselben Legierung bestehen. Schweißdrahtdicke der Werkstoffdicke anpassen.

Vorbereitung der Werkstücke. Schweißstellen reinigen (mechan. mit Schaber oder Drahtbürste, chemisch mit 40%iger Natronlauge).

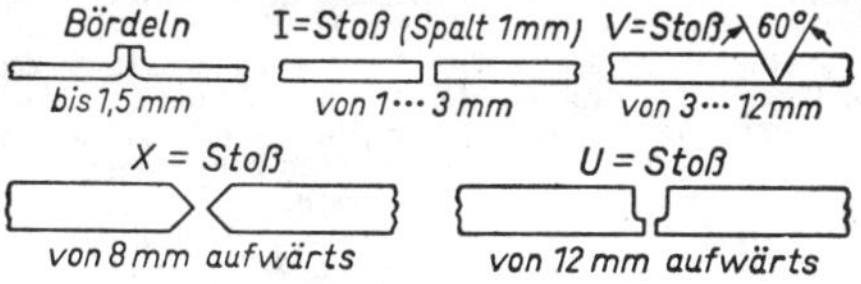

Autogenes Schweißen ähnlich wie Leichtmetall-Legierungen S. 84.

Falzen. Biegung quer zur Walzrichtung legen bei gut verformbarer Qualität. Biegestelle auf 80···100° C erwärmen.

Beizen. Zur Beseitigung der Oxidschicht nimmt man Salz-, Schwefel- oder Flußsäure. Auch verdünnte Natronlauge und Natriumcyanid-Lösungen sind geeignet. Für Knet- und kupferarme Zinklegierungen verwendet man eine Blankbeize (auf Chromsäurebasis). Mit Säuren und Alkalien behandelte Zinkteile nach dem Beizen spülen, um Oberflächenveränderung durch Korrosion auszuschließen.

Schleifen. Anschnitt und Gratentfernung, Löt- und Schweißnahtbearbeitung mittels gefräster Feilscheiben oder mit grobkörnigen Siliciumcarbid-Schleifscheiben Korngröße 16···30 und mittlerer Härte. Umfangsgeschwindigkeit 20···35 m/sec. Schleifscheibenbenetzung mit Bohröl oder Wasser. Zum Vor- und Feinschleifen verwendet man Filzscheiben (äußerer Rand mit Leim und Schleifmittel zubereitet). Schleifmittel Elektro-Korund. Schleifscheiben-∅ 250···300 Millimeter und 1500···2000 Umdr./Min. Vorschleifen trocken. Schmierung beim Feinschleifen: Fett oder Öl.

Polieren. Mit Schwabbelscheiben (aus Baumwolle oder Leinwandstoffen), Scheiben-∅ 250···400 mm und 2000···3000 Umdr./Min. Polierscheiben mit Eisen-, Chrom- oder Aluminiumoxid und Wiener Kalk zubereiten. Kleine Massenteile in rotierenden Trommeln oder Glocken (Stahlkugeln verschiedener ∅ und Stahlstifte mit Zusatz von Poliersalzlösungen) polieren.

Darstellung des Roheisens

Gewinnung und Verarbeitung von Stahl und Eisen

Gewinnung des Roheisens mit 2,3 bis 6% C im Hochofen

Stahl und Eisen werden aus Eisenerzen gewonnen. Chemisch reines Eisen kommt i. a. nur als Meteoreisen und vielleicht im flüssigen Erdkern vor. **Wichtigste Eisenerze:**

Bezeichnung	Eisenhöchstgehalt	Wichtige Fundorte	Eigenschaft
Magneteisenstein .	60 bis 68%	Schweden, Norwegen, UdSSR, Ungarn	reiches, reines Erz
Roteisenstein. . .	40 bis 60%	Thüringen, England, Nordamerika, Spanien, UdSSR, Bulgarien	derb, als Hämatit
Brauneisenstein .	28 bis 35%	Luxemburg, Lothringen, Holland, England, Polen, UdSSR, Rumänien	dicht, körnig; am häufigsten vorkommend
Spateisenstein . .	30 bis 39%	Siegerland, Steiermark, Kärnten, Ungarn, Norwegen	manganhaltig
Raseneisenstein .	etwa 30%	Holland, Hannover	Abart von Brauneisenstein

Eisenerze finden sich in zugänglichen Tiefen als Erzlager oder Erzgänge (Tiefbau), als Erzflöze und Erzseifen an der Erdoberfläche — Raseneisenerze — (Tagbau). Beimengungen: Silicium, Phosphor, Schwefel, Kupfer, Mangan usw. (metallene Stoffe). Gangart oder taubes Gestein (nichtmetallene Stoffe), ferner Sauerstoff. — Dichte des Eisenerzes 3,5 ··· 5,5. — **Erzaufbereitung:** Zerkleinerung mittels Brecherwerk und Sortierung nach bestimmten Größen; Befreiung von taubem Gestein, auf Transportbändern von Hand oder durch Elektromagnet ausgelesen. Reinigung durch Waschen. **Rösten** (besonders Spateisenstein): Erhitzung unter Luftzufuhr in etwa 5 m hohen Schacht-(Röst-)Öfen. Entziehung von Feuchtigkeit, Entschwefelung; Gewichtsverringerung etwa 30%. Formen von Feinerzen zu Briketts mittels Bindemittel unter hohem Druck. — Durch Glühen von Eisenerz, Zuschlägen und Koks wird Roheisen erzeugt. — **Zuschläge** dienen zum leichten Überführen der im Eisenerz enthaltenen erdigen Bestandteile in flüssige Schlacke; (vgl. Abb. unten); basisch bei tonigen Bergarten, sauer bei kalkigen Bergarten.

Der Hochofen, von einem Stahlgerüst gestützt, besteht aus zwei kegelstumpfförmigen Hauptteilen, getrennt gemauert, etwa 1 m starke Wände. Der Schacht ruht auf etwa 12 Säulen aus Grauguß und ist mit Stahlbändern umgeben. Im Mauerwerk von Rost und Gestell sind Kühlkanäle eingebaut, von kalten Wassermengen (etwa 2···3 m^3 je Minute) durchströmt. Beschickung etwa 1000 t Rohstoffe täglich für einen mittleren Hochofen; benötigt werden etwa 1 000 000 m^3 Luft. Erzeugung ≈ 300 t Roheisen. **Anblasen** des Ofens, Füllen mit Koks und Kalkstein, etwa ⅓ des Ofens, dann in regelmäßigem Wechsel Koks, Kalkstein, Erz, Koks, Kalkstein, Erz usf. **Schmelzvorgang:** Heißer Gebläsewind trifft auf glühenden Koks; dieser verbrennt zu Kohlenoxid CO, welches bei hoher Temperatur aus dem Erz den Sauerstoff aufnimmt und zu Kohlensäure CO_2 wird, Eisenoxid FeO als schwammige Masse zurücklassend, das zu reinem Eisen Fe reduziert wird. Beim Abwärtssinken nimmt dies aus dem glühenden Koks und Kohlenoxid Kohlenstoff auf u. schmilzt in der Nähe der Düsen (höchste Temperatur). In 15···24 Stunden hat der Rohstoff den Weg von Gicht bis Gestell zurückgelegt. Die Schlacke, auf dem flüssigen Roheisen schwimmend, wird von Zeit zu Zeit abgelassen; Eisenabstich etwa alle 2 Stunden. Leitung des Gichtgases (bis 250°) zum Gichtgasreiniger (möglichst viele Richtungswechsel, Biegungen); Reinigung von Staub, etwa 5 g auf 1 m^3, nach weiterer Reinigung durch Skrubber, Ventilatoren u. dgl. Staubgehalt etwa 0,03 g/m^3. Temperatur des Gichtgases ≈ 25°. Weiterleitung des Gichtgases in den Winderhitzer, dort Verbrennung zwecks Erwärmung desselben. Der von der Gebläsemaschine erzeugte Wind gelangt durch Gitter- und Brennschacht, Heißluftschieber, Windleitung, Winddüsen (Phosphorbronze, 80···200 mm ⌀, feuerfest ausgekleidet) in den Hochofen (große Brennstoffersparnis). **Gebläsemaschinen,** als Gasmaschinen ausgebildet: Gebläsewind wird der atmosphärischen Luft entnommen. **Roheisen,** Kohlenstoffgehalt über 1,7%. **Weißes Roheisen:** weiße Bruchfläche, spröder und härter als graues Roheisen. **Graues Roheisen:** Ausscheidung eines größeren Teiles des Kohlenstoffes als Graphit durch die Wirkung des Siliciums.

Elektrohochöfen, wenig Anwendung, hoher Stromverbrauch; sie kommen in Anwendung, wo wenig Kohle vorhanden und billig elektrische Kraft durch Wasserkraft erzeugt wird; nur halb so hoch wie Kokshochöfen; stark erweiterter Schmelzraum, in welchen 4 bis 6 Kohlenelektroden hineinragen. Beschickung mit Brennstoff, Zuschlägen und Erz. Der elektrische Strom übernimmt das Schmelzen, daher geringer Verbrauch an Koks oder Holzkohle und Gebläsewind. Gichtgas hat etwa 900 kcal/Nm^3 und wird durch einen Ventilator mit 0,4 at Druck unter der Schmelzraumdecke in den Schmelzraum eingeführt. Leitung der Hitze in den Schacht und Vorwärmung der Beschickung. 1 t Roheisen erfordert bis zu 2500 kWh Stromverbrauch. Erzeugung täglich etwa 20 t Roheisen.

Groß-Hochofen
Gestelldurchmesser: 11 m
Nutzhöhe: 25,15 m
Nutzinhalt: 2200 m^3
Gesamthöhe: 100 m
Roheisenerzeugung/Tag: 5000 t
erforderliche Windmenge: 270.000 m^3/h

Weiteres sowie Stahlerzeugung, Härten und Vergüten siehe S. 87 bis 91.

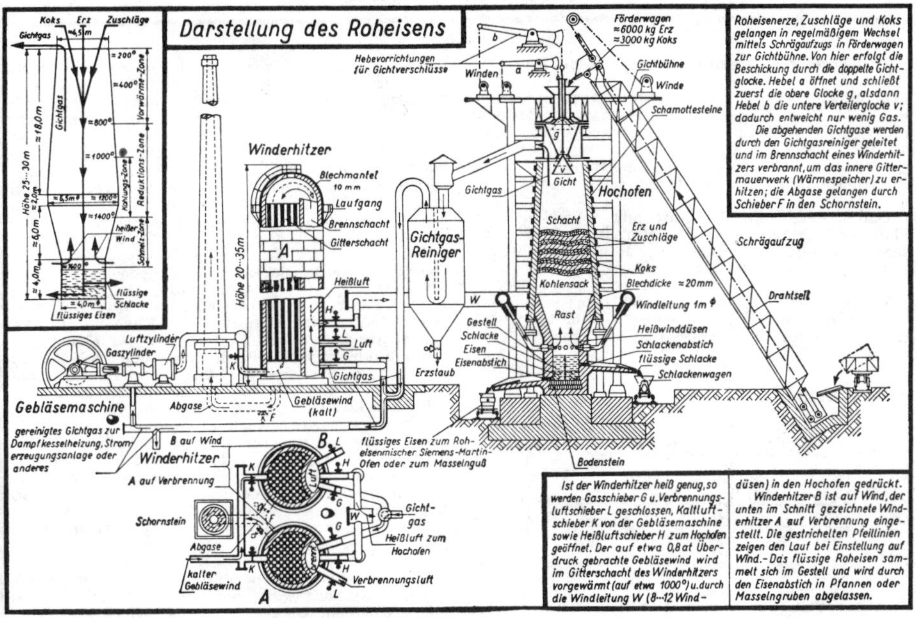

6

Flußstahlerzeugung s. n. S.

Roheisenmischer, Sammelbehälter des Roheisens vom Hochofen zur Erreichung eines regelmäßigen, ununterbrochenen Betriebes des Stahlwerkes; Ausgleich der verschiedenen Abstiche, Entschwefelung; feuerfeste Ausmauerung; Gasfeuerung (Hochofengas) dient zur Erhaltung einer bestimmten Temperatur. — Arten: Kippmischer, Rollenmischer (s. Abb.); Lagerung auf Rollen *a*, die sich auf dem Fundament *c* in Pfeilrichtung mittels Druckwasserpumpe *z* bewegen lassen; die gestrichelte Stellung ist die Kippstellung.
Windfrischverfahren nach Thomas, seltener nach **Bessemer,** in Birnen (Konverter), birnenförmigen Behältern mit feuerfester Ausmauerung (Futter). Blasen von kalter Luft durch das flüssige Roheisen, Verbrennung der Verunreinigungen (Kohlenstoff, Mangan, Silicium, Phosphor); hierdurch starke Temperaturerhöhung von etwa 1200° bis auf 1700°, besondere Heizung überflüssig.

Bessemerverfahren, saures Futter (Flußspat, Tonschiefer, Quarz), nur für phosphorarmes Roheisen geeignet (in Deutschland nicht zu verwerten). Inhalt einer Bessemerbirne etwa 10 t, Abbrand an Roheisen etwa 10%. Schlacke findet keine besondere Verwertung.

Thomasverfahren, basisches Futter (Kalkstein, Dolomit), Zusatz von Kalk zur Schlackenbildung, Entfernung des Phosphors, da Stahl sonst brüchig (schon bei 0,1%); Abbrand an Roheisen bis 13%. Menge der Thomasschlacke entspricht etwa 25% der Stahlmenge. Schlacke wird verarbeitet zu **Thomasmehl,** einem guten Düngemittel (etwa 15% phosphorsaure Salze).

Thomasstahl ist dem Bessemerstahl weit überlegen, da besonders gut schmiedbar (geschmeidiger, leichter schweißbar).

Siemens-Martin-Verfahren, basisches Futter (seltener saures Futter).

Roheisenerzverfahren. Beschickung: sauerstoffhaltiges Eisenerz (20···30% des Roheisengewichts), flüssiges Roheisen vom Hochofen oder 75% Thomasroheisen mit 25% Schrott, 20% Erz und 10% Kalk. Tageserzeugung mittlerer Öfen 100 bis 130 t.

Schrottverfahren. Beschickung: etwa 30% Roheisenmassen und 70% Alteisen (Schrott), Schmiedestahlabfälle. Zuschlag: Kalk. Abbrand an Roheisen etwa 6% (Steinkohlenverbrauch ≈ 300 kg auf 1 t Stahl). — Bei Erzeugung von Sonderstählen wird dem flüssigen Metall durch Zuschläge die gewünschte Menge an Mangan, Nickel, Chrom u. dgl. beigegeben.

Nach dem **LD-Verfahren** (**L**inz-**D**onawitz-Verfahren, auch Oxygenstahlverfahren genannt) kann man große Mengen Roheisen und Schrott wirtschaftlich verarbeiten sowie Rohstahl von Siemens-Martin- bzw. von Elektrogüte liefern.

6

LD-Verfahren arbeitet mit höchsten Roheiseneinsätzen und mit technisch reinem Sauerstoff als Frischmittel. Der reine Sauerstoff wird durch ein Rohr von oben in das flüssige Stahlbad im SM- oder Elektroofen geblasen. Dadurch erreicht man eine rasche Temperaturerhöhung und Oxydation des Kohlenstoffes vor den anderen Elementen und damit ein höheres Legierungsausbringen.

Durch Anreichern der Luft mit Sauerstoff beim Thomas-Verfahren wird der Prozeß verkürzt und der Stickstoffgehalt erniedrigt. Man ist nicht auf phosphorhaltiges Roheisen angewiesen.

Mittels entsprechender Kalkschlacke kann man Stahl mit etwa 0,03% Schwefel-, 0,015···0,04% Phosphor- und 0,004% Stickstoffgehalt erhalten.

Rotorverfahren

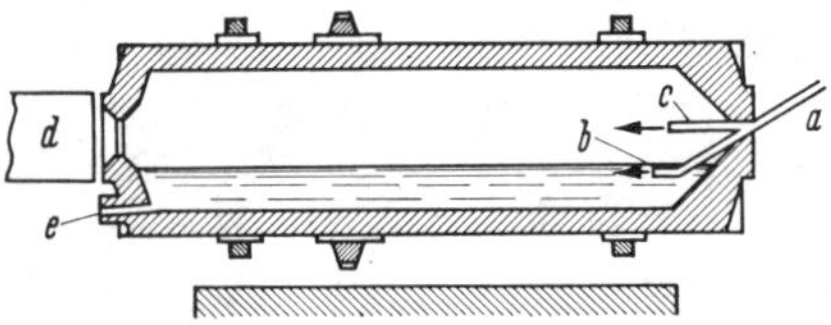

Schema eines Rotorofens

a Sauerstoffzufuhr, *b* Primärdüse, *c* Sekundärdüse, *d* Abgasleitung, *e* Abstich.

Der Ofen (etwa 16 m lang und 4 m ⌀) besteht im Prinzip aus einem um seine Achse drehbaren, basisch zugestellten Rohr (Rotor), das mit Roheisen gefüllt wird und in das Sauerstoff in zwei Strömen eingeblasen wird, die unabhängig voneinander regelbar sind. Der Primärsauerstoff (etwa $^1/_5$) wird durch eine wassergekühlte Düse unter die Oberfläche des flüssigen Metallbades geblasen; er oxydiert und bewegt das Bad. Der Sekundärsauerstoff (etwa $^4/_5$) wird zur Verbrennung des beim Frischen entstehenden Kohlenoxyds über das Bad geleitet. Abgasabsaugung auf der gegenüberliegenden Seite.

Stahl hat guten chemischen Reinheitsgrad. Phosphor- und Schwefelgehalt etwa 0,012%, Stickstoff etwa 0,004%.

Dieses Verfahren ist unabhängig vom Phosphorgehalt des Roheisens.

Thomasbirne (s. Abb.) ist im Schnitt, in zwei Ansichten, dargestellt. Die Birne ist kippbar gelagert; Drehung durch Druckwasserpumpe *z* mittels Zahnstange *s* und Zahnrad *r*. (1) Stellung der Birne beim Blasen, (2) Stellung beim Nachfüllen, (3) Stellung beim Entleeren. Durch den herausnehmbaren Nadelboden *d* (Düsenboden), versehen mit etwa 250 Löchern, wird bei jeder Birnenstellung Wind in Pfeilrichtung durch das flüssige Roheisen geblasen. Birnenfutter hält etwa 200, Düsen- oder Nadelboden (auswechselbar) bis 80 Schmelzungen (Chargen) aus. Bläulichweiße Flamme (Kochperiode): Kohlenstoff beinahe verbrannt; durch Zusetzen von Spiegeleisen wird Kohlenstoffgehalt wieder erhöht. Dicke, braune Dämpfe: Beendigung des Prozesses. Bei fast völliger Entkohlung gewinnt man schmiedbaren Stahl, nicht schmiedbaren, kohlenstoffreichen Stahl durch Blasen, bis gewünschter Kohlenstoffgehalt erreicht ist (durch spektroskopische Flammenbeobachtung festzustellen).

Siemens-Martin-Ofen, Regenerativfeuerung. Länge bis 18 m, Breite ≈ 5,5 m; aus feuerfesten Steinen (Schamotte) gemauert. Der muldenförmige Herd *h*, gebildet durch das Futter *f*, hält bis 800 Chargen aus und ist nach dem Abstich *e* etwas geneigt. Beschickung durch Einsatztür *b* mit Chargiermaschine. Löffel *L* ist bei *i* drehbar; *o* Gegengewicht. Unter dem Schmelzherd liegen 4 Wärmespeicher *W*; zwei für Luft, zwei für Gas, gitterartig aus feuerfesten Steinen aufgebaut. Vorgewärmtes Gas und vorgewärmte Luft gelangen durch die Kanäle *g* und *l* in den Schmelzraum; hier Verbrennung (≈ 1700°). Die Verbrennungsgase streichen über den Arbeitsherd und bringen die Einsätze zum Schmelzen. Die Abgase *a* werden durch Kanäle in die beiden rechts gelegenen Kammern, diese erwärmend, durch Fuchs *p* in Kamin *c* geleitet. Nach Erwärmung von etwa ½ Std. erfolgt Umsteuerung durch die Schieber; Gas und Luft gelangen in entgegengesetzter Richtung, sich an den Gittersteinen auf ≈ 1200° erwärmend, in den Ofen. Reinigung des Ofens durch Tür *m*. Kippbare Siemens-Martin-Öfen bis 300 t, geringerer Brennstoffverbrauch. Durch geringere Schrottbeigabe (30%) weitergehende Entphosphorung.

Gießpfanne mit Bodenventil: Metall bleibt länger warm, Schlacke gelangt nicht in die Gießform (Kokille). **Kokillen,** Querschnitt rund, sechseckig, achteckig, meist quadratisch, nach unten erweitert (konisch), werden mittels besonderer Abstreifkräne von den erstarrten Blöcken abgestreift. Kokillen aus Hämatitroheisen halten 150···200, Stahlgußkokillen ≈ 350 Abgüsse aus; Größe verschieden. **Kokillengespann** (steigender Guß), bis zu 20 Kokillen vereinigt; Guß durch Trichter *t* und die Kanäle in die Kokillen. **Tiefofen,** feuerfest ausgemauerte Gruben, etwa 24 nebeneinander, Boden aus Magnesitsteinen. Besondere Feuerung überflüssig. Blöcke (meist größere) werden auf homogene (gleichmäßige) Hitze gebracht (30···60 min), Abbrand ≈ 1···2%. Die im Innern noch flüssigen Blöcke geben an die Ofenwände Hitze ab und diese wiederum an das Äußere des Blockes. **Tieföfen** mit **Kohlen-** oder **Gasfeuerung,** teurer, aber vorteilhafter, da für kalte Blöcke geeignet. **Flammöfen,** kalter oder warmer Einsatz, für kleinere Blöcke. Abbrand ≈ 3···4%. **Rollofen, Stoßofen,** langsame Erwärmung, Gasfeuerung; allmähliche Überführung der Blöcke vom kalten in den wärmeren Teil des Ofens mit einer maschinellen Stoß- und Umkantvorrichtung, vorwiegend in Walzwerken benutzt für kleinere Blöcke. Erwärmung der Blöcke auf Hellrotglut und Abtransport mittels besonderer Wagen oder Kräne zum **Walzwerk,** (s. Abb. und Walzen S. 89 u. S. 142) **Walzenstraße,** mehrere nebeneinander angeordnete Walzgerüste. Walzgeschwindigkeit ist um so größer, je dünner und länger das Walzgut ist, bei Draht bis 9 m/s. Walzendurchmesser von 250 mm bei Drahtwalzwerken, bis 1250 mm bei Plattenwalzwerken; Lagerung der Walzen in Walzgerüsten. Der Walzwerksflur ist mit stählernen Platten abgedeckt, die Rollen der **Rollgänge** (hohle Zylinder aus Grauguß) etwa 25 mm sichtbar. Walzen und Zapfen sind mit Talg zu beschmieren, durch besondere Wasserberieselung zu kühlen. Erzeugnisse: Feinstahl, Mittelstahl, Bandstahl, Draht, Feinblech, Grobblech, Profilstähle, Schienen.

Flußstahl-Erzeugung

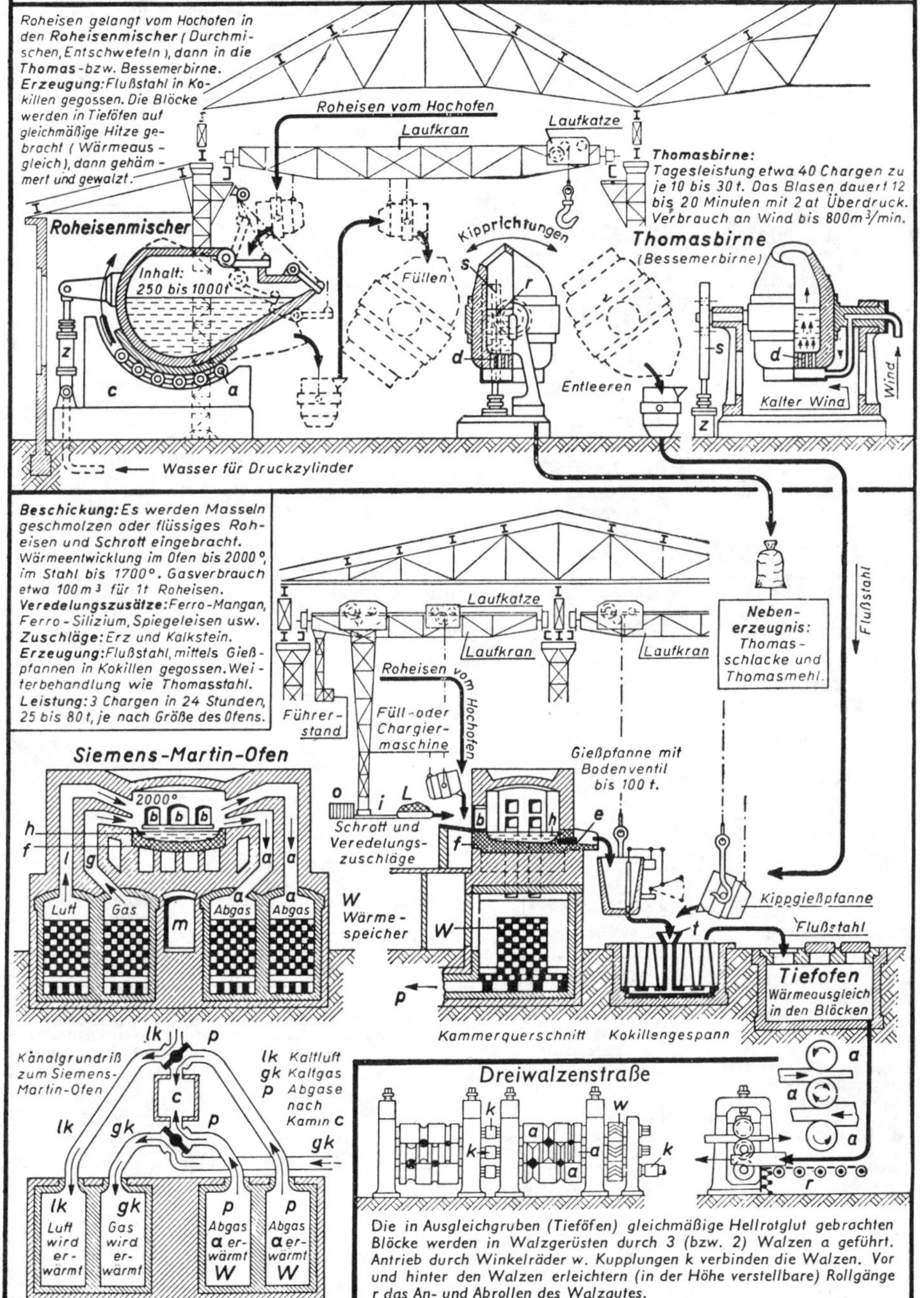

6

Härten und Anlassen

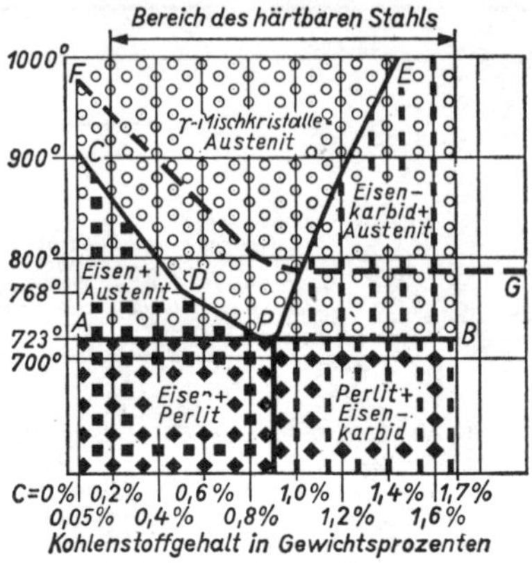

Stahlfarben und schematische Darstellungen der Stahlgefüge

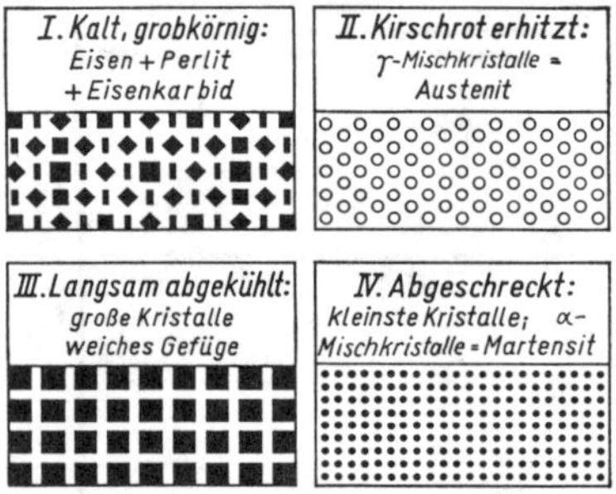

V. Anlassen vergrößert Kristalle, vermindert Härte.

blanke Fläche	hell-gelb	gelb-braun	braun-rot	rot-blau	blau-grau
kalt	220°	245°	265°	285°	310°

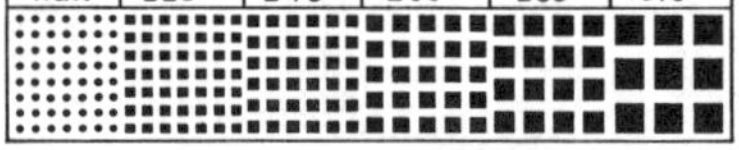

Bei gewünschtem Härtegrad schnell abkühlen.

Hinweise für das Härten

A. Glashärte: Erhitzen bis zur Hellrotglut, schnelles Abkühlen in Wasser, Öl od. a. Flüssigkeiten.
B. Anlassen: Langsame Wiedererwärmung bis zum gewünschten Härtegrad, der sich aus der Anlaßfarbe erkennen läßt, oder Eintauchen des Stahls in flüssige Metallegierungen, deren Schmelzpunkt bzw. Temperatur dem Härtegrad entspricht; darauf wieder Abkühlen in Wasser, Öl od. a.
C. Eintauchen in die Flüssigkeit beim Härten senkrecht (zur Vermeidung von Spannungen).
D. Oxydationsschutz: Zuweilen erhalten zu härtende Stahlgegenstände einen Überzug aus Fett, Leinöl usw.
E. Fehler: Überhitzen über Hellrotglut oder Verbrennen des Kohlenstoffes durch übermäßige Luftzufuhr bei hoher Erwärmung od. Verglühen durch zu lange Erwärmung bei niedriger Temperatur unter Luftzutritt (Entziehung d. Kohlenstoffes an der Oberfläche). (Siehe Anmerk. S. 91).

I. Stahl (Kohlenstoffgehalt = 0,05 ··· 1,7 Massenprozente.)
Stahl ist eine **Legierung von reinem Eisen*) (Ferrit) mit Eisencarbid (Zementit),** einer chemischen Verbindung von Eisen und Kohlenstoff. — Bei **unter 0,9% C** besteht das Gefüge aus reinen Eisenkristallen, zwischen die **Perlit** eingelagert ist. Perlit (mit 0,9% C) ist ein feines, perlmutterartig glänzendes Gemenge aus Eisencarbid und reinem Eisen (α-Eisen). — Bei **über 0,9% C** besteht das Gefüge aus Perlit mit eingelagerten, meist nadelförmigen Eisencarbidkristallen. Im Rohzustand, d. h. nach dem Erstarren des Stahlgusses in der Kokille, ist das Gefüge sehr grobkörnig.

II. Gefügeumwandlung bei langsamer Erwärmung
Bei 723° C (±2° C) zerfällt der Perlit, freiwerdende Eisencarbidmoleküle durchsetzen das Gefüge gleichmäßig und bilden mit dem Eisen eine **„feste Lösung“** (γ-Mischkristalle = Austenit). — Vergleich: Auflösung von Zuckerkristallen bei Erhitzung einer kalt-gesättigten Zuckerlösung. — In den Bereichen oberhalb *AP* (unter 0,9% C) und oberhalb *PB* (über 0,9% C) verbleiben in der festen Lösung Eisen- bzw. Eisencarbidkristalle so lange, bis die Temperatur hoch genug ist, um auch diese zum Zerfall zu bringen (Linie *CDPE*). Die „feste Lösung“ ist von gleichmäßiger Zusammensetzung.

III. Gefügeumwandlung bei langsamer Abkühlung
An den Grenzlinien *CDP* und *PE* scheiden sich Eisen- bzw. Eisencarbidkristalle aus. — Vergleich: Bildung von Zuckerkristallen bei Abkühlung einer heißgesättigten Zuckerlösung. — Unterhalb *AB* ist dieser Vorgang beendet, die sogenannte „feste Lösung“ hat aufgehört zu bestehen. Bei langsamer Abkühlung größere Kristallbildung, bei schneller Abkühlung kleinere Kristallbildung. Der kristallinische Zusammenhang ist nicht übermäßig fest, der Stahl ist weich. — Unter 768° (Abkühlungspunkt *D*) wird der Stahl magnetisierbar.

IV. Gefügeumwandlung b. rascher Abkühlung (Abschrecken)
Die feste Lösung wird nach Möglichkeit am Zerfall gehindert durch große Geschwindigkeit (also kurze Zeit) der Abkühlung; sie bleibt also gewissermaßen auch im kalten Zustande bestehen und bildet kleinste Kristalle (Martensit). Das Gefüge ist feinkörnig; die Gesamtheit der Berührungsfläche wird dadurch viel größer (größere Kohäsion) als bei Grobkörnigkeit. Der Stahl ist von hoher Festigkeit. Härte und Sprödigkeit werden verursacht durch die aus der hohen Kohäsion sich ergebenden starken Spannungen zwischen den einzelnen kleinen Kristallen. — Die Abschreckungslinie *FG* liegt zweckmäßig 75° ··· 100° über *CDPB*, mindestens 20° ··· 30°; bei 0,05 bis 0,9% C liegt sie höher als bei über 0,9% C.

V. Gefügeumwandlung beim Anlassen
Der abgeschreckte und glasharte Stahl erhält seine notwendige Zähigkeit dadurch, daß durch Wärmezufuhr (Anlassen) das in der festen Lösung gebundene Eisencarbid zum Teil wieder zu Eisencarbid auskristallisiert. Ein entsprechender Teil reinen Eisens wird frei, die innerkristallinischen Spannungen werden gemildert. Erst das Anlassen macht den Stahl gebrauchsfähig. Die hierbei auftretenden Anlaßfarben sind Oxydationserscheinungen der blanken Metalloberfläche; sie entsprechen bestimmten Wärmegraden.

Merke: Der Kohlenstoffgehalt in Raum-% (nicht Gewichts-%) beträgt i.M. beim Grauguß 16 v.H., bei härtbarem Stahl 5 v.H., bei schmiedbarem Stahl 1 v.H. Der Kohlenstoffgehalt ist für die Härtbarkeit entscheidend.

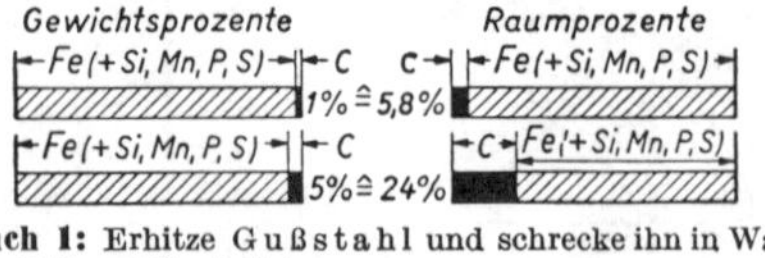

Versuch 1: Erhitze Gußstahl und schrecke ihn in Wasser ab. — Feile greift nicht an.
Versuch 2: Erhitze schmiedbaren Stahl und schrecke ihn ab. — Feile greift an.
Versuch 3: Erhitze gehärteten Stahl und kühle langsam ab (zwischen erwärmten Blechen). — Der ausgeglühte Stahl ist weich geworden.

*) Chemisch reines Eisen heißt oberhalb 906° C α-Eisen, unterhalb 906° C γ-Eisen.

 Stahlzusammensetzung siehe Seite 71, Anlaßfarben Seite 195

Hinweise für das Härten (Fortsetzung)

Reibahlen, Gewinde- und Spiralbohrer u. dgl. Senkrechtes Eintauchen in ein Bleibad bis zur Dunkelrotglut, schnelles Abkühlen in Regen- oder Flußwasser. Anlassen auf erhitzter Blechplatte, gleichmäßiges Erwärmen durch Hin- und Herrollen. Bei Erscheinen der gewünschten Anlaßfarbe (dunkelgelb bis braunrot) Abkühlen des schneidenden Teils (Schaft bleibt weich) durch senkrechtes Eintauchen in Regenwasser oder Öl.

Die Behandlungsvorschriften für naturharten und Schnellstahl sind je nach Zusammensetzung des Stahls verschieden. Die Lieferfirmen geben für ihre verschiedenen Schnellstahlsorten eingehende Vorschriften an.

Drehstähle, Hobelmesser aus naturhartem Stahl. Schmieden bei Hellgelb- bis Weißglut; härten bei gleicher Temperatur, abkühlen in kräftigem Luftstrom (3···5 at) oder in Öl. Bei ungenügender Härte wiederholt härten. Anlassen ist nicht erforderlich.

Fräser, Bohrer, Stanzen, Schneidbacken usw. aus Schnellstahl. Ausglühen in luftdicht verschlossener Blechbüchse (etwa 1000°), umgeben von Holzkohlenpulver; langsames Abkühlen in der Verpackung. — Zum Härten auf gleiche Weise bis zur Gelbglut erhitzen (Büchse außen Weißglut); abkühlen in Rüböl, Petroleum, Talg, Fischtran. Anlassen überflüssig. (Siehe Anmerkung.)

Das Vergüten

Unter Vergüten (Veredeln) versteht man die Warmbehandlung zur Erzielung hoher Zähigkeit bei bestimmter Zugfestigkeit. Durch Härten und Anlassen bei höheren Temperaturen weitgehend vorgearbeiteter Werkstücke entstehen die gewünschten Eigenschaften. Feinere Nacharbeiten werden nach dem Vergüten vorgenommen. — Die Abschrecktemperatur (720···900°) wird bei größeren Stücken im Herdfeuer, bei kleineren in Metall-, Salz- oder Lavabädern erzielt. Die Anlauftemperatur (oder richtiger gesagt zweite Abschrecktemperatur) beträgt 350···700°. — Völlige Abkühlung in Härteflüssigkeit (Wasser oder Öl) ist nicht üblich, um Risse zu vermeiden (handwarme Abkühlung).

Die Vergütungsverfahren werden weniger bei Kohlenstoffstählen, mehr bei legierten Stählen (Nickel-, Chromnickel-, Manganstählen usw.) angewandt. Geringer Schwefel- und Phosphorgehalt, Freisein von inneren und äußeren Fehlern sind Bedingung. — Anwendung des Vergütens erfolgt vorzugsweise in der Fahrzeugindustrie, im Maschinen- und Motorenbau.

Das Einsatzhärten (Zementieren)

Durch Anreicherung der Oberfläche mit Kohlenstoff wird niedrig gekohlter Stahl äußerlich härtbar und dadurch widerstandsfähig gegen Abnutzung. Der Kern bleibt weich (zähe). Die Härtung kann auf einzelne Oberflächenteile beschränkt bleiben.

Vorgang: Kohlenstoffarmer Stahl wird umgeben mit kohlenstoffhaltigen Stoffen (Holz-, Leder-, Knochenkohle, Horn- oder Klauenmehl usw. oder Leuchtgas, Acetylen oder Kohlenoxid). Zeitdauer des Glühens bis zu 10 Stunden bei 750 bis 1000° C. — Bei Massenfertigung werden die Gegenstände in Kästen aus Stahlblech luftdicht verpackt, die zu härtenden Stellen mit Kohlenpulver umgeben, nicht zu härtende Stellen mit Lehm, Sand, Asbest bedeckt (isoliert), neuerdings auch verkupfert. Nach erfolgtem Glühen allmähliches Erkalten der Kästen an der Luft. Der Kohlenstoffgehalt der zementierten Schicht (0,3···3 mm stark) beträgt bis zu 1,1%. — Geeignet für Einsatzhärtung sind kohlenstoffarmer Stahl, Nickelstahl mit 1,5% Nickel, Nickel-Chromstahl mit 2,5 ··· 4,5% Nickel und 0,5 ··· 1,1% Chrom. — **Anwendung** besonders für Zahnräder, Lagerzapfen, Hebel, Steuernocken, Steine, Scheiben, Führungen, Meßwerkzeuge, Stempel.

Das Einsatzverfahren

ist eine Verbesserung des Einsatzhärtens; geeignet sind nickellegierte oder nickelchromlegierte Stähle. Paste, welche das Kohlungsmittel enthält, wird auf die zu härtende Stelle aufgetragen, die nach Antrocknen mit einer Lehmpackung oder Mischung von Wasserglas und Kaolinpulver überstrichen wird, um das Entweichen der Kohlungsgase zu verhindern. Kohlung (Zementierung) bis 1,2 mm Tiefe in 1 Std.

Das Abbrennen

eignet sich für kleinere Teile (Köpfe von Schrauben, Körnerspitzen usw.). Erhitzen der sorgfältig gereinigten Stelle auf Kirschrotglut (≈ 750° C) in Blei- oder Salzbad, Bestreuen mit gelbem Blutlaugensalz oder käuflichem Aufstreupulver.

Das Nitrieren

Einbaufertige Teile aus Vergütungsstahl (bis 1% Al als Leg.-Element) werden bei 500···560° C der Einwirkung von atomarem Stickstoff (durch Zersetzung von Ammoniak; im Ofen oder Salzbad) bis zu 10 Std. ausgesetzt, danach an der Luft abgekühlt. Die sich durch die Stickstoffeinwanderung in die Oberfläche bildenden Nitride ergeben glasharte Oberflächen (800···1000 Brinelleinheiten). Dicke der harten Oberfläche bis zu 0,2 mm. Anwendung für Teile, die hohem Verschleiß ausgesetzt sind (Fahrzeug-Motorenbau). Erhöhung der Standzeit bei Zerspanungswerkzeugen aus Schnellarbeitsstahl.

Ofen zum Erhitzen

Erfordernisse: Leichtes Erreichen der Höchsttemperatur und schnelle Regulierung der Temperaturen, gleichmäßige Hitze, einfache Bedienung.

Einteilung der Öfen:

Koks- und Kohlenöfen	**Gasöfen**	**Öl- und Petroleumöfen**	**Elektrische Öfen**
(feste Brennstoffe): nur für Dauerbetrieb vorteilhaft, langes Anheizen; billig.	(gasförmige Brennstoffe) für mittlere Anlagen; gute Temperaturregelung; teuer.	(flüss. Brennstoffe), durch Druckluft zerstäubt; Glühtemperatur wird schnell erreicht. Rohöl; billig.	sind stets betriebsbereit und betriebssicher. Einfache Bedienung, genaue Regelbarkeit; hohe Stromkosten.

Elektrischer Salzbadofen: Das Salzbad mit dem Härtegut wird in den Nebenstromkreis des Transformators eingeschaltet und durch den eigenen Widerstand schnell und gleichmäßig erwärmt; 3- bis 5fache Leistung der Gasöfen; genaue Temperaturregelung bis 1350°; senkrechtes Einbringen des Härtegutes vorteilhaft. — Bei dem links gezeichneten Härtestück ist auf die zu härtenden Stellen (schwarz) eine Kohlungspaste aufgetragen. Siehe Einsatzverfahren.

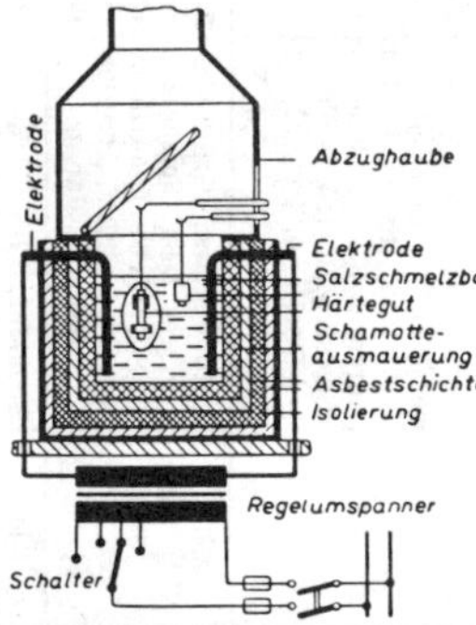

Anmerkung. Um Mißerfolge zu vermeiden, richte man sich im übrigen streng nach der für die betreffende Stahlsorte angegebenen Behandlungs- und Härtevorschrift, welche von der Herstellerfirma für jede Stahlqualität aufgestellt wird.

Wichtige Metalle (siehe auch Legierungen und Kunststoffe)

Benennung, chem. Zeich., Dichte, Schmelzpunkt	Erze und Vorkommen	Gewinnung	Eigenschaften und Bedeutung	Handelsformen	Verwendungen	Bemerkungen
Aluminium Al 2,7 660° C	**Bauxit** (Tonerde) $Al_2O_3 + 2\,H_2O$ (55 % Al_2O_3); Südfrankr. (Baux), Italien, Nordamerika, Ungarn, Jugoslawien, Griechenland, Rußland, Indien.	Erzeugen von Tonerde nach Bayer-Verfahren, dann **Elektrolyse.** — Verfahren von Héroult (elektrischer Ofen).	Weiße Farbe (silberähnlich), gieß-, schmied-, hämmer- und dehnbar. Hohe Leitfähigkeit für Elektrizität und Wärme; mit Aluminiumlot lötbar; gasschmelz-schweißbar. Tonerde wichtig als Bindemittel für Schmirgel (Korund).	Barren, Blöcke (99,2···99,9 % Al); Profile, Draht; Bleche (glatt oder geriffelt).	Haushaltungsgegenstände, Maschinenteile, Legierungen. Wichtig f. Thermitschweißung. Elektrische Industrie. Aluminiumfolie (Stanniolersatz).	Al überzieht sich an der Luft mit Oxidschicht. Über zulässige Al-Verwendungen erteilen Auskunft die Aluminium-Zentrale e. V., Düsseldorf, Jägerhofstr. 26/29, und Stuttgart, Königsstraße 22
Antimon (Stibium) Sb 6,7 630° C	**Antimonglanz,** Grauspießglanzerz oder **Spießglanz,** Sb_2S_3 (Schwefelantimonverbind.); China, Algerien, Bolivien, Japan.	**Rösten** der Erze; Schmelzen in glühend. Koks; Umschmelzen unter Zusatz von Salpeter oder Braunstein.	Zinnweiß, blättrig-kristallinisch, hart und spröde, daher nur zu Legierungen verwendet: Es verbrennt, wenn stark erhitzt, zu weißem Rauch (Oxid).	Handels-A. hat etwa 98 % Sb. Japanisches A.	Legierungen wie Hartblei (Letternmetall), Lagermetall. Feuerwerkerei; Farben.	Widerstandsfähig gegen Salzsäure und verdünnte Schwefelsäure; Sb wird rein nicht verwendet. Antimon ist giftig!
Blei (Plumbum) Pb 11,3 327° C	**Bleiglanz,** PbS (87 % Pb); Erzgebirge, Oberschlesien, Harz, Siegerland, Eifel; Spanien, Nordamerika, Mexiko, Australien. — **Weißbleierz,** $PbCO_3$ (83,5 % Pb); Spanien, Griechenland, Australien. — **Bleivitriol, Rot- und Gelbbleierz.**	**Rösten** in Flammöfen; **Schmelzen** in **Schachtöfen.** — **Röstreduktionsverfahren:** Rösten, dann Verblasen (völlige Entschwefelung). — **Rohblei** (Werkblei): 1 % Silber, 1···2 % andere Metalle.	Bläulichweiße Farbe, silberglänzender, feinkörniger Bruch; sehr weiches **Metall** (geringe Festigkeit). Gut gießbar, **läßt** sich walzen, hämmern, **pressen;** säurefest. — Legieren mit Antimon und Arsen machen es spröde und hart. — Jährliche Welterzeugung ≈ 2 390 000 t, davon in der Bundesrepublik ≈ 2,5 %.	Handelsblei (99,99 % Pb). — Barren, Blöcke, Stangen, Rohre, Bleche, Platten, Bleischrot (granuliertes Blei).	Chemische Industrie (Säurepfannen); Wasserleitungsrohre; Dachdeckung; Akkumulatoren, Bleikabel; Legierungen; Bleiweiß, Bleimennige; Flintglas, Kristallglas. — Heilkunde.	Pb bildet graue Oxidschicht an Luft u. unter Wasser. Blei u. seine Verbindungen sind giftig; nicht zu Eß- u. Trinkgeschirr verwenden. Säurebeständig (Bleiarmaturen). — Die an der Innenfläche von Wasserleitungsrohren sich bildende Bleicarbonatschicht ist wasserunlöslich u. daher unschädlich.
Chrom Cr 7,1; 1900° C	**Chromeisenstein** $FeCr_2O_4$.	In kleinen Hochöfen oder Elektroöfen.	Weißlicher Glanz; hart.	Stangen; Ferrochrom.	Chromstähle; Chromsalze.	Ferrochrom 60···75 % Cr. Chromoxid Cr_2O_3.
Kupfer (Cuprum) Cu 8,9 1083° C	**Kupferkies,** $CuFeS_2$ (35 % Cu); Mansfeld, Norwegen, Schweden, Spanien, Ural, Nordamerika. — **Kupferglanz,** Cu_2S (80 % Cu); Nordamerika, Chile, Japan, Australien. — **Kupferschiefer** (3 % Cu); Mansfeld. — **Rot- und Buntkupfererz** (89 bzw. 56 % Cu).	**Rösten** in Schacht-, Dreh- und Flammöfen (Entschwefelung): **Roh- oder Schwarzkupfer. - Auf nassem Wege** (Zementwässer): **Zementkupfer** (pulverig). — **Erblasen** im Konverter (Birne). — **Elektrolytkupfer** (99,9 % Cu).	Rote Farbe, glänzender Bruch (feinkörnig). Geringe Gießbarkeit; in kaltem und warmem Zustand sehr geschmeidig und dehnbar, walz- und hämmerbar. Hohe Leitfähigkeit für elektrischen Strom und Wärme; mit Hart- und Weichlot gut lötbar. — Schon in vorgeschichtlicher Zeit verwendet. Jährliche Welterzeugung (Hüttenkupfer) ≈ 4 200 000 t, davon in der Bundesrepublik ≈ 1,5 %.	Mansfeld-Raffinade-Kupfer, Chilekupfer (Barren), Elektrolytkupfer; alle über 99,5 % Cu. — Bleche, Röhren, Draht und Stangen.	Kochgeschirre, Pfannen, Wärmflaschen, Dampf- u. Wasserrohre, Kühlapparate, Kupferstichplatten; Dachdeckung. — Elektrotechnische Industrie; Kessel. — Metallgießerei; Lötkolben; Legierungen; Münzen.	Cu überzieht sich in feuchter Luft mit basischem Kupfercarbonat (Patina). Durch Einwirken von Essigsäure entsteht **Grünspan** (Kupfersalz). Kupfersalze sind giftig (Kupferkolik); Vorsicht bei sauren Speisen in Kupfergeschirr! Küchengeschirr aus Kupfer muß innen verzinnt sein.
Magnesium Mg 1,74 650° C	**Dolomit,** $CaMg(CO_3)_3$; in vielen chemischen Verbind.: Magnesit, Speckstein, Kainit, Meerschaum, Magnesia, Bittersalz.	**Elektrolyse** von Magnesiumchlorid oder Karnallit (im elektrischen Ofen).	Weiße Farbe, silberglänzend, nicht sehr hart, sehr leicht; dehnbar, hämmer-, zieh- und walzbar, auch gießbar. — Magnesiumpulver verbrennt mit sehr heller Flamme, verdampft bei 1000° C.	Magnesiumpulver, -draht oder -band.	Beleuchtungszwecke (Magnesiumlicht), Blitzlicht (Photographie); Fackeln, Leuchtkugeln u. dergl.; Mg-Legierungen.	Magnesiumsalze (bitter) sind z. T. Abführmittel; Magnesiumoxid ist ein Mittel gegen zuviel Magensäure; äußerlich gegen Hautkrankheiten; Puder, Zahnpulver.

Mangan Mn 7,3; 1244° C	**Braunstein** MnO_2 und andere Mn-Erze.	Im Hochofen mit Eisenerz verhüttet.	Rötlichweißer Glanz; hart.	Ferromangan.	Legierungen.	Spiegeleisen hat hohen Mangangehalt.
Nickel (Niccolum) Ni 8,9 1453° C	**Garnierit,** $NiO \cdot MgO \cdot SiO_2 \cdot H_2O$ (7···8% Ni); Neukaledonien. — Nickelhaltiger **Magnet-** und **Kupferkies,** Schlesien, England, Frankreich, Kanada. — Im Meteoreisen.	Oxydier. **Schmelzen** in Flammofen oder Birne m. Koks u. Zuschlägen. Roheisennick.(70%Ni); danach **Erhitzen im Siemensofen:** Rohnickel, ‚Würfelnickel' (98% Ni)	Weiße Farbe, stark glänzend, sehr festes Metall; schwer schmelzbar; dehnbar und hämmerbar; **walzbar** zu dünnen Blechen; **schweißbar;** magnetisch. Härtender Bestandteil bei Legierungen; polierfähig.	Reinnickel (99,5% Ni); kleine Würfel, Kugeln, Nickelfolie, Filigrandraht.	Galvanische Vernickelung von Metallwaren (Haushaltgeräte, Fahrzeugteile, Werkzeuge u. a.); **Legierungen; Alfenid, Nickelstahl.**	In der Luft (auch feuchter) und im Wasser ziemlich beständig; in der Hitze oxydiert es leicht. — Sehr gut geeignet zum Plattieren von Grauguß und Stahl. Nickeloxid, Porzellanfarbe.
Platin (Platina) Pt 21,45 1769° C	In Form von **Körnern** im sogen. „Platinerz": Uralgebirge, Kanada, Südafrika. Beimischungen: Gold, Silber, Iridium, Osmium.	**Auswaschen** des zerkleinerten Ganggesteins oder dessen Verwitterungsprodukte (Waschprozeß).	Edelstes Metall. Bläulichweiße Farbe, silberähnl.; zäh u. geschmeidig, hämmerbar, zieh- und walzbar, schweißbar; unmagnetisch. Wird nur angegriffen v. „Königswasser" (3 T. Salzsäure, 1 T. Salpetersäure).	Körner (Rohplatin) ≈ 80% Pt, wird auf Feinplatin (Drähte, Blech) verarbeitet.	Chemische Apparate; Drähte in Glühlampen. Brennstifte. Pyrometer (Hitzemesser); Blitzableiter; Schmuckstücke.	Widerstandsfähig gegen chemische Einflüsse; säurefest. — „Platinmohr" kann an seiner Oberfläche Sauerstoff der Luft in großen Mengen verdichten (katalytischer Gasanzünder).
Quecksilber (Hydrargyrum) Hg 13,55 —38,87° C	**Zinnober** (Quecksilbersulfid); **tropfenförmig** (gediegen) im Gestein; Quecksilberhornerz an Chlor gebunden. Kalifornien, Ural, China, Japan, Mexiko, Peru.	**Rösten** des Zinnobers; verdampfendes Quecksilber kondensiert als sogen. „Stubb", der 90 % reines Quecksilber ergibt.	Bei gewöhnlicher Temperatur flüssig, silberweiß; bei —38,87° C fest (dehnbar), Siedepunkt 357° C. Bei Erhitzen an der Luft entsteht **Quecksilberoxid, in Wasser unlöslich.**	Flüssig, in stählernen Flaschen, die 34,5 kg Quecksilber enthalten.	Thermometer. Anwendung beim Härten sehr feiner Werkzeuge. Spiegelherstellung. — Amalgam-Zahnplomben. Elektrotechnik; Quecksilberpräparate.	Verdampft schon bei gewöhnlicher Temperatur, Dämpfe sind sehr giftig, ebenso alle im Magensaft löslichen Quecksilbersalze (Quecksilbervergiftung). Gut verschlossen aufbewahren.
Wolfram W 19,3; 3380° C	**Wolframit** $FeWO_4$ und **Scheelit** $CaWO_4$ ergeben Wolframtrioxid WO_3.		Grau; sehr hart.	Pulver.	Schnell**schnittstahl***); Glühlampendraht.	WO_3 wird auf W oder Ferrowolfram verarbeitet.
Zink Zn 7,1 419° C	**Zinkblende,** ZnS (67% Zn); Harz, Erzgebirge, Rheinland, Schlesien, Frankreich, Italien, Nordamerika, Australien. — **Kieselzinkerz,** Zn_2SiO_4, u. **Galmei,** $ZnCO_3$; Fundorte: Aachen, Nordamerika. — **Rotzinkerz,** ZnO; Fundort: Nordamerika.	**Brennen** u. **Rösten** in Schacht- oder Flammöfen. Reduktion in Muffelröstöfen (Destillationsprozeß); man gewinnt Zink in Dampfform aus Gemisch von Erz und Kohle in geschlossenen Retorten.	Bläulichweißgraue Farbe; glänzender, grobkörniger Bruch; gut **gießbar,** spröde bei gewöhnlicher Temperatur (und bei ≈ 200°); bei 150° hämmer-, walz- und ziehbar; verdampft bei 907° C. — Nicht widerstandsfähig gegen chemische Einflüsse (feuchtes Eisen od. Kupfer, Säuren, Laugen). — Jährliche Welterzeugung ≈ 3 170 000 t, davon in Deutschland ≈ 4%.	Rohzink 97% Zn; Feinzink 99,8% Zn; Zinkstaub 80% Zn. Barren, Stäbe, Bleche, Platten, Draht.	Kunstgegenstände (Gefäße, Kannen, Figuren u. dgl.). Bauarbeiten (Dachdeck., Rinnen, Rohre, Verkleidungen usw.); Draht (verzinkt. Stahldraht); Zinkplatten (galvanische Elemente); Legierungen; Klischees.	Zn überzieht sich an feuchter Luft mit Zinkcarbonat. — Zinksalze sind giftig; sie werden in der Medizin als Ätzmittel, Zinkpulver zu Salben verwendet. — Zinkchlorid (Chlorzink) dient als Ätzmittel, zur Holzkonservierung, zu Lötwasser, in der Färberei.
Zinn (Stannum) Sn 7,3 232° C	**Zinnstein** oder **Kassiterit** (Bergzinn) SnO_2 (79% Sn); Erzgebirge, England. — **Seifenzinn, Waschzinn, Zinnsand,** etwa 1···2% Sn (Geröll); Ostindien (Bankazinn), Indonesien, Australien (Lammzinn).	**Reinigen** (nasse Aufbereitung), **Rösten** in Flamm- und Schachtöfen (Reduktion): **Rohzinn** (97 % Sn); nochmaliges Rösten (Seigern): **Reinzinn** (99,7 % Sn).	Silberweiße Farbe; unebener, feinkörniger Bruch. Leicht schmelzbar, weich, geschmeidig; knirscht beim Biegen (Zinngeschrei); hämmerbar, dehnbar; bei 195° C sehr spröde (Verpulvern). — Wichtig für die **Herstellung** von **Weißblech** (verzinntes Blech).	Raffiniert. Zinn, 99,8% Sn; raffiniert. Bankazinn 99,99% Sn. Barren, Blöcke, Stangen, Platten; gewalzt als **Stanniol.**	Haushaltungsgegenstände; Kunstgegenstände; chemische Industrie; Legierungen; Verzinnen, Schnellote; Spielwaren; Stanniol zum Verpacken von Tee, Schokolade und dgl.	Sn ist beständig gegen verdünnte Säuren u. feuchte Luft. — **Zinnpest:** Bei längerem Stehen in kalten Räumen bilden sich graue Flecken. Unter 18° Kälte zerfällt Zinn allmählich zu Pulver. — Statt Zinnfolie wird häufig billigere Aluminiumfolie verwandt.

Molybdän Mo (10,2; 2610°), **Vanadium V** (6,0; 1730°) und **Titan Ti** (4,5; 1812°) dienen als Zusätze zu harten und festen Schnellschnittstählen.
Osmium Os (22,5; 2700°) und **Tantal Ta** (16,6; 2977°) werden in der Elektrotechnik, Tantal auch für chemische Apparate verwendet.

*) Wolframkarbid (WC) ist ein wichtiger Bestandteil der Hartmetalle.

Gewichte für Flach- und Bandstahl, Stahlbleche

Breite mm	Dicke in mm															
	0,1	0,2	0,5	0,75	1	2	3	4	5	6	8	10	12	15	20	25
	Gewicht in kg für 1 m															
4	0,003	0,006	0,016	0,024	0,031	0,063	0,094	0,126	0,157	0,188	0,251	0,314	0,377	0,471	0,628	0,785
5	0,004	0,008	0,020	0,030	0,039	0,079	0,118	0,157	0,196	0,235	0,314	0,393	0,471	0,588	0,785	0,981
6	0,005	0,009	0,024	0,036	0,047	0,094	0,141	0,188	0,236	0,283	0,377	0,471	0,565	0,707	0,942	1,178
7	0,006	0,011	0,028	0,039	0,055	0,11	0,165	0,22	0,275	0,33	0,44	0,55	0,66	0,825	1,10	1,375
8	0,007	0,013	0,031	0,041	0,063	0,126	0,188	0,251	0,314	0,377	0,502	0,628	0,754	0,942	1,256	1,570
10	0,008	0,016	0,039	0,059	0,079	0,157	0,236	0,314	0,393	0,471	0,628	0,785	0,942	1,178	1,570	1,963
12	0,011	0,019	0,047	0,065	0,094	0,188	0,283	0,377	0,471	0,565	0,754	0,942	1,13	1,23	1,88	2,36
16	0,013	0,025	0,063	0,094	0,126	0,251	0,377	0,502	0,628	0,754	1,005	1,26	1,51	1,88	2,512	3,14
20	0,016	0,031	0,079	0,118	0,157	0,314	0,471	0,628	0,785	0,942	1,256	1,57	1,88	2,36	3,140	3,925
25	0,019	0,039	0,098	0,147	0,196	0,393	0.589	0,785	0 981	1,178	1,570	1,96	2,36	2,94	3,925	4,906
30	0,024	0,047	0,118	0,177	0,236	0,471	0,707	0,942	1,178	1,413	1,884	2,36	2,83	3,53	4,71	5,887
35	0,028	0,055	0,138	0,207	0,275	0,550	0,824	1,099	1,374	1,649	2,198	2,75	3,30	4,12	5,495	6,870
40	0,031	0,063	0,157	0,236	0,314	0,628	0,942	1,256	1,570	1,884	2,512	3,14	3,77	4,71	6,28	7,85
45	0,035	0,071	0,177	0,266	0,353	0,707	1,06	1,41	1,77	2,12	2,83	3,53	4,24	5,30	7,07	8,83
50	0,039	0,079	0,196	0,294	0,393	0,785	1,178	1,570	1,962	2,355	3,140	3,93	4,71	5,89	7,85	9,813
60	0,047	0,094	0,236	0,354	0,471	0,942	1,413	1,884	2,355	2,826	3,768	4,71	5,65	7,07	9,42	11,78
70	0,055	0,11	0,275	0,412	0,549	1,099	1,649	2,198	2,748	3,297	4,396	5,50	6,59	8,24	10,99	13,74
80	0,063	0,126	0,314	0,471	0,628	1,256	1,884	2,512	3,140	3,768	5,024	6,28	7,54	9,42	12,56	15,70
90	0,071	0,141	0,353	0,530	0,706	1,413	2,119	2,826	3,532	4,239	5,652	7,07	8,48	10,6	14,13	17,66
100	0,079	0,157	0,393	0,589	0,785	1,570	2,355	3,140	3,925	4,710	6,280	7,85	9,42	11,8	15,70	19,63
150	0,118	0,236	0,589	0,883	1,177	2,355	3,532	4,710	5,887	7,065	9,42	11,8	14,1	17,7	23,55	29,44
200	0,157	0,314	0,785	1,178	1,570	3,140	4,710	6,280	7,850	9,420	12,56	15,7	18,9	23,6	31,4	39,25
300	0,236	0,471	1,178	1,767	2,355	4,710	7,065	9,420	11,78	14,13	18,84	23,55	28,3	35,3	47,1	58,9
400	0,314	0,628	1,570	2,355	3,140	6,280	9,420	12,56	15,70	18,84	25,1	31,4	37,7	47,1	62,8	78,5
500	0,393	0,785	1,963	2,945	3,93	7,85	11,78	15,70	19,63	23,55	31,4	39,25	47,1	58,9	78,5	98,15
750	0,589	1,178	2,944	4,417	5,89	11,78	17,67	23,55	29,44	35,33	47,1	58,88	70,6	88,3	117,8	147,2
1000	0,785	1,57	3,925	5,887	7,850	15,70	23,55	31,40	39,25	47,10	62,8	78,5	94,2	118	157	196,3

Gewichte für Sechskant-, Rund-Vierkantstahl

s mm	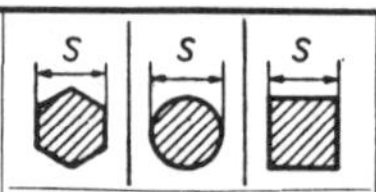			*s* mm	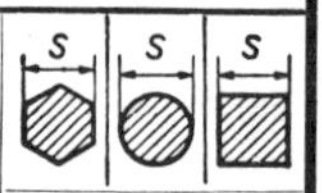		
	Gewicht in kg/m				Gewicht in kg/m		
1	—	0,0061	0,0079	22	3,29	2,98	3,80
3	0,061	0,0555	0,0706	24	3,92	3,55	4,52
4	0,109	0,0986	0,126	25	4,25	3,85	4,91
5	0,170	0,154	0,196	27	4,96	4,49	5,72
6	0,245	0,222	0,283	30	6,12	5,55	7,06
7	0,333	0,302	0,385	32	6,96	6,31	8,04
8	0,435	0,395	0,502	35	—	7,55	9,62
9	0,551	0,499	0,636	36	8,81	7,99	10,2
10	0,680	0,617	0,785	40	10,88	9,86	12,6
11	0,823	0,746	0,95	41	11,4	10,4	13,2
12	0,979	0,888	1,13	45	—	12,5	15,9
13	1,15	1,04	1,33	46	14,4	13,0	16,6
14	1,33	1,21	1,54	50	17,0	15,4	19,6
15	1,53	1,39	1,77	55	20,6	18,7	23,7
16	1,74	1,58	2,01	60	24,5	22,2	28,3
17	1,96	1,78	2,27	65	28,7	26,0	33,1
18	2,20	2,00	2,54	70	33,3	30,2	38,5
19	2,45	2,23	2,83	75	38,2	34,7	44,2
20	2,72	2,47	3,14	80	43,5	39,5	50,2

Schwarzblech DIN 1541 Bl. 1, Tafeln 530 × 760, 500 × 1000, 600 × 1200, 700 × 1400, 800 × 1600, 1000 × 2000, 1250 × 2500. **Tiefziehblech** (Karosserieblech) DIN 1541 Bl. 2, 530 × 1000, 750 × 1500, 800 × 2000, 1000 × 2250, 1100 × 2500, 1250 × 3000, 1400 × 3500. Werkstoff DIN 1623.

Handelsblech DIN 1542. Breiten bis 2500, Längen bis über 7000; **Stahlblech** DIN 1543. Breiten bis 3600, Längen bis über 8000.

Sechskantstahl blank, DIN 176 (2.72), *s* von 1,5 bis 100 mm, Stangenlänge 1 bis 12 m. Werkstoff vorz. n. DIN 1651/2.

Vierkantstahl blank, DIN 178 (6.69), *s* von 2 bis 100 mm, Stangenlänge 1 bis 12 m. Werkstoff vorz. n. DIN 1652.

Rundstahl blank, DIN 668 (5.59), ⌀ von 1 bis 200 mm, Stangenlänge 1 bis 12 m. Werkstoff vorz. DIN 1651/52.

Warmgewalzter Rundstahl DIN 1013 (6.59), ⌀ 5 bis 220 mm, Stablänge 3 bis 15 m; **Vierkantstahl** DIN 1014 (6.59), *s* von 5 bis 150 mm, Stablänge 3 bis 15 m; **Sechskantstahl** DIN 1015 (6.59), *s* von 10 bis 103 mm, Stablänge 3 bis 8 m.

Werkstoff nach DIN 17 100, 17 200, 17 210 und 1651.

Flachstahl blank, DIN 174 (6.69), Breite 5 bis 200 mm, Dicke 1,5 bis 63 mm, Stangenlänge 1 bis 12 m, Werkstoff vorz. DIN 1652.

Bandstahl warmgewalzt, DIN 1016 (11.72), Breite 10 bis 2000 mm, Dicke 0,8 bis 15 mm, Lieferart: in Rollen u. Bunde. Werkstoff DIN 17 100.

Flachstahl warmgewalzt, DIN 1017 (6.59), Breite 10 bis 150 mm, Dicke 5 bis 60 mm, Stablänge 3 bis 12 m. Werkstoff DIN 17 100, 17 200, 17 210 u. 1 651, ab 151 mm s. DIN 59 200.

Gewichtsangaben sind zu multiplizieren für Cu mit 1,134, für Messing mit 1,083; Al-Leg. ($\varrho = 2{,}8$) mit 0,359; Mg-Leg. ($\varrho = 1{,}82$) mit 0,232.

Stahldraht kaltgezogen n. DIN 177 (3.71) Ausführung: blank, geglüht, verkupfert, schlußverzinkt u. verzinkt gezogen.

Gewicht in kg für 1000 m (schlußverzinnt und verzinnt gezogen)

⌀ mm	0,1	0,11	0,12	0,14	0,16	0,18	0,2	0,22	0,25	0,28	0,32	0,36	0,4	0,45	0,5	0,56
kg	0,0616	0,0746	0,0887	0,121	0,158	0,199	0,246	0,298	0,385	0,484	0,631	0,798	0,989	1,25	1,54	1,93
⌀ mm	0,63	0,71	0,8	0,9	1,0	1,12	1,25	1,4	1,6	1,8	2,0	2,24	2,5	2,8	3,15	3,55
kg	2,45	3,11	3,95	4,99	6,16	7,69	9,66	12,1	15,8	19,9	24,6	30,9	38,5	48,4	61,2	77,7
⌀ mm	4,0	4,5	5	5,6	6,3	7,1	8	9	10	11,2	12,5	14	16	18	20	—
kg	98,9	125	154	193	245	311	395	499	616	773	966	1210	1580	1990	2460	—

Rohre und Bleche

Rohre aus Al und Al-Knetlegierung n. DIN 1795
(nahtlos gezogen)

Außen-Ø	0,5	0,75	1	1,5	2	2,5	3	4
	Gewicht kg/m							
5	0,019	0,027	—	—	—	—	—	—
6	0,023	0,034	0,042	—	—	—	—	—
8	0,032	0,046	0,060	0,083	—	—	—	—
10	0,040	0,059	0,076	0,107	0,136	—	—	—
12	0,049	0,072	0,093	0,133	0,170	0,202	0,229	0,270
14	0,057	0,084	0,110	0,158	0,204	0,244	0,280	0,339
16	—	0,097	0,127	0,184	0,238	0,286	0,331	0,407
18	—	0,110	0,144	0,210	0,272	—	0,381	0,475
20	—	0,123	0,161	0,235	0,306	—	0,433	0,543
22	—	—	0,178	0,260	0,339	—	0,484	0,611
25	—	—	0,204	0,298	0,390	0,477	0,560	0,713
28	—	—	0,229	0,336	0,441	0,541	0,636	0,814
30	—	—	0,246	0,362	0,475	0,583	0,687	0,882
32	—	—		0,387	0,509	0,626	0,738	0,950
35	—	—	0,288	0,427	0,560	0,689	0,814	1,05
38	—	—	0,314	0,464	0,611	0,753	0,891	1,15
40	—	—		0,489	0,645	—	0,942	1,22
42	—	—	—	0,515	0,679	0,838	—	—
44,5	—	—	—	0,548	0,722	0,891	1,06	—
50	—	—	0,416	—	0,814	—	1,20	1,56
63	—	—	0,527	—	1,04	—	1,53	2,00
70	—	—	0,585	0,872	1,15	—	1,70	2,23
80	—	—	—	—	1,32	—	1,96	2,58
100	—	—	—	—	1,66	—	2,47	3,26
125	—	—	—	—	2,10	—	3,10	4,10

Druckrohre aus Blei

Innen-Ø	10	13	15	20	25	30	35	40
	Betriebsdruck bis 6 kp/cm²							
Wanddicke	2,0	2,5	2,74	3,0	3,5	3,75	4,0	4,5
G kg/m	0,86	1,40	1,75	2,45	3,55	4,50	5,55	7,15
	Betriebsdruck bis 10 kp/cm²							
Wanddicke	2,0	2,75	3,0	3,75	4,5	5,5	6,0	7,0
G kg/m	0,86	1,55	1,95	3,20	4,75	7,00	8,80	11,8

Stahlblech (Feinblech) nach DIN 1541 (5. 32)

Lehre Nr.	32	31	30	29	28	27
Dicke mm	0,18	0,20	0,22	0,24	0,28	0,32
G kg/m²	1,41	1,57	1,73	1,88	2,20	2,51
Lehre Nr.	26	25	24	23	22	21
Dicke mm	0,38	0,44	0,50	0,56	0,63	0,75
G kg/m²	2,98	3,46	3,92	4,40	4,95	5,89
Lehre Nr.	20	19	18	17	16	15
Dicke mm	0,88	1,00	1,13	1,25	1,38	1,5
G kg/m²	6,91	7,85	8,87	9,81	10,8	11,8
Lehre Nr.	14	13	12	11	10	
Dicke mm	1,75	2	2,25	2,5	2,75	
G kg/m²	13,7	15,7	17,7	19,6	21,6	

Zinkbleche n. DIN 9721 (7.52)
Breite bis 1,0 m Länge bis 5,0 m

Dicke in mm	0,15	0,20	0,25	0,30	0,35	0,40	0,45	0,50
1 m² wiegt kg	1,08	1,44	1,80	2,15	2,51	2,87	3,23	3,59
Dicke in mm	0,55	0,60	0,65	0,70	0,75	0,80	0,90	1,0
1 m² wiegt kg	3,95	4,31	4,67	5,03	5,38	5,74	6,46	7,18
Dicke in mm	1,2	1,4	1,5	1,8	2,0	2,2	2,5	2,8
1 m² wiegt kg	8,62	10,1	10,8	12,9	14,4	15,8	18,0	20,1
Dicke in mm	3,0	3,5	4,0	5,0	6,0			
1 m² wiegt kg	21,5	25,1	28,7	35,9	43,1			

Wellbleche, verzinkt, nach DIN 59231 (4. 53)

Wellenhöhe	Wellenbreite	Blechdicke	Tafellänge	Baubreite	Tafel von l = 2 m und Baubreite b_2		Für 1 m Breite	
Maße in mm					A	G	A	Wx
h	b_1	s	l	b_2	m²	kg	cm²	cm³
Rolladenprofile								
15	30	0,44	2000	630	1,26	7	6,95	2,05
		0,50 0,56 0,63 0,75 0,88	2000 2500			8 9 10 12 14	7,94 8,75 9,92 11,8 13,9	2,32 2,59 2,90 3,43 4,00
20	40	0,50 0,56 0,63 0,75 0,88	2000 2500	640	1,28	8 9 10 12 14	7,80 8,78 9,76 11,7 13,7	3,29 3,67 4,12 4,88 5,69
Dachprofile								
18	76	0,56 0,63 0,75 0,88	2000 2500	836	1,67	9 10 12 14	6,70 7,54 8,98 10,5	2,68 2,99 3,57 4,14
		1,00 1,13 1,25 1,50	2000 2500 3000 3500			16 18 20 24	11,9 13,5 15,0 18,0	4,71 5,25 5,80 6,93
27	100	0,56 0,63 0,75 0,88	2000 2500	800	1,60	9 10 12 14	7,00 7,80 9,37 10,8	4,18 4,65 5,33 6,46
		1,00 1,13 1,25 1,50 2,00	2000 2500 3000 3500			16 18 20 24 32	12,5 14,1 15,6 18,7 25,0	7,35 8,23 9,07 10,8 14,3
30	135	0,63 0,75 0,88	2000 2500	810	1,62	10 12 14	7,72 9,25 10,9	4,97 5,99 7,00
		1,00 1,13 1,25 1,50 2,00	2000 2500 3000 3500			16 18 20 24 32	12,3 13,9 15,4 18,5 24,6	7,92 8,86 9,83 11,7 15,5
45	150	0,75 0.88	2000 2500	750	1,50	12 14	10,0 11,7	9,42 11,1
		1,00 1,13 1,25 1,50 2,00	2000 2500 3000 3500			16 18 20 24 32	13,3 15,0 16,7 20,0 26,6	12,7 14,2 15,6 18,6 25,0
48	100	0,63 0,75 0,88	2000 2500	600	1,20	10 12 14	9,55 11,5 13,4	11,8 14,1 16,4
		1,00 1,13 1,25 1,50 2,00	2000 2500 3000 3500			16 18 20 24 32	15,3 17,2 19,1 23,0 30,6	18,6 20,9 23,2 27,7 36,5
Trägerprofile								
67	90	1,00 1,13 1,25 1,50 2,00 2,50	2000 2500 3000 3500	450	0,90	16 18 20 24 32 40	20,6 23,2 25,7 30,9 41,2 51,4	31,2 34,9 38,7 46,2 61,4 76,0
88	100	1,00 1,13 1,25 1,50 2,00 2,50	2000 2500 3000 3500	400	0,80	16 18 20 24 32 40	23,3 26,2 29,1 34,9 46,6 58,2	47,2 52,8 58,9 70,5 93,2 116,0

7

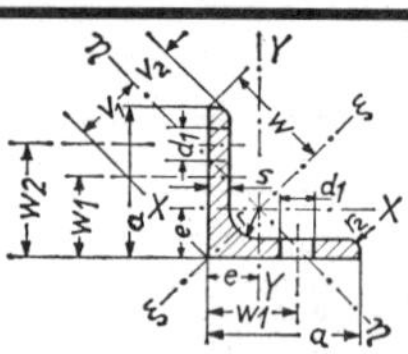

Warmgewalzter gleichschenkliger rundkantiger ∟-Stahl nach DIN 1028 (10. 63)

Regellängen: 3 m bis 12 m

$r_2 = \frac{r_1}{2}$ (auf halbe mm abgerundet)

Bezeichnungen:

A = Querschnittsfläche in cm²
G = Gewicht in kg/m
e = Abstand der Schwerachse
J_x = Trägheitsmoment } bezogen
W_x = Widerstandsmoment } auf
i_x = Trägheitshalbmesser } x—x
$= \sqrt{J_x : A}$ } Biegeachse

Die Achse ξ—ξ ist die Winkelhalbierende

Kurzzeichen ∟	a mm	s mm	r_1	A cm²	G kg/m	e cm	w	v_1	v_2	Für Biegeachse J_x cm⁴	W_x cm³	i_x cm	J_ξ cm⁴	i_ξ cm	J_η cm⁴	W_η cm³	i_η cm	Für Löcher d_1 mm	w_1 mm	w_2 mm
20 × 3	20	3	3,5	1,12	0,88	0,60	1,41	0,85	0,70	0,39	0,28	0,59	0,62	0,74	0,15	0,18	0,37	4,3	12	—
25 × 3	25	3	3,5	1,42	1,12	0,73	1,77	1,03	0,87	0,79	0,45	0,75	1,27	0,95	0,31	0,30	0,47	6,4	15	—
25 × 4		4		1,85	1,45	0,76		1,08	0,89	1,01	0,58	0,74	1,61	0,93	0,40	0,37	0,47			
25 × 5		5		2,26	1,77	0,80		1,13	0,91	1,18	0,69	0,72	1,87	0,91	0,50	0,44	0,47			
30 × 3	30	3	5	1,74	1,36	0,84	2,12	1,18	1,04	1,41	0,65	0,90	2,24	1,14	0,57	0,48	0,57	8,4	17	—
30 × 4		4		2,27	1,78	0,89		1,24	1,05	1,81	0,86	0,89	2,85	1,12	0,76	0,61	0,58			
30 × 5		5		2,78	2,18	0,92		1,30	1,07	2,16	1,04	0,88	3,41	1,11	0,91	0,70	0,57			
35 × 4	35	4	5	2,67	2,10	1,00	2,47	1,41	1,24	2,96	1,18	1,05	4,68	1,33	1,24	0,88	0,68	11	18	—
35 × 5		5		3,28	2,57	1,04		1,47	1,25	3,56	1,45	1,04	5,63	1,31	1,49	1,10	0,67			
35 × 6		6		3,87	3,04	1,08		1,53	1,27	4,14	1,71	1,04	6,50	1,30	1,77	1,16	0,68			
40 × 4	40	4	6	3,08	2,42	1,12	2,83	1,58	1,40	4,48	1,56	1,21	7,09	1,52	1,86	1,18	0,78	11	22	—
40 × 5		5		3,79	2,97	1,16		1,64	1,42	5,43	1,91	1,20	8,64	1,51	2,22	1,35	0,77			
40 × 6		6		4,48	3,52	1,20		1,70	1,43	6,33	2,26	1,19	9,98	1,49	2,67	1,57	0,77			
45 × 5	45	5	7	4,30	3,38	1,28	3,18	1,81	1,58	7,83	2,43	1,35	12,4	1,70	3,25	1,80	0,87	13	25	—
50 × 5	50	5	7	4,80	3,77	1,40	3,54	1,98	1,76	11,0	3,05	1,51	17,4	1,90	4,59	2,32	0,98	13	30	—
50 × 6		6		5,69	4,47	1,45		2,04	1,77	12,8	3,61	1,50	20,4	1,89	5,24	2,57	0,96			
50 × 7		7		6,56	5,15	1,49		2,11	1,78	14,6	4,15	1,49	23,1	1,88	6,02	2,85	0,96			
50 × 9		9		8,24	6,47	1,56		2,21	1,82	17,9	5,20	1,47	28,1	1,85	7,67	3,47	0,97			
55 × 6	55	6	8	6,31	4,95	1,56	3,89	2,21	1,94	17,3	4,40	1,66	27,4	2,08	7,24	3,28	1,07	17	30	—
55 × 8		8		8,23	6,46	1,64		2,32	1,97	22,1	5,72	1,64	34,8	2,06	9,35	4,03	1,07			
60 × 6	60	6	8	6,91	5,42	1,69	4,24	2,39	2,11	22,8	5,29	1,82	36,1	2,29	9,43	3,95	1,17	17	35	—
60 × 8		8		9,03	7,09	1,77		2,50	2,14	29,1	6,88	1,80	46,1	2,26	12,1	4,84	1,16			
60 × 10		10		11,1	8,69	1,85		2,62	2,17	34,9	8,41	1,78	55,1	2,23	14,6	5,57	1,15			
65 × 7	65	7	9	8,70	6,83	1,85	4,60	2,62	2,29	33,4	7,18	1,96	53,0	2,47	13,8	5,27	1,26	21	35	—
65 × 9		9		11,0	8,62	1,93		2,73	2,32	41,3	9,04	1,94	65,4	2,44	17,2	6,30	1,25	21		
65 × 11		11		13,2	10,3	2,00		2,83	2,36	48,8	10,8	1,91	76,8	2,42	20,7	7,31	1,25	21		
70 × 7	70	7	9	9,4	7,38	1,97	4,95	2,79	2,47	42,4	8,43	2,12	67,1	2,67	17,6	6,31	1,37	21	40	—
70 × 9		9		11,9	9,34	2,05		2,90	2,50	52,6	10,6	2,10	83,1	2,64	22,0	7,59	1,36	21		
70 × 11		11		14,3	11,2	2,13		3,01	2,53	61,8	12,7	2,08	97,6	2,61	26,0	8,64	1,35	21		
75 × 7	75	7	10	10,1	7,94	2,09	5,30	2,95	2,63	52,4	9,67	2,28	83,6	2,88	21,1	7,15	1,45	23	40	—
75 × 8		8		11,5	9,03	2,13		3,01	2,65	58,9	11,0	2,26	93,3	2,85	24,4	8,11	1,46	23		
75 × 10		10		14,1	11,1	2,21		3,12	2,68	71,4	13,5	2,25	113	2,83	29,8	9,55	1,45	23		
75 × 12		12		16,7	13,11	2,29		3,24	2,71	82,4	15,8	2,22	130	2,79	34,7	10,7	1,44	23		
80 × 8	80	8	10	12,3	9,66	2,26	5,66	3,20	2,82	72,3	12,6	2,42	115	3,06	29,6	9,25	1,55	23	45	
80 × 10		10		15,1	11,9	2,34		3,31	2,85	87,5	15,5	2,41	139	3,03	35,9	10,9	1,54	23		
80 × 12		12		17,9	14,1	2,41		3,41	2,89	102	18,2	2,39	161	3,00	43,0	12,6	1,53	23		
80 × 14		14		20,6	16,1	2,48		3,51	2,93	115	20,8	2,36	181	2,96	48,6	13,9	1,54	23		
90 × 9	90	9	11	15,5	12,2	2,54	6,36	3,59	3,18	116	18,0	2,74	184	3,45	47,8	13,3	1,76	25	50	—
90 × 11		11		18,7	14,7	2,62		3,70	3,21	138	21,6	2,72	218	3,41	57,1	15,4	1,75	25		
90 × 13		13		21,8	17,1	2,70		3,81	3,24	158	25,1	2,69	250	3,39	65,9	17,3	1,74	25		
90 × 16		16		26,4	20,7	2,81		3,97	3,29	186	30,1	2,66	294	3,34	79,1	19,9	1,73	25		
100 × 10	100	10	12	19,2	15,1	2,82	7,07	3,99	3,54	177	24,7	3,04	280	3,82	73,3	18,4	1,95	25	55	—
100 × 12		12		22,7	17,8	2,90		4,10	3,57	207	29,2	3,02	328	3,80	86,2	21,0	1,95	25		
100 × 14		14		26,2	20,6	2,98		4,21	3,60	235	33,5	3,00	372	3,77	98,3	23,4	1,94	25		
100 × 16		16		29,6	23,2	3,06		4,32	3,63	262	37,7	2,97	413	3,74	111	25,6	1,93	25		
110 × 10	110	10	12	21,2	16,6	3,07	7,78	4,34	3,89	239	30,1	3,36	379	4,23	98,6	22,7	2,16	25	45	70
110 × 12		12		25,1	19,7	3,15		4,45	3,93	280	35,7	3,34	444	4,21	116	26,1	2,15	25		
110 × 14		14		29,0	22,8	3,21		4,54	3,98	319	41,0	3,32	505	4,18	133	29,3	2,14	25		
120 × 11	120	11	13	25,4	19,9	3,36	8,49	4,75	4,24	341	39,5	3,66	541	4,62	140	29,5	2,35	25	50	80
120 × 13		13		29,7	23,3	3,44		4,86	4,27	394	46,0	3,64	625	4,59	162	33,3	2,34	25		
120 × 15		15		33,9	26,6	3,51		4,96	4,31	446	52,5	3,63	705	4,56	186	37,5	2,34	25		
130 × 12	130	12	14	30,0	23,6	3,64	9,19	5,15	4,60	472	50,4	3,97	750	5,00	194	37,7	2,54	25	50	90
130 × 14		14		34,7	27,2	3,72		5,26	4,63	540	58,2	3,94	857	4,97	223	42,4	2,53			
130 × 16		16		39,3	30,9	3,80		5,37	4,66	605	65,8	3,92	959	4,94	251	46,7	2,52			
140 × 13	140	13	15	35,0	27,5	3,92	9,90	5,54	4,96	638	63,3	4,27	1010	5,38	262	47,3	2,74	28	55	95
140 × 15		15		40,0	31,4	4,00		5,66	4,99	723	72,3	4,25	1150	5,36	298	52,7	2,73			
150 × 14	150	14	16	40,3	31,6	4,21	10,6	5,95	5,31	845	78,2	4,58	1340	5,77	347	58,3	2,94	28	60	105
150 × 16		16		45,7	35,9	4,29		6,07	5,34	949	88,7	4,56	1510	5,74	391	64,4	2,93	28		
150 × 18		18		51,0	40,1	4,36		6,17	5,38	1050	99,3	4,54	1670	5,70	438	71,0	2,93	28		
160 × 15	160	15	17	46,1	36,2	4,49	11,3	6,35	5,67	1100	95,6	4,88	1750	6,15	455	71,3	3,14	28	60	115
160 × 17		17		51,8	40,7	4,57		6,46	5,70	1230	108,0	4,86	1950	6,13	506	78,3	3,13	28		
160 × 19		19		57,5	45,1	4,65		6,58	5,73	1350	118,0	4,84	2140	6,10	558	84,8	3,12	28		

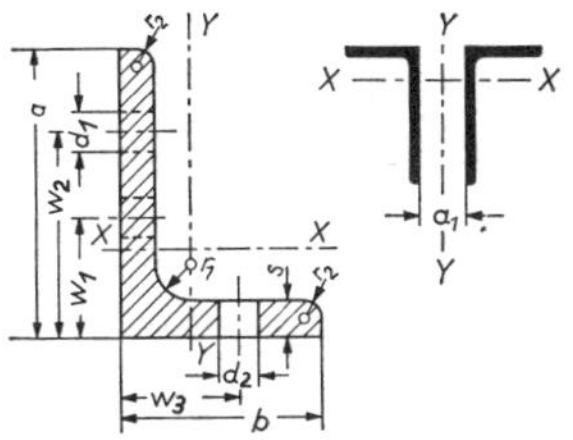

Warmgewalzter ungleichschenkliger rundkantiger L-Stahl nach DIN 1029

Regellängen: 3 m bis 12 m

$r_2 \approx \frac{r_1}{2}$ auf halbe mm abgerundet

L 120 × 80 × 12 DIN 1029 UST 37-2 bedeutet: Winkelstahl von Schenkelbreite $a = 120$ mm und $b = 80$ mm und Schenkeldicke $s = 12$ mm aus UST 37-2 nach DIN 17100.

7

Kurzzeichen L	Abmessungen a mm	b mm	s mm	Qu. A cm²	Gew. G kg/m	Achsabstand e_x cm	e_y cm	Biegeachse x—x J_x cm⁴	W_x cm³	i_x cm	Biegeachse y—y J_y cm⁴	W_y cm³	i_y cm	Abst. a_1 mm	Schenkellöcher in mm d_1	d_2	w_1	w_2	w_3
30 × 20 × 3	30	20	3	1,42	1,11	0,99	0,50	1,25	0,62	0,94	0,44	0,29	0,56	5,2	8,4	4,3	17	—	12
4			4	1,85	1,45	1,03	0,54	1,59	0,81	0,93	0,55	0,38	0,55	4,2					
40 × 20 × 4	40	20	4	2,25	1,77	1,47	0,48	3,59	1,42	1,26	0,60	0,39	0,52	13,8	11	4,3	22	—	12
45 × 30 × 4	45	30	4	2,87	2,25	1,48	0,74	5,78	1,91	1,42	2,05	0,91	0,85	8,0	13	8,4	25	—	17
5			5	3,53	2,77	1,52	0,78	6,99	2,35	1,41	2,47	1,11	0,84	7,2					
50 × 40 × 5	50	40	5	4,27	3,35	1,56	1,07	10,4	3,02	1,56	5,89	2,01	1,18	—	13	11	30	—	22
60 × 30 × 5	60	30	5	4,29	3,37	2,15	0,68	15,6	4,04	1,90	2,60	1,12	0,78	21,4	17	8,4	35	—	17
60 × 40 × 5	60	40	5	4,79	3,76	1,96	0,97	17,2	4,25	1,89	6,11	2,02	1,13	11,2	17	11	35	—	22
6			6	5,68	4,46	2,00	1,01	20,1	5,03	1,88	7,12	2,38	1,12	10,2					
7			7	6,55	5,14	2,04	1,05	23,0	5,79	1,87	8,07	2,74	1,11	9,2					
75 × 55 × 7	75	55	7	8,66	6,80	2,40	1,41	47,9	9,39	2,35	21,8	5,32	1,59	6,6	23	17	40	—	30
9			9	10,9	8,59	2,47	1,48	59,4	11,8	2,33	26,8	6,66	1,57	5,0					
80 × 40 × 6	80	40	6	6,89	5,41	2,85	0,88	44,9	8,73	2,55	7,59	2,44	1,05	29,0	23	11	45	—	22
8			8	9,01	7,07	2,94	0,95	57,6	11,4	2,53	9,68	3,18	1,04	27,2					
80 × 65 × 6	80	65	6	8,41	6,60	2,39	1,65	52,8	9,41	2,51	31,2	6,44	1,93	—	23	21	45	—	35
8			8	11,0	8,66	2,47	1,73	68,1	12,3	2,49	40,1	8,41	1,91	—					
10			10	13,6	10,7	2,55	1,81	82,2	15,1	2,46	48,3	10,3	1,89	—					
100 × 50 × 6	100	50	6	8,73	6,85	3,49	1,04	89,7	13,8	3,20	15,3	3,86	1,32	37,6	25	13	55	—	30
8			8	11,5	8,99	3,59	1,13	116	18,0	3,18	19,5	5,04	1,31	35,4					
100 × 65 × 7	100	65	7	11,2	8,77	3,23	1,51	113	16,6	3,17	37,6	7,54	1,84	21,8	25	21	55	—	35
9			9	14,2	11,1	3,32	1,59	141	21,0	3,15	46,7	9,52	1,82	19,8					
11			11	17,1	13,4	3,40	1,67	167	25,3	3,13	55,1	11,4	1,80	17,8					
100 × 75 × 7	100	75	7	11,9	9,32	3,06	1,83	118	17,0	3,15	56,9	10,0	2,19	8,8	25	23	55	—	40
9			9	15,1	11,8	3,15	1,91	148	21,5	3,13	71,0	12,7	2,17	7,0					
120 × 80 × 8	120	80	8	15,5	12,2	3,83	1,87	226	27,6	3,82	80,8	13,2	2,29	24,0	25	23	50	80	45
10			10	19,1	15,0	3,92	1,95	276	34,1	3,80	98,1	16,2	2,27	22,2					
12			12	22,7	17,8	4,00	2,03	323	40,4	3,77	114	19,1	2,25	20,2					
130 × 65 × 8	130	65	8	15,1	11,9	4,56	1,37	263	31,1	4,17	44,8	8,72	1,72	48,6	25	21	50	90	35
10			10	18,6	14,6	4,65	1,45	321	38,4	4,15	54,2	10,7	1,71	46,8					
12			12	22,1	17,3	4,74	1,53	376	45,5	4,12	63,0	12,7	1,69	44,6					
130 × 90 × 10	130	90	10	21,2	16,6	4,15	2,18	358	40,5	4,11	141	20,6	2,58	20,4	25	25	50	90	50
12			12	25,1	19,7	4,24	2,26	420	48,0	4,09	165	24,4	2,56	18,6					
14			14	29,0	22,8	4,32	2,34	480	55,3	4,07	187	28,1	2,54	16,8					
150 × 75 × 9	150	75	9	19,5	15,3	5,28	1,57	445	46,8	4,83	78,3	13,2	2,00	56,4	28	23	60	105	40
11			11	23,6	18,6	5,37	1,65	545	56,6	4,80	93,0	15,9	1,98	54,4					
13			13	27,7	21,7	5,45	1,73	631	66,1	4,78	107	18,5	1,96	52,4					
150 × 100 × 10	150	100	10	24,2	19,0	4,80	2,34	552	54,1	4,78	198	25,8	2,86	29,8	28	25	60	105	55
12			12	28,7	22,6	4,89	2,42	650	64,2	4,76	232	30,6	2,84	28,0					
14			14	33,2	26,1	4,97	2,50	744	74,1	4,73	264	35,2	2,82	26,2					
200 × 100 × 12	200	100	12	34,8	27,3	7,03	2,10	1440	111	6,43	247	31,3	2,67	75,2	28	25	65	150	55
14			14	40,3	31,6	7,12	2,18	1650	128	6,41	282	36,1	2,65	73,0					
16			16	45,7	35,9	7,20	2,26	1860	145	6,38	316	40,8	2,63	71,0					

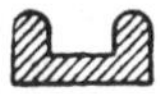

Gitter- und Hespenstahl

Breite mm	Höhe mm	Dicke mm	Gewicht kg
20	8	4	0,92
25	9	4	1,18
30	10	4	1,47
35	11	5	1,90
40	12	5	2,27
45	15	6,5	3,40

Fenstersprossenstahl

einseitiges Höhe mm	Breite mm	Gewicht kg/m	doppelseitig. Höhe mm	Breite mm	Gewicht kg/m	doppelseitig. halbrundes Höhe mm	Breite mm	Gewicht kg/m
17	12	0,42	17	12	0,55	16	14	0,66
20	14,5	0,55	20	14	0,70	23	16	1,11
25	16	0,91	25	16,5	1,10	—	—	—
30	19	1,11	30	19	1,56	—	—	—

Handleisten- oder Handläuferstahl

Nr.	Äußere Breite mm	Höhe mm	Innere Breite mm	Innere Tiefe mm	Querschnitt cm²	Gewicht kg/m
4	40	18	20/18	10	4,2	3,3
6	60	27	30/27	15	9,4	7,43
8	80	36	40/36	20	16,7	13,2
10	100	45	50/45	25	26,1	20,6
12	120	54	60/54	30	37,5	29,7

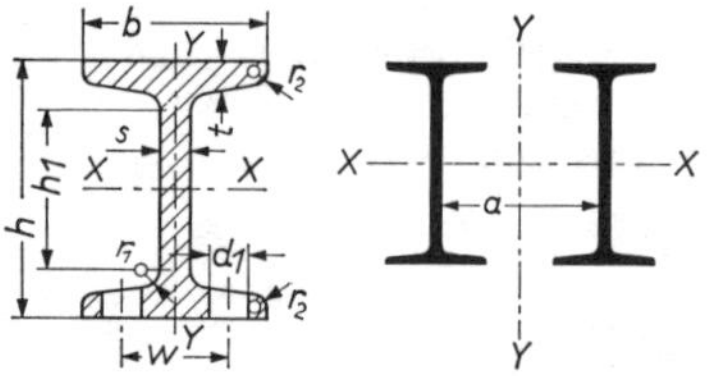

Warmgewalzte schmale I-Träger nach DIN 1025, Blatt 1 (10. 63)

Regellängen: 4 bis 15 m
$r_1 = s$; $r_2 \approx 0{,}6\,s$; Fußneigung = 14%
I 400 DIN 1025-USt 37-2 bedeutet:
Schmaler I-Träger von Höhe h = 400 mm
aus USt 37-2 nach DIN 17 100

								Biegeachse						a	Wurzelmaß	
								$x - x$			$y - y$					
I	h mm	b mm	s mm	t mm	h_1 mm	A cm^2	G kg/m	J_x cm^4	W_x cm^3	i_x cm	J_y cm^4	W_y cm^3	i_y cm		d_1 mm	w mm
80	80	42	3,9	5,9	59	7,57	5,95	77,8	19,5	3,20	6,29	3,0	0,91	—	6,4	22
100	100	50	4,5	6,8	75	10,6	8,34	171	34,2	4,01	12,2	4,88	1,07	—	6,4	28
120	120	58	5,1	7,7	92	14,2	11,1	328	54,7	4,81	21,5	7,41	1,23	94	8,4	32
140	140	66	5,7	8,6	109	18,2	14,3	573	81,9	5,61	35,2	10,7	1,40	108	11	34
160	160	74	6,3	9,5	125	22,8	17,9	935	117	6,40	54,7	14,8	1,55	124	11	40
180	180	82	6,9	10,4	142	27,9	21,9	1450	161	7,20	81,3	19,8	1,71	140	13	44
200	200	90	7,5	11,3	159	33,4	26,2	2140	214	8,00	117	26,0	1,87	156	13	48
220	220	98	8,1	12,2	175	39,5	31,1	3060	278	8,80	162	33,1	2,02	172	13	52
240	240	106	8,7	13,1	192	46,1	36,2	4250	354	9,59	221	41,7	2,20	188	17	56
260	260	113	9,4	14,1	208	53,3	41,9	5740	442	10,4	288	51,0	2,32	202	17	60
280	280	119	10,1	15,2	225	61,0	47,9	7590	542	11,1	364	61,2	2,45	218	17	60
300	300	125	10,8	16,2	241	69,0	54,2	9800	653	11,9	451	72,2	2,56	234	21	64
320	320	131	11,5	17,3	257	77,7	61,0	12510	782	12,7	555	84,7	2,67	248	21	70
340	340	137	12,2	18,3	274	86,7	68,0	15700	923	13,5	674	98,4	2,80	264	21	74
360	360	143	13,0	19,5	290	97,0	76,1	19610	1090	14,2	818	114	2,90	278	23	76
380	380	149	13,7	20,5	306	107	84,0	24010	1260	15,0	975	131	3,02	294	21	82
400	400	155	14,4	21,6	323	118	92,4	29210	1460	15,7	1160	149	3,13	308	23	86
425	425	163	15,3	23,0	343	132	104	36970	1740	16,7	1440	176	3,30	328	25	88
450	450	170	16,2	24,3	363	147	115	45850	2040	17,7	1730	203	3,43	348	25	94
475	475	178	17,1	25,6	384	163	128	56480	2380	18,6	2090	235	3,60	366	28	96
500	500	185	18,0	27,0	404	179	141	68740	2750	19,6	2480	268	3,72	384	28	100
550	550	200	19,0	30,0	444	212	166	99180	3610	21,6	3490	349	4,02	424	28	110
600	600	215	21,6	32,4	485	254	199	139000	4630	23,4	4670	434	4,30	460	28	120

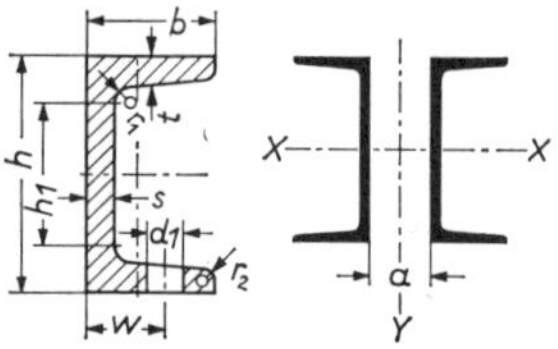

Warmgewalzter rundkantiger [-Stahl nach DIN 1026 (10. 63) (Sprich: U-Stahl)

Regellängen: 3 bis 15 m
Fußneigung: bis 300 mm Höhe = 8%; über 300 mm Höhe = 5%
$r_1 = t$ $r_2 = t:2$
U 200 DIN 1026-USt 37-2 bedeutet: U-Stahl mit einer Höhe h=200 mm
aus US t37-2 nach DIN 17100

									Biegeachse						a	Wurzelmaß	
									$x - x$			$y - y$					
[	h mm	b mm	s mm	t mm	h_1 mm	A cm^2	G kg/m	e_y cm	J_x cm^4	W_x cm^3	i_x cm	J_y cm^4	W_y cm^3	i_y cm		d_1 mm	w mm
30×15	30	15	4	4,5	—	2,21	1,74	0,52	2,53	1,69	1,07	0,38	0,39	0,42	—	4,3	10
30	30	33	5	7	—	5,44	4,27	1,31	6,39	4,26	1,08	5,33	2,68	0,99	—	8,4	20
40×20	40	20	5	5,5	—	3,66	2,87	0,67	7,58	3,79	1,44	1,14	0,86	0,56	—	6,4	11
40	40	35	5	7	11	6,21	4,87	1,33	14,1	7,05	1,50	6,68	3,08	1,04	—	11	20
50×25	50	25	6	6	—	4,92	3,86	0,81	16,8	6,73	1,85	2,49	1,48	0,71	—	8,4	16
50	50	38	5	7	20	7,12	5,59	1,37	26,4	10,6	1,92	9,12	3,75	1,13	4	11	20
60	60	30	6	6	—	6,46	5,07	0,91	31,6	10,5	2,21	4,51	2,16	0,84	—	8,4	18
65	65	42	5,5	7,5	33	9,03	7,09	1,42	57,5	17,7	2,52	14,1	5,07	1,25	16	11	25
80	80	45	6	8	46	11,0	8,64	1,45	106	26,5	3,10	19,4	6,36	1,33	28	13	25
100	100	50	6	8,5	64	13,5	10,60	1,55	206	41,2	3,91	29,3	8,49	1,47	42	13	30
120	120	55	7	9	82	17,0	13,4	1,60	364	60,7	4,62	43,2	11,1	1,59	56	17	30
140	140	60	7	10	98	20,4	16,0	1,75	605	86,4	5,45	62,7	14,8	1,75	70	17	35
160	160	65	7,5	10,5	115	24,0	18,8	1,84	925	116	6,21	85,3	18,3	1,89	82	21	35
180	180	70	8	11	133	28,0	22,0	1,92	1350	150	6,95	114	22,4	2,02	96	21	40
200	200	75	8,5	11,5	151	32,2	25,3	2,01	1910	191	7,70	148	27,0	2,14	108	23	40
220	220	80	9	12,5	167	37,4	29,4	2,14	2690	245	8,48	197	33,6	2,30	122	23	45
240	240	85	9,5	13	184	42,3	33,2	2,23	3600	300	9,22	248	39,6	2,42	134	25	45
260	260	90	10	14	200	48,3	37,9	2,36	4820	371	9,99	317	47,7	2,56	146	25	50
280	280	95	10	15	216	53,3	41,8	2,53	6280	448	10,9	399	57,2	2,74	160	25	50
300	300	100	10	16	232	58,8	46,2	2,70	8030	535	11,7	495	67,8	2,90	174	28	55
320	320	100	14	17,5	246	75,8	59,5	2,60	10870	679	12,1	597	80,6	2,81	182	28	55
350	350	100	14	16	282	77,3	60,6	2,40	12840	734	12,9	570	75,0	2,72	204	28	55
380	380	102	13,5	16	304	80,4	63,1	2,38	15760	829	14,0	615	78,7	2,77	222	28	55
400	400	110	14	18	324	91,5	71,8	2,65	20350	1020	14,9	846	102	3,04	240	28	60

Warmgewalzter rundkantiger T-Stahl nach DIN 1024 (10. 63)

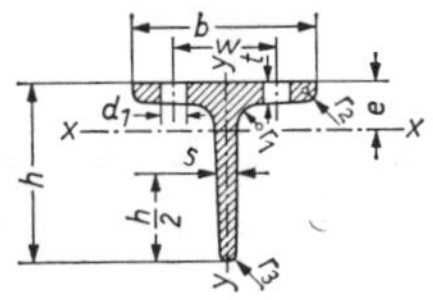

$r_1 = s$; $r_2 = r_1 : 2$; $r_3 \approx r_1 : 4$; Fußneigung = 2%

T rundkantig Stegneigung 2% $h = b$

TB rundkantig breitfüßig Stegneigung 4% $h = b : 2$

T60 DIN 1024 USt 37-2 bedeutet: Rundkantiger hochstegiger T-Stahl von Höhe h = 60 mm aus USt 37-2 nach DIN 17 100.

Kurzzeichen T	Abmessungen b mm	h mm	s=t mm	A cm²	G kg/m	e_x cm	Biegeachse x—x J_x cm⁴	W_x cm³	i_x cm	Biegeachse y—y J_y cm⁴	W_y cm³	i_y cm	Fußlöcher d_1 mm	w mm
T 20	20	20	3	1,12	0,88	0,58	0,38	0,27	0,58	0,20	0,20	0,42	3,2	—
T 25	25	25	3,5	1,64	1,29	0,73	0,87	0,49	0,73	0,43	0,34	0,51	3,2	15
T 30	30	30	4	2,26	1,77	0,85	1,72	0,80	0,87	0,87	0,58	0,62	4,3	17
T 35	35	35	4,5	2,97	2,33	0,99	3,10	1,23	1,04	1,57	0,90	0,73	4,3	19
T 40	40	40	5	3,77	2,96	1,12	5,28	1,84	1,18	2,58	1,29	0,83	6,4	21
T 45	45	45	5,5	4,67	3,67	1,26	8,13	2,51	1,32	4,01	1,78	0,93	6,4	24
T 50	50	50	6	5,66	4,44	1,39	12,1	3,36	1,46	6,06	2,42	1,03	6,4	30
T 60	60	60	7	7,94	6,23	1,66	23,8	5,48	1,73	12,2	4,07	1,24	8,4	34
T 70	70	70	8	10,6	8,32	1,94	44,5	8,79	2,05	22,1	6,32	1,44	11	38
T 80	80	80	9	13,6	10,7	2,22	73,7	12,8	2,33	37,0	9,25	1,65	11	45
T 90	90	90	10	17,1	13,4	2,48	119	18,2	2,64	58,5	13,0	1,85	13	50
T 100	100	100	11	20,9	16,4	2,74	179	24,6	2,92	88,3	17,7	2,05	13	60
T 120	120	120	13	29,6	23,2	3,28	366	42,0	3,51	178	29,7	2,45	17	70
T 140	140	140	15	39,9	31,30	3,80	660	64,7	4,07	330	47,2	2,88	21	80
TB	Rundkantiger breitfüßiger T-Stahl													
TB 30	60	30	5,5	4,64	3,64	0,67	2,58	1,11	0,75	8,62	2,87	1,36	8,4	34
TB 35	70	35	6	5,94	4,66	0,77	4,49	1,65	0,87	15,1	4,31	1,59	11	37
TB 40	80	40	7	7,91	6,21	0,88	7,81	2,50	0,99	28,5	7,13	1,90	11	45
TB 50	100	50	8,5	12,0	9,42	1,09	18,7	4,78	1,25	67,7	13,5	2,38	13	55
TB 60	120	60	10	17,0	13,4	1,30	38,0	8,09	1,49	137	22,8	2,84	17	65

Warmgewalzter rundkantiger Z-Stahl nach DIN 1027 (10. 63)

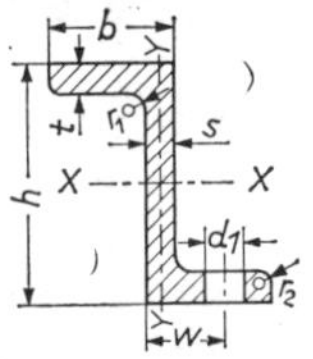

Regellängen: 3 bis 15 m

Innere Abrundung am Steg $r_1 = t$, äußere an der Flanschenkante $r_2 = 0{,}5\,t$.

Z 120 DIN 1027-USt 37-2 bedeutet: Warmgewalzter Z-Stahl von Höhe h = 120 mm aus USt 37-2 nach DIN 17 100.

Z	Abmessungen h mm	b mm	s mm	t mm	A cm²	G kg/m	Biegeachse x—x J_x cm⁴	W_x cm³	i_x cm	Biegeachse y—y J_y cm⁴	W_y cm³	i_y cm	Flanschlöcher d_1	w
30	30	38	4	4,5	4,32	3,39	5,96	3,97	1,17	13,7	3,80	1,78	11	20
40	40	40	4,5	5	5,43	4,26	13,5	6,75	1,58	17,6	4,66	1,80	11	22
50	50	43	5	5,5	6,77	5,31	26,3	10,5	1,97	23,8	5,88	1,88	11	25
60	60	45	5	6	7,91	6,21	44,7	14,9	2,38	30,1	7,09	1,95	13	25
80	80	50	6	7	11,1	8,71	109	27,3	3,13	47,4	10,1	2,07	13	30
100	100	55	6,5	8	14,5	11,4	222	44,4	3,91	72,5	14,0	2,24	17	30
120	120	60	7	9	18,2	14,3	402	67,0	4,70	106	18,8	2,42	17	35
140	140	65	8	10	22,9	18,0	676	96,6	5,43	148	24,3	2,54	17	35
160	160	70	8,5	11	27,5	21,6	1060	132	6,20	204	31,0	2,72	21	35
180	180	75	9,5	12	33,3	26,1	1600	178	6,92	270	38,4	2,84	23	40
200	200	80	10	13	38,7	30,4	2300	230	7,71	357	47,6	3,04	23	45
Z W	Wagenbau-Z-Stahl (nicht genormt)													
70	70	65/80	8	10/10	18,8	14,8	141	37,6	2,73	212	30,0	3,36	13	25/30

Gleichschenkliger Winkelstahl

kaltgezogen, scharfkantig

nach DIN 59370

Längen von 3···6 m

Abmessungen Schenkelbreite mm	Schenkeldicke mm	Querschnitt cm²	Gewicht kg/m
10	1	0,19	0,15
	2	0,36	0,28
	3	0,51	0,40
12	2	0,44	0,35
	3	0,63	0,49
	4	0,80	0,63
15	2	0,56	0,44
	3	0,81	0,64
	4	1,04	0,82
18	2	0,68	0,54
	3	0,99	0,78
	4	1,28	1,01
20	2	0,76	0,60
	3	1,11	0,87
	4	1,44	1,13
25	3	1,41	1,11
	4	1,84	1,44
	5	2,25	1,77
30	3	1,71	1,34
	4	2,24	1,76
	5	2,75	2,16
35	3	2,01	1,58
	4	2,64	2,07
	5	3,25	2,55
	6	3,84	3,01
40	4	3,04	2,38
	5	3,75	2,94
45	5	4,25	3,34
50	5	4,75	3,72
	6	5,64	4,42

Streckmetall

Nr.	Maschenweite	Maschenlänge	Steg- Breite	Steg- Dicke	Gewicht von 1 m² ungefähr
1b	6	28	2,5	1	4,00 kg
2a	10	42	2,5	1	3,25 „
2b	10	42	3	3	11,10 „
28	10	42	3	2	6,50 „
20	20	62	3	3	7,60 „
27	20	62	4	1,2	4,20 „
3	20	62	2,5	1	1,76 „
26	20	62	5	1,5	5,20 „
6	40	115	3	1,5	2,04 „
6a	40	115	2	1	0,80 „
23	40	115	6	3	7,60 „
22	40	115	8	4,5	13,00 „
21	40	115	4,5	3	6,38 „
24	40	115	3	3	4,07 „
17	75	200	8	5	9,00 „
11	75	200	4,5	4,5	5,00 „
15	75	200	3	3	2,17 „
13a	150	400	8	5	4,25 „
12	150	400	6	3	2,04 „
14a	150	400	3	2	1,00 „

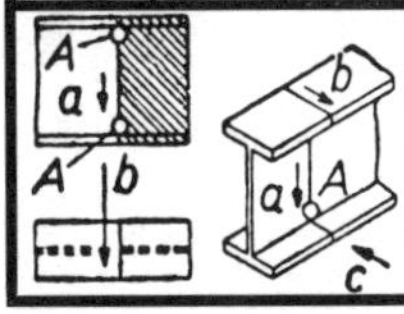

Durchbrennen eines I-Trägers
1. Löcher bohren bei A
2. Abtrennen des Steges in Pfeilrichtung a
3. Oberflansch durchschneiden in Pfeilrichtung b
4. Unterflansch durchschneiden in Pfeilrichtung c

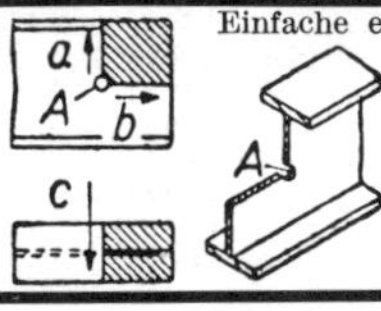

Einfache eckige Ausklinkung bis I-Mitte
1. Loch bohren bei A
2. Durchschneiden des Steges in Pfeilrichtung a
3. Abtrennen des Steges in Pfeilrichtung b
4. Abtrennen des Flansches in Pfeilrichtung c

7

Breite I-Träger mit prallelen Flanschflächen (IPB-Reihe)

nach DIN 1025, Bl. 2 (10.63)
Regellängen 4 bis 15 m

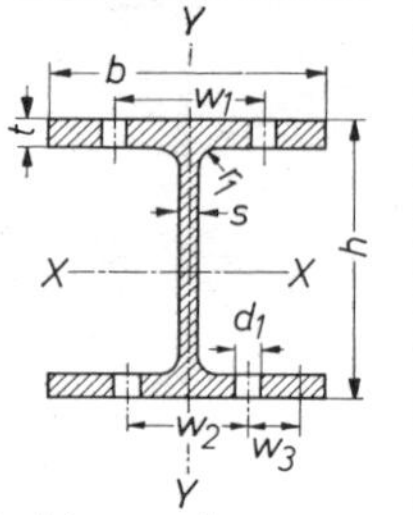

Bezeichnung eines warmgewalzten breiten I-Trägers mit parallelen Flanschflächen (IPB-Reihe) von Höhe h = 120 mm aus einem Stahl mit dem Kurzzeichen St 37-2 bzw. der Werkstoffnummer 1.0112 nach DIN 17 100:
IPB 120 DIN 1025 – St 37-2
oder
IPB 120 DIN 1025 – 1.0112

IPB	Abmessungen mm					Querschnitt	Gewicht	Wurzelmaße mm			Nietloch	Momente der Biegungsachsen x—x			Momente der Biegungsachsen y—y		
	h	b	s	t	r_1	A cm²	G kg/m	w_1	w_2	w_3	d_1	Jx cm⁴	Wx cm³	ix cm	Jy cm⁴	Wy cm³	iy cm
100	100	100	6	10	12	26,0	20,4	56	—	—	13	450	89,9	4,16	167	33,5	2,53
120	120	120	6,5	11	12	34,0	26,7	66	—	—	17	864	144	5,04	318	52,9	3,06
140	140	140	7	12	12	43,0	33,7	76	—	—	21	1 510	216	5,93	550	78,5	3,58
160	160	160	8	13	15	54,3	42,6	86	—	—	23	2 490	311	6,78	889	111	4,05
180	180	180	8,5	14	15	65,3	51,2	100	—	—	25	3 830	426	7,66	1 360	151	4,57
200	200	200	9	15	18	78,1	61,3	110	—	—	25	5 700	570	8,54	2 000	200	5,07
220	220	220	9,5	16	18	91,0	71,5	120	—	—	25	8 090	736	9,43	2 840	258	5,59
240	240	240	10	17	21	106	83,2	—	96	35	25	11 260	938	10,3	3 920	327	6,08
260	260	260	10	17,5	24	118	93,0	—	106	40	25	14 920	1 150	11,2	5 130	395	6,58
280	280	280	10,5	18	24	131	103	—	110	45	25	19 270	1 380	12,1	6 590	471	7,09
300	300	300	11	19	27	149	117	—	120	45	28	25 170	1 680	13,0	8 560	571	7,58
320	320	300	11,5	20,5	27	161	127	—	120	45	28	30 820	1 930	13,8	9 240	616	7,57
340	340	300	12	21,5	27	171	134	—	120	45	28	36 660	2 160	14,6	9 690	646	7,53
360	360	300	12,5	22,5	27	181	142	—	120	45	28	43 190	2 400	15,5	10 140	676	7,49
400	400	300	13,5	24	27	198	155	—	120	45	28	57 680	2 880	17,1	10 820	721	7,40
450	450	300	14	26	27	218	171	—	120	45	28	79 890	3 550	19,1	11 720	781	7,33
500	500	300	14,5	28	27	239	187	—	120	45	28	107 200	4 290	21,2	12 620	842	7,27
550	550	300	15	29	27	254	199	—	120	45	28	136 700	4 970	23,2	13 080	872	7,17
600	600	300	15,5	30	27	270	212	—	120	45	28	171 000	5 700	25,2	13 530	902	7,08
650	650	300	16	31	27	286	225	—	120	45	28	210 600	6 480	27,1	13 980	932	6,99
700	700	300	17	32	27	306	241	—	126	45	28	256 900	7 340	29,0	14 440	963	6,87
800	800	300	17,5	33	30	334	262	—	130	40	28	359 100	8 980	32,8	14 900	994	6,68
900	900	300	18,5	35	30	371	291	—	130	40	28	494 100	10 980	36,5	15 820	1050	6,53
1000	1000	300	19	36	30	400	314	—	—	—	—	644 700	12 890	40,1	16 280	1090	6,38

Breite I-Träger mit geneigten inn. Flanschflächen (IB-Reihe)

nach DIN 1025 Bl. 2 (10.63)

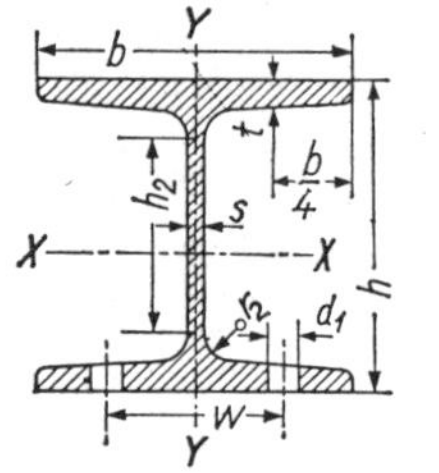

Bezeichnung eines warmgewalzten breiten I-Trägers mit geneigten inneren Flanschflächen von Höhe h = 120 mm aus Stahl St 37-2:
IB 120 DIN 1025 – St 37-2

Kurzzeichen	Abmessungen mm							Querschnitt	Gewicht	Momente der Biegungsachsen x—x			Momente der Biegungsachsen y—y			Für die Niete	
	h	b	s	t	r_2	r_3	h_2	A cm²	G kg/m	Jx cm⁴	Wx cm³	ix cm	Jy cm⁴	Wy cm³	iy cm	mm d_1	mm w
IB	Breitflanschiger I-Stahl mit 9% Fußneigung																
100	100	100	7,5	10,25	10	1,5	55	26,8	21,0	447	89,4	4,09	151	30,1	2,37	13	56
120	120	120	8	11	11	1,5	70	34,6	27,2	852	142	4,96	276	46,0	2,82	17	66
140	140	140	8	12	12	—	85	43,3	34,0	1490	213	5,86	475	67,8	3,31	21	76
160	160	160	9	14	14	—	100	57,4	45,0	2580	322	6,70	831	104	3,81	23	86
180	180	180	9	14	14	—	120	64,7	50,8	3750	417	7,62	1170	130	4,25	23	100
Iw	I-Träger für den Wagenbau mit 14% Fußneigung (nicht genormt)																
76/81	76	81	10	8,4	10	5	—	19,5	15,3	171	45,0	2,95	60,2	14,9	1,76	13	44
80 50/80	80	50/80	8	8/8	8/8	3,35/4	—	16,5	12,2	147	32,3	3,07	34,2	8,5	1,48	13	44
100/85	100	85	7	9	7	4,5	65	20,8	16,4	343	68,7	4,01	75,1	17,7	1,90	13	44

Leichtprofile aus Bandstahl

aus warmgewalztem Bandstahl, kalt gezogen. Längen bis 15 m

a = 15 mm; b = 40 mm

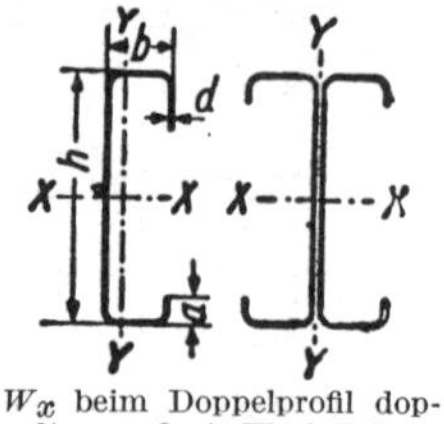

W_x beim Doppelprofil doppelt so groß wie W_x d. Tabelle

Nr. u. h	d mm	G kg/m	J_x cm⁴	W_x cm³	J_y cm⁴	W_y cm³	Dopp. W_y
80	2,00	2,86	36,9	9,22	8,52	3,38	8,24
	2,25	3,20	41,0	10,3	9,38	3,72	9,14
	2,50	3,53	45,0	11,3	10,2	4,06	10,0
	3,00	4,19	52,7	13,2	11,8	4,68	11,8
100	2,00	3,17	62,2	12,4	9,20	3,46	8,24
	2,25	3,55	69,2	13,9	10,1	3,81	9,15
	2,50	3,92	76,1	15,2	11,1	4,16	10,0
	3,00	4,66	89,4	17,9	12,8	4,81	11,8
120	2,00	3,49	95,6	15,9	9,76	3,52	8,24
	2,25	3,90	107	17,8	10,8	3,89	9,15
	2,50	4,32	117	19,5	11,8	4,25	10,0
	3,00	5,13	138	23,0	13,5	4,90	11,8
140	2,00	3,80	138	19,7	10,2	3,57	8,24
	2,25	4,26	154	22,0	11,3	3,94	9,15
	2,50	4,71	169	24,2	12,3	4,30	10,1
	3,00	5,60	200	28,5	14,2	4,97	11,8

Nr. u. h	d mm	G kg/m	J_x cm⁴	W_x cm³	J_y cm⁴	W_y cm³	Dopp. W_y
160	2,00	4,11	190	23,7	10,6	3,61	8,25
	2,25	4,61	212	26,5	11,7	3,98	9,16
	2,50	5,10	233	29,2	12,8	4,35	10,1
	3,00	6,08	276	34,5	14,8	5,03	11,8
180	2,25	4,96	282	31,3	12,1	4,02	9,16
	2,50	5,50	311	34,5	13,2	4,39	10,1
	3,00	6,55	367	40,8	15,2	5,08	11,8
200	2,25	5,32	364	36,4	12,5	4,06	9,17
	2,50	5,89	402	40,2	13,6	4,43	10,1
	3,00	7,02	475	47,5	15,7	5,13	11,8
220	2,50	6,28	508	46,2	13,9	4,46	10,1
	2,75	6,88	555	50,4	15,0	4,82	11,0
	3,00	7,49	601	54,6	16,0	5,16	11,8

Lieferbar in Längen bis 15 m, auch ohne Umkantung a.

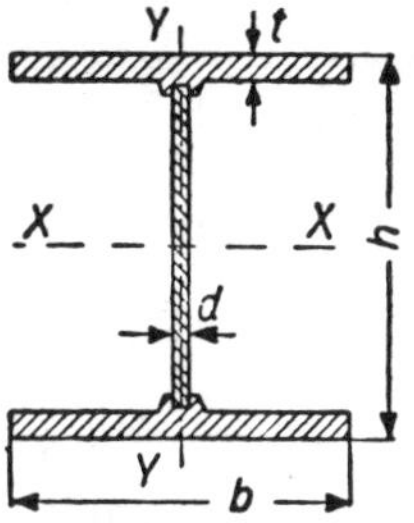

Geschweißte parallelflanschige Nasenprofilträger

d und d_1 auch größer zulässig.

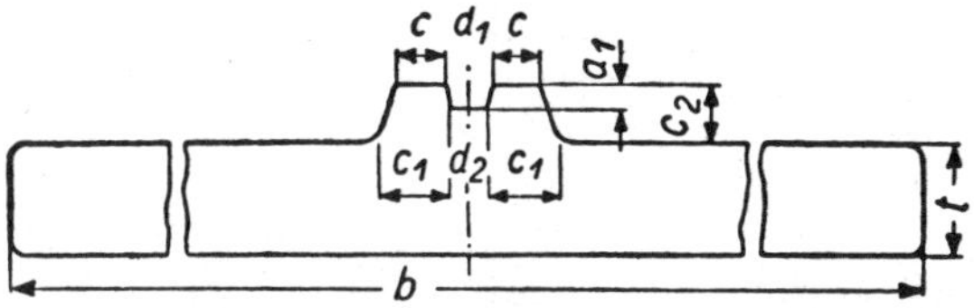

Profil	*b* mm	*t* mm	d_1 mm	*c* mm	d_2 mm	c_1 mm	a_1 mm	a_2 mm	*r* mm	r_1 mm	*d* *) mm	Profil
250	250	10 bis 22	11	20	10,25	24,5	6	12	2	5	8 bis 10	250
320	320	16 „ 28	12	20	11,25	13,6	6	12	3	5	9 „ 11	320
340	340	22 „ 34	12	20	11,25	16,7	6	14	3	5	9 „ 11	340
360	360	26 „ 38	13	20	12,25	19,37	6	16	3	5	10 „ 12	360
600	600	30 „ 55	14	33	13,25	—	6	40	3	40	12 „ 13	600

7

Flächen und Gewichte der Nasenprofile

Profil 250			Profil 320			Profil 340			Profil 360			Profil 600		
t mm	*A* cm²	*G* kg/m	*t* mm	*A* cm²	*G* kg/m	*t* mm	*A* cm²	*G* kg/m	*t* mm	*A* cm²	*G* kg/m	*t* mm	*A* cm²	*G* kg/m
10	31,0	24,3	16	54,6	42,8	22	79,7	62,6	26	100	78,6	24	180	141
11	33,5	26,3	17	57,8	45,3	23	83,1	65,3	27	104	81,4	25	186	146
12	36,0	28,2	18	61,0	47,9	24	86,5	67,9	28	108	84,3	26	192	151
13	38,5	30,2	19	64,2	50,4	25	89,9	70,6	29	111	87,1	27	198	155
14	41,0	32,2	20	67,4	52,9	26	93,3	73,3	30	115	89,9	28	204	160
15	43,5	34,1	21	70,6	55,4	27	96,7	75,9	31	119	92,8	29	210	165
16	46,0	36,1	22	73,8	57,9	28	100	78,6	32	122	95,6	30	216	170
17	48,5	38,1	23	77,0	60,4	29	108	81,3	33	126	98,1	31	222	174
18	51,0	40,0	24	80,2	62,9	30	107	83,9	34	129	101	32	228	179
19	53,5	42,0	25	83,4	65,4	31	110	86,6	35	133	104	33	234	184
20	56,0	43,9	26	86,6	68,0	32	114	89,3	36	137	107	34	240	188
21	58,5	45,9	27	89,8	70,5	33	117	92,0	37	140	110	35	246	193
22	61,0	47,9	28	93,0	73,0	34	121	94,7	38	144	113	36	262	198

Parallelflanschige Wulstflachstähle

(fugenlos geschweißt)

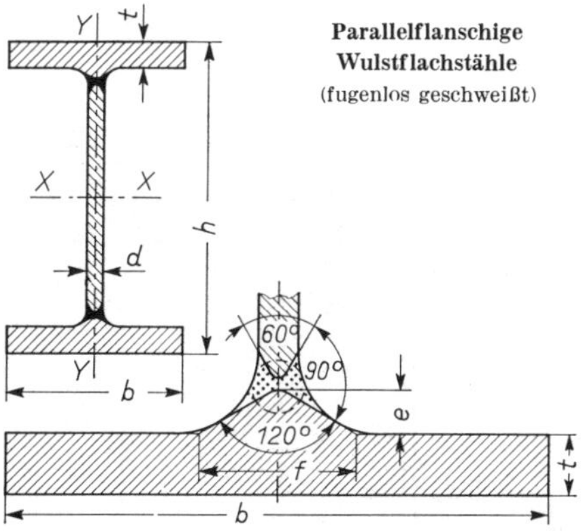

b mm	*t* mm	Größte Länge	*e* mm	*f* mm
250 300 bis 350	15 bis 30 30 bis 60	bis 35 m	25 20	50 70
400 bis 800 Abstufung 50 mm	30 bis 60 Abstufung 5 mm	bis 50 m	20	70

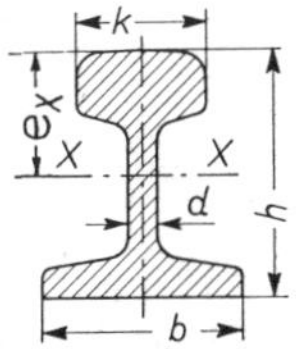

Eisenbahnschienen

Für abgenutzte Schienen $W_x \approx 0{,}06\,h^3$

h = Schienenhöhe in cm

Form	*h* mm	*b* mm	*k* mm	*d* mm	*G* kg/m	J_x cm⁴	W_x cm³	e_x mm
Schienen ≦ 20 kg/m nach DIN 5901 Bl. 1								
S 7	65	50	25	5	6,75	51,6	15,2	34
S 10	70	58	32	6	10,0	85,7	24,4	34,8
S 12	80	65	34	7	12,0	141	33,9	41,5
S 14	80	70	38	9	14,0	154	36,9	41,6
S 18	93	82	43	10	18,3	278	58,1	47,9
S 20	100	82	44	10	20,0	346	66,8	51,8
Schienen > 20 kg/m nach DIN 5902 Bl. 1								
S 24	115	90	53	10	24,43	569	97,3	56,48
S 33	134	105	58	11	33,47	1 040	155	66,67
S 41	138	125	67	12	40,95	1 368	196	69,77
S 49	149	125	67	14	49,43	1 819	240	75,7
S 54	154	125	67	16	54,54	2 073	262	79,0
S 64	172	150	74	16	64,92	3 252	356	91,4

Stahlrohre, Stahlstützen

Nahtlose Stahlrohre nach DIN 2448 (6.66)

$W = \frac{2\,J}{d_2}$ (d_2 in cm)

d_2 mm	s mm	G kg/m
10,2	1,6	0,344
	2	0,410
	2,6	0,493
13,5	1,8	0,522
	2	0,571
	2,6	0,703
	3,2	0,817
16	1,8	0,632
	2	0,692
	2,9	0,938
	4	1,18
17,2	1,8	0,688
	2	0,754
	2,9	1,03
	4	1,31
20	2	0,890
	2,9	1,22
	4	1,58
	5	1,85
21,3	2	0,962
	2,6	1,21
	2,9	1,33
	4	1,72
	5	2,01
25	2	1,13
	2,9	1,58
	4	2,07
	5	2,47
	6,3	2,91
26,9	2,3	1,41
	2,9	1,73
	4	2,28
	5	2,70
26,9	6,3	3,21
30	2,6	1,77
	4	2,59
	5	3,08
	6,3	3,70
	7,1	4,03
31,8	2,6	1,88
	4	2,76
	5	3,30
	6,3	3,97
	7,1	4,33
33,7	2,6	2,01
	4	2,95
	5	3,54
	6,3	4,27
	7,1	4,67
38	2,6	2,29
	4	3,38
	5	4,07
	6,3	4,95
	7,1	5,43
	8	5,91
42,4	2,6	2,57
	4	3,81
	5	4,61
	6,3	5,62
	7,1	6,19
	10	7,99
44,5	2,6	2,70
	4	4,02
	6,3	5,95
	8	7,17
	10	8,51
48,3	2,6	2,95
	4	4,41
	6,3	6,55
	8	7,93
	10	9,45
51	2,6	3,12
	4	4,66
	6,3	6,95
	8	8,43
	10	10,1
57	2,9	3,90
	4	5,27
	6,3	7,91
	8	9,65
	10	11,6
60,3	2,9	4,14
	4	5,59
	6,3	8,42
	8	10,3
	10	12,4
63,5	2,9	4,36
	4	5,91
	6,3	8,91
	8	10,9
	10	13,2
70	2,9	4,83
	4	6,55
	6,3	9,92
	8	12,2
	10	14,8
76,1	2,9	5,28
	4	7,17
	6,3	10,9
	8	13,4
	10	16,3
82,5	3,2	6,31
	5	9,56
	8	14,6
	10	17,9
	12,5	21,7
88,9	3,2	6,81
	5	10,3
	8	15,9
	10	19,5
	12,5	23,7
101,6	3,6	8,76
	5	11,9
	8	18,4
	10	22,6
	12,5	27,6
108	3,6	9,33
	5	12,7
	8	19,6
	10	24,2
	12,5	29,6
114,3	3,6	9,90
	5	13,5
	8	20,9
	10	25,7
	12,5	31,6
127	4	12,2
	6,3	18,8
	8	23,4
	10	28,9
	12,5	35,5
133	4	12,8
	6,3	19,8
	8	24,6
	10	30,3
	12,5	37,4
139,7	4	13,5
	6,3	20,8
	8	25,9
	10	32,0
	12,5	39,5
152,4	4,5	16,4
	6,3	22,8
	8	28,4
	10	35,1
	12,5	43,4
159	4,5	17,1
	6,3	23,8
	8	29,6
	10	36,7
	12,5	45,4
165,1	4,5	17,8
	6,3	24,8
	8	30,9
	10	38,2
	12,5	47,4
168,3	4,5	18,1
	6,3	25,3
	8	31,5
	10	39,0
	12,5	48,4
177,8	5	21,3
	8	33,4
	10	41,4
	12,5	51,3
	14,2	57,4
193,7	5,4	25,0
	8	36,5
	10	45,3
	12,5	56,2
	14,2	63,0
219,1	5,9	31,0
	8	41,5
	10	51,6
	12,5	64,1
	14,2	71,9
244,5	6,3	37,1
	8	46,5
	10	57,8
	12,5	72,0
	14,2	80,8
267	6,3	40,6
	8	50,9
	10	63,4
	12,5	79,0
	14,2	88,7
273	6,3	41,6
	10	64,9
	12,5	80,9
	16	101
298,5	7,1	51,1
	10	71,1
	12,5	88,8
	16	111
323,9	7,1	55,6
	10	77,4
	12,5	96,7
	16	121
355,6	8	68,3
	10	85,2
	12,5	107
	16	133
368	8	70,8
	10	88,3
	12,5	110
	16	138
406,4	8,8	85,9
	10	97,8
	16	153
	20	191
419	10	101
	16	158
	20	197
	25	245
457,2	10	110
	16	173
	20	216
	25	268
508	11	135
	16	193
	20	241
	25	300
558,8	12,5	170
	16	213
	20	266
	25	331

Zwei I-Stahl — **Zwei ⊏-Stahl**
durch Laschen verbunden

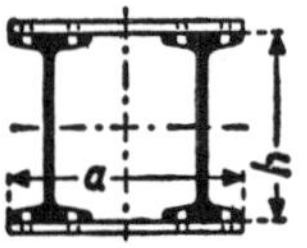

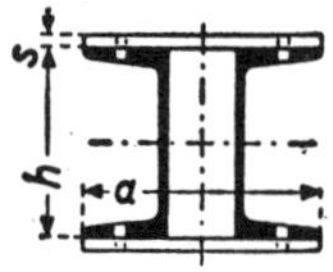

J ist das durch die Nietlöcher verminderte Trägheitsmoment.
G = ungefähres Gewicht in kg/m einschl. Laschen.

2 I *h* mm	Niet-loch d_1	Breite *a* mm	Gew. *G* kg/m	Trägh.-Moment *J* cm⁴
140	11	174	32,3	822
160	13	198	39,3	1 270
180	13	222	47,5	2 080
200	17	246	57,8	2 920
220	17	270	67,4	4 360
240	17	294	77,7	6 240
260	21	315	89,1	8 080
280	21	337	101,1	10 960
300	21	259	113,6	14 400
320	21	379	127,8	18 780
340	23	401	141,3	23 960
360	23	421	157,4	28 900
380	23	443	173,0	36 020
400	23	463	189,9	44 440
425	25	491	216,0	54 820
450	25	518	240,0	69 240
475	28	544	270,0	86 540
500	28	569	296,0	106 480
550	28	624	360,0	156 960
F 140	11	174	21,8	258

2 ⊏ *h* mm	Niet-loch d_1	Lasche *a* mm	Lasche *s* mm	Gew. *G* kg/m	Trägh.-Moment *J* cm⁴
80	13	118	8	19,0	154,8
100	13	142	10	23,0	316
120	17	166	12	29,0	542
140	17	190	12	34,5	932
160	21	212	13	40,0	1 388
180	21	236	13	47,5	2 100
200	23	258	13	55,0	2 900
220	23	282	13	63,0	4 180
240	25	304	13	71,0	5 480
260	25	326	13	80,0	7 480
280	25	350	13	90,0	9 860
300	25	374	13	101,0	12 780
320	25	382	13	130,0	17 540
350	25	404	13	132,0	21 020
400	25	460	13	154,0	33 840
F 140	11	166	8	20,0	454
W 105/65	21	166	10	36,0	438

Stahl-Stützen; Vier L-Stahl

Der statisch günstigste Abstand *a* ist bei *h* = 400 (500) um 100 (200) mm größer.
G = Gewicht in kg/m ohne Gitterstäbe.

4 L mm	*a* mm	Gew. *G* kg/m	Höhe *h* in mm: 300	400	500
			Trägh.-M. *J* cm⁴		
50 × 50 × 5	244	15,08	3 590	6 690	10 740
7	240	20,60	4 850	9 050	14 560
55 × 55 × 6	238	19,80	4 630	8 650	13 940
8	234	25,84	5 960	11 180	18 050
10	231	31,60	7 210	13 560	21 930
60 × 60 × 6	232	21,68	4 990	9 360	15 110
8	229	28,36	6 440	12 120	19 610
10	226	34,74	7 800	14 730	23 870
65 × 65 × 7	226	27,32	6 150	11 600	18 780
9	223	34,48	7 670	14 510	23 540
11	220	41,20	9 100	17 260	28 060
70 × 70 × 7	221	29,52	6 550	12 390	20 110
9	219	37,36	8 190	15 550	25 280
11	215	44,80	9 720	18 510	30 160
75 × 75 × 8	215	36,12	7 850	14 920	24 290
10	212	44,40	9 510	18 130	29 580
12	208	52,40	11 120	21 280	34 780
80 × 80 × 8	210	38,64	8 270	15 770	25 730
10	206	47,60	10 030	19 190	31 340
90 × 90 × 9	198	48,80	10 090	19 360	31 740
11	195	58,80	12 020	23 150	38 020
100 × 100 × 10	187	60,40	12 100	23 380	38 490
12	184	71,20	14 120	27 380	45 180

Dünnstegige I- und ⊏-Leichtprofile (Sonderprofile)

Profil	h	b	d	t	t_1	r	kg/m	J_x	W_x	J_y	W_y
I PL								cm⁴	cm³	cm⁴	cm³
100	100	100	4	7	7	10	14,4	339	67,8	117	23,4
120	120	120	4,5	8	8	10	19,4	667	111	231	38,4
140	140	140	5	9	9	12	25,6	1200	172	412	58,9
150	150	150	4,75	12	12	12	33,9	1840	246	676	90,0
160	150	150	5	13	13	14	39,2	2420	302	888	111
I Nr.											
8421	56	68	3	3,25	3	3	4,76	34,6	12,1	16,0	4,7
5515	120	60	4	4	—	4	7,33	205	34,2	13,1	4,3
5427	140	60	4	4	—	4	7,95	303	43,3	14,2	4,7
5516	160	60	4	4	—	4	8,59	415	51,9	15,3	5,1
⊏ Nr.											
8462	55	35	3	2,5	2,5	3	2,60	15,6	5,60	3,87	1,57
8471	100	40	3	6,5	5	4,5	5,32	108	21,6	9,10	3,14
5428	140	50	4	5	4	4	7,28	261	37,3	18,6	4,77
5097	140	40	5	5	5	—	10,0	273	38,4	28,6	7,28
9102	200	80	7	12	10	11	22,5	1790	179	161	27,9

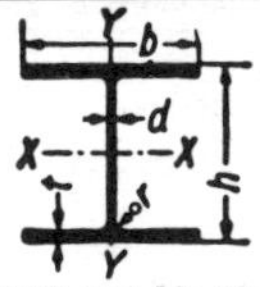

I PL 100 bis 160
breit- und parallelflanschige Leichtprofile

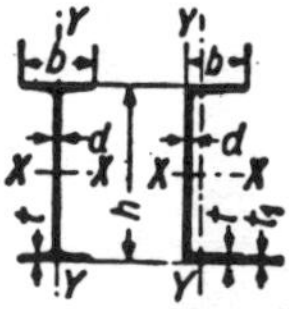

I- und ⊏-Leichtprofile
für den Stahlfachwerkbau

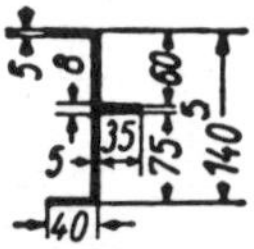

⊏ Nr. 5097
mit Anschlag für Fenster od. Türen

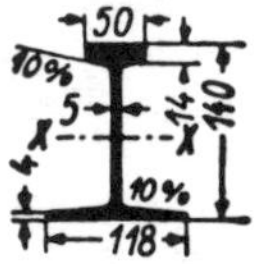

Deckenträger AW 14
Gewicht 16,9 kg/m
J_x = 717 cm⁴; W_x = 96,9 cm³

Riffelbleche

rhombisch geriffelt, Riffelhöhe 1,5···3,5 mm

Grund-dicke mm	Gewicht kg/m²	Bei Blechbreiten in mm 600···1250	600···1500	610···1500
		betragen die Längen in mm		
3	27	1500···12000	—	—
3,5	34			
4	38	—	1700···12000	—
5	46			
6	54			
7	62			
8	70			
9	78	—	—	1700···7000
10	86			
11	94			
12	102			
13	110			
14	118			
15	126			

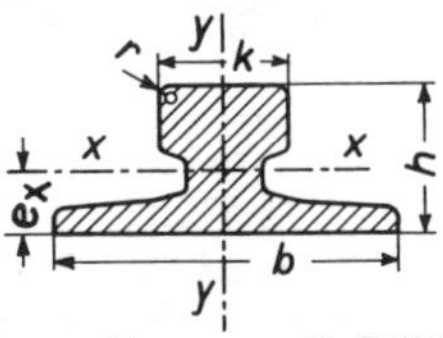

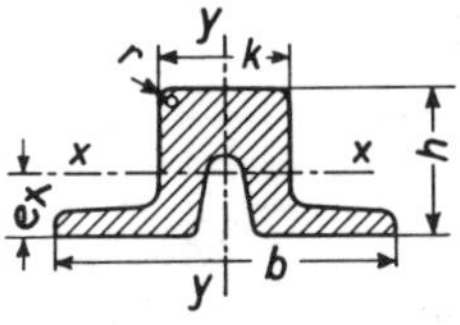

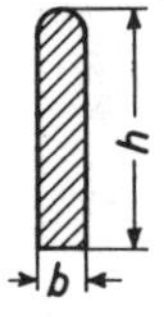

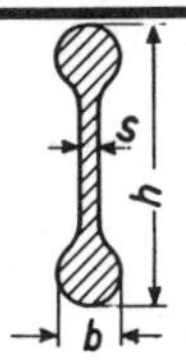

Kranschienen nach DIN 536 Raddruck $F = D \cdot p\ (k - 2\,r)$ **Seil- und Hängebahnschienen**

Bezeichnung	Abmessungen Fußbreite b mm	Höhe h mm	Kopfbreite k mm	Abrundung r mm	Querschnitt A cm²	Gewicht G kg/m	e_x cm	Momente für die Biegungsachsen x—x J_x cm⁴	W_x cm³	y—y J_y cm⁴	W_y cm³	zul. Pressung p in kp/mm² 40 Raddruck F in kp	50	60	Rad D in mm
A 45	125	55	45	3	28,3	**22,2**	3,31	91,0	**27,5**	169	27,0	5 920	7 400	8 880	400
A 55	150	65	55	4	40,7	**32,0**	3,38	182	**46,9**	337	44,9	10 800	13 500	16 200	600
A 65	175	75	65	5	55,4	**43,5**	4,44	327	**73,7**	609	69,6	16 960	21 200	25 440	800
A 75	200	85	75	6	72,1	**56,6**	5,00	545	**109**	1010	101	23 600	29 500	35 400	1000
A 100	200	95	100	6	95,6	**75,2**	5,21	888	**170**	1360	136	32 000	40 000	48 000	1000
A 120	200	100	120	6	129	**101,3**	5,70	1420	**249**	2370	215	48 000	60 000	72 000	1200

Seilbahnschienen

h mm	b mm	G kg/m	Jx cm⁴	Wx cm³
55	9	3,82	11,9	4,25
80	15	9,23	60,4	14,8
100	35	26,5	263	50,7
120	30	27,5	400	65,0

Hängebahnschienen

h mm	b mm	s mm	G kg/m	Jx cm⁴	Wx cm³
80	16	6	5,48	47,5	11,9
100	25	6	9,0	139	27,8
121	30	8	14,7	309	51,2
130	30	6	13,4	358	53,0
160	40	6	21,1	892	112
190	40	10	25,5	1 359	143
200	40	7	22,8	1 495	150
210	40	10	27,1	1 778	169

Schwerbau und Leichtbau

Träger annähernd gleicher Festigkeit

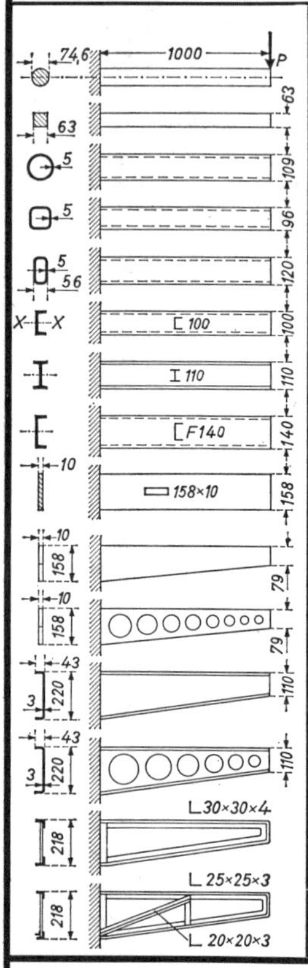

Gew. kg/m	W_x cm³
34,30	41,5
31,16	41,5
12,82	41,4
14,29	41,5
13,42	41,6
10,60	41,2
9,66	43,5
7,73	40,6
12,56	41,5
9,42	41,5
6,38	41,5
5,25	41,5
3,98	41,5
3,74	41,5
3,00	41,5

Ketten und Seile

DIN 766 (7.54) **für Schiffe,** Bagger, Krane

d	t	b	kg/m	G
2	12	9	0,09	30
3	16	11	0,21	70
4	19	15	0,37	125
5	18,5	17	0,58	200
6	18,5	20	0,84	300
7	22	23	1,1	400
8	24	26	1,35	550
10	28	34	2,2	1000
13	36	44	3,8	1600
16	45	54	5,9	2500
18	50	60	7,5	3150
20	56	67	9,1	4000
23	64	77	12	5000
26	73	87	15,5	6300
28	78	94	18,1	7500
30	84	101	21	8500

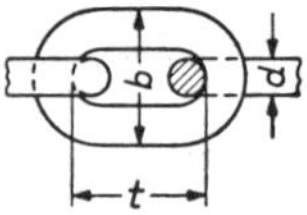

Rundstahlketten
G = zul. Tragkraft i. kp
Lehrenhaltig: DIN 762, 764, 765.
Nicht lehrenhaltig: DIN 763, 764, 766.

Geprüfte Ketten siehe DIN 685

DIN 765 (lehrenhaltig) für Hebezeuge Werkstoff: USt 35.2

d	t	b	kg/m	G
13	36	42	3,80	1600
16	45	52	5,80	2500
18	50	58	7,30	3150
20	56	65	9,0	4000
23	64	74	12,0	5000

DIN 764 Förderkette

d	t	b	kg/m	G Normalgüte	G vergütet
10	35	34	2,05	1000	1250
13	45	44	3,45	1600	2120
16	56	54	5,20	2500	3150
18	63	60	6,50	3150	4000
20	70	67	8,20	4000	5000
23	80	77	10,8	5000	6700
26	91	87	14,0	6300	8500
28	98	94	16,5	7500	10000
30	105	101	19,0	8500	11200
33	115	112	22,3	10000	13200

Treib-Hanfseile (Tragkraft Ia = Manila 10% mehr)

Rundseil d in mm		25	30	35	40	45	50
Vierkantseil mm		20	25	30	35	40	45
Seilgewicht kg/m ≈		0,50	0,70	1,00	1,30	1,60	1,90
Tragkraft kp		25	45	65	90	115	145
je Seil		übertragene PS					
Seilgeschwindigkeit in m/s	5	1,65	2,90	4,16	5,68	7,39	9,37
	10	3,30	5,80	8,32	11,7	14,8	18,7
	15	4,95	8,70	12,5	17,0	22,2	28,1
	20	6,60	11,6	16,6	22,7	29,6	37,5
	25	8,25	14,5	20,8	28,4	40,0	46,8

Treib-Drahtseile (Seilscheibe mindestens 1···1,5 m ⌀)

d in mm		8	10	13	15	18	20	23	25
Gewicht kg/m		0,20	0,31	0,51	0,70	0,91	1,15	1,37	1,62
Tragkraft kp		50	78	132	176	254	314	415	490
je Seil		übertragene PS bei 100 kp/cm²							
Seilgeschwindigkeit in m/s	10	6,60	10,3	17,4	23,2	33,5	41,4	54,8	64,7
	15	10,0	15,4	26,1	34,9	50,3	62,2	82,2	97,0
	20	13,3	20,6	34,8	46,5	67,0	82,9	110	129
	25	16,5	25,7	43,5	58,1	83,8	104	137	162

Aus den Bruchbelastungen σ_B in kp/cm² und Bruchkräften F_1 in kp der folgenden Tafeln ergeben sich die zulässigen Beanspruchungen bei Personenförderung $\sigma zul = \sigma_B : 20$, bei Lastenförderung $\sigma zul = \sigma_B : 12$; ebenso die zulässigen Belastungen $F = F_1 : 20$ und $F = F_1 : 12$.

Runde Förderseile*) $\sigma_B = 13\,000$ kp/cm²

Seil-⌀ mm	Seil-Drähte mm²	Seil-Gewicht kg/m	Drähte	Bruchkraft F_1 kp
10	39,9	0,38	42	5190
12	55,7	0,53	42	7240
14	74	0,70	42	9620
17	107	1,02	42	13910
20	145	1,38	42	18850
23	190	1,81	42	24700
26	240	2,28	42	31200
29	297	2,82	42	38610
26	259	2,46	114	33670
29	323	3,07	114	41990
32	395	3,75	114	51350
36	473	4,50	114	61490
40	605	5,75	114	78650

Drahtseile n. DIN 655*) $\sigma_B = 16\,000$ kp/cm²

Seil-⌀ mm	Seil-Drähte mm²	Seil-Gewicht kg/m	Drähte	Bruchkraft F_1 kp
6	12,3	0,12	114	1950
8	22,4	0,21	114	3600
9,5	32,2	0,30	114	5150
11	43,9	0,41	114	7000
14	72,5	0,68	114	11600
16	98,1	0,93	222	15700
22	174,4	1,65	222	27900
27	251,1	2,38	222	40200
33	392,3	3,72	222	62750
19	113,9	1,14	296	18200
21	148,8	1,49	296	23800
27	232,5	2,32	296	37200
32	334,8	3,35	296	53550

Luftschiffahrt-Seile $\sigma_B = 20\,000$ kp/cm²

Seil-⌀ mm	Seil-Drähte mm²	Seil-Gewicht kg/m	Drähte	Bruchkraft F_1 kp
2	1,45	0,014	42	290
2,5	2,23	0,021	42	440
3	3,38	0,032	46	670
3,5	4,52	0,043	46	900
4	5,82	0,055	46	1160
4,5	7,53	0,072	114	1500
5	9,16	0,087	114	1830
6	12,9	0,123	114	2590
7	18,1	0,172	114	3620
8	23,9	0,227	222	4770
9	27,9	0,260	222	5580
10	35,3	0,340	222	7060
11	43,6	0,410	222	8720

Spiral-Tragseile)** $\sigma_B = 14\,500$ kp/cm²

Seil-⌀ mm	Seil-Drähte mm²	Seil-Gewicht kg/m	Drähte	Bruchkraft F_1 kp
27	431	3,62	37	62450
28	465	3,91	37	67420
30	532	4,47	37	77180
32	607	5,10	37	88000
34	684	5,74	37	99100
36	768	6,45	37	111300
38	854	7,17	37	123800
40	948	7,96	37	127400
42	1046	8,79	37	151700
38	853	7,16	61	123700
42	1040	8,73	61	150800
46	1251	10,5	61	181400
50	1476	12,4	61	214000

*) Ausführung in Stahl mit $\sigma_B = 13\,000 \cdots 18\,000$ kp/cm².

**) $\sigma_B = 5\,500 \cdots 14\,500$ kp/cm².

Wellen-Durchmesser in mm und übertragene PS-Zahl

Verdrehungsbeanspruchung im Mittel $\tau t = 120$ kp/cm² = 1,2 kp/mm²   1 PS = 0,736 kW

n Umdrehungen in 1 Min.	Pferdestärken (PS)																			
	1	2	3	4	5	8	10	15	20	30	40	50	60	80	100	120	140	160	180	200
	Wellen-∅ in mm																			
60	45	55	60	65	65	75	80	85	95	105	110	115	120	130	140	145	150	155	160	170
80	45	50	55	60	60	70	75	80	85	95	105	110	115	120	130	135	140	145	150	155
100	40	50	50	55	60	65	70	75	85	90	100	105	110	115	120	130	135	135	140	145
120	40	45	50	55	55	65	65	75	80	85	95	100	105	110	115	120	125	130	135	140
140	35	45	50	50	55	60	65	70	75	85	90	95	100	105	115	120	120	125	130	135
160	35	40	45	50	55	60	60	70	75	80	85	90	95	105	110	115	120	120	125	130
180	35	40	45	50	50	55	60	65	70	80	85	90	95	100	105	110	115	120	120	125
200	35	40	45	50	50	55	60	65	70	75	85	85	90	100	105	110	110	115	120	120
250	35	40	40	45	50	55	55	60	65	70	80	85	85	95	100	100	105	110	115	115
300	30	35	40	45	45	50	55	60	65	70	75	80	85	90	95	100	100	105	110	110
400	30	35	40	40	45	50	50	55	60	65	70	75	75	85	85	90	95	100	100	105

Längskeiltabelle

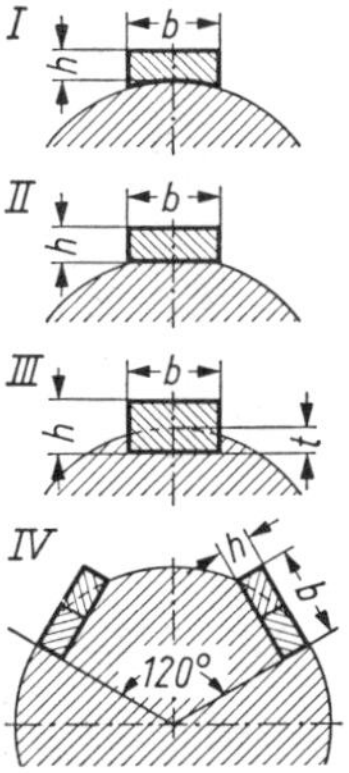

Wellendurchmesser in mm über	DIN 6881 (2.56) Hohlkeile		DIN 6883 (2.56) Flachkeile		DIN 6886/7 12.67 u. 4.68 Nuten-, Nasen- und Einlegekeile			DIN268(9.74) Tangentkeilnuten für stoßartigen Wechseldruck		
	b	*h*	*b*	*h*	*b*	*h*	*t*	Welle	*b*	*h*
10··· 12	—	—	—	—	4	4	2,5	100	30	10
12··· 17	—	—	—	—	5	5	3	110	33	11
17··· 22	—	—	—	—	6	6	3,5	120	36	12
22··· 30	8	3,5	8	5	8	7	4	130	39	13
30··· 38	10	4	10	6	10	8	5	140	42	14
38··· 44	12	4	12	6	12	8	5	150	45	15
44··· 50	14	4,5	14	6	14	9	5,5	160	48	16
50··· 58	16	5	16	7	16	10	6	170	51	17
58··· 65	18	5	18	7	18	11	7	180	54	18
65··· 75	20	6	20	8	20	12	7,5	190	57	19
75··· 85	22	7	22	9	22	14	9	200	60	20
85··· 95	25	7	25	9	25	14	9	220	66	22
95···110	28	7,5	28	10	28	16	10	240	72	24
110···130	32	8,5	32	11	32	18	11	250	75	25
130···150	36	9	36	12	36	20	12	260	78	26
170···200	—	—	45	16	45	25	15	280	84	28

Staufferbüchsen

Büchsen-Nr.	Kapseldurchm. mm	Gewindezapfen Gasrohrgew.	für Wellendurchmesser
2	22	¼″	20
3	30	¼″	30
4	40	¼″	45
5	50	¼″	60
6	60	¼″	80
7	70	³/₈″	100
8	85	³/₈″	125
9	100	³/₈″	150
10	125	½″	200

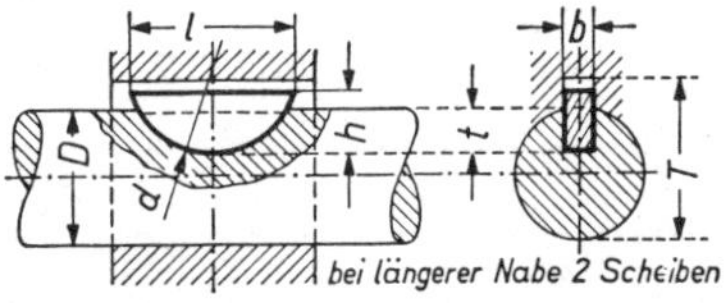

Scheibenfedern

nach DIN 6888 (8.56)

Welle = *D* in mm
Keillänge = *l* in mm
Keilbreite = *b* in mm
Keilhöhe = *h* in mm
Scheibe = *d* in mm
Nuttiefe = *t* in mm

D über	*b*	*h*	*l*	*t*	*d*	*T* = *D* +
3···4	1	1,4	3,82	1,0	4	0,6
4···6	1,5	2,6	6,76	2,0	7	0,8
6···8	2	2,6	6,76	1,8	7	1,0
	2	3,7	9,66	2,9	10	1,0
8···10	2,5	3,7	9,66	2,9	10	1,0
	3	3,7	9,66	2,5	10	1,4
	3	5	12,65	3,8	13	1,4
10···12	4	5	12,65	3,5	13	1,7
	4	6,5	15,72	5,0	16	1,7
	4	7,5	18,57	6,0	19	1,7
12···17	5	6,5	15,72	4,5	16	2,2
	5	7,5	18,57	5,5	19	2,2
	5	9	21,63	7,0	22	2,2

D über	*b*	*h*	*l*	*t*	*d*	*T* = *D* +
17···22	6	7,5	18,57	5,1	19	2,6
	6	9	21,63	6,6	22	2,6
	6	10	24,49	7,6	25	2,6
	6	11	27,35	8,6	28	2,6
22···30	8	9	21,63	6,2	22	3,0
	8	11	27,35	8,2	28	3,0
	8	13	31,43	10,2	32	3,0
30···38	10	11	27,35	7,8	28	3,4
	10	13	31,43	9,8	32	3,4
	10	16	43,08	12,8	45	3,4

b = 2,5 mm nur für Kraftfahrbau

Nasenhohlkeile

nach DIN 6889 (2.56)

Wellen-∅ mm über	Keilbreite	Keilhöhe	Nasenhöhe	Länge
22···30	8	3,5	7,5	20···90
30···38	10	4	8	25···110
38···44	12	4	8	32···140
44···50	14	4,5	9	40···160
50···58	16	5	11	45···180
58···65	18	5	11	50···200
65···75	20	6	14	56···220
75···85	22	7	15	63···250
85···95	25	7	18	70···280
95···110	28	7,5	20	80···315
110···130	32	8,5	22	90···355
130···150	36	9	25	100···400

Sicherungsringe s. S. 106

Sicherungsringe (Regelausführung)

für Wellen nach DIN 471, Bl. 1 (3. 65)	**für Bohrungen nach DIN 472, Bl. 1** (3. 65)

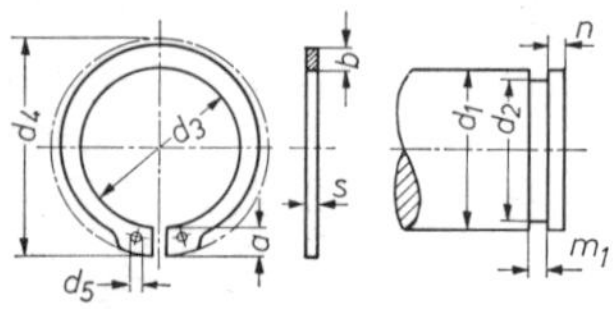

Werkstoff: Federstahl

Bezeichnung eines Sicherungsringes für Wellendurchmesser d_1 = 25 mm und von Dicke s = 1,2 mm:

Sicherungsring 25 × 1,2 DIN 471

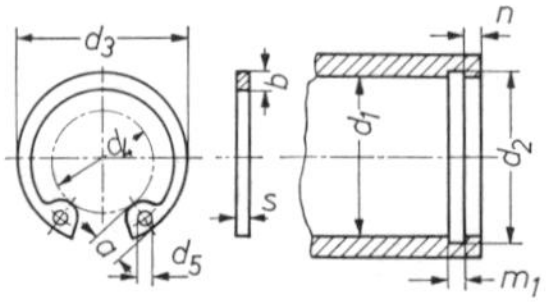

Maße in mm für Wellen

d_1	8	10	12	14	16	18	20	22	25	28	32	36	40	45	50	56	63	70	80	90	100
s	0,8	1	1	1	1	1,2	1,2	1,2	1,2	1,5	1,5	1,75	1,75	1,75	2	2	2	2,5	2,5	3	3
a	3,1	3,3	3,3	3,5	3,7	3,9	4	4,2	4,4	4,7	5,2	5,6	6	6,7	6,9	7,3	7,6	8,1	8,6	8,8	9,6
b	1,5	1,8	1,8	2,1	2,2	2,4	2,6	2,8	3	3,2	3,6	4	4,4	4,7	5,1	5,5	6,2	6,6	7,4	8,2	9
d_3	7,4	9,3	11	12,9	14,7	16,5	18,5	20,5	23,2	25,9	29,6	33,2	36,5	41,5	45,8	51,8	58,8	65,5	74,5	84,5	94,5
d_4*	15,2	17,6	19,6	22	24,4	26,8	29	31,4	34,8	38,4	43,4	48,2	53	59,4	64,8	71,6	79,2	87,2	98,2	109	121
d_5	1,2	1,5	1,7	1,7	1,7	2	2	2	2	2	2,5	2,5	2,5	2,5	2,5	2,5	2,5	3	3	3,5	3,5
dz	7,6	9,6	11,5	13,4	15,2	17	19	21	23,9	26,6	30,3	34	37,5	42,5	47	53	60	67	76,5	86,5	96,5
m_1	0,9	1,1	1,1	1,1	1,1	1,3	1,3	1,3	1,3	1,6	1,6	1,85	1,85	1,85	2,15	2,15	2,15	2,65	2,65	3,15	3,15
n	0,6	0,6	0,75	0,9	1,2	1,5	1,5	1,5	1,7	2,1	2,6	3	3,8	3,8	4,5	4,5	4,5	4,5	5,3	5,3	5,3
Maße in mm für Bohrungen																					
s	0,8	1	1	1	1	1	1	1	1,2	1,2	1,2	1,5	1,75	1,75	2	2	2	2,5	2,5	3	3
a	2,4	3,2	3,4	3,7	3,8	4,1	4,2	4,2	4,5	4,8	5,4	5,4	5,8	6,2	6,5	6,8	7,3	7,8	8,5	8,6	9
b	1,1	1,4	1,7	1,9	2	2,2	2,3	2,5	2,7	2,9	3,2	3,5	3,9	4,3	4,6	5,1	5,6	6,2	7	7,6	8,4
d_3	8,7	10,8	13	15,1	17,3	19,5	21,5	23,5	26,9	30,1	34,4	38,8	43,5	48,5	54,2	60,2	67,2	74,5	85,5	95,5	105,5
d_4*	2,8	3,1	4,7	6	7,7	8,9	10,6	12,6	15	17,4	20,2	24,2	27,4	31,6	36	41,4	47,4	53,4	62	71,8	81
d_5	1	1,2	1,5	1,7	1,7	2	2	2	2	2	2,5	2,5	2,5	2,5	2,5	2,5	2,5	3	3	3,5	3,5
d_2	8,4	10,4	12,5	14,6	16,8	19	21	23	26,2	29,4	33,7	38	42,5	47,5	53	59	66	73	83,5	93,5	103,5
m_1	0,9	1,1	1,1	1,1	1,1	1,1	1,1	1,1	1,3	1,3	1,3	1,6	1,85	1,85	2,15	2,15	2,15	2,65	2,65	3,15	3,15
n	0,6	0,6	0,75	0,9	1,2	1,2	1,5	1,5	1,8	2,1	2,6	3	3,8	3,8	4,5	4,5	4,5	4,5	5,3	5,3	5,3

* d_4 = Sicherungsring gespannt

Paßfedern nach DIN 6885, Bl. 1 bis Bl. 3

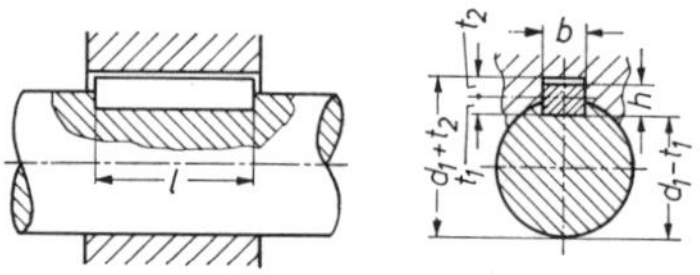

		Bl. 1 u. Bl. 2	Bl. 3
Wellennutbreite b	fester Sitz leichter Sitz	P 9 N 9	P 9 N 9
Nabennutbreite b	fester Sitz leichter Sitz	P 9 JS 9	P 9 J 9
Wellennuttiefe t_1 Nabennuttiefe t_2	zul. Ab- weichung	+0,1···0,3	+0,1···0,2 +0,1

			n. DIN 6885 Bl. 1				n. DIN 6885 Bl. 2			n. DIN 6885 Bl. 3					
d_1 über	b	h	t_1 R*)	t_2 R*)	t_2 Ü¹)	l	t_1	t_2	l	b	h	t_1 R*)	t_2 R*)	t_2 Ü¹)	l
6···8	2	2	1,2	1	0,5	6···20	—	—	—	—	—	—	—	—	—
8···10	3	3	1,8	1,4	0,9	6···36	—	—	—	—	—	—	—	—	—
10···12	4	4	2,5	1,8	1,2	8···45	3	1,1	10···45	—	—	—	—	—	—
12···17	5	5	3	2,3	1,7	10···56	3,8	1,3	12···56	5	3	1,9	1,2	0,8	12···56
17···22	6	6	3,5	2,8	2,2	14···70	4,4	1,7	16···70	6	4	2,5	1,6	1,1	14···70
22···30	8	7	4	3,3	2,4	18···90	5,4	1,7	20···90	8	5	3,1	2	1,4	18···90
30···38	10	8	5	3,3	2,4	22···110	6	2,1	25···110	10	6	3,7	2,4	1,8	22···110
38···44	12	8	5	3,3	2,4	28···140	6	2,1	32···140	12	6	3,9	2,2	1,6	28···140
44···50	14	9	5,5	3,8	2,9	36···160	6,5	2,6	40···160	14	6	4	2,1	1,4	36···160
50···58	16	10	6	4,3	3,4	45···180	7,5	2,6	45···180	16	7	4,7	2,4	1,7	45···180
58···65	18	11	7	4,4	3,4	50···200	8	3,1	50···200	18	7	4,8	2,3	1,6	50···200
65···75	20	12	7,5	4,9	3,9	56···220	8	4,1	56···220	20	8	5,4	2,7	2	56···220
75···85	22	14	9	5,4	4,4	63···250	10	4,1	63···250	22	9	6	3,1	2,4	63···250
85···95	25	14	9	5,4	4,4	70···280	10	4,1	70···250	25	9	6,2	2,9	2,2	70···280
95···110	28	16	10	6,4	5,4	80···320	11	5,1	80···250	28	10	6,9	3,2	2,4	80···315
110···130	32	18	11	7,4	6,4	90···360	13	5,2	90···250	32	11	7,6	3,5	2,7	90···355
130···150	36	20	12	8,4	7,1	100···400	13,7	6,5	100···250	36	12	8,3	3,8	3	100···400
150···170	40	22	13	9,4	8,1	110···400	14	8,2	110···250	—	—	—	—	—	—

*) Tiefe mit Rückenspiel ¹) Tiefe mit Übermaß

Niete und Nietverbindungen siehe auch **Sinnbilder** für Nietdurchmesser und Nietarten

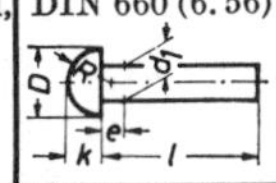

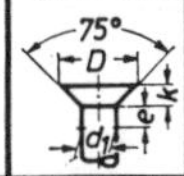

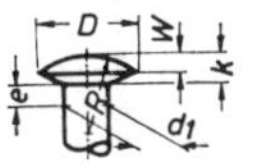

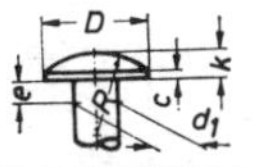

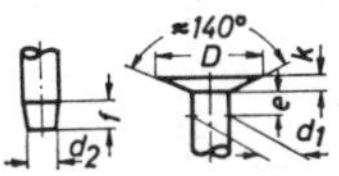

Werkstoff*): USt 36-2, Cu, Ms, Al, AlMg 5, AlCuMg		Halbrundniete n. DIN 660 (6.56)			Senkniete nach DIN 661		Linsenniete n. DIN 662 (6.56)				Flachrundniete n. DIN 674 (12.53)				Riemenniete n. DIN 675 (7.49)			
d_1	e	D	k	$R\approx$	D	k	D	k	$R\approx$	w	D	c	k	R	D	f	k	d_2
1	0,5	1,8	0,6	1	1,8	0,5	—	—	—	—	2,3	0,1	0,5	1,9	—	—	—	—
1,4	1	2,5	0,8	1,4	2,5	0,7	—	—	—	—	3,2	0,2	0,7	2,8	—	—	—	—
1,7	1	3	1	1,6	3	0,9	3,4	0,9	2,9	0,6	3,8	0,2	0,8	3,3	—	—	—	—
2	1	3,5	1,2	1,9	3,5	1	4	1	3,3	0,7	4,5	0,2	1	3,6	—	—	—	—
2,6	1,5	4,5	1,6	2,4	4,5	1,3	5,2	1,3	4,3	0,9	5,8	0,3	1,3	4,7	—	—	—	—
3	1,5	5,2	1,8	2,8	5,2	1,5	6	1,5	5	1	6,8	0,3	1,5	5,4	8,5	2	1	2,2
3,5	2	6,2	2,1	3,4	6,2	1,8	7	1,8	6	1,2	7,8	0,4	1,8	6,1	10	2,5	1,1	2,5
4	2	7	2,4	3,8	7	2	8	2	6,5	1,3	9	0,4	2	7,1	11	3	1,3	3
5	3	8,8	3	4,6	8,8	2,5	10	2,5	8,2	1,7	11,2	0,5	2,5	8,8	14	3,5	1,6	4
6	3	10,5	3,6	5,7	10,5	3	12	3	10	2	13,5	0,6	3	10,7	*) Niete aus Cu, Ms, Al und Al-Leg. werden nicht lagermäßig geführt.			
7	3	12,2	4,2	6,6	12,2	3,5	14	3,5	11,6	2,4	15,8	0,7	3,5	12,5				
8	4	14	4,8	7,5	14	4	16	4	13,1	2,7	18	0,8	4	14,2				
9	4	15,8	5,4	8,5	15,8	4,5	—	—	—	—	—	—	—	—				

d = Rohniet-⌀
d_1 = geschlagener Niet (Loch-⌀)
w = Rundungshöhe
k = Kopfhöhe
D = Kopf-⌀
R = Kopfrundung
r = Schaftausrundg.
α = Senkwinkel
t = Senktiefe

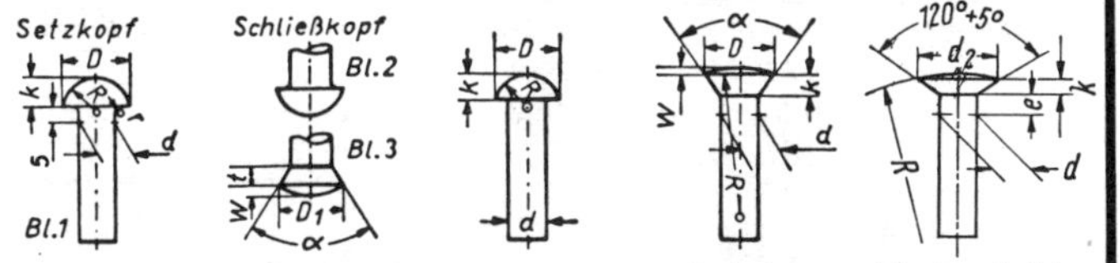

Halbrundniete für Kesselbau nach DIN 123, Stahlbau nach DIN 124 — **Senkniete** nach DIN 302 — **Flachsenkniete** nach DIN 7342

d	d_1	D_1	w	α	n. DIN 123 (6.56)				n. DIN 124 (6.56)				n. DIN 302 (6.56)		
					D	k	R	r	D	k	R	t	$D\approx$	k	$R\approx$
10	11	14,5	1	75°	18	7	9,5	1	16	6,5	8	2,3	14,5	3	27
12	13	18	1		22	9	11	1,6	19	7,5	9,5	3,3	18	4	41
16	17	26	1		28	11,5	14,5	2	25	10	13	5,9	26	6,5	85
20	21	31,5	1		36	14	18,5	2	32	13	16,5	9,1	31,5	10	124,5
22	23	34,5	2		40	16	20,5	2	36	14	18,5	10	34,5	11	75,5
24	25	38	2	60°	43	17	22	2,5	40	16	20,5	11,3	38	12	91
27	28	42	2		48	19	24,5	2,5	43	17	22	12,2	42	13,5	111
30	31	42,5	2	45°	53	21	27	3	48	19	24,5	13,9	42,5	15	114
36	37	51	2		64	25	33	4	58	23	30	16,9	51	18	164

nach DIN 7342				
d	d_2	e	k	R
1,7	4	1	0,6	20
2	4,8	1	0,8	20
2,6	5,7	1,5	0,9	25
3	6,5	1,5	1	25
3,5	7,3	2	1,1	32
4	8,2	2	1,2	32
5	9,9	2,5	1,4	32
6	11,6	3	1,6	40

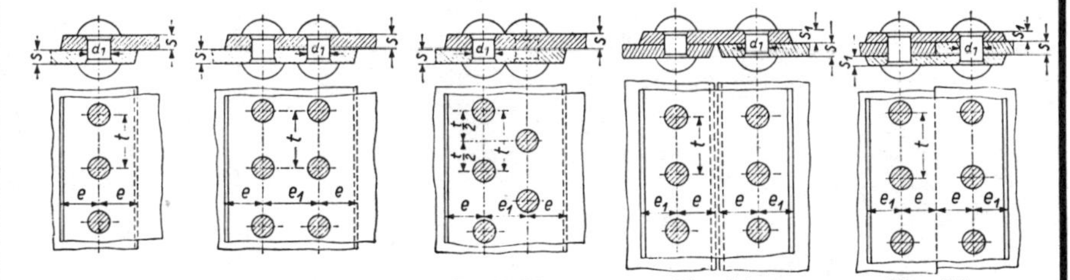

Einreihige Überlappungsnietung
$e = 1{,}5\,d_1$
$t = 2\,d_1 + 8$ mm

Zweireihige Parallel-Überlappungsnietung
$e = 1{,}5\,d_1$; $e_1 = 0{,}8\,t$
$t = 2{,}6\,d_1 + 10$ mm

Zweireihige Zickzack-Überlappungsnietung
$e = 1{,}5\,d_1$; $e_1 = 0{,}6\,t$
$t = 2{,}6\,d_1 + 15$ mm

Einreihige Laschennietung
$e = 1{,}5\,d_1$; $e_1 = 0{,}9\,e$
$t = 2{,}6\,d_1 + 8$ mm
$s_1 = (0{,}63 \cdots 0{,}67)\,s$

Einreihige Doppellaschennietung
$e = 1{,}5\,d_1$; $e_1 = 0{,}9\,e$
$t = 2{,}6\,d_1 + 10$ mm
$s_1 = (0{,}63 \cdots 0{,}67)\,s$

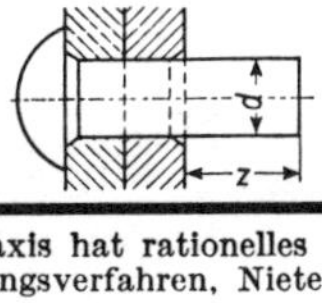

Nietlängenzugabe z für den Schließkopf:

Halbrundkopf bei d unter 20 mm ··· 1,5 d; über 20 mm ··· 1,7 d
Senkkopf ··· 0,5 d; Halbsenkkopf ··· 1,2 d; Linsensenkkopf ··· 0,7 d

In der Praxis hat rationelles Verbinden dünnwandiger Teile aus Metall, Kunststoff usw. nach „POP"-Blindnietungsverfahren, Nieten nur von einer Seite mittels Hohlniet und Dorn, Einführung gefunden.

Rundgewinde DIN 405

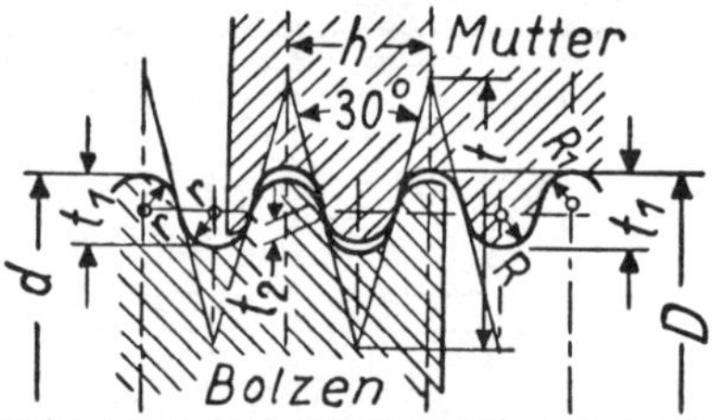

Gewindedurchmesser d	Gangzahl auf 1 Zoll z	Steigung h	Gewindetiefe t_1	Tragtiefe t_2	Rundungen Bolzen r	Rundungen Mutter R	Rundungen Mutter R_1
8 bis 12	10	2,540	1,270	0,212	0,606	0,650	0,561
14 „ 38	8	3,175	1,588	0,265	0,757	0,813	0,702
40 „ 100	6	4,233	2,117	0,353	1,010	1,084	0,936
105 „ 200	4	6,350	3,175	0,530	1,515	1,625	1,404

Sägengewinde, eingängig, nach DIN 513

Vgl. DIN 514 u. 515 fein bzw. grob

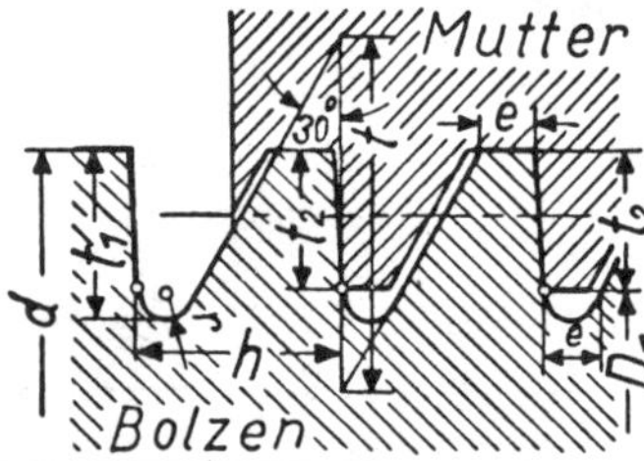

Gewindedurchmesser d	Steigung h	Gewindetiefe t_1	Tragtiefe t_2	e	Rundung r
22 bis 28	5	4,339	3,75	1,319	0,621
46 „ 52	8	6,942	6,00	2,111	0,994
85 „ 110	12	10,413	9,00	3,166	1,491
180 „ 200	18	15,620	13,5	4,749	2,237
270 „ 290	24	20,826	18,0	6,332	2,982

Whitworth-Rohrgewinde nach DIN 259, Bl. 1

Bezeichnung eines Whitworth-Rohrgewindes für ein Rohr von Nennweite 2″:
R 2″ nach DIN 259, Bl. 1

Nennweite Zoll	Außen-⌀ d	Kern-⌀ d_1	Steigung P	Gangzahl auf 1″	Gewindetiefe H_1	Rundung r
R ⅛	9,728	8,566	0,907	28	0,581	0,125
R ¼	13,157	11,445	1,337	19	0,856	0,184
R ⅜	16,662	14,950	1,337	19	0,856	0,184
R ½	20,955	18,631	1,814	14	1,162	0,249
R ¾	26,441	24,117	1,814	14	1,162	0,249
R 1	33,249	30,291	2,309	11	1,479	0,317
R 1¼	41,910	38,952	2,309	11	1,479	0,317
R 1½	47,803	44,845	2,309	11	1,479	0,317
R 2	59,614	56,656	2,309	11	1,479	0,317
R 2½	75,184	72,226	2,309	11	1,479	0,317
R 3	87,884	84,926	2,309	11	1,479	0,317
R 3½	100,330	97,372	2,309	11	1,479	0,317
R 4	113,030	110,072	2,309	11	1,479	0,317
R 5	138,430	135,472	2,309	11	1,479	0,317
R 6	163,830	160,872	2,309	11	1,479	0,317

Das Gewindeprofil von Whitworth-Rohrgewinde für Gewinderohre und Fittings nach DIN 2999 stimmt mit den Abmessungen von DIN 259, Bl. 1, überein.

Gewinde für Feinmechanik nach Löwenherz

Außen-⌀ mm	Steigung mm	Kern-⌀ mm	Spiralbohrer mm	Schlüsselweite mm	Außen-⌀ mm	Steigung mm	Kern-⌀ mm	Spiralbohrer mm	Schlüsselweite mm
1	0,25	0,625	0,66	3	4	0,7	2,95	3,1	8
1,2	0,25	0,825	0,84	4	4,5	0,75	3,375	3,5	10
1,4	0,3	0,95	1	5	5	0,8	3,8	3,9	10
1,7	0,35	1,175	1,2	5	5,5	0,9	4,15	4,3	12
2	0,4	1,4	1,5	6	6	1	4,5	4,6	12
2,3	0,4	1,7	1,78	6	7	1,1	5,35	5,5	14
2,6	0,45	1,925	2	7	8	1,2	6,2	6,4	14
3	0,5	2,25	2,38	7	9	1,3	7,05	7,25	17
3,5	0,6	2,6	2,7	8	10	1,4	7,9	8,2	17

Metrisches ISO-Trapezgewinde nach DIN 103 (8.70)

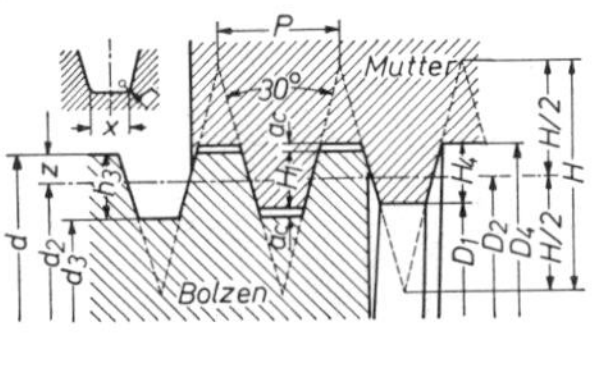

$x = 0{,}366\ P$

$h_3 = H_1 + a_c = 0{,}5\,P + a_c$

$d_3 = d - 2\,h_3$

$D_4 = d + 2\,a_c$

$H_4 = H_1 + a_c = 0{,}5\,P + a_c$

$z = 0{,}25\ P = \dfrac{H_1}{2}$

$D = d$ = Außendurchmesser des Gewindes

$D_1 = d_1$ = Kerndurchmesser des Gewindes $= d - 2\,H_1 = d - P$

$D_2 = d_2$ = Flankendurchmesser des Gewindes $= d - 0{,}5\ P = d - 2\,z$

H = Höhe des Grunddreiecks $= 1{,}866\ P$

H_1 = Gewindetiefe des Grundprofils $= 0{,}5\ P$

P = Steigung des eingäng. Gewindes

Gewinde-Nenndurchmesser d	Steigung P	Spiel und Rundung $a_c = r$	Gewinde-Nenndurchmesser d	Steigung P	Spiel und Rundung $a_c = r$
8	1,5	0,15	70	10	0,5
10	2	0,25	80	10	0,5
12	3	0,25	90	12	0,5
16	4	0,25	100	12	0,5
20	4	0,25	120	14	1
24	5	0,25	140	14	1
28	5	0,25	160	16	1
32	6	0,5	180	18	1
36	6	0,5	200	18	1
40	7	0,5	220	20	1
44	7	0,5	240	22	1
48	8	0,5	260	22	1
52	9	0,5	280	24	1
60	9	0,5	300	24	1

Bezeichnung eines eingängigen Trapezgewindes von 70 mm Gewinde-Nenndurchmesser und der Steigung $P = 10$: **Tr 70 × 10 DIN 103.**

Anm.: Siehe auch DIN 13, 14, 202, 239, 240, 244···247, 259, 260, 405, 516···521, 2999.

Metrisches ISO-Gewinde nach DIN 13 Blatt 1 (3.73)

Regelgewinde – Nennmaße (Maße in mm)

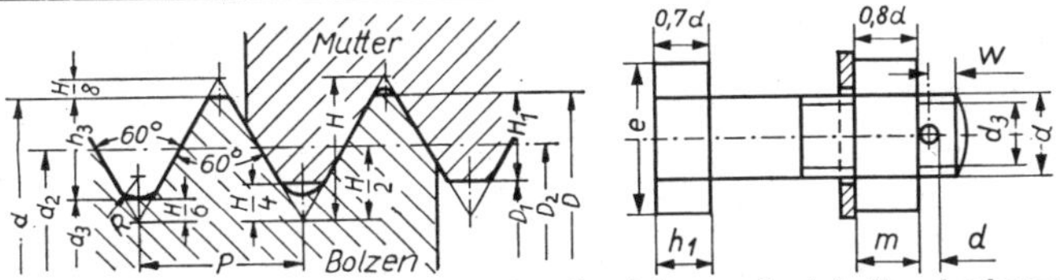

$H = 0{,}86603\ P$

$h_3 = 0{,}61343\ P$

$H_1 = 0{,}54127\ P$

$\frac{H}{8} = 0{,}10825\ P$

$r = \frac{H}{6} = 0{,}14434\ P$

Bezeichnung eines Metrischen Regelgewindes von Gewinde-Nenndurchmesser d = 16 mm : M 16
Kopfhöhe h_1 = 0,7 d; Mutterhöhe m = 0,8 d; Spitzkant e = 1,155 s (s = Schlüsselweite).

Gewinde-Nenndurchmesser $d = D$ Reihe 1	Reihe 2	Steigung P	Flankendurchmesser $d_2 = D_2$	Kerndurchmesser Bolzen d_3	Kerndurchmesser Mutter D_1	Gewindetiefe Bolzen h_3	Gewindetiefe Mutter H_3	Rundung r	Kernquerschnitt mm²	Kern-Lochbohr. ∅ mm	Scheibe nach DIN 125 Loch-∅	Außen-∅	Dicke	Gewicht kg/1000 St	Schlüsselweite s	Spitzkant e
M 1		0,25	0,838	0,693	0,729	0,153	0,135	0,036	0,377	0,75	—	—	—	—	2,5	2,9
	M 1,1	0,25	0,938	0,793	0,829	0,153	0,135	0,036	0,494	0,85	—	—	—	—	3	3,5
M 1,2		0,25	1,038	0,893	0,929	0,153	0,135	0,036	0,626	0,95	—	—	—	—	3	3,5
	M 1,4	0,3	1,205	1,032	1,075	0,184	0,162	0,043	0,835	1,1	—	—	—	—	3	3,5
M 1,6		0,35	1,373	1,170	1,221	0,215	0,189	0,051	1,075	1,25	1,7	4	0,3	0,024	3,2	3,7
	M 1,8	0,35	1,573	1,371	1,421	0,215	0,189	0,051	1,476	1,45	—	—	—	—	3,5	4
M 2		0,4	1,740	1,509	1,567	0,245	0,217	0,058	1,788	1,6	2,2	5	0,3	0,037	4	4,6
	M 2,2	0,45	1,908	1,648	1,713	0,276	0,244	0,065	2,133	1,75	—	—	—	—	4,5	—
M 2,5		0,45	2,208	1,948	2,013	0,276	0,244	0,065	2,98	2,05	2,7	6,5	0,5	0,108	5	5,8
M 3		0,5	2,675	2,387	2,459	0,307	0,271	0,072	4,47	2,5	3,2	7	0,5	0,12	5,5	6,4
	M 3,5	0,6	3,110	2,764	2,850	0,368	0,325	0,087	6,00	2,9	3,7	8	0,5	0,156	6	6,9
M 4		0,7	3,545	3,141	3,242	0.429	0,379	0,101	7,75	3,3	4,3	9	0,8	0,308	7	8,1
	M 4,5	0,75	4,013	3,580	3,688	0,460	0,406	0,108	10,07	3,7	—	—	—	—	—	—
M 5		0,8	4,480	4,019	4,134	0,491	0,433	0,115	12,7	4,2	5,3	10	1	0,443	8	9,2
M 6		1	5,350	4,773	4,917	0,613	0,541	0,144	17,9	5	6,4	12,5	1,6	1,14	10	11,5
M 8		1,25	7,188	6,466	6,647	0,767	0,677	0,180	32,8	6,8	8,4	17	1,6	2,14	13	15
M 10		1,5	9,026	8,160	8,376	0,920	0,812	0,217	52,3	8,5	10,5	21	2	4,08	17	19,6
M 12		1,75	10,863	9,853	10,106	1,074	0,947	0,253	76,2	10,2	13	24	2,5	6,27	19	21,9
	M 14	2	12,701	11,546	11,835	1,227	1,083	0,289	105	12	15	28	2,5	8,6	22	25,4
M 16		2	14,701	13,546	13,835	1,227	1,083	0,289	144	14	17	30	3	11,3	24	27,7
	M 18	2,5	16,376	14,933	15,294	1,534	1,353	0,361	175	15,5	19	34	3	14,7	27	31,2
M 20		2,5	18,376	16,933	17,294	1,534	1,353	0,361	225	17,5	21	37	3	17,2	30	34,6
	M 22	2,5	20,376	18,933	19,294	1,534	1,353	0,361	282	19,5	23	39	3	18,4	32	36,9
M 24		3	22,051	20,319	20,752	1,840	1,624	0,433	324	21	25	44	4	32,3	36	41,6
	M 27	3	25,051	23,319	23,752	1,840	1,624	0,433	427	24	28	50	4	42,3	41	47,3
M 30		3,5	27,727	25,706	26,211	2,147	1,894	0,505	519	26,5	31	56	4	53,6	46	53,1
	M 33	3,5	30,727	28,706	29,211	2,147	1,894	0,505	646	29,5	34	60	5	75,4	50	57,7
M 36		4	33,402	31,093	31,670	2,454	2,165	0,577	759	32	37	66	5	92,0	55	63,5
	M 39	4	36,402	34,093	34,670	2,454	2,165	0,577	913	35	40	72	6	133	60	69,3
M 42		4,5	39,077	36,479	37,129	2,760	2,436	0,650	1 050	37,5	43	78	7	183	65	75
	M 45	4,5	42,077	39,479	40,129	2,760	2,436	0,650	1 124	40,5	46	85	7	220	70	80,8
M 48		5	44,752	41,866	42,587	3,067	2,706	0,722	1 380	43	50	92	8	294	75	86,5
	M 52	5	48,752	45,866	46,587	3,067	2,706	0,722	1 652	47	54	98	8	330	80	92,4
M 56		5,5	52,428	49,252	50,046	3,374	2,977	0,794	1 910	50,5	58	105	9	425	85	98
	M 60	5,5	56,428	53,252	54,046	3,374	2,977	0,794	2 227	55	62	110	9	458	90	104
M 64		6	60,103	56,639	57,505	3,681	3,248	0,866	2 520	58	66	115	9	492	95	110
	M 68	6	64,103	60,639	61,505	3,681	3,248	0,866	2 880	62	70	120	10	586	100	116

Festigkeitseigenschaften für Schrauben und Muttern nach DIN 267 Bl. 3 (10.67)

Festigkeitsklasse*) Schrauben	Muttern	Zugfestigkeit σ_B in kp/mm²	Streckgrenze σ_S in kp/mm²	Bruchdehnung δ_5 %	Brinellhärte**) HB 30 in kp/mm²		Rockwellhärte**) *HRB*	*HRC*	*HRC*	Vickershärte *HV* 30 in kp/mm²	Kerbschlagzähigkeit kpm/cm²
3.6	–	34···49	20	25	90···150	–	47···82	–	30	90···150	–
4.6 u. 4.8	4	40···45	24–32	25–14	110···170	302	63···88	–	30	110···170	–
5.6 u. 5.8	5	50···70	30–40	20–10	140···215	302	78···97	–	30	140···215	5
6.6, 6.8 u. 6.9	6	60···80	36–48	16–8–12	170···245	302	88···102	–	30	170···245	4–3
8.8	8	80···100	–	12	225···300	302	–	18···31	30	225···300	6
10.9	10	100···120	–	9	280···365	353	–	27···38	36	280···370	4
12.9	12	120···140	–	8	330···425	353	–	34···44	36	330···440	3

*) Erste Zahl gibt 1/10 von mind. σ_B an; zweite Zahl 10faches Verhältnis von σ_S : mind. σ_B.

**) Rechte Spalte sind max. Werte für Muttern.

Schrauben roh: DIN 186, 188, 261, 529, 580, 603, 605. **Blank:** 63, 64, 84···88, 91, 314, 316, 404, 417, 427, 464, 465, 478···480, 551, 553, 913···915, 938···940. **Preßblank:** 63, 84···88, 91.

Whitworthgewinde (engl. Zoll) ohne Spitzenspiel nach DIN 11 (7.58)

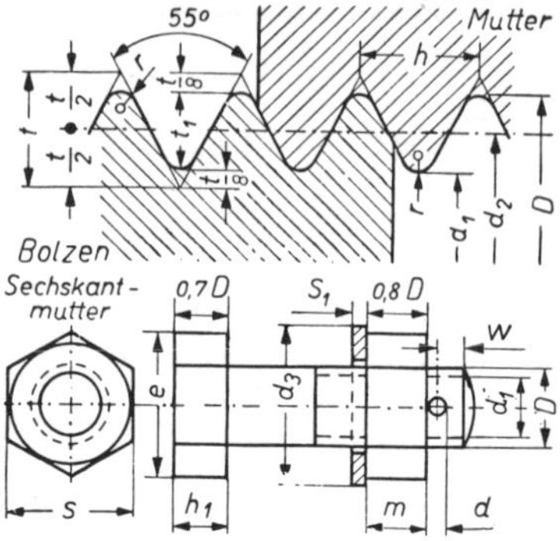

Bezeichnung eines Whitworthgewindes ohne Spitzenspiel von 2 Zoll Nenndurchmesser: 2″

Dicke s_1 der Unterlegscheiben = 0,1 s; Kopfhöhe h_1 = 0,7 D; Mutterhöhe m = 0,8 D; Spitzkant e = 1,155 s; Steigung h = 25,40095 : z (z = Gangzahl auf 1″); Rundung r = 0,13733 h; Gewindetiefe t_1 = 0,64033 h; t = 0,96049 h

Äußerer Gewindedurchmesser des Bolzens D		Kerndurchmesser d_1	Kernquerschnitt	Gewindetiefe t_1	Rundung r	Flankendurchmesser d_2	Steigung h	Gangzahl z	Schlüsselweite s
engl. Zoll	mm	mm	cm²	mm	mm	mm	mm	auf 1″	mm
1/2	12,7	9,99	0,78	1,36	0,29	11,35	2,12	12	22
5/8	15,9	12,9	1,31	1,48	0,32	14,40	2,31	11	27
3/4	19,1	15,8	1,96	1,63	0,35	17,42	2,54	10	32
7/8	22,2	18,6	2,72	1,81	0,39	20,42	2,82	9	36
1	25,4	21,3	3,58	2,03	0,44	23,37	3,18	8	41
1 1/8	28,6	23,9	4,50	2,32	0,50	26,25	3,63	7	46
1 1/4	31,8	27,1	5,77	2,32	0,50	29,43	3,63	7	50
1 3/8	34,9	29,5	6,84	2,71	0,58	32,22	4,23	6	55
1 1/2	38,1	32,7	8,39	2,71	0,58	35,39	4,23	6	60
1 3/4	44,5	37,9	11,31	3,25	0,70	41,20	5,08	5	70
2	50,8	43,6	14,91	3,61	0,78	47,19	5,65	4 1/2	80
2 1/4	57,2	49	18,87	4,07	0,87	53,09	6,35	4	85
2 1/2	63,5	55,4	24,08	4,07	0,87	59,44	6,35	4	95
2 3/4	69,9	60,6	28,80	4,65	1,00	65,21	7,26	3 1/2	105
3	76,2	66,9	35,16	4,65	1,00	71,56	7,26	3 1/2	110
3 1/2	88,9	78,9	48,89	5,01	1,07	83,90	7,82	3 1/4	130
4	101,6	90,8	64,70	5,42	1,16	96,18	8,47	3	145
4 1/2	114,3	103,0	83,31	5,66	1,21	108,65	8,84	2 7/8	165

Bohrerdurchmesser für Gewindekernlöcher
nach DIN 336 Blatt 1 (4. 69)

Für Metrische Gewinde (⌀ = Bohrerdurchmesser) Maße in mm

Kurzzeichen M	⌀	Kurzzeichen M	⌀	Kurzzeichen M	⌀	Kurzzeichen M	⌀	Kurzzeichen M	⌀
1 × 0,2	0,8	9 × 0,75	8,2	18 × 1,5	16,5	28 × 2	26	40 × 3	37
1,1 × 0,2	0,9	9 × 1	8	18 × 2	16	30 × 1	29	42 × 1,5	40,5
1,2 × 0,2	1	10 × 0,75	9,2	20 × 1	19	30 × 1,5	28,5	42 × 2	40
1,4 × 0,2	1,2	10 × 1	9	20 × 1,5	18,5	30 × 2	28	42 × 3	39
1,4 × 0,25	1,15	10 × 1,25	8,8	20 × 2	18	30 × 3	27	42 × 4	38
1,6 × 0,2	1,4	11 × 0,75	10,2	22 × 1	21	32 × 1,5	30,5	45 × 1,5	43,5
1,8 × 0,2	1,6	11 × 1	10	22 × 1,5	20,5	32 × 2	30	45 × 2	43
2 × 0,25	1,75	12 × 1	11	22 × 2	20	33 × 1,5	31,5	45 × 3	42
2,2 × 0,25	1,95	12 × 1,25	10,8	24 × 1	23	33 × 2	31	45 × 4	41
2,5 × 0,35	2,15	12 × 1,5	10,5	24 × 1,5	22,5	33 × 3	30	48 × 1,5	46,5
3 × 0,35	2,65	14 × 1	13	24 × 2	22	35 × 1,5	33,5	48 × 2	46
3,5 × 0,35	3,15	14 × 1,25	12,8	25 × 1	24	36 × 1,5	34,5	48 × 3	45
4 × 0,5	3,5	14 × 1,5	12,5	25 × 1,5	23,5	36 × 2	34	48 × 4	44
4,5 × 0,5	4	15 × 1	14	25 × 2	23	36 × 3	33	50 × 1,5	48,5
5 × 0,5	4,5	15 × 1,5	13,5	26 × 1,5	24,5	38 × 1,5	36,5	50 × 2	48
5,5 × 0,5	5	16 × 1	15	27 × 1	26	39 × 1,5	37,5	50 × 3	47
6 × 0,75	5,2	16 × 1,5	14,5	27 × 1,5	25,5	39 × 2	37	52 × 1,5	50,5
7 × 0,75	6,2	17 × 1	16	27 × 2	25	39 × 3	36	52 × 2	50
8 × 0,75	7,2	17 × 1,5	15,5	28 × 1	27	40 × 1,5	38,5	52 × 3	49
8 × 1	7	18 × 1	17	28 × 1,5	26,5	40 × 2	38	52 × 4	48

Genormte Schrauben nach DIN

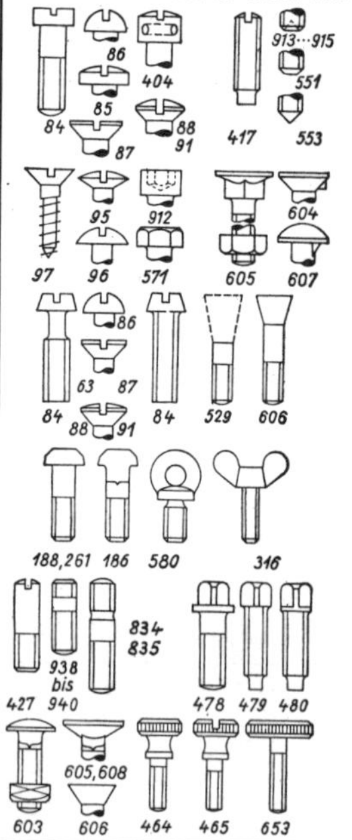

Genormte Muttern

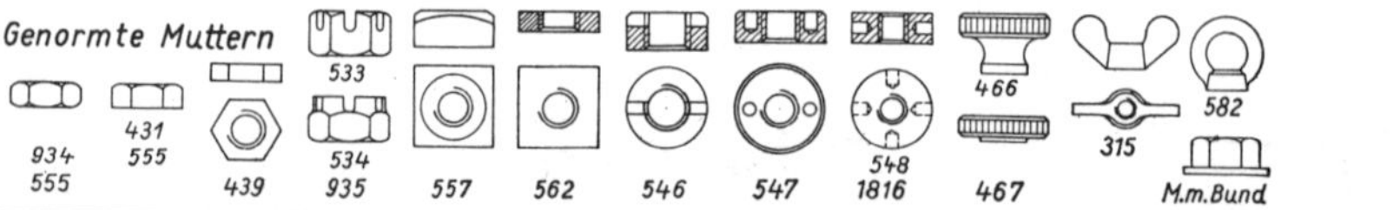

Metrisches ISO-Gewinde

Feingewinde mit Steigungen von 1…6 mm nach DIN 13 Blatt 5…10 (9.70)

d = Gewindedurchmesser, d_1 = Kerndurchmesser Bolzen, D_1 = Kerndurchmesser Mutter, P = Steigung

Blatt 5 P = 1 mm			Blatt 6 P = 1,5 mm			Blatt 7 P = 2 mm			Blatt 8 P = 3 mm			Blatt 9 P = 4 mm			Blatt 10 P = 6 mm		
d	d_1	D_1	d	d_1	D_1	d	d_1	D_1	d	d_1	D_1	d	d_1	D_1	d	d_1	D_1
8	6,773	6,917	12	10,16	10,376	18	15,546	15,835	30	26,319	26,752	42	37,093	37,67	72	64,639	65,505
10	8,773	8,917	14	12,16	12,376	20	17,546	17,835	33	29,319	29,752	45	40,093	40,67	76	68,639	69,505
12	10,773	10,917	16	14,16	14,376	22	19,546	19,835	36	32,319	32,752	48	43,093	43,67	80	72,639	73,505
14	12,773	12,917	18	16,16	16,376	24	21,546	21,835	39	35,319	35,752	52	47,093	47,67	85	77,639	78,505
16	14,773	14,917	20	18,16	18,376	27	24,546	24,835	42	38,319	38,752	56	51,093	51,67	90	82,639	83,505
18	16,773	16,917	22	20,16	20,376	30	27,546	27,835	45	41,319	41,752	60	55,093	55,67	95	87,639	88,505
20	18,773	18,917	24	22,16	22,376	33	30,546	30,835	48	44,319	44,752	64	59,093	59,67	100	92,639	93,505
22	20,773	20,917	27	25,16	25,376	36	33,546	33,835	52	48,319	48,752	68	63,093	63,67	105	97,639	98,505
24	22,773	22,917	30	28,16	28,376	39	36,546	36,835	56	52,319	52,752	72	67,093	67,67	110	102,639	103,505
27	25,773	25,917	33	31,16	31,376	42	39,546	39,835	60	56,319	56,752	76	71,093	71,67	120	112,639	113,505
30	28,773	28,917	36	34,16	34,376	45	42,546	42,835	64	60,319	60,752	80	75,093	75,67	130	122,639	123,505
33	31,773	31,917	39	37,16	37,376	48	45,546	45,835	68	64,319	64,752	85	80,093	80,67	140	132,639	133,505
36	34,773	34,917	42	40,16	40,376	52	49,546	49,835	72	68,319	68,752	90	85,093	85,67	150	142,639	143,505
39	37,773	37,917	45	43,16	43,376	56	53,546	53,835	76	72,319	72,752	95	90,093	90,67	160	152,639	153,505
42	40,773	40,917	48	46,16	46,376	60	57,546	57,835	80	76,319	76,752	100	95,093	95,67	170	162,639	163,505
45	43,773	43,917	52	50,16	50,376	64	61,546	61,835	85	81,319	81,752	105	100,093	100,67	180	172,639	173,505
48	46,773	46,917	56	54,16	54,376	68	65,546	65,835	90	86,319	86,752	110	105,093	105,67	190	182,639	183,505
52	50,773	50,917	60	58,16	58,376	72	69,546	69,835	95	91,319	91,752	120	115,093	115,67	200	192,639	193,505
56	54,773	54,917	64	62,16	62,376	76	73,546	73,835	100	96,319	96,752	130	125,093	125,67	210	202,639	203,505
60	58,773	58,917	68	66,16	66,376	80	77,546	77,835	105	101,319	101,752	140	135,093	135,67	220	212,639	213,505
64	62,773	62,917	72	70,16	70,376	85	82,546	82,835	110	106,319	106,752	150	145,093	145,67	230	222,639	223,505
68	66,773	66,917	76	74,16	74,376	90	87,546	87,835	120	116,319	116,752	160	155,093	155,67	240	232,639	233,505
72	70,773	70,917	80	78,16	78,376	100	97,546	97,835	130	126,319	126,752	170	165,093	165,67	250	242,639	243,505
76	74,773	74,917	90	88,16	88,376	110	107,546	107,835	140	136,319	136,752	180	175,093	175,67	260	252,639	253,505
80	78,773	78,917	100	98,16	98,376	120	117,546	117,835	150	146,319	146,752	190	185,093	185,67	270	262,639	263,505
90	88,773	88,917	110	108,16	108,376	130	127,546	127,835	160	156,319	156,752	200	195,093	195,67	280	272,639	273,505
100	98,773	98,917	120	118,16	118,376	140	137,546	137,835	170	166,319	166,752	210	205,093	205,67	300	292,639	293,505

Abgekürzte Bezeichnungen für Gewinde nach DIN 202 (7.38)

A. Für eingängige Rechtsgewinde

Art des eingängigen Rechtsgewindes	Zeichen vor der Maßzahl	Maßangabe	Beispiel	Für Gewinde nach DIN
Whitworthgewinde	—	Gewindeaußendurchmesser in Zoll	2″	11
Whitworth-Feingewinde	W	Gewindeaußendurchmesser in mm mal Steigung in Zoll	W 104 × 1/6″	239, 240
Whitworth-Rohrgewinde	R	Nennweite des Rohres in Zoll	R 4″	259
Metrisches Gewinde	M	Gewindeaußendurchmesser in mm	M 60	13 Bl. 1
Metrisches Feingewinde	M	Gewindeaußendurchmesser in mm mal Steigung in mm	M 105 × 4	244…247 516…521
Trapezgewinde	Tr	Gewindeaußendurchmesser in mm mal Steigung in mm	Tr 48 × 8	103, 378, 379
Rundgewinde	Rd	Gewindeaußendurchmesser in mm mal Steigung in Zoll	Rd 40 × 1/6″	405
Sägengewinde	S	Gewindeaußendurchmesser in mm mal Steigung in mm	S 70 × 10	513…515

B. Für Links- und mehrgängige Gewinde

Bezeichnung des Zusatzes für	Abkürzung	Zeichenort	Beispiel	Für Gewinde	Gültig für
Linksgewinde[1])	links	hinter der Gewindebezeichnung	W 104 × 1/6″ links	W	alle Gewinde unter A
			M 60 links	M	
			R 4″ links	R	
			Tr 48 × 8 links	Tr	
Mehrgängiges Gewinde rechts	gäng		2″ (2gäng)	—	
			Tr 48 × 16 (2gäng)	Tr	
Mehrgängiges Gewinde links	links gäng		2″ links (2gäng)	—	
			Tr 48 × 16 links (2gäng)	Tr	
Gas- und dampfdicht	dicht		2″ dicht	DIN 11, 13 und 259	

Die Gangzahl ist von Fall zu Fall einzusetzen.

1) Bei Teilen, die mit Rechts- und mit Linksgewinde versehen sind, z. B. Spannschlössern, Eisenbahn-Kupplungsspindeln, ist auch hinter die Gewindebezeichnung des Rechtsgewindes das Wort „rechts“ zu setzen.

Schrauben

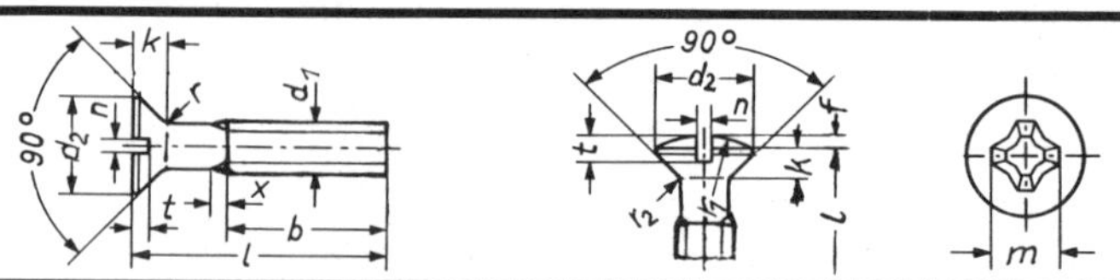

d_1	n	d_2	k	Senkschrauben mit Schlitz n. DIN 963 $t$min	$t$max	$r$max	Linsensenkschrauben mit Schlitz n. DIN 964 f	r_1	$r_2$max	$t$min	$t$max	Senkschrauben mit Kreuzschlitz n. DIN 965 m	Eindringtiefe der Lehre min	max
M 1	0,25	1,9	0,6	0,2	0,3	0,1	0,25	2	0,1	0,4	0,5	—	—	—
M 1,2	0,3	2,3	0,72	0,25	0,35	0,12	0,3	2,5	0,12	0,5	0,6	—	—	—
M 1,4	0,3	2,6	0,84	0,28	0,4	0,14	0,35	3	0,14	0,52	0,65	—	—	—
M 1,6	0,4	3	0,96	0,32	0,45	0,16	0,4	3	0,16	0,65	0,8	—	—	—
M 2	0,5	3,8	1,2	0,4	0,6	0,2	0,5	4	0,2	0,8	1	—	—	—
M 2,5	0,6	4,7	1,5	0,5	0,7	0,25	0,6	5	0,25	1	1,2	2,7	1,25	1,55
M 3	0,8	5,6	1,65	0,6	0,85	0,3	0,75	6	0,3	1,2	1,45	2,9	1,5	1,8
M 4	1	7,5	2,2	0,8	1,1	0,4	1	8	0,4	1,6	1,9	4,4	1,9	2,4
M 5	1,2	9,2	2,5	1	1,3	0,5	1,25	10	0,5	2	2,3	4,6	2,1	2,6
M 6	1,6	11	3	1,2	1,6	0,6	1,5	12	0,6	2,4	2,8	6,6	2,8	3,3
M 8	2	14,5	4	1,6	2,1	0,8	2	16	0,8	3,2	3,7	8,7	3,9	4,4
M 10	2,5	18	5	2	2,6	1	2,5	20	1	4	4,6	9,6	4,8	5,3
M 12	3	22	6	2,4	3	1,2								
M 16	4	29	8	3,2	4	1,6								
M 20	5	36	10	4	5	2								

Bezeichnung einer Senkschraube mit Gewinde d_1 = M 8, von Länge l = 30 mm und Festigkeitsklasse 5.8:
Senkschraube M 8 × 30 DIN 963 — 5.8

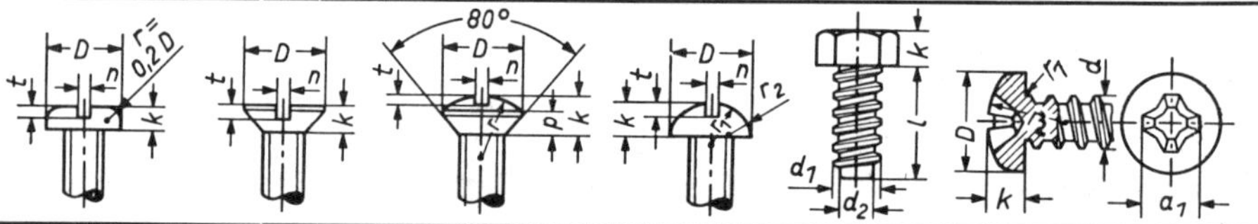

Ausführungsformen der Blechschrauben mit feiner Gewindesteigung und Zapfen (7.70)

d_1	d_2	n	Zylinder n. DIN 7971 D	k max	t max	Senk n. DIN 7972 D	k	t	Linsensenk n. DIN 7973 D	k	p	t max	Halbrund n. DIN 7974 D	k	r_1	t	Sechskant n. DIN 7976 k	Linsen m. Kreuzschlitz n. DIN 7981 (8.59) a_1	D	k	r_2	r_1
2,2	1,4	0,6	4,2	1,35	0,8	4,3	1,3	0,6	4,3	2	1,3	1,15	4,1	1,8	2,1	0,9	1,3	2,3	4,2	1,8	3,4	0,3
2,9	2	0,8	5,6	1,75	1	5,5	1,7	0,75	5,5	2,6	1,7	1,5	5,4	2,2	3	1	1,5	2,8	5,6	2,2	4,4	0,4
3,5	2,4	1	6,9	2,1	1,25	6,8	2,1	0,95	6,8	3,3	2,1	1,9	6,6	2,6	3,9	1,5	2,3	3,9	6,9	2,6	5,4	0,5
4,2	2,7	1,2	8,2	2,45	1,5	8,1	2,5	1,15	8,1	3,9	2,5	2,25	7,8	3,1	4,5	1,7	2,8	4,3	8,2	3,05	6,2	0,6
4,8	3,1	1,2	9,5	2,8	1,7	9,5	3	1,35	9,5	4,5	3	2,6	9,1	3,5	5,6	1,9	3	4,7	9,5	3,55	7,2	0,7
5,5	3,7	1,6	10,8	3,2	1,95	10,8	3,4	1,5	10,8	5,1	3,4	2,95	10,4	3,9	7,2	2,1	4	6,3	10,8	3,95	8,2	0,8
6,3	4,4	1,6	12,5	3,65	2,2	12,4	3,8	1,75	12,4	5,8	3,8	3,45	11,6	4,3	7,2	2,4	4,8	6,9	12,5	4,55	9,5	0,9

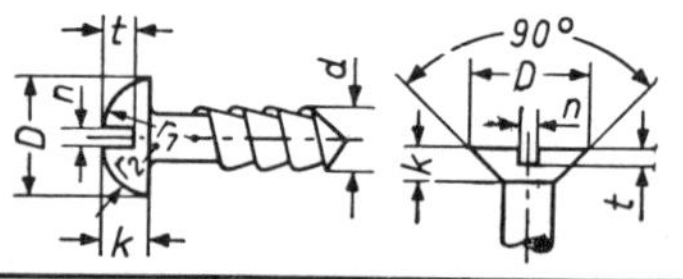

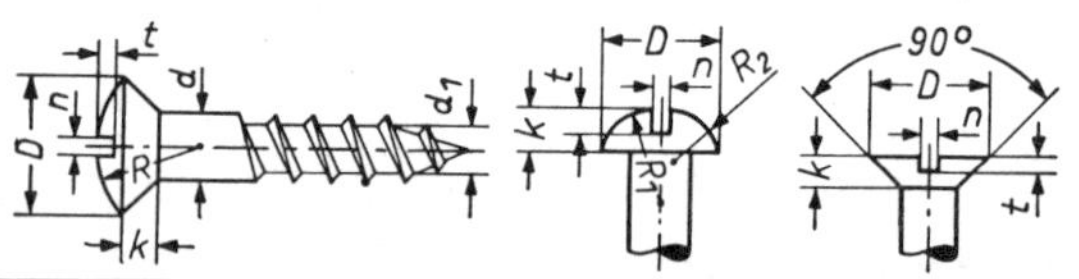

Nagelschrauben nach

d	D	n	DIN 7514 (12.43) Halbrund k	t	r_1	r_2	DIN 7515 (12.43) Senk k	t
2	4	0,5	1,4	0,9	3,2	1,5	1	0,5
2,3	4,5	0,6	1,7	1,1	3,6	1,8	1,1	0,6
2,6	5	0,6	1,9	1,2	4	2	1,2	0,6
3	6	0,8	2,1	1,3	4,5	2,3	1,5	0,8
3,5	7	0,8	2,4	1,5	5,2	2,6	1,75	0,8
4	8	1	2,8	1,8	6	3	2	1
5	10	1,2	3,5	2,3	7,5	3,8	2,5	1,2
6	12	1,6	4,2	2,7	9	4,5	3	1,5

Ausführungsformen der Holzschrauben

d	d_1	D	n	Linsensenk n. DIN 95 (9.53) k	$R\approx$	t	Halbrund n. DIN 96 (9.53) k	R_1	R_2	t	Senk n. DIN 97 (10.53) k	t
1,4	1	2,8	0,4	0,7	2,6	0,5	1,1	2,2	1,1	0,7	0,7	0,4
2	1,4	4	0,5	1	3,2	0,7	1,5	3,2	1,6	0,9	1	0,5
2,7	1,9	5,4	0,6	1,35	4,7	0,9	1,9	4	2	1,2	1,35	0,6
3	2,1	6	0,8	1,5	5	1	2,1	4,5	2,3	1,3	1,5	0,8
4	2,8	8	1	2	6,4	1,4	2,8	6	3	1,8	2	1
5	3,5	10	1,2	2,5	7,8	1,7	3,5	7,5	3,8	2,3	2,5	1,2
6	4,2	12	1,6	3	9,6	2,1	4,2	9	4,5	2,7	3	1,5
8	5,6	16	2	4	12,8	2,8	5,6	12	6	3,5	4	2
10	7	20	2,5	5	16	3,5	7	15	7,5	4,5	5	2,5

Gewinde-Schneidschrauben n. DIN 7513 (8.71) für M 2,5, M 3, M 4, M 5, M 6, M 8 und Länge 6···40 mm.
Ausführung: Sechskant-, Zylinder-, Senk-, Halbrund- und Linsensenkschraube.

8

Zylinderschrauben mit Innensechskant

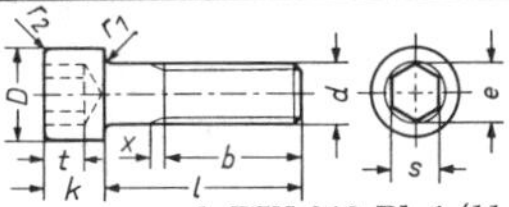

Bezeichnung einer Zylinderschraube mit Innensechskant, mit Gewinde M 12 und Länge l = 60 mm, Festigkeitsklasse 6.9:
Zylinderschraube M 12 × 60 DIN 912 — 6.9:

nach DIN 912 Bl. 1 (11.70)

d_1	b	D	$e \approx$	k	r_1	r_2	s	t	l
M 4	14	7	3,6	4	0,2	0,4	3	2	6···50
M 5	16	8,5	4,7	5	0,2	0,4	4	2,7	10···60
M 6	18	10	5,9	6	0,25	0,5	5	3,3	10···60
M 8	22	13	7	8	0,4	0,8	6	4,3	14···100
M 10	26	16	9,4	10	0,4	1	8	5,5	14···120
M 12	30	18	11,7	12	0,6	1	10	6,6	20···120
M 16	38	24	16,3	16	0,6	2	14	8,8	30···150
M 20	46	30	19,8	20	0,8	2	17	10,7	40···180
M 24	54	36	22,1	24	0,8	2	19	12,9	50···200
M 30	66	45	25,6	30	1	3	22	17,1	80···200
M 36	78	54	31,4	36	1	3	27	20,8	100···200
M 42	90	63	37,2	42	1,2	4	32	25	120···200
M 48	102	72	41,8	48	1,6	4	36	29,1	140···200

nach DIN 7984 (12.70)

d_1	b	d_2	$e \approx$	k	r_1	r_2	s	t	l
M 3	12	5,5	2,3	2	0,1	0,3	2	1,5	5···20
M 4	14	7	2,9	2,8	0,2	0,4	2,5	2,3	6···25
M 5	16	8,5	3,6	3,5	0,2	0,4	3	2,7	10···30
M 6	18	10	4,7	4	0,25	0,5	4	3	10···40
M 8	22	13	5,9	5	0,4	0,8	5	4,2	16···60
M 10	26	16	8,1	6	0,4	1	7	4,8	16···70
M 12	30	18	9,4	7	0,6	1	8	5,3	20···80
M 14	34	21	11,7	8	0,6	2	10	5,5	30···80
M 16	38	24	14	9	0,6	2	12	5,5	30···80
M 18	42	27	14	10	0,6	2	12	7,5	40···100
M 20	46	30	16,3	11	0,8	2	14	7,5	40···100
M 22	50	33	16,3	12	0,8	2	14	8	50···100
M 24	54	36	19,8	13	0,8	2	17	8	50···100

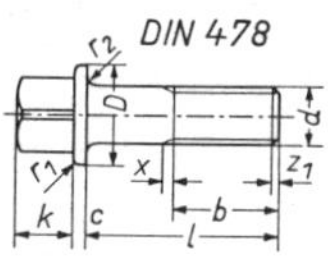

Vierkantschrauben

mit Bund nach DIN 478 (3. 68) mit Kernansatz DIN 479 (7. 68) mit Bund und Ansatzkuppe nach DIN 480 (3.68)

d_1	d_2	b 1)	b 2)	c	k	r_1	r_2
M 5	9,5	16	—	2	5	0,3	0,2
M 6	10,5	18	—	2	6	0,4	0,25
M 8	13,5	22	—	2	8	0,4	0,4
M 10	16,5	26	32	3	10	0,5	0,4
M 12	20,5	30	36	3	12	0,6	0,6
M 16	25	38	44	4	16	0,1	0,6
M 20	31	46	52	5	20	1	0,8
M 24	36	54	60	6	22	1	0,8

1) für l bis 120 mm;
2) für l über 120 bis 200 mm.

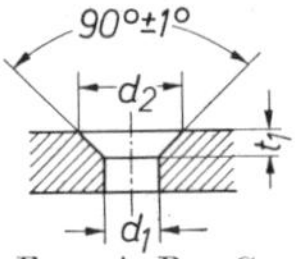

Form A, B u. C

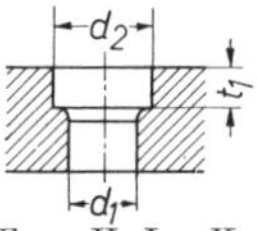

Form H, J u. K

Senkungen nach DIN 74, Bl. 1 und 2 (Ausführung mittel)

Bezeichnung einer Senkung Form A, Ausführung mittel (m) und Gewindedurchmesser 6 mm: **Senkung A m 6 DIN 74**

Form A für Senkschr. n. DIN 963, Linsensenkschr. n. DIN 964 und Gewindeschrauben n. DIN 7513 und 7516; **Form B** für Senkschr. n. DIN 7991; **Form C** für Blechschr. n. DIN 7972/3 und 7982/3; **Form H** für H-Zylinderschr. n. DIN 84, 912, 6912, 7513 und 7984

Form A

Gew.-⌀	d_1 H 13	d_2 H 13	t_1	Gew.-⌀	d_1 H 13	d_2 H 13	t_1
1	1,2	2,4	0,6	12	14	24,4	5,2
1,2	1,4	2,8	0,7	14	16	27,4	5,7
1,4	1,6	3,3	0,8	16	18	32,4	7,2
1,6	1,8	3,7	0,9	18	20	36,4	8,2
1,8	2	4,2	1,1	20	22	40,4	9,2
2	2,4	4,6	1,1				
2,5	2,9	5,7	1,4				
3	3,4	6,5	1,6				
3,5	3,9	7,6	1,9				
4	4,5	8,6	2,1				
5	5,5	10,4	2,5				
6	6,6	12,4	2,9				
8	9	16,4	3,7				
10	11	20,4	4,7				

Form C (H 12)

Gew.-⌀	d_1	d_2	t_1
2,2	2,4	4,6	1,3
2,9	3,1	5,9	1,7
3,5	3,7	7,2	2,1
3,9	4,2	8,1	2,3
4,2	4,5	8,7	2,5
4,8	5,1	10,1	3
5,5	5,8	11,4	3,4
6,3	6,7	13	3,8

Form B

Gew.-⌀	d_1 H 13	d_2 H 13	t_1
3	3,4	6,6	1,6
4	4,5	9	2,3
5	5,5	11	2,8
6	6,6	13	3,2
8	9	17,2	4,1
10	11	21,5	5,3
12	14	26	6
14	16	29	6,5
16	18	32	7
18	20	35	7,5
20	22	38	8
22*)	24	38	12,5
24*)	26	41	13,5

*) α = 60°

Form H, J u. K (Auszug)

Gew.-⌀	d_1 H 13	d_2 H 13	t_1 Für Schrauben n. DIN 84, 7513, 7984	6912	912
2	2,4	4,3	1,6	—	—
2,6	3	5,5	2,1	—	—
3	3,4	6	2,4	—	3,4
3,5	3,9	6,5	2,9	—	—
4	4,5	8	3,2	3,4	4,6
5	5,5	10	4	4,2	5,7
6	6,6	11	4,7	4,8	6,8
8	9	15	6	6	9
10	11	18	7	7,5	11
12	14	20	8	8,5	13
14	16	24	9	9,5	15
16	18	26	10,5	11,5	17,5
18	20	30	11,5	12,5	19,5
20	22	33	12,5	13,5	21,5
22	24	36	13,5	14,5	23,5

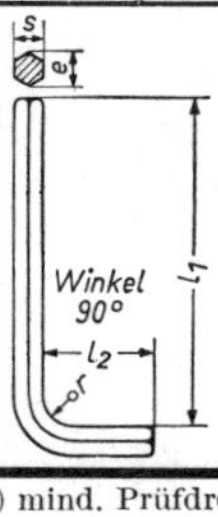

Sechskantstiftschlüssel nach DIN 911 (11.64) und DIN 6911 (11.66)

Bezeichnung eines Sechskantstiftschlüssels von Schlüsselweite s = 17 mm: **Schlüssel 17 DIN 911**

s	1,5	2	2,5	3	4	5	6	7	8	10
l_1	45	50	56	63	71	80	90	95	100	112
l_2	14	16	18	20	25	28	32	34	36	40
kpm**)	0,06	0,15	0,33	0,60	1,3	2,4	3,8	5,9	8,7	16,3
s	12	14	17	19	22	24	27	30	32	36
l_1	125	140	160	180	200	224	250	280	315	355
l_2	45	55	60	70	80	90	100	112	125	140
kpm**)	28	42	75	105	150	190	270	370	440	630

**) mind. Prüfdrehmoment.

Verschleißfeste Gewinde werden in jedem Werkstoff durch selbstschneidende „Ensats- oder Gripp-Einsatzbüchsen" erreicht.

8

Stift- u. Schaftschrauben, Gewindestifte, Gewindeauslauf u. Gewinderillen

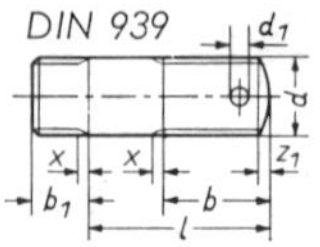

Stiftschrauben nach:

DIN 939 (12.72) für M 4···M 150, Einschraubende $b_1 \approx 1{,}25\ d$ für Grauguß
DIN 835 (12.72) für M 4···M 24, Einschraubende $b_1 \approx 2\ d$ für Al.-Leg.
DIN 938 (3.53) für M 3···M 52, Einschraubende $b_1 \approx 1\ d$ für Stahl

Bezeichnung einer Stiftschraube M 12 × 1,5, Länge l = 90 mm, Festigkeitseigenschaft 5.6:
Stiftschraube M 12 × 1,5 × 90 DIN 939 — 5,6

d	M 4	M 5	M 6	M 8 × 1	M 10 × 1,25	M 12 × 1,25	M 14 × 1,5	M 16 × 1,5	M 18 × 1,5	M 20 × 1,5	M 24 × 2	M 27 × 2	M 30 × 2	M 36 × 3	M 42 × 3	M 48 × 3	M 52 × 3
b	14	16	18	22	26	30	34	38	42	46	54	60	66	78	90	102	110
d_1	1	1	1,5	2	2	3	4	4	5	5	6	6	6	6	8	8	8

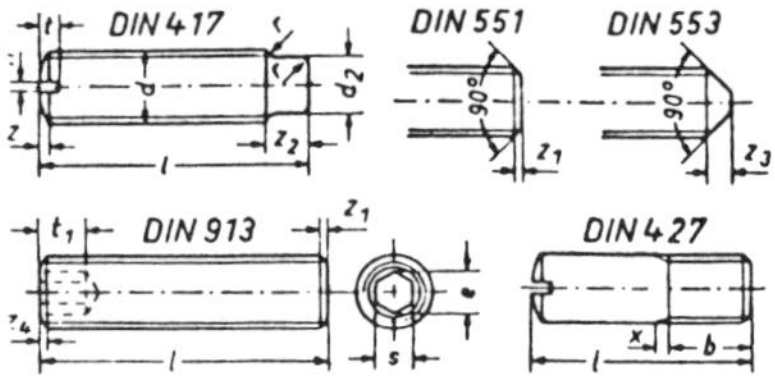

Gewindestifte nach:
DIN 417 (2.72) mit Zapfen, DIN 551 (2.72) mit Kegelkuppe, DIN 553 (2.72) mit Spitze;
desgl. mit Innensechskant für M 1,4···M 24 nach: DIN 913 (9.69) mit Kegelkuppe, DIN 914 (9.59) mit Spitze, DIN 915 (9.59) mit Zapfen.

Schaftschrauben nach DIN 427 (2.72)
Ausführung wie DIN 417, 913 bis 915.

d	d_2	b	n	r	t max	t_1	$e \approx$	s	z	z_1	z_2	z_3
M 1	—	1,2	0,2	—	0,78	—	—	—	0,25	0,4	—	0,5
M 1,2	—	1,4	0,2	—	0,79	—	—	—	0,25	0,4	—	0,6
M 1,4	—	1,7	0,2	—	0,94	—	—	—	0,3	0,5	—	0,7
M 1,6	—	1,9	0,25	—	1.06	—	—	—	0,35	0,5	—	0,8
M 2	1	2,4	0,25	0,1	1,2	—	—	—	0,4	0,6	1,5	1
M 2,5	1,5	3	0,4	0,2	1.33	—	—	—	0,45	0,7	2	1,25
M 3	2	3,6	0,4	0,2	1,5	2,5	1,8	1,52	0,5	0,8	2,5	1,5
M 4	2,5	4,8	0,6	0,3	2,05	3	2,3	2,02	0,7	1	3	2
M 5	3,5	6	0,8	0,3	2,35	3,5	2,9	2,52	0,8	1,2	3	2,5
M 6	4	7,2	1	0,4	2,9	4	3,5	3,02	1	1,5	3,5	2,5
M 8	5,5	9,6	1,2	0,4	3,6	5	4,7	4,02	1,25	1,8	5	3
M 10	7	12	1,6	0,5	4.25	6	5,8	5,02	1,5	2,2	5,5	4
M 12	—	4	2	—	5	8	7	6,02	1,75	2,5	—	—
M 16	—	18	2,5	—	5.8	10	9,4	8,04	2	3	—	—
M 20	—	22	3	—	7,3	12	11,7	10,03	2,5	3,5	—	—
M 24	—	—	—	—	—	15	14	12,04	3	4,5	—	—

Bezeichnung eines Gewindestiftes mit Spitze, Gewinde M 10, Länge l = 30 mm und Festigkeitseigenschaft 4.6: **Gewindestift M 10 × 30 DIN 553—4.6**

Gewindeauslauf und Gewinderillen nach DIN 76, Bl. 1 (6.67)

Außengewinde **Innengewinde**

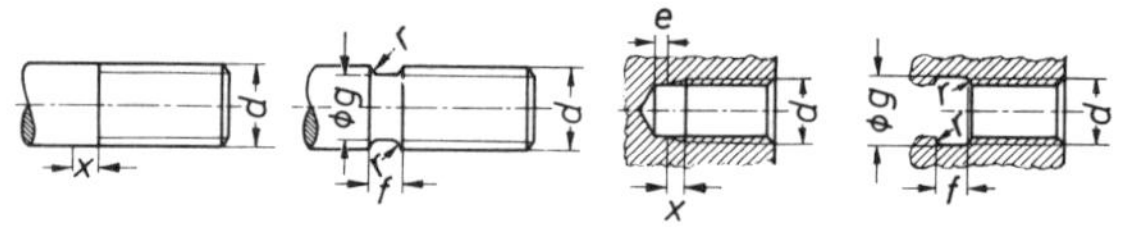

Gewindeauslauf Gewinderille Gewindeauslauf Gewinderille

Innengewinde werden unter 120° bis auf den Gewindedurchmesser ausgesenkt. In Sonderfällen auch 90°. Gewinderillen für Verschlußschrauben siehe DIN 3852. Gewindeenden, Schraubenüberstände siehe DIN 78 Bl. 1.

		Gewinde-Steigung P																	
		0,4	0,45	0,5	0,6	0,7	0,8	1	1,25	1,5	1,75	2	2,5	3	3,5	4	4,5	5	5,5	6
Regelgewinde		M 2 M 2,3	M 2,5 M 2,6	M 3	M 3,5	M 4	M 5	M 6 M 7	M 8	M 10	M 12	M 14 M 16	M 18 M 20 M 22	M 24 M 27	M 30 M 33	M 36 M 39	M 42 M 45	M 48 M 52	M 56 M 60	M 64 M 68
Außengewinde																				
x	max	1	1	1,2	1,6	1,6	2	2,5	3	3,5	4	5	6	7	8	10	11	12	13	15
	min	0,5	0,5	0,6	0,8	0,8	1	1,2	1,6	1,8	2	2,5	3	3,5	4	5	5,5	6	6,5	7,5
f	max	1,2	1,4	1,5	1,8	2,1	2,4	3	3,8	4,5	5,3	6	7,5	9	10,5	12	13,5	15	16,5	18
	min	0,8	0,9	1	1,2	1,4	1,6	2	2,5	3	3,5	4	5	6	7	8	9	10	11	12
r		0,2	0,2	0,3	0,3	0,4	0,4	0,5	0,6	0,8	1	1	1,2	1,6	1,6	2	2	2,5	3	3
$g = d$ —		0,7	0,7	0,8	1	1,1	1,3	1,6	2	2,3	2,6	3	3,6	4,4	5	5,7	6,4	7	7,7	8,3
Innengewinde																				
x	max	0,8	0,9	1	1,2	1,4	1,6	2	2,5	3	3,5	4	5	6	7	8	9	10	11	12
e	min	1	1,6	1,8	1,8	2	2	2,5	2,5	2,5	2,5	2,5	2,5	2,5	3	3	3	3	4	4
f	max	—	—	2	2,4	2,8	3,2	4	5	6	7	8	10	12	14	16	18	20	22	24
	min	—	—	1	1,2	1,4	1,6	2	2,5	3	3,5	4	5	6	7	8	9	10	11	12
r		—	—	0,5	0,5	0,6	0,6	0,8	1	1	1	1,2	1,6	2	2	2	2,5	2,5	3	3
$g = d$ +		—	—	0,3	0,3	0,3	0,3	0,5	0,5	0,5	0,5	0,5	0,5	0,5	0,5	0,5	0,5	0,5	0,5	0,5

Rohre (siehe auch Seite 95)

Stahlrohre

Mittelschwere Gewinderohre n. DIN 2440 (5. 61),
Schwere Gewinderohre n. DIN 2441 (7. 72)

Gewinde: Whitworth-Rohrgewinde nach DIN 2999, Kegel 1:16; Muffengewinde zylindrisch.
Werkstoff: St 00 nach DIN 1629 für nahtlose Rohre und St 33 nach DIN 17 100 für geschweißte Rohre.

Nennweite Zoll	Nennweite mm	Außen-Ø d_1 mm	n. DIN 2440 Wanddicke s mm	n. DIN 2440 Gewicht kg/m	n. DIN 2441 Wanddicke s mm	n. DIN 2441 Gewicht kg/m	Muffe n. DIN 2986 Außen-Ø mm	Muffe Länge mm	Muffe Gewicht kg ≈	Gewinde-Ø d mm	Gang/1"
1/8	6	10,2	2,0	0,407	2,65	0,493	14,5	17	0,003	9,728	28
1/4	8	13,5	2,35	0,650	2,9	0,769	17,5	25	0,004	13,157	19
3/8	10	17,2	2,35	0,852	2,9	1,02	21,5	26	0,006	16,662	19
1/2	15	21,3	2,65	1,22	3,25	1,45	27	34	0,01	20,955	14
3/4	20	26,9	2,65	1,58	3,25	1,90	33,5	36	0,01	26,441	14
1	25	33,7	3,25	2,44	4,05	2,97	40,5	43	0,02	33,249	11
1 1/4	32	42,4	3,25	3,14	4,05	3,84	50	48	0,03	41,910	11
1 1/2	40	48,3	3,25	3,61	4,05	4,43	57	48	0,04	47,803	11
2	50	60,3	3,65	5,10	4,5	6,17	70	56	0,07	59,614	11
2 1/2	65	76,1	3,65	6,51	4,5	7,90	86	65	0,12	75,184	11
3	80	88,9	4,05	8,47	4,85	10,1	100	71	0,17	87,884	11
4	100	114,3	4,5	12,1	5,4	14,4	126	83	0,3	113,03	11
5	125	139,7	4,85	16,2	5,4	17,8	152	92	0,5	138,43	11
6	150	165,1	4,85	19,2	5,4	21,2	180	92	0,6	163,83	11

Außendurchmesser der Flußstahlrohre

Gewinderohre:
Außen-Ø *da* = Ø Rohrgewinde.

Glatte Rohrenden:
da 8···572 mm nach DIN 2448.

Festigkeitsberechnung nach DIN 2413

- s = Wanddicke in mm
- s_0 = theoret. Wanddicke mm
- p = Betriebsdruck in kp/cm²
- da = Rohraußen-Ø mm
- K = Werkstoffkennwert kp/mm² (Streckgrenze des Werkst.)
- σB = Zugfestigkeit kp/mm²
- p_{max} = größter Stoßdruck in kp/cm²
- p_{min} = kleinster Stoßdruck in kp/cm²
- S = Sicherheitsbeiwert (1,5···2,5)
- v = Wertigkeit der Längsschweißnaht (= 1,0 bei nahtlosem Rohr)
- c_1 = Zuschlag der zul. Wanddickenunterschreitung in mm
- c_2 = Zuschlag für Korrosion und Abnutzung in mm

Wanddicke $s = s_0 + c_1 + c_2$

Berechnung der theoretischen Wanddicke s_0:

Geltungsbereich	s_0 in mm	S*) mit	S*) ohne	K
I ruhend beansprucht bis 120° C	$s_0 = \frac{da \cdot p}{200 \cdot v \cdot (K : S)}$	1,7	2,0	σs
II schwellend beansprucht bis 120° C	gegen Verformen $s_0 = \frac{da \cdot p_{max}}{200 \cdot v \cdot (K : S)}$	1,7	2,0	σs
(größere Wanddicke ist zu wählen)	gegen Dauerbruch $\frac{da\,(p_{max} - p_{min})}{200 \cdot v \cdot (K:S) \cdot (p_{max} \cdot p_{min})}$	2,2	2,5	**)
III wie I über 120° bis 600° C	$s_0 = \frac{da \cdot p}{200 \cdot v \cdot (K : S) + p}$	1,6	1,8	σ 0,2/t

*) Abnahmezeugnis DIN 50 049 für den Werkstoff.
**) Zeit-Schnellfestigkeit bei 20° C (s. DIN 50 100).
St 00 nur bis ND 25 und 200° C zulässig.

Bezeichnungen

Gasrohr 1 1/2" DIN 2440 bezieht sich auf Innen-Ø.
Nahtloses Rohr 60 × 4,5 auf Außen-Ø und Wanddicke.
Nahtloses Gewinderohr 4" × 6,5 auf NW und Wanddicke.

Ausführung: nahtlos NW bis 6", stumpf geschweißt bis 2"; schwarz, verzinkt, asphaltiert, asph. und bejutet.
Kaltwasserdruckprobe: DIN 2440 nahtlos 32 kp/cm²; stumpf geschw. 16 kp/cm². DIN 2441 nahtlos 40 kp/cm²; stumpf geschw. 25 kp/cm².

Druckstufen nach DIN 2401 (1. 66)

Zul. Betriebsdruck der Rohrleitung (Nahtlose Rohre aus St 35, ab 250 kp/cm² St 35.4) bei Temp. in °C

ND	St 35 und St 35.4 120	200	250	300	St 35.8 200	250	300	400
1	1	1	1	1	ND = Nenndruck in kp/cm²			
2,5	2,5	2	1,8	1,5				
6	6	5	4,5	3,6				
10	10	8	7	6				
16	16	13	11	10	14	13	11	8
25	25	20	18	16	22	20	17	13
40	40	32	28	24	35	32	28	21
64	64	50	45	40	50	45	40	32
100	100	80	70	60	80	70	60	50
160	160	130	112	96	130	112	96	80
250	250	200	175	150	200	175	150	125
320	320	250	225	192	250	225	192	160
400	400	320	280	240	320	280	240	200

Nennweiten nach DIN 2402 (11.64): 1 1,2 1,5 2 2,5 3 4 5 6 8 10 12 15 16 20 25 32 40 50 65 80 100 125 150 175 200 250 300 350 400 500 600 700 800 900 1000 1200 um 200 steigend bis 4000.

Geschweißte Präzisionsstahlrohre, kaltgezogen, nach DIN 2393

Nennweiten: 4, 5, 6, 7, 8, 9, 10, 11, 12, 13, 14, 15, 16, 18, 20, 22, 24, 25, 26, 28, 30, 32, 34, 35, 36, 38, 40, 42, 45, 48, 50, 52, 55, 58, 60, 62, 65, 70, 75, 80, 85, 90, 95, 100, 110 und 120 mm.

Wanddicken: 0,5, 0,6, 0,75, 1, 1,2, 1,5, 1,8, 2, 2,2, 2,5, 2,8, 3, 3,5, 4 und 4,5 mm.

Lieferlängen von 2 bis 7 m.

Geschweißte Präzisionsstahlrohre, kaltgezogen oder kaltgewalzt, nach DIN 2394

Nennweiten: 10, 13, 16, 18, 20, 22, 25, 26, 28, 30, 32, 35, 38, 40, 45, 50, 55, 60, 70, 80, 90, 100, 110 und 120 mm.

Wanddicken: 1, 1,2, 1,5, 1,8, 2, 2,2, 2,5, 3, 3,5, 4 und 4,5 mm.

Lieferlängen von 2 bis 7 m.

8

8

Rohre (Fortsetzung)

Übersicht über Stahl- und Gußeisenrohre nach DIN 2410, Bl. 1 und 2 (Auszug)

Rohrart		DIN	Werkstoff	Nenndruckbereich kp/cm²	Nennweite NW in mm
Nahtlose Präzisionsstahlrohre		2391 Bl. 1	nach DIN 2391	für alle Drücke	4···120
Geschweißte Präzisionsstahlrohre		2394 Bl. 1 2394	nach DIN 2393 nach DIN 2394	für alle Drücke bis 100	4···120 6···120
Gewinderohre	mittelschwer schwer mit Gütevorschrift	2440 2441 2442	St 00 St 33	bis 25	10,2···165,1
Nahtlose Stahlrohre		2448	nach DIN 1629	für alle Drücke	10,2···558,8
		2449	St 00	bis 25	10,2···508
		2450 2451 2456 2457	St 35 St 45 St 55 St 52	bis 100	
Geschweißte Stahlrohre		2458	nach DIN 1626	für alle Drücke	10,2···1016
Gußeiserne Druckrohre	mit Schraubmuffen	28511	nach DIN 28500	Wasser bis 16	40···600
	mit Stopfbuchsenmuffen	28512			500···1200
	mit Stemmuffen	28513			40···1200
	mit Flanschen	28514			40···1200
		28515			40···400
	mit TYTON-Muffen	28516			50···600
Druckrohre aus duktilem Gußeisen	mit Schraubmuffen	28610	Duktiles Gußeisen	Gas*) Wasser bis 40	80···600
	mit Stopfbuchsenmuffen			Gas*) Wasser bis 25	500···1200
	mit TYTON-Muffen			Gas*) Wasser bis 40	80···600

*) Diese Rohre sind für Gasleitungen bis zu einem Nenndruck von 1 kp/cm² bestimmt.

Kupferrohre, nahtlos gezogen, **nach DIN 1754, Bl. 2** (8.69) Maße in mm

Außen-∅	Wd.-dicke	Gewicht kg/m	Außen-∅	Wd.-dicke	Gewicht kg/m	Außen-∅	Wd.-dicke	Gewicht kg/m	Außen-∅	Wd.-dicke	Gewicht kg/m	Außen-∅	Wd.-dicke	Gewicht kg/m	Außen-∅	Wd.-dicke	Gewicht kg/m
3	0,5	0,03	14	1	0,36	50	1,5	2,03	154	2	8,50	155	2,5	10,7	28	4	2,68
4		0,05	15		0,39	54		2,20	204		11,3	205		14,1	30		2,91
5		0,06	16		0,42	10	2	0,45	15	2,5	0,87	16	3	1,09	35		3,47
6		0,08	18		0,48	12		0,56	16		0,94	18		1,26	38		3,80
8		0,10	20		0,53	14		0,67	18		1,08	20		1,43	42		4,25
10		0,13	22		0,59	16		0,78	20		1,22	22		1,59	48		4,92
12		0,16	25		0,67	18		0,89	22		1,36	25		1,85	57		5,93
14		0,19	28		0,75	20		1,01	25		1,57	28		2,10	60		6,26
15		0,20	30		0,81	22		1,12	28		1,78	30		2,26	76		8,05
3	0,75	0,05	8	1,5	0,27	24		1,23	30		1,92	35		2,68	89		9,51
4		0,07	10		0,36	28		1,45	35		2,27	38		2,94	108		11,6
5		0,09	12		0,44	30		1,57	38		2,48	42		3,27	114		12,3
6		0,11	14		0,52	34		1,79	40		2,62	46		3,61	133		14,3
8		0,15	15		0,57	38		2,01	42		2,76	56		4,45	159		17,3
10		0,19	16		0,61	40		2,12	45		2,97	60		4,78	168		18,3
12		0,24	18		0,69	42		2,24	50		3,32	66		5,29	194		21,2
14		0,28	20		0,78	44		2,35	55		3,67	76		6,12	208		22,8
15		0,30	22		0,86	50		2,68	57		3,81	86		6,96	20	5	2,10
16		0,32	23		0,90	54		2,91	60		4,02	89		7,21	30		3,50
18		0,36	25		0,99	60		3,24	65		4,37	106		8,64	42		5,17
20		0,40	28		1,11	64		3,47	70		4,72	114		9,31	57		7,27
3	1	0,06	30		1,20	70		3,80	75		5,07	131		10,7	60		7,69
4		0,08	33		1,32	74		4,03	80		5,42	156		12,8	76		9,93
5		0,11	35		1,40	80		4,36	85		5,77	206		17,0	89		11,6
6		0,14	38		1,53	84		4,59	89		6,05	18	4	1,57	108		14,4
8		0,20	40		1,61	100		5,48	100		6,82	20		1,79	133		17,7
10		0,25	42		1,70	104		5,70	105		7,16	22		2,01	159		21,5
12		0,31	43		1,74	129		7,10	130		8,91	25		2,35	210		28,6

Gußeiserne Abflußrohre (GA)

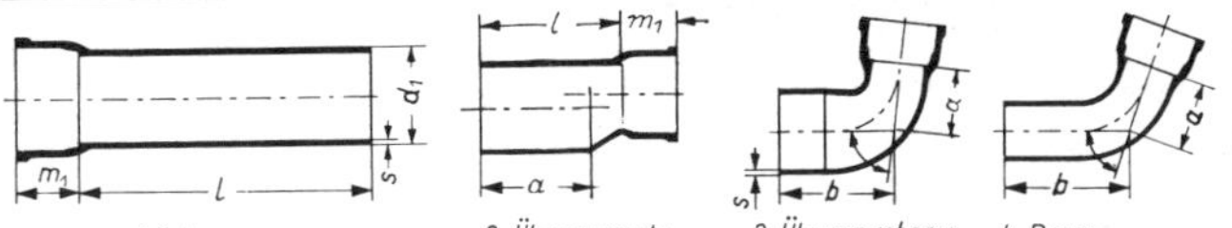

1. Rohr 2. Übergangsrohr 3. Übergangsbogen 4. Bogen

1. Rohre nach DIN 19 501 (9.74)

NW	m_1	s*	s**	Baulänge *l* in mm — Gewicht in kg (zul. Abweichung: —15%) 150	250	500	750	1000	1250	1500	1750	2000	2250	2500	2750	3000
50	55	3,5	3,4	1,4	1,8	3,0	4,1	5,3	6,5	7,7	8,8	10,0	11,2	12,3	13,5	14,7
70	55	3,5	3,4	1,8	2,5	4,1	5,5	7,1	8,7	10,2	11,8	13,3	14,9	16,4	18,0	19,5
100	60	4	3,4	3,0	4,0	6,6	8,1	10,3	12,5	14,7	16,9	19,1	21,3	23,5	25,7	27,9
125	65	4	3,6	3,9	5,3	8,5	10,8	13,7	16,6	19,5	22,4	25,3	28,1	31,0	33,9	36,8
150	70	5	3,8	5,5	7,4	12,1	13,6	17,3	21,0	24,7	28,4	32,1	35,7	39,4	43,1	46,8
200	80	6	6	8,5	11,5	18,5	25,5	32,7	39,7	46,7	54	61,2	68,2	75,2	82,2	88,7

s* für Formstücke u. Rohre bis *l* = 500 mm; s** für Rohre von *l* = 750...3000 mm. Bezeichnung eines gußeisernen Abflußrohres (GA) von Nennweite 100 und Baulänge *l* = 2000 mm: GA-Rohr 100 × 2000 DIN 19 501.

2. Übergangsrohr n. DIN 19 507 (9.74) — **3. Übergangsbogen 80°** n. DIN 19 510 (2.66)

kg	*a*	*l*	NW	*a*	*b*	kg
1,8	95	180	50 × 70	65	139	1,8
2,3	105	180	50 × 100	78	162	2,7
2,6	105	180	70 × 100	79	162	2,9
3,0	108	180	70 × 125	—	—	—
3,7	108	180	100 × 125	91	175	4,4
4,6	113	180	100 × 150	102	190	5,7
5,2	113	180	125 × 150	105	190	6,6
5,9	113	180	100 × 200	—	—	—
6,9	113	180	125 × 200	—	—	—
7,6	113	180	150 × 200	—	—	—

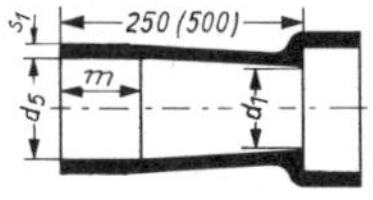

Steinzeugübergang

Steinzeugübergänge n. DIN 1230

NW1	NW2	d_1	d_5	s_1	*m*
50	75	51	76	14,5	60
	100		100	16	
75	100	76	100	16	
	125		126	17	
100	125	100	126	17	
	150		151	18	
125	150	126	151	18	
	200		202	20	
150	200	151	202	20	70
200	250	202	252	22	
250	300	252	302	24	

4. Bogen nach DIN 19 502 (9.74)

NW	87° *a*	*b*	kg	80° *a*	*b*	kg	70° *a*	*b*	kg	45° *a*	*b*	kg	30° *a*	*b*	kg	15° *a*	*b*	kg
50	62	131	1,5	57	126	1,5	51	120	1,5	38	107	1,4	32	101	1,3	25	93	1,3
70	73	145	2,2	67	139	2,2	59	132	2,1	43	117	2,0	35	107	1,9	28	100	1,8
100	89	170	4,0	81	162	3,9	72	152	3,8	51	132	3,5	41	122	3,3	32	112	3,1
125	103	195	5,4	94	180	5,2	83	170	5,1	59	145	4,6	47	130	4,4	36	120	4,0
150	119	217	8,4	108	200	8,0	95	185	7,7	68	155	7,0	54	135	6,3	41	125	5,9
200	146	255	15,0	133	240	14,5	116	225	14,0	82	190	13,0	64	172	11,6	48	158	11,3

Bezeichnung eines Bogens, für gußeiserne Abflußrohre (GA), von Nennweite 125, Form 80°: GA-Bogen 125 80 DIN 19 502.

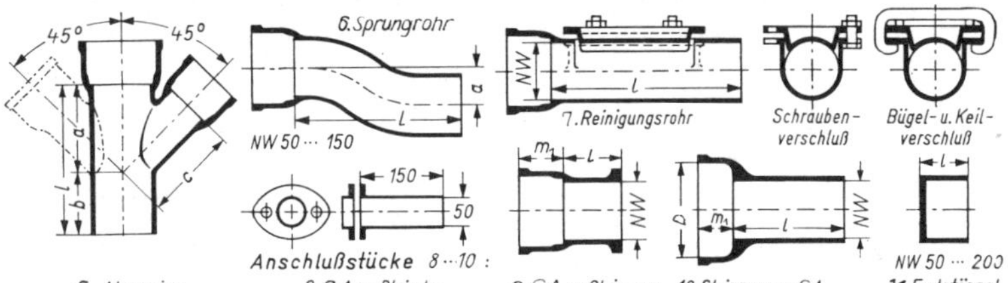

5. Abzweige 8. GA an Bleirohr 9. GA an Steinzeug 10. Steinzeug an GA 11. Endstöpsel

5. Abzweige
45° n. DIN 19 503 (9.74), 70° n. DIN 19 504 (9.74), 87° n. DIN 19 505 (9.74)

NW	n. DIN 19503 *l*	*c*	kg	n. DIN 19504 *l*	*c*	kg	n. DIN 19505 *l*	*c*	kg
50x 50	189	84	2,3	170	50	2,1	167	37	2,1
70x 50	197	100	3,0	175	63	2,8	171	46	2,5
70x 70	225	108	3,4	195	65	3,2	191	47	2,8
100x 50	210	122	4,4	185	80	4,1	181	61	3,9
100x 70	238	133	5,0	208	82	4,7	201	63	4,2
100x100	285	148	6,4	245	88	5,6	235	66	5,0
125x 50	213	142	5,6	192	93	5,3	193	76	5,2
125x 70	242	152	6,3	212	96	5,7	215	77	5,6
125x100	290	169	7,9	248	104	6,7	245	78	6,6
125x125	327	182	9,2	277	108	7,7	275	80	7,4
150x100	295	187	10,3	255	116	8,9	255	90	8,9
150x125	330	200	11,8	280	120	10,0	280	90	9,8
150x150	365	212	14,0	310	126	11,6	310	93	11,2
200x100	310	223	16,0	280	142	15,1	280	117	14,9
200x125	350	236	17,9	300	147	16,4	300	118	16,0
200x150	390	248	20,2	330	152	18,2	330	120	17,4
200x200	460	273	25,0	380	163	21,6	380	120	20,1

6. **Sprungrohre** n. DIN 19 506 besitzen Ausladung *a* = 65, 130 oder 200 mm.

7. **Reinigungsrohre** n. DIN 19 508/9 (9.74) erhalten Deckel mit Hammerschraubenverschluß n. DIN 186 mit runder oder rechteckiger Öffnung.

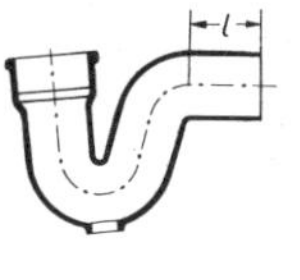

8. **Anschlußstück für GA an Bleirohr** *d* = 50, *l* = 150; 1,6 kg.

Geruchverschlüsse n. DIN 19 514/11.72

Ablaufstutzen-Neigung	NW 50 *l*	kg	NW 70 *l*	kg	NW 100 *l*	kg
3°	95	2,8	95	4,2	105	8
20°	90	2,8	90	4,2	95	8
45°	90	2,8	90	4,5	95	8,5
90°	95	3	95	5	105	9

9. u. 10. Verbindungsstücke n. DIN 545

GA an Steinzeug

NW	*D*	*l*	kg
100	145	100	4,0
125	175	100	5,5
150	200	100	6,5

Steinzeug an GA

NW	*D*	*l*	kg
100	160	230	6,0
125	190	250	9,4
150	220	270	12,8

8

Gußeiserne Druckrohre mit Stemmuffen nach DIN 28513 (3.62)

Klasse LA, A und B

Herstellungsverfahren: Klasse LA = Schleuderguß (Z); Klasse A und B = Schleuderguß (Z) und Sandguß (S)

Druckrohr	Stemmuffe für: Druckrohre	Stemmuffe für: Formstücke	Stemmuffe für: Überschiebmuffe

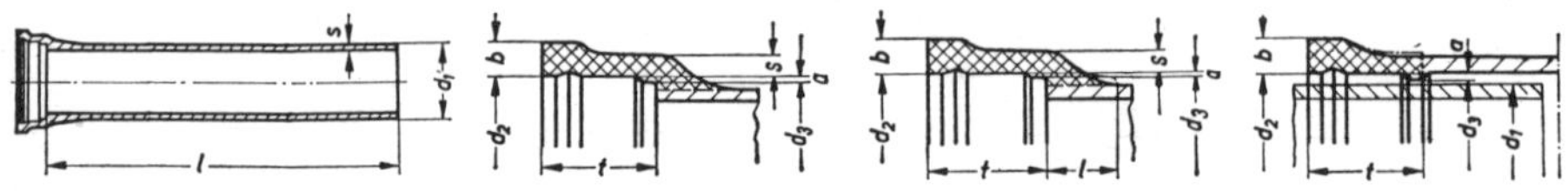

Bezeichnung eines Druckrohres Klasse LA von Nennweite 500 und Baulänge l = 5000 mm aus Schleuderguß (Z):
Druckrohr LA 500 × 5000 Z DIN 28513

Nennweite NW			40	50	65	80	100	125	150	200	250	300	350	400	500	600	700	800	900	1000	1200
d_1			56	66	82	98	118	144	170	222	274	326	378	429	532	635	738	842	945	1048	1256
Druckrohr																					
Wanddicke s*)		LA	6,5	6,7	6,9	7,2	7,5	7,9	8,3	9,2	10,0	10,8	11,7	12,5	14,2	15,8	17,5	19,2	20,8	22,5	25,8
		A	7,2	7,3	7,6	7,9	8,3	8,7	9,2	10,1	11,0	11,9	12,8	13,8	15,6	17,4	19,3	21,1	22,9	24,8	28,4
		B	—	—	—	8,6	9	9,5	10	11	12	13	14	15	17	19	21	23	25	27	31
1 m Rohr ohne Muffe kg ≈		LA	7,2	8,9	11,6	14,7	18,6	24,2	30,1	44,0	59,3	76,5	96,3	116,9	165,2	219,8	283,2	354,9	431,8	518,3	712,9
		A	7,9	9,6	12,7	16,0	20,5	26,4	33,2	48,1	65,0	84,0	105	128,7	181	241,4	311,6	389,1	474,3	570	783,1
		B	—	—	—	17,3	22,0	28,7	35,9	51,1	70,6	91,4	114,5	139,5	196,7	262,9	338,2	423,1	516,6	619,2	853,0
eine Muffe kg ≈		LA, A	2,7	3,3	4,4	5,5	7,1	9,2	11,5	16,8	22,9	29,8	37,5	46,3	66,0	89,3	116,8	147,8	182,6	222,3	313,2
		B	—	—	—	5,5	7,1	9,2	11,5	16,8	22,9	29,8	37,5	46,3	66,0	89,3	116,8	147,8	182,6	222,3	313,2
Gewicht eines Rohres in kg ≈ von Baulänge l in mm mit Muffe	2000	LA	17	21	—	—	—	—	—	—	—	—	—	—	—	—	—	—	—	—	—
		A	18,5	22,5	30	—	—	—	—	—	—	—	—	—	—	—	—	—	—	—	—
	3000	LA	24,5	30	39	—	—	—	—	—	—	—	—	—	—	—	—	—	—	—	—
		A	26,5	32	42,5	—	—	—	—	—	—	—	—	—	—	—	—	—	—	—	—
	4000	LA	—	—	51	64	81,5	106	132	193	260	336	423	514	727	968	1250	1567	1910	2295	3165
		A	—	—	—	69,5	89	115	144	209	283	366	458	561	790	1055	1363	1704	2080	2502	3446
		B	—	—	—	74,5	95	124	155	225	305	395	495	604	853	1141	1470	1840	2249	2699	3725
	5000	LA	—	—	—	79	100	130	162	237	319	412	519	631	892	1188	1533	1922	2342	2814	3878
		A	—	—	—	85,5	109	141	178	257	348	450	563	690	971	1296	1675	2093	2554	3072	4229
		B	—	—	—	92	117	153	191	278	376	487	610	744	1049	1404	1808	2263	2766	3318	4578
	6000	LA	—	—	—	93,5	119	154	192	281	379	489	615	748	1057	1408	1816	2277	2773	3332	4591
		A	—	—	—	101	130	168	211	305	413	534	668	819	1152	1538	1986	2482	3029	3642	5012
		B	—	—	—	109	139	181	227	330	447	578	724	883	1246	1667	2146	2687	3282	3938	5431
Stemmuffen nach DIN 28503																					
		d_2	74	84	100	116	137	163	189	241	294	346	398	449	553	657	760	865	968	1072	1281
		d_3	68	78	94	110	131	157	183	235	287	339	391	442	546	650	753	857	960	1064	1273
		t	74	77	80	84	88	91	94	100	103	105	107	110	115	120	122	125	128	130	140
für Rohre		b	21	21,5	22	22,5	23	24	24,5	26	27,5	29	30,5	32	35	38	41	44	47	50	56
		s	9	9,5	9,5	10	10,5	11	12	13	14,5	15,5	17	18	20,5	23	25,5	28	30,5	33	38
		kg ≈	2,7	3,3	4,4	5,5	7,1	9,2	11,5	16,8	22,9	29,8	37,5	46,3	66	89,3	116,8	147,8	182,6	222,3	313,2
für Formstücke und Überschiebmuffe		b	21,5	22	22,5	23	23,5	24,5	25,5	27	29	30,5	32,5	34	37,5	41	44,5	48	51,5	55	62
		l	39	40	41,5	43	45	47,5	50	55	60	65	70	75	85	95	105	115	125	135	155
		s	11	11,5	11,5	12	12,5	13	14	15	16,5	17,5	19	20	22,5	25	27,5	30	32,5	35	40
		kg ≈	2,9	3,6	4,7	5,9	7,6	9,9	12,5	18,2	24,9	32,4	40,9	50,2	71,8	97,3	126,8	160,8	198,9	241,5	341,2
Überschiebmuffe		kg ≈	2,1	2,7	3,5	4,4	5,7	7,4	9,3	13,5	18,4	23,9	30	36,7	52,1	70,2	91	114,7	141	170,3	238

*) Wanddicke s errechnet sich aus:

Klasse LA: $s = \frac{10}{12}(7 + 0{,}02\ \mathrm{NW})$; Klasse A: $s = \frac{11}{12}(7 + 0{,}02\ \mathrm{NW})$; Klasse B: $s = 7 + 0{,}02\ \mathrm{NW}$.

Werkprüfdruck und Nenndruck

Nennweite NW	Werkprüfdruck in kp/cm² für Klasse					Nenndruck I (W) in kp/cm² nach DIN 2401 für Klasse				
	LA	A		B		LA	A		B	
	(Z)	(S)	(Z)	(S)	(Z)	(Z)	(S)	(Z)	(S)	(Z)
40 bis 65	35	25	—	—	—	16	12,5	—	—	—
80 bis 600	35	20	35	25	35	10	10	12,5	12,5	16
700 bis 1200	15	15	20	20	25	10	10	12,5	12,5	16

Formstücke

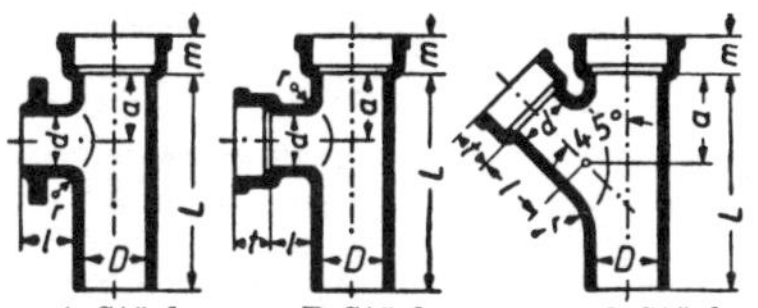

A-Stück B-Stück C-Stück

Für A- und B-Stücke sind:
$a = 100 + 0{,}2\,D + 0{,}5\,d$ mm;
$r = 40 + 0{,}05\,d$ mm
Für A-Stücke:
$l = 120 + 0{,}1\,d$ mm;

Für B-Stücke:
l = Muffentiefe d. Abzweiges
Für C-Stücke:
$a = 80 + 0{,}1\,D + 0{,}7\,d$ mm,
$r = d$; $l = 0{,}75\,a$.

A- und B-Stücke			C-Stücke		
D Durchm. des Hauptrohres mm	d Durchm. des Abzweiges mm	L Baulänge m	D Durchm. des Hauptrohres mm	d Durchm. des Abzweiges mm	L Baulänge m
40···100	40···100	0,8	40···100	40···100	0,8
125···325	40···325	1,0	125···275	40···275	1,0
350···500	40···300	1,0	300···425	40···250	1,0
	325···500	1,25		275···425	1,25
550···750	40···250	1,0	450···600	40···250	1,0
	275···500	1,25		275···425	1,25
	550···750	1,50		450···600	1,50
			650···750	40···250	1,0
				275···425	1,25
				450···600	1,50
				650···750	1,75

Außer den A-, B- u. C-Stücken gibt es AA-, BB- u. CC-Stücke mit 2 gegenüberliegenden Abzweigen.

E-Stücke (Flanschen-Muffenstücke) mit 1 Flansch und 1 Muffe. Baulänge L = 300 mm.

F-Stücke (Flanschen-Schwanzstücke) mit 1 Flansch:
Baulängen: L = 600 mm für D = 40···475 mm.
L = 800 mm für D = 500···750 mm.

I-Stücke (scharfe Bogenstücke von 30°) mit 1 Muffe:
Schwanzendenlänge D + 200, höchstens 600 mm,
Bogenradius $R = D + 150$, mindestens 250 mm.

K-Stücke (schlanke Bogenstücke) $R = 10\,D$.
L-Stücke (Bogenstücke) $R = 5\,D$.
R-Stücke (Übergangsschwanzstücke) mit 1 Muffe.
Ü- od. V-Stücke (Überschieber) $L = 4 \times$ Muffentiefe.

Gußeiserne Abflußrohre, Übergangsrohr und -bogen, Abzweige und Verbindungsstücke s. S. 117.

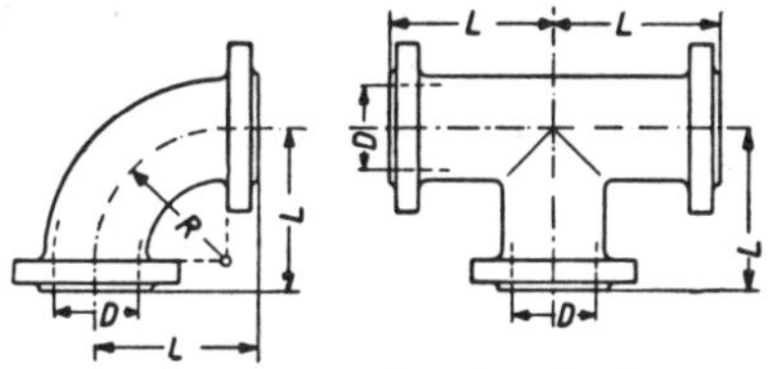

Normale Krümmer und T-Stutzen

$L = D + 100$ mm

$l = \frac{D}{2} + \frac{d}{2} + 100$ mm

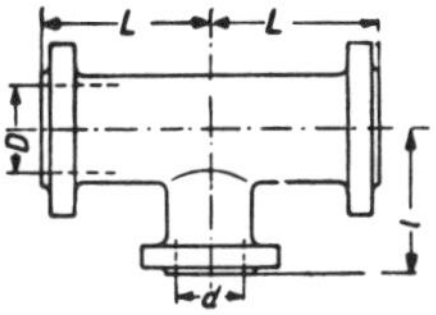

Weichbleirohre

l.W. mm	20	25	30	35	40	45	50	55	60
atü	Wanddicke s								
5	2,0	2,5	3,0	3,5	4,0	4,5	5,0	5,5	6,5
6	2,5	3,5	3,5	4,5	5,0	5,5	6,0	6,5	7,5
7	3,0	4,0	4,0	5,0	5,5	6,0	7,0	8,0	8,5
8	3,5	5,0	5.0	5,5	6,0	7,0	8,0	9,0	9,5

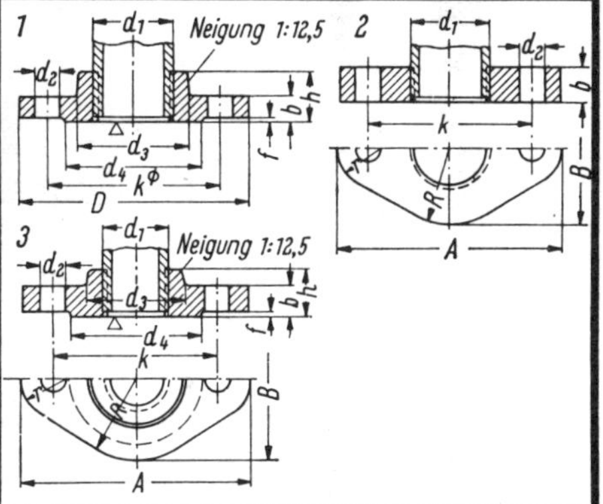

8

Gewindeflansche mit Ansatz nach DIN 2565, Nenndruck 6, Abb. 1

NW	1/8″	1/4″	3/8″	1/2″	3/4″	1″	1 1/4″	1 1/2″	2″	2 1/2″	3″	4″
	6	8	10	15	20	25	32	40	50	65	80	100
d_1	10,2	13,5	17,2	21,3	26,9	33,7	42,4	48,3	60,3	76,1	88,9	114,3
D	65	70	75	80	90	100	120	130	140	160	190	210
b	10	10	12	12	14	14	14	14	14	14	16	16
k	40	45	50	55	65	75	90	100	110	130	150	170
h	18	18	20	20	24	24	26	26	28	32	34	38
$d3$	18	22	25	30	40	50	60	70	80	100	110	130
$d4$	25	30	35	40	50	60	70	80	90	110	128	148
f	2	2	2	2	2	2	2	3	3	3	3	3
AS*	4	4	4	4	4	4	4	4	4	4	4	4
d_2	11,5	11,5	11,5	11,5	11,5	11,5	14	14	14	4	18	18

nach DIN 2566 (1.62), Nenndruck 10 und 16

D	75	80	90	95	105	115	140	150	165	185	200	220
b	12	12	14	14	16	16	16	16	18	18	20	20
k	50	55	60	65	75	85	100	110	125	145	160	180
h	18	18	20	20	24	24	26	26	28	32	34	38
$d3$	20	25	30	35	45	52	60	70	85	105	118	140
f	2	2	2	2	2	2	2	3	3	3	3	3
$d4$	32	38	40	45	58	68	78	88	102	122	138	158
AS*	4	4	4	4	4	4	4	4	4	4	4**	8
d_2	11,5	11,5	14	14	14	14	18	18	18	18	18	18

* AS = Anzahl der Schrauben
** 8 Schrauben für Nenndruck 16

Ovale Gewindeflansche, glatt nach DIN 2558 (1.62), Nenndruck 6, Abb. 2

NW	1/8″	1/4″	3/8″	1/2″	3/4″	1″	1 1/4″	1 1/2″	2″	2 1/2″	3″	4″
	6	8	10	15	20	25	32	40	50	65	80	100
d_1	10,2	13,5	17,2	21,3	26,9	33,7	42,4	48,3	60,3	76,1	88,9	114,3
A	64	72	75	80	90	100	118	132	140	160	190	210
B	32	36	40	45	64	72	85	95	100	118	140	160
b	12	12	12	12	14	14	16	16	16	16	18	18
k	40	45	50	55	65	75	90	100	110	130	150	170
R	16	18	20	22,5	32	36	42,5	47,5	50	59	70	80
r	10	11	12	13	18	20	22	25	28	32	38	42
d_2	11,5	11,5	11,5	11,5	11,5	11,5	14	14	14	14	18	18

Ovale Gewindeflansche mit Ansatz nach DIN 2561 (1.62), Nenndruck 10 und 16, Abb. 3

A	75	80	90	100	105	118	140	150
B	40	45	50	56	75	85	100	112
b	12	12	14	14	16	16	16	16
k	50	55	60	65	75	85	100	110
R	20	22,5	25	28	37,5	42,5	50	56
r	12	13	15	16	21	22	28	30
h	18	18	20	20	24	24	26	26
d_3	20	25	30	35	45	52	60	70
f	2	2	2	2	2	2	2	3
d_4	32	38	40	45	58	68	78	88
d_2	11,5	11,5	14	14	14	14	18	18

Alle Flansche Werkstoff: St 37 nach DIN 17 100

Rohre s. DIN 2440 u. 2441

Flansche, Übersicht, s. DIN 2500

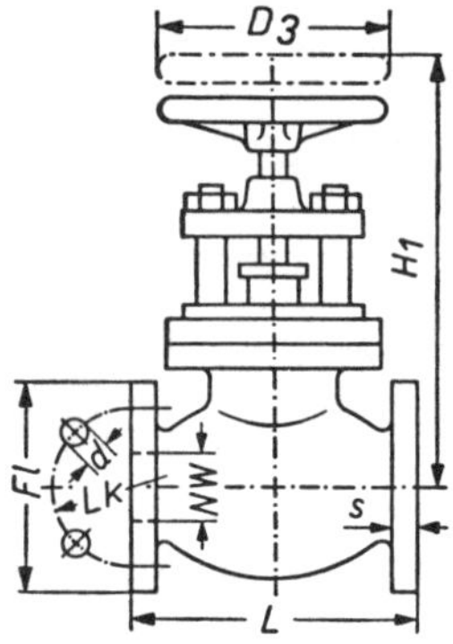

Normalabmessungen für Ventile nach DIN 3300, 3319

$Fl \cdot s$ = Flanschdurchmesser mal Dicke

Nennweite Baulänge		Nenndruck ND in kp/cm²								Vor- und Rücksprung n. DIN 2513		
		ND 6=6 kp/cm²		ND 10 u. ND 16		ND 10		ND 16				
NW	L	Fl·s	Lk·Schr	Fl·s	Lk·Schr	D_3	H_1	D_3	H_1	c	c_1	f
10	120	75·12	50·4·M 10	90·14	60·4·M 12	100	248	100	250	34	35	4
15	130	80·12	55·4· „	95·14	70·4· „	100	256	100	261	39	40	4
20	150	90·14	65·4· „	105·16	75·4· „	120	263	120	268	50	51	4
25	160	100·14	75·4· „	115·16	85·4· „	140	275	140	275	57	58	4
30	180	120·16	90·4·M 12	140·18	100·4·M 16	160	286	160	301	65	66	4
40	200	130·16	100·4· „	150·18	110·4· „	160	309	160	309	75	76	4
50	230	140·16	110·4· „	165·20	125·4· „	160	322	160	327	87	88	4
60	250	150·16	120·4· „	175·20	135·4· „	180	336	180	356	99	100	4
70	290	160·16	130·4· „	185·20	145·4· „	200	365	200	365	109	110	4
80	310	190·18	150·4·M 16	200·22	160·4· „*)	200	379	225	384	120	121	4
90	330	200·18	160·4· „	210·22	170·8· „	225	403	250	408	131	132	4
100	350	210·18	170·4· „	220·24	180·8· „	225	425	250	450	149	150	4,5
125	400	240·20	200·8· „	250·24	210·8· „	250	477	320	507	175	176	4,5
150	480	265·20	225·8· „	285·26	240·8·M 20	280	539	360	579	203	204	4,5

*) ND 16 = 8 Schrauben.

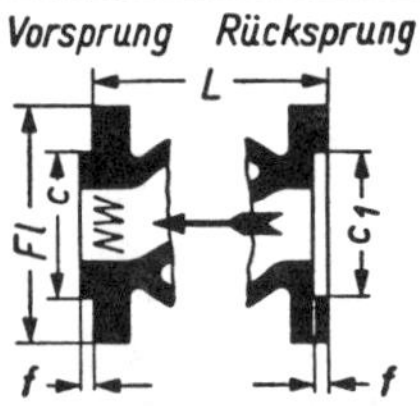

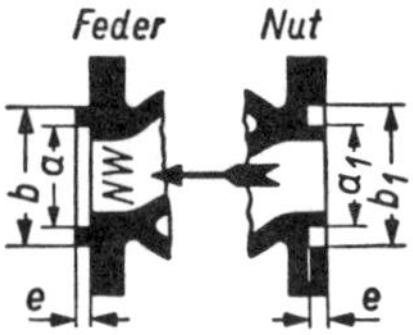

$Lk \cdot Schr$ = Lochkreis × Schraubenzahl × ⌀

Nennweite Baulänge		Nenndruck ND in kp/cm²									Nut und Feder nicht genormt		
		ND 25 u. ND 40*)		ND 25		ND 40		ND 100					
NW	L	Fl·s	Lk·Schr	D_3	H_1	D_3	H_1	L	Fl·s	Lk·Schr	a	b	e
10	120	90·16	60·4·M 12	120	253	120	253	210	100·20	70·4·M 12	20	30	3,5
15	130	95·16	70·4· „	120	261	140	266	210	105·20	75·4· „	25	35	3,5
20	150	105·18	75·4· „	140	278	160	288	230	130·22	90·4·5/8″	33	45	4
25	160	115·18	85·4· „	160	295	180	300	230	140·24	100·4· „	38	50	4
30	180	140·18	100·4·M 16	180	306	200	326	260	155·24	110·4·M 20	43	55	4
40	200	150·18	110·4· „	180	319	225	339	260	170·26	125·4· „	53	65	4
50	230	165·20	125·4· „	200	352	250	367	300	195·28	145·4·M 22	66	80	4
60	250	175·22	135·8· „	225	366	250	386	340	210·30	160·8· „	76	90	4
70	290	185·22	145·8· „	250	390	280	415	340	220·30	170·8· „	86	100	4
80	310	200·24	160·8· „	250	409	320	459	380	230·32	180·8· „	96	110	4
90	330	225·24	180·8·M 20	280	438	360	473	430	255·34	200·8·M 24	106	120	4
100	350	235·24	190·8· „	320	490	360	515	430	265·36	210·8· „	120	140	4,5
125	400	270·26	220·8·M 22	360	542	360	542	500	315·40	250·8·M 27	145	160	4,5
150	480	300·28	250·8· „	400	604	400	604	550	355·44	290·12· „	170	195	4,5

Baulänge von Absperrschiebern: Flanschenschieber $L = D + 200$; Muffenschieber mit eingetriebenen Sitzringen $L = 0{,}7\ D + 100$.

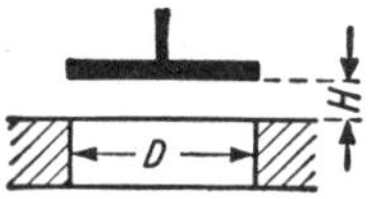

Ventilhub $H \cdot \pi \cdot D = \frac{\pi \cdot D^2}{4}$

$H = \frac{\pi \cdot D^2}{\pi \cdot 4 D}$ $H = \frac{D}{4}$

Beispiele für Bezeichnung:

Vollständiges Durchgangsventil (V) von Nennweite ¾″, Ausführung poliert:

Durchgangsventil V ¾″ DIN 3512 poliert

Vollständiges Auslaufventil (V) von Nennweite 1″, Ausführung verchromt:

Auslaufventil V 1″ DIN 3517 verchromt

Ventiloberteil für Ventil-Nennweite ¾″, Ausführung poliert, mit Handrad:

Ventiloberteil ¾″ DIN 3519 — poliert mit Handrad

Durchgangsventile nach DIN 3512 und 3513
Ventiloberteil bis NW ¾″ mit Knebel,
ab NW ½″ mit Handrad

Auslaufventile nach DIN 3517
Ventiloberteil bis NW 1″ mit Knebel,
ab NW 1¼″ mit Handrad

Nennweite	Baulängen						Schaft	Dichtung		⌀
	L	L_1	L_2	d	d_1	d_2	d_4	d_3	d_6	d_5
¼″	52	—	—	R ¼″	22	—	6	13,2	18,5	11
⅜″	65	—	75	R ⅜″	26	22	8	17,2	23	14
½″	65	65	90	R ½″	30	27	8	21	27,5	17,5
¾″	75	75	95	R ¾″	37	34	9	27,2	33,5	23
1″	90	90	105	R 1″	46	42	10,5	33,3	41	29
1¼″	110	110	125	R 1¼″	53	53	12,5	42	51	37
1½″	120	120	140	R 1½″	61	60	12,5	48	59,5	43
2″	150	150	170	R 2″	74	74	14,5	60	71,5	55

DIN 3512   DIN 3513   DIN 3517

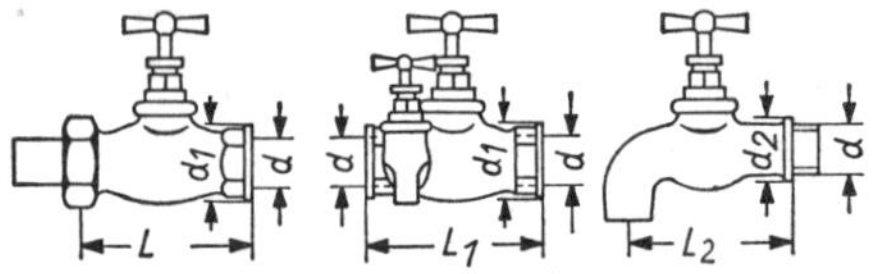

Ventiloberteile nach DIN 3519
Werkstoff: G-MS 65, GD-MS 60, MS 58, MS 60 und Rg 5
Ausführung: blank, poliert, verchromt

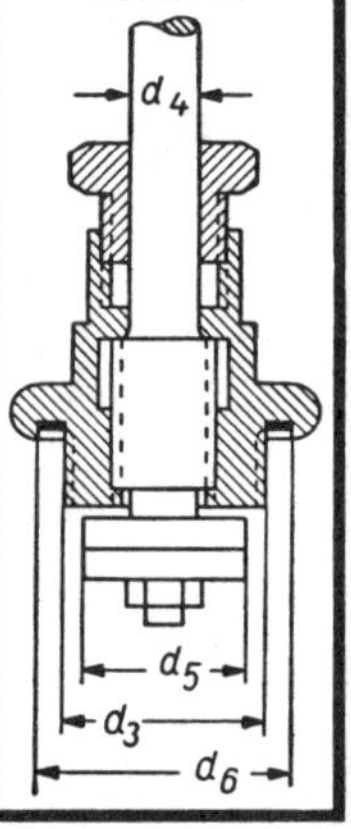

Gießerei- und Veredlungsöfen

Kupolofen. Als Schachtofen mit feuerfestem Futter ausgebildet, ohne oder mit Vorherd zur Warmhaltung des geschmolzenen Roheisens. Gebläsewind zum Beschleunigen des Schmelzvorgangs. Erforderliche Windmenge ≈ 8 m³ auf 10 kg Roheisen. Erforderliche Koksmenge: 9 kg Koks auf 100 kg Roheisen. Verarbeitung von siliciumreichem, grauem Roheisen zu Gußeisen, etwa 5 bis 12,5 t je Stunde. Abbrand bis zu 8%. Man rechnet für 7 t Eisen einen Rauminhalt des Vorherdes von 1 m³.

Tiegelschmelzofen. Hauptverwendung in der Metallgießerei: Rotguß, Messing usw. Ofenschacht viereckig, unter der Hüttensohle durch Deckel verschlossen. Tiegel aus feuerfestem Ton und Graphit auf Schamotteuntersatz und Rost, bis 300 kg Metall fassend und ≈ 20 Chargen aushaltend. Herausnehmen des Tiegels mittels Greifzange (S. 138). **Kippbarer Tiegelofen** mit Unterwind und Vorwärmer. **Tiegelofen** mit Ölfeuerung, einfach, rauchfrei. Brennstoff: Steinkohlenteeröl, durch Druckluft (0,3 at) zerstäubt.

Das Eisen findet Verwendung:

1. In Gießereien. Erkalteter Gußkörper hat kleineren Rauminhalt als flüssiger. Roheisen und wenig Schrott ergeben weiches Gußeisen, leicht zu bearbeiten; C-Gehalt ≈ 3,2%. Harter bzw. weicher Guß durch Auswahl verschiedener Eisensorten u. Zusätze (Ferrosilicium, Schrott). Schwindmaß siehe S. 194.

2. Im Temperofen. In Tempertöpfe verpacktes weißes Roheisen wird durch Glühen in Sand (Eisencarbid zerfällt) zu **Schwarzguß** (≈ 2,6% C) oder durch Glühen in Roteisenstein, Hammerschlag oder dgl. zu **weißem Temperguß** (≈ 0,3 bis 2% C) durch Entziehung von Kohlenstoff. Größere Festigkeit: Biegen kalt, Schmieden bei Rotglut. **Langsames** Anheizen und Abkühlen zur Vermeidung von Spannungen. Schwefel und Phosphor werden nicht ausgeschieden.

3. In der Klein-Bessemer-Birne. Einschmelzen von weißem Roheisen u. 12···50% Schrott (≈ 3% C). Einsatz 1···2 t. Stahlguß zur Herstellung leichter, dünnwandiger (3 mm) Formstücke. Zusätze: Ferrosilicium, Ferromangan usw. Gebläsewind (bis 0,2 at) über dem Eisenbad. Gußstücke sofort aus der Form entfernen, starke „Schwindung". Beseitigen der Spannungen sowie Erhöhung der Festigkeit und Zähigkeit durch Ausglühen (bis 950°, 1 bis 2 Tage) in Glühöfen.

4. Im Klein-Martin-Ofen. Umwandlung von Gußeisen (phosphorarmes, graues Roheisen) u. Schrott in Stahlguß bis 50 kp Festigkeit. C-Gehalt bis 1,5%; 0,1% Aluminiumzusatz zum Entfernen d. Sauerstoffes aus etwa verbranntem Metall. Zusätze: Spiegeleisen, Nickel u. a. — Auch i. d. Klein-Bessemer-Birne wird Stahlguß (Stahlformguß) erzeugt.

Der im Klein-Martin-Ofen gewonnene Stahl findet mit Zusatz von Zement- und Gärbstahl weiter Verwendung zur Herstellung von **Tiegelstahl im Tiegel-Stahl-Ofen.** Tiegel aus bestem, feuerfestem, mit Graphit vermischtem Ton halten über 1700° und 1···2 Chargen aus. Inhalt: 30···300 kg. Durch die hohe Temperatur Ausscheidung der Oxide, Gase und Schlacke. Einsätze möglichst frei von Schwefel- und Phosphor. Erzeugung verschiedener Werkzeugstahlsorten durch Zusätze von Chrom, Nickel, Wolfram usw.; Silicium nicht unter 0,25%. Kohlenverbrauch etwa 17 kg auf 100 kg Fertigstahl.

Früher wurde zur Herstellung von Schweißstahl sogenanntes **Puddeleisen** (Puddelstahl) verwandt, das im Puddelofen (Flammofen) hergestellt wurde. Graues, manganreiches, phosphorarmes Roheisen (Spiegeleisen) wurde in der wassergekühlten Pfanne des Puddelofens niedergeschmolzen. Die über das Schmelzgut hinweggeführten Verbrennungsgase verminderten (verbrannten) den Kohlenstoff-, Mangan- und Siliciumgehalt des mittels Rührhakens (Kratze) vom Schmelzer (Puddler) ständig in Bewegung gehaltenen Schmelzgutes.

Durch die Entkohlung wurde der Schmelzpunkt erhöht, das Schmelzgut also dickflüssig (teigig). Puddelstahl eignete sich vorzüglich zu Kunstschmiede- und Schweißarbeiten (≈ 0,15% C). Die Weiterverarbeitung zu Feinkornstahl (≈ 0,6% C) oder zu härtbarem Klingen- und Werkzeugstahl (≈ 0,9% C) erfolgte nach dem Zementierverfahren. Das Puddeln wurde durch die Herstellung von Stahl in flüssigem Zustande (Bessemer-Birne, Martin-Ofen) verdrängt.

Zementstahl. Schweißstahlstäbe werden mit Holzkohle in Schamottekästen verpackt und bei ≈ 1000° 7···9 Tage geglüht. Nach dem Glühen bis 1,5% C. Nicht härtbarer Stahl ist härtbar geworden (Zementstahl). Zusammenschweißen der Zementstahlstäbe in Paketform, Austreiben der Schlacke durch wiederholtes Zusammenschweißen und Walzen ergibt den Gärbstahl. Werkzeugstahl (Tiegelgußstahl) erhält man durch Einschmelzen des Zementstahls in Tiegelöfen. — **Einsetzen.** Fertig bearbeitete Werkstücke, die Stößen und Verschleiß ausgesetzt sind (Zapfen, Getriebeteile u. dgl.), werden in Blechkästen zwischen Holzkohlenpulver (luftdicht verschlossen) geglüht. Stellen, die weich bleiben sollen, erhalten Lehmanstrich.

Elektrostahl. Hochwertiger Qualitätsstahl. Veredlung von flüssigem Bessemer- oder Martinstahl durch Zuschlag von Chrom, Wolfram, Nickel usw. unter Luftabschluß. **Wärmequelle:** Elektrischer Strom (Wechselstrom) bis 100 Volt, hohe Stromstärke, regelbare Temperatur bis 3500°. Weitgehendste Reinigung des Stahls bei Verwendung von unreinen Rohstoffen. Prozeßdauer ≈ 3 Stunden. Stromverbrauch ≈ 250 kWh flüssiger Einsatz, ≈ 800 kWh kalter Einsatz.

Elektrostahlöfen. Der **Girod-Ofen** hat eine Kohlenelektrode; den zweiten Pol bilden Stahlstücke im Herdboden. **Héroult-Ofen** (S. 123), Fassungsvermögen ≈ 10···25 t; der Strom geht von Elektrode *A* durch das Einsatzgut zur Elektrode *B*. Kippvorrichtung mittels Zahnstange und Zahnrad. **Induktionsofen:** Primärstrom durchfließt Kupferdrahtspulen und erzeugt in Magnetkörpern Wechselstrom, der durch Induktion auf das Stahlbad übertragen wird. Der beim Stromdurchgang durch das Stahlbad auftretende Widerstand erhitzt das Stahlbad.

Hochfrequenzofen: Die Ofenspule wird durch Wechselstrom von hoher Frequenz (300···500 Hz) gespeist. Das axiale Kraftlinienfeld bildet im Einsatz Wirbelströme, und diese erhitzen das Schmelzgut.

Widerstandsofen (Graphitofen): gewinnt an Bedeutung. Drei Graphitstäbe gehen waagerecht durch den Ofen und werden mit 6000 A bei 20 bis 75 V belastet. Vorteil: Konstante Ofentemperatur (bis 2500° C), gleichmäßige Schmelztemperatur und geringer Elektrodenverbrauch.

Gießerei- und Veredlungsöfen

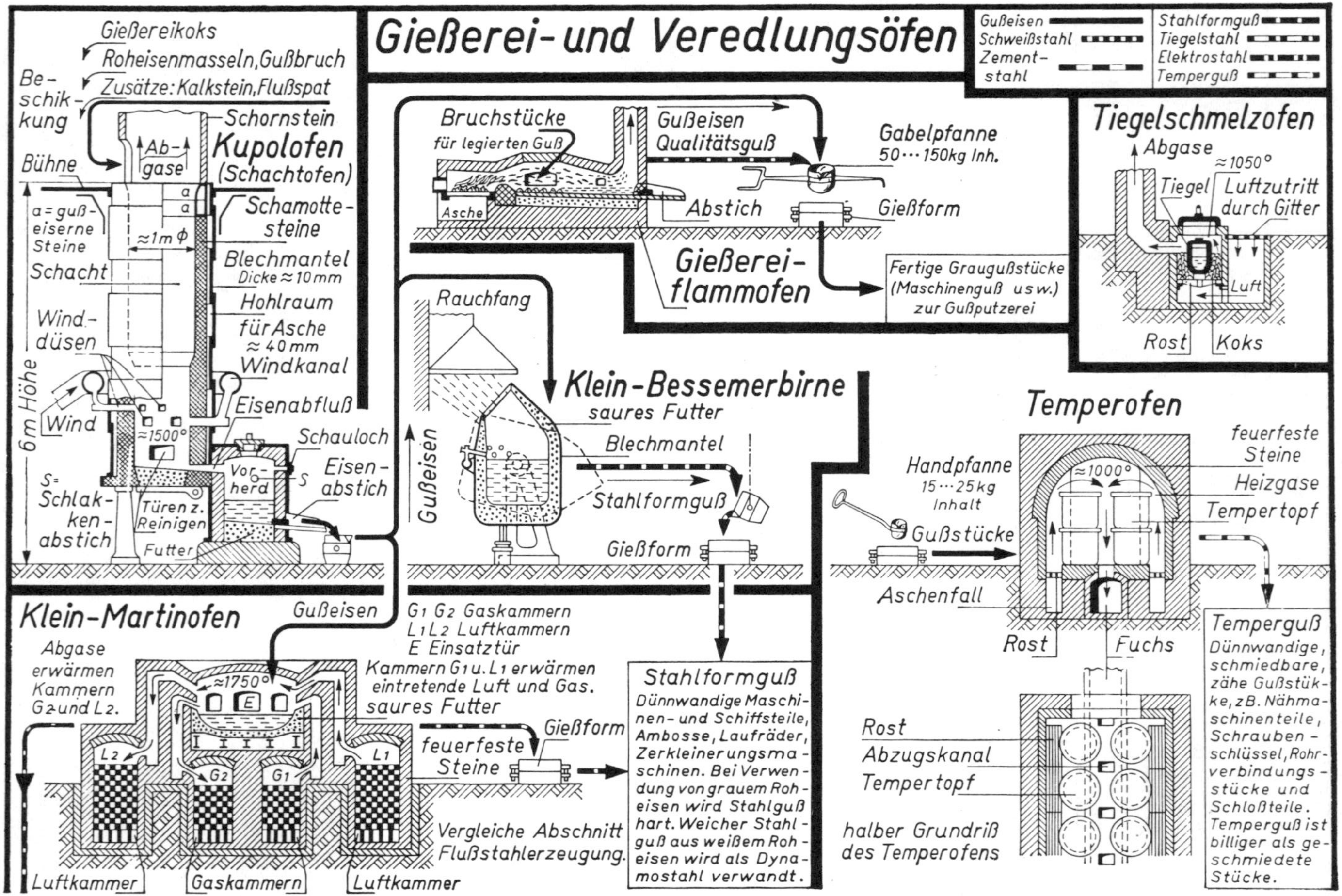

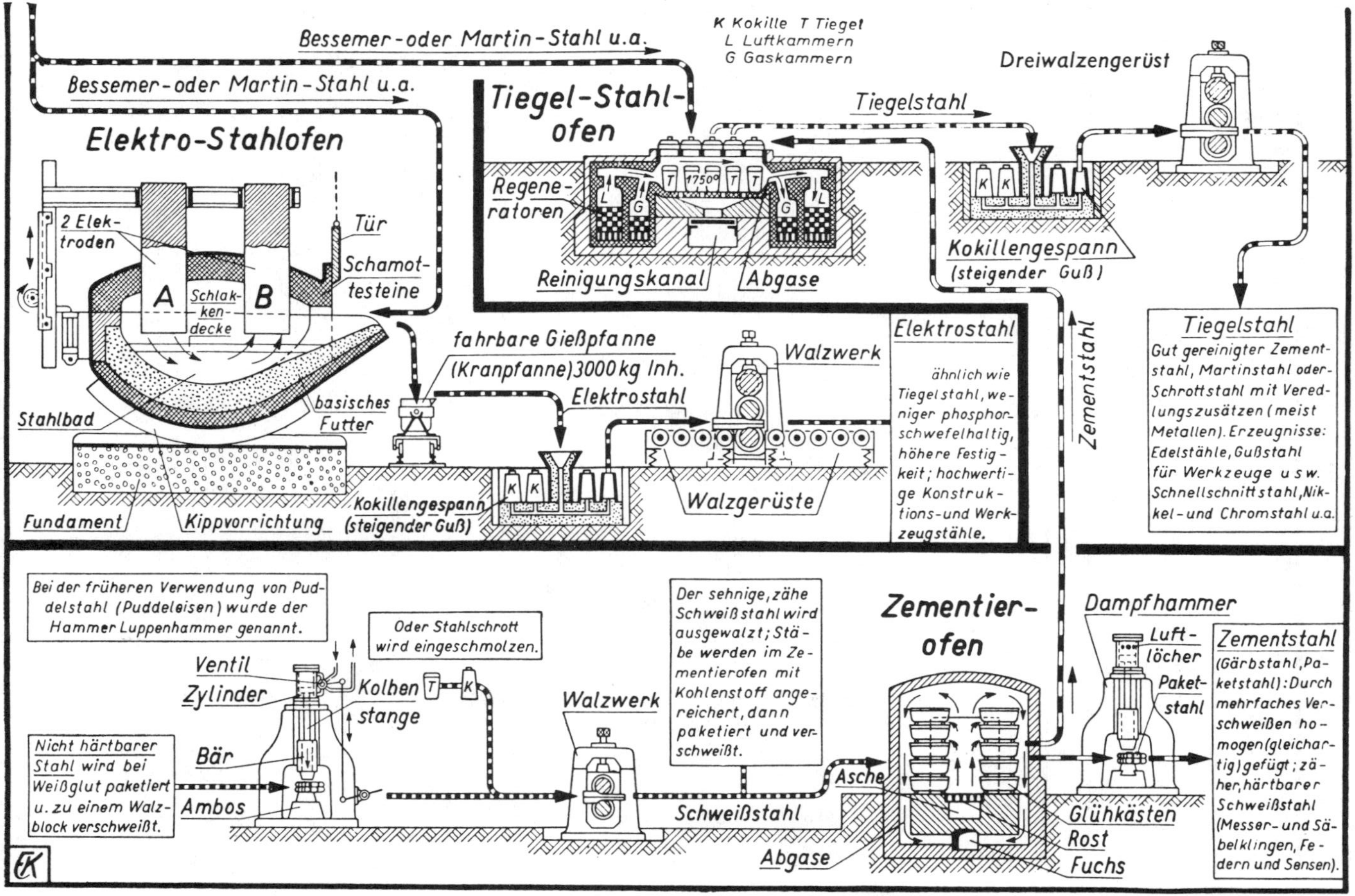

LD-Verfahren s. S. 88

Gießerei

Das Gußeisen wird im **Kupolofen** (s. S. 121, 122) durch Umschmelzen von Roheisen unter Zusatz von altem Gußeisen (Gußabfällen), gepreßten Bohr- und Drehspänen, Schmiedeabfällen u. dgl. gewonnen. Gutes Gußeisen wird bei etwa 1300° dünnflüssig, füllt die Formen gut aus und ist nach dem Erkalten weich und bearbeitungsfähig.

Die **Modelle** werden aus Holz, Messing, Stahl, Gips, seltener aus Wachs, Blech usw. hergestellt. Bei der Fertigung von Modellen sind die **„Konizität"** der Modelle zum besseren Herausnehmen aus der Form und das **„Schwindmaß"** (S. 194) zu berücksichtigen. Beim Erkalten schwinden die Metalle: das Gußeisen z. B. um $^1/_{96}$ seiner Abmessung ($\approx$ 1%). Das Modell muß also um dies Stück größer sein als das Werkstück. Vergleiche Schwindmaß. Holzmodelle werden aus einzelnen Teilen zusammengeleimt, um das **„Werfen"** des Holzes zu verhüten. — **Holzart:** Kiefern- und **Erlenholz,** lufttrocken, dicht, astfrei. — **Modelle aus Metall** dienen zur Herstellung von Massenartikeln; lange Lebensdauer.

Anstrich von Modellen nach DIN 1511 (8. 57)

Anwendung	Gußeisen	Temperguß Stahlguß	Nichteisenmetallguß
unbearbeitet bleibende Flächen am Modell und im Kernkasten	Grundfarbe rot	Grundfarbe blau	farblos (Schellack)
zu bearbeitende Flächen	Einzelflächen werden gelb gestrichen; außerdem gelbe Streifen[1]) u. Tupfen		
Sitzstellen loser Modellteile (Ansteckteile) am Modell oder im Kernkasten; Schraubenköpfe für Ansteckteile[2])	schwarz umrandet, gegebenenfalls die von losen Modellteilen bedeckten Flächen grün		
Stellen für Abschreckplatten und Marken für einzulegende Dorne mit Angabe des Halbmessers	blau	rot	blau
Kernmarken[3])	Stirnflächen schwarz		
auszuführende Hohlkehlen	schwarz gestrichelt umrandet mit Angabe des Halbmessers		
verlorene Köpfe oder Aufgüsse und verstärkte Bearbeitungszugaben	schwarze Streifen an der Grenze des Kopfes u. entsprechende Beschriftung		
Dämmleisten o. Versteifungen u. abzudämmende Teile am Modell[4])	Grundfarbe der Modelle mit gekreuzten schwarzen Strichen		
Lage des Kerns auf der Teilfläche der Modelle	schwarz		

1) Die gelben Streifen müssen schmaler sein als die zwischen ihnen verbleibenden Streifen der Grundfarben. — 2) Erforderlichenfalls müssen Ansteckteile durch gleiche Strichzahl gekennzeichnet werden. — 3) Bei mehreren Kernmarken an einem Modell sind die zugehörigen Kerne gegen Verwechslung zu sichern. — 4) Bei großen Modellen kann der Anstrich der Dämmleisten, Versteifungen oder der abzudämmenden Teile fortfallen. — Die Ziehkanten von Schablonen sind in der Grundfarbe der Modelle zu streichen.

Beschriftung von Modellen nach DIN 1511

Modelle, Modellteile, Kernkasten und Schablonen erhalten schwarze Schrift. Ferner gibt man durch schwarze Beschriftung an:

1. Verlorene Köpfe u. Flächen, die bearbeitet werden sollen. Diese können auf Wunsch mit dem gleichen Bearbeitungszeichen der Werkstattzeichnung gekennzeichnet werden (siehe DIN 140, Blatt 1). Die gleichen Kennzeichen gelten auch für zu bearbeitende Löcher, die im Kernkasten erkennbar sind.

2. Nummer des Modells (bei zwei und mehr Teilen auf jedem Stück), Anzahl der Kernkästen, Schablonen (Ziehbretter) und Anzahl der abnehmbaren Teile auf Modellen oder Schablonen.

3. Probedruck in Atmosphären, mit dem Hohlgußstücke abzupressen sind, z. B. 18 at. — Soll das Modellzeichen angegossen werden, dann sind Modellzeichen aus Metall anzubringen. Zulässig ist auch in das Metall eingeschnittene Blockschrift (nicht an gefährdeten Querschnitten).

Die Handformerei

Der Former bedient sich zum Formen 1. des **„mageren Formsandes"**, kurz **Formsand** genannt, der weniger als 10% ungebrannte Tonerde als Bindemittel und Kohlenstaub enthält, 2. der **„Masse"** oder des **fetten Formsandes** mit mindestens 15 % Tonerde, von Natur aus vermischt, und 3. des **Lehms,** einem **Gemenge** aus feinem Sand, Ton und bräunlichen Eisenverbindungen, das zur Gasdurchlässigkeit mit Häcksel, Stroh, Koksstaub oder Pferdedünger vermischt wird.

Alle drei Formstoffe werden mit Wasser bildsam gemacht. Der Formsand ist gut durchzusieben und wird bei mehrmaligem Gebrauch in Kollergängen und Mischmaschinen **„aufbereitet"**.

Der unmittelbar auf die Modelloberfläche gesiebte Sand erhält besondere Beimengung von Steinkohlenstaub, damit er nicht am Gießwerkstoff anbrennt. Außerdem werden die Modellflächen mit Formpuder bestreut, um das Anhaften zu verhüten. Beim Einformen kleinerer Modelle sowie in der Kernmacherei werden Holzkohlenpulver und **Lykopodium** (Bärlappsamen) verwendet; man bestreut damit die Formflächen und drückt das Modell noch einmal in die Form. Das Modell löst sich alsdann glatt vom Formsand.

Die aus dem Kohlesand und noch mehr aus den Lockerungsmitteln der Kernmasse entweichenden Gase („Luft") sind brennbar mit bläulicher Flamme. Damit die Gase entweichen können, sticht der Former mit dünnem Draht (Luftspieß) **„Luftlöcher"** in die Form.

Man unterscheidet Gießen in „nassen" und in „trockenen" Sand. Der Trockensandguß ist für dickwandige Maschinenteile zuverlässiger. Um den (nassen) Formen besseren Halt zu geben, steckt der Former stählerne **Formerstifte** (40 bis 200 mm lang, 0,9 bis 2,5 mm dick) hinein. Bei größeren Formen hängt er an den Enden umgebogene Stahlstücke (Sandeisen) in die Kästen und formt sie in den Sand mit ein. Vor dem Guß erhalten die inneren Formflächen der trockenen Sandformen zur Erzeugung glatter Gußoberflächen einen Anstrich mit „Schwärze" (Graphit- und Koksstaub mit Wasser) und verdünnter Zuckermelasse.

Damit die einzelnen Sandballen der Kästen nicht aneinander haften, siebt man getrockneten Sand oder staubt Lykopodium auf die Berührungsflächen.

Die **Kerne** (vgl. S. 127) sollen den gewünschten Hohlraum in dem zu gießenden Stück aussparen. Sie werden in den Kernlagern gelagert. Man nimmt zur Herstellung der Kerne fetten Sand, Lehm oder mageren Formsand mit Kolophonium, Mehl, Zuckermelasse oder Leinöl gemischt. Die Kerne müssen deshalb stets getrocknet werden. Zur Versteifung (Haltbarkeit) dienen Kerneisen.

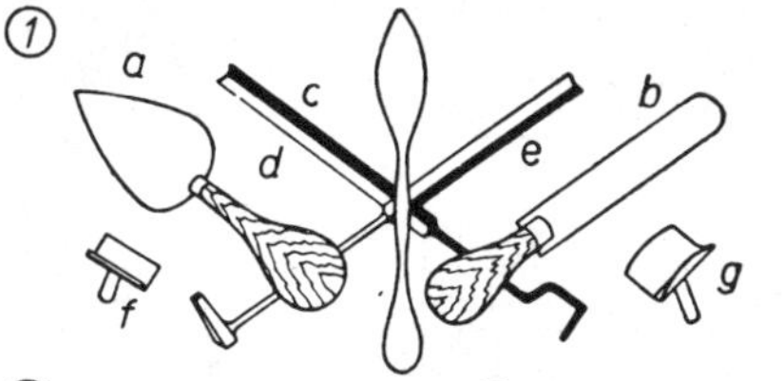

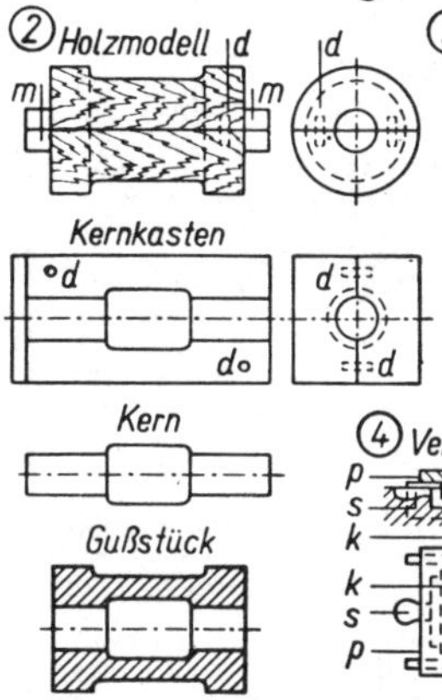

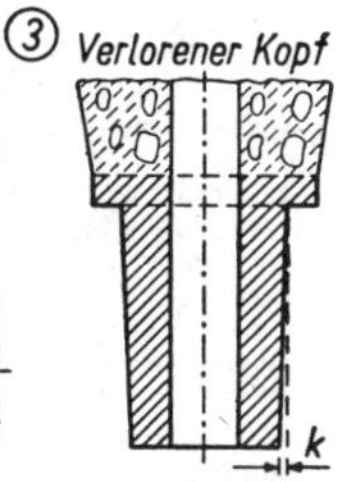

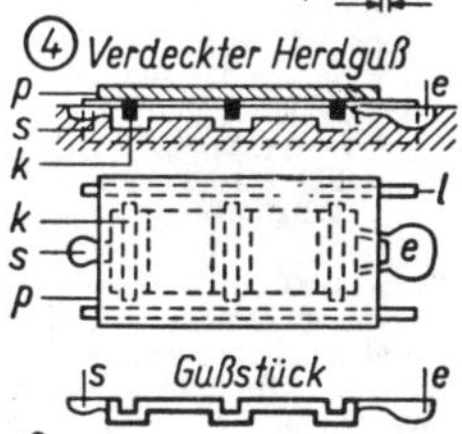

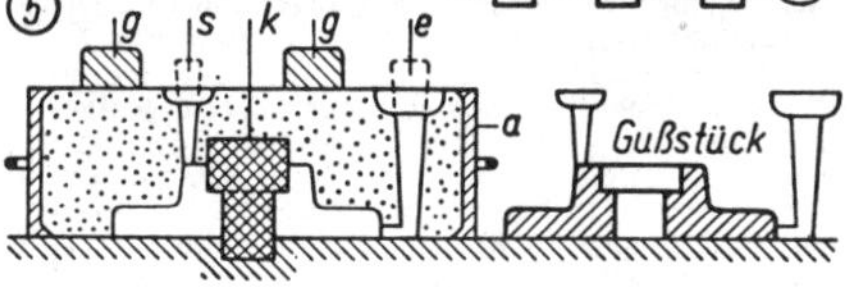

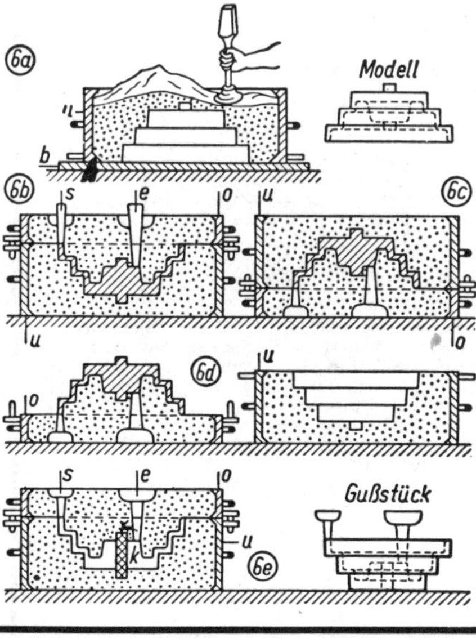

Gießerei (Fortsetzung)

Formerwerkzeuge (1): *a* und *b* sind Streichbleche (Streichkellen), *b* wird auch Putzeisen genannt; *c* ist ein Polierblech (Lanzette oder Löffel), *d* und *e* sind Sandhaken (Polierfüße). *f* und *g* Kantenglätter (Winkelknöpfe) für gerade und runde Kanten.

Herstellung einer Lagerbuchse (2). Der aus dem (rot gestrichenen) zweiteiligen Modell herausragende Teil *m* ist die **Kernmarke,** die meist schwarz gestrichen ist; sie dient zur Lagerung des **Kerns** in der Form. **(2)** zeigt **Kernkasten, Kern** und fertiges Gußstück im Schnitt. Viele Modelle werden zwei- und mehrteilig gemacht zur Erleichterung des Einformens. Die Teile werden durch Dübel *d*, Stifte oder Schrauben so gegeneinander gesichert, daß ein Verschieben der einzelnen Teile beim Einformen ausgeschlossen ist.

Verlorener Kopf (3). Rohre, Zylinder, Buchsen und dgl., die aufrecht gegossen werden müssen, erhalten zur Vermeidung poröser Lunkerstellen eine Zugabe von Werkstoff durch Aufsetzen eines **„verlorenen Kopfes"**, in dem sich die nach oben steigenden Gasblasen sammeln; durch Steigung *k* (Kegelform) ist ein leichtes Ausheben des Modells aus dem Sand möglich.

Herdformerei

Im offenen Herdguß werden einfache Gußstücke hergestellt, bei denen es auf Genauigkeit weniger ankommt (Herd-, Ofenplatten, Roststäbe u. dgl.). — Die Gießereisohle besteht aus grobem Koks; darüber liegt eine Schicht Kleinkoks, hierüber grober Formsand, der mit Modellsand überdeckt ist. In der obersten Schicht werden Gußformen durch waagerechtes Einklopfen des Modells hergestellt.

Verdeckter Herdguß (4) findet Anwendung beim Abgießen größerer Modelle. Die Form wird durch eine starke Platte *p* abgedeckt, zuweilen noch mit Gewichten beschwert (Abschließen gegen Luft); dadurch erfolgt langsamere Abkühlung des Gußstückes, so daß weniger Gußspannungen auftreten und das Gußstück weicher bleibt. Leisten *l* dienen zum Auflegen der Platte; *k* = Kerne; *e* = Einguß.

Kastenformerei

Einformen einer Ankerplatte in 1 Kasten (5). Das Modell wird auf aufbereiteten, ebenen Leerboden gelegt, dann ein Oberkasten darübergesetzt, der mit Sand vollgestampft wird. Es sind Einguß *e* und Steiger *s*, der als Luftaustritt, Überlauf und zur Verdichtung des Gußgefüges dient (durch Einstecken von konischen Rundstäben), vorzusehen. Der Kasten wird geschwenkt (umgedreht), das Modell herausgenommen, die Form fertiggemacht, Kern *k* eingesetzt, der Kasten wieder geschwenkt und bei größeren Gußstücken mit Platten und Gewichten *g* beschwert, damit das einfließende Gußeisen die Form nicht „hochtreibt". Kasten *a* ist meist aus Gußeisen von rechteckiger (seltener runder) Form. — Beim **Herdguß** würde das Einformen umgekehrt geschehen.

Einformen einer Stufenscheibe (6). Modell wird in Unterkasten *u* eingestampft **(6a)**, wobei die obere Seite auf einem Brett *b* liegt. Kasten *u* wird gewendet, die modellfreie Sandfläche durch Übersieben von Trockensand isoliert, Oberkasten *o* auf *u* gesetzt. Steiger *s* und Einguß *e* (Holzstäbe) eingesetzt und fertiggestampft **(6b)**. Steig- und Eingußtrichter werden angeschnitten und die Holzstäbe entfernt. Dann werden beide Kästen zusammen geschwenkt **(6c)**. Nun wird *u* von *o* vorsichtig abgehoben und neben *o* gestellt **(6d)**, das Modell entfernt, die Form mit Formerstiften gefestigt und beide Kästen von Unreinigkeiten durch Ausblasen mittels Handblasebalgs gesäubert, Kern *k* in den Unterkasten *u* eingesetzt und Oberkasten *o* vorsichtig aufgesetzt **(6e)**. Steiger und Einguß werden bis zum Guß mit Hede (Werg) bedeckt, damit kein Sand od. a. in die Form fällt. — Einguß *e* wird besser auf der Nabe oder ähnlich S. 126, rechts unten, angebracht. Er läßt sich dann leichter entfernen.

Gießerei (Fortsetzung)

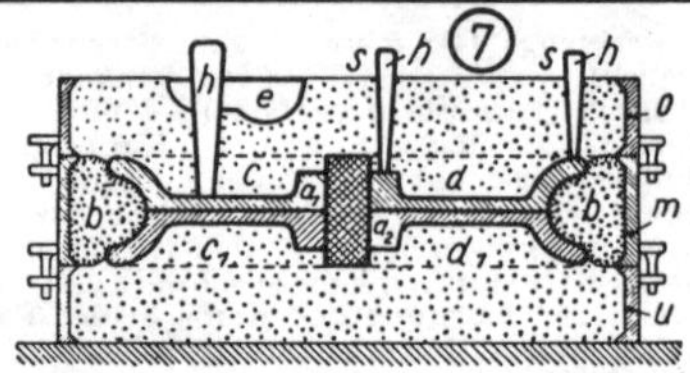

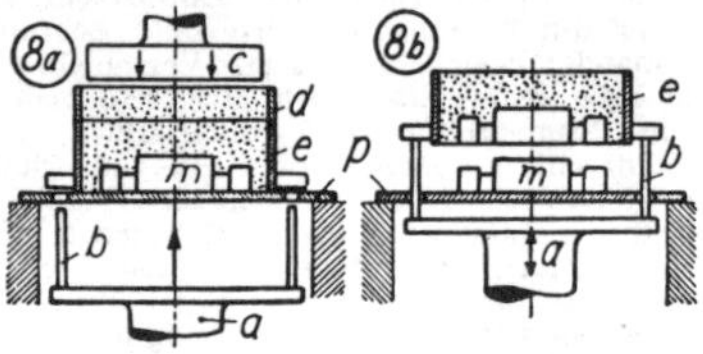

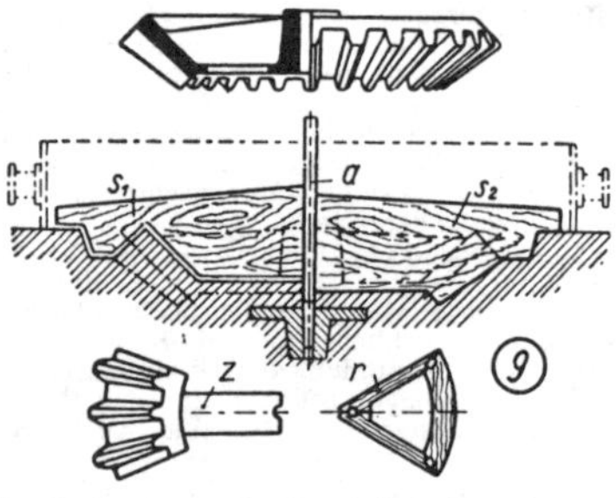

Die **Lehmformerei** wird bei großen, selten gebrauchten Teilen angewandt. Als Formmasse dienen zur äußeren Begrenzung mit Lehm aufgemauerte poröse Ziegelsteine, als Unterlage zerkleinerter Koks und als Bindemittel gekneteter Formlehm, dem Lockerungsmittel beigemischt sind. Ein Überzug von Schwärze macht die Form fest. Die Lehmformerei ergibt saubere Abgüsse.

Einformen einer Seilscheibe (7) in 3 Kästen. Das Modell muß zweiteilig sein. Modell wird in Mittelkasten m umgekehrt auf das Holzbrett gelegt, Unterkasten u aufgesetzt und mit Sand vollgestampft. Dann werden u und m zugleich geschwenkt (umgedreht) und Ballen b eingestampft, Oberkasten o aufgesetzt und nach Einsetzen der Einguß- und Steigehölzer h ebenfalls mit Sand vollgestampft und abgestrichen. Hölzer h werden dann entfernt. Nun wird o, der auch die Ballen c und d trägt, abgehoben und die Modellhälfte a_1 abgenommen. o wird wieder aufgesetzt, sämtliche 3 Kästen werden gewendet, u wird mit Ballen c_1 und d_1 abgehoben, die andere Modellhälfte a_2 abgenommen, u wieder aufgesetzt und die Kästen werden wieder geschwenkt. Aufgabe: Fertige Skizzen der Arbeitsfolge ähnl. 6a···d.

Die **Maschinenformerei** findet Anwendung bei **Massenanfertigung** (Lager, Riemenscheiben, Armaturen usw.). Formmaschinen sind: Abhebe-, Wendeplatten-, Rüttel- und Durchziehformmaschinen. — **Anwendung von Modellplatten:** Auf Modellplatte aus Gußeisen werden Modellhälften (aus Gips, Stahl, Messing oder Weißmetall) befestigt.

Schema einer Abhebeformmaschine (8a) und (8b). Auf Modellplatte p, die auf dem Arbeitstisch festgeklemmt ist, wird Modellhälfte m gelegt, Formkasten e aufgesetzt und Formsand mit Hilfe eines Preßklotzes c und eines zweiten Kastens d (Füllrahmen) festgestampft. Nach Entfernen des Füllrahmens **(8b)** wird Formkasten e mittels der Bolzen b durch Vorrichtung a nach oben gedrückt und abgehoben.

Die **Schablonenformerei** wird angewendet bei größeren Stücken (Schwung- und Zahnräder, Seil- und Riemenscheiben). Schablone ist billiger als ein Holzmodell, bedingt aber mehr Formerarbeit. **Formen eines Zahnrades mit Gußzähnen (9).** Die formschneidende Kante der beiden Schablonen ist mit Blech beschlagen. Nabe und Arme sind Modellstücke, die eingesetzt und im Oberkasten festgestampft werden. s_1 schneidet die äußere Form, die lediglich hergestellt wird, um einen Oberkasten aufzusetzen und vollzustampfen. Der volle Oberkasten wird abgenommen und darauf schneidet s_2 die untere Form bis zum Zahnfuß. Rahmen r wird zur gleichmäßigen Verteilung der Arme eingesetzt. Zum Eindrücken der Zähne dient Zahnboden z mit 3 bis 5 Zähnen (Zahnlücken).

Drehkörper werden mit Formspindel a hergestellt.

Auftrieb und Belastung einer Gießform

In einem mit Flüssigkeit gefüllten Behälter übt die Flüssigkeit auf alle Gefäßwände (Boden, Seitenwände, Deckel) einen Druck aus. Ist A die Fläche einer Gefäßwand, h die Höhe der sich über der Wand befindlichen Flüssigkeitssäule, γ die Wichte der Flüssigkeit, so wirkt auf die Fläche A die Druckkraft $F = A \cdot h \cdot \gamma$.

Flüssiges Metall beansprucht demnach die Gießform auf Druck. Boden- und Seitendrucke werden vom Unterkasten aufgenommen. Die Druckkraft F senkrecht nach oben (Auftrieb der Gießform) wird nach obiger Formel berechnet: $F = A \cdot h \cdot \gamma$. Hierbei sind: A = größte waagerechte Schnittfläche des Grundstückes, h = Höhe des Gießtrichters, γ = Wichte des Gießwerkstoffes. Ist der Auftrieb größer als das Gewicht des Formsandes im Oberkasten, so wird der Oberkasten abgehoben; er muß dann angeklammert oder belastet werden.

Die Gewichtsbelastung B einer Gießform muß also sein gleich dem Auftrieb F, vermindert um das Gewicht des Formsandes G. Aus praktischen Gründen wird die Gewichtsbelastung B noch 10% größer gewählt, so daß $B = A \cdot h \cdot \gamma - G +$ 10% wird. $B = 1{,}1\,(A \cdot h \cdot \gamma - G)$.

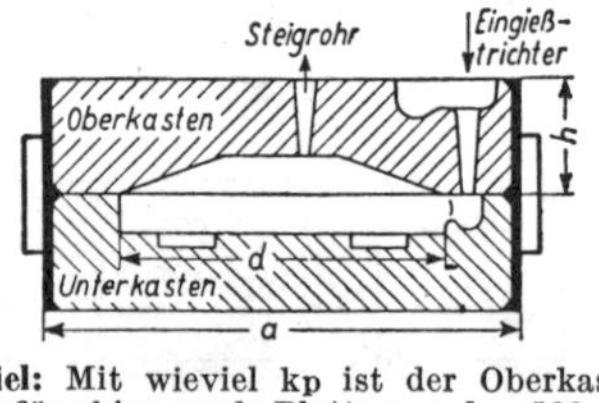

Beispiel: Mit wieviel kp ist der Oberkasten zu belasten für obige runde Platte von d = 500 mm ⌀ ? Wichte von Guß $\gamma = 7{,}25$; Höhe des Gießtrichters und des Oberkastens h = 150 mm; Seitenlänge des quadratischen Formkastens a = 700 mm; Wichte des gestampften Sandes $\gamma' = 2{,}5$. Gew. des Sandes im Oberkasten: $G = a^2 \cdot h \cdot \gamma'$. Belastung der Form:

$$B = 1{,}1\,(A \cdot h \cdot \gamma - G) = 1{,}1\left(\frac{\pi \cdot d^2}{4} \cdot h \cdot \gamma - a^2 \cdot h \cdot \gamma'\right)$$

$$B = 1{,}1 \cdot \left(\frac{\pi \cdot 5^2}{4} \cdot 1{,}5 \cdot 7{,}25 - 7^2 \cdot 1{,}5 \cdot 2{,}5\right) = \mathbf{32{,}8\ kp}$$

Die Form wird mit 33 kp belastet; ihr Auftrieb ist

$$F = \frac{\pi \cdot 5^2}{4} \cdot 1{,}5 \cdot 7{,}25 \approx 214\ \text{kp}$$

Gießerei (Fortsetzung)

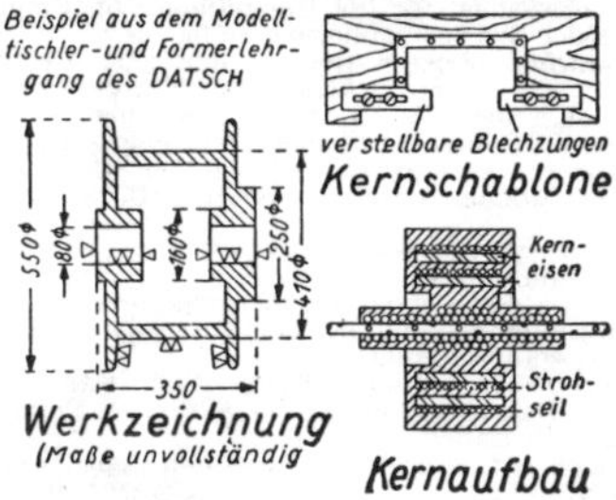

Arbeitsgänge für den Kern:

1. Spindel einlegen,
2. Kernschablone aufspannen,
3. Strohseile aufwickeln, abwechselnd mit Lehmschicht,
4. Blechzungen an Schablone einstellen,
5. Lehm auftragen, Kerneisen aufleg., Strohseile abwechs. mit Lehmschicht aufwickeln,
6. Fertigschablonieren mit dünnflüssig. Lehm,
7. Herausnehmen aus der Drehbank,
8. Kern trocknen,
9. Nachprüfen, schwärzen, nachtrocknen.

Gußeisen: Flüssiges Roheisen aus dem Kupolofen erstarrt langsam in Sand- oder Lehmformen; man unterscheidet:

Bauguß für Rohre, Fensterrahmen usw., **Ofen-, Herd-, Geschirrguß** mit geringer Festigkeit, **wärmefesten Guß** für Radiatoren, Heizkessel, Kocher usw., Maschinenguß für Maschinenteile.

Zu **Stahlguß** oder **Stahlformguß** (Schwindmaß ≈ 2%) wird Siemens-Martin- oder Bessemer-Stahl vergossen. Die Formen sind wegen der höheren Temperaturen fester und feuerbeständiger als für Grauguß; der Formsand enthält viel Kieselsäure und Tonerde.

Wegen des hohen Schwindmaßes müssen zwecks gleichmäßiger Abkühlung aller Teile die dickeren Teile (Naben, Ansätze) kurz nach dem Gießen vom Sand befreit werden. Gußspannungen beseitigt man durch Ausglühen in Glühöfen (etwa 2 Tage).

Hartguß hat glasharte Oberfläche durch Gießen in dickwandige Grauguß-Dauerformen (Kokillen).

Bei **Kokillenguß** wird Flußstahl aus dem Martin-Ofen unmittelbar in Kokillen vergossen.

Metallgießerei: Herstellung der Sandformen wie in der Gußeisen- und Stahlgießerei (seltener Lehmform). Für Massenherstellung (Maschinenformerei) werden meistens Formplatten mit mehreren gleichen oder verschiedenen Modellen verwendet. In der Metallgießerei werden Kupfer, Messing, Blei, Zinn, Zink sowie alle Legierungen gegossen. — Als Schmelzöfen dienen Tiegelöfen (vgl. S. 122), kippbare Öfen, Kippöfen mit Ölfeuerung, Elektroöfen usw. Leicht schmelzbare Metalle (Blei und Zinn sowie deren Legierungen) werden in Schmelzkesseln geschmolzen. Bei Spezialguß (besondere Beanspruchungen, Feuer- und Säurebeständigkeit usw.) muß genau auf Verwendung Rücksicht genommen werden, da sich hiernach Art und Zusammensetzung des Metalls richten.

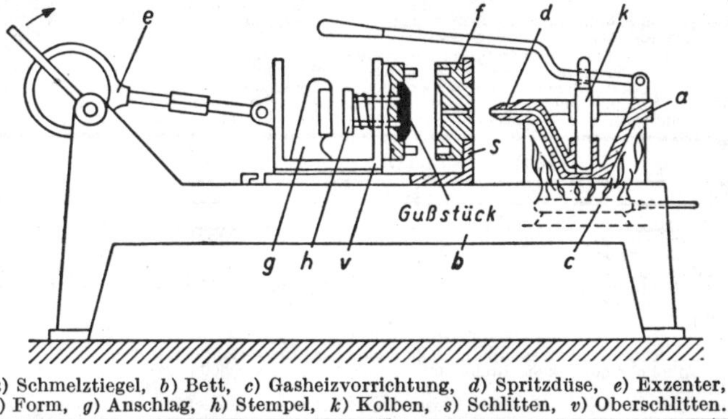

a) Schmelztiegel, *b*) Bett, *c*) Gasheizvorrichtung, *d*) Spritzdüse, *e*) Exzenter, *f*) Form, *g*) Anschlag, *h*) Stempel, *k*) Kolben, *s*) Schlitten, *v*) Oberschlitten.

Druckguß (Spritzguß) Flüssige Al-, Mg-, Sn-, Zn- und Pb-Legierungen werden unter Druck in Metallformen gepreßt (gespritzt). Anwendung bei Massenherstellung kleiner, schwieriger Werkstücke. Die Formen sind sehr teuer und schwer herzustellen. Nachträgl. Bearbeitung der gegossenen Teile ist nicht erforderlich. Metallersparnis bei Druckguß gegenüber dem Sandguß ungefähr 65 v. H.; Kolben größerer Spritzmaschinen werden durch Druckluft betätigt.

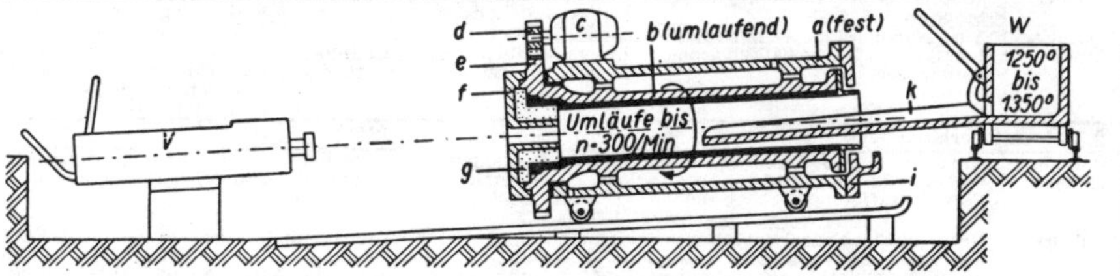

Schleudergußmaschinen dienen zur Massenherstellung von Rohren. Flüssiges Roheisen wird mittels Gießwagen *W* mit langer Gießrinne *k* in eine sich in Rollenlagern drehende, wassergekühlte Stahlkokille *b* gebracht; Antrieb durch Motor *c* mit Übersetzung *d*—*e*.

a) Unter ≈ 6° fahrbares Gehäuse.
f) Zentrierte Kokillenabschlußplatte mit aufgesetztem Muffenkern *g*.
i) Gehäuseabschlußdeckel mit Überlaufrinne.
V) Vorrichtung (verkürzt gezeichnet) zum Ausziehen des noch formwarmen Rohres.

Kunststoffe

Die Kunststoffe haben breite Be- und Verarbeitungsmöglichkeiten, so daß z. B. die aus der Holzbearbeitung bekannten Verfahren und Werkzeuge zum größten Teil auch für die Kunststoffverarbeitung zu verwenden sind. Die meisten Kunststoffe können geklebt oder mittels Heißluft oder Hochfrequenz geschweißt werden. Platten und Folien aus thermoplastischen Massen, z. B. Polyäthylen, können im Vakuumtiefziehverfahren zu Behältern u. ä. verformt werden. Duroplaste können im Preßverfahren bearbeitet werden, dies ist besonders für elektrotechnische Teile und Formkörper von Bedeutung. Die Einteilung der Kunststoffe in Thermoplaste und Duroplaste kennzeichnet wichtige Gebrauchseigenschaften.

Duroplaste: Durch Druck- und Wärmeeinwirkung Übergang in unschmelzbaren bzw. unlöslichen Zustand, irreversibel (Phenoplaste, Aminoplaste).

Thermoplaste: Durch Erwärmung plastisch verformbar, nach Abkühlen Ausgangszustand, reversibel (Polystyrol, Polyamid, Polyäthylen, Polyvinylchlorid).

Gegenüberstellung der Kunststoffe zu Metallen:

— niedrigere Dichte, meist unter der Hälfte der Dichte von Aluminium
— sehr gute elektrische Isolierfähigkeit
— äußerst gute Korrosionsbeständigkeit gegen Säuren und Laugen
— Oberflächenschutz, z. B. durch Anstrich, nicht erforderlich
— meist geschmack- und geruchfrei und physiologisch unbedenklich
— gute Formbarkeit spanlos und spangebend
— ansprechende Einfärbbarkeit
— hohes Wärmeisolationsvermögen.

Kunststoffe sind größtenteils organisch-chemische Verbindungen, aufgebaut aus Makromolekülen. Dieser Aufbau bedingt die bekannten Eigenschaften der Kunststoffe. Makromoleküle entstehen auf Grund der Neigung bestimmter Atomgruppen, unter geeigneten Bedingungen langkettige und verzweigte Verbindungen zu bilden. Diese Gruppen sind vorwiegend Kohlenstoffdoppelbindungen. Einige Kunststoffe entstehen durch Umwandlung von Naturstoffen (Cellulose, Kasein).

Herstellungsverfahren

1. Polymerisation

Zusammentritt von Molekülen einer einfachen Verbindung ohne Abspaltung eines Nebenprodukts.

1.1. Blockpolymerisation: Polymerisation des Monomeren in Abwesenheit von Lösungs- und Dispergiermitteln. Gute Wärmeregulierung nur bei kontinuierlichen Verfahren gegeben (Zufluß Monomeres, Abfluß Polymeres).

1.2. Lösungspolymerisation: Polymerisation in Lösungsmitteln, vorwiegend für die Herstellung von Polymerisationslösungen. Wärmeregulierung einfacher.

1.3. Emulsionspolymerisation: Wichtigstes technisches Verfahren. Schneller Reaktionsablauf, gute Wärmeführung. Emulgierung des Monomeren in einem Nichtlöser, Anfall des Polymeren in kleiner Teilchengröße.

1.4. Suspensionspolymerisation: Ähnlich wie oben, Suspension des Monomeren in Wasser. Anfall des Polymeren in Perlenform.

1.5. Fällungspolymerisations: Abart der Lösungsmittelpolymerisation. Anwendung eines Lösungsmittels, daß zwar das Monomere, nicht aber das Polymere lösen kann. Das Endprodukt hat die gleiche Bruttozusammensetzung wie das Ausgangsprodukt.

Polymerisate sind Thermoplaste. Wichtigste Vertreter: Polystyrol, Polyvinylchlorid, Polyakrylate, Polyäthylen.

2. Polykondensation

Zusammentritt von Molekülen mindestens zweier einfacher Verbindungen zu einer neuen Verbindung unter Abspaltung eines Nebenprodukts. Durch fortlaufende Umsetzung bilden sich zunächst lineare, später z. T. auch verzweigte Makromoleküle.

Das Endprodukt hat eine andere Bruttozusammensetzung als die Ausgangsprodukte.

3. Polyaddition

Zusammentritt von Molekülen mindestens zweier einfacher Verbindungen zu einer neuen Verbindung ohne Abscheidung eines Nebenprodukts.

Neue reaktionsfähige Gruppen entstehen durch Wasserstoffverschiebung innerhalb der Moleküle.

Das Endprodukt hat die gleiche Bruttozusammensetzung wie die Ausgangsprodukte.

4. Polykondensation in Verbindung mit Polymerisation.

Polykondensation von z. B. mehrwertigen Dikarbonsäuren mit mehrwertigen Alkoholen unter Zusatz von z. B. Monostyrol.

Veränderung der Eigenschaften von Kunststoffen durch Weichmacher

Reine Kunststoffe sind häufig hart und spröde; es ist erforderlich, sie für bestimmte Gebrauchs- und Verarbeitungszwecke so umzugestalten, daß sie weich und elastisch sind.

Dies geschieht durch Weichmachung.

1. Äußere Weichmachung: Zusatz von z. B. Phthalsäureestern u. ä. Produkten, die die Kunststoffteilchen anquellen und sich in den Kunststoff einlagern.

2. Innere Weichmachung: Mischpolymerisation von verschiedenen Monomeren. Da die Eigenschaften der einzelnen Kunststoffarten bekannt sind, ist es möglich, auf diesem Wege Eigenschaften „nach Maß“ zu erhalten.

Kunststoffarten

Art	Darstellung	Eigenschaften	Verwendung
1. Modifizierte Naturstoffe			
Vulkanfiber	Rohstoff: Baumwolle und Spezialzellstoffe. Behandeln der Faservliese mit Zinkchloridlösung unter Druck- und Wärmeeinwirkung, dadurch Hydratisierung und Verschweißen der Fasern.	Sehr zäh, fast unzerbrechlich, Dichte 1,25 bis 1,50 g/cm³, widerstandsfähig gegen Abnutzung, Öle und Fette. Mechanisch gut zu bearbeiten. Durchschlagfestigkeit 1 bis 2 kV/mm. Temperaturbeständigkeit 90 bis 100° C.	Für zahlreiche industrielle Zwecke, in der Elektrotechnik für Formteile der Schwachstromtechnik, Schaltergriffe, isolierte Rohre.
Celluloid	Aus Nitrocellulose und Kampfer, unter Zusatz von Alkohol und unter Wärmeeinwirkung.	Wasserhell, hohe Durchsichtigkeit. Brennbar!	Gebrauchsgegenstände, Schutzscheiben.
Cellulosetriester	Aus Cellulose unter Anwendung konzentrierter Säuren, z. B. Essigsäure usw.	Sehr gute Wasser- und Wärmebeständigkeit, auch Lösungsmittelbeständigkeit.	Für elektr. Maschinen, Spulenwicklungen, Nutenisolationen, Dielektrika für Kondensatoren.
Celluloseäther	Aus Natroncellulose mit Halogenalkylen. Halogenalkylkarbonsäuren usw.	Je nach Wahl der Äthergruppen unterschiedlich. Benzylcelluloselacke sind sehr alkalibeständig.	Äthyl- und Benzylcellulose für dielektrische Isolationsmittel, wasserlösliche Celluloseäther als Anstrichbindemittel, für Klebstoffe und Textilhilfsmittel.
2. Polyvinylverbindungen			
Polyvinylchlorid	Anlagerung von Chlorwasserstoff an Äthin, Polymerisation.	Geringe Lichtbeständigkeit, sehr gute Verformbarkeit, hochwertige Eigenschaften, die PVC zum wichtigsten Kunststoff gemacht haben.	Kabelisolation, Gebrauchsgegenstände, Säurebehälter, Rohre usw.
Polystyrol	Reaktion von Benzol mit Äthin in Gegenwart von Aluminiumchlorid zu Äthylbenzol, Dehydratisierung zu Styrol, Polymerisation.	Gute Spritzgußfähigkeit, hohe Wasserbeständigkeit, Beständigkeit gegen Licht und Chemikalien, außer einigen org. Lösungsmitteln, gute dielektrische Isolationswerte, Dielektrizitätskonstante bis 1 Million Hz, $\varepsilon r = 2{,}2$, dielektrischer Verlustfaktor $\tan\delta$ bis 1 Million Hz $5 \cdot 10^{-4}$, Durchschlagfestigkeit 50 kV/mm.	Isolier- und Einbauteile aller Art. Akkukästen und Zubehörteile.
Polyvinylacetat	Aus Essigsäure und Äthin in Gegenwart von Quecksilberchlorid, Polymerisation.	Glasklar, spröde, licht- und wärmebeständig.	Vorwiegend Lacksektor, Klebetechnik.

Kunststoffe (Fortsetzung)

Art	Darstellung	Eigenschaften	Verwendung
3. Polyacrylverbindungen			
Polymethacrylate, Polyacrylate	Aus Akrylsäure bzw. Methacrylsäure und Alkoholen, Polymerisation.	Glasklar, geringe Dichte, hohe Festigkeit, gutes elektr. Isolationsvermögen, physiologisch verträglich.	Scheiben, Bauelemente, lichtreflektierende Schilder, große Anwendung in der Medizin.
Polyacrylnitril	Anlagerung von Blausäure an Äthin, neuerdings aus Propen und Ammoniak und Luft.	Nicht thermoplastisch, gut beständig gegen organische Lösungsmittel.	Überwiegend für Fasern und synth. Kautschuk.
4. Polyamide			
Polyamide	Durch Polymerisation von Aminocaprolactam oder aus Dicarbonsäuren mit Diaminen.	Sehr zähelastisch, gute Beständigkeit und Isolationsfähigkeit.	Faserstoffe, Formteile, Gebrauchsgegenstände.
5. Polyesterharze			
Polyester	Kondensation aus zweiwertigen Alkoholen und Dikarbonsäuren, gelöst in einem polymerisierfähigem Harz, z. B. Styrol.	Gute mech. Eigenschaften, niedrige Dichte. In Verarbeitung mit Glasfasern Festigkeit ähnlich Metallen. Gute elektr. Eigenschaften, Widerstandsfähigkeit gegen klimatische Einflüsse. Nicht beständig gegen Laugen, Ester, Ketone. Dielektrizitätskonstante εr bei 800 Hz 4,6, dielektr. Verlustfaktor 50···800 Hz $\tan\delta = 2{,}2 \cdot 10^{-2}$, Durchgangswiderstand $8 \cdot 10^{14}\ \Omega$ cm Durchschlagfestigkeit 23 kV/mm.	Als Gießharz in der Elektroindustrie, zum Abdichten von porösem Guß, Klebstoffe, Spachtelmassen. In Kombination mit Glasfasern für Boote usw. Polyester sind auch geeignet für Faserstoffe.
6. Pheno- und Aminoplaste			
Phenoplaste	Kondensation von Phenol und Formaldehyd.	Hohe mech. Festigkeit, Wärmebeständigkeit, Widerstandsfähigkeit gegen chemische und atmosphärische Einflüsse, hohes Isolationsvermögen, Durchgangswiderstand $10^{-12}\ \Omega$ cm.	Gußmassen, Edelpreßharze, Schichtpreßstoffe, Bremsbeläge, Hartpapier oder Hartgewebe für elektr. Belange.
Aminoplaste	Kondensation von Aldehyden mit Aminen oder Amiden, z. B. Formaldehyd und Harnstoff.	Gute mech. Eigenschaften, hohe Kriechstromfestigkeit.	Mit Asbest- oder Schiefermehlfüllung anstelle von Porzellan für spannungsführende Teile.
7. Epoxidharze			
Epoxidharze	Kondensation von mehrwertigen Phenolen mit Äthylenchlorhydrin. Weitere Vernetzung durch Polyaddition. Infolge reaktiver Gruppen härtbar mit basischen Härtern (Polyamine und Polyamide), die sich durch Addition unter Wärmeentwicklung und ohne Abspalten anderer Stoffe.	Die elektr. Werte fallen oberhalb 155°C stark ab. Dielektrizitätskonst. bei 20°C, 50 Hz 3,75 20°C, 10^6 Hz 3,50 Dielektrischer Verlustfaktor bei 20°C, 50 Hz $70 \cdot 10^{-4}$ 20°C, 10_6 Hz $270 \cdot 10^{-4}$ Durchgangswiderstand 10^{16} bis $10^{17}\ \Omega$ cm Oberflächenwiderstand $3{,}8 \cdot 10^{13}\ \Omega$ cm Kriechstromfestigkeit gut und Durchschlagfestigkeit 370 kV/cm.	Zur Herstellung von Trockenstromwandlern, Trockenspannungswandlern, als Isolationsmaterial in der Hochspannungstechnik, zum Einbetten empfindlicher elektrischer Geräte, z. B. Spulen, Kondensatoren, Widerstände, Trägerfrequenzfilter, Kontaktleisten, Radiosonden usw.

Eiweiß-Kunststoffe

Eiweiß-Preßmassen werden aus **Formaldehyd** und tierischem oder pflanzlichem **Casein** hergestellt (aus Magermilch oder Sojabohnen). Sie sind von hervorragender Güte, können bearbeitet, gebohrt und fein poliert werden (Schmuck- und Gebrauchsgegenstände, Rohre, Autoschaltbretter, Armaturen, Uhrgehäuse usw.). Aus tierischen Abfällen werden Kunstdärme und Kunsthaar (roßhaarähnlich) hergestellt.

Anorganische Kunststoffe

Asbestzement (Asbestzementschiefer), geeigneter Austausch-Werkstoff an Stelle von verzinnten Stahlblechen, Rinnen, Klimaleitungen, Zink- und Kupfergefäßen; unempfindlich gegen Hitze, Nässe, Säuren usw., läßt sich sägen, mit Mörtel zusammensetzen und dichten. Silicone (Platten, Rohre, Lacke) sind Verbindungen von Silicaten mit organischen Stoffen für Temperaturen bis zu 250° C. Isolierstoffe der Elektrotechnik.

Schnittgeschwindigkeiten und Vorschub beim Bearbeiten von Kunststoffen

		mit	Preßstoffe v m/min	Preßstoffe s mm/U	Hartpapiergewebe v m/min	Hartpapiergewebe s mm/U	Bemerkung
Drehen	Schruppen	SSt HM	50···100 120···200	0,3···0,5 0,4···0,6	30···50 100···200	0,2···0,3 0,2···0,5	Stahl auf Mitte einstellen! Freiwinkel δ = 6° bei SSt Freiwinkel δ = 4° bei HM Druckluftkühlung!
	Schlichten	SSt HM	60···120 200···300	0,1···0,2 0,1···0,3	60···100 200···300	0,1···0,15 0,1···0,3	
Fräsen		SSt HM	60···100 150···300	0,05···0,5 0,5···0,8	35···55 120···250	0,05···0,4 0,5···0,8	Fräser wie Leichtmetallfräser
Bohren		SSt HM	30···40 50···70	0,1···0,4 0,1···0,5	20···30 25···40	0,05···0,3 0,05···0,2	Bei tiefen Bohrungen mit Druckluft kühlen.
Gewindeschneiden		SSt HM	50···80 60···120	— —	20···50 30···60	— —	s von Gewindesteigung abhängig
Sägen		SSt HM	1800···2500 2500···3000	von Hand	1500···2000 2000···2500	von Hand	Zähne schwach geschränkt. Kreis- oder Bandsäge

Senken: Gewöhnlich werden zweischneidige Senker mit Hartmetallschneiden benutzt.
Polieren: Polierscheiben 300···400 mm ⌀ und 40···60 mm Breite laufen mit 1400···1600 Umdr./min. Vorpolierscheiben werden mit geeigneter Polierpaste, z. B. Polierrot oder Polierweiß, eingerieben. Zum Fertigpolieren ist die Benutzung einer sehr weichen Polierscheibe (ohne Polierpaste) erforderlich. Vulkanfiber wird häufig mit Schellacklösung (30% Schellack auf 70% Spiritus) poliert. Die glattgeschmirgelten Flächen werden vor dem Auftragen der Politur leicht mit Paraffinöl eingerieben.

Beschriftungen oder **Färbungen** können durch besondere Tuschen oder Farben bei Preßlingen und Schichtstoffen aufgebracht werden. Beim Verfahren der Metallplastik können Preßlinge aus Phenol-Kunstharz mit galvanischen Überzügen versehen werden. Durch den Metallüberzug für Gebrauchsgegenstände, z. B. Aschenbecher, wird nicht nur das Aussehen, sondern auch die Glutbeständigkeit verbessert.
Kunstharzkitte und Leime gestatten gute Verbindung von Preßlingen oder Schichtstoffen untereinander oder mit anderen Werkstoffen, außer Hartgummi.

Kunststoff — Formmassetypen nach DIN 7708 (Mindestwerte)

Typ	Hauptbestandteile (PF — Phenolharz) (H — Harnstoffharz) (MF — Melaminharz) (K — Kunstharz)	Biegefestigkeit kp/cm²	Schlag- zähigkeit kpcm/cm²	Kerbschlag- zähigkeit kpcm/cm²	Formbeständigkeit nach Martens °C	Glutbeständigkeit Gütegrad	Wasseraufnahme mg höchst.	Oberflächenwiderstand Vergleichszahl
	Phenoplast-Preßmassen Blatt 2 (10.68)							
11	PF + Gesteinsmehl	500	3,5	1,3	150	4	45	8
12	+ Asbestfaser	500	3,5	2,0	150	4	60	8
13	+ Glimmer	500	3	2	150	4	20	10
15	+ Asbest, langfaserig	500	5	5	150	4	130	7
16	+ Asbestschnur	700	15	15	150	4	90	7
30,5	PF + Holzmehl	600	5	1,5	100	2	200	10
31		700	6	1,5	125	3	150	8
32		700	6	1,5	125	3	150	8
33		700	5	2,2	120	3	180	8
51	PF + Zellstoff Papierfasern	600	5	3,5	125	3	300	7
54	PF + Zellstoff Papierschnitzel	800	8	5,5	125	3	500	7
57	PF + Zellstoff Papierbahnen	1200	15	10	125	3	800	7
71	PF + Textilfaser Baumwollfaser	600	6	6	125	2	250	7
74	PF + Textilfaser „ Gewebeschnitzel	600	12	12	125	2	300	7
77	PF + Textilfaser „ Gewebebahnen	800	25	18	125	2	450	7
83	PF + Baumwollfasern u. Holzmehl	600	6	3,5	125	3	180	8
84	+ Baumwollgewebeschnitzel und Papierfasern ≈ 1:1	600	6	6	125	3	150	8
85	+ Papierfasern und Holzmehl ≈ 1:1	700	5	2,5	125	3	200	8
	Aminoplast-Preßmassen Blatt 3 (10.68)							
131	H + Zellstoff, kurzfaserig	800	6,5	1,5	100	3	300	10
150	MF + Holzmehl	700	6	1,5	120	3	250	10
152	+ Zellstoff, kurzfaserig	800	7	1,5	120	3	200	10
153	+ Baumwollfaser	600	5	3,5	125	3	300	9
154	+ Baumwollgewebeschnitzel	600	6	6	125	3	300	8
155	+ Gesteinsmehl	400	2,5	1	130	4	200	8
156	+ Asbestfaser	500	3,5	2	140	4	200	8
	Aminoplast/Phenoplast-Preßmassen Blatt 3 (10.68)							
180	PF + M + Holzmehl	800	6	1,5	120	3	180	10
181	PF + M + kurzfaserigen Zellstoff	800	7	1,5	120	3	150	10
	Bitumen-Preßmassen (Kaltpressung) **Blatt 4** (10.68)							
212	K + Gesteinsmehl	400	2	1,5	150	4	70	8
214	oder Asbestfaser	450	2	1,7	165	4	50	11

Hartpapier Hp u. Hartgewebe Hgw n. DIN 7735/2 (6.72) (Mindestwerte)

Typ	Zusammensetzung (PF = Phenolharz) (MF = Melaminharz) (EP = Epoxydharz)	Lieferform	Schlag- zähigkeit kpcm/cm²	Kerb-²) schlag- zähigkeit kpcm/cm²	Zug- festigkeit kp/cm²	Druck- festigkeit kp/cm²	Biege¹) festigkeit kp/cm²	Spaltkraft kp	Oberflächenwiderst. Ω
Hp 2061	PF + Papier	Tafeln Streifen	20	15	1200	1500	1500	200	10^8
2061.5			20	15	1000	1500	1300	200	10^9
2062.8			8	5	700	1200	800	200	10^{10}
2063			7	—	700	—	800	—	$5 \cdot 10^{10}$
2064			20	15	1000	1000	1300	200	—
Hgw 2031	PF + Asbestgewebe		10	—	400	1200	650	250	10^8
2072	+ Glasseidengewebe		50	—	1000	1500	2000	200	10^{11}
2081	+ Baumwollgrobgewebe		18	15	500	1700	1000	300	10^8
2082	+ Baumwollfeingewebe		30	15	800	1700	1300	250	10^8
2083	+ Baumwollfeinstgewebe		35	15	1000	1700	1500	250	10^8
Hgw2272	MF + Glasseidengewebe		50	—	1200	1800	2700	180	10^{10}
Hgw2372	EP + Glasseidengewebe		100	—	2200	2000	3500	300	10^{12}
2372.4			100	—	2200	1500	3500	300	10^{12}
Hp 2065	PF + Papier	Gewickeltes Rundrohr nicht formgepreßt	—	—	500	400	1000	—	10^8
2066	+ Papier		—	—	—	500	1000	—	—
2067	+ Papier		—	—	500	500	1000	—	$5 \cdot 10^8$
Hgw 2084	+ Baumwollgrobgewebe		—	—	500	400	800	—	—
2085	+ Baumwollfeingewebe		—	—	500	400	800	—	10^8
2086	+ Baumwollfeinstgewebe		—	—	500	400	800	—	10^8
Hp 2068	PF + Papier	Formgepreßtes Rohr	—	—	—	700	800	—	10^9
Hgw2088	+ Baumwollfeingewebe	Vollstab	15	—	500	800	1000	—	10^9
2089	+ Baumwollfeinstgewebe	Flachleiste	15	—	500	500	800	—	10^8
		Umpressung.	—	—	—	—	—	—	10^9

¹) Unbearbeitet bis 10 mm Dicke ²) Prüfung am Normstab a_k 15

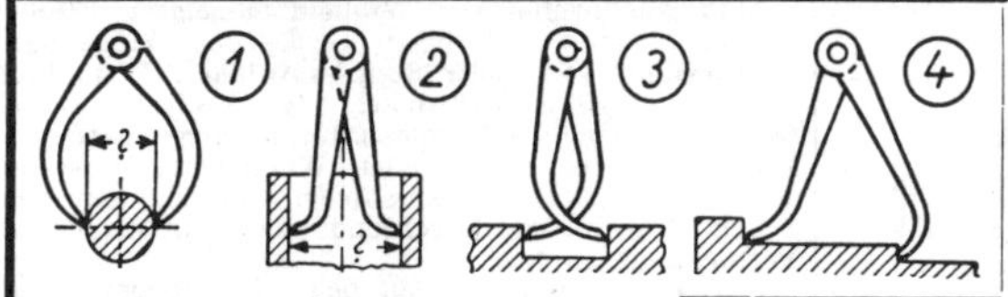

A. Messen und Meßzeuge

Gute Meßzeuge bilden die Grundlage für jede Fertigung. Aus ihrem Vorhandensein und Gebrauch kann man auf die Güte der Arbeit schließen. Genauigkeiten von $^1/_{100}$ oder gar $^1/_{1000}$ mm (0,01 bzw. 0,001 mm) werden nicht selten verlangt. Die zur Unterstützung des Auges gebrauchten **Feinmeßapparate** bedingen daher allerbeste Präzisionsarbeit, besondere Sorgfalt in Handhabung, Aufbewahrung und Instandhaltung. Im Metallgewerbe gilt als Maßeinheit für Längenmessung **das Meter,** d. i. der vierzigmillionste Teil (0,000000025) des Erdumfanges oder der zehnmillionste Teil (0,0000001) des Erdquadranten (¼ Erdumfang).

1 m = 10 dm = 100 cm = 1000 mm.

Die englische Industrie benutzt das Zoll als Längeneinheit. Die Verwendung englischer Maschinen erfordert Kenntnis und Gebrauch dieses Maßsystems. Wegen Einführung des metrischen Systems in Deutschland darf das englische Zoll nur in bestimmten Fertigungen (Schrauben und Muttern usw.) neben dem Millimeter verwandt werden.

1 englischer Zoll (1″e) = 25,4 mm (siehe S. 4)

Einfache Meßzeuge sind das **Metermaß,** der **Zollstock** (aus Holz oder Stahl), das **Bandmaß** (aus Leinen oder Stahl), der **Außentaster (1)** und der **Innentaster (2);** Genauigkeit bis **0,25 mm.**

Messen auf 0,1 bis 0,05 mm Genauigkeit gestatten die mit einem **Nonius** *n* versehenen Schieb- oder **Schublehren (5).** 10 Noniusteile zus. = 9 mm. 1 Noniusteil = 0,9 mm. Ablesung der ganzen mm auf Lineal *l* = 8 mm; dann feststellen, welche Teilstriche von Lineal und Nonius eine Gerade bilden, in unserm Falle der 7. Teilstrich des Nonius; also haben wir $^7/_{10}$ mm mehr als 8 mm oder **8,7 mm** als Maß. — Bei Innenmessung muß die doppelte Schenkeldicke *s* hinzugerechnet werden, also Maß = 8,7 + (2 · 2,5) = **13,7 mm.** — **Kolumbuslehren (6)** gestatten Ablesen von Gewindekerndurchmessern und Innenmaß gleich Außenmaß, **Tiefenlehren (7)** das Messen von Nuten- und Lochtiefen.

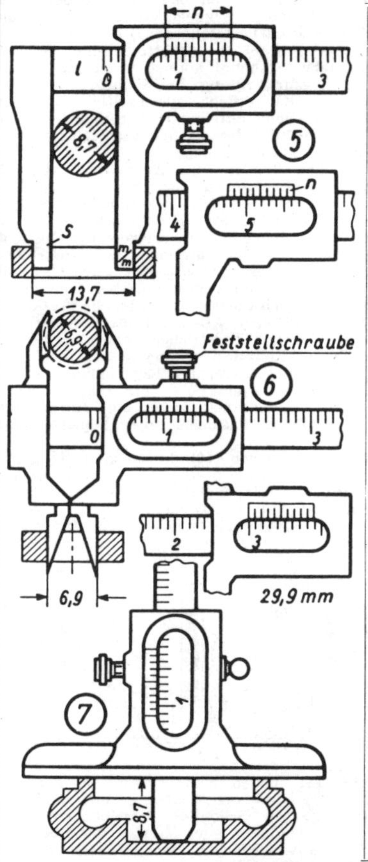

Messen auf $^1/_{100}$ mm Genauigkeit. Bei der **Schraublehre (8)** beträgt an der Meßspindel *a* die Gewindesteigung 0,5 mm (zuweilen 1 mm), d.h. bei einer Umdrehung die Längsbewegung ebenfalls 0,5 mm. Der Umfang der Mantelhülse ist bei *c* in 50 gleiche Teile geteilt; somit ist die Längsbewegung der Spindel bei Drehung der Hülse von Teilstrich zu Teilstrich gleich 0,01 mm. **Ablesung des Maßes:** Auf Skala *b* sind 4 ganze mm aufgedeckt; Mantelhülse zeigt 40 Teile an = 0,40 mm; Maß demnach = 4 + 0,40 = **4,40 mm.** — Bei Beispiel 2 sind 4,5 mm aufgedeckt, Mantelhülse zeigt 49 Teile = 0,49 mm; Maß demnach = 4,5 + 0,49 = **4,99 mm.** — Für Feinstellung (Regelung des Meßdrucks) dient Reibung- oder Gefühlschraube d. Friktionsring *f* zum Festklemmen der Spindel.

Zum Messen von Außengewinden erhält Lehre auswechselbare Einsätze (z. B. Amboß mit 2 Gewindekämmen und Tastbolzen als Spitze).

— Ebenso eingerichtet sind die Meßskalen an den **Zylinderstichmaßen** (Längenendmaßen) und an den **verstellbaren Lochlehren (S. 133).**

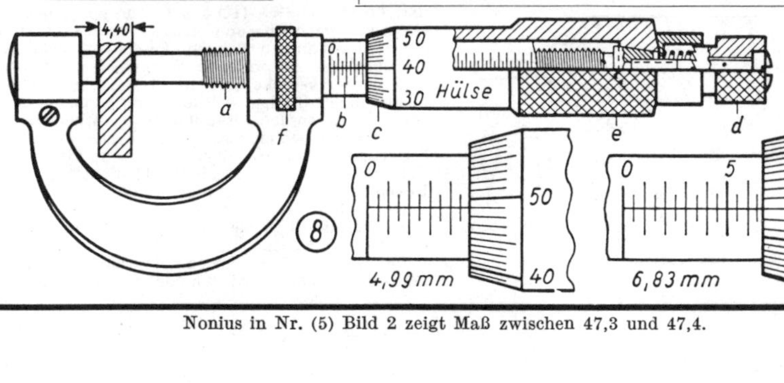

Nonius in Nr. (5) Bild 2 zeigt Maß zwischen 47,3 und 47,4.

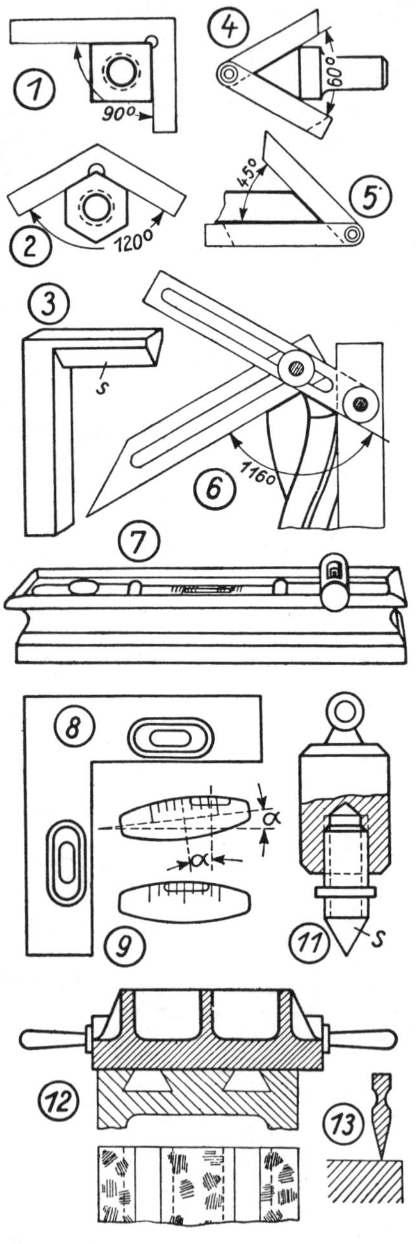

A. Messen und Meßzeuge (Fortsetzung)

Zum Nachprüfen von Winkeln (geneigten Flächen) verwendet man **Meßwinkel.** Größe des Winkelgrades verschieden. **Vier- oder Sechskantwinkel (1)** und **(2).** — Einen guten **Meßwinkel** (Haarwinkel) stellt **(3)** dar. Schenkel *s* ist messerförmig zugeschärft. Verkanten der nachzumessenden Winkelneigung ist ausgeschlossen. Auch sind Messungen möglich, wenn beide Schenkel nicht gleichfluchtend sind; für ungeübte Personen geeignet.

Schmiegen (Stahl) haben bewegliche Schenkel und sind auf jede beliebige Winkelgröße nach dem Winkelmesser (Transporteur) einstellbar; **(4)** und **(5).**

Doppelschmiegen (6) aus gehärtetem und geschliffenem Stahl oder Stahlguß können vielseitig verwandt werden, z. B. zur Prüfung des Schneidwinkels eines Spiralbohrers. Es erfolgt gleichzeitig Einstellung auf zwei verschiedene, miteinander verbundene Flächen. — Der **Universalwinkelmesser** ist aus Meßwinkel und Winkelschmiege entstanden.

Wasserwaagen dienen zum Ausrichten oder Einstellen von Maschinenteilen (Lagern, Wellen usw.). — Die **Wasserwaage (7)** mit Querlibelle ermöglicht waagerechte Messungen in 2 Richtungen. — **(8)** stellt eine **Kreuzwasserwaage** dar, die waagerechte Messungen in 2 Richtungen ohne Umwenden des Instruments sowie senkrechte Messungen gestattet; auch als Winkel zu benutzen, daher sehr zweckmäßig bei Montagen. — In Abb. **(9)** ist die Wirkungsweise der Libelle zu erkennen. Das mit Alkohol oder Äther gefüllte tonnenförmige Glasröhrchen ist mit Teilstrichen versehen; die Luftblase in diesem Röhrchen nimmt immer die höchste Stellung ein. Bei waagerechter Lage befindet sie sich in der Mitte (Normalpunkt). — Für schnelle Waagerechtmessungen nimmt man häufig eine runde **Dosenlibelle**, deren obere Glasfläche innen kugelförmig geschliffen ist.

Schlauchwasserwaagen (10) dienen zum Messen von Höhenunterschieden. Sie bestehen aus 2 Wasserstandsgläsern, die durch einen Gummischlauch miteinander verbunden und mit Teilstrichen versehen sind. Sie werden beim Ausrichten von Wellenleitungen, bei Gründungsarbeiten (Fundamentierung) usw. verwandt.

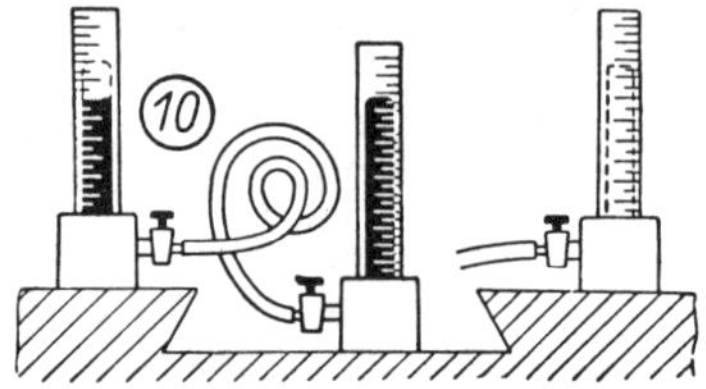

Senklote (11) dienen zum Nachprüfen der Senkrechten, insbesondere bei Montagen; mit umschraubbarer Spitze *s* zur Schonung derselben. Werkstoff: Stahlguß oder Gußeisen oder Messing mit Stahlspitze.

Zum Messen von Flächen dienen **Lineale** aus Stahl und **Tuschierplatten (12)** aus zähem, porenfreiem Gußeisen, die gehobelt und genau abgeschabt sind. Mit einer hauchdünnen Schicht Tusche versehen, werden sie über das zu prüfende Werkstück geschoben oder kleinere Werkstücke über die Platte. Die Tusche haftet an erhabenen Stellen, welche mittels Schabers (s. S. 175) abgeschabt werden. **Haarlineale** (s. Querschnittzeichnung) **(13)** haben eine genau gerade geschliffene, schneidenartige Meßkante. Auf unebenen Flächen zeigen sich nach Aufsetzen des Lineals Lichtspalten.

Behandlung und Instandhaltung von Meßzeugen

Der hohen Kosten wegen behandle die Meßzeuge mit Sorgfalt. Reibe sie mit Knochenöl ein (Rostschutz) und halte Feuchtigkeit, Staub und Sonne fern. Fasse nicht an die Meßflächen. Bewahre Feinmeßzeuge und -instrumente in Kästen oder Schränken auf.

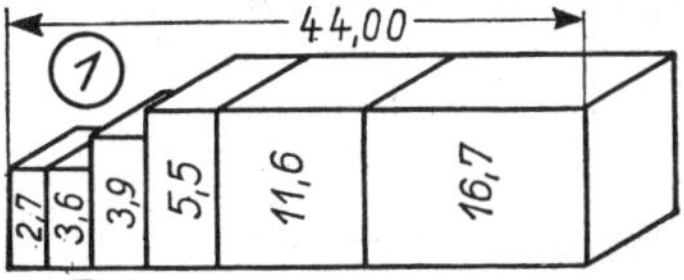

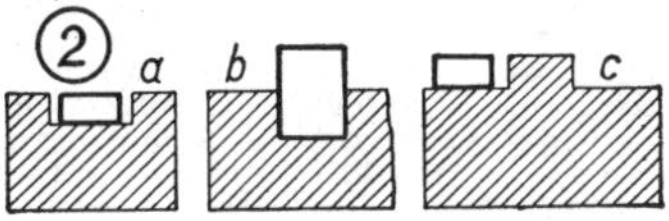

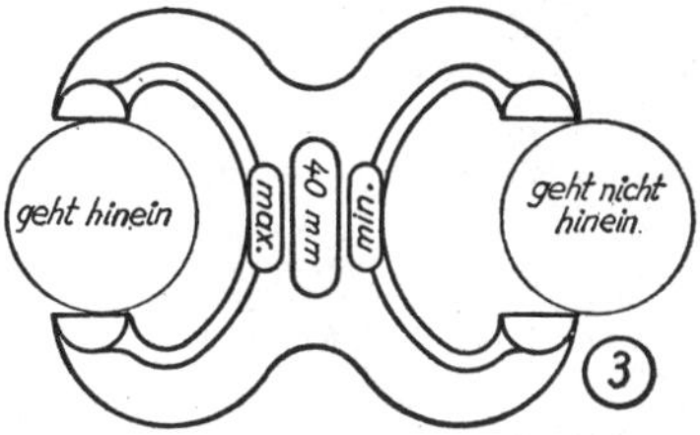

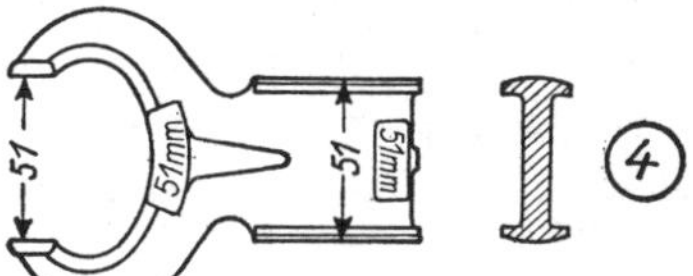

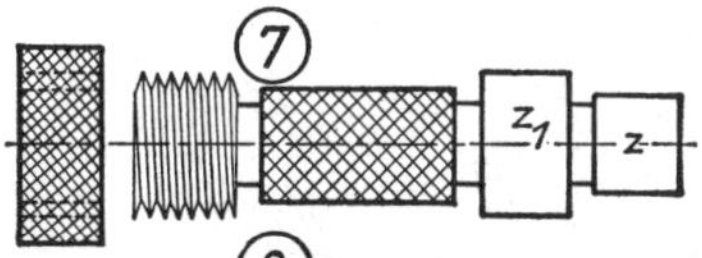

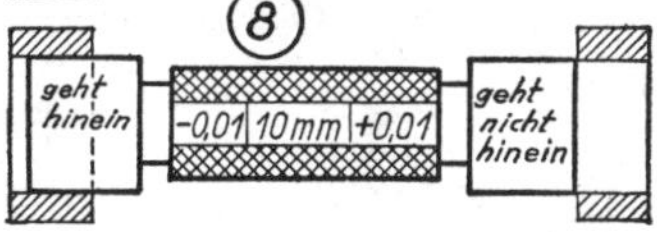

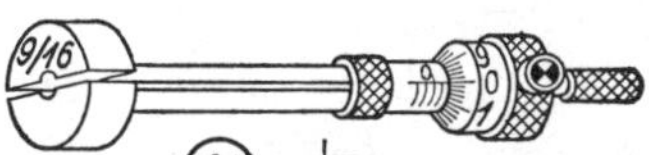

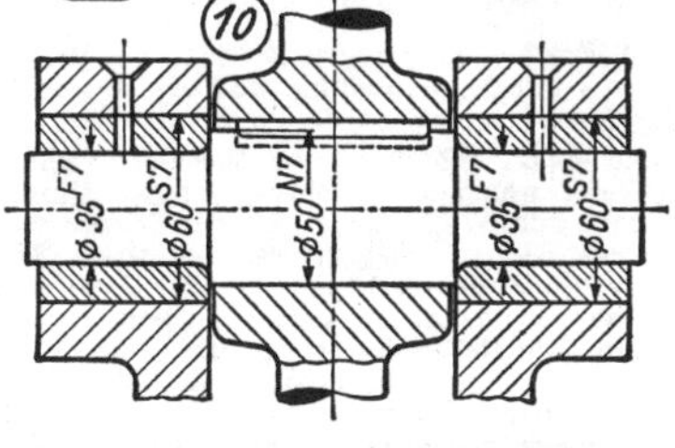

A. Messen und Meßzeuge (Fortsetzung)

Parallelendmaße. Prismatische **Meßklötzchen** aus gehärtetem Stahl **(1)**, gefräst, gestempelt, glashart, vorgeschliffen, entmagnetisiert, fertiggeschliffen und justiert (auf genaues Maß). Bei Zusammensetzen von mindestens 5 Endmaßen darf deren Gesamtmaß noch nicht $^1/_{1000}$ mm vom Sollmaß abweichen; der Fehler jedes Endmaßklötzchens darf also 0,0002 mm nicht erreichen. — Abb. **(2)** zeigt die Anwendung als Tiefenmaß *a*, Breitenmaß *b* und Höhenmaß *c*.

Rachenlehren (3) zum Außenmessen sind mit Plus- (+) und Minus- (—) Toleranz ausgestattet. **Gutseite** geht gerade über das Werkstück (Welle, Zapfen usw.), **Ausschußseite** geht nicht über das Werkstück. Die Ausschußseite wird oft rot gekennzeichnet. Größe der Toleranz (zulässige Abweichung) ist von Art und Verwendung des Werkstückes abhängig. — Eine andere Art zeigt Abb. **(4)**. Das eine Ende ist eine **Rachenlehre für Außenmessung**, das andere eine **Rundlehre für Innenmessung.** Derartige Lehren werden in der Werkstatt gern gebraucht. Sie sind aus Stahl im Gesenk geschmiedet, gehärtet und geschliffen.

Für **Gewindefeinmessung** benutzt man Lehren nach Abb. **(5)** und **(6)** und **Gewindelehrdorne (7)** (Prüfung der Gewindesteigung in Muttern). Zapfen *z* besitzt den zugehörigen Gewinde-Innendurchmesser, Zapfen z_1 den Gewinde-Außendurchmesser. Ebenso gibt es **Gewindelehrringe** zum Prüfen der Steigung von Außengewinden.

Kaliberdorne (8) sind gehärtete Grenzlehren aus Lehrenstahl bis auf 0,01 mm genau geschliffen und poliert. Das längere Ende hat **Schwachmaß** (Minusmaß), das kürzere Ende **Starkmaß** (Plusmaß). Die Toleranz liegt zwischen beiden Maßen. Das Starkmaß ist Ausschußmaß.

Verstellbare Lochlehren (9) mit Meßschraube dienen zur genauen Bestimmung des Grades einer Abweichung vom Normalmaß. Der geschlitzte Dorn wird mittels einer innenliegenden Spindel durch Drehen der Meßschraubenhülse auseinandergedrückt. **(9)** eignet sich auch zum Nachprüfen der Konizität von konischen Bohrungen.

Im internationalen Passungssystem sind Normen für die verschiedensten **Passungen** der Wellen und Bohrungen aufgestellt. Es bedeuten beispielsweise in Abb. **(10)**: 35^{F7} = ⌀ 35,05, 50^{N7} = ⌀ 49,99, 60^{S7} = ⌀ 59,955.

Zeigerlehren haben eine größere Zeigerübersetzung (zweiseitiger Hebel). Die **Keilnutentiefenlehre (11)** zeigt ein Beispiel von *K. Ohnesorge* aus „Werkstatttechnik". Prisma *p* wird auf die zu messende Welle aufgesetzt; dabei muß sich Stift *a* in der Nute *n* befinden. Wird Prisma *p* gegen die Welle gepreßt, so hebt sich Stift *b*, und der durch die Feder *f* gegen den Bund des Stiftes *b* gedrückte Zeiger *z* zeigt die Tiefendifferenz an. Bei Abnahme der Lehre bewegt sich Stift *b* durch die Feder *c* in die ursprüngliche Lage zurück. (Siehe Seite 134.)

Meßlehre für Zylinderbohrungen (12), Genauigkeitsprüfung der Bohrungen. Meßuhr *m* ist durch Winkel *w* auf Schlitten *s* befestigt. Dieser hat zwei gehärtete lange Schneiden *a*. Nach Einführung der Lehre in die Zylinderbohrung *c* wird durch Ausschlag des Zeigers *z* die Abweichung angezeigt. Die Lehre muß genau und gerade mittels Handhebels *b* eingeführt werden.

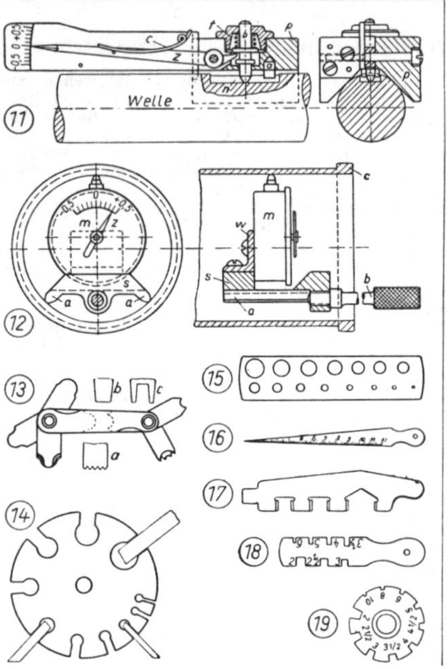

A. Messen und Meßwerkzeuge (Fortsetzung)

Konkav- und Konvexlehren (13). Genaue Nachprüfung von hohlen oder erhabenen Rundungen (siehe S. 166); aus gehärtetem Stahl hergestellt. — In gleicher Ausführung gibt es **Gewindelehren** zur Prüfung des Gewindes, Ausführung wie **(13 a)**, aus gehärtetem Stahl; Arten und Größen der Gewinde sind verschieden (vergl. S. 108···111 u. 165, 166). Verwendung auch zur Herstellung und zur Einstellung von Gewindestählen (s. S. 166). Auch **Kegellehren (13b u. c)** zum Messen kegelförmiger (konischer) Teile (Löcher, Spiralbohrer, Reibahlen usw.) werden nach Art von **(13)** hergestellt. Vgl. Werkzeugkegel, Kegeldrehen. — **Fühllehren** dienen zum Messen von Spalten, Schlitzen usw. Anordnung der einzelnen Klingen wie bei **(13). Blechlehren (14)** gebraucht man zum Messen von Blechen, Blechdicke um je 0,25 mm steigend; Löcher hinter den Meßschlitzen dienen zur Aufnahme des Grates (durch Abschneiden des Bleches entstanden). Herstellung: Löcher bohren, dann Schlitze fräsen usw. (gehärteter Stahl). — **Drahtlehren (15)** verwendet man zum Nachprüfen von Drahtdurchm., Stiften, auch kleinen Spiralbohrern und dgl. **Lochlehren (16)** dienen zum Messen der Durchmesser von zylindrischen Löchern; Teilstriche stehen rechtwinklig zur Teilkante. Die **Normallehren (17)** verwendet man zum Messen von Bolzen und Muttern, **(18)** von Flachgewindestählen. Die Lehren werden im Einsatz gehärtet und auf Maß geschliffen. **(17)** enthält Maße für Schlüsselweite, Höhe der Mutter und des Bolzenkopfes, Bohrung der Mutter, Durchm. des Bolzens. **Lehren für Flachgewindedrehmeißel (18)** haben Einschnitte zum Messen der Breite der Schneidkanten. Die Zahlen geben die Anzahl der Gänge auf 1 engl. Zoll an. **Gewindedrehmeißellehren (19)** für Drehmeißel zum Schneiden von Schnecken (Evolventenverzahnung) geben genaue Form und Tiefe des Gewindes an. Zahlen auf der Lehre entsprechen der Anzahl der Gewindegänge der Schnecke auf 1 engl. Zoll. Werkstoff und Herstellung wie bei (17) und (18).

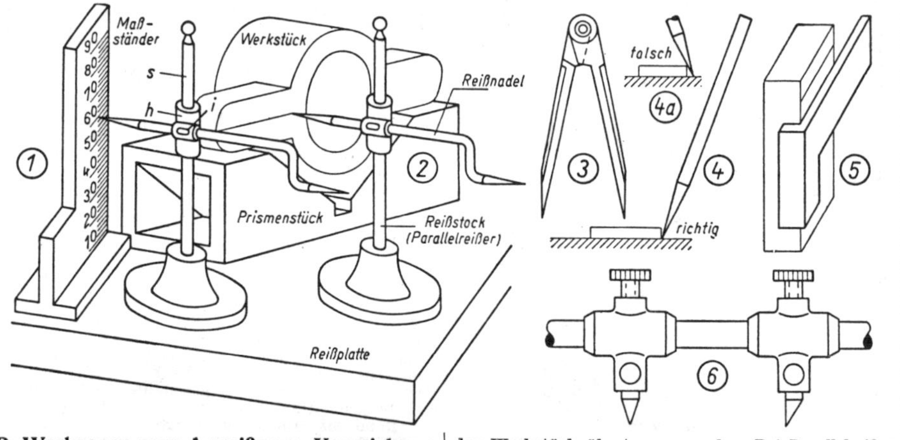

B. Werkzeuge zum Anreißen u. Vorzeichnen

Der Anreißer hat nach der Werkstattzeichnung die Maße auf das Werkstück zu übertragen als Vorbereitung für das Bohren, Fräsen usw. Von der Gewissenhaftigkeit dieser Arbeit hängen die Brauchbarkeit der gefertigten Arbeitsstücke und die Wirtschaftlichkeit des Betriebes wesentlich ab.

Abbildung **(1)** zeigt einen **Reißstock** im Gebrauch. Hülse *h* ist senkrecht auf Stange *s* verstellbar; Hülse *i* trägt die Reißnadel und kann winklig zu Hülse *h* verstellt werden. Mit dem Reißstock kann jedes beliebige Höhenmaß vom Maßständer abgenommen und auf das Werkstück übertragen werden. Bei **Parallelreißer** Stange *s* mit Maßeinteilung und Hülse *i* mit Nonius ausgeführt.

Eine genau gehobelte und tuschierte **Anreißplatte,** mit Wasserwaage ausgerichtet, dient als Unterlage für anzureißende Werkstücke. Runde Körper werden in **Prismenstücke (2)** gelagert. Den **Spitzzirkel (3)** benutzt man zum mittelbaren Übertragen der Maße vom **Stahlmaßstab** auf das Arbeitsstück und zum Schlagen von Kreisen. Die **Reißnadel (4)** für unbearbeitete Flächen besteht aus Stahl, für bearbeitete Flächen aus Messing (Vermeidung von Rissen).

Feinmeßwerkzeuge

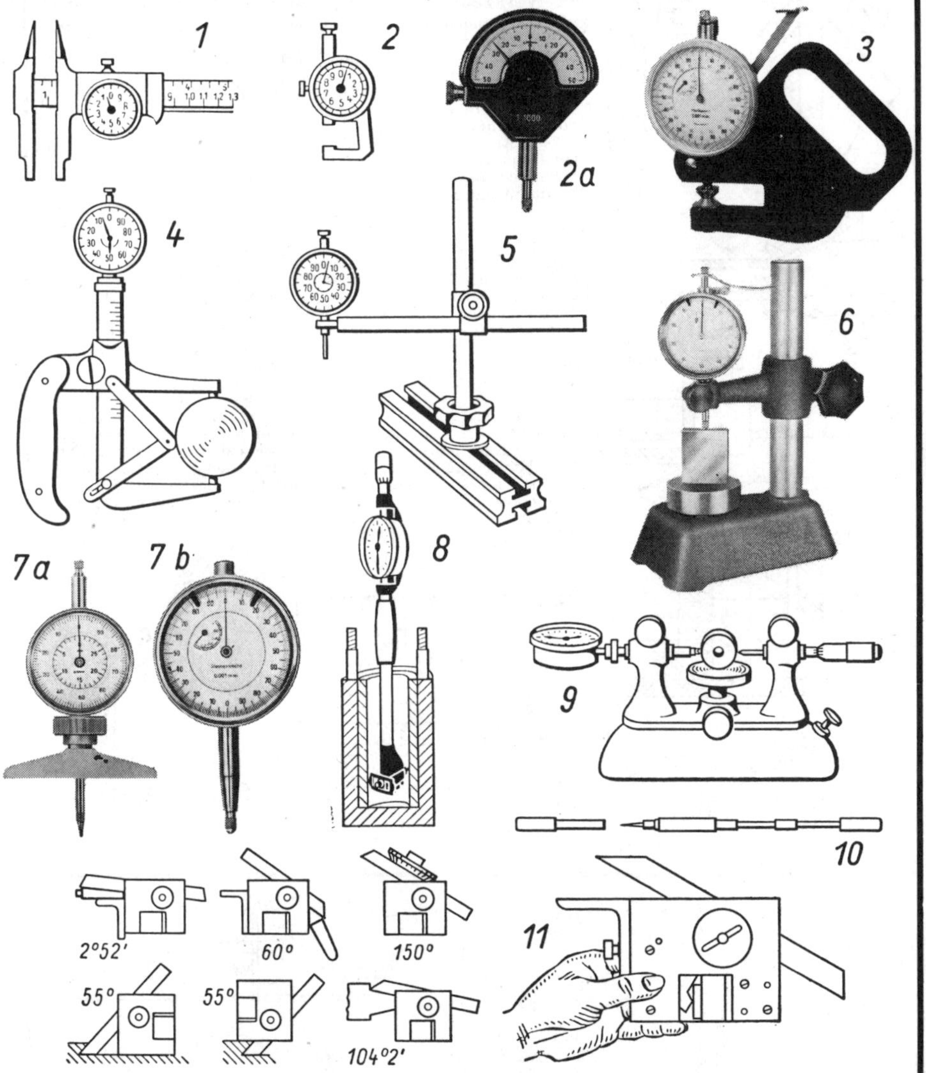

1. Uhrschieblehre. Anstatt am Nonius unmittelbare Ablesung am Zeiger des Zifferblatts auf $^1/_{100}$ mm. – **2. Uhrschnellmesser** für Ablesung auf $^1/_{100}$ mm. – **2a. Feintaster,** Skalenwert 0,001 mm. – **3. Folien-Dickenmeßgerät,** Skalenwert 0,001 mm. – **4. Verstellbare Rachenlehre** mit Meßuhr zum Prüfen beim Schleifen von Wellen. – **5. Universal-Meßständer** mit Meßuhr für Prüfarbeiten im Maschinenbau. – **6. Meßtisch** für Messungen bis 100 mm. Die Präzisionsmeßuhr mit Abhebevorrichtung zur Schnellmessung. Meßkraft 100 p. Skalenwert 0,01 mm. – **7a. Feinmeßuhr** mit Stoßschutz, Skalenwert 0,001 mm. – **7b. Tiefenmeßgerät** mit auswechselbaren Verlängerungsstücken (bis 90 mm), Skalenwert 0,01 mm. – **8. Innenmeßgerät „Into“** mit Mikrometer u. Meßuhr, lieferbar für 35 bis 500 mm ⌀ u. Tiefen bis 3 m. – Eine Kleinausführung ist ab 3 mm ⌀ verwendbar. – **9. Meßständer** für Gewinde u. a. – **10. Düsenlehre** mit Nonius für feine Bohrungen. Ablesung in $^1/_{100}$ mm. – **11. Sinus-Winkelmesser** gestattet Ablesungen auf Bogenminuten ($^1/_{60}$ Grad) genau.

Nr. 2a, 3, 6, 7a und 7b sind Erzeugnisse der Fa. Joh. Käfer, Schwenningen.

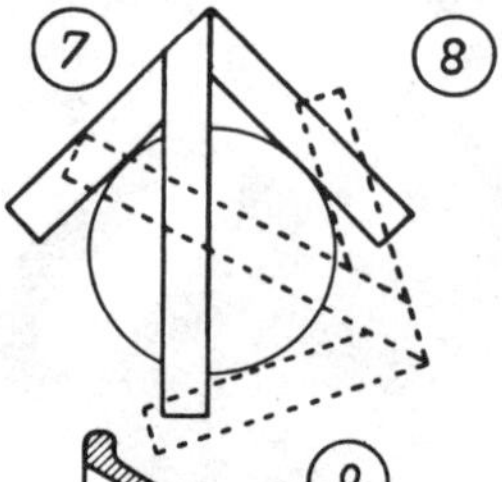

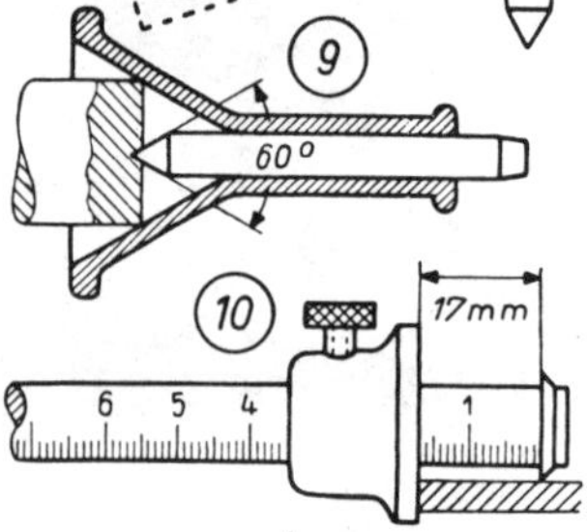

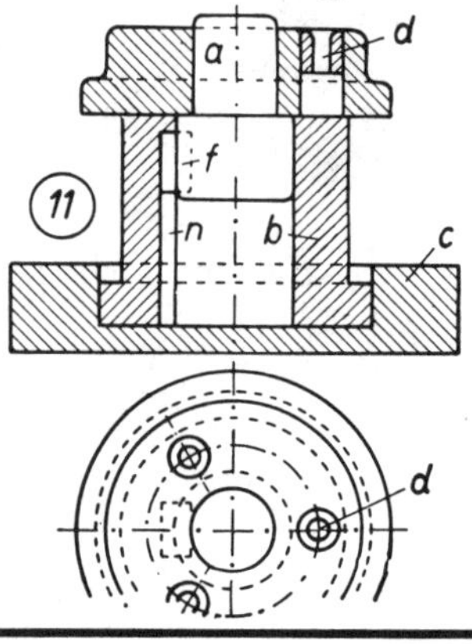

B. Werkzeuge zum Anreißen und Vorzeichnen (Forts.)

Winkel dienen zum Anreißen von (rechten) Winkeln. **(5)** zeigt einen **Anschlagwinkel,** dessen umgebogener Schenkel (Anschlag) an eine Kante des Werkstücks angelegt werden kann.

Stangenzirkel (6) mit oder ohne Maßeinteilung und Nonius dient zum Abgreifen und Übertragen von größeren Abmessungen.

Zentrierwinkel (7) verwendet man zum genauen Bestimmen von Wellenmitten. Anschlag erfolgt zweimal kreuzweise.

Zum Ankörnen von Bohrlöchern und angerissenen Linien dient der **Handkörner (8).**

Mit der **Zentrierglocke (9)** werden die Mitten kleinerer Wellen bestimmt und angekörnt.

Das **Streichmaß (10)** dient zum Anreißen gerader Linien parallel zur Kante des Werkstücks. Der Läufer (Anschlag) ist verstellbar.

Schablonen und **Vorrichtungen** ersetzen das Anreißen bei Massenfertigungen und ergeben schnelleres und genaueres Arbeiten. **(11)** zeigt als Beispiel eine **Bohrvorrichtung** zum Bohren von 3 Löchern in eine Lagerbuchse. In der Nute *n* der Lagerbuchse *b* greift als Sicherung gegen Verdrehen die Nutenfeder *f* ein, die in dem Zentrierzapfen *a* befestigt ist. Die Bohrpatrone *d* besteht aus gehärtetem Stahlguß, ist genau geschliffen und dient zur sicheren Führung des Bohrers. Unterlage *c* wird auf dem Bohrmaschinentisch befestigt. Andere Bohrvorrichtungen zeigen Abb. **(12a, b, c).** In **(12a)** wird das Arbeitsstück *w* bis an den abgeflachten Stift *s* geschoben, der als Anschlag dient. Durch Schraube *t* wird das Werkstück festgeklemmt. In **(12b)** wird Werkstück *w* durch Bügel *c* festgehalten, welcher seinerseits durch die Flügelmutter der Klappschraube *d* auf das Werkstück drückt. Bei **(12c)** wird das Werkstück *w* durch den Bügel *e* mittels Daumenhebels (Exzenterhebel) *h* gehalten. — Ähnliche Vorrichtungen gibt es für Fräs-, Schleifarbeiten usw.

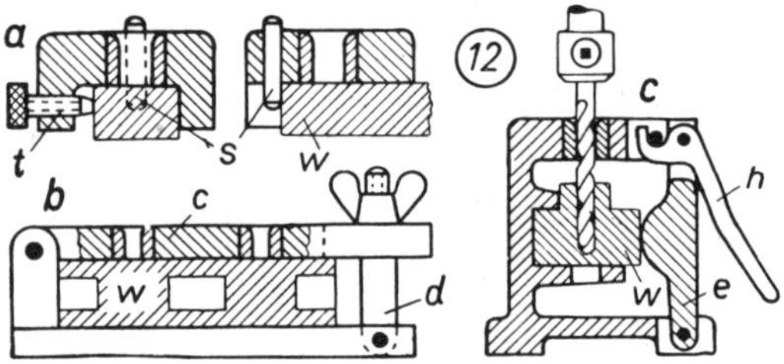

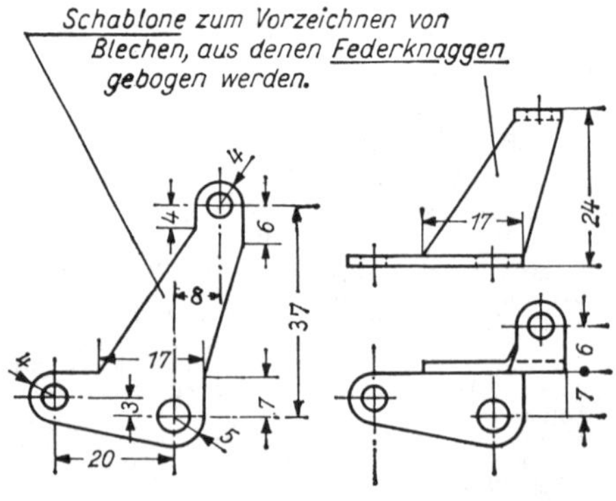

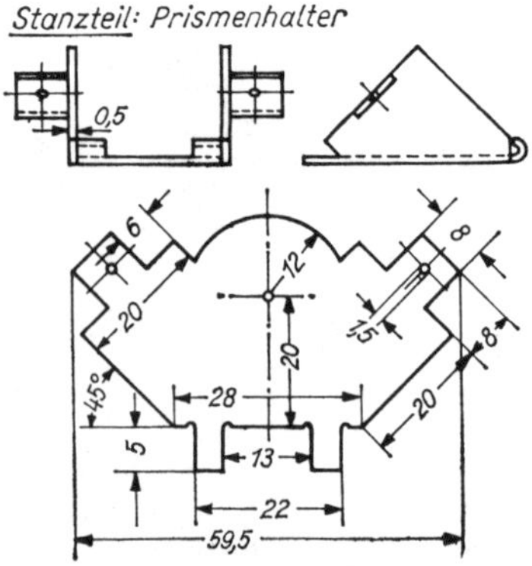

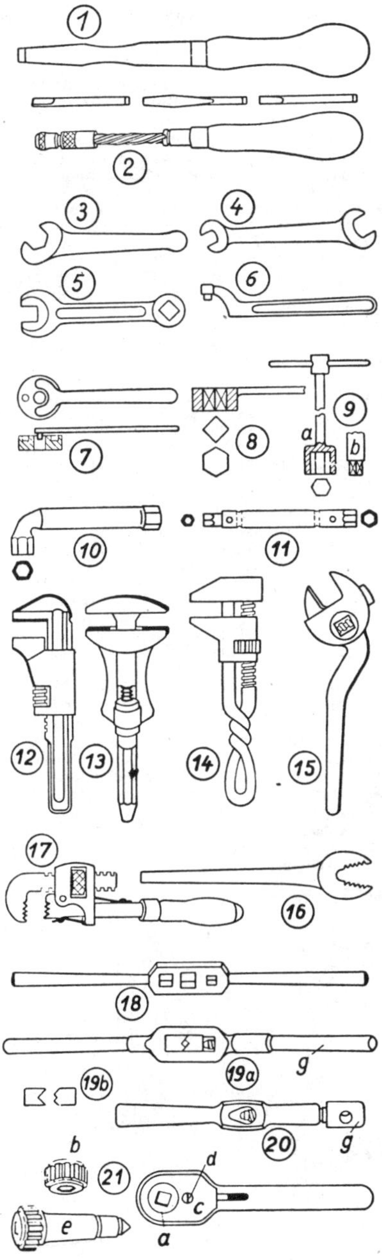

C. Werkzeuge zum Anfassen u. Festhalten

Schraubenzieher (1) mit Holzheft und Stahlklinge; **Drillschraubenzieher (2)** mit totem Rücklauf und Feststellvorrichtung.

Schraubenschlüssel (3) einmäulig, **(4)** doppelmäulig; Maulwand kantig oder (nach DIN 475) rund. Bessere Sorten Flußstahl, im Gesenk geschmiedet, billiger Temperguß. — **Stichelhausschlüssel (5)** für Vierkantschraubenköpfe. — **Hakenschlüssel (6)** für runde Muttern mit Löchern am Umfange; ähnlich **Nutenschlüssel** sowie **Gabelschlüssel (7)** für Fahrräder und Kraftwagen. — **Ringschlüssel (8)** als Vier- oder Sechskantschlüssel. — **Steckschlüssel (9)** für schlecht zugängliche Muttern oder Bolzen (a); für Bohrfutter, Dreibackenfutter (S. 141) mit Vierkant (b). Billige Steckschlüssel **(10 u. 11)** sind aus einem Rohrstück leicht herzustellen.

Verstellbare Schraubenschlüssel, meist aus Stahl geschmiedet: **Automobilschlüssel (12),** Backen durch Schnecke und Zahnstange verstellbar. — Beim **englischen Schraubenschlüssel** oder „Engländer" **(13)** verstellt der als Mutter ausgebildete Griff einen Backen mittels Spindel; billigere Ausführung **(14).** — Der **Rollgabelschlüssel (15)** ist eine Abart von **(12).**

Rohrschlüssel: Ähnlich den Schraubenschlüsseln sind die **Alligatorschlüssel (16) zum Festhalten von Rohren** und Rundstahl. Seltener werden **Gasrohrschlüssel (17)** mit verzahnten, verstellbaren Backen verwendet.

Windeisen (18) für 3 verschiedene Vierkantgrößen dienen zum Eindrehen von Gewindebohrern und Reibahlen. — **Verstellbare Windeisen** werden mit Backen nach **(19a)** oder **(19b)** ausgeführt. Der einschraubbare Griff *g* dient zum Verstellen der Backen. Ausführung ohne Backen **(20)** für kleine Bohrer und andere runde oder kantige Werkzeuge. — **(21)** zeigt ein **Einsatzwindeisen.** Die Einsätze können *a* Vier- oder *b* Sechskantlöcher haben; sie werden durch Platte *c* mit Schraube *d* gehalten und sind sperradartig für Rechts- oder Linksgang ausgebildet. Durch Einsetzen der in der Länge verstellbaren Bohrspindel *e* erhält man eine handliche Bohrknarre von geringer Höhe.

Winden sind Hilfswerkzeuge zum Festhalten (Heben) von Maschinenteilen, Wagen usw. Bei der **Zahnstangenwinde (22)** dreht die mit Sperrad versehene Kurbel ein Zahnrad *a*, das durch 1 oder 2 Übersetzungen **(23)** die Zahnstange *f* nach oben drückt. — Die **Schraubenböcke (24** und **25)** werden zum Ausrichten von Maschinenteilen beim Aufspannen auf die Arbeitstische an Stelle der sonst üblichen stählernen oder hölzernen Unterlagen und Keile angewandt. Der Kopf ist beweglich und schmiegt sich den Unebenheiten des Arbeitsstückes an.

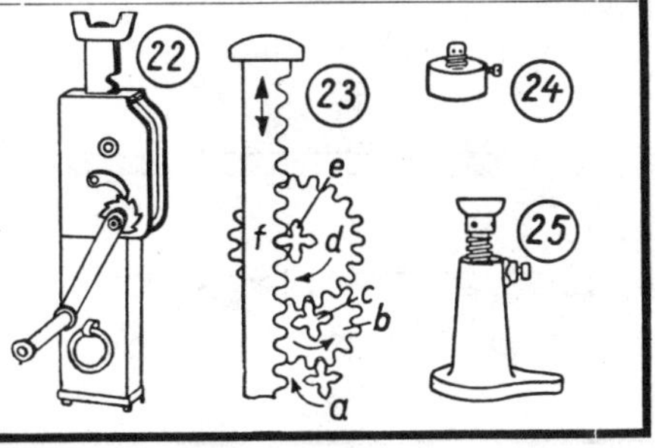

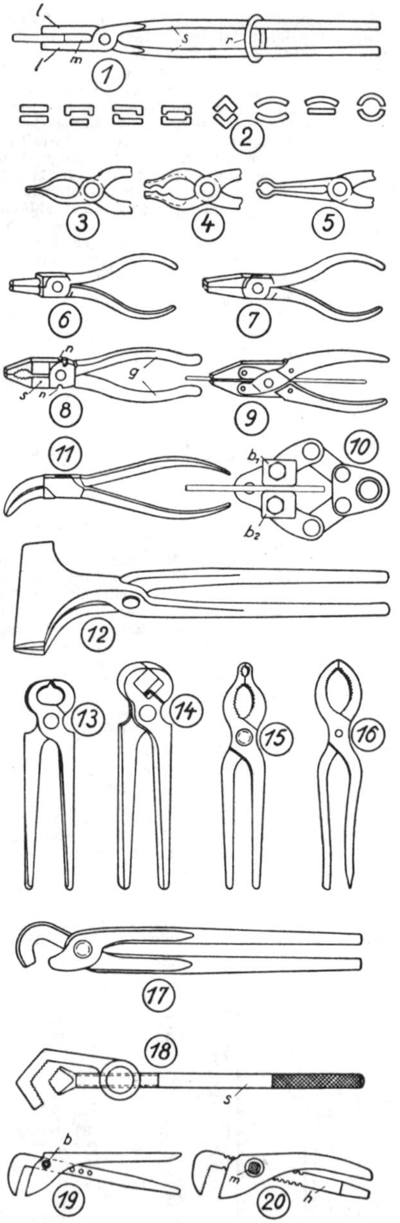

C. Werkzeuge zum Anfassen und Festhalten (Fortsetzung)

Zangen bestehen aus 2 zweiseitigen Hebeln (siehe S. 49). Die Greifkraft des Mauls *m* ist größer als der Handdruck an den Schenkeln *s*.

Schmiedezange (1) mit flachem Maul *m* aus 2 Lippen *l*; Verstärkung des Zangendrucks durch Ring *r*. Verschiedenartige Maulformen **(2)**. **Schmiedezange (3)** dient zum Fassen dünner Gegenstände. — Mit **Wolfsmaulzange (4)** kann man Bleche und Formstahl sicher und fest fassen; gut geeignet zu Staucharbeiten. — Mit **Nietzangen (5)** führt man Niete in Nietlöcher ein. — Zum Anfassen und Biegen von Draht, Blechstreifen usw. dienen die **Rundzange (6)** und die **Flachzange (7)**. — Die **Champagnerzange** oder **Kombinationszange (8)** dient als Flachzange und Brennerzange (vgl. **(15)**), hat 2 Drahtabkneifer *n* und an der Maulseite die Schneiden *s*. Der Elektriker verwendet solche Zangen, deren Schenkel mit Hartgummi isoliert sind, geprüft für 5000 Volt Hochspannung. — Die **Parallelzange (9)** hat parallel spannende Backen (flach oder längs genutet). Ähnlich ist **Froschklemme (10)** mit Parallelbacken b_1 und b_2. Vgl. Ziehbank. **Blechbiegerundzange (11)** mit gebogenem Maul. Die **Deckzange (12)** kann große Blechlängen fassen und biegen. — Die **Kneif-** oder **Beißzange (13)** dient zum Nagelziehen, Abkneifen von Nägeln, Drähten usw. Mit quadratischem Maulloch zum Drehen von Vierkanten oder Muttern heißt sie **Schlüsselzange (14)**. — Die **Gasrohr-** oder **Brennerzange (15)** verwendet man in der Gas- und Wasserinstallation, im Auto- und Fahrradbau. Mit einem Maulloch heißt sie **Kugelzange (16)**. — Die **Hakenzange (17)** dient zum Festhalten von Rohren und Stabstahl. — Die **Universalrohrzange (18)** mit Flachgewinde und kordiertem Griff wird durch Drehen der Spindel *s* auf beliebige Maulweite eingestellt; zum Einschrauben von Rohren. Viel gebräuchlich sind die **Blitzzangen (19** und **20)**; Verstellung durch Umstecken des Bolzens *b* bzw. durch verzahnten Hebel *h* mit Mutter *m*. — **Greifzangen (21)** dienen zum Anheben von Tiegeln.

Blechklemmen (22) benutzt man zum senkrechten Festhalten und Heben von Blechen. Lose Rolle *c* ist mit Bügel *a* in konischem Schlitz verschiebbar; Blech klemmt sich zwischen Rolle *c* und Backen b_1 fest.

Greifer dienen zum Verladen von Kleingut (Kohlen, Erz, Stahlschrott, Sand usw.). — Zum Heben von Stahl und Stahlspänen verwendet man in neuerer Zeit meist **Hubmagnete.**

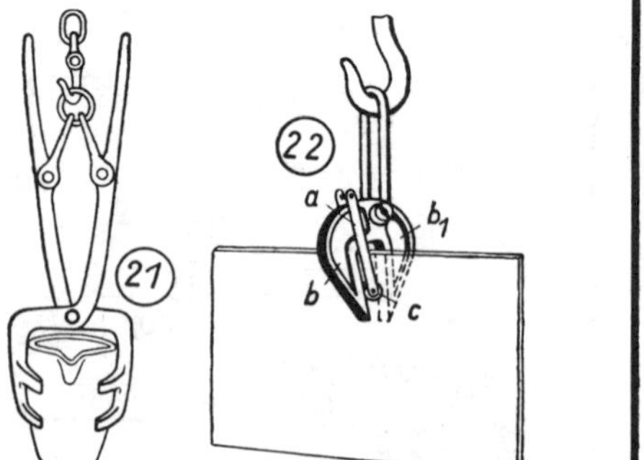

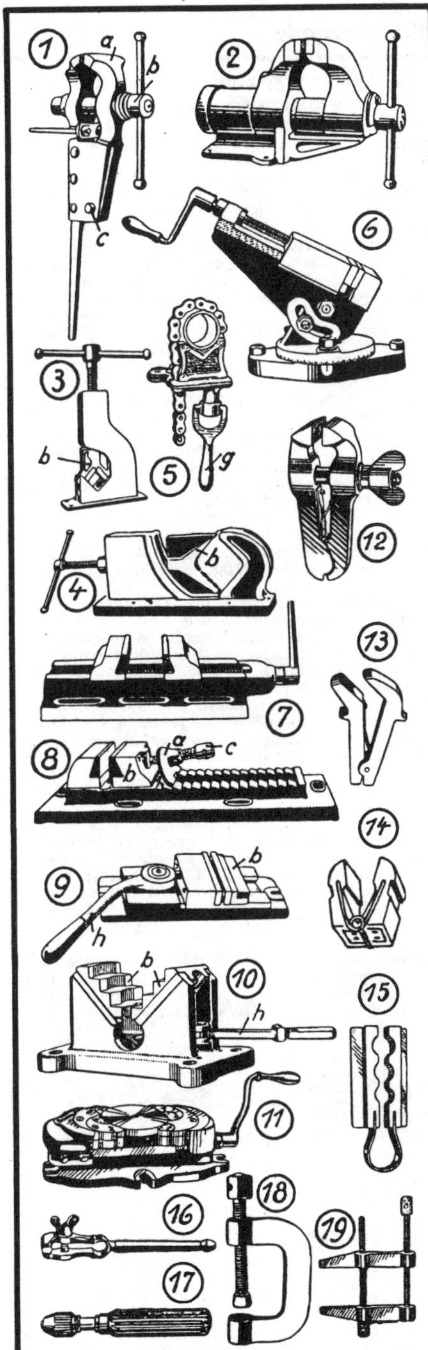

C. Werkzeuge zum Anfassen und Festhalten (Fortsetzung)

Schraubstöcke dienen als **Bankschraubstöcke** zum Festhalten (Einspannen) der Werkstücke zwecks Bearbeitung von Hand, als **Maschinenschraubstöcke** zum Einspannen kleinerer Werkstücke zwecks Maschinenbearbeitung (namentlich beim Bohren, Fräsen und Hobeln).

Beim **Flaschenschraubstock (1)** ist der vordere Backen *a* bei *c* drehbar und wird mittels Spindel *b* gegen den hinteren Backen gepreßt. Die Backenflächen sind nur in einer bestimmten Lage parallel. — Beim **Parallelschraubstock (2)** dagegen bewegen sich die beiden eingesetzten (gehärteten) Stahlbacken stets parallel zueinander und halten daher das Werkstück schonender und gleichmäßig fest. Die (meist staubsicher gelagerte) Spindel bewegt entweder den vorderen oder besser (Raumersparnis) den hinteren Backen. Beim Spannen gegen bearbeitete Flächen legt man zur Schonung winkelförmige Kupfer- oder Bleibacken ein. — Der **Gasrohrschraubstock** ist **(3) senkrecht** oder **(4) waagerecht** spannend. Der bewegliche Backen *b* wird durch die Spindel auf das Werkstück gedrückt. — Den schnell einstellbaren und fest spannenden **Ketten-Rohrschraubstock (5)** benutzt man hauptsächlich zur Montage. Die verstellbare Spannkette wird durch die mit beweglichem Griff *g* versehene Schraube fest angezogen.

Der **Universal-Maschinenschraubstock (6)** ist waagerecht drehbar, ferner waagerecht und senkrecht sowie im beliebigen Winkel nach Skala mittels Schrauben feststellbar. — Bei dem **Maschinenschraubstock (7)** hat die Spindel Links- und Rechtsgewinde, so daß sich beide Backen bewegen und zwischen den keilförmigen Backenflächen das Werkstück festspannen.

Schnellspannende Parallelschraubstöcke. Bei **(8)** wird der bewegliche Backen *b* mittels Bügelschild *a* und Verzahnung auf ungefähre Spannweite eingestellt und durch die Spindel *c* festgeklemmt. — Bei **(9)** geschieht das Festspannen durch sog. Daumenkraft mittels Hebel *h*, dessen Kopf am Umfang exzentrisch ist. Der Hebel ist auf der in der Mitte durchgehenden Führung des hinteren Backens *b* verstellbar befestigt, so daß die Spannweite von 15 zu 15 mm verändert werden kann. — **Treppenschraubstock (10)** ist hauptsächlich für Bohrmaschinen geeignet. Backen *b* gleiten auf schräger Führung und werden durch Federn nach unten gezogen, wodurch sie das Werkstück festspannen. Kniehebel *h* bewirkt Heben und dadurch Lockern der Backen. Geeignet zum Ankörnen, Flanschbohren u. dgl.

Reaktionsbacken-Maschinenschraubstock (11) zum gleichmäßigen Einspannen runder Scheiben und von Formteilen jeglicher Art. Die aus bogenförmigen, in sich beweglich gelagerten Segmentteilen zusammengesetzten Backen passen sich der beliebigen Form des Werkstücks genau und leicht an, so daß ein Verspannen und Verziehen des Werkstücks ausgeschlossen ist.

Zum Einspannen kleinerer Werkstücke dienen **Feilkloben (12).** Verstellen der Backen mittels Flügelmutter oder Vierkantschlüssels. Die Backen werden beim Öffnen mittels Blattfeder auseinandergedrückt. — **Stahl-Reifkloben (13)** und hölzerne **Spannkloben (14)** dienen zum Einspannen in den Schraubstock. — Ähnlich ist das **Gasrohr-Spannfutter (15)** mit federndem Bügel. — **Stielfeilkloben (16)** mit flachem (oder rundem) Maul und **Universalkopf (17)** dienen zum Festhalten von Draht, Schrauben, Stiften u. dgl.

Schraubzwingen (18) benutzt man zum vorübergehenden Festhalten von Platten, Flanschen, Winkeln usw. — Die **Parallelzwinge (19)** findet ähnliche Verwendung bei Werkstücken mit größeren Spannmaßen.

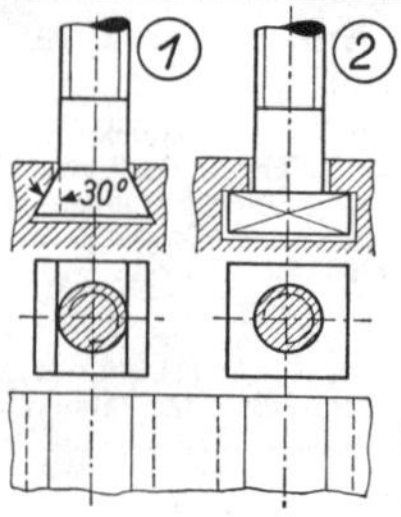

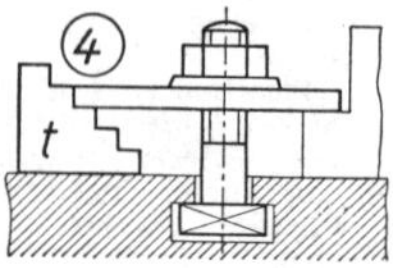

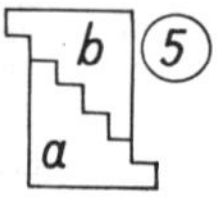

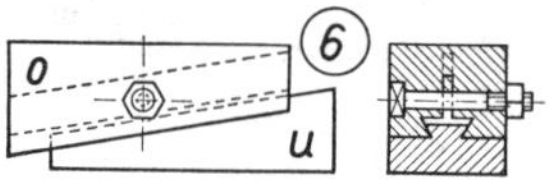

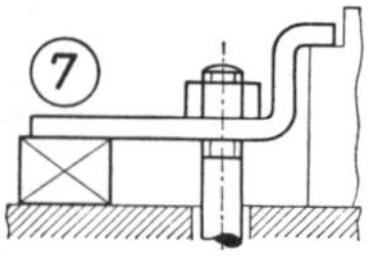

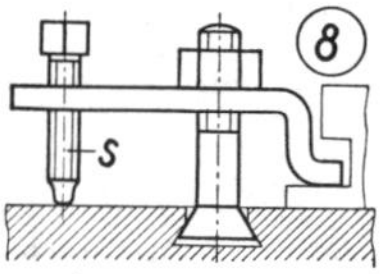

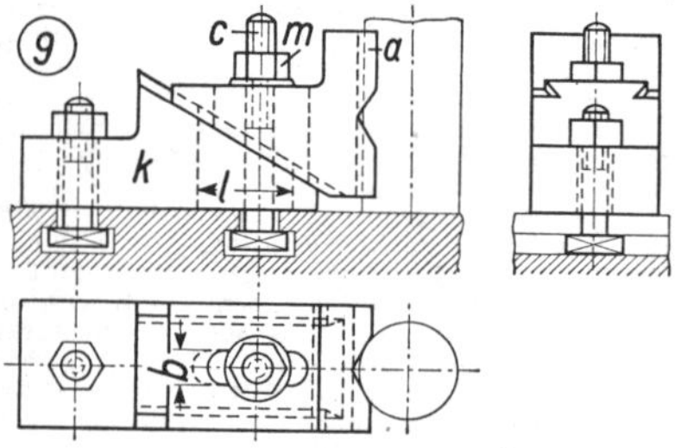

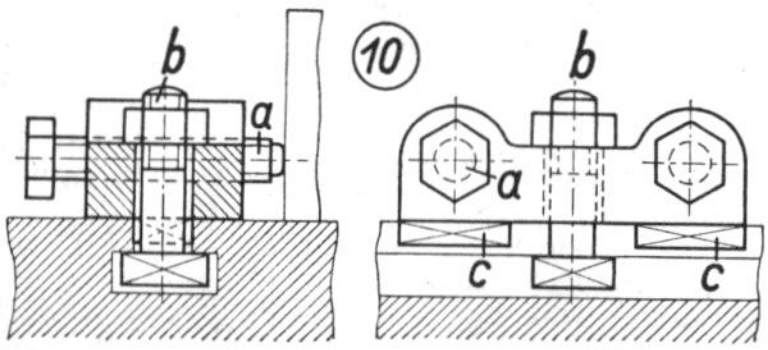

C. Werkzeuge zum Anfassen und Festhalten (Fortsetzung)

Aufspannvorrichtungen geben den Werkstücken einen festen, sicheren Halt auf Drehbänken, Hobel-, Bohr- und Fräsmaschinen.

In den Maschinentischen befinden sich schwalbenschwanzförmige **(1)** oder T-förmige **(2)** **Aufspannuten,** in die **Spannschrauben** mit abgeschrägtem oder Vierkantkopf eingeführt werden. Die Spannschrauben pressen ein **Spanneisen (3)** auf der einen Seite auf das Werkstück, auf der anderen auf eine Unterlage, deren Höhe richtig gewählt werden muß. **Unterlage** *u* ist zu hoch; Spanneisen und Mutter liegen nur mit einer Kante auf. Richtiges Aufspannen gewährleisten **(4) Spanntreppe** *t*, **(5) Doppeltreppe** *a* und *b*, **Schlittenspanner (6),** bei dem der geschlitzte Oberteil *o* in gewünschter Höhe durch Schraube und Mutter festgeklemmt wird. — Häufig verwendet man **gekröpfte Spanneisen (7 u. 8)** mit Unterlage oder besser mit **Stellschraube** *s*.

Aufspannbacken (9) haben kreuzweise genutete Spannbacken *a*, so daß zylindrische Körper zwischen einem Backenpaar senkrecht und waagerecht eingespannt werden können. Schräge Schlittenführung bewirkt durch Anziehen der Mutter *m* zwangsläufiges Verschieben des Oberteils *a* gegen das Arbeitsstück, welches auf den Tisch gedrückt wird und dadurch gut aufliegt. Das Verschieben des Teils *a* gegen *k* ist möglich, da Schraubenbolzen *c* in den länglichen Löchern $l \times b$ geführt ist.

Aufspannfrosch (10) für hohe Werkstücke, Druck von der Seite durch Schrauben *a*. Frosch wird durch Spannschraube *b* auf dem Werktisch festgehalten; Leisten *c* sind in der Tischnute geführt und verhindern seitliches Verschieben. — Das Aufspannen einer Welle *w* (zwecks Hobelns einer Nute mittels Nutenstahls *f*) zeigt **(11)**. **Kniestück** *a* und Spanneisen mit **Schraubbock** *b* halten die Welle. Schraube *s* gestattet Änderung der nutzbaren Höhe des Schraubbocks.

Die folgenden Aufspannvorrichtungen dienen zum schnellen Aufspannen von Arbeitsstücken, ohne Verwendung irgendwelcher Unterlegstücke oder sonstiger Hilfsmittel:

Spannklaue (12) ist durch Gelenkbolzen *b* in dem sechskantigen Auflagerbock exzentrisch gelagert; es ergeben sich für die Klaue *k* sechs verschiedene Höhen. — **Spannkloben (13)** ist ähnlich **(12);** er wird verwandt zum Spannen von der Seite und von oben **(14).** Bessere Ausführung zeigt **(15).** Durch Anziehen der Spannmutter drückt die Klaue *k* auf das Gelenk *g*. Wirkungsweise wie **(9).**

Aufspannwinkel (16) dient zum Aufspannen von Werkstücken an genau senkrechten Flächen. — **(17)** ist ein auf jeden beliebigen Winkel **verstellbarer Aufspannwinkel** zum Bearbeiten schräger Flächen.

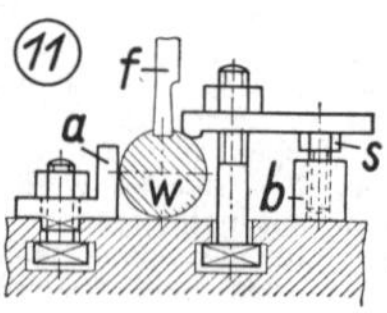

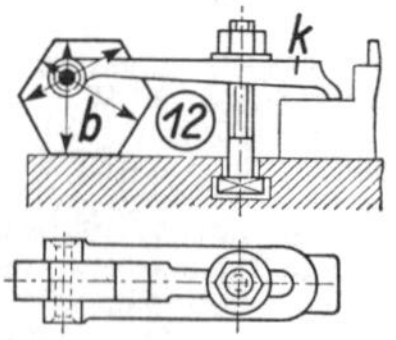

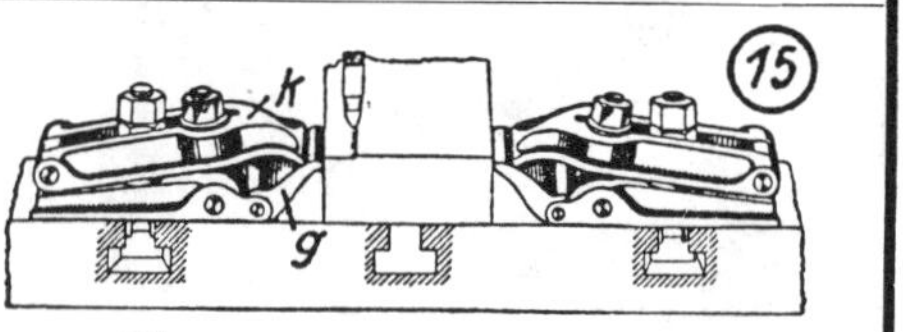

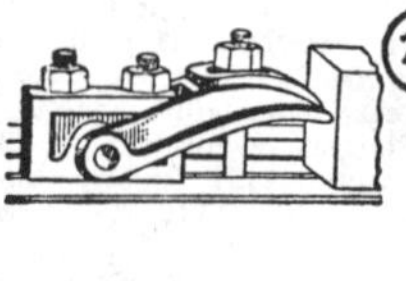

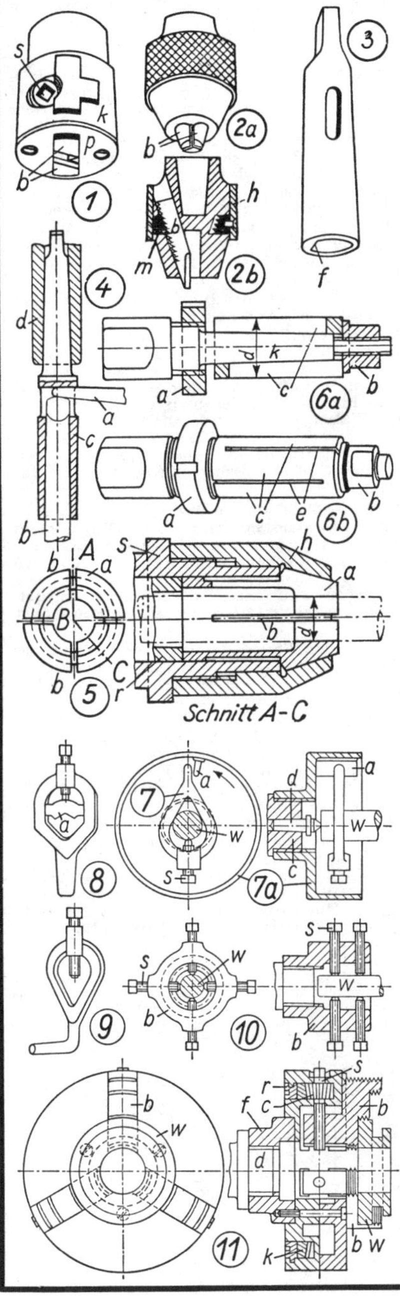

C. Werkzeuge zum Anfassen und Festhalten
(Fortsetzung)

Bohrfutter (1) für Bohrmaschinen und Drehbänke zum Einspannen von zylindrischen oder kantigen Werkzeugen (Bohrer, Versenker usw.). Die beiden Backen *b* werden durch die mit Rechts- und Linksgewinde versehene Schraube *s* verstellt, Platte *p* verhindert zu starkes Herausdrehen der Backen. Hauptkörper *k* (SM-Stahl) ist nach oben durchbohrt und wird auf einen kegeligen Dorn gesteckt, der in dem Hohlkegel der Arbeitsmaschine befestigt wird. — **Bohrfutter (2a)**, Schnittzeichnung **(2b)**, für leichtere Bohrarbeiten. Die drei Backen *b* haben an der Außenseite Verzahnung und werden durch das kegelige Gewinde der Mutter *m* mittels Hülse *h* von Hand gleichmäßig und genau zentrisch eingestellt.

Konischer Einsatz oder Bohrerhülse (3) für Bohrwerkzeuge, passend zum Hohlkegel der Bohrmaschinenspindel; bei starker Beanspruchung mit Mitnehmerfläche *f* ausgebildet. Der entsprechend angeschliffene Bohrer paßt sich der Fläche genau an. — **Doppelkegel** oder kegelige Verlängerung **(4)** wendet man an bei zu kurzen Bohrspindeln. Werkzeug *b* steckt in dem Hohlkegel *c*, dieser in einer Bohrhülse *d* oder direkt im Maschinenkegel. Lösen von Einsatz und Werkzeug durch keilförmigen Austreiber *a*. Vergleiche Kegeltabelle.

Spannpatrone (5) für Revolverdrehbank zum Einspannen von Stangenwerkstoff. Hülse *h* auf dem Gewinde der Drehbankspindel *s* hält mit ihrem Hohlkegel die mit Schlitzen *b* versehene Patrone *a* fest. Durch automatisches Hineinpressen der Patrone *a* in die Hülse *h* mittels Ringhülse *r* erfolgt Zusammendrücken der Patrone und Festklemmen des Stangenwerkstoffes. Patrone auswechselbar. Durchmesser *d* verschieden.

Expandierender Drehdorn im Schnitt **(6a)**, in Ansicht **(6b)**. Der Dorn *k* ist kegelig geschliffen und entsprechend den verschiedenen Bohrungen der Arbeitsstücke mit auswechselbaren, durch Schlitze *e* federnden Büchsen *c* versehen. Es werden mehrere Büchsen mit verschiedenen Durchmessern *d* verwandt. Durch Anziehen der Mutter *b* vergrößert sich *d* und spannt das Werkstück fest. Lösen desselben nach Lockerung von *b* bewirkt Mutter *a* mittels Nutenschlüssels.

Drehherz (7) einfach; durch Schraube *s* wird das Werkstück *w* festgeklemmt, welches zwischen Spitzen *d* eingespannt ist. Beim Drehen der Drehbankspindel *c* wird das Drehherz und somit das Werkstück durch einen Mitnehmerstift oder Mitnehmer *a* in Drehung versetzt. — **Sicherheitsscheibe (7a)** dient zur Vermeidung von Unfällen. — Zur Schonung der Werkstücke hat **Drehherz (8)** eine genutete Klemmbacke *a*, die sich in einer Führung bewegt. — **Drehherz (9)** hat gebogenen Mitnehmerzapfen, der in einen Schlitz der Planscheibe greift.

Drehbankfutter (10) einfach; Werkstück *w* wird in einer zylindrischen Hülse *b* durch 8 Schrauben *s* festgehalten. Zentrisches Einspannen schwer zu erreichen. — Besser sind Zweibackenfutter oder **Dreibackenfutter (11)**. Die Backen können gleichzeitig oder einzeln bewegt werden. Schraubenspindel *s* greift durch Kegelrad *c* in Zahnkranz *k* ein, wodurch alle drei Backen *b* gleichzeitig und gleichmäßig bewegt werden. Durch Drehen des Stellringes *r* können die Kegelräder außer Eingriff gebracht werden; Backen bewegen sich dann einzeln und unabhängig voneinander. Das Dreibackenfutter wird mit Hilfe der Futterscheibe *f* auf die Drehbankspindel *d* aufgeschraubt. — **Vierbackenfutter** sind seltener.

D. Formgebende Werkzeuge

I. Biegen, Richten und Walzen

a) Beim **Biegen** erzielt man eine vorübergehende, wenn die Elastizitätsgrenze überschritten ist, eine dauernde Formänderung. — Wie aus **(1)** ersichtlich, werden die äußeren Fasern *a* auf Zug, die inneren auf Druck beansprucht. Die in der Mitte liegende „neutrale Faser" *n—n* behält ihre Lage bei Biegungen unter 90°; bei Biegungen über 90° liegt sie etwa ⅔ vom Außenradius entfernt. Bei zu hartem Werkstoff oder zu großer Kaltverfestigung treten bei *a* Risse auf. I und II zeigen die Querschnittsänderung an der beanspruchten Stelle bei Rund- und Quadratstahl.

Schwache Bleche, Stäbe und Drähte werden von Hand mittels Rund- u. Flachzange (s. S. 138 **(6···12)**) od. über eine Kante oder ein Umschlageisen mittels Hammers gebogen.

Abbiege- oder Abkantvorrichtung (2a) und **(2b)**. Blech *b* wird durch Einspannschienen *a* und *d* festgehalten und durch Biegeschiene *c* auf die gewünschte Form gebogen. — **(3)** zeigt einige wichtige Abbiegungen.

Biegen von Drahtkrampen (4). Draht *b* wird angespitzt, in die Vorrichtung *a* gesteckt und auf Form b_1 gebogen.

Biegen von Flachstahl, Stäben usw.: Kaltbiegen **(5)** im Schraubstock von Hand; Warmbiegen **(6)** auf d. Amboß *a* über Amboßkante scharf, über Amboßhorn rund; größere Stücke im Maschinenhammer **(7)**, Bär *b* hält fest. Bleche und Flachstahl werden in Biegemaschinen **(8)** zwischen 3 Walzen gebogen. Die Oberwalze ist durch Handrad *h* und Spindel *s* verstellbar. Walzen *a* werden durch Zahnrad *z* angetrieben. — **Rohre** müssen zur Vermeidung von Querschnittsänderung vor dem Biegen mit Sand gefüllt werden.

Winkelstahl (9): Vorgang ähnlich **(8)**.

b) **Das Richten von Stabstahl** geschieht auf Richtplatten durch Hämmern. Das **Richten von Blechen** wird auf diese Weise zeitraubend und ungenau; besser sind **Richtmaschinen (10)** zum Richten (Spannen) größerer Blechtafeln. Das Blech wird zwischen 2 Reihen Walzen hindurchgeleitet. Die Walzen sind versetzt und umsteuerbar; Antrieb erfolgt durch Zahnräder.

c) **Walzen.** Dauernde Formänderung, Vergrößerung der Länge unter gleichzeitiger Verminderung des Querschnittes von f_1 auf f_2 (Strecken des Werkstoffes). Das Werkstück (Kokillenblock) wird im **Zweiwalzengerüst (11)** zwischen 2 entgegengesetzt rotierende Walzen geleitet.

Im Dreiwalzengerüst (12) (drei Walzen) erfolgt doppelte Ausnutzung der mittleren Walze; Zeitersparnis. Das Walzgut kann von rechts durch die beiden Oberwalzen zur Ausgangsstelle zurückgewalzt werden. Vgl. Walzwerk. — Die beim Walzvorgang sich ergebende Verschiebung (Verlagerung) der einzelnen Fasern ist in **(11)** zu erkennen.

Herstellung von Rundstahl (13). Knüppel von 100 cm² Querschnitt und 950 mm Länge werden auf 13-mm-Rundstahl von etwa 75 m Länge ausgewalzt. 10 verschiedene Kalibergrößen (Oval- und Vierkantkaliber) wechselnd; gleichmäßig, gute Durcharbeitung. Das frühere Rundkaliber **(14)** hat sich nicht bewährt; leichte Abnutzung der Ecken *a* durch Gratbildung.

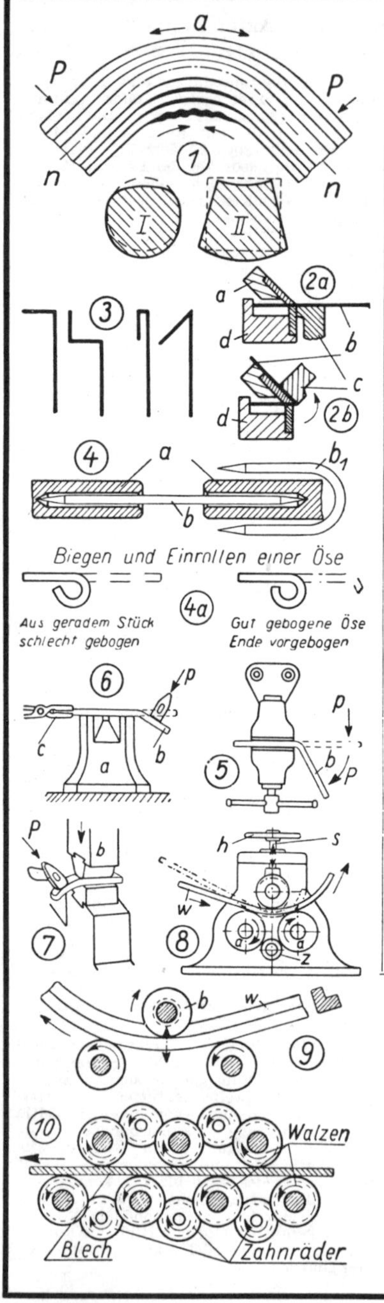

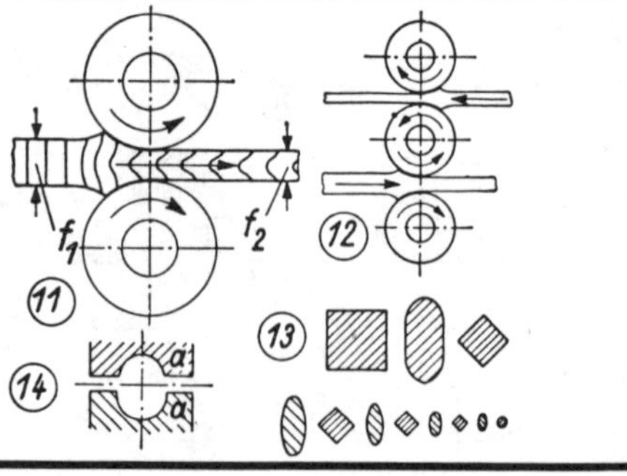

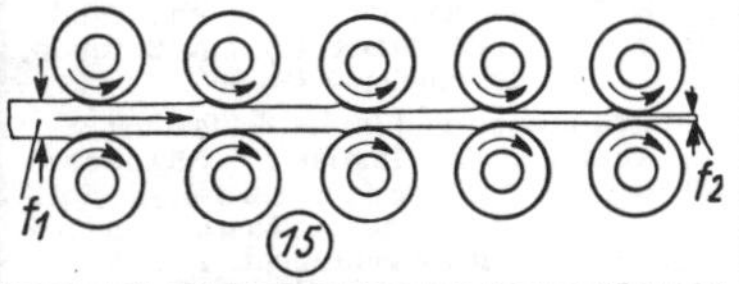

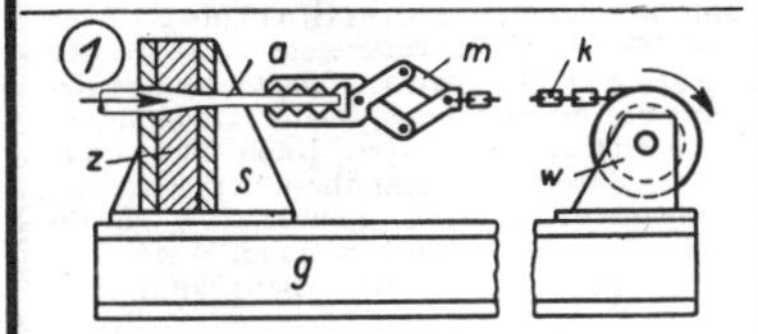

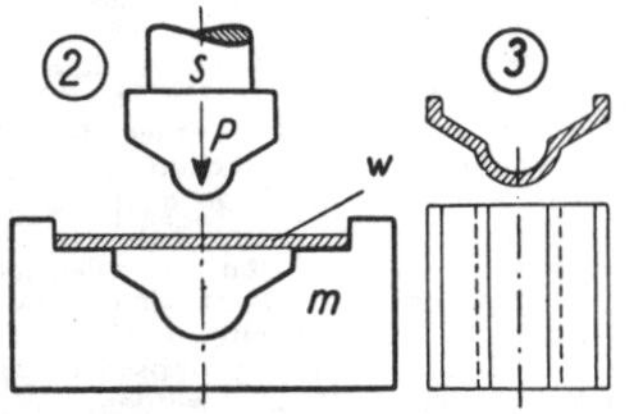

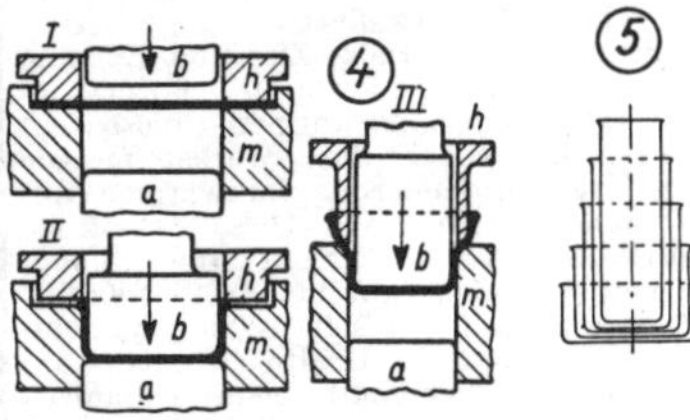

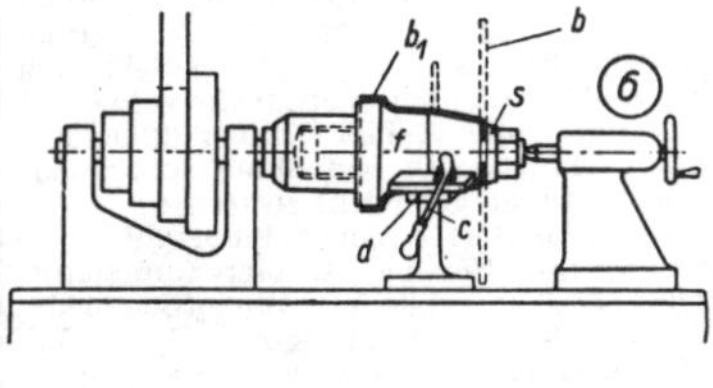

D. Formgebende Werkzeuge (Fortsetzung)

Amerikanisches Walzwerk (15): Das Walzgut wird durch mehrere hintereinander angeordnete Walzenpaare hindurchgeleitet mit immer kleiner werdendem Querschnitt (von f_1 auf f_2). Die kleineren Walzen drehen sich entsprechend der größer werdenden Länge des Arbeitsstückes schneller. Das letzte Walzenpaar liefert das fertiggewalzte Stück.

II. Ziehen, Drücken und Treiben

dienen zur Erzielung einer dauernden Formveränderung:

a) Ziehen bewirkt Verlängerung des Werkstückes, Verringerung des Querschnittes (vgl. Walzen). Anwendung beim Ziehen von Drähten, Blankziehen von Wellen und Rohren. — Schleppzangenziehbank **(1)**. Das Zieheisen *z* (gehärteter Stahlguß), auf einem Schlitten *s* gelagert, ist auf dem Gestell *g* verschiebbar. Das Loch im Zieheisen, „Hohl" genannt, ist konisch aufgerieben und an beiden Seiten abgerundet. Das angefeilte, durch das Ziehloch gesteckte Werkstück *a* wird durch die Zange *m*, vgl. Froschklemme S. 138, festgehalten und vom Windwerk *w* mittels Kette *k* gezogen.

Biegegesenk **(2)** für Massenherstellung. Auf die Matrize *m* wird das zugeschnittene Werkstück (Blech) *w* gelegt. Der Stempel *s* drückt mit der Kraft *F* das Blech in die Matrize. Fertiges Arbeitsstück **(3)**. — Die Gesenke werden sowohl für einfache als auch für schwierige Werkstücke verwendet.

Herstellung von Hohlkörpern (Büchsen, Kochgeschirre usw.). Ziehen eines Blechgefäßes **(4)** durch Ziehpresse. Das zugeschnittene Blech (Aluminium, Kupfer, Messing od. a.) wird zwischen Blechhalter *h* und Matrize *m* gelegt **(I)**. Hierauf drückt Ziehstempel *b* das Blech allmählich in die Höhlung der Matrize hinein **(II)**. Bei tiefen Hohlkörpern sind weitere Stempel nebst Matrizen erforderlich **(III)**; *a* ist der Ausdrückstempel. Vor jeder Ziehstufe sind die Werkstücke auszuglühen, besonders Stahlbleche. — **(5)** zeigt die einzelnen Arbeitsgänge eines gezogenen Gefäßes.

b) Drücken auf Drückbank **(6)** (Zentrifugenbau, Lampenfabrikation). Blech *b* wird zwischen Futter *f* (auswechselbare Form) und Scheibe *s* durch die Mutter festgeklemmt. Die Drückarbeit geschieht von Hand mittels Drückstahls *c*, welcher auf einer verschiebbaren Unterlage *d* aufliegt. Das Werkstück nimmt nach und nach die Form des Futters an (b_1).

c) Treiben (ähnlicher Vorgang wie Drücken) kommt hauptsächlich in Kupferschmieden vor. Werkstoff: Kupfer, Zink, Messing usw. Die Arbeit verlangt große Geschicklichkeit des Kupferschmiedes. Als Werkzeuge dienen: Holzhammer **(7)** und **(8)** mit auswechselbaren Einsätzen, Kupferhammer **(9)**, Blei- oder Zinkhammer **(10)** zur Schonung von Werkstücken (Gewindebolzen, Zapfen, Lagerschalen u. dgl.), Kesselschmiedehämmer **(11)** und **(12)**. — Als Unterlage bei Blecharbeiten verwendet man den Schweif- und Sickenstock **(14)**, der durch einen Schraubstock gehalten oder in einen Holzklotz bzw. Amboß gesteckt wird. Ähnlich ist der Sperrhaken, jedoch mit glatter Bahn. Ferner finden Verwendung: Falzmeißel **(15)**, Einsatzamboß **(16)** mit flacher Bahn und Polierhammer **(13)** mit runder, gewölbter Bahn. Weitere Werkzeuge sind:

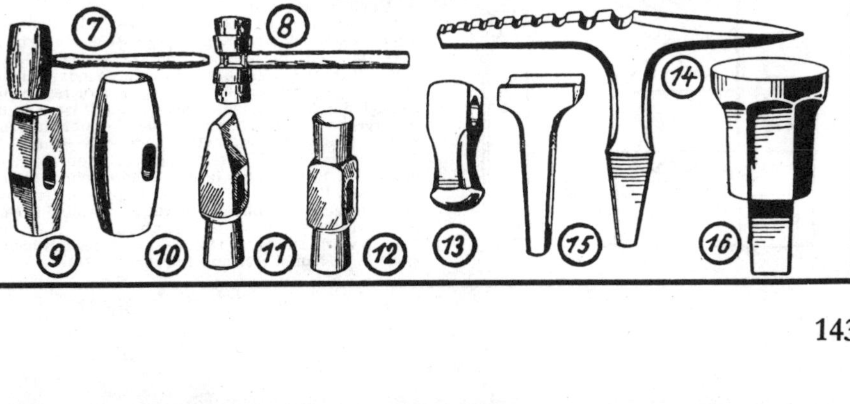

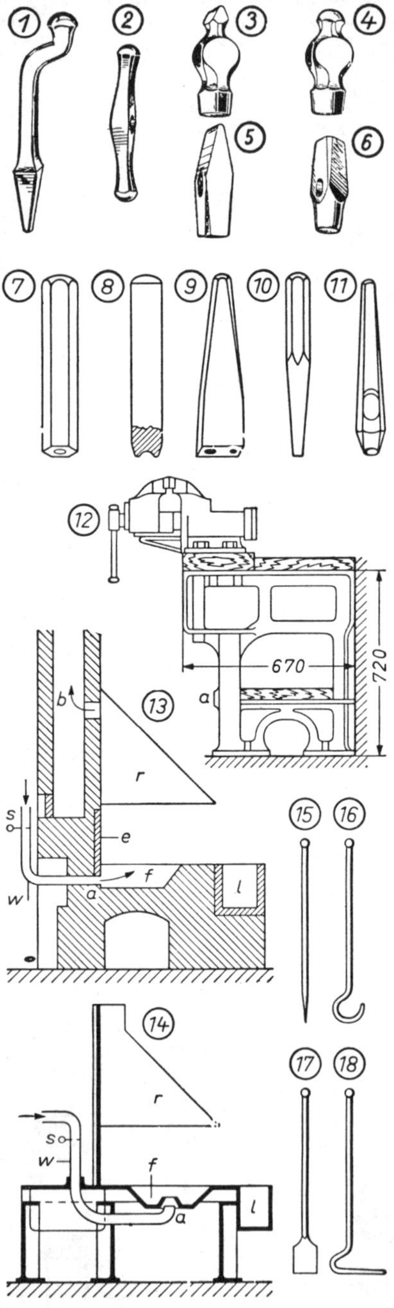

Arbeits- und Werkzeugkunde

D. Formgebende Werkzeuge (Fortsetzung)

Die **Faust (1)** hat gebogenen Schaft und runde, gewölbte Bahn; der **Treibhammer (2)** hat 2 runde, gewölbte Bahnen von verschiedener Größe.

III. Im Maschinenbau und in der Schlosserei benutzt man verschiedene **Hämmer:** Schlosserhämmer **(3)** und die englische Form **(4)**, die auch im Kesselbau verwandt werden; Handhammer **(5)**, auch als Niethammer gebraucht. Für Warmnietungen nimmt man den Schellhammer (Nietendöpper) **(6)**. — Hilfswerkzeuge zum Nieten sind Nietenzieher **(7)** (bewirkt glatte Anlage des Nietkopfes und der zu nietenden Bleche aneinander), Nietenköpfer (Kopfsetzer) **(8)**. Nach Stauchung des Nietschaftes durch den Handhammer wird der Schließkopf mittels Kopfsetzer gebildet. — In **(9)** sind Nietenzieher und Nietköpfer in einem Werkstück vereinigt. — Durchschlag **(10)** dient zum Auftreiben oder zum Freimachen von Löchern (für Stifte, Splinte, abgebrochene Bohrer usw.), Aushauer **(11)** mit ausgedrehter Schneide zum Schlagen von Löchern in dünnes Blech, Dichtungsringe usw.

Die meisten Arbeiten verrichtet der Schlosser an der Feilbank. Eine frei stehende Feilbank mit Parallelschraubstock ist in **(12)** dargestellt. Zur Befestigung von Flaschenschraubstöcken (s. S. 139, **(1)**) ist an der Ständersäule ein Auge *a* angegossen. Abstand der einzelnen Fußgerüste 1250 mm. Der Belag besteht aus 50 mm dicken, langliegenden Bohlen mit aufgeschraubten Hartholzquerstäben von 20 mm Dicke, 120 mm Breite und 670 mm Länge. Unter der Bank können Schubkästen und ein Konsol für Werkzeuge angebracht werden.

IV. In der Schmiede

Unter dem Einfluß von Druck, Zug und Biegung ändern sämtliche Metalle ihre Form. Die Formänderung kann im kalten oder im warmen (knetbaren) Zustande geschehen, wobei das Werkstoffgefüge weniger leidet. Die Formänderung im warmen Zustande nennt man Schmieden. Diese Arbeit erfordert Körperkraft, Geschicklichkeit und Übung. Man soll weichen Schmiedestahl bei 1200···1300° C („Weißglut"), harten Stahl bei 900···1000° C („Gelbglut") bearbeiten. Bei etwa 400° C wird Schmiedestahl „blaubrüchig", spröde, bekommt beim Hämmern Risse und bricht leicht. „Verbrannt" ist er, wenn bei sehr hoher Temperatur (1200° C) durch atmosphärische Luft eine Entkohlung der äußeren Schichten erfolgt ist; der Stahl kann dann nicht mehr verwendet werden. — „Hammerschlag" bildet sich bei glühendem Stahl als äußere Haut durch Aufnahme von Sauerstoff. Hammerschlag läßt sich leicht entfernen.

Schmiedbare Metalle sind: Flußstahl, Aluminium (rauchwarm), Messing, Kupfer (dunkelrotglühend), Deltametall (rotglühend), Zink (Schmiedetemperatur etwa 150° C), Bronze (500 ° C). — Erhitztes Kupfer und erhitzte Bronze werden durch plötzliches Abkühlen geschmeidig, während Stahl hart und spröde wird.

Gemauerte Schmiedeherde **(13)** sind veraltet; besser ist ein stählerner Schmiedeherd **(14)**, da leicht umzusetzen und frei stehend. Durch Windzuführung von unten bessere Windverteilung. Der Gebläsewind ist durch Schieber *s* zu regeln und gelangt durch die Windleitung *w* und Düse *a* in die Feuergrube *f*, zur Förderung der Verbrennung der Kohle. Stahlplatte *e* in **(13)** dient zum Schutz des Mauerwerks. Die Verbrennungsgase (Rauch) gehen durch den Rauchfang *r* in den Schornstein *b*. Löschtrog *l* ist mit Wasser gefüllt zum Bespritzen der Kohle (gut backende Steinkohle) sowie zum Ablöschen der Schmiedestücke mittels Löschspieß **(15)** und Löschwedelhalter **(16)**. — Weitere Herdgeräte sind Herdschaufel **(17)** und Herdhaken **(18)**.

D. Formgebende Werkzeuge (Fortsetzung)

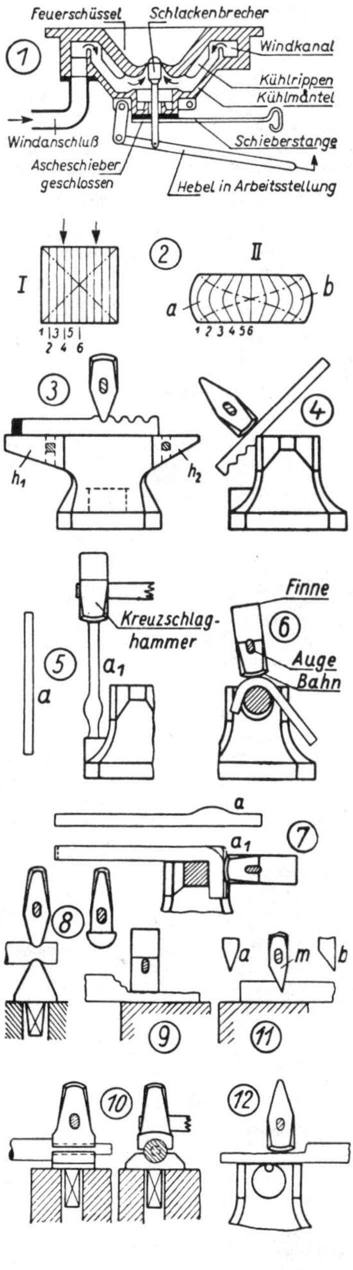

(1) zeigt die nähere Einrichtung eines Schmiedefeuers. Ascheschieber und Schiebestange liegen hinter dem Schlakkenbrecher. — Die Erwärmung großer Schmiedestücke erfolgt in Koksöfen oder in Flammöfen mit Gasfeuerung, bei Erwärmung bis zur Weißglut (Schweißhitze) Schweißöfen genannt. Einrichtung ähnlich der Puddelöfen. — Andere Öfen sind Roll- und Stoßöfen; allmähliche Durchführung der Schmiedeblöcke durch den Ofen (zum heißeren Teil) mittels Roll- oder Stoßvorrichtung; siehe auch „Tieföfen".

Wirkung des Schmiedens (2). Das Schmiedestück vom quadratischen Querschnitt **(I)** wird auf den Querschnitt **(II)** gestaucht; Verschiebung der Fasern 1, 2, 3, 4 usw. ist zu erkennen. Die strichpunktierten Diagonalen deuten oben und unten die „Rutschkörper" (Druckpyramiden) an, die allein eine geringe Verdichtung erfahren. Die Teile *a* und *b* haben die gleiche Dichte beibehalten. Je dichter die Hammerschläge, desto dichter liegen die Druckkörper beieinander. Gute Durcharbeitung des grobkörnigen Rohstoffes in ein feinkörniges Gefüge durch Wenden des Werkstückes während des Schmiedens ist erforderlich.

Das **Strecken (3)**, Verlängerung des Werkstückes, Verringerung des Querschnittes, kann geschehen auf der Amboßbahn mit der Finne des Handhammers oder des Kreuzschlaghammers (Finne parallel zum Stiel), Gewicht 2···3 kp, oder mittels Amboßkante und Bahn des Hammers **(4)** bei beginnender Weißgluthitze. Unebenheiten werden durch den Setzhammer **(14)** beseitigt. Der Amboß **(3)** u. **(4)** ist ein flußstählerner Block mit verstählter Bahn. Zum Biegen dienen 2 Hörner h_1 u. h_2 mit viereckigem und rundem Querschnitt oder auch 2 senkrecht durch den Amboß gehende Löcher, die in der Hauptsache zur Aufnahme von Gesenken und anderen Werkzeugen geeignet sind.

Stauchen (5). Umgekehrter Arbeitsgang wie beim Strecken. Der an einer bestimmten Stelle erwärmte Stab *a* wird durch Hammerschläge in axialer Richtung bearbeitet; Verstärken des Stabes an der erwärmten Stelle a_1. Das Stauchen geschieht bei kleinen Werkstücken auf der Amboßbahn, in Abb. **(5)** auf dem Stauchklotz, bei größeren Schmiedestücken auf einer besonderen Stauchplatte, die in den Erdboden der Schmiede eingelassen ist.

Biegen (6) geschieht mit Hilfe des Hammers auf rundem Horn (Rundbiegen), **(7)** auf viereckigem Horn (Eckenbiegen). Schmiedestück *a* ist zweckmäßig an der betr. Stelle vor dem Biegen zu stauchen, um eine scharfe Kante des Stabes a_1 zu erhalten.

Ballhammer **(8)** mit Unterteil dient zum Schmieden von Hohlkehlen, schmalen, runden Kerben usw. Die Abbildung rechts ist eine andere Form mit breitem Ball.

Scharfes **Absetzen (9)** bei kleinen Werkstücken. Durch einfaches Strecken mittels Hammers ist keine scharfe Kante zu erreichen, sondern nur treppenförmiger Absatz. Vor dem einseitigen **(11)** und **(12)** oder doppelten **(13)** und **(14)** Absetzen wird mit dem etwas einseitig zugeschärften Schrotmeißel *m* vorgeteilt. Meißelschneide *a* würde sich festklemmen, *b* nach innen unterschneiden (verlaufen). Das eigentliche Absetzen (Strecken) des Werkstückes geschieht durch den Setzhammer **(14)**, das Schlichten (Nacharbeiten) mittels Schlichthammers **(15)**. Scharfes Absetzen wird verbessert durch rundes Schlichtgesenk **(10)**, Vierkant- oder Sechskantgesenke (Ober- u. Untergesenke). — Zur Erzielung von kleinen Einkerbungen werden Setzeisen (Formstahl) in den verschiedensten Querschnitten auf das erhitzte Schmiedestück gelegt und mit dem Hammer eingeschlagen.

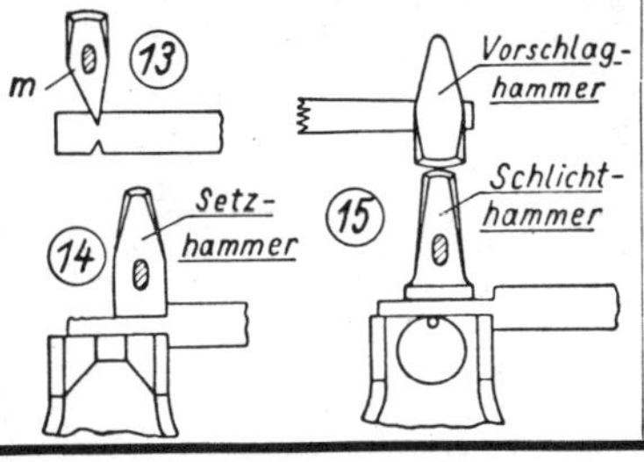

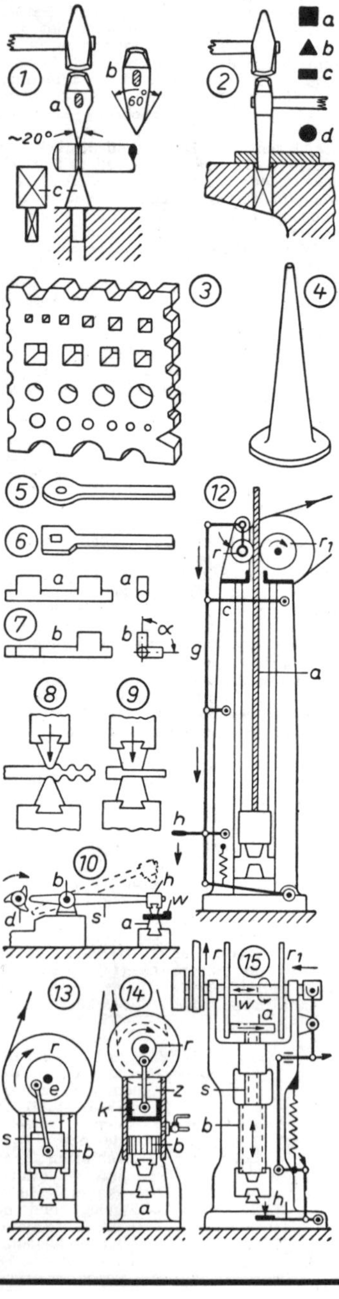

D. Formgebende Werkzeuge (Fortsetzung)

Schroten oder Trennen mit Schrotmeißel. Unterschieden werden **einseitiges Abschroten** mittels Meißels über die Amboßkante oder ohne Meißel über den Schrotstock und **zweiseitiges Abschroten (1)** durch Meißel mit Handstiel und Abschroter *c* (gleichzeitiges Eindringen der beiden Schneiden). Der Schrotmeißel ist halb einseitig und nicht zu scharf anzuschleifen, um Festklemmen zu vermeiden. — *a* zeigt einen **Warmschroter** für Handarbeit, *b* einen stumpfer gebauten **Kaltschroter.**

Lochen (2) mittels **Durchschlags-** oder **Lochdorns;** Loch wird von beiden Seiten des Werkstückes je zur Hälfte geschlagen. Kohlenstaubzugabe verhindert Festbrennen des Dornes; Dorn häufig abkühlen. *a, b, c* und *d* zeigen verschiedene **Dornquerschnitte.** — Als Unterlage dient die gelochte Amboßbahn oder die **Loch-** oder **Gesenkplatte (3),** ausgebildet mit Löchern der verschiedenartigsten Querschnitte; sie dient auch zur Aufnahme von Untergesenken. — **Richthorn (4)** verwendet man zur Herstellung von ringförmigen Körpern. — **Nageleisen (5)** mit rundem, **(6)** mit vierkantigem Loch dienen zum Anstauchen oder Aufschweißen von Köpfen an Nägel, Bolzen usw. Der Bolzen wird durch das Nageleisen (und in ein Loch der Amboßbahn) gesteckt. Einfache Nageleisen haben die Form von Flachstahl mit mehreren verschieden großen Senklöchern.

Verdrehen (7). Werkstück *a* wird an einem Ende fest eingespannt, am andern Ende durch eine Kraft um den Winkel α (Verdrehungs- oder Torsionswinkel) um seine Achse verdreht (*b*); die Fasern verdrehen sich dann schraubenförmig; hohe Erwärmung des Schmiedestückes erforderlich.

Schrumpfen zur Erzeugung von Preßsitzen. Eingepreßter Durchmesser (Wellen, Zapfen) größer als Loch. **Kalter Zustand:** Welle mit Druck einpressen; **heißer Zustand:** Nabe erwärmen, Welle ohne Druck einpressen; Nabe **schrumpft** beim Erkalten und preßt sich selbst fest, z.B. Scheibenkupplung auf Welle.

Maschinenhämmer finden Anwendung bei schweren Schmiedearbeiten, Gesenkschmieden u. dgl. (Serienarbeit).

Strecken (8) mit ballhammerförmigem Hammer und Amboß; **Schlichten** (Glätten) **(9)** und Stauchen durch flache Hammer- und Amboßbahn.

Schwanzhammer (Stielhammer) (10), älteste Art. Kraft greift am Ende an. Verwendung in kleinen Betrieben bei Herstellung von Massenwaren (Klingen, Sicheln, Sensen u. a.). Stiel *s* ist in *b* gelagert und wird durch Daumenwelle *d* meist mittels Wasserkraft (langsame Schlagfolge) angetrieben. Nachteil: Hammer *h* und Amboß *a* stehen nur bei bestimmter Dicke des Werkstückes *w* parallel.

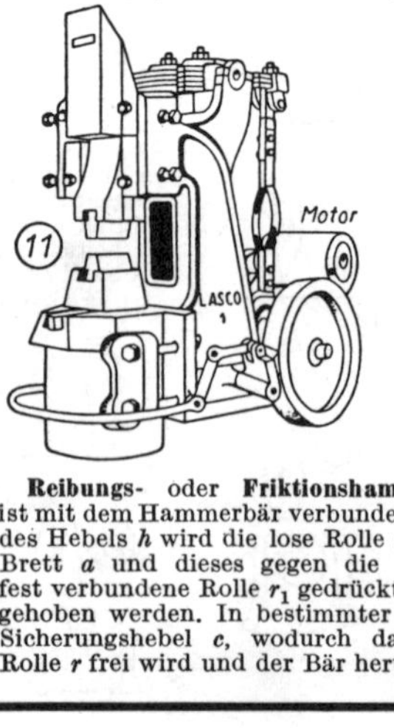

Der **Blattfederhammer** „Lasco" **(11)** wird meistens durch Elektromotor angetrieben (sehr schnelle Schlagfolge). Exzenterstange und Stiel bestehen aus Blattfedern. Vielseitige Verwendung für kleinere und mittelschwere Werkstücke.

Reibungs- oder **Friktionshammer (12).** Holzbrett *a* ist mit dem Hammerbär verbunden. Beim Herunterdrücken des Hebels *h* wird die lose Rolle *r* durch Gestänge *g* gegen Brett *a* und dieses gegen die mit der Antriebsscheibe fest verbundene Rolle r_1 gedrückt, wodurch Brett und Bär gehoben werden. In bestimmter Höhe hebt der Bär den Sicherungshebel *c*, wodurch das Brett von der losen Rolle *r* frei wird und der Bär herunterfällt.

D. Formgebende Werkzeuge (Forts.)

Kurbel- oder **Exzenterpresse (13).** Bär *b* wird durch Schubstange *s* mittels Exzenter *e* auf und ab bewegt. Antrieb erfolgt durch das als Riemenscheibe ausgebildete Schwungrad *r*, welches lose auf der Antriebswelle läuft und mittels Kupplung mit dieser zu kuppeln ist.

Luftfederhammer (14). In dem Zylinder *z* wird der durch die Kurbelscheibe *r* angetriebene Kolben *k* mittels Kurbel und Schubstange auf und ab bewegt. Zwischen Kolben *k* und dem als Kolben ausgebildeten Bär *b* entsteht beim Heben des ersteren ein luftverdünnter Raum; durch die Außenluft wird der Bär nach oben gedrückt. Die durch den Regulierhahn beim Hochgehen des Kolbens *k* angesaugte Luft dient als Luftkissen; hierdurch wird der Bär beim Abwärtsbewegen des Kolbens *k* nach unten gegen den Amboß *a* geschleudert. — Siehe Dampfhammer.

Spindelpresse (15), geringe Arbeitsgeschwindigkeit, jedoch anhaltender, ruhiger, kräftiger Druck; vorzüglich zum Stauchen kurzer Stücke geeignet. Durch Herabdrücken des Fußhebels *h* wird Antriebswelle *w* mit den Reibtellern *r* und r_1 nach links gedrückt. Dadurch kommt der Reibteller r_1 mit dem schweren Schwungrad *a* in Berührung, wodurch die an dem Schwungrad festsitzende Spindel *s* den Bär *b* nach unten preßt. In Abbildung bewegt sich der Bär nach oben (*r* reibt an *a*).

Zum **Gesenkschmieden** eignen sich am besten Fallhämmer. G e s e n k s c h m i e d e n eines A u g e n l a g e r s zeigt als Beispiel **(16).** Der auf Weißglut gebrachte Werkstoff drückt sich in die Aussparungen des Obergesenkes besser ein als in die des Untergesenkes; daher erhält möglichst das Obergesenk *a* die Aussparungen (Formgesenk), während das Untergesenk *b* als Auflager dient. Meistens sind 2 oder 3 (Paar) Gesenke erforderlich (Vor- und Fertig-Gesenke).

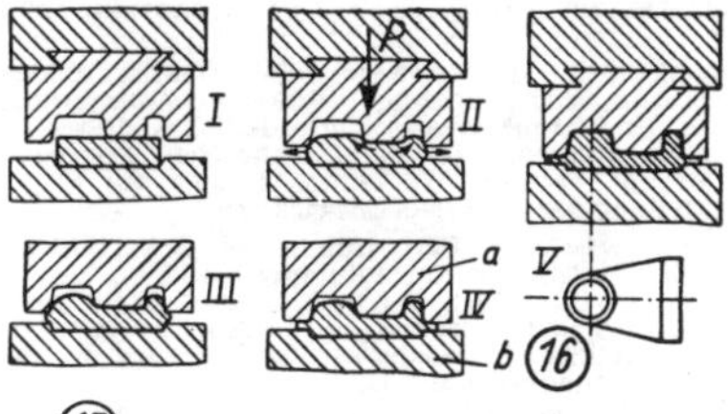

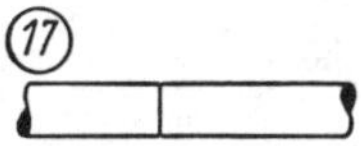

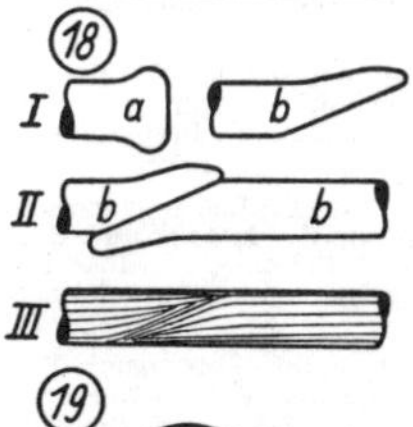

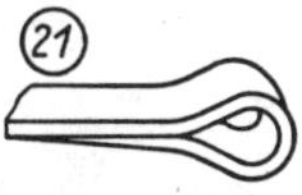

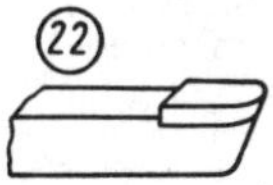

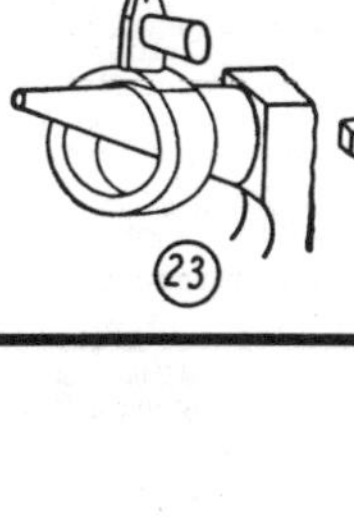

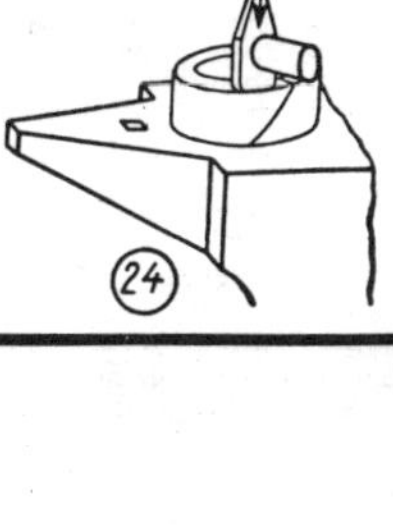

Schweißen. Verbindung zweier oder mehrerer Teile aus gleichem Metall unter Druck ohne Benutzung eines verbindenden Metalles (F e u e r s c h w e i - ß u n g). Zunächst Reinigung der zu schweißenden Flächen. Die Temperatur, bei welcher der zu schweißende Werkstoff gerade noch seine ursprüngliche (feste) Form behält, nennt man S c h w e i ß h i t z e (bei Flußstahl etwa 1350° C). Zur Vermeidung von Hammerschlag und als Schweißmittel, das den Schmelzpunkt des Stahls an den Schweißflächen herabsetzt, dient Schweißpulver. Nach Abfließen des geschmolzenen Schweißpulvers werden die reinen Flächen mit Hammerschlägen zusammengefügt. Je weniger Kohlenstoff der Stahl enthält, desto besser läßt er sich schweißen.

S c h w e i ß p u l v e r f ü r S t a h l u n d F l u ß s t a h l: Mischung aus Sand, Borax, Glaspulver, gelbem und rotem Blutlaugensalz; S t a h l a u f F l u ß s t a h l: 35 T. Borsäure, 30 T. Kochsalz, 27 T. gelbes Blutlaugensalz, 8 T. Kolophonium; S t a h l a u f S t a h l: 42 T. Borsäure, 35 T. Kochsalz, 15 T. Blutlaugensalz, 8 T. Soda; S c h n e l l a r b e i t s s t a h l a u f F l u ß s t a h l: 35 T. gebrannter Borax, 5 T. ungebrannter Borax, 52 T. Stahlfeilspäne, etwas Glaspulver. Die für Stahl angegebenen Schweißpulver bewirken Schweißen bei Rotglut (der Stahl „verbrennt" nicht).

Stumpfschweißen (17) ist nicht zu empfehle da nur mittels Stauchen gearbeitet werden kan — Besser ist wegen der Streckwirkung ü b e r l a p p - t e s S c h w e i ß e n **(18).** Vorgang: I. Stauchen d. Stahlenden (*a*), Abstrecken auf die gewünschte Schräge (*b*); II. Die weißglühenden Schweißenden *b* werden übereinandergelegt und mit kurzen, kräftigen Hammerschlägen auf die gewünschte Form (III) zusammengeschmiedet. — Kommt es mehr auf Festigkeit an, so wählt man Schweißungen mit mehr Schweißfläche nach **(19)** oder besser Klauenschweißung **(20),** besonders haltbar gegen Prellstöße (bei Wagenachsen, Wellenbrücken u. dgl.). — Bei **(21)** wird das umgelegte Ende vorher ausgestreckt. — **(22)** zeigt das stumpfe Aufschweißen von hochwertigen Stahlplättchen auf gewöhnliche Flußstahlstäbe bei Arbeitsstählen (mittels Schweißpulver im Koksfeuer). — R i n g e **(23)** von kleinem Querschnitt schweißt man auf dem Amboßhorn, R i n g **(24)** von größerem Querschnitt auf der Amboßbahn (auf Kante geschweißt). — Stumpf- und Überlapptfeuerschweißungen von Blechen kommen nur noch selten vor. An ihre Stelle ist das autogene Schweißen getreten (siehe S. 148).

Behandlung des Werkzeugstahls, Härten und Vergüten siehe Seite 90 und 91.

Werkzeuge zum Anfassen (Greifen) **und Festhalten** d e r S c h m i e d e s t ü c k e siehe S. 138. Längere Werkstücke werden mit der Hand gehalten.

E. Schweißen von Gußeisen durch Angießen

Sollen schadhafte Gußstücke durch Anschweißen ausgebessert werden, so bettet man die von Unreinigkeiten befreiten Anschweißstellen in Formsand und formt das zu ergänzende Stück ein. In die Ergänzungsform wird zum Überlaufen so lange recht heißes flüssiges Gußeisen gegossen, bis Schweißung mit dem schadhaften Gußstück erfolgt. Besser ist Thermitschweißung (s. dort).

Arbeits- und Werkzeugkunde

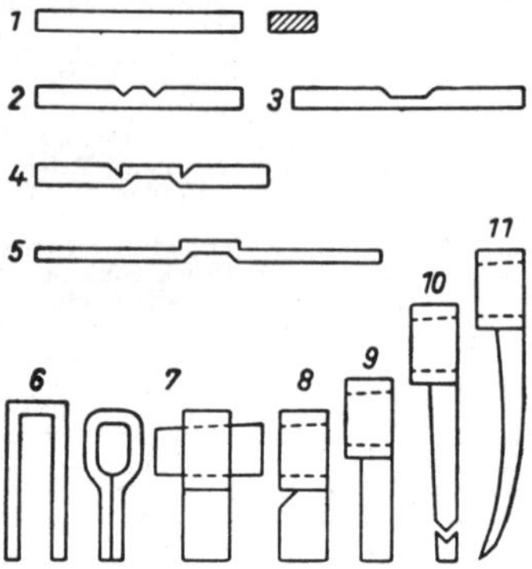

Schmiedegang einer Radehacke

1 Flachstahl auf Länge schneiden; **2** Einkerben; **3** Mitte absetzen; **4** Wenden, oben einkerben; **5** Enden strecken; **6** Biegen; **7** Dorn einstecken, absetzen, zusammenschweißen; **8** Dreieckiges Stück aushauen; **9** Absetzen und strecken; **10** Ausschmieden, zuspitzen und Stahlstück anschweißen; **11** Fertigschmieden, härten und schleifen.

F. Autogenes Schweißen und Schneiden

Erhitzen und Zusammenschmelzen der Arbeitsstücke erfolgt durch eine Stichflamme (Gemisch von Brenngas und Sauerstoff). **Brenngase:** Acetylen, Wasserstoff, Stadtgas, Methan, Äthylen, Benzol, Propan.

Mit dem Schweißbrenner können Werkstücke bis 3 mm Wanddicke durchgeschweißt werden. Bei dickeren Blechen ist die Zugabe von Zusatzwerkstoff (Schweißdraht) notwendig.

Blechkantenvorbereitung:

1a) Bördelstoß: $s<1$ mm; $h<2s$; ohne Zusatzwerkstoff.

b) I-Stoß: $s = 1\cdots5$ mm; $a = 2\cdots3$ mm.

c) V-Stoß: $s = 5\cdots15$ mm; $\alpha = 60\cdots80°$; $a \leqq 3$ mm; $b \leqq s/4$.

d) X-Stoß: $s>15$ mm; $a<3$ mm; $b\leqq s/4$; $\alpha = 60\cdots80°$.

e und **f)** Blechstoß: besonders für dünne Bleche, ohne Zusatzwerkstoff.

g) Eckstoß: besonders für dickere Bleche, mit Zusatzwerkstoff.

h) Eckstoß: mit schräg bearbeiteter Naht.

i) Dreiblechnaht: günstige Schweißverbindung.

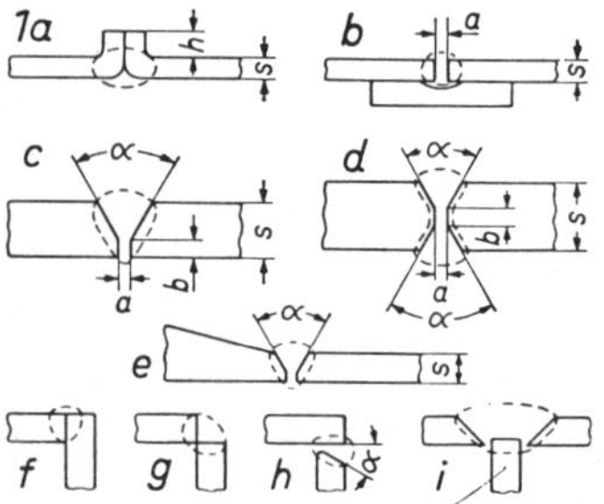

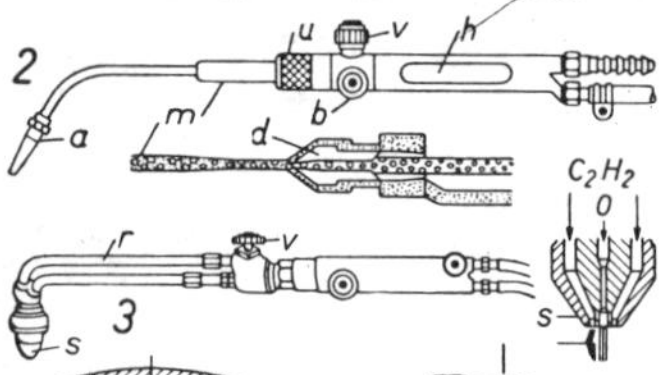

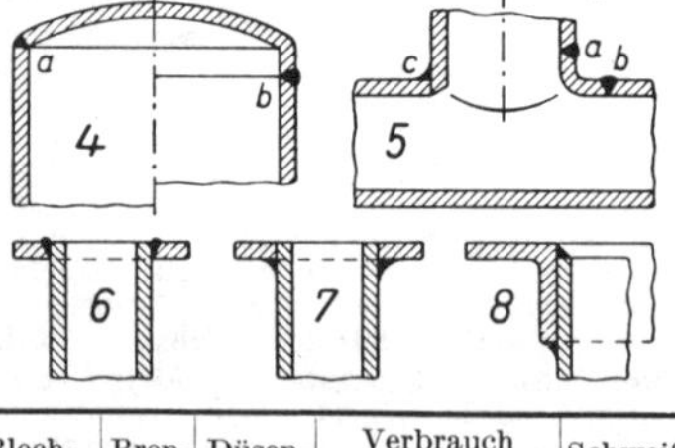

Sauerstoffgewinnung: Verdampfen von verflüssigter Luft. Trennen des Stickstoffes (Verdampfungstemperatur —196°) vom Sauerstoff (Verdampfungstemperatur —183°); darauf Füllen in Stahlflaschen (bis 50 l Inhalt) bei etwa 150 at Verdichtung.

Acetylengewinnung: Aus Wasser und Calciumcarbid (Verbindung von Ätzkalk und Kohlenstaub); auf 1 kg Carbid etwa 10 l Wasser; Erzeugung von etwa 300 l Acetylen aus 1 kg Reincarbid; explosionsgefährlich.

Heute hauptsächlich **Acetylen-Sauerstoff-Verfahren** angewendet. Flammentemperatur 3200° C. Hohe Verbrennungsgeschwindigkeit. Für 0,75 m^3 Acetylen ist 1 m^3 Sauerstoff erforderlich. Gelöstes Acetylen (Flaschen-Acetylen, Dissous-Gas) in Druckflaschen gespeichert für Schweißarbeiten außerhalb der Werkstatt. Geeignet für Blechdicken bis 50 mm. Einteilung der Acetylen-Entwickler:

a) Montage-Entwickler: Carbidfüllung bis 2 kg, Leistung bis 2000 l/h. b) J-Entwickler: Carbidfüllung bis 10 kg, Leistung bis 6000 l/h, ortsveränderlich. c) S-Entwickler: Carbidfüllung über 10 kg, Leistung über 6000 l/h, ortsfest. d) Trocken-Entwickler: Meist als Großentwickler für Niederdruck. Vergasung in mehreren Stufen. Hohe Ausbeutung des Carbids.

Wasserstoff-Sauerstoff-Verfahren (Knallgasgemisch): Flammentemperatur etwa 2000° C. Hohe Verbrennungsgeschwindigkeit. Für 4 m^3 Wasserstoff ist 1 m^3 Sauerstoff erforderlich. Weil zu lange Anwärmzeit erforderlich, wird Wasserstoff mehr zum Brennschneiden als zum Schweißen verwendet. Findet Verwendung zum Löten von Blei und AlMg-Legierungen.

Stadtgas-Sauerstoff-Verfahren: Flammentemperatur etwa 2000° C. Oft mit Acetylen gemischt. Zum Schweißen dünner Bleche (nur wenn schwefelfrei, sonst Filter und Reiniger einbauen). Besonderer Schweißbrenner erforderlich.

Schweißbrenner 2: Verschiedene Typen, heute vorwiegend der Injektorbrenner (Saugbrenner) angewandt. Besteht aus Handgriff *h* mit Sauerstoffventil *v*, Brenngasventil *b* und auswechselbaren Brennereinsätzen (Druckdüse *d*, Mischrohr *m*, Schweißmundstück *a* und Anzug-(Überwurf-)mutter *u*).

Schneidbrenner 3 (Aufbau ähnlich Schweißbrenner): Dient zum Trennen von Metallen, für Schnittiefen bis zu 1000 mm. Er hat zusätzlich ein Rohr *r* mit Ventil *v*, um Schneidsauerstoff zuzuführen; hat anstatt Schweißmundstück eine Schneiddüse *s* (Schnitt). Außerdem gibt es: Maschinenbrenner, Spezialbrenner für Grauguß und Unterwasserschneidbrenner (Druckluftmantel). Erhitzen des Metalls auf Weißglut mittels Vorwärmeflamme unter Zuleitung eines Sauerstoffstrahls; lebhafte Stahlverbrennung, Wegblasen der Stahlteilchen mit 2 at oder mehr Druck; verschiedene Düsengrößen.

Stahlflaschen werden durch Anstrich gekennzeichnet: **Sauerstoffflaschen blau,** Rechtsgewinde am Anschlußstutzen; **Wasserstoffflaschen rot,** Linksgewinde am Anschlußstutzen; **Acetylenflaschen gelb,** ohne Gewinde (Bügelverschluß).

Beispiele für Schweißungen unter Zugabe von Schweißdraht: **Einschweißen eines Bodens (4),** links bei *a* falsch, rechts bei *b* richtig; **Anschweißen eines Stutzens (5),** rechts bei *a* und *b* richtig, links bei *c* ungünstig; **Anschweißen von Rohrflanschen (6, 7, 8).**

Bei Nachrechtsschweißung „Draht" hinter, bei Nachlinksschweißung „Draht" vor die Flamme.

Blechdicke mm	Brenner Nr.	Düsen-Ø mm	Verbrauch Sauerstoff l/h	Verbrauch Acetylen l/h	Schweißzeit min/m
0,5···1	00	0,8	85	75	5···8,5
1···2	0	1,0	165	150	6···12
2···4	1	1,2	325	300	8···21
4···6	2	1,4	520	480	13···30
6···9	3	1,8	780	725	18···42
9···14	3	1,8	1 300	1 200	25···65
14···20	4	2,2	1 840	1 700	40···95
20···30	5	2,6	2 575	2 400	60···125
30···50	6	3,0	3 800	3 500	100···180
50···100	7	3,5	4 500	4 200	150···225

Acetylenerzeugung: Nach S. 47 wird für 1 kg Carbid theoretisch nur 0,562 l Wasser verbraucht. Bei der Vergasung wird jedoch so viel Wärme frei, daß über 9 l Wasserüberschuß zur Kühlung erforderlich sind.

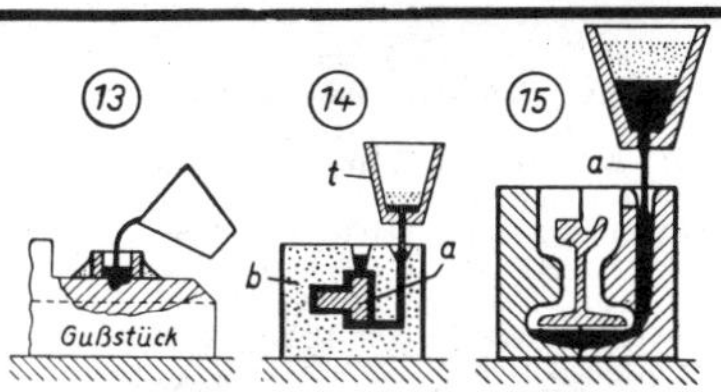

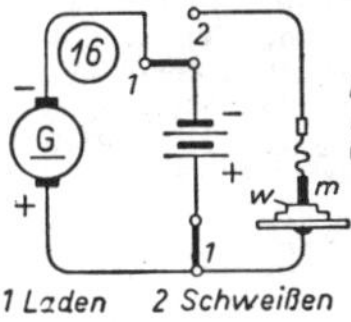

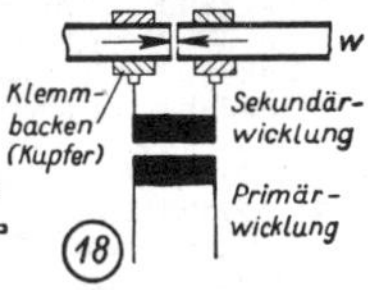

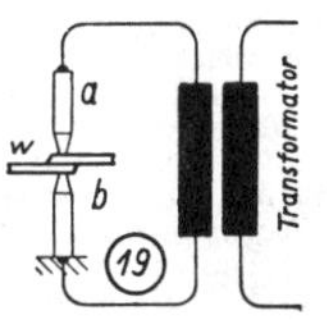

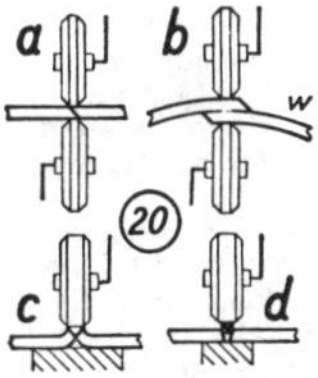

G. Thermitschweißungen

Gemisch von Aluminium und Eisenoxid in Pulverform wird in stahlumkleideten Tontiegeln mit Magnesiafutter (bis 20 kg Füllung) durch Zündpulver (Aluminium und Bariumsuperoxid) zur Entzündung gebracht. Bei etwa 1500° C brennt Thermitmasse in sich selbst weiter; erzeugte Temperatur etwa 3000° C; Erzeugung von flüssigem, schmiedbarem, reinem Eisen und flüssiger Aluminiumoxidschlacke.

Reparaturschweißung (13): Anwärmen des Stückes erforderlich. Reinigen der schadhaften Stelle. Ausgießen des Thermiteisens nach sorgfältigem Ablassen der Schlacke.

Umgießverfahren. Ausbesserung einer Bruchstelle (14) mittels Spitztiegels *t* mit Bodenöffnung (bis 350 kg Füllung); leichtere Schlacke schwimmt auf dem flüssigen Thermiteisen. Zusammenschmelzen der durch die hohe Temperatur zum Schmelzen gebrachten Schweißstücke.

Kombiniertes Verfahren. Eingebettete Straßenbahnschienen **(15).** Abfließen des Thermiteisens **(a)**, Umhüllen und Zusammenschmelzen des Fußes und unteren Steges, Erwärmen des übrigen Steges und Schienenkopfes durch die nachfließende Schlacke, bei Schweißhitze Zusammendrücken der Schienenköpfe mittels Klemmvorrichtung.

Schutzgas-Lichtbogenschweißen

a) Arcatomverfahren s. S. 84.

b) Argonarc-Schweißen: Der gezogene Lichtbogen zwischen Werkstück und Wolframelektrode (nicht abschmelzende Elektrode) wird von einer Edelgashülle (Argon) umgeben. Schutzgas wird nicht aufgespalten. Stromart je nach Werkstoff. Beim Leichtmetall-Schweißen Wechselstrom verwenden.

c) Die CO_2-Schutzgasschweißung wird für unlegierte und niedrig legierte Stähle mit ebenfalls speziell legiertem Schweißdraht ausgeführt.

H. Elektrische Schweißungen (vgl. S. 84)

Lichtbogenschweißung (16) wird mit Gleich- oder Wechselstrom (20···60 V) ausgeführt. Einschalten von Akkumulatoren zum Ausgleich des wechselnden Kraftbedarfs. Die bewegliche Elektrode *m* bildet die eine, das Schweißstück *w* (praktisch bis 3000 mm^2 Querschnitt) die andere Elektrode. Durch kurze Berührung entsteht ein Lichtbogen von hoher Temperatur (3500···4000° C).

Richtige Haltung der Elektrode maßgebend; Rücksichtnahme auf magnetische Blaswirkung beim Stahlschweißen (Überschneidung des magnetischen Feldes). Hauptsächlich mit umhüllten Elektroden schweißen; Umhüllung verhindert Sauerstoffzutritt bzw. bindet Schlacke und hält diese flüssig. Mit Blankdraht nur dann schweißen, wenn harte Schweißnaht verlangt wird. Beim Schweißen breiter Nähte pendelnde Bewegung ausführen.

Bis 5 mm Werkstoffdicke stumpf schweißen, dickere Bleche erst zurichten.

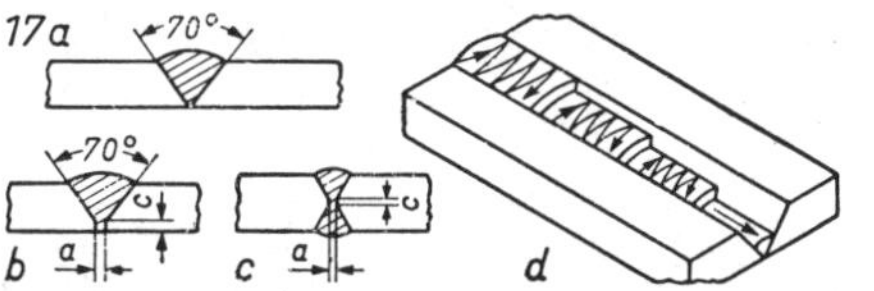

a) V-Naht bei Blechen von 5···12 mm,
b) V-Naht bei Blechen von 12···20 mm, *a* und *c* = 1 mm
c) X-Naht bei Blechen von 12···30 mm, *a* und *c* = 0,5mm

Waagerechtschweißung mit dünn umhüllten Elektroden

Stahlbleche unter 5 mm Dicke (unterste Grenze 1 mm) nur in einer Lage schweißen. Elektrode etwa 70° gegen Schweißrichtung halten. Breite Schweißnähte (Bild 17 d) werden in mehreren Lagen ausgeführt. Wurzel mit dünner Elektrode und höherer Stromstärke ohne pendelnde Bewegung rasch durchschweißen. **Beispiel:** Blechdicke 10 mm, Elektrode 3,25 mm, Stromstärke bis 180 Amp. Übrige Lagen mit 4 mm Elektrode und etwa 160 Amp. ausführen.

Waagerechtschweißung mit ummantelten Elektroden

Unterste Blechdicke 1,5 mm. Elektrode etwa 60° neigen. Schweißung in einfachen Zugnähten in dünnen Lagen ausführen, nur Decklage in pendelnder Bewegung. Nach jeder Schweißlage Schlacke entfernen. Blech von 10 mm Dicke in 3···4 Lagen mit 4 mm Elektrode schweißen.

Senkrechtschweißung: Immer von unten nach oben schweißen. Elektrode eine Nummer kleiner als bei Waagerechtschweißung wählen, nicht dicker als 3,25 mm. Ummantelte Elektroden besser, da schnelleres Abschmelzen

Günstigste Schweißspannung

a) 18···21 Volt: Schlacke schmilzt schneller als Grundwerkstoff,
b) 22···24 Volt: schmelzen beide gleichzeitig,
c) 25···29 Volt: Umhüllung schmilzt langsamer, Lichtbogen ist heißer.

Über 30 Volt nicht schweißen, Lichtbogen zu heiß!

Widerstandsschweißung (18), Stumpfschweißen zur Verbindung von Blechen und Röhren. Verwendung von Wechselstrom, geringe Spannung bis 10 Volt und große Stromstärke bis zu 50 000 Amp; ein Transformator regelt die Spannung. **Anwendung:** Rohrleitungen, Schienen, Kettenglieder usw. Abarten sind:

I. Punktschweißung (19). Beim Aufdrücken der beweglichen Elektrode *a* gelangt der Strom durch die Bleche zur Elektrode *b*; Erzeugung von Schweißpunkten zur Verbindung von Blechen bis 12 mm Dicke an Stelle des Nietens. Leichtmetallbleche (Al-, Cu-, Mg-Leg.) lassen sich bis zu einer Gesamtblechdicke von 2×2 mm, bei Einzelschweißzeiten bis herab zu 1/200 sec punkten. Dazu allerdings Programmsteuerung erforderlich. Anwendung bei Massenfertigung.

II. Nahtschweißung (20). Rollenelektroden ergeben ununterbrochene Schweißnaht; Bleche bis 4 mm Dicke. Untere Elektrode ist als Rollen- oder als Flächenelektrode ausgebildet. Verschiedene Anwendungsbeispiele zeigen ***a*, *b*, *c*** und ***d*.**

Vorzüge der elektrischen Schweißverfahren. Billiger als andere Verfahren, einfache Bedienung.

Siehe Sinnbilder für Schweißungen Seite 240, 241.

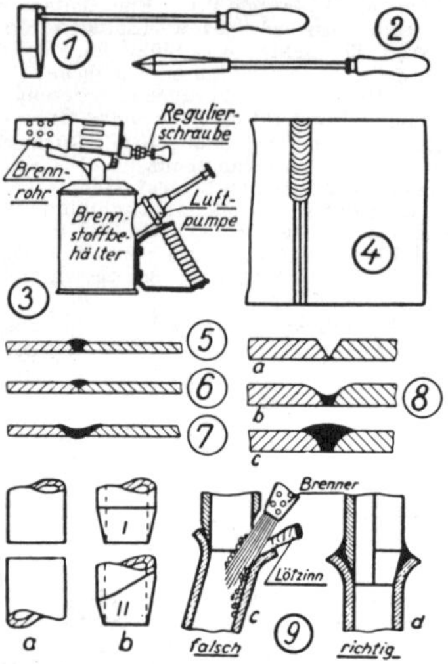

Unter **Löten** versteht man das unlösbare Verbinden fester metallischer Werkstücke durch geschmolzene metallische Bindemittel. Die Grundwerkstoffe werden beim Löten nicht flüssig (wie beim Schweißen), sondern lösen sich in mehr oder weniger geringen Mengen im Lot auf. Es spielt sich also ein Legierungsvorgang ab. Man unterscheidet durch Abgrenzung der Arbeitstemperatur Weich- und Hartlöten. Die Arbeitstemperatur beim Weichlöten liegt bei maximal 420° C. Beim Hartlöten ist die niedrigste Arbeitstemperatur 650° C. Die Schmelzpunkte der Weich- und Hartlote liegen im allgemeinen unter dem Schmelzpunkt der zu lötenden Metalle. Lötnähte müssen metallisch rein sein. Reinigen mit Schabern (s. S. 175, 1 u. 2), seltener mit Messern oder mit Säuren.

I. Weichlöten

a) Schwermetalle

Das **Weichlot** (Schnellot, Weißlot) wird mit heißen, kupfernen **Lötkolben** (gute Wärmeleitung) geschmolzen und an die Lötnaht gebracht. Die Erhitzung der **Flachkolben (1)** od. **Spitzkolben (2)** erfolgt im (schwefelfreien) Holzkohlenfeuer (Koksfeuer) des **Lötofens** oder mit **Lötgebläse. Lötlampe (3)** wird mit Benzin, Spiritus oder Petroleum gespeist; der Brennstoff wird mittels Luftpumpen vergast und saugt Luft an nach Art des Bunsenbrenners. Nach Entzündung und Erwärmung geht die Vergasung selbsttätig weiter. Aus dem Brennerrohr tritt eine kräftige, lange Stichflamme aus; die innenliegende Düse kann durch die Regulierschraube verstellt werden. Füllung 2 l brennt $1^1/_4$ Stunden lang. Praktischer sind **Stadtgas-** oder **Acetylenlötkolben** und **elektrische Lötkolben.** Das Weichlöten findet hauptsächlich in der Klempnerei zum Löten von Zink-, Weiß-, Messingblechen u. dgl. Verwendung.

Zur Reinigung der Lötstellen und zur besseren Adhäsion (Anhaften) des Weichlots dient **Lötwasser,** das mit einem Pinsel aufgetragen wird. Lötwasser entsteht durch Auflösen von Zinkabfällen in Salzsäure unter Zusatz von etwas Salmiak. Lötwasser, das Metalle nicht angreift, stellt man aus 1 T. zitronensaurem Ammonium, 2 T. Glycerin und etwas Salicylsäure her. Weniger gebraucht werden Lötfette und Lötpasten, die Lot in Pulverform enthalten. Gute Adhäsion des Zinns am Kupfer bewirkt Salmiak; deshalb reibt man den Lötkolben vor dem Löten auf einem Salmiakstück und streut vor dem Verzinnen Salmiakpulver auf das zu verzinnende (erwärmte) Metall.

Weichlot wird in Blöcken, Stangen, Fäden, Drähten, Bändern, Folien und als Pulver geliefert. Zusammensetzung siehe S. 79. Es eignen sich*)
Weichlot L–PbSn12Sb für Kühlerbau
Weichlot L–PbSn20Sb für Kühlerbau, Klempnerlot
Weichlot L–PbSn25Sb für Karosseriebau, Schmierlot
Weichlot L–PbSn30Sb für Klempnerlot, Schmierlot
Weichlot L–PbSn35Sb für Klempnerlot, Schmierlot
Weichlot L–PbSn40Sb für Feinblechpackungen
Weichlot L–PbSn50Sb für feine Klempnerarbeiten

Sickerlot nennt man leichtflüssige Weichlote zum Ausgießen von Rissen und Fugen: 35% Blei, 65% Zinn.

b) Leichtmetalle

Reinaluminium und Al-Knetlegierungen werden nach dem **Reib-** und **Reaktionsverfahren** weichgelötet. Aus Gründen der Korrosionsbeständigkeit sind reine Zink-Aluminium- und besonders hoch kadmiumhaltige Lote zu verwenden.

Neuerdings wird auch mit Hilfe des **Ultraschallverfahrens** gelötet. Ein Zinnbad unterliegt dem Einfluß der Ultraschallwellen. Die zu lötenden Stellen werden in das Zinnbad getaucht. Die Ultraschallwellen zerstören die anhaftende Oxidhaut und bewirken die Verzinnung. Danach kann ganz normal wie bei anderen Lötungen weitergelötet werden.

Elektrolytisches Verzinnen von Blechen, gleichmäßige Zinnverteilung, geringster Metallverbrauch, Vermeidung von Spannungen.

II. Bleilöten

Da Blei bereits bei 327° C schmilzt, erfordert das Löten besondere Sorgfalt. Meistens wird Bleiblech deshalb mit dem bis über den Schmelzpunkt des Bleis erhitzten Kolben unter Beigabe von Kolophonium zusammengeschmolzen, d. h. (überlappt) geschweißt. Auch das **Stumpflöten** ist, da Blei als Lot dient, eigentlich ein autogenes Schweißen. Mit der Gebläseflamme müssen regelmäßige Kreisbewegungen quer zur Naht **(4)** ausgeführt werden. Die **Verschmelzung** hat ganz hindurchzugehen **(5)**; falsch ist **(6).** Um das Durchsickern **(7)** zu verhindern, legt man Stahlblech unter und erhält eine richtige Naht nach **(8*a*, *b*, *c*),** indem man Blei zufließen läßt.

(9) zeigt die Entstehung einer **Bleirohrlötung.** ***a*** Bleirohrenden; ***bI*** richtiges, ***bII*** falsches Zuschärfen (Raspeln oder Fräsen); ***c*** falsches (schiefes), ***d*** richtiges Zusammenschmelzen. Bei ***c*** schmilzt die zu dünne Rohrwandung ab. Das aufzusteckende Rohrstück wird mit einem Innenfräser (Versenker) oder durch Auftreiben mit einem Holzkegel (oder einer Aufweitzange) vorbereitet.

III. Hartlöten

Stahlteile werden im Schmiedefeuer, besser Holzkohlenfeuer, am besten im Gasofen auf Rotglut erhitzt. Die zu lötenden Stellen werden mit Fluß- und Lötmitteln (bor- und kohlensaure Salze, Chloride, Fluoride und Fluorborate) bestreut ,und dann wird **Hartlot (Schlaglot)** in Körnerform hinzugetan. Zusammensetzung der Schlaglote siehe Tabb. A. Je höher der Cu-Gehalt, desto besser läßt sich die gelötete Stelle hämmern, desto schwerer ist aber das Lot auch schmelzbar.

Bandsägen halten am besten mit sog. Silberlot (siehe S. 151). Flußmittel: Borsäure.

Rotes Kupferlot enthält 80% Kupfer und 20% Blei.

Hartlot für Silber auf Silber: Kupfer und wenig Messing.

Hartlot für Gold auf Gold: Silber und Kupfer, etwas Zink.

Hartlot für Neusilber: Kupfer mit Zink oder Kupfer mit Gold.

*) Nach DIN-Blatt 1707

Arbeits- und Werkzeugkunde — Hartlöten — Metallkleben

Herstellung der Schlaglote. Zuweilen verwendet man Feilspäne, dünne Drähte oder Blechschnitzel als Schlaglot. Meistens nimmt man jedoch granuliertes Lot (in Körnerform). Die erhitzte flüssige Lotlegierung wird in einem dünnen Strahl durch einen Reisigbesen in kaltes Wasser gegossen, das mit dem Besen dauernd umgerührt wird. Die entstehenden Körner werden durch Siebe in verschiedene Größen sortiert. Die Körner werden gleichmäßiger, wenn man die Legierung durch einen horizontalen Wasserstrahl gießt. Durch Regulierung des Wasserstrahls (mit einem Hahn) ergeben sich verschiedene Körnergrößen nach Wunsch. — Größere Mengen Schlaglotkörner stellt man dadurch her, daß die flüssige Legierung in rotierende Trommeln oder Schüttelgefäße gegossen wird, die innen mit Gipsanstrich versehen sind. Die erkaltende Masse nimmt durch das Schütteln Körnerform an.

Hartlote (Messing- und Silberlote) nach DIN 1733/34

Kurzzeichen	Zusammensetzung in %	Arbeitstemp.	Verwendung
L–Ms 63	62…64 Cu, Rest Zn	910°C	Kupfer, Stahl
L–Ms 42	41…43 Cu, Rest Zn	845°C	Kupfer, Nickel
L–Ms Ag	50 Cu, 40 Zn, 4…6 Ag, P + Si 0,5	810°C	Stahl, Temperguß
L–Ag 15	14…16 Ag, 8…12 Cd, 49 Cu, Rest Zn	770°C	Kl. Lötungen an Kupfer
L–Ag 25 Cd	24…26 Ag, 12…16 Cd, 42 Cu, Rest Zn	730°C	und Kupferlegierungen

Metallkleben wird angewendet im allgemeinen Maschinenbau, Stahlbau, Behälterbau, Elektrotechnik, im Fahrzeug-, Flugzeug- und im Bootsbau.

Mit Metallkleben erzielt man für hochbeanspruchte Konstruktionen eine einwandfreie Verbindung. Man unterscheidet **Kaltkleber,** die bei Raumtemperatur verarbeitet werden und **Warmkleber,** die warmflüssig aus Stangen, oder pulverförmige Warmkleber, die mit einem Spritzapparat auf die Metallflächen gebracht werden. Ein genaues Einhalten der speziellen Vorschriften für Vorbehandlung der zu verbindenden Metallflächen, für Verarbeitungs- und Preßdauer, Preßdrücke und Verarbeitungstemperaturen ist erforderlich.

Bei Klebekonstruktionen sind die Fügeteile so auszubilden, daß Klebefuge möglichst nur durch Schubspannungen beansprucht wird. Senkrecht zur Klebefläche wirkende Zug- und Biegebeanspruchungen sind wegen Schälwirkung zu vermeiden. Klebeflächen sind bei biegebeanspruchten Verbindungen in die Biegeebene zu legen.

Klebeverbindungen: Laschungen, Schäftungen, Überlappungen, Nut- und Falzverbindungen, Rohrverbindungen. An Knotenpunkten von Hohlprofilen sind Füllstücke anzuordnen, über die Hohlprofile übergeklebt werden. An Hohlprofilstößen sind innen Füllstücke und außen Mantelstücke anzubringen.

Metallkleber

Name des Klebers	Hersteller	Handelsform: Kunstharz	Handelsform: Härter	Mischverhältnis Gew.-teile	Topfzeit	Vertrocknung: Temp. °C	Vertrocknung: Zeit h	Aushärtung: Temp. °C	Aushärtung: Zeit h	Aushärtung: Preßdruck kp/cm²
Warmkleber										
Araldit I	Ciba AG Basel	fest pulvrig Stangen	—	—	—	—	—	130 150 200	10 4 0,5	1…5
Araldit XV		flüssig	flüssig	10:3	4 Wochen	30 50 100	3…5 1…3 0,2…0,5	130 150 200	14 4 0,5	1…5
Bostik 476	Boston Blaching Co. Oberursel	flüssig	—	—	—	60	2 × 1	165 200	4 1	4…10
E 1067	Henkel & Cie. Düsseldorf	zähflüssig	pulvrig	17:5	3…4 Wochen	100	Schmelzzeit	150	8…12	0,5…1
Hidux 1033	Ciba AG Basel	zähflüssig	flüssig	100:85	—	85	0,5	145	0,5…0,7	3…7
Metallon KP	Henkel & Cie. Düsseldorf	Paste	Paste	11:1	30…60 min	—	—	20	12	—
Metallon KG		zähflüssig	dünnflüssig	16:1	30…60 min	—	—	20	12	1…5
Redux 775	Ciba AG Basel	flüssig pulvrig	—	—	—	20	0,5	140	0,5	7…15
Versamid 115 + Epon	Schering AG Wolfenbüttel	—	—	1:1	2 h	—	—	150	0,3…0,4	0…0,1
Kaltkleber										
Araldit 101	Ciba AG Basel	zähflüssig	flüssig	100:7	1,5 h	—	—	20	12…24	1…3
Agomet E	Atlas-Ago Wolfgang b. Hanau	Paste	Paste	100:3	40…60 min	—	—	20	12…24	0,5…2
Agomet H		zähflüssig	Paste	100:5	8 h	—	—	20	48	10
Desmocoll W	Bayer-Werke Leverkusen	flüssig	flüssig	5:6	2 h	20	0,75	20	72…150	10
Metallon K	Henkel & Cie. Düsseldorf	flüssig	flüssig	100:9	30…60 min	—	—	20	12…14	1…3

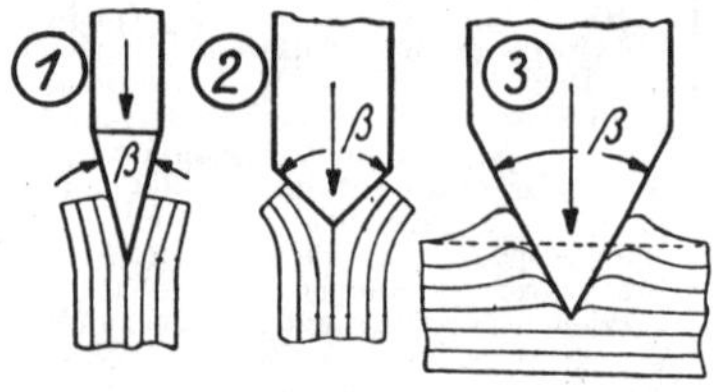

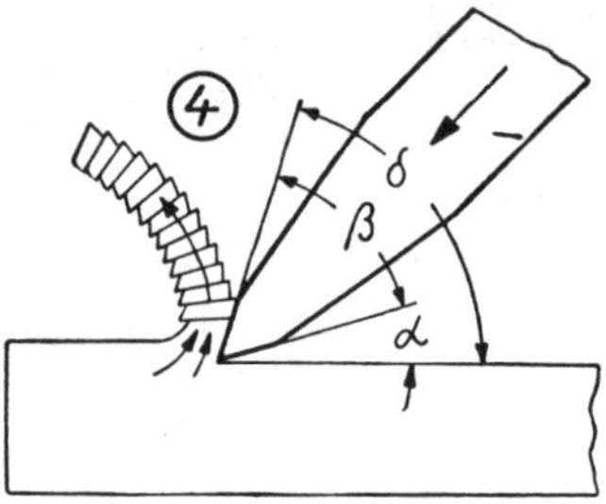

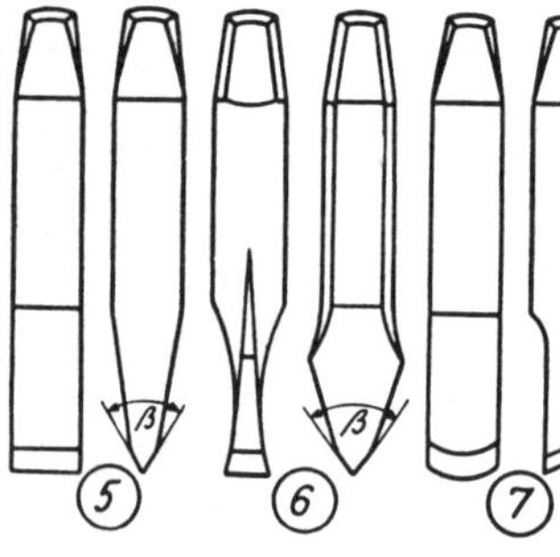

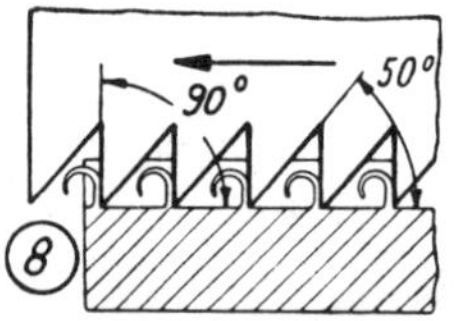

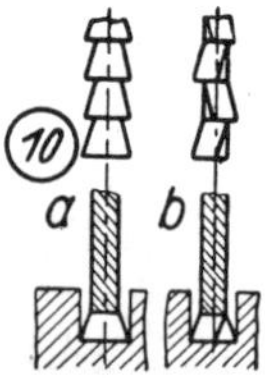

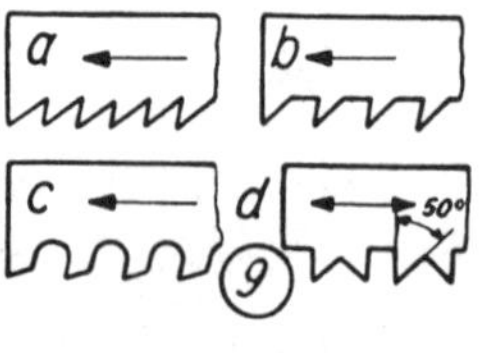

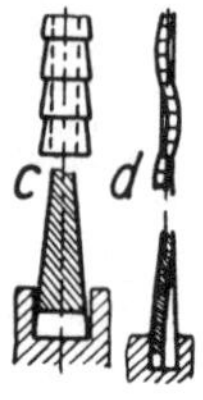

K. Schneidende Werkzeuge

I. Meißeln

Beim Meißeln wird durch Spanabnahme eine dauernde Formänderung hervorgerufen. Die Grundform des Meißels ist der Keil. Richtige Form, Stahlart und Haltung des Werkzeuges sind sehr wichtig.

Meißel mit zu **kleinem Keilwinkel** β **(1)** dringen gut in den Werkstoff ein, klemmen jedoch leicht fest und brechen leicht ab. Meißel mit zu **großem Keilwinkel** β **(2)** greifen zu wenig an und sind daher unbrauchbar. Der **Meißel (3)** hat **richtigen Keilwinkel** β, etwa 60°; Abbildung zeigt Trennen eines Werkstückes bei senkrechtem Ansatz; Spanabnahme ist nicht möglich, vgl. Schroten. Die Verschiebung der einzelnen Fasern ist bei **(3)** zu erkennen.

Abtrennen eines Spans (4). Neigung des Meißels gegen das Werkstück; dadurch Verringerung der Reibung. Der Meißel wird mittels Hammer in Pfeilrichtung in den Werkstoff eingetrieben. Dadurch werden kleine Plättchen vom Werkstoff abgehoben, die noch zusammenhängen und einen Span bilden; spröder Werkstoff — kurze Späne, zäher Werkstoff — längere Späne. Es bedeuten: α = Freiwinkel, β = Meißel- oder Keilwinkel, δ = Schnittwinkel. Es ist $\sphericalangle\, \alpha$ wenig größer als 0°.

Die gebräuchlichsten Meißel sind:

Flachmeißel (5), β = 40···60°, Schneide und Schaft haben gleiche Breite: **Kreuzmeißel (6)** zum Meißeln von Nuten, β = 50···60°; **Rundmeißel (7)** zum Aushauen von kurvenförmig begrenzten Blechen. — Ähnlich ist der Schmiernutenmeißel mit schmaler, unten halbrunder Schneide. — Meißel mit anderen Schneidenformen nennt man **Formmeißel,** Meißel aus Rundstahl **Rundstahlmeißel.**

Meißel werden aus zähem Werkzeugstahl (Tiegelgußstahl) hergestellt. Die Schneiden werden gehärtet durch Abschrecken in Regenwasser und Anlassen. Vgl. Anlauffarben und Härtegrade. Da das Handmeißeln sehr teuer ist, verwendet man in neuerer Zeit vielfach **Druckluftmeißel** (auch Drucklufthämmer). Der Meißel (Hammer) ist mit einem Druckluftzylinder verbunden, in dem ein Kolben durch Druckluft auf und ab bewegt wird. In seiner unteren Stellung schlägt der Kolben (als Hammer) auf den Meißel.

II. Sägen

Die Zähne der Säge können mit kleinen Meißeln verglichen werden. Die Zahnlücken dienen zur Aufnahme und Abführung der abgetrennten Späne **(8).** Größe und Form von Zahn und Zahnlücke richten sich nach der Beschaffenheit des Werkstoffes; Metallsägen haben kleine Zähne. **(9)** ***a, b, c*** und ***d*** zeigen einige Zahnformen für Holzsägen, Schneidwirkung bei ***a, b*** und ***c*** nur in einer Richtung, bei ***d*** in 2 Richtungen.

Die Zähne sind zur Vermeidung des Festklemmens bei Holzsägen geschränkt (d. h. abwechselnd nach links und rechts gebogen), bei Metallsägen entweder nach unten zu verstärkt (gestaucht) **(10*a*)** oder geschränkt **(10*b*).** Bei einer anderen Ausführung nimmt die Blattdicke nach oben ab **(10*c*);** bei **(10*d*)** ist das Sägeblatt gewellt.

Kreissägen (11) dienen zum Schneiden von minderwertigem Werkstoff, da großer Schnittverlust (5 mm Blattdicke). Der Querschnitt zeigt ein verjüngtes und ein hohlgeschliffenes Blatt.

Kreissägeblatt mit **eingesetzten Schnellstahlzähnen (12):** Schnittverlust sehr erheblich. Die Einsatzzähne *e* werden durch Bolzen *b* in dem Sägeblatt gehalten.

Schema einer Bandsäge (13). Das hart gelötete, endlose Sägeblatt *s* wird durch zwei Scheiben *a* und *b* (letztere zum Nachspannen verstellbar) mittels Riemenscheibe *c* wie ein Treibriemen in Pfeilrichtung bewegt. Die Führungsrollen *r* verhindern seitliches Ausweichen des Sägeblattes, Tisch *t* dient zur Auflage des Werkstückes.

12

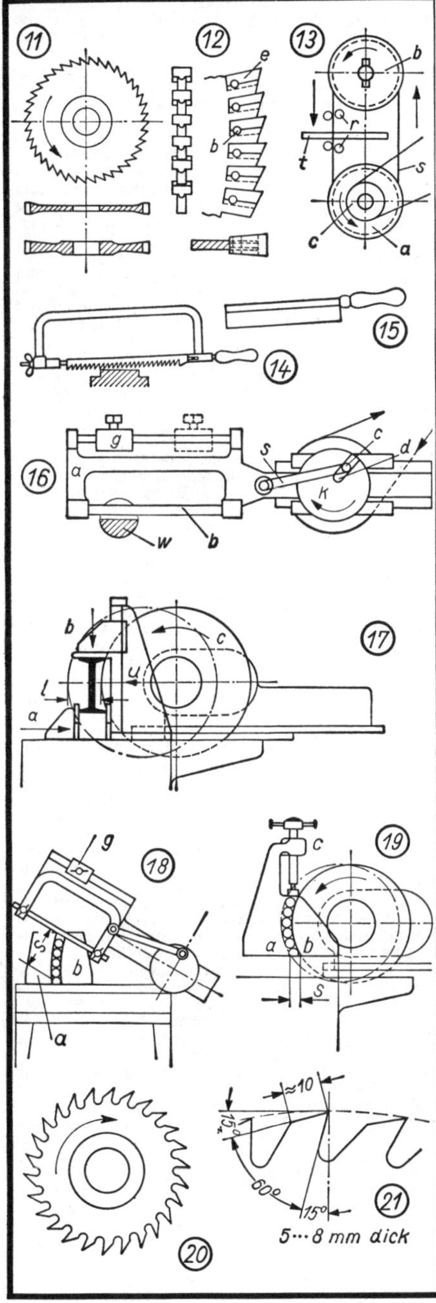

K. Schneidende Werkzeuge (Fortsetzung)

Handbogensäge (14) mit Kreuzloch und Flügelmutter verwendet man zum Absägen von kleineren Werkstücken, Stangenmetall, Rohren u. dgl. **Einstreichsäge (15)** dient zum Schlitzen von Schraubenköpfen u. dgl.

Bogensäge (16). Der Bügel *a* mit dem Sägeblatt *b* wird durch die Kurbelscheibe *k* mittels Schubstange *s* hin- und herbewegt. Der Hub läßt sich durch Verstellen des Steines *c* in der Nute *d* verändern. Das verstellbare Gewicht *g* fördert den Vorschub in das Werkstück *w*. — Es sind auch Bogensägen mit mehreren nebeneinanderliegenden verstellbaren Sägeblättern im Gebrauch, so daß mehrere Stücke zu gleicher Zeit abgeschnitten werden können.

Sägen eines I-Trägers mit der **Kreissäge (17).** Der Träger wird von der Seite in Pfeilrichtung *a* und von oben in Pfeilrichtung *b* festgeklemmt. Das Sägeblatt *c* erhält den Vorschub *u* bei kleinen Werkstücken von Hand, sonst mittels Luft- oder Dampfdruck oder Druckwasser. *l* bedeutet die Schnittlänge.

Sägen von Rohrstücken mit der **Bogensäge (18)** und mit der **Kreissäge (19).** Es werden mehrere Rohre (Stangen) zwischen den Backen *a* und *b* seitlich festgeklemmt; bei **(19)** noch durch Spindel *c*. Bei der Bogensäge beträgt die Schnittlänge *s* das 4fache wie bei der Kreissäge. Der Vorschub wird bei der Bogensäge durch Gewicht *g* (bis zu 100 kg) erzeugt; sie arbeitet jedoch nur beim Vorwärtsgang; der Rückgang erfolgt bei einzelnen Ausführungen beschleunigt, wobei das Sägeblatt zur Schonung der Zähne leicht angehoben wird. Der Kraftbedarf der Bogensägen ist gering; sie haben aber große Schnittzeit, 80 bis 120 Schnitthübe in der Minute. Die Kreissäge hat kleine Schnittlänge *s*, kurze Schnittzeit, große Schnittgeschwindigkeit; größere Haltbarkeit des Sägeblattes. Sie wird daher in größeren Betrieben der Bogensäge vorgezogen.

Die Sägeblätter sind aus Stahlblech hergestellt. Die Zähne werden gestanzt (billig), meistens gefräst und darauf glashart gehärtet (entweder die Zähne allein oder das ganze Sägeblatt). Beim Gebrauch muß das Sägeblatt straff angespannt werden. Schärfen der Zähne erfolgt mittels Dreikantfeile oder Schleifmaschine.

Kreissägen für Leichtmetallverarbeitung (20) haben spitze Zähne, großen Spanwinkel, große Spanlücken, gerundeten Zahngrund. Schnittgeschwindigkeit bis 400 m/min.

Warmsägen (21) zerschneiden Stangen und Profile in glühendem Zustande mit 8facher Leistung gegenüber Kaltsägen; sorgfältige Wasserkühlung unmittelbar hinter der Schnittstelle. Das Kühlwasser schreckt zugleich die glühenden Späne ab, so daß diese leichter abspringen und sich nicht in den Zahnlücken festsetzen.

Schnelltrennsägemaschine oder **Reibsäge** besonders geeignet zum Trennen von Profilstählen. Zahnlose, mit Kordierrädchen (S. 167) etwas aufgerauhte, schnell umlaufende Scheiben (Durchmesser 300···1300 mm und Blattdicke 1,5···8 mm, Umfangsgeschwindigkeit bis 140 m/s) aus weichem, sehr zähem Stahl, mäßig gegen den zu trennenden kalten Werkstoff gedrückt, zerteilen den Werkstoff in kürzester Zeit, indem die durch die Reibung entstehende Wärme den Werkstoff an der Berührungsstelle zum Schmelzen bringt.

Trennzeit: 4···10 Schnitte/min. Maschinen haben hydraulischen Vorschub. Verwendung: Trennen gehärteter und ungehärteter Stähle, Gußarten aller Art, Nichteisenmetalle usw. Weniger geeignet für weiche Werkstoffe (Kupfer). Unempfindlich gegen Lunkerstellen und Sandeinschlüsse.

Bandsägemaschine. Endloses Sägeband, Blattdicke 0,9 mm, durch Rollen geführt, läuft in einem Schlitz des Maschinentisches. Geringer Schnittverlust. Mit schmalen Bändern Kurvenschnitt möglich.

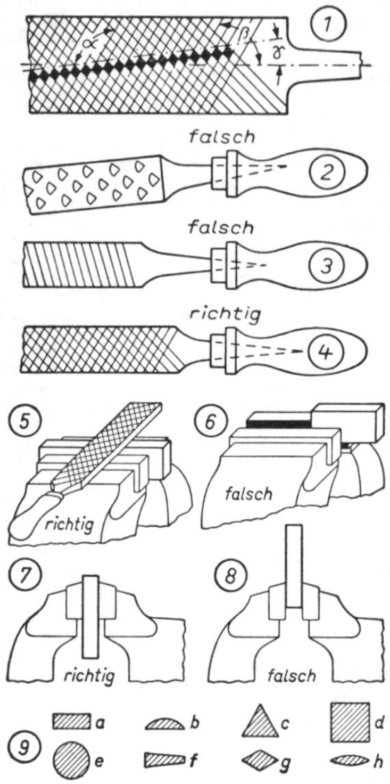

K. Schneidende Werkzeuge (Fortsetzung)

III. Feilen

Die einzelnen Zähne der Feile wirken wie kleine Meißel. Für normale Feilen wird unlegierter, für Präzisionsfeilen (Feilen von etwa 200 mm Länge und kleiner) legierter Werkzeugstahl verwandt. Nach dem Schmieden werden dann die Feilen weich geglüht, geschliffen und unter Umständen noch fein abgezogen. Das Hauen, **einhiebig (3)** oder mit **Kreuzhieb (4) (doppelhiebig)** wird heute fast ausschließlich mit der Maschine vorgenommen, bei schwierigen Formen, Sonderausführungen in kleinerer Stückzahl noch vom Feilenhauer ausgeführt. Dieser Handhauer benutzt kurze, breitschneidige Meißel und Hämmer verschiedenen Gewichts mit eigenartig nach unten gebogenem Stiel. Raspeln für Holz, Leder, Horn oder ähnliches werden mit **Einzelzähnen (2) (pockenhiebig)** behauen. Nach dem Hauen werden die Feilen gehärtet. Nach dem Erhitzen im Salzbadofen erfolgt Abkühlung im Salzwasser. Auf volle Härte gebracht, werden die Feilen im Sandstrahl abgeblasen und die Angel wieder abgelassen. — Stumpfe Feilen werden ausgeglüht, geschliffen und „aufgehauen".

Bei doppelhiebigen Feilen **(1)** liegt der Unterhieb unter einem anderen Winkel (α) als der Oberhieb (β), die Zähne unter $\sphericalangle\,\gamma$; bessere Abführung der Späne.

Falsche Einspannung einer **Raspel** (Raspe) **(2):** Feilenangel sitzt schief im Heft. Verwendung der Raspel (halbrund) zur Bearbeitung von Holz, Horn u. dgl. — **Falsche Einspannung** einer **(einhiebigen) Feile (3):** Feilenangel steckt zu kurz im Heft. Einhiebige Grobfeilen werden für Blei, Zinn u. dgl. verwendet. — **Richtige Einspannung (4):** Das Feilenheft wird axial vorgebohrt, mit der Angel aufgerieben, dann die Feile eingestoßen.

Zum Einspannen der zu feilenden Werkstücke dienen Feilkloben, Spannkloben, Schraubstöcke.

Richtiges horizontales Einspannen eines Werkstückes mittels Schraubstocks zeigt **(5)**; richtige Haltung und Lage der Feile: rechte Hand am Feilenheft (Daumen oben!), linke Hand am Feilenende. Eine geringe Wölbung in der Längsrichtung der Feile ist zur Erhaltung einer genau ebenen Fläche (gerader Strich) sehr vorteilhaft. Die zu feilende Fläche ist vor Öl oder Fett zu schützen, da sonst keine Späne abgenommen werden. Spanabnahme erfolgt beim Vorwärtsstoß. — **Falsche Einspannung (6):** Werkstück ist zu kurz eingespannt; ungenügender Halt. **Richtige vertikale Einspannung (7); falsche Einspannung (8):** zu kurz eingespannt. Werkstück federt, ungenügender Halt.

Wichtige **Feilenarten** sind in Abb. **(9)** im Querschnitt dargestellt: *a* **Flachstumpffeile,** gebräuchlichste Art für ebene Arbeiten, *b* **Halbrundfeile,** *c* **Dreikantfeile** zum Schärfen von Sägeblättern und Ausfeilen von Ecken, *d* **Vierkantfeile** für Nuten, Schlitze, Vierkantlöcher und dgl., *e* **Rundfeile** für Löcher, *f* **Messerfeile,** *g* **Schwertfeile,** *h* **Vogelzunge.**

Diamant-Feilen zur Bearbeitung von Hartmetall, gehärtetem Stahl, Korund, Quarz u. a. Die schnelle Arbeitsweise ergibt sich aus dem hochkonzentrierten Diamantbesatz. Die scharfen Spitzen der ungezählten Diamantkristalle ragen weit aus der Oberfläche heraus. Feilenquerschnitte wie Abb. 9. Länge 100···200 mm; diamantbesetzte Länge 60···120 mm. Normal wird trocken gearbeitet, manchmal kann Anfeuchten mit Petroleum vorteilhaft sein. Man feile fast ohne Druck, so wie es beim Schlichtfeilen mit feinstem Hieb üblich ist.

Abb. 10 zeigt die neue Thiel Produro, die sowohl als normale Präzisions-Feil- und Sägemaschine als auch für Hartmetallbearbeitung dient. Sie dient zum Feilen, Sägen, Diamantfeilen, Diamantsägen, Läppen, Kalibrieren, Feinschlichten usw. Sie ist geeignet für das Innen- und Außenbearbeiten von Schnitten, Stanzen, Lehren, Schablonenvorrichtungen, Ziehwerkzeugen und anderem mehr. Das zu bearbeitende Werkstück liegt auf dem Arbeitstisch, wo es in Gleitschienen geführt und durch Gewichtsvorschub gegen das rotierende und auf- und abbewegte Diamantwerkzeug gezogen wird. An den Hebeln rechts und links der Maschine lassen sich Hubgröße und Hubgeschwindigkeit während des Betriebes stufenlos regeln.

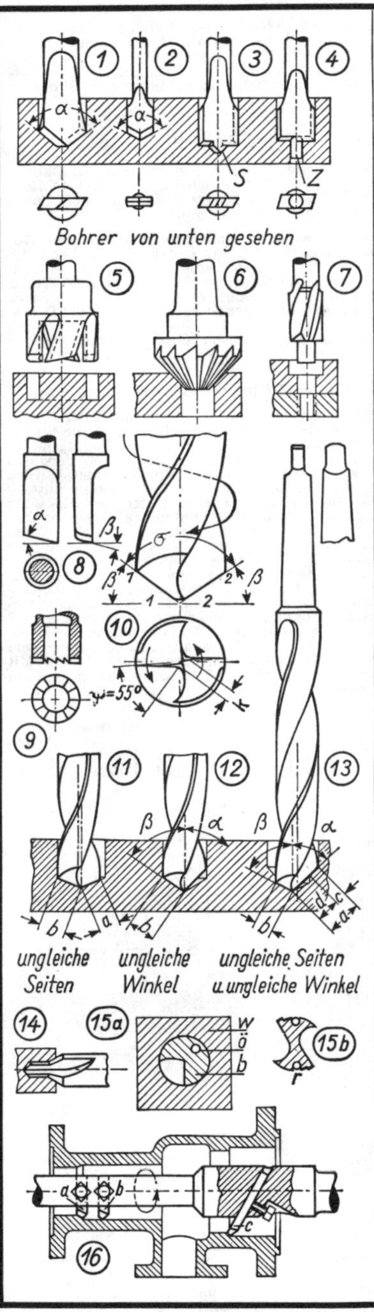

K. Schneidende Werkzeuge (Fortsetzung)

IV. Bohren

Beim Bohren schneidet man ein (meist zylindrisches) Loch mittels Spanabnahme. Man bohrt durchgehende Löcher, Sacklöcher und bohrt vorhandene Löcher auf (weiter). Das Bohrwerkzeug macht zwei Bewegungen: die Drehbewegung (Hauptbewegung) und den Vorschub in axialer Richtung (Schaltbewegung). — **Werkstoff für Bohrer:** Im allgemeinen Werkzeugstahl; Schnellschnittstahl (hohe Drehzahl) für harte, zähe Werkstoffe.

Für harte und gehärtete Stähle, Hartguß, Papier, Kunststoffe, Glas, Mineralien u. a. m., die mit Schnellarbeitsstahl nicht zu bohren sind, werden Bohrer aus Hartmetall hergestellt oder mit Hartmetall bestückt.

Spitzbohrer (1) und **(2)** dienen zum Bohren und Versenken. Diese Bohrer verlaufen leicht und ergeben ungenaue Bohrung. — **Zentrierbohrer (3)** hat durch Spitze *S* bessere Führung. — Beim **Zapfenbohrer (4)** übernimmt Zapfen *Z* die Führung in einem schon vorgebohrten Loch; **(4)** wird auch als Versenker gebraucht wie **(7)**; Verlaufen ist nicht möglich. — **Kronenbohrer (5)**, Bohrring genannt, Wirkungsweise wie **(9)**. — **Spitzsenker (6)** dient zum Versenken von Löchern und Abnehmen des Grates. **Zapfensenker (7)** für zylindrische Versenkungen.

Der **Kanonenbohrer (8)** wird auf der Drehmaschine zum Bohren eines vorgebohrten Loches benutzt: Hinterschliff $\beta = 6 \cdots 10°$, α etwa $10°$. — **Kernbohrer** (Hohlfräser) **(9)** mit Schneiden an der Stirnfläche dient zum Herausbohren eines zylindrischen Kernes aus dem Werkstoff bei geringer Zerspanungsarbeit.

Spiralbohrer (10), rechtsdrallig, wird am häufigsten gebraucht; Herstellung siehe Seite 159 **(19)**. Seltener fertigt man Spiralbohrer durch Verwinden eines Flachstabes (schnell und billig). Spitzenwinkel $\sigma = 116°$, $\beta = 32°$; Kerndicke $\sigma = {}^1/_8 \cdots {}^1/_9$ des Bohrerdurchmessers. Die Hauptschneide 1—1, 2—2 ist hinterschliffen. Der **ausgespitzte Anschliff**, in Untersicht **(10)** zu erkennen, verkürzt die Querschneide und ist nötig bei Stahl und Stahlguß. Spiralbohrer befördern die Späne durch die Spannuten selbsttätig heraus. — Einwandfreies Nachschleifen abgenutzter Bohrer erfolgt auf der Schleifmaschine. Beim Schleifen von Hand kommen folgende Fehler vor:

Ungleiche Seiten (11), Lochdurchmesser > Bohrerdurchmesser. Es schneiden beide Schneidkanten, jedoch muß der äußere Teil von Schnittkante *b* den äußeren Lochteil allein schneiden und wird bald stumpf. — **Ungleiche Winkel (12)**; es schneidet nur Schnittkante *b*. Bohrer wird bald stumpf. — **Ungleiche Seiten** und **ungleiche Winkel (13)**. Lochdurchmesser > Bohrerdurchmesser, Schnittkante *b* schneidet kleines Loch, von Schnittkante *a* schneidet nur Stück *c* und vergrößert das Loch; Stück *d* bleibt scharf, während Schnittkante *b* und Stück *c* stumpf werden.

Größere Bohrer erhalten oben kegeligen Schaft, der, in Bohrhülsen (Abb. 3 u. 4, S. 141) gesteckt, für zentrischen Lauf und gute Mitnahme des Bohrers sorgt.

Kurze Löcher bohre mit kurzem Bohrer, lange Löcher mit langem Bohrer! Vorgeschriebene Schnittgeschwindigkeiten sind einzuhalten. Zu großer Vorschub und zu kleine Schnittgeschwindigkeit führen zu Bruch, ebenso das Hineinragen des Bohrers in das Werkstück über Auslauf der Spirale, da die Spannuten sich verstopfen.

Zentrierbohrer (14) dient zum Herstellen der Anbohrlöcher und Körnerversenkungen in Werkstücken, die zwischen Spitzen aufgespannt werden (vgl. S. 167 u. 170). Beim Bohren von Gußeisen ist Kühlung der Bohrer nicht erforderlich. Beim Bohren von Schweiß- oder Flußstahl kühlt man mit Seifenwasser oder Bohröl.

Bohrer mit Ölrohr (15 a) zeigt den Querschnitt eines Laufbohrers, in Längsrichtung durchbohrt. Das Öl wird unter hohem Druck durch das Ölrohr *ö* des Bohrers *b* zur Schneidkante gepreßt; *w* = Werkstück. — Verwendung finden heute Spiralbohrer mit Ölkanal *r* **(15 b)**.

K. Schneidende Werkzeuge

(Fortsetzung)

Ausbohren eines Schiebergehäuses (16) mittels Bohrstange. Werkstück steht still, Bohrstange dreht sich. Es können mehrere Stähle hintereinanderarbeiten. *a* = Schruppstahl, *b* = Schlichtstahl; Stahl *c* bearbeitet gleichzeitig die obere Schieberöffnung; große Zeitersparnis, Anwendung bei großen Werkstücken (Dampfzylinder usw.).

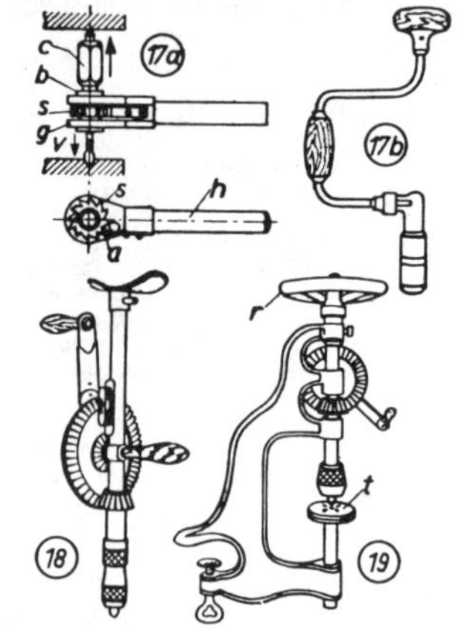

(20)

Tischbohrmaschine (20) der WEBO GmbH., Düsseldorf. Der Antrieb des stufenlosen Getriebes erfolgt durch Keilriemen und ermöglicht gesicherten Durchzug. Durch die Teleskop-Verschiebung kegeliger Scheiben wird ein großer Regelbereich erzielt. Das Gewicht von Bohrspindel und Pinole ist durch einstellbare Bandfeder ausgeglichen. Bohrspindelantrieb durch Flanschmotor von n = 400···6000 U/min. Größter Bohrdurchmesser in St 60.11 = 12 mm. Bohrtiefe nach Maßstab durch Anschlag genau einstellbar. Bohrspindel läuft in Kugellagern.

Bohren von Aluminium und anderen Leichtmetallen. Gewöhnliche Drallbohrer verlaufen leicht und brechen ab. Man verwendet Drallbohrer mit flachsteigender Wendel (Schraubenlinie) und größerem Schneidwinkel bei schnellem Gang; der Bohrer schneidet in 10 Sekunden ein 10-mm-Loch von 100 mm Tiefe ohne Kühlung (vgl. S. 85).

Bohrmaschinen

Die **Bohrknarre (17a)** arbeitet langsam und ungenau. In Gabel *g* des Hebels *h* lagert Hülse *b* mit Sperrad *s*, das durch den Hebel mittels Sperrklinke *a* gedreht wird und den Bohrer mitnimmt. Vorschub *u* erfolgt durch Nachspannen der Sechskantmutter *c*.

Bohrwinden (17b) und **Brustleiern** oder **Brustbohrmaschinen (18)** mit Handbetrieb dienen für kleine Bohrungen. **(18)** ist zuweilen mit 2 auswechselbaren Geschwindigkeiten (Kegelrädern) und mit Wasserwaage ausgestattet. — **Handbohrmaschine (19)** wird am Werktisch festgeschraubt. Tisch *t* ist in der Höhe verstellbar. Der Vorschub erfolgt von Hand durch Handrad *r* oder ist selbsttätig. — Bei **Druckluftbohrmaschinen** treiben in der Regel 2 Druckluftkolben eine Welle an, die durch Zahnradübersetzung die Bohrhülse mit dem Bohrer in Umdrehung setzt.

Radialbohrmaschine (21) der WEBO GmbH., Düsseldorf.

Der Säulenaufbau 2 ist besonders kräftig; vor allem ist der Durchmesser der stark verrippten Innensäule groß gehalten, da ihr Widerstandsmoment für die Abbiegung wichtig ist. Die obere Lauffläche für den Bohrschlitten ist mit einem gehärteten Stahlband versehen. Das Hauptgetriebe 10 mit seiner elektrohydraulischen Vorwählschaltung für die Spindeldrehzahlen ist im oberen Teil des Bohrschlittens untergebracht. Durch Verkettung des Schaltgetriebes mit einer doppelten elektromagnetischen Lamellenkupplung und dem polumschaltbaren Bohrmotor sind nur wenige Getrieberäder zur Erreichung von 36 Bohrspindeldrehzahlen erforderlich. Zur stoßfreien Änderung der Bohrspindeldrehrichtung dient eine Lamellenwendekupplung, wobei in Mittelstellung eine Getriebebremse einsetzt. Das Vorschubgetriebe 8 läuft in Wälzlagern. Durch eine elektromagnetische Magnetkupplung wird der Vorschub bei erreichter Bohrtiefe selbsttätig unterbrochen. Die rechte Schalttrommel 20 dient zur Einstellung der 18 Vorschübe, die linke 13 zur Einstellung der 36 Drehzahlen. Die Bohrspindel 15 ist im oberen Teil als Vielkeilwelle ausgebildet und in einem vom übrigen Bohrkopf öldicht abgetrennten Raum untergebracht. Mit dem am Schaltkopf angebrachten Handrad 16 wird der Bohrkopf auf dem Ausleger 3 in Bohrstellung gebracht.

1	Hubwerk	7	Grundplatte	14	Kreuzschalter
4	Mantelrohr	9	Auslöseknopf	17	Spanneinrichtung
5	Innensäule	11	Doppelhebel	18	Handvorschub
6	Klemmring	12	Bohrtiefenskala	19	Rechts-Linkslauf

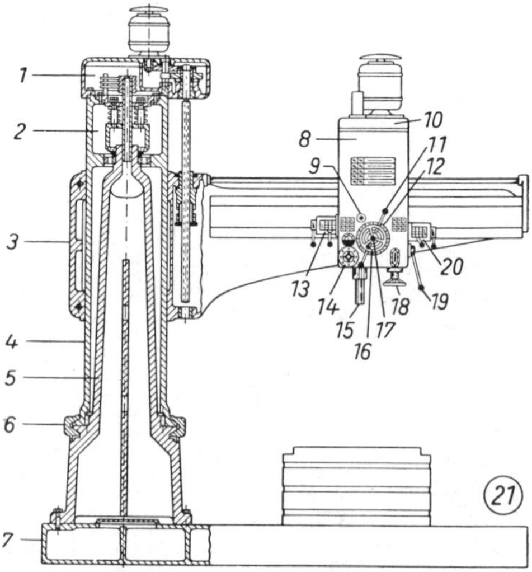

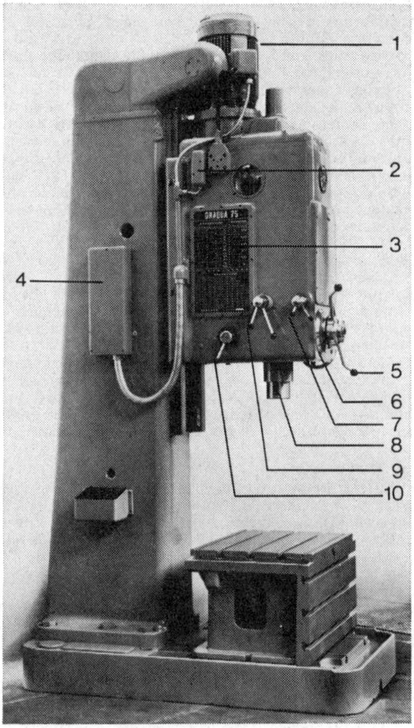

Hochleistungs-Ständerbohrmaschine der WEBO GmbH., Düsseldorf, rationalisiert die Bearbeitungsvorgänge Bohren, Senken, Reiben und Gewindeschneiden. Die Auslegung der Getriebe und elektrischen Ausrüstung gestattet halb- und vollautomatischen Arbeitsablauf. Der Antrieb erfolgt durch einen polumschaltbaren Flanschmotor (1) über eine Doppel-Lamellenkupplung und ein dreistufiges Rädergetriebe auf die Bohrspindel (8). Die Lamellenkupplung gestattet das Ein- und Ausschalten der Bohrspindeldrehung bei weiterlaufendem Bohrmotor sowie einer elastischen Drehsinnwechsel beim Gewindeschneiden. Die Bohrspindel ist im oberen Schaft als geschliffene Vielkeilwelle ausgebildet. Das Hauptlager ist ein zweireihiges Zylinderrollenlager und nimmt die beim Zerspanen auftretenden Seitendrücke auf.

Die Vorschubbewegung wird von der Bohrspindel abgeleitet und über Schieberäder und ein Schneckengetriebe auf die Bohrpinole übertragen. Es stehen 9 geometrisch mit Stufensprung 1,41 abgestufte Vorschübe im Bereich von 0,09 bis 1,4 mm/Bohrspindelumdrehung zur Verfügung. Als Vorschubkupplung dient eine elektromagnetische Lamellenkupplung, deren Drehmoment dem max. Bohrdruck entspricht. In einem Schaltschrank, der neben der Maschine aufgestellt wird, sind die elektrischen Schaltgeräte zugänglich angeordnet.

Abmessungen: Größter Bohrerdurchmesser in St 60 = 75 mm, in Gußeisen GG-22 = 90 mm, Aufbohren, wenn $^1/_2$ ⌀ vorgebohrt wird = 110 bzw. 140 mm. Max. Bohrdruck = 3,5 Mp. Drehzahlbereich 750···1500 U/min. Ausladung der Bohrspindel bis Ständer = 525 mm, Höhenverstellung des Bohrkörpers = 600 mm. Anzahl der Vorschübe = 9 und 12 Bohrspindelgeschwindigkeiten. Bohrspindeldrehzahlen von 22 bis 1000 U/min einstellbar.

1 Bohrmotor

2 Auswechselbare Schleifkontakte für elektromagnetische Lamellenkupplung

3 Maschinenwerte

4 Klemmkasten mit Kabelschlauch zum Bohrkörper

5 Schaltkopf

6 Rundskala für Bohrtiefeneinstellung

8 Bohrspindel

9 Getriebeschalthebel für Bohrspindeldrehzahlen

10 Umschalthebel für Bohrspindel- oder Bohrkörperbetrieb

Reihenbohrmaschine (mit vier Oberteilen) der WEBO GmbH., Düsseldorf, hat ein Stufenrädergetriebe und eine Einrichtung zum selbsttätigen Gewindeschneiden. In Verbindung mit dem polumschaltbaren Motor verleiht es der Bohrspindel 8 Drehzahlen. Durch die Abstufung von 1 bis 1,41 bei den mittleren 6 Drehzahlen ermöglicht es die Wahl wirtschaftlicher Schnittgeschwindigkeiten. Die eingeschaltete Drehzahl kann am Frontschild abgelesen werden. Für die serienmäßige Bearbeitung von Werkstücken empfiehlt sich die Verwendung von Reihenmaschinen. Die große Auswahl von Drehzahl- und Vorschubreihen gestattet das Anpassen an das jeweilige Werkstück.

Vorteile: Kein Werkzeugwechsel; Drehzahl, Vorschub- und Bohrtiefeneinstellung braucht nicht bei jedem Arbeitsgang verändert zu werden; die beim einspindligen Bohren oft erforderliche Höhenverstellung des Oberteils wird eingespart; kurze Stückzeiten, da sich bei richtiger Planung der Arbeitsfolgen Haupt- und Nebenzeiten weitgehend überdecken; Personaleinsparung, da ein Mann mehrere Oberteile bedient und geringer Platzbedarf.

Bohrspindeldrehzahlen n = 750···1500 U/min.

Größter Bohrerdurchmesser in St 60 = 40 mm.

Größter Gewindedurchmesser in St 60 = M 45 × 1,5.

Mehrspindelige Bohrmaschine (22) von Habersang und Zinsen GmbH., Düsseldorf. Der Antrieb der Maschine erfolgt von einem oben auf dem Ständeroberteil aufgesetzten Motor mit ca. 725/1450 U/min und wird dann durch große Räderübersetzung zur Erzielung von 4 Bohrspindelgeschwindigkeiten auf die Antriebritzel der Bohrspindeln übertragen. Die vertikale Antriebswelle des Spindelstockes ist hierbei als Keilwelle ausgebildet. Der Vorschub erfolgt durch ein auf der Fundamentplatte angeordnetes Spezial-Ölpumpengetriebe, das seinen Antrieb durch einen besonderen Elektromotor erhält. Von dieser Ölpumpe aus wird das Öl durch ein Steuerventil und von hier aus auf den im Ständer liegenden Druckzylinder übertragen. Die Schnellbewegungen können dann nach oben und unten geschaltet werden. Durch die Betätigung eines Steuerventils fährt der Spindelstock schnell auf das Werkstück zu, bis die Werkzeuge dasselbe ungefähr erreicht haben. Ein besonderer Anschlag schaltet alsdann den normalen Arbeitsvorschub selbsttätig ein. Der Spindelstock kann je nach Bedarf nun bis zu einem festen Anschlag vorfahren, verweilt hier eine kurze Zeit, bis sich die Werkzeuge freigeschnitten haben, und fährt dann beschleunigt in die Anfangsstellung nach oben zurück und bleibt hier stehen. Hierdurch hat man dann die Gewähr, eine genaue Arbeitstiefe, wie sie für das Ansenken der Löcher in Frage kommt, zu erhalten. Der Ständer ist sehr kräftig und mit rechteckigen Führungen ausgebildet. Der innere Teil enthält das Gegengewicht. Die Fundamentplatte ist mit T-Schlitzen und Wasserrand versehen und gegen Durchbiegen gut verrippt. Die Bohrspindeln sind aus hochwertigem Material hergestellt. Der Axialdruck derselben wird durch Kugellager aufgenommen. Um ungleich lange Bohrer auf eine Höhe bringen zu können, ist eine Höheneinstellung für die einzelnen Bohrspindeln vorgesehen.

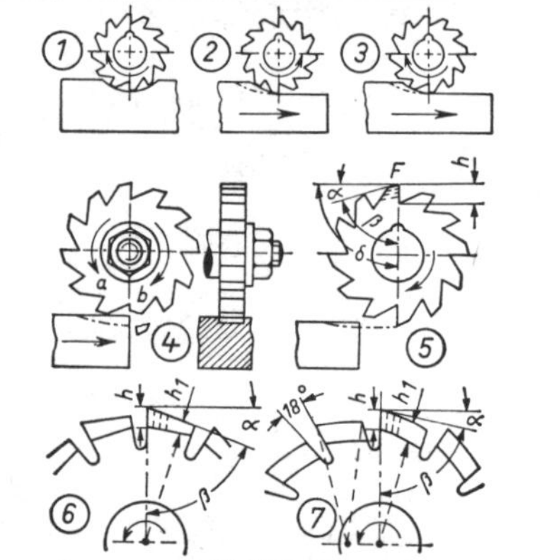

V. Fräsen

Das Werkstück erfährt durch Spanabnahme eine dauernde Formänderung. Das Fräswerkzeug besteht aus Stahl und hat Schneiden am Umfang (Walzenfräser) und/oder an der Planfläche (Stirnfräser, Messerköpfe).

Kleine Fräser werden ganz aus Schnellarbeitsstahl oder Hartmetall hergestellt. Größere Fräser werden mit Schnellarbeitsstahl- oder Hartmetall-Schneidplatten bestückt. Diese Platten werden aufgelötet. Insbesondere bei Messerköpfen werden neuerdings geklemmte Schneidplatten aus Hartmetall verwendet. Je mehr Zähne vorhanden sind, desto sauberer wird die Arbeit. Feingezahnte Fräser für feine Schlichtarbeiten mit geringer Schnittiefe. — **Großer** Fräserdurchmesser — **langsamer** Umlauf (teure Anschaffung, hoher Kraftbedarf); wähle daher **kleine** Fräserdurchmesser mit **schnellem** Umlauf. Unterschieden werden **spitzgezahnte** und **hinterdrehte** Fräser.

Werkstück steht still (1), Fräser dreht sich in Pfeilrichtung und erhält Vorschub: Anwendung bei besonderen Arbeiten; selten.

Werkstück bewegt sich (2), ungünstige Arbeitsbewegung des Fräsers: Zähne finden großen Widerstand, werden stumpf, brechen leicht; rauhe Arbeitsfläche.

Richtige Arbeitsweise (3), wie sie immer sein soll: Späne werden leicht abgenommen (kommaförmig).

Falsche Einstellung (4): Drehrichtung a, Fräser würgt sich fest, Zähne brechen sofort; **Drehrichtung** b, mit zu dickem Span angesetzt, großer Widerstand, Bruchmöglichkeit. Abbildung **(4)** zeigt einen **Nutenfräser**, nur auf Mantelfläche gezahnt, Seitenflächen für freies Schneiden etwas hohl geschliffen.

Richtige Einstellung (5): vorsichtiges Ansetzen des Fräsers, geringe Schnittiefe, genaues Laufen. Ansetzen für neuen Span nur nach vollkommenem Zurückkurbeln des Frästisches und nach Stillstand des Fräsers. Fräser ist hinterschliffen, dadurch erhält Rücken Fase F. Freiwinkel $\alpha = 5...8°$, Keilwinkel β und Freiwinkel α ergeben den Schneidwinkel $\delta = 90°$. h verringert sich beim Nachschleifen der Fase F; das Profil ändert sich.

Anstellwinkel (Schnittwinkel) α für spitzgezahnte Fräser:

	Stahl	Grauguß	Leichtmetall	Messing	Bronze
Schruppen	≈7°	bis 5°	8 bis 25°	5°	5°
Schlichten	≈5°	bis 5°	8 bis 25°	5°	5°

Schruppen: Schnittgeschwindigkeit klein, Vorschub groß, etwa 3···6 mm.

Schlichten: Schnittgeschwindigkeit groß, Vorschub klein, etwa 0,3···0,6 mm.

Der Vorschub ist weiter abhängig von Härte und Form des Arbeitsstückes sowie von der Aufspannung und der Bauart der Maschine.

Bei Aluminium und Leichtmetallen mit geringen Silicium- und Manganzusätzen ist mit verfügbaren Höchstgeschwindigkeiten zu arbeiten.

Fräser mit geraden Zähnen (6): Anschleifen radial an der Zahnbrust, allmähliche Verminderung von h auf h_1, Profil ändert sich, wird kleiner.

Fräser mit hinterdrehten Zähnen (7): Form- oder Fassonfräser. Rücken ist als logarithmische Spirale ausgebildet (hinterdreht), Mittelpunkt a liegt außerhalb der Achsenmitte des Fräsers. Bei radialem Nachschleifen bleibt h stets gleich groß ($h = h_1$). Profil ändert sich nicht; lange Lebensdauer bei rechtzeitigem Nachschleifen. Formfräser werden stets mit hinterdrehten Zähnen versehen. Siehe Hinterdrehen eines Fräsers (50), S. 167.

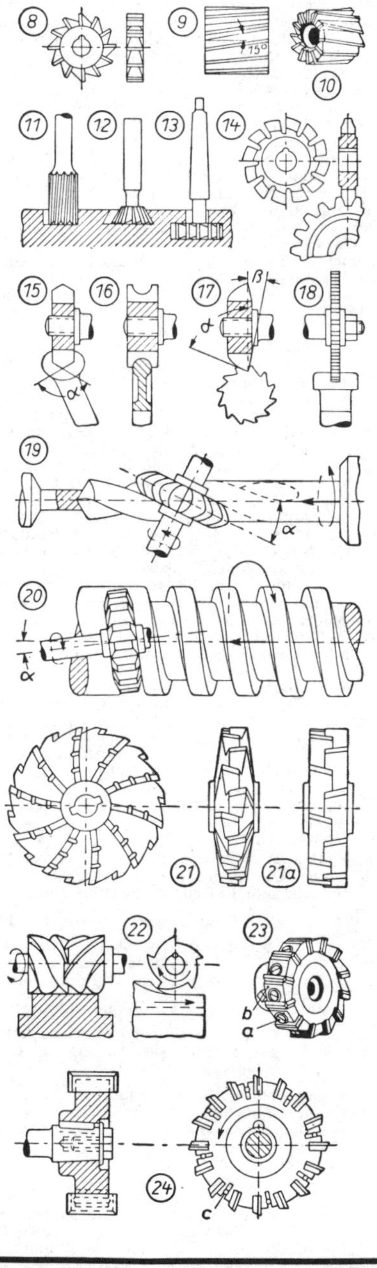

K. Schneidende Werkzeuge (Fortsetzung)

Scheibenfräser (8), mit Zähnen an Mantel- und Seitenfläche; meist hinterschliffen. Ähnlich sind **Winkelstirnfräser:** Zähne an Mantel- und nur einer Seitenfläche.

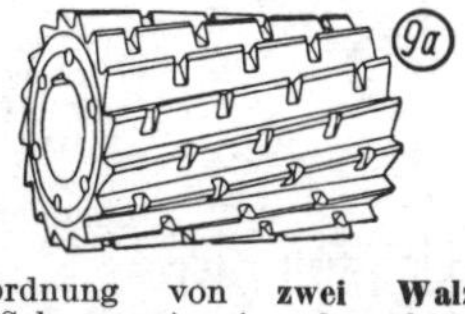

Walzenfräser (9) (Planfräser) für ebene Flächen; Zähne an d. Mantelfläche, wendelförmig; d. Schneide kommt nach und nach zur vollen Schnittwirkung (günstig). Steigungswinkel $\alpha \approx 15°$, bei zähem Werkstoff bis 25°. Anordnung von **zwei Walzenfräsern nebeneinander** (Schruppen), einmal rechts-, das andere Mal linkssteigende Schraubenlinie (Schneidkante), damit Achsendruck sich aufhebt. — Für breite Flächen gibt es **Walzenfräser mit Spanbrechernuten (9a);** Späne werden zerkleinert, Fläche geschont; geringerer Kraftbedarf.

Walzenstirnfräser (10), Zähne an Mantel- und an einer Stirnfläche; am Mantel wendelförmig.

Fingerfräser (11) für tiefe, schmale Nuten, wendelförmig gezahnt, mit hinterschliffenen Zähnen auf Stirn- u. Mantelfläche. — **Winkelnutenfräser (12)** mit Stirnzähnen und **Nutenfräser (13)** dienen zum Fräsen von Nuten u. dgl. **Form- oder Fassonfräser** mit **hinterdrehten** Zähnen

Fräsen von Zahnlücken (14) bei Stirnrädern; Verwendung von **Vorfräsern** oder Fräsern mit abwechselnd **gestuften** und **glatten** Zähnen. Nachschleifen stets radial; Profil und Keilwinkel ändern sich dann nicht.

Winkelfräser (15), Winkel α verschieden groß, dient zum Fräsen von Schlüsseln, Nuten u. dgl., **Hohlfräser (16)** zum Fräsen von Handrädern.

Fräsen von Reibahlen zeigt (17); $\alpha = 60 \cdots 80°$, $\beta = 12°$.

Schraubenschlitzfräser (18) ist ähnlich der Kreissäge.

Fräsen eines Spiralbohrers (19), Fräsen eines Trapezgewindes (20). Einstellung des Fräsers oder des Werkstückes auf den Neigungswinkel α (siehe S. 36); Werkstück dreht sich in Pfeilrichtung und macht gleichzeitig den Vorschub u. Der Fräser dreht sich in gleicher Richtung wie das Werkstück; er greift von unten an.

Hochleistungsfräser (21) u. **(21a)** hat versetzte Zähne mit Spanbrechernuten für harte, zähe Werkstoffe.

Hochleistungsfräser (22) besteht aus zwei Teilen, deren Kupplungsklauen ineinandergreifen. Wirkungsweise wie bei zwei zusammen arbeitenden Walzenfräsern.

Stirnfräser mit eingesetzten Zähnen (Messern) (23). Die Messer werden durch konische Spannbuchsen b mittels Schrauben a gehalten, bei dem **Messerkopf (24)** durch Stifte c festgeklemmt. Verwendung bei großen Fräsern für schwere Schrupparbeiten, Fräsen tiefer, breiter Nuten. Geringer Kraftverbrauch; Werkstoffeinsparung. Körper aus Stahlguß oder Grauguß, Messer aus Schnellarbeitsstahl, Stellit oder an Schneidkante aufgelötete Hartmetallplättchen u. dgl.; gegen Erwärmung ziemlich unempfindlich.

Fräsdorn (25) dient zum schnellen, einfachen und sicheren Aufspannen. Kegel a paßt in Hohlkegel der Fräsmaschinenspindel, ebenso Mitnehmerfläche b zu einer andern Fläche im Hohlkegel. Fräser f_1 und f_2 werden durch Keil in Nute n des Dornes befestigt. Durch verschieden dicke Ringe r werden die Fräser in den gewünschten Abstand gebracht und durch Mutter m fest angezogen.

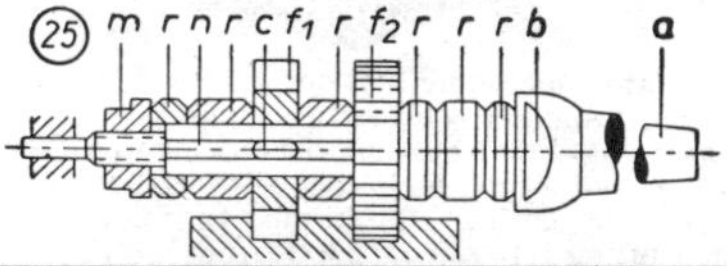

13

Arbeits- und Werkzeugkunde

Fräsmaschinen

Arten: Handfräsmaschine, Waagerechtfräsmaschine, **Senkrechtfräsmaschine,** Langfräsmaschine. Universalfräsmaschine, Rundfräsmaschine, Kopierfräsmaschine, Zahnradfräsmaschine u. verschiedene Sonderausführungen.

Teilkopf, (26) im Längsschnitt, **(27)** im Querschnitt, ist ein wichtiges Zubehörteil der Fräsmaschine. Das **Fräsen eines Kegelrades** mit Hilfe des **Höhenreitstockes** ist in **(28)** dargestellt. Vgl. Universal-Teilkopf.

Der **Teilkopf** hat drei Aufgaben zu erfüllen:

1. Weiterschaltung des zu fräsenden Werkstückes um ein bestimmtes Maß; bei Zahnrädern, Fräsern u. dgl. nach Fräsen eines Zahnes um die betreffende Teilung.
2. Drehen (Rotierenlassen) des zu fräsenden Körpers beim Fräsen von Gewindebolzen, Reibahlen, Schnecken, wendelförmigen Nuten u. dgl.
3. Einstellung auf einen beliebigen Winkel (bei Kegelrädern, konischen Reibahlen u. dgl.).

Im Gehäuse *g* ist die ausgebohrte Spindel *s*, welche zur Aufnahme der Körnerspitze *a* dient, verstellbar gelagert. Auf der Spitze des Körners ist ein Mitnehmer *m* befestigt. Auf Spindel *s* ist ein Schneckenrad *r* aufgekeilt, in zwei Hälften geteilt, damit der bei Drehrichtungsänderung sonst eintretende tote Gang ausgeglichen werden kann. Antrieb erfolgt durch Schnecke *o* von Hand mittels Teilkurbel *k* oder selbsttätig von der Fräsmaschinenspindel mittels auswechselbarer Zahnräder und des Kegelrades *d*. Die Schneckenwelle ist in langen Buchsen *b* gelagert; Gehäuse *g* ist um diese Buchsen drehbar und durch eine Schraube *c*, die in einer kreisförmigen Führung *h* gleitet, auf jeden beliebigen Winkel α mit Hilfe einer Skala einstellbar. Teilscheibe *t*, auf Schneckenradwelle lose angebracht, ist durch Riegel *l* mittels Löcher des äußeren Lochkreises der Teilscheibe feststellbar. Ein Teilkopf hat mehrere Teilscheiben, die mit auf konzentrischen Kreisen liegenden Löchern versehen sind (Lochzahl jedesmal verschieden). Teilkurbel *k* ist mit langem Schlitz versehen und durch Mutter *m* in jeder Lage feststellbar; dadurch kann Stift *e* auf jeden Lochkreis eingestellt und mittels Feder *f* in einem bestimmten Loch festgehalten werden. Zwei Zeiger z_1 und z_2 vor der Teilscheibe, durch Blattfeder *i* gehalten, bilden die Stellschere.

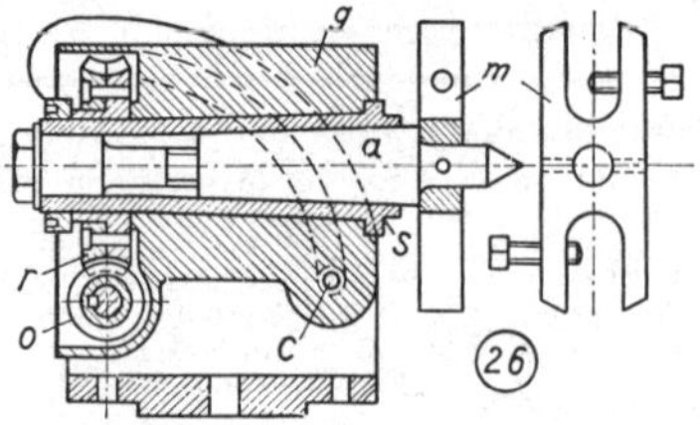

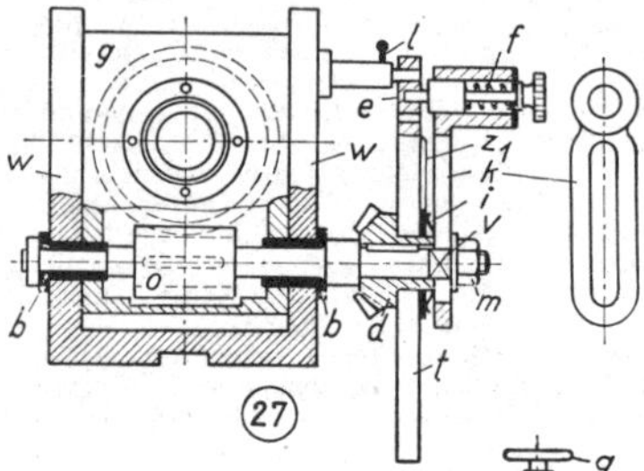

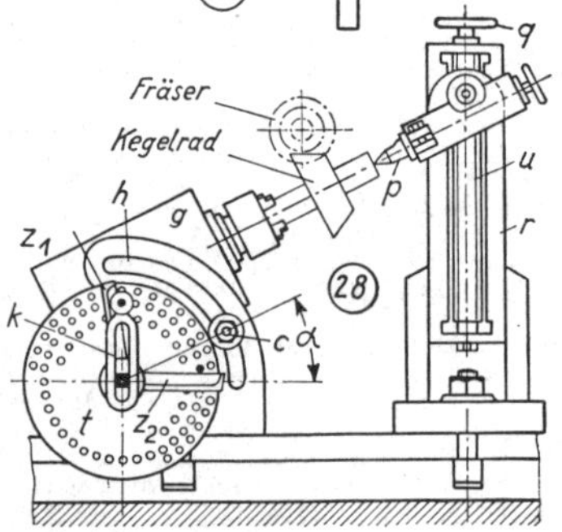

Bei Bearbeitung kegelförmiger Werkstücke **(28)** kann der Reitstock mit Körnerspitze *p* auf beliebigen Winkel und durch Drehen der Spindel *u* mittels Handrades *q* auf bestimmte Höhe eingestellt werden. — Als Beispiel wird das **Fräsen eines Kegelrades** gezeigt, das 18 Zähne erhalten soll. Die Teilscheibe hat 6 Lochkreise (gezeichnet sind jedoch nur 3) mit 42, 36, 31, 23, 19 bzw. 15 Löchern. Die Schnecke des Teilapparates ist eingängig; das Schneckenrad hat 40 Zähne. Die Schnecke muß nach Fräsen einer Zahnlücke zum Fräsen der zweiten Zahnlücke $\frac{40}{18} = \frac{20}{9} = 2\frac{2}{9}$ Umdrehungen machen. Ein Kreis mit 9 Löchern ist nicht vorhanden; gewählt wird ein Vielfaches von 9 gleich 36 (Lochkreis vorhanden). Teilkurbel *k* muß also $2\frac{2}{9}$ oder $2\frac{8}{36}$ Umdrehungen machen; nach 2 ganzen Umdrehungen Stift nochmals um 8 Löcher weiter, **also in das 9. Loch** (Anwendung der Stellschere).

Horizontalfräsmaschine (29) der Fa. Fritz Werner, Berlin. Die Arbeitsspindel wird von einem polumschaltbaren Drehstrommotor angetrieben. Schwingungsdämpfer am Frästisch und am Gegenhalter gewährleisten ratterfreies Fräsen sowie geringe Rauhtiefe. 12 Spindeldrehzahlen (Stufensprung 1,4) von 45–2000 U/min und 18 Vorschübe (Stufensprung 1,25) längs und quer 16–800 mm/min, senkrecht 4–200 mm/min sind über ein Schieberadgetriebe durch Schalthebel mühelos schaltbar.

Leistungswerte unter Einwirkung der Schwingungsdämpfer: **Schruppen** StC 45 mit Messerkopf 150 ⌀, Schnittgeschwindigkeit v = 85 m/min, Vorschub s = 125 mm/min, **Spanvolumen** = 45 cm³/min. **Schlichten,** Schnittgeschwindigkeit v = 235 m/min, Vorschub s = 63 mm/min.

Arbeits- und Werkzeugkunde

K. Schneidende Werkzeuge (Forts.)

Numerisch gesteuerte Vertikalfräsmaschine (30) der Fa. Fritz Werner, Berlin.

Die Arbeitsspindel wird über ein Wendegetriebe von einem polumschaltbaren Drehstrommotor angetrieben. Die Spindel wird durch eine ölgekühlte Lamellenbremse stillgesetzt. Ein 8stufiges Getriebe mit Elektro-Zahnkupplung in Verbindung mit einem 2stufigen Schieberadgetriebe ermöglicht 19 Drehzahlen (Stufensprung 1,25) in zwei Bereichen. Drehzahlbereich 1 = 22,4···1400 U/min, Drehzahlbereich 2 = 35,5···2240 U/min. Die starre Lagerung der Arbeitsspindeln gewährleistet schwingungsfreie Schnitte. Der Revolverkopf hat 4 Arbeitsspindeln. Das Werkzeug wird in einem Aufnahmekonus der Arbeitsspindel motorisch selbsthemmend gespannt.

Die Vorschubantriebe sind in allen Achsen mit Einzelantrieben ausgerüstet. Anzahl der Vorschübe = 25 je Achse (Stufensprung 1,25), der Vorschubbereich = 8···2000 mm/min je Achse. Das Eigengewicht des Senkrechtschlittens wird durch ein hydraulisches Gegengewicht ausgeglichen. Nicht bewegte Schlitten können in Bewegungsrichtung verzugsfrei geklemmt werden. Der Werkzeugwechsel wird in maximal 6 Sekunden in jeder beliebigen X-Y-Position des Revolverkopfes durchgeführt.

Werkstoff der Fräser: Werkzeugstahl, besser Schnellarbeitsstahl oder Stahl mit aufgelöteten oder geklemmten Schneidplatten aus Schnellarbeitsstahl oder Hartmetall.

Gründe für Fräserbrüche: Werkstofffehler, Härtefehler, Konstruktionsfehler, zu hohe Schnittgeschwindigkeit, zu großer Vorschub, Schlagen des Fräsers bzw. Dornes. — **Öfteres Schleifen ist erforderlich,** besonders bei hinterdrehten Fräsern. Außer den Schneidkanten sind scharfe Ecken zu vermeiden, da sonst beim Härten leicht Risse auftreten. — Siehe Härten.

VI. Hobeln und Stoßen

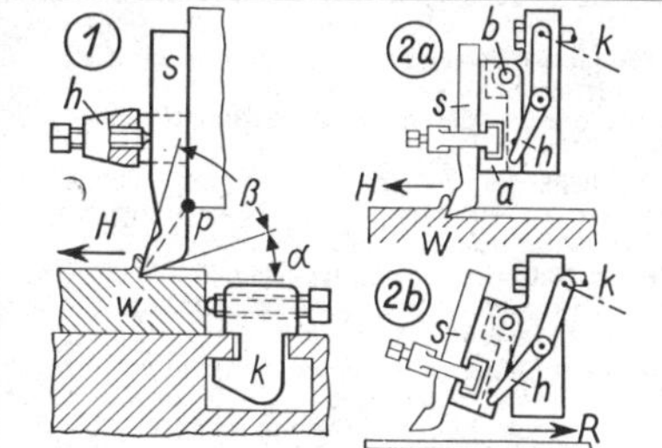

Das Werkstück erfährt eine bleibende Formänderung durch Spanabnahme. Man unterscheidet **Senkrecht-, Quer-** und **Schräghobeln.** Es gibt **drei verschiedene Bewegungsarten:** 1. Werkstück macht die Arbeitsbewegung, Hobelmeißel den Vorschub; 2. umgekehrte Bewegungsart; 3. Werkstück steht still; Hobelmeißel macht gleichzeitig Arbeitsbewegung und Vorschub.

Einstellen des Hobelmeißels (1); einfache Handhabung, da trotz verschiedener Größe des Werkstückes Freiwinkel α = 4···6° (höchstens 10°) und Schnittwinkel $\alpha + \beta$ = 50···65° die gleichen bleiben. **Einspannen des Meißels** durch Spannschrauben h, möglichst kurz; der gefährdete Querschnitt des Meißels liegt bei Punkt p. Werkstück w steht still, durch Spannkloben k festgeklemmt; H bedeutet Hauptbewegung.

Selbsttätige Stahlhebung, (2a) Hingang, (2b) Rückgang, dient zur Verhütung von Meißelbeschädigungen; H = Hingang, R = Rückgang. Aufspannvorrichtung a, welche den Meißel s hält, ist durch ein Gelenk b an dem Support der Hobelmaschine beweglich angebracht. Beim Rückwärtsgang wird Meißel s durch die Schaltsteuerung mittels Hebels h und Kette k zwangsläufig abgehoben. — Hobelmeißel und Drehmeißel sind sich ähnlich; letztere werden auch vielfach zum Hobeln benutzt.

Vorwärts gekröpfter Hobelmeißel (3) findet Verwendung, wenn bis dicht an eine Kante gehobelt werden muß. Bei einfachem Meißel würde Meißelhalter im Wege sein (siehe strichpunktierte Darstellung). Nachteil: leichtes Einhaken bei harten Stellen im Werkstück, Bruchmöglichkeit.

Rückwärts gekröpfter Hobelmeißel (4) federt bei harten Stellen vom Werkstück ab; größere Haltbarkeit, auch zum Schlichten verwandt.

Seitlich gekröpfter Nutenmeißel (5) dient zum Bearbeiten vorgegossener T-Nuten; Vorhobeln mit einfachem **Nutenmeißel (6),** zum Einstechen von Nuten.

Verstellbare Nutenmeißel (7 und 8) sind geschlitzt; die durch Nachschleifen verringerte Breite wird durch das Dazwischenkeilen eines Prismenklötzchens k oder durch eine Stellschraube s ausgeglichen.

Nuteneinstechmeißel (9), Stoßen kleiner, kurzer Nuten.

Schruppmeißel (10) wird auch zum Schlichten verwandt. — **Schlichtmeißel** zeigt **(11).**

Hobelmeißel zum waagerechten Schruppen (12) senkrechter Flächen; Meißel etwas seitlich gekröpft.

13

Arbeits- und Werkzeugkunde

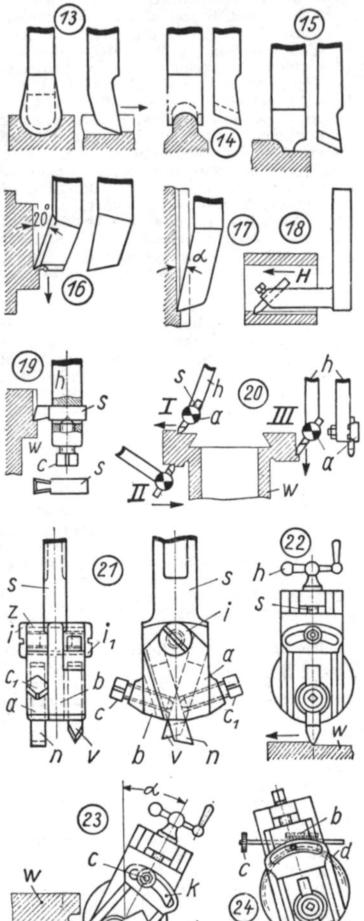

Radiusmeißel (13) u. **(14)** werden für hohle und erhabene Abrundungen gebraucht, **Radiusmeißel (15)** zum Abrunden von Ecken u. dgl. — Radiusmeißel und andere **Formmeißel** werden meist durch Fräser ersetzt.

Stoßmeißel (16) (Schruppmeißel) dient zum senkrechten Schruppen.

Nutenstoßmeißel (17) gebraucht man für kurze Nuten; α = Freiwinkel; Verwendung auf Stoßmaschinen.

Meißelhalter (18) mit Einsatzmeißel verwendet man bei Querhobelmaschinen zum Einstoßen von Nuten in Bohrungen.

Meißelhalter für Stoßmeißel (19) dient auch zum Stoßen von Keilnuten in durchgehende Bohrungen. Einsatzmeißel *s* (angebohrt) wird in Halter *h* durch Schraube *c* festgeklemmt. — Diese Halter sind ähnlich den Meißelhaltern für Drehmeißel und den Bohrstangen.

Anwendung eines verstellbaren Meißelhalters (20). Das verstellbare Auge *a* des Halters *h* hat radial verlaufende Nuten, in welche der Einsatzmeißel *s* festgeklemmt wird. **I** und **II** zeigt **Querhobeln, III Senkrechthobeln**; auch beim Schräghobeln ist dieser Meißelhalter anzuwenden.

Doppelmeißelhalter (21). Beim Vorgehen des Stößels (Meißelhalters) nimmt Schruppmeißel *v* einen Span ab, Schlichtmeißel *n* gleitet über das Werkstück; beim Rückgang (gleiche Schnittgeschwindigkeit) erfolgt umgekehrte Arbeitsweise: man erreicht vollständige, fertige Bearbeitung. Der Meißelhalter besteht aus Schaft *s* und zwei Klappen *a* und *b*, auf Zapfen *z* drehbar, und ist durch Schrauben *i* und i_1 befestigt; die Meißel werden in den Nuten der Klappen durch Schrauben *c* und c_1 festgehalten.

Senkrechteinstellung des Supports und des Meißels (22). Die Schnittiefe ist mittels Spindel *s* durch Drehen der Handkurbel *h* einstellbar.

Schrägeinstellung des Supports und des Meißels (23) wird angewandt beim Bearbeiten schräg geneigter Flächen. Die Drehscheibe (Lyra) *d* ist mittels Schraube *c* und Kreisnut *k* auf jeden beliebigen Winkel α einstellbar.

Hobeln runder Flächen (24). Vorschub *u* wird durch Schaltwerk mittels Schaltrad *c*, Schnecke *b* und der als Schneckenrad ausgebildeten Drehscheibe *d* selbsttätig eingeschaltet.

Keilnutenhobeln (25) erfolgt mit langem Werkzeughalter *h*, der durch Muttern *m* mit der Klappe des Hobelschlittens fest verbunden ist; vgl. **(19).**

Hobeln einer Keilnute (26) in das kegelige Loch einer Buchse wird auf schräger Unterlage oder schräggestelltem Tisch ausgeführt; es muß sein $\alpha = \beta$.

Die **Schnittgeschwindigkeit** beim **Schlichten** beträgt 20···30 m/min, beim **Schruppen** 12···20 m/min. Der Rücklauf erfolgt mit höherer Geschwindigkeit als der Arbeitsgang, außer bei Verwendung von 2 Stählen, siehe **(21).**

Werkstoff der Hobel- und Stoßmeißel: Werkzeug- oder Schnellarbeitsstahl; für höheren Leistungsanspruch Stahlschäfte mit aufgelöteten oder geklemmten Schneidplatten aus Schnellarbeitsstahl oder Hartmetall.

Hobel- und Stoßmaschinen

Bei **einfachen Hobelmaschinen** erfolgt der Antrieb durch Zahnrad und Zahnstange bzw. durch Schnecke und Schneckenstange oder hydraulisch, die Arbeitsbewegung durch das Werkstück. Bei **Waagerechtstoßmaschinen** erfolgt der Antrieb durch schwingende oder umlaufende Kurbelschleife, Riemenwendegetriebe und Zahnstange oder hydraulisch; die Arbeitsbewegung erfolgt durch das Werkzeug. Sonderausführungen sind die Einständerhobelmaschine, die Bilgramkegelradhobelmaschine und andere. Die Umsteuerung kann erfolgen durch Riemenumsteuerung, Kupplungsumsteuerung und elektrische Umsteuerung.

Querhobelmaschine (S. 164), auch **Shapingmaschine** genannt, dient zur Bearbeitung kleinerer Werkstücke. Das Werkstück macht den Vorschub und steht während des Arbeitsganges still, während der Meißel auf dem Werkzeugschlitten die hin- und hergehende Bewegung ausführt. Rücklaufzeit = halbe Zeit der Arbeitsbewegung.

Drehmeißelformen

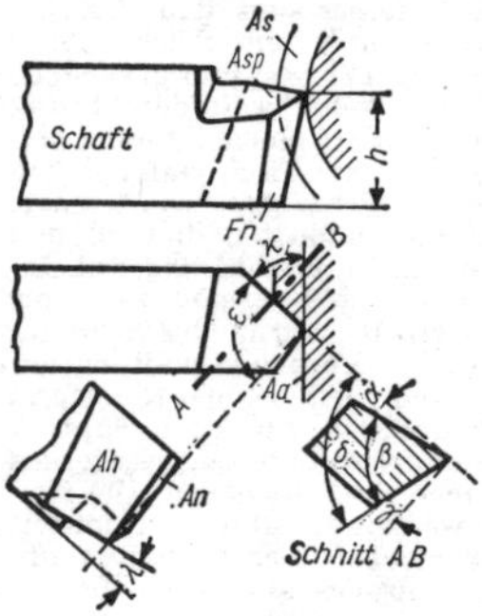

α Frei-, *β* Keil-, *γ* Span-, *δ* Schnitt-, *ε* Spitzen-, *ϰ* Einstell-, *λ* Neigungswinkel; *Asp* Span-, *As* Schnitt, *Aa* Arbeitsfläche, *Ah* Hauptfreifläche, *An* Nebenfreifläche

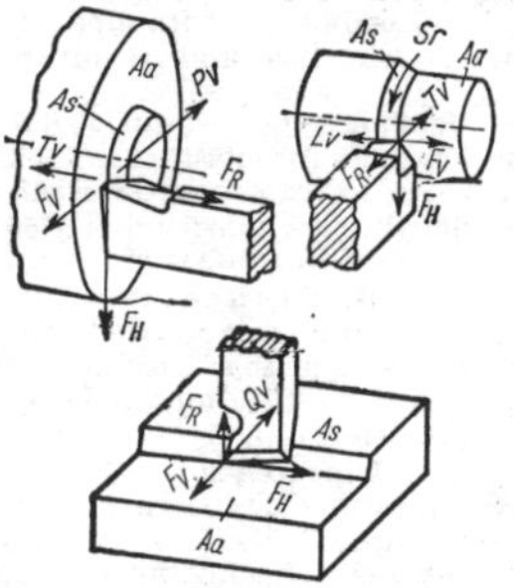

FH Hauptschnittkraft, *Lv* Längsvorschub, *Pv* Planvorschub, *Qv* Quervorschub, *FR* Rückkraft, *Tv* Tiefenvorschub, *Fv* Vorschubkraft, *Aa* Arbeitsfläche, *As* Schnittfläche, *Sr* Schnittrichtung

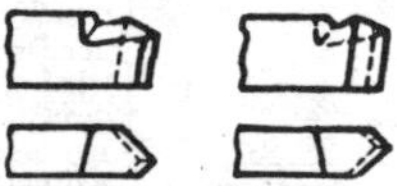

rechter linker
gerader Schruppmeißel

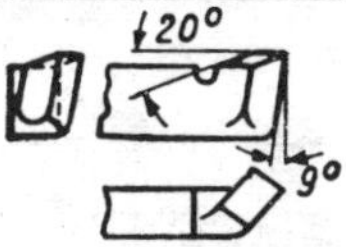

rechter Schruppmeißel

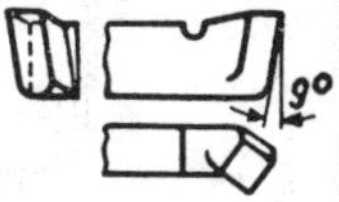

linker Schruppmeißel

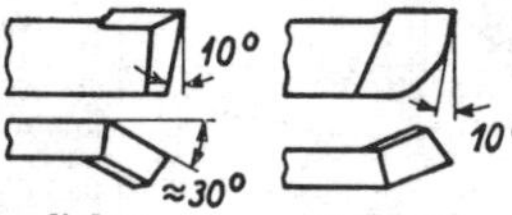

linker rechter
amerikanischer Schruppmeißel

rechter linker
Seitenmeißel

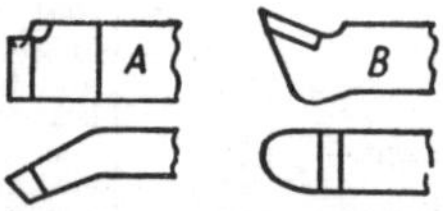

Schruppmeißel für Al.-Bearbeitung; *A* für kleine, *B* mit Hartmetallschneide f. höhere Schnittgeschwindigkeiten

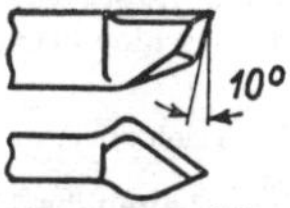

gebogener rechter Seitenmeißel

Schlichtmeißel

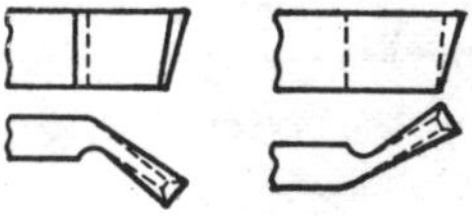

linker rechter
gebogener Stechmeißel

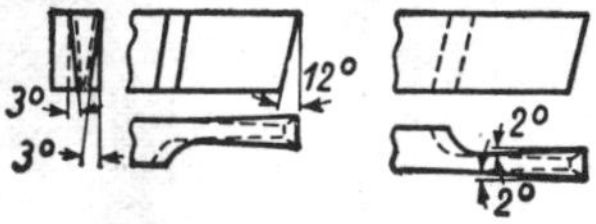

linker rechter
gerader Stechmeißel

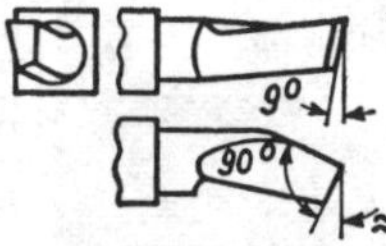

Innenschruppmeißel

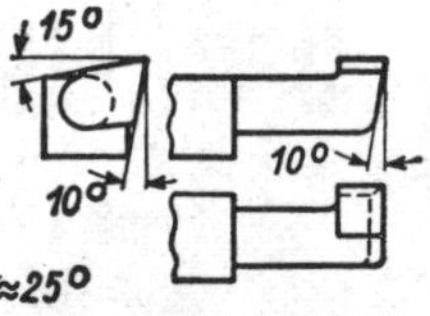

Innenschlichtmeißel

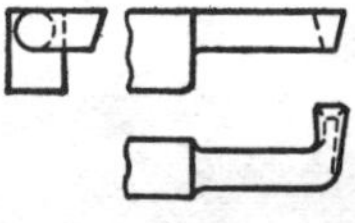

Hakenmeißel

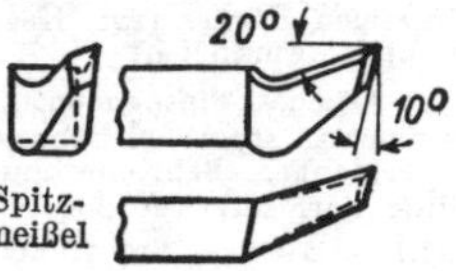

Spitzmeißel

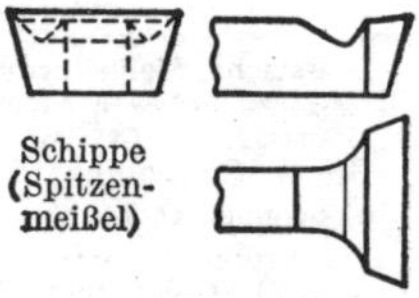

Schippe (Spitzenmeißel)

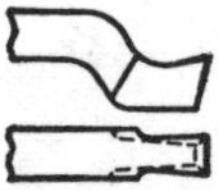

gekröpfter Stechmeißel

Schlichtmeißel

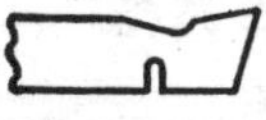

federnder Schlichtmeißel

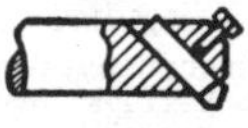

Bohrstange mit Schraube

Bohrstange mit Keil

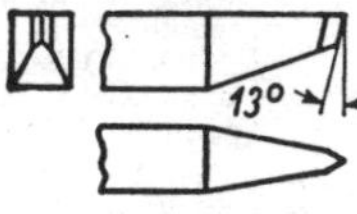

Messingmeißel

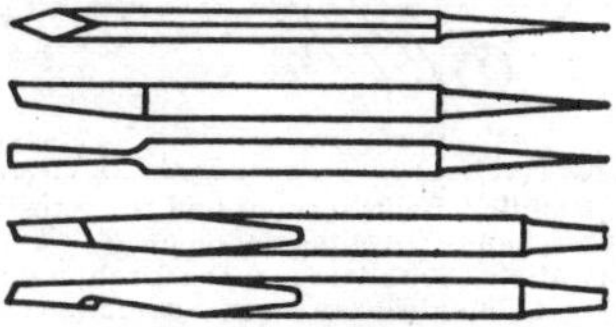

Handdrehmeißel

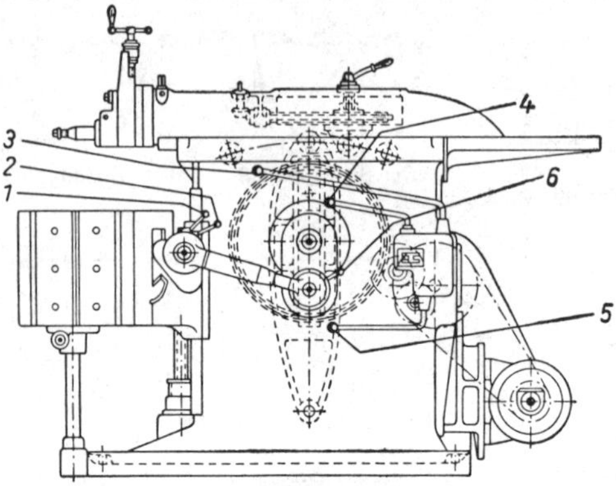

Querhobelmaschine (Text S. 162)

Bedienungshebel:

1 zur Änderung der Tischbewegung horizontal
2 desgl. vertikal
3 zum Ein- und Ausschalten der Maschine
4 für den Wechsel von 2 Geschwindigkeiten
5 für den Wechsel von 4 Geschwindigkeiten
6 für Vorschubwechsel und Eilgang

K. Schneidende Werkzeuge (Forts.)

Doppelständer-Hobelmaschine der Fa. Adolf Waldrich, Coburg. Die Tischbewegung wird dadurch erzeugt, daß eine stufenlos regelbare Pumpe mit gleichbleibender Drehrichtung und Drehzahl so verstellt wird, daß eine Umkehr der Förderrichtung des Öles erfolgt, das in einem Zylinder den Kolben einer mit dem Tisch verbundenen Kolbenstange wechselweise beaufschlagt. Die Tischgeschwindigkeiten sind für den Vor- und Rücklauf unabhängig voneinander stufenlos regelbar, und zwar bis 55 m/min im Arbeitsgang und bis 75 m/min im Rücklauf. Die Vorschubschaltung der Horizontal- und Seitensupporte erfolgt ebenfalls hydraulisch, für jeden Support unabhängig und sowohl in senkrechter als auch in waagerechter Richtung. Die Meißelklappen werden im Rücklauf mittels Druckluft abgehoben. Der Tisch gleitet in V-förmigen Führungsbahnen des Bettes, das mehr als doppelt so lang ist, wodurch stets ein volles Aufliegen gewährleistet ist. Bett, Ständer und Traverse bilden einen biege- und verwindungssteifen Rahmen, und der Gesamtaufbau der Maschine ist so kräftig gehalten, daß alle auftretenden statischen und dynamischen Kräfte aufgenommen werden können.

Als Support-Sonderausführungen sind lieferbar: Kurvenhobel, Rundhobel, Schleif-, Fräs-, Vielmeißel- und Revolversupporte.

Doppelständer-Hobelmaschine

Bei **Stoßmaschinen** erfolgt das Verschieben des Arbeitsstückes nach allen Seiten in waagerechter Richtung oder durch Drehen im Kreise (Bearbeitung von runden Flächen).

VII. Drehen

Man erreicht eine **dauernde Spanabnahme** an dem sich gleichmäßig drehenden Werkstück mittels Drehstahls **(Vorschub).**

Langdrehen

Wirkungsweise des Drehens (1). Die resultierende Kraft R, welche senkrecht zur Schneidkante wirkt, kann in die Teilkräfte F (parallel zur Achse a—b) und F_1 (senkrecht zu der Achse) zerlegt werden. Beim Drehen entsteht durch den Zerspanungswiderstand die Kraft F_2 (senkrecht nach unten). Der Vorschub u des Meißels, parallel zur Achse a—b, ergibt einen zylindrischen, wenn nicht parallel, einen kegelförmigen Körper (vgl. Kegeldrehen und Formdrehen).

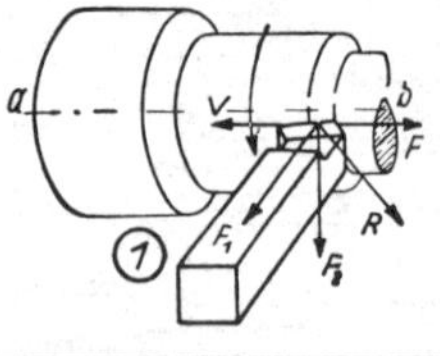

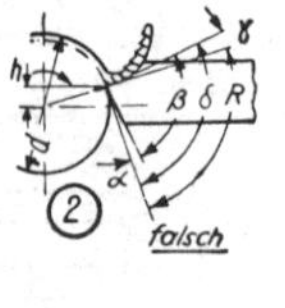

Falsche Meißelformen und falsches Einspannen. (2) zeigt zu hohes Einspannen einer zu stumpfen Schneide über Mitte, **(3)** einer zu schlanken Schneide unter Mitte. **Einstellung über Mitte** darf nur erfolgen beim **Schruppen** (h bis $\frac{1}{20}$ d), d. h. bei kleinem Freiwinkel α für große Spanabnahme. **Einstellen unter Mitte** (etwa 1 mm) erfolgt beim **Schlichten,** d. h. bei großem Freiwinkel α für kleine Spanabnahme. — δ ist der Schnittwinkel.

Bei **(2)** ist der Keilwinkel β zu groß, der Freiwinkel α zu klein, bei **(3)** umgekehrt; durch zu langes Einspannen federt der Meißel zu stark (Bruchmöglichkeit).

Richtige Meißelformen und richtiges Einspannen (4). Abstand a ist möglichst klein zu wählen, damit das entstehende Biegungsmoment $F \cdot a$ nicht zu groß wird. Spandicke hat etwa 1,5···2,5fache Dicke der Spantiefe (Schnittiefe) t. Der Drehmeißel besteht aus Kopf und Schaft; s = Schneidkante, r = Schneidbrust, b = Schneidrücken oder Spanfläche. — **Einstellen genau auf Mitte Werkstück (5)** ist anzuwenden beim Abstechen, Gewindedrehen, Formdrehen u. dgl.

Arbeits- und Werkzeugkunde

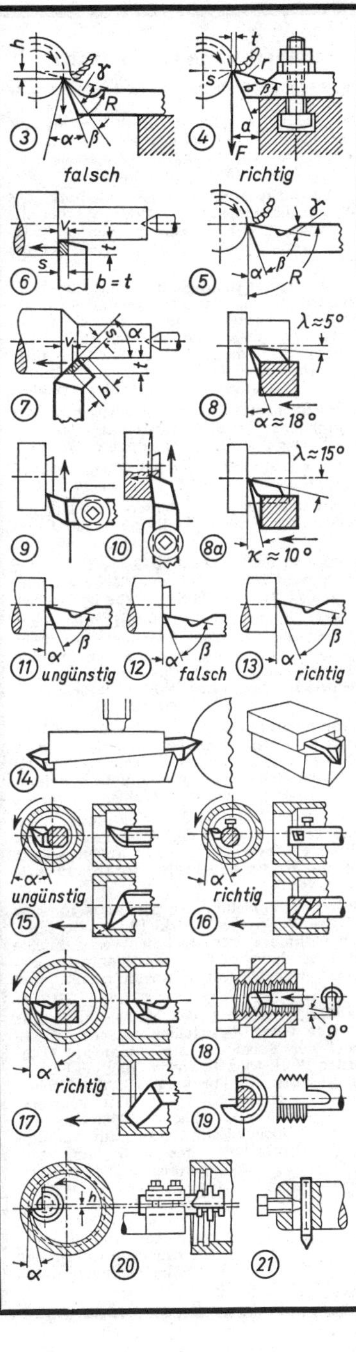

Die Wirkungsweise des Drehmeißels wird durch die Form der Meißelschneide bestimmt, die durch Span- und Freifläche gebildet wird. Die Lage dieser Flächen wird durch Freiwinkel α, Spanwinkel γ und Neigungswinkel λ bestimmt. Der Keilwinkel β errechnet sich aus 90° minus Freiwinkel α minus Spanwinkel γ. Der Einstellwinkel χ bestimmt die Lage der Werkzeughauptschneide zum Werkstück. Freiwinkel α ist um so größer, je weicher der Werkstoff; bei Schnellstahl zwischen 4 und 12°, nach „Nicolson" α = 6°, β = 54°; geringster Schnittdruck; bei Ausbohrstählen α = 7···10° und mehr.

Werkstoff	Freiwinkel α°		Spanwinkel γ°		Neigungswinkel λ°	
	Schnellarbeitsstahl	Hartmetall	Schnellarbeitsstahl	Hartmetall	Schnellarbeitsstahl	Hartmetall
Stahl bis 50 kp/mm²	8	5···10	18	12···18	—4···+4	—4···+4
Stahl bis 110 kp/mm²	8	5···8	14	6	—4	—8···—4
Grauguß b. 250 HB	8	5···8	0···6	0···8	0	—4···0
Hartguß	—	8	—	0	—	0

Diese Werte gelten nur für den Schälschnitt

Geradstellung des Meißels (6) dient zur Erzeugung einer rechtwinkligen Ecke. **Schrägstellung des Meißels (7)** ist für Längsdrehen günstiger. α = 30···45°; Vorschub u und Schnitttiefe t sind in beiden Fällen gleich groß, jedoch wird bei Schrägstellung Spandicke s kleiner und Spanbreite b größer. Abtrennen eines dünnen, breiten Spanes ist schwerer als das Abtrennen eines dicken, schmalen Spanes.

Form des Drehmeißels von hinten gesehen. (8) bei **weichem** Werkstoff (Messing): kleiner Seitenschleifwinkel λ, großer Anstellwinkel α; **(8a)** bei **hartem** Werkstoff (Stahl): λ groß, α klein.

Plandrehen

Stellung des Seitenmeißels von oben gesehen. (9) günstig: kleine Spanabnahme, glatte Arbeitsfläche; **(10)** ungünstig: Meißel muß zu lang eingespannt werden, um bis zur Mitte drehen zu können. Zu dicker Span bewirkt Hineinziehen des Meißels in die Drehfläche (Bildung einer Hohlfläche).

Stellung des Meißels von vorn gesehen. Vorschub erfolgt vom Rande des Werkstückes nach der Mitte zu. **Meißel auf Mitte (11)** ungünstig, weil Werkstück senkrecht auf die Schneide läuft. — **Meißel unter Mitte (12)** falsch: die Mitte des Werkstücks wird nicht erfaßt. Meißel stark über Mitte: Fehler ähnlich wie vorher. — **Meißel etwas über Mitte (13)** arbeitet am günstigsten; kleine Mitte wird von der vorderen Schneide erfaßt. Die verschiedenen Winkel bleiben in jeder Stellung die gleichen. In seiner ganzen Länge gehärteter (Vierkant- oder) Dreikantdrehling **(14)** wird in einem Stützbett gehalten. Ersparnisse an Schneiden, Härten und Stahlmengen bis zu 80%.

Ausdrehen (Innendrehen)

Meißel über Mitte (15) ist ungünstig, α zu groß. Bei Werkstücken mit kleinem Innendurchmesser jedoch nicht zu vermeiden; kleineren Vorschub wählen, sonst schräges Eindringen in den Werkstoff (siehe Draufsicht). — **Meißel etwas über Mitte (16):** richtig, α günstig. Bei kleinen Durchmessern verwendet man Bohrstangen; Ersparnis an teurem Werkstoff, leichtes Anschleifen. — **Meißel auf Mitte (17):** günstiger Anstellwinkel; bei Werkstücken mit großem Innendurchmesser kann ein Ausdrehmeißel (Seiten- oder Schruppmeißel) verwendet werden. Zweckmäßig ist stärkeres Hinterschleifen der oberen Schneidfläche und Schneidkante.

Gewindeschneiden

Starker Vorschub des Meißels bei langsamer Umdrehung des Werkstückes erzeugt Windungen. Der Meißel muß nach dem zu schneidenden Gewindeprofil geschliffen sein (vgl. Gewindearten und Schrauben).

Schneiden von Innengewinde (18) mit Innengewindemeißel; der Meißel wird bei einem Umlauf des Werkstückes um einen Gewindegang in Richtung v vorgeschoben. Meißel muß genau auf Mitte stehen. **Innengewindesträhler (19)** aus Rundstahl dient meist nur zum Vorschneiden und verkürzt die Arbeitszeit, da gleichzeitig mehrere Meißelspitzen im Eingriff.

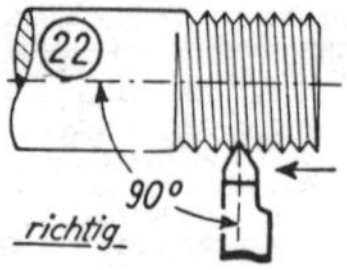

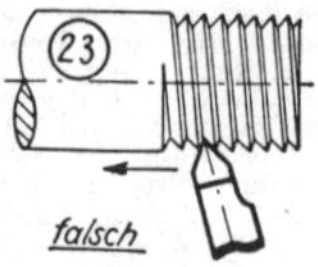

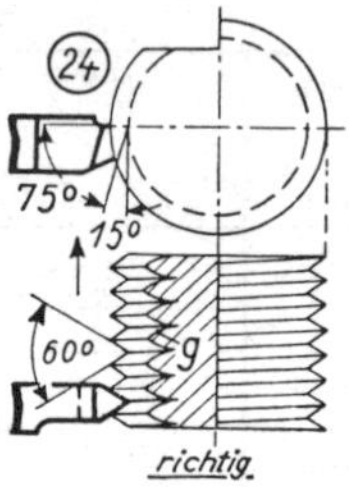

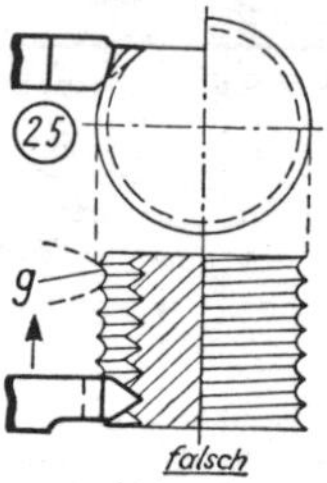

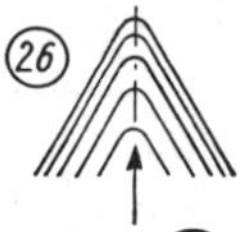

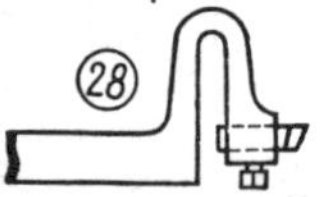

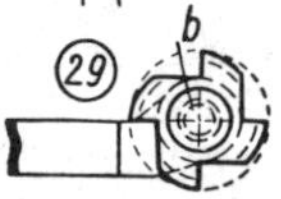

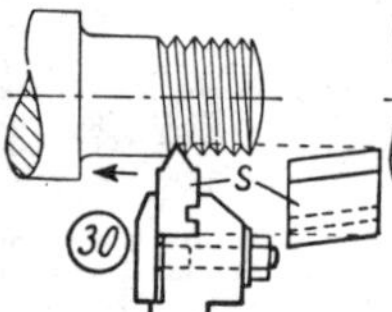

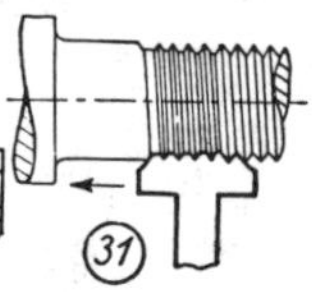

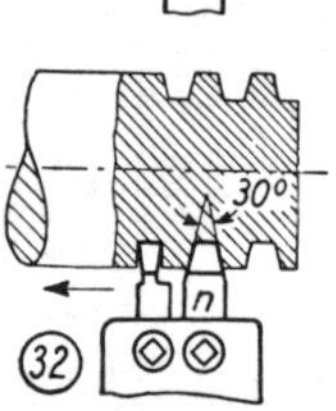

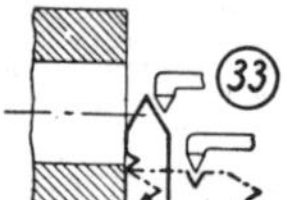

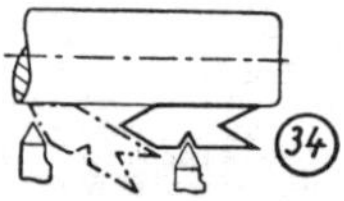

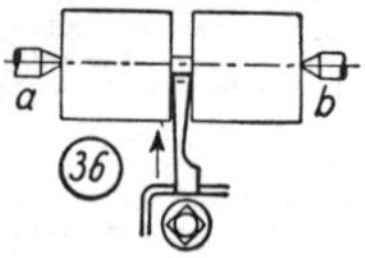

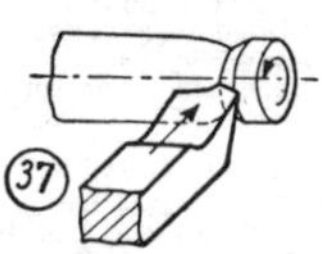

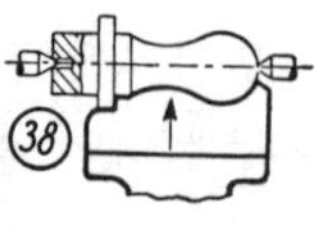

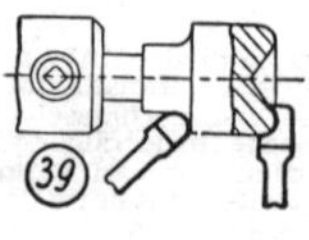

K. Schneidende Werkzeuge (Fortsetzung)

Innenrundmeißel (20) mit **Meißelhalter** für Innengewinde ist aus einem Stück hergestellt. Wichtig ist Maß *h* zur Erhaltung des Freiwinkels *α* (Meißelschneide genau auf Mitte); vgl. **(42)** bis **(45)**, n. S. — **Bohrstange (21)** mit Gewindemeißel verwendet man für durchgehende Löcher (verschiedene Ausführungen; siehe **(56)** Bohrstangen).

Schneiden von Außengewinde. Richtige Stellung des Meißels (22): Gewindemeißel genau im rechten Winkel zur Drehachse ergibt richtiges Profil. — **Falsche Stellung (23):** Schrägstellung oder Verschiebung beim Drehen ergibt fehlerhaftes Gewinde.

Meißel auf Mitte (24) erzeugt **richtiges Gewindeprofil** (siehe Draufsicht);Meißeloberfläche genau waagerecht und Schneide genau auf Achsenmitte. Ausgeschnittenes Stück in der Ansicht zeigt in Draufsicht Gewindeflanken *g* an der Schnittfläche gewölbt (konvex) und verlängert. — **Meißel über Mitte (25)** gibt **falsches Gewindeprofil** (siehe Draufsicht); Profilflanken *g* sind gehöhlt (konkav), Gewindetiefe verringert.

Arten des Gewindeschneidens: Zu- und Nachstellun des Meißels quer zur Drehachse **(26)**. — Zustellung quer zur Achse und seitliches Nachstellen bei jedem Span **(27)**.

Federnder Meißelhalter (28) ergibt auch bei zähem, filzig m Werkstoff saubere Gewindeflanken.

Hinterdrehter Gewindemeißel (29), Scheibenmeißel, hat genau radiale Schneidfläche; Bolzen *b* steht genau auf Drehmitte (vgl. Rundmeißel).

Meißelhalter mit Einsatzmeißel (30). Meißel *s* ist in der Höhe verstellbar und wird an der oberen Fläche nachgeschliffen; Einstellen auf Mitte und senkrecht zur Drehachse.

Gewindesträhler (31), mehrzahniger Meißel, dient zur Verringerung der Arbeitszeit. Die nach einer Seite hin etwas abgeschliffenen Zahnspitzen bewirken allmähliches Schneiden des Gewindes; bei Werkstücken mit Bund nicht zu verwenden, da die Gewindegänge nicht voll ausgeschnitten werden.

Schneiden von Trapezgewinde (32). Meißel *v* ist der **Vorschneider** (Form eines Einstechmeißels), *n* ist der **Nach-** oder **Fertigschneider** (schneidet nur Flanken); größere Schnittgeschwindigkeit und Spandicke als bei gewöhnlichem Meißel; zum Vorschneiden wird häufig auch ein Strähler verwandt.

Ausrichten und genaues Einstellen der Meißelspitze wird mittels **Winkelschablone** vorgenommen. Anwendung beim Schneiden von **Innengewinde (33)**, von **Außengewinde (34)**. — Eine **Lehre zum Messen** und Prüfen der **Drehmeißelwinkel** ist in **(35)** dargestellt.

Abstechen (36). Der Vorschub des Meißels senkrecht zur Achse *a*—*b* bis Mitte Werkstück bewirkt Durchschneiden. Querschnitt des Schneidkopfes verringert sich von Schneidkante zum Schaft hin; dadurch wird Festklemmen, Erwärmung und Bruch vermieden (nur Schneide berührt den Werkstoff).

Formdrehen (37). Vorschub *u* des Meißels senkrecht zur Drehachse erwirkt eine Oberflächenform des Werkstückes entsprechend der Form der Meißelschneide (Einstellen genau auf Mitte Werkstück!): Anwendung bei Serienarbeit; große Zeitersparnis! — **Formmeißel (38).** Drehen eines Knopfes. Man schweißt zuweilen kleine Plättchen aus Schnellschnittstahl auf minderwertigen Werkstoff auf, vgl. **(56)** bis **(58)** u. Hartmetalle. — **Radiusmeißel (39)** dienen zum Abrunden von Ecken und Kanten, Erzeugen von runden Eindrehungen u. dgl.

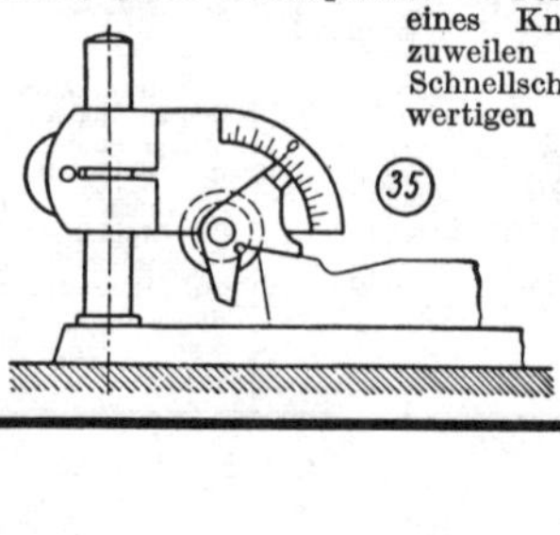

13

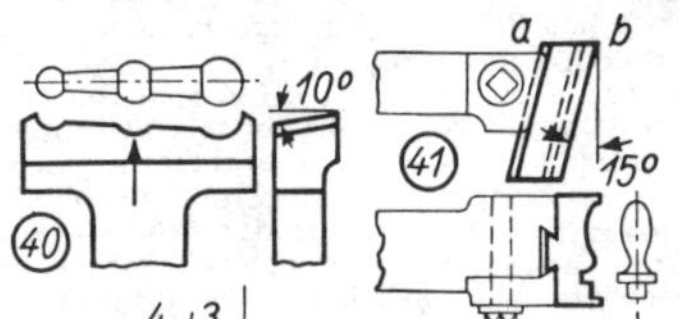

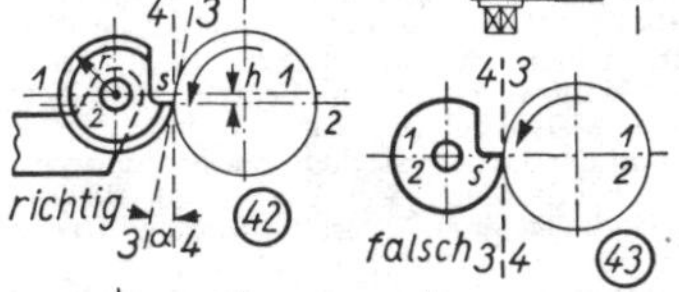

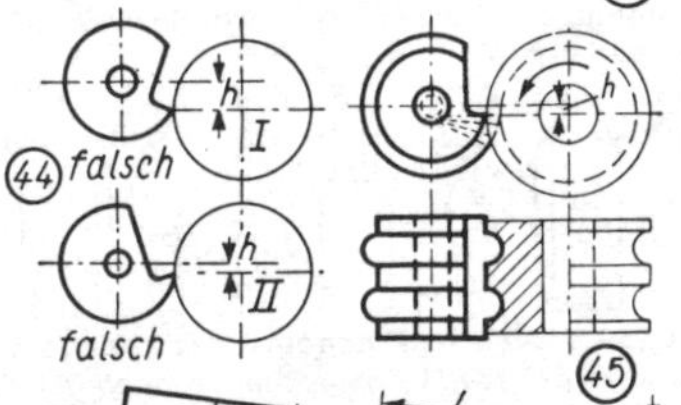

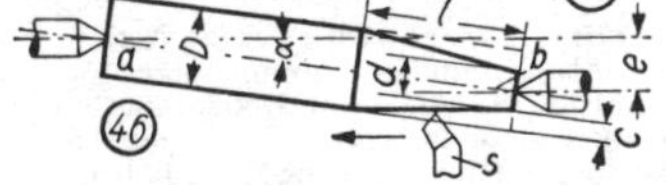

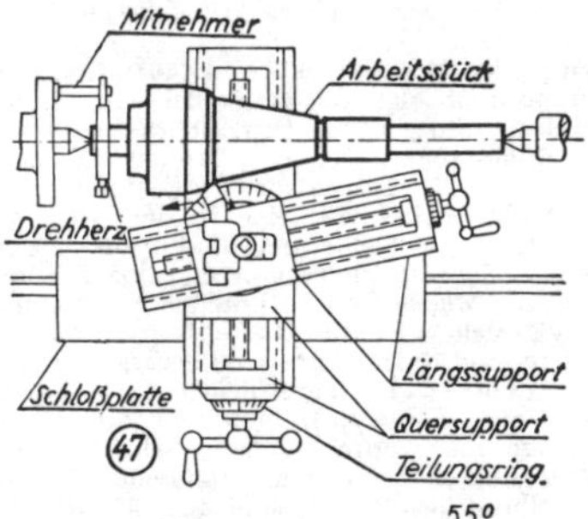

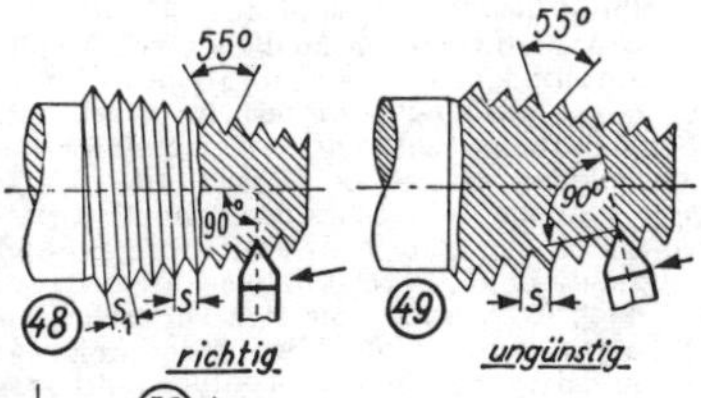

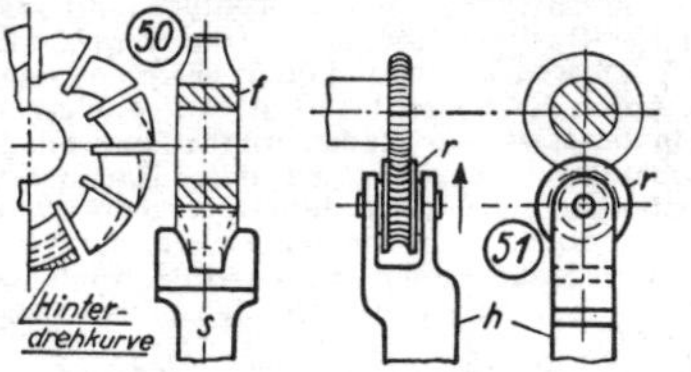

K. Schneidende Werkzeuge (Fortsetzung)

Formmeißel (40), Breitmesser wird zum Bearbeiten von Handkurbeln gebraucht; Nachschleifen an der Brust. — **Formmeißelhalter (41)**; Einsatzmeißel wird an der oberen Fläche *a—b* nachgeschliffen, vgl. **(30).**

Rundmeißel werden hauptsächlich als Gewinde- und Formmeißel hergestellt; sie sind in einem Halter befestigt und auf einer Achse verstellbar.

Richtiges Einstellen und richtige Form des Meißels (42). Schneidfläche *s* 2—2 darf nicht mit der Achse des Rundmeißels 1—1 zusammenfallen; Schneidkante muß um das Stück *h* tiefer liegen als Meißelmitte und genau auf Werkstückmitte stehen. Die Tangenten 3—3 des Meißels und 4—4 des Werkstückes fallen nicht zusammen; man erhält den Anstellwinkel α. Die Größe von *h* richtet sich nach dem Durchmesser des Meißels und nach α; es ist $h = r \cdot \sin \alpha$. Nachstehende Tabelle gibt einige Werte für die Größe *h* in mm.

Frei-winkel α	Stahldurchmesser *D* in mm 50	60	70	80	90	100
3°	$h = 1{,}3$	1,6	1,8	2,1	2,4	2,6
5°	$h = 2{,}2$	2,6	3,1	3,5	3,9	4,4
8°	$h = 3{,}5$	4,2	4,9	5,6	6,3	7,0
12°	$h = 5{,}2$	6,2	7,3	8,3	9,4	10,4

Falsche Form des Meißels (43). Schneidfläche *s* fällt mit Meißelmitte zusammen; Keilwinkel beträgt 90°, Anstellwinkel 0°; Drehen ist ungünstig. — **Falsche Stellung (44). I** Meißel steht zu hoch und schief, *h* ist zu groß; **II** Meißel steht zu tief, *h* ist zu klein. In beiden Fällen wird falsches Profil erzeugt.

Rund-Formmeißel (45) hat richtige Form und Einstellung; Verwendung für Massenherstellung. — Das Nachschleifen erfolgt bei allen Rundmeißeln tangential dem gestrichelten kleinen Kreise, damit Profil nicht geändert wird.

Konus- oder Kegeldrehen. (Siehe auch S. 244).

Seitliche Verstellung der Körnerspitzen des Reitstockes (46) nach vorn oder hinten um Stück *e*. Werkstückachse *a—b* bildet mit der ursprünglichen Achse den Winkel α; *s* ist der Drehmeißel.

Schrägstellen des Längssupports (47) mittels Skala: genaueste Einstellung möglich. Diese Art wird am häufigsten angewandt, da genauer. Der Quersupport ist senkrecht zur Drehachse verstellbar, der Längssupport parallel zur Werkstückkante, beides durch Handkurbeln oder selbsttätig durch Räderübersetzung.

Kegelgewinde. Richtige Einstellung des Meißels (48): senkrecht zur Drehachse; Steigung wird parallel zur Achse gemessen, Maß *s*, nicht s_1. — **Ungünstige Einstellung** zeigt **(49):** senkrecht zur Mantelfläche; seltener angewandt. *u* bedeutet Vorschub.

Ovaldrehen erfolgt auf besonderen Ovaldrehbänken, bei denen der Meißel entsprechend der Ovalform waagerecht (d. h. senkrecht zur Werkstückachse) seine Lage verändert. Bei der **Kopierdrehbank** drehen sich Werkstück und (stählernes) Modell gleichmäßig und gleichförmig. Der Drehmeißel wird durch einen ständig gegen das Modell drückenden Stift horizontal verschoben, so daß alle Vertiefungen und Querschnittsformen des Modells auf das Werkstück übertragen werden.

Hinterdrehen eines Formfräsers (50); dieser Zahnformfräser dient zum Fräsen von Zahnlücken. Der Formmeißel *s* wird bei gleichzeitigem langsamem Umlauf des Werkstücks *f* durch eine besondere Kopiervorrichtung nach Mitte Werkstück geleitet; er springt bei jeder Zahnlücke automatisch zurück und hinterdreht den folgenden Zahn auf gleiche Weise. Die schraffierte Fläche wird durch den Meißel weggedreht; dadurch entsteht die **Hinterdrehkurve.** Vgl. hinterdrehte Fräser und Zweck derselben (S. 158). Das Hinterdrehen wird auf **Hinterdrehbänken** vorgenommen.

Rändern (Rändeln) oder Kordieren (51) wird bei Griffen, Köpfen von kleinen Schräubchen und dergl. angewandt. Das Kordierrädchen *r* ist in dem Halter *h* drehbar (lose) angebracht und wird mittels Halter gegen das Werkstück gedrückt, wodurch Rillen eingedrückt

13

Zu Abb. 46: Reitstockverschiebung $e = \frac{D-d}{2} \cdot \frac{L}{l}$

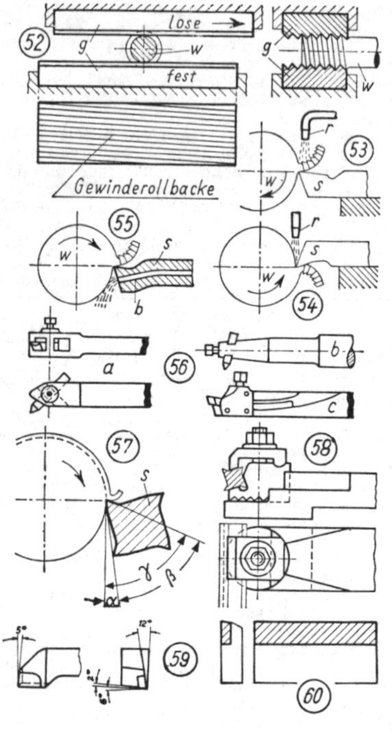

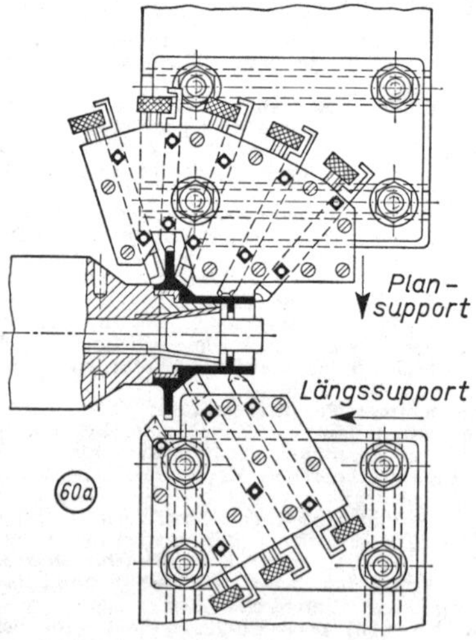

Herstellung einer Kraftwagenradnabe auf der Vielmeißelbank

K. Schneidende Werkzeuge (Fortsetzung)

werden. — Beim **Kreuzkordieren** („Fischhaut") verwendet man einen Halter mit 2 Rädchen übereinander; das eine Rädchen hat links-, das andere rechtssteigende Zähne (vgl. Griff vom Lehrdorn).

Gewinderollen (52). Es erfolgt keine Spanabnahme. Das Gewinde wird in das Werkstück mittels hydraulisch betätigter Rollwalzen oder -backen (aus bestem Chrom- bzw. Silicium-Chrom-Wolframstahl) eingerollt. Bei Maschinen mit Rollbacken *g* dreht sich nur das Werkstück *w*; bei Maschinen mit Walzen bewegen sich Werkstück und Walzen. Das Gewinde wird mit hoher Genauigkeit hergestellt. Sogar Gewinde für die Spindeln von Schraublehren werden gewalzt, wobei der Steigungsverzug unter dem max. zulässigen Verzug von 0,004 mm liegt. Zu dem Vorteil der wirtschaftlichen Herstellung von Gewinden kommt noch die Erhöhung der Dauerfestigkeit gerollter gegenüber geschnittenem Gewinde hinzu. Das Rollen von Gewinden erfolgt auf Spezialmaschinen. Gerollt werden Gewinde von M 3 bis M 80.

Folgende Abbildungen zeigen die hauptsächlichsten **Gewindeschneidmeißel.**

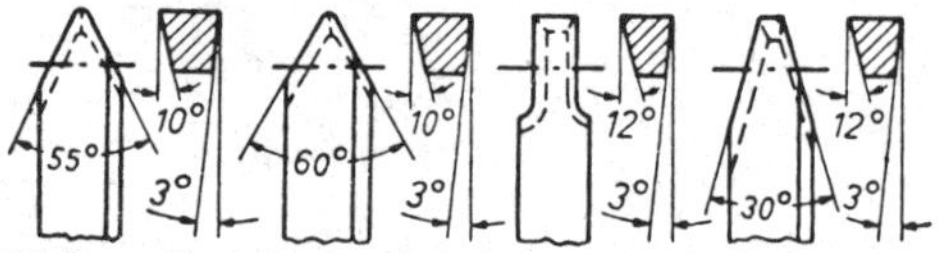

Whitworthg. | SJ-Gewinde | Flachgew. | Trapezgew.
Löwenherzgewinde 53° 8' | Abmessungen nach DIN 103

Kühlung der Drehwerkzeuge zeigt **(53)** u. **(54)**; letztere seltener. Als Kühlmittel nimmt man im allgemeinen Bohrölemulsion, welche durch Rohr *r* auf den Span bzw. auf die Meißelspitze fließt. — Der Schnellarbeitsmeißel in **(55)** ist in der Längsrichtung durchbohrt. Durch den Kanal *b* fließt das Kühlmittel an die Stelle des Meißels, die am meisten erwärmt wird; höhere Arbeitsgeschwindigkeit, längere Lebensdauer.

Verwendung von Meißelhaltern (56); Ersparnis an teurem Werkstoff. *a*: der Einsatzmeißel wird in der Öffnung des Halters durch eine Druckschraube festgehalten; *b*: diese **Bohrstange** eignet sich für durchgehende Löcher, vgl. **(21)**; *c*: die Höhenlage der Schneide des bogenförmigen Meißelstückes läßt sich in der Nute des Halters leicht verstellen. — **Sondermeißelhalter für Jaegermeißel (58),** zwecks Konstanthaltens von *α* bzw. *γ*, hat drehbaren Meißelsitz, welcher durch kräftige Verzahnung gegen Verdrehung gesichert ist. Er arbeitet in jeder Winkelstellung nach rechts und links oder als Bohrwerkzeug.

Hochleistungsmeißel. Jaegermeißel (57) ist ein Vierkantwerkzeug zum Drehen, Hobeln und Ausbohren, dessen 4 der Länge nach durchlaufende Schneidkanten 4 rechten und 4 linken Schneiden entsprechen. Querschnitt und Anstellung des Meißels sind aus **(57)** ersichtlich; es bedeuten *α* Anstellwinkel, *β* Meißelwinkel. Meißel *s* zeigt das Normalprofil; kleiner Vorschub, hohe Schnittgeschwindigkeit; gute Kühlung erforderlich. **Werkstoff:** hochwertiger Schnellarbeitsstahl oder Hartmetallwerkzeuge. Das Nachschleifen erfolgt in Vorrichtung. Hartmetallwerkzeuge leisten ein Mehrfaches der Schnellarbeitsstähle, erfordern jedoch höhere Antriebsleistungen und Schnittgeschwindigkeiten. **(59)** zeigt einen abgesetzten Seitendrehmeißel nach DIN 4980, der sich für Schruppdreharbeiten, bedingt auch für das Schlichten, eignet; **(60)** *)ein Messer eines Messerkopfes, das ebenfalls mit Hartmetall bestückt ist. Hartmetallschneidplatten werden auf dem Stahlschaft entweder durch Löten (Kupfer- oder Silberlote) oder durch Klemmen befestigt. Auf modernen Maschinen und in der Massenfertigung wird fast ausschließlich mit Hartmetallwerkzeugen gearbeitet. Hartmetall arbeitet am besten bei leichter Rotglut der Schneiden, wobei es seine ursprüngliche Härte nicht verliert. Trotz hoher Mehrleistung gegenüber Schnellarbeitsstählen äußerst geringer Verschleiß und unbedeutender Mehrpreis. Siehe Werkzeugstahl.

*) Man verwendet auch Schneidplatten aus oxidkeramischen Werkstoffen, mit denen Schnittgeschwindigkeiten bis 500 m/min erreicht werden.

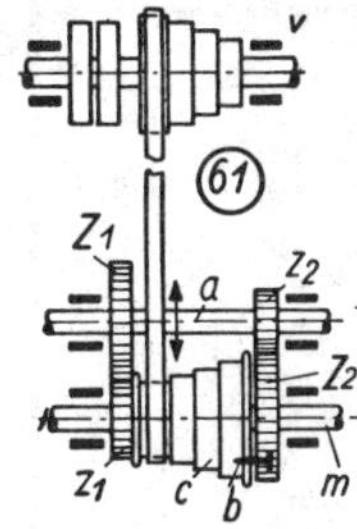

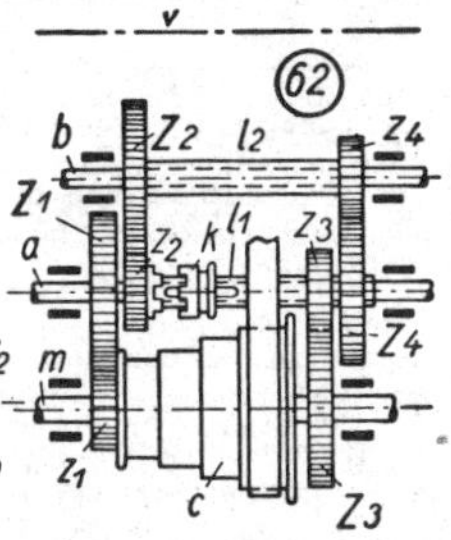

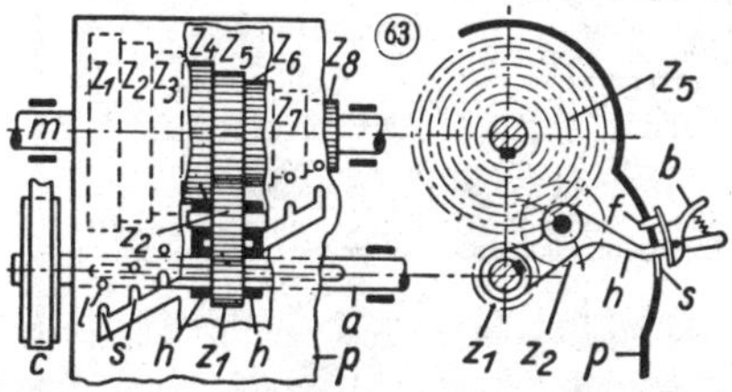

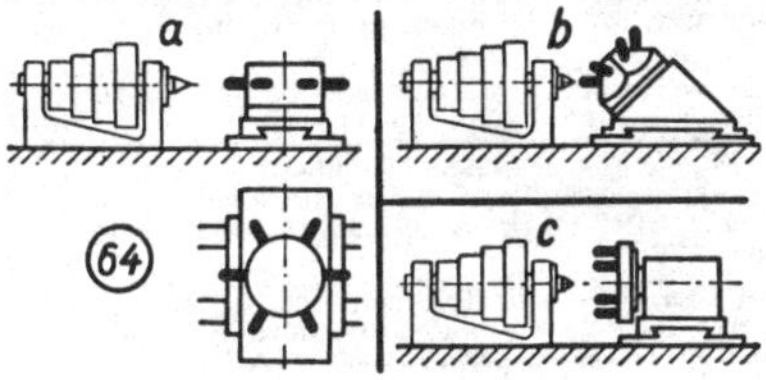

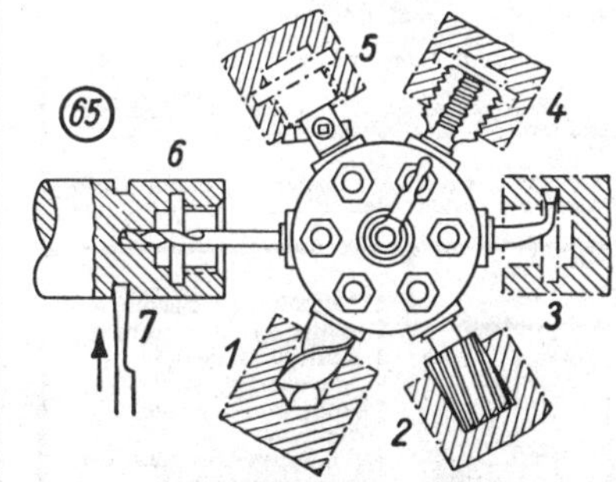

K. Schneidende Werkzeuge
(Fortsetzung)

Arbeitsweise der Vielmeißelbank. Abb. v. S. 168 unten links. Gleichzeitige Anwendung mehrerer Meißel und gleichzeitiges Längs- und Plandrehen: große Leistungen, Zeitersparnis; einfache Bedienung. Anwendung bei Massenherstellung.

Die Arbeit des Drehens eines Werkstückes wird auf der **Drehmaschine** vorgenommen. Auf der am meisten gebrauchten **Leitspindeldrehmaschine** lassen sich fast sämtliche Dreharbeiten ausführen: Langdrehen, Plandrehen, Kegeldrehen, Formdrehen, Gewindeschneiden, Bohren. Der Antrieb erfolgt seltener mittels Maschinenkraft durch Transmission (Riemenantrieb) als durch Einzelantrieb (Elektromotor). Die Leitspindeldrehmaschine auf S. 170 von Eriksen, Hamburg, eignet sich besonders gut für Werkzeugmachereien. In ihrer Gesamtgestaltung und Auswahl des Drehzahl- und Vorschubbereiches ist sie so beschaffen, daß mit Schnellstahl- oder Hartmetallwerkzeugen die verschiedenartigsten Werkstoffe bearbeitet werden können. Außerdem ist das Schneiden einer großen Anzahl von metrischen und Zoll-Gewinden sowie Modulsteigungen möglich. Die Einstellung der Drehzahlen und Vorschübe, das Umschalten von Zug- auf Leitspindel geschieht mit wenigen, leicht zu behaltenden Handgriffen. Auslösegenauigkeit von 0,01 mm.

Stufenscheibe mit ausrückbarem Zahnradvorgelege (61). *v* ist Deckenvorgelegewelle, *m* die Maschinenwelle mit fest aufgekeiltem Zahnrad Z_2, auf der lose eine vierstufige Stufenscheibe *c* sitzt, die mit dem kleinen Zahnrad z_1 fest verbunden ist. Vorgelegewelle *a* mit den Zahnrädern Z_1 und z_2 ist in Pfeilrichtung verschiebbar; dadurch kann Z_1 und z_2 mit z_1 und Z_2 in oder außer Eingriff gebracht werden. Bei ausgerücktem Vorgelege muß die Stufenscheibe *c*, die lose auf *m* läuft, mit dem aufgekeilten Rad Z_2 durch den Einsteckstift *b* fest gekuppelt werden. Bei gelöster Kupplung und ausgerücktem Zahnrädervorgelege erhält man 4 kleinere Drehzahlen, so daß also mit 4 Stufen 8 verschiedene Geschwindigkeiten zu erreichen sind.

Stufenscheiben mit vierfachem Rädervorgelege (62) finden Anwendung bei schweren Schnelldrehmaschinen. Neben Maschinenwelle *m* sind zwei exzentrisch gelagerte Vorgelegewellen *a* und *b* angeordnet, über die Laufbuchsen l_1 und l_2 geschoben sind. Auf Buchse l_1 der Welle *a* sind Zahnräder z_3 und Z_4 fest, z_2 und Z_1 (miteinander verbunden) lose angebracht, die jedoch durch Kupplung *k* fest mit Buchse l_1 verbunden werden können. Auf Buchse l_2 sind z_4 und Z_2 fest. Es werden folgende Drehzahlen erreicht: **1. alle Vorgelege ausgerückt:** 4 Drehzahlen; **2. Vorgelege auf *a* eingerückt, *k* eingerückt:** 4 weitere Drehzahlen; **3. beide Vorgelege eingerückt, *k* ausgerückt:** nochmals 4 weitere Drehzahlen. Also werden im ganzen 12 verschiedene Geschwindigkeiten erzielt.

Nortongetriebe (63), Stufenräder- oder Einscheibenantrieb, d. h. das Getriebe hat nur eine Riemenscheibe *c*, die immer mit gleicher Geschwindigkeit läuft. In dem Beispiel **(63)** ist ein Teil der vorderen Kastenwand ausgebrochen gezeichnet. Antriebswelle *a* treibt Maschinenwelle *m*, auf der Zahnräder Z_1 bis Z_8 festsitzen. Zwischenrad z_2, das durch ein auf Welle *a* gekeiltes Rad z_1 angetrieben wird, kann durch Hebel *h* mit einem beliebigen Zahnrad (Z_1 bis Z_8) in Eingriff gebracht werden. Zwischenrad z_2 ist gemeinsam mit z_1 auf *a* verschiebbar. Erreichung von 8 verschiedenen Geschwindigkeiten, die durch weitere Zahnrädervorgelege vervielfacht werden können. Platte *p* hat Einkerbungen *s* und Löcher *l* zur Sicherung des eingerückten Hebels *h* durch Stift *f* am Sperrhebel *b*.

Revolverköpfe (64), rund oder sechskantig, werden auf dem Support einer Revolverdrehmaschine befestigt und dienen zur Aufnahme von Dreh-, Fräs- oder Bohrwerkzeugen. Sie lassen sich auch auf einfachen Drehmaschinen anbringen. **Ausführung:** Revolverkopf ist (a) um eine **senkrechte,** (b) um eine **geneigte** oder (c) um eine **waagerechte** Achse drehbar. **Anwendung** bei Massenherstellung gleicher Werkstücke aus Stangenmaterial; große Zeitersparnis!

Anwendung des Revolverkopfes (65), Bearbeitung eines Werkstückes durch Bohr-, Fräs- und Drehwerkzeug. Der drehbare Revolverkopf hat 6 Öffnungen zur Aufnahme der Werkzeuge, die in bestimmter Reihenfolge eingespannt sind. **Arbeitsfolge: 1. Ausbohren** der Stange; **2. Ausfräsen,** genau auf Maß mittels Schaft- oder Stirnfräser; **3. Hinterdrehung** durch gebogenen Einstechmeißel; **4. Schneiden** von **Gewinde** durch Gewindebohrer; **5. Drehen** der Schräge durch Einsatzmeißel; **6. Bohren** des Mittelloches durch Spiralbohrer; **7. Abstechen** mittels Einstechmeißels am Quersupport. Es sind also 7 Arbeitsgänge nötig.

Fortsetzung siehe S. 173!

Zerspanungs-Hauptgruppen und Anwendungsgruppen für Hartmetalle*)

(Kennfarbe: P blau M gelb K rot)

n. DIN 4990	Krupp Widia	Böhler Böhlerit	DEW Titanit	Anwendung
P 01	TT 02	SB 02	STi 02	Feindrehen und Feinbohren von Stahl und Stahlguß, hohe Schnittgeschw. kleine Vorschübe, hohe Maßgenauigkeit und Oberflächengüte.
P 10	TT 10	SB 10	STi 10	Drehen, Kopierdrehen, Gewindeherstellung, Fräsen von Stahl, Stahlguß mit hoher Schnittgeschw., kleine bis mittlere Vorschübe.
P 15	TT 15	SB 15	STi 15	Drehen, Kopierdrehen, Tieflochbohren von Stahl, Stahlguß, langspanender Temperguß, hohe Schnittgeschw., größere Vorschübe als bei P 10, Feinfräsen und Tieflochbohren auf starren Sondermaschinen.
P 20	TT 20	SB 20	STi 20	Drehen, Kopierdrehen und Fräsen von Stahl, Stahlguß, langspanender Temperguß, mittlere Schnittgeschw. und Vorschübe, Hobeln bei kl. Vorschub.
P 25	TT 25	SB 25	STi 25	Drehen, Kopierdrehen, Fräsen, Schlichthobeln von Stahl, Stahlguß, langspanender Temperguß, mittlere Schnittgeschw., größere Vorschübe als bei P 20, gut geeignet für Fräsen, Tieflochbohren von Stahl.
P 30	TT 30	SB 30	STi 30	Drehen, Hobeln, Fräsen von Stahl, Stahlguß, langspanender Temperguß, mittlere bis niedrigere Schnittgeschw., mittlere bis große Vorschübe auch unter weniger günstigen Arbeitsbedingungen.
P 40	TT 40	SB 40	STi 40	Drehen, Hobeln, Stoßen, z. T. Automatenarbeiten von Stahl, Stahlguß mit Sandeinschlüssen und Lunkern, niedrige Schnittgeschw., große Vorschübe, große Spanwinkel möglich unter ungünstigen Arbeitsbedingungen.
P 50	TT 50	SB 50	STi 50	Wie P 40, bei höchsten Anforderungen an die Zähigkeit des Hartmetalls.
M 10	AT 10	EB 10	UTi 10	Drehen von Stahl, Manganhartstahl, Stahlguß, Gußeisen und legiertes Gußeisen, mittlere bis hohe Schnittgeschw., kleine bis mittlere Vorschübe.
M 15	AT 15	EB 15	UTi 15	Drehen und Fräsen von Stahl, Stahlguß, Temperguß, mittlere Schnittgeschw. und Vorschübe, höhere Zähigkeitsbeanspruchung als bei M 10 möglich.
M 20	AT 20	EB 20	UTi 20	Drehen und Fräsen von Stahl, austenitische Stähle, Manganhartstahl, Stahlguß, Gußeisen, sphärolit. Gußeisen, Temperguß, mittlere Schnittgeschw. und Vorschübe.
M 30	AT 30	EB 30	UTi 30	Drehen, Hobeln und Fräsen von Stahl, austenitische Stähle, hochwarmfeste Legierungen, Stahlguß, Gußeisen, mittlere Schnittgeschw., mittlere bis große Vorschübe.
M 40	AT 40	EB 40	UTi 40	Drehen, Formdrehen und Abstechen von Stahl niedriger Festigkeit, Automatenweichstahl, Nichteisenmetalle (besonders auf Automaten).
K 01 K 05	TH 03 TH 05	HB 03 HB 05	HTi 03 HTi 05	Drehen, Feindrehen, Feinbohren, Schlichtfräsen und Schaben von gehärteten Stahl, Kokillen-Hartguß mit HRC 60, Gußeisen hoher Härte, Aluminiumlegierung mit hohem Siliziumgehalt, stark verschleißend wirk. Kunststoffe, Hartpapier, keramische Werkstoffe.
K 10	TH 10	HB 10	HTi 10	Drehen, Bohren, Senken, Reiben, Fräsen, Räumen und Schaben von gehärteten Stahl, Gußeisen mit HB 220 kp/mm², kurzspanender Temperguß, Kupferlegierungen, siliziumhaltige Al-Leg., Kunststoffe, Hartgummi, Hartpapier, Glas, Porzellan, Gestein.
K 20	TH 20	HB 20	HTi 20	Drehen, Hobeln, Senken, Reiben, Fräsen und Räumen bei höheren Ansprüchen an die Zähigkeit des Hartmetalls von Gußeisen mit HB 220 kp/mm², Kupfer, Messing, Aluminium, sonstige verschleißend wirk. Schichthölzer.
K 30	TH 30	HB 30	HTi 30	Drehen, Hobeln, Stoßen und Fräsen (große Spanwinkel möglich bei ungünstigen Arbeitsbedingungen) von Stahl niedriger Festigkeit, Gußeisen niedriger Härte, Schichthölzer.
K 40	TH 40	HB 40	HTi 40	Drehen, Hobeln und Stoßen (große Spanwinkel möglich bei ungünstigen Arbeitsbedingungen) von Nichteisenmetallen, Weichhölzer und Harthölzer im Naturzustand.

Leitspindeldrehmaschine

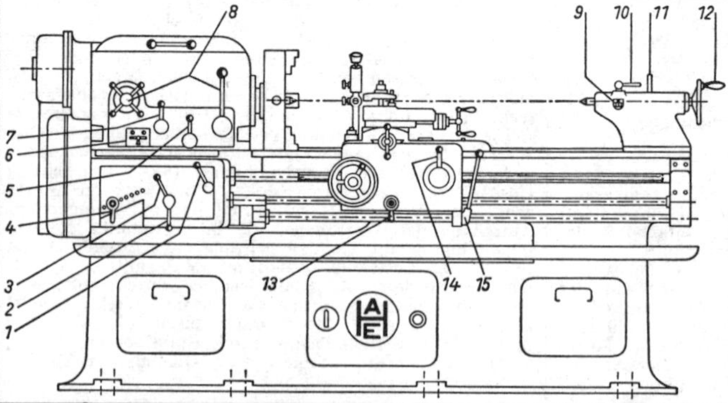

1 Leitspindel—Zugspindel
2 Whitworth-Metrischgew.
3 Multipliziergetriebe
4 Nortonschwinge
5 Hohe und normale Steigung
6 Schwenktaster zum Einschalten von Motor und Pumpe
7 Wendegetriebe
8 Hebel zum Einstellen der Spindelgeschwindigkeiten
9 Skala f. Pinolenvorsch.
10 Festklemmg. der Pinole
11 „ d. Reitstockes
12 Selbstausstoßende Körnerspitze durch Drehen des Handrades
13 Fallschnecke
14 Planzug, Längszug, Schloßmutter
15 Sicherheitshebel für Vor- und Rücklauf

*) Hartmetallmarken: Böhlerit, Miramant, Titanit, Widia u. a.

Wechselräderberechnung zum Gewindeschneiden*)

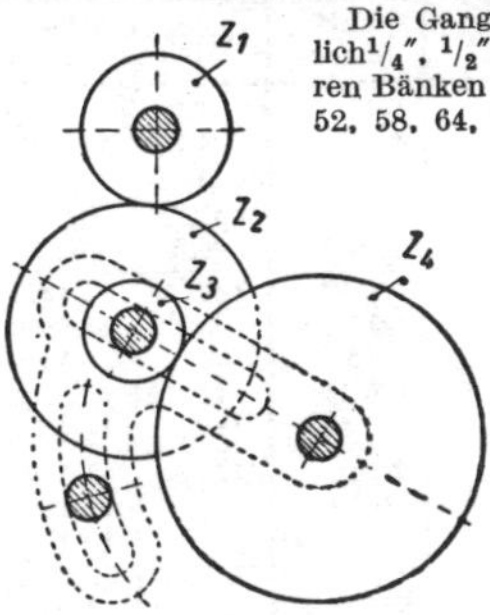

Die Ganghöhe der Drehbankleitspindel ist gewöhnlich $^1/_4''$, $^1/_2''$, $^2/_3''$ oder $^3/_4''$. Die Wechselräder bei älteren Bänken haben 18, 20, 22, 24, 28, 32, 36, 40, 44, 48, 52, 58, 64, 72, 80, 90, 105, 120 und 132 Zähne. Die Wechselräder neuerer Bänke haben 20, 25, 30, 35 usw. bis 150 Zähne und 21 oder 127 Zähne zum Schneiden von mm-Gewinde, häufig auch 157 Zähne zum Schneiden von Modulgewinde.

Die Gewinde werden mit Zwischenschaltung von 2 oder 4 Wechselrädern z_1, z_2, z_3, z_4 zwischen Leitspindel und Drehbankspindel geschnitten.

Das Gesamtübersetzungsverhältnis $\frac{z_1}{z_2}$ bzw. $\frac{z_1}{z_2} \times \frac{z_3}{z_4}$ wird häufig $\frac{zD}{zL}$, also $\frac{\text{z Drehbank}}{\text{z Leitspindel}}$ geschrieben.

A. Vorhandene Leitspindel mit Zollgewinde

Gesuchte Zollgewinde:

$$\text{I.}\quad \frac{z_1}{z_2} \text{ oder } \frac{z_1}{z_2} \times \frac{z_3}{z_4} = \frac{\text{Gänge/Zoll auf der Leitspindel}}{\text{geteilt durch Gänge/Zoll des Gewindes}}$$

Gesucht mm-Gewinde bei vorh. Rad mit 21 Zähnen:

$$\text{II.}\quad \frac{z_1}{z_2} = \frac{\text{Gewindesteigung in mm} \times \text{Leitspindelgänge/Zoll} \times 63}{\text{geteilt durch 1600}}$$

Gesucht mm-Gewinde bei vorh. Rad mit 127 Zähnen:

$$\text{III.}\quad \frac{z_1}{z_2} = \frac{\text{Gewindesteigung in mm} \times \text{Leitspindelgänge/Zoll} \times 5}{\text{geteilt durch 127}}$$

Gesucht Modulgewinde bei vorh. Rädern mit 127 u. 157 Zähnen:

$$\text{IV.}\quad \frac{z_1}{z_2} = \frac{\text{Modul} \times \text{Leitspindelgänge/Zoll} \times 157}{\text{geteilt durch 1270}}$$

B. Vorhandene Leitspindel mit mm-Gewinde

Gesucht mm-Gewinde:

$$\text{V.}\quad \frac{z_1}{z_2} \text{ oder } \frac{z_1}{z_2} \times \frac{z_3}{z_4} = \frac{\text{Gewindesteigung in mm}}{\text{geteilt durch Leitspindelsteigung in mm}}$$

Gesucht Zollgewinde bei vorh. Rad mit 127 Zähnen:

$$\text{VI.}\quad \frac{z_1}{z_2} = \frac{127}{\text{Gewindegänge/Zoll} \times \text{Leitspindelsteigung in mm} \times 5}$$

Gesucht Modulgewinde bei vorh. Rad mit 157 Zähnen:

$$\text{VII.}\quad \frac{z_1}{z_2} = \frac{\text{Modul} \times 157}{\text{geteilt durch Leitspindelganghöhe in mm} \times 50}$$

1. **Beispiel:** Leitspindel 2 Gang/1″; verlangtes Gewinde 1″ mit 8 Gg.

$$\text{(I)}\quad \frac{zD}{zL} = \frac{z_1}{z_2} = \frac{2}{8} = \frac{1}{4} = \frac{\text{20 Zähne}}{\text{80 Zähne}} \text{ oder } \frac{\text{25 Zähne}}{\text{100 Zähne}}$$

---

2. **Beispiel:** Leitspindel $1^1/_2$ Gg./1″; verlangtes Gewinde $^1/_2''$ mit 12 Gg. $= {}^1/_{12}''$ Ganghöhe

$$\text{(I)}\quad \frac{zD}{zL} = \frac{z_1}{z_2} = \frac{^3/_2}{12} = \frac{3}{24} = \frac{1}{8} = \frac{1}{2} \cdot \frac{1}{4} = \frac{30}{60} \cdot \frac{\text{20 Zähne}}{\text{80 Zähne}}$$

---

3. **Beispiel:** Gewindesteigung = 8 mm, Leitspindel 2 Gang/1″.

$$\text{(III)}\quad \frac{zD}{zL} = \frac{8 \cdot 2 \cdot 5}{127} = \frac{80}{127} = \quad \frac{z_1}{z_2} = \frac{\text{80 Zähne}}{\text{127 Zähne}}$$

---

4. **Beispiel:** Gesuchtes Schneckengewinde mit 4π Steigung (Modul 4); Leitspindel 3 Gang/1″.

$$\text{(VI)}\quad \frac{zD}{zL} = \frac{4 \cdot 3 \cdot 157}{1270} = \frac{4 \cdot 3}{10} \cdot \frac{157}{127} = \frac{12}{10} \cdot \frac{157}{127}$$

$$\frac{z_1}{z_2} = \frac{\text{120 Zähne}}{\text{100 Zähne}}; \quad \frac{z_3}{z_4} = \frac{\text{157 Zähne}}{\text{127 Zähne}}$$

Bei Leitspindel mit 8-mm-Gewinde:

$$\text{(VII)}\quad \frac{zD}{zL} = \frac{4 \cdot 157}{8 \cdot 50} = \frac{40}{80} \cdot \frac{157}{50}$$

Arbeiten mit einem Universal-Teilkopf von Ludwig Loewe & Co., Berlin

Berechnung für das Teilen

Vorhandene Lochkreise der Teilscheiben: 15, 16, 17, 18, 19, 20, 21, 23, 27, 29, 31, 33, 37, 39, 41, 43, 47, 49.

T = verlangte Teilzahl

V = Übersetzungsverhältnis zwisch. Teilkopfspindel u. Zeigerkurbel

X = Umdrehungszahl d. Zeigerkurb.

Es ist stets $X = V : T$.

1. **Beispiel:** Gegeben $V = \frac{40}{1}$;

$T = 10$. $X = V : T = \frac{40}{1} : 10 = 40 : 10 =$

4 Umdrehungen der Zeigerkurbel.

2. **Beispiel:** Gegeben $V = \frac{40}{1}$;

$T = 22$. $X = V : T = \frac{40}{1} : 22 = 40 : 22 =$ $1^{18}/_{22}$. Lochkreis 22 ist nicht vorhanden; Bruch $^{18}/_{22}$ muß mit 1,5 erweitert werden, um auf Lochkreis 33 zu kommen:

$1 + \frac{18 \cdot 1{,}5}{22 \cdot 1{,}5} = 1^{27}/_{33}$ **Umdrehungen.**

$^{27}/_{33}$ bedeutet Drehung um 27 Löcher des 33er Lochkreises.

Berechnung für Spiralarbeiten

Vorhandene Wechselräder: 24, 28, 30, 32, 36, 37, 40, 48 (2×), 49, 56, 60, 64, 66, 68, 72, 76, 78, 80, 84, 86, 90, 96, 100, 112 Zähne.

D = Durchmesser d. Werkstückes

U = Umfang „ „ $= D \cdot \pi$

α = Einstellwinkel

$\tan\alpha$ = Tangens des Einstellwinkels

SP = Steigung der Spirale (Höhe eines Ganges)

ST = Steigung der Tischspindel

SL = Länge der Spirale

V = Übersetzungsverhältnis zwisch. Schneckenwelle u. Teilkopfspindel

X = Übersetzungsverhältnis zwisch. Tischspindel und Teilkopfbolzen

z_1 = Rad an der Tischspindel

z_2 = Rad am Scherenbolzen

z_3 = Rad am Scherenbolzen

z_4 = Rad am Teilkopfbolzen

Aufgabe: Es soll eine Schraubenlinie gefräst werden. $V = 1:40$, $ST = 6$ mm, $D = 95$ mm, $SP = 1800$ mm. Wie groß sind α und X?

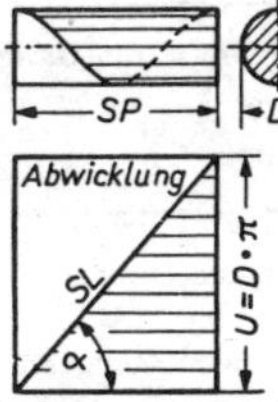

Lösung: $U = \pi \cdot D = \pi \cdot 95 = 298{,}5$ mm. $\tan\alpha = U : SP = 298{,}5 : 1800$; $\tan\alpha = 0{,}1658$; $\alpha = 9°\,25'$ (siehe Tabelle S. 32).

$$X = \frac{ST}{SP \cdot V} = \frac{6}{1800 \cdot (1 \cdot 40)} = \frac{6}{1800} : \frac{1}{40} = \frac{6 \cdot 40}{1800}$$

$$X = \frac{6 \cdot 40}{20 \cdot 90} = \frac{24}{80} \cdot \frac{40}{90}; \quad \frac{Z_1}{Z_2} = \frac{24}{80}; \quad \frac{Z_3}{Z_4} = \frac{40}{90} \text{ Zähne.}$$

Aus nebenstehender Abbildung sind noch folgende Abhängigkeiten ersichtlich:

$\sin\alpha = U : SL$; $SP = U : \tan\alpha$; $SL = U : \sin\alpha$.

*) Wechselräderberechnung mit Faktorentabelle siehe nächste Seite.

Faktorentabelle zur Wechselräderberechnung

Zahl	Faktoren	Zahl	Faktoren	Zahl	Faktoren	Zahl	Faktoren	Zahl	Faktoren	Zahl	Faktoren	Zahl	Faktoren
5	2·2,5	24	2·12	36,75	3,5·10,5	52,5	3,5·15	72,5	5·14,5	99	9·11	137,75	9,5·14,5
6	2·3	24	3·8	37,5	5·7,5	54	4,5·12	73,5	7·10,5	99,75	9,5·10,5	138	11,5·12
7	2·3,5	24	4·6	37,5	2,5·15	54	6·9	74,25	5,5·13,5	100	8·12,5	140	10·14
8	2·4	24,5	3,5·7	37,5	3·12,5	54	4·13,5	74,75	6,5·11,5	101,25	7,5·13,5	141,75	10,5·13,5
8,75	2,5·3,5	24,75	4,5·5,5	38	4·9,5	55	5·11	75	7,5·10	101,5	7·14,5	142,5	9,5·15
9	2·4,5	25	2,5·10	38,25	4,5·8,5	55	5,5·10	75	5·15	102	8,5·12	143	11·13
10	2·5	25	2·12,5	38,5	3,5·11	55,25	6,5·8,5	75	6·12,5	103,5	9·11,5	143,75	11,5·12,5
10	2,5·4	25,5	3·8,5	38,5	5,5·7	56	7·8	76	8·9,5	104	8·13	145	10·14,5
10,5	3·3,5	26	4·6,5	39	6·6,5	56	4·14	76,5	8,5·9	104,5	9,5·11	147	10,5 14
11	2·5,5	26	2·13	39	3·13	56,25	4,5·12,5	77	7·11	105	7,5·14	148,5	11·13,5
11,25	2,5·4,5	26,25	2,5·10,5	40	4·10	57	6·9,5	77	5,5·14	105	7·15	149,5	11,5·13
12	2·6	26,25	3,5·7,5	40	5·8	57,5	5·11,5	78	6,5·12	105	10·10,5	150	12·12,5
12	3·4	27	3·9	40,25	3,5·11,5	57,75	5,5·10,5	78	6·13	106,25	8,5·12,5	150	10·15
12,5	2,5·5	27	4,5·6	40.5	4,5·9	58	4·14,5	78,75	7,5·10,5	108	8·13,5	152,25	10,5·14,5
13	2·6,5	27	2·13,5	40,5	3·13,5	58,5	6,5·9	79.75	5,5·14,5	108	9·12	154	11·14
13,5	3·4,5	27,5	2,5·11	41,25	5,5·7,5	58,5	4,5·13	80	8·10	108,75	7,5·14,5	155,25	11,5·13,5
13,75	2,5·5,5	27,5	5·5,5	42	3,5·12	59,5	7·8,5	80,5	7·11,5	109,25	9,5·11,5	156	12·13
14	2·7	28	3,5·8	42	4·10,5	60	5·12	80,75	8,5·9,5	110	10·11	157,5	10,5·15
14	3,5·4	28	4·7	42	6·7	60	6·10	81	6·13,5	110,5	8,5·13	159,5	11·14,5
15	2·7,5	28	2·14	42	3·14	60	7,5·8	81,25	6,5·12,5	112	8·14	161	11,5·14
15	2,5·6	28,5.	3·9,5	42,5	5·8,5	60	4·15	82,5	7,5·11	112,5	7,5·15	162	12·13,5
15,75	3,5·4,5	28,75	2,5·11,5	42,75	4,5·9,5	60,5	5,5·11	82,5	5,5·15	112,5	9·12,5	162,5	12,5·13
16	2·8	29	2·14,5	43,5	3·14,5	60,75	4,5·13,5	84	7·12	114	9,5·12	165	11·15
16,25	2,5·6,5	29,25	4,5·6,5	43,75	3,5·12,5	61,75	6,5·9,5	84	8·10,5	114,75	8,5·13,5	166,75	11,5·14,5
16,5	3·5,5	29,75	3,5·8,5	44	4·11	62,5	5·12,5	84	6·14	115	10·11,5	168	12·14
17	2·8,5	30	2,5·12	44	5,5·8	63	6·10,5	84,5	6,5·13	115,5	10,5·11	168,75	12,5·13,5
17,5	2,5·7	30	3·10	45	4,5·10	63	7·9	85	8,5·10	116	8·14,5	172,5	11,5·15
17,5	3,5·5	30	5·6	45	5·9	63	4,5·14	85,5	9·9,5	117	9·13	174	12·14,5
18	2·9	30	4·7,5	45	6·7,5	63,25	5,5·11,5	86,25	7,5·11,5	118,75	9,5·12,5	175	12,5·14
18	3·6	30	2·15	45	3·15	63,75	7,5·8,5	87	6·14,5	119	8,5·14	175,5	13·13,5
18	4·4,5	31,25	2,5·12,5	45,5	6,5·7	65	6,5·10	87,5	7·12,5	120	10·12	180	12·15
18,75	2,5·7,5	31,5	3·10,5	45,5	3,5·13	65	5·13	88	8·11	120,75	10,5·11,5	181,25	12,5·14,5
19	2·9,5	31,5	3,5·9	46	4·11,5	65,25	4,5·14,5	89,25	8,5·10,5	121,5	9·13,5	182	13·14
19,25	3,5·5,5	31,5	4,5·7	46,75	5,5·8,5	66	5,5·12	90	7,5·12	123,25	8,5·14,5	187,5	12,5·15
19,5	3·6,5	32	4·8	47,25	4,5·10,5	66	6·11	90	6·15	123,5	9,5·13	188,5	13·14,5
20	2·10	32,5	5·6,5	47,5	5·9,5	66,5	7·9,5	90	9·10	125	10·12,5	189	13,5·14
20	2,5·8	32,5	2,5·13	48	4·12	67,5	7,5·9	91	6,5·14	126	9·14	195	13·15
20	4·5	33	3·11	48	6·8	67,5	5·13,5	91	7·13	126	10,5·12	195,75	13,5·14,5
21	2·10,5	33	5,5·6	48,75	6,5·7,5	67,5	4,5·15	92	8·11,5	126,5	11·11,5	202,5	13,5·15
21	3·7	33,25	3,5·9,5	49	3,5·14	68	8·8,5	93,5	8,5·11	127,5	8,5·15	203	14·14,5
21	3,5·6	33,75	4,5·7,5	49,5	4,5·11	68,25	6,5·10,5	93,75	7,5·12,5	128,25	9,5·13,5	210	14·15
21,25	2,5·8,5	34	4·8,5	49,5	5,5·9	68,75	5,5·12,5	94,25	6,5·14,5	130	10·13	217	14·15,5
22	2·11	34,5	3·11,5	50	5·10	69	6·11,5	94,5	7·13,5	130,5	9·14,5	225	15·15
22	4·5,5	35	3,5·10	50	4·12,5	70	7·10	94,5	9·10,5	131,25	10,5·12,5	225	9·25
22,5	2,5·9	35	5·7	51	6·8,5	70	5·14	95	9,5·10	132	11·12	230	11,5·20
22,5	3·7,5	35	2,5·14	51,75	4,5·11,5	71,25	7,5·9,5	96	8·12	133	9,5·14	240	12·20
22,5	4,5·5	36	3·12	52	6,5·8	71,5	6,5·11	97,5	6,5·15	135	10·13,5	240	8·30
22,75	3,5·6,5	36	4·9	52	4·13	71,5	5,5·13	97,5	7,5·13	135	9·15	240	6·40
23	2·11,5	36	4,5·8	52,25	5,5·9,5	72	6·12	97,75	8,5·11,5	136,5	10,5·13	250	10·25
23,75	2,5·9,5	36,25	2,5·14,5	52,5	5·10,5	72	8·9	98	7·14	137,5	11·12,5	250	12,5·20

Erklärung: Da 6½ engl. Zoll fast genau 165 mm sind, so kann man bei einer Leitspindel mit Zollgewinde verschiedene Ganghöhen ohne 127er Rad schneiden. Wir erhalten für die Übersetzung die Formel (mm-Gewinde gesucht):

$$\frac{6{,}5 \times \text{Gangzahl der Leitspindel} \times \text{Gewindeganghöhe des Werkstücks in mm}}{165}$$

Aufgabe: Mit Leitspindel 4 Gang/1" soll Gewinde von 3 mm Ganghöhe geschnitten werden

Lösung: $\frac{6{,}5 \cdot 4 \cdot 3}{165} = \frac{6{,}5 \cdot 12}{11 \cdot 15} = \frac{65 \cdot 120}{110 \cdot 150}$ oder $\frac{65 \cdot 40}{110 \cdot 50}$ Zähne

Hat die Leitspindel mm-Gewinde und soll Zollgewinde geschnitten werden, so gilt die Formel

$$\frac{165}{\text{Gewindeganghöhe der Leitspindel in mm} \times \text{Gewindegangzahl des Werkstücks} \times 6{,}5}$$

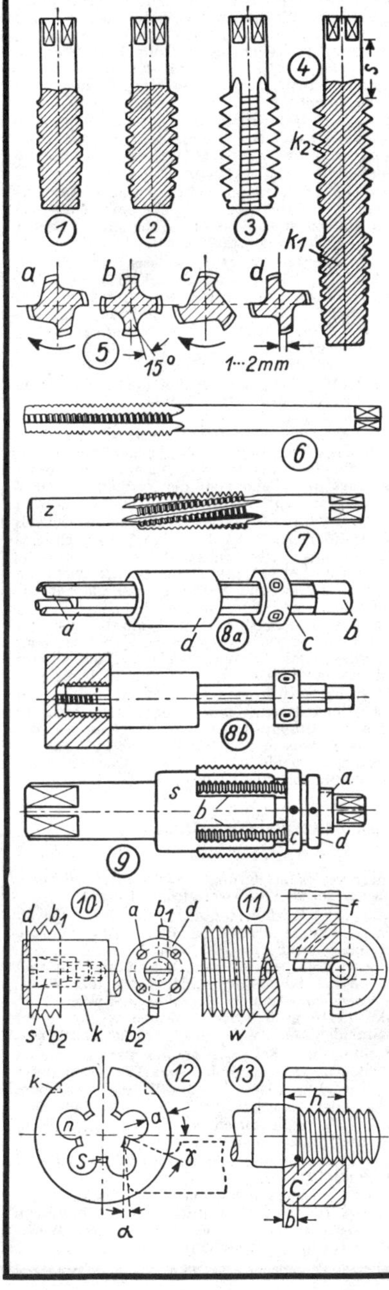

K. Schneidende Werkzeuge (Fortsetzung)

VIII. Gewindeschneiden von Hand

Die gebräuchlichsten Werkzeuge zum Schneiden von Muttergewinde **(Innengewinde)** sind Gewindebohrer. Genaue und billige Herstellung von Gewinden in kleineren Löchern. Größere Gewinde werden mit Gewindemeißeln auf der Drehmaschine geschnitten.

Gewindebohrer (1···3), Grundform Schraubenbolzen. Verwendet wird meist ein Satz von 3 Stück. **Vorschneider (1),** im ganzen kegelig; **Mittelschneider (2),** Spitze kegelig; **Fertigschneider (3),** zylindrisch mit vollen Zähnen.

Handmutterbohrer (4) für durchgehende Löcher erzeugt durch einmaliges Schneiden sauberes Gewinde. Er hat 2 (bis 4) Gewindekegel k_1 und k_2. Schaft *s* ist 1½mal so lang, wie Mutter hoch bzw. Loch tief ist.

Querschnitte von Gewindebohrern (5a···d) mit verschiedenen Nutenformen. Zur Bildung von Schneidkanten werden in den Dorn 3 oder 4 Nuten (Furchen) eingefräst, die den Schmiermitteln freien Zutritt, den Spänen freien Austritt gewähren. **(5d)** hat Schneidfase 1···2 mm und ist hinterdreht; bessere Schneidwirkung, Vermeidung von Reibung.

Maschinenmutterbohrer (6). Schaft ist so lang, daß 3 und mehr Muttern hintereinander geschnitten werden können.

Maschinenbackenbohrer (7) hat Führungszapfen *z* und eine größere Anzahl Spiralnuten.

Werkzeug zum **Herausziehen abgebrochener Gewindebohrerstücke (8a)** und **(8b).** Bei Anwendung reinige man zuerst die Bruchstelle von allen Spänen. Dann werden die vorgeschobenen Stahlblätter *a* in die Nuten des abgebrochenen Bohrers eingeführt und durch Schrauben im Bund *c* festgestellt. Das Herausziehen geschieht durch Drehen des Werkzeuges mittels Windeisens, das auf Vierkant *b* aufgesetzt wird. Hülse *d* dient zum Festhalten und zur Führung der Stahlblätter.

Nachstellbarer Gewindebohrer (9) mit regelbarem Gewindedurchmesser eignet sich für größere Gewinde in Grauguß. Schaft *s* hat eingesetzte Backen *b*, die durch Drehen des konischen Bolzens *a* in ihrer Durchmesserlage verstellt werden können. Mutter *c* dient zum Festklemmen der eingestellten Gewindebacken, Mutter *d* zum Feststellen des Bolzens *a*. Einfacher ist der **nachstellbare Gewindebohrer (10)** zum Nachschneiden von Rohrgewinden, deren Gewindedurchmesser bei den einzelnen Rohrlieferungen verschieden ausfallen. Das Verstellen der beiden schmalen Schneidbacken b_1 und b_2 im Körper *k* geschieht durch die kegelige Nachstellschraube *s*. Die Gewindeschneidbacken b_1 und b_2 werden durch Deckplatte *d* mittels Schrauben *a* im Körper gehalten. Die **Herstellung der Gewindeschneidbacken** zeigt **(11).** Ein Stück Werkzeugstahl *w* wird mit entsprechendem Gewinde und mit kegeligem Loch für die Nachstellschraube *s* versehen. Danach erfolgt viermaliges Ausfräsen durch Fräser *f*, so daß nur 4 Schneidmesser übrigbleiben, von denen nur je 2 gegenüberliegende verwandt werden dürfen. In der Abbildung ist links unten bereits ausgefräst.

Schneideisen (12) in Vorderansicht, (13) Seitenansicht im Schnitt, werden zum Schneiden von Außengewinden benutzt. Die Schneidkanten *s* sind durch Bohren von Nuten (Spanlöchern) *n* (3 bis 5) entstanden. Winkel α ist der Anstellwinkel, γ der Spanwinkel (bis zu 20°). Wanddicke *a* darf wegen Bruchgefahr nicht zu schwach gemacht werden. Der eingestrichelte Drehmeißel zeigt die Schneidwirkung. Die Länge *h* des Schneideisens wird bei normaler Steigung ungefähr gleich dem Gewindedurchmesser gewählt. Anschnitt *b* des Schneideisens reicht bis Punkt *c*; danach erfolgt selbsttätiger Vorschub. Die Einbohrungen *k* dienen zum Festhalten durch Stellschrauben; siehe **(14)** *t*.

K. Schneidende Werkzeuge (Fortsetzung)

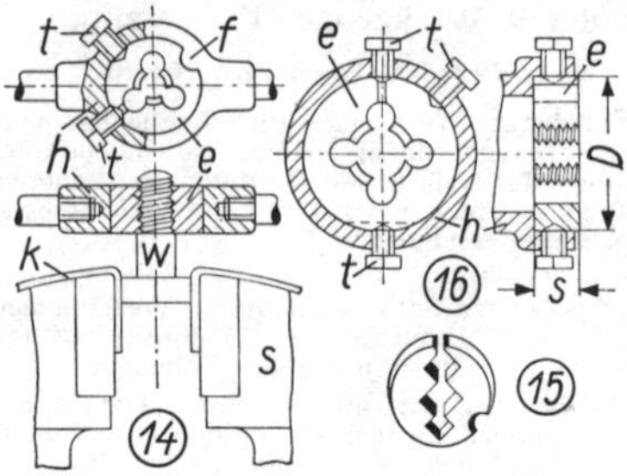

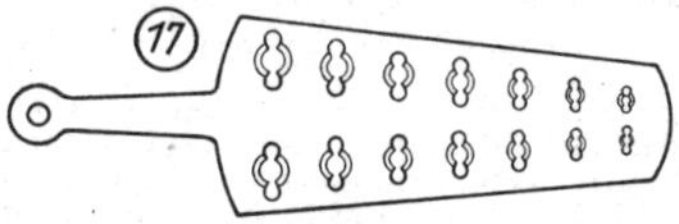

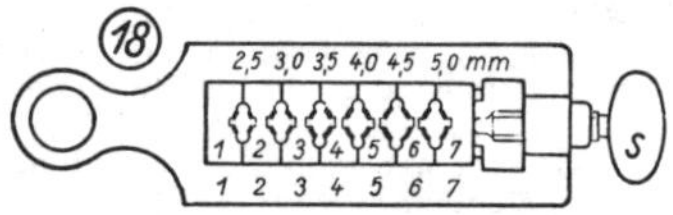

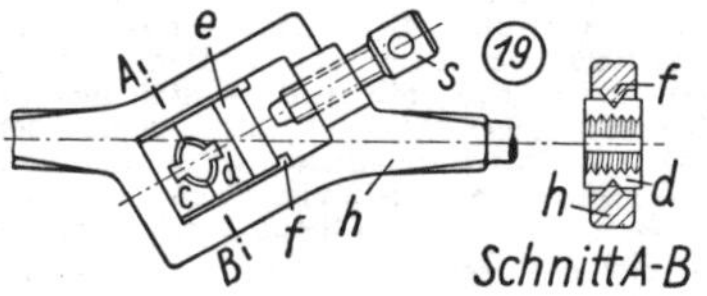

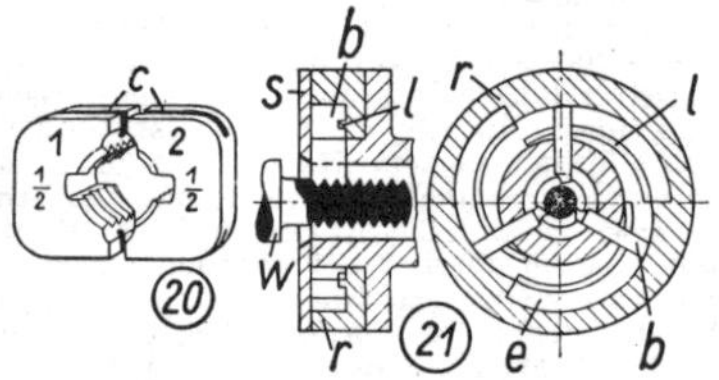

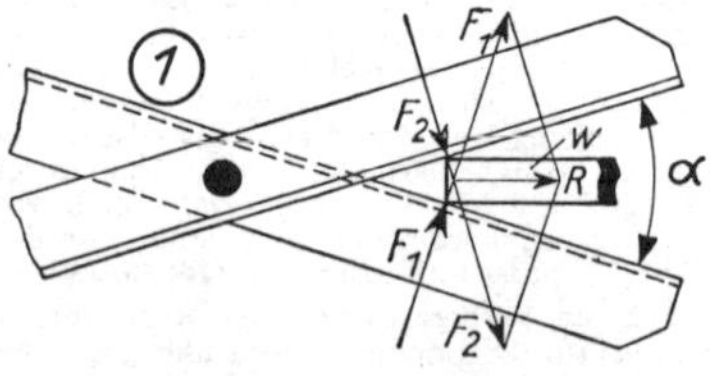

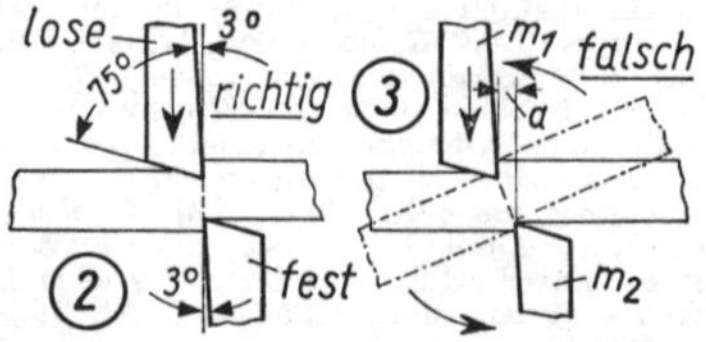

Eine **Schneidkluppe** für **runde Backen** nach **(12)** ist in **(14)** beim Schneiden eines Schraubenbolzens dargestellt. Schneideisen *e* ist geschlitzt, damit es federt. Aussparung und Wulst *f* des Halters *h* passen genau zueinander. Schrauben *t* dienen zur Sicherung und zum Festklemmen. — Der **Einsatz (15)** paßt genau in die Kluppe **(14)**, die dann als Windeisen dient. Beim Schneiden ist auf genau horizontale Lage zu achten.

Auf **Revolverdrehmaschinen** kann das Schneideisen in **besonderem Schneideisenhalter** *h* verwandt werden **(16).** Befestigung und Sicherung wie bei **(14)**; ebenso Beseitigung von Ungenauigkeiten durch Stellschrauben *t*.

Schneideisen (17), aus einem Stück, kann 7 Gewinde mit verschiedenem Durchmesser schneiden; Gewindegrößen steigen um 0,5 mm; für jede Größe sind 2 Löcher (Vor- und Nachschneider) vorhanden.

Schneid- oder Ringkluppe (18), bessere Ausführung, genaueres Schneiden des Gewindes. Bei **(17)** muß der zu schneidende Bolzen oben etwas angespitzt werden; Gewinde wird mehr gedrückt als geschnitten. Dagegen werden hier zwei Backen 1 und 2 bzw. 2 und 3 usw. so weit auseinandergeschoben, daß sie bequem über den Bolzen gehen. Nachstellen mittels Stellschraube *s*.

Schneidkluppe (19); Vorgang wie bei **(18).** Die beiden Backen *c* und *d* werden im Halter *h* durch 2 Nuten bzw. Federn *f* gehalten. Nachstellen der Backen durch Druckstück *e* mittels Schraube *s*, bis Gewinde vorschriftsmäßig geschnitten ist. Zu dieser Schneidkluppe gehören immer mehrere Sätze Schneidbacken mit verschiedenen Gewindegrößen. **(20)** zeigt die beiden **Schneidbacken** für eine Rekordschneidkluppe mit Führungsleisten *c* (Firma Hommel, Mainz). Herstellung und Anwendung ähnlich **(19).**

Gewindeschneidkopf (21) wird auf Gewindeschneidmaschinen verwendet. Die Schneidbacken *b*, dünne Stahlplatten (ähnlich bei **(10)**), sind in radialer Richtung verschiebbar. Das Öffnen und Schließen der Backen erfolgt durch Drehen des Schließringes *r*. Dieser greift mit drei exzentrischen Leisten *l* in Einkerbungen der Schneidbacken *b*, die je nach Drehrichtung geöffnet oder geschlossen werden. Der Arbeitsdruck der Backen wird durch die exzentrischen Flächen *e* des Schließringes aufgenommen (*w* = Werkstück, *s* = Deckplatte).

Werkstoff der Gewindeschneidwerkzeuge: Meist legierter Stahl (mittelharter Manganstahl) wird langsam dunkelrot erwärmt und in Wasser von 20° C schnell abgekühlt. Erwärmung erfolgt vorteilhaft in einem Gasrohr, ausgefüllt mit Holzkohlenstaub; Öffnungen mit Lehm verschmieren.

L. Scherende Werkzeuge

I. Scheren

Es wird dauernde Formänderung erreicht durch Trennen. Anwendung des Gesetzes vom zweiseitigen Hebel.

Schervorgang (1). Kraftverteilung nach Kräfteparallelogramm. Aus den senkrecht zu den Schneiden gerichteten Kräften F_1 und F_2 ergibt sich die resultierende Kraft *R*. Solange die Reibung zwischen Schneiden und Werkstück *w* kleiner ist als *R*, schiebt sich das Werkstück zwischen den Schneiden heraus. Je näher Werkstück am Drehpunkt, desto größer der Scherdruck. Bei einem Winkel der Schneiden von etwa $\alpha = 15°$ erfolgt Abscheren.

Richtige Stellung der Scherblätter bei **Parallelscheren (2).** Die Schneiden müssen möglichst scharf nebeneinander arbeiten, um eine gute, glatte Schnittfläche zu ergeben.

Falsche Stellung der Scherblätter (3). Zu großer Zwischenraum *a*: Werkstück wird durch m_2 rechts nach oben, durch m_1 links nach unten gedrückt.

Schema einer Parallelschere (4). Oberes Messer (Scherblatt) m_1 ist beweglich von oben nach unten und umgekehrt, während unteres Scherblatt m_2 festsitzt. m_1 ist gegen m_2 um $\approx 12°$ geneigt, wodurch eine allmähliche Trennung des Werkstückes erfolgt. Kippen des Werkstückes ist durch Halter *v* vermieden.

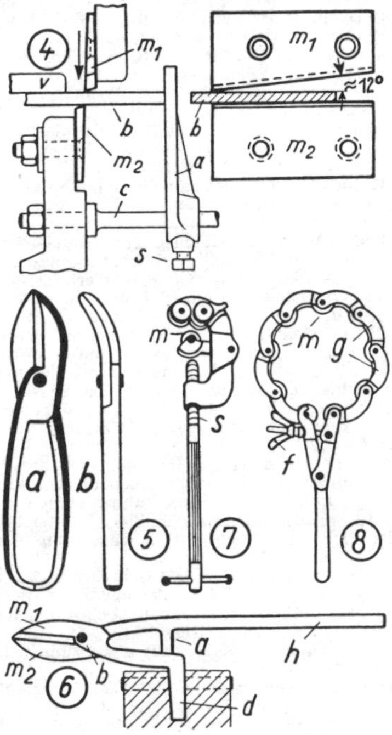

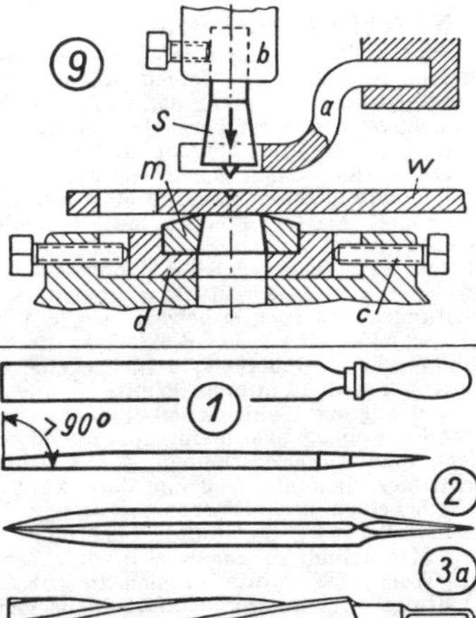

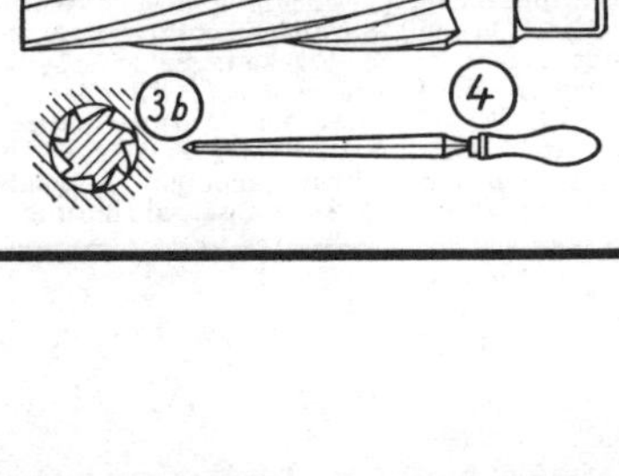

L. Scherende Werkzeuge (Fortsetzung)

Anschlag *a* auf Stange *c* ist verstellbar und durch Schraube *s* festzustellen. Antrieb des oberen Scherblattes erfolgt meist durch Exzenter. — Verwendung der **Maschinenscheren** (Parallel- und Profilscheren) für dickere Bleche bis zu 20 mm und für Profilstähle großer Dimensionen.

Maschinenkreisscheren werden für kreisförmige oder geschweifte Schnitte (nur für dünne Bleche) angewendet. Das Schneiden geschieht hierbei mittels zweier gehärteter und geriefter Kreismesser, deren Schnittgeschwindigkeit etwa 1,5 m/min beträgt. Die Kreismesser stehen zueinander geneigt. Ihr Antrieb erfolgt durch Elektromotor (oder Transmission) über ein Kegelräderpaar, das beide Messer mit gleicher Geschwindigkeit bewegt.

Handscheren (5). Verwendung für dünnere Werkstücke (Bleche, Draht usw.). Zweckmäßig hinten im Maul schneiden: größere Kraftausnutzung. **Ausführung** *a* mit **geradem,** *b* mit **gebogenem** Maul.

Stockschere (6). Winkelschere aus bestem Stahl für dickere Bleche, Stab- und Bandstahl. Oberes Scherblatt m_1 steht fest, unteres m_2 ist um **Bolzen** *b* mittels Hebels *h* drehbar. Dorn *d* wird im Schraubstock oder in einem Holzklotz fest eingeklemmt; *a* = Anschlag.

Gasrohrabschneider (7) ist mit einem Schneidrädchen und 4 stählernen Laufrollen (zur Verhinderung der Reibung) ausgestattet. Messer (Schneidrad) *m* wird durch Anziehen der Schraubenspindel *s* an das Rohr gedrückt. Bewegung beim Abschneiden des Rohres nur in einer Richtung.

Rohrabschneider (8) wird verwandt für Leitungsrohre mit größeren Durchmessern (Straßenrohre). Anzahl der Schneidrädchen *m* kann durch Ein- bzw. Ausschaltung der Gelenkglieder *g* geregelt werden; Verwertung für verschiedene Rohrdurchmesser. Anziehen der Messer durch Flügelmutter *f*.

II. Lochen und Stanzen

Lochen ist ein dem Scheren ähnlicher Vorgang; die Schneide bildet hierbei eine geschlossene Linie.

Schema der Lochmaschine (9), Lochstempel *s* (nach oben kegelig) ist im Stößel *b* festgeschraubt. Lochring oder Matrize *m* ist im Unterteil *d* durch Schrauben *c* festgeklemmt. Werkstück *w* liegt zwischen Stempel und Matrize (unlegierter und legierter Stahl), Abstreifer *a* dient zum Abstreifen des gelochten Werkstückes beim Hochgehen des Stempels. — Ausführung von Stempel und Matrize mit den verschiedensten Querschnitten. Antrieb von Hand (Handstanzen, Spindelpressen), bei größeren Teilen durch Maschinenkraft (Exzenter).

Stanzen ist derselbe Vorgang, Einrichtung die gleiche. Das Werkstück, Blech von bestimmter Form, wird aus einer Blechtafel (Blechband) herausgestoßen. — Verwendung bei Massenherstellung: Scharniere, Beschläge, Klingen, Gallsche Kettenglieder, Zahnräder (für Fahrräder), Münzen. — **Schnittwiderstand = Lochumfang × Blechdicke × Scherfestigkeit.**

M. Werkzeuge zum Schaben und Räumen

Flachschaber (1) dient zur Erhöhung der Genauigkeit (Glätten) einer gefeilten oder gehobelten ebenen Fläche. Eindringen des Schabers in den Werkstoff darf nicht stattfinden. — **Dreikantschaber (2)** für runde Flächen. **Handreibahle (3a),** zylindrisch, mit Vierkant, wird ausgeführt mit Spiral- und geraden Nuten.

M. Werkzeuge zum Schaben und Räumen
(Fortsetzung)

(5)
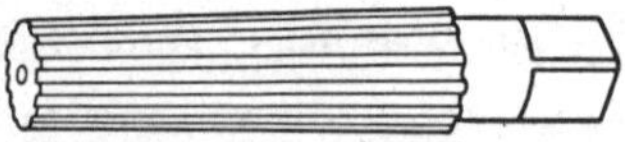

(6)
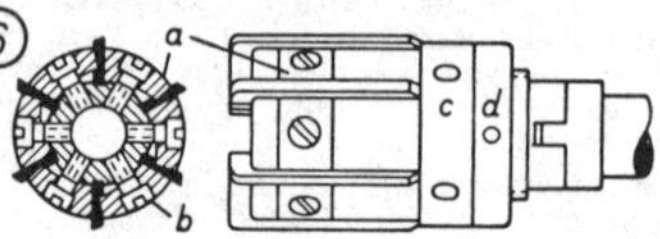

(7)
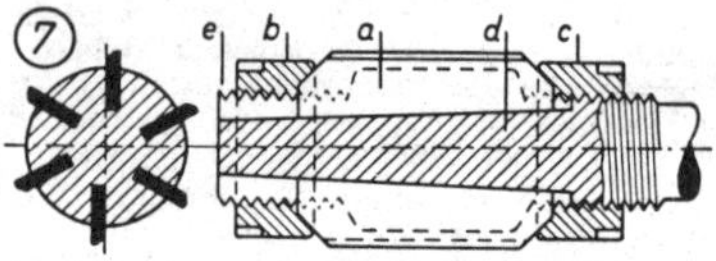

(8)
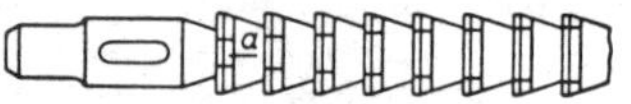

(9)
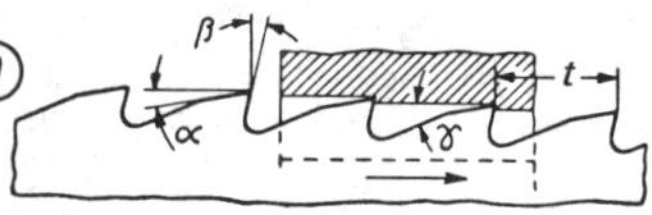

(10)
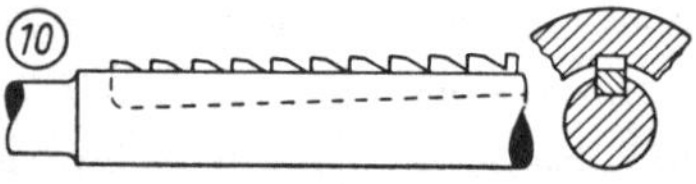

(11)

Reibahlen dienen zum Erweitern, Glätten eines vorgebohrten Loches und werden von 1,5···50 mm ⌀ hergestellt. — **Querschnitt der Reibahle (3b)**, v. S. 175, zeigt ungerade Zähnezahl. Dies ist günstig, da einem schneidenden Zahn stets zwei Stützpunkte gegenüberliegen: Erzeugung sauberer Löcher, bessere Führung und Überwindung der „Ratterstelle". Noch günstiger arbeiten Reibahlen mit ungleicher Teilung.

Handreibahle (4), v. S. 175, mit Holzheft, vierkantig, gebraucht man für kleine Löcher in Blechen usw.; ungenaues Arbeiten. Vgl. (2), S. 175.

Fertigreibahle (5) verwendet man für **konische** Löcher; Konizität ist verschieden; Nuten gerade. Anwendung von Vor-, Nach- und Schlichtreibahlen.

Nachstellbare Maschinenreibahlen (6) (Aufsteckreibahlen) werden in Bohrmaschinen oder Drehmaschinen eingespannt. Die Befestigung der Messer erfolgt durch Klemmstücke *a* mittels Schrauben *b* und durch Ringmuttern *c* und *d*.

Nachstellbare Reibahle (7). Der Körper *d* hat Schlitze *e*, in die Messer *a* eingesetzt sind, welche durch Muttern *b* und *c* gehalten werden. Die Muttern werden nach links oder rechts geschraubt, wodurch die Messer auf dem Kegel *d* verstellt werden. Die Messer bewegen sich dabei in konischen Schlitzen *e*, die in dem Körper *d* angebracht sind.

Räumnadel (8) wird verwendet, um den kreisförmigen Querschnitt eines Loches in einen quadratischen (oder andern) umzuwandeln. Die Zähne werden vom Angriffspunkt *a* aus allmählich größer, während ihr Querschnitt sich allmählich der gewünschten Form nähert.

Wirkungsweise der Nutenräumnadel (9). Freiwinkel $\alpha = 3°$, Spanwinkel $\beta = 6 \cdots 8°$, $\gamma = 25°$. Zahnteilung *t* richtet sich nach Länge des auszuräumenden Loches und nach Art des Werkstoffes. Gleichzeitig im Eingriff sind bis zu 3 Zähne. — **Nutenräumnadel (10)** dient zum Ziehen (Räumen) von Keilnuten.

Arten von Räumlöchern zeigt **(11)** bei Verwendung von **(8)**. Herstellung auf besonderen Ziehbänken. — **Werkstoff:** Sorgfältig gehärteter Werkzeugstahl. Bei ungleichem Eingreifen Bruch der Nadel.

N. Schleifen und Polieren

(1)
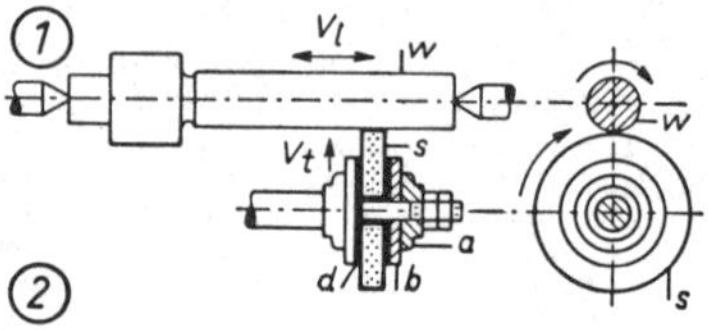

(2)
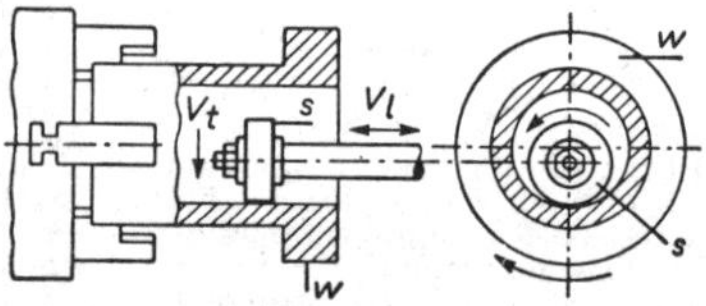

(3a)
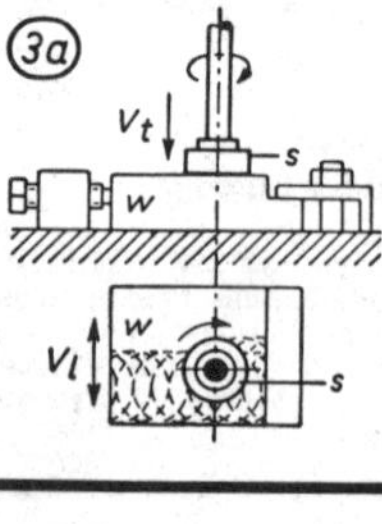

(3b)
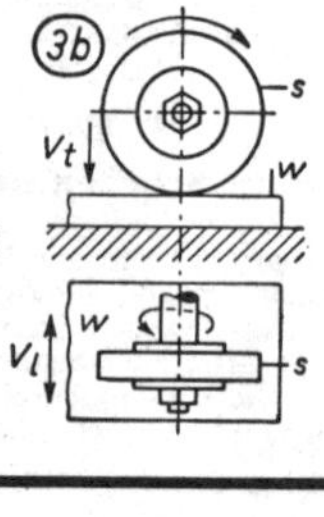

Abnahme sehr kleiner Späne vom Werkstück durch den Schleifstein mittels seiner feinen Körner. Diese Bearbeitung erfolgt im Anschluß an das Drehen, Fräsen, Hobeln, wenn äußerst glatte Oberfläche verlangt oder höchste Ansprüche an die Maßgenauigkeit gestellt werden. Insbesondere werden gehärtete Teile (z. B. Schnitte, Kolbenbolzen) scharf bzw. auf Maß geschliffen. Erzeugung äußerst glatter Flächen auf besonderen Schleifmaschinen.

Rundschleifen (1), Außenschleifen von Wellen u. dgl. Schleifscheibe *s* und Werkstück *w* drehen sich in gleicher Richtung. Werkstück *w* bewegt sich in Längsrichtung V_l, Schleifscheibe *s* senkrecht dazu in Richtung V_t. Umfangsgeschwindigkeit: Schleifscheibe etwa 30 m/s; Werkstück etwa 12 m/min. Schnittiefe ungefähr $^1/_{50}$ mm. — **Befestigung:** Schleifscheibe *s* ist zwischen hohlgedrehten Flanschen *b* bzw. *a* eingespannt. Zwischen *s* und *b* legt man Unterlegscheiben *d* aus Gummi, Leder, Löschpapier, ungefähr 2···3 mm dick. Flansch *b* deckt etwa $^2/_3$ Scheibendurchmesser.

Innenschleifen (2) wird angewandt bei Herstellung von genauen Hohlzylindern, **Buchsen** u. dgl. Schleifstein *s* und Werkstück *w* drehen sich in entgegengesetzter Richtung. Verwendung **kleiner Schleifscheiben: kleine Berührungsfläche** (Vermeidung großer Wärme).

Planschleifen, (3a) mit **Stirnfläche, (3b)** mit **Mantelfläche** ergibt genau ebene Flächen. Schleifscheibe *s* macht Vorschub, Werkstück *w* steht still oder kann auch in Richtung *Vl* bewegt werden. Werktisch auch als Magnetbett ausgeführt. — In letzter Zeit bildet man Planschleifscheiben mit Schleifsegmenten (Aussparungen) aus: bessere Kühlung, bessere Späneabführung.

15

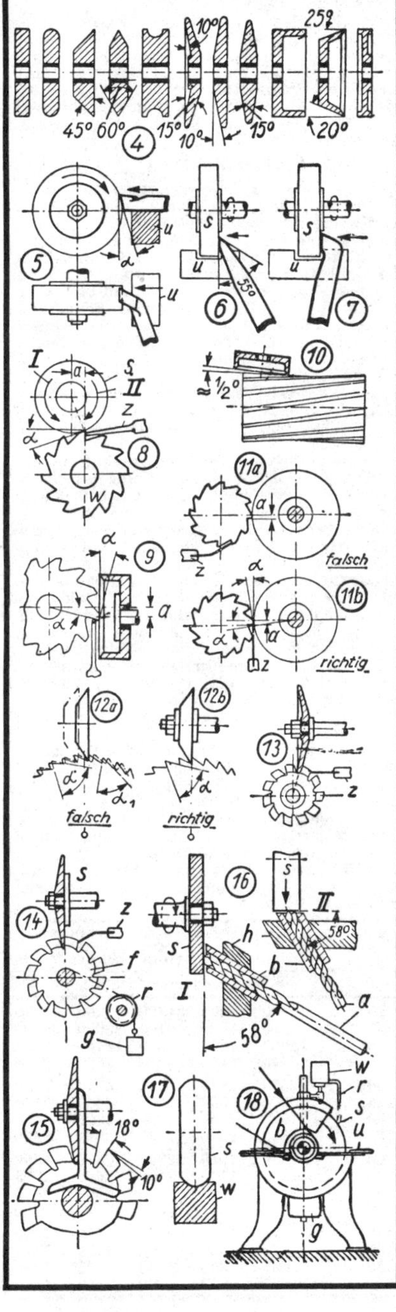

N. Schleifen und Polieren (Fortsetzung)

Arten und Formen der Schleifscheiben (4). Herstellung von kleinsten Scheiben von 0,4 mm Dicke bis zu 50 mm Dicke und 600 mm ⌀. Bohrungen mit Blei ausgießen.

Das Schleifen von einschneidigen Werkzeugen erfolgt meist von Hand, von zwei- oder mehrschneidigen mittels Maschine. Schutzscheibe gegen Funkenflug verwenden!

Schleifen eines Seitenschruppmeißels (5) und ähnlicher nur an der vorderen Fläche. Richtige Meißelwinkel einhalten; mit Schablone prüfen. Als Auflage dient verstellbare Unterlage *u*; Vorschub in Pfeilrichtung; Umlaufrichtung der Schleifscheibe entgegengesetzt dem Pfeil ist falsch.

Anschleifen eines Meißels (6) auf der Seitenfläche der Scheibe *s*; richtigen Meißelwinkel beachten (40°···75°, meistens 55°) und richtigen Umlauf der Scheibe.

Anschleifen des Hobelmeißels (7) geschieht nur auf der Brustfläche, auch bei Hakenstählen.

Schleifen eines hinterschliffenen Fräsers. Mittels **Flach- oder Tellerscheibe (8), besser Topfscheibe (9).** Gebräuchlich ist Drehrichtung **I** des Werkzeuges *s*; Werkstück *w* wird gegen die Stütze *z* (Zunge oder Finger genannt) gedrückt. Nachteil: Gratbildung. Drehrichtung **II:** Abnahme kräftiger Späne, glatte Schneide. Andrücken des Werkstücks *w* gegen die Zunge durch Gewicht, siehe **(14).** Um Anstellwinkel α zu erhalten, wird Fräser- und Scheibenachse um Stück *a* versetzt. Bei Schruppfräsern wird $\alpha = 4°\cdots8°$, bei Schlichtfräsern, Reibahlen $\alpha = 3°\cdots6°$. — Bei **(9)** ist Achsenstellung $a = \frac{D}{2} \cdot \sin \alpha$ (D = Fräserdurchmesser). Die aufwärts laufende Kante arbeitet. Einstellung meist nach Augenmaß. — **Einstellen der Topfscheibe beim Walzenfräser (10).** — Weiterrücken des Fräsers um einen Zahn geschieht mittels Teilvorrichtung.

Schleifen von kegeligen Fräsern und Reibahlen. Falsches Einstellen (11a). Werkstück- und Schleifscheibenmitte dürfen nicht zusammenfallen; falsche Lage der Zunge *z*. — **Richtiges Einstellen (11b).** Scheibenachse liegt höher als Werkstückachse; Zunge *z* gleich hinter dem zu schleifenden Zahn.

Schleifen von Kreissägeblättern. Falsches Einstellen (12a): Zahn wird zu spitz; gestrichelte Darstellung: Zahn zu stumpf. — **Richtige Einstellung (12b):** Zahnform richtig, genau radial geschliffen.

Schleifen eines hinterdrehten Formfräsers (13) geschieht genau radial an der Zahnbrust mit kegeliger Außenfläche einer Tellerscheibe.

Schleifen eines Formfräsers (14), genau radial mit Innenfläche einer Tellerscheibe *s*; ebenso Schleifen von Reibahlen. Fräser *f* wird mittels eines über Rolle *r* laufenden Gewichtszuges *g* gegen Zunge *z* gedrückt. Gleicher Gewichtszug bei (8), (9), (11a), (11b).

Fräserschleiflehre (15) dient zum Einstellen der Schleifscheibe und zum Nachprüfen der radialen Schneidbrust; sie wird mit 2 Schenkeln auf den Fräsdorn aufgesetzt.

Schleifen von Spiralbohrern (16), einfache und vorteilhafte Art **I auf der Stirnfläche, II auf der Mantelfläche** der Schleifscheibe *s*. Bohrer *a* wird in passende Buchse *b* des Buchsenhalters *h* gesteckt und somit auf genauen Winkel geschliffen. Zu der Maschine gehören mehrere auswechselbare Buchsenhalter für je 10 verschiedene Bohrungen.

Formschleifen (z. B. Hohlschleifen) (17) mittels Formschleifscheibe.

Schleifstein (18), einfachste Schleifmaschine, Sandstein *s*, bis 1½ m ⌀, ist in einem Trog mit Sammelgefäß *g* gelagert; Drehung mittels Riemenantrieb oder von Hand. Naßschleifen, Kühlwasserzufuhr aus Behälter *w* durch Rohr *r*. Stein nicht im Wasser hängen lassen; Wasser ablassen. — Die Schleifstücke werden auf Unterlage *u* aufgelegt.

Schleifmaschine

N. Schleifen und Polieren (Fortsetzung)

Diamantfreie Abrichtgeräte (19) mit Schneidrädchen aus gehärtetem Stahl 15 u. 25 mm ⌀ dienen zum Abrichten von Schleifscheiben. Schleifscheibe erhält vorschriftsmäßige Form, Gefüge wird wirkungsvoll aufgerauht. Anwendung: Achsen des Abrichträdchens und der Schleifscheibe laufen parallel; bei Stirnflächen winkelrecht. Abrichtzustellung bei gewöhnlichen Scheiben 0,02···0,03 mm, bei harten Scheiben 0,01 mm je Hub. Möglichst naß abrichten!

Einzel-Abricht-Diamanten (20): Üblich ist das Einlöten der Diamanten unter Verwendung von Hartlot. Einzel-Abrichtdiamanten sollen unterhalb Scheibenmitte bei 5—15° Neigung des Halters zum Angriff kommen.

Diamant-Igel (21) bestehen aus harten Naturdiamanten bzw. kleinen Diamantkörnern, von denen eine Mehrzahl — in Hartstoff eingebettet — gleichzeitig zum Angriff gelangt. Man spart Zeit beim Abrichten, da größere seitliche Vorschübe gegeben werden können. Die Diamant-Igel sind weniger empfindlich und lassen sich ohne Umfassen restlos aufbrauchen.

15

Schleifpapier und Schleifleinen. Schleifrohstoffe sind Siliziumkarbid, Bor- und Wolframkarbid, Elektrokorund, zur Herstellung wird als Rohstoff Bauxit verwendet. Zusammensetzung: Al_2O_3 + Fe_2O_3 + SiO_2 + TiO_2; Anteil von Al_2O_3 etwa 90 bis 99%.

Schleifmittelträger sind Papier, Nessel und Baumwollkörper. Als Klebestoff verwendet man für Trockenschleifstoffe Haut- oder Lederleim. Herstellung von Schleifpapier und Schleifleinen heute im elektrostatischen Verfahren. Das Schleifkorn wird in einem elektrostatischen Feld aufgetragen und stellt sich unter dem Einfluß des magnetischen Feldes in günstiger Lage auf. Bei dem Verfahren werden die Schleifkörner hochgestellt, da sie gezwungen werden, im elektrostatischen Feld von rd. 100000 Volt der Richtung der Kraftlinien zu folgen. Bei diesem Verfahren (elektr. Streuverfahren) werden die Schleifkörner auch gleichmäßig auf den Schleifmittelträger verteilt.

Bürstenscheiben dieenn zum Gußputzen u. dgl. Auf dem Mantel der Holzscheibe sind Stahldrähte von 0,2 mm ⌀ und 30 mm Länge büschelartig angebracht.

Metallscheiben (Kupfer, Weißmetall, Blei). Schleifpulver, mit Bindemittel vermengt, wird in den Scheibenmantel eingedrückt.

Polierscheiben aus Holz haben **Lederbezug** (am besten Walroßleder) mit eingepreßtem Schmirgel; etwa 500 mm ⌀ und 50 mm Breite.

Filzscheiben (billiger). **Grobscheiben** haben 2 mm Schmirgelschicht, **Feinscheiben** Talg mit Polierrot. — **Scheiben mit Stoffbezug:** Schmirgel wird aufgeleimt.

Schwabbelscheiben haben lose zusammengedrückte Lagen aus **Stoff** (mit Polierrot oder Paste). Sie dienen zum Hochglanzpolieren; **Poliermittel** (Polierrot: Wienerkalk, Zinnasche, Holzkohle u. dgl.) werden mittels Stearinöl oder Wachs aufgetragen.

Abziehsteine, Ölsteine werden zum Feinschleifen, Nachschleifen von Hand benutzt für Messer, Schaber, Handstähle.

Schleifscheiben

Schleifmittel sind Schmirgel (Abart des Korundes), natürlicher und künstlicher **Korund** und **Siliciumcarbid. Korund** bzw. Schmirgel kommt aus Naxos und Kleinasien; Korund ist neben Diamant härtestes Mineral. **Elektro-Korund** wird verwandt zum Schleifen von Stahl, Temperguß, Schmiedestahl und Glas; **Quarz** (Sand) wird lose verwandt oder auf Stoff oder Papier (Sandpapier) aufgeklebt (siehe Schmirgelleinen), ferner als Sand- oder Abziehstein. Künstlicher Sandstein zum Trockenschleifen entsteht durch Zusammenschmelzen von 55% Quarz und 45% Alaun.

Bei den **künstlich hergestellten** Schleifscheiben (Elektrit, Alumdum, Karborund usw.) unterscheidet man **vegetabile, mineralische** und **keramische** Bindung der Körner.

Vegetabilische Bindung für Trockenschliff erfolgt durch Öl oder Leim, für Naßschliff aus Schellack, Harz, Gummi. Anwendung bei **dünnen** Scheiben und **Profilscheiben.** Fest und elastisch. Rasche, aber teure Herstellung. **Verwendung:** Schärfen von Werkzeugen für Holzbearbeitung; Blankschleifen. — Vor Öl und Laugen schützen.

Mineralische Bindung ist eine Magnesiabindung (gegen Nässe empfindlich) oder Silikatbindung (Wasserglasbindung). Die Scheiben werden in Formen gepreßt, getrocknet, gebacken (≈ 320°). **Verwendung** für Trockenschliff von Messern, Scheren, Reibahlen, Stählen, Fräsern. — Schleifscheiben werden zur Erhöhung der Festigkeit auch mit Stahldrahteinlagen ausgeführt, bis 1500 mm ⌀, 300 mm Breite. Unelastisch, nur für niedrige Temperatur geeignet.

Keramische oder hochgebrannte (Ton-)Bindung. Bindemittel Ton oder Flußspat. Eigenschaften: porös, frei schneidend, unelastisch, rein und gleichmäßig hart; gegen Öl, Wasser und Hitze unempfindlich. **Herstellung:** Gießen der zusammengemengten, teigartigen Masse in Formen, warm trocknen, vordrehen, 3···5 Tage lang brennen bei Weißglut (bis 2000° C), langsam abkühlen (etwa 6 Tage). Teure Herstellung — hohe Leistung. Scheiben bis 1000 mm ⌀.

Schleif-scheiben-⌀ mm	Umfangsgeschwindigkeit in m/s				
	15 m	20 m	25 m	30 m	35 m
	Schleifscheibendrehzahl U/min				
15	19100	25500	31800	38200	44600
25	11500	15300	19100	23000	26750
50	5920	7650	9550	11450	13400
75	3825	5100	6380	7650	9000
100	2870	3825	4775	5730	6700
125	2300	3000	3800	4600	5300
150	1900	2550	3200	3800	4450
175	1630	2200	2730	3270	3800
200	1430	1910	2390	2875	3350
225	1275	1700	2100	2550	2975
250	1150	1525	1900	2300	2675
300	950	1275	1590	1900	2230
350	820	1090	1370	1640	1900
400	725	960	1200	1450	1675
450	635	850	1060	1275	1485
500	575	770	960	1150	1340

Arbeits- und Werkzeugkunde

Diamant-Schleifscheiben

Alle Hartmetalle, Germanium, Glas, Quarz, Steatit, Porzellan, Kohle, harte Natur- und Kunststeine, feuerfestes Material, Achat, Saphir, Rubin, harte Kunststoffe, gehärtete Stähle ab Rockwell 64 können mit Diamant geschliffen werden. Unter Schleifen versteht man eine Werkstoffabtragung mit gebundenem Korn. Der Diamantschleifkörper ist mittels metallischer oder Kunstharzbindung auf den metallenen Scheiben-Grundkörper aufgetragen. Die Auswahl der Bindung ist abhängig von dem zu schleifenden Material und der gewünschten Schliffgüte. Je härter die Bindung, um so größer ist die Profilhaltigkeit der Schleifscheibe.

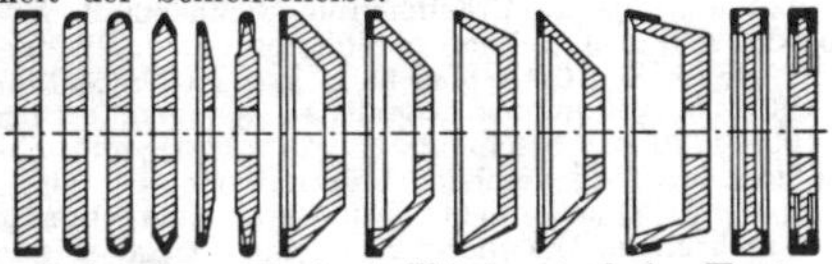

H-Scheiben (Hartmetallbindung): hohe Kantenfestigkeit. Verwendung: Form-, Kanten- und Profilschleifen, Vor- und Feinschleifen von Hartmetallkalibern und Hartmetallgewindewerkzeugen.

St-Scheiben (Stahlbindung) zum Vorschleifen, schleiffreudiger als hartmetallgebundene Scheiben, aber schnellere Verformung des Profils.

BZ-Scheiben (Bronzebindung) zum Vor- und Feinschleifen von ein- und mehrschneidigen Hartmetall-Werkzeugen sowie Kalibern, Meß- und Tastflächen, kleinen Hartmetallbohrungen, Glas, Quarz, Porzellan und anderen keramischen Stoffen, Edelsteinen.

K-Scheiben (Kunstharzbindung): Herstellung feinster Hartmetall-Werkzeugschneiden.

S-Scheiben und **-Schleifstifte** (Sondermetallbindung); Diamantkristalle ragen hier weit aus dem Bindematerial heraus, daher auch für Trockenschliff verwendbar. Schleifstifte werden vorzugsweise zum Ausschleifen kleiner Hartmetall- und gehärteter Stahlbohrungen verwendet.

Schleifregeln:

Die zu schleifenden Hartmetall-Werkzeuge sind mit geringem Anpreßdruck über die gesamte Diamant-Schleifzone der Scheibe zu bewegen, um eine gleichmäßige Abnutzung der Diamantschicht zu erzielen. Diamant-Schleifscheiben, die nicht mehr schneiden, werden mit einem Bimsstein, der leicht an die umlaufende Schleifscheibe gedrückt wird, gereinigt und dadurch wieder schneidfreudig.

Grundsätzlich sollte mit allen Diamantscheiben mindestens feucht gearbeitet werden. Dadurch wird die Lebensdauer der Scheiben bedeutend erhöht. Die Benutzung des an jeder Maschine leicht anzubringenden Tropfenspenders regelt in einfacher Weise ohne lästiges Verspritzen die Menge der Spülflüssigkeit. Ewusol ist das neue Spezial-Kühl- und Schmiermittel, das eigens für Diamant-Schleifscheiben entwickelt wurde.

Für das Schleifen von Hartmetall werden Schleifgeschwindigkeiten von 12 bis 18 m/sec angewendet. Kleine Schleifscheiben oder Schleifstifte leisten aber auch b. geringerer Umfangsgeschwindigkt. gute Arbeit.

Schleifmaschinen

Schleifmaschinen werden in vielen verschiedenen Bauarten, z. B. Flächen-, Längs-, Rund-, Profil-, Werkzeug-, Trenn-, Universal-, Spezial-, Körnerloch- und Tauchschleifmaschinen, je nach Verwendungszweck, gebraucht.

Die Abb. auf S. 178 zeigt das Planschleifen eines Stellringes, der von einem elektromagnetischen Planfutter gehalten wird.

O. Feinbearbeitung

1. Oberflächenveredlung.
2. Erzielung höchster Genauigkeiten.

Zu 1. **Polieren, Schwabbeln, Trommeln.**

Umlaufendes Trommeln der Bauteile (Massenteile) mit Hochglanzkugeln und Polierflüssigkeit in Fässern oder dgl. Aufprallende Kugeln bewirken gute Glättung der Oberfläche.

Zu 2.: Für höchste Oberflächen-Genauigkeiten werden Polierdrehen, Feinschleifen, Läppen, Honen und Preßpolieren angewendet.

Polierdrehen: Abdrehen der Werkstoffe mit Hartmetall oder Diamanten bei höchsten Drehzahlen (Feindrehbänke für höchste Spindeldrehzahlen).

Feinschleifen: Verwendung von Schleifscheiben mit feinem Korn, geringe Spanabnahme, Schleifkörnerbindemittel Bakelit.

Läppen: Läppen erfolgt mit losem Korn (siehe Absatz 1 dieser Seite), das in einer Ölsuspension oder einer Paste gehalten wird. Es dient zum Polieren von runden und ebenen, hauptsächlich gehärteten Werkstücken. Weiche Werkstücke ungeeignet. Läppen von Hand mit Läppfeilen (flache Kupferstäbe, wie eine Feile geführt). Zum Läppen runder Werkstücke, wie Bolzen, Dorne oder dgl., dienen Läppkluppen oder Läppringe (weicher Werkstoff wie Gußeisen, Weißmetall, Blei). Läppwerkzeuge mit Läppmitteln wie Korund-, Glas- und Diamantstaub, Wolframcarbidpulver usw. benutzen. Binde- und Schmiermittel sind Öl und Petroleum. Läppmaschinen finden bei Werkstücken in Massenanfertigung Anwendung. Läppscheiben aus Kupfer, Gußeisen und Antimon, sowie künstliche Scheiben (s. S. 178).

Ziehschleifen oder **Honen:** Verfahren zur Herstellung genauer Bohrungen. Als Werkzeug dient eine Ziehschleifahle ähnlich wie nachstellbare Reibahle. Statt Messer sind Schleifleisten (ebenso wie Schleifscheiben aus keramischer Masse) gesetzt. Arbeitsvorgang: In die vorgeschliffene Bohrung Ziehschleifahle einführen, erhält außer der drehenden noch zusätzlich eine hin- und hergehende Bewegung, Umfangsgeschwindigkeit $v = 69 \cdots 75$ m/min. Hubzahl $16 \cdots 100$ /min. Hubzahl richtet sich nach Bohrungslänge. Maschinelles Ziehschleifen wird auf Honmaschinen ausgeführt.

P. Oberflächenveredlung von Werkstücken

Werkstücke werden zum Schutze gegen einen Korrosionsangriff mit Farbe oder durch chemische Behandlung mit einem Überzug versehen. Oftmals dienen diese Behandlungen auch zur Verschönerung der Oberfläche. Korrosionsangriff entsteht durch Einwirkung von Luft, Wasser, Säuren, Schwefeldämpfen usw. Vor dem **Überziehen** müssen die Teile von Fett, Schmutz, Staub und Rost gereinigt werden, bei Stahlkonstruktionen mit Drahtbürsten oder Sandstrahlgebläsen. Feine Werkzeuge, Meßapparate u. dgl. werden in eine 8%ige Lösung von Kali- oder Natronlauge gelegt und mit Zinkgranalien (Körnern) bedeckt.

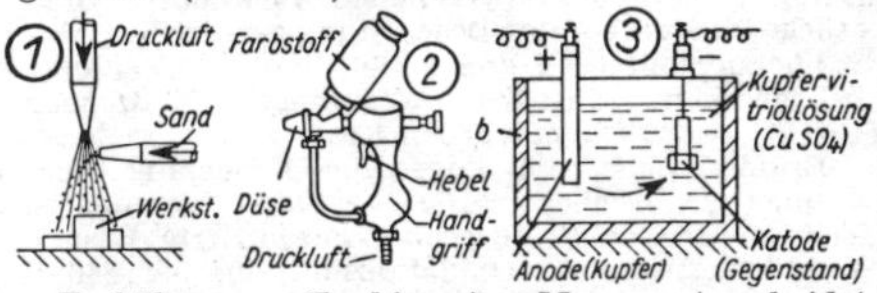

Farbüberzug (Lackieren). Man unterscheidet hierbei zunächst (vom Arbeitsverfahren her) zwei Hauptgruppen der anzuwendenden Lacke.

1. lufttrocknende Lacke (überwiegend auf Basis Nitrozellulose, Chlorkautschuk usw.) und 2. ofentrocknende Lacke (Kunstharzlacke).

Lufttrocknende Lacke*) werden verwendet, wenn der zu lackierende Gegenstand temperaturempfindlich (z. B. Lötstellen) oder anderweitig für Ofentrocknung ungeeignet ist, z. B. große Aggregate. Ofentrocknende („Einbrenn-") Lacke geben größeren Korrosionsschutz. Wichtig ist in jedem Fall die sorgfältige Untergrundvorbehandlung. Für dekorative Zwecke werden oft Effektlacke (Hammerschlaglacke) verwendet.

*) Nitro-Zellulose-Lacke, lufttrocknende Kunstharzlacke, Ofen- oder Einbrennlacke.

P. Oberflächenveredelung von Werkstücken

(Fortsetzung)

Wirkungsweise des Sandstrahlgebläses (1). Der aus dem Rohr kommende trockene Sand wird mittels Druckluft unter hohem Druck auf das Werkstück geschleudert. Benutzung in der Gußputzerei beim Reinigen der Gußstücke von anhaftendem Formsand; Entfernung von Rost und Öl; **Mattieren** je nach Größe der Sandkörner.

Spritzlackierverfahren mittels **Spritzpistole (2)** oder Druckluftzerstäuber. Einzelteile: Farbenbehälter, Spritzdüse, Luftzufuhrrohr, Nadelventil. Zerstäuben der Farbe erfolgt durch Druckluft. Anwendung mehrerer Farben am gleichen Stück (Metall, Holz). Verwandt wird nur gut gemahlene und geschlämmte, gut filtrierte Farbe. — **Lackierautomaten** werden für Massenfertigung angewandt. Leistung: 2500 Hohlkörper von 100 mm ⌀ u. 65 mm Höhe in 1 Std., Lackverbrauch etwa 800 g. Das Streichen von Hand erfordert 250···1200% mehr Arbeitszeit. Beschäftigung von ungelernten Arbeitern; leichte Kontrolle von Arbeitszeit und Lackverbrauch.

Polieren (siehe „Schleifen und Polieren"). Erzeugung einer glatten, glänzenden Oberfläche; gegen Luft und Feuchtigkeit weniger empfindlich.

Ätzen wendet man an, um Namen, Zeichen usw. an metallischen Gegenständen anzubringen. Zuerst sorgfältige Reinigung, dann Bestreichen mit Ätzgrund, d. h. einer Schutzschicht für nicht zu ätzende Stellen: Mischung von Pech, Asphalt und Bienenwachs zu gleichen Teilen. Falls die zu ätzenden Stellen nicht durch Schablonen gegen den Ätzgrund abgedeckt sind, werden diese Stellen mittels Nadel von Hand oder maschineller Vorrichtung in den Ätzgrund gezeichnet. Darauf wird das Werkstück mit Ätzflüssigkeit bestrichen, welche die nichtgeschützten Teile angreift und so eine Ätzzeichnung erzeugt.

Ätzflüssigkeiten

Metall	Salzsäure	Salpetersäure	Wasser	Kaliumchlorid	Essigsäure
Stahl weich	—	1 Teil	4 Teile	—	—
Stahl hart	—	2 Teile	—	—	1 Teil
Messing	—	8 Teile	130 Tl.	3 Teile	—
Bronze	1 Teil	20 Teile	—	—	—
Tiefätzung	5 Teile	—	44 Tl.	1 Teil	—

Beizen dient zum Entzundern von Stahl und Reinigen von Messingteilen, Rotguß und dgl. Nach Entfetten werden die Teile in unverdünnte oder verdünnte Schwefel-, Salz- oder Salpetersäure getaucht. Stahlkonstruktionen werden vor Anstrich mit verdünnter Schwefelsäure gebeizt. Auch harte Gußstücke werden vor der Bearbeitung gebeizt.

Überzug mit Ölen und Fetten findet Anwendung bei blanken Stahlteilen, Werkzeugen, Meßzeugen zur Erhaltung (Schutz gegen Rost).

Brünieren ist die künstliche Erzeugung einer dünnen Oxidschicht. Die sorgfältig gereinigten Teile werden im Brünierbad (konzentrierte Lösung von Ätznatron und Oxidationsmitteln) bei 140° C behandelt und anschließend in Öl getaucht.

Schwarzbrennen. Erwärmen des sauber bearbeiteten Werkstückes auf schwache Dunkelrotglut, Tauchen in Öl, danach Ab- bzw. Einbrennen, unter nochmaliger Erwärmung. Man erreicht schwarze, mattglänzende Oberfläche (Rostschutz).

Phosphatrostschutz (Phosphatieren, Atrament-Verfahren, Bonder- und Parker-Verfahren). Moderne Rostschutzverfahren. Auf gereinigte Eisen-, Stahl- und Zinkoberflächen im Tauch- und Spritzverfahren eine kristalline Zinkphosphat-, Manganphosphat- oder Eisenphosphatschicht aufbringen. Diese dient als Rostschutz, zur Lackhaftungverbesserung, zur Erleichterung der Kaltverformung, zur elektr. Isolation und zur Verminderung des Gleitwiderstandes. Die mit Zinkphosphatierungschemikalien auf Eisen und Stahl erzeugten hellgrauen Phosphatschichten bestehen aus $Zn_3Fe(PO_4)_2 \cdot 4H_2O$ (Hopeit) und $Zn_2Fe(PO_4)_2 \cdot 4H_2O$ (Phosphophyllit), die mit Zink-Calzium-haltigen Bädern erzeugten Schichten aus $Zn_2Ca(PO_4)_2 \cdot 2H_2O$ (Scholzit). Mit Manganphosphatlösungen werden auf Eisen dunkle Schichten von $(MnFe)_5H_2(PO_4)_4 \cdot 4H_2O$ erzeugt. Schichtdicken etwa 1 und 25 μ, sie sind bis 500° C temperaturbeständig und unlöslich in organischen Lösungsmitteln. Löslich in Säuren und Laugen. Die Phosphatschicht muß wegen Porosität mit Öl, Wachs oder Lack nachverdichtet werden. Anwendung: Auto-, Kühlschrank- und Büromöbelindustrie.

Emaillieren. Aufschmelzen eines Überzuges im Brennofen bis zum Schmelzen. **Grundemail** verbindet sich chemisch mit gereinigter, zu emaillierender Oberfläche. **Deckemail** kann jede Farbe (Metalloxidbasis) bekommen. **Emails** in Wannenöfen bei 1100—1400° C erschmolzen, granuliert, mit Zusätzen naß aufgemahlen, verspritzt oder gepudert. Rohstoffe: Quarz, Feld-, Flußspat, Soda, Borax.

Verchromen. Die zu verchromenden Gegenstände werden vorher vernickelt. Danach kommen sie in ein Glanzchrombad etwa folgender Zusammensetzung: 100 l Wasser, 35 kg Chromsäure, 0,5 kg Ammoniumsulfat, 1 kg Kieselfluornatrium, 0,1 kg Natriumthiosulfat, 0,5 kg Borsäure, 0,050 g Quecksilberchlorid. Die Gegenstände sind hochglänzend und besitzen einen sehr guten Oberflächenschutz.

Zementüberzug; Anwendung bei Stahlkonstruktionen. Zement wird mit Wasser angerührt und aufgetragen; gute Bindung, vgl. Stahlbeton (Tabellenbuch B).

Überzug mit Metall. Die zu überziehenden Flächen sind gut zu reinigen, fettige Stellen durch Natronlauge, Benzin u. dgl. — Man unterscheidet: **Eintauchen in ein flüssiges Metallbad;** Anwendung bei größeren Mengen kleiner Teile. — **Aufwalzen** oder **Plattieren** des Metalls auf ein Werkstück (haltbar). — **Chemische** Behandlung, Eintauchen des Gegenstandes in Lösungen von Metallsalzen. — **Elektrische Behandlung** erfolgt auf **galvanischem Wege** (Elektrolyse), Seite 179 **(3).** In Behälter *b* befindet sich das Metallsalzbad (je nach Art des Überzuges), ein Zusatz von Leitsalz, der betreffende Gegenstand und eine Platte aus Kupfer, Zink, Nickel usw. (größer als Gegenstand). Der elektrische Strom (Gleichstrom) geht von der Pluselektrode durch die Anode und das Bad zur Kathode. Das Metall der Anode (Platte) geht in atomarer Form ins Bad und scheidet sich aus der Metallsalzlösung aus, indem es sich auf der Kathode (Gegenstand) ansetzt und einen gleichmäßigen Niederschlag und Überzug am Gegenstande erzeugt. Die Anode löst sich allmählich auf. Der Gegenstand wird nach der Behandlung in warmem Wasser abgespült und danach in Sägespänen getrocknet.

Verkupfern kann für sämtliche Metalle angewendet werden.

Für die **Verkupferung von Messing** und die Verstärkung bereits vorhandener Kupferniederschläge ist ein saures Bad geeignet. Zusammensetzung: 20 kg kristallis. eisenfreies Kupfersulfat in 100 l dest. Wasser lösen und gibt 2–8 (im Mittel 3) kg arsenfreie, konz. Schwefelsäure (66° Bè) dazu. Elektrolytkupferblech als Anode und Gegenstand (gereinigt und entfettet) als Kathode. Badtemperatur 25–40° C, Gleichstrom 0,5–1,5 V und Stromdichte 0,5–2 A/dm².

Zur galvan. **Verkupferung kupferfreier Metalle** cyankalische Bäder verwenden. Badzusammensetzung: 2,5 kg Kupfercyanid, 3,4 kg Natriumcyanid, 1,5 kg Soda (wasserfrei) in 100 l Wasser lösen. Elektrolytkupfer als Anode und Gegenstand als Kathode. Badtemperatur 46° C, Gleichstrom 0,5–1,5 V und Stromdichte 3 A/dm².

Im Handel sind fertige Salzgemische für Verkupferungsbäder zu haben.

15

Glanzverkupferung erhält man in Bädern aus Kalium-natriumtartrat-Kupfer, durch Zusätze von Bleiacetat, Thiocyanaten u. dgl. und durch period. Stromumpolung.

Hauchdünne Verkupferungen ohne Strom entstehen durch Eintauchen von Stahl und Eisen in eine Lösung von 5–10 g Kupfersulfat und 5–10 g konz. Schwefelsäure in 1 l Wasser.

Verkupfern von Nichtmetallen (Glas, Porzellan, Holz, Kunstharze u. dgl.). Eintauchen des Gegenstandes mehrmals einige min in eine Silberlösung, der ein Reduktionsmittel beigemischt wird. Auf dem Gegenstand entsteht dann eine hauchdünne Silberschicht, etwa 6,5 g/m². Der versilberte, leitend gemachte Gegenstand wird dann im galvan. Bad in übl. Weise verkupfert.

Vernickeln, galvan. Nickelüberzüge von 0,002–0,05 mm Dicke auf Eisen, Stahl, Kupfer, Messing, Kupferleg., Aluminium, Bleileg., Weißblech und Zink. Nickelüberzüge sind chem. sehr widerstandsfähig, hell glänzend, gut polierbar und dunkeln nicht nach.

Vernicklungsbad: In 100 l heißem, dest. Wasser löst man 14–30 kg Nickelsulfat, 1,5–2,2 kg Borsäure, 1,5–2,5 kg Salmiak (oder Nickelchlorid oder Kochsalz) und 1,2–2 kg Natriumsulfat oder Magnesiumsulfat auf. An die Anode hängt man eine 2–10 mm dicke Nickelplatte (mit mind. 99% Reinnickel) und an die Kathode den gereinigten, entfetteten Gegenstand. Badspannung 1,5–3 V Gleichstrom, Stromdichte 1,5–4 A/dm². Kupfer- und Kupferleg.-Gegenstände werden direkt vernickelt; bei Blei, Eisen, Stahl, Zink und Zinn ist dies auch möglich, doch ist eine vorhergehende Verkupferung (bes. bei Blei, Zink und Zinn) vorteilhaft. Günstiger wirkt vielfach die Verwendung von Citronensäure anstatt Borsäure.

Massenvernickelung. Badzusammensetzung: In 100 l Wasser löst man 11 kg Nickelsulfat, 8 kg Magnesiumsulfat, 2 kg Ammoniumsulfat und 0,2 kg Salmiak.

Vernickelung von Schlittschuhen, Messern, chirurg. Instrumenten u. dgl.: In 100 l dest. Wasser 7 kg Nickelsulfat, 2,4 kg Magnesiumsulfat, 0,8 kg Salmiak, 0,3 kg Borsäure lösen; Badspannung 2,5 V und Stromdichte 0,3 A/dm².

Schnelle, direkte Vernickelung von Messingwaren, Weißblech und Zink. Badzusammensetzung: In 100 l dest. Wasser 10 kg Nickelsulfat, 5 kg Salmiak, 2,5 kg Kochsalz lösen; Badspannung bis 6 V, Stromdichte 0,75 A/dm² (bei Zinkvernickelung auch bis 2,5 A/dm²) und pH-Wert 5,8–6.

Vernickeln von Aluminium: Eintauchen in kochende Lösung von Kaliumcarbonat. Abbürsten mit Kalkwasser, Eintauchen in 2%ige Lösung von Kaliumcyanid. Abwaschen in fließendem Wasser. Danach werden die Gegenstände in ein Bad von 500 g Salzsäure, 500 g Wasser und 1 g Eisen gelegt; nochmals Abwaschen und Vernickeln mit Nickelchlorid.

Direkte Vernickelung ohne elektr. Strom. Eintauchen der zu vernickelnden Gegenstände in ein 90° C heißes Nickelbad. Zusammensetzung: In 1 l dest. Wasser 30 g Nickelchlorid, 10 g Natriumhypophosphit, 100 g Natriumcitrat, 50 g Salmiak lösen, soviel Ammoniak dazugeben, bis der pH-Wert 8–10 erreicht ist. In 1 Std. wird eine gut haftende, harte Nickelschicht von 0,0075 mm Dicke ausgeschieden.

Metalle und Nichtmetalle (Glas, Keramikwaren) lassen sich in wenigen Sekunden oder Minuten vernickeln durch Aussetzen in 200° C heißem Nickelcarbonyl. Dieses Gas zersetzt sich bei rd. 200° C in Nickel und CO.

Eloxieren (Anodische Oxydation). Gegenstände aus Al und Al-Legierungen werden auf elektro-chem. Wege mit einer sehr harten (bis Korundhärte, je nach Verfahren) Aluminium-Oxid-Schicht überzogen, die vorhandenen Poren im Verdichtungsbad abgedichtet. Vgl. S. 83.

Anodische Oxydationsverfahren von Al und Al-Legierungen

Verfahren	Stromart	Elektrolyt	Badtemp. °C	Stromdichte A/dm²	Spannung V
GS	=	Schwefelsäure 20 Gew.-%	18···20	1···2	12···15
GX	=	Oxalsäure, krist. 5···7 Gew.-%	20	1···1,5	bis 60
GXh	=	wie GX	30···60	1···4	50
WX	~	wie GX	30	1,6···2,3	50
Chromsäureverf. I	=	30 g CrO_3 + 1 l Wasser (pH 0,6)	40	0,5···1	20···50
Chromsäureverf. II	=	100 g CrO_3 + 1 l Wasser (pH 0,2)	40	0,3···0,8	40

Verzinken von Stahl: Abbeizen des Rost- und Walzzunderbelags der Gegenstände in verdünnter Salzsäure und anschließendes Eintauchen in ein Bad mit feuerflüssigem Zink. Je nachdem, ob die Gegenstände durch eine auf dem Bad schwimmende Flußmitteldecke hindurchgetaucht werden oder das Flußmittel auf die Gegenstände aufgenäßt und getrocknet wird, spricht man von der Naßverzinkung oder Trockenverzinkung.

15

Abscheidungsbedingungen in der Galvanotechnik

Metall	Wertigkeit	Äquivalentgewicht	Badbestandteile	pH-Wert der Lösung	Badtemperatur °C	Badspannung Volt	Stromdichte A/dm²	Stromausbeute %	Abgeschied. Menge g/Ah theor.	Abgeschied. Menge g/Ah prakt.
Blei	2	103,61	Siliconfluorid	1	40···50	0,2···0,5	1···2	100···95	3,87	3,87
Cadmium	2	56,21	Cyanid	10,5···11	18···25	2···2,5	1···2	95···90	2,10	1,9
Chrom	6	17,34	Chromsäure	—	35···40	4···6	5···15	18···10	0,32	0,04
Gold	1	197,2	Cyanid	10···11	70···75	1,5···1,8	0,5	90···70	7,35	5,8
	3	63,75	Cyanid	10···11	25···75	2,5···3,5	0,2···1,0	98···65	2,37	2,1
Kupfer	2	31,78	Sulfat, Fluoborat	2	18···25	3···4	2···4	100···95	1,19	1,19
Nickel	2	29,34	Solfat-Chlorid	4,5	30···40	2,5···3	2···5	98···95	1,09	1,04
Platin	4	48,81	Chloridphosphat	—	80···90	5···6	0,1···0,5	100···30	1,82	0,9
Silber	1	107,88	Cyanid	11···12	18···30	0,8···1	0,5···4	100···98	4,02	4,0
Zink	2	32,69	Cyanid	10···11,5	18···25	2,5···3	1···4	90···50	1,22	0,97
	2	32,69	Solfat	4,5···5	15···20	4···6	5···10	100···95	1,22	1,21
Zinn	2	59,35	Sulfat, Fluoborat	2	18···25	3···3,5	2···10	95···70	2,21	1,8
	4	29,68	Ätzkali	—	18···45	1,5···4	0,2···1,5	90···85	1,11	0,95

Arbeits- und Werkzeugkunde

P. Oberflächenveredlung von Werkstücken

(Fortsetzung)

Verzinnen: (Vgl. auch Löten.) Durch Beizen gereinigte Gegenstände kommen in ein Talgbad, dann etwa 2 Stunden in ein Zinnbad und kurze Zeit in ein zweites, reines Zinnbad; danach wieder in ein Talgbad zum Glätten; Abschmelzen der Tropfkante im Zinnbade. — **Herstellung von Weißblech:** Nach dem Beizen wird das Stahlblech unter Luftabschluß etwa 15 Stdn. lang ausgeglüht, danach kalt gewalzt und nochmals gebeizt; dann weiter wie oben! — **Verzinnen von Gefäßen** wird in einer Mischung von geschmolzenem Zinn und etwas Salmiak vorgenommen; danach Abreiben mit Werg. — **Verzinnen von Temperguß:** Verkupfern im Kupferbad; danach Verzinnen.

Q. Schmiermittel

Die Schmiermittel sind von besonderem Einfluß auf Wirtschaftlichkeit und Betriebssicherheit von Maschinen und Triebwerken. Eine günstige Reibungszahl (S. 58) von etwa 0,03 kann durch Vernachlässigung auf das 10fache anwachsen und bis 50% der aufgenommenen Kraft verzehren.

Arten der Schmiermittel:

Pflanzenöle (vegetabilisch)	**Tierische Öle, Fette** (animalisch)	**Mineralöle**
Olivenöl (Baumöl) **Rüböl** aus Raps **Baumwollsamenöl,** meist als Zusatz zu anderen Ölen verwandt **Gewinnung:** Hydraulisches Auspressen der Rohstoffe	**Knochenöl** (Pferd, Rind, Schaf) **Walratöl,** aus der Haut des Pottwals **Talg,** Hammel- oder Rinderfett **Wollfett** (Schafw.) **Gewinnung:** Ausschmelzen der Fette, Ausziehen mittels Fettlösungsmittel (Benzin, Schwefelkohlenstoff)	Destillation von Braun- u. Steinkohle, Torf usw. Gewinnung aus Erdöl, unveränderl. bei niedrigster (15°) u. höchster Temperatur (bis 300°) sowie hohem Druck. Farbe hellgelb bis dunkelgrün u. schwarz. Flammpunkt (Entzündungstemp.) 150° bis 325°. **Arten:** Spindelöle, leichte Maschinenöle, schwere Maschinenöle, Zylinderöle.
In vielen Fällen bei Einfluß von Luft, Feuchtigkeit, Hitze, hohem Druck (Dampfzylinder) unbrauchbar; leicht ranzig, trocknen ein; werden in ihre Bestandteile (Fettsäure und Glycerin) zersetzt.		

Kompoundöl (elektrisch behandelt), Mischung von Mineralöl mit Pflanzenöl oder tierischem Öl.

Bohröl (Kühl- und Schmiermittel), Mischung von Wasser u. Mineralöl; durch etwas Lauge (Kali oder Natron) wird das Öl wasserlöslich und verseift.

Anwendung der **Verseifung** hauptsächlich bei pflanzlichen und tierischen Ölen und Fetten; Kaliseife ist Schmierseife (weich), Natronseife ist Kernseife (hart); Kalkseife (unlöslich) entsteht durch Zersetzung der Fette mit gelöschtem Kalk.

Starrschmiere (konsistente Fette, Staufferfett, Maschinenfett, Kalypsol) für schwerbelastete Gleitflächen; Lösung von Kalkseife oder Kalk- und Natronseife in Mineralöl.

Graphitschmiermittel. Graphit = reiner Kohlenstoff, Schmelztemperatur ≈ 3000° C, dient fein gemahlen oder als Flockengraphit als Zusatz zu Schmierölen, etwa 1···2%, bei Dampfzylindern ≈ 15%. Besonders für Heißdampfmaschinen-Zylinder und Stopfbüchsen, für Kompressoren (Schutz gegen Explosionen). Vermeidung von Heißlaufen, allmähliches Glätten angegriffener Lager- oder Zylinderflächen; Ölersparnis bis zu 50%. — Ersatz: rohe Schwefelblüte.

Zahnradschmierung: Mischung aus Seife, Talg, Mineralteer, Mischungen bei verschiedenen Werkstoffen:

Stahl auf Stahl: 1 Teil Graphit, 4 Teile Talg mit Tropföl angerührt. Holz auf Stahl: 1 Teil Graphit, 1 Teil Talg, 2 Teile Wachs. Holz auf Stahl: 1 Teil Graphit, 10 Teile Talg, 5 Teile Wachs und 1 Teil Schmierseife (warm auftragen).

Prüfung der Schmiermittel auf Zähflüssigkeit mittels **Viskosimeter;** Verfahren nach „Engler", Vergleich der Ausflußzeit des Öles mit der gleichen Menge Wasser (Viskosität).

Prüfung auf Säuregehalt durch neutrales Lackmuspapier: Rosa- oder Rotfärbung zeigt Säure an.

Bestimmung des Flammpunktes. In einer mit Öl gefüllten offenen Schale, in der sich ein Thermometer befindet, wird von ≈ 70° ab bei Erwärmung um je 1° eine Flamme mit dem Ölspiegel in Berührung gebracht; bei Entwicklung einer Flamme ist der **Flammpunkt** erreicht.

Chemische Prüfung: Feststellung des Gehaltes an Wasser, Säuren, Harz, Seife, an fetten Ölen usw.

Bestimmung der Lagerreibung eines Öls durch besondere Ölprüfmaschinen, um zu erfahren, um wieviel der Kraftverbrauch durch Anwendung eines bestimmten Öls herabgesetzt werden kann.

Wiedergewinnung (ölgetränkte Putzwolle, Späne) und **Wiederbenutzung** gebrauchter Öle. Anbringung von entsprechenden Fanggefäßen, Ölabscheidern usw. Bei wichtigen Maschinenteilen (Zylinder, Schieber, Kolben von Kraftmaschinen) wird die Verwendung von gereinigtem Öl vermieden.

Ölreiniger, Hindurchleiten des Tropföls durch mehrere Filtrierschichten aus Baumwolle, Watte u. dgl. Beschleunigung des Filtrierens durch künstliche Erwärmung (besonders bei Starrschmiere); Verwendung von Ölschleudern (Zentrifugen). Entfernung des Wassers durch Wasserabscheider.

Kühlen und Schmieren bei zerspanender Metallbearbeitung

B	Bohröl	M	Maschinenöl	Re	Rübölersatz	Te	Terpentinersatz
E	Bohrölemulsion	O	Öl	S	Schmalzöl	tr	trocken
L	Luftkühlung	P	Petroleum	Sp	Spindelöl	W	Wasser mit 5% Soda
Li	Lithopone	R	Rüböl	T	Terpentinöl		

Werkstoff	Drehen		Fräsen		Schleifen	Bohren	Reiben	Räumen	Sägen	Hobeln	Stoßen	Gewindeschneiden
	▽	▽▽▽	▽	▽▽▽								
Stahl	E	E, P	E	E, R		E	Re	Re, R	E, Re		Re, T	E, R, Li + R
Werkzeugstahl	E	R, P	E	E, Re		E, Re	Re	Re	E, Re		R, T	R
Leg.-Stähle	E	Re. S	E	E, Re		E, Re	Re	Re	E, Re	tr, R E, B	R, E	T + P = 5:1
Stahlguß	E	tr	E	E, Re	E oder W	E	R	R	E		R, E	E, Li + R
Temperguß	E	tr	L	E, Re		E	tr	tr	E		R, E	E, Li + R
Gußeisen	E	tr, P	L, W	tr		tr, E, P	tr, R	tr, R	tr, L, E	tr, P	tr, P	tr, P, Li + R
Messing	E, L	tr	E	E		tr, E	tr, R	tr, R	tr, E	tr	tr	tr, R
Bronze	E, L	tr	E	tr		tr, E	R	R	tr, E	tr	tr, R	tr, R
Kupfer	E	tr	E	E		E, R	E	E	E	tr	tr, M	tr, R
Aluminium	E	tr, P	E	tr	Sp + P = 1:1	E	Te + P = 4:5		tr, P	tr, P, E	tr, P, E	P, E, tr
Silumin	E	O	E	E	—	E	P, T		M	E, P	E	P + R, E

Mineralöle und Schmierstoffe

	Kinematische Viskosität in cSt bei 20° C	50° C	100° C	Flammpunkt mind. °C	Stockpunkt °C	Dichte bei 15° C g/cm³	Neutralisations-Zahl max.	Verseifungszahl	Wassergehalt max. %	Aschegehalt max. %
Ottokraftstoff DIN 51600	0,65	—	—	- 22	—	0,72	—	—	—	—
Dieselkraftstoff DIN 51601	1,8···10	—	—	55	—	0,82	—	—	0,1	0,02
Leuchtpetroleum DIN 51636	≈ 3	—	—	40	—	0,83	0,1	—	frei	—
Schmieröl D DIN 51504	13, 25	} 16, 25, 36, 49, 68, 92	—	100···200	- 10···0	—	1,5	—	0,2	0,3
Normalschmieröl N DIN 51501	13, 25	} 114, 144, 225, 340	—	100···225	- 10···0	0,9	0,3	—	0,1	0,02
Isolieröl für elektrische Geräte Transformatorenöl DIN 51507	50	—	—	145	—	0,9	0,05	0,15	—	0,005
Kältemaschinenöl DIN 51503	33	10	—	160	- 25	—	0,08	0,2	0,1	0,01
Großgasmaschinenöl DIN 51508	—	49, 68, 114	—	200···220	- 15···- 5	0,94	0,2	—	0,1	0,02
Spindelöl für schnelllaufende Spindeln	9	4	—	115	- 50	0,895	0,01	0,02	—	—
Dampfturbinenöl DIN 51515	140	36	—	210	- 8	0,88	—	—	—	—
Motoren-Sommeröl u. Kompressorenöl	—	68	10	220	- 20	0,91	—	—	—	—
Heißdampfzylinderöl	—	720	64	340	- 5	0,915	0,06	0,1	—	0,06
Raffiniertes Rüböl (Fettöl)	100	32	10	310	- 5	0,915	—	200	—	—
Gleitlagerfett (Stauferfett) DIN 51823	—	—	—	—	—	—	—	—	4	8
Wälzlagerfett DIN 51825	—	—	—	—	—	—	—	—	1	6

Einteilung und Verwendung der Schmieröle

Bezeichnung	Verwendung
Dunkle Schmieröle DIN 51505	Durchlaufschmierung ohne Ansprüche an Alterungs- und Temperaturbeständigkeit, z. B. Achsenöl für Bauloren
Schmieröl D (Destillat) DIN 51504	Durchlaufschmierung für geringe Ansprüche an Alterungs- und Temperaturbeständigkeit bis 40° C Ölablauftemperatur, z. B. Geradführungen an Sägegattern
Normalschmieröl N (Raffinate) DIN 51501	Durchlaufschmierung und Umlaufschmierung mit geringer Anforderung an Alterungsbeständigkeit bis 60° C Ölablauftemperatur, z. B. Transmissionslager
Sonderschmieröl (Solvate) nicht genormt	Umlaufschmierung für höhere Ansprüche an Alterungs- und Temperaturbeständigkeit in Verbrennungsmotoren, Dampfturbinen, Wasserturbinen, Werkzeugmaschinen und Getrieben
Legierte Sonderschmieröle nicht genormt	Umlaufschmierung bei erhöhter thermischer Beanspruchung. Unterscheidung nach Zusätzen: Alterungsbeständigkeit, Rostschutzwirkung, Schaumsicherheit, Druckaufnahmevermögen (EP-Öle = extreme-pressure, HD-Öle = heavy-duty)

Übersicht über Schmierfette

Arten	Kalkseifenfett	Kali- und Natronseifenfett	Lithiumseifenfett	Wagenfett	Gelfett
Grundstoffe neben Mineralöle	Fettsäuren und Wachse			Harz od. Wachs	Öllösliche Quellstoffe
Hauptsorten	Maschinenfett	Wälzlager-Heißlagerfett	Wälzlager-, Masch.-Heißlagerfett	Wagenfett	Wälzlagerfett bis 165° C Lagertemperatur
Erreichbarer Tropfpunkt °C	80···100	135···210	180···200	60···70	130
Verwendbar für Lagertemp. °C	- 40···+ 65	- 20···+ 140	- 30···+ 140	- 30···+ 50	- 10···+ 165
Verhalten gegen Wasser	abweisend	emulgierend	abweisend	abweisend	empfindlich

Das Sägendiagramm zur Maschinenkarte

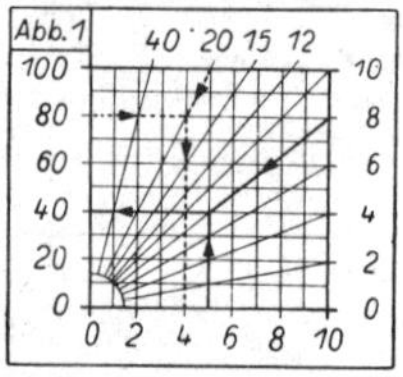

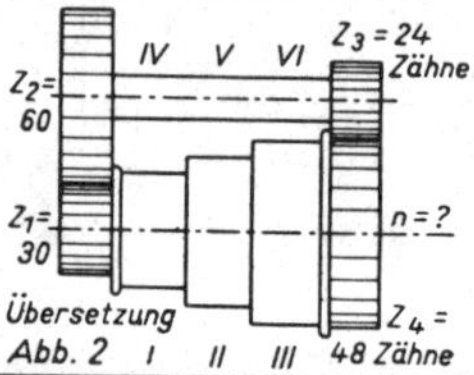

Abb. 2

Abbildung 1 zeigt eine **Multiplikationskarte.** Links stehen Produkte, unten und rechts bzw. oben die Faktoren. Die Karte eignet sich auch zum Dividieren.

Beispiele: $5 \cdot 8 = 40$ $80:20 = 4$

Die in vielen Betrieben vorhandenen **Sägendiagramme zu den Maschinenkarten** sind nichts anderes als Multiplikationskarten. Für Drehbänke und Fräsmaschinen gelten die Formeln: $v = n \cdot \pi d$ $n = v : \pi d$

Bei Drehbänken bedeuten: d = Werkstück-∅ in m,
v = Schnittgeschwindigkeit in m/min,
n = Umläufe der Spindel (Stufenscheibe) in 1 min.
Bei Fräsmaschinen bedeutet d = Fräser-∅ in m.

Zweck: Auf einer Maschinenkarte sind Angaben über Größe und Leistungsfähigkeit einer Werkzeugmaschine vermerkt. Sie ermöglicht 1. eine wirtschaftliche Ausnutzung der Maschine bezügl. Schnittgeschwindigkeit und Vorschub, um möglichst hohe Spanleistung und geringe Arbeitszeit zu erzielen, 2. schnelle Ermittlung der Arbeitszeit ohne Berechnungen durch graphische Darstellungen (Diagramme).

Beispiel: Von einer Drehbank (Spindelstock mit Stufenscheibe und Vorgelege, Abb. 2) soll die Entstehung des „Sägendiagramms" (Abb. 3) und die Anwendung des „Nomogramms" der Maschinenkarte (Abb. 4) gezeigt werden.

Gegeben: Drehzahl der Antriebswelle n_v = 223 U/min. Die Stufenscheiben haben wechselweise gleiche Durchmesser. Größter Drehdurchmesser = 500 mm.

Aufgabe: Es sind für die drei Riemenlagen I, II, III (mit Vorgelege IV, V, VI) zu berechnen: a) Die Übersetzungen, b) die Drehzahlen der Drehspindel, c) zwecks Aufzeichnung des Sägendiagramms die Werkstückdurchmesser d, die den errechneten Drehzahlen n_I bis n_{VI} und einer beliebig gewählten Umfangsgeschwindigkeit, z. B. v = 40 m/min. entsprechen.

Gesamtübersetzung i	Drehzahl n (U/min)	Werkstückdurchmesser in mm
$i = \frac{d \text{ getrieben}}{d \text{ treibend}} \cdot \frac{z \text{ getrieben}}{z \text{ treibend}}$	$n = \frac{n_v}{i}$	$d = \frac{1000 \cdot v}{\pi \cdot n} = \frac{1000 \cdot 40}{3{,}14 \cdot n} = \frac{12732}{n}$
$i_I = \frac{170}{270} = \frac{170:170}{270:170} = \frac{1}{1{,}59}$	$n_I = \frac{223}{1/1{,}59} = \frac{223 \cdot 1{,}59}{1} = 355$	$d = \frac{12732}{355} = 35{,}9$
$i_{II} = \frac{220}{220} = \frac{1}{1}$	$n_{II} = \frac{223 \cdot 1}{1} = 223$	$d = \frac{12732}{223} = 57$
$i_{III} = \frac{270}{170} = \frac{1{,}59}{1}$	$n_{III} = \frac{223 \cdot 1}{1{,}59} = 140$	$d = \frac{12732}{140} = 91$
$i_{IV} = \frac{1}{1{,}59} \cdot \frac{60 \cdot 48}{30 \cdot 24} = \frac{1}{1{,}59} \cdot \frac{4}{1} = \frac{2{,}52}{1}$	$n_{IV} = \frac{223 \cdot 1}{2{,}52} = 88{,}5$	$d = \frac{12732}{88{,}5} = 144$
$i_V = \frac{1}{1} \cdot \frac{4}{1} = \frac{4}{1}$	$n_V = \frac{223 \cdot 1}{4} = 55{,}7$	$d = \frac{12732}{55{,}7} = 229$
$i_{VI} = \frac{1{,}59}{1} \cdot \frac{4}{1} = \frac{6{,}36}{1}$	$n_{VI} = \frac{223 \cdot 1}{6{,}36} = 35$	$d = \frac{12732}{35} = 364$

Abb. 3

Bild 3. Das Sägendiagramm zeigt gute Stufung an, wenn eine Normdrehzahlreihe und ein Stufensprung φ gewählt wurden, der einer geometrischen Reihe entspricht. Hier ist die 140er n-Reihe und $\varphi = \sqrt[5]{10} = 1{,}585 \approx 1{,}59$ gewählt.

Probe: 1.) $1{,}59^0 = 1$; $1{,}59^1 = 1{,}59$; $1{,}59^2 = 2{,}51$; $1{,}59^3 = 4$; $1{,}59^4 = 6{,}31$; $1{,}59^5 = 10$ (vgl. i-Reihe). 2.) Das ergibt eine „Sägenlinie" mit gleichen Schnittgeschwindigkeitsstufen als Kennzeichen. Warum ist das vorteilhaft? Die n-Strahlen ergeben sich durch Auftragung der errechneten d-Werte der Tabelle bei v = 40 m/min. Soll z. B. ein Werkstück-∅ d = 200 mm mit v = 35 m/min bearbeitet werden, so muß n = 56 U/min sein, der Riemen demnach bei eingerücktem Vorgelege auf der mittleren Scheibe liegen.

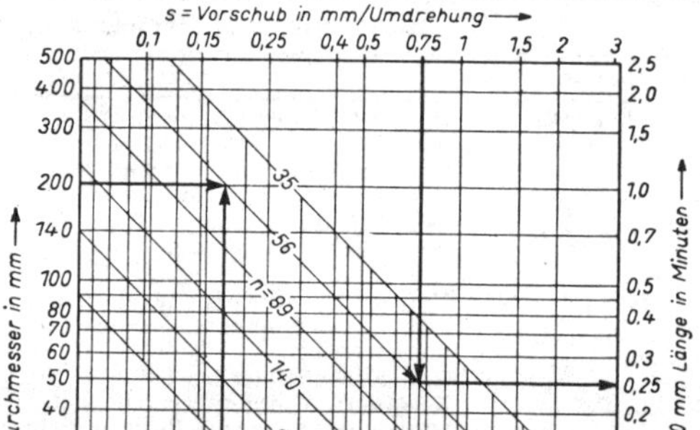

Abb. 4

Bild 4. Nomogramm zur Ermittlung der Arbeitszeit.
Beispiel: Für d = 200 mm, v = 35 m/min, Vorschub s = 0,75 mm und 1000 mm Drehlänge beträgt die Laufzeit für 10 mm Drehlänge 0,25 Minuten, für 1000 mm dann 25 Minuten. Beim Abschätzen von Zwischenwerten ist die logarithmische Maßstabteilung zu beachten.

Schnittgeschwindigkeit und Vorschub bei Werkzeugmaschinen

Werkstoff des Werkstücks	Werkstoff des Meißels	Leistung	Drehen	Hobeln	Stoßen	Langfräsen	Rundfräsen	Drallbohrer	Bohrstange	Kaltsägen
Flußstahl St 37	Werkzeugstahl	Schnittgeschw. m/min Vorschub mm*)	5,4···10,8 3···0,1/U	4,2···10,8 5···0,2/Hub	4,2···9,0 1,5/Hub	7,2···18,0 150···15/min	7,2···18,0 50···10/min	10,8 0,3···0,02/U	7,2···10,8 1···0,2/U	13,2 0,25···0,1/Sek.
	Schnellstahl	Schnittgeschw. m/min Vorschub mm*)	15···27,0 5···0,5/U	7,8···15,0 10···0,6/Hub	6,0···12,0 4/Hub	24···42 300···30/min	18,0···36,0 80···15/min	21,6 0,4···0,02/U	18···21,6 4,5···0,2/U	24 0,3···0,15/Sek.
Gußeisen (Grauguß)	Werkzeugstahl	Schnittgeschw. m/min Vorschub mm*)	4,5···9,0 3···0,1/U	3,6···7,8 5···0,2/Hub	3,0···7,8 1,5/Hub	6,0···15,0 250···15/min	6,0···15,0 60···20/min	9,0 0,4···0,03/U	6,0···9,0 1,5···0,2/U	12 0,25···0,1/Sek.
	Schnellstahl	Schnittgeschw. m/min Vorschub mm*)	12,0···19,2 5···0,5/U	9,6···15,0 10···0,6/Hub	6,0···12,0 4/Hub	18,0···36,0 250···25/min	15,0···30,0 100···30/min	18,0 0,75···0,03/U	15,0···19,2 4···0,2/U	2,16 3···0,15/Sek.
Flußstahl St 50	Werkzeugstahl	Schnittgeschw. m/min Vorschub mm*)	6,0···9,0 2,5···0,1/U	4,8···7,8 5···0,2/Hub	3,6···7,8 1,5/Hub	7,2···15,0 150···15/min	7,2···15,0 40···10/min	7,2 0,3···0,03/U	6,0···7,2 1···0,2/U	13,2 0,2···0,1/Sek.
	Schnellstahl	Schnittgeschw. m/min Vorschub mm*)	12,0···24,0 4···0,5/U	9,6···15,0 10···0,6/Hub	6,0···12 4/Hub	18,0···36,0 250···25/min	15,0···30,0 70···15/min	14,4 0,5···0,03/U	10,8···14,4 2,5···0,2/U	21,6 0,25···0,15/Sek.
Bronze, Rotguß, Messing	Werkzeugstahl	Schnittgeschw. m/min Vorschub mm*)	10,8···21,0 2···0,1/U	9,0···18,0 6···0,2/Hub	9,0···18,0 1,5/Hub	18,0···36,0 200···20/min	18,0···36,0 100···20/min	18,0 0,5···0,05/U	12,0···18,0 2···0,2/U	—
	Schnellstahl	Schnittgeschw. m/min Vorschub mm*)	18,0···39,0 3···0,5/U	12,0···24,0 3···0,2/Hub	12,0···24,0 4/Hub	42,0···72,0 300···30/min	36,0···60,0 180···30/min	30,0 0,7···0,1/U	21,0···30,0 2,5···0,2/U	—

*) **Größte Schnittiefe:** 2 × größter Vorschub, bei Gußeisen 4 × größter Vorschub. — *) **Vorschub beim Schlichten** (Drehen, Hobeln) doppelter Wert.

	Werkstoff des Arbeitsstückes	Flußstahl St 50	Gußeisen (Grauguß)	Flußstahl St 37
Schleifen	Umfangsgeschwindigk. d. Schleifrades	1800 m/min	1800 m/min	1800 m/min
	Umfangsgeschwindigk. d. Werkstückes	9,6···13,2 m/min	12,0···16,8 m/min	10,2···14,4 m/min
	Vorschub bei 1 Umlauf d. Werkstückes	$^2/_3$···$^3/_4$ Schleifradbreite	$^3/_4$···$^4/_5$ Schleifradbreite	$^2/_3$···$^3/_4$ Schleifradbreite
	Werkstoffschicht	Vorschleifen 1···2 mm Fertigschleifen 0,5 mm	Vorschleifen 1,5···2,5 mm Fertigschleifen 0,5···0,8 mm	Vorschleifen 1···2 mm Fertigschleifen 0,5···0,7 mm

Schleifen der Werkzeuge. Umfangsgeschwindigkeit eines Sandsteines 180···300 m/min, einer Schmirgelscheibe 1200···2100 m/min.

Schnittgeschwindigkeit und Arbeitszeit beim Hobeln

Geschwindigkeit $= \frac{\text{Weg}}{\text{Zeit}}$ $v = \frac{s}{t}$; Weg = Geschw. × Zeit $s = v \cdot t$; Zeit $= \frac{\text{Weg}}{\text{Geschw.}}$ $t = \frac{s}{v}$;

Beispiel: Bei einem Werkstück aus Flußstahl von 50 kp/mm² Festigkeit soll eine Fläche von 1200 mm × 840 mm mit einem Span überhobelt werden. Werkzeug sei Schnellstahl, Schnittgeschw. v = 16 m/min, Rücklaufgeschw. v_1 = 24 m/min, Vorschub 4 mm/Hub, Überlauf auf jeder Seite je 40 mm. Wieviel Zeit ist zum Bearbeiten erforderlich?

Lösung:

Arbeitshub = 1,200 m + 2 · 0,040 m = 1,280 m

$t = \frac{s}{v} = \frac{1,280}{16}$ Min. $= \frac{1,280 \cdot 60}{16}$ Sek. = 4,8 Sek.

Leerhub $t_1 = \frac{s}{v_1} = \frac{1,280 \cdot 60}{24} = 3,2$ Sek.

Doppelhub $t + t_1 = 4,8 + 3,2 = 8$ Sek.

Doppelhubzahl $= \frac{\text{Breite}}{\text{Vorschub}} = \frac{840}{4} = 210$

Hobelzeit = 210 · 8 Sek. $= \frac{210 \cdot 8}{60}$ = **28 Min.**

Schnittgeschwindigkeit und Arbeitszeit beim Drehen, Bohren, Fräsen usw.

Es sei: d = Durchmesser in mm (⌀),
n = Drehzahl in 1 Min. (Uml./min),
v = Schnittgeschwindigkeit (Umlaufsgeschwindigkeit) in m/min.

Dann ist $v = \pi \cdot d \cdot n$ in mm/min oder $v = \frac{\pi \cdot d \cdot n}{1000}$ in m/min

Drehzahl in 1 Minute: $n = \frac{v}{\pi \cdot d}$ oder $n = \frac{1000 \cdot v}{\pi \cdot d}$

Für v in 1 Sek. würde sein: $n = \frac{60 \cdot v}{\pi \cdot d}$ oder $n = \frac{60 \cdot 1000 \cdot v}{\pi \cdot d}$

1. **Beispiel:** Eine Welle 65 ⌀ (St 37) soll mit v = 16 m/min abgedreht werden. — Drehzahl n = ?

Lösung: $n = \frac{1000 \cdot v}{\pi \cdot d} = \frac{1000 \cdot 16}{\pi \cdot 65} = \frac{16\,000}{204,2} =$ **78,4 U/min**

2. **Beispiel:** Welche Schnittgeschwindigkeit hat ein Drallbohrer 52 ⌀ bei 60 U/min?

Lösung: $v = \frac{\pi \cdot d \cdot n}{1000} = \frac{\pi\, 52 \cdot 60}{1000} = \frac{163,4 \cdot 60}{1000} =$ **9,80 m/min**

16

Schnittgeschwindigkeiten mit Hartmetallschneiden gegenüber Schnellstahl: Flußstahl 4- bis 6fach; Gußeisen 5fach; Bronze, Rotguß, Messing 2- bis 3fach; Vergütungsstahl mit Schnellstahl 8···16 m/min, mit Hartmetall 60···120 m/min. Siehe auch die folgenden 6 Seiten.

Arbeitszeiten und Kraftbedarf von Werkzeugmaschinen

Mittlere Spanleistungen des Schnellarbeitsstahles für 1 PS Antriebskraft

Bearbeiteter Werkstoff		Stahl St 37	Gußeisen	Stahl St 50	Zeitdauer d. Nebenarbeiten
Spanmenge in 1 Stunde	Drehen	1250 cm^3 ≙ 10 kg	1800 cm^3 ≙ 13 kg	1000 cm^3 ≙ 8 kg	10% der Hauptarbeiten
	Hobeln	750 cm^3 ≙ 6 kg	1100 cm^3 ≙ 8 kg	640 cm^3 ≙ 5 kg	12% der Hauptarbeiten

Beispiel: In der Schrupperei eines Gießereibetriebes laufen 5 Drehmasch. und 3 Hobelmaschinen wöchentlich 45 Stunden. Leistungsverbrauch: 14 PS für 5 Drehmasch., 18 PS für 3 Hobelmaschinen. Wieviel Tonnen Gußspäne müßten bei voller Ausnutzung der Maschinen wöchentlich abfallen?

Lösung: Wöchentliche Maschinenzeit
bei Drehmasch.: 45 Stdn. weniger 10% ≈ 40,5 Stdn.
bei Hobelmasch.: 45 Stdn. weniger 12% ≈ 39,6 Stdn.
Abfall bei 5 Drehmasch. 14 · 40,5 · 13 = 7380 kg ≈ 7 t
Abfall bei 3 Hobelmasch. 18 · 39,6 · 8 = 5700 kg ≈ 6 t
Wöchentlicher Abfall von Gußspänen ≈ 13 t
Der Spanabfall wird in gut geführten Betrieben zu etwa 70% erreicht.

Sonstige Durchschnittsleistungen von Werkzeugmaschinen

Flächenstoßen	bei 1 Schnitt 15 cm^2 in 1 Min.	Zeitdauer der Nebenarbeiten im Mittel 15% der Hauptarbeiten
Ausstoßen größerer Werkstoffmassen (Stangenköpfe, Kurbelwellen usw.)	in 1 Min. 65 cm^3 ≈ 0,5 kg	
Keilnutenstoßen (Handmaschine)	in 1 Min. 3 cm^3 ≈ 0,02 kg	Nebenarb. etwa 300% d. Hauptarb.
Kaltsägen	aus Werkzeugstahl: 4 cm^2; Schnittfläche in 1 Min. einschl. Nebenarbeiten. — Mit eingesetzten Schnellarbeitsstahlzähnen: 10···25 cm^2; (i. M. 15 cm^2;) in 1 Min. einschl. Nebenarbeiten.	
Vollständige Bearbeitung von schmiedbarem Stahl auf der Drehbank	mit Werkzeugstahl 350 cm^2; in 1 Std. einschl. Nebenarbeiten mit Schnellarbeitsstahl 800 cm^2; in 1 Std. einschl. Nebenarbeiten	
Vor- und Nachschleifen (Rundschleifen)	4000 cm^2 (erreichbar etwa 7000 cm^2 in 1 Std.) einschl. Nebenarb.	

Aufgabe: Von einem Rundstahlstück 200 mm ⌀ werden mit Sägeblatt aus Werkzeugstahl 10 Scheiben kalt abgesägt. Welche Zeit ist dazu erforderlich?

Lösung: Querschnitt $A = \frac{\pi \cdot d^2}{4} = \frac{\pi \cdot 20^2}{4} = 314\ cm^2$.

Für 314 cm^2 Schnittfläche einschl. Nebenarbeiten werden 314:4 = 78,5 Min. benötigt.

10 Schnitte erfordern 10·78,5 = 785 Min. — **13 Stdn.** Bei einem Sägeblatt mit eingesetzten Schnellarbeitsstahlzähnen sind für 314 cm^2 Schnittfläche notwendig 314:15 = 20,93 Min. einschl. Nebenarbeiten. 10 Schnitte erfordern 10 · 20,93 = 209,3 Min. ≈ **3,5 Stdn.**

Zeitersparnis: 13—3,5 = 9,5 Stdn.

Kraftbedarf von Werkzeugmaschinen in PS

1 PS-Stunde kostet im Mittel bei guter Dampfkraftanlage = 0,04 DM, bei elektr. Kraft von fremdem Werk = 0,08 DM, bei Gas-, Petroleummotorbetrieb usw. = 0,10 DM, bei Rohölmotorbetrieben = 0,035 DM. Abschreibungen, Wartung und Reparaturkosten sind eingerechnet. Die Tarife für Kraftstrom und Gas sind sehr verschieden. Obige DM-Preise sind Richtpreise.

Werkzeugmaschine	Kraftbedarf in PS im Mittel
Bohrmaschine	Lochdurchmesser in mm × 0,07
Drehmaschine	Spitzenhöhe in mm × 0,01
Hobelmaschine	Tischlänge in m × 2,5
Fräsmaschine	Tischfläche in m^2 × 10
Kreis-Kaltsäge	Blattdurchm. in mm × 0,01
Hub-Kaltsäge	Hub in mm geteilt durch 160
Rundschleifmasch.	Steindurchm. in m × 25
Schere	Blechdicke in mm × 0,6
Blechrichtmaschine	Blechdicke × Blechbreite in mm × 0,0007
Blechbiegemaschine	Blechdicke × Blechbreite in mm × 0,0003
Stoßmaschine	Hub in mm × 0,01
Lochstanze	Blechdicke × Lochdurchm. in mm × 0,025

Beispiel: Der Kraftbedarf eines Betriebes beträgt für:

1 Drehmaschine von 350 mm Spitzenhöhe $= 350 \cdot \frac{1}{100} = 3{,}50$ PS

2 Drehmaschinen von je 280 mm Spitzenhöhe $= 2 \cdot 280 \cdot \frac{1}{100} = 5{,}60$ PS

1 Hobelmaschine von 1,5 m Tischlänge = 1,5 · 2,5 = 3,75 PS

1 Bohrmaschine für Löcher von 30 mm ⌀ $= 30 \cdot \frac{1}{15} = 2{,}00$ PS

Für alle Maschinen zusammen also = 14,85 PS ≈ **15 PS**

Stündliche Betriebskraft bei Gasmotorantrieb: 1 PS-Std. (PSh) kostet 0,10 DM, 15 PS-Stunden kosten 15 · 0,10 = **1,50** DM; bei elektrischer Kraft von fremdem Werk: 1 PS-Stunde kostet 0,08 DM, 15 PSh kosten 15 · 0,08 = 1,20 DM.

16

Richtwerte für Schnittgeschwindigkeit und Leistungsbedarf beim Drehen

v = Schnittgeschwindigkeit in m/min, s = Vorschub in mm/U, a = Schnittiefe in mm
Hm = Drehmeißel mit Hartmetallscheide, SS = Drehmeißel aus Schnellstahl

		Stahl St 42			Leg.-Stahl bis 100 kp/mm²			Werkzeugstahl			Stahlguß GS-38			Gußeisen GG-15		Messing	
		Leistungsbedarf P in kW bei Verwendung von															
s	a	Hm		SS	Hm		SS	Hm		SS	Hm		SS	Hm	SS	Hm	SS
0,1		v=280	180	70	95	—	21	50	—	13	150	—	60	140	60	600	160
	2	3,7	2,4	0,9	1,8	—	0,4	1	—	0,3	1,7	—	0,7	1	0,4	3,5	0,9
	3	5,5	3,5	1,4	2,7	—	0,6	1,6	—	0,4	2,6	—	1	1,4	0,6	5,2	1,4
	4	7,3	4,7	1,8	3,7	—	0,8	2,1	—	0,5	3,5	—	1,4	1,9	0,8	7	1,9
	5	9,2	5,9	2,3	4,6	—	1	2,6	—	0,7	4,4	—	1,7	2,4	1	8,7	2,3
	6	11	7,1	2,8	5,5	—	1,2	3,1	—	0,8	5,2	—	2,1	2,9	1,2	10,5	2,8
0,2		v=236	160	60	75	45	16	40	24	9	125	75	50	118	48	530	125
	2	4,5	3	1,1	2,1	1,2	0,5	1,2	0,7	0,3	2,1	1,3	0,8	1,2	0,5	4,4	1,1
	3	6,7	4,5	1,7	3,1	1,9	0,7	1,8	1,1	0,4	3,1	1,9	1,3	1,7	0,7	6,6	1,6
	4	8,9	6	2,3	4,1	2,5	0,9	2,4	1,4	0,5	4,2	2,5	1,7	2,3	1	8,9	2,1
	5	11,1	7,5	2,8	5,2	3,1	1,1	3	1,8	0,7	5,2	3,1	2,1	2,9	1,2	11,1	2,6
	6	13,4	9	3,4	6,2	3,7	1,3	3,6	2,2	0,8	6,3	3,8	2,5	3,5	1,4	13,3	3,1
0,4		v=200	140	48	60	36	10	32	19	5	106	63	38	95	32	450	85
	2	5,5	3,9	1,3	2,4	1,4	0,4	1,4	0,8	0,2	2,6	1,6	0.9	1,4	0,5	5,6	1,1
	3	8,3	5,8	2	3,6	2,2	0,6	2,1	1,2	0,3	4	2,3	1,4	2,1	0,7	8,4	1,6
	4	11	7,7	2,6	4,8	2,9	0,8	2,8	1,7	0,4	5,2	2,9	1,9	2,8	0,9	11,1	2,1
	5	13,8	9,7	3,3	6	3,6	1	3,5	2,1	0,5	6,5	3,9	2,3	3,5	1,2	13,9	2,6
	6	16,5	11,6	4	7,2	4,3	1.2	4,2	2,5	0,7	7,8	4,7	2,8	4.1	1,4	16,7	3,2
0,8		v=170	118	34	50	30	7,5	27	16	—	90	53	28	80	21	400	56
	2	6,7	4,7	1,3	2,9	1,7	0,4	1,7	1	—	3,3	1,9	1	1,7	0,4	7	1
	3	10	7	2	4,4	2,6	0,7	2,5	1,5	—	4,9	2,9	1,5	2,5	0,7	10,5	1,5
	4	13,5	9,3	2,7	5,8	3,5	0,9	3,4	2	—	6,5	3,8	2	3,4	0,9	14	2
	5	16,8	11,7	3,4	7,3	4,4	1,1	4,2	2,5	—	8,1	4,8	2,5	4,2	1,1	17,4	2,5
	6	20	14	4	8,7	5,2	1,3	5,1	3	—	9,7	5,7	3	5	1,3	21	2,9

Schnittgeschwindigkeit — Drehzahl*) — Durchmesser

⌀ d mm	Drehzahl n/min																				
	100	112	125	140	160	180	200	224	250	280	315	355	400	450	500	560	630	710	800	900	1000
	Schnittgeschwindigkeit v in m/min																				
10	3,1	3,5	3,9	4,4	5,0	5,6	6,3	7,0	7,8	8,8	9,9	11,2	12,6	14,1	15,7	17,6	19,8	22,3	25,1	28,3	31,4
11	3,4	3,8	4,3	4,8	5,5	6,2	6,9	7,7	8,6	9,7	10,9	12,3	13,8	15,6	17,3	19,4	21,8	24,5	27,6	31,0	34,5
12	3,8	4,2	4,7	5,3	6,0	6,8	7,5	8,4	9,4	10,6	11,9	13,4	15,1	17,0	18,9	21,1	23,7	26,8	30,1	33,9	37,7
13	4,1	4,6	5,1	5,7	6,5	7,3	8,2	9,1	10,2	11,4	12,9	14,5	16,3	18,4	20,4	22,9	25,7	29,0	32,7	36,8	40,8
14	4,4	4,9	5,5	6,1	7,0	7,9	8,8	9,8	11,0	12,3	13,9	15,6	17,6	19,8	22,0	24,6	27,7	31,2	35,1	39,6	44,0
15	4,7	5,3	5,9	6,6	7,5	8,5	9,4	10,6	11,8	13,2	14,8	16,7	18,8	21,2	23,6	26,4	29,7	33,4	37,7	42,4	47,1
16	5,0	5,6	6,3	7,0	8,0	9,0	10,0	11,3	12,6	14,1	15,8	17,8	20,1	22,6	25,1	28,2	31,7	35,6	40,2	45,2	50,3
17	5,3	6,0	6,7	7,5	8,5	9,6	10,7	12,0	13,4	15,0	16,8	19,0	21,4	24,0	26,7	30,0	33,6	37,9	42,7	48,0	53,4
18	5,6	6,3	7,1	7,9	9,0	10,2	11,3	12,7	14,1	15,8	17,8	20,1	22,6	25,4	28,3	31,7	35,6	40,2	45,2	50,9	56,6
19	5,9	6,7	7,5	8,3	9,5	10,7	11,9	13,4	14,9	16,7	18,8	21,2	23,9	26,9	29,9	33,4	37,6	42,4	47,8	53,7	59,7
20	6,3	7,0	7,8	8,8	10,1	11,3	12,6	14,1	15,7	17,6	19,8	22,3	25,1	28,3	31,4	35,2	39,6	44,6	50,3	56,5	62,8
21	6,6	7,4	8,2	9,2	10,6	11,9	13,2	14,8	16,5	18,5	20,8	23,4	26,4	29,7	33,0	36,9	41,6	46,8	52,8	59,4	66,0
22	6,9	7,7	8,6	9,7	11,1	12,4	13,8	15,5	17,3	19,4	21,8	24,5	27,6	31,1	34,6	38,7	43,5	49,1	55,3	62,2	69,1
23	7,2	8,1	9,0	10,1	11,6	13,0	14,5	16,2	18,1	20,2	22,8	25,7	28,9	32,5	36,1	40,5	45,5	51,3	57,8	65,0	72,3
24	7,5	8,4	9,4	10,6	12,1	13,6	15,1	16,9	18,9	21.1	23,8	26,7	30,2	33,9	37,7	42,2	47,5	53,5	60,3	67,9	75,4
25	7,8	8,8	9,8	11,0	12,6	14,1	15,7	17,6	19,6	22,0	24,7	27,9	31,4	35,3	39,3	44,0	49,5	55,8	62,8	70,7	78,5
28	8,8	9,8	11,0	12,3	14,1	15,8	17,6	19,7	22,0	24,6	27,7	31,2	35,2	39,6	44,0	49,3	55,4	62,6	70,4	79,2	88,0
32	10,1	11,3	12,6	14,1	16,1	18,1	20,1	22,5	25,1	28,1	31,7	35,7	40,2	45,2	50,3	56,3	63,3	71,4	80,4	90,5	100
36	11,3	12,7	14,1	15,8	18,1	20,4	22,6	25,3	28,3	31,7	35,6	40,2	45,2	50,9	56,6	63,3	71,3	80,3	90,5	102	113
40	12,6	14,1	15,7	17,6	20,1	22,6	25,1	28,2	31,4	35,2	39,6	44,6	50,3	56,6	62,9	70,4	79,2	89,2	101	113	126
45	14,1	15,8	17,7	19,8	22,6	25,5	28,3	31,7	35,4	39,6	44,5	50,2	56,6	63,6	70,7	79,2	89,1	100	113	127	141
50	15,7	17,6	19,6	22,0	25,1	28,3	31,4	35,2	39,7	44,0	49,5	55,8	62,8	70,7	78,6	88,0	99,0	112	126	141	157
55	17,3	19,4	21,6	24,2	27,6	31,1	34,6	38,7	43,2	48,4	54,4	61,3	69,1	77,8	86,4	96,8	109	123	138	156	173
60	18,9	21,1	23,6	26,4	30,2	33,9	37,7	42,2	47,1	52,8	59,4	66,9	75,4	84,8	94,3	106	119	134	151	170	189
65	20,4	22,9	25,5	28,6	32,7	36,8	40,8	45,7	51,1	57,2	64,3	72,5	81,7	91,9	102	114	129	145	163	184	204
70	22,0	24,6	27,5	30,8	35,2	39,6	44,0	49,3	55,0	61,6	69,3	78,1	88,0	99,0	110	123	139	156	176	198	220
75	23,6	26,4	29,5	33,0	37,7	42,4	47,1	52,8	58,9	66,0	74,2	83,6	94,2	106	118	132	148	167	188	212	236
80	25,1	28,1	31,5	35,2	40,2	45,2	50,3	56,3	62,8	70,4	79,2	89,2	101	113	126	141	158	178	201	226	251
85	26,7	29,9	33,4	37,4	42,7	48,1	53,4	59,8	66,8	74,8	84,1	94,8	107	122	134	150	168	190	214	240	267
90	28,3	31,7	35,3	39,6	45,2	50,9	56,5	63,3	70,7	79,2	89,1	100	113	127	141	158	178	201	226	254	283
95	29,9	33,4	37,3	41,8	47,8	53,7	59,7	66,9	74,6	83,6	94,0	106	119	134	149	167	188	212	239	269	299
100	31,4	35,2	39,3	44,0	50,3	56,6	62,8	70,4	78,6	88,0	99,0	112	126	141	157	176	198	223	251	288	314
105	33,0	36,9	41,2	46,2	52,8	59,4	66,0	73,9	82,5	92,3	104	117	132	148	165	185	208	234	264	297	330
110	34,6	38,7	43,2	48,4	55,3	62,6	69,1	77,4	86,4	96,8	109	123	138	156	173	194	218	245	276	311	346

*) Bei Drehzahlen n von 10···100 U/min angegebene Werte durch 10 dividieren; von 1 000···10 000 U/min mit 10 multiplizieren; z. B.: n = 40 U/min, ⌀ 25 mm = v = 31,4:10 = 3,14 m/min. Desgl. für Durchmesser.

Drehen mit Hartmetall-Werkzeugen*)

Richtwerte für Schneidenwinkel, Schnittgeschwindigkeit, Vorschub und Schnittiefe

Werkstoff	Festigkeit kp/mm² od. Härte	Schneidenwinkel			Vorschub s in mm/U							
					bis 0,5 mm		bis 1,0 mm		bis 2,0 mm		bis 2,5 mm	
					Spantiefe a über bzw. unter 2 mm							
		α	β	γ	über	unter	über	unter	über	unter	über	unter
Stahl, weich	bis 50	5	70	15	200···100	275···150	150···75	200···100	100···50	150···80	80···40	120···65
Stahl, mittelhart	50 „ 60	5	73	12	150···90	250···100	120···70	180···80	80···45	130···50	65···35	100···40
Stahl, mittelhart	60 „ 70	5	75	10	140···80	220···90	100···60	170···70	70···40	110···45	55···30	90···35
Stahl, hart	70 „ 85	5	77	8	130···70	200···90	90···50	150···70	65···35	100···45	50···30	80···35
Stahl, hart	85 „ 100	5	79	6	120···60	190···90	90···45	145···60	60···30	95···40	45···25	75···30
Cr-Ni- und Cr-Mo-Stahl	70 „ 85	5	79	6	100···60	180···80	75···40	140···60	50···30	95···40	40···25	75···30
	85 „ 100	5	81	4	90···40	150···70	70···30	120···50	45···25	80···35	35···20	65···30
	100 „ 140	5	85	0	70···30	100···50	50···25	75···30	35···20	50···25	30···15	40···20
Nichtrost. Cr-Ni-St.	60 „ 70	5	79	6	60···30	70···40	45···25	50···30	30···20	35···25	25···15	30···20
Stahlguß, weich	30 „ 50	5	79	6	120···70	160···80	90···50	120···60	60···35	80···40	45···30	65···30
Stahlguß, mittelhart	50 „ 70	5	81	4	100···60	120···75	75···45	90···50	50···30	60···40	40···25	45···30
Stahlguß, hart	über 70	5	85	0	65···40	90···50	50···30	70···40	35···20	45···30	30···15	35···25
Mangan-Hartstahl	12% Mn	3	90	3	10··· 5	20···10	—	—	—	—	—	—
Gehärteter Stahl	über 160	3	87	0	15··· 8	25···12	—	—	—	—	—	—

Richtwerte für Schneidenwinkel und Schnittgeschwindigkeiten beim Drehen mit Hartmetall

					Schnittiefe mm		für Schnellstahl ≈1 mm Schnittiefe		
		α	β	γ	über 2	unter 2	α	γ	
Gußeisen, weich	bis 200 *HB*	5	77	8	60···40	100···50	6	10	16···25
Gußeisen, mittelhart	„ 250 *HB*	5	79	6	50···25	60···30	6	10	16···24
Gußeisen, hart	über 250 *HB*	5	81	4	30···15	50···20	6	8	12···20
Temperguß		5	79	6	70···40	100···50	6	8	14···25
Kokillen-Hartguß	bis 85 Shore	4	83	3	6···4	8···5	8	0	12···18
Kokillen-Hartguß	üb. 85 Shore	4	86	0	4···2	6···3	8	0	10···15
Kupfer	—	6	59	25	200···120	300···150	8	22	40···70
Messing, Bronze	—	6	74	10	300···150	400···200	8	10	20···75
Leichtmetall-Leg.	weich	10	50	30	über 400	über 500	12	14	300···500
Leichtmetall-Leg.	mittelhart	8	62	20	450···250	600···300	12	14	200···400
Leichtmetall-Leg.	ausgehärtet	6	66	18	300···150	400···200	12	14	75···150
Leichtmetall-Leg.	hoh. Si-Geh.	6	69	15	200···100	300···200	12	18	60···110
Kunst- u. Preßstoffe	—	8	62	20	200···50	300···150	12	14	20···50

Formeln zur Berechnung der Arbeitsgeschwindigkeiten

Schnittgeschwindigkeit v m/min des Arbeitsstückes bzw. des Werkzeuges.
$v = \pi \cdot d \cdot n$ (m/min),
wobei d = Drehdurchmesser bzw. Werkzeugdurchmesser in m.

$$n = \frac{v}{\pi \cdot d} \text{ (U/min)},$$

wobei v in m/min und d in m einzusetzen ist.

Beispiel: Gegeben: $d = 60$ mm, $n = 400$ U/min.
Gesucht: $v = ?$
$v = \pi \cdot d \cdot n = \pi \cdot 0{,}06 \cdot 400 = 24\,\pi = \mathbf{75{,}4}$ **m/min** (s. vor. S.)

1. **Beispiel:** Eine Welle aus Stahl bis 50 kp/mm² Festigkeit von 1500 mm Länge und 100 mm Durchmesser soll mittels Werkzeugstahles abgedreht werden. Berechne Arbeitszeit eines Schruppspanes.

Lösung: v = 8 m/min, Vorschub = 0,5 mm/U

$$n = \frac{1000 \cdot 8}{\pi \cdot d} = \frac{1000 \cdot 8}{\pi \cdot 100} = \frac{8000}{\pi \cdot 100} \approx 25{,}5 \text{ U/min}$$

Vorschub/min = 0,5 · 25,5 = 12,8 mm/min

$$\text{Arbeitszeit} = \frac{1500}{12{,}8} = \mathbf{117\ min}$$

2. **Beispiel:** Wie lange dauert die Spanabnahme mittels Schnellstahles?

Lösung: v = 22 m/min, Vorschub = 1 mm/U

$$n = \frac{1000 \cdot v}{\pi \cdot d} = \frac{1000 \cdot 22}{\pi \cdot 100} \approx 70 \text{ U/min}$$

Vorschub/min = 70 · 1 = 70 mm/min

$$\text{Arbeitszeit} = \frac{1500}{70} = \mathbf{21{,}5\ min}$$

3. **Beispiel:** Wie lange dauert die Spanabnahme nach Beispiel 1 mittels Hartmetallwerkzeugen?

Lösung: v = 78,5 m/min, Vorschub bis 2 mm/U, Spantiefe unter 2 mm.

$$n = \frac{1000 \cdot v}{\pi \cdot d} = \frac{1000 \cdot 78{,}5}{\pi \cdot 100} = 250 \text{ U/min}$$

Vorschub/min = 250 · 2 = 500 mm/min

$$\text{Arbeitszeit} = \frac{1500}{500} = \mathbf{3\ min}$$

16

Richtwerte für Reiben mit Hartmetallwerkzeugen

Werkstoff	Schnittgeschwindigkeit v m/min	Vorschub s mm/U	Spanabnahme im ⌀ a mm
Gußeisen bis 200 Brinell	10···15	0,2···0,6	0,1···1,0
Gußeisen bis 200 Brinell	5···10	0,2···0,5	0,1···0,9
Stahl 50—70 kp/mm²	5···10	0,2···0,6	0,1···0,8
Rotguß, Messing	12···25	0,2···0,6	0,1···1,2
Kupfer	15···30	0,2···0,8	0,1···1,2
Leichtmetall	25···30	0,4···0,9	0,1···1,2
Kunststoff	25···30	0,4···0,9	0,1···1,2

Richtwerte für Senken und Aufbohren mit Hartmetallwerkzeugen

Werkstoff	Schnittgeschwindigkeit v m/min	Spiralsenker s in mm/Zahn			Aufstecksenk. s in mm/Zahn			Schnittgeschwindigkeit v m/min	Zapfensenker s in mm/Zahn			Schnittgeschwindigkeit am/min	Aufbohrer s in mm/Zahn		
		Durchm. mm			Durchm. mm				Durchm. mm				Durchm. mm		
		12	20	28	40	60	80		20	40	60		80	125	160
Gußeisen bis 200 Brinell	25···30	0,08	0,12	0,15	0,18	0,22	0,25	20···25	0,08	0,12	0,15	35···45	0,20	0,20	0,20
Gußeisen üb. 200 Brinell	20···25	0,05	0,08	0,10	0,15	0,18	0,20	15···20	0,05	0,08	0,10	30···35	0,15	0,15	0,15
Stahl, 50—70 kp/mm²	20···30	0,05	0,08	0,10	0,15	0,18	0,20	20···30	0,05	0,08	0,10	25···30	0,15	0,15	0,15
Rotguß, Messing	35···45	0,10	0,15	0,18	0,20	0,22	0,25	30···40	0,08	0,12	0,15	40···50	0,20	0,20	0,20
Kupfer	40···50	0,10	0,15	0,18	0,20	0,22	0,25	35···45	0,10	0,12	0,15	45···60	0,20	0,20	0,20
Leichtmetall	70···80	0,18	0,15	0,20	0,22	0,25	0,30	60···70	0,15	0,20	0,25	70···80	0,20	0,20	0,25
Kunststoff	70···80	0,15	0,18	0,20	0,22	0,25	0,30	60···70	0,15	0,20	0,25	70···80	0,20	0,20	0,25

*) Drehversuche haben gezeigt, daß Werkzeuge mit Keramikschneiden gegenüber Hartmetall eine Bearbeitungszeiteinsparung von etwa 50% ergeben.

Drehzeit für ein Quadratzentimeter bearbeitete Fläche in Sekunden

(Die Tabelle kann bei Berücksichtigung des Doppelhubes auch für Hobelarbeiten benutzt werden.) Jeder Dreher kann sich eine gleiche Tabelle auf Grund der bei seiner Drehmasch. möglichen Schnittgeschwindigkeiten (v) und Vorschübe (s) selbst herstellen. Er rechnet: $t = \frac{6}{v \cdot s}$

$$\text{Sekundenzahl für } 1 \text{ cm}^2 = \frac{6}{\text{Schnittgeschw. in m/min} \times \text{Vorschub in mm/U}}$$

Schnittgeschwindigkeit in 1 Minute v	Vorschub s (Schaltung) in mm bei 1 Umlauf												
	0,1	0,2	0,5	0,75	1	1,25	1,5	2	3	5	8	10	
	Drehzeit t in Sekunden für 1 cm²:												
3,0 m	20,00	10,00	4,00	2,67	2,00	1,60	1,33	1,00	0,67	0,40	0,25	0,20	Sekunden
3,6 „	16,67	8,33	3,33	2,22	1,67	1,33	1,11	0,83	0,55	0,33	0,21	0,17	
4,2 „	14,29	7,14	2,86	1,90	1,43	1,15	0,95	0,71	0,47	0,29	0,18	0,143	
4,8 „	12,50	6,25	2,50	1,67	1,25	1,00	0,83	0,63	0,42	0,25	0,16	0,125	
5,4 „	11,11	5,56	2,22	1,48	1,11	0,89	0,74	0,56	0,37	0,22	0,139	0,111	
6,0 „	10,00	5,00	2,00	1,33	1,00	0,80	0,67	0,50	0,33	0,20	0,125	0,100	
7,2 „	8,33	4,17	1,67	1,11	0,83	0,67	0,56	0,42	0,28	0,167	0,104	0,083	
8,4 „	7,14	3,57	1,43	0,95	0,71	0,57	0,48	0,36	0,24	0,143	0,089	0,071	
10,2 „	5,88	2,94	1,18	0,79	0,59	0,47	0,39	0,29	0,196	0,118	0,074	0,059	
12,0 „	5,00	2,50	1,00	0,67	0,50	0,40	0,33	0,250	0,167	0,100	0,063	0,050	
15,0 „	4,00	2,00	0,80	0,53	0,40	0,32	0,267	0,200	0,133	0,080	0,050	0,040	
18,0 „	3,33	1,67	0,67	0,44	0,33	0,27	0,222	0,167	0,111	0,067	0,042	0,033	
24,0 „	2,50	1,25	0,50	0,33	0,25	0,20	0,167	0,125	0,083	0,050	0,031	0,025	
30,0 „	2,00	1,00	0,40	0,27	0,20	0,16	0,133	0,100	0,067	0,040	0,025	0,020	
39,0 „	1,54	0,77	0,31	0,21	0,154	0,123	0,103	0,077	0,051	0,031	0,019	0,015	

1. Beispiel: Eine Gußeisenwalze von 360 mm ⌀ und 1530 mm Länge soll bei 2 mm/U Vorschub mit 7,2 m/min Schnittgeschwindigkeit abgedreht werden. Drehzeit = ? (1 Span).

Lösung: Drehfläche = Umfang × Länge (Es wird in cm gerechnet.)

$A = \pi \cdot 36 \cdot 153 = \pi \cdot 5508 = 17304 \text{ cm}^2$ Drehfläche.

1 cm² Drehfläche —— 0,42 Sekunden (nach Tabelle)

17 304 cm² Drehfläche —— 0,42 · 17 304 = 7268 Sekunden = 7268:60 ≈ 121 Min. = **2 Stdn. 1 Min.**

2. Beispiel: Die Walze soll mit Schnellstahl durch 2 Späne mit je 15 m/min Schnittgeschw. bei 3 mm/U Vorschub und 1 Schlichtspan mit 18 m/min Schnittgeschw. bei 5 mm/U Vorschub fertig bearbeitet werden. Nebenarbeiten = ½ Std. Arbeitszeit = ?

Lösung: 2 Schnitt bei 15,0 · 3 —— 2 · 17 304 · 0,133 Sek. = 4603 Sek.
1 Schnitt bei 18,0 · 5 —— 17 304 · 0,067 „ = 1159 „
Nebenarbeiten = ½ St. = 1800 „
Gesamte Arbeitszeit = 7562 Sek. ≈ 126 Min. = **2 Stdn. 6 Min.**

Spanleistung beim Drehen und Hobeln

Schnellstahl mit ≈ 15% Wolfram	Spanquerschnitt f in mm²													Drehen	Hobeln
	2	4	6	8	10	12	14	16	18	20	23	26	30	**1 PS** Antriebskraft gibt Spanmenge V_1	
Werkstoff	Schnittgeschwindigkeit v in m/min														
St 34	40	33	29	26	24	22	20	18	16	15	14	13	12	11 kg/Std.	6,5 kg/Std.
St 37	35	30	27	24	22	20	18	16	15	14	13	12	11	10 „ „	6 „ „
St 42	30	26	24	22	20	18	16	15	14	13	12	11	10	9 „ „	5,5 „ „
St 50	24	21	19	17	16	15	14	13	12	11	10	9	8	7,5 „ „	5 „ „
St 60	18	17	16	15	14	13	12	11	10	9	8	7	6	6 „ „	4 „ „
St 70	12	11	10	9	8	7	7	6	6	5	5	4	4	5 „ „	3,5 „ „
GG-15	25	22	20	18	17	16	15	14	13	12	11	10	9	13 „ „	8 „ „

Spanquerschnitt in mm²:

$f = s \cdot h \qquad h = \frac{f}{s} \qquad s = \frac{f}{h}$

s = Vorschub in mm

h = Schnittiefe in mm

Größte Schnittiefe in mm:

bei Stahl $h = 2s$, $h = \sqrt{2f}$

bei Gußeisen $h = 4s$, $h = \sqrt{4f}$

Spanleistung V in kg/Std.:

bei Stahl $V = 0{,}47 \cdot f \cdot v$

Gußeisen $V = 0{,}44 \cdot f \cdot v$

PS-Zahl $Pe = \frac{V}{V_1}$

Beispiel: Für St 50 ist bei $f = 8$ mm² Spanquerschnitt die größte Schnittiefe $h = \sqrt{2 \cdot f} = \sqrt{2 \cdot 8} = \sqrt{16} = 4$ mm; Vorschub $s = f : h = 8 : 4 = $ **2** mm; Schnittgeschwindigkeit v = **17** m/min (nach Tabelle); gesamte Spanleistung $V = 0{,}47 \cdot f \cdot v = 0{,}47 \cdot 8 \cdot 17 =$ **63,92** kg/Std.; Spanleistung je PS Antriebskraft beim Drehen V_1 = **7,5** kg/Std. (nach Tabelle); Antriebsleistung der Drehmasch. $Pe = V : V_1 = 63{,}92 : 7{,}5 \approx$ **8,5 PS.** — Da 1 PS = 0,736 kW, so ist auch $Pe = 8{,}5 \cdot 0{,}736 \approx$ **6,25 kW.**

16

Zweckmäßige Geschwindigkeiten für Spiralbohrer

Werkstoff s Vorschub mm/Umdr. n Drehzahl Umdr./min		Werkzeugstahl, Bohrer-Ø in mm								Schnellstahl, Bohrer-Ø in mm							
		1	2	5	8	12	16	25	40	1	2	5	8	12	16	25	40
Unleg. Baustähle bis 50 kp/mm²	s	0,015	0.03	0,09	0,12	0,16	0,18	0,20	0,22	0,015	0,03	0,11	0,16	0,22	0,26	0,3	0,4
	n	4000	2000	1000	630	400	315	160	100	8000	4000	2000	1600	1000	800	400	250
Unleg. Baustähle über 50 kp/mm²	s	0,015	0,03	0,08	0,11	0,14	0,16	0,18	0,20	0,015	0,03	0,10	0,14	0,18	0,22	0,3	0,4
	n	3150	1600	800	500	315	250	125	80	8000	4000	2000	1250	800	630	315	200
Gußeisen bis 18 kp/mm²	s	0,025	0,06	0,12	0,18	0,22	0,25	0,30	0,35	0,025	0,06	0,16	0,25	0,30	0,35	0,45	0,50
	n	3150	1600	800	500	315	250	125	80	6330	4000	2000	1250	800	630	315	160
Gußeisen über 18 kp/mm²	s	0,012	0,03	0,06	0,10	0,12	0,14	0,16	0,18	0,012	0,04	0,09	0,14	0,20	0,25	0,30	0,36
	n	2000	1000	500	315	200	160	80	50	5000	3200	1600	1000	630	500	250	125
Schrauben-Messing	s	0,03	0,07	0,14	0,20	0,25	0,30	0,38	0,45	0,03	0,07	0,16	0,25	0,32	0,40	0,50	0,63
	n	10 000	8000	4000	3150	2000	1600	800	500	12 500	10 000	6300	5000	3150	2500	1250	630
Zähes Messing	s	0,015	0,03	0,08	0,11	0,14	0,16	0,18	0,20	0,02	0,04	0,10	0,14	0,18	0,22	0,30	0,40
	n	6300	3150	1250	1000	630	500	250	160	8000	6300	2500	2000	1250	1000	500	315
Kupfer, Rotguß	s	0,015	0,03	0,09	0,12	0,16	0,18	0,20	0,22	0,02	0,04	0,12	0,16	0,22	0,25	0,30	0,40
	n	5000	2500	1000	800	500	400	200	125	8000	6300	2500	2000	1250	1000	500	315
Leichtmetalle	s	0,02	0,04	0,10	0,14	0,18	0,20	0,22	0,25	0,02	0,06	0,16	0,25	0,32	0,40	0,50	0,63
	n	10 000	8000	4000	3150	2000	1600	800	500	12 500	10 000	8000	6300	4000	3150	1600	800

Beispiel: Mit Spiralbohrer aus Werkzeugstahl sind 11 Löcher von 25 mm Ø und 40 mm Tiefe in eine Gußeisenplatte (bis 18 kp/mm² Festigkeit) zu bohren. Nebenarbeiten für 1 Loch = 1 Minute. Bestimme die Arbeitszeit (Bohranschnitt = $0{,}3 \cdot d = 0{,}3 \cdot 25 = 7{,}5$ mm).

Lösung:

37,5 mm Vorschub	1 Min. Bohrzeit
1 mm Vorschub	1 : 37,5 Bohrzeit
$11 \cdot 40 + 11 \cdot 7{,}5 = 522{,}5$ mm Vorsch.	522,5 : 37,5 Bohrzeit

Bohrzeit	522,5 : 37,5	=	13,93 Minuten
Nebenarbeiten	11 · 1	=	11 Minuten
Arbeitszeit		=	**24,93 Minuten**

Vergleich: Ausführung der Arbeit mit Spiralbohrer aus Schnellstahl. Nebenarbeiten = 11 Minuten.

Bohrzeit	522,5 : 141,75	=	3,69 Minuten
Arbeitszeit	3,69 + 11	=	**14,69 Minuten**

Arbeitsbedingungen für hartmetallbestückte- oder Vollhartmetall-Bohrer

v = Schnittgeschwindigkeit in m/min, n = Umdrehungen/min, s = Vorschub in mm/U

Bohrer-Ø in mm		Stahlguß über 70 kp/mm²	Stahl 75…100 kp/mm²	CrNi-Stahl bis 100 kp/mm²	CrNi-Stahl über 100 kp/mm²	Werkzeugstahl 180…200 kp/mm²	Mangan-Hartstahl	Gußeisen bis 200 HB	Gußeisen über 200 HB	Rotguß, Messing, Bronze, weich	Rotguß, Messing, Bronze, hart	Zähe Leichtmetalle	Ausgehärtete Leichtmetalle	Kunststoffe	Hartpapiere	Marmor, Wandplatten	Porzellan	Glas	Hartes Gestein
2	v	15	40	30	15	8	6	50	25	90	60	200	60	70	90	20	5	8	3
	n	2400	6400	4800	2400	1280	960	8000	4000	14 300	9550	31 800	9550	11 150	14 300	3200	800	1280	480
	s	0,02	0,02	0,02	0,02	0,02	0,02	0,04	0,03	0,04	0,03	0,05	0,03	0,03	0,06		v. Hand		
4	v	16	42	30	16	9	7	52	25	90	60	210	60	70	95	20	5	8	3
	n	1275	3350	2400	1275	720	560	4150	2000	7200	4800	16750	4800	5600	7550	1600	400	640	240
	s	0,03	0,03	0,03	0,02	0,02	0,02	0,05	0,04	0,05	0,04	0,06	0,04	0,04	0,07		v. Hand		
6	v	18	45	32	18	10	8	55	28	95	65	220	65	75	100	20	6	9	4
	n	960	2380	1700	960	530	425	2900	1485	5000	3450	11700	3450	4000	5300	1060	320	480	210
	s	0,05	0,05	0,05	0,03	0,03	0,03	0,08	0,05	0,08	0,05	0.08	0,05	0,05	0,08		v. Hand		
10	v	20	48	34	20	11	9	58	30	100	70	230	70	80	105	22	7	10	5
	n	640	1530	1080	640	350	290	1850	960	3200	2230	7300	2230	2550	3340	700	225	320	160
	s	0,05	0,05	0,05	0,03	0,03	0,03	0.10	0,06	0,10	0,06	0,10	0,06	0,06	0,10		v. Hand		
12	v	22	52	36	22	12	10	60	32	100	75	240	75	85	110	22	8	10	6
	n	585	1380	960	585	320	265	1600	850	2660	2000	6400	2000	2260	2930	585	210	265	160
	s	0,06	0,06	0.06	0,04	0,03	0.03	0,12	0,08	0,12	0,06	0,12	0,06	0,08	0,12		v. Hand		
16	v	24	55	38	24	12	12	65	35	105	80	250	80	85	115	24	9	12	7
	n	480	1100	755	480	240	240	1300	700	2090	1590	5000	1590	1690	2300	480	180	240	140
	s	0,07	0,07	0,06	0,04	0,04	0,04	0,14	0,10	0,14	0,10	0,15	0,07	0,10	0,15		v. Hand		
20	v	26	58	40	26	13	13	70	40	110	85	260	85	90	120	24	10	12	8
	n	415	925	635	415	210	210	1140	635	1760	1360	4150	1360	1435	1920	380	160	190	130
	s	0,08	0,08	0,07	0,05	0,04	0,04	0,16	0,12	0,16	0,12	0,18	0,08	0,12	0,18		v. Hand		
25	v	28	60	40	28	13	13	75	40	115	85	270	85	95	125	26	10	13	8
	n	355	765	510	355	165	165	955	510	1465	1085	3440	1085	1210	1590	330	125	165	100
	s	0,10	0,10	0,07	0,05	0,04	0,04	0,20	0,15	0,20	0,15	0,20	0,09	0,15	0,20		v. Hand		
32	v	32	65	42	32	14	14	75	42	120	90	285	90	95	130	28	11	14	9
	n	320	650	420	320	140	140	750	420	1200	900	2850	900	950	1300	280	110	140	90
	s	0,12	0,12	0,08	0,06	0,05	0,05	0,25	0,18	0,25	0,18	0,22	0,10	0,18	0.22		v. Hand		
40	v	35	70	45	35	15	15	80	45	125	90	300	90	100	140	30	12	15	10
	n	280	560	360	280	120	120	640	360	995	720	2400	720	795	1120	240	95	120	80
	s	0,12	0,12	0,08	0,06	0,05	0,05	0,30	0,20	0,30	0,20	0,25	0,12	0,20	0,25		v. Hand		
Kühlmittel		*)	trocken oder Bohröl-Emulsion				Druckluft	trocken										**)	Wasser
α		6°	6°	5°	4°	4°	4°	8°	6°	8°	6°	8°	6°	6°	6°	5°	5°	—	5°
γ		3…0°	8°	4°	0°	…3°	…3°	7°	0°	6°	3°	10..15°	5°	0°	0°	—	—	—	0°
ε		115°	115°	115°	120°	120°	125°	115°	120°	115°	120°	120°	125°	90°	90°	Sonderschliff			90°

*) Bohröl-Emulsion **) Petroleum, Terpentin; α = Freiwinkel, γ = Spanwinkel, ε = Spitzenwinkel

16

Richtwerte für Fräsen mit Schnellstahlwerkzeugen

Schnittiefe 0,5 mm dient zum Schlichten;
Schnittiefe 5 mm dient zum Schruppen.

Der Arbeitsweg des Fräsers ist = Fräslänge L + An- und Auslauf.
$\frac{\text{Arbeitsweg}}{s'} = t$ (Fräszeit in Min.)

Fräser		Zeit in Min.	Fräsbreit. B in mm	Schnitttiefe mm		Stahl bis 65 kp/mm²	Stahl bis 75 kp/mm²	Stahl bis 100 kp/mm²	Gußeisen bis 180 HB	Brinell Messing	Leichtmetall
Walzenstirnfräser	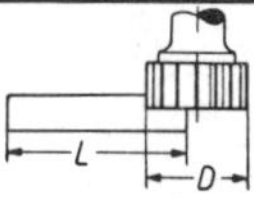	$\frac{L+D}{s'}$	bis 70	5	v	17	14	10	12	36	200
					s'	100	90	55	140	190	250
				0,5	v	22	18	14	18	50	250
					s'	70	55	42	70	150	110
Walzenfräser	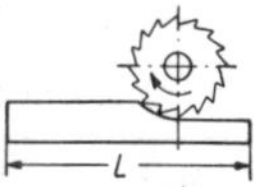	$\frac{L+20}{s'}$	bis 100	5	v	17	14	10	12	35	250
					s'	100	80	50	120	70	200
				0,5	v	22	18	14	18	35	250
					s'	60	50	35	60	50	100
Schaftfräser	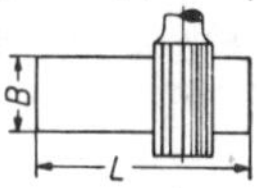	$\frac{L+20}{s'}$	bis 25	5	v	17	15	14	15	40	160
					s'	50	40	20	60	80	90
				0,5	v	22	19	17	19	60	200
					s'	120	100	65	120	120	120
Scheibenfräser		$\frac{L+20}{s'}$	bis 20	5	v	18	14	12	15	35	200
					s'	100	80	50	120	150	200
				0,5	v	22	18	14	20	55	250
					s'	40	30	25	40	80	100
Messerköpfe	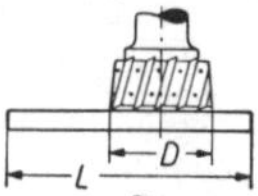	$\frac{L+D}{s'}$	bis 180	5	v	20	16	15	16	50	250
					s'	20	65	35	100	200	250
				0,5	v	30	24	20	24	70	350
					s'	50	40	30	90	130	100
Sägen*)	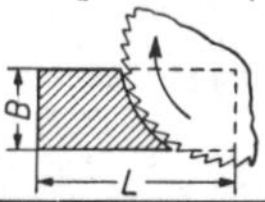	$\frac{L+2B}{s'}$	bis 2,5	10	v	45	35	25	35	350	350
					s'	50	40	30	50	200	200

Richtwerte für Fräsen mit Hartmetallwerkzeugen (Schnittgeschwindigkeiten)

Werkstoff	Schnittgeschwindigkeit v in m/min Schruppen	Schlichten
Gußeisen bis 200 Brinell	55···65	60···120
Gußeisen üb. 200 Brinell	45···55	50···90
Temperguß	50···60	60···80
Kupfer	100···180	180···300
Messing, weich	80···150	100···250
Messing, hart	70···120	80···200
Bronze	70···120	80···200
Stahl bis 65 kp/mm²	150···200	150···250
Stahl 65···80 kp/mm²	120···180	150···220
Stahl 80···110 kp/mm²	100···150	120···180
Stahl 110···140 kp/mm²	80···100	100···125
Stahlguß, mittelhart	50···80	60···100
Stahlguß, hart	50···70	50···90
Leichtmetalle	300···500	bis 1500
Kunststoffe	150···300	—
Glas	30···50	—
Gestein	15···30	—

Desgl. Vorschübe je Zahn

Werkstoff	Vorschub je Zahn s/z in mm Schruppen	Schlichten
Gußeisen	bis 0,50	0,10
Stahl	bis 0,40	0,08
Kupfer	bis 0,50	0,10
Messing, Bronze	bis 0,50	0,07
Leichtmetalle	bis 0,75	0,10
Kunststoffe	bis 0,50	0,10

1. Beispiel: Die obere Fläche einer Gußeisen-Parallelschiene von der Länge $L = 820$ mm und der Breite $B = 80$ mm soll mit einem Walzenfräser aus Schnellstahl geschlichtet werden. Ein- und Ausspannen $t_1 = 3{,}5$ Min., Spananstellen $t_2 = 3{,}0$ Min. Berechne Gesamtzeit t.

Lösung:

Schlichten $= \frac{L+20}{s'} = \frac{820+20}{60} = \frac{840}{60} =$ **14,0 Min.**
Ein- und Ausspannen . . . . = 3,5 Min.
Spananstellen . . . . = 3,0 Min.
Gesamtzeit t . . . . = **20,5 Min.**

2. Beispiel: Die obere Fläche einer Stahlschiene (Stahl bis 65 kp/mm² Festigkeit) von der Länge $L = 400$ mm und der Breite $B = 40$ mm soll mit einem Walzenstirnfräser aus Schnellstahl von $D = 90$ mm ⌀ 5 mm geschruppt und 0,5 mm geschlichtet werden. Nebenarbeit = 40 % der Fräsarbeit. Gesamtzeit t = ? Min.

Lösung:

Schruppen $= \frac{L+D}{s'} = \frac{400+90}{100} = \frac{490}{100} =$ **4,9 Min.**
Schlichten $= \frac{L+D}{s'} = \frac{400+90}{70} = \frac{490}{70} =$ **7,0 Min.**
Gesamte Fräszeit . . . . = 11,9 Min.
Nebenarbeiten = 40 % v. 11,9 . . . . . = 4,8 Min.
Gesamtzeit t . . . . = **16,7 Min.**

3. Beispiel: Wie groß darf der Vorschub s'/min. für einen Walzenfräser mit Hartmetallschneiden von $d = 60$ mm ⌀ und $z = 6$ Zähne für die Schruppbearbeitung von Stahl bis 80 kp/mm² gewählt werden? Aus Tabelle: Schnittgeschwindigkeit $v = 120$ m/min und Vorschub je Zahn $s/z = 0{,}4$ mm.

Lösung:

$$n = \frac{v \cdot 1000}{\pi \cdot d} = \frac{120 \cdot 1000}{\pi \cdot 60} \approx 637 \text{ U/min}$$
$$s = n \cdot z \cdot s/z \approx 637 \cdot 6 \cdot 0{,}4 \approx \mathbf{1530 \text{ mm/min}}$$

*) Schnittgeschwindigkeit für Hub-Bügelsägen: $v = \frac{n_h \cdot 2 l_w}{1000}$ in m/min
n_h = Hubzahl, l_w = Schnittweg-Länge Werkstückhöhe in mm.

16

Arbeitszeiten für Schlosserarbeiten

1 Feilen und Schlichten von Flächen

Feilbreite bis	10	15	20	25	30	35	40	50	60 mm
Feilfläche/Min.	6	5,4	5	4,7	4,4	4,2	4	3,7	3,5 cm²

2 Abrichten und Tuschieren von Flächen

Flächeninhalt	200	400	600	800	1000	1400	2000 cm²
Leistung je Min.	4,1	6	7,6	9	10	12	15 cm²

3 Hauen von Schmiernuten in mm/Min.

Gegenstand	Gußeisen	S.M.Stahl	Bronze
Glatte Flächen	32	15	35
Prismen-Flächen	20	10	24
Lager u. Buchsen bis 30 mm ⌀	15	8	20
Lager u. Buchsen bis 60 mm ⌀	18	10	22
Lager u. Buchs. über 60 mm ⌀	20	12	24
Wellen		10	

4 Schaben und Aufpassen von Lagern

D = Durchm.	Länge					
	¼ D	½ D	1 D	1½ D	2 D	2½ D
mm	Schabfläche in cm²/min					
30	3	2,7	2,5	2,3	2	1,7
50	4,5	4,2	3,9	3,6	3,4	3
75	6,3	5,8	5,4	5,1	4,8	4,2
100	7,8	7,2	6,8	6,5	6,2	5,4
150	10,5	9,6	9,2	8,8	8,2	7,2
200	12,5	11,5	11	10,5	9,7	8,6
250	14	13	12,2	11,7	11	9,7
300	15,3	14,3	13,5	12,7	12	10,7
400	17,5	16,2	15,4	14,5	13,8	12,6

Bemerkung: Das jeweilige Spannen und Probieren sowie die Schleifzeit für den Schaber sind in den Werten der Tafel enthalten.

5 Spannen bei Schlosserarbeiten

Art der Aufspannung	Minuten
Teile bis 2 kg im Schraubstock	0,12
Teile bis 5 kg im Schraubstock	0,18
Teile bis 10 kg im Schraubstock	0,25
Teile bis 25 kg im Schraubstock	0,5
Spannen oder Auflegen (2 Mann) bis 40 kg	1
Auflegen mit Flaschenzug	3···5
Auflegen mit Kran	5···10

Die obige Kranzeit gilt nicht für große Gegenstände, da das Anhängen mit Seilen und Ketten längere Zeit und mehrere Leute in Anspruch nimmt.

6 Schneiden von metrischem Gewinde für Durchgangsbohrungen

mm	Tiefe in mm 10	20	30	40	50	60	70	
M 6	2,7	3,3	—	—	—	—	—	Minuten
M 8	2,8	3,7	—	—	—	—	—	
M 10	3,1	3,9	5,4	—	—	—	—	
M 12	3,2	4,4	6	7,3	—	—	—	
M 16	3,5	4,8	6,7	8,5	9,8	—	—	
M 20	4,2	5,4	7,5	9,5	10,6	—	—	
M 22	4,4	6,1	8,3	10,6	11,6	12,4	—	
M 24	—	7	9,5	12	14,5	15,5	—	
M 30	—	7,4	10	12,6	15,5	18	—	
M 33	—	7,8	10,6	13,4	16,4	19,4	—	
M 39	—	—	12	15	18	21,5	24,5	

Bemerkung: Die angegebenen Zeiten sind Grundzeiten, und zwar für das Schneiden des Gewindes in S.-M.-Stahl, Flußstahl und Stahlguß.

7 Feilen von Keilen und Aufkeilen von Gegenständen

Keilmaße	Seitenflächen feilen	Grundfläche feilen	Obere Fläche feilen	Gesamtfläche	Federkeile 2 Rundungen: Schruppen	Feilen	Keilen je 10 mm	Nasenkeile: Kopf-u. Stirnseite feilen	Keilen je 10 mm
mm	Minuten für je 10 mm Länge				Minuten			Minuten	
8 × 5	0,28	0,1	1,8	2,18	1	2	1,5	3,2	1,3
10 × 6	0,32	0,15	2	2,47	1,3	3	1,7	3,8	1,45
12 × 8	0,45	0,18	2,2	2,83	2	4	1,85	4	1,55
14 × 10	0,55	0,2	2,35	3,1	4	4,8	2	4,8	1,7
16 × 10	0,55	0,22	2,35	3,12	4,5	4,8	2	5,5	1,7
20 × 12	0,65	0,25	2,25	3,15	werden rund gehobelt	6	1,9	6,5	1,6
22 × 14	0,75	0,28	2,1	3,13		7	1,8	7,5	1,5
24 × 16	0,9	0,3	2	3,2		7,5	1,7	9	1,45
26 × 18	1	0,32	1,85	3,17		8	1,55	10,2	1,32
30 × 22	1,2	0,38	1,7	3,28		9	1,45	13,5	1,23
36 × 26	1,45	0,42	1,7	3,57		10	1,45	18	1,23
44 × 30	1,65	0,5	1,7	3,85		12	1,45	22,2	1,23
52 × 34	1,95	0,58	1,7	4,23		14	1,45	27	1,23

Hinzuzurechnen sind noch folgende Zeiten: Welle und aufzukeilenden Gegenstand spannen od. auflegen (Tab. 5); Nut in dem zu keilenden Gegenstand nachfeilen (Tab. 1). Abgraten der Nut i. M. 0,3 min je 100 mm Kantenlänge. Alle anderen Zeiten sind in Tab. 7 enthalten.

1. Aufgabe: 2 Gußeisen-Tuschierplatten sollen abgerichtet und tuschiert werden. Die Länge der gefrästen Tuschierfläche einer Platte beträgt 300 mm, die Breite 200 mm. Wieviel Zeit ist für das Abrichten und Tuschieren beider Platten erforderlich?

Lösung: Die zu bearbeitende Fläche einer Platte beträgt $A = 30 \cdot 20 = 600$ cm². Aus Tabelle 2 ersehen wir, daß bei einer Fläche von 600 cm² je min 7,6 cm² tuschiert werden können. Die Bearbeitungszeit für eine Platte beträgt also 600 : 7,6 = 79 min, für 2 Platten demnach

$$2 \cdot 79 = 158 \text{ min}$$

$$= 2 \text{ h } 38 \text{ min}$$

$$\approx \mathbf{2\ h\ 40\ min}$$

2. Aufgabe: In 6 Flanschlöcher eines [140 ist ein Gewinde M 16 einzuschneiden. Wieviel Zeit ist hierzu nötig?

Lösung: In der Tabelle für [-Stahl finden wir die Flanschdicke des [140 mit 10 mm angegeben. Das Schneiden eines M-16-Gewindes von 10 mm Tiefe erfordert nach Tabelle 6 eine Zeit von 3,5 min; 6 Löcher erfordern also $6 \cdot 3{,}5 =$ **21 min.**

3. Aufgabe: Die beiden Lager einer Kreissäge sollen geschabt und aufgepaßt werden. Wie lange dauert diese Arbeit, wenn der Wellendurchmesser $D = 50$ mm und die Lagerlänge $L = 1\frac{1}{2}\,D$ beträgt?

Lösung: Die zu schabende Fläche eines Lagers beträgt

$A = \pi \cdot D \cdot L = 15{,}708 \cdot 1{,}5 \cdot 5 = 117{,}81$ cm².

Nach Tabelle 4 beträgt für ein Lager mit $D = 50$ mm und $L = 1\frac{1}{2}\,D$ die in 1 min zu bearbeitende Fläche 3,6 cm². Für ein Lager braucht man also $\frac{117{,}81}{3{,}6} = 32{,}7$ min, für beide Lager $2 \cdot 32{,}7 = 65{,}4$ min ≈ **1 h 6 min.**

Wind- und Wasserkraftmaschinen

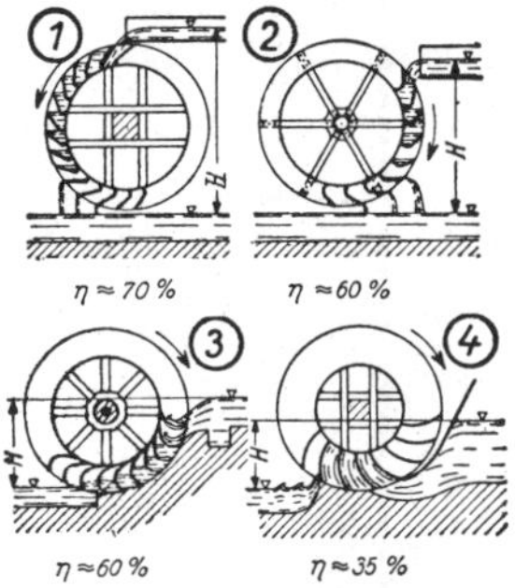

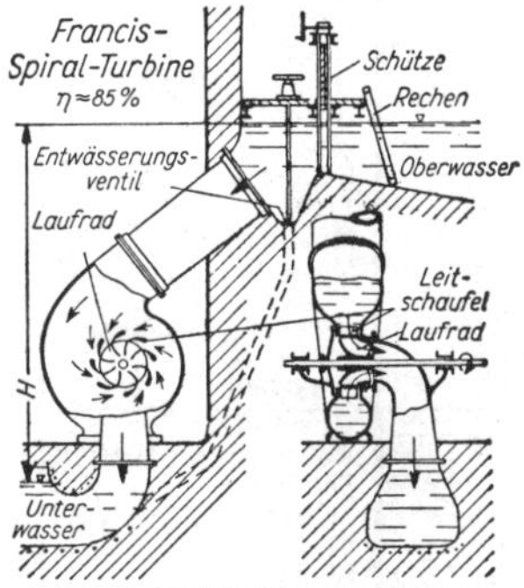

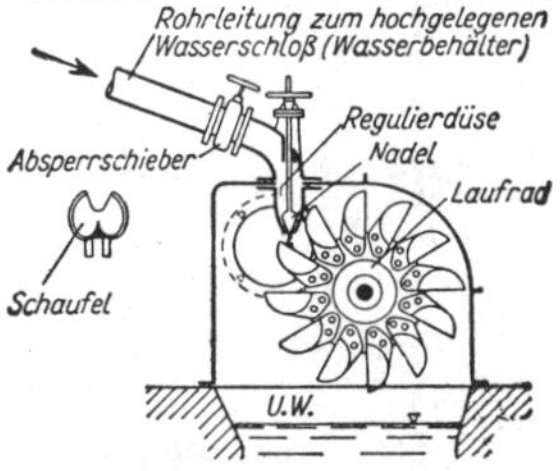

Freistrahlturbine (Peltonrad)
für große Gefälle und kleine Wassermengen
Regulierung durch Nadeldüse.
Wirkungsgrad η ≈ 80 %.

Windmühlen besitzen an einer waagerechten Welle meistens 4 hölzerne, gitterartige, mit Segeltuch bespannte oder jalousieartige, aus verstellbaren Holzleisten hergestellte Flügel, welche zur Welle schräg stehen und diese durch Windeinwirkung in Drehung versetzen. Um die Flügelwelle immer in Windrichtung stellen zu können, setzt man die aus Holz gebaute **deutsche Bockwindmühle** auf ein Gestell oder einen Bock, auf welchem sie drehbar ist. Eine bessere Bauart ist die **holländische Windmühle**, bei der die Welle in einer drehbaren Kappe gelagert ist. Da hierbei nicht die ganze Windmühle gedreht wird, ist diese meist in Mauerwerk ausgeführt. Durch Anbringung eines zweiten, kleineren Windrades, dessen Drehachse in einem Winkel von 90° zur ersten steht, geschieht das „In-den-Wind-Bringen" selbsttätig. Bei zu großer Windstärke wird die Flügelwelle um ein bestimmtes Maß aus der Windrichtung gedreht. **Windturbinen** oder Windräder haben eine größere Zahl aus Stahlblech gefertigter Flügel.

Wasserräder haben am Umfang Schaufeln **(Schaufelräder)**, Zellen **(Zellenräder)** oder Kübel **(Kübelräder)**. Bei den Zellen- oder Kübelrädern sind die Schaufeln durch Seitenwände eingeschlossen. Bei den Schaufelrädern wirkt das Wasser nur durch die aus der Strömungsgeschwindigkeit resultierende kinetische Energie (Stoß), bei den Zellenrädern durch Stoß und Gewicht.

Nach der Höhenlage des Wassereintritts in das Rad (Beaufschlagung) unterscheidet man **oberschlächtige (1), rückenschlächtige (2), mittelschlächtige (3)** und **unterschlächtige (4) Wasserräder.** Die oberschlächtigen und rückenschlächtigen Wasserräder werden als Zellen- oder als Kübelräder, die übrigen als Schaufelräder ausgeführt. Die Schaufelräder werden mit einem Durchmesser von 2 bis 12 m in Holz oder (die größeren) in Stahl gebaut.

Während man Wasserräder nur mit waagerechter Welle baut, werden die **Wasserturbinen** mit waagerechter oder mit senkrechter Welle ausgeführt. Die Wasserturbine besteht aus dem **Leitrad** mit den verstellbaren **Leitschaufeln,** welche das Wasser dem **Laufrad** so zuführen, daß es tangential in dieses eintritt. Da hierbei keine Stöße auftreten, kann der Wassereintritt mit großer Geschwindigkeit erfolgen; Drehzahlen des Laufrades 150 bis 600/min. Der Spielraum von 3 bis 4 mm zwischen Lauf- und Leitrad heißt **Spalt.**

Es wurde erkannt, daß eine Vergrößerung des Spaltes zwischen Leit- und Laufrad wenig Einfluß auf den Wirkungsgrad der Turbine hat, dagegen bei gleichem Gefälle und gleicher Wassermenge der Turbine eine höhere Drehzahl erteilt. Daher wird diese Turbinenbauart heute anstelle der normalen Francisturbine für kleine Gefälle und große Wassermengen eingebaut. Für kleine Gefälle und sehr große Wassermengen ist die **Propellerturbine** und die **Kaplanturbine** entwickelt worden. Diese Turbinen haben ein propellerartiges Laufrad, das bei den Propellerturbinen 8⋯12 Schaufeln und bei der Kaplanturbine 4 Schaufeln besitzt. Zum Unterschied von den Propellerturbinen sind die Schaufeln der Kaplanturbine drehbar, wodurch die Regulierbarkeit der Turbine erhöht wird. Die neuen Großwasserkraftanlagen, welche zum großen Teil bei kleinem Gefälle mit großen Wassermengen arbeiten, erhalten mit wenig Ausnahmen Propeller- oder Kaplanturbinen.

Man unterteilt die Turbinen nach verschiedenen Gesichtspunkten und unterscheidet:

1. nach der Wirkung des Wassers: Aktions- oder **Druckturbinen,** bei welchen das Wasser nur durch seine Bewegungsenergie wirkt, und **Reaktions-** oder **Überdruckturbinen,** bei welchen das Wasser auch noch durch den Rückstoß beim Durchfließen der Kanäle Arbeit leistet;

2. nach der Art der Beaufschlagung: Axialturbinen, bei denen das Wasser durch die Kanäle in der Richtung der Turbinenachse strömt, und **Radialturbinen,** bei denen das Wasser die Kanäle radial von innen nach außen oder von außen nach innen durchströmt;

3. nach dem Umfange der Beaufschlagung: Vollturbinen, bei denen sämtliche Kanäle des Laufrades gleichzeitig vom Wasser durchströmt werden, und **Partialturbinen,** bei denen jeweilig nur ein Teil der Laufradkanäle vom Wasser durchströmt wird;

4. nach der Höhe des Gefälles: Niederdruckturbinen, bei denen das Gefälle kleiner als 4 m ist, und **Hochdruckturbinen,** bei denen das Gefälle über 4 m beträgt.

Die Nutzleistung einer Wasserkraft beträgt bei Annahme eines durchschnittlichen Wirkungsgrades von 75 % $P_e = \frac{Q \cdot H \cdot 0{,}75}{75} = \frac{Q \cdot H}{100}$ (PS). Hierin ist Q die Wassermenge in l, welche die Turbine in 1 Sekunde durchfließt, H das Gefälle in m, d. h. der lotrechte Abstand zwischen Ober- und Unterwasserspiegel.

17

Wärmetechnik

1. Tabelle des gesättigten Wasserdampfes

Überdruck bar	Absol. Druck bar	Grad C	kcal in 1 kg	1 kg Dampf m^3	1 m^3 Dampf kg	Überhitzter Dampf °C: 350	360	380	400	420	440
						Wärmeinhalt kcal in 1 kg Dampf					
—	0,02	17,20	604,8	68,27	0,0146						
—	0,06	35,82	612,9	24,19	0,0413						
—	0,10	45,45	617,0	14,95	0,0669						
—	0,15	53,54	620,5	10,21	0,0979						
—	0,20	59,61	623,1	7,795	0,1283						
—	0,25	64,49	625,1	6,322	0,1582						
—	0,5	80,81	631,6	3,301	0,3029						
0	1,0	99,09	639,1	1,725	0,5797						
0,0334	1,0334	100	639,4	1,698	0,5954						
0,5	1,5	110,8	642,8	1,180	0,8472						
1,0	2,0	119,6	645,8	0,902	1,109						
1,5	2,5	126,8	648,3	0,732	1,367						
2,0	3	132,9	650,3	0,617	1,622						
2,5	3,5	138,2	651,9	0,534	1,874						
3	4	142,9	653,4	0,471	2,125						
4	5	151,1	655,8	0,382	2,621						
5	6	158,1	657,8	0,321	3,112	755,1	760,1	770,0	780,0	790,0	800,1
7	8	169,6	660,8	0,245	4,085	754,3	759,2	769,2	779,2	789,3	799,4
9	10	179,0	663,0	0,198	5,049	753,3	758,3	768,3	778,5	788,6	798,8
10	11	183,2	663,9	0,181	5,530	752,8	757,8	767,9	778,1	788,3	798,5
11	12	187,1	664,7	0,166	6,010	752,3	757,4	767,5	777,7	787,9	798,2
13	14	194,1	666,0	0,143	6,967	751,3	756,4	766,7	776,9	787,2	797,6
15	16	200,4	667,1	0,126	7,925	750,4	755,5	765,9	776,2	786,5	796,9
16	17	203,3	667,5	0,119	8,405	749,9	755,1	765,4	775,8	786,2	796,6
17	18	206,1	667,9	0,113	8,886	749,4	754,6	765,0	775,4	785,8	796,3
19	20	211,4	668,5	0,102	9,846	748,5	753,8	764,2	774,7	785,1	795,6
20	21	213,8	668,7	0,097	10,33	748,0	753,3	763,8	774,3	784,8	795,3
21	22	216,2	668,9	0,093	10,81	747,5	752,8	763,3	773,9	784,4	795,0
25	26	225,0	669,5	0,078	12,75	745,6	751,0	761,7	772,3	783,0	793,7
29	30	232,8	669,7	0,068	14,70	743,6	749,1	760,0	770,8	781,6	792,4
32	33	238,1	669,6	0,062	16,18	742,0	747,6	758,6	769,6	780,5	791,4
34	35	241,4	669,5	0,058	17,18	741,0	746,6	757,8	768,8	779,8	790,7
37	38	246,2	669,3	0,053	18,68	739,4	745,1	756,5	767,7	778,7	789,7
40	41	250,7	669,0	0,050	20,24	737,8	743,6	755,1	766,5	777,6	788,8
41	42	252,1	668,8	0,048	20,79	737,3	743,1	754,6	766,1	777,2	788,3
44	45	256,2	668,2	0,045	22,25	735,7	741,6	753,3	764,8	776,1	787,4
49	50	262,7	667,3	0,040	24,85	733,0	739,1	751,1	762,8	774,4	785,8
50	51	263,9	667,1	0,039	25,38	732,4	738,6	750,7	762,4	774,0	785,4
54	55	268,7	666,2	0,036	27,60	730,1	736,4	748,8	760,8	772,4	784,1
59	60	274,3	665,0	0,033	30,21	727,1	733,7	746,4	758,7	770,6	782,4
64	65	279,6	663,6	0,030	32,97	723,2	731,0	744,1	756,5	768,7	780,7
69	70	284,5	662,1	0,028	35,78	721,0	728,1	741,5	754,4	766,8	778,9
80	81	294,4	658,3	0,024	42,33	713,7	721,4	735,9	749,6	762,5	775,1
89	90	301,6	655,1	0,021	47,71	707,1	715,5	730,9	745,3	758,8	771,8
100	101	310,3	648,2	0,018	55,45	698,4	707,6	724,6	739,9	754,1	767,7
125	126	326,8	638,7	0,014	73,03	675,3	687,5	708,5	726,6	742,9	758,0
139	140	335,0	631,0	0,012	84,68	660,1	674,4	698,3	718,4	736,1	752,2
160	161	346,2	617,5	0,010	113,06	—	650,4	681,3	705,2	725,3	742,9
200	201	364,5	580,2	0,006	161,2	—	—	638,7	675,7	701,8	723,5
224,05	225,05	374	532	0,004	254	kritischer Druck					

Der Dampfüberdruck bezieht sich auf einen Barometerstand von 760 mbar (= 1 Atmosphäre). Für die Erwärmung von 1 kg Wasser um 1° ist 1 kcal nötig. Für die Verdampfung von 1 kg Wasser von 100° sind bei 760 Torr 538,9 kcal erforderlich. Für die Überhitzung von 1 kg Dampf um 1° ist ≈ 1/2 kcal nötig. Die Schmelzwärme des Eises beträgt 79,7 kcal.

2. Thermometerskalen

Celsius	Réaumur	Fahrenheit
0,0°	0,0°	32,0°
10,0°	8,0°	50,0°
20,0°	16,0°	68,0°
100,0°	80,0°	212,0°
$t°$	$\frac{4}{5} t°$	$\frac{9}{5} t + 32°$

3. Spezifische Wärme

Erforderliche kcal zur Erwärmung von 1 kg um 1° C

Alkohol	0,57
Aluminium	0,214
Ammoniak	0,52
Asche	0,20
Beton	0,21
Blei	0,031
Eis	0,50
Glas	0,18
Gold	0,031
Graphit	0,20
Holz (im Mittel)	0,60
Holzkohle	0,20
Koks	0,20
Kupfer	0,092
Luft	0,237
Maschinenöl	0,40
Messing	0,093
Nickel	0,11
Nickelin, Neusilber	0,097
Platin	0,032
Porzellan	0,2···0,25
Quecksilber	0,033
Roheisen (im Mittel)	0,15
Sandstein	0,22
Schlacken	0,180
Flußstahl	**0,110**
Silber	0,056
Stahl	0,115
Steinzeug	0,2
Wasser	**1,000**
Wolfram	0,032
Zink	0,092
Zinn	0,054

Beispiel: Zum Erhitzen v. 7 kg Flußstahl von 18° auf 840° (kirschrot) werden theoretisch (840—18)·7·0,11 = **633 kcal** verbraucht, bei 20% Wirkungsgrad der Feuerung
633 : 0,20 = **3165 kcal.**
Hierzu sind gemäß Tabelle 8 3165 : 7900 ≈ **0,4 kg** Holzkohle erforderlich. n

4. Längenausdehnung und Schwindmaße

Werkstoff	Längenausdehnung für 100° Erwärmung	Schwindmaß Bruchteil	Schwindmaß %
Aluminium	0,0023	1:56	1,79
Blei	0,0029	1:92	1,09
Bronze (im Mittel)	0,0018	**1:63**	1,59
Gußeisen (im Mittel)	**0,00115**	**1:96**	1,04
Kupfer	0,0016	1:125	0,80
Makrolon	0,006	1:143	0,70
Messing, Rotguß i.M.	0,0018	1:65	1,54
Neusilber	0,0018	1:56	1,80
Nickel	0,0013	1:53	1,89
Novodur	0,008	1:200	0,50
Platin	0,0009	1:59	1,70
Stahl (im Mittel)	0,0012	1:54	1,85
Stahlguß (0,1% C)	0,0014	1:50	2,00
Wolfram	0,0004	1:70	1,44
Zink	0,0036	1:62	1,61
Zinn	0,0027	1:128	0,78

(Für glühendes Walzeisen rechnet man im Walzwerk 1,2% Schwinden.)

Längenausdehnung für 100° Erwärmung
Nickelin 0,0018; Steinzeug 0,00035···0,0005; Porzellan 0,00025···0,00045; Steatit 0,0008; Gummistoffe 0,003 ···0,008; Hartpapier 0,0012.

1. Beispiel: Ein Grauguß-Dampfzylinder von 1500 mm Länge dehnt sich bei 180° Erwärmung um

$$\frac{1500 \cdot 180 \cdot 0{,}00115}{100} \approx \mathbf{3{,}1\ mm}\ \text{aus.}$$

2. Beispiel: Das Modell zu einem Bronzeabguß von 870 mm Länge muß $870 \cdot \frac{63}{63\text{-}1} = 870 \cdot \frac{63}{62} \approx$ **884 mm** lang werden. Das Modell zu einem Graugußabguß $= 870 \cdot \frac{96}{95} =$ **879 mm.**

kcal = Kilokalorie

17

Wärmetechnik

5. Anlaßfarben der Werkzeugstähle*)

Farbe	Wärmegrad etwa	anzuwenden für
Hellgelb	220°	Werkzeuge für harte Metalle
Dunkelgelb	240°	Arbeitsstähle, Fräser, Metallsägen
Bräunlich	255°	
Braunrot	265°	Stanz-, Scherwerkzeuge, Bohrer
Purpurrot	275°	Meißel für Stahlbearbeitung
Violett	285°	Stein- und Schrotmeißel
Dunkelblau	295°	Holzbearbeitungswerkzeuge
Hellblau	310°	Fleischmesser usw.
Grau	325°	zum Härten ungeeignet

6. Glutfarben des Stahls

Farbe	Wärmegrade Celsius
im Dunkeln Rot	475···550
Dunkelrot	550···650
Dunkelkirschrot	650···750
Kirschrot	750···850
Hellkirschrot	850···925
Orange	925···1000
Gelb	1000···1100
Gelbweiß	1100···1250
Weiß	1250···1400
Schweißhitze	1400···1600

Die oberen Wärmegrade gelten für Schweißstahl. — Wärmegrade werden gemessen durch Quarzglasthermometer mit Stickstoffüllung bis 700°, mit Galliumfüllung bis 1000°, durch Thermoelemente bis 1600 °C.

7. Schmelz- und Siedepunkte bei 760 mbar

Stoff	Schmelzpunkt	Siedepunkt	Stoff	Schmelzpunkt	Siedepunkt	Stoff	Schmelzpunkt	Siedepunkt
Alkohol	— 114°	78°	Flußstahl	≈ 1500°	—	Quecksilber	— 38,9°	357°
Aluminium	660°	2327°	Kautschuk	125°	—	Sauerstoff	— 219°	— 183°
Antimon	630°	1638°	Kobalt	1492°	3100°	Stickstoff	— 210°	— 196°
Benzin	—	90···100°	Kohlensäure	— 57°	— 78°	Tantal	2977°	üb. 4100°
Blei	327°	1750°	Kupfer	1083°	2582°	Vanadium	1730°	3000°
Bronze	≈ 900°	—	Luft	—213°	— 193°	Wasser	0°	100°
Chrom	1900°	2327°	Mangan	1244°	2087°	Wasserstoff	— 259°	— 253°
Sondermessing	≈ 1800°	—	Messing	≈ 930°	—	Wismut	271°	1420°
Eisen, chem. rein	1530°	2800°	Molybdän	2610°	3700°	Wolfram	3380°	5900°
graues Roheisen	≈ 1250°	—	Nickel	1453°	2800°	Zink	419°	907°
weißes Roheisen	≈ 1175°	—	Petroleum	—	150°	Zinn	232°	2337°
Stahl	≈ 1400°	—	Platin	1769°	4010°	Zylinderöl	—	üb. 310°

8. Spezifischer Heizwert und Luftbedarf

Es erzeugen im Mittel	kcal in 1 kg	kcal in 1 m³	Zur Verbrennung von 1 kg erford. Luft in m³ theoret.	wirklich
Anthrazit	8000	—	9	13,5
Braunkohlen, deutsche	3400	—	3,4	6
Braunkohlen, tschechische	4600	—	6	10
Braunkohlenbriketts	4800	—	5,7	9
Holz, lufttrocken	3500	—	3,5	7
Holz, völlig trocken	4450	—	4,5	7
Holzkohlen	7900	—	8,6	13
Koks	6800	—	7,5	11,2
Steinkohlen, Ruhr-	7500	—	8,3	13,3
Steinkohlen, Saar-	7100	—	7,7	12,3
Steinkohlen, schlesische	6900	—	7,6	12,2
Steinkohlenbriketts	7750	—	8,5	12,5
Torf (lufttrocken)	3500	—	4	7
Alkohol	7100	—	7,6	11,0
Benzin	11000	—	12,7	17···20
Benzol	10000	—	11,5	15···17
Naphthalin	9700	—	11,0	18···20
Petroleum	10500	—	12,5	16···22
Spiritus 95%	6740	—	7,2	8···12
Teeröl	9950	—	11,0	19···23
Azetylen	11620	13600	10,3	15,0
Gichtgas	770	950	0,65	0,9
Stadtgas	6750	3700	10,5	15,0
Wasserstoff	28570	2570	28,4	40,0
Kohlenstoff zu Kohlensäure	7860	—	9	13
Kohlenstoff zu Kohlenoxid	2220	—	2,7	—
Kohlenoxid zu Kohlensäure	2420	3020	1,9	3,0

1. Beispiel: Die Temperatur von Sattdampf bei 11 bar absolutem Druck (10 at Überdruck) beträgt **183,2°** (Tabelle 1).

2. Beispiel: Zur Erzeugung von 1 kg Dampf von 11 bar Überdruck aus Wasser von 12° sind gemäß Tabelle 1 664,7 — 12 = 652,7 kcal erforderlich (ohne Verluste); bei 65% Wirkungsgrad der Kesselanlage = 652,7 : 0,65 = **1004,1 kcal.**

3. Beispiel: Zur Erzeugung der 1004,1 kcal im 2. Beispiel sind erforderlich $\frac{1004{,}1}{7500}$ = **0,134** kg Ruhrkohle und 13,3 · 0,134 = **1,78** m³ Luft.

4. Beispiel: In einem Kupolofen werden 3000 kg Roheisen von 0° niedergeschmolzen. Die Temperaturerhöhung des Eisens beträgt 1250°, der Koksverbrauch 280 kg. Berechne a) die im Koks enthaltenen Kilokalorien; b) die im flüssigen Roheisen enthaltenen Kilokalorien (Tabelle 3); c) den Wirkungsgrad des Kupolofen.

Lösung: a) 280 kg Koks enthalten 280 · 6800 = **1 904 000 kcal.** b) Zur Erwärmung von 3000 kg Roheisen um 1250° sind 3000 · 1250 · 0,15 = **562 500 kcal** erforderlich. c) Wirkungsgrad = Steigerung des Wärmeinhalts des Roheisens geteilt durch Wärmeinhalt des Kokses = 562 500 : 1 904 000 = 0,295 = **29,5%.**

*) Die Anlaßfarben (Oxidfarben der Oberfläche) bieten keine unbedingte Gewähr für den Wärmegrad, da bei langsamer Erwärmung die Farben bei niedrigerem Wärmegrad erscheinen. Auch verhalten sich die einzelnen Stahlsorten je nach ihrer Legierung verschieden.

Wärmekraftmaschinen

Wärmekraftmaschinen dienen zur Umwandlung der in den Brennstoffen enthaltenen Energie in nutzbare mechanische Energie. Diese Umwandlung geschieht entweder mittelbar mit Hilfe des Wasserdampfes in den **Dampfkraftmaschinen** oder unmittelbar aus dem Brennstoff in den **Verbrennungskraftmaschinen.**

Dampfkraftmaschinen

Die **Dampferzeuger** oder **Dampfkessel** dienen zur Erzeugung von Dampf aus Wasser durch Verbrennung des zugeführten **Brennstoffes,** in der Hauptsache **Kohle (Steinkohle,** besonders im Ruhr-, Saargebiet und Oberschlesien im Tiefbau, **Braunkohle,** namentlich in Mitteldeutschland und bei Köln im Tagbau und Tiefbau gewonnen), ferner **Torf, Holz, Kohlenstaub,** Abfälle des Betriebes (Sägemehl, Lohe usw.). Ölfeuerung wird hauptsächlich bei Schiffskesseln angewandt wegen Bunkerraumersparnis, einfacherer Bedienung und Reinlichkeit. Als Öle kommen in Frage: Petroleum, Masut (Nebenprodukt des Rohpetroleums) und Steinkohlenteeröl. **Gichtgasfeuerung** findet man bei Dampfkesseln in Hochofenanlagen.

Die **Verbrennung der festen Brennstoffe** geschieht auf dem Rost unter Zutritt von Luft, die durch den Schornsteinzug oder künstlichen Zug eines Ventilators von unten durch die Spalten der Roststäbe angesaugt wird. Für die auf dem Rost erzeugte Wärmemenge sind neben der Größe der Rostfläche hauptsächlich maßgebend: der **Heizwert des Brennstoffes,** d. h. die bei der Verbrennung von 1 kg Kohle frei werdende Wärmemenge in Kilokalorien (vgl. S. 195) und die **Rostbeanspruchung,** d. h. die stündlich auf 1 m² Rostfläche verbrannte Brennstoffmenge (vgl. S. 200).

Feuerungen

Der **Planrost (1)** besteht aus einzelnen Roststäben, waagerecht oder schwach nach hinten geneigt angeordnet, und ist vorn auf der Schürplatte, hinten auf der feuerfesten Feuerbrücke gelagert; Verwendung von nur guter Steinkohle.

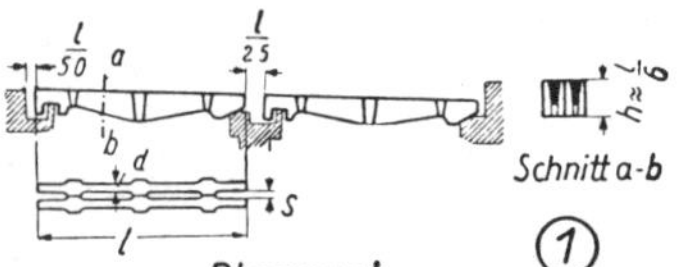

Planrost

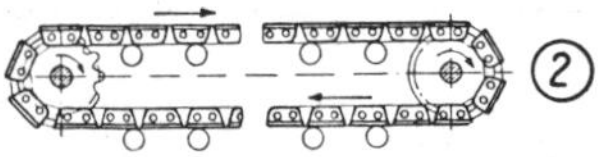

Ketten-oder Wanderrost

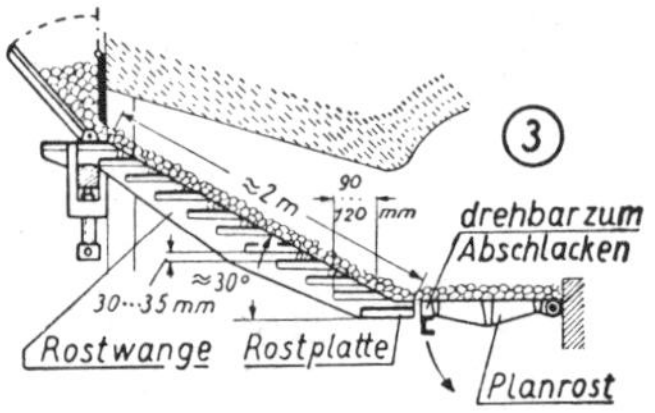

Treppenrostfeuerung

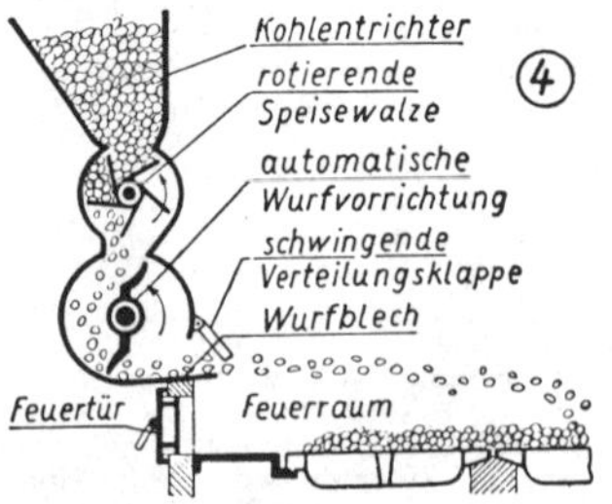

Automatische Beschickungsanlage für Planrost

Bei dem **Kettenrost** oder **Wanderrost (2)** sind die Roststäbe nicht fest, sondern zu einer endlosen Kette ausgebildet, die über 2 Walzen läuft, deren vordere mechanisch angetrieben wird. Die Kohle, die automatisch aus dem über dem Kessel befindlichen Bunker durch den Fülltrichter vorn auf den Rost gelangt, wird durch die Fortbewegung des Rostes langsam durch den Feuerungsraum geführt und verbrannt. Die Schlacke fällt hinten durch die Umkehr des Rostes selbsttätig ab. Das Abschlacken von Hand fällt fort, dadurch einfachere Bedienung; bei richtiger Rostgeschwindigkeit günstige Verbrennung. Anwendung dieses Rostes bei größeren Kesselanlagen.

Die **Treppenrostfeuerung (3)** eignet sich wegen der treppenförmig angeordneten Rostplatten zum Verbrennen von Braunkohle, Torf, Sägespänen, Lohe, Holzabfällen usw. Durch den Fülltrichter gelangt der Brennstoff oben auf den Rost und fällt von selbst langsam den Rost herunter. Die Hauptverbrennung findet im mittleren und unteren Teil des Rostes statt, während im oberen Teil der Brennstoff, Braunkohle, erhitzt und getrocknet wird. Das Abschlacken geschieht hauptsächlich durch Kippen des unteren Planrostes.

In letzter Zeit wird auch bei den **Planrostfeuerungen** kleiner ortsfester Anlagen die Handbeschickung durch **automatische Beschickung (4)** mittels Fülltrichters verdrängt. Um eine gute Verteilung der Kohle auf dem Rost ohne Eingreifen des Heizers zu erreichen, wird die Kohle durch eine Verteilungsvorrichtung, meist eine Wurfvorrichtung, deren Wurfweite sich automatisch verändert, in regelmäßigen Abständen auf den Rost geworfen.

Bei **Kohlenstaubfeuerungen (5),** S. 197, wird ein **Gemisch von Luft und Kohlenstaub** (sehr fein gemahlene, meist minderwertige Kohle) durch den **Brenner** in den großen Verbrennungsraum, die **Brennkammer,** eingeblasen, in der es sich sofort entzündet und verbrennt. Die Verbrennungstemperatur ist außerordentlich hoch, so daß es nötig ist, die flüssige Asche durch einen Kühlrost (eine Anzahl von kesselwasserdurchflossener Rohre im unteren Teil der Brennkammer) abzukühlen; dadurch wird zugleich die Verdampfung gesteigert. Der Transport des Kohlenstaubes geschieht mit Hilfe eines Ventilators durch eine Staubleitung; die Hauptverbrennungsluft wird im Brenner zugeführt. Die Verbrennung ist sehr gut und gleichmäßig und gut zu regulieren. In großen Kesselanlagen ist die Kohlenstaubfeuerung infolge billigeren Betriebes (Ausnutzung feinkörniger, minderwertiger Steinkohle) sehr verbreitet.

Der **flüssige Brennstoff** der Ölfeuerungen wird mit Hilfe von Dampf oder Druckluft durch besondere Düsen in den

17

Wärmekraftmaschinen (Forts.)

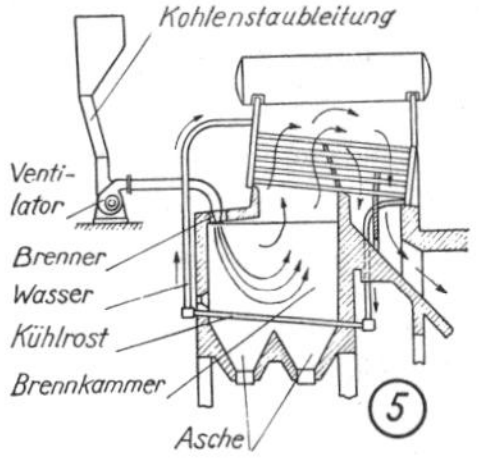

Kohlenstaubfeuerung mit Schrägrohrkessel (schematisch)

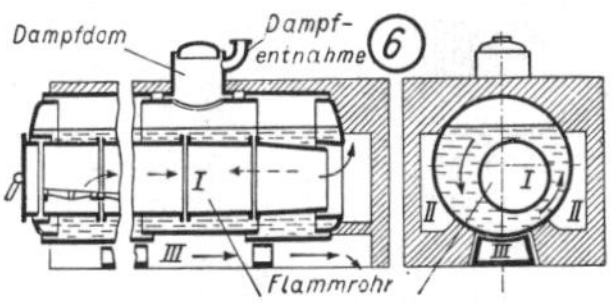

Einflammrohrkessel

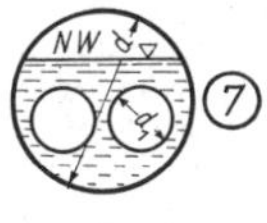

Zweiflammrohrkessel

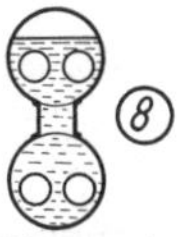

Flammrohrdoppelkessel

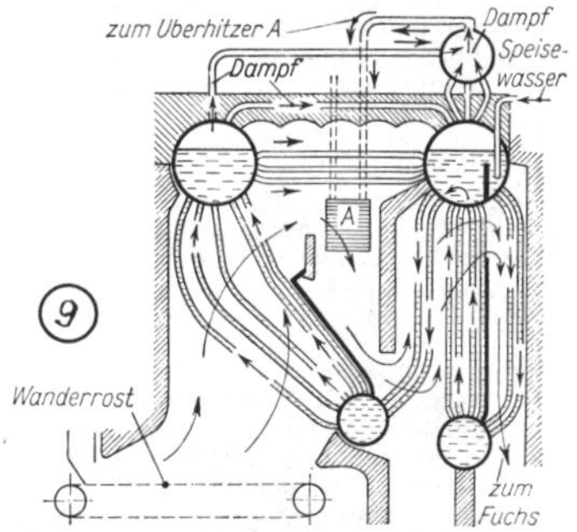

Steilrohrkessel

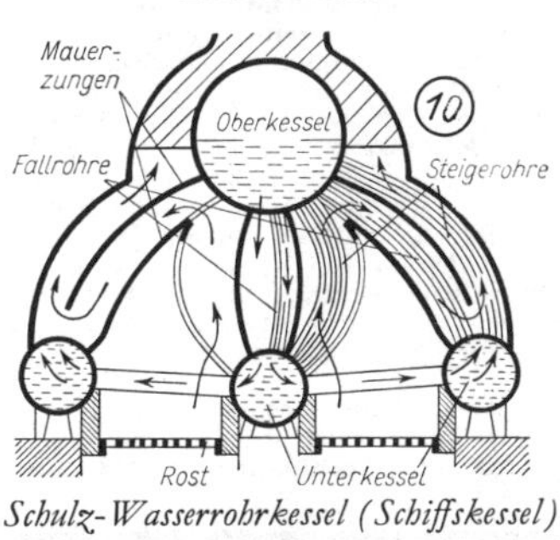

Schulz-Wasserrohrkessel (Schiffskessel)

Verbrennungsraum eingespritzt; die Verbrennungstemperatur ist sehr hoch.

Bei **Gasfeuerung** wird das Gas (fast ausschließlich Gichtgas, in den USA, der UdSSR, Frankreich und Bundesrepublik auch natürliches Erdgas) in Brennern unter den Dampfkesseln verbrannt. Diese Feuerungen gewinnen an Bedeutung, da immer neue Gasvorkommen erschlossen werden, wobei das Gas auf weite Entfernungen durch „Pipelines" befördert wird (s. Gasmaschinen).

Die **Heizfläche** eines Dampfkessels ist die gesamte einerseits von Heizgasen, andererseits von Wasser umspülte Kesselwandfläche. Sie leitet die zum Verdampfen des Wassers notwendige Wärme von den Heizgasen auf das Wasser über. Die Größe der Heizfläche ist von der stündlich zu erzeugenden Dampfmenge, diese wiederum von der hervorzubringenden Leistung abhängig (siehe Tabelle für Heizfläche, S. 200). **Größe** und **Abmessungen eines Kessels** richten sich nach der notwendigen Heizfläche, während die **Kesselart** nach den vorhandenen Betriebsverhältnissen gewählt wird (siehe später). Die Rostfläche eines Kessels ist von der Heizfläche abhängig (siehe Tabelle für Rostfläche).

Hauptarten der Dampfkessel

I. Großwasserraumkessel. Bei **Flammrohrkesseln (6)** ist längs durch den Kessel ein **Flammrohr** gezogen und an den Kesselböden befestigt. Wegen besserer Nachgiebigkeit gegen Wärmedehnungen ist es meist gewellt ausgeführt, vgl. **(9)**. Das Flammrohr ist ganz von Wasser umgeben und wegen besseren Wasserumlaufs einseitig in den Kessel gebaut. Der niedrigste Wasserstand über dem Flammrohr beträgt 150···200 mm. Je nach Brennstoffart wird Plan- oder Treppenrostfeuerung verwandt (siehe S. 196). Der Planrost wird in den vorderen Teil des Flammrohres, der Treppenrost so vor den Kessel gebaut, daß die Feuergase in das Flammrohr hineinschlagen. Zur besseren Wärmeausnutzung werden die Gase, wie aus **(6)** zu ersehen, nach Durchziehen des Flammrohres (Zug I) außen am Kessel entlang durch gemauerte Züge (Zug II) nach vorn und durch Zug III unter dem Kessel wieder nach hinten durch den Fuchs in den Schornstein geführt.

Verwendung: Für alle Arten ortsfester Anlagen; besonders geeignet für ununterbrochenen Betrieb, auch bei ungleichmäßiger Dampfentnahme. **Ausführung** je nach Größe als Kessel mit 1 Flammrohr **(6)** oder 2 Flammrohren **(7)** oder als **Doppelkessel** übereinander **(8)**. Größte Heizfläche beträgt ≈ 200 m²; vgl. S. 200.

II. Wasserrohrkessel. Die Heizgase umspülen von außen die mit Wasser gefüllten **Wasserrohre** oder **Siederohre,** die mit einem oberen, zylindrischen Kessel in Verbindung stehen, in dem sich der in den Rohren gebildete Dampf sammelt; in den Rohren findet ein beständiger, lebhafter Wasserumlauf statt. Der Rost (Wanderrost) bzw. die Brennkammer bei Kohlenstaubfeuerung sind so unter den Wasserrohren eingebaut, daß die Heizgase senkrecht hochsteigen und, durch eingebaute feuerfeste Wände geführt, alle Rohre umstreichen. **Ausführung** als:

1. **Schrägrohrkessel (5).** Die Rohre sind etwas geneigt angeordnet und in seitlichen Wasserkammern befestigt, die wiederum mit dem Oberkessel in Verbindung stehen. Das Wasser fällt vom Oberkessel in die hintere Wasserkammer und steigt dann, mit dem sich bildenden Dampfgemisch, durch die vordere Kammer wieder hoch. (Siehe Steinmüller-Kessel, S. 199.)

2. **Steilrohrkessel (9)** von K. & Th. Möller, Brackwede-Bielefeld. Die gebogenen Wasserrohre steigen fast senkrecht hoch und sind oben und unten mit zylindrischen Kesseln verbunden. Das Wasser fällt durch die dem Feuer am meisten entfernten Rohre in den unteren Kessel und steigt durch die heißesten Rohre wieder hoch.

Wegen der großen Heizfläche und des schnellen Wasserumlaufes ist der Wasserrohrkessel für sehr schnelle Dampferzeugung geeignet; für starke, stetige Dampfentnahme ist er der wirtschaftlichste Kessel. **Anwendung** nur für Großbetriebe (Elektrizitätswerke usw.) und als **Schiffskessel (10).** — Ausführungen in Deutschland bis ≈ 1000 m² Heizfläche und mehr, d. h. für ungefähr 6500···7500 kW; normale Größen haben 500 und 800 m² Heizfläche; höchster Dampfdruck ≈ 25 bar.

Wärmekraftmaschinen (Forts.)

Da die Wasserrohrkessel infolge des verhältnismäßig kleinen Wasservorrats im Gegensatz zu den Großwasserraumkesseln nicht „pufferfähig" sind, d. h. für stoßweise, unregelmäßige Dampfentnahme ungeeignet sind, ist in solchen Fällen die Aufstellung sogenannter **„Dampfspeicher"** günstig, die bei kleinem Verbrauch den überschüssigen Dampf aufnehmen und bei starkem Verbrauch den Dampf abgeben. Diese Speicher ermöglichen also bei **gleichmäßiger** (daher wirtschaftlicher) Belastung der Kessel einen **ungleichmäßigen** Dampfverbrauch, wie er bei Betrieben mit Heizungs-, Trocknungs- und Kochanlagen meist nicht zu vermeiden ist.

Eine Abart des normalen Wasserrohrkessels ist der **Hochdruckkessel** mit einem Kesseldruck von 30···60 bar und darüber; er dient zum Betrieb der sogenannten **Hochdruck-Dampfmaschinen** und **-Turbinen.** Hierbei ist der Oberkessel nicht aus Blech genietet, sondern wegen des hohen Druckes aus einem Stahlblock in einem Stück geschmiedet. Die Wanddicke beträgt 50···60 mm, je nach Kesseldruck. Die Rohre sind wie bei den andern Kesseln in den Oberkessel eingewalzt. Der Vorteil des Hochdruckdampfes besteht in dem kleineren Dampfverbrauch der Turbinen und Dampfmaschinen.

Bei Hochleistungskesseln wird die Berührungsheizfläche oft durch eine Strahlungsheizfläche ersetzt. Beim Kessel mit **Berührungsheizfläche** wird die Wärme durch unmittelbare Berührung der heißen Verbrennungsgase mit der Heizfläche auf das Wasser übertragen, während bei der **Strahlungsheizfläche** (siehe Strahlungskessel S. 199) die strahlende Wärme der Verbrennungsgase die Heizfläche erwärmt. Diese Art der Wärmeübertragung ist bei hohen Temperaturen wirkungsvoller als bei der Übertragung durch Wärmeleiter. Daher werden in erster Linie Hochleistungskessel als Strahlungskessel ausgeführt. Die Wände des Verbrennungsraumes sind in diesem Fall mit Wasserrohren ausgekleidet. Vielfach ist der Strahlungsheizfläche noch eine Berührungsheizfläche nachgeschaltet. Die neuesten Hochleistungskessel besitzen aber in der Regel nur noch eine Strahlungsheizfläche.

Da mit steigendem Druck der Unterschied zwischen dem Gewicht des Dampfes und des Wassers immer geringer wird, nimmt auch die Schwierigkeit zu, den Wasserlauf im Dampfkessel auf natürliche Weise aufrechtzuerhalten, da dieser ja durch den Unterschied des Gewichtes des in den Fall- und Heizrohren befindlichen Wassers und Dampfes bewirkt wird. Um diese Schwierigkeiten zu umgehen, sind für Höchstdruckdampfkessel die **Zwangslaufkessel** entstanden. Bei diesen Kesseln wird der Wasserumlauf künstlich durch eine Pumpe unterhalten. In den letzten Jahrzehnten sind eine große Anzahl dieser Kessel konstruiert worden. Man unterscheidet **Zwangsumlaufkessel** und **Zwangsdurchlaufkessel.** Beim Zwangsumlaufkessel wälzt die Umlaufpumpe eine wesentlich größere Wassermenge um, als Wasser verdampft wird. Hierzu gehören der **La-Mont-Kessel,** der **Velox-Kessel** und der **Löffler-Kessel.** Beim Zwangsdurchlaufkessel wird das verdampfte Wasser durch Zuführung von Frischwasser durch eine Pumpe laufend ergänzt. Hierzu gehören der **Brason-Kessel** und der **Atmos-Kessel.**

Der **Wirkungsgrad eines Kessels** beträgt bei guten Kesselanlagen ≈ 60···65 v. H. Durch Ausnutzung der heißen Abgase zur **Überhitzung** des Dampfes und Vorwärmung des Speisewassers (s. Überhitzer) läßt sich der Wirkungsgrad aber um ≈ 20% erhöhen. Der Gesamtwirkungsgrad einer guten Wasserrohrkesselanlage beträgt ≈ 80···84% d. h. 80···84% der von der Kohle erzeugten Wärme ist im erzeugten Dampf enthalten.

17

Dampfkesselzuhör

Der **Überhitzer (16)** soll den im Dampfkessel erzeugten, noch von Wassertröpfchen durchsetzten **Naßdampf** trocknen und auf 250···440° überhitzen. **Vorteil:** Fortfall der bei Naßdampf auftretenden Kondensationsverluste in den Rohrleitungen und an den Zylinderwandungen; bessere Ausnutzung des Dampfes, daher 5···7% Mehrleistung. Der Überhitzer besteht aus Sammelkästen *a* und schlangenförmig gebogenen Rohrbündeln *b*, die in den Abgasstrom der Feuergase hinter dem ersten Zug eingebaut und von dem Naßdampf vor Eintritt in die Maschine durchströmt werden.

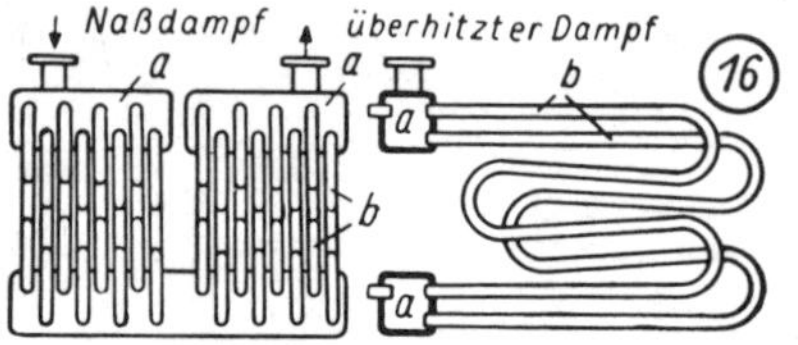

Einfacher Überhitzer

Der **Rauchgasvorwärmer** (Ekonomiser) dient zum Vorwärmen des Speisewassers. Das unter Druck stehende Wasser wird in meist vertikal stehenden Stahlrohren, die von den aus dem Überhitzer austretenden Abgasen umströmt werden, auf etwa 120° vorgewärmt und durch die **Speisewasserpumpe** und das **Speiseventil** in den Kessel gepumpt.

Um **Kesselsteinansätze** (siehe unten) zu entfernen, ist häufige Reinigung des Kessels notwendig. Zu diesem Zweck werden sogenannte **Mannlöcher** an der Kesselwand oder am Kesselboden angebracht, die ein Einsteigen in das Kesselinnere ermöglichen. Zur Kesselausrüstung gehören ferner: **Schlammabscheider,** am tiefsten Punkt des Kessels angebracht; **Wasserstandsgläser; Sicherheitsventil; Dampfdruckmesser** (Manometer); **Rauchklappe,** am Fuchs angebracht, zur Regulierung des Feuers.

Die ortsfesten Dampfkessel (mit Ausnahme von Lokomobilen) werden zum Wärmeschutz und zur Bildung von Rauchzügen (siehe Flammrohrkessel) eingemauert, die übrigen Kessel mit einer Wärme-Isolierschicht (Korkstein usw.) versehen. Der **Werkstoff** der Dampfkessel ist gewalzter Stahl von großer Dehnung. Die Eigenschaften der Kesselbleche sind in DIN 17155 genormt. Die Kessel bestehen aus einzelnen **Kesselschüssen,** die aneinander genietet und verstemmt oder mit Wassergas (siehe Schweißen) geschweißt werden; die **Kesselböden** sind gewölbt. Das Kesselwasser soll, um Ablagerungen von **Kesselstein** zu vermeiden, frei von kalkhaltigen Beimengungen sein. Sehr oft ist neben der Kesselanlage daher eine Wasserreinigungsanlage notwendig. Der Kesselstein, der sich sonst in Schichten (bis 1 cm) im Kessel ansetzen kann, hindert den Wärmeübergang in das Wasser und erhöht die Blechtemperatur außerordentlich, so daß die Betriebssicherheit gefährdet wird.

Alle Dampfkessel unterstehen beim Bau und Betrieb behördlichen Vorschriften, deren Durchführung durch die **Technischen Überwachungsvereine** beobachtet wird.

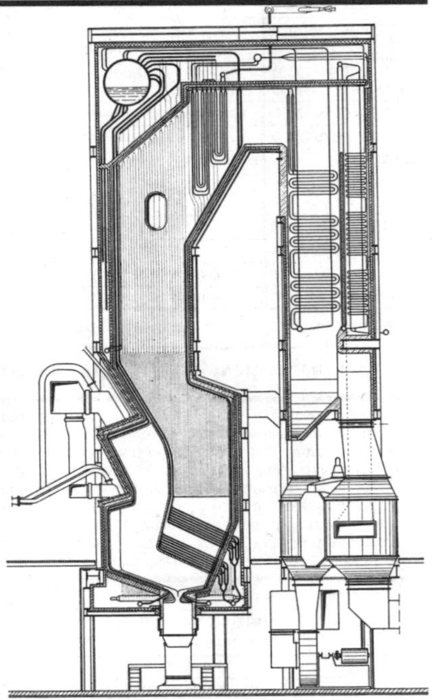

Schmelzkammerkessel (Fa. Steinmüller) von 125 t/h Grenzleistung, 87 atü und 525° C Überhitzung mit Steinkohlenstaubfeuerung.

Hauptbrenner in der Decke, Schwachlastbrenner in der Stirnwandnase der Schmelzkammer. Schlackenfangrohre in Schotten angeordnet. Strahlungsüberhitzer an Feuerraumstirnwand und Feuerraumdecke. Rauchgasseitige Regelung der Heißdampftemperatur in weitem Lastbereich bei hoher, gleichbleibender Lufttemperatur von 420° C und tiefer, gleichbleibender Abgastemperatur von 130° C durch Klappen in niederem Rauchgastemperaturgebiet. Aufwärmung der Verbrennungsluft durch zweistufigen Luftvorwärmer.

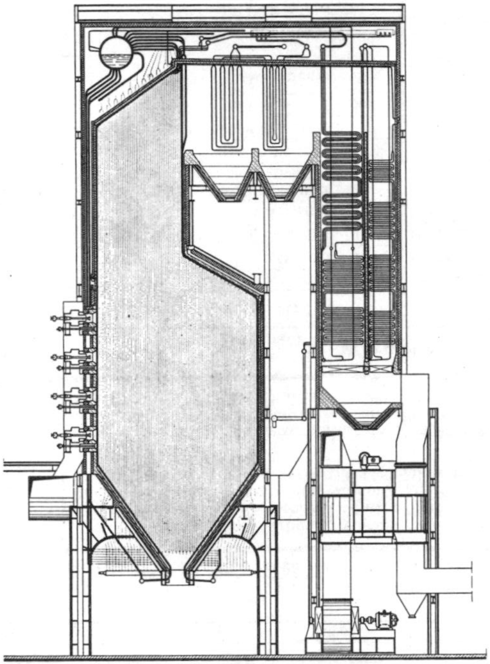

Eintrommel-Strahlungskessel (Fa. Steinmüller) von 272 t/h Grenzleistung, 110 atü, 513° C Überhitzung, mit kombiniertem Stirnwandbrenner für Kohlenstaub, Öl und Gas.

Strahlungsüberhitzer an Feuerraumstirnwand und Feuerraumdecke. Vorderer Teil des Berührungsüberhitzers im Gebiet hoher Rauchgastemperaturen hängend angeordnet, Aufhängung unbeheizt. Liegende Gruppen an dampfgekühlten Rohren aufgehängt. Regelung der Heißdampftemperatur rauchgasseitig durch Klappen in niederem Rauchgastemperaturgebiet. Aufwärmung der Verbrennungsluft durch Luftvorwärmer. Aufstellung der Kessel als Freiluftanlagen mit Wetterschutz für Wasserstands- und Brennerbühnen.

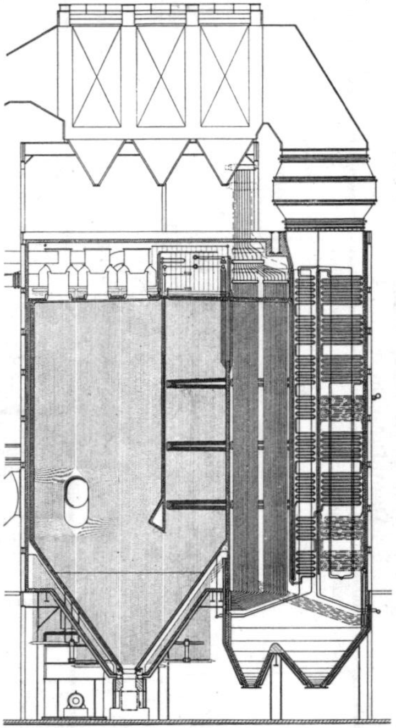

Bensonkessel (Fa. Steinmüller) mit Braunkohlen-Deckenfeuerung, Bauart Steinmüller, von 450 t/h Grenzleistung, 205 atü, mit Frischdampfüberhitzer für 530° C und Zwischenüberhitzer für 530° C.

Gleichmäßige Brennstoff- und Luftaufteilung über den gesamten Feuerraumquerschnitt. Weitgehende Ausscheidung von Asche und Sand in niederem Temperaturgebiet der Brennkammer. Weitgehende Abkühlung der Rauchgase vor Eintritt in die Berührungsheizfläche. Regelung der Zwischendampftemperatur rauchgasseitig durch Klappen in niederem Rauchgastemperaturgebiet. Aufwärmung der Verbrennungsluft durch Luftvorwärmer.

Mittlere Dampferzeugung, Heiz- und Rostfläche, Einheits-Kohlenverbrauch bei Dampfkesseln

Art der Dampfkessel	Stündl. Kohlenverbrauch auf 1 m² Rostfläche = Rostflächenbelastung	Stündl. Dampferzeugung auf 1 m² Heizfläche = Heizflächenbelastung	1 kg Kohle erzeugt an Dampf	Verhältnis von Rostfläche zur Heizfläche R:H
Flamm- oder Heizrohrkessel	120···200 kg Steinkohle	20···25 kg/m² H	6,5···8,5 kg	1:30
Lokomotivkessel	bis 400 kg Steinkohle	30···60 „ „ „	5,5···8,5 „	1:40 bis 1:70
Wasserrohrkessel m. Schrägrost	300···400 kg Braunkohle	} 30···50 „ „ „	2,6···3,0 „	1:15 „ 1:20
Wasserrohrkessel m. Wanderrost	150···200 kg Steinkohle		7,5···8,5 „	1:25 „ 1:30

Beispiel: Ein Wasserrohrkessel von 380 m² Heizfläche erzeugt in einer Stunde 30 × 380 = 11 400 kg Dampf. Bei Steinkohlenfeuerung sind dazu stündlich 11 400 : 8 = 1425 kg Kohle nötig; bei Braunkohlenfeuerung dagegen 11 400 : 3 = 3800 kg Kohle. Vergleiche auch die Tabelle dieser Seite!

Anmerkg.: Die stündlich erzeugte Dampfmenge in kg ist auch gleich der stündl. zugeführten Speisewassermenge in kg.

Kesselgröße, mittlere erreichbare Leistung und Kohlenverbrauch von Dampfkraftanlagen

Kesselart			Wasserrohrkessel (Schrägrohr- u. Steilrohrkessel)									Flamm- u. Heizrohrkessel					
Gesamtheizfläche		m²	100	200	300	400	500	600	800	1000	1500	15	30	50	100	150	200
Stdl. Dampfmenge auf 1 m² Heizfl.		kg/m²Std.	30			35		40		50		20					25
Gesamte stündl. erzeugte Dampfmenge		kg/Std.	3000	6000	9000	14000	17500	24000	32000	50000	75000	300	600	1000	2000	3000	5000
Erreichbare Leistung: 1. Dampfmaschinen	Auspuffmasch. (Sattdampf)	PS	—	—	—	—	—	—	—	—	—	30	60	100	200	300	500
	Einzylindermasch. mit Kondensation (Heißdampf)	PS	550	1100	—	—	—	—	—	—	—	55	110	185	370	550	930
	Verbundmaschine mit Kondensation (Heißdampf)	PS	600	1200	1800	—	—	—	—	—	—	—	120	200	400	600	1000
2. Dampfturbinen (Heißdampf)		PS	—	1350	2200	3500	4500	6500	9000	14500	22000	—	—	—	—	—	1100
Stündlicher Kohlenverbrauch																	
a) Braunkohle, Heizwert 2200 kcal		kg/Std.	1150	2100	3100	4700	5700	8000	11000	17000	—	115	230	380	760	1150	1900
b) Steinkohle, Heizwert 7000 kcal		kg/Std.	400	740	1100	1700	2100	2800	3800	6000	8800	40	80	135	270	400	670

Bemerkung: Dieser Tabelle sind folgende mittl. Werte zugrunde gelegt: 15···25 (z. T. 35)*) at Dampfdruck; bei Heißdampf beträgt die Dampftemperatur 250 bis 450° C. Kondensatordrücke: für Dampfmaschinen 0,1···0,15 at; für Dampfturbinen 0,05 at; ferner ist günstigster Belastungsfall der Maschinen angenommen, d. h. annähernde oder ganze Vollast. Bei kleineren Belastungen, z. B. Halblast, und bei größeren Kondensatordrücken, z. B. 0,5 at, wird die erreichbare Leistung kleiner, der stündliche Kohlenverbrauch größer.

1. **Beispiel:** Eine Verbund-Heißdampfmaschine mit Kondensation von 600 PS benötigt einen Flammrohrkessel von 150 m² oder einen Wasserrohrkessel von 100 m² Heizfläche. Der stündl. Kohlenverbrauch beträgt bei Steinkohlen 400 kg, bei guten Braunkohlen 1150 kg.

2. **Beispiel:** 2 Dampfturbinen von je 4500 PS benötigen zusammen einen Wasserrohrkessel von 800 m² Heizfläche mit einem stündl. Kohlenverbrauch von 3800 kg Steinkohle.

Brennstoff- u. Dampfverbrauch u. Brennstoffkosten für 1 PSh (Pferdestärkestunde) bei Wärmekraftmaschinen

Art der Maschine		Brennstoffverbrauch für 1 PSh		Brennstoffkosten für 1 PSh**)		Dampfverbrauch für 1 PSh
1. Dampfmaschinen	Auspuffmaschine	1,40 kg Steinkohle	3,80 kg Braunkohle	1,4 Pf. b. Steink.	0,95 Pf. b. Braunk.	Sattdampf 9···11 kg
	Einzyl.-Kondens.-Masch.	0,68···0,73 kg „	1,9···2,1 kg „	0,68···0,73 Pf. „	0,48···0,5 Pf. „	Heißdampf 4,5···6 kg
	Verbund- „ „	0,60···0,67 kg „	1,7···1,9 kg „	0,6···0,67 Pf. „	0,42···0,48 Pf. „	Heißdampf 4,5···5,5 kg
2. Dampflokomotiven		1,15···1,8 kg Steinkohle (7000 kcal/kg)		1,15···1,8 Pf. bei Steinkohle		Heißdampf 7···11 kg
3. Dampfturbinen		0,4···0,6 kg Steinkohle	1,2···1,7 kg Braunkohle	0,4···0,6 Pf. bei Steinkohle	0,3···0,42 Pf. bei Braunkohle	Heißdampf 3,2···5,5 kg
4. Stadtgasmotoren		0,7···0,9 m³ Stadtgas (4200/kcal/m³)		11···14,5 Pf. (bei 16 Pf. für 1 m³)		**Zugrunde gelegte Kohlenpreise** am Ort der Grube**): Steinkohle 30 DM/t Braunkohle 7,50 DM/t Großhandelspreise einschl. Fracht 2···3-mal so hoch.
5. Leichtölmotoren (Benzin)		0,22···0,30 kg Benzin (10000 kcal/kg)		9···13 Pf. (bei 42 Pf. für 1 kg)		
6. Dieselmotoren m. Kompressor		0,23···0,25 „ Gasöl (10000 „)		2,6···2,9 Pf.	bei 11,5 Pf. f. 1 kg	
7. Dieselm. ohne Komp.	ortsfest 10···2000 PS	0,165···0,185 kg Gasöl		1,9···2,1 Pf.	Garantiewerte der **MAN-Werke Augsburg** bei 11,50 DM für 100 kg	
	ortsfest 3000···25000 PS	0,165···0,175 „ „		1,9···2,0 „		
	Fahrzeugmotoren 40···200 PS	0,175···0,200 „ „		2,0···2,3 „		
8. Glühkopfmotoren		0,300···0,400 „ Öl (10000 kcal/kg)		4···5,5 „ (bei 14 Pf. für 1 kg)		

*) bei Hochdruck-Dampfturbinen mit sehr großer Leistung.

**) Angegebene Preise sind Richtpreise. Erkundige dich nach den örtlichen Kohlenpreisen und rechne um.

Wärmekraftmaschinen (Fortsetzung)

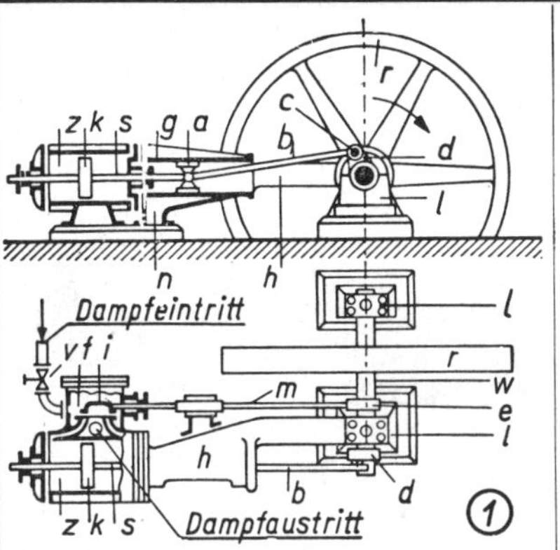

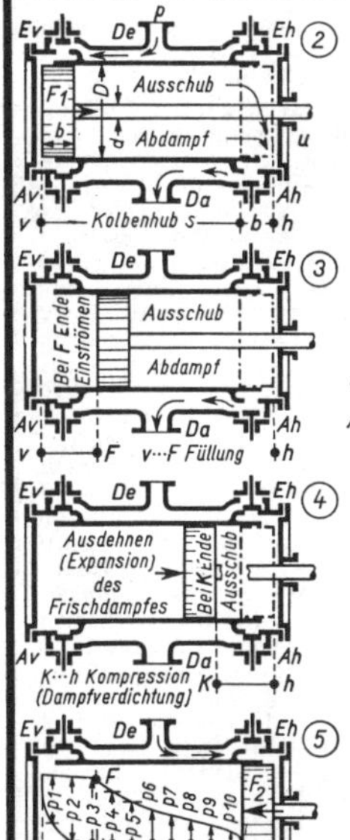

Wechselstrom-Dampfmaschine mit Ventilsteuerung

De Eintritt Frischdampf
Da Austritt Abdampf
Ev vorderes Einlaßventil
Eh hinteres Einlaßventil
Av vorderes Auslaßventil
Ah hinteres Auslaßventil
v vorderer Totpunkt
h hinterer Totpunkt
b Kolbenbreite
d Kolbenstangen-⌀
D Kolben-⌀
A_1 Wirksame Kolbenfläche links
A_2 desgleichen rechts
p Frischdampfdruck
s Kolbenhublänge
F_1 mittlerer Kolbendruck links
F_2 desgleichen rechts
pi mittl. Dampfdruck

n Umläufe/min
Pi indizierte Leistung in PSi

$$pi = \frac{p1 + p2 \cdots + p10}{10}$$
$$A_1 = \frac{D^2 \cdot \pi}{4}$$
$$A = \frac{D^2 \pi}{4} - \frac{d^2 \pi}{4}$$
$$F_1 = A_1 \cdot pi$$
$$F_2 = A_2 \cdot pi$$
$$Pi = (F_1 + F_2) \cdot \frac{pi \cdot s \cdot n}{60 \cdot 75}$$
$$P_e = \frac{\pi \cdot D^2}{4} \cdot p_i \cdot \frac{2 \cdot s \cdot n}{60 \cdot 75} \cdot \eta$$

Siehe Dampfdiagramm in Abb. 5.

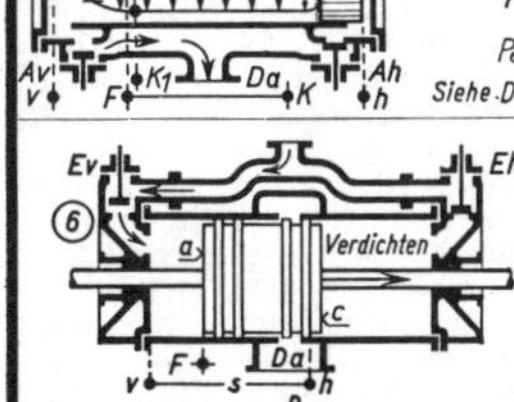

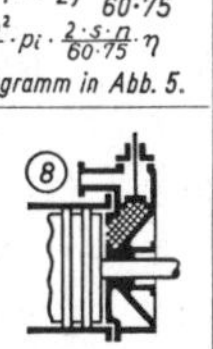

Schädlicher Raum

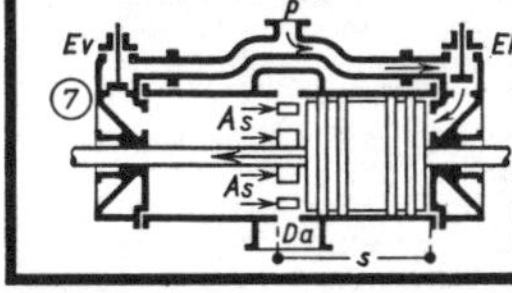

Arbeitsvorgang einer Gleichstrom-Dampfmaschine mit Ventil- und Schlitzsteuerung

Die Kolbendampfmaschine

Aufbau einer Kolbendampfmaschine mit Schiebersteuerung (1). Der Dampf tritt, aus der Rohrleitung vom Kessel kommend, durch das Absperrventil *v* in den Schieberkasten *f* ein, von wo er, gesteuert vom Schieber *i* (vgl. auch Abb. (15), vor den Kolben *k* strömt, der sich unter dem Dampfdruck bewegt. Durch die Kolbenstange *s* wird die Bewegung auf den Kreuzkopf *a* und die Schubstange (Pleuelstange) *b* übertragen, die an dem Kurbelzapfen *c* der Kurbel *d* angreift und die Kurbelwelle *w* in Drehung versetzt. Die Welle ist in den Lagern *l* gelagert; auf ihr festgekeilt sind das Schwungrad *r* und der Exzenter *e*, der die Exzenterstange *m* und den Schieber *i* antreibt. Der Kreuzkopf *a* lagert in der Geradführung *g* und führt die Kolbenstange *s* durch die Stopfbuchsen, die das Zylinderinnere *z* nach außen abdichten. Die Kolbenkraft wird von der Kolbenstange auf die Pleuelstange übertragen. Lager und Geradführung sind zu dem Rahmen *h* vereinigt, auf dem die Maschine ruht.

Die Wechselstrom-Dampfmaschine (2). Einlaßventil *Ev* öffnet kurz vor *v*. Einströmender Dampf treibt den Kolben nach hinten (rechts) und schiebt den auf der hinteren Kolbenseite befindlichen, entspannten Dampf durch Auslaßventil *Ah* hinaus.

(3). Bei Stellung *F* schließt sich *Ev*. Der Dampf dehnt sich aus; Druck und Temperatur des Dampfes nehmen dabei ständig ab. *Ah* ist noch geöffnet. Kolbenweg *v*···*F* heißt **Füllung.**

(4). Bei Stellung *K* schließt *Ah*. Der noch hinter dem Kolben befindliche Dampf wird daher verdichtet. Von *K*···*h* findet **Kompression** (Verdichtung) statt.

(5). Kurz vor *h* öffnen *Eh* und *Av*. Durch *Eh* eintretender Dampf treibt den Kolben wieder nach vorn (links). Der fast auf Außendruck entspannte Dampf wird dabei durch *Av* ausgeschoben. Das Spiel beginnt von neuem.

Die Gleichstrom-Dampfmaschine (6). Ist *Ev* geöffnet, so bewegt sich der Kolben nach hinten und verdichtet nach Abschluß des Auslasses *Da* rechts den Restdampf. Bei Stellung *F* des Kolbens schließt *Ev*; die Füllung ist beendet, der Dampf dehnt sich aus.

(7). Kurz vor *h* gibt Kante *a* des Kolbens die Auslaßschlitze *As* frei. Gleich darauf öffnet *Eh*. Einströmender Dampf schiebt den Kolben wieder nach vorn (links), und nach Überdeckung der Anlaßschlitze *As* wird der Restdampf links verdichtet. Das Spiel beginnt von neuem.

Vergleich Wechsel- und Gleichstrommaschine. Die um 1900 erfundene Gleichstrommaschine hat kleinere Kondensverluste, daher geringeren Dampfverbrauch und besseren Wirkungsgrad. Ein Teil des eintretenden Frischdampfes wird mehr oder weniger niedergeschlagen, je nach Temperatur der inneren Zylinderwände. Da beim Wechselstromzylinder der Dampf beim Ausschieben zur Eintrittseite zurückkehrt, werden die **Zylinderenden** (Deckelseiten) durch den kalten Ausschubdampf bedeutend mehr abgekühlt als beim Gleichstromzylinder, bei dem der kältere Ausschubdampf durch die Zylindermitte abgeht. Die Zylinderdeckelseiten bleiben heißer, so daß der Frischdampf beim Eintritt in den Gleichstromzylinder nicht auf so stark abgekühlte Flächen trifft und weniger niederschlägt (etwa 40%). Vgl. Überhitzer.

17

Ein weiterer Vorteil ist der kleinere **schädliche Raum** (8) der Gleichstrommaschine, d. h. der bei Totpunktstellung des Kolbens noch mit verdichtetem Dampf gefüllte Raum zwischen Kolben und Ventilsitz.

Nachteilig sind die durch den langen Kolben erhöhten Reibungsverluste der Gleichstromdampfmaschine und der erheblich längere Zylinder. Die Vorteile des geringeren Dampfverbrauches und besseren Wirkungsgrades überwiegen aber meistens sehr.

Ausgeführt werden die Gleichstromdampfmaschinen als Einzylindermaschinen oder als Niederdruckzylinder von Verbundmaschinen.

Wärmekraftmaschinen (Fortsetzung)

1. Schema einer Dampfturbine

2. Dampfdüse, rechts schematisch, links ausgeführt

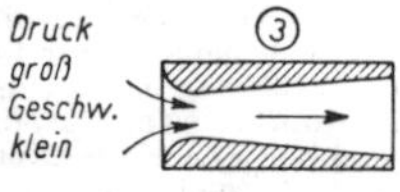

3. Laval-Dampfdüse, meist für Curtis-Räder

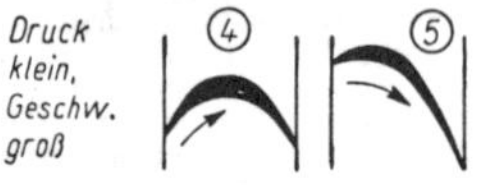

4. Gleichdruckschaufel
5. Überdruckschaufel

Dampfturbinen

Turbinen eignen sich nur zum Antrieb von Maschinen mit hohen Drehzahlen, z. B. Drehstromgeneratoren, Kreiselpumpen, Kompressoren, Schiffsschrauben usw. Sie werden im allgemeinen bis zu 20 000 kW Leistung gebaut; die größten deutschen Turbinen leisten etwa 70 000 kW (Großkraftwerk Klingenberg bei Berlin). Ihre Hauptvorteile gegenüber den Kolbendampfmaschinen sind: 1. viel geringerer Raumbedarf; 2. bessere Ausnutzung der Kondensation (bis 98% Vakuum), bei bester Konstruktion kleiner Dampfverbrauch; 3. keine hin- und hergehenden Massen, keine Erschütterungen und Stöße, nur Reibung in den Lagern — daher besserer Wirkungsgrad; 4. das Kondenswasser ist ölfrei und ohne Reinigung wieder als Kesselspeisewasser verwendbar.

Wirkungsweise. Während bei Dampfmaschinen der **Druckunterschied** auf beiden Kolbenseiten den Kolben hin- und herbewegt und dabei Arbeit leistet, wird bei Dampfturbinen der Dampfdruck erst in **Dampfgeschwindigkeit** umgesetzt und diese in **mechanische Arbeit** umgewandelt, indem ein Rad (Laufrad) in Drehung versetzt wird; eine schematische Darstellung zeigt **(1)**.

Die Umwandlung des Dampfdruckes in Dampfgeschwindigkeit wird dadurch erreicht, daß man den Dampf aus einem Raum höheren Druckes durch eine konisch sich verengende, gut abgerundete **Düse (2)** in einen Raum geringeren Druckes strömen läßt. Je größer der Druckunterschied ist, desto größer ist die erzielte Dampfgeschwindigkeit. Bei der **Lavaldüse (3)** für sehr hohe Geschwindigkeiten ist hinter der konischen Verengung noch eine konische Erweiterung notwendig. — Die Dampfgeschwindigkeit (und damit die Umfangsgeschwindigkeit des Laufradkranzes) kann sehr groß sein. Betragen z. B. der Dampfdruck vor der Düse 12 at, die Dampftemperatur 250°, der Dampfdruck hinter der Düse 0,1 at (Kondensatordruck), so beträgt die erzielte Dampfgeschwindigkeit 1200 m/s.

Das **Laufrad** besitzt an seinem ganzen Umfange in gleichmäßigem Abstande gekrümmte Schaufeln, die den in spitzem Winkel auftreffenden Dampf umlenken und dadurch ein Drehen des Laufrades bewirken (Arbeitsleistung). Der Dampf verläßt die Schaufeln mit einer erheblich geringeren Geschwindigkeit. Die Drehzahl des Laufrades kann 30 000 bis 35 000 U/min betragen, wenn Dampf von 12 000 m/s Geschwindigkeit zugeführt wird (erste Turbine von *Laval*). Da die Praxis niedrigere Drehzahlen verlangt, verwendet man **Druckstufen (6).** Das gesamte **Druckgefälle** (vom Kessel- bis zum Kondensatordruck) wird in **Druckstufen** (je 1 Leitrad und 1 Laufrad) zerlegt, die dampfdicht gegeneinander abgeschlossen sind (Scheidewand). **Jede Druckstufe** hat nur ein **geringes Druckgefälle** mit entsprechend **niedriger Dampfgeschwindigkeit** und daher **niedriger Drehzahl** der Turbine. Der Dampf strömt von Stufe zu Stufe, leistet in jeder Stufe Arbeit und dehnt sich bis auf den Kondensatordruck aus; z. B. in den Düsen der 1. Stufe von 12 auf 9 at, 2. Stufe 9 auf 6,5 at, 3. Stufe 6,5 auf 4,5 at usw. Bei diesem Druckgefälle jeder Stufe beträgt die höchste Dampfgeschwindigkeit 300···400 m/s. Die Scheidewände sind fest mit dem Gehäuse verbunden. Es ist zu beachten, daß vor und hinter dem Laufrad der gleiche Dampfdruck herrscht.

Die Düsen der festen **Leiträder** sind so geformt, daß sie den Dampf der vorhergehenden Stufe zugleich wieder umlenken in die Bewegungsrichtung der Laufräder; vgl. **(6).** Turbinen mit Druckstufen sind z. B. die **Zoellyturbinen;** Stufenzahl 6 bis 18. Die gebräuchlichsten Drehzahlen (sie ergeben sich durch die geforderten Generator-Drehzahlen) sind 3000, 1500 und 1000 Uml./min.

Ein anderes Mitte l zur Erreichung niedriger Drehzahlen ist die Anwendung von **Geschwindigkeitsstufen (7).**

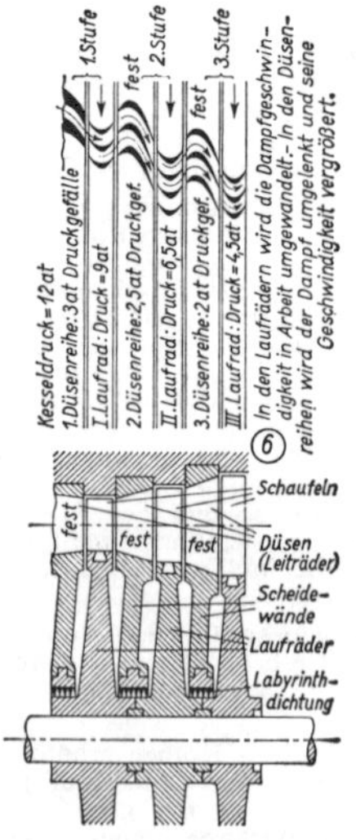

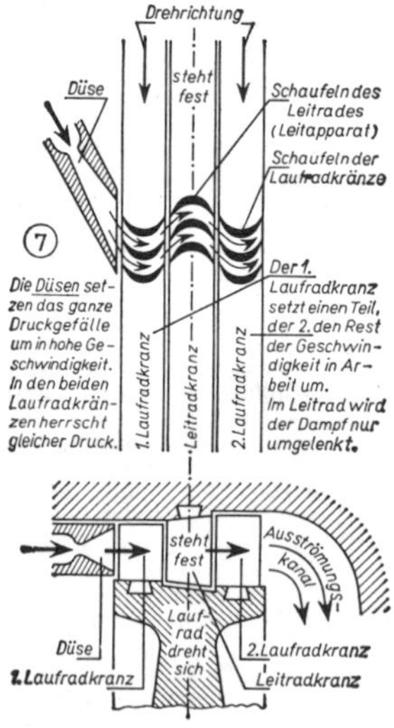

Schematische Darstellung einer Turbine:
6. mit Druckstufen (Zoellyturbine);
7. mit 2 Geschwindigkeitsstufen (Curtisrad).

17

Dampfturbinen (Fortsetzung)

Hierbei wird der Dampf nacheinander durch 2 oder 3 Laufradkränze derselben Druckstufe geschickt; durch die Form der Schaufeln kann man erreichen, daß die **Dampfgeschwindigkeit sich abstuft** und dadurch eine niedrige Drehzahl der Turbine erreicht wird. Solche Laufräder nennt man **Curtisräder.** Zwischen 2 Laufradkränzen trägt das Gehäuse je 1 festen Leitradkranz. Da zwischen den Laufradkränzen der einzelnen Laufräder keine dampfdichten Scheidewände vorhanden sind, herrscht in allen Laufradkränzen desselben Laufrades gleicher Druck. Die bisher genannten Turbinen heißen, weil vor und hinter jedem Laufrad gleicher Druck herrscht, **Gleichdruckturbinen** oder auch **Aktionsturbinen.** Schaufelform **(4)** v. S. 202.

Eine andere Gruppe von Turbinen heißt **Rückstoß-** oder **Reaktionsturbinen,** s. Abb. unten. Die Geschwindigkeitswandlung geht nicht nur in den Leitraddüsen, sondern zugleich auch in den Laufradschaufeln vor sich, wodurch der Dampf bei seinem Austritt einen Rückstoß (Reaktion) auf die Laufschaufeln ausübt. Stufenzahl 20···60; Druckgefälle in jeder Stufe nur ½···¼ at; Dampfgeschwindigkeit daher nur 100···50 m/s. Vor dem Laufrade herrscht größerer Druck als hinter dem Laufrade. Daher heißen sie auch **Überdruck-** oder nach dem Erfinder **Parsonsturbinen.** Schaufelform **(5)** v. S. 202.

Die meisten heute ausgeführten Turbinen stellen Vereinigungen mehrerer Turbinenarten dar, z. B.

1. **1 Curtisrad,** dahinter **1 Zoellyturbine** mit 6···10 Druckstufen (AEG u. MAN).
2. **1 Curtisrad,** dahinter **1 Parsonsturbine** mit vielen Druckstufen, s. Abb. unten.
3. Reine **Druckstufenturbinen** ohne Curtisrad mit vielen Druckstufen; meist für Gegendruckbetrieb verwendet.

Besondere Bauarten der Turbinen

Wird nicht stets gleichmäßig viel Niederdruckdampf gebraucht, so ist es wirtschaftlicher, eine Kondensationsturbine hinter dem Curtisrad oder (bei reinen Druckstufenturbinen) hinter einer Stufe anzuzapfen: **Anzapfturbine** mit regelbarem Anzapfventil.

Die Umkehrung der Anzapfturbine ist die **Zweidruck-** oder **Abdampfturbine.** Der in den einzelnen Betrieben aus Dampfhämmern, Dampfpressen usw. anfallende Abdampf von 0,5···1,5 at wird in Abdampfspeichern gesammelt und zwecks Arbeitsleistung einer niederen Stufe der Betriebsturbine oder einer Niederdruckturbine zugeführt.

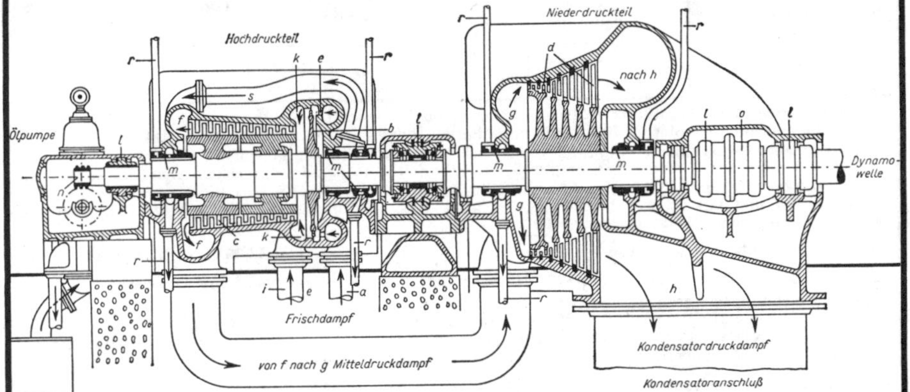

Zweigehäusige Überdruck-Dampfturbine (Parsonsturbine) von Brown, Boveri u. Co., Mannheim*)

Die Abb. stellt eine Reaktions-Dampfturbinenanlage dar von 5000···6000 kW Leistung und 3000 U/min. Der Hochdruckteil umfaßt das einstufige Gleichdruckrad *b* und die Überdruckstufen *c*, der Niederdruckteil die Überdruckstufen *d*.

Der Frischdampf gelangt bei **normaler Belastung** durch *a* vor das Gleichdruckrad *b*, in dessen Düsen *e* ein großes Druckgefälle von mehreren at umgesetzt wird; in den folgenden Überdruckstufen *c* entspannt sich der Dampf in jeder Stufe um ≈ 0,5 at, und zwar **je zur Hälfte im Leitschaufelkranz,** der fest im Gehäuse sitzt, **und im Laufradschaufelkranz.** Bei *f* tritt der Dampf mit ≈ 3···4 at aus dem Hochdruckteil und wird bei *g* in den Niederdruckteil eingeführt, in dessen Überdruckstufen sich der Dampf auf Kondensatorendruck von ≈ 0,05···0,07 at entspannt. Bei *h* beginnt der Kondensatorenanschluß (in der Regel Oberflächenkondensator).

Bei **Überlastung** der Turbine (bis ≈ 25%) wird auch durch die sonst geschlossene Zuleitung *i* noch Frischdampf unmittelbar vor die Überdruckstufen geleitet, ohne erst durch das Gleichdruckrad zu gehen. Der aus dem Gleichdruckrad austretende, bereits um einige at entspannte Dampf mischt sich in dem Raum *k* mit dem durch *i* eintretenden Frischdampf.

Abb. zeigt, daß der Dampf in beiden Gehäusen entgegengesetzt strömt; dadurch werden die durch die Reaktionswirkung (Rückstoß) hervorgerufenen Schubkräfte in Richtung der Achse gegenseitig aufgehoben, die sonst bei eingehäusiger Bauart durch eine besondere Ausgleichvorrichtung aufgenommen werden müßten.

l sind die Lager, *m* die Dichtungen der Turbine, *r* die Abführung des durch die Dichtungen austretenden Leckdampfes (von dem ein Teil durch *s* u. *f* dem Mitteldruckdampf wieder zugeführt wird), *n* der Antrieb der Ölpumpe zur Schmierung der Lager, *o* die Kupplung, welche die Turbinenwelle mit der Generatorwelle verbindet.

Statt des einstufigen Gleichdruckrades *b* wird sehr häufig ein zweistufiges Curtisrad eingebaut.

*) Aus Gründen der Deutlichkeit der Abbildung ist nur ungefähr die Hälfte der wirklich vorhandenen Schaufelkränze gezeichnet.

Wärmekraftmaschinen (Fortsetzung)

Der Wirkungsgrad der Wärmekraftmaschinen

Maschinenart	Wärmewirkungsgrad (ohne Abwärmeausnutzung) höchste erreichte Werte	Wärmewirtschaftlicher Wirkungsgrad (mit Abwärmeausnutzung)	Verwendung der gewonnenen Abwärme
1. Verbunddampfmaschine (Kesseldruck 20 at)	**15···18%** bei Kondensation	bis ≈ **75%** bei Gegendruck	vorwiegend zu Heiz-, Wasch-, Koch- und ähnlichen Zwecken
2. Hochdruckdampfmaschine (Kesseldruck 30···100 at)	**20···21%** bei Kondensation	bis ≈ **80%** bei Gegendruck	Gegendruck bis ≈ 10 at zu Kraftzwecken in Dampfhämmern, Pumpen, Abdampfturbinen usw.; Wärmezwecke wie bei 1.
3. Dampfturbine	bei 20···25 at Kesseldruck **17···21%**, bei 35 at bis ≈ **23%** mit Kondensation	bis ≈ **80%** bei Gegendruck	vorwiegend zu Wärmezwecken wie bei 1., bei höheren Gegendrücken auch zu Kraftzwecken
4. Großgasmaschine	**28···32%** Auspuff ins Freie	bis **40%** zu Kraftzwecken, bis **70%** zu Wärmezwecken (Abgase ausgenutzt)	die heißen Abgase erzeugen in Abhitzekesseln Dampf bis ≈ 20 at zu Kraftzwecken (Dampfturbinen) oder zu Wärmezwecken
5. Dieselmotor	**35···45%** Auspuff ins Freie	bis ≈ **85%**	
6. Dampflokomotive	**8···10%** Auspuff ins Freie	———	———

Der **Gesamtwirkungsgrad** einer Wärmekraftmaschine (wirtschaftlicher Wirkungsgrad) gibt in % an, wieviel die Maschine von der im Brennstoff enthaltenen Energie in Nutzleistung umgesetzt hat.

Für **Dampfkraftmaschinen** (Dampfmaschinen und Dampfturbinen) ergibt sich:

Gesamtwirkungsgrad = Kesselwirkungsgrad × Wärmewirkungsgrad × mechanischer Wirkungsgrad.

Beispiel: Wie groß ist der Gesamtwirkungsgrad einer 1000-PS-Verbund-Dampfmaschine mit Kondensation und mit Steilrohrkesselanlage? Es sei Kesselwirkungsgrad = 80%, Wärmewirkungsgrad = 17%, mechanischer Wirkungsgrad = 90%.

Lösung: Gesamtwirkungsgrad $= \frac{80}{100} \cdot \frac{17}{100} \cdot \frac{90}{100} = \frac{122\,400}{1\,000\,000} = \frac{12{,}24}{100}$ = **12,24%**, d. h. von der in der Kohle enthaltenen Energie können ≈ 12% am Schwungrad der Maschine abgenommen werden.

Für **Verbrennungsmotoren** ergibt sich:

Gesamtwirkungsgrad = Wärmewirkungsgrad × mechanischer Wirkungsgrad.

Beispiel: Wie groß ist der Gesamtwirkungsgrad eines 3000-PS-Dieselmotors ohne Abwärmeverwertung? Es sei Wärmewirkungsgrad = 40%, mechanischer Wirkungsgrad = 85%.

Lösung: Gesamtwirkungsgrad $= \frac{40}{100} \cdot \frac{85}{100} = \frac{3400}{10000} = \frac{34{,}00}{100}$ = **34%**.

Der Gesamtwirkungsgrad des Dieselmotors ist also wesentlich größer als der der Dampfmaschine.

17

Überschlagsberechnung der Leistung von Dampfmaschinen in PS (Nutzleistung)

1. Doppeltwirkende Einzylinder-Maschine

$$P_e = \frac{D^2 \cdot H \cdot n \cdot p_i}{320\,000} \text{ (PS)}$$

2. Doppeltwirkende Zweizylinder-Maschine (Verbund)

$$P_e = \frac{D_1^2 \cdot H \cdot n \cdot p_i}{228\,000} \text{ (PS)}$$

Es bedeuten: D = Zylinderdurchmesser in cm,
H = Kolbenhub in cm,
n = Drehzahl/min,
p_i = aus Dampfdiagramm ermittelter mittlerer Druck in kp/cm² (vgl. Diagramme),
D_1 = Durchm. des Niederdruckzylinders,
D_1 = 1,6 · D (Hochdruckzylinderdurchm.).

Mittelwerte für p_i

Art der Maschine		Einströmdruck p in at 10	12	16	20
Auspuffmaschine	$p_i =$	3,7	4,2	5,2	6,2
Ein-Zyl.-Kond.-Masch.	$p_i =$	3,2	3,6	4,4	5,2
Verbund-Kond.-Masch.	$p_i =$	2,1	2,3	2,6	3,0

1. Beispiel: Eine Einzylinder-Kondensationsmaschine mit D=500 mm, H=850 mm, n=120 ergibt bei p = 16 at Einströmdruck (Heißdampf) und einem mittleren Druck von p_i = 4,4 at (s. Tab.)

$$P_e = \frac{50^2 \cdot 85 \cdot 120 \cdot 4{,}4}{320\,000} \approx \mathbf{350} \text{ PS Nutzleistung.}$$

2. Beispiel: Eine Zweizylinder-Verbundmaschine mit D = 500 mm, D_1 = 1,6 · 500 = 800 mm, H = 900 mm, n = 110 ergibt bei p = 20 at Einströmdruck und einem mittleren Druck p_i = 3,0 at

$$P_e = \frac{80^2 \cdot 90 \cdot 110 \cdot 3{,}0}{228\,000} \approx \mathbf{830} \text{ PS Nutzleistung.}$$

Verbrennungskraftmaschinen

Die Verbrennung des Kraftstoffes findet unmittelbar im Zylinder der Kraftmaschinen statt. Durch Vermeidung des umständlichen und unwirtschaftlichen Weges, aus dem Kraftstoff erst Dampf und aus diesem die mechanische Leistung zu gewinnen, ergibt sich gegenüber den Dampfkraftmaschinen eine **bedeutend bessere Ausnutzung der Kraftstoffwärme.** Durch Fortfall der Kesselanlage ist der **Platzbedarf der Kraftanlage erheblich kleiner,** ebenso der Aufwand an Bedienungspersonal. Der Kraftstoff wird in gasförmigem oder flüssigem Zustande mit einer großen Luftmenge, die den nötigen Sauerstoff liefert, in den Zylinder eingeführt und durch rasche Verbrennung zur unmittelbaren Arbeitsleistung gebracht. Zur besseren Kraftstoffausnutzung wird die Zylinderladung vor der Verbrennung hoch verdichtet.

Man unterscheidet:

1. Nach der Art der Arbeitsweise: Ottomotoren, Kreiskolbenmotoren (Wankel-Motor) und Dieselmotoren. Beim Otto- bzw. Kreiskolben-Motor wird vom Kolben ein Gas-Luft-Gemisch angesaugt, verdichtet und durch einen Zündfunken zur Entzündung gebracht. Alle Motoren dagegen, bei denen nur Luft angesaugt und verdichtet wird und der Brennstoff sich beim Einspritzen in den Zylinder an der komprimierten Luft von selbst entzündet, bezeichnet man als Dieselmotoren.

2. Nach der Art des Treibstoffes: Gasmotoren, Leichtölmotoren und Schwerölmotoren. Beim Ottomotor kann man noch unterscheiden zwischen Gas- und Vergasermotor. Ferner können alle Arten der Verbrennungskraftmaschinen nach dem Viertakt- oder nach dem Zweitaktverfahren arbeiten.

A. Gasmaschinen

Die wichtigsten Gase sind:

1. Hochofen- oder Gichtgas, ein Nebenprodukt aus Hochöfen; siehe S. 86.

2. Koksofengas, Abfallprodukt in den Kokereien der Zechen und Hütten.

3. Generatorgas, Erzeugung in eigener Gaserzeugungsanlage (Sauggasanlage). Der Brennstoff (Anthrazit, Koks oder Braunkohlenbriketts) wird in geschlossenen Schachtöfen mit geringem Zusatz von Luft und Wasserdampf verbrannt. Es entsteht ein brennbares Mischgas, das von dem Motor durch eine Reinigungs- und Trockenanlage in den Zylinder gesaugt wird.

4. Stadtgas, in Gaswerken gewonnen.

Die brennbaren Bestandteile aller dieser Gase sind in der Hauptsache Kohlenoxyd und Wasserstoff.

B. Vergasermotoren

Betriebsstoffe sind die sogenannten Leichtöle, deren wichtigste das **Benzin** und das **Benzol** sind. Benzin wird aus Rohpetroleum, das in vielen Ländern in großen Mengen vorkommt, Benzol aus Steinkohlenteer gewonnen; Dichte $\varrho = 0{,}65 \cdots 0{,}88$. Beide verdunsten leicht und stellen in gasförmigem Zustand, mit Luft gemischt, ein sehr explosibles Gemisch dar, das sich zum Antrieb von Kraftmaschinen sehr gut eignet. (1 kg Kraftstoff auf 16 kg $\approx$ 12,3 m^3 Luft.)

Die **Leichtölmotoren,** auch **leichte Verbrennungskraftmaschinen** genannt, sind wie die einfachwirkenden Gasmotoren gebaut. Jedoch ist zum Vergasen des flüssigen Kraftstoffes eine besondere Vorrichtung, der **Vergaser,** notwendig.

Fallstromvergaser (unten): Bemerkenswert ist hierbei die Regelung der Kraftstoffzufuhr durch eine bei Fahrt in der Ebene die Kraftstoffzufuhr hemmende Nadel (die sog. Teillastnadel) und die Beschleunigungspumpe, die beim plötzlichen Beschleunigen des Fahrzeuges eine kleine Menge Kraftstoff einspritzt, um dadurch ein schnelleres Auf-Leistung-Kommen des Motors (von Teillast auf Vollast) zu erzielen.

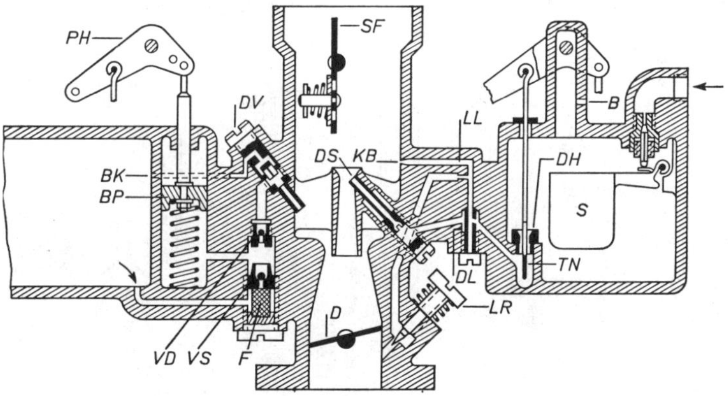

Schema eines Fallstromvergasers

B Belüftung, BK Belüftungskanal, BP Beschleunigungspumpe, D Drosselklappe, DH Hauptdüse, DL Leerlaufdüse, DS Spritzdüse, DV Stopfen mit Ventil für Pumpendüse, F Filter, KB kalibrierte Bohrung, LL Leerlaufluftkanal, LR Leerlaufgemisch-Regelschraube, PH Pumpenhebel, S Schwimmer, SF Startklappe mit Flatterventil, TN Teillastnadel.

17

Vergasermotoren (Fortsetzung)

Die **Zündung** des komprimierten Gas-Luft-Gemisches geschieht wie bei den Gasmotoren durch einen elektrischen Funken. Dieser Funke entsteht dadurch, daß im Augenblick der Zündung kurz vor Hubende des Verdichtungshubes ein Wechselstrom von sehr hoher Spannung — erzeugt in einem Magnet- oder Batteriezündapparat — zwischen zwei Metallzungen (Elektroden) der im Zylinderkopf befindlichen Zündkerze **(10)** überspringt. Im **normalen Betrieb** erfolgt die Zündung **kurz vor** Hubende der Verdichtung **(Frühzündung),** beim Anlassen jedoch erst **im Totpunkt** (Spätzündung). Der Zündzeitpunkt wird automatisch im Zündapparat oder durch einen Hebel von Hand reguliert.

Ausführung und Anwendung. Das Hauptanwendungsgebiet für **Leichtölmotoren** ist der **Kraftfahrzeugbau.** Zur Erzielung gleichmäßigen und ruhigen Ganges und um größere Leistung auf kleinem Raum unterzubringen, werden bei Fahrzeugmotoren mehrere Zylinder mit einem gemeinsamen Kurbelgehäuse zu einer Maschine vereinigt.

Im unteren Bild sind die beiden vorderen Zylinder, ferner die Kerzenvertiefungen und die Ventilkammern der beiden hinteren Zylinder sowie die Kühlwasserräume geschnitten.

Die Stößel der hängenden Ein- und Auslaßventile werden von der Nockenwelle angetrieben. Rechts neben der Kurbelwelle befinden sich Schwungrad, Kupplung und Getriebe, unmittelbar mit dem Motorgehäuse verbunden (verblockt). Der Schalthebel ist abgebrochen dargestellt, vorn am Motor sieht man den Kühlluftsauger (Lüfter).

Der Arbeitsvorgang beim Viertaktverfahren (1) bis (4) (einfachwirkende Maschine).

1. Ansaugen (1). Beim Zurückgehen des Kolbens wird durch das geöffnete Einlaßventil *E* das Gas-Luft-Gemisch angesaugt. Im Totpunkt schließt *E*; der Zylinder ist geladen.

2. Verdichten oder Komprimieren (2). Beide Ventile sind geschlossen. Beim Vorgehen des Kolbens wird das angesaugte Gemisch auf 10 bis 12 at verdichtet.

3. Verbrennung (3). Kurz vor Totpunkt wird das verdichtete Gemisch durch einen elektrischen Funken zur raschen Verbrennung gebracht. Der Druck steigt auf etwa 25···28 at, die Temperatur auf 1500···2000° C. Der Kolben geht unter Arbeitsleistung zurück. Das Gas dehnt sich bis fast auf Außendruck aus.

4. Auspuffen (4). Der vorgehende Kolben schiebt die verbrannten Gase durch das geöffnete Auslaßventil *A* aus; *A* schließt im Totpunkt. Durch Öffnen des Einlaßventils *E* beginnt beim Zurückgehen des Kolbens ein neuer Saughub.

Sämtliche Vorgänge spielen sich **im Zylinder** ab. Innerhalb der 4 Takte = 2 Umläufe erfolgt nur ein Arbeitshub. Dieses unregelmäßige, stoßweise Arbeiten der Maschine bedingt ein schweres Schwungrad zur Überwindung der drei nicht Arbeit leistenden Hübe, die ungefähr 5···10% der Gesamtleistung der Maschine verbrauchen.

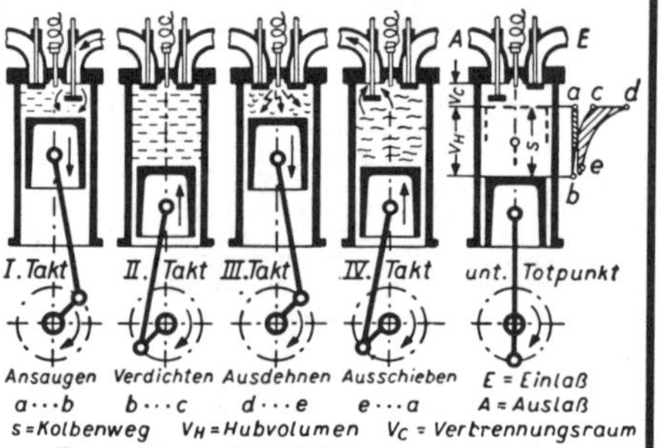

Darstellung des Arbeitsvorganges beim Vergaser-Viertaktverfahren

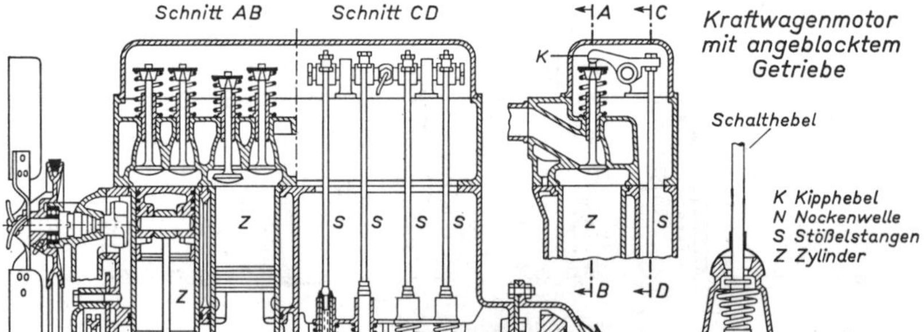

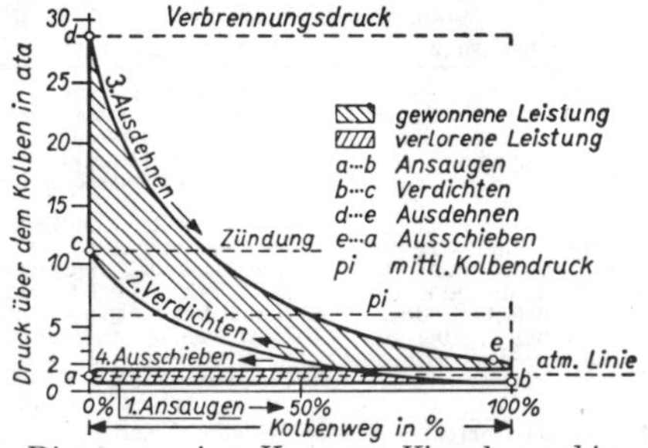

Diagramm einer Vergaser-Viertaktmaschine

$$Pe = \frac{\pi \cdot d^2}{4} \cdot pi \cdot \frac{s \cdot n}{2 \cdot 60 \cdot 75} \cdot \eta \text{ (} d \text{ in cm, Hub } s \text{ in m)}$$

1. Takt: Strecke *a* bis *b* = Ansaugen. Beim Ansaugen des Gemisches entsteht ein geringer Unterdruck. Die Ansauglinie verläuft daher etwas unter der atmosphärischen Linie.

2. Takt: Strecke *b* bis *c* = Verdichten. Durch die Verdichtung ***b*** bis ***c*** steigt der Druck auf etwa 10 bis 12 at.

3. Takt: Strecke *c-d-e* = Zünden und Ausdehnen. Bei *c* beginnt durch die Zündung die rasche Verbrennung (Verpuffung) mit sehr schnellem Druckanstieg im Totpunkt. Durch die Ausdehnung beim Rückgang des Kolbens entsteht ein schneller Druckabfall, der eine Spitze im Diagramm hervorruft.

4. Takt: Strecke *e* bis *a* = Ausschieben. Bei *e* öffnet der Auslaß; der Druck sinkt auf fast atmosphärischen Druck. Durch die Widerstände im Ventil verbleibt beim Ausschieben dieser Druck. Schraffur nach rechts unten = gewonnene Arbeit. Schraffur nach links unten = aufgewandte Arbeit.

Zweitaktverfahren

Die Vorgänge der Gemischbildung, der Verdichtung und Verbrennung sind die gleichen; jedoch spielen sich die vier Takte des Viertaktverfahrens unter Zuhilfenahme des Kurbelgehäuses im Verlauf von zwei Takten, also einer Umdrehung, ab. Die Zweitaktvergasermaschine besitzt keine Ventile. Die Steuerung des Kraftstoffgemischeintritts und -austritts geschieht durch Schlitze in der Zylinderwand.

Arbeitsprinzip des Zweitaktmotors mit Kurbelgehäuseverdichtung (Bild oben rechts) (Dreikanal-Umkehrspülung nach Schürle)

1. Takt: Kolben bewegt sich vom UT (unteren Totpunkt) zum OT (oberen Totpunkt).

Unterhalb des Kolbens: Vorsaugen (Bildung des Unterdruckes im Kurbelgehäuse) bis zur Freigabe des Ansaugkanals, dann Ansaugen (Füllen des Kurbelgehäuses mit Frischgas).

Oberhalb des Kolbens: Beendigung der Spülung (erst verschließt der Kolben den Überströmkanal, dann den Auslaßkanal), Verdichtung der Zylinderfüllung und deren Entzündung (noch vor OT).

2. Takt: Kolben bewegt sich vom OT zum UT.

Unterhalb des Kolbens: Ansaugen, bis Kolben Ansaugkanalöffnung verschließt, dann Vorverdichtung des Ansauggemisches bis Kolben Überströmkanal freigibt, anschließend Überschieben der Frischgase in den Zylinder.

Oberhalb des Kolbens: Verbrennung der Frischgase, Arbeitstakt (Arbeitstakt = Übertragung des Drehmomentes, d. h. nutzbarer Arbeit, auf die Kurbelwelle) bis zur Freigabe des Auslaßkanals, dann beginnendes Ausströmen der Altgase (verbrannte Gase), wenig später Freigabe des Überströmkanals, Einströmen des Frischgases aus dem Kurbelgehäuse, Beginn der Spülung (Spülung = Heraustreiben der Altgase durch das Spülmittel, hier Kraftstoff-Öl-Luft-Gemisch).

Umkehrspülung, weil das aus 2 Überströmkanälen *b* in den Zylinder einströmende Gemisch im Verlauf der Spülung seine Richtung von *b* nach *c* wechselt, sich also umkehrt. Die aus *b* austretenden Gemischströme stoßen im Zylinder aufeinander, steigen dadurch hoch und spülen die Auspuffgase heraus. Im dargestellten Bild strömt das Gemisch durch das Loch im Kolben in Kanal *b*.

Zweitaktmotor

mit Umkehrspülung

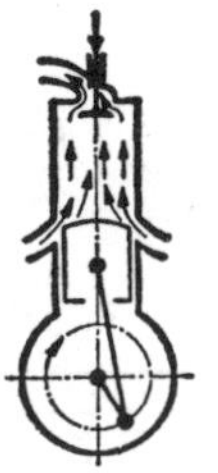

mit Gleichstromspülung, Auslaßventil im Zylinderkopf

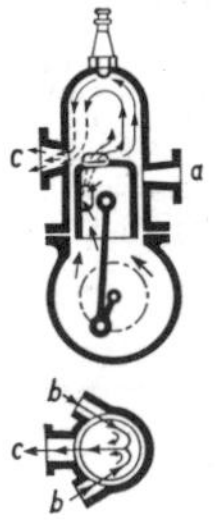

Frischgase spülen in gleicher Richtung wie die entweichenden Altgase abströmen.

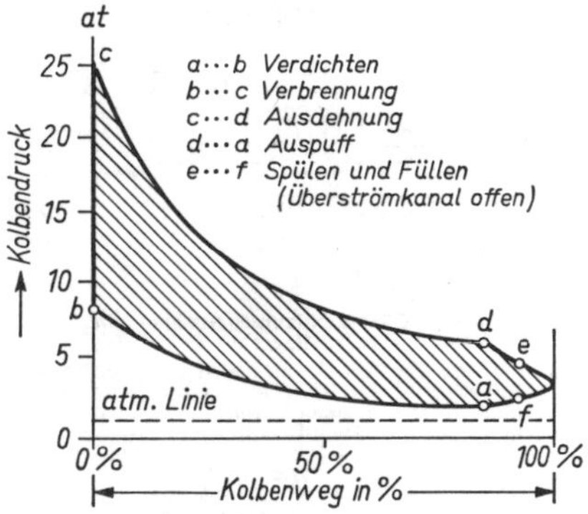

Diagramm einer Zweitaktmaschine

1. Takt: Bei *a* beginnt nach Überdeckung der Auslaßschlitze der Druckanstieg durch die Verdichtung.

2. Takt: Bei *b* erfolgt Zündung; bis *d* verläuft das Diagramm wie beim Viertakt-Diagramm. Genau über *a* öffnet der Kolben die Schlitze, so daß der Druck schnell abfällt. Während der Strecke *d···a* findet zugleich Einströmen des vorverdichteten Gemisches statt.

Vorteil kleiner Zweitaktmotoren: Einfache Bauweise, Fortfall der Ventile, Nockenwelle usw., also der Steuerorgane; dadurch weniger Störmöglichkeiten, einfachere Wartung; billige Herstellung.

Nachteil: Höherer Kraftstoffverbrauch infolge der Spülverluste.

Gasturbine

Bei der Gasturbine gibt es keine schwingenden, sondern nur rotierende Teile. Nur bei der Lagerung der Verdichter und Arbeitsturbine gibt es mechanische Reibung. Kühlvorrichtungen und Zündanlage sind überflüssig, da nur eine einmalige Zündung beim Anlassen nötig ist. Die Turbine kann man in 2 Teile aufteilen: im ersten wird das Arbeitsgas erzeugt und im zweiten wird die kinetische Energie des strömenden Gemisches in Arbeit umgesetzt.

Der erste Teil der Turbine gleicht im Prinzip einer Lötlampe. Frischluft strömt in das vordere Rohr ein, das brennende Gemisch strömt aus dem rückwertigen Rohr aus. Bei der Turbine sitzt vor der vorderen Öffnung ein Luftverdichter, der als Axialgebläse oder als Schleuderverdichter ausgeführt ist.

17

Wärmekraftmaschinen (Fortsetzung)

Gasturbine (Fortsetzung)

Dieser Verdichter drückt die komprimierte Frischluft in die Brennkammer, in die Kraftstoff eingespritzt wird und verbrennt. Diese Verbrennung bewirkt, daß die Temperatur des entstehenden Gemisches erheblich ansteigt. Dieses heiße Gemisch dehnt sich in einer der Brennkammern nachgeschalteten Turbine aus und gibt hierbei die kinetische Energie des strömenden Gemisches an die Turbine ab. Die Verdichtungsverhältnisse im Verdichter betragen je nach Ausführung 3,5 bis 16.

Verdichter werden axial mit größeren Luftdurchsätzen, radial mit kleinen Luftdurchsätzen ausgeführt.

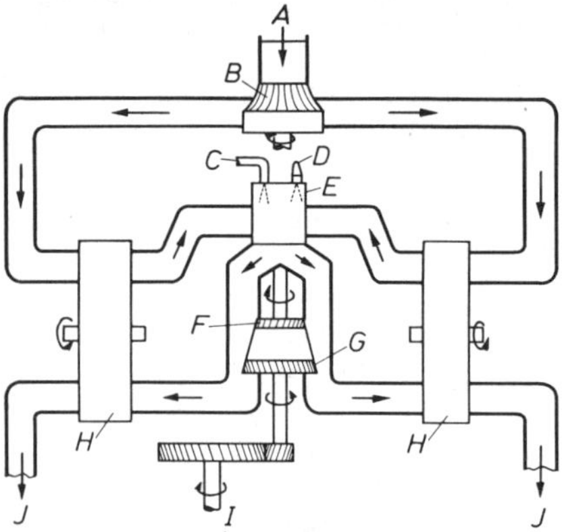

Arbeitsweise der Chrysler-Fahrzeugturbine mit Wärmetauscher

Bei *A* strömt die Luft ein und wird vom Verdichter *B* (dabei auf etwa 140° C erwärmt) durch Schächte und die beiden Wärmetauscher (weitere Erwärmung auf etwa 540° C) in die Brennkammer *E* gedrückt. Durch die Düse *C* wird Kraftstoff eingespritzt und mit der Zündkerze *D* gezündet. Der Strahl hochgespannter heißer Gase (etwa 925° C) treibt die Kompressorturbine *F* an und danach die Arbeitsturbine *G* (Niederdruckturbine). Zwischen Hochdruckturbine (etwa 45 000 U/min) und Niederdruckturbine (etwa 40 000 U/min) sind Leitschaufeln angeordnet, die stufenlos durch das Gaspedal verstellt werden können. Auf seinem weiteren Weg wird der Wärmetauscher passiert (Abkühlung der Abgase von etwa 675° C auf 250° C) und gelangt dann ins Auspuffrohr *J*. Gasturbinen im Fahrzeugbau werden für Leistungen von 50 bis 200 PS gebaut.

Vorteile: Günstiger Drehmomentverlauf, Ansprüche an die Kraftstoffqualität sind gering, kleiner Schmierölverbrauch, erschütterungsfreier Lauf und in den Abgasen ist kein Kohlenoxid.

Störungen am Ottomotor

Beobachtung	Ursache kann sein
1. Motor zündet nicht (Suche den Fehler zunächst an den Zündkerzen und dem Kabel, zuletzt an der Zündvorrichtung.) Um festzustellen, welche Zündkerze versagt, halte man das Kabel so an die Kerze, daß zwischen dieser und dem Kabel ein Funken überspringen kann.	a) Verrußte Zündkerze. b) Kurzschluß an der Zündkerze durch Ölkohle. c) Zu großer Abstand zwischen den Elektroden der Zündkerze. d) Der Stein der Zündkerze ist gesprungen. e) Leitungskabel hat sich gelöst oder ist gebrochen. f) Kabel hat Körperschluß. g) Unterbrecher am Magnetapparat berührt sich nicht. h) Verteilerkohle im Verteiler hat keinen Kontakt.
2. Vergaser tropft	a) Schwimmernadel undicht. b) Schwimmer undicht.
3. Vergaser liefert zu wenig oder keinen Kraftstoff	a) Zuleitung (Sieb) oder Düse ist verstopft. b) Unterdruckförderer ist nicht intakt. c) Kraftstoffbehälter ist leer.
4. Motor springt nicht an	a) Zündung setzt aus. b) Kein Kraftstoff. c) Drosselklappe am Vergaser steht falsch. d) Der Vergaser „ersäuft".
5. Motor knallt im Vergaser	a) Schwaches Kraftstoffgemisch. b) Wasser im Kraftstoff. c) Düse verstopft.
6. Motor knallt im Auspufftopf Unverbrannte Gase (im Auspufftopf) entzünden sich.	Dieses liegt an zu reichlicher oder auch zu geringer Kraftstoffzufuhr. Auch das Aussetzen von Zündungen kann die Ursache sein.
7. Motor wird übermäßig warm	a) Zu wenig Wasser (Kühler dampft). b) Ventilatorantrieb ist in Unordnung.
8. Drehzahl des Motors nimmt merklich ab	a) Siehe unter 3. b) Undichte Ventile. c) Warme Lager. Ölleitung in Unordnung.
9. Motor klopft	a) Schlechte Kühlung. b) Zuviel Vorzündung. c) Kolben und Zylinder verschmutzt. d) Undichte Kerze. e) Lose (ausgelaufene) Lager. f) Ein helles, metallisch klingendes Klopfen entsteht auch bei Verwendung ungeeigneten Kraftstoffes.
10. Motor hält Drehzahl, Geschwindigkeit des Wagens läßt nach	Die Kupplung schleift.

Stoffwerte einiger flüssiger Kraftstoffe

Kraftstoff	Dichte	Zusammensetzung in Gewichts-%			Schmelzpunkt	Siedepunkt grenze	Verdampf.-wärme	unterer Heizwert	Zündtemp.	Luftbedarf theor.
	kg/l	C	H	Rest	°C	°C	kcal/kg	kcal/kg	°C	kg/kg
Pentan	0,63	83	17	—	— 130	36	84	10850	285	15,4
Hexan	0,66	84	16	—	— 95	69	79	10670	240	15,2
Benzol	0,88	92	8	—	+ 6	80	94	9600	555	13,3
Xylol	0,88	91	9	—	— 25	144	81	9700	465	13,7
Äther	0,72	64	14	22 O	— 116	35	90	8200	170	7,7
Aceton	0,79	62	10	28 O	— 95	56	125	6800	540	9,4
Äthanol	0,8	52	13	35 O	— 114	78	216	6400	425	9
Methanol	0,8	38	12	50 O	— 98	65	265	4700	455	6,4
Erdöl, Rohöl	0,7···1	≈ 80	≈ 12	O, N, S	—	—	53···84	9500···11000	≈220	—
Normalbenzin	0,72···0,74	86	14	—	−30···−50	60···120	90···120	9800···10500	≈220	12,7
Super	0,75···0,78	86	14	—	—	60···200	100	10200	—	14,2
Flugbenzin	0,72	85	15	—	— 70	40···180	—	10000···10300	≈400	—
Rennkraftstoff	0,78	—	—	—	— 95	35···150	250	5500	—	8
Motorenbenzol	0,87	90	10	—	— 15	80···160	—	9500···9700	450	13,5
Traktorenkraftst.	0,8···0,82	85	15	—	— 70	120	—	9500···10000	≈220	14,8
Dieselkraftstoff	0,82···0,84	86	13	O, S	−10···−30	155	130···190	9700···10600	≈220	14,5

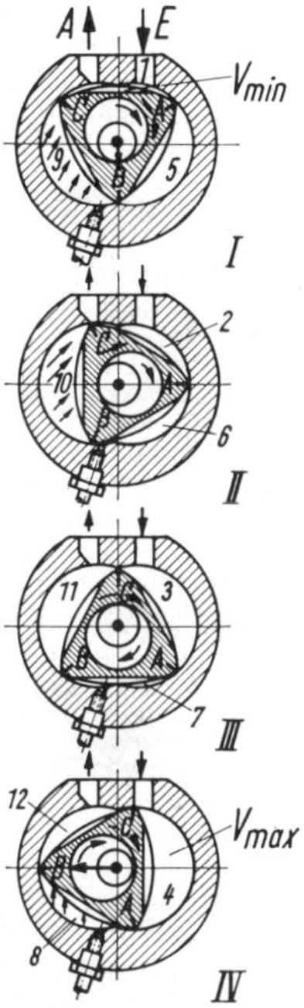

Kreiskolbenmotor (Wankel-Motor)

Durch die Drehung des Kolbens verändert sich periodisch das Volumen der 3 verbleibenden Zwischenräume zwischen Kreiskolben und Kammerwand. Diese Volumenänderung wird zum Ansaugen, Verdichten, Entspannen und Ausschieben ausgenutzt. Es ergibt sich eine Phasenfolge wie beim Viertaktverfahren.

Der Frischgaskanal und Auslaßkanal sind am Gehäuse oben, die Zündkerze ist unten angebracht. Das feststehende Ritzel ist zentrisch zur Drehachse der Triebwelle und dem Drehkolben zugewandt. Die Triebwelle trägt die Ausgleichsmasse und einen weiteren Massenausgleich an der Schwungmasse, um die Unwucht von Exzenter, Kreiskolben und dessen Lager auszugleichen. Hin- und hergehende Teile sind nicht vorhanden.

Bild III und IV zeigen, wie der Druckunterschied zwischen den Kammern über Kreiskolben und Exzenter ein Drehmoment auf die Triebwelle ausübt. Die Kolbenbewegung wird nur durch den Exzenter und Getriebe bestimmt.

Der Kreiskolben hat an Stelle der Kolbenringe lineare Dichtelemente an den Punkten A, B und C.

Volumenberechnung: Kammervolumen $V_k = V_{max} - V_{min}$.

Stellung I: Die obere Seite des Kreiskolbens stellt die Verbindung zwischen Einlaß- und Auslaßkanal her. Der mit dem Gehäuse gebildete Raum ist V_{min}.

Stellung IV: Der Kreiskolben hat sich um 90° im Uhrzeigersinn weitergedreht. Der senkrecht stehende Kreiskolben bildet mit dem Gehäuse den größten Raum V_{max}. Der Einlaßkanal ist überdreht, die Saugperiode ist beendet.

Der Kreiskolben hat sich von Stellung I zu Stellung IV um 90° weitergedreht, die Triebwelle um 270° (siehe Pfeile von Achsmitte).

Übersetzungsverhältnis: Das Verhältnis des ∅ des feststehenden Ritzels zum ∅ der Innenverzahnung des Kreiskolbens beträgt $^2/_3$. Der Kreiskolben rotiert also mit $^1/_3$ der Winkelgeschwindigkeit der Triebwelle im gleichen Drehsinn.

Bei einem Kolbenumlauf erhalten daher die 3 Kolbenseiten nacheinander Kraftimpulse durch die Zündung des angesaugten und verdichteten Gemisches.

Erklärung der Kreiskolbenstellungen:

1···4	Ansaugen	5···7	Verdichten (Zündung)
8···10	Arbeitshub (Verbrennung)	11···1	Ausschieben

C. Dieselmotoren

Die **Schweröle** werden wie die Leichtöle aus Erdöl, Stein- und Braunkohlenteer gewonnen; Dichte 0,83···0,96 kg/dm³. Die für Motoren wichtigsten Öle sind: **Gasöl, Paraffinöl** und die **Teeröle.** Da sie nur sehr schwer zu vergasen sind, saugt der Dieselmotor reine Luft an und erhält den Kraftstoff, beginnend vor dem oberen Totpunkt, eingespritzt.

Beim **Zweitakt-Dieselverfahren** sind die 4 Takte wieder auf 2 Hübe zusammengedrängt, indem von der Ladepumpe reine Luft angesaugt und vorverdichtet wird. Im Totpunkt strömt die vorverdichtete Luft nach Öffnen der Auslaßschlitze durch das Einlaßventil in den Zylinder. Verdichtung und Verbrennung erfolgen wie beim Viertaktverfahren.

Kleine Zweitaktmotoren haben zuweilen Kurbelkastenladepumpe und ventillose Bauart wie die Leichtölmotoren. Neuerdings wird auch bei großen Dieselmotoren Schlitzsteuerung für Ein- und Auslaß angewandt. Es bleiben dann nur das Druckluftventil zum Anlassen und das Kraftstoffventil mit Düse übrig.

Der wesentliche Unterschied der Dieselmotoren gegenüber den anderen Verbrennungskraftmaschinen ist also: **Der Kraftstoff gelangt in flüssigem und nicht in gasförmigem Zustand in den Zylinder. Durch die heiße Luft tritt Selbstzündung des Öles ein, nicht Zündung durch elektrischen Funken. Vergaser und Magnet fallen fort.**

Ausführung und Anwendung der Dieselmotoren

Die Dieselmotoren werden vorzugsweise in **stehender Bauart** und als **Mehrzylindermotoren** (3, 4 oder 6 Zylinder) gebaut.

Hauptanwendungsgebiete. Als einfachwirkender Viertaktmotor ist der **kompressorlose** Dieselmotor als Kraftquelle für industrielle Betriebe, für Pumpen- und Kompressoranlagen, für Generatoren kleinerer Kraftwerke und als Schiffsmaschine bis ≈ 3000 PS Leistung sehr verbreitet; vereinzelt auch schon darüber. **Kompressorlose Zweitaktmotoren** finden sich vorwiegend im Schiffsbau; ihr großer Vorteil ist die einfachere Bauart und die Umsteuerbarkeit für Vor- und Rückwärtsgang durch Fortfall der Ventile. Sie werden einfachwirkend nach dem Dreikanalsystem (siehe S. 207) bis ≈ 600 PS Leistung gebaut. Für Elektrizitätswerke bis zu 25 000 PS sind die Zweitaktmotoren jedoch doppeltwirkend (mit Kreuzkopf wie bei Dampfmaschinen) und mit besonderen Spül- und Ladepumpen ausgebildet. Die Drehzahl ortsfester Dieselmotoren schwankt zwischen 150 und 700 U/min. Als **Fahrzeugmotor** werden von einigen Firmen schnellaufende, kompressorlose **Leichtdieselmotoren** gebaut, die in ihrem Aufbau den Vergasermotoren ähnlich sind. Anwendung namentlich in Lastwagen, Eisenbahnfahrzeugen.

Der Hauptvorteil des Dieselmotors gegenüber Dampfkraftanlagen ist der wesentlich geringere Platzbedarf und die vereinfachte Unterhaltung des Motors.

Wegen der Billigkeit des Treibstoffes ist der Dieselmotor bei Dauerbetrieb in vielen Fällen dem Elektromotor überlegen.

Wärmekraftmaschinen (Fortsetzung)

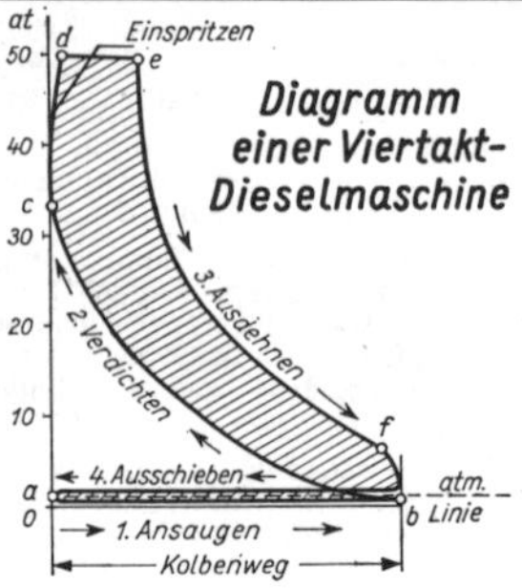

a—*b*: **Ansaugen** der Verbrennungsluft (Frischluft) durch das geöffnete Einlaßventil beim Zurückgehen des Kolbens (100% Kolbenweg).

b—*c*: **Verdichten** der Luft auf 30···40 at, wobei die Temperatur auf ≈ 550° C steigt. Kurz vor dem oberen Totpunkt wird durch die Einspritzdüse Kraftstoff in feinem Strahl eingespritzt.

c—*d*—*e*: **Verbrennung.** Der eingespritzte Kraftstoff verbrennt in der heißen Luft durch Selbstzündung unter starker Wärmeentwicklung.

e—*f*: **Ausdehnung** der Verbrennungsgase. Der Kolben geht zurück und verrichtet Arbeit (≈ 75%).

f—*a*: **Druckabfall und Ausschieben** der Abgase. Kurz vor dem unteren Totpunkt (≈ 4%) öffnet das Einlaßventil. Der vorgehende Kolben schiebt die Verbrennungsgase hinaus. – Beim nächsten Hub *a*—*b* wird wieder frische Luft angesaugt.

Wirkungsweise

Der Kraftstoff wird durch eine Pumpe eingespritzt. Die Schwierigkeit, das Öl genügend fein zu verteilen und gute Verbrennung zu erzielen, wurde auf verschiedene Weise gelöst:

1. Das Vorkammerverfahren (1). Das Öl wird mit einem Druck von 60···80 at durch das Einspritzventil erst in eine **Vorkammer** (Zündkammer) gespritzt, in die der Kolben durch die Düsen einen Teil der verdichteten Luft hineindrängt. Es entsteht eine Verbrennung **eines Teiles** des Kraftstoffes (Teilverbrennung) unter Druckerhöhung; die brennenden Gase schleudern dabei den Rest des Kraftstoffes, der sich noch in der Vorkammer befindet, durch die Düsen in den Hauptverbrennungsraum und zerstäuben ihn dabei. Dann erst findet die Hauptverbrennung statt, die den Kolben zurücktreibt; Verdichtungsdruck etwa 32···40 at.

2. Direkteinspritzung (2). Der Kraftstoff wird durch die Düse **unmittelbar vor den Kolben gespritzt.** Der dabei angewandte außerordentlich hohe Pumpendruck von 200···300 at erzeugt eine solche Einspritzgeschwindigkeit des Öles in die heiße Luft, daß dadurch eine gute Zerstäubung und Vermischung mit den Luftteilchen erreicht wird.

Je feiner die Zerstäubung, um so besser die Verbrennung, um so größer die Leistung. Es gibt verschiedene Hilfsmittel, um diese Wirkung zu unterstützen:

a) **Halbkugelige Ausbildung** des Verbrennungsraumes durch einen Hohlkolben HK (Deutz, Abb. [2], und MAN).

b) **Starke Wirbelung** der Verbrennungsluft im Zylinder wird erreicht durch ein am Einlaßventil angebrachtes Leitblech (Krupp) oder durch Tangentialstellung der Einlaßschlitze (beim Junkers-Zweitaktmotor mit 2 gegenläufigen Kolben in einem Zylinder).

c) **Gegenseitige Zerstäubung** zweier Ölstrahlen aus gegenüberliegenden Einspritzdüsen.

3. Luftspeicherverfahren (Acro-Bosch) Abb. **(4).** Der gesamte Verdichtungsraum des Zylinders ist in den Kolben verlegt; beim Verdichtungshub wird die Luft durch den Trichter in den Luftspeicher gedrängt. Beim Abwärtsgehen des Kolbens strömt die hoch verdichtete Luft mit großer Geschwindigkeit wieder hinaus und zerstäubt dabei den ihr gerade im Trichter entgegengespritzten Kraftstoff außerordentlich gut; dieses Verfahren findet im Fahrzeug-Dieselmotor von Acro-Bosch Verwendung.

Der Verdichtungsdruck im Zylinder beträgt bei reiner Druckeinspritzung nur ≈ 25 at.

Eine **Einspritzdüse** (schematisch) zeigt **(3).** Das Öl wird von der Einspritzpumpe unter die Nadel gedrückt, so daß diese gehoben und der Kraftstoff durch die feinen Löcher der Düsenplatte gespritzt wird. Nach Aufhören des Pumpendruckes wird die Nadel durch die Feder nach unten gedrückt und schließt die Düse.

Ein Nachteil der reinen Druckeinspritzung ist der sehr hohe Pumpendruck von 200···300 at, der an Pumpe und Leitung die höchsten Anforderungen stellt. Darum werden die Verfahren nach **1. u. 3.**, die mit geringen Pumpendrücken arbeiten, trotz der etwas komplizierteren Zylinderkonstruktion häufig angewendet.

4. Beim **Wirbelkammerverfahren (5)** wird die verdichtete Luft in die Wirbelkammer *w* gedrückt. Glühkerze *g* wirkt nur beim Anlassen.

Man verwendet auch **Unterdruckregler** von Bosch für Dieseleinspritzpumpen, die beliebig niedrige Leerlauf- und beliebig hohe Enddrehzahlen gestatten. Der Unterdruck wird im Saugrohr erzeugt.

Zylinderköpfe

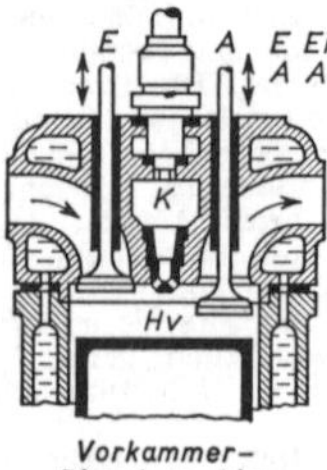

Vorkammer-Dieselmaschine
Bild 1

Hohlkolben-Maschine
Bild 2

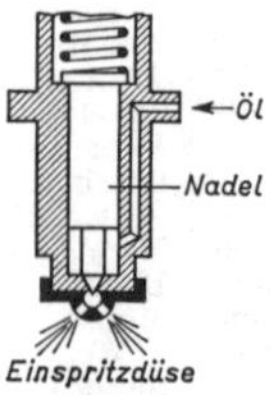

Einspritzdüse
Bild 3

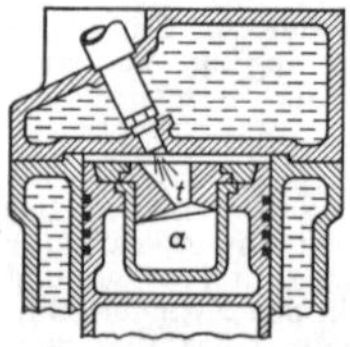

Luftspeicher im Kolben
Bild 4

Wirbelkammer-Maschine
Bild 5

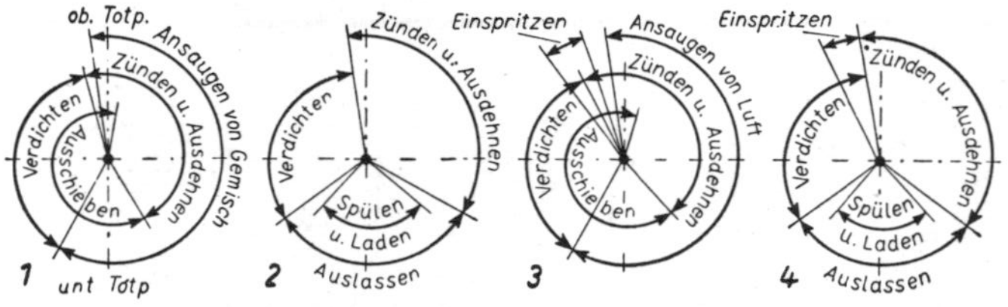

Schneckenlinien-Diagramme

In Abb. 1 sind die Steuerzeiten eines Viertakt-Vergasermotors graphisch dargestellt, in Abb. 2 die eines Zweitakt-Vergasermotors, in Abb. 3 die eines Viertakt-Dieselmotors und in Abb. 4 die eines Zweitakt-Dieselmotors. Man nennt diese Art der Darstellung der Steuerzeiten und Arbeitsgänge Schneckenlinien-Diagramme. In Abb. 1 und 3 erkennt man deutlich die Darstellung zweier Umdrehungen für ein Arbeitsspiel.

Abb. unten: Arbeitsfolgen eines Sechszylinder-Viertaktmotors bei 2 Umdrehungen

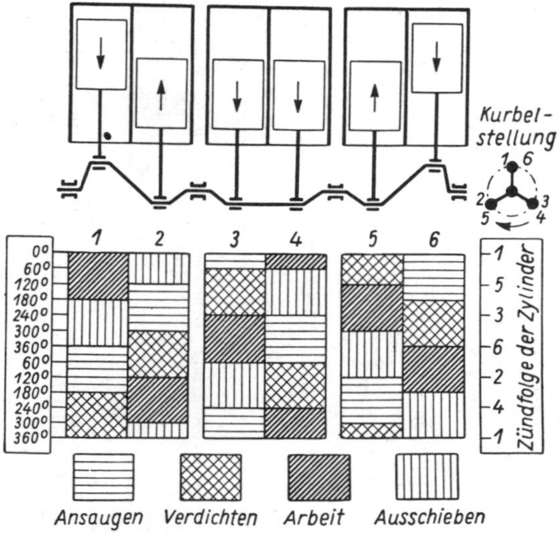

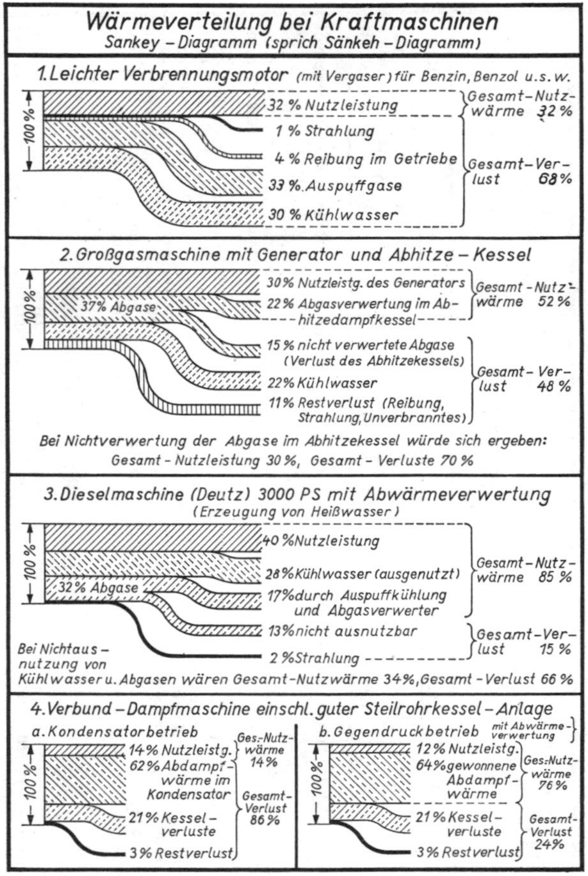

17

Flüssige Motorenkraftstoffe

1. **Destillation**: Man erwärmt **Erdöl** langsam in abgeschlossenen Behältern. Entsprechend ihrem Verdampfungspunkt entweichen nacheinander leichte, mittelschwere und schwere **Kohlenwasserstoffdämpfe**; die leichten sind wasserstoffreicher als Erdöl, die schweren kohlenstoffreicher. Man leitet die verschiedenen Erdöldämpfe in verschiedene Kühlkammern, wo sie kondensieren (flüssig werden); Heizwert: Benzin ≈ 11 000 kcal, Petroleum ≈ 10 500 kcal, Dieselöl ≈ 10 000 kcal.

Verdampfung	bei 50°···150°		150°···250°	über 250°	Aus den Rückständen werden **Mineralöle, Paraffin, Vaseline** u. a. hergestellt.
Kondensat	**Leichtbenzin**	**Schwerbenzin**	**Petroleum**	**Gas- od. Dieselöl**	
Dichte	0,65···0,70	0,71···0,78	0,79···0,82	0,83···0,89	

2. **Druckdestillation** (Krackverfahren): Bei etwa 70 at Druck scheiden auf 450° erhitzte Erdöldämpfe weitere Mengen Benzin aus. Größere Kohlenwasserstoffmoleküle werden in kleinere gespalten. — 50% Krackrückstände (z. T. zur Mineralölausscheidung usw.).

3. **Benzol** wird aus Steinkohlenteer in Kokereien und Gaswerken gewonnen. Es ist wasserstoffärmer als Benzin und daher klopffester (Verdichtung bis 14 at). Dichte 0,88; Heizwert ≈ 10 000 kcal/kg.

4. **Spiritus** gewinnt man durch Gärung aus Kartoffeln, Rüben, Melasse, Holzlauge (Holzspiritus). Dichte ≈ 0,8; Heizwert je nach Alkoholgehalt 5700···7000 kcal/kg; hohe Klopffestigkeit.

5. **Zusätze**: Geringe Mengen Bleitetraäthyl oder Eisenkarbonyl dienen als Antiklopfmittel. Hierdurch wird die Oktanzahl heraufgesetzt. **Benzin-Benzol-Gemische** haben etwa 65% Benzin + 35% Benzol. **Benzin-Alkohol-Gemische** haben etwa 75% Benzin + 25% Alkohol. — **Gemisch** für Zweitaktmotoren = Benzin + ≈ 2,5···4% Mineralschmieröl.

6. **Mineralschmieröl** hat hohen Entflammungspunkt. **Winteröle** sind leichtflüssiger als **Sommeröle.** In Kraftwagen (Viertakt) soll das Schmieröl nach ≈ 3000 km Fahrt erneuert werden.

Synthetische (künstliche) Kraftstoffe

Unter Hydrierung von Kohle versteht man die Erzeugung von erdölähnlichen Stoffen durch Verkettung von zusätzlichem Wasserstoff mit Kohlensubstanz ohne Auftreten von Koksrückständen.

1. **Katalytische Druckhydrierung** nach **Bergius:** Wasserstoffarme Schweröle, Teere, Krackrückstände werden bei 200 at Druck und 440° C im Beisein von schwefelfesten **Katalysatoren** (Metall-Schwefelverbindungen, meist in Pulverform) mit Wasserstoff angereichert (hydriert). — Die Katalysatoren **(Kontaktstoffe)** vermitteln und beschleunigen die Anlagerung von Wasserstoff an die umzuwandelnden Stoffe unter gleichzeitiger Spaltung großer Schwer- und Mittelölmoleküle in kleinere Benzinmoleküle. — Zunächst wird in (flüssiger oder breiiger) Sumpfphase (mit beigemischten, fein verteilten Molybdän- oder Wolfram-Sulfid-Kontaktstoffen) **Mittelöl** und daraus dann in der Gasphase (mit festen Nickel-, Kobalt- u. a. Kontaktstoffen) **Leichtöl** (Benzin) gewonnen.

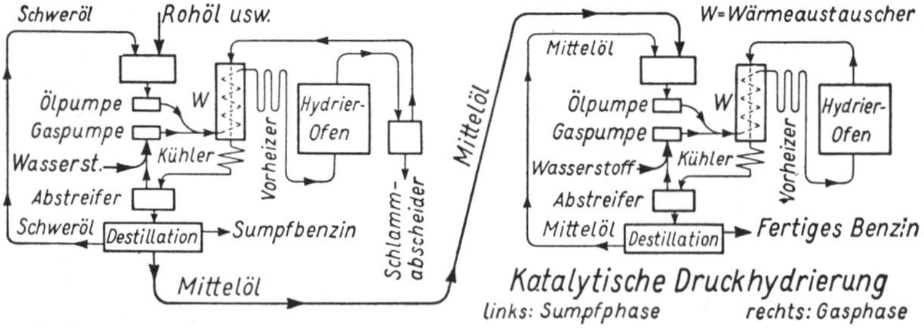

Katalytische Druckhydrierung
links: Sumpfphase rechts: Gasphase

2. **Kohlehydrierung**: Gebrochene Kohle (≈ 55 Teile) wird mit (≈ 45 T.) Anreiböl, das in den Prozeß zurückfällt, zu Brei (Sumpf) vermahlen und mit (geringer Menge) Katalysatorsubstanz vermischt, in den Kohleofen gepumpt, dort unter Zusatz von Wasserstoff bei 300 at auf 410° erhitzt und dann destilliert (Benzin bis 170°, Mittelöl bis 325°, Schweröl über 325°). — Das anfallende Mittelöl wird im Benzinofen bei 200 bis 300 at und 420° nochmals mit Katalysatorsubstanz hydriert. — **Ausbeute** 1 t Kohle: 0,6 t Benzin.

3. **Kohlehydrierung nach Fischer-Tropsch**: Bei normalem Druck werden Kohle und Teer zu Wassergas (Kohlenoxid + Wasserstoff) vergast und **langsam** hydriert — Ausbeute 62% Benzin, 26% Dieselöl, 2% Paraffin und 10% Treibgas.

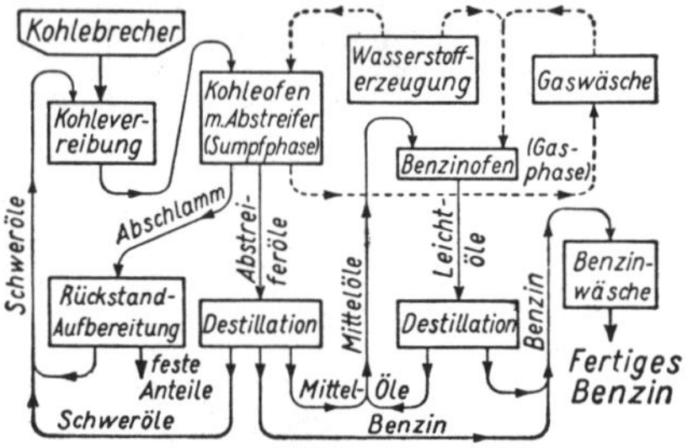

Pumpen und Kompressoren

Pumpen sind Maschinen zum Heben und Fortbewegen von Flüssigkeiten. Die ältesten Wasserhebemaschinen waren **Schöpfräder (1).**

Nach Erfindung der **Kolbenpumpe** war die Bewältigung größerer Wassermengen und Förderhöhen möglich. Die Hauptteile der Kolbenpumpen sind Zylinder, Kolben und Ventile. Man unterscheidet Pumpen mit **Scheibenkolben (3)** und mit **Plungerkolben (4).** Die Pumpe kann **einfach wirkend (3)** und **doppelt wirkend (4)** arbeiten. Kolbenpumpen dienen heute in erster Linie zur Förderung von Wassermengen auf größere Höhen, wie Pumpwerke zur Wasserversorgung, sowie für kleine Wassermengen und hohen Druck, wie Preßwasserpumpen für hydraulische Werkzeuge usw. Eine besondere Art der Kolbenpumpen sind die Pumpen mit durchbrochenem Kolben, in den ein Ventil eingebaut ist **(2).** Diese Pumpen werden als **Saug-** und **Hubpumpen** bezeichnet. Sie finden hauptsächlich Verwendung als Tiefbrunnenpumpen. Da sie die äußere Gestalt eines Rohres hat, läßt sie sich ohne Schwierigkeit in das Rohr des Tiefbrunnens einhängen. Eine weitere Sonderbauart der Kolbenpumpe ist die **Flügelpumpe (6).** Sie kommt nur für kleine Flüssigkeitsmengen und geringe Förderhöhen in Frage.

Während der Kolben der normalen Kolbenpumpe eine hin- und hergehende Bewegung vollzieht, führt der Kolben der sog. **Kapselpumpe** eine Drehbewegung aus. Der Kolben hat die Form eines Zahnrades. Die zwischen den Zahnlücken und der Gehäusewandung befindliche Flüssigkeitsmenge wird bei der Drehung der Räder aus dem Saugraum in den Druckraum befördert. Die Zähne der beiden Räder können jede beliebige Gestalt annehmen. Es gibt daher eine **große Anzahl verschiedener Bauarten** dieser Pumpen. Bild **(5)** zeigt die Bauart einer Kapselpumpe mit rotierendem Kolben, der als normales Zahnrad gestaltet ist. Diese Pumpen können weder größere Flüssigkeitsmengen fördern noch große Förderhöhen erreichen. Sie dienen hauptsächlich zur Förderung von Öl, Milch usw.

Auf einem ganz anderen Prinzip beruht die **Dampfstrahlpumpe** oder der **Injektor.** Sie werden in der Hauptsache zur **Dampfkesselspeisung** verwendet. Bei der Dampfstrahlpumpe tritt der Dampf mit hoher Geschwindigkeit aus einer Dampfdüse in eine vorangeschaltete Mischdüse und saugt das Wasser an. Das Gemisch von Wasser und Dampf strömt dann mit großer Geschwindigkeit durch die sog. Fangdüse in die Druckleitung. Bild **(7)** zeigt einen **Doppelinjektor.** Der linke Injektor saugt das Wasser an und führt es dem rechten Injektor zu, der es unter Druckerhöhung und Erwärmung in den Dampfkessel drückt. Ähnlich wie die Dampfstrahlpumpe wirkt die **Wasserstrahlpumpe.** Nur tritt hier an die Stelle des Dampfes ein Wasserstrahl, der Wasser ansaugt und fortschleudert. Sonderbauarten von Wasserhebevorrichtungen sind noch die **Mammutpumpe,** der **hydraulische Widder** und der Pulsometer, die jedoch in der Praxis nur selten anzutreffen sind.

Von den bisher erwähnten Wasserhebemaschinen haben nur die Kolbenpumpen größere Bedeutung erlangt. Die zweite große Hauptgruppe der Pumpen

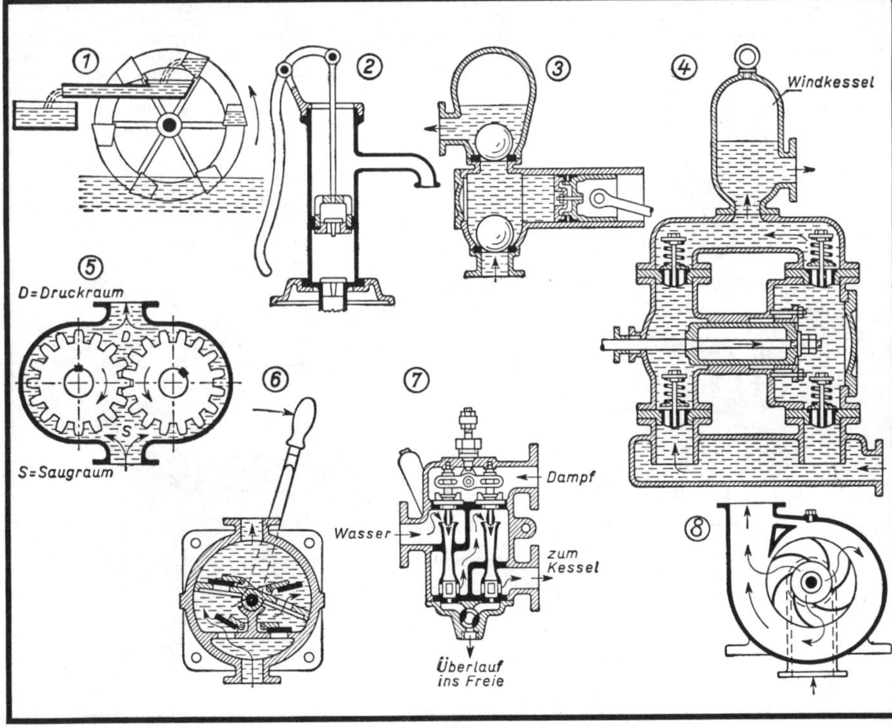

sind die **Kreisel-**, **Zentrifugal-** oder **Schleuderpumpen.** Hier wird dem Wasser zuerst eine große Geschwindigkeit erteilt und dann die Geschwindigkeitsenergie des Wassers in Druckenergie umgewandelt. Das erstere geschieht im Laufrad. Die Umwandlung der Geschwindigkeitsenergie in Druckenergie erfolgt im Leitapparat der Pumpe. Bei der einfachen einstufigen Kreiselpumpe geschieht dies in dem spiralförmigen Gehäuse **(8)**, so daß hier ein eigentlicher Leitapparat entfällt. Diese Pumpe ist besonders gut zur Förderung großer Wassermengen auf kleine Förderhöhen geeignet.

Für größere Förderhöhen kommt die **Turbo-** oder **Turbinenpumpe** in Frage. Bei den Turbopumpen geschieht die Umwandlung von Geschwindigkeit in Druck in besonderen feststehenden Schaufeln, dem **Leitrad,** das zwischen Laufrad und Gehäuse eingeschaltet ist **(9)**. Diese Pumpe ist vorteilhaft zu verwenden für mittlere Gefälle (30···60 m) und kleine Wassermengen. Für große bis größte Förderhöhen ist die **mehrstufige Turbinenpumpe** geeignet. In dieser Pumpe sind mehrere Lauf- und Leiträder hintereinander geschaltet. In jedem Lauf- und Leitrad wird dem Wasser ein Teil der Gesamtförderhöhe erteilt **(10)**. Der Vorteil der Kreiselpumpe gegenüber der Kolbenpumpe liegt in ihrer hohen Drehzahl. Diese gestattet die unmittelbare Kupplung mit einer Dampfturbine oder einem Elektromotor. Außerdem hat die Kreiselpumpe bei gleicher Leistung wesentlich kleinere Abmessungen als eine Kolbenpumpe.

Große Ähnlichkeit mit den Pumpen haben die **Gas-** und **Luftkompressoren.** Man unterscheidet ebenfalls **Kolben-** und **Turbokompressoren.** Die Kompressoren dienen zur Verdichtung von Gasen. Beim Kolbenkompressor **(11)** (S. 215) saugt der Kolben Gas an und verdichtet es beim Rückgang auf den gewünschten Druck. Der Kolbenkompressor kann einfach- oder doppeltwirkend arbeiten. Da das Gas sich beim Verdichten stark erwärmt, ist stets eine künstliche Kühlung des Zylinders erforderlich. Für hohe Drücke verwendet man drei- und vierfache Kompression. Bild **(12)** (S. 215) stellt einen vierstufigen Hochdruckkompressor dar. Die vier Druckstufen sind an einer gemeinsamen Kolbenstange angeordnet. Dies ist die übliche Bauart für mehrstufige Hochdruck-Kolbenkompressoren.

Bei dem Turbokompressor wird wie bei der Kreiselpumpe dem Gas in einem Laufrad eine hohe Geschwindigkeit erteilt und die Geschwindigkeitsenergie dann in den Schaufeln der feststehenden Leiträder in Druck umgewandelt. Die Turbokompressoren werden stets mehrstufig ausgeführt. Bild **(14)** (S. 215) zeigt einen achtstufigen Turbokompressor. Turbokompressoren, die nur aus einem Laufrad und einem spiralförmigen Gehäuse bestehen **(13)**, werden als Ventilatoren bezeichnet. Diese können dem Gas nur eine ganz geringe Druckerhöhung erteilen. Sie dienen zur Be- und Entlüftung von Räumen. Die Vorteile der Turbokompressoren gegenüber den Kolbenkompressoren sind die gleichen wie die der Kreiselpumpe gegenüber den Kolbenpumpen. Die Kolbenkompressoren eignen sich besonders für hohen Druck, während die Turbokompressoren in erster Linie für die Kompression großer Gasmengen in Frage kommen. Die Kompressoren finden heute Verwendung zur Erzeugung von Druckluft für Druckluftanlagen und Rohrpost, Belüftung von Bergwerken, Erzeugung von Gebläseluft für Hochöfen und sonstige metallurgische Öfen, Gebläse für Dampfkesselfeuerungen. Das Hauptgebiet für den Hochdruckkompressor ist die Verflüssigung der Gase für die Hydrierung der Kohle und die Ammoniaksynthese. Ferner ist der Kompressor der Hauptteil der Kälteerzeugungsmaschinen.

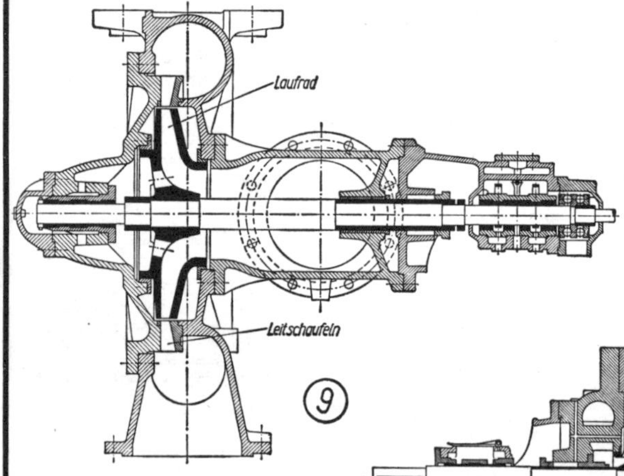

(9)

Kälteerzeugung und Kühlanlagen

Die Kälteerzeugung, d. h. die künstliche Erzeugung niedriger Temperaturen, hat für die Technik, die Wirtschaft und den Haushalt eine sehr große Bedeutung gewonnen. Die erzeugte Kälte dient in der Hauptsache der Frischerhaltung von Lebensmitteln durch Abkühlung auf +1···+8° C und Gefrieren bis zu —18° C. Kein moderner Wirtschaftsbetrieb kommt heute ohne elektrische Kühlschränke bzw. Kühlanlagen aus. Fische werden

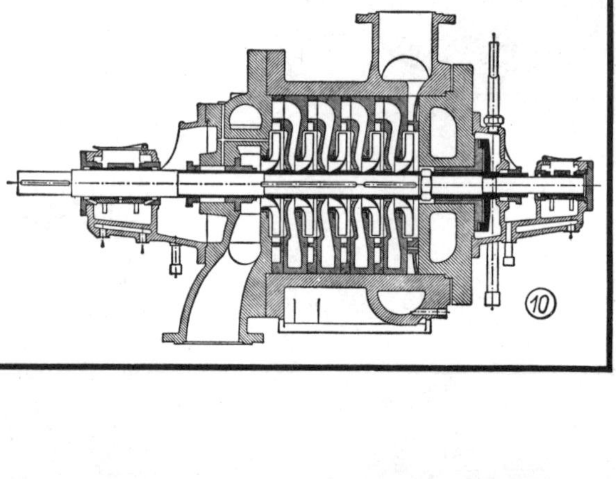

(10)

18

Kompressoren und Kühlanlagen (Fortsetzung)

beispielsweise mittels einer sog. Kühlkette vom Fangschiff bis zum Verbraucher geleitet. In der Bergbautechnik ist das Gefrierabteufverfahren eingeführt worden. In sehr vielen Industriezweigen werden die Produktionsverfahren durch Kälteerzeugung in eigenen Kühlanlagen erleichtert und verbessert.

Für alle diese Anlagen werden fast ausschließlich **Kompressions-Kältedampfmaschinen** benutzt. Diese Maschinen verdichten ein Gas. Dieses erwärmt sich, wird wieder rückgekühlt und verflüssigt, anschließend wieder verdampft (entspannt); dabei entzieht es seiner Umgebung die Wärme. Der Vorgang vollzieht sich im Kreislauf. Hierfür kommen solche Stoffe in Frage, deren Siedetemperatur bei nicht zu niedrigem Druck unter 0° C liegt und deren Dampf bei nicht zu hohem Druck wieder verflüssigt werden kann. Am häufigsten werden als Kältemittel verwendet: Ammoniak NH_3, Kohlendioxid CO_2 und Methylchlorid CH_3Cl. Auch Fluorverbindungen haben sich als Kältemittel gut bewährt. Am häufigsten wird hierbei Freon 12 (CF_2Cl_2) verwendet. Schwefeldioxid SO_2 kommt nicht mehr zur Verwendung.

Wasserstrahlkältemaschinen sind heute kaum noch anzutreffen. Ganz anderer Art ist die **Absorptionskältemaschine.** Hier wird das Gas (in der Regel Ammoniak) durch ein Lösungsmittel (Wasser) absorbiert, aus diesem unter Erwärmung wieder ausgetrieben, verdichtet, verflüssigt und dann wieder verdampft und entspannt. Die Absorptionskältemaschine findet besonders als Haushaltkältemaschine Verwendung. Die in der Kältetechnik erzeugten Temperaturen liegen zwischen +4° und —40° C (in Sonderfällen bis —70° C).

Wesentlich tiefere Temperaturen sind zur Verflüssigung von Gasen mit tiefliegenden kritischen Temperaturen erforderlich. Unter kritischer Temperatur versteht man die Temperatur, oberhalb der sich ein Gas nicht mehr durch Druck verflüssigen läßt. Sie liegt beim Sauerstoff bei —118° C, beim Stickstoff bei —147° C, beim Wasserstoff sogar bei —240° C. Auf diese Temperaturen müssen die genannten Gase abgekühlt werden, ehe sie sich durch Druck verflüssigen lassen. Zur Erzeugung dieser tiefen Temperaturen dient die **Gasverflüssigungsmaschine** von C. v. Linde. Mit ihr ist eine Erzeugung von Temperaturen bis nahe an den absoluten Nullpunkt (—273,15° C = 0° Kelvin) möglich. Diese tiefen Temperaturen haben große Bedeutung für die Forschung, da in der Nähe des absoluten Nullpunktes die Stoffe andere Eigenschaften aufweisen als bei der normalen Temperatur, z. B. hinsichtlich ihrer elektrischen Leitfähigkeit.

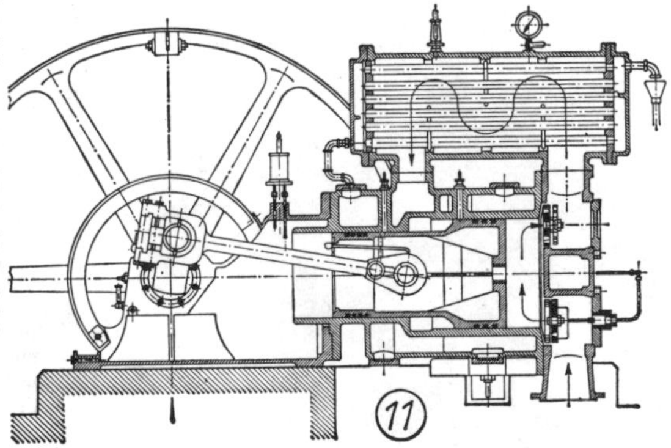

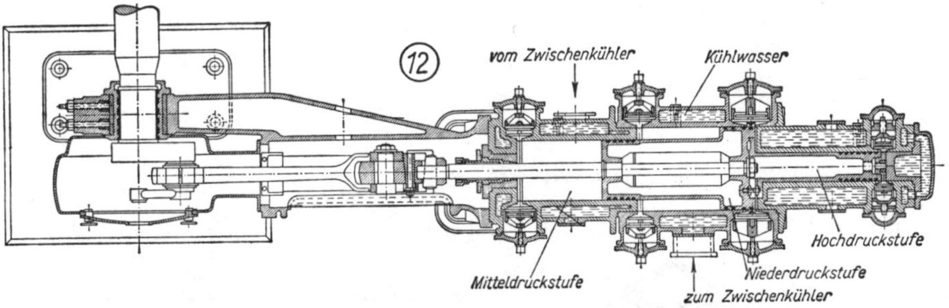

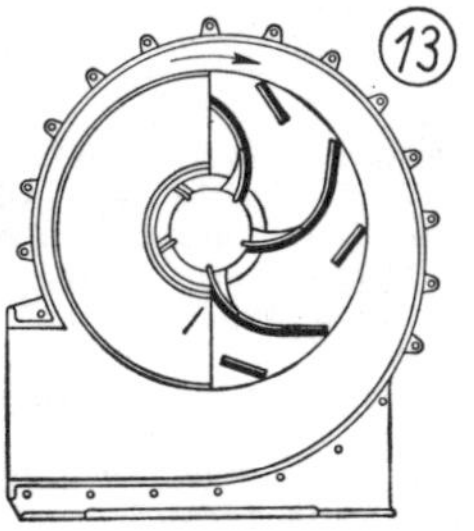

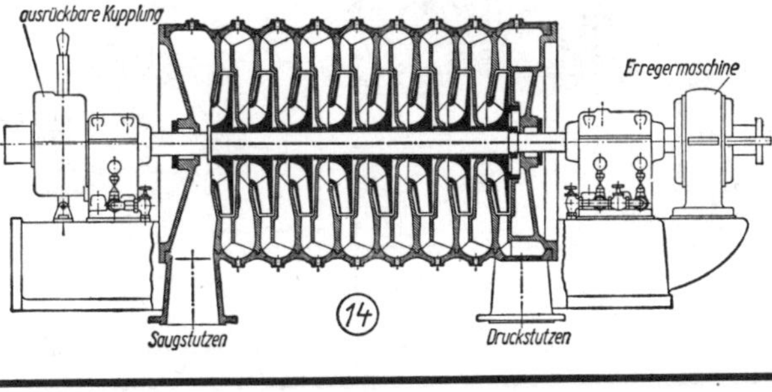

18

Kompressoren für Druckluft

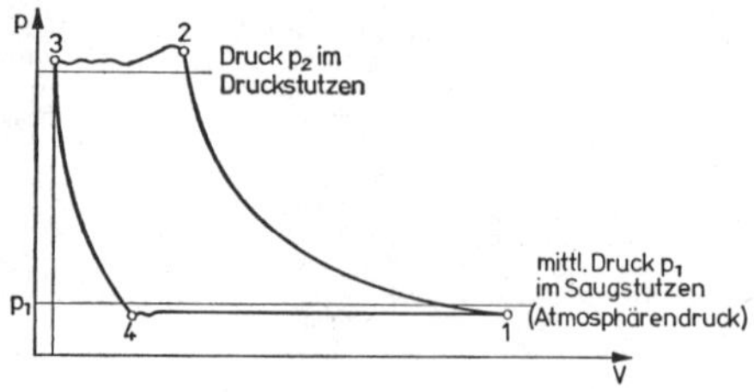

Bild 1: P-V Diagramm

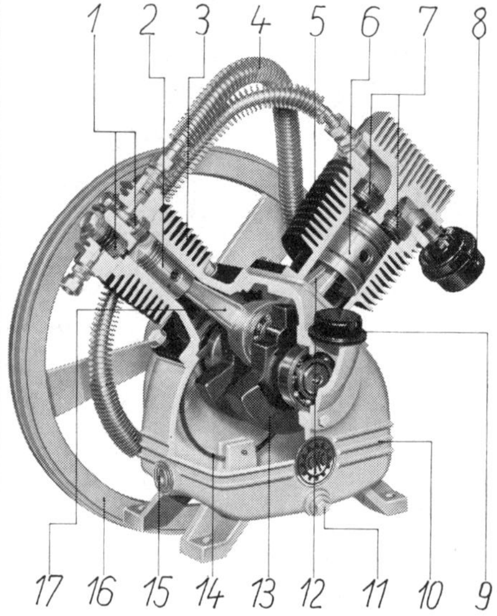

Bild 2: 2stufiger Kolbenkompressor im Schnitt

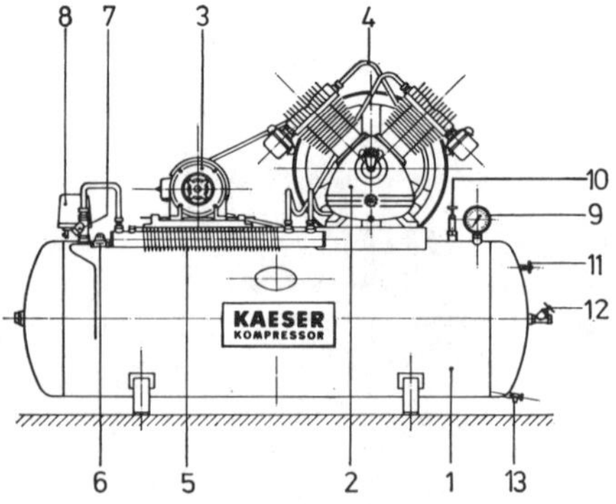

Bild 3: Kompressoranlage mit Kessel und Armaturen

Prinzip der Verdichtung im Kolbenkompressor.

Bei der Abwärtsbewegung des Kolbens im Zylinder wird die Luft aus der Atmosphäre angesaugt und füllt den Zylinderraum. Bei der Aufwärtsbewegung des Kolbens wird die Luft komprimiert und nach Erreichen des Verdichtungsenddrucks in die Druckleitung ausgeschoben. Den Abschluß des Zylinderraums gegenüber der Atmosphäre und der Druckleitung bewirken selbsttätig nur durch den Druckunterschied öffnende und schließende Ventile. Die Darstellung dieses Kreisprozesses im **P-V** (Druck-Volumen) **Diagramm** zeigt **Bild 1.** Abwärtsbewegung des Kolbens beginnt bei Punkt 3. Linie 3–4 Expansion der im schädlichen Raum verbleibenden Luftmenge auf Ansaugdruck. Saugventil öffnet bei Punkt 4. 4–1 Ansaugen. Aufwärtsbewegung des Kolbens beginnt bei Punkt 1; Saugventil schließt. 1–2 **Verdichtung** der angesaugten Luftmenge. Druckventil öffnet bei Punkt 2. 2–3 Ausschieben der verdichteten Luft. Druckventil schließt bei Punkt 3.

Bild 2 zeigt die Hauptbestandteile eines 2stufigen Kolbenkompressors.

1 Saug- u. Druckventil 2. Stufe	9 Gehäuse Entlüftung, Öleinfülldeckel
2 Hochdruckkolben	10 Gehäuse
3 Hochdruckzylinder	11 Ölablaßschraube
4 Zwischenkühlrohr	12 Niederdruckpleuel
5 Niederdruckzylinder	13 Kurbelwelle
6 Niederdruckkolben	14 Ölschleuderring
7 Saug- u. Druckventil 1. Stufe	15 Ölauge
8 Luftfilter	16 Lüfter- u. Antriebsscheibe
	17 Hochdruckpleuel

Bild 3 zeigt eine Kompressoranlage mit Kessel und Armaturen.

1 Kessel	7 Rückschlagventil
2 Kompressor	8 Druckschalter
3 Elektromotor	9 Manometer
4 Kühlrippenrohre	10 Sicherheitsventil
5 Nachkühler / Abscheider	11 Prüfflansch
6 Magnetventil zur Anlaufentlastung	12 Absperrventil
	13 Kondenswasserablaßhahn

Durch die bei der Verdichtung entstehende Wärme ist das **Druckverhältnis** (Verdichtungsenddruck/Ansaugdruck) begrenzt. **1stufige** Verdichtung nur bis zu einem Druck von 15 kp/cm² bei kleinen, 10 kp/cm² bei mittleren und 6 kp/cm² bei großen Kompressoren möglich. Übersteigt der geforderte Verdichtungsenddruck diese Werte, dann muß **mehrstufig** verdichtet werden. Vorteile der mehrstufigen Verdichtung: Niedrige Temperaturen, geringe Beanspruchung der Bauelemente und geringerer Leistungsbedarf.

18

Kompressoren für Druckluft

Für Kompressoren mit hoher Drehzahl verwendet man **Zungenventile** nach Bild 4.

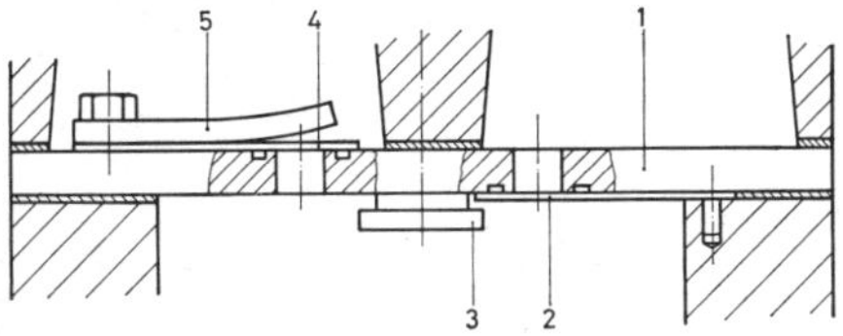

Bild 4: Zungenventil

1 Ventilplatte
2 Saugventilzunge
3 Saugventilfänger
4 Druckventilzunge
5 Druckventilfänger

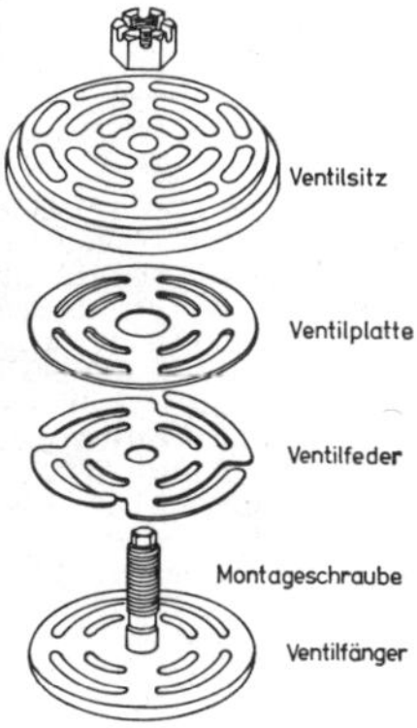

Bild 5: Saugventil

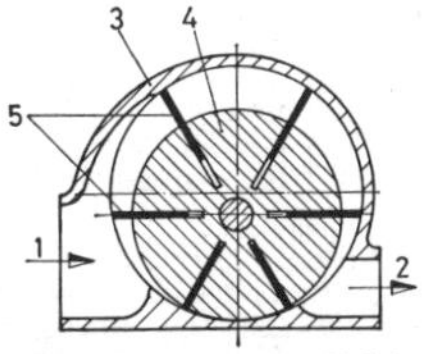

Bild 6: Rotationsverdichter

1 Lufteinlaß
2 Luftauslaß
3 Gehäuse
4 Rotor
5 Lamellen

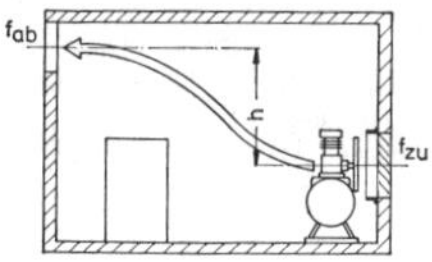

Bild 7:

Bild 5 zeigt den Aufbau eines **Saugventils.** Die Ventilfeder drückt die Ventilplatte gegen den Sitz, das Ventil ist geschlossen. Bei der Abwärtsbewegung des Kolbens entsteht im Zylinderraum durch die Vergrößerung des Volumens ein geringer Unterdruck, dadurch wird die Kraft von oben auf die Ventilplatte größer als die entsprechende Druckkraft von unten. Die Ventilplatte hebt vom Sitz ab und öffnet das Ventil. Auf die gleiche Weise arbeitet das Druckventil. Wenn der Druck im Zylinderraum größer ist als der Druck in der Druckleitung, öffnet die Ventilplatte das Ventil gegen die Wirkung der Feder.

Für die Abführung bei der Verdichtung entstehenden Wärme gibt es zwei Möglichkeiten. **Luftkühlung:** Durch einen Kühlventilator wird ein Luftstrom erzeugt, der die Wärme von den Rippen der Zylinder und Zylinderköpfe abführt. **Wasserkühlung:** Zylinder und Zylinderköpfe haben vom Kühlwasser durchflossene Hohlräume. Kompressoren bis zu einer Antriebsleistung von etwa 75 kW können in luftgekühlter Ausführung gebaut werden. Vorteil: Kein Wasseranschluß erforderlich.

Bild 6 zeigt einen **Rotationsverdichter.** Durch den exzentrisch im Zylinder liegenden Rotor und durch die Lamellen werden sichelförmige Arbeitsräume gebildet, die ihr Volumen vergrößern (ansaugen) und anschließend verkleinern (verdichten und ausschieben).

Außerdem gibt es noch **Schraubenverdichter,** bei denen der Arbeitsraum durch zwei ineinandergreifende Läufer, das Gehäuse und die beiden seitlichen Lagerschilder gebildet wird. Auch hier vergrößert sich zunächst der Arbeitsraum (ansaugen) und verkleinert sich anschließend (verdichten und ausschieben). Nachteil der Schraubenverdichter: Sie können wirtschaftlich nur bei einem bestimmten konstruktiv festgelegten Druck betrieben werden. Bei höheren und niedrigeren Drücken ist erhebliche Mehrarbeit zu leisten.

Die **Regelung** von Kompressoren erfolgt in Abhängigkeit vom Kesseldruck durch einen auf dem Druckbehälter aufgebauten Druckschalter, der den Antriebsmotor abschaltet (oberer Grenzdruck) und wieder einschaltet (unterer Grenzdruck). Andere Möglichkeit der Anpassung der Liefermenge an den Luftbedarf ist die Leerlaufregelung mit Greifsteuerung. In Abhängigkeit vom Kesseldruck wird ein Greifer über dem Saugventil betätigt. Der Greifer hält die Saugventilplatte zwangsweise in geöffneter Stellung. Die angesaugte Luft wird bei der Aufwärtsbewegung des Kolbens durch das Saugventil wieder ausgeschoben. Antriebsmotor läuft weiter: Liefermenge = Null.

Die Größe eines Kompressors wird durch die Liefermenge **(l/min, m^3/min, m^3/h)** bezogen auf den Ansaugzustand bestimmt. Die erforderliche Luftmenge wird berechnet aus der Summe des Luftbedarfs aller Verbraucher multipliziert mit dem mittleren Ausnutzungsgrad (0,3–0,8), unter Beachtung einer gewissen Reserve und der Möglichkeit des Einsatzes weiterer Verbraucher. Kennzeichnende Größe des Kompressors ist entweder die **effektive Liefermenge** bezogen auf den Ansaugzustand oder das **Hubvolumen.** Hubvolumen × Liefergrad = effektive Liefermenge. Liefergrad bei einstufiger Verdichtung auf 8 atü 0,7; bei zweistufiger Verdichtung auf 12 atü 0,8.

Der größte Teil der Antriebsleistung eines Kompressors wird in Wärme umgesetzt, deshalb ist für ausreichende **Belüftung der Betriebsräume** zu sorgen. Zweckmäßig ist die Anordnung nach Bild 7. Zur besseren Luftumwälzung kann in der Abluftöffnung zusätzlich ein Ventilator eingesetzt werden. Richtlinien gibt das **VDMA-Einheitsblatt 4363** ,,Lüftung der Betriebsräume luftgekühlter Verdichter".

Anforderung an ein **Netz** zur Verteilung der Druckluft.

1. Möglichst **geringe Verluste** durch Druckabfall. Diese Forderung kann durch richtige Dimensionierung der **Leitungsquerschnitte** entsprechend der Luftmenge und Leitungslänge erfüllt werden. Richtwert für den Druckabfall 0,1 at.

2. Möglichst **trockene Luft.** Bei Abkühlung der verdichteten Luft entstehendes Kondensat soll schon am Kompressor durch Nachkühler und Kondensatabscheider von der Druckluft getrennt werden. Bei weiterer Abkühlung der Luft im Netz anfallendes Kondensat muß ebenfalls abgeschieden werden (Bild 8). Abzweigleitungen sind gemäß Bild 9 **nach oben** aus der Hauptleitung **herauszuführen.** Druckluftleitungen sollen in Strömungsrichtung mit etwa 1% Gefälle verlegt werden.

3. **Niedrige Leckverluste.** Die Leckage läßt sich bei gut abgedichteten Netzen auf etwa 5 bis 10% der Liefermenge der Kompressoren senken. Besonders häufig treten Undichtigkeiten an den Verschraubungen der Rohrleitungen, an Hähnen und Ventilen, an Schnellkupplungen, Schläuchen und Werkzeugen auf. Erreichen beispielsweise alle Leckstellen zusammen den Querschnitt einer Bohrung von 5 mm Durchmesser, so sind bereits ständig 8,5 kW Kompressorantriebsleistung erforderlich, um die Leckverluste zu decken. Die Leckage wird auch durch den Leitungsdruck bestimmt, deshalb den Druck nicht höher als nötig festlegen.

Kompressoren für Druckluft

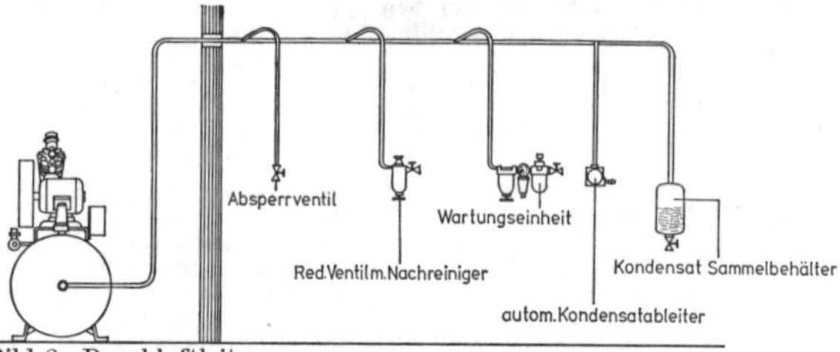

Bild 8: Druckluftleitung

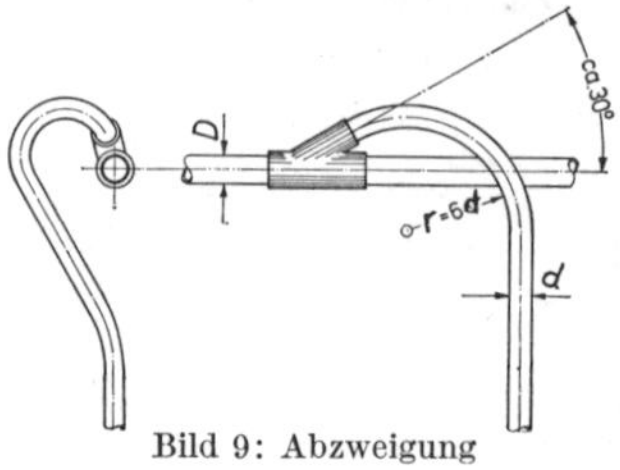

Bild 9: Abzweigung

Die Druckluftaufbereitung vor dem Verbraucher ist den Anforderungen entsprechend durchzuführen. Zum Farbspritzen ist ein Reduzierventil mit Nachreiniger zweckmäßig. Zum Betrieb von Druckluftwerkzeugen wird eine Wartungseinheit, bestehend aus Nachreiniger, Reduzierventil und Öler, verwendet. Bei Forderung absolut trockener Luft (pneumatische Regler) ist die Aufbereitung durch Adsorber oder Kältetrockner zweckmäßig.

Die Kosten für die Verdichtung von 1 m³ Luft auf 7 atü liegen zwischen 1,5 und 2,5 Dpf. Darin sind alle Kostenanteile — Energiekosten, Abschreibung, Verzinsung, Netzkostenanteil, Wartung und Reparatur, Schmierstoffkosten — enthalten. Obwohl die Druckluft im Vergleich zu anderen Energiearten teuer ist, können durch den Einsatz der Druckluft ganz erhebliche Kosteneinsparungen erzielt werden. Das Energiekostenverhältnis der pneumatischen Energie zur menschlichen Energie beträgt 1:50. Bei einem Leitungsdruck von 6 atü kann mit einem einfachwirkenden Zylinder von 50 mm Durchmesser eine Kraft von 100 kp erzeugt werden. Bei einem Hub von 100 mm beträgt der Luftbedarf des Zylinders 1,35 l/Hub. Wählt man den Wert 2,5 Dpf/m³, dann liegen die Kosten für einen Hub bei 0,000034 DM. Für 30000 Hübe betragen die Druckluftkosten also etwa 1 DM.

Vorteile der Druckluft als Energieträger. Sichere Funktion auch unter ungünstigen Betriebsbedingungen, bei Überlastung, Einwirkung von Feuchtigkeit, Staub und Schmutz. Störungsfreier Betrieb bei hohen Temperaturen. Gefahrlose Anwendung auch in feuchten Räumen. Einsatz in explosionsgefährdeten Räumen. Geringes Gewicht und hohe spezifische Leistung. Stufenlose Regelbarkeit von Kräften und Geschwindigkeiten. Einfache Wartung aller Geräte. An undichten Stellen tritt „nur" Luft aus; sie verschmutzt die Umgebung nicht. Geringe Unfallgefahr, denn Druckluft ist der den Menschen am wenigsten gefährdende Energieträger.

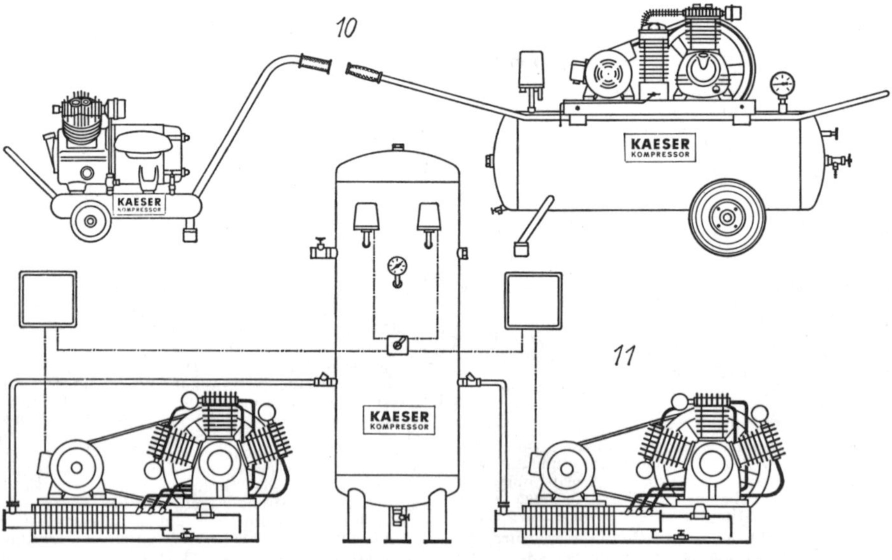

Bild 10: Fahrbare Anlagen Bild 11: Kompressoren mit getrennt angeordnetem Kessel

18

Druckluftwerkzeuge

Druckluftwerkzeuge mit drehender Bewegung.

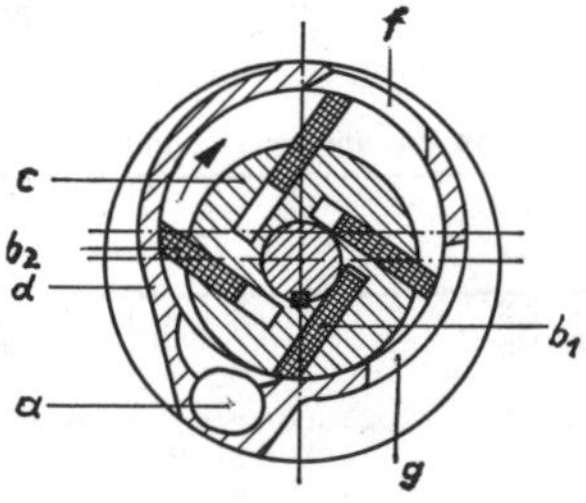

Bild 1: Lamellenmotor

Antrieb durch **Druckluft-Lamellenmotor (Bild 1)**. Die bei *a* eintretende Druckluft strömt in die erste sichelförmige Kammer, die durch die beiden Lamellen b_1 und b_2, Rotor *c* und Zylinder *d* gebildet wird. Durch die exzentrische Lage des Rotors im Zylinder ragen die Lamellen unterschiedlich weit aus den Schlitzen, dadurch ergeben sich unterschiedliche Flächen, auf die der Luftdruck wirkt — der Rotor bewegt sich in der eingezeichneten Drehrichtung. Durch die Vergrößerung des Sichelraums expandiert die Luft in den Kammern und gibt dadurch Bewegungsenergie an den Rotor ab. Nachdem die Luft Arbeit geleistet hat, strömt sie mit dem geringen verbleibenden Druck durch Auspuffschlitze *f* ins Freie. Um zu verhindern, daß bei der Weiterdrehung wieder Luft verdichtet wird, hat der Lamellenmotor einen Hilfsauspuff *g*.

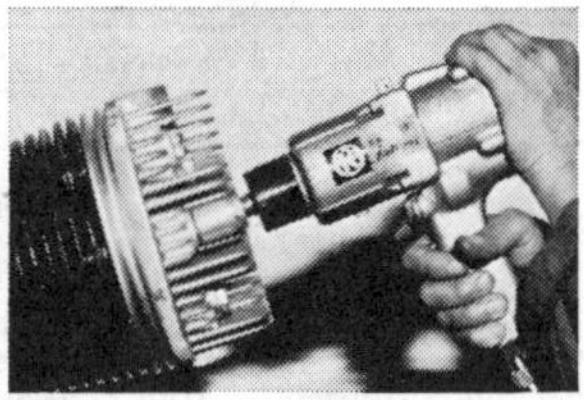

Bild 2: Schlagschrauber

Die bekanntesten Druckluftwerkzeuge mit drehender Bewegung sind: Bohrmaschinen, Schleifmaschinen mit Regler, Drehschrauber, Schlagschrauber (Bild 2), Vorschubeinheiten zum Bohren und Gewindeschneiden.

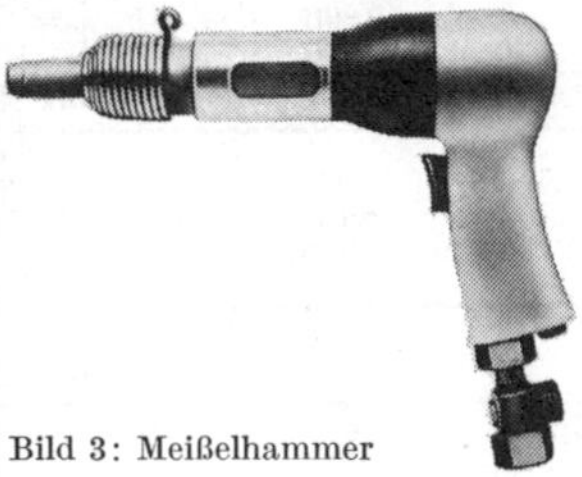

Bild 3: Meißelhammer

Druckluftwerkzeuge mit schlagender Bewegung für metallverarbeitende Betriebe sind im wesentlichen **Meißelhämmer** und **Nadelentroster. Bild 3** zeigt einen Meißelhammer mit Pistolengriff und **Bild 4** Einsteckwerkzeuge für diesen Meißelhammer: Flachmeißel, Blechschneidemeißel, Trennmeißel, Spezial-Trennmeißel für Auspuffrohre, Punktschweißmeißel und Austreiber für Stifte.

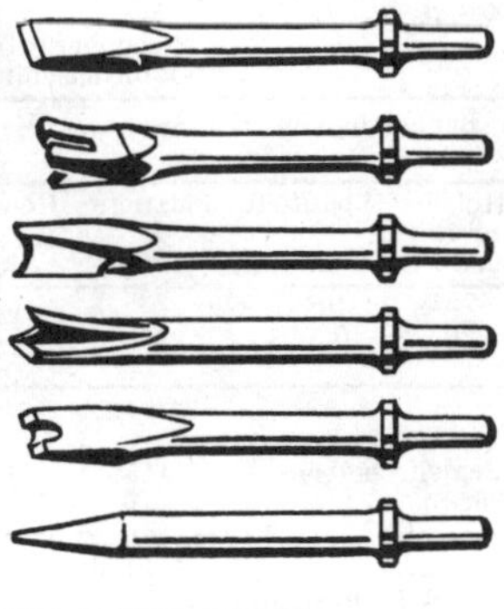

Bild 4: Werkzeuge für Meißelhammer

Vorteile der Druckluftwerkzeuge gegenüber Elektrowerkzeugen.

Druckluftwerkzeuge

- sind bis zum Stillstand des Motors überlastbar; Elektrowerkzeuge sind nicht überlastbar (Motor brennt durch).
- bieten die Möglichkeit der stufenlosen Drehzahlregelung; Elektrowerkzeuge sind nur mit erheblichem Aufwand regelbar.
- haben nur das halbe Gewicht vergleichbarer Elektrowerkzeuge.
- sind gegenüber Feuchtigkeit, Staub und Schmutz unempfindlich.
- haben bei niedrigen Drehzahlen nur ein geringes Drehmoment: keine Gefährdung des Arbeiters z. B. beim Bohren; Elektrowerkzeuge haben ein hohes Gegendrehmoment im Kippunkt.
- führen nicht zu lebensgefährlichen Berührungsspannungen wie Elektrowerkzeuge.
- erfordern niedrige Reparaturkosten; Reparaturen sind leicht durchzuführen; Elektrowerkzeuge erfordern hohe Reparaturkosten, Fachkenntnisse und Fachpersonal oder Reparatur beim Hersteller.
- weisen eine große Typenauswahl auf; bei Elektrowerkzeugen ist die Typenauswahl gering.

18

Elektro-Heimwerker-Werkzeugmaschinen

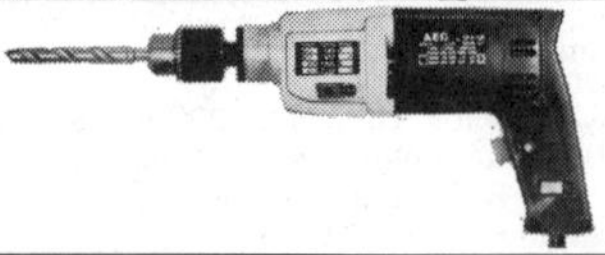

Bohrmaschinen

Die Motorleistung wird über schrägverzahntes Untersetzungsgetriebe auf die Bohrspindel übertragen. Der Bohrdruck an der Bohrwelle wird durch Kugellager aufgenommen.

Leistung und Drehzahlen von Handbohrmaschinen

Bohr- ∅ in mm in St 50	Bohr- ∅ in mm in Stein	Bohr- ∅ in mm in Holz	Drehzahl U/min	Leistungsaufnahme Watt	Gewicht kg	Schlagzahl/min	Bezeichnung
6	6	15	1250	190	1,3	25 000	Eingang-Schlagbohrer
8	8	20	1800	350	1,5	36 000	
10	10	20	1200/1800	350	1,5	24 000/36 000	Zweigang-Schlagbohrer
10	12	30	850/1900	400	1,9	17 000/38 000	
10	16	30	800/1800	420	2,1	16 000/36 000	
10	12	30	740/1000 1600/2100	350	1,9	14 800/20 000 32 000/42 000	Viergang-Schlagbohrer
13	20	40	480/670 1500/2100	500	3,0	9 600/13 400 30 000/42 000	

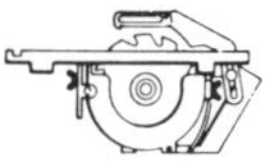

Hand- und Tischkreissäge

Die Schnittiefe ist stufenlos einstellbar. Wanknuteinrichtung erlaubt das Fräsen von Nuten und Zinken.

Sägeblatt-∅ mm	Leistungsaufnahme Watt	Schnitttiefe mm	Schrägschnitt	Gewicht kg	Drehzahl U/min
125	720	40	bis 45°	3,6	4900
160	1050	55		5,5	4900
200	1250	70		6,0	4900
240	1500	82		8,4	5100
143	—	37	Zusatzgerät f. Bohrmaschine		

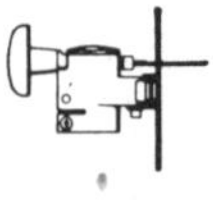

Stichsäge

Sägeblätter für Holz, Hartfaserplatten, Eternit, Metalle, St 37 u. St 50, Plexiglas usw.

Leistungsaufnahme Watt	Schnittiefe in mm Metall	Schnittiefe in mm Holz	Hubzahl je min	Hub mm	Gewicht kg
330	3	40	1200/ 1800	18	2,0
330	3	40	1300	18	1,75
—	—	40	Zusatzgerät f. Bohrmaschine		

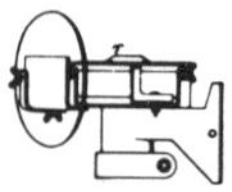

Schleifbock

Sonderzubehör: Biegsame Welle, Länge 1300 mm, doppelt kugelgelagert, mit Spannweite bis 8 mm.

Leistungsaufnahme Watt	Schleifscheiben- ∅ in mm	Schleifscheiben- dicke mm	Drehzahl U/min	Gewicht kg	Leerlaufdrehzahl der biegsamen Welle
450	125	16	4600	3,5	28 000
—	125	16	Zusatzgerät f. Bohrmaschine		

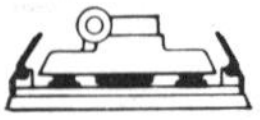

Schwingschleifer

wird verwendet beim Glätten unebener Flächen, beim Abschleifen alter Anstriche und gespachtelter Oberflächen.

Leistungsaufnahme Watt	Schwingungen je min	Schleiffläche mm	Schwingkreis mm	Gewicht kg
330	5500	210 × 110	4	2,4
—	—	210 × 110	Zusatzgerät für Bohrmaschine	

Findet auch Verwendung beim gleichmäßigen Schleifen von Hölzern oder Metall. Die Geräte arbeiten nach dem Oszillationsprinzip.

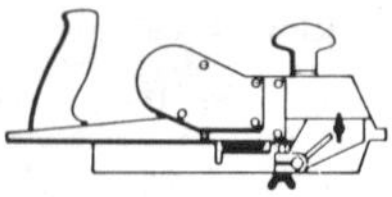

Tischhobelmaschine

Leistungsaufnahme Watt	Leerlaufdrehzahl U/min	Hobelbreite mm	Spantiefe mm	Fälztiefe mm	Gewicht kg
900	10 000	75	0–2,7	23	5,5
Zusatzgerät für Bohrmaschine		70	0,5···1	15	—

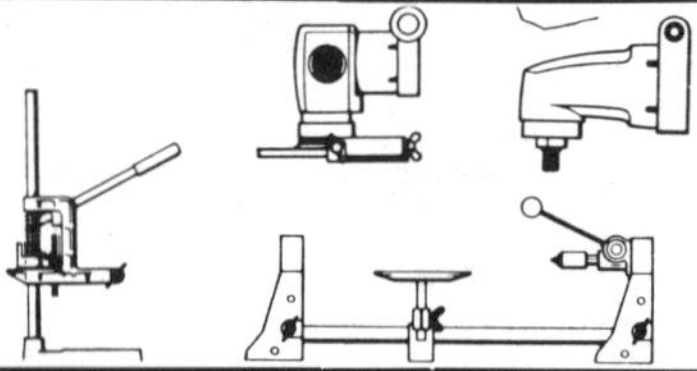

Zusatzgeräte

Winkelschleifvorsatz: Schleifscheiben-∅ = 115 mm; Übersetzungsverhältnis 1 : 2,5.

Winkelbohrvorsatz: eignet sich zum Bohren an Stellen, die sonst schwer zugänglich sind. Untersetzungsverhältnis 1,5 : 1.

Schleif-, Drechsel- und Bohreinrichtung: Spitzenweite bis 300 mm, Querdrechseln bis 250 mm ∅, Bohrhub bis 40 mm.

Bohrständer: Ausladung bis 120 mm, Bohrhub bis 70 mm.

Elektrizitätslehre — Elektrotechnik

Elektrizität (elektrischer Strom) ist eine Energieform, die auf Strömung von freien Elektronen beruht, siehe S. 44. Bis zum 18. Jahrhundert war nur die Reibungselektrizität (statische Elektrizität) bekannt. Durch Entdeckung der galvanischen Elektrizität in Elementen (Berührungselektrizität) wurde die Fernmeldetechnik eingeleitet. Schließlich ermöglichte die Erzeugung großer Energie in Generatoren (Induktionselektrizität) die Verwendung für Licht-, Kraft-, Wärme- und elektrochemische Anlagen.

Um das Wesen der Elektrizität erkennen zu können, vergleicht man zweckmäßig ihre Eigenschaften mit denen des Wassers.

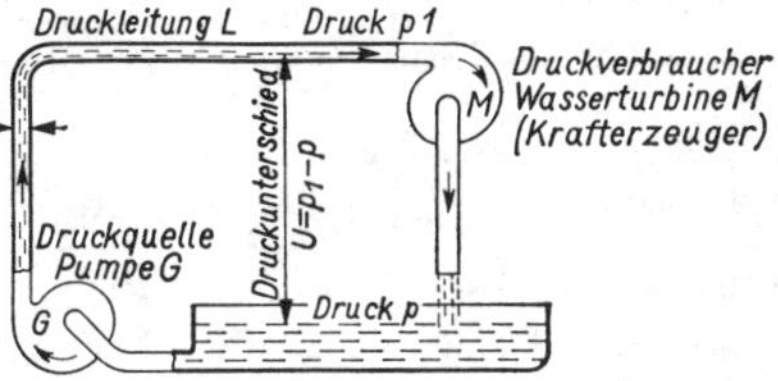

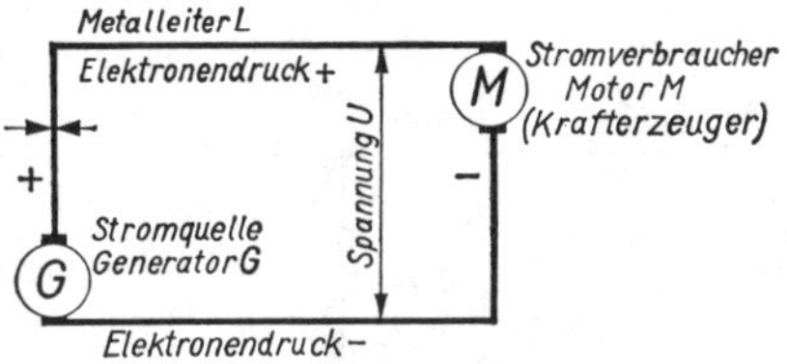

Grundbegriffe

Wasser	Elektrizität
1. **Wasser** ist aus unzählig vielen kleinsten Teilen (Molekülen) zusammengesetzt.	1. **Elektrizität** denkt man sich aus unendlich vielen kleinsten Teilen (Elektronen) zusammengesetzt.
2. **Wasser fließt** in einer Rohrleitung L nur infolge des Höhenunterschiedes **(Gefälle)** oder infolge des **Druckunterschiedes** $U = p_1 - p$.	2. Elektrizität fließt in einem **Metalleiter** L nur infolge der **Spannung** U **(Elektronendruckunterschied).**
3. Vorhandener Druck muß durch die **Pumpenkraft** auf einer bestimmten Höhe gehalten werden.	3. Vorhandene Spannung muß durch die **elektromotorische Kraft** E auf einer bestimmten Höhe gehalten werden.
4. Die **Druckkraft** wird in einer Pumpe G erzeugt.	4. Elektromotorische Kraft wird in einer **Stromquelle** G (Element, Generator oder Dynamo) erzeugt.
5. Durch ein Wasserrohr vom Querschnitt F strömt in 1 Sekunde eine bestimmte **Wassermenge,** die sich berechnen oder messen läßt.	5. Durch den Querschnitt A eines Leiters strömt in einer Sekunde eine bestimmte **Elektrizitätsmenge,** die wir als **Stromstärke** berechnen oder messen können.
6. Das Wasser muß in der Rohrleitung einen durch seine Beschaffenheit bedingten **Widerstand (Wandungsreibung)** R überwinden. Dieser Widerstand ist um so größer, je länger und enger das Rohr ist, ferner je rauher seine innere Wandungsfläche ist.	6. Dem elektrischen Strom setzt sich im Leiter ein **Widerstand** R entgegen. Dieser Widerstand wird um so größer, je größer die Länge l der Leitung und je kleiner ihr Querschnitt A ist, ferner je größer der spezifische Widerstand ϱ des Leiters ist.
7. Die **Wasserkraft** ist imstande, Arbeit zu leisten (**Antrieb** von Wasserrad oder Wasserturbine M).	7. Elektrische Energie kann **in mechanische Arbeit umgesetzt** werden (Antrieb von Elektromotor M).

Elektrische Einheiten

Gesetzliche Einheiten für elektrische Messungen sind Ohm, Ampere und Volt.

Das **Ohm** (Ω) ist der elektr. Widerstand zwischen zwei Punkten eines homogenen und gleichmäßig temperierten metallischen Leiters, durch den bei der Spannung 1 V zwischen den beiden Punkten ein zeitlich unveränderlicher Strom der Stärke 1 A fließt. 1 Ω = 1 V/A.

Das **Ampere** (A) ist die Stärke eines zeitlich unveränderlichen elektrischen Stromes durch zwei geradlinige, parallele, unendlich lange Leiter der relativen Permeabilität 1 und von vernachlässigbarem Querschnitt, die einen Abstand von 1 m haben und zwischen denen die durch den Strom elektrodynamisch hervorgerufene Kraft im leeren Raum je 1 m Länge der Doppelleitung $2 \cdot 10^{-7}$ m kp s^{-2} beträgt.

Das **Volt** (V) ist die elektr. Spannung zwischen zwei Punkten eines homogenen und gleichmäßig temperierten metallischen Leiters, in dem bei einem zeitlich unveränderlichen Strom der Stärke 1 A zwischen den beiden Punkten eine Leistung von 1 W umgesetzt wird. 1 V = 1 W/A.

19

Grundgesetze der Elektrizitätslehre

Spannung U in Volt, Widerstand R in Ohm, Stromstärke I in Ampere sind voneinander abhängig. Die Abhängigkeit ist durch das **Ohmsche Gesetz** festgelegt: $U = RI$. Demnach ist $I = U:R$ und $R = U:I$.

Nach Grundbegriff 6 kann der Widerstand eines Leiters nach folgender Formel berechnet werden:

$$R = l\varrho : A$$

l = Länge des Leiters in m; ϱ = Spezifischer Widerstand; A = Querschnitt des Leiters in mm^2.

Man nennt den Wert 1:R den **Leitwert** und $1:\varrho$ die Leitfähigkeit eines Leiters.

Gute Elektrizitätsleiter (ϱ in Klammer) sind: Silber (0,016), Kupfer (0,0175), Aluminium (0,029), Zink (0,07), Zinn (0,11), Eisen (0,1), Blei (0,21), Nickelin (0,4), Konstantan (0,5).

B e i s p i e l: Eine Glühlampe von R = 880 Ohm Widerstand wird in einem Netz mit 220 Volt Spannung mit $I = U:R = 220:880 = 0{,}25$ Ampere Stromstärke durchflossen.

Schaltungen. Stromverbraucher (Widerstände) können in Reihe oder parallel geschaltet werden. Bei Reihenschaltung ist der Gesamtwiderstand R gleich der Summe aller Einzelwiderstände r_1, r_2, r_3 usw.

$$R = r_1 + r_2 + r_3 + \text{usw.}$$

Bei Parallelschaltung ist

$$\frac{1}{R} = \frac{1}{r_1} + \frac{1}{r_2} + \frac{1}{r_3} + \text{usw.}$$

B e i s p i e l: 2 Widerstände r_1 = 20 und r_2 = 30 Ω ergeben bei Reihenschaltung $r_1 + r_2 = 20 + 30 = 50\ \Omega = R$, bei Parallelschaltung $\frac{1}{r_1} + \frac{1}{r_2} = \frac{1}{20} + \frac{1}{30} = \frac{3}{60} + \frac{2}{60} = \frac{5}{60} = \frac{1}{12}\ \Omega = \frac{1}{R}$; d. h. $R = 12\ \Omega$.

Elektrotechnische Einheiten und Bezeichnungen

	Einheit	Einheits-kurzzeich.	Formel-zeichen	Vielfache und Sonderbezeichnungen (Beispiele)
Spannung	Volt	V	U	Kilovolt (kV) = 1000 Volt. Megavolt (MV) = 1 Million Volt.
Elektromotorische Kraft	Volt	V	E	U_k (oder U) = Klemmen-spannung; U_{ML} = Sternspannung (früher Phasenspannung),
Elektromotorische Gegenkraft	Volt	V	E_g	U_v (od. u) = Spannungs-verlust; U_L = Dreieckspannung (früher verkettete Spannung).
Stromstärke	Ampere	A	I	1 Milliampere (mA) $= \frac{1}{1000}$ A; I_A = Ankerstromstärke. I_M = Magnetfeldstromst.
Widerstand	Ohm	O	R	1 Megohm (MΩ) = 1 000 000 Ω; R_A = Ankerwiderstand, R_M = Feldwiderstand
Leitwert	Siemens	S	G	$G = \frac{1}{R}$
Kapazität	Farad	F	C	1 Mikrofarad (μF) $= \frac{1}{1\,000\,000}$ F $= 9 \cdot 10^5$ cm; F $= \frac{\text{Coulomb}}{\text{Volt}}$
Induktivität	Henry	H	L	1 Millihenry (mH) $= \frac{1}{1000}$ Henry; 1 H = 10^9 cm.
Leistung	Watt	W	P	1 Kilowatt (kW) = 1000 Watt; 1 MW = 1000 kW; P_w = Wirkleistung (W); P_s = Scheinleistung (VA); P_b = Blindleistung (var).
	Volt-ampere	VA	P_s	1 Kilovoltampere (kVA) = 1000 VA, 1 MVA = 1000 kVA. Glühlichtbelastung: $P_w = P_s$; 1 W = 1 VA Motorenbelastung: $P_w = P_s \cdot \cos\varphi$; 1 W = 1 VA $\cdot \cos\varphi$
Leistungsfaktor	unbenannte Zahl		$\cos\varphi$	$\cos\varphi = \frac{\text{Watt}}{\text{Voltampere}}$ (bei induktiver Belastung)
Arbeit	Wattsek.	Ws	A	1 Kilowattstunde (kWh) = 3 600 000 Ws. $A = P \cdot t$
Elektrizitätsmenge	Coulomb	C	Q	1 Coulomb = 1 As; 1 Amperestunde (Ah) = 3600 As.
Spezifischer Widerstand (Einheitswiderstand)	—		ϱ	$\varrho = \frac{\text{Ohm} \times \text{mm}^2 \text{ Querschnitt}}{\text{Meter Länge}} = \frac{\Omega \cdot \text{mm}^2}{\text{m}}$
Leitfähigkeit	—		$\frac{1}{\varrho} = \varkappa$	$\varkappa = \frac{\text{Meter Länge}}{\text{Ohm} \times \text{mm}^2 \text{ Querschnitt}} = \frac{\text{m}}{\Omega \cdot \text{mm}^2}$
Wirkungsgrad	—		η	$\eta = \frac{\text{Abgabe in Watt}}{\text{Aufnahme in Watt}}$ (echter Bruch) Oder Angabe in %
Temperaturzahl	—		α	positiv, wenn R mit zunehmender Wärme steigt (Metalle). negativ, wenn R mit zunehmender Wärme fällt (Kohle).
Frequenz	Hertz	Hz	f	f = 2 Polwechsel/s; 1 Kilohertz (kHz) = 1000 Hertz.

Anmerkung zur Tabelle: Deka (da) = 10facher, Hekto (h) = 100facher, Kilo (k) = 1000facher, Mega oder Meg (M) = 1 000 000facher, Giga (G) = 1 000 000 000facher, Tera (T) = 1 000 000 000 000facher Wert. — Dezi (d) = zehnter, Zenti (c) = hundertster, Milli (m) = tausendster, Mikro (μ) = millionster, Nano (n) = milliardster, Pico (p) = billionster Teil.

Wirkungsgrad elektrischer Maschinen

Gleichstromgeneratoren

Generatorgröße	1 PS erzeugt theoretisch	1 PS erzeugt wirklich	Wirkungsgrad	
10-kW-Maschine	736 Watt	625 Watt	0,85	im Mittel 0,88; bei sehr großen Maschinen 0,92
50-kW-Maschine	736 Watt	655 Watt	0,89	
100-kW-Maschine	736 Watt	670 Watt	0,91	

Gleichstrommotoren

Motorgröße	Verbrauch für 1 PS theoretisch	Verbrauch für 1 PS wirklich	Wirkungsgrad	
1-PS-Motor	736 Watt	1000 Watt	0,74	im Mittel 0,83
10-PS-Motor	736 Watt	875 Watt	0,84	
100-PS-Motor	736 Watt	805 Watt	0,91	

19

Anmerkung: Der Wirkungsgrad der Wechselstrommaschinen ist etwa gleich groß. – Bei **Gleichstrombetrieb** und **Wechselstrom für Lichtbetrieb** findet man die erzeugte Elektrizitätsmenge in Watt, indem man die an der Schalttafel abzulesende Voltzahl mit der Amperezahl multipliziert: **Wattzahl** = $\boldsymbol{U \cdot I}$.

Bei einem **Wechselstromgenerator für Kraftbetrieb** ist die so errechnete Wattzahl noch mit einem durchschnittlichen „Leistungsfaktor" 0,8 bis 0,9 zu multiplizieren, da die Ablesung nur scheinbare Elektrizitätsgrößen ergibt; im Mittel: **Wattzahl** = $\boldsymbol{U \cdot I \cdot 0{,}86}$.

Bei **Drehstromgeneratoren** kommt hierzu noch der „Verkettungsfaktor" 1,732.

Es wird für **Lichtbetrieb: Wattzahl** = $\boldsymbol{U \cdot I \cdot 1{,}732}$, im Mittel für **Kraftbetrieb: Wattzahl** = $U \cdot I \cdot 0{,}86 \cdot 1{,}732 \approx \boldsymbol{U \cdot I \cdot 1{,}5}$.

Die **Nutzleistung von Gleichstrommotoren in PS** wird überschlägig berechnet bei 110 Volt zu $\boldsymbol{I : 8}$, bei 220 Volt zu $\boldsymbol{I : 4}$, bei 440 Volt zu $\boldsymbol{I : 2}$.

1. Beispiel: An der Hauptschalttafel einer elektrischen Gleichstromzentrale werden am Voltmeter 220 Volt und am Amperemeter 115 Ampere abgelesen. Der Wirkungsgrad der Maschine beträgt 0,88.

a) Wieviel Kilowatt (kW) erzeugt der Generator?
b) Wieviel PS ist die treibende Dampfmaschine stark?

Lösung: a) 220 · 115 = 25 300 Watt = 25,3 kW.
b) 1,36 · 25,3 ≈ 34,4 PS ohne elektrische Maschinenverluste.

Bei einem Wirkungsgrad 0,88 des Generators leistet die Dampfmaschine 34,4 : 0,88 ≈ 39,1 PS.

2. Beispiel: Bei Wechselstrom für Kraftbetrieb würden bei gleicher Ablesung und gleichem Wirkungsgrad die Leistungen betragen:
a) 220 · 115 · 0,86 = 21 758 Watt ≈ 21,8 kW.
b) 39,1 · 0,86 = 33,6 PS oder $\frac{21{,}8 \cdot 1{,}36}{0{,}88}$ = 33,6 PS.

3. Beispiel: Drehstrom für Lichtbetrieb:
a) 220 · 115 · 1,732 = 43 820 Watt ≈ 43,8 kW.
b) 39,1 · 1,732 ≈ 67,7 PS.

4. Beispiel: Drehstrom für Kraftbetrieb:
a) 220 · 115 · 1,732 · 0,86 = 37 685 Watt ≈ **37,7 kW**.
b) 39,1 · 1,732 · 0,86 ≈ 58,2 PS.

Widerstandsberechnung von Drähten

$$\text{Widerstand} = \frac{\text{Leiterlänge in m} \times \text{spezif. Widerstand}}{\text{Querschnitt in mm}^2}; \quad R = \frac{l \cdot \varrho}{A} = \frac{l}{\varkappa A}$$

hintereinander geschaltete Widerstände

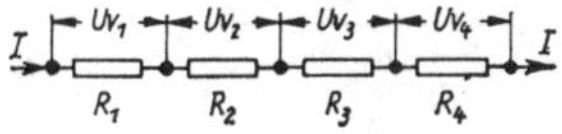

$$R = R_1 + R_2 + R_3 + R_4$$
$$Uv = Uv_1 + Uv_2 + Uv_3 + Uv_4$$
$$I = I_1 = I_2 = I_3 = I_4$$

parallel geschaltete Widerstände

$$G = G_1 + G_2; \quad \frac{1}{R} = \frac{1}{R_1} + \frac{1}{R_2}$$

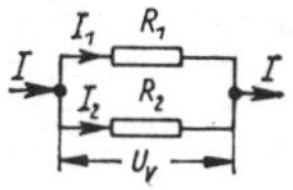

$$R = \frac{1}{\frac{1}{R_1} + \frac{1}{R_2}} \text{ oder } R = \frac{R_1 \cdot R_2}{R_1 + R_2}$$

$$I = I_1 + I_2 \quad \frac{I_1}{I_2} = \frac{R_2}{R_1}; \quad Uv = I \cdot R$$

Wheatstonesche Brücke

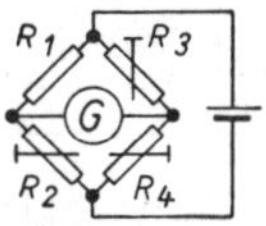

Bei $I = 0$ ist $R_1 \times R_4 = R_2 \times R_3$

$$\frac{R_1}{R_2} = \frac{R_3}{R_4}$$

Hintereinander geschaltete Stromquellen

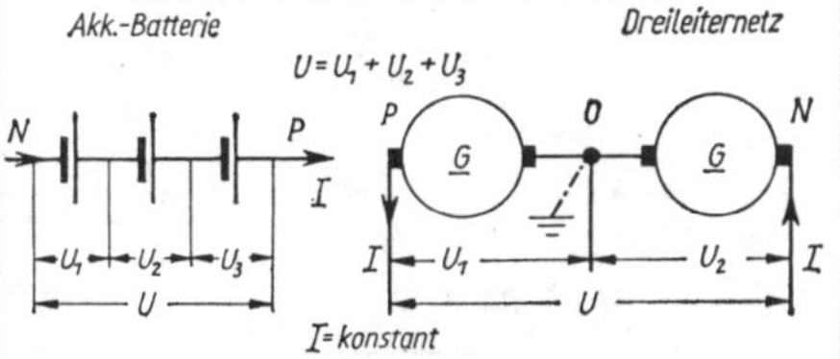

Parallel geschaltete Stromquellen

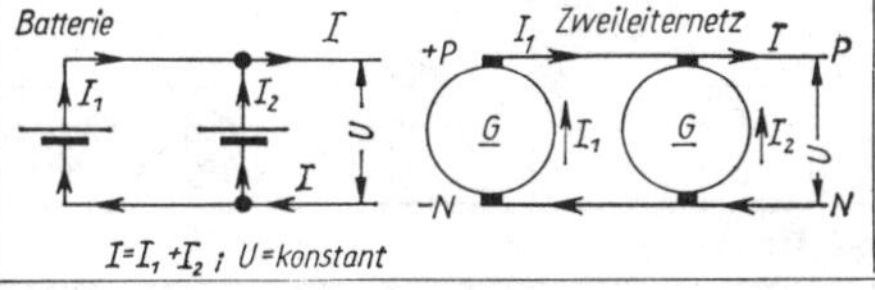

1. **Beispiel:** Der Widerstand einer 5700 m langen, 10 mm² dicken Kupferleitung ist:

$$R = \varrho \frac{l}{A} = \frac{0{,}018 \cdot 5700}{10} \approx \mathbf{10\ \Omega}$$
$$R = \mathbf{10\ \Omega}$$

2. **Beispiel:** Der Querschnitt einer 6400 m langen isol. Al-Leitung beträgt bei einem gemessenen Widerstand von 10 Ω:

$$A = \varrho \frac{l}{R} = \frac{0{,}028 \cdot 6400}{10} = 17{,}92 \text{ mm}^2$$
$$A \approx \mathbf{18\ mm^2}$$

3. **Beispiel:** Die Drahtlänge einer Widerstandsspule aus Nickelindraht von 1,5 mm² Querschnitt und einem gemessenen Widerstand von 10 Ω ist:

$$l = \frac{R \cdot A}{\varrho} = \frac{10 \cdot 1{,}5}{0{,}300} = 50{,}0 \text{ m}$$
$$l = \mathbf{50\ m}$$

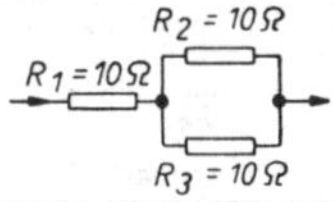

4. **Beispiel:** Wie groß ist der Gesamtwiderstand der skizzierten Schaltung?

$$R = R_1 + \frac{1}{\frac{1}{R_2} + \frac{1}{R_3}} = 10 + \frac{1}{\frac{1}{10} + \frac{1}{10}} = 10 + \frac{1}{\frac{2}{10}} = 10 + 1 : \frac{1}{5} = 10 + 5 = \mathbf{15\ \Omega}$$

5. **Beispiel:** Ein Strom von 30 Amp. verzweigt sich in 2 parallele Widerstände von 1 bzw. 9 Ω. Wie groß sind die Stromstärken in den beiden Zweigen?

Lösung: $I_1 = I - I_2$; $I_2 = \frac{R_1}{R_2} \cdot I_1$, folglich $I_1 = I - \frac{R_1}{R_2} \cdot I_1 =$

$$30 - \frac{1}{9} I_1 \text{ oder } \frac{10}{9} I_1 = 30 \text{ und } I_1 = \frac{9 \cdot 30}{10} = 27 \text{ A}$$
$$\mathbf{I_1 = 27\ A \quad I_2 = 3\ A}$$

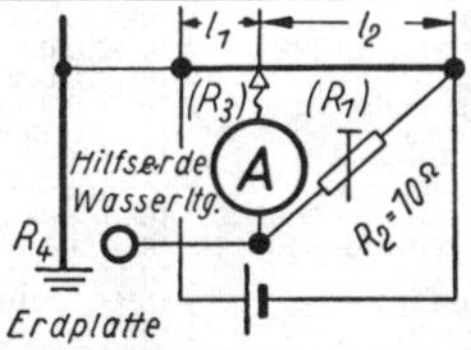

6. **Beispiel:** Wie groß ist der Widerstand R_4 einer Erdungsleitung, wenn in der skizzierten Brücke $R_2 = 10\ \Omega$ und

$$\frac{R_3}{R_1} = \frac{l_1}{l_2} = \frac{1}{2} \text{ ist?}$$

Lösung: $R_1 \cdot R_4 = R_2 \cdot R_3$; $R_4 = \frac{R_3}{R_1} \cdot R_2 = \frac{1}{2} R_2$

$$\mathbf{R_4 = 5\ \Omega}$$

Nennspannungen für elektrische Anlagen von 100 V bis 380 kV nach DIN 40 002.

Diese Nennspannungen sind stets anzuwenden, wenn nicht zwingende technische Gründe dagegen sprechen.

Gleichstrom, 110[3]), **220**[3]), **440, 600,** 750, 800, 1200, **1500,** 2400, **3000** V.

Wechsel- und Drehstrom 50 Hz[1]): 100[2]), 125[4]), **220**[4]), **380,** 500 V. 3, 5, 6, **10,** 15, **20,** 25, **30,** 60, **110, 220, 380** kV.

Einphasenwechselstrom $16\frac{2}{3}$ Hz: 100[2]), 200, 220, 1000 V. 6, **15,** 60, **110,** 220 kV.

Reihenspannungen: Gleichstrom 110, 250, 440, 600, 800, 1200, 1500, 3000 V.

Wechsel- und Drehstrom 50 Hz[1]): 125, 250, 380, 500, 750[5]), 1000 V. 1,5[5]), 2[5]), 3, 6[6]), 10, 15[7]), 20, 30, 45[8]), 60, 110[9]), 150[8/9]), 220[9]), 300[10]), 380[10]) kV.

Einphasenwechselstrom $16\frac{2}{3}$ Hz: 1, 6, 20, 60, 110, 220 kV.

[1]) auch bei abweichenden Frequenzen, [2]) nur für Spannungswandler, [3]) Außenleiterspannung oder Spannung zwischen Außen- und Mittelleiter, [4]) Leiter-(Dreieck-) oder Sternspannung, [5]) nur für Kabel, Leitungen und Sicherungen, [6]) für gekapselte Anlagen, [7]) für Freileitungsisolatoren, [8]) nur für Ausfuhr, [9]) auch für Netze mit starr geerdetem Sternpunkt, [10]) nur für Netze mit starr geerdetem Sternpunkt.

Die fettgedruckten Werte sind für Neuanlagen, Umstellungen und umfangreiche Erweiterungen zu bevorzugen. Zulässige Abweichungen s. einschlägige VDE-Bestimmungen u. a. für Maschinen, Transformatoren, Kondensatoren und Schaltgeräte.

Beziehung zwischen Strom, Spannung, Widerstand und Leistung

Wirkstrom $I_w = I \cdot \cos\varphi$ (A); Wirkwiderstand $R_w = \frac{U}{I} \cdot \cos\varphi$ (Ω)

Blindstrom $I_b = I \cdot \sin\varphi$ (A); Blindwiderstand $X = \frac{U}{I} \cdot \sin\varphi$ (Ω)

U_L = Außenleiterspannung
I_{ML} = Phasenstrom
I_L = Außenleiterstrom
R_1 = Widerstand je Phase
R_{w1} = Wirkwiderstand je Phase
R_1 u. R_{w1} bei gleichm. Belastung der 3 Phasen

Stromart		Strom I: Ampere (A)	Spannung U: Volt (V)	Widerstand R: Ohm (Ω)	Wirkleistung: Watt (W) $P_w = \sqrt{P_s^2 - P_b^2}$	Scheinleistung: Voltampere (VA) $P_s = \sqrt{P_w^2 + P_b^2}$	Blindleistung: Blindwatt (Var) $P_b = \sqrt{P_s^2 - P_w^2}$
Gleichstrom		$I = \frac{U}{R}$	$U = I \cdot R$	$R = \frac{U}{I}$	$P_w = U \cdot I = I^2 \cdot R = \frac{U^2}{R}$ Bei Dreileiter $P_w = (I_1 + I_2)\,U$	$P_s = P_w$	Null
Drehstrom induktionsfrei	Dreieckschaltung	$I_L = \frac{U_L \cdot 1{,}73}{R_1}$	$U_L = \frac{I_L \cdot R_1}{1{,}73}$	$R_1 = \frac{U_L \cdot 1{,}73}{I_L}$	$P_w = U_L \cdot I_L \cdot 1{,}73 = 3\,I_L^2 \cdot R = \frac{U_L^2}{R}$	$P_s = P_w$	Null
Drehstrom induktionsfrei	Sternschaltung	$I_L = \frac{U_L}{R_1 \cdot 1{,}73}$	$U_L = I_L \cdot R_1 \cdot 1{,}73$	$R_1 = \frac{U_L \cdot 1{,}73}{I_L}$			
Drehstrom induktiv	Dreieckschaltung	$I_L = \frac{U_L \cdot \cos\varphi \cdot 1{,}73}{R_{w1}}$	$U_L = \frac{I_L \cdot R_{w1}}{\cos\varphi \cdot 1{,}73}$	$R_{w1} = \frac{U_L \cdot \cos\varphi \cdot 1{,}73}{I_L}$	$P_w = U_L \cdot I_L \cdot 1{,}73 \cdot \cos\varphi$	$P_s = U_L \cdot I_L \cdot 1{,}73$	$P_b = U_L \cdot I_L \cdot 1{,}73 \cdot \sin\varphi = P_w \cdot \tan\varphi$
Drehstrom induktiv	Sternschaltung	$I_L = \frac{U_L \cdot \cos\varphi}{R_{w1} \cdot 1{,}73}$	$U_L = \frac{I_L \cdot R_{w1} \cdot 1{,}73}{\cos\varphi}$	$R_{w1} = \frac{U_L \cos\varphi}{I_L \cdot 1{,}73}$			
Einphasenstrom	induktionsfrei	$I = \frac{U}{R}$	$U = I \cdot R$	$R = \frac{U}{I}$	$P_w = U \cdot I = I^2 \cdot R = \frac{U^2}{R}$	$P_s = P_w$	Null
Einphasenstrom	induktiv	$I = \frac{U \cdot \cos\varphi}{R_w}$	$U = \frac{I \cdot R_w}{\cos\varphi}$	$R_w = \frac{U \cdot \cos\varphi}{I}$	$P_w = U \cdot I \cdot \cos\varphi$	$P_s = U \cdot I$	$P_b = U \cdot I \cdot \sin\varphi = P_w \cdot \tan\varphi$

Isolierstoffe

Spezifischer Widerstand, Leitfähigkeit, Temperaturzahl und Dichte von Leitern bei 20° C

Widerstand, Leitfähigkeit bei 1 m Länge und 1 mm³ Querschnitt

Werkstoff	Spezif. Widerst.	Leitfähigkeit	Temperaturzahl	Dichte
a) Reine Metalle	ϱ	$\varkappa$	α	ς
Aluminium	0,0278	36	+0,004	2,7
Blei	0,21	4,8	+0,0037	11,3
Eisen (WM 13)	0,13	7,7	+0,0048	7,9
Kupfer	0,0175	57,1	+0,0038	8,9
Nickel	0,10	10,0	+0,004	8,9
Platin	0,108	9,3	+0,0039	21,4
Quecksilber	0,95	1,05	+0,0009	13,6
Silber	0,016	62,5	+0,0036	10,5
Wolfram	0,055	18,2	+0,0048	19,1
Zink	0,06	16,5	+0,0037	7,1
Zinn	0,11	9,1	+0,0045	7,3
b) Legierungen				
Aldrey	0,028	35,4	+0,0036	2,7
Konstantan, Rheotan	0,50	2,0	—0,000005	8,8
Neusilber } WM 30	0,30	3,3	+0,0002···0,0007	8,7
Nickelin(2) } WM 30	0,30	3,3	+0,00023	8,7
Nickel-Chrom-Stahl	1,0	1,0	+0,00025	8,3
Chromnick. (WM 100)	1,1	0,91	+0,00025	8,4
Stahlchromaluminium (WM 140)	1,4	0,71	+0,002	7,2
Messing	0,074	13,5	+0,0015	8,4
Elektron	0,0833	12···18	+0,0000255 bis +0,0000271	1,8
c) Sonstige Leiter				
Retortenkohle	100	0,01	—0,0002 bis 0,0007	≈ 2,0
Graphit	20···100	0,05···0,01		
Kohlenstifte homog.	65	0,015		
Dochtkohlenstifte	70	0,014		
Silit (SiC)	≈ 1000	0,001		
Glühsalz BaCl bei 1000°	≈ 5000	0,0002		

Spezifischer Widerstand von Isolierstoffen

= Widerstand eines Würfels von 1 cm³

$$= \frac{\text{Durchgangswiderstand} \times \text{Fläche (cm}^2\text{)}}{\text{Dicke (cm)}}$$

$$= \frac{\Omega \text{ (oder M}\Omega) \cdot A}{\text{Dicke}} = \Omega \text{ (oder M}\Omega) \text{ cm}$$

Gleichstrom 1000 V bei 20°C u. 80% relativer Luftfeuchtigkeit:	MΩ/cm	Vergleichszahl
Schiefer	$1 \cdot 10^3$	0,000001
Fiber	$2 \cdot 10^4$	0,00002
Zelluloid	$2 \cdot 10^4$	0,00002
Marmor	$2 \cdot 10^5$	0,0002
Opalglas	$1 \cdot 10^6$	0,001
Fensterglas	$2 \cdot 10^7$	0,02
Tafelglas	$5 \cdot 10^7$	0,005
Porzellan unglasiert	$3 \cdot 10^8$	0,3
Guttapercha	$(4{,}5 \cdots 10) \cdot 10^8$	0,45···1
Mikanit, Vinidur (PVC)	$1 \cdot 10^9$	1
Amber, Glimmer	$2 \cdot 10^9$	2
Jute	$(1{,}8 \cdots 3{,}7) \cdot 10^9$	1,8···3,7
Vulk. Weichgum.	$(1{,}5 \cdots 10) \cdot 10^9$	1,5···10
Schellack	$1 \cdot 10^{10}$	10
Kunstharz	$1 \cdot 10^{10}$	10
Naturgummi	$1 \cdot 10^{10}$	10
Paraffin	$(1 \cdots 3{,}4) \cdot 10^{10}$	10···34
Flintglas	$3{,}4 \cdot 10^{10}$	34
Kolophonium	$5 \cdot 10^{10}$	50
Schwefel	$1 \cdot 10^{11}$	100
Hartgummi	$(1 \cdots 3) \cdot 10^{11}$	100···300
Quarz	$5 \cdot 10^{12}$	5000

Die Vergleichszahlen sind auf den spezifischen Widerstand von Mikanit = 1 bezogen.

Spezifischer Widerstand	in MΩ/cm bei 300°C	in MΩ/cm bei 700°C	Temp.-Zahl α
Porzellan	$3 \cdot 10^6$	$4 \cdot 10^4$	$4 \cdot 10^{-6}$
Ton- u. Speckstein	$5 \cdot 10^8$	$8 \cdot 10^5$	$3 \cdot 10^{-6}$
Steatit	$3 \cdot 10^{10}$	$1 \cdot 10^7$	$10 \cdot 10^{-6}$
Quarz (geschmolzen)	$2 \cdot 10^{11}$	$4 \cdot 10^7$	$0{,}5 \cdot 10^{-6}$
Korund (gesintert)	$1 \cdot 10^{13}$	$2 \cdot 10^9$	$1{,}5 \cdot 10^{-6}$

Hängerinne mit kegelförmigem Stutzen

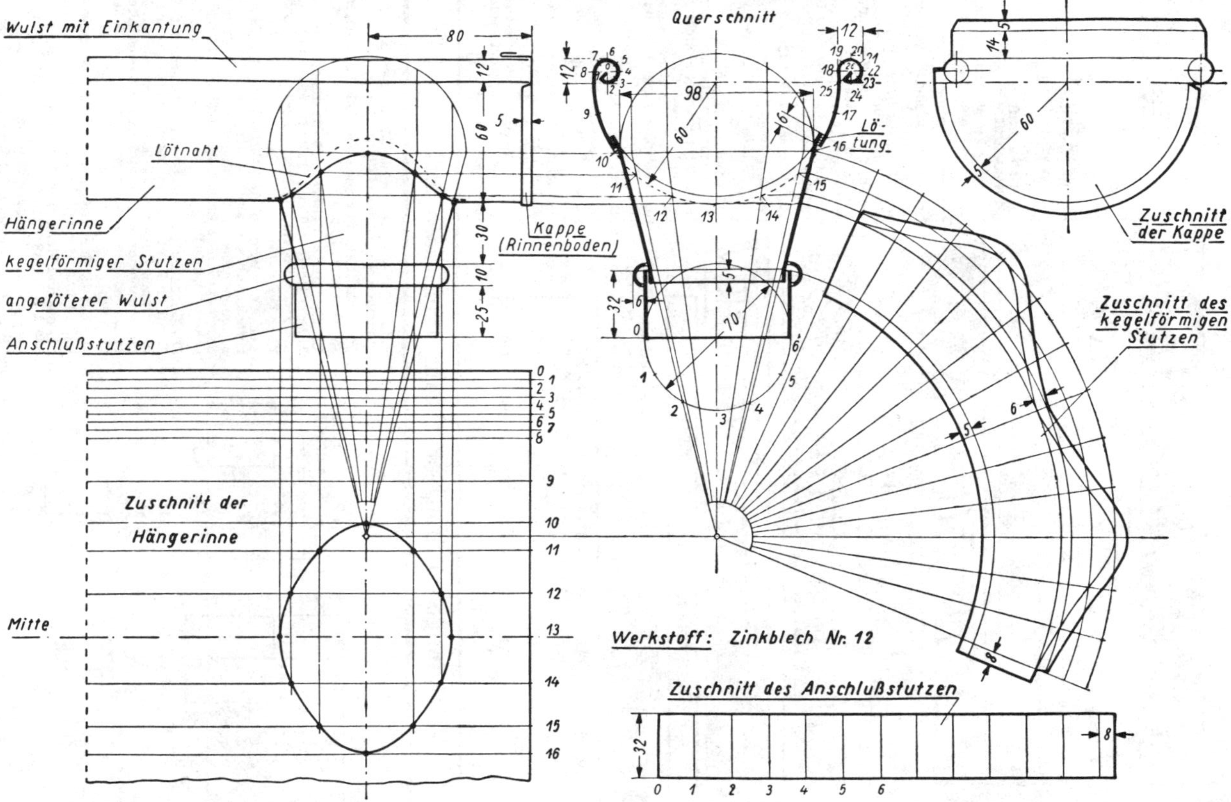

Abfallrohre sind in Abständen von 15···25 m erforderlich. Rinnen von über 15 m Länge erhalten Ausdehnungsvorrichtungen (Schiebenähte).

19

Schräge Normschrift nach DIN 16 Bl. 1 bis 3 (12. 67)

Schriftgrößen:
Reihe 1: 1,8; 2,5; 3,5; 5; 7; 10; 14; 20 mm.
Reihe 2: 2; 2,5; 3; 4; 5; 6; 8; 10; 12; 16; 20 mm.
Reihe 1 der Reihe 2 bevorzugen!

Linienbreiten:
bei Mittelschrift $^1/_{10}\,h$
bei Engschrift $^1/_{14}\,h$

Buchstabenabstand:
bei Mittelschrift $^2/_{10}\,h$
bei Engschrift $^2/_{14}\,h$

Zeilenabstand:
bei Mittelschrift $^{16}/_{10}\,h$
bei Engschrift $^{22}/_{14}\,h$

Römische Ziffern können auch ohne Köpfe und Füße geschrieben werden.

In dieser Norm sind die vorzugsweise zu verwendenden Blattgrößen A0 bis A6 angegeben. Diese Blätter können in Hoch- und Querlage verwendet werden. Die Zeichnungsvordrucke sind nach DIN 6771 oder 6781 auszuführen; in diesen Normen sind auch die Lage des Schriftfeldes und der Heftrand angegeben.

Maßstäbe nach DIN 823:

Für Verkleinerungen M 1 : 2,5; 1 : 5; 1 : 10; 1 : 20; 1 : 50; 1 : 100; 1 : 200; 1 : 500; 1 : 1000
außerdem mit Beschränkung
M 1 : 15 für den Stahlbau
M 1 : 25 für Planungs-Zeichnungen
M 1 : 40 für Gesamt-Zeichnungen für Schienenfahrzeuge
für Vergrößerungen M 2 : 1; 5 : 1; 10 : 1.

Natürliche Größe M 1 : 1.

Der Hauptmaßstab der Zeichnung ist im Schriftfeld in großer, die übrigen Maßstäbe in kleiner Schrift anzugeben. Sind Teile vergrößert gezeichnet, so ist es zweckmäßig, eine Darstellung im Maßstab 1 : 1 hinzuzufügen, um die natürliche Größe zu zeigen. Auf Einzelheiten kann dabei verzichtet werden.

Blattgrößen, nach DIN 823 (8.65)

Blattgrößen nach DIN 476 Reihe A	Beschnittene Zeichnung bzw. Lichtpause (Fertigblatt)	Zeichenfläche	Unbeschnittenes Blatt Kleinstmaß
A 0	841 × 1189	831 × 1179	880 × 1230
A 1	594 × 841	584 × 831	625 × 880
A 2	420 × 594	410 × 584	450 × 625
A 3	297 × 420	287 × 410	330 × 450
A 4	210 × 297	200 × 287	240 × 330
A 5	148 × 210	138 × 200	165 × 240
A 6	105 × 148	95 × 138	120 × 165

Zeichnungen, Faltung auf A 4 für Ordner nach DIN 824 (1. 56)

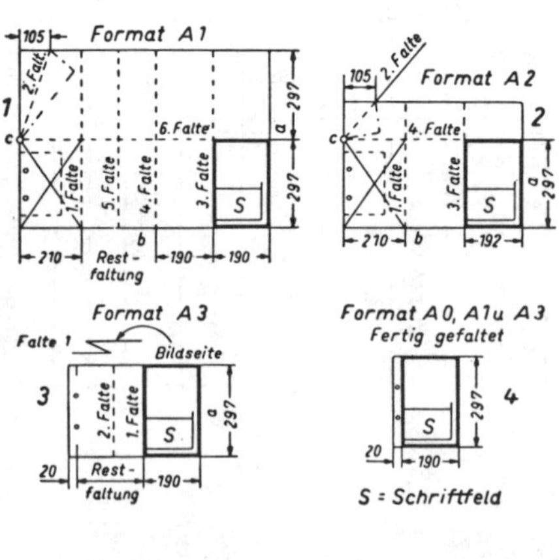

Für das Einheften in Ordner für Format A 4 sind die Zeichnungen wie folgt zu falten:

1. Das Schriftfeld muß stets oben und in richtiger Lage sichtbar sein (Bild 2).
2. Bei Beginn des Faltens muß für die Formate A 0 bis A 2 die Breite 210 mm (Falte 1) festgehalten werden, und zwar zweckmäßig durch Auflegen einer Schablone 210 × 297 mm.
3. Von *c* aus wird ein dreieckiges Stück der Zeichnung zurückgefaltet (Falte 2), damit bei der vollständig zusammengelegten Zeichnung nur das links unten durch ein Kreuz bezeichnete Feld gelocht oder festgeheftet wird (Bild 4).
4. Die Zeichnung wird von Seite *a* ausgehend auf 190 mm Breite (A 2 auf 192 mm) zweckmäßig mit einer Schablone nach links weitergefaltet. Der bei dem Falten nicht aufgehende Teil wird halbiert eingefaltet und bringt so den Zeichnungsteil mit dem Schriftfeld obenauf.
5. Die entstandenen Streifen werden von Seite *b* aus (Bild 1 und 4) gefaltet.

Zur Loch- und Heftrandverstärkung kann ein Karton in Größe A 5 = 148 × 210 auf die Rückseite des zu lochenden Zeichnungsteiles geklebt werden.

Bei Beachtung vorstehender Regeln ist auch das Falten jeder beliebigen Blattgröße möglich. Im allgemeinen ist nicht zu empfehlen, größere Zeichnungen als A 1 in Akten einzulegen oder einzuheften.

20

Richtlinien für das Maschinenzeichnen

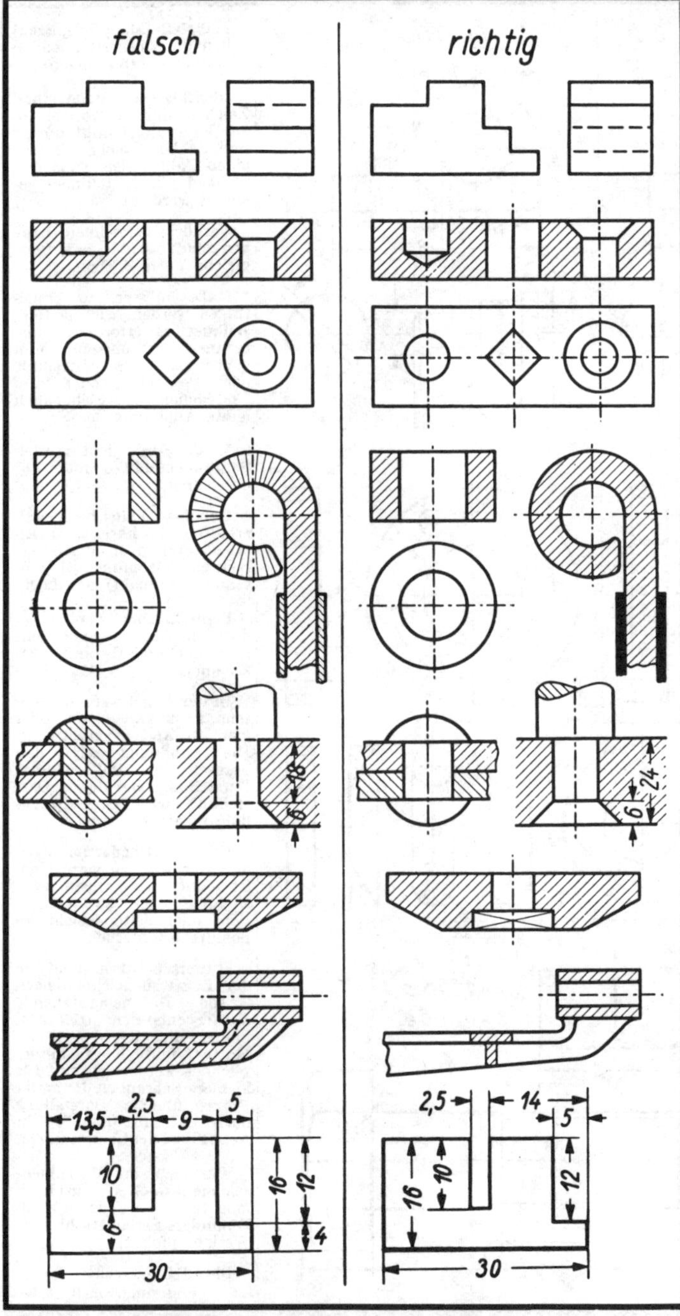

Seitenansicht stets von links gesehen zeichnen. Bei gestrichelten Linien für unsichtbare Kanten nicht zu lange Striche und dünner als Vollinien für sichtbare Kanten.

Grundsätzlich werden nur so viel Ansichten gezeichnet, wie zum Verständnis erforderlich sind.

Löcher, Niete, Schrauben u. dgl. erhalten Mittellinien. Kreuzen sich zwei Mittellinien, so sollen zwei Striche die Mitte kennzeichnen.

Mittellinien werden schmal ausgezogen oder schmal strichpunktiert. Bei Sacklöchern zeichnet man den Bohrerkegel 120°.

Hintenliegende sichtbare Kanten sind mitzuzeichnen.

Um die Anschaulichkeit unter Betonung der Wanddicke zu erhöhen, werden Bandstähle und Bleche häufig im **Schnitt** gezeichnet. Die Schnittfläche wird mit schmalen Vollinien schraffiert, bei dünnen Wanddicken voll schwarz gezeichnet.

Runde, volle Teile werden nicht im Längsschnitt gezeichnet, wohl aber Hohlkörper.

Sämtliche Schraffurlinien eines Teils laufen in einer Richtung (in der Regel unter 45°). Aneinanderstoßende Teile erhalten verschied. Schraffurrichtung.

Bruchlinien werden als schmale Vollinien unregelmäßig gewellt gezeichnet; zuweilen läßt man sie fort.

Strichlinien werden in Schnittflächen nach Möglichkeit fortgelassen.

Stege und Rippen sind stets im Querschnitt zu zeichnen, nicht im Längsschnitt.

Steg- und Rippenquerschnitte werden am zweckmäßigsten in die Längsansicht dünn eingezeichnet. Siehe auch S. 229 Nr. 3.

Maßzahlen sind in Aussparungen der Maßlinien und in deren Richtung zu schreiben; falls nicht genügend Platz vorhanden ist, daneben.

Maßlinien werden schmal ausgezogen, **Maßhilfslinien** ebenfalls schmal ausgezogen oder der besseren Übersicht halber zuweilen schmal gestrichelt.

Richtlinien für das Maschinenzeichnen (Fortsetzung)

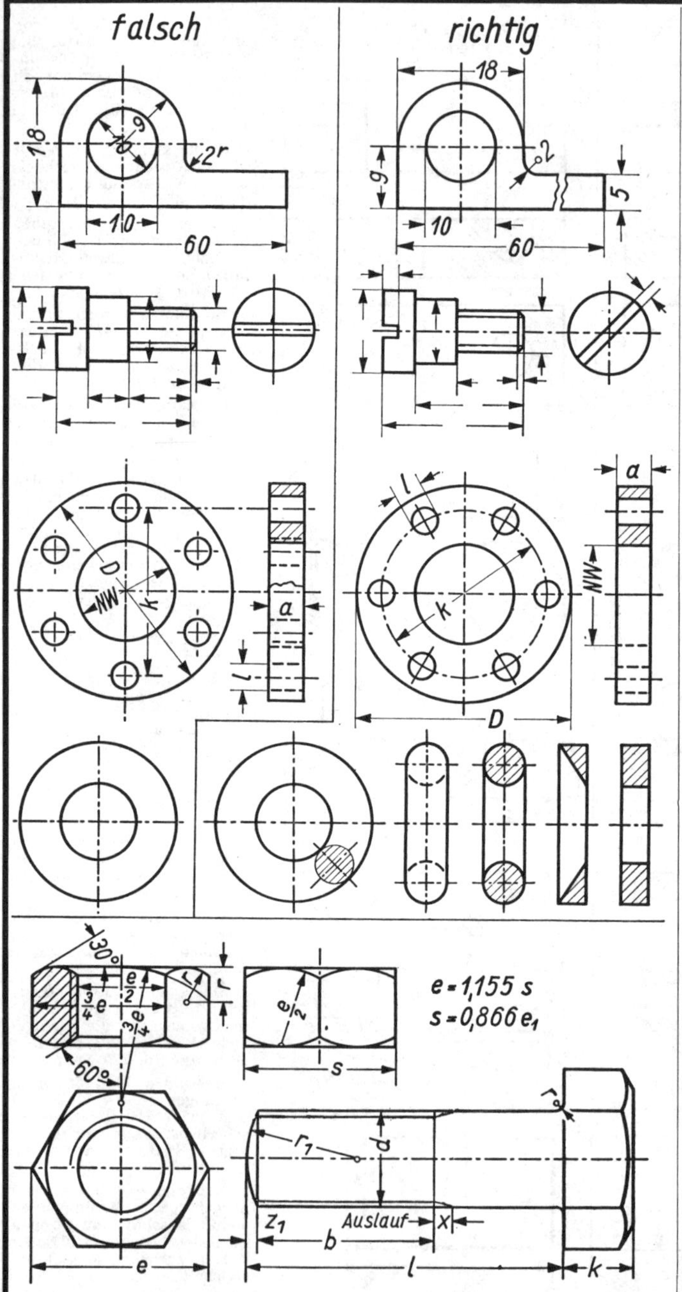

Maßpfeile (Maßpfeilspitzen) geben die zu bestimmenden Abstände (Entfernungen) an.

Überflüssige Maße und Zeichen sind zu vermeiden. Im Kreismittelpunkt dürfen nie Zahlen stehen. Ziffern einer Zahl sollen möglichst nicht durch Mittellinien getrennt werden.

Verkürzt gezeichnete Längen sind abzubrechen (vergleiche auch S. 229).

Maße müssen so eingetragen werden, **wie die Herstellung es erfordert,** ohne rechnen zu müssen. Man geht von der Mittellinie oder von einer oder zwei Endflächen aus. Siehe auch letzte Abbildung der S. 227.

In der Draufsicht werden Schraubenschlitze unter 45° gezeichnet.

Gebohrte Flansche u. dgl. erhalten **Lochkreise.** Flansche erhalten in der senkrechten Mittellinie (Modellteilung, Gußnaht) kein Loch.

Flanschlöcher werden jedoch in der Seitenansicht im Lochkreisabstand gezeichnet.

In der Regel werden Flansche ganz geschnitten oder ganz in Ansicht gezeichnet. Die Abbildung zeigt den Flansch in **Halb-Schnitt-Darstellung.** Bei dieser Darstellung wird eine Bruchlinie nicht gezeichnet.

Um bei **Ringdarstellungen** u. ä. Irrtümer zu vermeiden, ist entweder Schnitteintragung oder zweite Ansicht oder Seitenansicht im Schnitt erforderlich.

Mutterschrauben sind in der Regel zu zeichnen nach S. 109. Die nebenstehende Mutter entspricht DIN 934. Sollen die Kreisbogen an Mutter und Kopf mitgezeichnet werden, so gibt für **kleinere** Schrauben die in der Praxis übliche Darstellung nach DIN 27 und S. 229 Nr. 10 ein deutlicheres Bild.

Wer sich im Maschinenzeichnen weiter ausbilden möchte, dem sei das im Ferd. Dümmlers Verlag erschienene Werk empfohlen:

Die DIN-gerechte Werkzeichnung von *Groß-Wilhelm.*

Richtlinien für das Maschinenzeichnen (Fortsetzung)

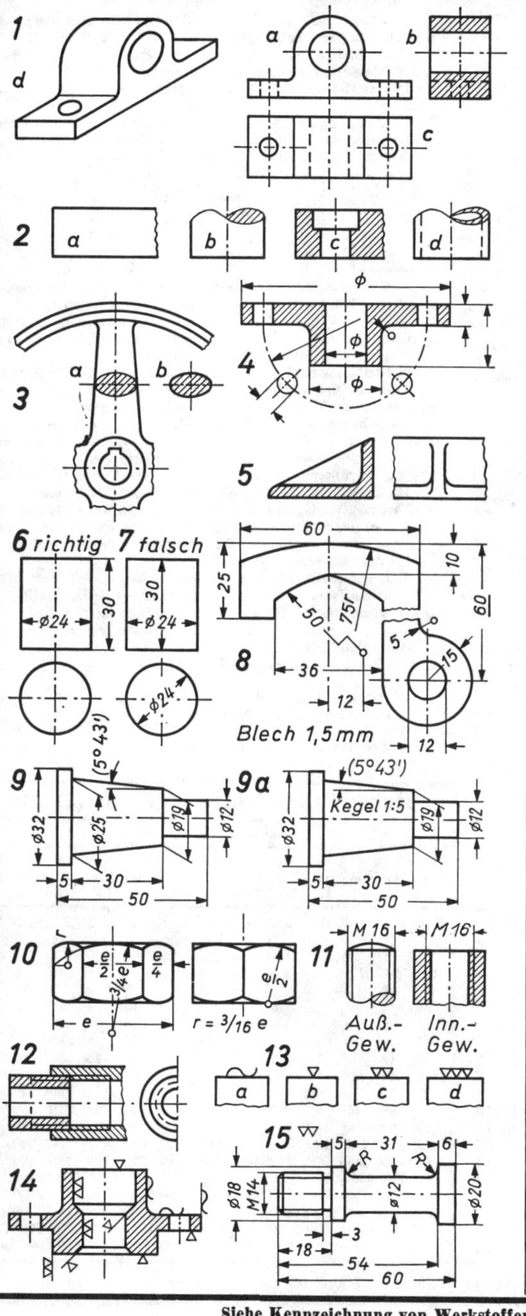

Ansichten. Ein Gegenstand wird in der Regel in drei Ansichten dargestellt: **(1a)** Vorderansicht, **(b)** Seitenansicht und **(c)** Draufsicht (oder Grundriß). Es können eine oder zwei Ansichten weggelassen werden, wenn der Gegenstand trotzdem ausreichend festgelegt ist. Um eine Ansicht zu sparen, werden Lochkreise in die Zeichnungsebene geklappt und die Schraubenlöcher mit dünnen Linien eingezeichnet **(4)**. In manchen Fällen ist es zweckmäßig, zur besseren räumlichen Vorstellung den Gegenstand in parallelfluchtiger Eckansicht (isometrischer Darstellung) zu zeichnen **(1d)**.

Bruchlinien. Ist ein Werkstück zu groß, oder zeigen Teile des Werkstückes keine besonderen Eigenheiten, so wird das Werkstück abgebrochen und der gleichmäßig verlaufende Teil nicht gezeichnet. Die Bruchlinie ist bei eckigem Querschnitt **(2a)** und bei im Schnitt gezeichneten Körpern **(2c)** eine dünne Freihandlinie; bei Wellen **(2b)** und Rohren **(2d)** besteht die Bruchlinie aus Bogen.

Schnitte. Um Wanddicken u. a. besser zu zeigen, werden Gegenstände im Schnitt gezeichnet **(4 u. 5)**. — Alle geschnittenen Teile werden unter 45° schraffiert. Wellen, Schraubenbolzen, Rippen **(5)** und Arme werden im Verlauf ihrer Längsachse nicht geschnitten. Armquerschnitte usw. werden mit dünnen Linien eingezeichnet **(3a)** oder mit dicken Linien daneben gesetzt **(3b)**.

Bemaßung. Bei der Maßeintragung ist darauf zu achten, daß jedes Maß nur einmal erscheint. Maß- und Mittellinien dürfen nicht durch die Maßzahlen gezogen, Mittellinien nicht als Maßlinien benutzt werden **(6 u. 7)**. Halbmesser erhalten nur einen Maßpfeil am Kreisbogen; der Mittelpunkt ist durch einen kleinen Kreis, durch ein Mittellinienkreuz oder durch einen Punkt zu kennzeichnen. Liegt ein Kreisbogenmittelpunkt außerhalb des Blattes, so wird die Maßlinie geknickt oder als Kennzeichen für den Halbmesser (Radius) ein *R* erhöht eingeschrieben **(8)**. Nicht maßstäblich gezeichnete Maße sind zu unterstreichen. Bei einem Kegel sind größter, kleinster Durchmesser, Einstellwinkel und Länge anzugeben **(9)**, oder das Kegelverhältnis ist parallel zur Mittelachse zu schreiben (Kegel 1:5, siehe Kegel).

Gewinde. Bei Angabe des Gewindes ist stets der äußere Durchmesser maßgebend **(10)**. Schraubenmutter **(11)**: nach DIN 27 Spitzkant $e = 1{,}155$ Schlüsselweite. — Abb. **(12)** zeigt zwei ineinandergeschraubte Gewinde.

Bearbeitungszeichen für Oberflächen der Werkstücke **(13)**: Ungefährzeichen glatte Flächen ohne Nachbearbeitung; 1 gleichseitiges Dreieck Schruppen, Grobschlichten; 2 Dreiecke glatte Schlichtbearbeitung; 3 Dreiecke Feinschlichten, Riefen unsichtbar. Die Dreiecke stehen mit der Spitze auf der zu bearbeitenden Fläche oder auf Bezugslinien **(14)**. Bei allseitig gleichmäßig bearbeiteten Stücken steht das Zeichen neben der Teilnummer **(15)**.

Siehe Kennzeichnung von Werkstoffen durch Schraffur.
Weitere Zeichnungsnormen siehe DIN 27, 29, 140, 406, 6771 u. 6781.

Passungen

Die bei der Bearbeitung von Werkstücken unvermeidlichen Abweichungen von den vorgeschriebenen Maßen werden **Herstellungstoleranzen** genannt. Im internationalen Passungssystem sind die zulässigen Toleranzen festgelegt für drei verschiedene Arten des Ineinanderpassens (Sitze, Passungen). **1. Spielpassung, 2. Übergangspassung, 3. Preßpassung.** Das Toleranzsystem besteht aus 16 Toleranzstufen (Grundtoleranz). Die Teile können beweglich (**mit Spiel**) oder unbeweglich (**mit Übermaß**) ineinandersitzen. Diese Spiele oder Übermaße werden einmal dadurch erreicht, daß für gleich große Bohrungen die Wellen schwächer oder dicker ausgeführt werden (System der **Einheitsbohrung**) oder daß für gleich dicke Wellen die Bohrungen größer oder kleiner ausgeführt werden als die Wellen (System der **Einheitswelle**).

Beim System der **Einheitsbohrung (Einheitswelle)** sind für alle Passungsarten die Kleinstmaße der Bohrungen (Größtmaße der Wellen) gleich dem Nennmaß. Die Wellen (Bohrungen) sind um die für die verlangte Passung erforderlichen Spiele oder Übermaße kleiner oder größer als die Bohrungen (größer oder kleiner als die Wellen).

Einheitsbohrung

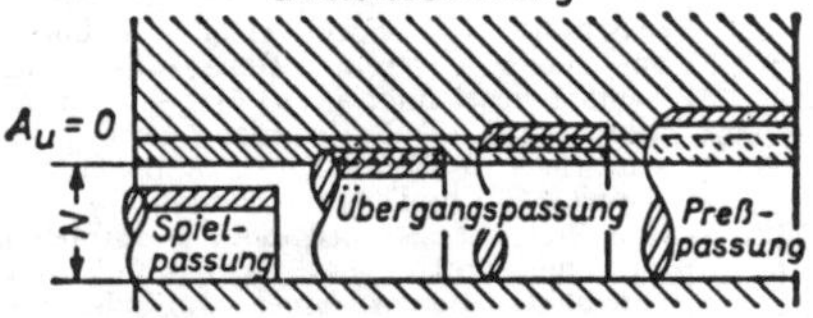

Einheitswelle

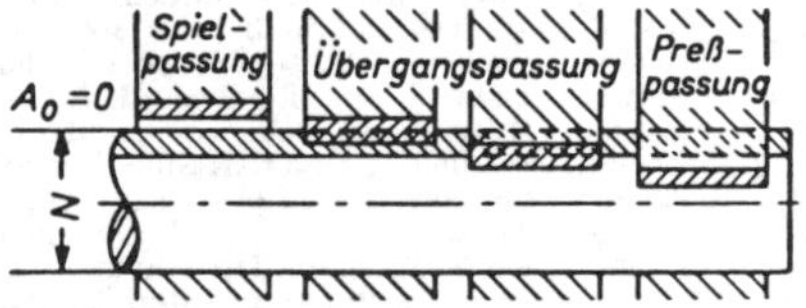

Toleranzen u. Passungen nach DIN 7182 Bl. 1 (10.71)

G **Größtmaß** und K **Kleinstmaß** legen die zulässigen Abweichungen vom **Nennmaß** N fest. T **Maßtoleranz** $= G - K$. T_B = Bohrungstoleranz; T_w = Wellentoleranz. **Istmaß** I = durch Messung an einem Werkstück ermitteltes Maß.
A_i **Istabmaß** = Unterschied zwischen Istmaß und Nennmaß $= I - N$

Nullinie = Ausgang für die Verteilung der Abmaße; entspricht der Lage des Nennmaßes N als Kleinstmaß der Einheitsbohrung bzw. Größtmaß der Einheitswelle.

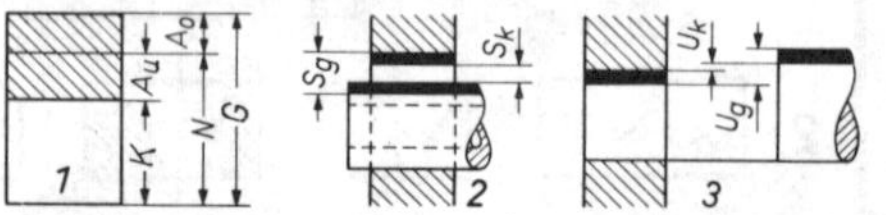

(1) Oberes Abmaß A_o (**Unteres Abmaß** A_u) ist Unterschied zwischen Größtmaß G (Kleinstmaß K) und Nennmaß N. **(2) Größtspiel** S_g (**Kleinstspiel** S_k) ist Unterschied zwischen größtem (kleinstem) Innenmaß des Außenteiles und kleinstem (größtem) Außenmaß des Innenteiles.
(3) Größtübermaß U_g (**Kleinstübermaß** U_k) ist Unterschied zwischen größtem (kleinstem) Außenmaß des Innenteiles und kleinstem (größtem) Innenmaß des Außenteiles.

A_o **ob. Abmaß** $= G - N$; A_u **unt. Abmaß** $= K - N$.

S **Spiel** = wirklicher Maßunterschied zwischen z. B. Bohrung und Welle oder Buchse und Schubstange.

(2) S_g **Größtspiel** = G der Bohrung — K der Welle usw.

S_k **Kleinstspiel** = K der Bohrung — G der Welle usw.

U **Übermaß** = Übermaß U ist die Differenz zwischen den Maßen der Bohrung und der Welle vor der Paarung, wenn diese Differenz negativ ist (Maß der Bohrung kleiner als das der Welle).

(3) U_g **Größtübermaß** = K der Bohrung — G der Welle

U_k **Kleinstübermaß** = G der Bohrung — K der Welle

T_p **Paßtoleranz** = Toleranz der Passung; mögliche Schwankung des Spieles oder des Übermaßes zwischen den zu paarenden Teilen:
z. B.: $T_p = T_B + T_w \quad T_p = S_g - S_k = S_g - U_g = U_g - U_k$.

Paßtoleranzfeld ist bei Preßpassungen das Feld zwischen Kleinstübermaß und Größtübermaß.

Toleranzeinheit $i = 0{,}45\,\sqrt[3]{D} + 0{,}001 \cdot D$
(i in μ = $^1/_{1000}$ mm; D in mm).

Unter Qualität ist Arbeitsgenauigkeit bei Werkstückherstellung zu verstehen. Je kleiner die Toleranz, um so besser die Qualität. — Grundtoleranzen IT 01 bis IT 18 sind die für die ISO-Qualitäten festgelegten Toleranzen. Eine Reihe der über die verschiedenen Nennmaßbereiche gehenden Grundtoleranzen heißt Grundtoleranzreihe IT (oder ISO-Toleranzreihe).

Der Begriff Qualität ist hierbei der Toleranz des einzelnen Stückes zugeordnet. — Passungen werden herbeigeführt, indem das genormte Nennabmaß der Bohrung mit dem gewünschten Nennabmaß der Welle zusammengefügt wird. — Toleranzfeld wird durch den Buchstaben und die Kennzahl der Qualität bezeichnet. Beispiel: 30 H 9 = Toleranzfeld im Plus an Nullinie, zugeordnet Grundtoleranzreihe IT 9. 30 H 9 = $30 + ^{52}$. Toleranzfeld von 0···52 μ = 0,052 mm. —

Die **Toleranzfelder** im ISO-System werden bei **Bohrungen mit großen Buchstaben** bezeichnet, bei **Wellen mit kleinen Buchstaben**. Für Spielsitze sind A···H, a···h und für Übergangs- und Preßsitze J···Z, j···z vorgesehen.

ISO-Grundtoleranzen nach DIN 7151 (11. 64)

IT	Nennmaßbreite mm über												
	1 bis 3	3 bis 6	6 bis 10	10 bis 18	18 bis 30	30 bis 50	50 bis 80	80 bis 120	120 bis 180	180 bis 250	250 bis 315	315 bis 400	400 bis 500
01	0,3	0,4	0,4	0,5	0,6	0,6	0,8	1	1,2	2	2,5	3	4
0	0,5	0,6	0,6	0,8	1	1	1,2	1,5	2	3	4	5	6
1	0,8	1	1	1,2	1,5	1,5	2	2,5	3,5	4,5	6	7	8
2	1,2	1,5	1,5	2	2,5	2,5	3	4	5	7	8	9	10
3	2	2,5	2,5	3	4	4	5	6	8	10	12	13	15
4	3	4	4	5	6	7	8	10	12	14	16	18	20
5	4	5	6	8	9	11	13	15	18	20	23	25	27
6	6	8	9	11	13	16	19	22	25	29	32	36	40
7	10	12	15	18	21	25	30	35	40	46	52	57	63
8	14	18	22	27	33	39	46	54	63	72	81	89	97
9	25	30	36	43	52	62	74	87	100	115	130	140	155
10	40	48	58	70	84	100	120	140	160	185	210	230	250
11	60	75	90	110	130	160	190	220	250	290	320	360	400
12	100	120	150	180	210	250	300	350	400	460	520	570	630
13	140	180	220	270	330	390	460	540	630	720	810	890	970
14	250	300	360	430	520	620	740	870	1000	1150	1300	1400	1550
15	400	480	580	700	840	1000	1200	1400	1600	1850	2100	2300	2500
16	600	750	900	1100	1300	1600	1900	2200	2500	2900	3200	3600	4000
17	—	—	1500	1800	2100	2500	3000	3500	4000	4600	5200	5700	6300
18	—	—	—	2700	3300	3900	4600	5400	6300	7200	8100	8900	9700

Zuerst steht das Zeichen der Bohrung, dann das der Welle, z. B. H9/n8 oder H9—n8 oder $\frac{H9}{n8}$.

20

Passungen (Fortsetzung)

Anwendungsbeispiele

Werkzeugmaschinen. System Einheitsbohrung:
H 6 für Kugellagergehäuse.
M 7, K 7, J 7, H 7, G 7, F 7, E 8 für Zahnräder, Buchsen, Stellringe usw.
System Einheitswelle: f8, e9 für Ausrückstangen, Deckenvorgelege usw.

Kraftfahrzeuge. System Einheitsbohrung:
S 7, R 7, N 7, M 7, K 7, J 7, H 7, G 7, F 7, E 8 für Motoren, Getriebe, Lagerbuchsen.
H 8, F 8, E 9, D 10 für Steuerung, Bremsen usw.
System Einheitswelle: h11, d11, c11, b11 für gezogene Stangen u. a.

Lokomotiven. System Einheitsbohrung:
H 7 bei Hebeln, kleinen Maschinenteilen.
H 8 für Steuerung, Triebwerk.
H 11, D 11, A 11 für Gestänge, Kesselzubehör, Federung, Bremsen.

Eisenbahnwagen. System Einheitsbohrung:
Passungswahl wie bei Lokomotiven, jedoch werden größere Toleranzen zugelassen, häufig H 11 bei weitem überschritten (fast nur geschruppte Teile).

Elektromaschinen nicht einheitlich; einzelne Firmen bevorzugen System Einheitswelle, andere Einheitsbohrung.

Feinmechanik: System Einheitswelle herrscht vor; b. Einzelanfertigungen System Einheitsbohrung.

Sonstiges. System Einheitswelle: Transmissionen, Textilmaschinen, Kellereimaschinen.
System Einheitsbohrung: Bergwerks-, Walzwerksmaschinen, Druckluftwerkzeuge.

Lehrenmaße nach DIN 7162 (12.65)

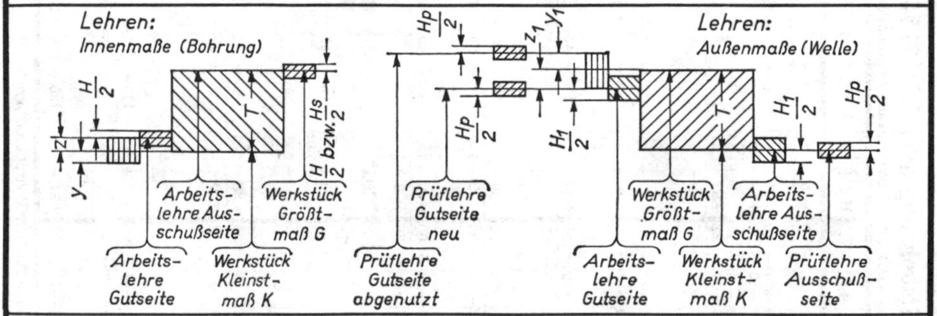

Lehrenmaße bis 180 mm Nennmaßbereich

Lehren für		Arbeitslehre Sollmaß	Arbeitslehre H, H_S, H_1	Prüflehre Sollmaß	Prüflehre Hp
Innenmaße	Ausschußseite	G	$\pm\frac{H}{2}$; $\pm\frac{H_S}{2}$	nicht festgelegt	
	Gutseite neu	$K+z$	$\pm\frac{H}{2}$		
	Gutseite abgenutzt	$K-y$	—		
Außenmaße	Gutseite abgenutzt	$G+y_1$	—	$G+y_1$	
	Gutseite neu	$G-z_1$	$\pm\frac{H_1}{2}$	$G-z_1$	$\pm\frac{Hp}{2}$
	Ausschußseite	K		K	

H Herstellungstoleranz für Innenmaßlehren
H_S Herstellungstoleranz der Kugelendmaße
H_1 Herstellungstoleranz für Außenmaßlehren
Hp Herstellungstoleranz der Prüflehren
T Toleranz der Werkstücke

Beispiel für Innenmaß:
Lehrenmaße (Sollmaße) für Lehre 60 b 10
$G = 60{,}000 + 0{,}310 = 60{,}310$
$K = 60{,}000 + 0{,}190 = 60{,}190$

Arbeitslehre:
Ausschußseite: $G \pm \frac{H}{2} = 60{,}310 \pm 0{,}0025$ mm
Gutseite neu: $(K+z) \pm \frac{H}{2} = 60{,}190 + 0{,}013 \pm 0{,}0025$ mm
Gutseite abgenutzt: $K - y = 60{,}190 - 0 = 60{,}190$ mm

Beispiel für Außenmaß:
Arbeitslehrenmaß für Lehre 70—0,03
Gutseite abgenutzt: $G + y_1 = 70{,}000 + 0{,}003$
Gutseite neu: $(G - z_1) \pm \frac{H_1}{2} = 70{,}000 - 0{,}004 \pm 0{,}0025$
Ausschußseite: $K \pm \frac{H_1}{2} = 70{,}000 - 0{,}030 \pm 0{,}0025$

Infolge Abnutzung der Gutseite der Arbeitslehren zulässige Vergrößerung der Grundtoleranzen

Qualität	1 bis 3	3 bis 6	6 bis 10	10 bis 18	18 bis 30	30 bis 50	50 bis 80	80 bis 120	120 bis 180	180 bis 250	250 bis 315	315 bis 400	400 bis 500
	Nennmaßbereich mm über												
	y_1												
5	1	1	1	1,5	2	2	2	3	3	3	3	4	4
6	1,5	1,5	1,5	2	3	3	3	4	4	5	6	6	7
7	1,5	1,5	1,5	2	3	3	3	4	4	6	7	8	9
8	3	3	3	4	4	5	5	6	6	7	9	9	11
	y												
6	1	1	1	1,5	1,5	2	2	3	3	4	5	6	7
7	1,5	1,5	1,5	2	3	3	3	4	4	6	7	8	9
8	3	3	3	4	4	5	5	6	6	7	9	9	11

Überschreitung oberer Abmaße bei Außenmaßen (Wellen) um y_1.

Unterschreitung unterer Abmaße bei Innenmaßen (Bohrungen) um y.

Beispiel: Welle d8 im Nennmaßbereich 10 bis 18 mm oberes Abmaß — 50μ. Für Qualität 8 Überschreitung um $y_1 = 4\ \mu$, demnach oberes Abmaß — 46 μ.

Bohrung D8 im Nennmaßbereich 10 bis 18 mm unteres Abmaß + 50 μ. Für Qualität 8 Unterschreitung um $y = 4\ \mu$, demnach unteres Abmaß + 46 μ.

20

ISO-Passungen: Nennabmaße; Einheitsbohrung nach DIN 7154 Bl. 1 (8. 66)

(Gut = Gutseite; Aus = Ausschußseite) Abmaße in μ (1μ = 0,001 mm); Toleranzfeldauswahl auf DIN 7157 abgestimmt

Nennmaß-bereich		H 6	n 5	m 5	k 5	j 5	h 5	g 5	H 7	s 6	r 6	n 6	k 6	j 6	h 6	g 6	f 7	H 8	x 8 / u 8 *)	h 9	f 7	e 8	d 9	H 11	h 9	h 11	d 9	c 11	a 11
über 1	Gut	0	+ 8	+ 6	+ 4	+ 2	0	− 2	0	+ 20	+ 16	+10	+ 6	+ 4	0	− 2	− 6	0	36	0	− 6	− 14	− 20	0	0	0	− 20	− 60	− 270
bis 3	Aus	+ 6	+ 4	+ 2	0	− 2	− 4	− 6	+10	+ 14	+ 10	+ 4	0	− 2	− 6	− 8	− 16	+14	+ 22	− 25	− 16	− 28	− 45	+ 60	− 25	− 60	− 45	−120	− 330
über 3	Gut	0	+13	+ 9	+ 6	+ 3	0	− 4	0	+ 27	+ 23	+16	+ 9	+ 6	0	− 4	− 10	0	+ 46	0	− 10	− 20	− 30	0	0	0	− 30	− 70	− 270
bis 6	Aus	+ 8	+ 8	+ 4	+ 1	− 2	− 5	− 9	+12	+ 19	+ 15	+ 8	+ 1	− 2	− 8	−12	− 22	+18	+ 28	− 30	− 22	− 38	− 60	+ 75	− 30	− 75	− 60	−145	− 345
über 6	Gut	0	+16	+12	+ 7	+ 4	0	− 5	0	+ 32	+ 28	+19	+10	+ 7	0	− 5	− 13	0	+ 56	0	− 13	− 25	− 40	0	0	0	− 40	− 80	− 280
bis 10	Aus	+ 9	+10	+ 6	+ 1	− 2	− 6	−11	+15	+ 23	+ 19	+10	+ 1	− 2	− 9	−14	− 28	+22	+ 34	− 36	− 28	− 47	− 76	+ 90	− 36	− 90	− 76	−170	− 370
über 10	Gut	0	+20	+15	+ 9	+ 5	0	− 6	0	+ 39	+ 34	+23	+12	+ 8	0	− 6	− 16	0	+ 67	0	− 16	− 32	− 50	0	0	0	− 50	− 95	− 290
bis 14	Aus																		+ 40										
über 14	Gut																		+ 72										
bis 18	Aus	+11	+12	+ 7	+ 1	− 3	− 8	−14	+18	+ 28	+ 23	+12	+ 1	− 3	−11	−17	− 34	+27	+ 45	− 43	− 34	− 59	− 93	+ 110	− 43	−110	− 93	−205	− 400
über 18	Gut	0	+24	+17	+11	+ 5	0	− 7	0	+ 48	+ 41	+28	+15	+ 9	0	− 7	− 20	0	+ 87	0	− 20	− 40	− 65	0	0	0	− 65	−110	− 300
bis 24	Aus																		+ 54										
über 24	Gut																		+ 81										
bis 30	Aus	+13	+15	+ 8	+ 2	− 4	− 9	−16	+21	+ 35	+ 28	+15	+ 2	− 4	−13	−20	− 41	+33	+ 48	− 52	− 41	− 73	−117	+ 130	− 52	−130	−117	−240	− 430
über 30	Gut	0	+28	+20	+13	+ 6	0	− 9	0	+ 59	+ 50	+33	+18	+11	0	− 9	− 25	0	+ 99	0	− 25	− 50	− 80	0	0	0	− 80	−120	− 310
bis 40	Aus																		+ 60									−280	− 470
über 40	Gut																		+ 109									−130	− 320
bis 50	Aus	+16	+17	+ 9	+ 2	− 5	−11	−20	+25	+ 43	+ 34	+17	+ 2	− 5	−16	−25	− 50	+39	+ 70	− 62	− 50	− 89	−142	+ 160	− 62	−160	−142	−290	− 480
über 50	Gut	0	+33	+24	+15	+ 6	0	−10	0	+ 72	+ 60	+39	+21	+12	0	−10	− 30	0	+ 133	0	− 30	− 60	−100	0	0	0	−100	−140	− 340
bis 65	Aus									+ 53	+ 41								+ 87									−330	− 530
über 65	Gut									+ 78	+ 62								+ 148									−150	− 360
bis 80	Aus	+19	+20	+11	+ 2	− 7	−13	−23	+30	+ 59	+ 43	+20	+ 2	− 7	−19	−29	− 60	+46	+ 102	− 74	− 60	−106	−174	+ 190	− 74	−190	−174	−340	− 550
über 80	Gut	0	+38	+28	+18	+ 6	0	−12	0	+ 93	+ 73	+45	+25	+13	0	−12	− 36	0	+ 178	0	− 36	− 72	−120	0	0	0	−120	−170	− 380
bis 100	Aus									+ 71	+ 51								+ 124									−390	− 600
über 100	Gut									+ 101	+ 76								+ 198									−180	− 410
bis 120	Aus	+22	+23	+13	+ 3	− 9	−15	−27	+35	+ 79	+ 54	+23	+ 3	− 9	−22	−34	− 71	+54	+ 144	− 87	− 71	−126	−207	+ 220	− 87	−220	−207	−400	− 630
über 120	Gut	0	+45	+33	+21	+ 7	0	−14	0	+ 117	+ 88	+52	+28	+14	0	−14	− 43	0	+ 233	0	− 43	− 85	−145	0	0	0	−145	−200	− 460
bis 140	Aus									+ 92	+ 63								+ 170									−450	− 710
über 140	Gut									+ 125	+ 90								+ 253									−210	− 520
bis 160	Aus									+ 100	+ 65								+ 190									−460	− 770
über 160	Gut									+ 133	+ 93								+ 273									−230	− 580
bis 180	Aus	+25	+27	+15	+ 3	−11	−18	−32	+40	+ 108	+ 68	+27	+ 3	−11	−25	−39	− 83	+63	+ 210	−100	− 83	−148	−245	+ 250	−100	−250	−245	−480	− 830
über 180	Gut	0	+51	+37	+24	+ 7	0	−15	0	+ 151	+ 106	+60	+33	+16	0	−15	− 50	0	+ 308	0	− 50	−100	−170	0	0	0	−170	−240	− 660
bis 200	Aus									+ 122	+ 77								+ 236									−530	− 950
über 200	Gut									+ 159	+ 109								+ 330									−260	− 740
bis 225	Aus									+ 130	+ 80								+ 258									−550	−1030
über 225	Gut									+ 169	+ 113								+ 356									−280	− 820
bis 250	Aus	+29	+31	+17	+ 4	−13	−20	−35	+46	+ 140	+ 84	+31	+ 4	−13	−29	−44	− 96	+72	+ 284	−115	− 96	−172	−285	+ 290	−115	−290	−285	−570	−1110
über 250	Gut	0	+57	+43	+27	+ 7	0	−17	0	+ 190	+ 126	+66	+36	+16	0	−17	− 56	0	+ 396	0	− 56	−110	−190	0	0	0	−190	−300	− 920
bis 280	Aus									+ 158	+ 94								+ 315									−620	−1240
über 280	Gut									+ 202	+ 130								+ 431									−300	−1050
bis 315	Aus	+32	+34	+20	+ 4	−16	−23	−40	+52	+ 170	+ 98	+34	+ 4	−16	−32	−49	−108	+81	+ 350	−130	−108	−191	−320	+ 320	−130	−320	−320	−650	−1370

*) Bis Nennmaß 24 mm: x 8, über 24 mm: u 8. Beim System Einheitsbohrung wird Toleranzfeld der Bohrung mit großen Buchstaben und dazugehörige Welle mit kleinen Buchstaben bezeichnet.

ISO-Passungen: Nennmaße; Einheitswelle nach DIN 7155 Bl. 1 (8.66)

(Gut = Gutseite; Aus = Ausschußseite) Abmaße in µ (1µ = 0,001 mm). Toleranzfeldauswahl auf DIN 7157 abgestimmt.

Nennmaß-bereich		h 5	N 6	M 6	K 6	J 6	H 6	G 6	h 6	S 7	R 7	N 7	K 7	J 7	H 7	G 7	F 8	h 8	X 8*) / U 8	H 8	F 8	E 8	D 9	h 11	H 9	H 11	D 10	C 11	A 11
über 1	Gut	0	−10	−8	−6	−4	0	+2	0	−24	−20	−14	−10	−6	0	+2	+6	0	−34	0	+6	+14	+20	0	0	0	+20	+60	+270
bis 3	Aus	−4	−4	−2	0	+2	+6	+8	−6	−14	−10	−4	0	+4	+10	+12	+20	−14	−20	+14	+20	+28	+45	−60	+25	+60	+60	+120	+330
über 3	Gut	0	−13	−9	−6	−3	0	+4	0	−27	−23	−16	−9	−6	0	+4	+10	0	−46	0	+10	+20	+30	0	0	0	+30	+70	+270
bis 6	Aus	−5	−5	−1	+2	+5	+8	+12	−8	−15	−11	−4	+3	+6	+12	+16	+28	−18	−28	+18	+28	+38	+60	−75	+30	+75	+78	+145	+345
über 6	Gut	0	−16	−12	−7	−4	0	+5	0	−32	−28	−19	−10	−7	0	+5	+13	0	−56	0	+13	+25	+40	0	0	0	+40	+80	+280
bis 10	Aus	−6	−7	−3	+2	+5	+9	+14	−9	−17	−13	−4	+5	+8	+15	+20	+35	−22	−34	+22	+35	+47	+76	−90	+36	+90	+98	+170	+370
über 10	Gut	0	−20	−15	−9	−5	0	+6	0	−39	−34	−23	−12	−8	0	+6	+16	0	−67	0	+16	+32	+50	0	0	0	+50	+95	+290
bis 14	Aus																		−40										
über 14	Gut																		−72										
bis 18	Aus	−8	−9	−4	+2	+6	+11	+17	−11	−21	−16	−5	+6	+10	+18	+24	+43	−27	−45	+27	+43	+59	+93	−110	+43	+110	+120	+205	+400
über 18	Gut	0	−24	−17	−11	−5	0	+7	0	−48	−41	−28	−15	−9	0	+7	+20	0	−87	0	+20	+40	+65	0	0	0	+65	+110	+300
bis 24	Aus																		−54										
über 24	Gut																		−81										
bis 30	Aus	−9	−11	−4	+2	+8	+13	+20	−13	−27	−20	−7	+6	+12	+21	+28	+53	−33	−48	+33	+53	+73	+117	−130	+52	+130	+149	+240	+430
über 30	Gut	0	−28	−20	−13	−6	0	+9	0	−59	−50	−33	−18	−11	0	+9	+25	0	−99	0	+25	+50	+80	0	0	0	+80	+120	+310
bis 40	Aus																		−60									+280	+470
über 40	Gut																		−109									+130	+320
bis 50	Aus	−11	−12	−4	+3	+10	+16	+25	−16	−34	−25	−8	+7	+14	+25	+34	+64	−39	−70	+39	+64	+89	+142	−160	+62	+160	+180	+290	+480
über 50	Gut	0	−33	−24	−15	−6	0	+10	0	−72	−60	−39	−21	−12	0	+10	+30	0	−133	0	+30	+60	+100	0	0	0	+100	+140	+340
bis 65	Aus									−42	−30								−87									+330	+530
über 65	Gut									−78	−62								−148									+150	+360
bis 80	Aus	−13	−14	−5	+4	+13	+19	+29	−19	−48	−32	−9	+9	+18	+30	+40	+76	−46	−102	+46	+76	+106	+174	−190	+74	+190	+220	+340	+550
über 80	Gut	0	−38	−28	−18	−6	0	+12	0	−93	−73	−45	−25	−13	0	+12	+36	0	−178	0	+36	+72	+120	0	0	0	+120	+170	+380
bis 100	Aus									−58	−38								−124									+390	+600
über 100	Gut									−101	−76								−198									+180	+410
bis 120	Aus	−15	−16	−6	+4	+16	+22	+34	−22	−66	−41	−10	+10	+22	+35	+47	+90	−54	−144	+54	+90	+126	+207	−220	+87	+220	+260	+400	+630
über 120	Gut	0	−45	−33	−21	−7	0	+14	0	−117	−88	−52	−28	−14	0	+14	+43	0	−233	0	+43	+85	+145	0	0	0	+145	+200	+460
bis 140	Aus									−77	−48								−170									+450	+710
über 140	Gut									−125	−90								−253									+210	+520
bis 160	Aus									−85	−50								−190									+460	+770
über 160	Gut									−133	−93								−273									+230	+580
bis 180	Aus	−18	−20	−8	+4	+18	+25	+39	−25	−93	−53	−12	+12	+26	+40	+54	+106	−63	−210	+63	+106	+148	+245	−250	+100	+250	+305	+480	+830
über 180	Gut	0	−51	−37	−24	−7	0	+15	0	−151	−106	−60	−33	−16	0	+15	+50	0	−308	0	+50	+100	+170	0	0	0	+170	+240	+660
bis 200	Aus									−105	−60								−236									+530	+950
über 200	Gut									−159	−109								−330									+260	+740
bis 225	Aus									−113	−63								−258									+550	+1030
über 225	Gut									−169	−113								−356									+280	+820
bis 250	Aus	−20	−22	−8	+5	+22	+29	+44	−29	−123	−67	−14	+13	+30	+46	+61	+122	−72	−284	+72	+122	+172	+285	−290	+115	+290	+355	+570	+1110
über 250	Gut	0	−57	−41	−27	−7	0	+17	0	−190	−126	−66	−36	−16	0	+17	+56	0	−396	0	+56	+110	+190	0	0	0	+190	+300	+920
bis 280	Aus									−138	−74								−315									+620	+1240
über 280	Gut									−202	−130								−431									+330	+1050
bis 315	Aus	−23	−25	−9	+5	+25	+32	+49	−32	−150	−78	−14	+16	+36	+52	+69	+137	−81	−350	+81	+137	+191	+320	−320	+130	+320	+400	+650	+1370

*) Bis Nennmaß 24 mm: X 8, über 24 mm: U 8. Beim System Einheitswelle wird Toleranzfeld der Bohrung mit großen Buchstaben und dazugehörige Welle mit kleinen Buchstaben bezeichnet.

Richtlinien für das Maschinenzeichnen (Fortsetzung)

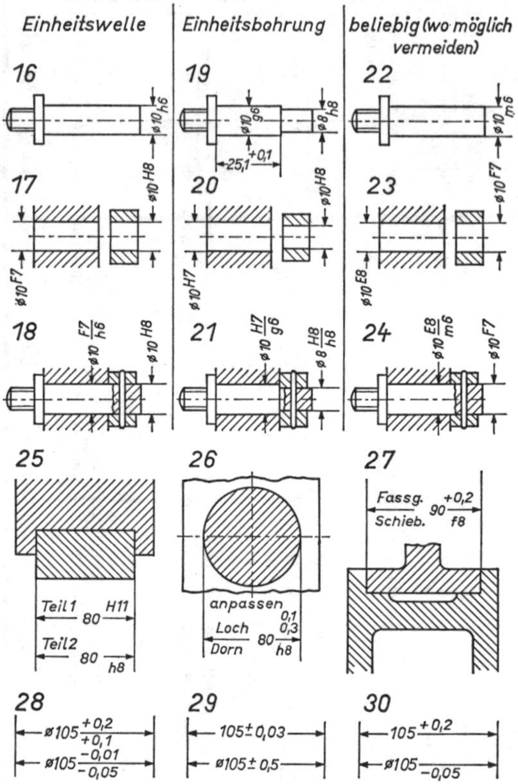

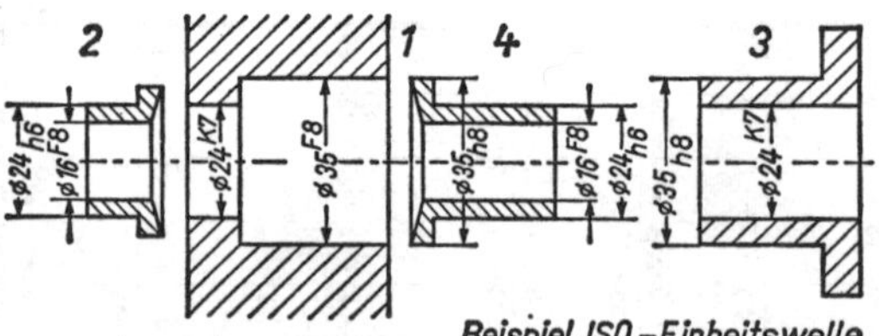

Beispiel ISO-Einheitswelle Stopfbuchse zur Spindel

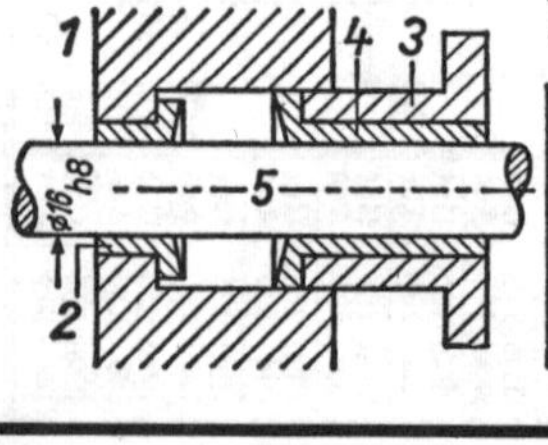

Teil	Bohrung	Welle
1	⌀24K7, ⌀35F8	
2	⌀16F8	⌀24h6
3	⌀24K7	⌀35h8
4	⌀16F8	⌀24h6, ⌀35h8
5		⌀16h8

Passungen und Toleranzen [1]

Die Eintragung der Toleranz erfolgt mit Kurzzeichen hinter der Maßzahl, z. B.: H7 oder h8. Großbuchstabe für Bohrung (Innenmaß), Kleinbuchstabe für Welle (Außenmaß). Buchstaben A bis H (a bis h) für Spiel, wobei A größtes Spiel; Buchstaben J bis N (j bis n) für Übergangspassungen; Buchstaben P bis Z (p bis z) für Preßpassungen. Die darauffolgende Ziffer bezeichnet die Arbeitsgenauigkeit (Qualitätsziffer). Für **Werkstücke:** 5 = feine Qualität, bis 16 = grobe Qualität; **Passungen:** Qualität 5 bis 11; **Lehren:** Qualität 1 bis 7.

Beispiele für Toleranzwerte

ISO	Nennmaß mm über	Nennmaß mm bis	Abmaße mm	Abmaße μ [2]	Toleranzfeld μ [2]	Grundtoleranzreihe
16 h8	14	18	16	0 / −27	27	IT8
16 F8	14	18	16	+43 / +16	27	IT8
24 h6	18	24	24	0 / −13	13	IT6
24 K7	18	24	24	+6 / −15	21	IT7
35 h8	30	40	35	0 / −39	39	IT8
35 F8	30	40	35	+64 / +25	39	IT8

[2] 1 μ = 0,001 mm

Zulässiges **Spiel** und **Übermaß** sind aus DIN 170 und DIN 7182 zu ersehen.

Kurzzeichen für **Bohrungen (18, 21, 24)** und **Außenstücke (25, 27)** sind **über** die Maßlinie zu schreiben, Kurzzeichen für **Wellen (18, 21, 24)** und **Innenstücke (25, 27) unter** die Maßlinie. Dazu kommen kurze Angaben für Vorarbeiten, z.B. „anpassen“ **(26).**

Bei ineinandergeschobenen Teilen **(26, 27)** erhält ein Teil zahlenmäßige Toleranzangabe, der andere Teil Passungskurzzeichen. Es ist empfehlenswert, **Teilnummern (25)** oder die **Bezeichnungen** „Loch“ und „Dorn“ **(26)** bzw. „Fassung“ und „Schieber“ **(27)** usw. davorzuschreiben.

Bei Toleranzen ist ohne Rücksicht auf das Vorzeichen das obere Abmaß **über,** das untere Abmaß **unter** die Maßlinie zu setzen **(28).** Bei gleichem Abmaß schreibt man ± in die Maßlinie (29). Abmaß 0 (Null) kann fortgelassen werden (30).

Das ⌀-Zeichen ist **stets** zu schreiben, falls die zylindrische Passung nicht aus der Zeichnung **(26)** hervorgeht.

[1] **Siehe auch Einheitswelle und Einheitsbohrung.**

Maschinenzeichnen
(Fortsetzung)

Darstellung und Sinnbilder für Federn

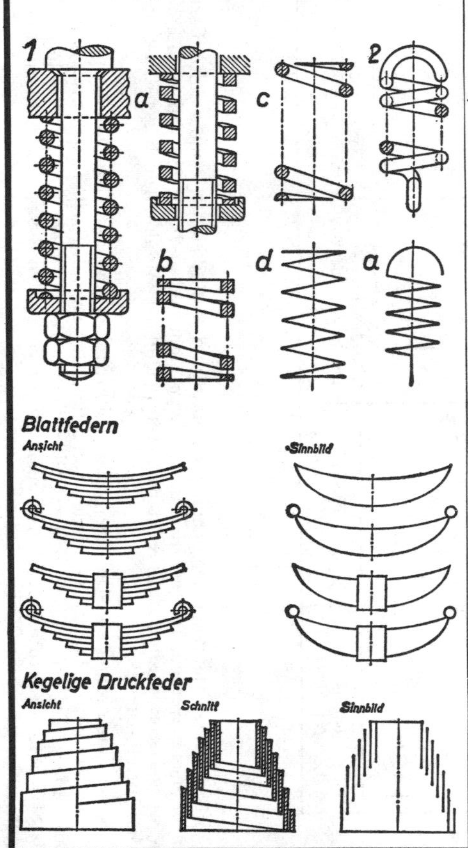

Darstellung und vereinfachte Darstellung für Zahnräder

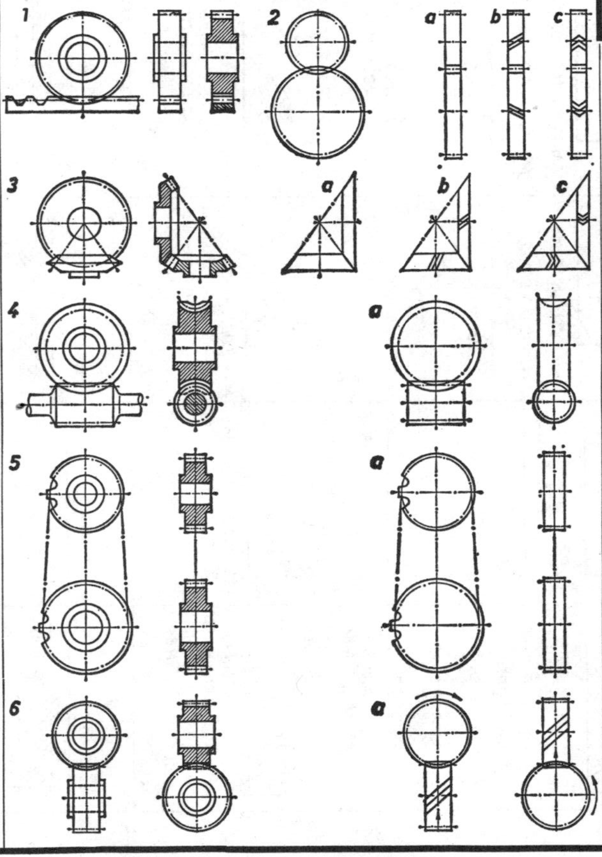

Sinnbilder für Federn
nach DIN 29

Schraubenfedern werden selten mit Schraubenlinien **(1a)** gezeichnet. Bei Zusammenstellungszeichnungen begnügt man sich mit Darstellung der Querschnittsflächen **(1)**. Auf kleineren Zeichnungen läßt man auch bei rundem Querschnitt die Mittellinien fort oder verwendet die einfachen Sinnbilder **(1c)**, **(2)**. Wo die Kleinheit der Querschnittsflächen undeutliche Schraffur ergeben würde, zeichnet man die Querschnitte voll schwarz oder läßt die Schraffur fort.

Es stellen dar:

1···d Druckfedern, 2 und 2a Zugfedern.

In den Sinnbildern für **Blattfedern** werden die einzelnen Blätter nicht gezeichnet.

Darstellung u. vereinfachte Darstellung von Zahnrädern
nach DIN 37

(1) Stirnrad mit Zahnstange, **(2)** Stirnräder mit a) geraden Zähnen, b) schrägen Zähnen. Auf die Darstellung des Fußkreises wird im allgemeinen verzichtet.

(3) Kegelräder werden nach **(3a)** bis **(3c)** gezeichnet, Schneckenräder nach **(4a)**, Kettenräder nach **(5a)**, Schraubenräder nach **(6a)** mit Zähnen 45°.

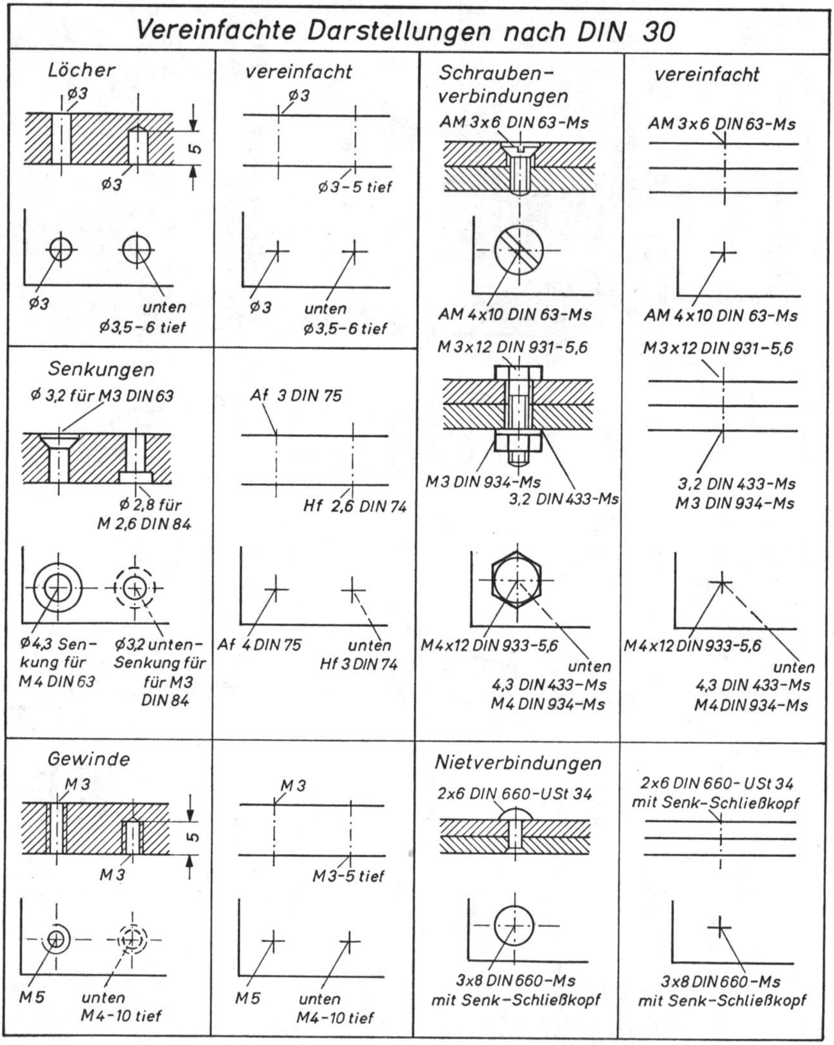

20

Die zu obigen Darstellungen gehörenden Maß- und Maßhilfslinien können durch Bezugslinien ersetzt werden. Werden die Sinnbilder zu klein und dadurch undeutlich, so können sie weggelassen werden. An ihre Stelle treten (wie einige Abbildungen zeigen) Mittellinien oder Mittelkreuze.

Bezugslinien sollen stets an der Stelle (Seite) stehen und mit Bezeichnungen versehen werden, an der die Löcher, Gewinde oder Teile liegen bzw. die Teile eingeführt werden. — Bei verdeckt liegenden Löchern oder Teilen sind die Bezugslinien, soweit sie verdeckt sind, als Strichlinien auszuführen. Um Zweifelsfälle zu vermeiden, ist es besser, hinzuzusetzen: „von unten eingeführt“ oder „unten“.

Sinnbilder für Niete, Schrauben und Rohrleitungen

Niete nach DIN 407

Sind alle Niet-Φ gleich groß, so genügt Achsenkreuz +

Niet-Φ	8	10	12	14	16	18	20	22	24	27	30	36
Loch-Φ	8,4	11	13	15	17	19	21	23	25	28	31	37
2 Halbr.-köpfe	8,4			15		19				28	31	37

Beispiele	Senkkopfniete			Halbrundniete auf Baustelle		Schrauben auf Baustelle	
Loch	oben	unten	ob. u. unten	zuschlagen	Loch zubohren	einzuziehen	Loch zubohren
15 Φ	15	15	15	15	15	15	15
25 Φ							

Schrauben nach DIN 407

Kernquerschnitt A für Berechnung auf Zug

Gew.-M	8	10	12	14	16	18	20	22	24	27	30	36
A mm²	31,9	50,9	74,3	102	141	171	220	276	317	419	509	745
Loch-Φ	8,4	11	13	15	17	19	21	23	25	28	31	37
Schrauben	8,4			15		19				28	31	37

Beispiele	Abweichendes Durchgangsloch 32	Gewindeloch vgl. Gew.-Tab. M30

Rohrleitungsanlagen nach DIN 2429

1. Leitungen

- Grundleitung
- Impulsleitung
- Wirkleitung
- Erweiterungsltg.
- Bewegliche L.
- Leitung mit Mantelrohr
- Begleitheizung
- Kreuzung von 2 Leitungen:
  - a) ohne
  - b) mit Verbindungsstelle
- Abzweigstelle

2. Verbindungen

- Rohrverbindg.
- Flanschverb.
- Flansch mit Blindlochscheibe
- Blindflansch
- Muffenverbdg.
- Kugelmuffe
- Einsteckmuffe
- Klammerverb.
- Schraubverb.
- Kupplung
- Schweiß- bzw. Lötverbindung
- Muffennaht
- Geschweißte Kugelmuffe
- Einsteckmuffe
- Eingeschw. Absperrorgan

3. Absperrorgane

- Absperrorgan
- „ geschlossen
- „ offen
- „ m. Handrad
- „ mit Handkurbel
- „ mit Kraftantrieb
- „ mit Kolbenantrieb
- „ mit Magnetantrieb
- „ mit Motorantrieb
- „ m. Membransteuerung
- „ mit Schwimmersteuerg.
- Durchgangsventil
- Sicherheits-Durchgangsv.
  - a) gewichtbel.
  - b) federbelast.
- Rückschlagventil absperrb
- desgl. nicht absperrbar
- Fußventil
- Eckventil
- desgl. absperrbar
- Schieber
- Durchgangshahn
- Eckhahn
- Dreiweghahn
- Absperrklappe
- Drosselklappe
- Rückschlagkl.
- Fußklappe

4. Ausgleicher

- Längen-
- U-Bogen-
- Lyra-
- Linsen-Ausgleicher
- Expansionsbalg
- Metallschlauch
- Stopfbuchs-A.

5. Zubehör

- Abscheider
- Kondensatableiter
- „ m. Sammler
- Sieb
- Filter
- Regenhaube
- Abflußtrichter
- Durchflußschauglas

6. Rohrhalterungen

- Rohrgleitlager
- „ m. Führung
- „ auf Rollen
- „ auf Kugeln
- Festpunkt
- stehend
- hängend
- federnde Aufhängung
- federnde Stützung
- Ausgleich-Unterstützung

Kennzeichnung von Rohrleitungen nach DIN 2403 (3.65)

Rohrleitungen werden nach dem Durchflußstoff durch farbige Schilder gekennzeichnet. Die Schilder enthalten die Bezeichnung des Durchflußstoffes oder ein hierfür festgelegtes Kennzeichen.
Farbige Ringe sind nur für zusätzliche Kennzeichnungen anzuwenden.

Einteilung der Durchflußstoffe (Übersicht):

Gruppe 1: Wasser, grün, RAL 6010
1,0 Trink-, 1,1 Roh-, 1,2 Brauch-Rein-, 1,3 Aufbereitetes-, 1,4 Destilliertes-, 1,5 Preß-Sperr-, 1,6 Kreislauf-, 1,7 Schweres-, 1,9 Abwasser

Gruppe 2: Dampf, rot, RAL 3003
2,0 N. D.-Dampf bis 1,5 atü, 2,1 H. D.-Sattdampf, 2,2 H. D.-Heißdampf, 2,3 Reduzierter, Entnahme-, Gegendruckdampf, 2,4 Brüdendampf, 2,5 Vakuumdampf, 2,6 Kreislaufdampf, 2,9 Abdampf

Gruppe 3: Luft, blau, RAL 5009
3,0 Frischluft, 3,1 Druckluft, 3,2 Heißluft, 3,3 Gereinigte Luft, 3,6 Umluft, Spülluft, 3,7 Förderluft, 3,8 Sauerstoff, 3,9 Abluft

Gruppe 4: Brennbare Gase, gelb, RAL 1012
4,0 Leuchtgas, 4,1 Azetylen, 4,2 Wasserstoff u. H_2-haltige Gase, 4,3 Kohlenwasserstoffe u. deren Derivate, 4,4 Kohlenoxid u. CO-haltige Gase, 4,5 Mischgase (techn. Gase), 4,6 Anorganische Gase NH_3, H_2S, 4,7 Heiße Treibgase, 4,9 Brennbare Abgase

Gruppe 5: Nichtbrennbare Gase, gelb, RAL 1012
5,0 Stickstoff u. N_2-haltige Gase, 5,2 Kohlenoxid u. CO_2-haltige Gase, 5,3 Schwefeldioxid u. SO_2-haltige Gase, 5,4 Chlor u. Cl-haltige Gase, 5,5 Sonstige anorganische Gase, 5,6 Gasgemische, 5,7 Derivate von Kohlenwasserstoffen, 5,8 Nichtbrennbare Heizgase, 5,9 Nichtbrennbare Abgase

Gruppe 6: Säuren, orange, RAL 2000
6,0 Schwefelsäuren, 6,1 Salzsäuren, 6,2 Salpetersäuren, 6,3 Anorganische gemischte Säuren, 6,4 Organische Säuren, 6,5 Saure Salzlösungen, 6,6 Oxydierende Lösungen, 6,7 Beizen, 6,9 Saure Abläufe

Gruppe 7: Laugen, violett, RAL 4001
7,0 Natronlauge, 7,1 Ammoniakwasser, 7,2 Kalilauge, 7,3 Kalklauge, 7,4 Sonstige alkalische anorganische Flüssigkeiten, 7,5 Alkalische organische Flüssigkeiten, 7,9 Alkalische Abläufe

Gruppe 8: Brennbare Flüssigkeiten, braun, RAL 8001
8,0 Gefahrenklasse A I (Flammpunkt unter 21° C)
8,1 Gefahrenklasse A II (Flammpunkt 21 bis 55° C)
8,2 Gefahrenklasse A III (Flammpunkt über 55 bis 100° C)
8,3 Gefahrenklasse B (in Wasser löslich, Flammpunkt unter 21° C)
8,4 Technische Fette und Schweröle
8,5 Sonstige organische Flüssigkeiten und Pasten
8,6 Sprengöle
8,7 Sonstige Flüssigkeiten, auch flüssige Metalle
8,9 Brennbare Abläufe

Gruppe 9: Nichtbrennbare Flüssigkeiten, braun, RAL 8001
9,0 Flüssige Nahrungs- u. Genußmittel, 9,1 Wässerige Lösungen, 9,2 Andere Lösungen, 9,3 Wässerige Aufschwemmungen (Maische), 9,4 Andere Aufschwemmungen, 9,5 Gelee (Leim), 9,6 Emulsionen n. Pasten, 9,7 Sonstige Flüssigkeiten, auch flüssige Metalle, 9,9 Nichtbrennbare Abläufe

Gruppe 0: Vakuum, grau, RAL 7002
0,0 Technisches Vakuum, 0,1 Hochvakuum, 0,2 Höchstvakuum, 0,9 Vakuumauspuff

Kennzeichnung am Schild
Die Beschriftung ist bei den Gruppen 1, 2, 3, 8, u. 9 weiß nach RAL 9002, bei den Gruppen 4, 5, 6, 7 u. 0 schwarz nach RAL 9005. Die Schilder sind der Schriftfarbe entsprechend umrandet.

Zusätzliche Kennzeichnung
Alle Rohrleitungen mit radioaktivem Durchflußstoff sind zusätzlich mit dem Strahlungskennzeichen nach DIN 25400 zu versehen.
Feuerlöschleitungen sind zusätzlich mit einem rot-weiß-roten Ring zu kennzeichnen. Im weißen Feld wird jeweils in der Farbe des Löschmittels ein F (Feuerlöschleitung) angebracht. Das F erhält die Farbe des Löschmittels.

Sinnbilder für Wellenleitungsteile

Benennung	Bild	Sinnbild
Glatte Welle		
Formwelle		
Hohlwelle (ohne Flansch) mit durchgehender Welle		
Bund Stellring		
Schalenkupplung		
Scheibenkupplung		
Scheibenkupplung mit Zwischenscheibe		
Ausdehnungskupplung		
Kreuzgelenkkupplung		
Elastische Kupplung		
Klauenkupplung		
Reibkupplung		
Gleitlager		
Kugellager Rollenlager	fest	fest
Arm-Hängelager		
Winkelarm mit Lager		

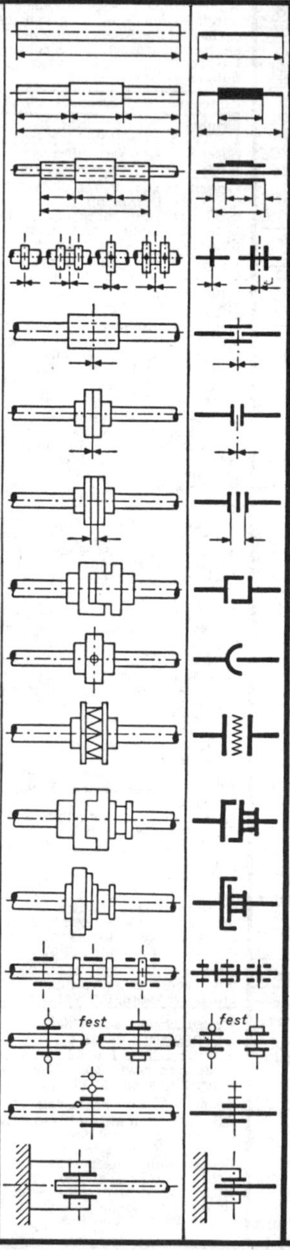

Benennung	Bild	Sinnbild
Hängelager		
Hängebock mit Lager		
Mauerkasten mit Lager		
Wandarm mit Lager		
Säulenarm mit Lager		
Hohlwelle (mit Flansch) mit durchgehender Welle		
Sohlplatte mit Lager		
Stehbock mit Lager		
Lagerbügel mit Lager		
Riemenscheibe 2/2 geteilt 1/1 ungeteilt — gerade, ⌒ ballig	2/2 1000 × 150 × 70; 1/1 500 × 200 × 70	
Fest- u. Losscheibe	f l; 1/1 800 × 2 × 120 × 70	f l
Seilscheibe 2/2 geteilt, 1/1 ungeteilt ○ Rund-, □ Quadrat-, 8k Achtkantseil		
Wand-Riemenleiter		
Decken-Riemenleiter		wie Bild
Einseitig- u. doppelseitig gelagerte Spannrolle		
Bezeichnung der Drehrichtung von Wellen		

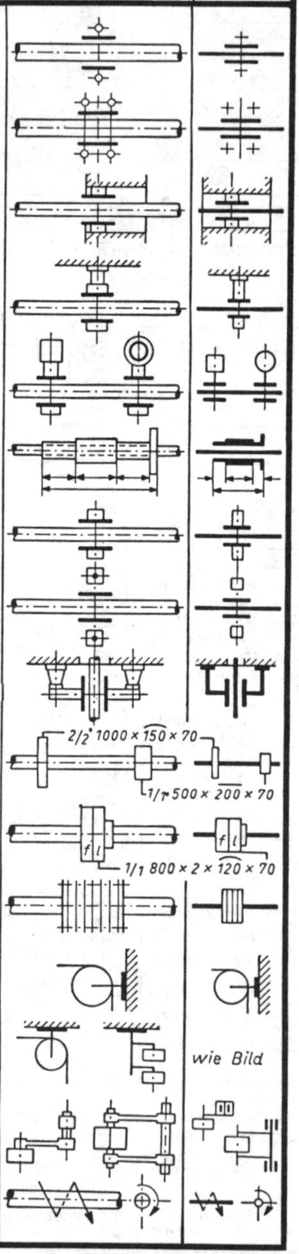

20

Wälzlager

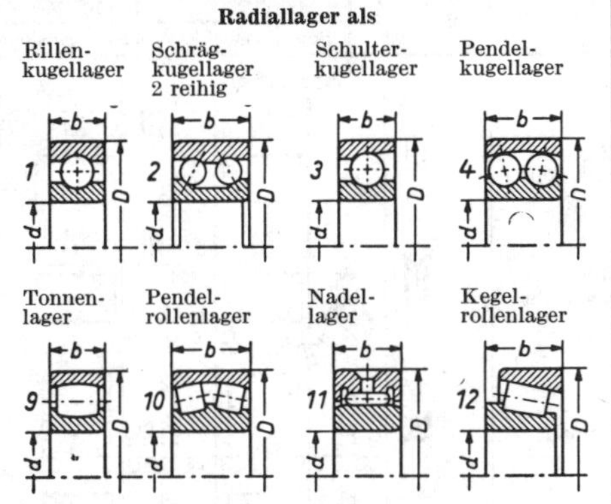

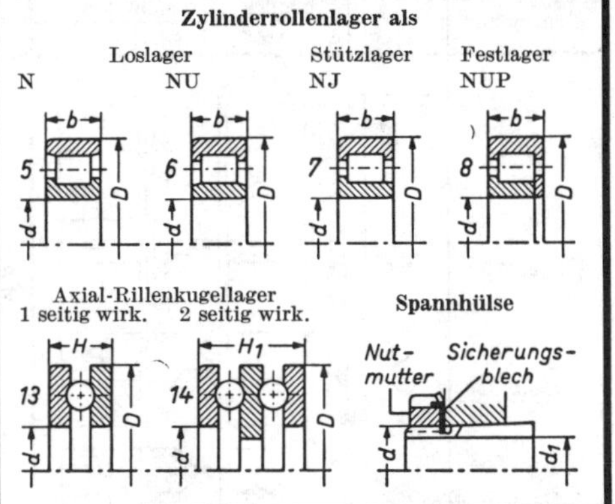

	Radiallager																				Axiallager					
Bild	1			1			1		5···8	2		1			5···8	4		6···8	11		13			14		
Reihe	160			60			62		N2	32		63			N3	23		N23	NA		512			522		
	Ø-Reihe 0					Ø-Reihe 2						Ø-Reihe 3							Nadellager		Ø-Reihe 2					
Wellen-Ø *)	Außen-Ø	Breite	Tragzahl	Breite	Tragzahl	Außen-Ø	Breite	Tragzahl	Tragzahl	Breite	Tragzahl	Außen-Ø	Breite	Tragzahl	Tragzahl	Breite	Tragzahl	Tragzahl	Auß.-Ø	Breite	Außen-Ø	Höhe	Tragzahl	Außen-Ø	Höhe	Tragzahl
d	*D*	*b*	*C*	*b*	*C*	*D*	*b*	*C*		*b*	*C*	*D*	*b*	*C*		*b*	*C*		*D*	*b*						
15	32	8	440	9	440	35	11	610	—	15,9	1020	42	13	880	—	17	930	—	28	13	32	12	1290	40	26	1760
17	35	8	480	10	475	40	12	750	—	17,5	1180	47	14	1060	1560	19	1140	—	30	13	35	12	1340	—	—	—
20	42	8	550	12	735	47	14	1000	3000	20,6	1630	52	15	1340	2040	21	1430	3000	37	17	40	14	1760	47	28	2200
25	47	8	570	12	780	52	15	1120	3900	20,6	1800	62	17	1760	2600	24	1900	3900	42	17	47	15	2200	52	29	2280
30	55	9	880	13	1000	62	16	1530	4650	23,8	2450	72	19	2280	3450	27	2450	4650	47	17	52	16	2280	62	34	3050
35	62	9	965	14	1270	72	17	2000	5700	27	3450	80	21	2600	4300	31	3100	5700	55	20	62	18	3050	73	37	3900
40	68	9	1040	15	1340	80	18	2280	7350	30,2	3800	90	23	3350	5100	33	3550	7350	62	22	68	19	3650	78	39	4250
45	75	10	1220	16	1560	85	19	2550	9500	30,2	4300	100	25	4150	6950	36	4250	9500	68	22	73	20	3900	90	45	5700
50	80	10	1270	16	1630	90	20	2850	11800	30,2	4550	110	27	4800	8500	40	5100	11800	72	22	78	22	4250	95	46	6100
55	90	11	1530	18	2200	100	21	3400	13400	33,3	5000	120	29	6000	9800	43	5850	13400	80	25	90	25	5700	100	47	6200
60	95	11	1560	18	2160	110	22	4150	15300	36,5	5850	130	31	6400	11000	46	6800	15300	85	25	95	26	6100	110	47	6400
65	100	11	1660	18	2240	120	23	4650	17300	38,1	6950	—	—	7200	12200	48	7500	17300	90	25	100	27	6200	115	48	6550
70	110	13	2040	20	3050	125	24	4900	20400	39,7	7650	—	—	8150	14300	51	8500	20400	100	30	105	27	6300	125	55	8300

*) Der Innendurchmesser d_1 der **Spannhülsen** (für Pendelkugellager Reihe 23) ist um eine Durchmesserstufe kleiner als d. Bei **Axiallagern** ist der Innendurchmesser des Mittelringes um 1 bis 2 Durchmesserstufen kleiner als der angegebene Innendurchmesser d der äußeren Scheiben.

Drehzahl n U/min	Faktor f_n	Lebensdauer Lh (h)	Faktor f_L
60	0,82	600	1,06
70	0,78	700	1,12
80	0,74	800	1,17
90	0,72	900	1,22
100	0,69	1000	1,26
150	0,61	1500	1,45
200	0,55	2000	1,59
300	0,48	3000	1,82
400	0,44	4000	2,00
500	0,41	5000	2,15
600	0,38	6000	2,29
700	0,36	7000	2,41
800	0,35	8000	2,52
900	0,33	9000	2,62
1000	0,32	10000	2,71
1500	0,28	15000	3,11
2000	0,26	20000	3,42
3000	0,22	30000	3,91
4000	0,20	40000	4,31
5000	0,19	50000	4,64

Ausführungsformen. Wälzlager bestehen aus Innenring, Außenring und den Rollkörpern. Der Käfig hält die Rollkörper in gleichem gegenseitigem Abstand. Kugellagerreibung kleiner als Gleitlagerreibung (S. 46). Schmierung einfach (meist Fett), Führung genau. — **Radiallager** (Bild 1 bis 12) übertragen vorwiegend Kräfte **senkrecht** zur Welle. Bei einem Lager der Welle werden Innen- und Außenring festgesetzt (Festlager). Alle übrigen Lager müssen seitliche Verschiebung zulassen (Loslager), damit kein Lager durch Wärmedehnung klemmt. Greift die Last am **Außenring** ständig an derselben Stelle an (Punktlast), so ist für die Bohrung Spielpassung J 6 bis H 6 vorzusehen. Der Lastangriffspunkt am Innenring wandert bei der Drehung am Umfang der Welle (Umfangslast). Der **Innenring** muß in diesem Fall auf der Welle festsitzen (Spannhülse oder Preßpassung), z.B. j5 bis k6.

Pendelkugellager (4, 9, 10) werden bei großer Durchbiegung der Welle verwendet. **Rillenkugellager** (1, 2) und Festlager (8) für 2seitige Führung, Schulterkugellager (3, 7) für einseitige Führung. Zylinderrollenlager mit Innen- oder Außenbord (5, 6) und Nadellager (11) nur als Loslager. Zur Aufnahme größerer Kräfte in Achsrichtung sind Kegelrollenlager (12) oder Axial-Rillenkugellager (13, 14) zu verwenden.

Berechnung: Gemäß DIN 616 Staffelung nach Durchmesser, Durchmesserreihe (Reihe 0 bis 4 je nach Verhältnis $D:d$) und nach Breite. Die zulässige Lagerbelastung F hängt außer von Baumaßen auch von Drehzahl n und gewünschter Lebensdauer L_h (in Stdn.) ab. Suche in nebenstehender Tabelle die zu n und L_h gehörenden Faktoren f_n und f_L auf.

Es ist $F = \frac{f_n \cdot C}{f_L}$ (Tragzahl C kennzeichnet Tragfähigkeit des Lagers)

Beispiel: $F = 200$ kp, $n = 1500$ U/min, $L_h = 10\,000$h. Aus Tabelle $f_n = 0{,}28$, $f_L = 2{,}71$;

$$F = 200 = \frac{f_n \cdot C}{f_L} = \frac{0{,}28 \cdot C}{2{,}71};$$

$$C = \frac{200 \cdot 2{,}71}{0{,}28} \approx 1940.$$

Dem entspricht Reihe 62 mit $d = 35$, $D = 72$.

20

Sinnbilder für Schmelzschweißen nach DIN 1912, Bl. 1 (7.60)

Si = Sinnbild
Sch = Schnitt

Benennung	Si		bildlich Sch	bildlich Ansicht	sinnbildlich Sch	sinnbildlich Ansicht
Stumpfnähte						
Bördelnaht						
I-Naht						
V-Naht						
X-Naht						
Y-Naht						
Doppel-Y-Naht						
U-Naht						
Doppel-U-Naht						
HV-Naht (H = Halb)						
K-Naht						
HY-Naht						
K-Stegnaht						
J-Naht						
Doppel-J-Naht						

Benennung	Si	bildlich Sch	bildlich Ansicht	sinnbildlich Sch	sinnbildlich Ansicht
Stirnnähte					
Stirn-Flachnaht					
Stirn-Fugennaht					
Kehlnähte					
Kehlnaht					
Doppel-Kehlnaht					
Ecknaht					
Sonstige Nähte (Beispiele)					
V- mit U-Naht			—	—	—
Doppel-Kehl- mit HV-Naht			—	—	—
Doppel-Kehl- mit K-Naht			—	—	—
Zusatzzeichen					
Eingeebnete Naht					
Bearbeitete Übergänge					
Ausgekreuzte Wurzel mit gegengeschweißter Kapplage					
Durchlaufende Kehlnaht					

20

Zeichnerische Darstellung für Stumpf- u. Kehlnähte n. DIN 1912, Bl. 1 (7.60)

Benennung	Bildlich – Schnitt	Bildlich – Ansicht	Sinnbildlich – Schnitt	Sinnbildlich – Ansicht
Stumpfnaht allgemeine Schweißzeichen				
V-Naht (sichtbare Nahtoberfläche) Nahtdicke = Blechdicke = 10 mm Nahtlänge *l* = 1200 mm, mit ausgekreuzter Wurzel und gegengeschweißter Kapplage				
U-Naht (unsichtbare Nahtoberfläche) Nahtdicke = Blechdicke = 12 mm Nahtlänge *l* = 1700 mm eingeebnete Naht				
K-Naht Nahtdicke = Blechdicke = 25 mm Nahtlänge *l* = 1500 mm				
X-Naht Nahtdicke = Blechdicke = 20 mm Nahtlänge = 2500 mm Lichtbogenschweißen mit Güte I und Schweißposition *w*				
V-Naht Fertigungszeichen wird durch Fortsetzungszeichen vereinfacht			—	—
Kehlnaht allgemeine Schweißzeichen				
Durchlaufende (sichtbare) Kehlnaht Nahtdicke = 7 mm Übergänge Nahtlänge = 1450 mm bearbeitet				
Durchlaufende (verdeckte) Kehlnaht Nahtdicke = 5 mm Nahtlänge = 1250 mm				
Durchlaufende Doppelkehlnaht sichtbare Nahtdicke = 7 mm unsichtbare Nahtdicke = 5 mm Nahtlänge = 1100 mm				
Unterbrochene, gegenüberliegende Doppelkehlnaht, sichtbare Nahtdicke = 7 mm, unsichtbare Nahtdicke = 5 mm, Anzahl der Teilungen = 6, Nahtlänge = 290 mm; Abstand zwischen zwei Nahtlängen = 500 mm				
Unterbrochene, versetzte Doppelkehlnaht sichtbare Nahtdicke = 7 mm unsichtbare Nahtdicke = 5 mm Anzahl der Teilungen = 10 Nahtlänge = 140 mm, Teilung = 140+280 = 420 mm				
Überlappnaht				
Kehlnaht Fertigungszeichen durch Ringsumzeichen vereinfacht				

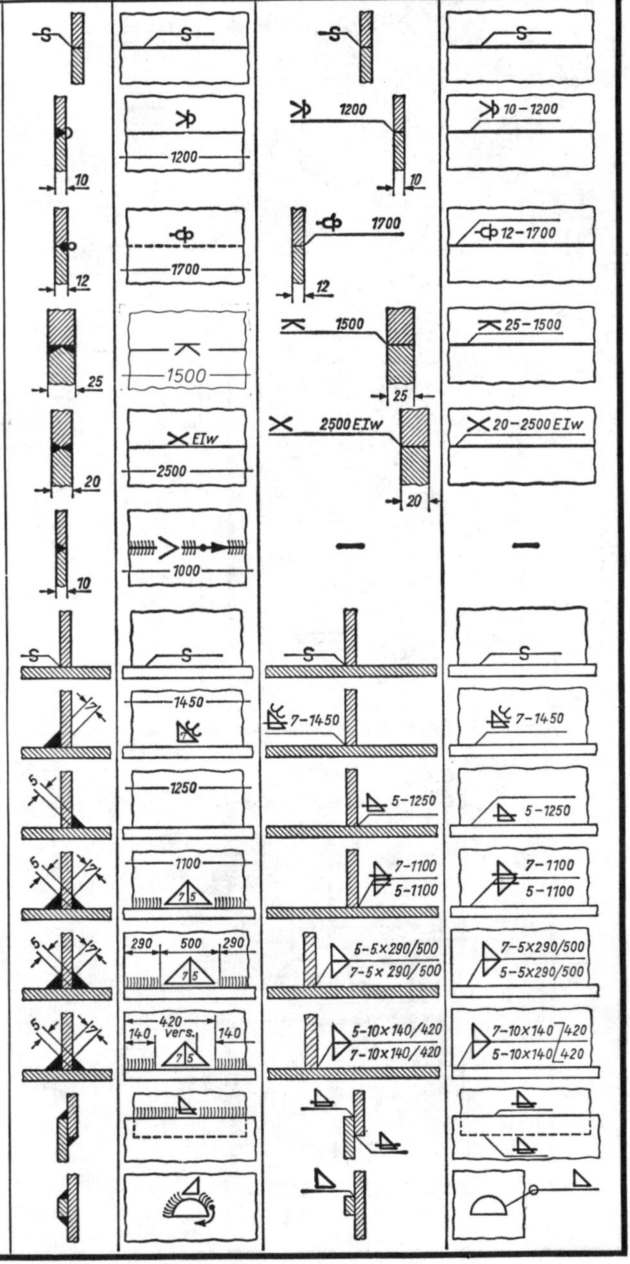

21

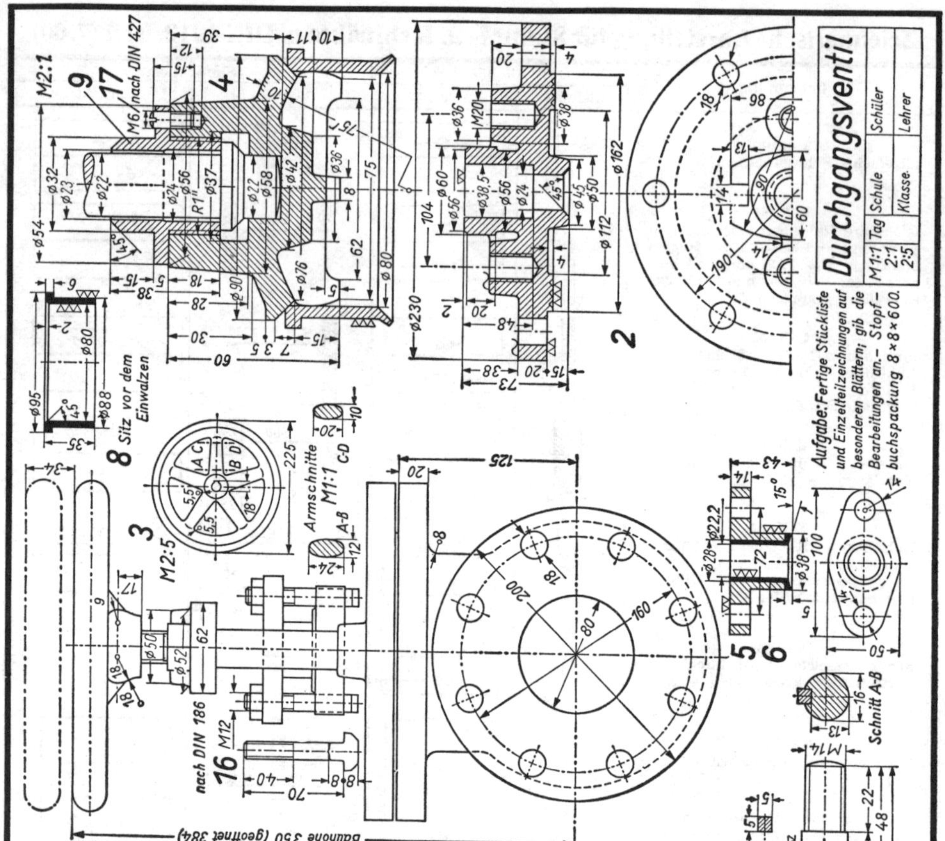
Durchgangsventil
Aufgabe: Fertige Stückliste und Einzelteilzeichnungen auf besonderen Blättern; gib die Bearbeitungen an. – Stopfbuchspackung 8×8×600.
M1:1 2:1 2:5
Tag
Schule
Schüler
Klasse
Lehrer
Bauhöhe 350 (geöffnet 384)
nach DIN 950
mit Teil 11 verbohrt
nach DIN 427
nach DIN 186
Sitz vor dem Einwalzen
Armschnitte M1:1
Schnitt A-B
Bund aufgeschweißt
M2:1
M2:5

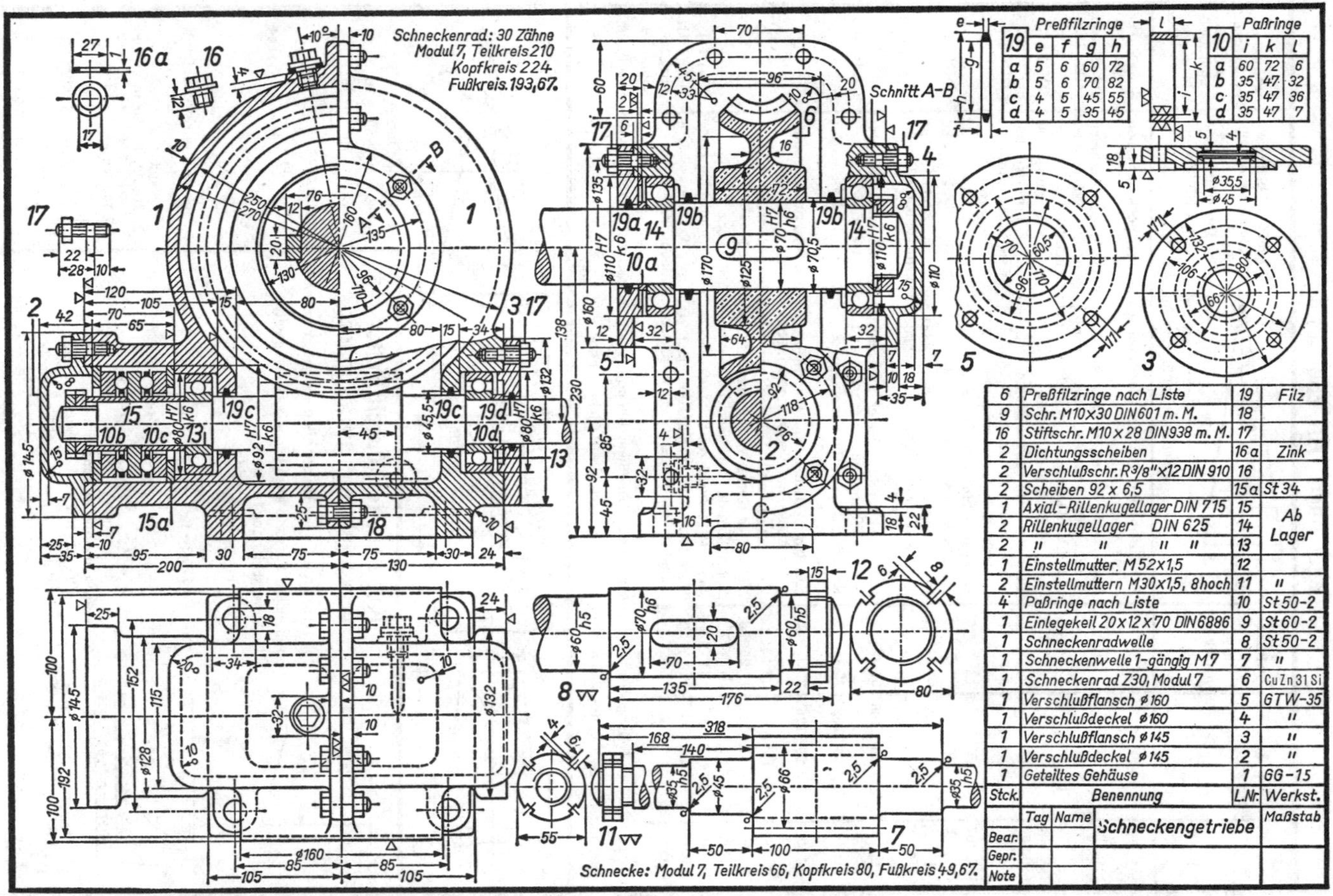

19	e	f	g	h
a	5	6	60	72
b	5	6	70	82
c	4	5	45	55
d	4	5	35	45

Preßfilzringe

10	i	k	l
a	60	72	6
b	35	47	32
c	35	47	36
d	35	47	7

Paßringe

Stck.	Benennung	L.Nr.	Werkst.
6	Preßfilzringe nach Liste	19	Filz
9	Schr. M10×30 DIN601 m. M.	18	
16	Stiftschr. M10×28 DIN938 m. M.	17	
2	Dichtungsscheiben	16 a	Zink
2	Verschlußschr. R3/8"×12 DIN 910	16	
2	Scheiben 92 x 6,5	15 a	St 34
1	Axial-Rillenkugellager DIN 715	15	Ab Lager
2	Rillenkugellager DIN 625	14	
2	" " " "	13	
1	Einstellmutter. M52×1,5	12	
2	Einstellmuttern M30×1,5, 8hoch	11	"
4	Paßringe nach Liste	10	St 50-2
1	Einlegekeil 20×12×70 DIN6886	9	St 60-2
1	Schneckenradwelle	8	St 50-2
1	Schneckenwelle 1-gängig M7	7	"
1	Schneckenrad Z30, Modul 7	6	CuZn31Si
1	Verschlußflansch ø160	5	GTW-35
1	Verschlußdeckel ø160	4	"
1	Verschlußflansch ø145	3	"
1	Verschlußdeckel ø145	2	"
1	Geteiltes Gehäuse	1	GG-15

	Tag	Name	Schneckengetriebe	Maßstab
Bear.				
Gepr.				
Note				

21

Kegel nach DIN 254 (6.74)

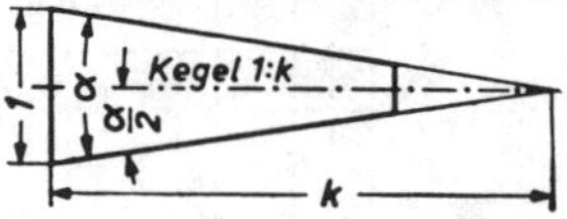

„Kegel 1: k" bedeutet: Auf die Länge k (mm) verjüngt sich der Kegel im Durchmesser um 1 (mm).

Kegel 1:k	Kegelwinkel α	Einstellwinkel Bearbeitungsmaschine $\frac{\alpha}{2}$ *)	Beispiele für die Verwendung	Werkzeuge u. Lehren zur Herstellung der Kegel
1:0,289	120°	60°	Schutzsenkung für Zentrierbohrungen; rohe Senkschrauben mit Vierkantansatz	Spitzsenker DIN 347
1:0,500	90°	45°	Ventilkegel, Körnerspitzen an der Spitze, Senkschrauben, Senkholzschrauben, rohe Senkschrauben mit Nase oder Vierkantansatz, Verschlußschrauben, Senkniete	Spitzsenker DIN 335
1:0,652	75°	37° 30′	Senk- und Linsensenkniete Spitzsenker	DIN 381
1:0,866	60°	30°	Dichtkegel für leichte Rohrverschraubungen, Zentrierbohrungen, Körnerspitzen an der Spitze, V-Nuten, Senkschrauben, Senk- und Linsensenkniete	Spitzsenker DIN 334
1:1,207	45°	18° 26′ 6″	Senk- und Linsensenkniete	
1:1,866	30°	15°	Rohe Kegelsenkschrauben Senker siehe	DIN 348
1:3	18° 55′ 28,7199″	9° 27′ 44″	Im Schiffsmaschinenbau zur Befestigung der Kolbenstange im Kolben und Kreuzkopf, Schlauchanschlußteile für Druckluftwerkzeuge	Lehre DIN 20029
1:5	11° 25′ 16,2706″	5° 42′ 38″	Reibungskupplung, leicht abnehmbare Maschinenteile bei Beanspruchung quer zur Achse und auf Verdrehung	Lehre DIN 730 35 Bl 2
1:6	9° 31′ 38,2202″	4° 45′ 49″	Kreuzkopfzapfen für Lokomotiven, Dichtkegel für Hähne, Gesenkfräser	
1:10	5° 43′ 29,3176″	2° 51′ 45″	Kegelige Wellenenden, Maschinenteile bei Beanspruchung quer zur Achse, auf Verdrehung und längs der Achse	
1:15	3° 49′ 6″	1° 54′ 33″	Kolbenstangen für Lokomotiven, Schiffspropellernaben	
1:20	2° 51′ 51,0925″	1° 25′ 56″	Metrischer Kegel, Werkzeugkegel nach DIN 228	
1:30	1° 54′ 34,8570″	57′ 17″	Bohrungen der Aufsteckreibahlen und Aufstecker	
1:50	1° 8′ 45,1586″	34′ 23″	Kegelstifte, kegeliges Rohrgewinde; Reibahlen siehe	DIN 9
1:20,02	2″ 51′ 40,7960″	1° 25′ 50″	Morsekegel 2, Werkzeugkegel nach DIN 228, Werkzeugschäfte und Aufnahmekegel der Werkzeugmaschinenspindeln	Siehe DIN 204, 229, 230, 2221

*) Für die Darstellung des Winkels $\alpha/2$ besteht bei einem 100 mm langen Sinuslineal, das die Hypotenuse bildet, und der Kathete h, die gleich dem Einstellwert ist, die Beziehung: $\sin\frac{\alpha}{2} = \frac{h}{100}$; $h = 100 \cdot \sin\frac{\alpha}{2}$

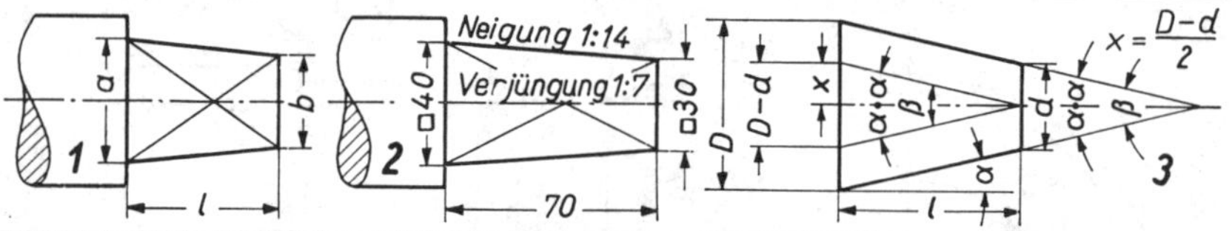

Kegeldrehen durch Tellerverschiebung am Support

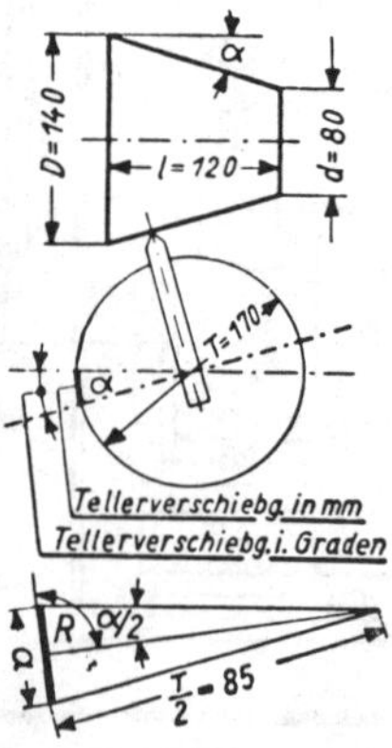

Bei Verhältnis $\frac{D-d}{l}$ kleiner als 0,6 ergeben folgende vereinfachte Formeln ausreichende Genauigkeit.

1. Tellerverschiebung in Graden:

$$\alpha = \left(115{,}3 - 6 \cdot \frac{D-d}{l}\right) \cdot \frac{D-d}{4\,l}$$

$$\alpha = \left(115{,}3 - 6 \cdot \frac{140-80}{120}\right) \cdot \frac{140-80}{4 \cdot 120}$$

$$\alpha = (115{,}3 - 3) \cdot \frac{1}{8} = 112{,}3 : 8 = 14{,}0375°$$

$$\alpha = 14° \; \frac{37{,}5 \cdot 60}{1000}\,\text{Min.} = 14°\,2'\,15''$$

2. Tellerverschiebung in mm:

$$a = \frac{\text{Teller-}\varnothing\; T \text{ mal Steigung } (D-d)}{\text{geteilt durch } 4{,}05 \text{ mal Kegellänge } l}$$

$$a = \frac{T \cdot (D-d)}{4{,}05 \cdot l} = \frac{170 \cdot (140-80)}{4{,}05 \cdot 120} = \mathbf{21\ mm.}$$

1. Verjüngung = $\frac{a-b}{l} = \frac{40-30}{70} = \frac{10}{70} = 1:7$

2. Neigung = $\frac{a-b}{2} : l$

$\frac{40-30}{2} : 70 = \frac{5}{70} = 1:14$

Es ist nach Abb. 3:

$\frac{D-d}{2} : l = \tan\alpha$

α = Einstellwkl. d. Bank

$\beta = 2\,\alpha$ = Kegelwinkel.

Beispiel:

$D = 30$, $d = 20$ u. $l = 100$

$\tan\alpha = \frac{D-d}{2} : l =$

$\frac{30-20}{2} : 100 = 5 : 100 = 0{,}05$

$\alpha = 2°\,52'$ n. S. 40.

Der Kegelwinkel β = $2 \cdot \alpha = 2 \cdot (2°\,52') = \mathbf{5°\,44'}$.

21

Vierkante für Werkzeuge nach DIN 10 Bl. 1 (4.73)

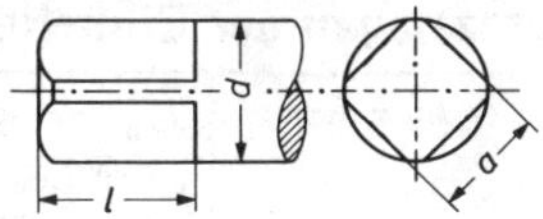

Außenvierkant (a = Nennmaß) *) e = Eckmaß Innenvierkant.

Durchmesser d Reihe 1	Bereich	Nennmaß a	l	e*)	Durchmesser d Reihe 1	Bereich	Nennmaß a	l	e*)
1,25	1,18 ··· 1,32	1	4	1,38	12,5	11,8 ··· 13,2	10	13	13,31
1,6	1,5 ··· 1,7	1,25	4	1,76	16	15 ··· 17	12,5	16	17,11
2	1,9 ··· 2,12	1,6	4	2,18	20	19 ··· 21,2	16	20	21,33
2,5	2,36 ··· 2,65	2	4	2,71	25	23,6 ··· 26,5	20	24	26,63
3,15	3 ··· 3,35	2,24	5	3,06	31,5	30 ··· 33,5	25	28	33,66
4	3,75 ··· 4,25	3,15	6	4,32	40	37,5 ··· 42,5	31,5	34	42,66
5	4,75 ··· 5,3	4	7	5,37	50	47,5 ··· 53	40	42	53,19
6,3	6 ··· 6,7	5	8	6,79	63	60 ··· 67	50	51	67,19
8	7,5 ··· 8,5	6,3	9	8,59	·80	75 ··· 85	63	62	85,22
10	9,5 ···10,6	8	11	10,71	100	95 ···106	80	75	106,22

Werkzeugkegel (Schaft und Hülse) nach DIN 228 (4.70)

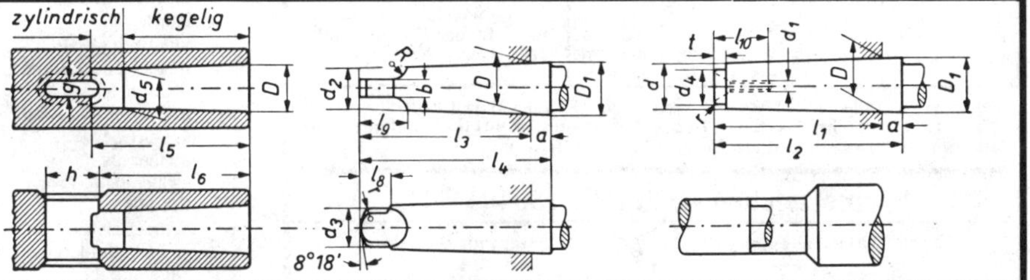

Bezeichnung		Schaft D	D_1	d	d_1	d_2	d_3	d_4	l_1	l_2	l_3	l^4	a	b h13	l_9	l_{10}	R	r	t
Metr. Kegel	4	4	4,1	2,9				2,5	23	25			2						
	6	6	6,2	4,4				4	32	35			3						
Morsekegel	0	9,045	9,2	6,4	—	6,1	6	6	50	53	56,5	59,5	3	3,9	10,5	—	4	1	2,5
	1	12,065	12,2	9,4	M 6	9	8,7	9	53,5	57	62	65,5	3,5	5,2	13,5	16	5	1,2	3
	2	17,780	18,0	14,6	M 10	14	13,5	14	64	69	75	80	5	6,3	16	24	6	1,6	4
	3	23,825	24,1	19,8	M 12	19,1	18,5	19	81	86	94	99	5	7,9	20	28	7	2,0	4
	4	31,267	31,6	25,9	M 16	25,2	24,5	25	102,5	109	117,5	124	6,5	11,9	24	32	8	2,5	5
	5	44,399	44,7	37,6	M 20	36,5	35,7	35,7	129,5	136	149,5	156	6,5	15,9	29	40	10	3,0	6
	6	63,343	63,8	53,9	M 24	52,4	51,0	51,0	182	190	210	218	8	19	40	50	13	4,0	
Metr. Kegel	80	80	80,4	70,2	M 30	69	67	67	196	204	220	228	8	26	48	65	24	5	8
	100	100	100,5	88,4	M 36	87	85	85	232	242	260	270	10	32	58	80	30	5	10
	120	120	120,6	106,6	M 36	105	103	102	268	280	300	312	12	38	68	80	36	6	11
	(140)	140	140,7	124,8	M 36	123	121	120	304	318	340	354	14	44	78	90	42	8	13
	160	160	160,8	143	M 48	141	139	138	340	356	380	396	16	50	88	100	48	8	14
	(180)	180	180,9	161,2	M 48	159	157	156	376	394	420	438	18	56	98	100	54	10	16
	200	200	201	179,4	M 48	177	175	174	412	432	460	480	20	62	108	100	60	10	18

Bezeichnung		Hülse D	d_5	l_5	l_6	g	h	Verjüngung
Metrischer Kegel	4	4	3	25	21	2,2	8	1 : 20 = 0,05
	6	6	4,6	34	29	3,2	12	
Morsekegel	0	9,045	6,7	52	49	3,9	15	1 : 19,212 = 0,05205
	1	12,065	9,7	56	52	5,2	19	1 : 20,047 = 0,04988
	2	17,780	14,9	67	63	6,3	22	1 : 20,020 = 0,04995
	3	23,825	20,2	84	78	7,9	27	1 : 19,922 = 0,05020
	4	31,267	26,5	107	98	11,9	32	1 : 19,254 = 0,05194
	5	44,399	38,2	135	125	15,9	38	1 : 19,002 = 0,05263
	6	63,348		187		19,0	47	1 : 19,180 = 0,05214
Metrischer Kegel	80	80	71,4	202	186	26	52	1 : 20 = 0,05
	100	100	89,9	240	220	32	60	
	120	120	108,4	276	254	38	68	
	(140)	140	126,9	312	286	44	76	
	160	160	145,4	350	321	50	84	
	(180)	180	163,9	388	355	56	92	
	200	200	182,4	424	388	62	100	

Vierkante und Vierkantlöcher für Spindeln, Handräder und Kurbeln siehe DIN 79, Blatt 1 u. 2; Schlüsselweiten DIN 475, Blatt 1 u. 2.

Werden diese Kegel für andere Zwecke verwendet, so sind die Längen der Kegelbohrungen nicht größer als die vorhandenen Reibahlen zu wählen. Bei Kegel 1 : 10 ist jede Länge bis zum doppelten großen Kegeldurchmesser zulässig, da hierfür normale Reibahlen vorgesehen sind.

21

Kurzzeichen der Einheiten nach DIN 1301 (11.71)

Zeichen	Bedeutung
m	Meter
km	Kilometer
dm	Dezimeter
cm	Zentimeter
mm	Millimeter
µ	Mikron = 0,001 mm
a	Ar
ha	Hektar
m^2	Quadratmeter
km^2	Quadratkilometer
dm^2	Quadratdezimeter
cm^2	Quadratzentimeter
mm^2	Quadratmillimeter
l	Liter
hl	Hektoliter = 100 l
dl	Deziliter = 0,1 l
cl	Zentiliter = 0,01 l
ml	Milliliter = 0,001 l

Zeichen	Bedeutung
m^3	Kubikmeter
dm^3	Kubikdezimeter
cm^3	Kubikzentimeter
mm^3	Kubikmillimeter
t	Tonne
g	Gramm
kg	Kilogramm
mg	Milligramm
N	Newton
Mp	Megapond
kp	Kilopond
mp	Millipond
s	Sekunde
min	Minute
h	Stunde
d	Tag
a	Jahr
cal	Grammkalorie
kcal	Kilokalorie

Zeichen	Bedeutung
A	Ampere (Stromstärke)
V	Volt (Spannung)
Ω	Ohm (Widerstand)
MΩ	Megohm (1 Million Ω)
S	Siemens (Leitwert)
C	Coulomb; 1 C = 1 As (Elektrizitätsmenge)
J	Joule (Arbeit)
W	Watt (Leistung)
MW	Megawatt (1 Mill. W)
F	Farad (Kapazität)
H	Henry (Induktivität)
mA	Milliampere = 0,001 A
kW	Kilowatt = 1000 W
µF	Mikrofarad = 10^{-6} F
kVA	Kilovoltampere
Ah	Amperestunde
kWh	Kilowattstunde
cd	Candela (Lichtstärke)
lm	Lumen (Lichtstrom)
Hz	Hertz (Frequenz)

Deka (da) = 10facher, Hekto (h) = 100facher, Kilo (k) = 1000facher, Mega (M) = 1 000 000facher Wert. — Dezi (d) = zehnter, Zenti (c) = hundertster, Milli (m) = tausendster, Mikro (µ) = millionster Teil.

Formelzeichen nach DIN 1304 (11.71)

Zeichen	Raum und Zeit
l	Länge
h	Höhe
b	Breite
r	Halbmesser
d	Durchmesser
s	Weglänge
A, S	Fläche
S, q	Querschnitt-(-fläche)
α, β, γ	Winkel
Ω	Raumwinkel
V	Raum, Volumen
t	Zeit, Dauer
α	Winkelbeschleunigung
v	Geschwindigkeit
a	Beschleunigung
g	Fallbeschleunigung
w	Winkelgeschwindigkeit
	Periodische und verwandte Erscheinungen
τ	Zeitkonstante
T	Periodendauer
φ	Voreilwinkel, Phasenverschieb.
n	Drehzahl
f	Frequenz
	Mechanik
m	Masse
ϱ, d	Dichte
J	Massenträgheitsmoment
F	Kraft
G	Gewichtskraft
γ	Schiebung
M, T	Moment, Drehmoment
p	Druck (Kraft : Fläche)
σ	Zug- oder Druckspannung
τ	Schub-, Scherspannung
ε	Dehnung
E	Elastizitätsmodul
G	Schubmodul

Zeichen	Mechanik (Fortsetzung)
μ	Reibungszahl
η	Dynamische Viskosität
W, A	Arbeit
W, E	Energie
P	Leistung (Arbeit : Zeit)
η	Wirkungsgrad
	Wärme
t, ϑ	Celsius-Temperatur
T, Θ	Kelvin-Temperatur
α	Längsausdehnungszahl
γ	Volumen-Ausdehnungszahl
λ	Wärmeleitfähigkeit
S	Entropie
c	spezifische Wärmekapazität
c_p	dgl. isobar
c_v	dgl. isochor
R	Gaskonstante
	Elektrizität und Magnetismus
Q	Elektrizitätsmenge
E	elektrische Feldstärke
U	elektrische Spannung
P	Leistung, Wirkleistung
I	elektrische Stromstärke
R	elektrischer Widerstand
ϱ	spez. elektr. Widerstand
C	elektrische Kapazität
H	magnetische Feldstärke
Z	Scheinwiderstand
N, w	Windungszahl
B	magnetische Induktion
μ	Permeabilität
L	Induktivität
	Optische Strahlung
c	Lichtgeschwindigkeit
E_v	Beleuchtungsstärke
Φ_v	Lichtstrom
I_v	Lichtstärke

Mathematische Zeichen n. DIN 1302 (2.68)

Zeichen	Bedeutung
1.	erstens
%	vom Hundert, Prozent
‰	vom Tausend, Promille
( ) [ ]	Klammer
,	Dezimalzeichen (Komma unten)
+	plus, und
—	minus, weniger
· ×	mal, multipliziert mit (Der Punkt steht auf halber Zeilenhöhe)
: / —	geteilt durch
=	gleich
≡	identisch gleich
≢	nicht identisch gleich
≠	nicht gleich
≈	nahezu gleich, rund
≙	entspricht
<	kleiner als
>	größer als
∞	unendlich
√ √‾	Wurzelzeichen
Δ	endliche Änderung
d	Differential
Σ	Summe von (Grenzbezeichnungen sind unter und über das Zeichen zu setzen)
∥	parallel
⋕	parallel und gleich
⊥	rechtwinklig zu
△	Dreieck
≅	kongruent
~	ähnlich, proportional
∢	Winkel
$\overline{AB}$	Strecke AB
$\overset{\frown}{AB}$	Bogen AB
...	bis
↑↑	gleichsinnig parallel
↑↓	gegensinnig parallel

Zeichen	Bedeutung
3° 2′ 4″	Winkel: Grad, Min., Sek.
gon 8c 3cc	gon, Neuminuten, Neusekunden*)

1 gon = 0,9°. Vergleiche S. 42.

1c = 0,54′ | 1cc = 0,324″

Sekunden : 3240 = gon

gon × 3240 = Sekunden

Umrechnung: **36° 42′ 30″** =
36 · 3600 + 42 · 60 + 30 = 132150″
132150″ : 3240 = 40,7870 gon
= **40gon 78c 70cc = 40,7870gon**
40,7870gon · 3240 = 132150″ =
132150 : 3600 = 36° 2550″ =
36° + 2550 : 60 = **36° 42′ 30″**

*) Noch zugelassen bis 31. 12. 1977, dann zu ersetzen durch gon mit Vorsätzen.

22

Kostenermittlung (Kalkulation)

Die einwandfreie Kostenermittlung erfordert **Vorkalkulation** (Vorausberechnung) und **Nachkalkulation** (Nachberechnung).

Die **Vorkalkulation** zerfällt in **Werkstätten-** und **Angebotskalkulation.**

Die **Werkstättenkalkulation** ermittelt für jedes zu fertigende Werkstück die zweckmäßigste Bearbeitungsfolge und die für die Bearbeitung notwendige Zeit **(Stückzeit).** Die **Stückzeit** wird errechnet aus

a) **Hauptzeit** oder **Grundzeit,** in der die Form des Werkstücks verändert wird. (Hauptzeiten für Schlosserarbeiten s. dort.) Bei Bearbeitungen durch Werkzeugmaschinen nennt man die Hauptzeit **Maschinen- oder Laufzeit;** sie wird aus Schnittgeschwindigkeitstabellen (s. dort) und aus Maschinenkarten (s. Sägendiagramm, S. 160) ermittelt.

b) **Nebenzeit** für Arbeiten, die mittelbar zur Fertigung dienen, aber unerläßlich sind: Schleifen der Werkzeuge, Messen und Anreißen des Werkstücks. Bei Bearbeitung durch Maschinen versteht man unter Nebenzeit die **Handzeit,** d. h. die Summe der **Griffzeiten** für alle erforderlichen Handgriffe (Aufspannen des Werkstücks, Einstellen, Ingangsetzen, Umschalten der Maschine).

c) **Verlustzeit** = Zeitverluste, die durch Besprechungen, Beanstandungen, Betriebsstörungen, Werkstoff- und Werkzeugheranschaffung entstehen können.

Bei **Fließarbeit** wird **Serienzeit** zur Stückzeit zugeschlagen (Einrichten von Maschinen und Pausen zwischen den Arbeitsfolgen).

Die **Angebotskalkulation** bestimmt im voraus den **Verkaufspreis V** des zu fertigenden Erzeugnisses aus **Selbstkosten S** und **Gewinn G.** Die Selbstkosten setzen sich zusammen aus **Werkstoffkosten W, Fertigungskosten L** und **Gemeinkosten U,** so daß V = W + L + U + G ist.

Werkstoffkosten (= Materialkosten) **W** = Fertigungswerkstoffpreis A + Werkstoffgemeinkosten B. Preis der für den Fertigteil notwendigen Rohstoffe nebst Abfall, Ausgaben für Zoll, Fracht, Rollgeld, Versicherung. Berechnung des Werkstoffpreises aus dem Gewicht (z. B. 100 kg Stahl kosten 18,— DM); bei Form- und Profilstahl werden Überpreise zugeschlagen.

Fertigungskosten L = Fertigungslohn C + Fertigungsgemeinkosten D + Sondereinzelkosten d. Fertigung E sind alle Löhne, die unmittelbar zur Herstellung des Werkstücks aufgebracht werden müssen **(produktive Löhne);** sie werden aus der Stückzeit (in Minuten) berechnet durch Multiplikation mit dem jeweiligen Lohnfaktor (Minutenwert). **W + L = Herstellkosten F.**

Gemeinkosten entstehen durch Betriebshaltung, Betriebsführung, Verwaltung und Werbung.

Betriebshaltung erfordert:

1. **Raumkosten** für Instandhaltung, Reinigung, Heizung, Beleuchtung, Miete bzw. Abschreibung aller Werkstätten und Lagerräume.
2. **Einrichtungskosten** durch Abschreibungen für Maschinen, Werkzeuge, Einrichtung und Zinsen für Anlage- und Betriebskapital.

Die zur **Betriebsführung** notwendigen **Betriebskosten** umfassen Ausgaben für Strom, Kohlen, Gas, Schmier-, Putzmittel, Gewerbesteuern, Urlaubslöhne, Löhne für Betriebsbeamte, Maschinisten und Heizer.

Verwaltungskosten V = Verwaltungsgemeinkosten G + Vertriebsgemeinkosten H + Kalkulatorische Wagnisse K, Gehälter für Büroangestellte, Ausgaben für Geschäftsbücher und -formulare, Porto, Schreibmaterial, Fernsprecher usw., Umsatzsteuer, Versicherungen, Beiträge. **F + V = Selbstkosten S.**

Werbungskosten entstehen durch Reisende, Reklame, Prospekte, Anzeigen, Warenproben, Beschickung von Ausstellungen und Messen.

Die jährlichen Gemeinkosten U_1 werden als **Gemeinkostenzuschläge Z** in % zu den jährlichen Fertigungslöhnen C_1 geschlagen (vielfach einschließlich der jährlichen Werkstoffkosten W_1):

$$Z = \frac{100\,U_1}{C_1} \text{ oder } Z = \frac{100\,U_1}{C_1 + W_1}$$

Größere Betriebe sind in **Unkostenstellen** (nach Werkstätten geordnet) aufgeteilt, für die unabhängig voneinander die Unkostenzuschläge ermittelt werden.

Der **Gewinn** richtet sich nach Angebot und Nachfrage (in normalen Zeiten 10···25% der Selbstkosten).

Durch die **Nachkalkulation** wird nach Fertigstellung des Erzeugnisses festgestellt, ob die in der Vorkalkulation angegebenen Arbeitszeiten eingehalten wurden; die Gemeinkosten werden nachgeprüft und der Gewinn endgültig errechnet. Aus den bei der Bearbeitung gesammelten Erfahrungen werden Verbesserungen für zukünftige Vorkalkulationen festgelegt.

Beispiel: 500 Sechskantschrauben M 12 (Länge l = 70 mm) erfordern mit Abstichzugabe 500·0,07 = 35 (+ 2) = 37 m blankgezogenen Schraubenstahl (Schlüsselweite s = 22 mm). Nach Stabstahl-Tab. wiegt 1 m = 3,29 kg; 37 m wiegen 121,73 kg; 100 kg Schraubenstahl kosten einschließlich Fracht ≈ 20 DM;

Werkstoffkosten W = 1,2173·20 ≈ 24,35 DM. Die Schrauben werden auf einer Revolverdrehbank hergestellt:

Für eine Schraube: Arbeitsfolge	Laufzeit in Min.	Handzeit in Min.
Werkstoff vorschieben, schalten		0,20
und ansetzen		0,10
1. auf Gewinde-⌀ drehen, schalten	1,90	0,15
2. einstechen, Kopf plandreh., schalten	0,19	0,15
3. ankuppen und schalten	0,18	0,20
4. Gewinde schneiden, schalten	0,25	0,20
5. abstechen	0,40	
	2,92	1,00
Für Serienzeit 30% Aufschlag auf Handzeit (Stab aufspannen, Pausen zwischen Arbeitsfolgen)		0,30
10% Aufschlag auf Laufzeit	0,29	
	3,21	1,30

Stückzeit: 3,21 + 1,30	=	4,51 Minuten
Zeit für 500 Schrauben = 500 · 4,51	=	2255 Min.
Aufschlag für Einrichten der Maschine (Serienzeit)	=	50 Min.
		2305 Min.
10% Aufschlag für Verlustzeit	=	231 Min.
Gesamtzeit für 500 Schrauben	=	2536 Min.
Stundenlohn für 1 Revolverdreher:		6,00 DM
1 Dreher bedient 3 Bänke; Arbeitslohn für 1 Minute je Maschine: 3,33 Pf. = 0,0333 DM		
Werkstoffkosten W	=	24,35 DM
Fertigungskosten L für 500 Schrauben 2536 · 0,0333	=	84,45 DM
Herstellkosten F	=	108,80 DM
Gemeinkostenzuschlag = 150% von L	=	126,68 DM
Selbstkosten S	=	235,48 DM
Gewinn = 10% der Selbstkosten	=	23,55 DM
Summe	=	259,03 DM
+ 5,5% Mehrwertsteuer	=	12,25 DM
Verkaufspreis für 500 Schrauben	=	271,28 DM

Die Preise sind Richtpreise.

Sachwörterverzeichnis

24

Sachwörterverzeichnis (Fortsetzung)

24

24

Sachwörterverzeichnis (Fortsetzung)

Sachwörterverzeichnis (Fortsetzung)